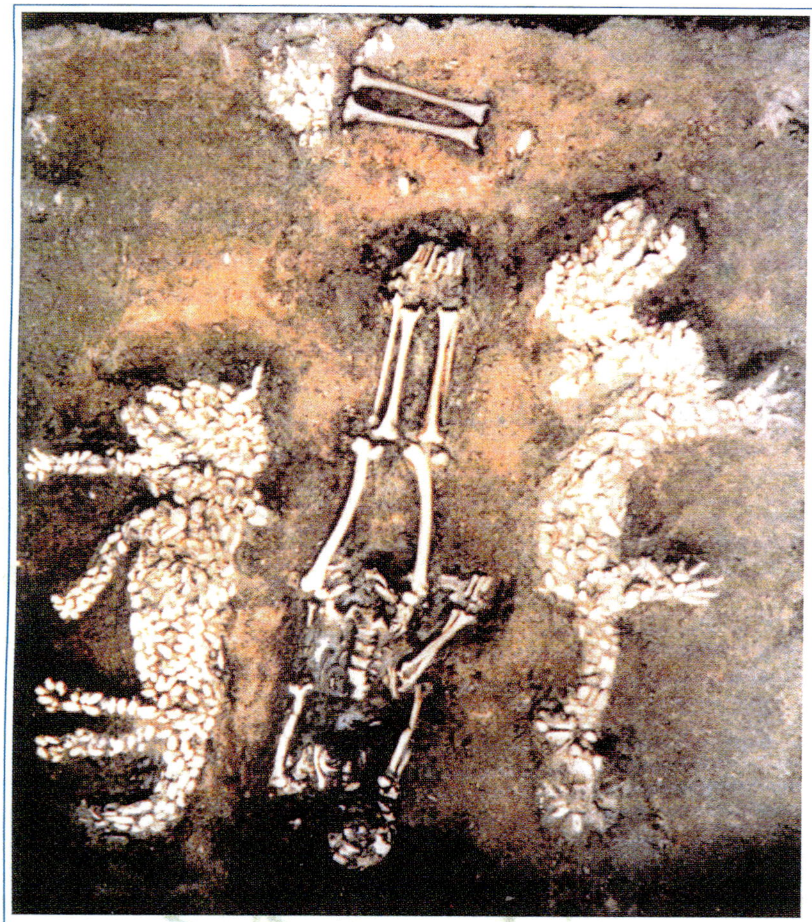

彩图一 濮阳龙虎北斗图

彩图二 「五星出东方利中国」护膊上的四象图

彩图三 西安交通大学西汉墓星图

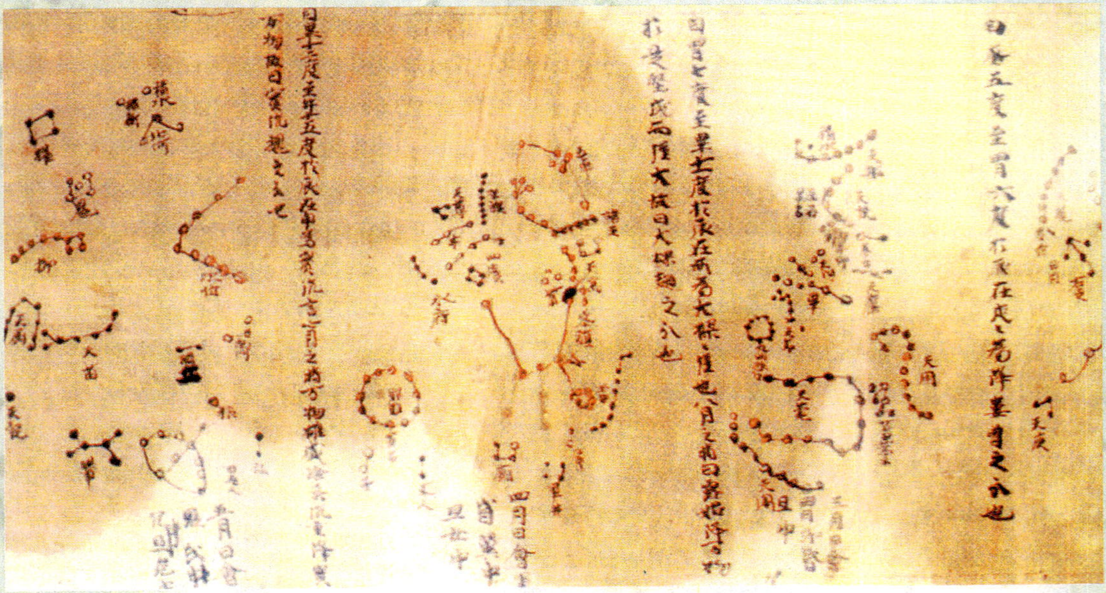

彩图四 敦煌星图甲本三、四、五月星图

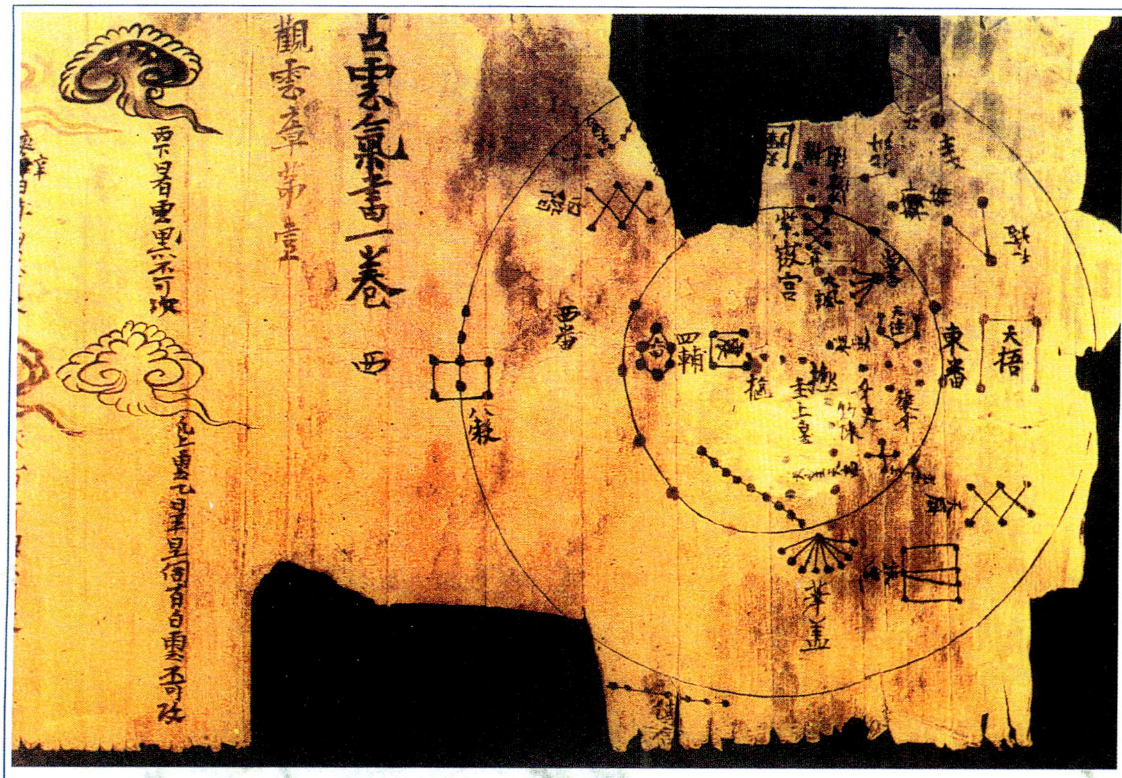

彩图五 敦煌星图乙本（唐）

彩图六 十二宫星象图（河北宣化张世卿墓）

彩图七 登封观象台

彩图八 简仪

彩图九　浑仪

彩图十　赤道南北两总图（南）（现藏中国第一历史档案馆）

彩图十一　赤道南北两总图（北）（现藏中国第一历史档案馆）

彩图十二　玑衡抚辰仪

国家科学技术学术著作出版基金资助出版

卢嘉锡　总主编

中国科学技术史

天文学卷

陈美东　著

科学出版社
北京

内 容 简 介

本书以断代史形式叙述了我国天文学发展状况，从天文观测、天文仪器、历法、星图星表及天文学家等层面进行阐述。全书以丰富的第一手资料与深入的分析，展示了我国天文学的深刻思想和伟大成就。本书图文并茂，旁征博引，是一部总结性、综合性的天文学史著作。本书适合科技史工作者、历史与文化工作者、对天文史有兴趣的大学师生学习和参考。

图书在版编目(CIP)数据

中国科学技术史·天文学卷/卢嘉锡总主编；陈美东著.—北京：科学出版社，2003

ISBN 978-7-03-010006-1

Ⅰ.中…　Ⅱ.①卢…　②陈…　Ⅲ.①自然科学史-中国②天文学史-中国　Ⅳ.N092

中国版本图书馆CIP数据核字(2001)第087961号

责任编辑：姚平录　孔国平／责任校对：柏连海
责任印制：赵　博　／封面设计：张　放

科学出版社 出版
北京东黄城根北街16号
邮政编码：100717
http://www.sciencep.com
三河市春园印刷有限公司印刷
科学出版社发行　各地新华书店经销
*
2003年1月第　一　版　开本：787×1092　1/16
2025年11月第七次印刷　印张：51 3/4　插页：3
字数：1 227 000

定价：498.00 元

《中国科学技术史》的组织机构和人员

总　　序

中国有悠久的历史和灿烂的文化，是世界文明不可或缺的组成部分，为世界文明做出了重要的贡献，这已是世所公认的事实。

科学技术是人类文明的重要组成部分，是支撑文明大厦的主要基干，是推动文明发展的重要动力，古今中外莫不如此。如果说中国古代文明是一棵根深叶茂的参天大树，中国古代的科学技术便是缀满枝头的奇花异果，为中国古代文明增添斑斓的色彩和浓郁的芳香，又为世界科学技术园地增添了盎然生机。这是自上世纪末、本世纪初以来，中外许多学者用现代科学方法进行认真的研究之后，为我们描绘的一幅真切可信的景象。

中国古代科学技术蕴藏在汗牛充栋的典籍之中，凝聚于物化了的、丰富多姿的文物之中，融化在至今仍具有生命力的诸多科学技术活动之中，需要下一番发掘、整理、研究的功夫，才能揭示它的博大精深的真实面貌。为此，中国学者已经发表了数百种专著和万篇以上的论文，从不同学科领域和审视角度，对中国科学技术史作了大量的、精到的阐述。国外学者亦有佳作问世，其中英国李约瑟(J. Needham)博士穷毕生精力编著的《中国科学技术史》(拟出 7 卷 34 册)，日本薮内清教授主编的一套中国科学技术史著作，均为宏篇巨著。关于中国科学技术史的研究，已是硕果累累，成为世界瞩目的研究领域。

中国科学技术史的研究，包涵一系列层面：科学技术的辉煌成就及其弱点；科学家、发明家的聪明才智、优秀品德及其局限性；科学技术的内部结构与体系特征；科学思想、科学方法以及科学技术政策、教育与管理的优劣成败；中外科学技术的接触、交流与融合；中外科学技术的比较；科学技术发生、发展的历史过程；科学技术与社会政治、经济、思想、文化之间的有机联系和相互作用；科学技术发展的规律性以及经验与教训，等等。总之，要回答下列一些问题：中国古代有过什么样的科学技术？其价值、作用与影响如何？又走过怎样的发展道路？在世界科学技术史中占有怎样的地位？为什么会这样，以及给我们什么样的启示？还要论述中国科学技术的来龙去脉，前因后果，展示一幅真实可靠、有血有肉、发人深思的历史画卷。

据我所知，编著一部系统、完整的中国科学技术史的大型著作，从本世纪 50 年代开始，就是中国科学技术史工作者的愿望与努力目标，但由于各种原因，未能如愿，以致在这一方面显然落后于国外同行。不过，中国学者对祖国科学技术史的研究不仅具有极大的热情与兴趣，而且是作为一项事业与无可推卸的社会责任，代代相承地进行着不懈的工作。他们从业余到专业，从少数人发展到数百人，从分散研究到有组织的活动，从个别学科到科学技术的各领域，逐次发展，日臻成熟，在资料积累、研究准备、人才培养和队伍建设等方面，奠定了深厚而又广大的基础。

本世纪 80 年代末，中国科学院自然科学史研究所审时度势，正式提出了由中国学者编著《中国科学技术史》的宏大计划，随即得到众多中国著名科学家的热情支持和大力推动，得到中国科学院领导的高度重视。经过充分的论证和筹划，1991 年这项计划被正式列为中国科学院“八五”计划的重点课题，遂使中国学者的宿愿变为现实，指日可待。作为一名科技工作者，我对此感到由衷的高兴，并能为此尽绵薄之力，感到十分荣幸。

《中国科学技术史》计分30卷，每卷60至100万字不等，包括以下三类：

通史类(5卷)：

《通史卷》、《科学思想史卷》、《中外科学技术交流史卷》、《人物卷》、《科学技术教育、机构与管理卷》。

分科专史类(19卷)：

《数学卷》、《物理学卷》、《化学卷》、《天文学卷》、《地学卷》、《生物学卷》、《农学卷》、《医学卷》、《水利卷》、《机械卷》、《建筑卷》、《桥梁技术卷》、《矿冶卷》、《纺织卷》、《陶瓷卷》、《造纸与印刷卷》、《交通卷》、《军事科学技术卷》、《计量科学卷》。

工具书类(6卷)：

《科学技术史词典卷》、《科学技术史典籍概要卷》(一)、(二)、《科学技术史图录卷》、《科学技术年表卷》、《科学技术史论著索引卷》。

这是一项全面系统的、结构合理的重大学术工程。各卷分可独立成书，合可成为一个有机的整体。其中有综合概括的整体论述，有分门别类的纵深描写，有可供检索的基本素材，经纬交错，斐然成章。这是一项基础性的文化建设工程，可以弥补中国文化史研究的不足，具有重要的现实意义。

诚如李约瑟博士在1988年所说："关于中国和中国文化在古代和中世纪科学、技术和医学史上的作用，在过去30年间，经历过一场名副其实的新知识和新理解的爆炸"(中译本李约瑟《中国科学技术史》作者序)，而1988年至今的情形更是如此。在20世纪行将结束的时候，对所有这些知识和理解作一次新的归纳、总结与提高，理应是中国科学技术史工作者义不容辞的责任。应该说，我们在启动这项重大学术工程时，是处在很高的起点上，这既是十分有利的基础条件，同时也自然面对更高的社会期望，所以这是一项充满了机遇与挑战的工作。这是中国科学界的一大盛事，有著名科学家组成的顾问团为之出谋献策，有中国科学院自然科学史研究所和全国相关单位的专家通力合作，共襄盛举，同构华章，当不会辜负社会的期望。

中国古代科学技术是祖先留给我们的一份丰厚的科学遗产，它已经表明中国人在研究自然并用于造福人类方面，很早而且在相当长的时间内就已雄居于世界先进民族之林，这当然是值得我们自豪的巨大源泉，而近三百年来，中国科学技术落后于世界科学技术发展的潮流，这也是不可否认的事实，自然是值得我们深省的重大问题。理性地认识这部兴盛与衰落、成功与失败、精华与糟粕共存的中国科学技术发展史，引以为鉴，温故知新，既不陶醉于古代的辉煌，又不沉沦于近代的落伍，克服民族沙文主义和虚无主义，清醒地、满怀热情地弘扬我国优秀的科学技术传统，自觉地和主动地缩短同国际先进科学技术的差距，攀登世界科学技术的高峰，这些就是我们从中国科学技术史全面深入的回顾与反思中引出的正确结论。

许多人曾经预言说，即将来临的21世纪是太平洋的世纪。中国是太平洋区域的一个国家，为迎接未来世纪的挑战，中国人应该也有能力再创辉煌，包括在科学技术领域做出更大的贡献。我们真诚地希望这一预言成真，并为此贡献我们的力量。圆满地完成这部《中国科学技术史》的编著任务，正是我们为之尽心尽力的具体工作。

卢嘉锡

1996年10月20日

目　　录

总序 …………………………………………………………………………………… 卢嘉锡(i)
第一章　天文学知识的萌芽与积累
——仰韶文化中期(约前4510)到西周(前770)…………………………………… (1)
第一节　仰韶文化中期的天文知识…………………………………………………… (1)
一　濮阳龙虎北斗图与龙虎鸟麟四象图及其授时功能 ……………………………… (1)
二　龙虎鸟麟四象与图腾及星象崇拜 ………………………………………………… (4)
第二节　大火历和《尚书·尧典》四仲中星　……………………………………………… (7)
一　大火历的流行……………………………………………………………………… (7)
二　《尚书·尧典》四仲中星及其他 …………………………………………………… (8)
第三节　《夏小正》及其所反映的夏民族历法传统 …………………………………… (10)
一　《夏小正》的星象记载…………………………………………………………… (10)
二　《夏小正》星象断代研究 ………………………………………………………… (12)
三　《夏小正》的历法特色…………………………………………………………… (16)
四　关于《尚书》日食的研究 ………………………………………………………… (17)
第四节　殷商时期的天文历法 ………………………………………………………… (18)
一　纪年、纪月、纪日法及时制 ……………………………………………………… (18)
二　殷商时代的历法 …………………………………………………………………… (21)
三　甲骨文日月食记录 ………………………………………………………………… (28)
第五节　西周的天文历法……………………………………………………………… (31)
一　西周的纪时术语 …………………………………………………………………… (31)
二　西周历法的年、月朔与闰月 ……………………………………………………… (34)
三　西周灵台以及天文职官…………………………………………………………… (37)
第二章　天文学体系的奠基
——春秋战国时期(前770～前221)……………………………………………… (40)
第一节　天象记录与天象观…………………………………………………………… (40)
一　日食记录 …………………………………………………………………………… (40)
二　彗星、陨石、流星雨记录…………………………………………………………… (42)
三　子韦、裨灶等人的星占思想 ……………………………………………………… (44)
四　分野说的建立与流行……………………………………………………………… (45)
第二节　鲁国历谱与春秋历法………………………………………………………… (47)
一　鲁国历谱必须满足的若干基准点与基本条件 …………………………………… (48)
二　关于鲁国历谱连大月与闰月的具体设置………………………………………… (51)
三　鲁国历谱新编 ……………………………………………………………………… (55)
四　春秋历法概说 ……………………………………………………………………… (58)
第三节　岁星纪年法、太岁纪年法与干支纪年法 ……………………………………… (61)

一　岁星纪年法 …………………………………………………………………………… (61)
二　太岁纪年法与干支纪年法 ………………………………………………………… (64)
第四节　二十八宿系统的建立 ……………………………………………………………… (67)
一　二十八宿的起源及其系统的形成与四象的演变 ………………………………… (67)
二　二十八宿系统的定量化及其演变 ………………………………………………… (69)
第五节　诸子的宇宙论 ……………………………………………………………………… (72)
一　儒家的宇宙论 ……………………………………………………………………… (72)
二　道家:李耳与庄周的宇宙论 ………………………………………………………… (74)
三　墨翟、尸佼、惠施、邹衍等人的宇宙论 ……………………………………………… (75)
四　《管子》中的宇宙论 ………………………………………………………………… (77)
五　屈原《天问》所反映的宇宙论 ………………………………………………………… (78)
六　《吕氏春秋》中的宇宙论 ……………………………………………………………… (79)
第六节　月令思想、阴阳家与天文历法 …………………………………………………… (80)
一　月令思想的流行 …………………………………………………………………… (80)
二　阴阳家月令中的星象及 24 节气与 72 候 ………………………………………… (82)
三　五德终始论与三正说 ……………………………………………………………… (86)
第七节　战国时期的古六历 ………………………………………………………………… (87)
一　古六历的基本数据 ………………………………………………………………… (87)
二　古六历朔、闰、气等的推算法 ……………………………………………………… (90)
三　古六历的测定年代与行用状况 …………………………………………………… (91)
第八节　甘德与石申夫的天文工作 ………………………………………………………… (92)
一　甘德与石申夫其人 ………………………………………………………………… (92)
二　关于日、月、五星的观测与研究 …………………………………………………… (93)
三　关于恒星的观测 …………………………………………………………………… (95)
四　甘德与石申夫的星占术 …………………………………………………………… (96)
第九节　马王堆帛书《五星占》与《天文气象杂占》 ………………………………………… (98)
一　马王堆帛书《五星占》 ………………………………………………………………… (98)
二　马王堆帛书《天文气象杂占》中的彗星知识 ……………………………………… (102)
第三章　天文学体系的形成
——秦汉时期(前 221～公元 220) ………………………………………………… (103)
第一节　秦代大一统与天文历法 …………………………………………………………… (103)
一　历法及相关制度的统一 …………………………………………………………… (103)
二　从睡虎地秦简《日书》等看秦代历法的有关内容 …………………………………… (104)
第二节　西汉早期的改历之议与天象记录及天象观 ……………………………………… (109)
一　改历之议 …………………………………………………………………………… (109)
二　天象记录与天象观及天文机构 …………………………………………………… (110)
第三节　淮南学派的天文工作 ……………………………………………………………… (112)
一　宇宙本原与演化说 ………………………………………………………………… (112)
二　其他天文学知识的记述 …………………………………………………………… (115)

第四节　董仲舒的天文学思想与司马迁的天文工作……（117）
一　董仲舒与天人感应说……（117）
二　司马迁的天文工作……（119）
第五节　太初历的制定及其贡献……（123）
一　太初历的制定……（123）
二　太初历的内涵……（124）
三　太初历颁行以后的论争……（126）
第六节　圭表、晷仪、漏壶与星图的制作及百刻制问题……（127）
一　圭表与晷仪的制作……（127）
二　出土的五具西汉漏壶……（130）
三　西汉漏壶的三种型制、百刻制及其他……（132）
四　汉代星图……（135）
第七节　从周髀家盖天说到《周髀算经》盖天说及浑天说的兴起……（137）
一　周髀家盖天说……（137）
二　《周髀算经》盖天说……（139）
三　浑天说的兴起……（142）
第八节　《石氏星经》的测定……（144）
一　《石氏星经》的校订与证认……（144）
二　《石氏星经》观测年代的四种不同见解……（148）
第九节　京房、刘向、刘歆及扬雄的天文学思想……（152）
一　京房的天文学思想……（152）
二　刘向的天文学思想……（154）
三　刘歆的历法工作与天文学思想……（157）
四　扬雄的天文学思想……（165）
第十节　纬书中的天文学……（167）
一　《尚书·考灵曜》等的地有升降、四游说……（168）
二　《易·乾凿度》等的宇宙前期演化说……（171）
三　《诗·推度灾》等的宇宙循环论……（173）
四　《易·通卦验》的 24 节气晷影长度……（174）
五　《河图·帝览嬉》等的月行九道说……（175）
第十一节　东汉早期的历法改革与东汉四分历……（176）
一　东汉早期的历法改革……（176）
二　编䜣和李梵东汉四分历的编制……（177）
第十二节　贾逵、傅安、李梵、苏统等人的天文工作……（179）
一　贾逵的天文历法思想……（179）
二　傅安黄道仪与太史黄道铜仪及其应用……（181）
三　李梵、苏统关于月行迟疾与月亮近地点进动的发现……（182）
四　宗绀关于交食周期的改革……（183）
五　霍融与《夏历》关于漏刻等的测量……（183）

第十三节　王充的天文思想 …………………………………………………………(185)
一　元气自然论 ……………………………………………………………………(185)
二　平天说 …………………………………………………………………………(187)
三　关于太阳离地远近的讨论 ……………………………………………………(189)
四　日月食论和月生潮汐论 ………………………………………………………(190)
第十四节　郗萌—黄宪宣夜说 ……………………………………………………(192)
一　郗萌宣夜说 ……………………………………………………………………(192)
二　黄宪宣夜说 ……………………………………………………………………(193)
第十五节　张衡的天文学工作 ……………………………………………………(194)
一　张衡其人 ………………………………………………………………………(194)
二　浑天说理论的经典性总结 ……………………………………………………(195)
三　宇宙演化理论的阐发 …………………………………………………………(199)
四　若干天文现象的理论探讨 ……………………………………………………(200)
五　天文观测与历法研究 …………………………………………………………(201)
六　水运浑象、补偿式漏壶的制作 ………………………………………………(203)
第十六节　东汉中晚期的历法论争……………………………………………………(204)
一　关于历元的论争………………………………………………………………(204)
二　关于交食周期的论争 …………………………………………………………(207)
三　24 节气日所在、黄道去极等表格的重测 ……………………………………(210)
第十七节　刘洪及其乾象历的重大进展 …………………………………………(212)
一　刘洪其人 ………………………………………………………………………(212)
二　乾象历的重大进展……………………………………………………………(213)
第四章　天文学体系的发展
——魏晋南北朝时期(220～581)………………………………………………(218)
第一节　曹魏早期历法之争和杨伟景初历 ………………………………………(218)
一　曹魏早期关于历法的论争 ……………………………………………………(218)
二　杨伟景初历的制定……………………………………………………………(221)
三　景初历的进展…………………………………………………………………(222)
第二节　陈卓星官的问世 …………………………………………………………(224)
一　陈卓其人 ………………………………………………………………………(224)
二　陈卓星官与星数………………………………………………………………(225)
第三节　三国时期论天各家的争鸣…………………………………………………(231)
一　陆绩、王蕃的浑天说 …………………………………………………………(231)
二　姚信昕天说 ……………………………………………………………………(235)
三　虞耸兄弟穹天说………………………………………………………………(237)
四　徐整与开天辟地说……………………………………………………………(238)
五　杨泉宣夜说 ……………………………………………………………………(239)
六　刘智浑天说 ……………………………………………………………………(239)
第四节　两晋时期论天各家 ………………………………………………………(241)

一　虞喜安天说和《列子·天瑞》中的宣夜说……(241)
二　葛洪对盖天说的批评和对张衡浑天说的辩护……(243)
三　姜岌对浑天说的改造……(245)
第五节　三国两晋时期天文学的其他进展……(247)
一　葛衡浑天象、孔挺浑仪、斛兰铁浑仪及其他……(247)
二　束皙关于太阳大小远近的论证……(250)
三　虞喜:岁差的发现……(251)
四　姜岌的天文历法工作……(252)
五　赵𢾺对于闰周的改革……(254)
第六节　佛教须弥山说的传入……(255)
一　须弥山说的宇宙循环论……(256)
二　须弥山说的天地结构论……(257)
三　须弥山说的地轮-水轮-风轮-空轮论……(259)
第七节　何承天及其元嘉历……(261)
一　关于元嘉历……(261)
二　岁差值的新考定及其他天文学思想……(265)
第八节　祖冲之及其大明历……(266)
一　关于上大明历表……(266)
二　冬至时刻测算法及回归年长度等的测定……(269)
三　祖冲之同戴法兴的历法辩论……(271)
第九节　梁武帝萧衍的天文学思想……(274)
一　梁武帝与天文学活动的活跃……(274)
二　梁武帝与金刚山说……(275)
第十节　祖暅和虞劆等人的天文历法工作……(277)
一　祖暅的天文学活动……(277)
二　虞劆的天文学工作……(282)
第十一节　北魏、东魏时期的历法及其论争……(284)
一　北魏早期的改历之议……(284)
二　北魏后期的历法之争……(285)
三　东魏时期的历法之争……(287)
四　张龙祥、李业兴正光历及李业兴兴和历……(288)
第十二节　张渊、信都芳、李兰等人的天文工作……(292)
一　张渊《观象赋》……(292)
二　信都芳的天文工作……(294)
三　李兰秤漏和马上漏刻的创制及其他……(295)
第十三节　张子信的三大发现……(298)
一　关于张子信其人……(298)
二　太阳运动不均匀性的发现……(299)
三　五星运动不均匀性的发现……(300)

四　月亮视差对日食影响的发现 …… (301)
第十四节　北齐、北周时期的其他天文历法工作 …… (303)
一　北齐的历法之争 …… (303)
二　北周历法的变迁 …… (304)
第五章　天文学体系的成熟
——隋唐五代十国时期(581～960) …… (307)
第一节　隋初历法之争及庾季才、耿询等人的天文工作 …… (307)
一　张宾开皇历和刘孝孙的抗争 …… (307)
二　庾季才等人的天文工作 …… (310)
三　耿询天文仪器的制作 …… (311)
第二节　张胄玄、刘晖、刘焯的历法论争 …… (312)
一　张胄玄、刘晖、刘焯三家历法之争 …… (312)
二　张胄玄历及刘焯的抗争 …… (315)
第三节　刘焯皇极历的成就及其他 …… (318)
一　日躔表的制定和定朔望计算法 …… (318)
二　交食推算法的革新 …… (319)
三　五星位置计算的新方法 …… (323)
四　五星动态表的改进 …… (324)
五　等差级数法的应用与等间距二次差内插法的发明 …… (325)
六　若干天文数据和其他一些天文表格的改进与创制 …… (328)
七　关于天文学思想 …… (329)
第四节　张胄玄大业历的贡献 …… (331)
一　关于太阳运动的研究 …… (331)
二　关于五星运动的研究 …… (334)
三　关于交食的研究 …… (336)
第五节　星官知识的普及与星官体系的总结 …… (337)
一　《玄象诗》两种 …… (338)
二　李播《天文大象赋》 …… (339)
三　丹元子—王希明《步天歌》 …… (340)
第六节　傅仁均戊寅历和吕才漏壶及其他 …… (344)
一　傅仁均戊寅历的贡献 …… (344)
二　吕才漏壶及其他 …… (347)
三　漏刻管理机构及人员编制 …… (349)
第七节　李淳风及其麟德历 …… (350)
一　李淳风其人 …… (350)
二　黄道浑仪的制作 …… (352)
三　乙巳元历、《历象志》和《乙巳占》 …… (353)
四　麟德历的成就 …… (355)
第八节　瞿昙悉达《开元占经》及九执历 …… (357)

一　瞿昙悉达及其家族 …… (357)
二《开元占经》的编撰 …… (360)
三　九执历的编译及其特色 …… (361)
第九节　南宫说、一行、梁令瓒的天文工作 …… (364)
一　南宫说的天文大地测量和历法工作 …… (364)
二　一行其人 …… (366)
三　一行和梁令瓒天文仪器的制作及应用 …… (371)
第十节　一行大衍历的成就 …… (376)
一　大衍历的结构 …… (376)
二　关于《历议》和《略例奏章》 …… (377)
三　交食推算法的改进 …… (381)
四　五星位置推算法的改革 …… (382)
五　若干数学方法的发明与应用 …… (383)
六　准正切函数表与覆矩图的编制 …… (385)
七　九服晷长、漏刻和食差计算法 …… (387)
第十一节　敦煌星图与历书及黄道十二宫等的传入 …… (390)
一　敦煌星图甲本和乙本 …… (390)
二　敦煌历书 …… (392)
三　黄道十二宫的传入 …… (394)
四　不空《宿曜经》和金俱吒《七曜攘灾诀》及其他 …… (397)
第十二节　曹士蒍符天历和徐昂宣明历及其他 …… (400)
一　至德、五纪和正元三历略说 …… (400)
二　曹士蒍符天历的新创 …… (401)
三　徐昂宣明历的新探索 …… (404)
第十三节　封演、窦叔蒙、卢肇等人的潮汐论 …… (407)
一　封演《说潮》:月生潮汐论的进展 …… (408)
二　窦叔蒙《海涛志》:潮汐论的重大发展 …… (409)
三　卢肇《海潮赋》:潮汐论的谬误 …… (411)
第十四节　边冈崇玄历的重大进展 …… (412)
一　边冈历算捷法举隅 …… (413)
二　对二次函数算法的继承与扩展 …… (414)
三　三次、四次函数算法的创用及其他 …… (416)
第十五节　王朴、邱光庭等人的天文工作及吴越国天文图 …… (418)
一　五代十国时期的历法概况 …… (418)
二　王朴钦天历的贡献 …… (420)
三　邱光庭《海潮论》的天文思想 …… (424)
四　吴越国天文图 …… (426)
第六章　天文学体系的高峰
——宋辽金元时期(960～1368) …… (430)

第一节 宋代早期的应天、乾元、仪天、崇天四历法 …………………………………… (431)
一 王处讷与应天历 ………………………………………………………………… (431)
二 吴昭素与乾元历 ………………………………………………………………… (432)
三 史序与仪天历 …………………………………………………………………… (433)
四 宋行古与崇天历 ………………………………………………………………… (435)
第二节 张思训、韩显符的天文仪器制作 …………………………………………… (438)
一 张思训"太平浑天仰视图"的创制 ……………………………………………… (438)
二 韩显符至道浑仪与祥符候仪的制作 …………………………………………… (440)
第三节 大型秤漏、莲花漏与民间计时仪器……………………………………………… (443)
一 大型秤漏 ………………………………………………………………………… (443)
二 燕肃与莲花漏…………………………………………………………………… (445)
三 盂漏、田漏与几漏 ……………………………………………………………… (447)
第四节 燕肃、余靖等人的潮汐理论 ……………………………………………… (449)
一 张君房的《潮说》与燕肃的《海潮论》 ………………………………………… (449)
二 余靖《海潮图序》:月生潮汐理论的新发展 ………………………………… (451)
三 邵雍、张载、沈括、徐兢等人的潮汐理论…………………………………………… (452)
四 余论 …………………………………………………………………………… (453)
第五节 杨惟德的恒星观测工作及其他 ………………………………………………… (454)
一 杨惟德与《杨惟德星表》 ……………………………………………………… (454)
二 1054 年超新星的观测及其他 ………………………………………………… (456)
第六节 邵雍、张载等人的宇宙理论 …………………………………………………… (459)
一 邵雍的宇宙本原、演化说、循环论与地附气说 ………………………………… (459)
二 张载的气本原与聚散说、地在气中说及左旋说 ……………………………… (461)
第七节 周琮明天历、皇祐仪象、《周琮星表》及其他……………………………… (463)
一 周琮与明天历……………………………………………………………………… (463)
二 《明天历·义略》:周琮论历 …………………………………………………… (464)
三 明天历算法的高度公式-表格化 ……………………………………………… (466)
四 皇祐仪象 ………………………………………………………………………… (467)
五 《周琮星表》与《皇祐岳台晷景法》……………………………………………… (469)
第八节 沈括与卫朴的天文工作 …………………………………………………… (471)
一 《浑仪议》、《浮漏议》与《景表议》及熙宁仪象 ……………………………… (472)
二 关于平太阳日与真太阳日之差异等的论述 …………………………………… (475)
三 卫朴及其奉元历 ………………………………………………………………… (476)
第九节 苏颂与韩公廉的水运仪象台及《新仪象法要》……………………………… (477)
一 水运仪象台的创制及其他 ……………………………………………………… (477)
二 《新仪象法要》的编撰 …………………………………………………………… (482)
三 苏颂星图 ………………………………………………………………………… (483)
第十节 皇居卿观天历及姚舜辅占天历与纪元历 ………………………………… (485)
一 皇居卿与观天历 ………………………………………………………………… (485)

二　姚舜辅与占天历 ……………………………………………………………… (486)
三　姚舜辅的纪元历及其影响 …………………………………………………… (487)
第十一节　辽代、西夏与金代的天文历法 ……………………………………… (490)
一　辽代的天文历法 ……………………………………………………………… (490)
二　西夏的天文历法 ……………………………………………………………… (491)
三　金代的天文工作及赵知微重修大明历 ……………………………………… (495)
第十二节　南宋民间天文学家与陈得一、刘孝荣的历法工作 ………………… (497)
一　南宋民间天文学家的历史贡献 ……………………………………………… (497)
二　陈得一与统元历 ……………………………………………………………… (498)
三　刘孝荣与乾道历 ……………………………………………………………… (499)
四　刘孝荣与淳熙历 ……………………………………………………………… (501)
五　刘孝荣与会元历 ……………………………………………………………… (502)
第十三节　朱熹等人的天文学思想 ……………………………………………… (503)
一　朱熹的宇宙本原与演化新论 ………………………………………………… (503)
二　朱熹:地在气中说的确立 ……………………………………………………… (504)
三　朱熹对日月五星左旋说与天体层次说的发展 ……………………………… (505)
四　俞琰、吴澄等人的天文论说 ………………………………………………… (507)
第十四节　杨忠辅统天历及南宋后期诸历法 …………………………………… (509)
一　杨忠辅及其统天历 …………………………………………………………… (509)
二　鲍澣之与开禧历 ……………………………………………………………… (511)
三　南宋晚期诸历法 ……………………………………………………………… (513)
第十五节　苏州石刻天文图碑 …………………………………………………… (514)
一　苏州石刻天文图碑的由来、作者及文字说明 ……………………………… (514)
二　苏州石刻天文图及其科学价值 ……………………………………………… (516)
第十六节　耶律楚材、札马鲁丁的天文工作与上都回回司天监 ……………… (518)
一　耶律楚材的天文历法工作 …………………………………………………… (518)
二　札马鲁丁的西域仪象与万年历 ……………………………………………… (520)
三　札马鲁丁与上都回回司天监 ………………………………………………… (523)
第十七节　郭守敬、王恂等人及天文仪器的制作与太史院的建立 …………… (524)
一　郭守敬、王恂等人及其历法思想 …………………………………………… (525)
二　一系列天文仪器的制造 ……………………………………………………… (527)
三　太史院的建立 ………………………………………………………………… (532)
第十八节　授时历的成就 ………………………………………………………… (534)
一　一系列天文测量工作的成就 ………………………………………………… (534)
二　授时历的若干重要革新与授时历的系列著作 ……………………………… (539)
三　授时历数学方法的创新 ……………………………………………………… (541)
第十九节　赵友钦、伊世珍、林辕等的天文学思想 …………………………… (545)
一　赵友钦与《革象新书》 ……………………………………………………… (545)
二　邓牧与伊世珍的宇宙无限论 ………………………………………………… (547)

三　林辕的宇宙膨胀说 …… (548)
四　许谦、黄必寿等对日月五星左旋说的否定与对右旋说的论证 …… (549)
五　史伯璿与地体暗虚月食论 …… (551)
六　宋濂等人的地圆思想与月食论 …… (552)
第七章　天文学体系的停滞与复兴
——明代(1368～1644) …… (555)
第一节　明代的天文、历法政策及其影响 …… (555)
一　天文、历法厉禁对历法的影响 …… (555)
二　天文政策与天文仪器 …… (558)
三　天文政策与天文学思想 …… (561)
第二节　《天文书》 …… (562)
一　马哈麻和《天文书》的翻译及其底本 …… (563)
二　《天文书》的结构及占法 …… (564)
三　《天文书》的星占特色及其影响 …… (565)
四　《天文书》中的天文学知识 …… (566)
第三节　《回回历法》与《七政推步》 …… (567)
一　《回回历法》与《七政推步》的编译 …… (567)
二　天文数据与表格 …… (568)
三　回回历谱、日月位置及交食计算法 …… (571)
四　行星位置推算法 …… (574)
五　《七政推步》中的星表与星图 …… (575)
六　《回回历法》的影响 …… (578)
第四节　航海天文——牵星术 …… (580)
一　航海天文从导向到定位的发展 …… (580)
二　过洋牵星图 …… (582)
三　关于牵星板及其使用法 …… (585)
第五节　传统星图的继承与发展 …… (588)
一　明代传统星图纵览 …… (588)
二　明代天文政策、实学思潮与传统星图 …… (593)
三　明代传统星图的类型与特色 …… (595)
四　《天文节候躔次全图》星图集和《天文图》星图表集 …… (596)
第六节　藏族历法与彝族天文历法 …… (600)
一　时轮历的由来与发展 …… (600)
二　藏历有关天文数据和表格 …… (601)
三　藏历日、月、五星位置及交食推算法 …… (604)
四　关于藏历历谱 …… (607)
五　彝族天文历法 …… (608)
第七节　朱载堉的天文历法工作 …… (610)
一　朱载堉其人 …… (610)

二　黄钟历与圣寿万年历的编制及北极出地高度测量新法 …………………………………（612）
三　天文学思想 ………………………………………………………………………………………（614）
第八节　邢云路的天文历法工作 ………………………………………………………………（616）
一　邢云路其人 ………………………………………………………………………………………（616）
二　《古今律历考》…………………………………………………………………………………（618）
三　六丈高表的建立与回归年长度的测算 ……………………………………………………（620）
第八章　中西天文学的交融
——明末～清代（1583～1911）…………………………………………………………………（622）
第一节　明末耶稣会士的东来和利玛窦、阳玛诺等传入的天文学知识 ……………………（623）
一　耶稣会士东来的历史背景和明末来华的主要耶稣会士 …………………………………（623）
二　利玛窦与《乾坤体义》………………………………………………………………………（624）
三　阳玛诺与《天问略》…………………………………………………………………………（625）
四　《日月星晷式》………………………………………………………………………………（626）
五　汤若望与《远镜说》…………………………………………………………………………（627）
六　傅汎际与《寰有诠》…………………………………………………………………………（629）
第二节　明末的历法改革及徐光启、李之藻等人的贡献 ……………………………………（630）
一　明末的历法之争 ………………………………………………………………………………（630）
二　徐光启的天文历法工作 ………………………………………………………………………（632）
三　李之藻的天文历法工作 ………………………………………………………………………（636）
四　王英明与《历体略》…………………………………………………………………………（637）
五　熊明遇与《格致草》…………………………………………………………………………（638）
六　黄道周的地动思想 ……………………………………………………………………………（640）
第三节　西方天文学体系的全面系统引入:《崇祯历书》……………………………………（641）
一　《崇祯历书》的编纂及其基本内容 …………………………………………………………（641）
二　《崇祯历书》所采取的基本理论和近代天文学知识 ………………………………………（643）
三　《崇祯历书》所介绍的西方天文仪器 ………………………………………………………（648）
四　《崇祯历书》中的星表、星图与《赤道南北两总星图》……………………………………（650）
第四节　薛凤祚、穆尼阁等人的天文工作及其影响 …………………………………………（653）
一　薛凤祚与《历学会通·正集》………………………………………………………………（653）
二　穆尼阁与《天步真原》………………………………………………………………………（655）
三　黄百家对哥白尼学说的介绍 …………………………………………………………………（657）
四　胡亶与《中星谱》……………………………………………………………………………（658）
第五节　康熙帝与天文历法 ………………………………………………………………………（660）
一　康熙帝和历算研究的兴起 ……………………………………………………………………（660）
二　蒙养斋与《历象考成》的编纂 ………………………………………………………………（663）
三　《历象考成》的内容 …………………………………………………………………………（668）
第六节　望远镜和自鸣钟的传入及其制作 ………………………………………………………（670）
一　望远镜的传入与制作 …………………………………………………………………………（670）
二　自鸣钟的传入与制作 …………………………………………………………………………（674）

第七节 王锡阐的天文工作 …………………………………………………… (677)
一 王锡阐及其天文历法思想 ……………………………………………… (677)
二 对西方历法的评述 ……………………………………………………… (681)
三 《晓庵新法》 …………………………………………………………… (682)
四 《五星行度解》…………………………………………………………… (684)
第八节 梅文鼎的天文工作 …………………………………………………… (686)
一 梅文鼎及其天文历法思想 ……………………………………………… (686)
二 对传统天文历法的研究与阐发…………………………………………… (688)
三 对西法的研究与普及推广 ……………………………………………… (689)
四 对中西天文历法的比较研究 …………………………………………… (692)
五 天文仪器和星图的制作与研究…………………………………………… (694)
第九节 《明史·历志》的纂修及揭暄、游艺等人的天文工作 ………………… (695)
一 《明史·历志》之纂修 …………………………………………………… (695)
二 揭暄《璇玑遗述》与游艺《天经或问》 ………………………………… (698)
第十节 南怀仁等人制作的天文仪器与《灵台仪象志》及其他 ……………… (700)
一 南怀仁等人制作的赤道经纬仪等六件天文仪器…………………………… (701)
二 《灵台仪象志》的编纂 …………………………………………………… (706)
三 纪理安地平经纬仪的制作及其他 ……………………………………… (707)
第十一节 《历象考成后编》与《仪象考成》的编纂 ……………………………… (708)
一 《历象考成后编》编纂之缘起 …………………………………………… (708)
二 《历象考成后编》的内容及其改进 ……………………………………… (710)
三 戴进贤与《历象考成后编》之月离表及其底本 ………………………… (712)
四 《仪象考成》等的编纂及玑衡抚辰仪的制作 …………………………… (714)
五 《历象考成后编》等对东亚诸国的影响及其他 ………………………… (716)
第十二节 乾隆时期日心地动说的传入及其反响 …………………………… (718)
一 演示日心地动说仪器的传入 …………………………………………… (718)
二 蒋友仁《坤舆全图》(《地球图说》)与日心地动说…………………………… (720)
三 阮元等人对日心地动说的怀疑或抵制 ………………………………… (721)
第十三节 中国传统天文学在欧洲…………………………………………… (723)
一 欧洲天文学家研究中国传统天文学的缘起 …………………………… (723)
二 对黄赤交角的研究及其贡献 …………………………………………… (725)
三 法国学者对中国古代天象记录的整理和利用 ………………………… (728)
第十四节 乾嘉学派的天文工作 ……………………………………………… (731)
一 钱大昕对传统历法的研究 ……………………………………………… (731)
二 阮元、李锐等《畴人传》的编纂及其他 ………………………………… (732)
三 李锐对传统历法的研究 ………………………………………………… (736)
四 顾观光、汪曰桢等的历法研究 ………………………………………… (738)
第十五节 《仪象考成续编》与道光增星及其他 ……………………………… (741)
一 《仪象考成续编》的编纂 ………………………………………………… (741)

二　关于道光增星及对近代天文学若干论题的思考 …… (743)
第十六节　玛吉士、合信、李善兰与伟烈亚力等的天文工作 …… (745)
一　玛吉士《新释地理备考全书》中的天文知识 …… (745)
二　合信《博物新编》二集等书中的天文知识 …… (747)
三　李善兰与伟烈亚力:《谈天》的翻译 …… (749)
四　《谈天》的天文学内涵及其他 …… (751)
第十七节　洋务运动时期的天文教育普及工作、王韬的天文工作及太平天国历法 …… (755)
一　京师同文馆天文算学馆和若干学堂的天文教育 …… (755)
二　若干近代天文书籍的编译 …… (757)
三　王韬的天文学工作 …… (759)
四　太平天国历法——天历 …… (761)
第十八节　列强在中国建立的天文台站 …… (762)
一　上海徐家汇天文台和佘山天文台 …… (762)
二　青岛气象天测所与台北测候所 …… (764)
第十九节　康有为、严复、谭嗣同、孙中山等的天文学思想 …… (765)
一　康有为与《诸天讲》 …… (765)
二　严复的天文学思想 …… (767)
三　谭嗣同的天文学思想 …… (768)
四　孙中山的天文学思想 …… (769)
参考文献 …… (771)
原始文献 …… (771)
研究文献 …… (773)
索引 …… (775)
人名索引 …… (775)
书名索引 …… (792)
后记 …… (806)
总跋 …… (807)

第一章　天文学知识的萌芽与积累
——仰韶文化中期(约前4510)到西周(前770)

中华民族生息在中国这片辽阔的土地上，至少已有100余万年的历史，日月升落，星汉灿烂，一直伴随着人们。在早期极其漫长的岁月里，先民是如何感受这些天文现象的？由于缺乏必要的资料，我们还难以得知。而自新石器时代仰韶文化中期(约前4510年后)之后，开始有极重要的遗存昭示了先民们对天文现象的感知，这就是距今约7000年的河南省濮阳龙虎、北斗墓的发现。自此往后的考古发现以及有关文献的记载，均说明观象授时乃是中国漫长的远古时期天文学的重要特征，及至夏(约前2070～约前1600)、商(约前1600～前1046)、西周(前1046～前770)三代，观象授时的方法渐趋成熟，观测的恒星从单一向多恒星以及对月亮与太阳的观测方向演进，并渐向较规整的推步历法的方向发展。在商、西周时期，后世运用阴阳合历的传统便已奠定了基础，对异常天象的观测与记录亦首开其端，圭表、漏壶的使用已见雏形，对天文历法的重视及其在国家政权中占有特殊地位的观念也开始成立。总之，这是一个十分漫长的天文学知识萌芽与积累的年代，这些知识对于后来的进展而言自然是粗疏的，但它们对后世的发展产生了重要的影响。

第一节　仰韶文化中期的天文知识

一　濮阳龙虎北斗图与龙虎鸟麟四象图及其授时功能

1987年，河南省濮阳市文物管理委员会等单位，在该市西水坡发现了一座编号为45的蚌塑龙虎、北斗墓(以下简称为45号墓)①，如彩图一。经^{14}C测定为距今5800±110年，又经树轮校正为距今6460±135年②，属于新石器时代的仰韶文化中期。这一发现引起了考古学界和天文学史界的巨大关注，关于它的天文学意义，已得到学者的共认③。

该墓主人头居南、足向北，其东为一蚌塑龙像，张牙舞爪，栩栩如生，其西为一蚌塑虎像，缓步平视，威风凛凛，其北则为一蚌塑三角形和人的两根胫骨构成的图案。此中的天文学意义，则需从后世的有关认识中去探寻。

古人将黄赤道带附近的星空划分为四大部分，它们各由一批星官组构而成，合称四象或四灵等。汉代张衡有言："苍龙连卷于左，白虎猛据于右，朱雀奋翼于前，灵龟圈首于后。"④ 即四

---

① 濮阳市文物管理委员会等，河南濮阳西水坡遗址发掘简报，文物，1988,(3)。

② 濮阳西水坡遗址考古队，1988年河南濮阳西水坡遗址发掘简报，考古，1989,(12)。

③ 冯时，河南濮阳西水坡45号墓的天文学研究，文物，1990,(3)；伊世同，星象考原，见陈美东等主编，北京·1990·中国科学技术史国际学术讨论会论文集，中国科学技术出版社，1992；薄树人，中国古星图概述，见陈美东主编，《中国古星图》，辽宁教育出版社，1996年，第2页。

④ 张衡：《灵宪》。

图 1-1　虢国铜镜四象图拓片

象是东有苍龙、西有白虎、南有朱雀、北有玄武的四组图像，这大约是战国后期及其后人们共认的观念①。这种观念的形成，经历了漫长的演变过程，其中北方由麒麟到玄武的转变大约发生在战国中期。《尔雅》在描述麒麟的形象时说："麇身、牛尾、一角。"麇为鹿科动物，无角。在湖北省随县曾侯乙墓出土的、战国前期（约前 430）的一只漆箱盖上，绘有东龙、西虎、北双麒麟、南（未见有关部门公布此图像），中间为北斗以及二十八宿等的图像（详说见第二章第四节和图 2-1），漆箱盖正面的总体形象，与 45 号墓龙虎、北斗图颇为相似，只是北斗居中，虎首南向，有所不同。此外，在河南省三门峡上村岭出土的一面春秋初叶（约前 8 世纪）虢国的铜镜背面，可见左右为龙与虎，上为鹿形、牛尾，亦应为麒麟，下为鸟的图像②（图 1-1），这应是四象的图像。其上方的麒麟形，正可与漆箱盖的北方双麒麟形遥相呼应，只是由单成双而已。

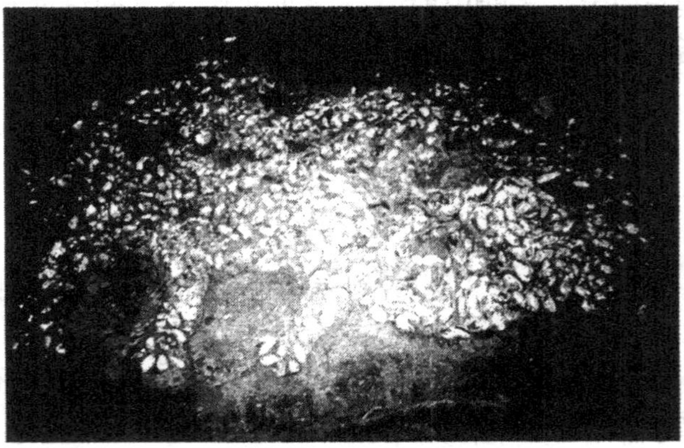

图 1-2　濮阳西水坡 2 号遗迹龙、虎、鸟、麒麟图

这些情况说明，龙、虎、鸟和麒麟分别被认定为东、西、南、北 4 组恒星的总体形象是没有疑义的。就在 45 号墓的南面不远处，有同属于 45 号墓主人的两组依次被称为 2 号和 3 号的遗迹出土③。2 号图像遗迹中有蚌龙、蚌虎、蚌鸟和独角、牛尾的蚌麒麟四图像（图 1-2），而 3 号遗迹中也有蚌龙、蚌虎等（图 1-3）。我们认为，龙、虎、鸟、麒麟四图像相匹配出现实非偶然，特别是考虑到后世龙、虎、鸟、麒麟四象系统的存在，有理由认为它们应是该四象系统的早期图像④。

再说北斗，它在古代人们的心目中，具有重要的意义。汉代司马迁说："斗为帝车，运于中央，临制四乡。分阴阳，建四时，均五行，移节度，定诸纪，皆系于斗。"⑤ 突出强调了北斗七星在一年中绕北极的周回运转，在昭示四季、节气变迁方面的重要作用。战国时期的鹖冠子则有更简明的叙述："斗柄东指，天下皆春；斗柄南指，天下皆夏；斗柄西指，天下皆秋；斗柄北指，

---

① 冯时，星汉流年，四川教育出版社，1996 年，第 176～186 页。

② 中国科学院考古研究所，上村岭虢国墓地，科学出版社，1959 年。

③ 濮阳西水坡遗址考古队，1988 年河南濮阳西水坡遗址发掘简报，考古，1989，(12)。

④ 冯时，星汉流年，四川教育出版社，1996 年，第 160～186 页。

⑤ 司马迁：《史记·天官书》。

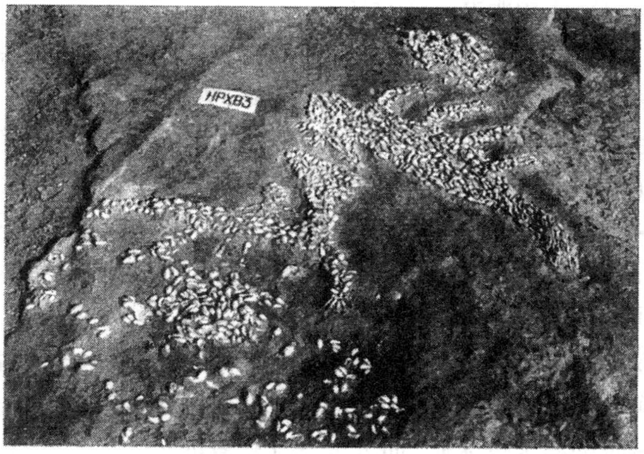

图 1-3　濮阳西水坡 3 号遗迹龙、虎等图

天下皆冬。”[①] 把北斗柄的指向同四季变化之间的关系说得一清二楚。严格一些说，这里所谓春、秋、夏、冬是指二分二至而言，而且观测的时间应在初昏之时。这与成书于春秋末年的《夏小正》所载的正月初昏“斗柄县(悬)在下”，六月“初昏斗柄正在上”之说，有异曲同工之妙。在《诗经·小雅·大东》中，有“维北有斗，不可以挹酒浆”的吟唱，这说明在北天区由七颗相对明亮的恒星组构成的斗勺状的北斗星是人们所熟知的。在前此 3000 余年前，北斗星同样醒目，所以在 45 号墓中，出现北斗星的造型并不为怪。冯时指出：作为斗柄的两根胫骨系由临近的 31 号墓中特意移入的，可见，北斗星造型的出现是特意安排的。又，在 45 号墓中北斗斗柄指东，大体上指向龙首，这与《史记·天官书》“勺携龙角”之说相合，亦可见北斗星的造型不是随意安置的。由此看来，45 号墓的蚌塑龙虎像同北斗星造型之间存在自洽的与有机的关系。既然 45 号墓中的龙、虎像是应是星象的反映，可以推想 2 号遗迹中的鸟、麒麟像也应是星象的反映，而且可以设想它们都是分别由某些星宿组构而成，并把这些星宿分别构想为龙、虎、鸟、麒麟四象。而对于这些星宿，当时的人们大约应有他们自己的某种约定，但已不为我们所知了。不过，这些约定已包含后世经长期演变与发展而成的二十八宿中的东、西、南、北各 7 宿的雏形，似无疑问，而且，其中有两颗恒星应该包含在当时先民的约定范围之内，似亦无疑问，这便是后世的东方七宿中的心宿二(天蝎座 α 星)和西方七宿中的参宿一、二或三(猎户座 50ζ、46ε 或 34δ 星)或伐三星(猎户座 43θ2、44τ 等星)。心宿二是心宿三星中央的、颜色偏红的大火星(亦称火星)，后世认为心宿处于苍龙心脏的部位。而参宿一、二、三是参宿中腰的三颗星，而伐为该宿中腰下的三颗星，后世认为它们处于白虎头面的部位。这一东一西、均由比较明亮又彼此临近的 3 颗恒星组成的星象，引起先民的关注是可以理解的。

据《左传·昭公元年(前 541)》记载，郑国子产在回答晋侯问时提及：“昔高辛氏有二子，伯曰阏伯，季曰实沈，居于旷林，不相能也，日寻干戈，以相征讨。后帝不臧，迁阏伯于商丘，主辰，商人是因，故辰为商星；迁实沈于大夏，主参，唐人是因，以服事夏、商。”高辛氏即帝喾，唐尧之父，时约当公元前 24 世纪，他为制止两个儿子无休止的争斗，把他们分开在今河南商丘和山西太原，天上的辰星(即大火星)和参星，也就分别成了商人和晋人的主星。大火星和参星两者相距约 180°，“以辰出而以参入”[②]。人们几乎不可能同时在天上看到大火星和参星。经骚人墨客的渲染，参商不相见，成为哀怨别离的典故，这是后话。自然，子产之说表明，高辛氏时代的人们对大火星和参星及二者的相对位置关系是并不陌生的，它们大约是作为龙与虎二象的代表性恒星而被代代口耳相传的。

由文献记载，先民对大火星的观测与崇拜还可以追溯到燧人氏的时代(说见下)，与 45 号

① 《鹖冠子·环流》。
② 《国语·晋语四》。

墓的年代相距并不太远了。

据推算，大火星在公元前2900年前后处于秋分点，设观测地点在北纬35°左右，又设日落后约2刻（亦即日行在地平下约6°）为初昏，则最利于观测大火星初昏自东方地平线升起来决定春分的时代是公元前2400年前后[①]。若以黄道岁差每往后71.58年黄经西移1°计，在公元前4510年的春分初昏时，大火星应在东方地平之上（4510～2400）/71.58＝29.5°，这也就是说，其时初昏大火星自东方地平线升起时，应在春分前约1个月。由此看来，45号墓年代的先民，若果是以大火星初昏从东方地平线上升起作为一年春天开始的标志，那么，这一开始的时间应相当于现今的雨水节气。当然，这无碍于其时的先民由此而得到的观象以知时的实际功效，也无碍于他们通过相同的观测，将一年春天的开始逐渐转变为相当于现今春分日的变革。换一句话说，当时或稍后的先民并没有什么雨水或春分之类的概念，他们大约只关心天气从寒转暖的春天的来临，而大火星在初昏时从东方地平线上升起，在相当长的时期内都应是合适的标志。

45号墓时代的先民即便还没有严格地依据观测大火星或参星等的昏见来确定时令的来临，而对龙、虎、鸟、麟四象的分划及北斗斗柄指向的知识，至少可以用于大略地指示春夏秋冬四季的推移，这对于他们生产、生活的安排也是至关重要的。

《公羊传·昭公十七年》有"大辰者何？大火也，大火为大辰，伐为大辰，北辰亦为大辰"之说，这是古来相传的三大辰说，即大火星、参（伐）星和北斗星都曾被用作观象授时重要的标准星。

二　龙虎鸟麟四象与图腾及星象崇拜

这里还有一个问题需要讨论，那就是先民为什么采用龙形、虎形与鸟形来描绘春天时分东方、西方与南方的星空？我们以为陈久金的有关论述[②]是值得重视的。

据《左传·昭公十七年》记载，郯子在答鲁昭公问时提及"大皞氏以龙纪，故为龙师而龙名"。对此，孔颖达指出，这些官名有青龙氏、赤龙氏、白龙氏、黑龙氏和黄龙氏等。大皞氏即太昊氏，是为东夷族部落联盟的首领，该部落联盟以龙为总名号，而青龙氏等应是各不同部落的分名号，这些部落主要分布在今山东省的大部、河南与河北省的东部及江苏省的北部等地，这应是说它们均以龙作为自身的崇拜物与保护神，亦即图腾。在《山海经·海外东经》中载："雷泽中有雷神，龙身而人头"，雷泽在古濮州，即今河南濮阳一带，正是45号墓出土处，依然延续着对龙神的敬畏。

分布于中国西部的今青海、甘肃省以及陕西省西部一带的古西羌部落，是以虎为图腾的，其首领可以追溯到伏羲氏。《淮南子·览冥训》等文献将伏羲称为虙戏，《说文解字》释虙为"虎儿"，则伏羲的名字就带有虎的含义。至于古西羌族中重要支系的彝族等少数民族，其原生图腾为虎，也是一个重要的证据。

郯子也提及："我高祖少昊，挚之立也，凤鸟适至，故纪于鸟，为鸟师而鸟名。"少昊部落分布于黄河以南、江淮中、下游以至长江以南的中国南方。殷人实为少昊氏的后裔，鸟仍是殷人所

① 中国天文学史整理研究小组，中国天文学史，科学出版社，1981年，第10、11页。

② 陈久金，华夏族群的图腾崇拜与四象概念的形成，自然科学史研究，1992，(1)。

崇拜的，这是对其祖先商族以鸟为图腾的观念的继续[①]。在浙江省余姚市河姆渡文化（距今约7000年）的遗址中，出土有刻制于一器物上的十分精细的凤鸟飞天图，也是中国古代南方部落早就以凤鸟为崇拜物的反映。

在陈久金的文章中并未论及麒麟，而是讨论了夏民族的龟蛇图腾崇拜的问题，这大约应是战国中期有人以玄武取代麒麟为北方星象标志的历史依据。关于麒麟与中国古代北方部落图腾的关系，尚有待进一步的研究。20世纪80年代中期，考古工作者在内蒙古自治区敖汉旗小山遗址发现了一件约公元前4000年的陶尊[②]，在其器腹一周装饰着生动的图案：在流云之间绘有一只飞奔的麒麟（鹿状、独角）、一只飞翔的鸟和一头獠牙的野猪。冯时认为，野猪是与北斗七星有关的图像[③]，无论此说是否得当，似都不妨碍图案中的麒麟与鸟应指天上之物的理解，因为它们飞行于流云之间。如果再考虑到濮阳西水坡2号遗迹中的四象图，我们似可以把它们理解为其中麒麟与鸟二象的再现。要是冯时之说可以成立，则其含义就更加明显。正像以龙为图腾的濮阳45号墓主人在45号墓中突出龙及与之东西相称的虎一样，小山遗址陶尊的绘制者强调的是他们的崇拜物麒麟及与之南北相称的鸟。如果我们的理解无误，该陶尊可以作为中国古代北方部落是以麒麟为图腾的一个证明。

以上这些讨论，无非是想要说明在距今约6500年以前，中国的先民已经把东、西、南、北四方最主要部落的图腾搬上了天空，他们在地上各据一方的同时，也按特定的规则划分各自所属有的天空。他们的这一作为大约还基于如下两个方面的考虑：

其一，考古发掘资料表明，远在七八千年前，黄河与长江流域就已有了一定水平的原始农业和畜牧业。而到六七千年前，农业在更广大的地区得到发展，并在经济中的地位愈加重要[④]，对于得知比较准确的时令，是一种自然的也是必然的要求。因此，先民在这时对业已经过长时间观象所得到的经验，进行如上所述形式的归纳，以期适应社会生产的需要，是可以理解的。

其二，天地之间可以相沟通的观念使然。有人指出，在濮阳西水坡45号墓和2号、3号遗迹一起构成一个具有原始宗教意义的升天景象，其中3号遗迹中（图1-3）有一人乘于龙背之上，意欲升空而通天[⑤]，这似应是后来由巫觋掌理通天达地之事的早期观念的反映。而不同地域的部落与相应的天区相通达，以龙为图腾者，乘龙而与龙象相通，这可能是3号遗迹中的人不是乘于虎背而是乘于龙背的原因。天高远而神秘，日月星辰东升而西没，星象有常而有信，月亮的或圆或缺，日月之交食，其他异常天象之偶见，这些都给先民以很深的印象，并产生敬畏之情。他们把自己的崇拜物或保护神搬上了天空，自然也正是这种敬畏之情的延伸。

除了大部落联盟的四象崇拜之外，不同的部落大约还应有各自不同的星象崇拜。“遂人以火纪”[⑥]，这是说燧人氏部落是以大火星为图腾的。《国语·周语》载：“伶州鸠谓景王曰：我姬氏出自天鼋……”传说黄帝姬姓号轩辕氏，周天子也是姬姓，这是说黄帝部落是以天鼋星座作为图腾的。前引郯子之说中还提及：“炎帝以火纪，故火师而火名”，即炎帝（神农氏）部落也是以

① 胡厚宣，甲骨文所见商族鸟图腾的新证据，文物，1977，(2)。
② 中国社会科学院考古研究所内蒙古考古队，内蒙古敖汉旗小山遗址，考古，1987，(6)。
③ 中国社会科学院考古研究所内蒙古考古队，内蒙古敖汉旗小山遗址，考古，1987，(6)。
④ 杜石然等，中国科学技术史稿（上），科学出版社，1982年，第10、11页。
⑤ 冯时，星汉流年，四川教育出版社，1996年，第161、162页。
⑥ 《尚书大传》引《风俗通义·皇霸》；欧阳询：《艺文类聚》十一卷；徐坚：《初学记》卷九。

大火星为图腾。

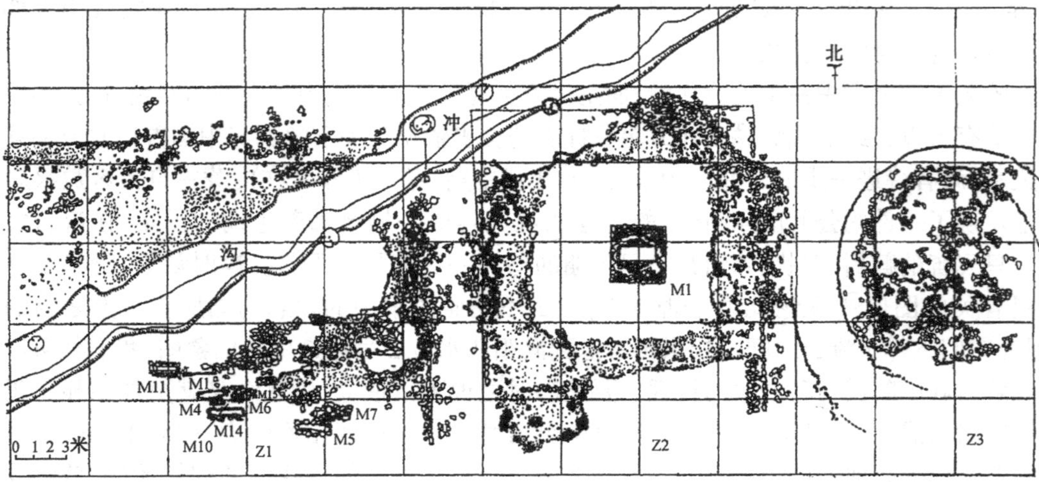

图 1-4　辽宁建平牛河梁积石冢遗迹图

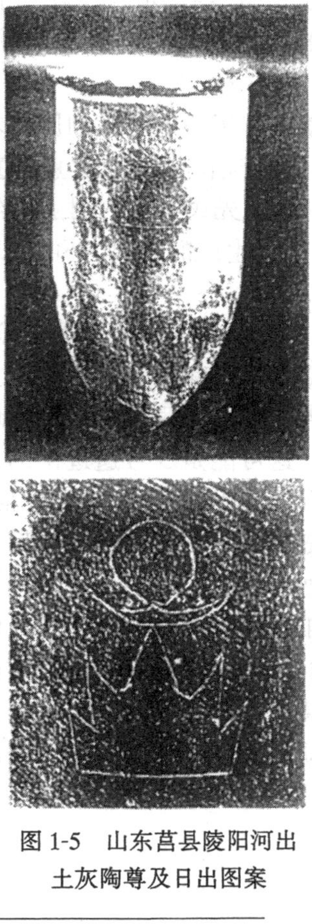

图 1-5　山东莒县陵阳河出土灰陶尊及日出图案

在辽宁省建平县牛河梁发现了红山文化晚期的积石冢群，经树轮校正的^{14}C测定年代约为公元前 3000 年①。其中，编号分别为 Z_3 和 Z_2 的三环石和方形石结构（图 1-4），颇引人注目。两者东西排列。三环石系由规整的淡红色花岗岩长条形多棱柱体石桩组成的三个同心环，内、中、外环内径约分别为 11、15.6 和 22 米，三环高度为 25～40 厘米不等，总体呈外高而内低的形态。其西为方形石结构，中间为方石台，约 3.6 米见方，距现地表 0.65 米，石台中部为一长方形椁室，东西长 2.21 米，南北宽 0.85 米，高 0.5 米，底距石台顶部 1.4 米，室顶盖有薄石板。石台的东、西、北三面各存一道石墙，东墙长约 187 米。外环西与东墙垣相距仅约 2 米，显然，它们又同构成一组存在有机联系的群体。

有人认为②，这一群体显示，这时的先民以三环石坛以象天、方形石坛以象地，是他们对天地的祭祀之所，既是天圆而地方的宇宙结构观念的体现，又是对天地崇拜、敬畏观念的反映，此说是值得重视的。也许方形石台应是葬人的处所，果若如此，这一特殊的方圆结合的石构建筑形式，似也应是先民对天地形态观念的一种表达，人死而葬于方形石台中，如同生而居于地上一样，其西的三圆环，大约是死者头上顶着天的含义。

先民对于太阳的崇拜，也十分古老。在山东大汶口龙山文化遗址出土的灰陶尊上，刻有反映日出于五峰山顶的图案（图 1-5），有人认为这应是“旦”的意符字，很可能是用来祭日出、祈丰收的

① 辽宁省文物考古所，辽宁牛河梁红山文化“女神庙”与积石冢发掘报告，文物，1986，(8)。

② 冯时，红山文化三环石坛的天文学研究，北方文物，1993，(1)。

礼器，其时代距今约 4500 年①。

河南濮阳西水坡 45 号墓等的发现，把中国古代观象授时的历史追溯到距今约 6500 年前，完整地把黄赤道附近的天区划分为龙、虎、鸟、麟四象，应是已对星象进行了长期观测的一次总结，连同对北斗斗柄指向的观测，说明这时的先民已经掌握了不应低估的观象授时的知识，同时也说明了先民所萌生的天地相通的信念以及对星空的敬畏与祈求，这些知识与观念对后世有着深远的影响。

第二节　大火历和《尚书·尧典》四仲中星

一　大火历的流行

在第一节中，我们已经谈及在四象的龙象中大约已含有大火星，还有燧人氏和神农氏部落皆以大火星为图腾，以及帝喾将大火星封予阏伯等等，可见，大火星在早期观象授时与星象崇拜中占有十分重要的地位。在古代文献中，还有另一些记述。

《尸子》有“燧人察辰心而出火”② 之句，又有“燧人上观辰星（即大火星），下察五木，以为火也”③ 之句，而汉末徐干则有“燧人察时令而钻火”④ 之说，即以为燧人氏系由观测大火星而知时令，进而安排各时节钻木取火的事宜。这一传说把燧人氏之所以以大火星为图腾的传说作了合理的说明。

> 神农以前尚矣。盖黄帝考定星历，建立五行，起消息，正闰余，于是有天地神祇物类之官，是谓五官。各司其序，不相乱也。……少皞氏之衰也，九黎乱德，民神相扰，不可放物，祸灾荐至，莫尽其气。颛顼受之，乃命南正重司天以属神，命火正黎司地以属民，使复旧常，无相侵渎。其后三苗服九黎之德，故二官咸废所职……尧复遂重黎之后，不忘旧者，使复典之，而立羲和之官⑤。

这是司马迁对自黄帝到唐尧时期内天文历法状况的概括。这里，“南正”与“火正”是为官名，而“重”与“黎”是为姓名。“火正”职责之一是观测大火星以授民时，这一点当无疑义，而“南正”的职责之一似也应与观测天象有关，有人认为可能是指观测太阳出入方位以定时节⑥，这种可能性是存在的。庞朴指出⑦，火正黎后来死于非命。《史记·楚世家》上说：黎因平共工之乱不尽，被诛于帝喾高辛氏；其弟吴回为之后，复居火正为祝融（祝融乃火正别称）。而帝喾封大火星给阏伯大约也就在此前后。其后当是发生了三苗族的变乱，又重演了九黎之乱的事态，使南正、火正之设一度中断。而到唐尧之世，才又一次重整旗鼓，并发扬光大之。

---

① 邵望平，远古文明的火花——陶尊上的文字，文物，1978，(9)。

② 罗泌：《路史·前纪五》注引。

③ 欧阳询等：《艺文类聚》卷八十七引《九州论》。

④ 徐干：《中论·治学》。

⑤ 司马迁：《史记·历书》。

⑥ 陈久金，北斗星斗柄指向考，自然科学史研究，1994，(3)。

⑦ 庞朴，火历钩沉——一个遗佚已久的古历之发现，见中国天文学史文集编辑组，中国天文学史文集，第 6 集，科学出版社，1994 年，第 88、89 页。

唐尧一方面起用重黎的后人中精于天文历法者，命为羲和之官，并顺应他们提出的新的观测方法，这便是下面就要论及的《尚书·尧典》所载的有关方法；另一方面则不弃设立火正的旧法，据《左传·襄公九年》载，“陶唐氏之火正阏伯，居商丘，祀大火而火纪时焉。相土（商祖）因之，故商主大火”。即任命封于商丘的阏伯为火正，继续以观测大火星来定历法的传统，而这一传统又被商族所继承，一直到商殷时期仍沿用不弃，在本章第四节中，我们还要论及。

综上所述，由古史传说可知，自燧人氏之后，观测大火星以授时的工作，除了短时间的中断外，一直延续到殷商时期，上下差不多达 3000 年之久。这显然是一种恒星历，在其前期，它以观测大火星在初昏时于东方地平线升起为一年的开始，一年被分为四季；到后期（由阏伯任火正始），是否改变成下面就要谈及的以观测大火星在初昏时值南中天为准的方法，尚不得而知。

二 《尚书·尧典》四仲中星及其他

《尚书·尧典》的成书年代，至今还无定论，但对其主要部分完成于周代的观点得到普遍接受。有人已经指出[①]，《尚书·尧典》记录了帝尧时期的为政之要，及帝尧指示安排关于考察、培养接班人舜的一些事件。这段文字可引述于下：

> 乃命羲、和，钦若昊天，历象日月星辰，敬授人时。分命羲仲，宅嵎夷，曰旸谷，寅宾出日，平秩东作。日中星鸟，以殷仲春，厥民析，鸟兽孳尾。申命羲叔，宅南交，平秩南讹，敬致。日永星火，以正仲夏，厥民因，鸟兽希革。分命和仲，宅西，曰昧谷，寅饯纳日，平秩西成。宵中星虚，以殷仲秋，厥民夷，鸟兽毛毨。申命和叔，宅朔方，曰幽都，平在朔易。日短星昴，以正仲冬，厥民隩，鸟兽氄毛。帝曰：咨汝羲暨和，朞三百有六旬有六日，以闰月定四时成岁。允厘百工，庶绩咸熙。

这段文字包含着口耳相传的、帝尧时代十分丰富的天文历法信息：

其一，它明确表述了古人敬顺上天，并通过对日、月、星辰的观测，以确定时令的观念。这里，除了对恒星的观测外，还明确增添了对太阳与月亮的观测。

其二，帝尧分别派遣羲仲、羲叔、和仲、和叔四人到东、南、西、北四方，观测黄昏时鸟、火、虚、昴四星宿的南中天以确定仲春（春分）、仲夏（夏至）、仲秋（秋分）、仲冬（冬至）。诚然，这种恒星观测工作本可以在一地进行，而分于四地的原因，既与羲仲等四人除了观测特定恒星的任务外，还有其他事情要做有关（说见下），可能又与在古人看来，到四方观测与之相应的星宿更庄重和准确有关。

其三，关于鸟、火、虚、昴四星宿的证认，以及运用岁差理论与该四星宿当时所在的分或至点的位置，反推与此相应的可能年代的工作，已有古今中外许多学者进行过研究，但众说纷纭[②]：法国耶稣会士宋君荣（A Gaubil，1689～1759）认为其年代应在公元前 2155 年到公元前 2796 年间，平均为公元前 2475 年[③]；法国毕奥（J-B Biot，1774～1862）所得的结果是公元前 2357 年[④]；日本新城新藏以为是公元前 2500±300 年[⑤]；日本桥本增吉以为“日短星昴”的年代

① 江晓原，天学真原，辽宁教育出版社，1991 年，第 36、37 页。

② 潘鼐，中国恒星观测史，学林出版社，1989 年，第 5、6 页。

③ 宋君荣，Traite de L′astronomie Chinoise，1732 年。

④ 毕奥，Etudes Sur L′astronomie Chinoise，1862 年。

⑤ 新城新藏，支那上代の历法，艺文，第 4 年上，1913 年。

为公元前2988年、其余三星的平均年代为公元前1482年①；日本饭岛忠夫则推定为公元前400年②；也有学者以为当在公元前1300年前后③的殷商时期，而赵庄愚认为应在公元前2060年④；刘朝阳曾对自古代中国学者到近代外国学者的研究作过综述⑤。各家之说不同的主要原因：一是对于鸟、火、虚、昴四星宿的证认，除了昴星之外，不尽相同；二是所设定的观测地点不尽一致；三是对于"昏中"还是"旦中"，以及对"昏"或"旦"的定义、亦即对观测的时间的设定也不尽一样。于是，所得推论各异其说是不言而喻的。在没有进一步的资料或证据的情况下，上述三项基本条件是难有定论的。在上述各家说中，饭岛忠夫之说实难成立，其时至迟当在殷商时期。

其四，因为恒星在地平线附近时，其位置受到大气扰动的较大影响，而在南中天时，其位置则要稳定得多，古人由长期观测的实践中，对此必有体验。所以，从观测恒星昏见东方，改变为观测恒星昏见南中天，是先民为提高观测的准确度而作的重要改革。既然已改为南中天的观测，则必有相应的确定正南方向以及进行南中天观测的方法。若虑及下面就要谈到的观测太阳出入方位的方法，观测恒星处于正南方某一器物上方以确定其南中天，应是一种可能的方法。

其五，已知春秋分是昼夜长度平分，夏至时，白昼时间最长，而冬至时，白昼时间最短。这似乎表明已有初始测量时间长短的方法或初始器具的应用。

其六，羲仲与和仲还分别负责太阳出或入的观测与祭祀，至于他们开展这项工作的细节，现已无由确知。而在《山海经·大荒东经》中载东方有日月所出之山七："有山名曰大言，日月所出"；"有山名曰合虚，日月所出"；"有山名曰明星，日月所出"；"有山名曰鞠陵于天，东极、离瞀，日月所出，名曰折丹，东方曰折"；"有山名曰孽摇頵羝……有谷曰温源谷，汤谷上有扶木，一日方至，一日方出"；"有山名曰猗天苏门，日月所生"；"有山名曰壑明俊疾，日月所出"。而在《山海经·大荒西经》中载西方有日月所入之山亦七："有山名曰丰沮玉门，日月所入"；"有方山者……日月所出入也"；"有龙山，日月所入"；"有山名曰日月山，天枢也，吴姖天门，日月所入。……处于西极，以行日月星辰之行次"；"有山名鏖鏊钜，日月所入者"；"有山名曰常阳之山，日月所入"；"有山名曰大荒之山，日月所入"。有人已经指出⑥，这是古人由观测太阳出入何处，用来定季节的资料，此说应是可信的。上述日月所诸之山，是以正东方的鞠陵于天山为中轴的，而所入诸山则以正西方的日月山为中轴，当太阳出入于该二山的某特定位置时，是为春分或秋分。而当太阳出或入于其他诸山的某特定位置时，也应当同某一特定的时令相对应。自然，我们不能断言这就是羲仲与和仲观测太阳的方法。但所可注意者，这里所提及的东西各7座日出或日入之山，同羲仲"寅宾出日"与和仲"寅饯纳日"之说有可通之处；"东方折"等，同"厥民析"等有共通之处(详说见后)；又，这里所说的温源谷即汤谷，同羲仲到东方所居的旸谷似亦可通。这些似乎表明二者之间存在一定的联系。

---

① 桥本增吉，书经尧典の四仲中星ん就いて，东洋学报，17，1928年。

② 饭岛忠夫，尧典の四中星ん就して，东洋学报，19，1930年。

③ 中国天文学史整理研究小组，中国天文学史，科学出版社，1980年，第11页。

④ 赵庄愚，从星位岁差论证几部古典著作的星象年代及成书年代，载《科技史文集》第10辑，上海科学技术出版社，1983年。

⑤ 刘朝阳，从天文历法推测尧典之编成年代，燕京学报，1930，(7)。

⑥ 吕子方，中国科学技术史论文集(下)，四川人民出版社，1984年，第27、28页。

其七，羲仲等四人还分别负责管理四方的有关政务。据孔颖达疏："东作"指东方耕作之事；"南讹"指南方化育之事；"西成"指西方成物之事；"朔易"指北方岁改之事。其实，耕作、化育、成物与岁改之事本不应以四方为准加以区分，而应是四方在一年的不同季节中所要执行的事情，亦即为四方官员依时而行的政务。

其八，西汉孔安国注指出：析——"冬寒无事，并入室处，春事即起，丁壮就功……言其民老壮分析"；因——"谓老弱因就在田之丁壮，以助农也"；夷——"平也，老壮在田与夏平也"；隩——"室也，民改岁入此室处以辟风寒"，认为是与四季农事和生活有关的记述。而据近年的研究则认为，这四个字分别相当于殷墟甲骨卜辞中的四方方名：东方析、南方因、西方夷（韦）、北方（勹）（伏），以及《山海经·大荒经》中的四方方名或神名："东方曰折"、"南方曰因乎"、西方"曰石夷"、北方"氐羌乞姓"①。前者的解释反映了西汉人观象授时的观念，而后者的解释大约比较接近原意，我们更倾向于认为它们应指四方的神名，即四方之民各敬四方之神，以祭祀之。

其九，以鸟兽的某些特征以指示四季的变化：春天鸟兽孳尾——交尾繁殖；夏天鸟兽希革——毛、羽稀疏；秋天鸟兽毛毨——毛、羽齐整；冬天鸟兽氄毛——生出细软的绒毛，这些即所谓物候的记述。对物候的观测是先民最早标识时令的方法之一，甚至比观测天象以授时的方法还要古老。虽然这里所反映的物候还仅限于鸟兽的少数特征，但却是较早的关于物候的明确记述。

其十，认为已经使用阴阳历。以鸟、火、虚或昴连续两次昏南中的时间为一年，或以太阳连续两次出或入于某山的时间为一年（如果确实采用了上述观测太阳的方法的话），而且明确得出一年的长度为366日，分一年为四季，分别以鸟、火、虚、昴昏南中为标记。又以月亮的圆缺周期为一月，并以加进闰月的方法，来调节年与月之间的关系。

其十一，认识到经观测星象为主、观测太阳与物候为辅而得历法的重要性：可以可靠而有效地治理"百工"（即指百官），百官亦依之指导民众完成各类事功，而达到绩效显著的结果。

总而言之，《尚书·尧典》四仲中星等的记述，反映了先民观象授时观念与方法的进步。所观测的恒星已从比较单一的大火星的昏见，演进到鸟、火、虚、昴四星宿的昏中，而且注意到太阳以致月亮，表明了所观测的天体多样化的趋势。鸟、火、虚、昴四星宿大体均匀地分布于四方，这同先民原有的四象观念不无关系，或者说应是四象观念的一种自然发展。其中包含的若干物候历内容，则说明观测天象与物候依然是相辅相成的授时方法。而对日、月运行的关注，则开启了后世得到长足发展的阴阳合历的先河。

第三节　《夏小正》及其所反映的夏民族历法传统

一　《夏小正》的星象记载

《夏小正》最早见载于汉代的《大戴礼记》中，一般认为其成书于战国早期②，但相传它是夏

① 李学勤，见李学勤集，黑龙江教育出版社，1989年；郑慧生，商代卜辞四方神名、风名与后世春夏秋冬四时之关系，史学月刊，1984，(6)。

② 夏纬英，夏小正经文校释，农业出版社，1981年，第79页。

代的历法。《礼记·礼运》载:“孔子曰:我欲观夏道,是故之杞,而不足征也,吾得夏时焉。”郑玄注云:“得夏四时之书也,其书存者有《小正》。”应该说这则记载并非无稽之谈,杞国乃是夏的后裔聚居之所,孔丘想要了解夏的文化或传统,而到杞国去是可以理解的。看来,当时杞国所保存的夏文化或传统已经不多了,但孔子却意外地发现了尚在民间流传的、与当时各诸侯国的历法完全不同的历法知识,并认为它们应是传自夏代的历法传统的遗存。而在《史记·夏本纪》中,司马迁则说:“孔子正夏时,学者多传《夏小正》云。”认为孔子所得的夏时,便是《夏小正》中所记述的内容。

《夏小正》的总体结构是按月(传统都说是十二月历、而又一说是十月历①),分述与之相应物候、星象、农事、祭祀活动等等。《夏小正》总体结构的一个重要特征是按月给出特定的星象,其内容可示如下(依其原文):

正月——鞠则见;初昏参中;斗柄悬在下。
二月——无。
三月——参则伏。
四月——昴则见;初昏南门正。
五月——参则见;时有养日;初昏大火中。
六月——初昏斗柄正在上。
七月——汉案户;初昏织女正东乡;斗柄悬在下则旦。
八月——辰则伏;参中则旦。
九月——辰系于日。
十月——初昏南门见;时有养夜;织女正北乡则旦。
十一月——无。
十二月——无。

即有九个月书有星象。十月历论者以为,此中十一月和十二月无星象,说明《夏小正》原本只有十个月,但是,此中二月亦无星象,自然不能说原本无二月。更合理的解释应是,关于二月的星象脱漏不传了,那么,十一月和十二月的星象也可能是脱漏了,至少这不能作为十月历的确证。

无论《夏小正》是十二月历或十月历,其中无有闰月都是显而易见的。其月份的标志是某一特定的星象,可以称其为星象月,这自然不是以月亮的圆缺周期为标准的朔望月;其一年的周期也是以某一特定星象的再现来衡量的,即为恒星年,这自然不是以太阳某种形式的回归为标准的回归年。所以,《夏小正》是以对恒星的直接观测为基准的十二月(或十月)历,其间又掺糅着直接观测物候的物候历的成分。严格地说,以恒星为标志与以太阳为标志是不一样的,所以十月历论者称其为十月太阳历欠妥当。上述天象中,对十月历论者最重要的证据是:五月“时有养日”和十月“时有养夜”,即一年中白昼最长的月份同夜晚最长的月份相距 5 个月,故 1 年当为 10 个月。可是同样重要的证据却是十月历论者难以解释的,这便是:正月初昏“斗柄悬在下”和“六月初昏斗柄正在上”。每经过半年,斗柄的指向必从正在下转为正在上(相差 180°),但是这里还有一个条件,即观测的时刻应是相同的。若依十月历计,正月到六月时经半年,可是,正月初昏(约 17 点 50 分)和六月初昏(约 19 点 35 分)的时刻大约有 1 小时 45 分之

① 陈久金、卢央、刘尧汉,彝族天文学史,云南人民出版社,1984 年,第 199~238 页。

差,于是,六月初昏斗柄的指向应从正在下转过180°再加上约26°。相反,若依十二月历计,设观测的时刻相同,从正月到六月时经5个月,斗柄指向应从正在下转过150°,在虑及实际观测时刻约有1小时45分之差,则斗柄实际上应转过约176°,基本上与斗柄正在上相吻合。如上分析表明,现传《夏小正》当有错简,如“时有养夜”应系于十一月,便可与十二月历说相合。当然,十月历论者也可以用错简来辩解。比如把“初昏斗柄正在上”系于五月,勉强可通,可是这却与七月“斗柄悬在下则旦”的记载不能相容。而无论十月历抑或十二月历,“六月初昏斗柄正在上”同七月“斗柄悬在下则旦”,都是基本相吻合的。由此看来,十二月历说可以自圆其说,而十月历说似无退路可寻。

在上述天象中,正月“初昏参中”和八月“参中则旦”,无论用十二月历还是用十月历解释皆不可通。若以十二月历计,正月初昏约当17小时58分,日入约当17小时22分(以日入后2.5刻=36分为初昏),此时参星南中天,亦即参星在太阳之东5小时22分;八月旦约当5小时31分,日出约当6小时7分(以日出前2.5刻为旦),此时参星又南中天,亦即参星在太阳之西5小时53分。由此计,自正月到八月参星共运行168.75°,而自正月到八月约为212日,参星理应运行约210°,二者相差约41°。若以十月历计,二者相差则更大。对于十二月历而言,七月旦约当4小时58分,日出约当5小时34分,若此时参星南中天,则参星在太阳之西约6小时26分。由此计,自正月到七月参星共运行177°,而自正月到七月约为182日,参星理应运行约180°,二者基本吻合。所以,依十二月历说,可以“参中则旦”系于七月来自圆其说,对于十月历而言,则需将其系于六月。虽然二者均以错简为说,但两相比较,前者认为错置一个月,而后者认为错置二个月,当以前者(即十二月历说)较为妥当。

二　《夏小正》星象断代研究

能田忠亮对《夏小正》的星象作过断代研究①,他得出的结论是:《夏小正》天象当不晚于公元前2000年。不过,从正月“初昏参中”、七月“初昏织女正东乡”和十月“织女正北乡则旦”的记载看,以公元前600年时较为合适。《夏小正》自夏世以至春秋时期具有永年历的存在价值,而今日所见《夏小正》之起源或在此时代(前600)。由于在用岁差理论推断星象年代时,还需引进若干必要的设定,如何谓“昏”?何谓“旦”?观测地点的地理纬度为何?对星象的具体指认或理解也可能存在歧义,对若干具体星象还可能作取舍的判定,等等,所以,断代的结论不会是惟一的。也就是说,能田忠亮关于今日所见《夏小正》之起源或在公元前600年之说远非定论(能田忠亮也并未视其为定论)。

赵庄愚也对《夏小正》星象进行了断代研究②,认为《夏小正》应是3000年前西周初年的作品。已经有人指出③:该文的主要问题是以假设的大火星昏中日(五月芒种节后13日)为基点,拟合3000年前有关星象的计算值。可是,这一假设是未经证明的。而不同的假设就会有不同的结论,所以,3000年前的西周初年并非惟一的观测年代。此外,其所用的具体方法亦相

① 能田忠亮,夏小正星象论,中日文化,2(9、10),1941年。

② 赵庄愚,从星位岁差论证几部古典著作的星象年代及成书年代,见《科技史文集》第10辑,上海科学技术出版社,1983年。

③ 胡铁珠,《夏小正》星象年代研究,自然科学史研究,2000,(3)。

当粗疏。

罗树元与黄道芳以自制的岁差星盘，在《夏小正》一月星象出现于24节气之立春的条件下，得出其年代为公元前2000年①。

下面，我们拟对胡铁珠新近研究的结果② 作一简要的介绍：

关于星象的证认：鞠——虚宿一（宝瓶座β）；参——参宿二（猎户座ε）；斗柄——北斗开阳（大熊座ζ）和摇光（大熊座η）两星的连线；昴——昴宿（金牛座17）；南门——南门二（半人马座α）；大火——心宿二（天蝎座α）；汉——银河；织女——织女一（大星，天琴座α）、织女二（天琴座ε_2）和织女三（天琴座ζ）；辰——在《夏小正》中，“辰”和“大火”两星名同时被采用，应说明二者并不是等同的，“辰”应指房宿一（天蝎座π）、心宿二（天蝎座α）或尾宿二（天蝎座ε），也可以是它们的合称。

对《夏小正》的月份取12月说。认为“时有养夜”当在十一月；“参中则旦”应系于七月；又认为“鞠则见”、“昴则见”、“参则见”和“南门见”，均指旦见东方而言，十月“初昏南门见”中的“初昏”二字当为衍文。

考虑到夏、商、周三代主要王城，除了殷商在安阳纬度为36°多外，其余皆在34.5°上下，故取34.5°为观测地点之地理纬度。而所谓“昏”、“旦”则基本上取后世传统历法的日出前二刻半为“旦”、日落后二刻半为“昏”的观念。

又设定《夏小正》正月同现今的夏历正月相当，约以立春为岁首，内中所载各月诸天象皆以其月中气所在之日（以下简称月中）为准。

在如上考订与设定的基础上，先由岁差理论讨论《夏小正》中关于恒星南中天的4个记载的相应年代：

正月初昏参中——公元前450年；

四月初昏南门正——公元前900年；

五月初昏大火中——公元前750年；

七月参中则旦——公元前1200年。

可取四、五两月天象年代的平均年代约公元前800年为准。此中正月初昏参中的年代同后三者相距甚远，这是因为观测到初昏参中的时日并不在正月月中，而应在此前约15日之时日，果若如此，与之相应的年代亦可前推至约公元前800年。也就是说，在约公元前800年时，于四月、五月和七月的月中的昏（或旦）确实大体可见南门、大火或参星南中天，而大约于正月节气所在之日（可称为月初）昏时，大体可见参星南中天。这里所谓“大体”是说所观测的天体并非严格处于南中天，而是在南中天前后可能有数度的游移，这同昏、旦时刻的厘定及南中观测等的误差有关。

以公元前800年为基准点，可用现代天文学方法计算得《夏小正》所载其他天象的有关情况。这些计算值与相应“见”、“伏”或“系”记载的对照可申述于次：

正月月中旦时，鞠星的地平高度为25.6°，它与太阳的黄经差为−45.7°。这说明此时鞠星的地平高度已经相当高了，而且已离太阳较远了，也就是说它开始旦见的时间应在正月月中之前约7日。前已论及，正月“初昏参中”为约在当时正月月初的天象，“鞠则见”的时日大约也接

① 罗树元、黄道芳，论《夏小正》的天象和年代，湖南师范大学学报（自然科学），1985，(4)。

② 胡铁珠，《夏小正》星象年代研究，自然科学史研究，2000，(3)。

近于正月月初。

三月月中昏时，参星的地平高度为 - 1.6°，它与太阳的黄经差为 14.4°。即此时参星差不多已在地平线上，且与太阳相距较近，这同三月“参则伏”的记载正合。

四月月中旦时，昴星的地平高度为 19.9°，它与太阳的黄经差为 - 39.8°。应该说此时昴星的地平高度已经比较高了，但它是比较暗弱的星，需在距离太阳较远时方可见，当二者的黄经差约为 40°时，昴星可见大约是可信的（说见下），故四月“昴则见”的记载大体属实。

五月月中旦时，参星的地平高度为 6.7°，它与太阳的黄经差为 - 45.6°。此时参星距离太阳已足够远（就其可见而言），但其所处地平高度才达到可见的范围，这同五月“参则见”的记载符合。

八月月中昏时，房宿一、心宿二和尾宿二的地平高度分别为 2.7°、4.3°和 - 3.8°，它们与太阳的黄经差分别为 23.5°、30.7°和 41.7°，这同八月“辰则伏”可符合。此中，尾宿二伏而不见，是因其已在地平之下约 2°，不言自明；而房宿一和心宿二伏而不见，除了同它们的地平高度已较低有关之外，主要还是它们与太阳的距离相关。心宿二约为二等星，它伏而不见时同太阳的黄经差约为 31°，由此可以推测暗弱的昴星与太阳的黄经差约达 40°时可见，是合理的。

九月月中时，是房宿一、心宿二和尾宿二距离太阳最近的时日，所谓九月“辰系于日”，严格地说应是指“辰”与太阳处于相同的方位，“辰”既被认为是指房宿一、心宿二和尾宿二，它们与太阳距离最近之时，便可以理解为“系于日”了。

十月月中旦时，南门二中点的地平高度为 7.3°，它与太阳的黄经差为 - 42.3°。这一状况同上述心宿二见相类似，和十月“南门见”的记载亦合。

再看斗柄和织女指向、银河方位对照的情况：

公元前 800 年正月月中斗柄的指向状况如图 1-6 所示。由之不难看到，它与正月初昏“斗柄悬在下”基本符合。此外，公元前 800 年六月月中、七月月中斗柄指向的状况，也同六月“初昏斗柄正在上”、七月“斗柄悬在下则旦”的记载基本相符。

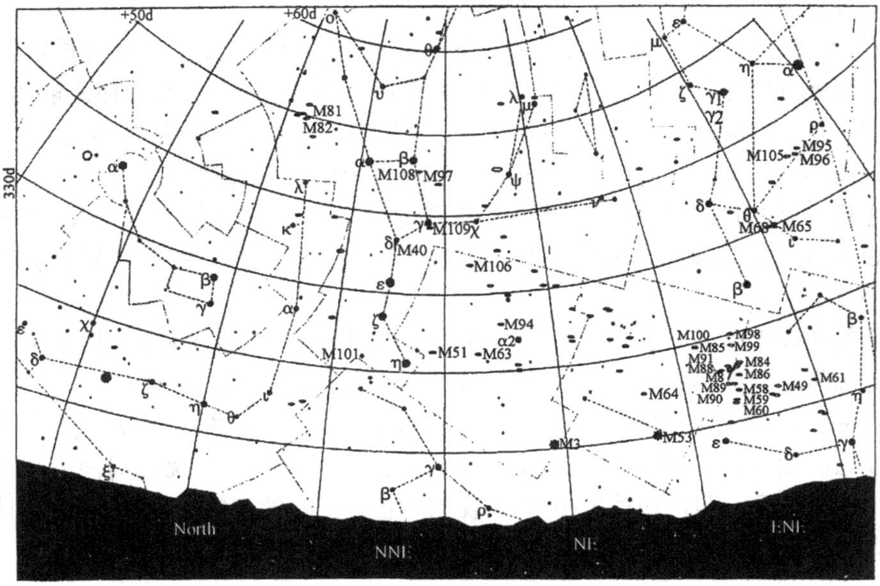

图 1-6　公元前 800 年正月月中初昏斗柄指向状况图

所谓织女指向，是指织女三星中两小星对于大星开口的朝向。图1-7是公元前800年七月月中初昏时的星象图。该图是面向正北和天顶（小圆中心）的星象，图中织女三星靠近天顶，两小星开口相东，与七月“初昏织女正东乡”的记载相合。织女两小星开口略偏北，此外，织女三星正在此时初现于东北方，这是该星座在可见时段内所能达到的最靠北的方向。

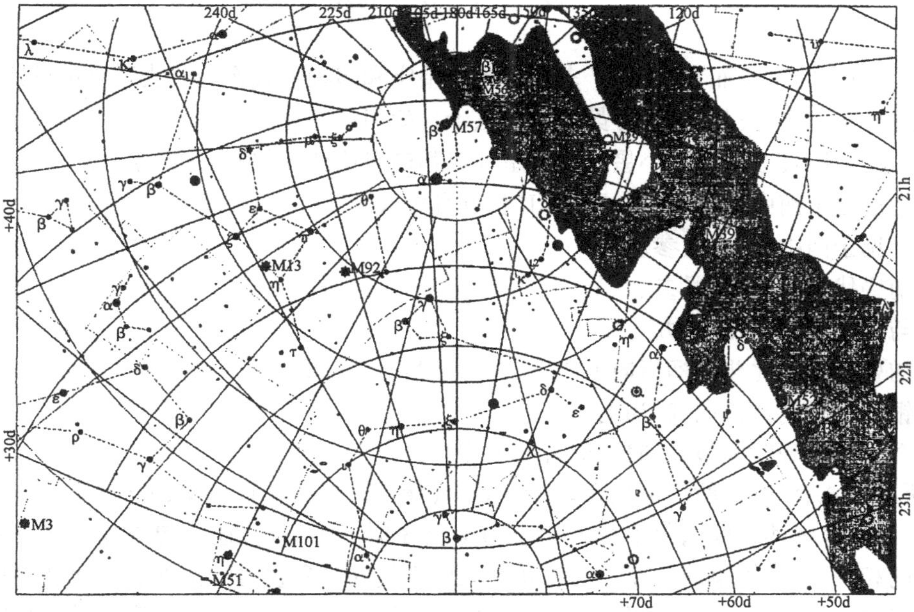

图1-7 公元前800年七月月中初昏星象图

公元前800年七月月中初昏的星象则表明，银河从南偏西向着北偏东直贯天顶。对于“汉案户”，《夏小正传》曰：银河“直户也，言正南北也”。朱骏声《夏小正补传》以为“案”是中而且直之义。当年银河的走向同这些解释是基本相符的。

综上所述，《夏小正》所载全部天象（除正月鞠旦见和参昏中外），确是在所设定的公元前800年的12个月中气之日可观测到的天象，而正月鞠旦见和参昏中则是在中气之日前约15日观测到的。也就是说，《夏小正》所载全部天象基本上构成了一个自洽的系统。

其实，这个系统在一段相当长的时间内都是有效的。假设观测天象的时日是在12个月节气之日，经计算可知，四月初昏南门中的年代为公元前2500年，五月初昏大火中的年代为公元前2050年，七月旦参中的年代为公元前2700年。如仍取大火和南门的平均年代约公元前2250年，该年伏、见等天象出现于各月节时的地平高度分别为：正月鞠则见为30.6°，三月参则伏为−4.8°，四月昴则见为20.6°，五月参则见为4.7°，十月南门见为14.4°，这些与前述伏、见的状况是大体一致的。此外，八月辰则伏、九月辰系于日以及各星座指向等也基本相符。而对于在公元前2250年到公元前800年之间的特定年代，只要选取各月节气到中气日之间的某一特定时日作为观测诸天象之时日，《夏小正》所载诸天象均是可以通用的。换言之，《夏小正》中的天象，在公元前2200年前后发生在各月节气之日，此后，这些天象出现的时间渐渐后移，在公元前800年前后发生于各月中气之日。因此，从天象的角度来看，它是一部从夏代到西周均可使用的天象历。

至于《夏小正》中所载的天象是否源起于夏代，如上的讨论实无法对之做出明确的回答，它只能提供一种可能性的说明。也就是说所传孔子所得的《夏小正》并非时人的杜撰，而是有久远的历史可以追溯、有基本可信的天象可以依凭的一种历法。如果说它源起于夏代，也并非骇世之论，当然说它反映了夏民族的历法特色，可能是更确当的见解。

三　《夏小正》的历法特色

就《夏小正》的星象而言，采取了多颗恒星或星座和多种形式作为时当某月的标志：

(1)旦见于东方：正月鞠、四月昴、五月参、十月南门。

(2)初昏时织女三星中两小星对于大星开口朝向东或北，时当七月或十月。

(3)初昏见于南中天：正月参、四月南门、五月大火。

(4)旦见于南中天：七月参。

(5)初昏伏于西方：三月参、八月辰。

(6)与太阳的宿度相近：九月辰。

(7)初昏或旦时北斗斗柄指向上或下，时当正月、六月和七月。

(8)银河直贯南北方向，时当七月。

(9)白昼或夜晚时间最长，时当五月或十月。

即所取形式有 9 种，所用恒星或星座有 8 个(鞠、昴、参、南门、织女、大火、辰、北斗、银河)，用作各月的标志者达 19 项，每个月的标志为 1 至 3 项不等，这些还不包含遗失的 2 月、11 月和 12 月的相关形式、恒星或星座。这种状况表明人们在观象授时方法的多元化和多样性上取得了重要进展，其中利用多种天象作为同一月份的标志的方法，无疑对厘定月份时日的有效性和可靠性，起了重要的作用。

在《夏小正》星象中，参星受到了格外的重视，它的昏中天、昏伏于西方、旦见于东方和旦中天，依此被作为正月、三月、五月和七月的标志，也就是说，参星在天运行的四个主要关节点都受到了关注、并加以利用。在《左传·昭公元年》中，有"迁实沈于大夏，主参，唐人是因，以服事夏商"的记述，这当不是子虚乌有之说，而是世代口耳相传的、确有实据的传说①。《夏小正》星象中参星备受青睐的事实，同《左传》夏代主参之说，实可以彼此印证：对参星的观测与利用在夏代(至少是夏民族)历法中占有十分重要的地位，《夏小正》星象确应是夏代(至少是夏民族)历法的传统特征。

在《夏小正》中，关于物候的记述所占篇幅较关于星象的记载还要多，这些记述显然不能认为是夏代的物候状况，它们大约应是《夏小正》成书年代不太远时期物候状况的反映。而关于农事与祭祀活动等的安排，大约也是如此。当然这不是说，这些内容是《夏小正》成书时才有的，它们应是夏历传统的重要内容之一，只是其具体的内涵有所变化而已。

《夏小正》所载 12 个月的物候有如下述②：

正月——启蛰〔2〕，雁北乡(雁从南向北飞)〔5〕，雉震呴(雉震动其翼而鸣)，鱼陟负冰(鱼由水底上升到近冰层处)〔3〕，囿有见韭，时有俊风〔1〕，寒日涤冻涂(风虽寒而能涤除冰冻的泥涂)〔1〕，田鼠出，獭祭鱼(水獭得鱼多，陈于水滨，如人祭祀献牲之状)〔4〕，鹰则为鸠(鹰去鸠来，人

① 庞扑，火历钩沉，中国文化，(创刊号)，1989 年。

② 夏纬瑛，夏小正经文校释，农业出版社，1981 年。

们误以为鹰变成了鸠)〔11〕,柳稊(柳树生出茅荑花序),梅、杏、杝桃(野生之桃)则华〔9〕,缇缟(一种莎草生出花序),鸡桴粥(鸡开始产卵)〔88〕。

二月——荣堇(堇菜开花),玄鸟(燕子)乃降〔12〕,有鸣仓庚(黄鹂)〔10〕,时有见稊(白茅抽荑)。

三月——螜(蝼蛄)则鸣〔25〕,越有小旱,田鼠化为駕(鹌来,田鼠则见少,人们误以为一些田鼠变成了鹌)〔18〕,拂桐芭(白桐开花)〔17〕,鸣鸠〔23〕。

四月——鸣札(一种形小之蝉),囿有见杏,鸣蜮(蛙类),王萯秀(香附草生出花序)〔27〕,秀幽(狗尾草抽穗),越有大旱。

五月——浮游有殷(金龟子交尾),鴂(伯劳)则鸣〔34〕,良蜩(彩蝉)鸣〔38〕,鸠为鹰,唐蜩(大而黑的马蝉)鸣〔38〕。

六月——鹰始挚(鹰初长成,学飞翔与搏击)〔43〕。

七月——秀雚苇(芦苇开芦花),貍子肈肆(野猫始长成,开始捕食),湟潦生苹(池塘或低洼积水之处生出浮萍)〔20〕,荓秀(扫帚草开花),寒蝉(寒蜩)鸣〔49〕,时有霖雨〔46〕。

八月——群鸟翔〔56〕,鹿从(鹿交尾),駕为鼠。

九月——滞鸿雁(雁从北返向南)〔54〕,陟玄鸟〔55〕,熊罴貊貉鼬鼪则穴,荣鞠(野菊开花)〔64〕,雀入于海为蛤(雀去,人们误以为蛤为雀所化)〔63〕。

十月——豺祭兽(与上述獭祭鱼为一类之事)〔65〕,黑鸟浴(乌鸦飞于空中,乍高乍下,若浴之状),玄雉入于淮为蜃〔72〕。

十一月——陨麋角〔83〕。

十二月——鸣弋鸢。

由之可见,对于每一个月份都有与之相应的物候,各月物候的多寡不同,有一月达 14 项者。在 54 项物候中,有关动物者计 35 项、有关植物者计 14 项,有关气候者计 5 项。即对于有关动物的蛰藏、鸣叫、往来、交尾等特定的和较易观测的状况予以极大的关注,成为最重要的物候标志。至于植物则以其始花之时为主。

我们知道,有关物候现象的次第出现,与一年中时节之间存在基本稳定的关系。也就是说,给定与每一个月相应的物候,便是给出了一年中时节先后的标志。所以,就历法的属性而言,这些物候实际上是属于阳历的范畴。前已述及,《夏小正》每一个月均有特定的星象为其标志。如果说,有关星象是对一年 12 个月作了有效的分划,那么,有关物候则是对每一个月的时序作了明晰的厘定,这应是《夏小正》所反映的夏民族历法传统的重要特征之一。

以上〔 〕内的数字,系指在第二章第六节表 2-10 中"物候"栏的序数,这些物候见载于《吕氏春秋》12 纪和《礼记·月令》。如上所示,《夏小正》物候中有 29 项(约占《夏小正》全部物候的 54%)为《吕氏春秋》12 纪和《礼记·月令》所采取,而且这 29 项物候又为后世的 72 候所采用(约占 72 候总数的 40%),足见《夏小正》物候对后世月令及历法的影响之大。《吕氏春秋》12 纪和《礼记·月令》所载的物候计 90 项,后世 72 候则从其中选取而得,详说见第二章第六节。在《夏小正》中还有不少关于农事以及祭祀活动的记载,它们也是《夏小正》历法的组成部分,同样对后世的月令产生不小的影响。

四 关于《尚书》日食的研究

在《尚书·胤征》中记载有夏代仲康元年的一次日食事件,即所谓"《书经》日食"(或仲康日食):

惟仲康肇位四海，胤侯命掌六师，羲、和废厥职，酒荒于厥邑。胤侯承王命徂征……乃季秋月朔，辰弗集于房，瞽奏鼓，啬夫驰，庶人走。羲、和尸厥官，罔闻知，昏迷于天象，以干先王之诛。《政典》曰，先时者杀无赦，不及时者杀无赦。

孔安国注曰："凡日食，天子伐鼓于社，责上公。瞽，乐官，乐官进鼓则伐之。啬夫，主币之官，驰取币，礼天神。众人走，供救日食之百役也。"

对于这一段记载，有三个方面的问题令人关注：

第一，关于日食发生时的护救仪式，其中击鼓的方式，《周礼·地官·鼓人》曰："鼓人救日月则诏王鼓"，也正指此，这到后世遂成定式；

第二，关于日食的预报以及相关的惩罚问题，这里大约只是表达了人们对日食现象的极端重视和希望能预报日食的一种愿望；

第三，亦为最主要的是，关于这次日食发生的年代问题，自古及今，这又是一个众说纷纭的难题。据初步统计①，从唐代一行、元代郭守敬以来，至20世纪80年代止，对此作过研究并得出有关年代的中外学者有18名，计有13种完全不同的结果。一行和郭守敬进行推算的结果相同，认为时当公元前2128年10月13日。对此进行复算的研究表明，郭守敬确是依其所编的授时历得出该结果的，但食分仅为0.59，这显然与上述记载中人们慌乱的景象所表达的应发生了接近日全食（至少是大食分）的情况不符②。吴守贤等的新近研究③则表明，在公元前2042年5月28日发生的一次食分为0.8、洛阳又可见的大食分日食，是为《书经》日食的最可能年代。

第四节　殷商时期的天文历法

一　纪年、纪月、纪日法及时制

（一）纪年法与纪月法

《尔雅·释天》曰："夏曰岁，商曰祀，周曰年，唐、虞曰载。"这是对夏、商、周三代及其前的尧、舜时代关于年岁名称理想性的概括。从殷商甲骨文看，殷商时期年岁的名称既有"岁"、也有"年"，而在殷商的文丁、甚至可能在康丁、武乙之世已称年岁为"祀"④。而在周代则既用"祀"、也用"年"。无论岁、年、祀还是载，它们都与作物生长或收获的周期有关，也就是与恒星或太阳的运行周期有关，只是各个时期人们所取一年岁的具体长度各不相同而已。在本章第二节中，我们已经提及传说帝尧时已用一年为366日。

殷商时期的纪年法是以世代相承的君王在位年数为序的，如某王几年、某王几岁、某王几祀，等等。此时所取年或岁的长度为何？尚不得而知。而关于一祀的长度，依殷商晚期的周祭祭祀制度可以推知。

---

① 吴守贤、周洪楠等，夏仲康日食再研究，夏商周断代工程专题论文之一，1999年。

② 李勇、吴守贤，仲康日食古代推算结果的复原，自然科学史研究，1999，(3)。

③ 同①。

④ 常玉芝，殷商历法研究，吉林文史出版社，1998年，第341～353页。

在殷商末期黄组甲骨卜辞和青铜器铭文中，常见有“隹王几祀”（有几例作“隹王几司”，一例作“隹王几巳”）的记载。“隹”为语气词，“王”指某时王，“几”为该时王的在位的序数，“祀”（或“司”和“巳”）指时王的第几个周祭祭祀周期①。而周祭祭祀是殷商时王祭祀其先王、先妣的一种制度，每一旬都要举行特定的祭祀活动，其祭祀的仪式有5种不同的类型，顺序为：翌、祭、壹、劦和彡。到殷晚期，周祭祭祀明确表现出存在着36旬和37旬两种周期：彡祀和翌祀分别单独进行，各11旬，祭祀、壹祀和劦祀组合进行，共13旬，在彡祀与翌祀之间有一个固定的不举行任何祭祀的休息旬，这便是36旬的周期；另一种是在祭工典之后还加进一个不举行任何祭祀的休息旬，即为37旬的周期。在一大段时间内这两种周期出现的频数是相近的，并且基本上是交替安排的②。由之可见，这期间人们所取一年岁的具体长度应在(360＋370)/2＝365日左右。

殷商时期分一年为12个月，也有一年为13个月或14个月的，据初步统计③，在甲骨文中至少有147条“十三月”的记载，另有2条“十四月”的记录，如“戊午卜，𡆥贞：王宾大戊戠，亡囚。在十四月。”④ 常年为12月，13月或14月是为取年终置闰法的闰年。月序称一月（或正月）、二月、三月等等。闰年亦有取年中置闰法的，如有连续两个二月，是为闰二月，等等。每月的长度以朔望月长度为准。一月（或正月）并不总在一祀之首，即另有历日安排的方法，详说均见后。

（二）纪日法

在殷墟出土的十数万片甲骨刻辞中，记有干支日名者俯拾即是，这充分说明干支纪日法在殷商时期（约公元前13世纪开始）已是普遍采用的、成熟的纪日法，其渊源大约还可前推数百年。该方法一直延续至今，应该未曾中断，是与中国文明史相伴随的历史悠长而有效的纪日法。

干即天干：甲、乙、丙、丁、戊、己、庚、辛、壬、癸。支即地支：子、丑、寅、卯、辰、巳、午、未、申、酉、戌、亥。以天干和地支依次相配成甲子、乙丑、丙寅等等60干支，并周而复始以顺次纪日，这便是干支纪日法。目前见到的最早、最完整的干支表是刻在属于黄组的一块牛胛骨上的（图1-8，见《甲骨文合集》37986)，分刻为6行，每行10个干支，依次为：

甲子 乙丑 丙寅 丁卯 戊辰 己巳 庚午 辛未 壬申 癸酉
甲戌 乙亥 丙子 丁丑 戊寅 己卯 庚辰 辛巳 壬午 癸未
甲申 乙酉 丙戌 丁亥 戊子 己丑 庚寅 辛卯 壬辰 癸巳
甲午 乙未 丙申 丁酉 戊戌 己亥 庚子 辛丑 壬寅 癸卯
甲辰 乙巳 丙午 丁未 戊申 己酉 庚戌 辛亥 壬子 癸丑
甲寅 乙卯 丙辰 丁巳 戊午 己未 庚申 辛酉 壬戌 癸亥

除了干支纪日法之外，在甲骨卜辞中还可见少量仅以天干纪日和更少数仅以地支纪日的

① 董作宾，殷历谱上编卷3，四川南溪李庄石印，1945年；陈梦家，殷墟卜辞综述，中华书局，1988年，第236、237页；岛邦男，殷墟卜辞研究，弘前大学，1958年。

② 许进雄，第五期五种祭祀祀谱的复原——兼谈晚商的历法，大陆杂志，73(3)，1986年；常玉芝，商代周祭制度，第五章，中国社会科学出版社，1987年。

③ 常玉芝，殷商历法研究，吉林文史出版社，1998年，第302、303页。

④ 郭沫若，甲骨文合集(22847)，中华书局，1978～1983年。

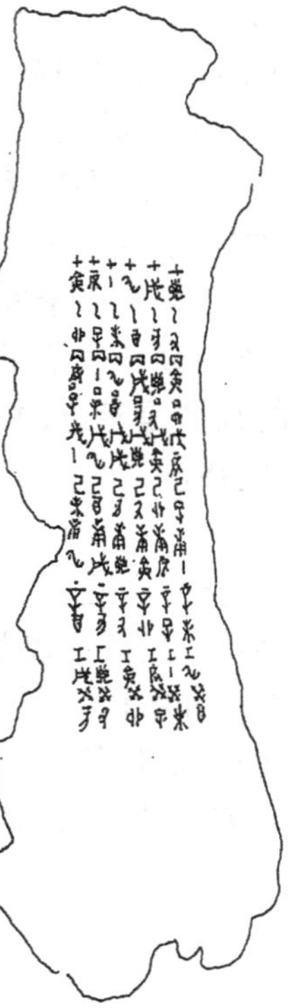

图 1-8　甲骨刻辞
六十干支表

事例[①]，它们大约只是干支纪日法的省称，并不具备一种独立纪日法的涵义。我们知道，商代诸王、妣的名字中均含有 10 个天干名称之一，如自盘庚迁殷后的诸王依次名为小辛、小乙、武丁、祖庚、祖甲、廪辛、康丁、武乙、文丁、帝乙、帝辛(纣)等等，在盘庚之前亦如此，其始可推至商汤以前的数代先公。在甲骨卜辞中，也可见以诸王、妣之名纪日的一些事例。此外，在殷商晚期，还可见以周祭祭祀名纪日的若干事例[②]。实际上，它们与干支纪日法之间存在有机的关系，均可视为干支纪日法的另一种特定的表述方式。由之可见，干支纪日法应是殷商时期乃至其前数百年居最重要地位的纪日法。

殷商时期，干支纪日法的每一个干支所表示的时间跨度是一整天，这一点学者们并无争议，但是对于每天的日界是在夜半抑或在天明之时，则有不同的见解。董作宾、常玉芝等认为日界应在天明之时，换言之，每一个干支的时间是一昼一夜[③]；德效骞、张培瑜等根据对甲骨文中“己未皿庚申月有食”年代、日期的推算，认为殷人是将一夜分为前半夜和后半夜，分别用两个干支表示[④]，即日界在夜半；而周法高则认为在殷代这两种方法并存[⑤]。殷商时期的日界应当何时，看来尚有待进一步的研究。

(三)时制

在甲骨文中，可见诸多关于天明到天黑时制的记述，归纳起来有[⑥]：

(1)䕫朦——晨曦初露的天明之时，即日出东方地平线前的一段时间；

(2)旦(或朝、明、大采、大采日)——日出东方地平线时；

(3)大食(或大食日、食日)——古人日食两餐，此指朝食，时在旦与日中之间；

(4)日中(或中日、昼、督)——太阳南中天时，即正午时分；

(5)昃(或昃日)——日过中天以后的一段时间；

(6)小食(或郭兮、郭)——此指夕食，时在昃与莫之间；

(7)莫(或昏、小采、小采日)——日入西方地平线时；

(8)枫——夜幕垂降的天黑之时，即日入西方地平线后的一段时间。

至于夜晚时制的划分，黄天树新近写作的论文《殷墟甲骨文所见时称考》(1999)给出了新的信息：晻、冗与鼓——天黑之时；小夜、寐人与危人——天黑之后与半夜之间的时段；中彔、妙

① 常玉芝，殷商历法研究，吉林文史出版社，1998 年，第 89～95 页。

② 常玉芝，殷商历法研究，吉林文史出版社，1998 年，第 95～115 页。

③ 董作宾，殷代的纪日法，文史哲学报，(5)，1953 年；常玉芝，殷商历法研究，吉林文史出版社，1998 年，第 116～134 页。

④ 德效骞，商代的记日法，通报，(40)，1951 年。

⑤ 周法高，论商代月食的记日法，哈佛亚洲学报，(25)，1964～1965 年。

⑥ 宋镇豪，试论殷代的记时制度，见《全国商史学术讨论会论文集》(《殷都学刊》增刊)，1985 年；常玉芝，殷商历法研究，吉林文史出版社，1998 年，第 135～180 页。

与三鼓——半夜;夙与五鼓——下半夜到天明之间的时段。此中,最值得注意的是关于"鼓"的记载,特引述于下:

"贞:昃入,王侑、报于之,亦(夜)鼓?"[①] 此大约说的是一鼓。

"□未贞:畀束于兹三鼓?"[②]

"〔贞〕:惠五鼓□,上帝若,王〔受〕有佑?"[③]

这里说的一鼓、三鼓与五鼓,当不会是指乐鼓,而是指时段无疑[④]。虽然在甲骨卜辞中尚未见有二鼓与四鼓的记载,据理推测应有二鼓和四鼓。若果真如此,则上述小夜等应又称二鼓,在中𡚸等与夙等之间当为四鼓。

综上所述,殷商时期是将从日出前的一段时间(天明)到日入的白天分为7个时段,夜晚则分为5个时段(夜晚的一鼓等亦即天黑的枫),后世将夜晚分为五更,大约发端于此。其中(1)、(2)、(3)、(7)、(8)皆有一定的天象为标志,其余时段则多与人们的日常生活习惯有关;夜晚的小夜等大约也与日常生活习惯有关,但三鼓与五鼓则另当别论。由之,我们推想殷商时期很可能已使用了测量时间的器具,诸如简易的漏壶之类。此外,还要指出的是,此时各时段的绝对时间量是不均匀的,这不但因为一年中每天天明、日出、日入和天黑的时刻各异,而且白天在日中前后的时段分别划分为2段和3段,并不对称(这是我们推测其前半部还应另有一时段的原因)。由之可见,殷商时期的时制尚未完全规范化,虽然它已经相当注重特定天象对时间量度的客观性标志,但是对各不同时段的绝对时间长度似还没有严格的界定。至于对同一个时段赋予的不同名称,即与殷代不同时期的习惯有关,又同当时的等级制度有关。据《国语·鲁语》记载,不同等级的人物每天行事时,对同一时段所用的名称各异,如旦,对天子称"大采",对诸侯、卿、大夫、士称"朝",对庶人称"明",等等。这种状况大约就源起于殷商时期。

二 殷商时代的历法

关于殷商时期的历法,早在20世纪30年代就有过两种截然不同的观点:一是以束世徵、刘朝阳、孙海波等为代表,认为殷代行用的是一种与实际天象无关的简陋的阳历或称政治历,分一年为12个月,每月3旬,即30日。每月首日的干支不是甲子便是甲午、末日的干支不是癸巳便是癸亥,亦即60干支以两个月为周期的月序中均占有固定的位次,云云[⑤];一是以董作宾、吴其昌等为代表,认为殷历是依据实际天象制定的阴阳合历,其年有平年12个月,有些年加有闰月,月有大、小月,大月30日、小月29日,大、小月相间安排,并有连大月的设置,等等[⑥]。后来,董作宾更著《殷历谱》一书[⑦],进一步认为殷历是以古四分历的有关数据(参见第二章第七节)入算的推步历法。随着研究的深入,前一种观点不能成立愈益明显,而后一种观点

---

① 郭沫若,甲骨文合集(14932),中华书局,1978~1983年。

② 中国社会科学院考古研究,小屯南地甲骨,(2576),中华书局,1980、1983年。

③ 郭沫若,甲骨文合集(30388),中华书局,1978~1983年。

④ 沈建华,甲骨卜辞中所见的鼓,见《于省吾教授百年诞辰纪念文集》,吉林大学出版社,1996年,第21~25页。

⑤ 束世徵,殷商制度考,国立中央大学《半月刊》,1930,(4);刘朝阳:再论殷历,燕京学报,1933,(13);孙海波,卜辞历法小记,燕京学报,1935,(17)。

⑥ 董作宾,卜辞中所见之殷历,安阳发掘报告,1931,(3);吴其昌,丛甗甲骨金文中所涵殷历推证,见《中央研究院历史语言研究所集刊》1934,(4)。

⑦ 董作宾,殷历谱,四川南溪李庄石印,1945年。

则不断得到论证、修订与补充，董作宾的关于殷历是为精密推步的历法的观念被否定，一种更切合实际状况的殷代历法的面貌得以展现。

(一)关于大月、小月、连大月

在一龟腹甲上连续若干月的卜辞干支记载[①]，其中从10月到次年月所含的干支有：

10月有癸酉；

11月有(癸未)、癸巳、癸卯；

12月有癸丑、(癸亥)、癸酉；

13月有(癸未)、癸巳、(癸卯?)；

(1月)有(癸卯?)、(癸丑)、(癸亥)；

2月有癸酉、癸未、(癸巳)。

以上加( )号者乃依干支的内在次序补出，(?)者为两可之说。

董作宾指出，12月的第三个癸日是癸酉，2月的第一个癸日也是癸酉，则13月和1月的日数只应有59日，所以可能是13月为30日、1月为29日，也可能是13月为29日、1月为30日。但这无疑是月有大、小，大月30日、小月29日，大、小月相间的一个证明[②]。实际上，由上述卜辞干支可以推知自11月到2月首日的干支：已知13月首日为甲戌，1月首日为癸卯(或甲辰)，2月首日为癸酉；又已知12月的末日为癸酉，且11月有癸卯，则12月的首日应为甲辰；又已知11月的末日为癸卯，且10月有癸酉，则11月的首日应为甲戌。由之可知，自11月到1月的大、小月状况为：大、大、小、大或大、大、大、小。这说明殷代历法中有连大月(抑或有3个连大月)的安排。

刘朝阳在论述他关于殷代历法的主张时，曾举一刻辞[③] 为证："月一正曰食麦：甲子、乙丑、丙寅……辛卯、壬辰、癸巳。二月父䆃：甲午、乙未、丙申……辛酉、壬戌、癸亥。"有如上述，殷代历法既有小月29日与连大月的存在，刘朝阳等的主张自不能成立，而这一刻辞倒成为连大月存在的很好事例。

常玉芝从甲骨卜辞中还举出了若干小月29日和大月为31日的事例[④]：如《甲骨文合集》22404卜辞，12月有癸巳，1月有癸卯、癸丑，2月有癸亥。即1月只有2个癸日，12月癸巳到2月癸亥间为31日，则1月必定只有29日，是为小月；《英国所藏甲骨集》2627+《甲骨文合集》37970+37974卜辞，10月有癸丑、癸亥，11月有癸酉、癸未，12月有癸巳、癸卯、癸丑。此中，10月是否只有两个癸日尚难确定，但11月只有2个癸日却是明确无疑的，所以11月应是只有29日的小月。又如《甲骨文合集》16644+16649+16660卜辞，2月有癸亥、癸酉、癸未、癸巳4个癸日；《甲骨文合集》16751卜辞，11月有癸卯和癸酉，即该月应有癸卯、癸丑、癸亥、癸酉4个癸日；《甲骨文合集》26667卜辞，8月有癸卯、癸丑、癸亥、癸酉4个癸日。这些都应是大月为31日的证明。有人认为在甲骨卜辞中有连小月的存在或小月有小于29日者，但从其所举事例看，并不可靠[⑤]。

---

① 郭沫若，甲骨文合集(11546)，中华书局，1978～1983年。

② 董作宾，卜辞中所见之殷历，安阳发掘报告，1931，(3)；

③ 郭沫若，甲骨文合集(24440)，中华书局，1978～1983年。

④ 常玉芝，殷商历法研究，吉林文史出版社，1998年，第276～278、288、292、293页。

⑤ 常玉芝，殷商历法研究，吉林文史出版社，1998年，第288～292页。

综上所述,殷代历法的月,有29日的小月、30日的大月,还有连大月和31日的大月。由于资料所限,我们尚难完全证明殷代历法在大多数情况下是大、小月相间安排的,但连大月的存在似可说明当时的历家已知道一月的平均长度应略大于29.5日,而31日的大月,实际上可视为连大月安排的另一种形式,也应是一月平均长度略大于29.5日的认识的反映(对此,下面还要作专门的讨论)。这也就反过来说明殷代历法在大多数情况下是大、小月相间安排的。

(二)关于月首

董作宾、吴其昌等认为殷代历法是以朔为一月之首日的,可是他们均未对此提出证明,仅是依后世历法所作的推测。考虑到"朔"的出现要晚到西周晚期,在甲骨文及至金文中皆无"朔"的踪影,所以该推测是难以成立的。

值得注意的是,在甲骨卜辞中屡有"生月"、"木月"、"林月"之说,如:

弗及今三月妹出史。乙亥卜:生四月妹出史。[①]

庚寅卜,贞:于霝。十月。贞:于生十一月令畢。[②]

癸未贞:叀乙酉征方。癸未贞:于木月征方。[③]

辛亥卜:乙卯又升岁于祖乙。辛亥卜:于木月又。[④]

己丑贞:于林月彭。[⑤]

陈梦家认为[⑥],这些"生"字是指继上一个月后的下一个月。蔡哲茂更进一步指出[⑦],在春秋战国时期流行月有死有生的观念,以月亏不见光为死,以月光初见为生,则这些"生"字即是指月亮重又生出光亮来的下一个月。由此确实透露出殷人是以新月初见之日作为月首的信息[⑧]。裘锡圭认为[⑨] 木月或林月均即是生月,在古文字中"木"或作"林"。《说文》曰:"生,进也,象艸木生出土上。""木,冒也,冒地而生……。"即"生"、"木"皆表示出生之意,和"生月"一样,"木月"也是指月亮重又生出光亮来的下一个月。

薮内清[⑩] 则由两次新月出现的时间间隔可能大到30.5日的实际状况,说明甲骨卜辞存在一月中有4个癸日的记载是有所依据的,进而说明殷代历法乃以新月的出现为月首。这也是一种值得重视的论证。

虽然关于殷代历法以新月的出现为月首的观点尚有待更深入的论证,其说大致可信。

(三)关于闰月

上已述及,在甲骨卜辞中有数量不扉的13月的记载。罗振玉最先指出13月即是闰月[⑪],

---

① 郭沫若,甲骨文合集(20348),中华书局,1978~1983年。
② 李学勤等,英国所藏甲骨集(834),中华书局,1985年。
③ 郭沫若,甲骨文合集(32243),中华书局,1978~1983年。
④ 郭沫若,甲骨文合集(32349),中华书局,1978~1983年。
⑤ 郭沫若,甲骨文合集(34544),中华书局,1978~1983年。
⑥ 陈梦家,殷虚卜辞综述,中华书局,1988年,第117、118页。
⑦ 蔡哲茂,卜辞生字再探,《中央研究院历史语言所集刊》,1993,(4)。
⑧ 常玉芝,殷商历法研究,吉林文史出版社,1998年,第329页。
⑨ 裘锡圭,释"木月""林月",见《古文字论集》,中华书局,1992年。
⑩ 薮内清,关于殷历的两三个问题,见《东洋史研究》,1956,(2)。
⑪ 罗振玉,殷虚书契考释(下),《礼制》第七,石印本,1914年。

是在平年12月后增加一个闰月，这是一种置闰于年终的置闰法。而由14月的记载看，即在一年之末有顿加2个闰月的方法存在。

在甲骨卜辞中还可以看到殷代历法也采用年中置闰证据①：如《甲骨文合集》13361载：

癸酉（卜），（贞）：旬。□□雨。四月。癸丑卜，贞：旬。甲寅雨。四月。

这是说四月内有癸酉、癸未、癸巳、癸卯、癸丑5个癸日，即便癸酉是四月的首日，到甲寅日，四月也有42日之多，这只能说明这里安排了两个四月，也就是四月和闰四月；《甲骨文合集》26643载：

癸未卜，兄贞：旬亡囚。六月。癸丑卜，大贞：旬亡囚。六月。癸亥卜，大贞：旬亡囚。六月。癸酉卜，大贞：旬亡囚。癸巳卜，兄贞：旬亡囚。癸卯卜，贞：癸丑卜，出贞：旬亡囚。七月。癸巳卜，兄贞：旬亡囚。

这是说在六月内有癸未、癸巳、癸卯、癸丑、癸亥5个癸日；而在七月内有癸酉、癸未、癸巳、癸卯、癸丑5个癸日。似说明此中有六月和闰六月，以及七月和闰七月。这同一年有14月相类似，在一年之中顿加2个闰月。

从13月或年中置闰的闰月的分布情况看，尚无一定的规律可循；又从14月的存在以及年中置闰中也有顿加2个闰月的情况看，殷代历法中无论是年终置闰法还是年中置闰法，都具有很大的随机性。当然，这种随机性并非随心所欲的，而是历家依据经常性的观测和一定的规则来添加闰月，只是尚无严格的推步方法。所谓经常性的观测是指对岁首和月首的观测，而所谓一定的规则是指岁首所在之月的月序应是基本固定的。

（四）关于一月的平均长度

在甲骨卜辞和晚商铜器铭文中可考辩出12条属于帝辛元祀到十一祀的月、日名干支和祭祀种类齐全的重要资料②：

二祀邲其卣：隹王二祀正月丙辰彡日大乙爽妣丙。

四祀邲其卣：隹王四祀四月乙巳、丙午、丁未、己酉，遘乙翌日。

六祀邲其卣隼：隹王六祀六月乙亥翌日。

邑斝：隹王六祀四月癸巳彡日。

虎上膊（《怀特》1915）：隹王三祀十月辛酉𧶠日。

殷墟西区1713号墓铜器：隹王七祀六月壬申翌日。

《甲骨文合集》37852：隹王九祀二月（乙）亥遘祖乙彡。

《明》61：隹王九祀正月癸丑遘小甲彡夕。

嶲𩰫卣：隹王九祀九月丁巳𧶠日。

《前》3.27.6：隹王十祀九月甲午遘上甲𧶠。

《金璋》574、《库方》1672：隹王十祀十二月甲午彡。隹王十一祀正月丁酉。

依据这些资料，并由周祭祭祀周期内在的规律性、各月日名干支之间存在的有机关系、以

---

① 常玉芝，殷商历法研究，吉林文史出版社，1998年，第307～315页。

② 常玉芝，商代周祭制度，中国社会科学出版社，1987年，第261～289页；李学勤，帝辛元至十一祀祀谱的补充与检验，见《夏商周年代学札记》，辽宁大学出版社，1999年，第230～240页。

及周祭祭祀周期、干支周期与月份周期三者之间存在的一定关系，经研究[①]得到的主要结论之一是：自帝辛二祀正月到十一祀正月间，应有3个闰月，即共计有(9×12+3=)111个月，而相应的日数为3279日，则一月的平均长度应为3279/111=29.5405日，这比朔望月的理论值约大0.01日。

(五)关于大火星及岁首

在本章第二节中，我们已提及对于大火星(心宿二、天蝎座α星)的祭祀与观测，在商代得到了继承。《左传·昭公元年》也有高辛氏"迁阏伯于商丘，主辰。商人是因，故辰为商星"之说，这里的"辰"即指大火星，并把它提高到商人的族星的地位。《国语·晋语四》在谈及大火星时也说："阏伯之星也，实纪商人。"这些都有力地说明了大火星在商人心目中的崇高地位，和在纪时、授时中的关键作用。

在甲骨卜辞中，亦可见若干与之相关的记载："七日己巳夕斫㞢新大星并火。"[②]对此，有人解读为："七日己巳夕斫，有新大星并火"，这一天在大火星旁近出现了一颗新星[③]；有人则读为："七日己巳夕，斫、侑、新、大星，并火。"以为斫、侑、新、并俱是祭名[④]，卜辞以昼晴为"启"、夜晴为"星"[⑤]，大星即大晴[⑥]，是说这一天夜晚天朗气清，举行有关祭祀活动，祭祀大火星。冯时还列举了其他10余项与祭祀大火星有关的卜辞，指出殷人主祀大火星，所用的祭名还有燎、陟、奏、用、郁、祓等等，用牲有羔羊、牡猪乃至人牲，足见祭礼之隆重[⑦]。

"贞：隹阜火令？贞：允隹阜火令？"[⑧]有人认为这里记述了一位叫做阜的火正的名字[⑨]。这一理解应是可信的。

"辛酉卜，火，氏。一(月)。"[⑩]

"壬寅卜，宾贞：氏。己巳卜，争(贞)：火，今一月其雨。火，今(一)月不其雨。"[⑪]

"火，一月。"[⑫]

"王于□御火。一月。"[⑬]

"氏"同视[⑭]，观测之意。"御"亦为祭名。这些卜辞中关于对大火星的观测或祭祀皆系时于"一月"，确实包含着殷商历法以观测大火星来确定岁首的重要信息。

近10余年来，学者对殷历岁首的讨论十分热烈。有人认为，殷历当以夏历(指以冬至所在

---

① 徐凤先，帝辛周祭系统的可能年代，自然科学史研究，2001，(3)。

② 罗振玉，殷虚书契后编·卷下，艺术丛编(1)，1916年。

③ 董作宾，殷历谱，四川南溪李庄石印，1945年。

④ 胡厚宣，殷代之天神崇拜，见甲骨学商史论丛初集，第2册，成都齐鲁大学国学研究所石印本，1944年；龙宇纯，释甲骨文㞢字兼解牺尊，见沈刚伯先生八秩荣庆论文集，1976年。

⑤ 陈梦家，甲骨卜辞综述，科学出版社，1956年，第244、246页。

⑥ 李学勤，论殷墟卜辞的"星"，郑州大学学报，1981，(4)。

⑦ 冯时，殷历岁首研究，考古学报1990，(1)。

⑧ 商承祚，殷契佚存(67)，金陵大学中国文化研究所，1933年。

⑨ 商承祚，殷契佚存·考释，金陵大学中国文化研究所，1933年；冯时，殷历岁首研究，考古学报，1990，(1)。

⑩ 董作宾，殷虚文字甲编(1074)，中央研究院历史语言研究所，1948年。

⑪ 郭沫若，甲骨文合集(12488甲乙)，中华书局，1978～1983年。

⑫ 林泰辅，龟甲兽骨文字(2.21.3)，日本商周遗文会，1921年。

⑬ 胡厚宣，战后京津新获甲骨集(2537)，群联出版社，1954年。

⑭ 高明，中国古文字学通论，文物出版社，1987年，第311页。

之月后的第二月为正月的历法，下同）五月为岁首①，或当以夏历四月为岁首②，或当以夏历六月为岁首③。也有当以夏历三月为岁首之说④，还有殷历岁首在夏历七月、八月和九月间游移不定之论⑤，另有当以夏历十月之说⑥。这就是说从夏历三月到十月都有人提及，真可谓众说纷纭。考察各家之说，除了考虑对大火星的观测之外，多又列举甲骨卜辞中有关气象、作物播种与收获等月份的记载为据。我们认为，上述殷代历法以观测大火星来确定岁首的信息是至关重要的。现在的问题是，殷代历家是以观测大火星昏见东方、还是昏南中天、还是旦见东方的时日作为岁首的标志。在殷代期间（约前 1300～约前 1045），大火星昏见东方的时日约当夏历三月初、中间，昏南中天约当夏历五月初、中间，旦见东方约当夏历十月初、中间。在本章第二节中，我们业已论及在殷商之前，早有观测大火星昏见东方以为一年之始和观测大火星昏南中天、大火星昏伏于西方方法的存在，并无观测大火星旦见东方以定时日之法，所以，殷人以大火星旦见、即以夏历十月为岁首之说似难以成立。以为岁首在夏历七、八、九月间游移之论亦难成立。

在甲骨卜辞中有："月正一月食麦"⑦，这是说殷历正月是吃到新麦之月，相当于夏历五月；殷人卜问雹、雷、虹等的月份集中在九月至三月间，而未见四月至八月间有卜问者，可见殷历的正月也大约同夏历五月相当，等等⑧。这些应是殷历岁首取为夏历三月难以成立的证据。若再考虑到其时大火星南中天适当夏历五月，我们倾向于赞成在殷代历家的理念中是以观测大火星南中天的时日作为岁首的。但这并不等于说殷代历法的真正岁首均在夏历五月，因为殷代历家对大火星南中天的观测存在人为的误差，所以，真正的岁首可能被确定在夏历四月或六月，并不奇怪。前述殷历的闰月设置尚无规律可言，且有在一年中顿置 2 个闰月的情况发生，对大火星南中天的观测欠准确便是其重要原因之一。

（六）关于日出入与日至的测量

以夏历五月为岁首，也就是以夏至所在之月为正月，那么，殷人是否有关于夏至日或冬至日的认识？是否进行过相关的测量工作？对此，学者也存在两种不同的见解：一种认为，在甲骨卜辞中虽有不少"至日"的记载，但它们均非指夏至日或冬至日而言，而是指到某日之意⑨。可是依此说解释以下若干卜辞实属牵强：

壬辰卜：至日。壬辰卜：弜至日。⑩

弜至日。⑪

---

① 王晖，殷历岁首新论，陕西师大学报，1994，(2)；常玉芝，殷商历法研究，吉林文史出版社，1998 年，第 385～422 页。

② 常正光，殷历考辨，见古文字研究第 6 集，中华书局，1981 年。

③ 郑慧生，"殷历建未"说，史学月刊，1984，(1)。

④ 温少峰、袁庭栋，殷墟卜辞研究——科学技术篇，四川省社会科学院出版社，1983 年，第 118 页。

⑤ 张培瑜、孟世凯，商代历法的月名、季节和岁首，见《先秦史研究》，云南民族出版社，1987。

⑥ 冯时，殷历岁首研究，考古学报，1990，(1)。

⑦ 郭沫若，甲骨文合集(24440)，中华书局，1978～1983 年。

⑧ 常玉芝，殷商历法研究，吉林文史出版社，1998 年，第 385～422 页。

⑨ 常玉芝，殷商历法研究，吉林文史出版社，1998 年，第 77～86 页。

⑩ 郭沫若，甲骨文合集(22046)，中华书局，1978～1983 年。

⑪ 郭沫若，甲骨文合集(29701 和 29702)，中华书局，1978～1983 年。

至日酌河。[1]

辛卯……吉。兹用。其至日。燮尞弜至日酌。吉。兹用。其至日。燮尞……卯大乙……吉。[2]

至日酒。[3]

弜即勿,为一否定词。这些卜辞应说明“至日”是一专有名词,显然不能用这是“至日甲”一类可能是说到某某日的记载省略去了日干名的结果来解释。张政烺曾从殷代裒田制度的讨论推知殷代已知冬至日和夏至日[4]。应该说,冬至或夏至日的存在,在殷代已不是什么新问题,在本章第二、三节中提及的“日永”、“日短”或“养日”、“养夜”都是在殷代之前已有相关认识的证明。

还要指出的是,在殷代观测与祭祀日出和日入的传统也得到了继承,在甲骨卜辞中多见有关的记述,如:

辛未卜:又于出日。[5]

丁巳卜:又入日。[6]

乙酉卜,又出日,入日。[7]

出入日,岁三牛。[8]

这些是殷人对日东出、西入进行观测、占卜与祭祀的明证。如前所述,殷代的时制中有旦(或朝、明、大采、大采日)和莫(或昏、小采、小采日)的时段,它们应是日常观测太阳出入而得到确认的,而卜辞中记载的日出或日入理当指在一年中特定时日的观测与祭祀活动,这些特定时日大约应指日出、入于正东、西方(相当于春分或秋分),日出、入于最偏南方(相当于夏至)和日出、入于最偏北方(相当于冬至)之时日。在殷代的时制中还有日中(或中日、昼、晵),这应指太阳正中亦即南中天之时,与其相应的测量方法,当是在平地上竖立的一杆子,当杆子的日影在正南北方向的时刻,便是日中。有人认为,甲骨文中“中”字的结构是象征着一根竖立的杆子,一端垂直插在四方形的地面当中,同晷影测量密切相关[9],此说可与日中的含义及其测量方法相契合。

在甲骨卜辞中另有二条特别值得注意:

南日告。[10]

壬午卜:扶,奏丘、日(一说晌)[11] 南、雨?[12]

春秋时期称冬至为日南至,是说正午时日行至正南方的最低处。这里的“南日”和“日南”

---

① 郭沫若,甲骨文合集(28261),中华书局,1978~1983年。

② 中国社会科学院考古研究,小屯南地甲骨,(4582),中华书局,1980~1983年。

③ 罗振玉,殷虚书契续编(6.10.6),1933年。

④ 张政烺,卜辞裒田及其相关诸问题,考古学报,1973,(1)。

⑤ 郭沫若,殷契粹编(597),日本东京文求堂石印本,1937年。

⑥ 商承祚,殷契佚存(407),金陵大学中国文化研究所,1933年;胡厚宣:甲骨续存上(1830重),群联出版社,1955年。

⑦ 许进雄,怀特氏等收藏甲骨文集(B1569),多伦多安大略皇家博物馆影印本,1979年。

⑧ 郭沫若,殷契粹编(17),日本东京文求堂石印本,1937年。

⑨ 萧良琼,卜辞中的“立中”与商代的圭表测景,见《科技史文集》第10辑,上海科学技术出版社,1983年。

⑩ 董作宾,殷虚文字乙编(192),中央研究院历史语言研究所,1948年。

⑪ 饶宗颐,贞卜人物通考,香港大学出版社,1959年,第659页。

⑫ 董作宾,殷虚文字乙编(9067),中央研究院历史语言研究所,1953年。

理即指此。有人已指出[①]:若“日”作“晌”,“晌”字下方的“旬”在甲骨卜辞中除了当作十天一个周期外,也可以作“周期”解释,则“晌南”可理解为太阳经过一个周期又回归到正南方的最低处,是与“日南”相通的。而《周礼·春官·大司乐》曰:“凡乐……冬至日,于地上之圜丘奏之。若乐六变,则天神皆降,可得而礼矣。”上述第二条卜辞中的“奏丘”应理解为同“于地上之圜丘奏之”相类似的礼仪。这也更有助于证明“南日”和“日南”是指冬至日。果若如此,周代对于冬至日的测量及所举行的礼仪皆是源起于殷商的。

至于如何由观测太阳得知冬至或夏至?除了观测太阳出、入在最偏北方或最偏南方的方法外,观测一年中正午时日影最长或最短的时日也是可行的方法。日常对日中时刻的测量,自然会导致殷人对一年中正午时日影长短变化的认识,故后一种方法的发现与应用是可以想见的。

其实,殷人对至日的测量是昏时对大火星南中天测量的重要补充与发展,它们都对殷历岁首的确定起重要的作用。不过,同昏时对大火星南中天的测量存在误差一样,对至日的测量也存在着误差,所以殷代历法岁首的游移仍是难以避免的。

综上所述,殷代历法是为阴阳合历。一年约长 365 日,以观测大火星昏时南中天(观测太阳的南至或北至亦为一法)的时日,即相当于夏历的五月为岁首。一月平均约长 29.54 日,以新月的出现为月首,大月 30 日、小月 29 日,间或有连大月或大月 31 日的设置,以达到月首时见到新月的目标。平年 12 个月,间或加进闰月以调节年、月之间的关系。闰月的设置尚无规律可言,是由随机的观测确定的,其规则是力使一年的正月与岁首所在之月相匹配。所以,殷代历法是有了一定之规的、又带有浓重观象授时色彩的历法,属于由观象授时向推步历法过渡的初始形态。

三　甲骨文日月食记录

在殷墟甲骨宾组卜辞中,有如下 5 次为学者公认的属于武丁时期的月食记录:

〔癸〕未卜,争贞:翌甲申易日。之夕月有食。甲雾,不雨。[②]

〔己〕丑卜,宾贞:……六日〔甲〕午夕月有食。[③]

癸丑卜,贞:旬亡囗?七日己未皿庚申月有食。二。[④]

癸丑日占卜下旬是否有祸?己未和庚申是癸丑后的第 7 日和第 8 日。裘锡圭指出,“皿”字“插在前后相接的两个日名之间而构成的词组”,是“表示介于前后两天之间的一段时间的”[⑤]。在同版甲骨上另有卜辞曰:“癸未卜,争贞:旬亡囗?王固曰:有祟。三日乙酉夕皿丙戌允有来入齿。十三月。二。”月食应发生在望日前后,故癸丑旬的己未、庚申约为某月的十五,癸丑约当某月的初八,癸未在癸丑后 30 日,则癸未约当某月后一个月的初八,已知癸未旬在十

---

① 萧良琼,卜辞中的“立中”与商代的圭表测景,见《科技史文集》第 10 辑,上海科学技术出版社,1983 年。

② 郭沫若,甲骨文合集(11483 正反),中华书局,1978～1983 年。

③ 郭沫若,甲骨文合集(11484 正),中华书局,1978～1983 年;刘朝阳,殷末周初日月食初考,中国文化研究汇刊,1944,(10)。

④ 李学勤等,英国所藏甲骨集(886 正反),中华书局,1985 年。

⑤ 裘锡圭,释殷墟卜辞中的“㞢”“豈”等字,见《第二届国际中国古文字学研讨会论文集》,香港中文大学中文系,1993 年。

三月，所以癸丑旬发生的月食应在当时历日的十二月。

“癸酉贞：旬亡囚？旬壬申夕月有食。”[①] 癸酉日占卜下旬是否有祸？本旬癸酉后的第10日壬申夜里发生了月食。

“癸未卜，争贞：旬亡囚？三日乙酉夕月有食。闻。八月。三。”[②] 癸未日占卜下旬是否有祸，三日后的乙酉夜里发生了月食。这里“闻”是灾祸之意。

这些卜辞表明在殷人的心目中月食是一种异常的天象，是一种灾祸。

已有许多学者试图利用如上记录推求这些月食发生的绝对年代。由于这5次月食记录均未提及王年，其中有2次有月份名和日名干支，另3次仅有日名干支，再加上对卜辞所载5次月食发生的先后次序有不同的见解，对若干卜辞的理解也有所不同，所以，在运用现代月食理论反推相关的绝对年代时得出众多不同的结果。在此，仅取我们认为较为可信的一家之言[③]略作介绍：

如上甲骨卜辞的排列顺序，是甲骨文学家依据甲骨卜辞等的内在特征进行分类定位研究的结果，是依其年代位序的先后排列的。而依现代月食理论推算，既符合5次卜辞所载月食的月份、日名干支、时刻，又符合年代位序和武丁时期的可能年限者，仅有下述一组月食可与之匹配：

癸未月食：公元前1201年7月12日；

甲午月食：公元前1198年11月4日；

己未到庚申间月食：公元前1192年12月27日；

壬申月食：公元前1189年10月25日；

乙酉月食：公元前1181年11月25日。

这是说在武丁在位期内的前后约20年中有5次月食记录，可见时人对月食观测的重视，以及对月食可能带来的灾祸的关注。此外，在依现代月食理论作上述推算时，引进了一个基本的假设：自武丁时期至今，日名干支的序列不曾中断。上述推算结果则反过来证明所引进的基本假设是可靠的。

在历组卜辞中，还可见“日月又食”、“日又戠”、“月又戠”等记载：

癸酉贞：日夕（月）又食……囧[④]。这可能是一次日月频食、即在半个月内接连发生日食与月食或月食与日食的记录[⑤]。

乙丑贞：日又戠，其（告）于囧。一牛。不用。其五牛。不用。其六牛。不用。乙丑贞：日又戠，其告于囧……牢，宜大牢。[⑥]

庚辰贞：日又戠，匪囚佳若。一。庚辰贞：日戠，其告于河。一。

庚辰贞：日又戠，其告于父丁，用牛九。在雙。（一）。[⑦]

---

① 郭沫若，甲骨文合集（11482正反），中华书局，1978～1983年。
② 郭沫若，甲骨文合集（11485），中华书局，1978～1983年。
③ 张培瑜，甲骨文日月食与商王武丁的年代，文物，1999，（3）。
④ 郭沫若，甲骨文合集（33695），中华书局，1978～1983年。
⑤ 张培瑜，甲骨文日月食与商王武丁的年代，文物，1999，（3）。
⑥ 郭沫若，甲骨文合集（33697），中华书局，1978～1983年。
⑦ 郭沫若，甲骨文合集（33698），中华书局，1978～1983年。

辛巳……。辛巳贞：日又戠，其告于父丁。二。……牛。[①]

乙巳贞：彭乡，其舌小乙。兹用。日又戠，夕告于囗，九牛。一。[②]

壬寅贞：月又戠，王不于一人囚。一。又囚。一。壬寅贞：月又戠，其又土，尞大牢。兹用。一。[③]

郭沫若最先指出："戠与食音同，盖言日食之事。"[④] 而陈梦家又认为，"戠""读若识、志或痣，乃指日中黑气或黑子。"[⑤] 在发现"月有戠"的卜辞后，后说已难以成立。"日有戠"、"月有戠"当分别言日食与月食之事无疑。

由这些有关日、月食的卜辞更凸显殷人对于日、月食，特别是日食的敬畏之情，以为要大难临头，不但要告于河、告于上甲、还要告于父乙，一般要用九牛的大礼祭祀，祈求祖先神灵的保佑。

据研究，在殷商可能的500年中符合卜辞日名干支与历组时代者，仅有如下一组相应的年代：庚辰、辛巳、乙巳日食和壬寅月食当分别指公元前1198年10月21日、公元前1172年6月7日、公元前1161年10月31日的日食和公元前1173年7月2日的月食[⑥]。而乙丑日食发生的年代，则还要早些，可能在公元前1226年5月6日[⑦]。

这里，我们还要顺便介绍甲骨文中是否有日珥观测记录的问题。刘朝阳认为在甲骨文中有一条"乙卯允明雾，三焰食日，大星"[⑧] 的验辞，这既是一次日全食记录，又观测到了日全食时在太阳周边的三条火焰，乃是日珥[⑨]。此说曾发生广泛的影响，为许多学者所认同。可是，李学勤[⑩] 对此版卜甲重作释读，以为应为如下所示："甲寅卜，㱿贞：翼乙卯易日。贞：翼乙卯不其易日。王占曰：止勿荐，雨。乙卯允明阴，迄列，食日大晴。"此中，"易日"即昼晴，"荐"为陈放。"雾"应为"阴"。"乞"较"三"中横略短，"乞"读为"迄"。其下一字从"(餐)"，读为"列"。"迄列"与上文"止荐"同义。"食日"为一天中的时段名，非为日食。"大星"应为"大晴"，并非见到明亮的星星之意。由是，这版卜辞是说：在甲寅日，由㱿贞卜问次日乙卯是否天晴？武丁根据占卜的结果判断说：不要陈放祭品，天要下雨。到了乙卯日，天亮时是阴天，停止陈放祭品，上午吃饭时分，天大放晴。后说显然较前说合理可信，当从之。

另有学者指出[⑪]，在殷墟甲骨文中已有关于彗星的记事，如"侑妣庚，侑彗，其侑于妣庚，亡其彗?"[⑫] 等，认为这是关于祭祀彗星的记载。有的学者更认为[⑬]，甲骨文中的"彗"字的字型有四类，短尾型、长尾型、有头型和分裂型，这是一个值得注意的见解。

---

① 罗振玉，殷虚书契后编(上29,6)，见《艺术丛编》第1集，1916年。

② 郭沫若，甲骨文合集(33696)，中华书局，1978～1983年。

③ 中国社会科学院考古研究：小屯南地甲骨，中华书局，1980、1983年。

④ 郭沫若，殷契粹编(55)，日本东京文求堂石印本，1937年。

⑤ 陈梦家，殷虚卜辞综述，中华书局，1988年，第240页。

⑥ 张培瑜，甲骨文日月食与商王武丁的年代，文物，1999，(3)。

⑦ 张培瑜，"日月又食"诸说的初步考查，夏商周断代工程专论之一，1997年。

⑧ 董作宾，殷虚文字乙编(6385正、6386反)，中央研究院历史语言研究所，1953年。

⑨ 刘朝阳，甲骨文之日珥观测记录，宇宙，1945年，15(1～3合期)。

⑩ 李学勤，"三焰食日"卜辞辨误，传统文化与现代化，1997，(3)。

⑪ 温少峰、袁庭栋，殷墟卜辞研究——科学技术篇，四川省社会科学院出版社，1983，第62～64页。

⑫ 董作宾，殷虚文字乙编(751)，中央研究院历史语言研究所，1948。

⑬ 徐振韬、蒋窈窕，殷商彗星记事考，自然科学史研究，1993，(3)。

第五节　西周的天文历法

一　西周的纪时术语

在西周金文中，常见初吉、既生霸、既望、既死霸等四个纪时术语，在一些与西周有关的先秦文献中也可见到它们的存在。对这些术语的解释达20余家之多，是学界众说纷纭、至今未有定论的难题。现择数家有代表性者略述于下：

(1)王国维认为，这四个术语既是一个朔望月四分时段的公名，又是每一时段首日的专名。每一段为五、六、七、八日不等：每月的首日到七、八日为初吉，八、九日到十四、五日为既生霸，十五、六日到二十二、三日为既望，二十三日到月末为既死霸。此即所谓“一月四分之术也”①，亦可称四点四段说。此说在提出后的数十年中，影响巨大，为大多数学者所认同。

(2)董作宾以为既死霸指朔日，初吉与既死霸同义，既生霸指望日，而既望则为望后一日②。可称为三点说。这把“霸”训为月亮的光明部分，对于“既”分别作“尽”和“已经”两种解释。

(3)新城新藏以为，西周以新月初见朏为月首，其后各7日依此为初吉、既生霸、既望，而既死霸为其余的8日或9日③。这可视为对王国维说的一种修订。

(4)薮内清认为，初吉和既望分别专指新月和满月，而既生霸和既死霸分别指前半月和后半月两个时段。可称为二点二段说④。

(5)刘启益认为，初吉——朏，阴历初二或初三；既生霸——朏后一日，阴历初三或初四；既望——满月后一日，阴历十六、十七或十八；既死霸——晦，阴历二十九或三十。这可称为四点说⑤。

以上五家均以初吉等四个术语都同月相有关，除董作宾外，均训“霸”为月亮的黑暗部分，但具体的解说则各异。

另有一些学者认为，只有既生霸、既望和既死霸是同月相有关的术语。黄盛璋指出，初吉是“初干吉日”之意，与月相无关，一月的上旬10日皆可为初吉⑥。刘雨指出，初吉可位于一月中任一日，“初”作“大”解，初吉是为一月中最大的吉日⑦。

在认为初吉与月相无关的学者之间，依然是各有不同的见解：

(1)陈久金曾认为，西周以新月初见为月首，初吉为一月上旬10日，既望指望后一日，既生霸和既死霸分别对应于上半月和下半月⑧。这里既取黄盛璋说，又有同薮内清说的成分。

(2)王胜利认为，初吉为每月的第一个吉日，可在一个月中的任一日；既生霸从月首(朏日

① 王国维，生霸死霸考，见《观堂集林》卷第一，中华书局，1984年。
② 董作宾，金文中之生霸死霸考，见黄然伟：《殷周史料论集》，三联书店，1995年。
③ 新城新藏，西周之年代，见《东洋天文学史研究》，中华学艺社，1933年。
④ 薮内清，关于殷历的两三个问题，见《东洋史研究》，1956，(2)。
⑤ 刘启益，西周金文中月相词语的解释，历史教学，1979，(6)。
⑥ 黄盛璋，释初吉，历史研究，1958，(4)。
⑦ 刘雨，金文初吉辨析，文物，1982，(11)。
⑧ 陈久金，西周月名日名考，自然科学史研究，1983，(2)。

之次日)到望日;既望从望日之次日到残月消失日;既死霸从残月消失日到月末[①]。

(3)冯时认为,既生霸指朔日,既望为朏的次日到望日,既死霸为望的次日到晦日[②]。

各家对初吉等四个术语的解释,大约基于以下三点:第一点是对西周历法的基本估计,第二点是对术语称谓本身的训诂研究[③],第三点是对有关文献和一系列西周铜器历日记载的排比。对其中第二点的"霸"或"魄"字自古就有过两种截然不同的理解:

一是认为指的是月亮的光明部分。扬雄《法言·五百》曰:"月未望则载魄于西,既望则载魄于东。"班固《白虎通德论·日月》有"月三日成魄,八日成光"之说。许慎《说文解字》曰:"霸,月始生霸然也。承大月二日,承小月三日。"马融注《古文尚书·康诰》指出:"魄,朏也。谓月三日始生兆朏名曰魄。"

一是认为指的是月亮的黑暗部分。刘歆《三统历·世经》曰:"死霸,朔也。生霸,望也。"颜师古注引孟康云:"月二日,明生魄死,故言死魄。魄,月质也。"张衡《灵宪》曰:"月光生于日之所照,魄生于日之所蔽。"

扬雄和刘歆都是西汉末年的著名学者,却各执一词。从东汉初年的班固、马融和许慎等经学、语言文字大家皆认同扬雄之说看,第一种理解应是传统的见解。而刘歆大约是由他对西周既生霸等纪时术语的一己之见,对"霸"提出新的解释,并对后世一部分学者产生了影响。

近现代学者对既生霸、既死霸中的"霸"的理解业已趋同,即以第一种为是。对于"既"作"已经"讲,亦为绝大多数学者所认同。"望"为满月,更无疑问。至于"生"、"死",当与古人关于月亮的观念相关。《孙子·虚实》有"月有死生"之说,而《楚辞·天问》中有"夜光何德,死则又育"之问,都表明在古人的观念中,月亮圆缺的周期变化是月光生长、发育、死亡的循环往复过程的反映。由是,从训诂学的角度看,既生霸是说月亮已经开始生光,既望是说月光已经圆满,既死霸是说月光已经开始消失。这些理解应可作为进一步讨论有关问题的基本点之一。

至于上述第一和第三点,其自身都并非完全扎实可靠,都是尚有待进一步研究的问题,这便是初吉等四个术语至今仍未有定论的根本原因。从现有的相关资料看,在上述三个基本点中,最为重要、也最有希望取得比较可信结果的应是第三点。这是因为,对该四个术语的解释,务必融通西周历日的第一手记载,离乎此,则不可取信于人。而随着西周考古发掘的进展,至今已发现有64件年、月、干支和初吉或既生霸或既望或既死霸齐备的铜器,这已为比较可信结果的推出提供了相当多的资料。这些历日资料的主要格式有如下述:

虎簋盖:隹卅年四月初吉甲戌;

大簋盖:隹十又二年三月既生霸丁亥;

师虎簋:隹元年六月既望甲戌;

九年卫鼎:隹九年正月既死霸庚辰。

由之可见,它们均未载是西周的哪一个王的年份,这固然是当年人们的习俗使然,却给后来的研究者带来了巨大的麻烦。学者只得依靠铜器的器型、铭文的文字特征及其内容等信息,对这些铜器作分期研究,而给出大约可信的年代先后的推测。

中国古代有明确的绝对年代可考的年份是公元前841年,它与西周共和元年相当,这是依

① 王胜利,西周历法的月首、年首和纪日词语新探,自然科学史研究,1990,(1)。

② 冯时,晋侯苏钟与西周历法,考古学报,1997,(4)。

③ 景冰,西周金文中纪时术语——初吉、既生霸、既望、既死霸的研究,自然科学史研究,1999,(1)。

据司马迁对他当年可见的纪年资料进行研究所得的可靠结果推得的。此后直至今日，公元年份均可与古代相关纪年一一对应。可是，对于此前，却史无定说，一直成为学者研究的年代学问题。从周共和上推，西周诸王依此为厉王、夷王、孝王、懿王、恭王、穆王、昭王、康王、成王、周公、武王和文王，这基本为学界所共认，可是，对于诸王在位的年数，除了周公摄政7年为大多数学者认同外，其余均众说纷纭。这种情况造成了上述西周铜器历日资料绝对年代认定的极大困难。

景冰[①] 利用考古学界对若干西周铜器分期研究的成果，以及对初吉等四个纪时术语的上述理解和对西周历法基本特征的估计（同下说基本相同），对若干西周铜器历日记载作排比研究，其具体排比方法又分为相对和绝对两种：相对排比是对同一件铜器上、或者可以确定为同一王世的铜器组上出现的几个纪时术语的排比，由之可以相当可靠地判断纪时术语在一月中的位置和与之对应的可能月相；绝对排比是利用已知绝对王年的铜器上的纪时术语所系月名和干支日名，由有关天文历表[②] 求得与纪时术语相应的月相。由相对排比，可排除既生霸定点于"新月初见"、既死霸定点于朔日和"满月后初亏"、既望为"满月后一直到月亮光面完全消失"这一时间段等的可能性。而且还排除了西周以"无月光"之时为月首标志的可能性，以新月初见或朔为月首则有很大的可能。而由绝对排比，也可排除既望为"满月后一直到月亮光面完全消失"这一时间段的可能性，还可排除既死霸以"无月光"为其月相标志、既生霸以"上弦月"为其月相标志等的可能性。他得出的结论是：

初吉与月相无关，在一个月中的日序从1到13间，同"初干吉日"说相近。这里所谓"日序"是相对于实朔日而言的，以实朔日为1、次日为2，等等（下同此）。

既生霸对应于"新月初见"到"满月"的时段，日序从3到16，"新月初见"即为月首的可能性最大。

既望对应于"满月"到"月亮出现亏缺"的时段，日序从14到24。

既死霸对应于"月亮出现亏缺"到"新月初见"的时段，日序从17到次月2。

既生霸、既望和既死霸既是一个月三个时段的公名，又是三种月相的专名，这可称为三点三段说。作为专名，既生霸系指"新月初见"，既望指"满月"，既死霸指"月亮出现亏缺"。此中，"月亮出现亏缺"是指"满月后初亏"还是指"下弦月"，从铜器历日的排比中尚不能得到判定。而既生霸与既望之间日序的交叉，则与满月可能出现在日序为14到16之间相关。

陈久金[③] 对64件年、月、干支与纪时术语齐备的西周铜器所作的王年断代研究表明：既生霸的日序在3到15之间（计15件），但有1件的日序为2；既望的日序在17到23之间（计11件），但有1件的日序为28；既死霸的日序在24到30之间（计6件）。由之可见，这三个纪时术语的日序范围基本上与景冰之说相吻合。可是，关于初吉的日序则在2到29之间（计30件），这同景冰说不同，却与刘雨说相近。

看来，对初吉等四个纪时术语含义的新近研究有逐渐趋同的势头，初吉与月相无关，在64件已知西周铜器中初吉占30件这一事实本身，似也表明初吉应与其余三个纪时术语有所区别。而景冰关于既生霸、既望和既死霸的三点三段说，大约可信，但其中既望与既死霸的分界

① 景冰，西周金文中纪时术语——初吉、既生霸、既望、既死霸的研究，自然科学史研究，1999，(1)。

② 张培瑜，中国先秦史历表，齐鲁书社，1987年。

③ 陈久金，Calendars and the Periods the Reigns in Xizhou，第9届国际东亚科学史会议，1999年。

尚有待界定。若从陈久金所得的结果看,这二者的分界似以“下弦月”为是。

显然,初吉、既生霸、既望和既死霸四个纪时术语的运用,是西周历法有别于殷商历法的特征之一,它们应是周民族固有历法的重要内涵,其中既生霸、既望和既死霸三种特定月相的运用,凸显着通过对月相变化的实际观测以经常性地校订一个月的长度同真实的朔望月长度相吻合的意图,也反映出西周历法仍不脱观象授时的基本形态的特征。在第二章第二节中,我们将要论及春秋鲁国历法所用的朔望月长度已达到相当准确的程度,这显然同西周时期长期进行的月相观测密切相关,很可能鲁国历法所用的朔望月长度便是西周晚期历法的延续,至少是在原有基础上做出的小调整。

二 西周历法的年、月朔与闰月

在《周礼》一书中,载有若干同天文历法有关的职官制度。《周礼》成书的时代大约在战国时期,是记载周王室官制和战国时代各国制度的汇编。内中的记述固然有后世儒家理想化的成分,但也反映着西周社会的诸多重要信息。要完全分清其中的记载哪些是后世儒者所添加,哪些是西周社会的原貌,是一件相当困难的事情。我们姑且把它们视为源起于西周,而到战国时期得到充分完善的职官系统。

(一)关于岁、年与祀

《周礼·春官宗伯》言及“大史”一官的职责之一是“正岁、年以序事”。东汉郑玄注曰:“中数为岁,朔数为年”。所谓“中数”是说以中气之数计算,我们认为,西周似尚无节气或中气的概念,但以冬至到冬至或夏至到夏至为一岁是可以成立的(关于西周时期冬、夏至的测量,下面就要论及)。所谓“朔数”是以朔望月之数计算,如从正月到下一个正月为一年。在郑玄之前,班固在《白虎通德论·四时》中便已指出:岁是“以纪气物,帝王共之”者,而据“有朔有晦”之“月断,言为年”。郑玄与班固之说是相同的,可见,汉儒对岁与年的区别是明晰的,而作这种区别很可能即始于西周。所谓“正岁、年以序事”,说的便是要调节好岁与年之间的关系,使冬至所在的月份同一年中的特定月份保持稳定的对应关系。如使冬至所在之月为正月(即建子),或令冬至所在之月的次月为正月(即建丑),等等。

在本章第四节中,我们已经提及《周礼·春官·大司乐》关于冬至日“于地上之圜丘奏之”礼仪的记载,和西周时期对冬至日的测量及其礼仪乃源于殷商的见解。而《周礼·地官司徒·大司徒》更提及:“以土圭之法测土深,正日景,以求地中。……日至之景尺有五寸,谓之地中。”汉代经学家一致认为地中是指阳城,即今河南省登封县告城镇。对于告城而言,夏至影长1.5尺,其表高当为8尺。这些是相当明确的对于冬至和夏至日的测量及其所用圭表尺度的记述。又据《周礼·冬官考工记·匠人》记载:“匠人建国,水地以悬,置椞以此悬,眡以景。为规识日出之景与日入之景。昼参之日中之景,夜考之极星,以正朝夕。”这是说在一水平的地面上,竖立一根木杆,以木杆垂足(A)为中心,在地面上画出一圆圈,分别标记出日地平和日入地平时木杆影与圆圈的交点(B和B′),两交点的连线方向即为东西方向。取两交点的中点(M),AM的连线方向即为南北方向(图1-9)[①]。此外,南北方向还可以由观测日影(白天)和北极星(夜晚)来

① 中国天文学史整理研究小组,中国天文学史,科学出版社,1981年,第175页。

确定:一天中木杆之日影最短时日影之指向即南北方向;令观测者、木杆和北极星三者同处于一平面上,观测者所处地点与 A 的连线即为南北方向。后两种南北方向厘定法的准确性自然远不如前一种方法,只可以起到参照的作用。虽然这里讲的是利用日影测量来确定方向的方法,却反映了圭表测量的一般技术规范:木杆(表)要与地面垂直,投射日影的地面(圭)要水平,这也正是后世圭表测量中最基本的技术要求。而且上述第一种南北方向确定法,实际上也正是由日影测定冬、夏至时所不可或缺的。测定一年中南北方向的表影最长或最短的时日,即为冬至或夏至日。

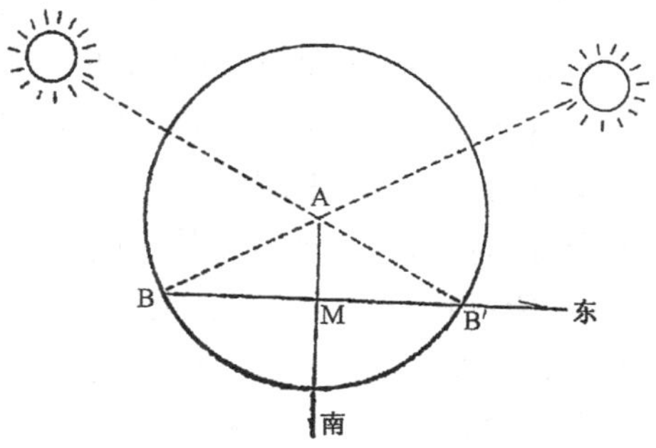

图 1-9 《考工记》"正朝夕"示意图

关于西周历法的岁首,古人多有建子之说,即认为是以冬至所在之月定为正月,究其实,这也是未经充分论证的问题。在第二章第二节中,我们将要论及春秋时期鲁国历法的岁首,曾发生过从前期建丑(以冬至所在之月的次月为正月)到后期建子的转变,而且每年实际上的岁首还多有在建丑或建子前后游移的现象,即有建寅或建亥的情况发生。这些似可以说明,作为春秋历法前身的西周历法的岁首是建子或建丑都是可能的,而且每年实际上的岁首存在游移的问题也是难以避免的,而这主要因为人们对冬至或夏至时日的测量还存在较大的误差所致。

其实,在西周还曾沿用殷商"祀"纪年法,可见于若干出土的西周铜器上的记载:

鲜簋:隹王三十四祀隹五月既望戊午;

五祀卫簋:隹正月初吉庚戌……隹王五祀;

吴方彝盖:隹二月初吉丁亥……隹王二祀;

师遽簋盖:隹王三祀四月既生霸辛酉;

趩尊:隹三月初吉乙卯……隹王二祀。

据金文学家考释,这些器物均为周懿王之前的,而在周懿王之前铜器纪时铭文中也多见"隹王某某年"的记载。大约在周懿王之前"祀"、"年"并用,"祀"的运用显然是沿袭了殷商时期周祭的制度,之后则专用"年",这是一个值得玩味的改变,似乎说明其纪年法不再以周祭周期为断,统一以正月为纪年之首。

在西周前期"祀"、"年"并用,而到后期则"年"、"岁"并用,这大约应是西周纪年法及其历法的特征之一。

(二)关于朔与颁朔

大史的另一职责是"颁之于官府及都鄙,颁告朔于邦国"①,这是始于西周的由周天子每年向全国颁布历法的制度。《史记·历书》曰:"幽、厉之后,周室微,陪臣执政,史不记时,君不告朔",告朔亦即颁朔,只是在西周晚期由于周王朝的衰弱和诸侯国的强盛,这一制度才走向衰亡。所谓颁朔是向周王朝各官府以及各诸侯国颁布由畴人推定的一年历日的安排,包括一年十二个月朔日的干支,闰月的有无,相关的祭祀或政务活动等等,以之作为全国统一的时日标

① 《周礼·春官宗伯·大史》。

准和特定活动的规定。郑玄云："天子颁朔于诸侯，诸侯藏之祖庙，至朔朝于庙，告而受行之。"[①] 即每月朔日诸侯王要到祖庙"视朔"，由专人宣读相关内容，诸侯王洗耳恭听，是为"听朔"，而后依之行事。而天子自身同样要"视朔"与"听朔"，为诸侯王作出表率。可见，这是一种相当隆重的礼仪，反映了周天子对于历法的高度重视，以及各诸侯国接受周王朝的历日和有关行政安排的权威性。这也就是中国古代极具特色的颁布历法权是为统治权象征的肇始。

《左传·桓公十七年》载："天子有日官，诸侯有日御。日官居卿以底日，日御不失日，以授百官于朝。"服虔注曰："日官、日御，典历数者也。"这里所说的日官大约便是与大史同类的官员，而各诸侯国的日御，则是遍布于各地的负责历日制度得以真正执行的官员。日官和日御实际上构成了颁朔制度的组织保证。

从历法自身角度看，颁朔制度表明其历法是以朔为月首的，亦即一月的长度是以朔望月长度为准的。如前所述，各家在论及西周历法的月首时，明显分为以"朔"或以"朏"为月首两大派。西周颁朔制度的存在，是否就说明以"朔"为月首一说是正确的呢？由于西周颁朔制度始于何时还不得而知，所以，仍不能得出肯定的答案。

在现所知文献中，"朔"字首见于《诗经·小雅·十月之交》：

> 十月之交，朔日辛卯，日有食之，亦孔之醜。彼月而微，此日而微，今此下民，亦孔之哀。日月告凶，不用其行，四国无政，不用其良。彼月而食，则维其常，此日而食，于何不臧。……

这里吟咏的是先后相继发生一次日食和一次月食的天象，认为这是日月之行失去正常状态的结果，又是与君王不用贤良、政治黑暗密切相关的。这反映了时人对日、月食是为凶象，是对君王无政的谴告等观念。其中，十月辛卯朔发生了日食，是为十分明确的日食记录，对其发生的具体年月日，已有不少学者作过研究，主要有两种不同的见解：一是认为该日食发生于周幽王六年十月辛卯朔(前 776 年 9 月 6 日)，一是认为该日食发生于周平王三十六年十月辛卯朔(前 735 年 11 月 30 日)[②]。进一步的计算表明，前一次日食，大约在北纬 40°的地方才能看到食分为 1 分的偏食，在周都是看不到这次日食的发生的。而后一次日食，周都以及周地的广大区域内在当天上午都可见食分很大的日偏食，周都的食分在 8 分以上。所以《诗经》所载说的是这次日食的可能性最大[③]。据此，"朔"字的初见已到了东周初年。当然这并不说明到这时方以朔为月首，而从骚人已将"朔日"入于诗中，以及在年代上紧随其后的《春秋》记载中，关于"朔"的记载已成完备的形态来看，以朔为月首应在东周初年前不算短的年代便已被采用。我们认为西周历法的月首很可能有一个由"朏"演变为"朔"的发展过程，只是至今尚难断言发生这种演变的具体年代，而西周晚期也许是其适当的年代。

（三）关于闰月

在出土的西周时期的铜器吴虎鼎上有"隹十又八年十又三月既生霸丙戌"的记载，这明确无误地说明了西周历法闰月的存在，而且采取的是年终置闰法。考古学家一般认为吴虎鼎是为周宣王时期的器物，果若如此，则表明到西周后期闰月的表达方式与殷商时期并无不同。在

① 《春秋·文公六年》注。
② 能田忠亮，诗经の日食に就と，见《东方学报》第 10 册，京都，1935 年。
③ 张培瑜，《春秋》、《诗经》日食和有关问题，见《中国天文学史文集》第 3 集，科学出版社，1984 年。

现已知文献中,“闰月”一词首见于《春秋·文公六年(前621)》:“闰月不告月,犹朝于庙。”说的是在闰月是不行视朔之礼的,可是,鲁文公却偏偏到祖庙去。由此看来,当时关于闰月应有一套明确的礼仪规定和行事准则,这也应是行之有年的一种传统。

大史的又一职责是:“闰月,诏王居门,终月。”[①] 在《礼记·玉藻》中亦可见类似的记述:“闰月,则阖门左扉,立于其中。”对此,郑玄注曰:“门谓路寝门也”,“闰月非常月也,听其朔于明堂门中,还处路寝门,终月。”郑玄又引郑司农之说:王“居于门,故于文,王在门谓之闰。”这些注释既对“闰”字的由来作了很好的阐述,也对闰月是有别于每年都有的12个月的月份的特殊性作了很好的说明。《公羊传·文公六年》指出:由于闰月“所在无常,故无政也。”这把在闰月期间不设政事,王终月居于路寝门的原由作了顺理成章的解释。既如此,在颁布给各诸侯国的历日中自然不会有闰月行政的内容。《谷梁传·文公六年》则以为:对于闰月,“天子不以告朔”,也是这个意思。对于各诸侯王而言,在闰月期间大约也要效法周王不行或少行政事。这些便应是对于闰月所作的规定。至于这一规定始于何时,尚难断言,我们推想西周晚期可能是合适的起始年代。

《左传·文公六年》曰“闰以正时”,这无疑是置闰之举的出发点,也就是调节岁与年关系的具体方法。比如,对以冬至所在之月为正月(建子)的规定而言,若由观测得知冬至不在正月,则需在次年的年终置一闰月,使后年的冬至在正月之中。又如,对以冬至所在之月的次月为正月(建丑)的规定而言,若由观测得知冬至不在十二月,则需在次年的年终置一闰月,使后年的冬至在十二月之中。有人认为,在这种情况下,可以在得知冬至不在十二月后,随即置一闰月加以调节,这是不可能的,因为历日是一年一颁布,不可能做临时的修改。

在第二章第二节中,我们将论及在春秋时期的置闰法尚无明确的规律可循,带有很大的随意性。由之可推测西周时期的置闰法也应是这种状况,这是对冬至时日的测定还存在较大的误差等原因所决定的。

质言之,西周历法继承了殷商历法阴阳合历的传统,它更注重对月相的观测和对太阳的观测,形成了自己的特色:将既生霸、既望、既死霸等特定的月相作为纪时的不可或缺的要素;对冬至(或夏至)的测定(实即对太阳运动回归的观测)在方法上有所改进,在运用其调节岁与年关系、亦即作为设置闰月准绳上,也就是令冬至时日与一年的特定月份保持固定的关系上,有了更明确的观念和要求,虽然在实际上尚未能如愿,但应有了相当的进展;在月首的取定上,实现了从朏到朔的改革,如果说朏是一有形的天象,可以通过观测得知,那么,朔则是一种无形的、具有理论意义的概念,它是在对朔望月长度有了较准确的认识后经计算推得的,所以,这一改革在历法史上具有十分重大的意义。从总体上看,西周历法依然带有较重的观象授时的色彩,但已在向规整的推步历法的方向迈出了步伐,处于从观象授时向推步历法过渡的初级阶段。

三　西周灵台以及天文职官

《诗经·大雅·灵台》序曰:“民始附也。文王受命,而民乐其有灵德,以及鸟兽、昆虫焉。”而诗云:“经始灵台,经之营之。庶民攻之,不日成之。”这是说周文王自以为上应天命,在徙都城

① 《周礼·春官宗伯·大史》。

于丰(今陕西长安)后,乃经理而量度之,在城西郊初始建立灵台之基址,欲由灵台观测天象,与天相沟通,并以此为号召,使民心更进一步归附之。这应是中国古代设立天文台站的最早而明确和生动的记录,直至唐初,该灵台的遗址尚存,可见其影响之大。据《玉海·卷一百六十二》载,灵台"台高二丈,周四百二十步"。它应是一高台建筑,天文历法官员在台顶上进行有关天象的观测,既具有开阔的视野,又高高在上并与外界相对隔离,颇具神圣与神秘感。《左传·僖公五年(前655)》有鲁僖公在这一年的冬至日,先视朔、后"遂登观台以望"的记载,对此,服虔注云:在周代"天子曰灵台,诸侯曰观台"。看来,在西周时期天文台站的设立似并非周天子的特权,各诸侯国也有相应的观测场所,在东周时期更是如此。

相传在夏、商两代便已有同灵台相类似的天文台站,夏代称为清台,商代称为神台,只是其真实性还有待进一步的证明。

在《周礼·春官宗伯》中,与天文历法有关的职官除了大史之外,还有冯相氏、保章氏和占梦:

"冯相氏,掌十有二岁、十有二月、十有二辰、十日、二十有八星之位,辨其叙事,以会天位。冬夏致日、春秋致月,以辨四时之叙。"冯相氏的职责有三:一是观测木星的运动,时人认为木星每12岁行一周天,故曰"掌十有二岁";二是观测北斗星斗柄的指向,斗柄每月逆时针方向转过周天的1/12度,谓之一辰,故曰"十有二月,十有二辰"。此外,"十有二辰"又可被理解为将一天分为12个时辰的时制。"十日"一般被注释为甲、乙、丙、丁等十干。上述二者的运动皆以特定的恒星为背景,这恒星背景即所谓"二十有八星",也就是二十八宿;三是观测每日午中日影长度的变化,以确定冬至与夏至的时日,即所谓"冬夏致日"。若从字面上看,"春秋致月"应是由对月亮的观测以确定春分和秋分的时日,但这却是难以做到的。而从当时的天文学发展水平推测,春分和秋分时日可以取冬、夏时日的中点来确定。冯相氏在作这三项观测的基础上,还要分别给出与之相应的世态和事应的说明,以及关于四时状况的推测。

"保章氏,掌天星,以志星辰日月之变动,以观天下之迁,辨其吉凶。以星土辨九州之地,所封封域,皆有分星,以观妖祥。以十有二岁之相,观天下之妖祥……"保章氏的职责亦有三:一是观测日月星辰发生的异常变化,对诸如日月食、月亮、彗星等在恒星间的特殊位置等现象都要作出或吉或凶的说明;二是对发生于不同天区天象的观测,推测各地诸侯的顺逆治乱,这在第二章第一节中还要作进一步讨论;三是观测木星的位置、色泽等状况,以推测吉凶祸福。

"占梦,掌其岁时,观天地之会,辨阴阳之气,以日月星辰占六梦之凶吉。"这是以观测日月星辰的运动及其位置的基本方法,并考虑岁时变迁与阴阳消长的因素,以解说梦境之吉凶的职官。

冯相氏、保章氏和占梦三职官的这些职责表明,对日月星辰的运动变化的观测,在西周得到了很大的重视。这些观测一方面是观象授时的需要,冯相氏偏重于此,如冬、夏至时日和斗柄指向等的测量,而另一方面是要满足观象以知吉凶的需要,保章氏和占梦则偏重于此。它们已经把中国古代天文学的两大社会功能比较清楚地反映出来了。《周易·系辞上》曰:"天垂象,见吉凶",这一观念正是保章氏等职官及其职责设定的思想基础。

在《周礼·夏官司马》中,也可见另一与天文有关的职官的设置:

"挈壶氏……凡军事,悬壶以序聚㰙,凡丧,悬壶以代哭者。皆以水火守之,分以日夜。及冬,则以火爨鼎水而沸之,而沃之。"郑司农注曰:"悬壶以为漏者,谓悬壶于上,以水沃之,水漏下入器中,以没刻为准法。"认为此时的漏壶由上、下两壶组成,上壶盛水,经由一小孔滴水于下壶中，使下壶的水位渐涨，在下壶的壶壁上画有刻画，水淹没某一刻划，即可知某一特定时间的到来。“以序聚欜”是说守更人依据漏壶测量得到的夜晚不同时段的先后次序，击打欜木以报时。漏壶以水成漏，夜晚需举火以识别刻画，故曰“以水火守之”。而“分以日夜”是说漏壶计时是将一天的白昼和夜晚分别计量的，看来，白昼和夜晚有不同的时段划分方法。在冬天，往往水结成冰，不可为漏，故需在室内用加热鼎中的水令其沸腾的方法，提高室温，使漏壶正常滴水计时。有趣的是，漏壶还被用于在办丧事时代人哭泣之事。

如上所述，周代天文、历法职官的设置已初具规范，它们自然是前代相关职官分工细化与专门化的反映，也为后世的进一步发展打下了更坚实的基础。

第二章　天文学体系的奠基
——春秋战国时期(前770～前221)

春秋战国时期,是中国历史上社会大变革的时期。春秋时期(前770～前481)先后出现五霸称雄的态势,到战国时期(前480～前221)则出现齐、楚、燕、韩、赵、魏、秦七雄并立的局面。各诸侯国为求存图强,先后在思想、政治、经济以致社会制度等领域进行程度不同的改革,有远见和有作为的君主在吸引人才、发展教育与科学技术等方面显示了很大热情,并采取了积极的政策。私学的发展,更造就了前所未有的知识分子——"士"的队伍,进而逐渐形成了诸多学派与"百家争鸣"的局面。思想的解放、社会经济与科学技术互动式的发展,使整个社会的面貌大为改观。与其他科学技术门类的长足进步一样,天文、历法也在前代萌芽与积累的基础上,从观象授时向推步历法过渡、从定性描述向定量模写发展、从零散向系统演进,从而奠定了中国天文学体系的基本构架。

第一节　天象记录与天象观

一　日食记录

在《春秋》一书中,记述了自鲁隐公元年(前722)至哀公十四年(前481)计242年间的重要史实。其中,记载有37次日食事件,见表2-1①:

表2-1　《春秋》日食记录及其考订

《春秋》日食记载	公元前年月日	食　分	备　注
隐公三年二月己巳	720.02.22	0.47	朔
桓公三年七月壬辰朔,既	709.07.17	1.00	
桓公十七年十月朔	695.10.10	0.58	庚午朔
庄公十八年三月	676.04.15	0.68	四月壬子
庄公二十五年六月辛未朔,鼓	669.05.27	0.88	
庄公二十六年十二月癸亥朔	668.11.10	0.72	
庄公三十年九月庚午朔,鼓	664.08.28	0.84	
僖公五年九月戊申朔	655.08.19	0.88	
僖公十二年三月庚午	648.04.06	0.26	
僖公十五年五月	645.05.02		无日食
文公元年二月癸亥	626.02.03	0.79	三月癸亥
文公十五年六月辛丑朔,鼓	612.04.28	0.87	

① 张培瑜、陈美东等,中国天文学史大系·中国古代历法,河北科学技术出版社,2002年,第312～316页。

续表

《春秋》日食记载	公元前年月日	食　分	备　　注
宣公八年七月甲子,既	601.09.20	0.91	九月甲子晦
宣公十年四月丙辰	599.03.06	0.50	朔
宣公十七年六月癸卯	602.05,08	0.43	宣公七年
成公十六年六月丙寅朔	575.05.09	0.96	
成公十七年十二月丁巳朔	574.10.22	0.66	
襄公十四年二月乙未朔	559.01.14	0.65	
襄公十五年八月丁巳	558.05.31	0.35	七月
襄公二十年十月丙辰朔	553.08.31		日食不见
襄公二十一年九月庚戌朔	552.08.20	0.69	
襄公二十一年十月庚辰朔	552.09.19		无日食
襄公二十三年二月癸酉朔	550.01.05	0.91	
襄公二十四年七月甲子朔,既	549.06.19	1.01	
襄公二十四年八月癸巳朔	549.07.18		无日食
襄公二十七年十二月乙亥朔	546.10.13	0.94	
昭公七年四月甲辰朔	535.03.18	0.35	
昭公十五年六月丁巳朔	527.04.18	0.93	
昭公十七年六月甲戌朔	525.08.21	0.82	九月癸酉晦
昭公二十一年七月壬午朔	521.06.10	0.62	
昭公二十二年十二月癸酉朔	520.11.23	0.59	
昭公二十四年五月乙未朔	518.04.09	0.58	
昭公三十一年十二月辛亥朔	511.11.14	0.53	
定公五年三月辛亥朔	505.02.16	0.44	
定公十二年十一月丙寅朔	498.09.22	0.81	
定公十五年八月庚辰朔	495.07.22	0.51	
哀公十四年五月庚申朔	481.04.19	0.82	

上表中,“《春秋》日食记载”栏取自《春秋》的有关记述,如桓公三年“秋七月壬辰朔,日有食之,既”。又如庄公二十五年“六月辛未朔,日有食之,鼓用牲于社”等等。“公元前年月日”栏为与《春秋》年月日记载相应的公元年月日。“食分”栏为依现代日食推算法得到的当年在今山东省曲阜可见的日食食分值。由上表知,《春秋》所载37次日食中,有25次年月日干支均无误,占全部记录的66%;另有7次小有缺误:1次年份有误(宣公七年误作十七年)、4次月份有误(庄公十八年四月误作三月、文公元年三月误作二月、宣公八年九月误作七月与襄公十五年七月误作八月)、2次缺日名干支(桓公十七年十月缺“庚午”与庄公十八年三月缺“壬子”)。现代的计算结果似可说明这些缺误应是传写的错失所致。在《春秋》中还有1次日食记录(襄公二十年十月)非曲阜可见,这大约是据传闻所作的记载。如果加上这8次记录,《春秋》所载日食应有33次是可靠的,约占记载总数的86%。其所载日食另有1次月和日名干支皆误(昭公十七年九月癸酉误作六月甲戌),这似难以传写的讹误解释;还有2次日比月而食的记载(襄公二十一年十月和二十四年八月),是明显的失误;又,僖公十五年五月,实亦无日食发生,也是错误的。这4次记录的存在,说明《春秋》的日食记录并非是无懈可击的。虽然如此,《春秋》日食记录还应是一份弥足珍贵的天文史料,它们乃是鲁国天文学家世代坚持认真观测的重要成果。

还要指出的是,《春秋》日食记录凡注明“既”者,其食分均在 9 分以上,凡注明“鼓用牲于社”者,其食分皆为 8 分有余,这些表明其所注明的“既”和“鼓用牲于社”是有明确的天文学意义,而且还有必须安排救日仪式的一种社会约定。

研究表明,在《春秋》记事的 242 年间,在曲阜可见的日食还应该有 52 次,其中有 17 次食分在 1 分左右①,因而未被观测到,也就未被记载是可以想见的(由上表知,当时观测到的日食食分约在 3 分以上)。此外,还有 35 次未见记载的主要原因,应是阴雨等天气因素影响使日食不可见所致。

《春秋》所载日食是孔子依据鲁国天文学家的观测与鲁国史家的记录编定的,鲁国天文学家与史家之所以作这一观测与记录,与当时人们的天象观密切相关,认为日食是一种异常天象,预示着君王将相以致国家的吉凶。《周易·系辞上》所谓“天垂象,见吉凶”即言及于此。对于鲁昭公七年的日食,“晋侯问于士文伯曰:谁将当日食?对曰:鲁、卫恶之,卫大鲁小。……其大咎,其卫君乎?鲁将上卿”②。即以为这次日食预示着卫国的国君与鲁国的上卿将有大灾临头。孔子显然深谙此道,而开创了在史书中将日食等天象作为重要事件予以记载的先例,对后世产生了巨大的影响。天文学家对日食等天象的精心观测与史家的高度重视,实际上形成了一种互动的关系,使这些观测与记录成为一种传统,从而生成了中国古代天文学的一大特色。

二　彗星、陨石、流星雨记录

《春秋》载:鲁文公十四年“秋七月,有星孛入于北斗。”鲁昭公十七年“冬,有星孛于大辰”。鲁哀公十三年“冬十有一月,有星孛于东方”。它们分别是公元前 613 年、公元前 525 年和公元前 482 年见到彗星的实录。孔子在这些记述(也包括日食、陨石、流星雨等)之后并未言及吉凶之应,这被后人公认为是孔子述而不作与微言大义的表征。实际上,彗星的出现,被人们视为不吉利的事件,申须在言及鲁昭公十七年的彗星时指出:“彗,所以除旧布新也,天事恒象。”③

在《史记·齐太公世家》的一段记述也充分反映了这一观念:齐景公“三十二年(前 510),彗星见。景公坐柏寝,叹曰:‘堂堂!谁有此乎?’群臣皆泣……景公曰:‘彗星出东北,当齐分野,寡人以为忧。’”一颗彗星的出现,造成了君王惊恐、群臣皆泣的严重事态,可见彗星之不祥,可见“天垂象,见吉凶”观念之深入人心。这也就难怪人们对彗星观测的重视,难怪孔子在《春秋》中记载彗星的出现。春秋战国时期,关于彗星的记事在《史记》中还有 13 次④之多,如《史记·六国年表》载:秦厉共公十年(前 467)“彗星见”,等等。可见,对于彗星的观测与记录在这时也已形成了传统。

有人认为,前述公元前 613 年和公元前 467 年的两次彗星记事应是哈雷彗星最早的和第二次的记录⑤。而朱文鑫指出⑥,见于《史记·秦本纪》的“始皇七年(前 240),彗星先出东方,见

① 张培瑜、陈美东等,中国天文学史大系·中国古代历法,河北科学技术出版社,2002 年,第 314～319 页。

② 《左传·昭公七年》。

③ 《左传·昭公十七年》。

④ 北京天文台主编,中国古代天象记录总集,江苏科学技术出版社,1988 年,第 383、384 页。

⑤ 陈晓中,中国古代的天象记录,见中国科学院自然科学史研究所主编,《中国古代科技成就》(修订版),中国青年出版社,1996 年。

⑥ 朱文鑫,中国史之哈雷彗星,见《天文考古录》,商务印书馆,1933 年。

北方，五月，见西方，十六日”，是又一次哈雷彗星的记录。自此以后到清代宣统二年（1910），哈雷彗星共有28次回归，在中国古代有关史籍中都可以找到相应的记载，可见古人观测与记录的精勤。自然，古人对于彗星的观测成果远不止于此，据初步统计，中国古代的彗星记录总数当不少于500次①，这些对现代关于彗星与流星群的周期性及其轨道变迁等课题的研究，是十分重要的资料。

关于陨石的记载，见于《春秋》中，鲁僖公十六年（前645）“春王正月戊申朔，陨石于宋，五”。这一天，在宋国境内，落下了5颗陨石。这是中国古代关于陨石的最早记载。对此，《左传》十分明确地指出：“陨星也”，认为它们是天上的星陨落到地上所致，这是关于陨石来源于天上的星星的科学认定。战国时期的甘德对此也有论述：“陨石于宋，五，此时宋襄之应也。望之是星，至地为石。”② 他一方面认为这一事件与宋襄公的时政有关，而在陨石的由来问题上，也得出明确而合理的结论。可见，从春秋战国起，古人对于陨石的本质已取得了共识，这对后世产生了深远的影响。其实，甘德还曾描述过另一次陨石事件：“无云而雷，石陨随地，大可一丈，围形如鸡子，两头锐，名曰天鼓。”③ 这是关于一颗落在随国境内的大陨石的尺度、形态及其陨落时的天气状况与声响等的简明而生动的记述，反映了这时人们对于陨石观测的认真程度。

对于流星雨现象，在春秋时期也有了记述：《春秋》鲁庄公七年（前687）“夏四月辛卯，夜，恒星不见，夜中，星陨如雨”。对此，《左传》解释说：“夏，恒星不见，夜明也。星陨如雨，与雨偕也。”认为当天的上半夜，因为天空背景明亮，故恒星被消隐不见；又认为“星陨如雨”是说星陨和下雨两件事同时发生。据研究，“四月辛卯”以当月实朔计当为初六日，故上半夜天空明亮之论是大体可信的，但后一论说则不妥，正如汉代王充已经指出的：“（夜）明则无雨，安得与雨俱？”④《公羊传》解释说：“恒星者何？列星也。列星不见，何以知夜之中？星反也。如雨者何？如雨者，非雨也。非雨，则曷为谓之如雨？不修春秋曰：雨星不及地而复。君子修之，星陨如雨。”它既以为上半夜确实因夜明而不见恒星，后来，随着月亮落到地平线下，恒星又可见，而且发生了如下雨一般的陨星现象，并不是下雨。所谓“不修春秋”，是指未经孔子修定的鲁国史书，其上明确的记载是：星陨像下雨一样，它们总是未抵达地面而止。孔子以“星陨如雨”描述了这一现象。《公羊传》之论显然是正确的，同时它表明当年鲁国观测者与史家，以及孔子对流星雨现象的描述也是得当的。“星陨如雨”在后世也成为记述流星雨现象的经典用语。

据研究，后世关于流星雨的记载不少于400次⑤，其中著名的英仙、天琴、狮子座流星雨的记录就有⑥：

英仙座流星雨：36年7月17日*，714年7月15日，784年7月10日，830年7月22日，833年7月22日，835年7月22日，841年7月21日，924年7月21日和23日，925年7月22日和23日，926年7月22日，933年7月20日和25日，1451年7月27日。

---

① 陈晓中，中国古代的天象记录，见中国科学院自然科学史研究所主编，《中国古代科技成就》（修订版），中国青年出版社，1996年。

② 瞿昙悉达：《开元占经》卷三。

③ 瞿昙悉达：《开元占经》卷三。

④ 王充：《论衡·说日》。

⑤ 北京天文台主编，中国古代天象记录总集，江苏科学技术出版社，1988年，第577～615页。

⑥ 庄天山，中国古代的流星雨记录，天文学报，1966，（1）；庄天山：狮子座流星雨历史记录的新发现及其意义，自然科学史研究，1991，（2）。带*者，笔者略有修订。

天琴座流星雨:401 年 4 月 8 日,443 年 4 月 9 日,461 年 4 月 10 日,466 年 4 月 8 日,530 年 4 月 9 日,839 年 4 月 10 日和 13 日*,905 年 4 月 13 日,927 年 4 月 13 日,934 年 4 月 13 日。

狮子座流星雨:931 年 10 月 15 日和 16 日,934 年 10 月 13 日和 14 日,1002 年 10 月 12 日和 14 日,1498 年 10 月 24 日,1532 年 10 月 25 日和 11 月 3 日,1533 年 10 月 24 日至 26 日、29 日及 11 月 2 日和 3 日,1566 年 10 月 25 日至 27 日,1601 年 11 月 5 日,1602 年 11 月 5 日和 7 日,1666 年 11 月 7 日,1798 年 11 月 5 日和 6 日。

这些记录无疑也是一份十分珍贵的天文学遗产,对于流星雨、彗星等运行周期及轨道变迁等课题的研究有着重要的意义。

三　子韦、裨灶等人的星占思想

司马迁指出:春秋时,"天子微,诸侯力政,五伯代兴,更为主命",使"传天数者"颇得用武之地。到战国时,"争于攻取,兵革更起,城邑数屠,因以饥馑疾疫焦苦,臣主共忧患,其察禨祥候星气尤急。……而(尹)皋、唐(昧)、甘(德)、石(申夫)因时务论其书传,故其占验凌杂米盐。"即时势更造成了对天象观测及其占验的重视,与天文、星占人才辈出,以及包括占验国家大事和百姓日常小事在内的著述涌现的状况。司马迁还认为,春秋战国时期最著名的"传天数者"有:"于宋,子韦;郑则裨灶;在齐,甘公;楚,唐昧;赵,尹皋;魏,石申夫"①。这里不妨先讨论子韦、裨灶等人的工作②,而对于甘德与石申夫的贡献将主要在本章第八节中再作论述。

子韦,宋国的司星者,据称在"宋景公之世,有善星文者,许以上大夫之位,处于层楼延阁之上,以望气象,设以珍食,施以宝衣。……忽有野人被草负笈,扣门而进……景公乃延之崇堂。语则及未来之兆,次及已往之事,万不失一。夜则观星望气,昼则执算披图。……景公曰:善。遂赐姓曰子氏,名之曰韦,即子韦也。"③

关于子韦的具体事迹仅见一事,但十分显著,影响深远。据《史记·宋微子世家》载:宋景公"三十七年(前 480),楚惠王灭陈。荧惑守心,心,宋之分野也,景公忧之。司星子韦曰:可移于相。景公曰:相,吾之股肱。曰:可移于民。景公曰:君者待民。曰:可移于岁。景公曰:岁饥民困,吾谁为君!子韦曰:天高听卑,君有君人之言三,荧惑宜有动。于是候之,果徙三度"。在《吕氏春秋·制乐》中,对此有更详细的记述,说"宋景公时,荧惑在心",还提及子韦有"君有至德之言三,天必三赏君。今昔(夕)荧惑其徙三舍,君延寿二十一岁"以及"荧惑不徙,臣请死"之说。从天文学常识而言,荧惑(即火星)一夕而"徙三舍(约数十度)"断无可能,至于增寿 21 岁之说,亦为谀词。司马迁对之作了修订,不提增寿之事,并改"三舍"为"三度",又不言这是在一夕间实现的,遂使这段故事勉强可通。但研究表明④,宋景公三十七年并无荧惑守心或在心的天象发生,楚惠王灭陈之事当发生在宋景公三十九年,故司马迁之说依然有误。而宋景公在位期间惟一的一次荧惑守心事件发生在二十三年(前 494)时,这大约应是这段故事发生的正确

① 司马迁:《史记·天官书》。
② 江晓原,天学真原,辽宁教育出版社,1991 年,第 74~77 页。
③ 王嘉:《拾遗记》卷三。
④ 黄一农,星占、事应与伪造天象——以"荧惑守心"为例,自然科学史研究,1991,(2)。

时间。由这段故事可见子韦的星占思想与天文学造诣：荧惑守心一类的灾异所当的人物是可以转移的，天人之间可以相沟通，人的言行的善恶可以影响星辰的运行。而从子韦以死相约来看，他对荧惑运动的规律应有较多的把握。

裨灶是郑国司星者，在《左传》襄公二十八年（前545）至昭公十八年（前524）间先后载有关于他的6则行事。其中有4则行事与对木星的观测和推算有关，可见裨灶对于木星的运动有较多的研究，但其所作出预言的推衍方法，多基于木星居于某次或吉或凶的先验性假设，这在本章第三节中还要论及。另有一则行事是关于一颗彗星出现后的预言：昭公十七年（前525）"冬，有星孛于大辰……裨灶言于子产曰：宋、卫、陈、郑将同日火。若我用瓘斝玉瓒，郑必不火。子产弗与"。他作出这一预言的理由不得而知，但由中可见，他也认为灾异是可以通过某种方式加以转移的，这与子韦的理念并无二致。据称，裨灶的数次预言均兑现了，由是名声大噪。

关于唐昧与尹皋的具体事迹，虽史缺其载，估计他们也是与子韦、裨灶类似的预言多中的星占家。

其实，春秋战国时期还有不少天文、星占家服务于各诸侯国，有些诸侯国的重臣也精通此道，如唐代李淳风所说"鲁有梓慎（活动年代约在公元前570～前540）、晋有卜偃（活动年代约在公元前676～前650）"①，此外，郑国的子产，晋国的董因（事见《国语·晋语》）与士文伯，等等，皆有名气。他们多以善观星气，能察禨祥见信于诸侯王，诸侯王则出于自身的政治需要而善待他们，前述宋景公对善星文者的措施大约也是其他诸侯国所采取的共同政策。

四　分野说的建立与流行

分野说是在关于天上的某一星星或某一天区同地上的某一地域之间存在一一对应关系思想（星土说）的指导下，所建立起来的关于这种对应关系的系统的具体模式。应该说这种思想产生于原始时代，在第一章第一节中论及的四象与图腾之间的关系，就已包含着这一思想。商以大火星为其族星，反映了这一思想得到传承。

《周礼·春官》曰："保章氏掌天星，以志星辰日月之变动，以观天下之迁，辨其吉凶。以星土辨九州之地所封，封域皆有分星，以观妖祥"，即认为保章氏的职责之一是观测日月五星的变动，以察知国家的吉凶。另一职责则是观测某一星星附近所发生的天象，以察知各路诸侯之动静，自然这是以分野说为依据的。由此看来，分野说是由周天子属下的天文、星占家所建立的，其时在西周时期的可能性很大。春秋时期，各国诸侯都对自身在分野说中的所处地位十分明了，他们显然大都认可了统一的、具有权威意义的分野说，可以想见，这种分野说应由周天子来厘定，但其分野说的具体内容已难以认知。随着周室的衰微，到春秋战国时期，在同一思想的指导下，分野说出现了多元化的局面。从现有资料看，春秋战国时期的分野说有以下几种类型②：

（1）十干分野说与十二支分野说。《汉书·天文志》指出："一曰：甲齐，乙东夷，丙楚，丁南夷，戊魏，己韩，庚秦，辛西夷，壬燕、赵，癸北夷。子周，丑翟，寅赵，卯郑，辰邯郸，巳卫，午秦，未中山，申齐，酉鲁，戌吴、越，亥燕、代。"在《淮南子·天文训》、《开元占经·卷六十四》等典籍中也

① 李淳风：《晋书·天文志上》。

② 李勇，对中国古代恒星分野和分野式盘研究，自然科学史研究，1992，(1)。

有类似的记载,《开元占经》更直指此为战国时期的石申夫所说。其中十干分野说,基本上是以各地域所在的10个不同方位划分的,如从地域上说,齐(甲)在北夷(癸)与东夷(乙)间,当东北方位,等等。前已提及,齐景公曰:"彗星出东北,当齐分野"云云,可与十干分野说相吻合。而十二支分野说则是依12方位划分天区,但与之相应的地域并无一一对应关系。

(2)星宿与天区分野说。据《诗纬·推度灾》记载:"鄁国结蝓之宿;鄘国天汉之宿;卫国天宿斗衡;魏国天宿牵牛;唐国天宿奎、娄;秦国天宿白虎,气生玄武;陈国天宿大角;郐国天宿招摇;曹国天宿张、弧。"① 这是一种以某星宿与某天区相混合的分野说,多为一些小国立说,应是战国时期某一关注这些小国命运的星占家的一家之言。

(3)五星与星宿分野说。《史记·天官书》曰:"秦之疆也,候在太白,占于狼、弧;吴、楚之疆,候在荧惑,占于鸟衡;燕、齐之疆,候在辰星,占于虚、危;宋、郑之疆,候在岁星,占于房、心;晋之疆,亦候在辰星(一说候在填星)②,占于参、伐。"这则是一种由五星和某些星宿相结合的分野说。

(4)北斗分野说。《春秋纬》云:"雍州属魁星,冀州属枢星,兖州、青州属玑星,徐州、扬州属权星,荆州属衡星,梁州属开星,豫州属摇星。"③ 以九州大地分属于北斗之天璇、天枢、天玑、天权、天衡、开阳与摇光七星,而且是一种以州为单元而不是以诸侯国为单元的分野说。

(5)二十八宿分野说。关于二十八宿等的成立,我们将在本章第四节中详作讨论,这里不妨先论及与之相关的分野说的内容。司马迁指出:"二十八舍主十二州,斗秉兼之,所从来久矣。"④ 二十八舍亦即二十八宿,讲的是把二十八宿分为12个部分以主12州,而"斗秉兼之"是说以"北斗所建秉十二辰"⑤ 的分野说相配合(十二辰也以十二支之名命名),已有很长久的历史了。《史记·天官书》又云:"角、亢、氐,兖州;房、心,豫州;尾、箕,幽州;斗,江、湖;牵牛、婺女,扬州;虚、危,青州;营室至东壁,并州;奎、娄、胃,徐州;昴、毕,冀州;觜觿、参,益州;东井、舆鬼,雍州;柳、星、张,三河;翼、轸,荆州。"这里,"江、湖"显然不是州名,疑为衍文,舍此,正合十二州之说,它应是关于"二十八舍主十二州"具体内涵的说明。而在《淮南子·天文训》中则有:"星部地名:角、亢,郑;氐、房、心,宋;尾、箕,燕;斗、牵牛,越;须女,吴;虚、危,齐;营室、东壁,卫;奎、娄,鲁;胃、昴、毕,魏;觜觿、参,赵;东井、舆鬼,秦;柳、七星、张,周;翼、轸,楚"的记载。这里,提及了二十八宿同周及十二个诸侯国之间的主从关系。若将它们与《史记·天官书》所云依次加以比较(其与十二次、十二辰分野说的关系亦在此示出),有:

角、亢、(氐)——兖州、郑——辰、寿星;
(氐)、房、心——豫州、宋——卯、大火;
尾、箕——幽州、燕——寅、析木;
斗、牛、婺(须)女——扬州、吴与越——丑、星纪;
柳、(七)星、张——三河、周——午、鹑火;
翼、轸——荆州、楚——巳、鹑尾。

不难看到,除了少数宿次有所增减之外,两者实存在着一一对应的关系,而且十二州同与

① 李淳风:《乙巳占》卷三引。
② 李淳风:《乙巳占》卷三。
③ 《周礼·春官》疏引。
④ 司马迁:《史记·天官书》。
⑤ 司马迁:《史记·天官书》张守义正义。

之相应的周地及诸侯国之间在地域上存在着十分密切的关系，所以，二者实际上并无本质的差异，而只是描述的形式有所不同。顺便指出，前所提及的宋景公三十七年“荧惑守心，心，宋之分野也”的记载，确与这里所述者相吻合。

在春秋战国时期还盛行把周天分为12等分，称为十二次的方法，自冬至点开始由西往东依此为：星纪、玄枵、娵訾、降娄、大梁、实沈、鹑首、鹑火、鹑尾、寿星、大火(详见本章第三节)。它们也被引进分野中，而成一说。十二辰分野说同二十八宿分野说存在有机的密切关系，其一一对应的关系已如前述，它们实际上构成了一种统一的整体，故实可称为十二次、二十八宿分野说。《汉书·地理志下》所说：“秦地，于天官东井、舆鬼之分也。……鹑首之次，秦之分也”，“周地，柳、七星、张之分野也。……鹑火之次，周之分也”，等等，即指此而言。从将天区分为12等分以用于分野这一点上看，十二次与十二辰同十二支分野说并无本质差别，但它们关于地域的对应关系却大有不同。

明代徐发指出，二十八宿分野说是“以河洛为中而以十二方隅配十二宿野……此实分野之原也。”他还详细地论证了这一方位说：“胃、昴宿在北，故为赵分；毕、参、井在西北，故为晋分、秦分；柳、星、张在正西，故为周分，邠、岐皆周之旧也；翼、轸在西南，故为楚分，故楚只有滇、黔，未及荆、汉也；角、亢、氐、房、心在正南，故为郑、宋；尾、箕、斗、牛、女在东南，故为吴、越；虚、危在正东，故为齐分；室、壁、奎、娄在东北，故为鲁、卫之分。”① 这里所谓“胃、昴在北”等等关于星宿的方位，显然是指某一特定的时日而言的，这一时日应在夏至前后。徐发此说是大体可信的。

如上所述，春秋战国时期出现的分野说可谓多种多样，这种情况的产生，如同司马迁所说：“幽厉以后，周室微，陪臣执政，史不记时，君不告朔，故畴人弟子分散，或在诸夏，或在夷狄，是以机祥废而不统。”② 服务于各诸侯国的天文、星占家在遵循前已述及的分野基本思想星土说的框架内，又据自身的理解，各立其说。

在上述诸多分野说中，以十二次、二十八宿分野说最为流行，也最为后世所珍重，其影响深远。入汉代以后，“班固取三统历十二次配十二野，其言最详。又有费直说《周易》、蔡邕《月令章句》，所言颇有先后。魏太史令陈卓更言郡国所入宿度”，西汉的张良与京房、东汉的张衡、蜀汉的诸葛亮与谯周③，也都对之有所论述。他们的论说均大同小异，又均较前精细，如说寿星之次起某宿某度迄某宿某度，而与之相当的地域为某州某郡，云云。唐代李淳风在《乙巳占·卷三》中，以及一行提出的山河两界说④，主要对地域问题上作出新的界说。

第二节　鲁国历谱与春秋历法

关于春秋时期的历法，史籍未见专门的记述。人们对于春秋历法的了解，只能由间接的方法推论，可以先弄清鲁国历法的面貌，再论及春秋时期历法的状况。由鲁国史官撰写、传经孔丘删定的《春秋》一书，是为鲁隐公元年(前722)到鲁哀公十六年(前479)间244年的编年史，

---

① 徐发:《天元历理全书·原理之六》。

② 司马迁:《史记·历书》。

③ 李淳风:《晋书天·文志上》。

④ 欧阳修等:《新唐书·天文志一》。

内中载有年、月、日名干支共393个。从汉代开始，就有学者试图通过对这些记载的分析，来重建鲁国的历法，及至近年，先后有不少于20家的鲁国历谱问世。其中有不少名家还同时应用《左传》的年、月、日名、干支、闰月等记载，作为建构鲁国历谱的重要依据，其不可取的理由，张培瑜已有十分详细的申述①。《左传》乃是其作者博采诸国史官的记述以解说和补充《春秋》之作，内中的年、月、日名干支也不免杂采诸国的历法，所以，不宜与《春秋》所载等量齐观。

应该说《春秋》所载历日资料数量不菲，可是，要依之复原244年的历谱在数量上还远嫌不足，而且存在各年份历日记载的分布不均匀的问题，所以，如何科学地运用这些资料，尽可能推出合理的历谱，乃是问题的关键。我们的思路是：第一，必须考订出一批基准点，即关于朔、晦、闰月等可靠的记载；第二，由这些记载可引申出若干历谱必须满足的基本条件，这些条件虽然不如这些记载显明，但却是隐含的、不可背离的标尺；第三，由这些基准点和基本条件出发，引进合理的假设，并结合其他日名干支等记载，排出尽量合理的历谱。

一　鲁国历谱必须满足的若干基准点与基本条件

在《春秋》中，载有可靠的朔、晦干支与闰月者有如表2-2所示：

表2-2　鲁国历谱必须满足的若干基准点与基本条件

序号	年、月、日干支	儒略日	月数	闰月数	*D*	连大月实数	首月	末月
0	隐公3年2月己巳(朔) (前720.2.22)	1458496						
1	*桓公3年7月壬辰朔 (前709.7.17)	1462659	141	4	7	8	小	小
2	*桓公25年6月辛未朔 (前669.5.27)	1477218	493	14	31	30	大	大
3	*桓公26年12月癸亥朔 (前668.11.10)	1477750	511	0	2	2	小	大
4	*桓公30年9月庚午朔 (前664.8.28)	1479137	558	2	1	2	小	小
5	*僖公5年9月戊申朔 (前655.8.19)	1482415	669	3	7	7	大	小
6	僖公15年9月己卯晦 (10月庚辰朔) (前645.9.27)	1486107	794	4	9	8	大	大
7	僖公16年正月戊申朔 (前645.12.24)	1486195	797	0	0	0	小	小
8	僖公22年11月己巳朔 (前638.10.10)	1488676	881	2	6	5	大	大
9	文公6年闰12月							
10	*文公15年6月辛丑朔 (前612.4.28)	1498008	1197	9	20	20	小	大

① 张培瑜、陈美东等，中国天文学史大系·中国古代历法，河北科学技术出版社，2002年，第345～365页。

续表

序号	年、月、日干支	儒略日	月数	闰月数	D	连大月实数	首月	末月
11	*成公16年6月丙寅朔（前575.5.9）	1511533	1655	14	28	28	小	大
12	成公16年6月甲午晦（7月乙未朔）（前575.6.7）	1511562	1656	0	0	0	小	
13	*成公17年12月丁巳朔（前574.10.22）	1512064	1673	0	1	1	大	小
14	*襄公14年2月乙未朔（前559.1.14）	1517262	1849	6	12	11	大	大
15	*襄公20年10月丙辰朔（前553.8.31）	1519683	1931	2	4	5	小	小
16	*襄公21年9月庚戌朔（前552.8.20）	1520037	1943	1	0	0	大	小
17	襄公21年10月庚辰朔（前552.9.19）	1520067	1944	0	0	0	大	
18	*襄公23年2月癸酉朔（前550.1.5）	1520540	1960	0	2	1	大	大
19	*襄公24年7月甲子朔（前549.6.19）	1521071	1978	1	0	0	小	大
20	襄公24年8月癸巳朔（前549.7.18）	1521100	1979	0	0	0	小	
21	*襄公27年12月乙亥朔（前546.10.13）	1522282	2019	0	4	3	大	大
22	*昭公7年4月甲辰朔（前535.3.18）	1526091	2148	5	7	8	小	小
23	*昭公15年6月丁巳朔（前527.4.18）	1529044	2248	2	6	6	大	小
24	*昭公21年7月壬午朔（前521.6.10）	1531289	2324	3	6	5	大	大
25	*昭公22年12月癸酉朔（前520.11.23）	1531820	2342	1	0	1	小	小
26	*昭公24年5月乙未朔（前518.4.19）	1532322	2359	0	1	1	大	小
27	*昭公31年12月辛亥朔（前511.11.14）	1535098	2453	3	6	6	大	小
28	*定公5年3月辛亥朔（前505.2.16）	1537018	2518	2	5	4	大	大
29	*定公12年11月丙寅朔（前498.9.22）	1539793	2612	2	4	5	小	小
30	*定公15年8月庚辰朔（前495.7.22）	1540827	2647	2	3	2	大	大
31	哀公5年闰12月							
32	*哀公14年5月庚申朔（前481.4.19）	1545847	2817	5	10	10	小	大

上表中带*号者，系取自被证明是确实可靠而且年、月、日干支、朔齐全的日食记录（见本章第一节表2-1）。D 指相邻两个基准点之间应有的连大月数的约值。(17)与(20)分别和

(16)与(19)是比邻的两个月，前二者已被证明实无日食发生，却记作有日食。我们知道比月而食是不可能发生的，但《春秋》的编者显然对此一无所知，虽然如此，《春秋》的编者所记的年、月、日干支应无误，正如其所记前二者的年、月、日干支无误一样，况且，(16)～(17)、(19)～(20)间分别相距30日和29日，存在着内在的合理性。从(1)到(32)的其他6项不带*者，是为《春秋》中所载日食以外的，年、月、日干支齐全的朔、晦日以及闰月的难得资料，由张培瑜《中国先秦史历表》知，此中(6)、(7)、(12)还有(0)的真实朔日干支分别为庚辰、戊申、乙未还有己巳，说明鲁历所推这些朔日与真实朔日相吻合，惟有(8)的真实朔日干支为戊辰，即鲁历所推朔日与真实朔日有1日之差。不论是相吻合或是有1日之差，都应证明《春秋》这些朔日干支的记载是可信的。所有这些应就是所谓基准点。

鲁历是为阴阳历，大月30日[如(16)～(17)所示]，小月29日[如(11)～(12)和(19)～(20)所示]，大小月相间[如在(6)、(7)间相距88日，以小、大、小月安排正合]。在此基础上，偶或加入一个连大月(详说见后)。每年12个月，间或加一闰月，闰月置于年终，为闰12月，对此，张培瑜已有讨论①。

鲁历是否取一定的朔望月长度值(H)以推算各朔日的日名干支？如果是，H为多少？如果不是，则又是如何推定朔日的？这些都是有待证明的问题。由表2-2所列的有关数据，我们可以初步推衍出鲁历应该运用的朔望月长短的约值：如(4)、(5)间为3278日，以每月约29.5日计，其间约有111个月。若其间为110个月，则$H=29.800$日；若为112个月，则$H=29.268$日；若为111个月，则$H=29.531$日。又如，(26)、(27)间为2776日，同理，其间约有94个月。若其间为93个月，则$H=29.849$日；若为95个月，则$H=29.221$日；如为94个月，则$H=29.532$日。同样，顺序取两年、月、日间日距大于2000日者(若小于2000日，计算结果的偏差可能会较大)，作类似计算，其结果可列于表2-3：

表2-3　鲁国历法所用朔望月长度约值的推测

区　间	A	B	C	区　间	A	B	C
1～4	29.583	29.530	29.478	14～21	29.704	29.529	29.357
4～5	29.800	29.531	29.268	21～22	29.758	29.527	29.300
5～6	29.774	29.536	29.302	22～23	29.828	29.530	29.238
6～8	29.872	29.529	29.193	23～26	29.800	29.532	29.268
8～10	29.625	29.532	29.438	26～27	29.849	29.532	29.221
10～11	29.595	29.531	29.466	27～29	29.715	29.528	29.344
11～14	29.684	29.531	29.379	29～32	29.676	29.532	29.388

由表2-3可见，A栏各值和C栏各值均表现出较大的离散度，显然不可能是鲁历所取的H值。相反，B栏各值则表现出很大的趋同性，说明鲁历所用H值应在29.527至29.536日间。取上列14项的平均数得29.531日，这应是与鲁历所取H值相当接近的数值。由此，我们还可得出的初步结论是：鲁历似并未采取一定的H值入算，或者说，在不同的时段所取的H值是有所不同的，但均在29.531日左右无疑。

表2-2中的“月数”系指各个基准点同(1)之间所应有的月数，可由相应的“儒略日”差数除

① 张培瑜、陈美东等，中国天文学史大系·中国古代历法，河北科学技术出版社，2002年，第380、384页。

以29.531日，取整数而得。

"闰月数"系指相邻两个基准点间应有的闰月数，可由相邻两年的"月数"差，减去W而得，W为相邻两年的年距（以前一年的月份为准计算）乘以12，再加上或减去相邻两年的月份差（以1年为12个月计算）。

考察"D"栏时，真实的连大月数还需虑及下述不同的情况：

设相邻两个基准点之间相距S月（即"月数"差），其间的日数为P日（"儒略日"差），它们与D值的关系可示如下式：

$$P=29.5S+0.5D$$

则

$$D=2(P-29.5S)$$

当该区间的首月为大月、末月为小月或首月为小月、末月为大月时，由此计算得的D值即为该区间实有的连大月个数；当首、末月均为大月时，$(D-1)$才是该区间实有的连大月个数；当首、末月皆为小月时，$(D+1)$才是该区间实有的连大月个数。若S/D约得16左右，应属于第一种情况；若S/D远小于16，应属第二种情况；若S/D远大于16，应属于第三种情况。以(1)、(32)间的"月数"2817除以D值的总和172，约得16.4，这是鲁历安插连大月月距的平均值。我们认为，鲁历的连大月应较均匀地依该平均值具体安插，但在不同的时段则可能应有不同的具体方法。

二 关于鲁国历谱连大月与闰月的具体设置

关于鲁历连大月设置的具体情况，可由下述实例见其一斑。

由表2-2中的(14)、(15)知，月数差$S/D=20.5$，偏大，该区间首、末月应为小月，实有连大月5个；由此知(15)首月为大月，又由(15)、(16)知，襄公二十年有闰月，其年8月为小月。由此知其年9月为大月，由(16)、(17)更确知其年9月为大月；由(17)、(18)知，襄公二十一和二十二年均无闰月，$S/D=8$，偏小，该区间首、末月应为大月，(17)、(18)间实有连大月只有1个，虑及襄公21年9、10月为连大月，下一个连大月在襄公二十二年12月、襄公二十三年正月的可能性最大；由此知，(18)、(19)间首月为小月的可能性最大，又由(18)、(19)知，其间无连大月，襄公二十三年有闰月，其末月为大月的可能性最大；由(19)知，襄公二十四年7月确为小月，这则可反证襄公24年6月确应为大月、襄公二十三年2月确应为小月；由(20)、(21)知，$S/D=10$，偏小，该区间的首、末月均应为大月，而由(19)知，其首月确是大月，该区间实有连大月为3个，从F到G相距21个月，设该区间的第一个连大月在襄公二十五年的8、9月为妥，其结果可示如表2-4。

如上所述，鲁历有相距15个月($E\rightarrow F$)、接着相距21个月($F\rightarrow G$)设置连大月的实例。如果鲁历是以一定的朔望月长度值（如约29.531日）入算，则连大月的设置必有相距15或17个月设置一连大月的规律性，上述实例显然与之不符。可以说，21个月加一连大月事实的存在，更促使我们不能以一定的朔望月长度入算以复原鲁国历谱，而必须另寻他途。

由表2-2中的(20)、(21)知，鲁历连大月的设置不可能用15、21的周期，因为若如此，在(20)、(21)间就不会有3个连大月，而要安排3个连大月，至少应取15、15、21或15、15、15、21的周期。

表 2-4 鲁历连大月设置实例

	…………		襄公 22 年正月小		襄公 23 年 8 月小
	襄公 19 年 8 月大		2 月大		9 月大
	9 月小		3 月小		10 月小
15	襄公 20 年 10 月大		4 月大		11 月大
	11 月小		5 月小		12 月小
	12 月大		6 月大		闰 12 月大
	闰 12 月小		7 月小		襄公 24 年正月小
	襄公 21 年正月大		8 月大		2 月大
	2 月小		9 月小		3 月小
	3 月大		10 月大		4 月大
	4 月小		11 月小		5 月小
	5 月大		12 月大(F)		6 月大
	6 月小		襄公 23 年正月大	19	7 月小
	7 月大	18	2 月小	20	8 月大(G)
	8 月小		3 月大		9 月小
	9 月大		4 月小		10 月大
16	10 月大(E)		5 月大		11 月小
17	11 月小		6 月小		12 月大
	12 月大		7 月大		…………

以这一实例为基点，可以应用相同的方法前推后延，对所有区间首、末月为大月或小月，及其间的实有连大月数作出判定，其结果亦列于表 2-2 中。

至于各连大月在各区间中的具体位置，可用上述 15、15、21 或 15、15、15、21 的周期试定，结果发现均不能完全符合各区间实有连大月的判定，而有明显的使连大月实有数减少的偏向，这说明不能统一用该两周期于所有区间，在一些区间应该考虑用较小些的周期。经过调试，我们认为如下状况是可信的：

(1)隐公元年(前 722)至约桓公十五年(前 697)用 15、15、15、19；

(2)约桓公十五年至约僖公十一年(前 649)用 15、15、15、21；

(3)约僖公十一年至约宣公七年(前 602)复用 15、15、15、19；

(4)约宣公七年至约襄公二十九年(前 544)复用 15、15、15、21；

(5)约襄公二十九年至约昭公二十五年(前 517)15、15、15、19 和 15、15、15、21 间用之；

(6)约昭公二十五至约定公四年(前 506)又用 15、15、15、21；

(7)约定公四年至哀公十六年(前 479)用 15、15、21。

这是说，鲁历关于连大月的设置方法前后曾有过 7 次调整。这些在不同时段采用的不同周期，实际上包含着在不同时段采用了特定的朔望月长度(H)的意义。如用 15、15、15、19 的周期，即取平均每经 16 个月加一连大月，此 16 个月的日数应为 $29.5\times16+0.5$ 日，除以 16，可得与之相当的 $H=29.53125$ 日。同理，15、15、15、21(平均为 16.5 个月)，或 15、15、15、21、15、15、15、19(加权平均为 16.2 个月)，或 15、15、21(平均为 17 个月)的周期，与之相当的 H 分别是 29.53030 日、29.53086 日和 29.52941 日。

鲁历连大月设置的这种状况，可完全符合表 2-2 所示的各区间首、末月及连大月实有数的判定。又，表 2-2 中的(0)～(6)，与这里的 1 和 2 时段相当，用(0)～(6)的日距除以月数，得 H =29.53048 日，而 1 和 2 时段的 H 分别为 29.53125 日和 29.53030 日，加权平均应为 29.53061 日，二者相差 0.00013 日；(6)～(21)与 3、4 时段相当，同理，可由(6)～(21)得 $H=$ 29.53061 日，而该二时段的加权平均 H 值为 29.53073 日，二者相差 0.00011 日；(21)～(24)与 5 时段相当，由(21)～(24)可得 $H=29.53115$ 日，而该时段的 H 为 29.53086 日，二者相差 0.00029 日；(24)～(28)与 6 时段相当，由(24)～(28)可得 $H=29.53093$ 日，而该时段的 H 为 29.53030 日，二者相差 0.00063 日；(28)～(32)与 7 时段相当，由(28)～(32)可得 $H=$ 29.52843 日，而该时段的 H 为 29.52941 日，二者相差 0.00098 日。可见，前 5 个时段都符合得很好，后 2 个时段也基本符合，也可证上述连大月设置状况的描述是可信的。

讨论到此，我们可以给出连续的从隐公元年(前 722)元月至哀公十六年(前 479)闰 12 月间的 3017 个月的朔日日名干支。

现在的问题是，鲁国历法是如何设置闰月的？

如表 2-2 所示，文公六年和哀公五年应为闰月；由(2)、(3)知，庄公二十五年必非闰年；由(12)、(13)知，成公十六年必非闰年；由(15)、(16)知，襄公二十年必是闰年；由(17)、(18)知，襄公二十一年和二十二年必均非闰年；由(18)、(19)知，襄公二十三年必是闰年；由(20)、(21)知，襄公二十四、二十五和二十六年均非闰年。可见，从襄公二十年到二十六年的 7 年中，先是距 2 年设一闰月，后至少是距 4 年设一闰月；由(24)、(25)知，昭公二十一年必是闰年；由(25)、(26)知，昭公二十二年和二十三年必非闰年。这些便是可以确知的鲁历关于闰月的设置情况。此外，由(22)、(23)知，从昭公七年到十四年的 8 年中，只有 2 个闰年，而由(29)、(30)知，从定公十二年至十四年的 3 年中，则有 2 个闰年。前者说明鲁历闰年的年距至少可达 4 年之多，而后者则说明鲁历闰年间的年距可能少至 1 年。这些情况表明，鲁历置闰似无一定的规律性。

有如上述，在 242 年中只有 14 年确知其闰月的有无，其他闰月设置的判定必须另辟蹊径。除了各区间的闰年数必须与表 2-2 所示符合之外，可以考虑如下条件作为判定的依据：

一是必须考虑与《春秋》所载年、月、日干支相吻合，即闰月的设置应与这些干支相容。应该说，这些干支的大部分是正确的，但由于长年传抄不慎等原因，这些干支中的一小部分存在讹误。所以，它们可以作为必须倚重的判据，但尚不可作为铁定的判据，应结合其他判据做出正确的判断。

二是应考虑与鲁历建正的总体状况相符合。清代王韬指出：僖公、文公以前多建丑(冬至日在正月前一月)，以后多建子(冬至日在正月)①，这是一个很重要的发现，说明鲁国历家应有依据冬至日的测定来确定每年正月的基本概念，亦即依之设置闰月的观念与方法。这里所谓建丑、建子云云，是王韬依据对当年正月及冬至所在月份的推算给出的。可是，王韬关于建正判定的可靠性至少存在两个问题：其冬至日的推算是否准确？如对成公元年，王韬以为建亥，因是他算得当年乙未冬至②，而据张培瑜计算，当年为甲午冬至，虽只有一日之差，则应建子③。

① 王韬，春秋历学三种，中华书局，1959 年，第 130 页。
② 王韬，春秋历学三种，中华书局，1959 年，第 49 页。
③ 张培瑜、陈美东等，中国天文学史大系·中国古代历法，河北科学技术出版社，2002 年，第 392 页。

类似的情况还见于襄公二年、昭公二十八年和定公十五年等。由此又可引申出一个更重要的问题,当年鲁国历家所认定的冬至日的准确性,应是当年所用建正问题的真正关键。

据研究①,春秋时期,人们测定冬至时刻的误差还在2至3日间,所以,在采用如张培瑜所给出的较准确的冬至时刻以确定当年的建正时,不能不考虑这个重要因素。依此,可以得出王韬所说的僖公以前许多非建丑的年份可能就是建丑、僖公以后许多非建子的年份可能就是建子的结论,而且建丑、建子前后变化的年份应在僖公五年。《左传·僖公五年》曰:"春王正月辛亥朔,日南至。公既视朔,遂登观台以望而书,礼也。凡分、至、启、闭必书云物,为备故也。"这不但说明《左传》的作者认为这时鲁国历法是建子的,而且从鲁僖公在位五年之时,曾关注历法并登台视察的重要史实,似乎又透露了其时鲁国僖公曾对历法进行了重要改革的信息。前述鲁历对于连大月设置方法的一次调整也发生在僖公五年后不久,也是这时有过历法改革的旁证。

当然,实际上僖公5年以前的年份并非都是建丑,僖公以后的年份也并非都是建子,有一些年份出现前后摆动的情况,这是鲁国历家未能足够准确地测定冬至时日和回归年长度造成的。《左传·襄公二十七年》有对鲁国历家的批评:"司历过也,再失闰矣。"《春秋》哀公十二年和十三年皆有"十二月冬,螽"的记载,螽乃指蝗虫成灾,其时为鲁历的12月,而蝗虫成灾的时节不会晚于鲁历11月;又据《左传·哀公十二年》载,缘此,"季孙问诸仲尼,仲尼曰:'丘闻之,火伏而后蛰者毕。今火犹西流,司历过也。'"这是说鲁历12月黄昏之时,大火星应已伏而不见,包括蝗虫在内的昆虫亦已蛰居不见,而今鲁历的12月却蝗虫成灾,黄昏之时仍可见大火星在西方天际,而与该天象相应的时日相当于鲁历的11月。所以,这是鲁国历家的过错:上年漏失了一个应加的闰月。季孙大约也已醒悟,但次年的历法已经颁行,依然失闰1月,不及改正,造成了又一个"十二月冬,螽"的失误。这些情况表明,鲁国历家确实没有正确置闰的把握,于是造成了一些年份建正的摆动:对于建丑的年份却建子(前失一闰)或却建寅(前多一闰),对于应建子的时段却建亥(前失一闰)或却建丑(前多一闰)。

三是考虑闰月设置的大体均匀性。因为失闰或多闰毕竟是少数现象,在缺乏有力的判据证明闰月设置的情况下,我们宁可相信鲁国历家对闰月作了合理的设置,比如不宜有连年置闰的问题等。

如上所述的3项判据,以第一项为最重要,第二项次之,第三项又次之。如果在一年中有两个及以上,相容或不相容的日名干支,如无其他特殊情况,则应被视为铁定的判据;如果在一年中只有一个日名干支,应在充分重视其作用的前提下,虑及其他判据;如果虽有两个日名干支,但有一个相容、另一个不相容,或者没有日名干支,则需考虑其他判据。

综上所述,便可给出自鲁隐公元年(前722)到哀公十六年(前479)的朔、闰、建正,如表2-5所示。这里还要顺便指出,在《春秋》中,隐公三年已巳后并无朔字,但如表2-5所示,应是朔日,则在(0)与(1)间,首、末有均应为小月,$D=7$,实有连大月数为8个,并有4个闰月,此亦列于表2-2之中。

---

① 陈美东,古历新探,辽宁教育出版社,1995年,第53页。

三 鲁国历谱新编

表 2-5 鲁国历谱新编

年次	正月干支及大小月	年月日	连大月	闰	建正	年次	正月干支及大小月	年月日	连大月	闰	建正
隐 1	辛巳小	前 722.1.16	10～11			7	戊午大	前 688.12.20		闰	子
2	乙亥大	前 721.1.5	闰 12～1	闰	丑	8	壬午小	前 686.1.8	4～5		丑
3	己亥大	前 720.1.23			丑	9	丙子大	前 686.12.28	7～8	闰	子(丑)
4	癸巳大	前 719.1.12	3～4		丑	10	庚子大	前 684.1.15	9～10		丑
5	戊子小	前 718.1.2	10～11	闰	丑	11	乙未小	前 683.1.5	12～闰 12	闰	丑
6	壬子小	前 717.1.21	12～1		丑	12	己未小	前 682.1.24			丑
7	丙午大	前 716.1.9		闰	丑	13	癸丑小	前 681.1.13	8～9		丑
8	庚午小	前 715.1.28	2～3		寅(丑)	14	丁未大	前 680.1.1	11～12	闰	丑
9	甲子大	前 714.1.17	5～6	闰	丑	15	辛未大	前 679.1.20			丑
10	戊子大	前 713.2.5	11～12		寅	16	乙丑大	前 678.1.9	1～2	闰	丑
11	癸未小	前 712.1.25			丑(寅)	17	己丑大	前 677.1.28	3～4		寅(丑)
桓 1	丁丑小	前 711.1.14	2～3		丑	18	甲申小	前 676.1.17	12～1		丑
2	辛未大	前 710.1.3	5～6	闰	丑	19	戊寅大	前 675.1.6		闰	丑
3	乙未大	前 709.1.22	7～8		丑	20	壬寅小	前 674.1.25	2～3		丑(寅)
4	庚寅小	前 708.1.11		闰	丑	21	丙申大	前 673.1.14	5～6		丑
5	癸丑大	前 707.1.29	1～2		寅(丑)	22	辛卯小	前 672.1.3	8～9		丑
6	戊申小	前 706.1.19	4～5		丑	23	乙酉大	前 672.12.23		闰	子
7	壬寅大	前 705.1.8	7～8	闰	丑	24	己酉小	前 670.1.11	4～5		丑
8	丙寅大	前 704.1.26	9～10		丑(寅)	25	癸卯大	前 670.12.31	7～8		丑(子)
9	辛酉小	前 703.1.16			丑	26	戊戌小	前 669.12.20	10～11		子
10	乙卯小	前 702.1.5	4～5	闰	丑	27	壬戌小	前 667.1.8	12～1		丑
11	己卯小	前 701.1.24	6～7		丑	28	丙辰大	前 667.12.28		闰	子(丑)
12	癸酉大	前 700.1.12	9～10	闰	丑	29	庚辰小	前 665.1.16	8～9		丑
13	丁酉大	前 699.1.31	11～12		寅	30	甲戌大	前 664.1.4	11～12		丑
14	壬辰小	前 698.1.21			丑	31	己巳小	前 664.12.25		闰	子(丑)
15	丙戌小	前 697.1.10	8～9		丑	32	壬辰大	前 662.1.12	1～2		丑
16	庚辰大	前 697.12.29	11～12	闰	丑(子)	闵 1	丁亥小	前 661.1.2	4～5	闰	丑
17	甲辰大	前 695.1.17			丑	2	辛亥小	前 660.1.20	12～1		丑
18	戊戌大	前 694.1.6	1～2		丑	僖 1	乙巳大	前 659.1.9		闰	丑
庄 1	癸巳小	前 694.12.27	4～5	闰	子(丑)	2	己巳小	前 658.1.28	2～3		寅(丑)
2	丁巳小	前 692.1.14	12～1		丑	3	癸亥大	前 657.1.17	5～6		丑
3	辛亥大	前 691.1.3		闰	丑	4	戊午小	前 656.1.6	8～9		丑
4	乙亥小	前 690.1.22	2～3		丑	5	壬子大	前 656.12.26			子(丑)
5	己巳大	前 689.1.11	5～6		丑	6	丙午大	前 655.12.15	5～6		子
6	甲子小	前 689.12.31	8～9		丑	7	辛丑小	前 654.12.5	8～9	闰	子

续表

年次	正月干支及大小月	年月日	连大月	闰	建正	年次	正月干支及大小月	年月日	连大月	闰	建正
僖8	乙丑小	前653.12.23	10～11		子	14	己卯小	前614.12.13	10～11		子
9	己未大	前652.12.12	闰12～1	闰	子	15	癸酉大	前613.12.1	闰12～1	闰	子
10	癸未大	前651.12.31			丑(子)	16	丁酉大	前612.12.20			子
11	丁丑大	前650.12.20	7～8	闰	子	17	辛卯大	前611.12.9	3～4		子
12	辛丑大	前648.1.7	9～10		丑	18	丙戌小	前610.11.29	6～7	闰	亥(子)
13	丙申小	前648.12.28	12～闰12	闰	丑(子)	宣1	庚戌小	前609.12.17	12～1		子
14	庚申小	前646.1.16			丑	2	甲辰大	前608.12.6			子
15	甲寅小	前645.1.5	2～3		丑	3	戊戌大	前607.11.25	3～4	闰	亥(子)
16	戊申大	前645.12.24	9～10		子	4	壬戌大	前606.12.14	5～6		子
17	癸卯小	前644.12.14	12～闰12	闰	子	5	丁巳小	前605.12.3	8～9	闰	子
18	丁卯小	前642.1.2			丑	6	辛巳小	前604.12.22			子
19	辛酉小	前642.12.22	2～3	闰	子	7	乙亥小	前603.12.11	4～5	闰	子
20	乙酉小	前640.1.9	4～5		丑	8	己亥小	前602.12.30	6～7		丑(子)
21	己卯大	前640.12.29	11～12		丑(子)	9	癸巳大	前601.12.18	9～10		子
22	甲戌小	前639.12.19			子	10	戊子小	前600.12.8	12～闰12	闰	子
23	戊辰小	前638.12.8	2～3	闰	子	11	壬子小	前599.12.27			子(丑)
24	壬辰小	前637.12.26	4～5		子(丑)	12	丙午小	前598.12.16	8～9		子
25	丙戌大	前636.12.15	7～8	闰	子	13	庚子大	前597.12.4	11～12	闰	子
26	庚戌大	前634.1.3			丑	14	甲子大	前596.12.23			子
27	甲辰大	前634.12.23	1～2		子	15	戊午大	前595.12.12	1～2		子
28	己亥小	前633.12.12	4～5		子	16	癸丑小	前594.12.2	4～5	闰	子
29	癸巳大	前632.12.1	7～8	闰	子	17	丁丑小	前593.12.20	12～1		子
30	丁巳大	前631.12.20	9～10		子	18	辛未大	前592.12.9			子
31	壬子小	前630.12.10			子	成1	乙丑大	前591.11.28	3～4	闰	子(亥)
32	丙午小	前629.11.28	4～5		亥(子)	2	己丑大	前590.12.17	5～6		子
33	庚子大	前628.11.17	7～8	闰	亥	3	甲申小	前589.12.6	8～9	闰	子
文1	甲子大	前627.12.6	9～10	闰	子	4	戊申小	前588.12.25			子(丑)
2	戊子大	前626.12.25	11～12		子	5	壬寅小	前587.12.14	4～5		子
3	癸未小	前625.12.14		闰	子	6	丙申大	前586.12.3	7～8		子
4	丙午大	前623.1.1	5～6		丑	7	辛卯小	前585.11.22	10～11	闰	亥
5	辛丑小	前623.12.22	8～9		子	8	乙卯小	前584.12.11	12～1		子
6	乙未大	前622.12.11	11～12	闰	子	9	己酉大	前583.11.30		闰	子(亥)
7	己未大	前621.12.29			丑(子)	10	癸酉小	前582.12.19	8～9		亥
8	癸丑大	前620.12.18	1～2		子	11	丁卯大	前581.12.7	11～12		子
9	戊申小	前619.12.8	8～9	闰	子	12	壬戌小	前580.11.27		闰	亥(子)
10	壬申小	前618.12.27	10～11		子(丑)	13	乙酉大	前579.12.15	1～2		子
11	丙寅大	前617.12.15			子	14	庚辰小	前578.12.5	4～5	闰	子
12	庚申大	前616.12.4	1～2	闰	子	15	甲辰小	前577.12.23	12～1		子
13	甲申大	前615.12.23	3～4		子	16	戊戌大	前576.12.12			子

续表

年次	正月干支及大小月	年月日	连大月	闰	建正	年次	正月干支及大小月	年月日	连大月	闰	建正
成17	壬辰大	前575.12.1	3～4	闰	子	7	丙子小	前536.12.20	10～11		子
18	丙辰大	前574.12.20	5～6		子	8	庚午大	前535.12.9		闰	子
襄1	辛亥小	前573.12.9	8～9	闰	子	9	甲午小	前534.12.28	4～5		丑(子)
2	乙亥小	前572.12.28			丑(子)	10	戊子大	前533.12.16	7～8		子
3	己巳小	前571.12.17	4～5		子	11	癸未小	前532.12.6	10～11	闰	子
4	癸亥大	前570.12.6	7～8	闰	子	12	丁未小	前531.12.25	12～1		子(丑)
5	丁亥大	前569.12.24	9～10		子	13	辛丑大	前530.12.14			子
6	壬午小	前568.12.14	12～1		子	14	乙未大	前529.12.2	9～10		子
7	丙子大	前567.12.3		闰	子	15	庚寅小	前528.11.22	12～闰12	闰	亥
8	庚子小	前566.12.22	8～9		子	16	甲寅小	前527.12.11			子
9	甲午大	前565.12.10	11～12		子	17	戊申小	前526.11.30	2～3	闰	子
10	己丑小	前564.11.30		闰	子(亥)	18	壬申小	前525.12.18	4～5		子
11	壬子大	前563.12.18	1～2		子	19	丙寅大	前524.12.7	11～12	闰	子
12	丁未小	前562.12.8	4～5	闰	子	20	庚寅大	前523.12.26			子
13	辛未小	前561.12.26	12～1		子(丑)	21	甲申大	前522.12.15	1～2	闰	子
14	乙丑大	前560.12.15			子	22	戊申大	前520.1.2	3～4		丑
15	己未大	前559.12.4	3～4		子	23	癸卯小	前520.12.23	6～7		子
16	甲寅小	前558.11.24	6～7	闰	亥	24	丁酉大	前519.12.12			子
17	戊寅小	前557.12.12	8～9		子	25	辛卯大	前518.12.1	3～4	闰	子
18	壬申大	前556.12.1			子	26	乙卯大	前517.12.19	5～6		子
19	丙寅大	前555.11.20	5～6	闰	亥	27	庚戌小	前516.12.9	8～9		子
20	庚寅大	前554.12.9	7～8	闰	子	28	甲辰大	前515.11.28	11～12	闰	子(亥)
21	甲寅大	前553.12.27	9～10		丑(子)	29	戊辰大	前514.12.17			子
22	己酉小	前552.12.17	12～1		子	30	壬戌大	前513.12.5	7～8	闰	丑
23	癸卯大	前551.12.6		闰	子	31	丙戌大	前512.12.24	9～10		子(亥)
24	丁卯小	前550.12.25	8～9		子(丑)	32	辛巳小	前511.12.14	12～1		子
25	辛酉大	前549.12.13	11～12		子	定1	乙亥大	前510.12.3			子
26	丙辰小	前548.12.3			子	2	己巳大	前509.11.21	3～4	闰	亥
27	庚戌小	前547.11.22	2～3	闰	亥	3	癸巳大	前508.12.10	11～12	闰	子
28	甲戌小	前546.12.11	4～5		子	4	丁巳大	前507.12.29			丑(子)
29	戊辰大	前545.11.29	11～12	闰	子(亥)	5	辛亥大	前506.12.18	1～2		子
30	壬辰大	前544.12.18			子	6	丙午小	前505.12.7	4～5		子
31	丙戌大	前543.12.7	1～2		子	7	庚子大	前504.11.26	闰12～1	闰	亥(子)
昭1	辛巳小	前542.11.27	4～5	闰	亥(子)	8	甲子大	前503.12.15			子
2	乙巳小	前541.12.15	6～7		子	9	戊午大	前502.12.4	3～4	闰	子
3	己亥大	前540.12.4		闰	子	10	壬午大	前501.12.22	5～6		子
4	癸亥小	前539.12.23	2～3		子	11	丁丑小	前500.12.12			子
5	丁巳大	前538.12.12	5～6		子	12	辛未小	前499.12.1	2～3	闰	子
6	壬子小	前537.12.1	8～9	闰	子	13	乙未小	前498.12.20	4～5		子

续表

年次	正月干支及大小月	年月日	连大月	闰	建正	年次	正月干支及大小月	年月日	连大月	闰	建正
定 14	己丑大	前 497.12.8	7～8	闰	子	8	丁酉小	前 488.12.29			丑(子)
15	癸丑大	前 496.12.27			丑(子)	9	辛卯小	前 487.12.18	6～7		子
哀 1	丁未大	前 495.12.16	3～4		子	10	乙酉大	前 486.12.7	9～10	闰	子
2	壬寅小	前 494.12.6	6～7	闰	子	11	己酉大	前 485.12.25	11～12		子(丑)
3	丙寅小	前 493.12.24	8～9		子(丑)	12	甲辰小	前 484.12.15			子
4	庚申大	前 492.12.13			子	13	戊戌小	前 483.12.4	8～9	闰	子
5	甲寅大	前 491.12.2	5～6	闰	子	14	壬戌小	前 482.12.23	10～11		子
6	戊寅大	前 490.12.21	7～8		子	15	丙辰大	前 481.12.11			子
7	癸酉小	前 489.12.10	10～11	闰	子	16	庚戌大	前 480.11.30	1～2	闰	子

以上只给出每年正月朔的日名干支和与之相应的公历年、月、日。其他各月朔日的干支可以依表所示的其他要素简便地推出:如隐公 5 年正月戊子、二月丁巳、三月丁亥、四月丙辰、五月丙戌、六月乙卯、七月乙酉、八月甲寅、九月甲申、十月癸丑、十一月癸未、十二月癸丑、闰十二月壬午。

若将新编鲁国历谱的朔日与真朔① 比较,先真朔一日者 441、后真朔者 421,合者 2142,即合者占 71%,对于依平朔计算的朔日而言,这一比率是相当可观的。

新编鲁国历谱与《春秋》所载历日干支不合者计有 50 处,约占全部历日干支数的 13%。其中已有若干记载已被证明确是有误的,包括年误或月误。更多的是在同一年的若干历日干支记载中,有合与不合对等、或合多于不合等情况,它们表明这些年份的历日干支记载大多是彼此矛盾的,这实际上可以作为《春秋》所载确实有误的初步证明,此中失书月份当是主要原因之一。如果把这些情况排除在外,不合者只有 5 处。

四　春秋历法概说

“幽、厉之后,周室微,陪臣执政,史不记时,君不告朔。”② 即自春秋时期开始,周天子颁朔于各诸侯国的制度就已名存实亡,代之而起的是各诸侯国自行其是,它们延揽历家,构建与鲁国的观台一类的机构,编制各自的历法,在自己的势力范围内颁行。

从上述鲁历的情况看,鲁国的历家是依据一定的成法编制历谱的:月有大小,大月 30 日,小月 29 日,大小月相间安排,又每经若干月加一连大月,以 15、15、15、19 或 15、15、15、21 或 15、15、15、21、15、15、15、19 或 15、15、21 为其周期。这些在不同时段采用的不同周期,实际上使用了 4 种都相当好的 H 值,其中以 29.53086 日为最佳(该值也就是古四分历所取的数据),29.53030 日次之,29.53125 日又次之,29.52941 日再次之。不过,这一准确性的排序,并不与前已述及的各周期先后行用的时序相切合,说明鲁国历家对于 H 值的探求,并非一帆风顺。诚如张培瑜所说:“由经书日食、朔晦考知,鲁国历法月相基本合天,步朔相当准确。”②也就是说,鲁国历家对 H 值的探求一直处于很高的水平上。而这种探求还不是推算出具体的 H 值,

① 张培瑜,中国先秦史历表,齐鲁书社,1987 年,第 120～168 页。

② 司马迁:《史记·历书》。

却是隐含于连大月设置周期的探索之中，并由之简便和相当准确地解决了步朔的课题。

至于鲁历闰月的设置，僖公五年(前655)前有建丑的定规，后则改从建子之法，即先以冬至所在月的后一月为正月，后以冬至所在之月为正月，它们是通过对冬至时日的实测或推算实现的。由表2-5可见，僖公五年(前655)前，确实非建丑的年份仅为6%；僖公五年后，确实非建子的年份为10%。而这种状况是因冬至时日测定的欠准确，又由于天气等的原因不能年年进行实测，而且对于回归年长度的把握还不精到，遂时有失闰或多闰的情况出现，从而冲淡了建正规定的严肃性。由此可见，鲁历尚不是完全规整的推步历法，尤其在置闰问题上，还需经由时常的实测工作进行调整。

由表2-5可见，自鲁隐公元年(前722)到僖公十三年(前647)、自僖公十四年(前646)到襄公二年(前571)、自襄公3年(前570)到定公15年(前495)的前后3个76年中，闰月的个数分别为28、27和28，而在哀公的16年中，有6闰。这说明19年7闰的方法，已经自觉或不自觉地为鲁国历家得到了，如果说在前、中期，19年7闰只是他们应用上述朔日推算法和时常进行冬至时日测量的自然结果，那么到后期，他们大约已经有了自觉性，这似可以从自鲁定公7年(前503)以后历家总是每2或3年加一闰月的状况中，得到证明。

春秋时期，各诸侯国之间科学技术的交流并无什么大的障碍，如果鲁国以外的其他诸侯国已有较先进的推步历法，鲁国历家当不会在200余年间视而不见，死守对历家而言吃力又不讨好的一套方法。反过来应该说，鲁国历法的状况应是其时历法发展总体水平的反映，各国历家大约也是依循鲁国历家所采用的基本方法行事。各国历法的主要差异在于采用各不相同的建正，从而显示各自历法的独立性，进而显示各国的独立与主权。

由《左传》与《春秋》对同一事件的历日记载的异同中，可以分析出有关历法建正的不同。对于二书中此类历日记载的差异，主要缘于各国历法有别，这一点已为大多数学者所认同。其实，此类历日记载的差异正突显了《左传》作者杂采诸国史料以解说、补充或修订《春秋》的心路。此外，在《史记》诸"世家"中，也有一些有关诸侯国年、月、日干支的记载，它们与鲁国历谱亦有合有不合处。现以有关晋国的历日记载为例，进行比较分析于下：

(1)《春秋·僖公十五年(前645)》载："十有一月壬戌，晋侯及秦伯战于韩，获晋侯。"而对这同一事件发生的时间，《左传》却记作九月壬戌，二者应分别是据鲁历与晋历而言，晋历月份前2月。已知这一年鲁历建丑，则晋历应为建卯；

(2)《春秋·宣公十三年(前597)》载："六月癸卯，晋灭赤狄潞氏。"而《左传》曰："六月癸卯，晋荀林父败赤狄于曲梁，辛亥灭潞"，其说更为贴切，二者月份相同无疑。已知此年鲁历建子，晋历也应建子；

(3)《春秋·成公十八年(前574)》载："春王正月，晋杀其大夫胥童。庚申，晋弑其君州蒲。"对于前一事，却见于《左传·成公十七年(前575)》，其时为"闰月乙卯晦"，对于后一事则见于《左传·成公十八年》，月及日名干支全同。已知鲁历成公十七年是为闰、成公十八年正月丙辰朔，这二者晋历皆与之相同，又已知鲁历成公十七和十八年均为建子，则晋历也应与之相同。《春秋》大约是将前一事记于正月朔，而《左传》则载于闰12月晦，两者间大约有1日之差，这是两书对前一事发生时间的两种说法，同鲁历、晋历的建正等状况无关；

(4)《左传·襄公三十年(前543)》载，三月(应为二月)癸未，晋国绛县一老者曰："臣小人也，不知纪年，臣生之岁，正月甲子朔，四百有四十四甲子矣，其季于今，三之一也。"已知，鲁襄公三十年二月癸未为公元前543年2月7日，其前444×60+20日，当为公元前616年2月11

日，亦即鲁文公十一年二月甲子晦（以鲁历而言），也就是晋灵公五年正月甲子朔（以晋历而言），此处鲁历与晋历朔差一日，这说明晋历的连大月设置法与鲁历有所不同，而月份晋历前1月。已知这一年鲁历建子，晋历则建丑。

以下均据《史记·晋世家》所载进行比较：

(5)晋献公二十一年（前656）有"十二月戊申"，《左传》所载与之相同。已知鲁历其年建丑，12月癸未朔，26日戊申。晋历与之相合，亦为建丑。

(6)晋文公元年（前636）有6个历日干支的记载："二月辛丑……壬寅……丙午……丁未……戊申……三月己丑"，《左传》所载与之相同。已知鲁历其年建子，2月辛酉朔（无辛丑、壬寅、丙午、丁未与戊申），3月辛卯朔（无己丑）。即晋历均不与鲁历合。这有两种可能，一是晋历本年建亥，以晋历的2、3月为鲁历的1、2月；一是晋历本年建丑，以晋历的2、3月为鲁历的3、4月。

(7)晋文公二年（前635）有"三月甲辰"，《左传》所载与之合。已知鲁历其年建子，三月乙酉朔、20日甲辰。晋历与之相合，亦为建子。

(8)晋文公五年（前632）有9个历日干支"三月丙午……四月戊辰……己巳……甲午……五月丁未……癸亥……六月……壬午……冬……壬申"。《左传》所说与之皆同，"冬"指"冬十月"。已知鲁历其年建子，3月戊戌朔、9日丙午，4月丁卯朔、2日戊辰、3日己巳、28日甲午，5月丁酉朔、11日丁未、27日癸亥，6月丁卯朔、16日壬午，10月乙丑朔、8日壬申。晋历与鲁历皆合，亦为建子。

(9)晋灵公十四年（前607）有"九月……乙丑……壬申"，《左传》所载与此均同。已知其年鲁历建子，九月庚子朔、26日乙丑、无壬申，壬申可能应在10月。晋历与鲁历大体相合。

(10)晋厉公八年（前573）有"十二月壬午……闰月乙卯"，由此可知，晋历取年终置闰法，"闰月"在12月后，为闰12月。此记载为《春秋》、《左传》所未见者（以下凡属此类记载，不再标明）。已知鲁历其年建子，十二月辛巳朔、2日壬午，晋历与之相合。但鲁历其年无闰，而晋历闰十二月，鲁历下年正月辛亥朔、5日乙卯，晋历与鲁历虽月份相差1月，但日名干支可相容。下年鲁历亦建子，下年晋历则为建丑。

(11)晋悼公元年（前572）有4个历日干支的记载："元年正月庚申……庚午……辛巳……二月乙酉"。已知鲁历其年建子，正月辛亥朔、10日庚申、20日庚午、无辛巳，二月庚辰朔、2日辛巳、6日乙酉。可见，晋历正月庚申、庚午和二月乙酉均与鲁历相合，其年亦应建子，而辛巳为鲁历二月初二日，说明晋历与鲁历在朔日的认定及连大月的设置上有所不同。

如上所述12个年份晋历的建正，1卯、3丑、1丑或子、7子。可见，晋历同样存在建正前后摆动的情况，前人多主张的晋历建寅之说是难以成立的，而从晋历建正略后于鲁历的倾向以及有建卯的出现看，晋历建丑的可能性较大。

对其他诸侯国与周天子的建正，也可作类似的比较分析，可得以下初步认识：齐历建正共得2亥、6子、2丑、2寅，通而言之，是建丑还是建子尚难断定；郑历建正共得2子、3丑，亦难断言其建丑或建子；楚历建正共得1亥、5子、1在子或其前后，通而言之，以建子为宜；周历建正共得1子1丑，考虑到学者多以周建子为说，可暂从之；卫历建正共得1亥、2子，为建子的可能性较大；宋、陈、吴三国历法的建正也尚难断定。

综上所述，春秋诸国历法中以建子者为多，建丑者次之，是否有建寅的历法还有待进一步的考查。如此说来，夏代历法建寅（夏正）、商代历法建丑（殷正）、周代历法建子（周正）的三正之说，是断不可信的。此外，仅发现晋历的步朔法与鲁历小有不同，其余还看不出差异来。

第三节　岁星纪年法、太岁纪年法与干支纪年法

大约从夏代开始，便有依某王即位年数纪年的方法，这可称为王公纪年法，该方法一直延续到清代。而在春秋战国时期，人们长期在寻求一种独立于王公纪年法的新方法，其间经历了从岁星纪年法、太岁纪年法到干支纪年法的嬗变。

一　岁星纪年法

春秋战国时期，诸侯林立，各行其政，各用自身的王公纪年法，难免造成混乱的局面，所以，寻求一种统一而独立的纪年法成为社会的需求。而对于岁星（即木星）运动规律性认识的逐渐加深，则为新纪年法的探求打开了一条道路。岁星大约每经12年行一周天，每年大约运行1/12周天，于是把岁星行经的黄道附近的天区自西向东等分为12个部分，每一部分称之为一次（相当于30°），遂有十二次的分划。岁星每年则在某一次中，并以12年为一周期，这既可由观测得知，也可由计算推得，又为纪年提供了较为理想的客观依据。

在《汉书·天文志》中有战国时期石申夫与甘德二家关于岁星在十二次等的记述：如“太岁在寅，曰摄提格，岁星正月晨出东方，石氏曰：名监德，在斗、牵牛。……甘氏在建星、婺女”等等。又据《开元占经·卷二十三》载，甘德对于岁星以12年为周期的岁名等的系统描述。如：“甘氏曰：岁星处一国是司岁，十二名。摄提格之岁，摄提格在寅，岁星在丑，以正月与建星、牵牛、婺女晨出东方。……单阏之岁，摄提格在卯，岁星在子，与虚、危晨出夕入。……执徐之岁，摄提格在辰，岁星在亥，与营室、东壁，晨出夕入……”。等等。又据《尔雅·释天》曰：“寿星，角、亢也……大辰，房、心、尾也，大火谓之大辰；析木谓之津，箕、斗之间，汉津也；星纪，斗、牵牛也；玄枵，虚也……娵觜之口，营室、东壁也；降娄，奎、娄也；大梁，昴也……柳，鹑火也。”这是关于十二次名与二十八宿次间的关系的粗略描述，其中，二十八宿次显然存在不连续的状况，如亢宿与房宿间无氐宿，牵牛与虚宿间无女宿等。此外，还缺大梁后的实沈与鹑首二次及鹑火后的鹑尾一次，所谓“娵觜之口”即是娵訾。综其所述，可列如表2-6所示。

表2-6　石申夫、甘德关于岁星、太岁等关系的描述

岁　名	太岁在	岁星在	十二次名	石氏二十八宿次	甘氏二十八宿次
摄提格	寅	丑	星纪	斗、牵牛	建星、牵牛、婺女
单　阏	卯	子	玄枵	婺女、虚、危	虚、危
执　徐	辰	亥	娵訾	营室、东壁	营室、东壁
大荒落	巳	戌	降娄	奎、娄	奎、娄
敦　牂	午	酉	大梁	胃、昴、毕	胃、昴、毕
协　洽	未	申	（实沈）	觜觿、参	参、罚
涒　滩	申	未	（鹑首）	东井、舆鬼	狼、弧
作（愕、噩）	酉	午	鹑火	柳、七星、张	注、张
阉（掩）茂	戌	巳	（鹑尾）	翼、轸	七星、翼
大渊献	亥	辰	寿星	角、亢	轸、角、亢
困　敦	子	卯	大火	氐、房	氐、房
赤奋若	丑	寅	析木	心、尾、箕	心、尾、箕

由上述可见，石申夫、甘德和秦汉间成书的《尔雅》对于与十二次相对应的二十八宿次大同小异，即各家的认定小有不同。由表 2-6 知，“十二次名”栏的星纪、玄枵等等，与“岁星在”栏的丑、子等等存在一一对应的关系。岁星在天的运行是自西而东，即由丑而子而亥……，而 12 次名的顺序既与二十八宿相关，二十八宿在天的顺序也是自西而东排列，则岁星在丑、在子等等正可与岁星在星纪、在玄枵等等一一对应。关于“岁名”与“太岁在”(亦即“摄提格在”)栏，下面再予讨论。

以上是战国后期关于十二次分划的毋庸置疑的史料。而在《左传》、《国语》中载有不少关于岁星行十二次的史料，西汉刘歆在所著《世经》对之早就有详细讨论[①]，近贤也有系统的论述[②]，可再申述于下：

《国语·晋语四》载：“文公在翟十二年……过五鹿，乞食于野人，野人举块以与之。公子怒，将鞭之。子犯曰：‘天赐也。……十有二年必获此土。二三子志之，岁在寿星及鹑尾，其有此土乎，天以命矣。复寿星，必获诸侯，天之道也。由是始之，有此，其以戊申乎，所以申土也。’”晋文公(当初的晋公子重耳)奔翟，事在鲁僖公五年(前 655)[③]，在翟十二年当在公元前 644 年，而依子犯所言这一年岁星在寿星。所谓“必获诸侯”是指晋文公伐卫，取五鹿，事在鲁僖公二十八年(前 632)正月戊申[④]。自公元前 644 年到公元前 632 年相距 12 年，故后者岁星也在寿星。所谓“岁在寿星及鹑尾”，是说时当鲁僖公二十七、二十八年之交，故岁星在鹑尾、寿星之际。

《国语·晋语四》又载：“秦伯纳公子……董因迎公于河。公问：‘吾其济乎？’对曰：‘岁在大梁，将集天行。元年受始，实沈之星也。实沈之墟，晋人是居，所以兴也。今君当之，无不济也。君之行也，岁在大火……且以辰出，而以参入，皆以晋祥也，而天之大纪也。’”所谓“君子之行，岁在大火”，是说重耳奔翟的鲁僖公五年，岁星在大火，由上一项记事知，其后 11 年岁星在寿星，则这一年岁星正在大火。重耳于是年春奔翟，其时黄昏正见大火星东出、参星西入的天象，故云“辰出”而“参入”。秦伯(秦穆公)接纳重耳之年在鲁僖公二十四年(前 628)春[⑤]，即在鲁僖公二十八年(岁星在寿星)的前 4 年，岁星在实沈，与“元年受始，实沈之星也”之说正合。而董因迎接重耳于黄河之滨，时在鲁僖公二十三年(前 629)，故云“岁在大梁”亦合。

在《左传》中，还可见 7 项十二次与具体年份相对应的记事：

襄公二十八年(前 545)“春，无冰，梓慎曰：‘今兹宋、郑其饥乎！岁在星纪而淫于玄枵，以有时灾，阴不堪阳，蛇乘龙。龙，宋、郑之星也。……秋，八月，裨灶曰：‘……岁弃其次，而旅于明年之次，以害鸟帑，周、楚恶之。’”这是说，梓慎和裨灶都认为依推算这一年岁星应在星纪，但由实际观测知岁星已行在玄枵之次，在他们看来，这是岁星失行所致，故有灾祸出现。若与上述子犯所说相校，公元前 644 年到公元前 545 年相距 99 年，后者正当岁星在星纪。

襄公三十年(前 543)“八月……于是岁在降娄，降娄中而旦。裨灶指之曰：‘犹可以终岁，岁不及此次也已。及其亡也，岁在娵訾之口，其明年乃及降娄。’”其年岁星在娵訾，与上一项记事吻合。

---

① 班固：《汉书·律历志下》。

② 新城新藏，由岁星之纪事论《左传》《国语》之著作年代及干支纪年法之发达，见《东洋天文学史研究》，中华学艺社，1933 年，第 370～374 页；刘坦，论星岁纪年，科学出版社，1955 年，第 1～6 页。

③ 《左传·僖公五年》。

④ 《左传·僖公二十八年》。

⑤ 《左传·僖公二十四年》。

昭公八年(前 534)"冬,十一月壬午,灭陈。……晋侯问于史赵曰:'陈其遂亡乎?'对曰:'未也。……陈,颛顼之族也,岁在鹑火,是以卒灭,陈将如之。今在析木之津,犹将复由。'"其年岁星在析木,与上一项记事相距 9 年,正吻合。史赵认为,陈必复国,而且必于岁星在鹑火之次时亡国,这与下一项记事中裨灶所说相同。

昭公九年(前 533)"夏,四月,陈灾。郑裨灶曰:五年,陈将复封,封五十二年而遂亡。……岁五及鹑火,而后陈卒亡。"陈复封于鲁昭公十三年(前 529)[①],这是说自楚灭陈之年(如上一项所说,其年岁在析木)后的 5 年,岁星在大梁,陈复国,裨灶的预言是应验了;陈卒亡于鲁哀公十七年(前 478)[②],这是说在陈复国 52 年(包括复国的当年在内)后,岁星应在鹑火,其间岁星 5 次经过鹑火,裨灶的预言也应验了。

昭公十年(前 532)"春王正月,有星出于婺女。郑裨灶言于子产曰:'……今兹岁在颛顼之虚……'"。玄枵即颛顼之虚,与上一项记事相距 2 年,正吻合。

昭公十一年(前 531)"景王问于苌弘曰:'今兹诸侯何实吉? 何实凶?'对曰:'蔡凶,此蔡侯般弑其君之岁也,岁在豕韦,弗过此也,楚将有之。然壅也,岁及大梁,蔡复楚凶,天之道也。'"豕韦即娵訾,是其年岁星所在之次。蔡凶指蔡侯般弑其君之事(发生在鲁襄公三十年)[③],与前述其年岁星在娵訾合;所谓蔡复楚凶,系指楚灵王弑立之岁,事在鲁昭公元年(前 541)[④],也与前述鲁襄公三十年之后 2 年,岁星在大梁合。

昭公三十二年(前 510)"夏,吴伐越……史墨曰:'……越得岁,而吴伐之,必受其凶。'"这里,史墨并未明言岁在何次,后人对之有不同的解说。晋代杜预认为,星纪是吴、越之次,吴先兴兵,故必为凶。若据《淮南子·天文训》所言:"越,须女;吴,虚、危",则吴、越分属两次,越居先而吴在后。而依表 2-6 所示,石申夫认为:婺女(即须女)、虚、危同属一次,但是为玄枵;而甘德以为:婺女,虚与危应分属两次,前为星纪、后为玄枵。这些情况表明,对于吴、越所属的次别,历代是有变化的。明代徐发正基于这一认识,十分有说服力地考订得:战国前期越属析木而吴属星纪[⑤]。上已论及公元前 478 年岁星在鹑火应无疑义,由此亦可推得公元前 510 年岁星应在析木,这似可确证公元前 510 年岁星在析木之说可信。这一记事与上一项记事相距 21 年,而自娵訾到析木相距亦为 21,正相吻合。

以上的讨论仅仅说明《左传》、《国语》中关于岁星行十二次的记事之间存在彼此自洽的关系,它们符合岁星每年行一次、12 年一周天的规律。可是进一步的考察却发现:依据现代岁星运动理论估算而推得的各相应年份岁星所在次,无一例外地较上述记事滞后,其数在 1 次余至 3 次余不等,这毋庸置疑地昭示《国语》、《左传》所载岁星行十二次之事,绝非当年岁星所在位置的实录,而是《国语》、《左传》的作者或修订者依据他们当年对岁星位置的观测及对岁星运动规律的理解推衍而得的。

于是,饭岛忠夫、刘坦等认为,这种情况是西汉刘歆作伪的结果。他们的论据是,依据刘歆在其《世经》中所述的岁星 144 年超辰一次的方法,可以推导出与《国语》、《左传》全部吻合的岁星行在十二次的描述。其实,他们并未对公元前 478 年的岁星所在记事予以合理的解释,而且

① 《左传·昭公十三年》。
② 《左传·哀公十七年》。
③ 《左传·襄公三十年》。
④ 《左传·昭公元年》。
⑤ 徐发:《天元历理全书·考古之四》。

对公元前510年岁星所在取用星纪之说，认为这是采用了岁星144年超辰一次的结果，但其不可信已如上述。由于岁星运行一周天所需的时间实际上为11.86年左右，则约每经83年岁星行87次，即约83年超辰一次，所以，刘歆的超辰法是存在较大误差的。这一误差的形成，倒是因为刘歆误将《国语》、《左传》的岁星所在次的记事看做当年的实录造成的。

而新城新藏则确认公元前478年岁星在鹑火之可信，并认同公元前510年岁星在析木之说，进而认为这种情况是公元前378年前后的某一作者依其时岁星所在次的状况与岁星每年行一次的认识推衍而得的结果。我们认为新城新藏的结论是基本可靠的。

虽然如此，我们还是可以从《左传》、《国语》的上述记事推知战国前、中期岁星纪年的状况。十二次之名，除鹑首之外均已提及，岁星每年行一次，12年一周天，岁在某次之说，即岁星纪年法已成为与王公纪年法相并行的一种纪年法；周与诸侯国同十二次等的对应关系已提到的则有：周——鹑火，实沈——晋，龙（角、亢、氐、房等）——宋、郑，鸟尾（柳、星、张、翼、轸等）——周、楚，星纪——越，等等，说明十二次、二十八宿分野说业已成立。当然，这些状况也可能在此之前便已存在，还待进一步的探讨。

岁星纪年法在战国晚期到西汉早年间的状况，可由长沙马王堆三号汉墓出土的帛书《五星占》中得到可靠的信息①。在《五星占》中关于岁星的记载为："……岁处一国是司岁。岁星以正月与营室晨出东方，其名为摄提格。其明年以二月与壁晨出东方，其名为单阏。其明岁以三月与胃晨出东方，其名为执徐。……"不难看出，这一记载同前引甘德之说的相似之处。两者的差异是摄提格之岁岁星在营室而非建星、牵牛、婺女；单阏之岁岁星在东壁而非虚、危；执徐之岁岁星在胃而非营室、东壁等等。若从表2-6看，依《五星占》所说，"岁星在"亥、"十二次名"娵訾、"二十八宿次"营室与东壁，应与"岁名"摄提格、"太岁在"寅相匹配，其余各岁也都发生了两次的错位，成为太岁在寅、岁星在亥（娵訾），太岁在卯，岁星在戌（降娄），等等。已知《五星占》所说岁星在营室的摄提格之岁是与秦王政元年（前246）相对应的，这一年也正是颛顼历制定之年，所以，这应是颛顼历的岁星纪年法与太岁纪年法，当是该历法的制定者对岁星的实际位置进行观测而得的，他们也许并无岁星超辰的观念，只是由实测发现与原先的岁星纪年法比较，岁星已移过二次，而提出了新的岁星纪年法。这与汉代人们虽已认定冬至时太阳所在宿度发生了变化，但却没有形成岁差的观念相类似。颛顼历岁星纪年法在秦王政九年（前238）至汉武帝太初元年（前104）间行用②。

二　太岁纪年法与干支纪年法

如表2-6所示，石申夫、甘德在论及"岁星在"丑、子等等，以及与之相应的星纪、玄枵等等次名的同时，又论及了"太岁在"（或"摄提格在"）寅、卯等等，以及与之相应的摄提格、单阏等等"岁名"，后者便是太岁（又称岁阴、太阴、太一等）纪年法。岁星纪年法用丑、子等等十二支纪年，而十二支的顺序为子、丑、寅、卯……，是习以为常的用法，为顺应这一习惯，人们引进了太

---

① 陈久金，从马王堆帛书五星占的出土试探我国古代的岁星纪年问题，见《中国天文学史文集》，科学出版社，1978年，第48～65页。

② 陈久金、陈美东，从元光历谱及马王堆天文资料试探颛顼历问题，见中国社会科学院考古研究所编：《中国古代天文文物论集》，文物出版社，1989年，第90～92页。

岁的概念。太岁乃是一假想的天体，其运动的速度与岁星相同，但方向相反，而且规定了不同的起点，《史记·天官书》曰："以摄提格岁，岁阴左行在寅，岁星右转居丑"；"单阏岁，岁阴在卯，星居子"等等，"左行"为自东向西，"右转"为从西往东，即指此而言。这种以太岁在寅、卯等十二辰的太岁纪年法，与岁星在丑、子等十二次的岁星纪年法同时并用的年代，自然不会晚于甘、石时期，而从《左传》、《国语》中均未见太岁纪年法的踪影看，该法的出现也不应早于战国前、中期。

史籍所见最早的太岁纪年法之实际运用者，当推《吕氏春秋·序意》所云："维秦八年（前239），岁在涒滩"，这也是王公纪年法与太岁纪年法并用的事例。由表2-6知，若从前述公元前478年岁星在鹑火，下推至维秦八年，正得岁星在鹑首、岁在涒滩。这说明公元前378年前后行用的岁星纪年法一直沿用至此。如果说公元前378年前后行用岁星纪年法时，还虑及岁星所在的真实位置的话，那么到公元前239年，岁星实际上已超辰一次半以上，即在公元前239年及其前数十年间，人们大约已不再顾及岁星所在的真实位置，而沿用原定的太岁纪年法。《吕氏春秋》只云太岁纪年，而不提岁星所在，也说明太岁纪年已是独立于岁星纪年的方法。当然，也有人主张岁星纪年法与太岁纪年法必须协调一致，颛顼历制定者因之提出调整方案，而有颛顼历岁星纪年法与太岁纪年法的产生。

在汉武帝太初元年（前104）前，也可见关于太岁纪年法与岁星纪年法的记载。如刘歆引《汉志》指出，汉高祖元年（前206）"岁在……鹑首"，"名曰敦牂，太岁在午"[①]。贾谊曾说到汉文帝前元七年（前173）是"单阏之岁"[②]；这些正同颛顼历岁星纪年法和太岁纪年法吻合。

《淮南子·天文训》称："淮南元年（前164），太一在丙子。"这是史籍可见关于具体年份用干支命名的最早记载。太一即太岁，这证明后来广泛应用的干支纪年法与太岁纪年法之间存在有机的联系，"太一在丙子"则是太岁纪年法向干支纪年法过渡的典型事例。这里"丙子"的"子"，是说太岁在子，亦即岁在困敦，与颛顼历太岁纪年法符合；而"丙"则应是秦汉之际发展了的太岁纪年法提出的新义。

在《尔雅·释天》中有："太岁在甲曰阏逢，在乙曰旃蒙，在丙曰柔兆，在丁曰强圉，在戊曰著雍，在己曰屠维，在庚曰上章，在辛曰重光，在壬曰玄黓，在癸曰昭阳"的记述，这是又一种太岁名称的序列，它以天干为序，与上述太岁在寅曰摄提格、在卯曰单阏等等以十二支为序的序列全然不同。前者被称为太岁的岁阳序列，而后者则为太岁的岁阴序列。在《史记·历书》中，太岁在甲、乙、丙的名称又有所不同，依次为阏逢、端蒙、游兆、强梧、徒维、祝犁、商横、昭阳、横艾与尚章，这表明对岁阳序列的命名存在着不同的派别。《史记·历书》更有"阏逢摄提格太初元年"（前104）、"端蒙单阏（太初）二年"（前103）等等的记载，这便是发展了的太岁纪年法——以太岁的岁阳与岁阴两序列相配合以纪年的方法，亦即指太初元年为甲寅年、太初二年为乙卯年等等，这应就是天干与地支配合的干支纪年法。当然更确切些说，岁阳、岁阴纪年法是为干支纪年法的前身。从太岁纪年法到岁阳、岁阴纪年法的发展，显然是因为太岁纪年法以12年为周期，对于纪年而言，重复率太高了，用一种更长一些的周期以纪年更有利于年份的区别。而业已长期行用的干支纪日法是以60为周期的，这自然成为新纪年法首选的周期与效仿的对象。

在岁阳、岁阴纪年法出现以后，人们对于某一干支同某一具体年份之间的对应关系有不同的理解。如上述《淮南子》所称的"丙"即游兆，"丙子"即游兆困敦，若由这一年下推，太初元年

---

① 班固：《汉书·律历志中》。

② 班固：《汉书·贾谊传》。

亦应是游兆困敦，即丙子年，这同司马迁所说是为甲寅年存在明显的不一致。又据《汉书·律历志上》记载，汉武帝太初元年改造历法时，“乃以前历上元泰初四千六百一十七岁，至于元封七年，复得阏逢摄提格之岁。中冬十一月甲子朔旦冬至，日月在建星，太岁在子，已得本星度新正”。这是说，司马迁等人主张应该以岁阳、岁阴之首阏逢、摄提格（亦即甲、寅）与太初元年（前104）相匹配，虽然就太岁纪年法而言，司马迁只是将太岁从子调到寅，作超辰两次的处理，并无不可，但是，甲寅在丙子后38年，即这一并主张和原有的岁阳、岁阴纪年发生太大的跳动，故不为大多数人所认同；而另一些人则认为，元封七年（前104）十一月甲子朔旦冬至前，确是“太岁在子”，即为丙子年，正与原先的岁阳、岁阴纪年法相合，而到元封七年十一月甲子朔旦冬至后才是太初元年（亦为前104），则已是太岁在丑、为丁丑年了。这样，依王公纪年法，与公元前104年相应的有元封七年和太初元年两个年号，而依岁阳、岁阴纪年法，它也有丙子与丁丑两个年名。后来，元封七年的年号被废弃不用，为太初元年取而代之，于是，太初元年也就被认定为丁丑年。这也就是说，在太初改历时，实际上已对原先的岁阳、岁阴纪年法进行了调整，由丙子调后一年为丁丑，这同时也就是把原先的岁星纪年法和太岁纪年法均作了超辰一次的处理，而且这一处理，也使岁星纪年法基本同岁星的真实位置相吻合①。由之可见，岁阳、岁阴纪年法的具体运用依然受到是否与岁星真实位置相符的制约。

在《汉书·礼乐志二》中，载有汉武帝太初“四年（前101）诛宛王获宛马”时所作的“西极天马之歌”，内有“天马徕，执徐时”之句，其岁在执徐、即太岁在辰的庚辰年，太初元年丁丑（前104）后3年正得庚辰年。据《汉书·五行志上》载，汉元帝初元三年（前46）“孝武园白鹤馆灾”，而《汉书·翼奉传》载，在此前一年，即汉元帝初元二年（前47）于陇西郡发生大地震，翼奉上书奏事，内称“今年太岁建于甲戌”，自太初元年丁丑后57年，正是甲戌年。又据《汉书·王莽传》载，王莽曾言及始建国五年（13）“岁在寿星……仓龙癸酉”，又言始建国八年（16）“岁䮍星纪”，“更以天凤七年（20），岁在大梁，仓龙庚辰……。厥明年（21），岁在实沈，仓龙辛巳……”云云。由上述汉高祖元年（前206）岁星在鹑首，下推至所言各年岁星所在，皆相合；而自太初元年丁丑后116年、123年和124年，正分别是癸酉年、庚辰年和辛巳年。这些都说明太初改历之时，对纪年法确实作了如上所述的调整，至于“岁星在”和“太岁在”依然保持了颛顼历纪年法的亥与寅相匹配的关系。

有如上述，入汉以后到新莽时期，仍是岁星纪年法、太岁纪年法和岁阳、岁阴纪年法混用的年代，这是不同的纪年思想各执一端的结果。这种状况一直延续到汉章帝元和二年（85）东汉四分历的颁行才告正式结束。为了解决与岁星所在真实位置有关的纪年调整的随意性问题，刘歆曾提出了岁星144年超辰一次说，并以汉武帝太始二年（前95）为岁星超辰年，试图规范此后的纪年方法。若依之，汉光武帝建武二十六年（50）应为岁星超辰年，但其时并不以为然，未见作如是处理者。

编訢、李梵在东汉四分历序文中指出，他们是以“汉高皇帝受命四十有五岁，阳在上章、阴在执徐”② 之年为东汉四分历的历元的，这就是说汉文帝后元三年（前161）是为庚辰年。若从太初元年（前104）丁丑上推57年，正相吻合，这说明编訢、李梵是认同了太初历的纪年法的。但在东汉四分

① 陈久金，从马王堆帛书五星占的出土试探我国古代的岁星纪年问题，见《中国天文学史文集》，科学出版社，1978年，第57、58页；莫绍揆，从《五星占》看我国的干支纪年的演变，自然科学史研究，1998，(1)。

② 司马彪：《续汉书·律历志中》。

历中，他们则明确给出了推算岁名的方法，它是在计算得所求年距上元庚辰的年数（M）后，依据60干支法，由庚辰后推M值，而算出所求年的干支岁名。这就完全摒弃了纪年法与岁星所在真实位置的约束，也不再用岁阳、岁阴之名称。东汉四分历的颁行，使干支纪年法得以确认，它表面上是以汉文帝后元三年（前161）庚辰为基点，实则是以汉武帝太初元年（前104）丁丑为基点。

自此以后，各年份的岁名以干支纪年自不待言，如公元1999年为己卯年，自汉武帝太初元年（前104）丁丑下推2102年，适得；而对此前的年份，后人也以之为准，前推出相应的干支岁名。如对于西周共和元年（前841），由太初元年（前104）丁丑上推737年，可得出其岁名为庚申，从而形成了一种可连绵二千余年的干支纪年的序列。

在中华书局本《史记·十二诸侯年表》中，在西周共和元年上注明为公元前841年，系近人所加是不言自明的，同理，其上所注为庚申年，亦不当为司马迁原作所有，更不是周代所原有，而是后世好事者依干支纪年法推算而得的。

第四节　二十八宿系统的建立

一　二十八宿的起源及其系统的形成与四象的演变

二十八宿系统的建立，经历了十分漫长的历史过程。起初，它应与四象的分划有关，即四象的主要标志星火（心）、参等是为二十八宿的最初成员。后来，人们为了描述日、月等天体的运动及其位置，在黄、赤道附近的天区逐渐增加了一系列恒星背景标志，进而建立了连续的、形成有机联系的28组恒星坐标系统。二十八宿是中国传统的恒星坐标系统的主干，它们分别为：东方七宿：角、亢、氐、房、心、尾、箕；南方七宿：斗、牛、女、虚、危、室、壁；西方七宿：奎、娄、胃、昴、毕、觜、参；北方七宿：井、鬼、柳、星、张、翼、轸。

二十八宿中某些宿名的起源，至少可以追溯到《尚书·尧典》四仲中星的年代，火（心）、虚、昴是明确的三宿之名。《尚书·胤征》所载仲康日食中提到了房宿。而在《诗经》这一自西周前期到春秋中后叶的诗歌选集内，有一些涉及恒星的诗句，如“嘒彼小星，维参与昴”[①]，“定（室与壁）之方中，作于楚宫”[②]，“睆以牵牛，不以服箱”，“维南有箕，不可以簸扬”[③]，“月离于毕，俾滂沱矣”[④]，则新见有参、室、壁、牵牛、毕、箕等六宿之名。及至《左传》、《国语》等典籍，还可见辰角、尾、婺女、咮（柳）、本（氐）、天根（亢与氐）、建星等七宿之名[⑤]。这些典籍显然并没有提到当时已有的全部二十八宿名，但它们至少反映了二十八宿之名在西周至春秋时期逐渐完备的趋势，虽然其中北方七宿仅有柳宿，所缺最多，西方七宿也只有昴、毕、参三宿，可是，东方七宿已齐备，南方七宿仅缺危宿（斗宿代以建星）。我们倾向于认为，后二者的情况大约可以昭示西方七宿和北方七宿也应该在这时基本齐备了。可惜至今尚难断言二十八宿系统具备的确切年

---

① 《诗经·召南·小星》。

② 《诗经·鄘风·定之方中》。

③ 《诗经·小雅·大东》。

④ 《诗经·小雅·渐渐之石》。

⑤ 钱宝琮，论二十八宿之来历，思想与时代，1947，(43)。

代。新城新藏认为，在西周初年就已形成了二十八宿系统①，此说失于偏早，见于此时的二十八宿名实在偏少。钱宝琮指出，“二十八宿之选定，似是战国时期天文家之贡献”②，此说失于偏晚，下面就要提到，在一件战国初年随葬的普通漆箱盖上即可见二十八宿的全名，故二十八宿系统的形成当不会晚于春秋后期。而夏鼐以为，应以形成于公元前7世纪左右为宜③，从现有的资料看，此说较为中允，但也不应排除还稍早于此的可能性。

关于二十八宿起源的地点问题，从19世纪起就有人论及，计有中国、古印度与巴比仑起源说等。此后，该三说均有后继者，而以中国起源说最为有力，尤以新城新藏④、竺可桢⑤ 与夏鼐⑥ 三家之论为佳。

至今完整的二十八宿系统的记述见于湖北省随县擂鼓墩一号墓(曾侯乙墓)出土的一件漆箱盖上，该墓的年代约为公元前433年⑦。在漆箱盖上用朱漆绘有东龙与西虎的图像，中间为一斗字，二十八宿名环绕斗字以漆书篆文示出，在漆箱的四个立面上还绘出有关星象(见图2-1，缺其中一个立面的图像)，它们共同构成了一幅有机联系的北斗、四象、二十八宿图像。在龙一侧的立面上，于火形符号框内有一星点，显然提示它是大火(心宿二)星无疑，其他星点应与东方七宿有关。在虎一侧立面上所绘星点应与西方七宿有关。在与龙头、虎尾对应的立面上绘有二兽，鹿形且独角为其明显的特征，应是双麒麟的形象⑧，其他星点应与北方七宿有关。由之可见，在四象与二十八宿的四方各七宿之间当存在一一对应的关系，这似乎也昭示着四象对于二十八宿系统形成的重要意义。

在新疆维吾尔自治区民丰县尼雅遗址一号墓地8号墓出土的汉晋时期的锦质护膊上(彩

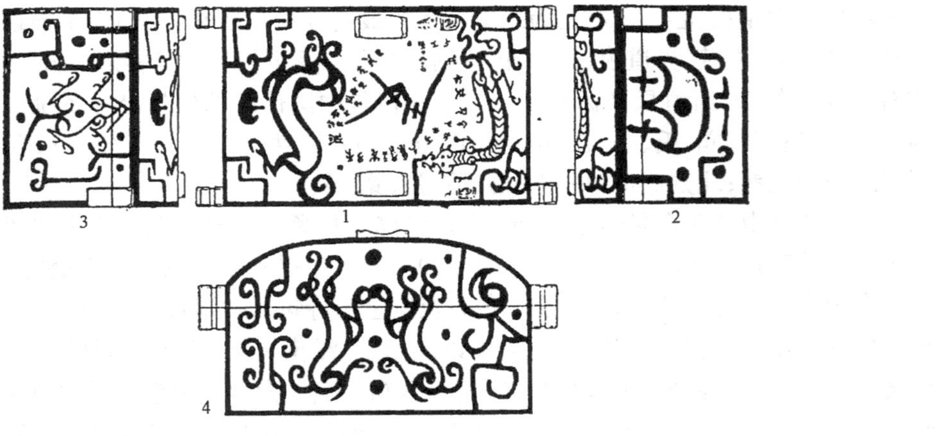

图2-1 曾侯乙墓漆箱星象图

1.曾侯乙墓漆箱盖面 2.漆箱东立面 3.漆箱西立面 4.漆箱北立面

---

① 新城新藏著、沈璿译，东洋天文学史研究，中华学艺社，1933年，第257～286页。
② 钱宝琮，论二十八宿之来历，思想与时代，1947，(43)。
③ 夏鼐，从宣化辽墓的星图论二十八宿和黄道十二宫，考古学报，1976，(2)。
④ 新城新藏著、沈璿译，东洋天文学史研究，中华学艺社，1933年，第257～286页。
⑤ 竺可桢，二十八宿起源的时间和地点，思想与时代，1944，(34)。
⑥ 夏鼐，从宣化辽墓的星图论二十八宿和黄道十二宫，考古学报，1976，(2)。
⑦ 随县擂鼓墩一号墓考古发掘队，湖北随县曾侯乙墓发掘简报，文物，1979，(7)。
⑧ 冯时，星汉流年，四川教育出版社，1996年。

图二)，上下横书两行“五星出东方利中国”篆字。其中，主要图案有孔雀与黄鹤、青龙、白虎，当无疑问，而对于内中的一独角兽，有被指认为辟邪者，鉴于该护膊上的文字及图案应均同天文有关，既有青龙，白虎，孔雀与黄鹤应合指朱雀而言，则独角兽应是麒麟为宜，它们当是早期四象图像的反映。而四象中的麒麟被龟蛇合体的玄武所替换的年代，大约始于战国中期以后①。在《吕氏春秋》十二纪中，同春、夏、秋、冬四季，亦即东、南、西、北四方相配者分别为鳞虫、羽虫、毛虫与介虫。青龙属鳞虫，朱雀属羽虫，白虎属毛虫皆无疑问。而据宋代罗愿《尔雅翼》所说：“凡介者生于庶龟”，知介虫为龟类，与麒麟毫不相干。这是四象已转化为青龙、朱雀、白虎、玄武的早期的文献根据。自此以后，新四象之说广为人们所接受，如《淮南子·天文训》明确指出，东方“其兽苍龙”、南方“其兽朱雀”、西方“其兽白虎”、北方“其兽玄武”。以至在秦汉一些建筑瓦当中可见到它们的生动形象(图 2-2)。

图 2-2　西汉四象纹瓦当

二　二十八宿系统的定量化及其演变

在唐代《开元占经》卷六十至六十四中，载有据西汉晚期刘向《洪范传》所记的二十八宿古距度值，它们与称为“石氏曰”的二十八宿距度值有很多不同处，这一情况在下述考古发现公诸于世后，更引起了学者的充分注意。

在安徽省阜阳市西汉汝阴侯墓中，出土了由上、下两盘组成的一组木胎黑漆圆盘，是约公元前 165 年之物②。其上盘直径 23 厘米，厚 1.7 厘米，周边斜面宽 4 厘米，其边缘有针刻等距小孔，约 365 个，以示周天度数。下盘直径 25.6 厘米，厚 0.8 厘米，周边斜面宽 1.1 厘米，在斜

① 陈遵妫，中国天文学史，第二册，上海人民出版社，1982 年，第 284 页、285 页。
② 安徽省文物工作队等，阜阳双古堆西汉汝阴侯墓发掘简报，文物，1978，(8)。

面上按逆时针方向针刻有角、亢、氐、房等二十八宿名及其距度值。上、下盘同心组接，中有轴孔，上盘可绕下盘运转，这大约是一具可用于测量天体之间角度的仪器①。

现将该圆盘与《开元占经》所载刘向《洪范传》及“石氏曰”的二十八宿距度值一并列于表2-7。

表 2-7　西汉圆盘、刘向《洪范传》及石氏二十八宿距度值

	角	亢	氐	房	心	尾	箕	南斗	牵牛	婺女	虚	危	营室	东壁
刘　向	12	?	17	7	12	9	10	22	9	10	14	9	20	15
圆　盘	?	11	10?	7	11	9	10	22	9	10	14	6	20	15
石　氏	12	9	15	5	5	18	11	$26\frac{1}{4}$	8	12	10	17	16	9
	奎	娄	胃	昴	毕	觜觿	参	东井	舆鬼	柳	七星	张	翼	轸
刘　向	12	15	11	15	15	6	9	29	5	18	13	13	13	16
圆　盘	11	15	11	15	15	6	9	26	5	18	12	?	?	?
石　氏	16	12	14	11	16	2	9	33	4	15	7	18	18	17

由之可见，刘向《洪范传》与阜阳出土西汉圆盘的二十八宿距度值基本相同。二十八宿距度的总和应等于365 1/4度，于是可以计算知刘向所缺亢宿距度应为9度，而1/4度置于何宿则不得而知。圆盘距度有残缺者计5处，第一种可能性是这五宿的距度均与刘向所述不同，连同其他相异者五宿，则共有十宿存在差异，果若如此，刘向所述的二十八宿距度则为在圆盘所示二十八宿距度的基础上作过较大调整的。第二种可能性是圆盘所缺5处均与刘向所述相同，那么，其二十八宿距度的总和仅为358度，对此一种可能的解释便是圆盘与刘向相异者五宿的距度有误，而应以刘向所述为准。第三种可能性是圆盘所缺5处与刘向所述有同有异，圆盘所书与刘向相异者五宿也有讹误处，两者之间存在少数几个宿次距度的差异。我们较倾向于第三种可能性，即圆盘所书与刘向所述二十八宿距度同属于一个古度系统，而这一古度系统对少数几个距星前后曾作过调整。

阜阳出土的圆盘表明，在西汉早年，定量化的二十八宿古度系统还在民间行用，而与之同时存在的还有定量化的石氏二十八宿系统。

在《淮南子·天文训》中载有与表2-7中“石氏”相同的二十八宿距度值，惟一的差异是将1/4度置于箕宿而不是斗宿。清代钱塘认为：“四分一，两京附于斗末，谓之斗分，算从冬至始也。此附于箕末，秦以十月为岁首，箕立冬后宿，从小雪始也。”② 正确地指出了由于秦到西汉早年行用以十月为岁首的颛顼历，岁末当立冬，时日躔箕宿，故把1/4度置于箕宿。由此也正可说明秦至西汉早年的颛顼历是采用定量化的石氏二十八宿系统的。而到汉武帝时改行太初历，落下闳等人对二十八宿距度重新测量，仍认定石氏二十八宿值可用，但因改以冬至起算，故将1/4度移置于斗宿。

由表2-7可见，二十八宿古度系统与石氏系统所用名称虽同，但其距度除角宿（或者还有亢宿）外，全然不同。古度系统与石氏系统的距度分别在5至29（或26）度及2至33度之间变动，这已说明后者的不均匀性要大于前者。又，二十八宿平均距度应约为13度（365.25/28），

---

① 刘金沂，从圆到浑——汉初二十八宿圆盘的启示，见《中国天文学史文集》第3集，科学出版社，1984年。

② 钱塘：《淮南子天文训补注》。

在此前后 2 度、即 11 至 15 度之间者，古度系统有十三宿，而石氏系统仅有八宿；若以相对于 13 度的平均弥散度而言，古度系统为 3.6 度，而石氏系统达 5 度左右[①]，亦均可证后者较前者的不均匀性要大。

这些都说明二十八宿古度与石氏系统所选取的距星是大不一样的。对于石氏二十八宿系统的距星、与之相应的今星名及其星数，大多数学者已有共识，可示如表 2-8[②]。而关于古度系统的距星，研究者虽有不完全一致的认识，但其结论则没有大的差别。古度系统倾向于选取较亮的星为距星，两系统的距星有十一宿相同，不同者十七宿中，古度系统有十三宿取较亮的星[③]。而石氏系统之所以较多地选取较暗的星为距星，是与其所隐含的选星原则有关，即它一般选取二十八宿星组中最西边(本宿中最先上中天)的一颗星为距星，这样可以使各宿的星都在本宿所占的经度范围内。古度系统不用此原则，故可较自由也较自然地选用较亮的星为距星，但这势必使同一宿次的一些星不包含在本宿经度的范围内[④]。如果再虑及刘向称不同于石氏系统的二十八宿系统为“古度”，可以认为石氏系统应是在古度系统的基础上，依上述原则对距星做出调整的结果，而这种调整是以较多地选用暗星与增大二十八宿距度的不均匀性为代价的。

表 2-8　石氏二十八宿系统距星、今通用星名及星数

宿　名	距　　星	通用星名	星　数	宿　名	距　　星	通用星名	星　数
角	左角星	室女座 α	2	奎	西南大星	仙女座 ζ	16
亢	西南第二星	室女座 κ	4	娄	中央星	白羊座 β	3
氐	西南星	天秤座 $\alpha 2$	4	胃	西南星	白羊座 35	3
房	南第二星	天蝎座 π	4	昴	西南第一星	金牛座 17	7
心	前第一星	天蝎座 σ	3	毕	左股第一星	金牛座	8
尾	西第二星	天蝎座 $\mu 1$	9	觜觿	西南星	猎户座 φ'	3
箕	西北星	人马座 γ	4	参	中央西星	猎户座 δ	10
南斗	魁第四星	人马座 φ	6	东井	南辕西第一星	双子座 μ	8
牵牛	中央大星	摩羯座 β	6	舆鬼	西南星	巨蟹座 θ	5
婺女	西南星	宝瓶座 ε	4	柳	西第三星	长蛇座 δ	8
虚	南星	宝瓶座 β	2	七星	中央大星	长蛇座 α	7
危	西南星	宝瓶座 α	3	张	西第二星	长蛇座 $\upsilon 1$	6
营室	南星	飞马座 α	2	翼	中央西大星	巨爵座 α	22
东壁	南星	飞马座 γ	2	轸	西北星	乌鸦座 γ	4

所谓二十八宿石氏系统，一般认为是为战国时期(前 4 世纪)的石申夫所测定。如前所述，西汉早期行用的颛顼历采用的便是石氏的二十八宿系统。而二十八宿古度系统是否在其前的历法中使用，或在什么样的场合使用，尚不得而知，但阜阳圆盘的出土却已证明，在西汉早期该系统仍在民间行用是毋庸置疑的。

差不多与石氏系统同时流行的另一种二十八宿系统还有战国时期(前 4 世纪)甘德测定的

① 王健民、刘金沂，西汉汝阴侯墓出土圆盘上二十八宿古距度的研究，见中国社会科学院考古研究所编《中国古代天文文物论集》，文物出版社，1989 年，第 59～68 页。

② 陈遵妫，中国天文学史，第二册，上海人民出版社，1982 年，第 335～377 页。

③ 潘鼐，中国恒星观测史，学林出版社，1989 年，第 26～30 页。

④ 王健民、刘金沂，西汉汝阴侯墓出土圆盘上二十八宿古距度的研究，见中国社会科学院考古研究所编《中国古代天文文物论集》，文物出版社，1989 年，第 59～68 页。

甘氏系统。该系统所用二十八宿名与古度和石氏系统不同者有以下八宿[①]（表2-9）。

表2-9 甘氏系统与石氏系统宿名不同一览

石氏系统	南斗	婺女	昴	毕	觜觿	东井	舆鬼	柳
甘氏系统	建星	须女	留	浊	罚	狼	弧	注

《尔雅》曰："须女谓之务女"，亦作婺女，《史记·天官书》"正义"也说："须女四星，亦婺女"；《诗经·召南·小星》"毛传"曰："昴，留也"；《尔雅》云："浊谓之毕"，《史记·天官书》指出："孙炎以为掩兔之毕或呼为浊"；《史记·天官书》云："柳为鸟注"，《汉书·天文志》则云："柳为鸟啄"，而《尔雅》亦曰："鸟啄谓之柳"。可见，须女与婺女、留与昴、浊与毕、注与柳，都只是名异而实同。名异而又实指的星组不同者有建星与南斗、罚与觜觿、狼与东井、弧与舆鬼四宿，建星是处于南斗东北方向，狼与弧分别位于东井与舆鬼的南方，而罚当居于留与参宿之间。此外，甘氏系统中张宿位于7星宿之前。甘氏系统与石氏系统宿名相同者所取距星是否一样？现已不得而知。但从甘氏系统所取建星等四宿来看，其所取距星不全与石氏系统相同是显而易见的。《大衍历议·日度议》指出："……鲁历，南方有狼、弧，无东井、鬼，北方有建星，无南斗，井、斗度长，弧、建度短，故以正昏明云"[②]，说的正是这种情况，而且这还表明，甘氏系统对二十八宿的距度也有定量的描述，并曾为战国时期古六历之一的鲁历所采用。

综上所述，二十八宿作为一个完整系统的建立，大约成于春秋早期。春秋战国之际出现了定量化的尝试，古度系统大约成于此时。而到公元前4世纪，石申夫与甘德差不多同时对二十八宿系统重新作了整合与测量。从而形成了古度系统、石氏系统和甘氏系统三者并存的局面。这种状况一直延续到西汉早期，及至汉武帝太初年间改历，认定石氏系统为佳，这才奠定了石氏系统的经典地位。

第五节 诸子的宇宙论

春秋战国时期，特别是战国时期，是中国古代学术思想极其活跃的年代，呈现了百家争鸣的热烈局面。这些争鸣在治国方略、道德准则、教育文化、科学技术等等层面展开，其中包含关于宇宙的思考。本节专就诸子的宇宙观予以讨论。

一 儒家的宇宙论

关于天地的变化与否，孔丘（前551～前479）有过他的思考。孔丘，字仲尼，鲁国陬邑（今山东曲阜）人，是儒家的开山鼻祖。在《庄子·知北游》中，记载有孔子同他的弟子冉求的一段对话："冉求问于仲尼曰：未有天地，可知耶？仲尼曰：可，古犹今也。"晋代郭象注曰："言天地常存，乃无未有之时。"从冉求的提问看，当时已有在天地生成之前还有某种东西存在的观念，他是希望从他的老师处得知那时的状况。而孔子的回答却是，不存在未有天地之时，天地既没有开始，也没有终了，天地是亘古不变的，不论是过去还是将来，都是现今这个样子。这固然是一种宇宙在时间上的无限论，却又是宇宙永恒不变论。可是，这一论说，在中国古代只有少数认同者。且看儒家两部经典的相关论述：

① 潘鼐，中国恒星观测史，学林出版社，1989年，第26～30页。

② 欧阳修等：《新唐书·历志三上》。

《易·系辞上》曰:“易有太极,是生两仪,两仪生四象,四象生八卦,八卦定吉凶,吉凶生大业。”这里所说“太极”的含义,自古便有不同的理解。曹魏王弼注曰:“夫有必始于无,故太极生两仪也。”以为太极乃是虚无;唐代孔颖达《正义》曰:“太极谓天地未分之前,元气混而为一,即是太初、太一也。”以为太极即是元气。这两种理解正反映了后人在宇宙本原问题上不同的观点。《正义》又曰:“两仪”指天和地,“四象”指金、木、水、火。在四象之后理应有万物的生成,但这却不是论者的兴趣所在,笔锋则转向四象与吉凶有关的八卦以及成就大事业的关系上去。虽然如此,天地有一个演化生成的过程,则是其毋庸置疑的观念。

儒家的另一部经典《礼记·礼运》曰:“是故夫礼,必本于大一,分而为天地,转而为阴阳,变而为四时,列而为鬼神。”这里虽然讨论的是礼,但也涉及宇宙的本原和演化问题,其演化序列为:大一→天、地→阴、阳→四时与鬼神。所谓“大一”,似与《易·系辞上》的太极相同,即孔颖达提及的“太一”,似即是下面就要论及的老子与庄周所说的“一”,也就是指气而言。由此亦可见,孔颖达对《易·系辞上》所论太极的理解是更接近本意的。看来,战国时期的儒家在宇宙演化序列方面的思想与老、庄大同小异,但在本原问题上,应属于万物生于有的派别的。

关于天地的结构,天圆地方说是春秋战国时期占主导地位的学说,但这时已有人对该说正确性提出了疑问。据《大戴礼记·曾子·天圆》载:“单居离问曰:‘天圆而地方,诚有之乎?’曾子曰:‘如诚天圆而地方,则是四角之不揜。夫子曰:天道曰圆,地道曰方。’”曾子即曾参(前505～前435),夫子即孔子。单居离以之发问,自然是对此疑惑不解。曾参则从方圆不能相容的角度,指出不可用几何形状的思考去理解天圆地方说。基于此,曾参以为孔子所说天圆而地方是指天、地各以圆、方为其道,是可信的。关于天道与地道,《吕氏春秋·圜道》有所阐释:“精气一上一下,圜周复杂,无所稽留,故曰天道圜。万物殊类殊形,皆有分职,不能相为,故曰地道方。”如此说来,天圆而地方是被理解为天与地各自的特征或运动变化规律的论说。由之可见,春秋时期一般人从方圆的几何属性不可相容的认识出发,对作为天地结构理论的天圆地方说提出了质疑。

荀况(约前313～前238),即荀子,字卿,赵国人,著有《荀子》一书。他以为气乃是万物之本,但他似乎更关注的是,在此基本前提下有关事物所存在的差异的问题:“水火有气而无生,草木有生而无知,禽兽有知而无义,人有气、有生、有知亦且有义。”[①] 即以为水火、植物、动物以至人类都是由气生成是毫无疑义的,但它们又具不同的特质:水、火——气;植物——气+生;动物——气+生+知;人类——气+生+知+义。这是在气本原说的基础上,对生物界状况的进一步申述。儒家与其他诸家一样,对于天人之间的关系多取可相互影响的理念,但荀况则不然,他指出:“天行有常,不为尧存,不为桀亡。……日月之有蚀,风雨之不时,怪星之党见,是无世而不常有之。上明而政平,则是虽并世起无伤也;上暗而政险,则是虽无一至者无益也。”[②] “天地合而万物生,阴阳接而变化起。”[③] 以为天人是相分的,异常天象的发生自有它的规律,是阴阳交接而生成的变化,不以人的意志或作为而转移。统治者的明暗决定着社会与政治的平稳或险恶,与异常天象的有无无关。这在当时人们关于宇宙与社会的思考中,是独树一帜的见解。

① 荀况:《荀子·王制》。
② 荀况:《荀子·天论》。
③ 荀况:《荀子·礼论》。

二　道家:李耳与庄周的宇宙论

李耳(约前580～前500),字伯阳,一说即老聃,相传为楚国苦县(今河南鹿邑)人,人称老子,是道家的创始人。其著作《老子》又称《道德经》,是为道家经典,其中有关于宇宙问题的重要论述。

《道德经》曰:"天下万物生于有,有生于无。"认为宇宙万物是由有形质的基本物质("有")生成的,而"有"则是从虚无生成的,即宇宙的本原是无,从无而后生有。

《道德经》还给出了"道"的概念,以表述对所谓"无"的界定:"有物混成,先天地生,寂兮寥兮,独立不改。周行而不殆,可以为天下母,吾不知其名,字之曰道。""道之为物,惟恍惟惚,惚兮恍兮,其中有象,恍兮惚兮,其中有物,窈兮冥兮,其中有精。""视之不见名曰夷,听之不闻名曰希,博之不得名曰微,此三者不可致诘,故混而为一。其上不皦,其下不昧,绳绳不名,复归于无物,是谓无形之状,无物之象,是谓恍惚。"这些论述阐明了十分重要的思想:天地是一种生成的事物,存在一个未曾有天地的时期,这个时期只有道存在,这道便是生成天地之母;道既寂寞静谧,深奥幽远,坚韧刚强,又无象无形,看不见、听不见也摸不着它,它不明亮清晰也不昏暗模糊,是人的感官不能感觉到的。所以,可以把它归之于无;然而,在道之中蕴涵有象、物、精,也就是说,在其后生成的天地万物的万象及其特质,均已蕴藏在道中。

《道德经》又指出:"道生一,一生二,二生三,三生万物。万物负阴而抱阳,冲气以为和。"这里,"一"即气,"二"即阴和阳,"三"即阴、阳和冲气。以为宇宙万物生成的序列是由道(亦即无)→阴、阳→阴、阳、冲气→万物。而万物无不是后负阴、前抱阳、中含冲气的。这是关于宇宙万物在不断演进思想的重要表述,但未明言天地生成的问题。继李耳而起,发挥其说者,则非庄周莫属。

庄周(约前369～前286),俗称庄子,宋国蒙(今河南商丘)人,著有《庄子》问世。他对李耳的虚无创生说予以充分的肯定与进一步的阐发:"太初有无,无有无名,一之所起,有一而未形,物得以生,谓之德。"① "万物出乎无有。有不能以有为有,必出乎无有。"② 他认为在天地生成之前有一个名为"太初"的时期,这时只有无、亦即道存在。此后才生出气(也可以叫做德),而气已是一种实在的物质,只是还未有形态可言。万物则是由这一"未形"的气生成的。

在泛论人的死生问题时,庄周指出:"万物皆化,芒乎芴乎"。在论及人时,他又指出:"察其始而本无生,非徒无生也,而本无形,非徒无形也,而本无气,杂乎芒芴之间,变而有气,气遍而有形,形变而有生。"③ 认为从无到人的生成经历了从无→无形→无气→气→有形→有生诸阶段,表述了从无到气的生成还存在若干演化形态的思想,这也应适合生成万物的气的情况。这一思想,在《庄子·齐物》中也有所论述:"有始也者,有未始有始也者,有未始有夫未始有始也者;有有也者,有无也者,有未始有无也者,有未始有夫未始有无也者。"这是说,从时间上看,生成万物的气的出现有开始的时间(有始也者),但这并不是时间的肇始,在此之前还有时间的存在(有未始有始也者),同样在此之前也还有时间的存在(有未始有夫未始有始也者);从形态上

① 庄周:《庄子·天地》。
② 庄周:《庄子·庚桑楚》。
③ 庄周:《庄子,至乐》。

看，气的出现是一种形态（有有也者），而气是从无气的形态演化来的（有无也者），在此之前是无形的状态（有未始有无也者），再以前则是无的形态（有未始有夫未始有无也者）。阐述了生成万物的气的生成，经历了若干不同的演化形态和与之相应的不同时段的思想，这些对后世谈天者产生了很大的影响。

庄周还指出："古之人其知有所至矣。恶乎至？有以为未始有物者，至矣尽矣，弗可以加矣。其次以为有物矣，将以生为丧也，以死为反也，是以分已。其次曰，始无有，既而有生，生俄而死，以无有为首，以生为体，以死为尻。"① 他认为古人的思维、智慧已经达到了相当高的程度，这可以从他们对世界万物本原与演化的三种不同观念中得到证明：第一种主张世界万物原本就不是真实的存在；第二种以为世界万物是真实存在的，万物生于有，一物之生是一物之丧的再现，一物之丧必回归于一物之生；第三种也以为世界万物是真实存在的，但是万物是生于无，又归于无的。庄周此说，不但是对其前人关于宇宙本原与演化论争的概括，而且是对后世同类论争的预言式表述。在这里，庄周明确声明自己最赞赏的是第一种主张，而从前面我们提及的他的有关论述看，他似乎应是第三种论说的提倡者。不过，庄周还曾指出："俄而有无矣。而未知有无之果，孰有孰无也？今我则已有谓矣，而未知吾所谓之，其果有谓乎？其果无谓乎？"② 这表明由虚无创生论出发，自然得出世界万物时无时有的推论，而且，更进一步的推论就可能是：世界万物相对于无而言，在时间上只是短暂的，在空间上也是微小的，所以，世界万物的本质则是虚无的。这大约是庄周从对第三种论说的疑惑，最终跌落到第一种论说的原因。

庄周指出："有实而无乎处者，宇也。有长而无本剽者，宙也。"③ 认为宇是有实而无边际的，宙是有长而无本原的，也就是说空间和时间都是无穷无尽的。庄周还曾虚拟商汤与棘的对白："汤问棘曰：上下四方有极乎？棘曰：无极之外，复无极也。"又说，天是"远而无所至极"的④。他还曾有"时无止"⑤ 之说。这些同样表述了时空无限的思想。

"天之苍苍，其正色邪？其远而无所至极邪？其视下也，亦若是则已矣。"⑥ 认为从地上看天，其色苍苍然，但这并非天的本色，天是无边无涯的；若从天上看地，也是苍苍的颜色，也不是其本色，也是无涯无边的。这是空间无限思想的又一表述，可视为汉代郗萌等所述宣夜说（见第三章第十四节）的渊源之一。

与春秋战国时期诸家相比，李耳与庄周之论，是较为系统与深入的，对后世的影响也最大。

三　墨翟、尸佼、惠施、邹衍等人的宇宙论

墨翟，鲁国人，其生卒年已不可考，活动于春秋、战国之际（约前490～前405），是为墨家的创建者。在墨家的经典著作《墨经》中，记述了墨翟及其弟子关于宇宙涵义的认真思考。他们认为："宇，弥异所也"，"久（宙），弥异时也"。⑦ 即宇包括所有不同的场所，宙包括所有不同的

---

① 庄周：《庄子·庚桑楚》。
② 庄周：《庄子·齐物》。
③ 同①。
④ 庄周：《庄子·逍遥游》。
⑤ 庄周：《庄子·秋水》。
⑥ 同④。
⑦ 墨翟：《墨经·经上》。

时间，宇宙则包括所有的空间和时间。这与下面就要提及的尸佼的定义有异曲同工之妙，其中关于宇的论说，似还避免了所谓六个方向可能产生的歧义，而给出了更准确的全方位的含义。他们还认为："宇或（域）徙，说在长宇久。"① "长宇，徙而有处，宇南宇北，在旦有（又）在莫（暮）。"② 其意为：物体的移动，必然经过一定的空间和时间，随时都有其特定的场所，空间上由南到北，相应地在时间上从旦到暮，空间位置的变迁是与时间的流逝密切联系的。这些论述把空间和时间统一于物质的运动之中，是有关时空之间辩证统一关系的精彩论述。

尸佼（约前 390～约前 330），鲁国人，明于刑名之术，著有《尸子》一书问世。他指出："四方上下曰宇，古往来今曰宙。"③ 这是中国古代对宇宙一词的经典式定义，因其简明扼要而广为人们所认同。宇指向东、西、南、北、上、下六个方向延伸的空间，宙包括过去、现在、将来的时间，宇宙则是包含空间和时间的总称。这一定义没有明确回答时空是否存在界限、开端或终点的问题，这是因为各家对之有不同的答案。《尸子·君治》曰："天左舒而起牵牛，地右辟而起毕昴。"④ 这是尸佼关于天、地运动思想的表述。他认为天左旋的起点在牵牛宿，而地右动的起点则在毕宿与昴宿间。牵牛初度是战国时期公认的冬至点所在处，说天左旋起自牵牛，当是就天在一年中左旋的起点而言，地右动起自毕昴，也应指地在一年中右动的起点。此说为汉代地有四游说奠定了基础（见第三章第十节）。

在春秋战国时期，人们对于天地结构的稳定性问题，给予了特别的关注。在《庄子·天下》中，记载了时人对这个问题的讨论。公元前 318 年，惠施为魏使楚时，"南方有倚人焉曰黄缭，问天地所以不坠不陷、风雨雷霆之故，惠施不辞而应，不虑而对，遍为万物说"。惠施（约前 370～前 318），宋国人，是名家的代表人物。对于黄缭的发问，惠施应对如流，可惜，其具体的论说没有流传下来。

在《庄子·天下》中还记载了惠施提出的一批命题，其中有同宇宙论相关者。如"天地一体"与"天与地卑，山与泽平"，即认为天可以低于地平面，天地本为一体，可以互为高低。这从天文学的意义上说，是认为日月星辰附丽的天空，可以转到地平面以下去，是后世得到长足发展的浑天说的基本观念之一。在惠施之前，邓析（前 545～前 501）早已提出了"山渊平，天地比"⑤的命题，认为天与地没有高低之分，惠施之论应是对邓析此说的发展。"至大无外"是惠施提及的另一个命题，这应是关于宇宙在空间上是无限的简明论述。有人从惠施提出的另外两个命题，"南方有穷而无穷"和"我知天下之中央，燕之北、越之南是也"，得出推论说，惠施对于大地之为球形已有了初步的认识⑥。类似的观点自 20 世纪 30 年代以来不断有人提及。我们认为，在有足够的旁证之前，对此推论宁可取慎重的态度。从现已知的这两个命题看，在惠施的观念中，大地是有限的实体，大地并非平面，当是没有疑问的，而地圆则是由这些观念推得的一个特例，所以很难说这一特例就是惠施的大地观。

邹衍（约前 305～前 235），齐国人，是阴阳家的代表人物。邹衍被"齐人颂曰'谈天衍'"，盖

---

① 墨翟：《墨经·经下》。

② 墨翟：《墨经·经说下》。

③ 刘义庆：《世说新语·排调篇》注引《尸子》。

④ 李昉等：《太平御览》卷三十七。

⑤ 荀况：《荀子·不苟》。

⑥ 郑文光、席泽宗，中国古代的宇宙论，中国科学，1976，(1)。

因“邹衍之言五德终始，天地广大，尽言天事，故曰‘谈天’”①。所谓“天地广大”，应指邹衍关于天地大小、结构等的论述，而“尽言天事”更是说他对与天有关的问题有大量的言论。可是，史籍未留存“谈天衍”谈天的高论，却载有他关于大地的大九州说：“于天下乃八十一分居其一分耳。中国名曰赤县神州。赤县神州内自有九州，禹之序九州是也，不得为州数。中国外若赤县神州者九，乃所谓九州也。于是有裨海环之，人民禽兽莫能相通者如一区中者，乃为一州。如此者九，乃有大瀛海环其外，天地之际焉。”② 认为夏禹所分的青州、冀州等九州只是小九州，它们是赤县神州即中国的组成部分，赤县神州为小海所包围，而形成一个相对独立的区域。与赤县神州相类似的相对独立的区域还有八个，它们合而为大九州，在大九州外有大海包围着，那才是天地的边界，把天的尺度大大扩展了(较时人以为天只是覆盖于小九州之上而言)。这应是邹衍得知在小九州之外还有陆地存在的地理信息后，对大地的结构所作的理想化的猜想。这一猜想所包括的合理成分是显而易见的，即他并不认为由小九州组成的中国就是大地的全部，这对当时中国的大多数人以小九州即是天下的认识是一大挑战。至于说小九州只占全部大地的1/81，自然是一种大胆的推测，而这一推测大约基于术数的思想，与九这个大数有关。邹衍的大九州说与后世从古印度传入的须弥山说(见第四章第六节)有某些共同之处，就其合理性而言，大九州说并不比须弥山说逊色。

四 《管子》中的宇宙论

《管子》一书旧题春秋齐国管仲撰，实是战国时期在齐国的诸多学者以至秦汉词人著作的汇编，共24卷。其内容庞杂，包含有道、名、法等家思想及天文，历数，舆地，经济和农业等知识。

宋钘，宋国人，尹文，齐国人，二人齐名，均是齐宣王时(前318～前284)稷下学派的重要人物。《管子·内业》即是宋钘、尹文的作品，内云：

凡物之精，比则为生，下生五谷，上为列星；流于天地之间，谓之鬼神；藏于胸中，谓之圣人，是故名气。杲乎如登于天，杳乎如入于渊，淖乎如在海，卒乎如在屺。

精也者，气之精者也。

即认为天地万物上至星辰、下到五谷及至鬼神与圣人，无不是由精气生成的，这精气充斥于天地之间，无处不在。也就是说精气是为宇宙万物的本原。宋钘、尹文也吸取老子关于道的概念，“凡道，无根无茎，无叶无荣，万物以生，万物以成，命之曰道”。这与以精气为宇宙本原的论述是前后呼应的。

在宋钘、尹文的另一篇作品《管子·心术上》中，也对老子关于虚、虚无、道等的观念作了新的阐述：“天之道虚其无形，虚则不屈，无形则无所位迕，无所位迕，故遍流万物而不变。”“虚者，万物之始也，故曰可以为天下始。”“虚无无形谓之道。”“不出于口，不见于色，言无形也。”认为虚、虚无、道等都不是无，而是人们的感官未能察觉的无形之物，即为宇宙的本原。宋钘、尹文也有“道在天地之间也，其大无外”的说法，这与惠施所设命题的含义是相通的。

由于气被认为是一种极其精微的、无所不在的物质，给古人对物质世界的复杂性和多样性

---

① 司马迁：《史记·孟子荀卿列传》。
② 同①。

作比较合理的解释，提供了有很大自由度的理性基础。自宋钘、尹文提出气为宇宙万物本原论后，深得后人重视，并得到了充分的发展。

关于宇宙的本原，《管子·水地》提出了另一种见解："水者何也？万物之本原也，诸生之宗室也。"即把水作为包括生物界在内的万物的本原。把极其复杂、多样的自然界统一于水这种单一的基本物质之中，是关于世界统一性思想的体现，是万物生于有的观念的又一种形式。在后世也时有人申述此说，但由于它在解释世界的复杂性和多样性上往往遇到不少困难，其影响远不如气本原说。

在《管子》中，亦可见当时人们对于天地稳定性问题的关注。"天或维之，地或载之，天莫之维，则天以坠矣，地莫之载，则地以沉矣。夫天不坠，地不沉，夫或维而载之也夫？"[①] 认为天和地都因有所维系或乘载，才得以不坠不沉。"天地不可留，故动，化故从新，是故天高者而不崩。"[②] 认为不停顿的运动是天地不坠不陷的根本原因。

五　屈原《天问》所反映的宇宙论

屈原(约前339～前278)，名平，楚国人，相传其故里在今湖北秭归，著名诗人。他主张变法图强，联齐抗秦，但因受人谗毁，被楚顷襄王放逐江南。屈原"忧心愁悴……仰天叹息。见楚有先王之庙及公卿祠堂，图画天地山河神灵……周流罢倦，休息其下，仰见图画"[③]，因有《天问》之作。在《天问》的开头，屈原就宇宙的诸多问题连连发问，其思绪徜徉于宇宙之初、天地之间、日月星辰之际，反映了他自身以及时人关于宇宙问题的种种思考。

"邃古之初，谁传道之？上下未形，何繇考之？冥昭瞢暗，谁能极之？冯翼惟象，何以识之？明明暗暗，惟时何为？阴阳三合，何本何化？"由这一连串的提问，我们实际上可以看到屈原关于宇宙演化的观念：在天地生成之前，没有上下、明暗、阴阳之分，处于一种无形的混沌状态。其后才有明暗之分，阴阳之别，才有阴、阳、冲气三者的化合[④]。在屈原的观念中，并不存在自无生有的概念，他没有提出无如何生有的问题便是证明。屈原的问题是：怎么才能论证天地生成之前存在那种状态？又是怎样造成了明暗以及阴阳的分判？阴阳源于何处、又如何与冲气一起合化成万物？这些是较宇宙生成演化的一般性论述还要深的问题，是要求在宇宙生成演化的机制等问题上作进一步探索的反映。

"斡运焉系，天地焉加？""天何所沓？""八柱何当，东南何亏？"这是屈原关于天地是如何维系问题的接二连三的提问：天极维系在何处？天地依靠什么乘载？如果有支撑大地的八柱，这八柱又靠什么支撑？为什么中国东南的地势低下？可见，他对于当时流行的天圆地方说也提出了质疑，这些质疑与前述单居离等人的角度有所不同，是从天地结构的物理机制着眼的。

"圜则九重，孰营度之？惟兹何功，孰初作之？""九天之际，安放安属？"东汉王逸注曰："言天圜而九重，谁营度而知之乎？此天有九重，谁功力始作之邪？"这里，屈原提及了有九重圆球形(或半圆球形)的天层层相沓的观念。屈原的问题则是，这九重天是如何测知的？是如何形

---

① 《管子·白心》。

② 《管子·侈靡》。

③ 屈原：《天问》王逸注。

④ 王夫之：《楚辞通释·天问》，中华书局，1959年。

成的？又是如何安置的？关于九重天的观念，在战国时期也许是相当流行的，在《淮南子·天文训》中也还有“天有九重，人亦有九窍”之说，说明到西汉前期人们对此还不陌生。但在其后相当长的时间里，此说鲜有人提起，直到南宋朱熹才又重申之(见第六章第十三节)。

天地“东西南北，其修孰多？南北顺椭，其衍几何？”这是关于天地的大小与形状问题的提问。有趣的是，屈原认为天地的形状并非圆形而是椭圆形。

“日月安属，列星安陈？”“角宿未旦，曜灵安藏？”太阳“出自旸谷，次于蒙汜，自明及晦，所行几里？”这是关于日月星辰如何附丽，又怎样运动，以及日行轨道的大小等问题。

“夜光何德，死而复育？”月亮为什么会有圆缺的变化？“厥利维何，而顾兔在腹？”月亮何所利而养育此兔在腹中①？这些反映了当时流行的月亮有死有生而月光有圆有缺的论说，以及月中阴影乃是月中有兔的传说，这是月中阴影形似兔子，反转过来而作的想像。

屈原的这一连串问题，是以诗词的形式表达的，言简而意赅，在社会上、特别是在文人骚客中产生了深远的影响，对有关宇宙论问题得到普遍的关注起了重要的作用。

六 《吕氏春秋》中的宇宙论

吕不韦(？～前235)，卫国濮阳(今河南濮阳)人。秦庄襄王时出任相国，秦王政继位后，尊为“仲父”，权倾朝野，后被秦王政放逐，饮鸩而死。生前他曾招致食客三千，杂采儒、法、道、墨、阴阳各家之说，著成《吕氏春秋》一书，是为杂家的代表作，其中也不乏宇宙论的内容。

《吕氏春秋·大乐》曰：“道也者，视之不见，听之不闻，不可为状。”这与老子之说并无两样。其又曰：“道也者至精也，不可为形，不可为名，强为之，谓之太一。”认为道只是极其精微的、无形的，而并不是无。它还指出：“太一生两仪，两仪出阴阳。阴阳变化，一上一下，合而成章。混混沌沌，离而复合，合则复离，是谓天常。”这则是对《易·系辞上》的有关论述的继承与发展，与《礼记·礼运》的宇宙演化序列基本相同，但它更阐述了阴阳的升降运动，以及在生成万物期间，所经历的混混沌沌的、时离时合的化合过程。它又指出：“万物所出，造于太一，化于阴阳，萌芽始震，凝寒以形。”除了重申上述有关思想外，这里又补充了万物生成过程中，凝集与冷却两种机制的作用。

如果说这些还只是关于生成天地、阴阳之后，阴阳合化成万物的描述，那么，在《吕氏春秋·有始》中则指出：“天地有始，天微以成，地塞以形。天地合和，生之大经也。”这里所谓“天地有始”是指在经历了未有天地的阶段之后，天地有其开始生成的时刻。“微”指精微、细小。“塞”为堵塞、凝聚、充满之意。即认为天是由精微细小之物扩散构成，而地则是由精微细小之物集结、凝聚而成，给出了天地生成的新机制和新解说。

在《吕氏春秋·有始》里还有一段这样的记述：“极星与天俱游而天极不移，冬至日行远道，周行四极，命曰玄明，夏至日行近道，乃参于上。当枢之下无昼夜。白民之南，建木之下，日中无影，呼之无响，盖天地之中也。”从中可以隐约看到《周髀算经》盖天说(参见第三章第七节)的诸多要素：“天极”相当于“天中”；“极星”相当于“北极璇玑”；太阳循不同的行道绕天极运转；冬至日行道周径最大，相当于“七衡”的最外衡；夏至日行道周径最小，相当于内衡；“当枢之下”相当于“极下”，有的时日总有日光，有的时日总无日光，所以说“无昼夜”，这说明这时就已有关于

① 游国恩主编，天问纂义，中华书局，1982年，第66页。

日光所照及的距离的假定。白民国的南面是夏至日道所经之处，在那里有一种树木叫“建木”，夏至时建木之下没有影子，所以称为“天地之中”，相当于“南戴日下”。由此看来，《周髀算经》盖天说的形成有一个相当长的发展过程。

如上所述，春秋战国时期的儒家、道家、墨家、名家、法家、阴阳家、杂家等等，莫不在宇宙论上有所建树，他们从各自不同的角度抒发己见，形成了百家争鸣的局面，大大丰富了宇宙论的内涵，对后世宇宙论的发展奠定了基础。

第六节 月令思想、阴阳家与天文历法

西汉司马谈曾论及春秋战国时期的“阴阳、儒、墨、名、法、道德”六家的基本思想，其中对于阴阳家，他指出：“尝窃观阴阳之术，大祥而众忌讳，使人拘而多畏，然则序四时之大顺，不可失也。”对此，司马迁申述道：“夫阴阳四时、八位、十二度、二十四节各有教令，顺之者昌，逆之者不死则亡。未必然也，故曰‘使人拘而多畏’。夫春生夏长、秋收冬藏，此天道之大经也，弗顺则无以为天下纲纪，故曰‘四时之大顺，不可失也’。”[①] 刘歆《七略》则指出：“阴阳家者流，盖出于羲、和之官，敬顺昊天，历象日月星辰，敬授民时，此其所长也。及拘者为之，则牵于禁忌，泥于小数，舍人事而任鬼神。”[②] 这些对春秋战国时期一个重要的政治与学术流派的思想及其特征作了很好的概括，从中可见阴阳家对天文历法工作的关注，以及由之引申出来的治国的方略。阴阳家的这些思想是在月令思想的流行和天文历法进步的基础上总结与发展而来的。

一 月令思想的流行

一年时节的变化对于人们生产与生活的重大制约作用，人们必须顺应这种变化，以至必须以政令的形式去规范人们的行为的思想，达到“人与天调，然后天地之美生”[③] 的目的，这在春秋战国时期得到深刻的论述与广泛的认同。

《左传·隐公五年(前 718)》载有鲁国臧僖伯的一段议论：“春，公将如棠观鱼者，臧僖伯谏曰：……君将纳民于轨物者也，故讲事以度轨量谓之轨，取材以章物采谓之物。不轨不物，谓之乱政，乱政亟行，所以败也。故春蒐、夏苗、秋狝、冬狩，皆于农隙以讲事也。”认为举事、取材都应该有章有法，才能规范臣民的行为，否则就是乱政，甚至要导致国家的衰败。一年四季生物自有其生长的规律，人事应顺之而行，而不该逆天时、妨农事、怎么可以在春天去捕鱼呢？《左传·成公十八年(前 573)》晋侯焯公即位，有“命百官”、“无犯时”的训令。《左传·昭公七年(前 535)》，晋国士文伯曰：“政不可不慎也，务三而已，一曰择人，二曰因民，三曰从时。”《左传·昭公二十五年(前 517)》，郑国子产曰：“为政事，庸力行务，以从四时。”这些是不同地区、不同年代对上述思想的共同表述。

在《管子》一书中，对于这一思想的论述更多彩而精到：“阴阳者，天地之大理也。四时者，阴阳之大经也”，把四时的变化视为阴阳以至天地的本质性变化的反映；“是故圣王务时而寄政

① 司马迁：《史记·太史公自序》。

② 班固：《汉书·艺文志》。

③ 《管子·五行》。

焉,作教而寄武焉,作祀而寄待焉。此三者,圣王所以合天地之行也",把治理国家建立在顺应四时的基础之上,作为应天合地的三件大事之一;"唯圣人知四时,不知四时乃失国之基,不知五谷之政,国家乃路"①,把知四时之变视为建国、立国的根本。"凡有地牧民者,务在四时","不务四时,则财不生"②,这是直接从生产与财经的层面强调顺应四时的必要性与重要性。"是故王者谨于日至,故至虚满之所在,以为政令"③,这里则强调测定与注重冬、夏二至对于制定政令的关键作用。"春者,阳气始上,故万物生;夏者,阳气毕上,故万物长;秋者,阴气始下,故万物收;冬者,阴气毕下,故万物藏。故春夏生长,秋冬收藏,四时之节也,赏赐刑罚,主之节也。"④ 这不正是对"春生夏长、秋收冬藏"作阴阳理论性的阐述吗?

此外,在《管子》"七臣七主"、"轻重己"等篇中,也都有关于春夏秋冬四时政令的论述。均以春政为例:

> "春无杀伐,无割大陵,倮大衍,伐大木,斩大山,行大火,诛大臣,收谷赋","春政不禁,则百长不生。"⑤ "天子东出其国,四十六里而坛,服青而绕青,搢玉緫,带玉监……祭日,牺牲以鱼。发出令曰:生而勿杀,赏而勿罚。罪狱勿断,以待期年。教民樵室钻燧,墐灶泄井,所以寿民也。耜耒耨,怀铚鲐,乂擾权,渠緉緤,所以御春夏之事也必具。教民为酒食,所以为孝敬也。……(孤鳏寡)皆就官。"⑥

它们从各自不同的角度论述了有关顺时行政的具体内涵。而在《管子·五行》中,更有五季政令的记载,它以冬至为起点,每经 72 日为一季,各设不同的政令。

其他著名的战国诸子对此也有所论述,如荀况曰:

> "百工将时斩伐,佻其期日而利其巧任,如此则百工莫不忠信而不楛矣。县鄙将轻田野之税,省刀布之敛,罕举力役,无夺农时,如是则农夫莫不朴力而寡能矣。……则上不失天时,下不失地利,中得人和,而百事不废,是谓之政令行,风俗美。"⑦ 孟轲曰:"不违农时,谷不可胜食也;数罟而不入洿池,鱼鳖不可胜食也;斧斤以时入山林,树木不可胜用也。"⑧

这些对顺时行政、依时兴作的赞许,反映了战国时期的一种社会思潮。

如果说上述各端还仅及四时或五季之论,而在《管子·幼官》中,还可见有一年 30 时节及其政令的记述。它将一年分为春、夏、秋、冬、中五季,前四季分别含 8、7、8、7 个时节,每一时节均为 12 日,计 360 日,其余 5 日左右为中季。对于每一个时节都有相应的政事或农事等的安排。如对春季 8 个时节的规定为:"十二地气发,戒春事;十二小卯,出耕;十二天气下,赐与;十二义气至,修门闾;十二清明,发禁;十二始卯,合男女;十二中卯,十二下卯,三卯同事。"对夏季 7 时节的安排为:"十二小郢,至德;十二绝气下,下爵赏;十二中郢,赐与;十二中绝,收聚;十二大暑至,尽善;十二中暑,十二小暑终,三暑同事。"对秋季 8 个时节的规定为:"十二期风至,戒秋事;

---

① 《管子·四时》。
② 《管子·牧民》。
③ 《管子·侈靡》。
④ 《管子·禁藏》。
⑤ 《管子·七主七臣》。
⑥ 《管子·轻重己》。
⑦ 荀况:《荀子·王霸》。
⑧ 孟轲:《孟子·梁惠王上》。

十二小卯，薄百爵；十二白露下，收聚；十二复理，赐与；十二始节，赋事；十二始卯，合男女；十二中卯，十二下卯，三卯同事。”而对冬季7个时节的安排为：“十二始寒，尽刑；十二小榆，赐与；十二中寒，收聚；十二中榆，大收；十二寒至，静；十二大寒之阴，十二大寒终，三寒同事。”此外，对于五季的每一季又皆有一个整体性、原则性的规定。如春季：“君服青色，味酸味，听角声，治燥气，用八数，饮于青后之井，以羽兽之火爨。藏不忍，行殴养，坦气修通，凡物开静。”若不行春政，必有灾异：“春行冬政肃，行秋政雷，行夏政阉”等等。显然，这是在四时或五季政令基础上向细密化发展的态势。

其实，在战国时期还发展出一种以一年12个月为基本单元，兼及24节气、72候的政令形式，这才是月令一词的真正由来。但它与上述的四时、五季或30时节政令基于同一种思想，即所谓月令思想。

二 阴阳家月令中的星象及24节气与72候

周代的颁朔制度应是阴阳家推出月令的重要依据之一，即以一月作为一个基本的单元，但周代颁朔是以阴阳合历的朔望月为前提的，阴阳家的月令则以太阳历的节气月为前提（说见下），这是两者的重要差异之一。而《夏小正》应是月令所参照的更直接的模式。阴阳家是在春秋时期以来月令思想流行的背景下，应用天文历法的新知识，充实与发展了《夏小正》的模式而形成月令的篇章的[①]。

东汉蔡邕指出：“因天时，制人事，天子发号施令，祀神受职，每月异礼，故谓之月令”[②]，这是对月令十分简明扼要的论述。《吕氏春秋》十二纪之首章（以下简称《吕》文）、《礼记·月令》（以下简称《礼》文）和《淮南子·时则训》（以下简称《淮》文）是三种最具代表性的月令专文（以下简称月令之文）。东汉郑玄指出，《礼》文本于《吕》文，“礼家好事抄合”[③] 而成，我们认为此说可信，当然两者之间存在若干文字的不同。而《淮》文的大部分是由删削《吕》文而得，同时有若干意义重大的差异，如它在叙毕孟春之月等12月的种种事项之后，又扩而大之，分东西南北中五方各设教令，“自昆仑……东至于碣石”，东西、南北各“万二千里”为“中央之极”，约当赤县神州之地。其四外又各“万二千里”，为“东方之极，自碣石山过朝鲜，贯大人之国，东自日出之次”。“南方之极，自昆仑，绝流沙沉羽，西至三危之国。”“北方之极，自九泽穷夏晦之极，北至令正之谷。”对于东方行春令，南方行夏令，西方行秋令，北方行冬令，中央行季夏之令。这是一种典型的、不切合实际的闳大不经之说，均是《吕》文和《礼》文所无的。这自然使我们想到战国以来阴阳家“迂大而闳辩”[④] 的学术特点，可知两者是为阴阳家中两个不同月令流派的作品。月令之文包括十分丰富的政治、文化、思想、宗教与科学的内涵，它们实际上是阴阳家所主张的治国方略的反映，以下仅从天文历法的角度来考察。

月令之文等与天文历法有关的内容列于表2-10中。

---

① 陈美东，月令、阴阳家与天文历法，中国文化，1995，(12)。

② 蔡邕：《月令明堂论》。

③ 戴圣：《礼记·月令》正义引郑玄《三礼目录》。

④ 司马迁：《史记·孟子荀卿列传》。

表 2-10　月令之文等与天文历法有关的内容

12 纪	日在宿次	昏中星	旦中星	招摇指	物　候	月令之文节气名	淮南子·天文训		逸周书物候名
							节气名	斗指	
孟春	营室	参	尾	寅	1 东风解冻,2 蛰虫始振,3 鱼上冰,4 獭祭鱼,5 鸿雁来,6 天气下降、地气上腾,7 草木萌动	立春 始雨水	立春 雨水	东北 寅	1,2,3 4,5,7
仲春	奎	弧	建星	卯	8 始雨水,9 桃始华,10 仓庚鸣,11 鹰化为鸠,12 玄鸟至,13 雷始发声,14 始电,15 蛰虫咸动,16 启户始出	蛰虫咸动 日夜分	惊蛰 春分	甲 卯	9,10,11 12,13,14
季春	胃	七星	牵牛	辰	17 桐始华,18 田鼠化为鴽,19 虹始见,20 萍始生,21 生气方盛、阳气发泄,22 句者毕出、萌者尽达,23 鸣鸠拂其羽,24 戴胜降于桑		清明风 至谷雨	乙 辰	17,18,19 20,23,24
孟夏	毕	翼	婺女	巳	25 蝼蝈鸣,26 蚯蚓出,27 王瓜生,28 苦菜秀,29 麦乃登,30 靡草死,31 麦秋至	立夏	立夏 小满	东南 巳	25,26,27 28,30,32
仲夏	东井	亢	尾	午	32 小暑至,33 螳螂生,34 鵙始鸣,35 反舌无声,36 黍乃登,37 鹿角解,38 蝉始鸣,39 半夏生 40 木堇荣	日长至	芒种 夏至	丙 午	33,34,35 37,38,39
季夏	柳	心 (火)	奎	未	41 温风始至,42 蟋蟀居壁,43 鹰乃学习,44 腐草化为萤,45 土润溽暑,46 大雨时行	小暑至	小暑 大暑	丁 未	41,42,43 44,45,46
孟秋	翼	建星	毕	申	47 凉风至,48 白露降,49 寒蝉鸣,50 鹰乃祭鸟,51 天地始肃,52 登谷	立秋	立秋 处暑	西南 申	47,48,49 50,51,52
仲秋	角	牵牛	觜觿	酉	53 盲风至,54 鸿雁来,55 玄鸟归,56 群鸟养羞,57 雷始收声,58 蛰虫坏(培)户,59 杀气浸盛,60 阳气日衰,61 水始涸	白露降 日夜分	白露降 秋分	庚 酉	54,55,56 57,58,61
季秋	房	虚	柳	戌	62 鸿雁来宾,63 雀入大水为蛤,64 菊有黄华,65 豺祭兽,66 霜始降,67 寒风总至,68 草木黄落,69 蛰虫咸俯	霜始降	寒露 霜降	辛 戌	62,63,64 65,68,69
孟冬	尾	危	七星	亥	70 水始冰,71 地始冻,72 雉入大水为蜃,73 虹藏不见,74 天气上腾、地气下降,75 闭塞而成冬	立冬	立冬 小雪	西北 亥	70,71,72 73,74,75
仲冬	斗	东壁	轸	子	76 冰益壮,77 地始坼,78 鹖旦不鸣,79 虎始交,80 芸始生,81 荔挺出,82 蚯蚓结,83 麋角解,84 水泉动	日短至	大雪 冬至	壬 子	78,79,81 82,83,84
季冬	婺女	娄	氐	丑	85 雁北乡,86 鹊始巢,87 雉雊,88 鸡乳,89 徵鸟厉疾,90 水泽腹坚		小寒 大寒	癸 丑	85,86,87 88,89,90

“12 纪”栏为月令之文对一年 12 个月的命名。

“日在宿次”栏为《吕》文和《礼》文各月初日太阳所在二十八宿宿次,“昏中星”与“旦中星”栏为月令之文各月初日昏或旦时南中天所见二十八宿宿次。据研究这三者是成系统的,是基本上自洽的,它们与公元前 620±100 年时的实际天象相符合①,此中,太阳所在宿次系间接测量的结果。

“招摇指”栏与《淮南子·天文训》“斗指”栏,实际上都说的是北斗七星中第一、五、七星与招摇星连线所指的方向②(见图 2-3)。《淮南子·天文训》关于一年 24 节气“斗指”方向的记载为:“日行一度,十五日为一节,以生二十四时之变。斗指子则冬至……加十五日指癸则小寒……加十五日指丑则大寒……加十五日指报德之维(东北)……距冬至四十五日而立春……加十五日指寅则雨水……加十五日指甲则惊蛰……加十五日指卯中绳则春分……加十五日指乙则清明风至……加十五日指辰则谷雨……加十五日指常羊之维则春分尽,故曰有四十六日

① 能田忠亮,礼记月令天文考,载《东方学报》,1941 年,又载《东洋天文学史论丛》,1943 年,潘鼐,中国恒星观测史,学林出版社,1989 年,第 13～16 页。

② 陈美东,月令、阴阳家与天文历法,中国文化,1995(12)。

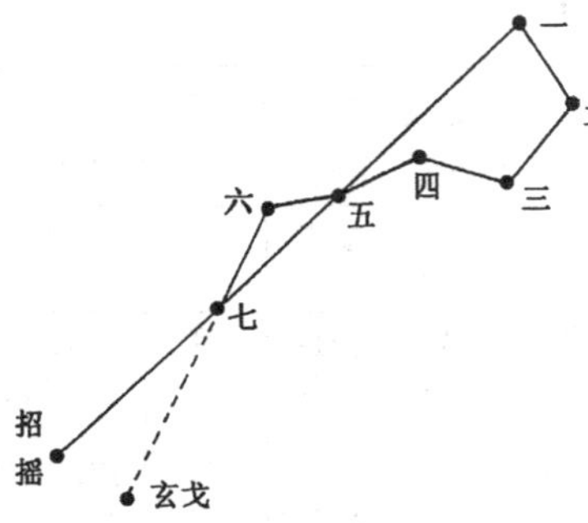

图 2-3　招摇、玄戈指向示意图

而立夏……加十五日指巳则小满……加十五日指丙则芒种……加十五日指午则阳气极，故曰有四十六日而夏至……加十五日指丁则小暑……加十五日指未则大暑……加十五日指背阳之维则夏分尽，故曰有四十六日而立秋……加十五日指申则处暑……加十五日指庚则白露降……加十五日指酉中绳，故曰秋分……加十五日指辛则寒露……加十五日指戌则霜降……加十五日指通之维（西北）则秋分尽，故曰有四十六日而立冬……加十五日指亥则小雪……加十五日指壬则大雪……加十五日指子……”依此可作图 2-4。

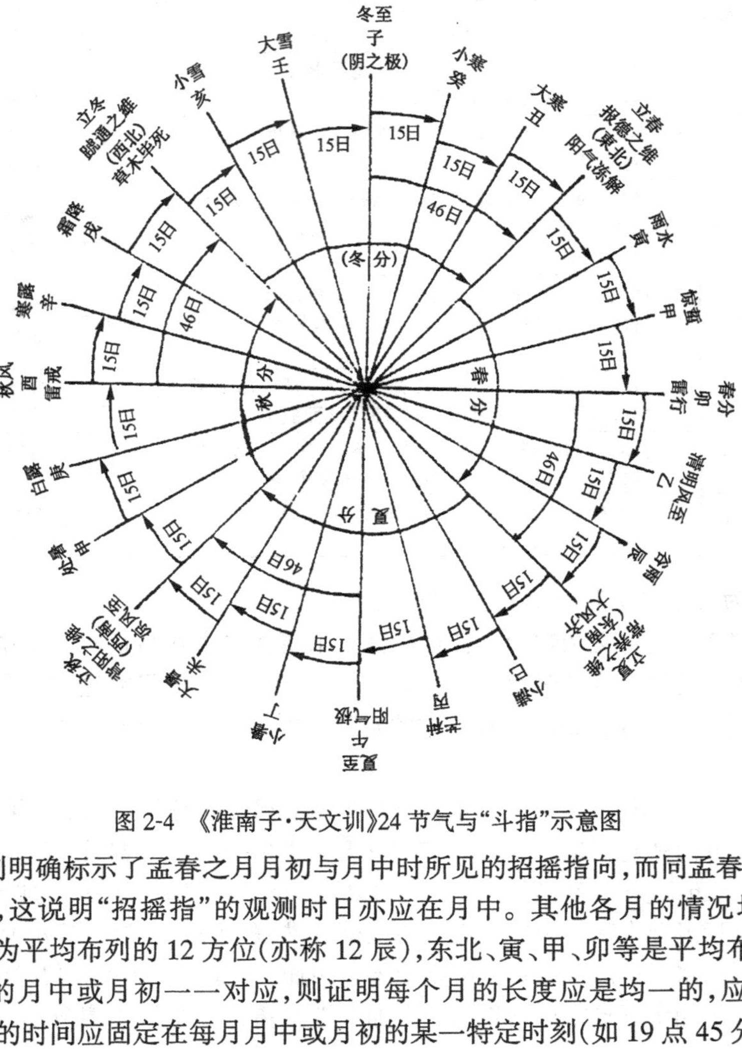

图 2-4　《淮南子·天文训》24 节气与“斗指”示意图

“斗指”分别明确标示了孟春之月月初与月中时所见的招摇指向，而同孟春之月相应的“招摇指”亦为“寅”，这说明“招摇指”的观测时日亦应在月中。其他各月的情况均与此相类似。寅、卯、辰、巳等为平均布列的 12 方位（亦称 12 辰），东北、寅、甲、卯等是平均布列的 24 方位，它们既与每月的月中或月初一一对应，则证明每个月的长度应是均一的，应为一年长度的 1/12，而且观测的时间应固定在每月月中或月初的某一特定时刻（如 19 点 45 分前后），不因各月黄昏时刻的变化而更动。

月令中每月长度的均一，没有闰月存在的余地，都说明月令所采用的历法要素是与春秋战国时期已占主导地位的阴阳历大不相同的。此外，在月令之文的孟春、孟夏、孟秋、孟冬之月中，分别有如下记述："是月也，以立春"，天子"迎春于东郊"；"是月也，以立夏"，天子"迎夏于南郊"；"是月也，以立秋"，天子"迎秋于西郊"；"是月也，以立冬"，天子"迎冬于北郊"，这些记载均为相应月份的第一个教令。这显然说明立春、立夏、立秋、立冬分别为孟春、孟夏、孟秋、孟冬之月的开始，亦分别是春、夏、秋、冬四季的开始，并作为天子迎接四时来临的礼祭之日。东汉蔡邕在《月令章句》中指出："故言是月也，以立春明，则孟春之月，可以行春令矣"①，说的正是以立春作为孟春之月的端始。这些都说明月令的是以立春等节气为月首的 12 月太阳历。其实，只要设定立春等四立必须在孟春等四孟之月，就只有在把一年分为 12 月的太阳历的情况下方可实现。若以阴阳历而论，四立并不一定在正月、四月、七月与十月，它们可能出现在其前一月，即上一年的十二月、三月、六月与九月，这也反过来说明月令为 12 月太阳历是可信的②。

"物候"栏的 90 个物候名见载于《吕》文与《礼》文中，而"逸周书物候名"栏系指《逸周书·时则解》中所列的 72 候应名，所标数字即指与"物候"栏所标数字相同的物候名。可见，《逸周书·时则解》所展示的中国最早的、完整的 72 候系统，是由《吕》文与《礼》文的相关记述中筛选而得的③。

《左传·昭公十七年(前 525)》载郯子曰："玄鸟氏司分者也，伯赵氏司至者也，青鸟氏司启者也，丹鸟氏司闭者也"，说的就是二分、二至、立春与立夏、立秋与立冬等"八节"，它们由玄鸟氏等分别掌理，各司其事。这表明 24 节气中的"八节"至迟在春秋晚期已见分晓。而表 2-10"月令之文节气名"栏则显示月令之文中，除了明确的"八节"之外，又增加了"始雨水"等 5 个节气名，这是 24 节气系统有一个逐渐完备过程的证明。而明确与完整的 24 节气系统的记载首见于《淮南子·天文训》，如"淮南子天文训节气名"栏所示，除了清明称清明风至、白露称白露降稍有不同外，与后世所用 24 节气名全同。当然，这并不是说，24 节气系统的完成是在《淮南子》成书的西汉早期，这不但因为《淮南子·天文训》所载者应是战国时期以来天文学知识的综述，而且在本节开始时，我们已引及司马迁关于阴阳家对"二十四节各有教令"之说，所以有理由认为，战国时期的阴阳家已经完成了 24 节气系统的总结工作。

还要指出的是，一般认为成书于战国时期的《逸周书》中，除了前已述及的 72 候说之外，其"时则解"篇中也有 24 节气的完整记述，而且给出了每一个节气与首、中、末三候相配合的完整形式。其"月周解"篇更论及："凡四时成岁，有春夏秋冬，各有孟、仲、季，以名十有二月。中气以著时应，春三月中气雨水、春分、谷雨，夏三月中气小满、夏至、大暑，秋三月中气处暑、秋分、霜降，冬三月中气小雪、冬至、大寒。闰无中气，斗指两辰之间。"这则是将阴阳家月令的历法要素同阴阳历相协调的重要尝试。它不但明确提出了中气的概念，而且提出了阴阳历的闰月可以由不含中气的月份来厘定的重要方法，这较当时阴阳历家所通用的 19 年 7 闰法还要合理与准确。闰月既无中气，则闰月的初日当稍落在某一中气之后，闰月的末日当稍居于某一中气之前，由前述《淮》文中招摇指向之说，闰月初日与末日时，招摇应分别指向 12 辰的某两辰前后不远之处，于是，闰月的月中时，招摇应指向该两辰之间。这也就以月令说的视野为阴阳历的闰月寻觅得相应的星象标志。

综上所述，阴阳家月令的历法系统是一种 12 月太阳历，它以立春等 12 节气为月首，并给

① 杜台卿：《玉烛宝典·正月孟春第一》引。
② 陈美东，月令、阴阳家与天文历法，中国文化，1995(12)。
③ 同②。

出了每月月初太阳和昏、旦中星所在的二十八宿宿次、每月月中(以至月初)时的招摇指向等星象标志,以昭明各月起始或月中的来临,又在各月内设定 90 种物候现象,以昭示特定时日的推移,是一种得到充分发展的天文、物候合历。在这样的历法框架内,阴阳家规定种种生产、生活、祭祀活动,以达到人与天调的理想,并作为规范社会、治理国家的方略①。月令历法系统中的太阳和昏、旦中星所在宿次,24 节气以及由之引申出的 72 候系统,以无中气之月为闰月等概念与方法,在汉代以后渐被吸纳到阴阳历中,成为阴阳历不可或缺的重要组成部分,是阴阳家对中国传统天文历法发展做出的重大贡献。刘歆说阴阳家乃出于羲、和之官,天文历法为其特长,殆非虚言。

三　五德终始论与三正说

五德终始论为战国时期著名的阴阳家邹衍所首创。阴阳家以谈天为能事,从邹衍其人身上又一次得到体现。这里五德终始论被归纳为天事一类,“是时独有邹衍明于五德之传,而散消息之分,以显诸侯”②,这又是阴阳家力图以自身在天文领域的特长取信或服务于各路诸侯的证明。

依西汉刘歆所说:“邹子终始五德,从所不胜,(土德之后)木德继之,金德次之,火德次之,水德次之。”③ “五德更王……邹衍以相胜立本。”④ 这些说明邹衍的五德终始论是以五行相胜说为基础的。它以为自黄帝以来,天赋予帝王或朝代以各不相同的德运,降下各异的祥瑞,黄帝以土气胜,禹以木气胜,汤以金气胜,周以火气胜,则代周者必以水气胜。即以木克土、金克木、火克金、水克火、土克水等来说明帝王或朝代的先后替换,强调了新朝革旧代的命,以新胜旧、以新代旧的思想。

当秦始皇统一中国之际,虽然“兵戎极烦,又升至尊之日浅,未暇遑也。而亦颇推五胜,而自以为获水德之瑞,更名河为德水,而正以十月,色上黑”⑤。这是首见的把邹衍的五德终始论慎重其事地运用于改朝换代德运的推演,而且把它当作历法改革理论的一个组成部分。此后,五德终始论曾经作为一个新王朝建立时,必须进行历法改革的理论,产生过一定的影响。对此,在第三章第十一节中,我们还要进行介绍。

三正说也是一个新王朝建立时,必须进行历法改革的一种理论,它的产生较五德终始论还要早些。《左传·昭公十七年(前 525)》载,郑国梓慎曰:“火出,于夏为三月,于商为四月。于周为五月。”说是大火星(心宿二,天蝎座 α)昏见于东方的日子,在夏代为三月、商代和周代为四月和五月。我们知道,由于岁差的原因,冬至点逐年沿黄道西退,这必导致大火星昏见东方的时日渐渐推后的现象。中国古代人们对岁差现象的认识要晚到东晋时期,所以梓慎所说的夏、商周三代“火出”时日的不同,可能就包含有岁差影响的因素在内,当然它对各代的影响不会达到一个月之多(岁差的影响大约 2000 年有 30°、即一个月之差)。梓慎之说显然不知道岁差的存在,他把三代“火出”时日的推后,归因于三代历法所用岁首的不同,即有所谓三正说。

---

① 陈美东,月令、阴阳家与天文历法,中国文化,1995,(2)。
② 司马迁:《史记·历书》。
③ 萧统:《文选》卷六,《魏都赋》,李善注引《七略》。
④ 沈约:《宋书·律历志中》。
⑤ 同②。

司马迁指出:“夏正以正月,殷正以十二月,周正以十一月,盖三王之政若循环,穷则反本。”① 班固亦曰:“夏以孟春月为正,殷以季冬月为正,周以仲冬月为正。”② 这便是明确的三正说,认为夏、商、周三代历法所用岁首(即正月)依此为冬至所在月的前二个月、前一个月和当月,是为夏正、殷正与周正,亦称寅正、丑正和子正。这是春秋战国时期人们对夏、商、西周三代历法理想化的描述,三正说也就在长时期内成为古人所崇信的史实。

《易·革卦》曰:“天地革而四时成。汤武革命,顺乎天而应乎人。革之时大矣哉。象曰:泽中有火,革。君子以治历明时。”即以为在商取代夏的王朝更迭之际,曾进行了顺天应人的历法改革。此说与三正说的结合,使理想化的三正说更神圣化了,这正如西汉时孔安国所说的:“自古皆用建寅为正,唯殷革夏命而用建丑,周革殷命而用建子。”③ 这样三正说便成了王朝更迭的必然结果,历法的改革也就成为顺天应人的政治大事。

其实,三正说而并非历史的真实反映。因为三正说的成立,首先必须建立在能够较准确地测定某一节气(如冬至)时日的基础上,而可用于测定冬至日的晷影测量,最早也只能追溯到殷商时期。对于殷商历法的研究也得不出其为建丑的结论,相反,三正并存却是符合其实际的,也就是说,殷商历法尚未解决固定建正问题。对《春秋》所载鲁国历法的研究仍表明,三正并存的状况依旧,只是前期以建丑居多,而后期以建子居多而已。这只能说明,这时人们确实已经有意识地虑及建正的问题,但是还没有太大把握。在春秋时期,在不同的诸侯国,的确是有意识地选定不同的建正以为历法。钱宝琮指出,三正说实际上是春秋战国时期不同地域采取不同的历日制度的反映,不应看做是三个王朝改变正朔的故事,此说是颇有道理的④。

第七节　战国时期的古六历

一　古六历的基本数据

在战国时期,各诸侯国采用各不相同的历法。“黄帝造历,元起辛卯,而颛顼用乙卯,虞用戊午,夏用丙寅,殷用甲寅,周用丁巳,鲁用庚子。”⑤ 这里所谓“黄帝造历”云云,实际上并非指黄帝等时代所制订的历法,而是指战国时期所行用的历法的名称;而所谓“元起辛卯”等等,是说各历法历元年的干支。关于虞历,已所知甚少,而黄帝历、颛顼历、夏历、殷历、周历和鲁历则被合称古六历。

在本章第二节中,我们已经指出,鲁国历家在春秋后期已对19年7闰法有了一定程度的认识,而且他们已大约知道一朔望月略大于29.53日,这些都为后些时候的历家提出规整的历法准备了必要的条件。19年7闰,说的是19年有235个朔望月、略多于$235\times29.53=6939.55$日,则一回归年应略大于$6939.55/19=365.239$日,这实际上也就为取一回归年长度

① 司马迁:《史记·历书》。

② 班固:《白虎通德论·三正》引《尚书大传》。

③ 《左传·隐公元年》孔颖达疏引。

④ 钱宝琮,从春秋至明末的历法沿革,历史研究,1960,(3)。

⑤ 司马彪:《续汉书·律历志下》。

为较简便的 365 1/4 日的古四分历的产生奠定了基础。

“古之六术,并同四分”[①],即古六历均为四分历,它们是由所取回归年长度为 365 1/4 日中的 1/4 而得名。其所取天文数据除回归年外,又取 19 年 7 闰法,即在 19 年中设置 7 个闰月,以协调回归年与朔望月之间的关系。它们规定平年为 12 个月、闰年为 13 个月,于是,19 年 = 235 月 = 6939.75 日,亦即 1 年 = (12 + 7/19)月,1 月 = (29 + 499/940)日。上述诸数有专用词称之:19 年为 1 章,19 为章岁、7 为章闰、235 为章月。它们又规定日月合朔为月首,以夜半或旦(晨初)为日首。由上可知,每经 1 章,月首正可回归,但日首不可回归,故设 1 蔀 = 4 章法 = 76 年 = 940 月 = 27759 日,亦有专用词称之:76 为蔀岁、940 为蔀月、27759 为蔀日。则每经 1 蔀,日首可以回归。古人以 60 干支纪日与纪年,为使日名回归,又设 1 纪 = 20 蔀 = 1520 年 = 555180 日,正可为 60 整除;为使年名回归,再设 1 元 = 3 纪(天纪、地纪与人纪) = 4560 年,亦正可为 60 整除。

东汉刘洪指出:“夫甲寅元天正正月甲子朔旦冬至,七曜之起,始于牛初。乙卯之元人正己巳朔旦立春,三光聚天庙五度。”[②] 前者是说殷历上元是甲寅年天正正月甲子朔旦冬至,日月五星聚于牵牛初度;而后者说的是颛顼历的上元为乙卯年人正正月己巳朔旦立春,日月五星聚于营室 5 度。唐代一行则指出:周历以“十一月夜半合朔冬至,日月俱起牵牛一度”为历元,又说殷、周历“章蔀纪首皆直冬至”,还说颛顼历是以“乙卯岁正月己巳合朔立春为上元”,其合朔的时间被认为在“平旦”或“晨初”[③] (均指寅时)。关于夏历,一行认为:“夏历章蔀纪首,皆在立春”[④],张培瑜则指出汉魏所传夏历已有以人正甲子朔旦雨水或十一月甲子朔旦冬至为历元两种推算方法,而黄帝历和鲁历历元的气朔也以天正正月甲子朔旦冬至为起始[⑤]。质言之,黄帝历、殷历、周历与鲁历历元的气朔均以天正正月甲子夜半合朔冬至为起始;夏历历元气朔起始有三说:正月甲子夜半合朔立春或雨水、十一月甲子夜半合朔冬至;颛顼历历元气朔的起始则有两说:正月己巳夜半或寅时合朔立春。所谓天正是以冬至所在之月为正月、地正是以冬至所在之月为十二月、人正是以冬至所在之月为十一月。

对于黄帝历、夏历、殷历、周历与鲁历,其 20 蔀首名分别是[⑥]:

甲子(1)	癸卯(2)	壬午(3)	辛酉(4)	庚子(5)
己卯(6)	戊午(7)	丁酉(8)	丙子(9)	乙卯(10)
甲午(11)	癸酉(12)	壬子(13)	辛卯(14)	庚午(15)
己酉(16)	戊子(17)	丁卯(18)	丙午(19)	乙酉(20)

而对于颛顼历的 20 蔀首名则为:

己巳(1)	戊申(2)	丁亥(3)	丙寅(4)	乙巳(5)
甲申(6)	癸亥(7)	壬寅(8)	辛巳(9)	庚申(10)
己亥(11)	戊寅(12)	丁巳(13)	丙申(14)	乙亥(15)
甲寅(16)	癸巳(17)	壬申(18)	辛亥(19)	庚寅(20)

---

① 欧阳修等:《新唐书·历志三上》。
② 司马彪:《续汉书·律历志中》。
③ 同①。
④ 同①。
⑤ 张培瑜,中国先秦史历表,齐鲁书社,1987 年,第 5 页。
⑥ 顾观光:《武陵山人遗书·六历通考》。

据《开元占经·卷一百四》载，古六历上元年距唐玄宗开元二年甲寅(714)的积年数分别为：

黄帝历上元辛卯以来2760863年——其第606元天纪甲子蔀首距开元二年为2063年，即公元前1350年(辛卯年)；

颛顼历上元乙卯以来2761019年——其第606元天纪己巳蔀首距开元二年为2219年，即公元前1506年(乙卯年)；

夏历上元乙丑以来2760589年——其第606元天纪甲子蔀首距开元二年为1789年，即公元前1076年(乙丑年)；

殷历上元甲寅以来2761080年——其第606元天纪甲子蔀首距开元二年为2280年，即公元前1567年(甲寅年)；

周历上元丁巳以来2761137年——其第606元天纪甲子蔀首距开元二年为2337年，即公元前1624年(丁巳年)；

鲁历上元庚子以来2761334年——其第606元天纪甲子蔀首距开元二年为2534年，即公元前1821年(庚子年)，亦即公元前301年为地纪甲子蔀首。

在《大衍历议》中，列有一些周历、殷历、颛顼历的蔀章首的年名、日名，经比对，完全与《开元占经》所载上元积年数相合[①]。如"(鲁)哀公十一年丁巳(前484)，周历入己酉蔀首"〔(1624—484)/76＝15，正得入周历己酉蔀首〕；"吕后八年辛酉(前180)，周历入乙酉蔀首"〔(1624—180)/76＝19，正得入周历乙酉蔀首〕；"(鲁)僖公五年(前655)正月辛亥朔，日南至。以周历推之，入壬子蔀第四章……殷历则壬子蔀首也。"〔(1624－655)/76＝12.75，正得入周历壬子蔀首后(0.75×76)＝57年，即第4章首；(1567－655)/76＝12，正得入殷历壬子蔀首〕；"鲁宣公十五年丁卯岁(前594)，颛顼历第十三蔀首"〔(1506－594)/76＝12，正得入颛顼历第13蔀首〕；"(秦)始皇三十三年丁亥(前214)……得颛顼历壬申蔀首"[②]〔(1506－214)/76＝17，正得入颛顼历壬申蔀首〕。严敦杰对《汉书·律历志上》与《续汉书·律历志下》的两段有关记载作了核算，证明可与《开元占经》所载殷历与颛顼历上元年干支和积年数相合[③]。由之可知，《开元占经》所载周历、殷历与颛顼历的上元年干支和上元积年数是可信的。同样，黄帝历和夏历亦如此[④]。

顾观光指出，《开元占经》所载鲁历上元积年数与《大衍历议·日度议》的有关记述不相吻合，他用演纪术推得鲁历上元至开元二年为2764394年，比《开元占经》多3060年，其607元天纪甲子蔀首为公元前321年庚子[⑤]。而张培瑜指出[⑥]，《汉书·律历志上》有如下明确记载："周道既衰，幽王既丧，天子不能班朔。鲁历不正，以闰余一之岁为蔀首。"即鲁历蔀首之岁正月朔日在冬至之前1/19个月(亦即1/19×29又499/940＝1又521/940日)。于是，顾观光以"闰余零"之岁为蔀首的一般规则入算是不妥当的。他推得鲁历上元至开元二年为2761514年，比《开元占经》多180年，其第606元天纪甲子蔀首为公元前2001年庚子。其实，依顾观光法或张培瑜法推算鲁历的朔闰是完全相同的，但张培瑜法似更接近鲁历上元积年的历史事实。

---

① 顾观光：《武陵山人遗书·六历通考》。

② 欧阳修：《新唐书·历志三上》。

③ 严敦杰，释四分历，见中国社会科学院考古研究所：《中国古代天文文物论集》，文物出版社，1989年。

④ 张培瑜，中国先秦史历表，齐鲁书社，1987年，第6页。

⑤ 顾观光：《武陵山人遗书·六历通考》。

⑥ 张培瑜，中国先秦史历表，齐鲁书社，1987年，第5页。

二　古六历朔、闰、气等的推算法

依据《开元占经》所载黄帝历、夏历、殷历、周历的上元年干支与上元积年数，便可计算出相应的历谱。如依黄帝历，公元前 366 年天正正月朔日的干支应为：

{[(1350－366)×235÷19]的整月数×27759÷940}(mod 60)＝50.46，自甲子后 50 干支为甲寅。

欲求其后各月朔日干支，可累加 29 又 499/940，依次而得(下同)。

鲁历各朔日干支则可依张培瑜的考证结果推算，亦以求公元前 366 年天正正月朔日干支为例：

{[(2001－366)×235÷19]的整月数×27759÷940}(mod60)－1 又 521/940＝51.31，自甲子后 51 干支为乙卯。而颛顼历各朔日干支的推算，可依《开元占经》所载数据，如求公元前 366 年人正正月朔日干支：

{[(1506－366)×235÷19]的整月数×27759÷940}(mod60)＋0.5＝45.5，自己巳后 45 干支为甲寅。

上式中加 0.5，史称“借半日法”，在汉武帝太初改历时，历家曾论及于此：“先借半日，名曰阳历，不借，名曰阴历。所谓阳历者，先朔月生；阴历者，朔而后月乃生。(邓)平曰：‘阳历朔皆先旦月生，以朝诸侯王、群臣便。’”① 这里，邓平所说的用借半日法(即阳历)的理由并不充分，因为即便用此法，朔日可见新月的机会还是不多的。但是，这一记述表明前代历家在推算朔日时，确实采用过先加半日或不加两种方法。而对山东临沂出土的汉武帝元光元年(前 134)竹简历谱的研究表明，其时所用的颛顼历应采用了借半日法②。由此，我们认为，其前的颛顼历也是应用了借半日法的。

关于古六历置闰，有人认为已经采用了无中气之月为闰月的方法，但至今没有可靠的材料加以证明。如果真的已采用此方法，闰月应该基本弥散地分布在一年十二个月的各个月份，而现今已知的战国时期的闰月皆为闰十二月，为年终置闰，或后九月(颛顼历曾以十月为岁首)，亦为年终置闰。在《左传·文公元年》中有“先王之正时也，履端于始，举正于中，归余于终”的说法，这应是战国时期的历法有一个作为起始点的历元，以没有中气的月份所在的年份为闰年，并置闰于该年年终等历法要点的说明，是西汉太初历明确采用无中气之月为闰月法以前的一种的过渡形态，作这样的理解可以说明现今已知的战国时期置闰的事实。如若认为战国时期就已经使用无中气之月为闰月的方法，“举正于中”和“归余于终”则是不能自洽的。我们还注意到，在《汉书·律历志下》中论及 19 年 7 闰法时提到：“三岁一闰，六岁二闰，九岁三闰，十一岁四闰，十四岁五闰，十七岁六闰，十九岁七闰”的具体安排，这大约是还没有采用有无中气以决定是否置闰的方法之前使用的简单明了的置闰方法。设从历元年第一年开始，闰余为 0，考虑到古六历的 1 年＝12 又 7/19 月，第二年的闰余为 7，其后各年的闰余可示如下：0(1 年)——7(2 年)——14(3 年)——2(4 年)——9(5 年)——16(6 年)——4(7 年)——11(8 年)——18

---

① 班固：《汉书·律历志上》。

② 陈久金、陈美东，从元光历谱及马王堆帛书天文资料试探颛顼历问题，见中国社会科学院考古研究所：《中国古代天文文物论集》，文物出版社，1989 年。

(9 年)——6(10 年)——13(11 年)——1(12 年)——8(13 年)——15(14 年)——3(15 年)——10(16 年)——17(17 年)——5(18 年)——12(19 年)。由之可见,《汉书·律历志下》实际上是说当闰余$\geqslant 12$时,是年有闰。这样由闰余的计算便可知某年是否置闰。也以公元前366 年为例,对于颛顼历而言,其闰余为:$[(1506-366)\times 7](\mathrm{mod}19)=0$,是年无闰。其他五历的闰余也可依类似方法计算。

如前所述,古六历除了取用回归年、朔望月长度和 19 年 7 闰法等三个基本数据之外,还有冬至(或立春)点所在二十八宿某赤道宿度的内容,黄帝历等五历的冬至在牵牛初度,而颛顼历的立春在营室 5 度,这实际上是说冬至点在牵牛一度左右①。既有此项内容,我们推想古六历还应有推算每日太阳所在赤道宿度的方法(以太阳每日行一度计)。此外,古六历还应有关于24 节气的计算,以据《开元占经》黄帝历、颛顼历、夏历、殷历与周历上元年干支和上元积年数的记载,和张培瑜对鲁历的复原,可计算任一年冬至或立春的日名干支与时刻。如求公元前366 年天正冬至的日名干支与时刻,对黄帝历而言则有:

$[(1350-366)\times 365.25](\mathrm{mod}60)=6$,自甲子后 6 干支为庚午日夜半为冬至,此后每经$15.22=(365.25\div 24)$日则为小寒、大寒,等等。

关于古六历的五星法问题,在本章第九节中,拟再作讨论。

三　古六历的测定年代与行用状况

刘宋祖冲之指出:"六历舛杂,杜预疑其非直。按《五纪论》黄帝历有四法,颛顼、夏、周并有二术,夏历七曜西行,特违众法,刘向以为后人所造。古之六术并同四分。四分之法,久则后天,以此推之,古术之作皆在汉初周末,理不得远。且却校《春秋》,朔并先天,此则非三代以前之明征矣。"② 即西汉晚年的刘向和晋代的杜预都已从关于古六历的记载杂乱的角度,怀疑它们并非时王之术,而是后人的伪托之作。而祖冲之则最先从用古六历推算《春秋》所载朔日皆得到先天的现象,证明在春秋时期尚无古六历的存在,进而推测古六历应是战国到西汉初年的作品。

上述古六历的历元年无不以干支纪年法表达,而我们已在本章第三节中指出,中国古代以干支用于纪年的时代,晚于战国时期,这也从另一个角度说明古六历历元之作应不早于战国。而《开元占经》所载古六历的上元积年数,很可能是两汉之际学者对战国历法整理研究的结果。在下一章第十二节中,我们将要论及两汉之际纬书的作者们,多以约 2 760 000 年前作为天地开辟之始,所以,古六历的上元积年数均被定为该年数左右是并非偶然的。

《淮南子·天文训》指出:西汉早年所用的颛顼历"太阴原始建于甲寅","日行一度……反复三百六十五度四分之一而成一岁。天一原始,正月建寅,日月俱入营室五度"。随后,西汉后期的刘向在《洪范五行传》中更明确指出:"历记始于颛顼上元太始阏蒙(甲)摄提格(寅)之岁,毕陬(寅)之月,朔日己巳立春,七曜俱在营室五度。"③ 这些记载表明,在刘向之前,西汉学者皆认定颛顼历上元年的干支应为甲寅,而关于历元气朔、五星起始的状况则与东汉刘洪及其后人

① 潘鼐,中国恒星观测史,学林出版社,1989 年,第 32、33 页。
② 沈约:《宋书·律历志下》。
③ 欧阳修等:《新唐书·历志三上》。

之说无异。上元年干支后来被改为乙卯，是由于干支纪年法与原先的岁星纪年法的年序有一年之差造成的，只有改用干支纪年法的乙卯年才符合颛顼历历元的真实情况①。

我们知道，约公元前430年前后冬至点在赤道牵牛初度，而冬至点在赤道牵牛一度，约当公元前510年左右②，这也说明古六历之作理当在战国时期。至今尚难断言古六历制作的确切年代，只能说它们大约先后成于春秋战国之交或其后的1、2世纪间，它们都是四分历，除颛顼历的冬至点与建正与其他五历不同外（夏历的建正也可能与颛顼历相同），最主要的区别则在于制定的年代不同，于是所选取的历元各异。而如上所说颛顼历实测于秦始皇元年（前246），也可能是在原有颛顼历基础上的再认定。唐一行所说："其后吕不韦得之，以为秦法，更考中星，断取近距"③ 云云，应是有所依据的：而日本学者新城新藏以为颛顼历当测定于公元前440年左右④。

还要指出的是，战国时期的有关历日资料，确实证明各诸侯国采用了不同的历法。云梦秦简《为吏之道》引《魏户律》及《魏奔命律》记有"（魏安厘王）廿五年（前251）闰再十二月丙午朔"——合夏历；云梦秦简大量的历日记载合于颛顼历，《南郡守腾文书》所载秦王政"廿年（前227）四月丙戌朔"——合颛顼历⑤。《吕氏春秋·序总篇》："维秦八年（前239），岁在涒滩，秋甲子朔"——合颛顼历。《大事记》所载"今（秦始皇帝）七年（前240年）正月甲寅"、"十二年（前235）四月癸丑"、"十六年（前231）七月丁巳公终"、"廿年（前227）七月甲寅"、"廿七年（前220）八月己亥□食时。"——均合颛顼历；《左传》上特有的历法材料全合四分法，且约有2/3合周历⑥。

再说颛顼历在秦国颁行的情况。据《史记·秦本纪》载，秦昭襄王四十三年（前264）先有十月、后有九月，而五十年（前257）先有十月、后有二月，这都说明在公元前257年以前，秦国是行用以十月为岁首的历法，但该历法是否就是颛顼历尚不清楚。又据《史记·秦始皇本纪》载，秦始皇统一中国（前221）后，向全国颁布以十月为岁首的颛顼历，进一步的分析表明，秦国是在秦王政九年（前238）便已改用了这种历法的⑦。

第八节 甘德与石申夫的天文工作

在本章第一节中，我们已经提及司马迁说到著名的"传天数者""在齐甘公"和"魏，石申夫"，关于他们在天文或星占上的贡献，前面已有所叙述，在此拟作进一步的讨论。

一 甘德与石申夫其人

班固《汉书·艺文志·数术略》序云："六国时，楚有甘公，魏有石申夫"，而司马彪《续汉书·天

① 陈久金、陈美东，从元光历谱及马王堆帛书天文资料试探颛顼历问题，见中国社会科学院考古研究所：《中国古代天文文物论集》，文物出版社，1989年。

② 潘鼐，中国恒星观测史，学林出版社，1989年，第34页。

③ 欧阳修等：《新唐书·历志三上》。

④ 新城新藏著、沈璿译，东洋天文学史研究，中华学艺社，1933年，第497、498页。

⑤ 张培瑜，中国先秦史历表，齐鲁书社，1987年，第3页。

⑥ 张培瑜，中国先秦史历表，齐鲁书社，1987年，第4页。

⑦ 陈久金、陈美东，从元光历谱及马王堆帛书天文资料试探颛顼历问题，见中国社会科学院考古研究所：《中国古代天文文物论集》，文物出版社，1989年。

文志》序云:“魏石申夫,齐国甘公皆掌天文之官”,其说均与司马迁之说有同有异。钱宝琮指出,石氏名申夫,有以为石氏名申者,系为误读《史记·天官书》所致[①],可从其说。又,《史记·天官书》集解引“徐广曰:或曰甘公名德也,本鲁人。”《史记·张耳陈余列传》索隐引刘歆《七略》云:甘公“字逢,甘德。”又引“《志林》云:甘公一名德。”由之可知,甘公即甘德。据《史记·天官书》正义引梁阮孝绪《七录》云:甘公“楚人,战国时作《天文星占》八卷”,“石申,魏人,战国时作《天文》八卷也”。可见,石氏是魏人且在魏当无疑问,而甘氏为鲁人之说仅有徐广一家言,班固与阮孝绪以为是楚人,宜从其说,至于司马迁和司马彪之说,可以理解为甘氏在齐为天文之官。《周礼·春官·保章氏》郑玄注还指出:岁星“妖祥之占,甘氏《岁星经》其遗像也。”综而言之:

石申夫,魏人在魏,著有《天文》八卷;

甘德,楚人在齐,著有《天文星占》八卷,又有《岁星经》问世(也可能包含在《天文星占》中)。

甘德与石申夫在战国时齐名,后世多以甘、石并称之,他们大约都活跃于公元前3,4世纪。甘、石的著作早已失传,但在《史记·天官书》、《汉书·天文志》等史籍,特别是《开元占经》中转载了这些著作的部分内容,依之可知甘、石的若干天文或星占工作。

二　关于日、月、五星的观测与研究

对于日、月、五星的运动,甘、石进行了十分认真的观测,对其运动状况与规律做出了有价值的描述。

据《开元占经·卷五》引石氏曰:“日光旁照十万二千里。径三十二(三)万四千里,同(周)一百万二千里,晖径千里,周三千里。”这里径334 000里(周为径的3倍,即π取等于3),可能指冬至日道的直径,而《周髀算经》相应值为476 000里(参见第三章第四节),较石申夫所说大了约1.4倍;《周髀算经》的日光旁照和日径分别为167 000里,和1240里,日光旁照值较石申夫所说大了约1.6倍,日径大1.24倍。这说明石申夫可能也采用了与《周髀算经》盖天说相类似的方法来解释日月运行的一些问题,只是所取数值大小各异。另有一点需要指出,石申夫所言径334 000里,正等于《周髀算经》日光旁照值的两倍,此是否说明两者之间存在有机的联系,尚有待进一步的研究。

“日月以二月、八月出房南,过其度、其冲,日月以晦食;出房北,过其度、其冲,日月以朔食。”[②] 这是石申夫对于某一年日食何以发生于晦日或朔日的解释,以为这取决于当年的二或八月时,日月处于房宿之南或之北。这一解释自然是不正确的。但是,这里所谓“过其度”,是说日月处于同一经度上,而过“其冲”,是说日月同处于黄白道的一个交点处或者在其附近。这则是中国古代最早的关于日食发生条件的正确论述。

石申夫还指出:“失道,则月行乍南乍北……或进退朓朒。”[③] 这一是说,月亮的运行有时在黄道之南、有时在黄道之北;二是说月亮运动的速度有迟疾的变化。虽然,石申夫认为这是君王无道导致的月亮运动失常现象,但却是关于月亮运动的重要论述。可是此说在相当长的时间里没有得到认可,直到西汉后期以后才受到重视。

---

① 钱宝琮,甘石星经源流考,浙江大学季刊,1937,(1)。

② 瞿昙悉达:《开元占经》卷九。

③ 瞿昙悉达:《开元占经》卷十一。

甘氏曰:“太白色白,五芒出,早为月食。”① 甘德可能是从实际观测经验而得出此说的,它自然并不正确,因为金星色白、出五芒时,可能发生过月食,但不是一定发生月食,两者之间并不存在必然的关系。不过,此说却反映了这时人们试图预知日月食的愿望,和进行曲折探寻的路径。

对于五星运动的认真观测,是甘、石共同关注的课题。

《史记·天官书》曰:“故甘(德)、石(申夫)历五星法,惟独荧惑有反逆行。逆行所守,及他星逆行,日月薄蚀,皆以为占”。这是说甘、石各有推步五星运动的方法,其中已包含对火星逆行的推算法,并强调他们对火星等行星逆行与日月薄食均设占的情况。由石氏所说:“岁星当居而不居,未当去而去”② 云云,可知甘、石确有预推五星当居、当去等的方法。甘氏曰:“礼失者,罚出,荧惑之逆行是也”③,“填星缓则不逮,急当过舍,逆则占”。④ 这些是他们对行星逆行设占的证明。《汉书·天文志》有与之大同小异的记载:“故历五星之推,亡逆行者,至甘氏、石氏经,以荧惑、太白为有逆行。”它指出甘、石氏对火星与金星的逆行均已有相应的推算法。行星在天空恒星背景间自西往东走,叫顺行;反之,叫逆行。顺行时间多,逆行时间少。不作长期系统的观测,是难以发现行星逆行现象的。这就是说,是甘德和石申夫率先发明了火星、金星逆行的计算方法。

关于行星运行的轨迹,甘氏曰:“去而复返为勾”,“再勾为巳”;石氏曰:“东西为勾”,“南北为巳”。他们不约而同地用“勾”和“巳”来形象地描述行星从顺行到逆行再到顺行这段运行弧线的状况,虽然对于“勾”、“巳”的具体定义有所不同。石氏又曰:“不东不西为留。”⑤ 看来,他们也都发现了行星在顺、逆行转换之间经历了停止不动的留的现象。

石申夫和甘德对于行星晨见东方、夕伏西方等所经的时间,每天运行的度数等都有定量的描述,如甘德认为木星从晨见东方后,“皆三百七十日而夕入于西方,三十日复晨出于东方”⑥;水星“出东方也,行星四舍,为日四十八日,其数二十日而反于东方;其出西方也,行星四舍四十八日,其数二十日而反入于西方。”⑦ 明确给出了木星和水星的会合周期值分别为400日和136日(理论值应为398余日和115余日)。对于金星,甘、石各有所见:甘氏指出,金星“出东方,为日八岁二百二十二日而复与营室晨出于东方”。这应是说金星5次会合需经 $8\times365.25+222=3144$ 日,即一个会合周期为628.8日(理论值应为583余日)。甘氏又指出:“太白之居左也,其恒二百三十日,其迟也,二百四十日;其居右也,顺行二百四十日,其速二百三十日,从左过右也。其又百三十日,其速九十日而见,从右过左也。其又三十日,其速十日而见,从右适左。”这是就金星的一个会合周期而言的:$230+240+130+30=630$ 日,与前一说法所得基本相同。而石氏认为:金星“出东方也,行星九舍,为百二十三日而反,反又百二十日,行星九舍入,又伏行百二十三日,行星十二舍,昏出西方也。……其出西方也,行星九舍,为百二十三日

① 瞿昙悉达:《开元占经》卷四十五。
② 瞿昙悉达:《开元占经》卷二十三。
③ 瞿昙悉达:《开元占经》卷三十。
④ 瞿昙悉达:《开元占经》卷三十八。
⑤ 瞿昙悉达:《开元占经》卷六十四。
⑥ 同②。
⑦ 瞿昙悉达:《开元占经》卷五十三。

而反，反又百二十日，行星九舍而入，入又伏，行星二舍，为日十五日，晨东方出营室”[①]。即金星的会合周期为：123+120+123+123+120+15=624日，这与甘德之说相去不远。如上所述，甘、石已对行星的会合周期作了定量的描述，但其准确度还较低；他们已经认识到在一个会合周期内行星的动态有顺、有逆、有伏、有留，而且在不同的时段有不同的运行速度，并已做出定量的描述，但其可靠性也还不足。这些是中国古代对五星定量描述的初始水平的反映。

“石氏曰：荧惑行率变（度）百五十六日而行八十三度。”[②] 由此可知，他认为火星行一周天（365.25度）需156/83=686.49日=1.88年（一年365.25日），即石申夫所得火星的恒星周期值较理论值小约半日，是相当准确的数据。至于他们认为木、土星的恒星周期分别为12年[③]（实应为11.86年）和28年[④]（实应为29.46年），这当是对前人认识的重申。

在《开元占经·卷二十三》中，详细引录了甘德关于岁星在十二辰时的不同名称及在不同状态时所预示的吉凶水旱等的论述，这大约是《岁星经》的一部分。其中提到：“单阏之岁，摄提格在卯，岁星在子与虚、危。晨出夕入，其状甚大有光。若有小赤星附于其侧，是谓同盟。两国或昌或凶，死者不在其乡。”有人认为，这一论述说明甘德在伽利略之前近两千年就已经用肉眼观测到木星最亮的卫星——木卫二。若虑及甘德实为是当时认真观测和研究木星的名家，且木卫二在一定条件下确有可能凭肉眼观测到，则这一推测大约是可信的[⑤]。

甘、石对于日、月、五星的这些观测与研究的成果表明，其时的天文学在定量化取得了重大的进展，而这些进展的直接动因则源于星占术的需求，下述关于恒星的观测与研究亦如此。

三　关于恒星的观测

对一批恒星或若干恒星的组合给予命名，并给出它们之间相对位置的定性描述，是甘、石共同关注的又一重大课题。如石氏曰：“摄提六星夹大角……星东西三三而居，形似鼎足”，“大角一星，在摄提间”，“梗河三星，大角北”[⑥] 等等。又如甘氏曰：“天皇大帝一星，在钩陈口中”，“华盖七星、杠九星凡十六度（星），在（天皇）大帝上”，“传舍九星，在华盖上，近（银）河旁。舍宾客之馆舍也”。“造父五星，在传舍南，（银）河中”[⑦] 等等。由这些描述可见甘、石二氏所划分的星官名、各星官所含的星数与各星官间的相对位置等要素，间或还有星官的形状与含义的说明。在第四章第二节中，我们还要论及甘、石二氏所命名与分划的星官的数量等情况。这里先要指出的是，后世把摄提、大角等星官归之于石氏，而把天皇大帝、华盖等星官归之于甘氏，这并不等于说石氏当年一定未曾论及天皇大帝、华盖等星官，或甘氏当年一定未曾论及摄提、大角等星官。甘、石二氏当年应是各自对全天的星官作了命名与分划的，自然彼此之间有同有异。如后人把二十八宿一律归于石氏，下面就要讲到，甘氏也有自己的体系；又如，“石氏曰：北

---

① 瞿昙悉达：《开元占经》卷四十五。
② 瞿昙悉达：《开元占经》卷三十。
③ 瞿昙悉达：《开元占经》卷二十三。
④ 瞿昙悉达：《开元占经》卷三十八。
⑤ 席泽宗，伽利略前二千年甘德对木卫的发现，天体物理学报，1981，(2)。
⑥ 瞿昙悉达：《开元占经》卷六十五。
⑦ 瞿昙悉达：《开元占经》卷六十九。

极五星、钩陈六星，皆在紫微宫中”①，即后人是将钩陈归之于石氏的，但如前所述，甘氏也有“在钩陈口中”之说。可见，后人大约是依据传统形成的看法而做出归属的抉择的。甘、石对星空所作的这些命名与分划，为后世的类似工作奠定了十分重要的基础。

甘、石二氏各自建立了有所不同的二十八宿系统，以及石氏对于二十八宿距度的测定等情况，已如本章第四节所述。甘、石二氏不同的二十八宿系统，在汉代各有传人，西汉太初历就采用的是甘氏二十八宿系统，而三统历则取用石氏二十八宿系统，并为后世所广泛认同，这在第三章第十一节还要论及。甘氏也曾对二十八宿系统的距度进行过测量，马伯乐(H.Maspero)注意到在《开元占经·卷六十一》中有如下记载②：“石氏曰：南斗六星，二十六度四分度之一。甘氏同。”这说明甘氏的二十八宿距度值到唐代还在流传。潘鼐指出③，还应有甘氏星表的存在。在现传本《甘石星经》中有甘氏关于天乳星和策星的入宿度和去北辰度等的记载，在日本的《天文要录》残钞本中还有房和舆鬼二宿的去极度、黄道内外度等的记载(表 2-11)。

表 2-11　现存甘氏星表四星官的度值

星官名	星数	位　置	入宿度	去极度	黄道内外度
天乳	1	氐北	15	96	
策	1	王良前	壁 0.5	42	
房				79.75	黄道外
舆鬼	5			69	黄道内 0.75

我们以为，甘氏星表的存在当无疑问，但它们应是甘氏学派的后学所为，这也如同石氏星表是石氏学派的后学所作一样。而关于石氏星表，在第三章第八节中还要详作讨论。

四　甘德与石申夫的星占术

上述这些发明或发现，都是在星占活动中取得的。也就是说由于星占的需要，甘德、石申夫不能不对星空作必要的命名与分划，不能不对有关天象作认真的观测，这自然也就引致了天文学的进步。就星占术而言，甘德与石申夫则是中国古代系统化与奠基的人物。

甘、石二氏对日食(见《开元占经》卷九)，月食(见卷十七)，月亮犯或食恒星(见卷十四)，五星互犯或五星、四星、三星聚(见卷十九至二十二)，五星犯或守恒星及行星昼见(见卷二十四至六十三)，流星与流星雨(见卷七十一)，流星在恒星间的流向(见卷七十二至七十六)，客星(主要指彗星)犯或守恒星(见卷七十七至九十)，等等，均设占以说之，可见甘、石二氏把观测对象扩展到相当广泛的范围，这为后世星占对象的确认产生了决定性的影响。在后世历代天文志中多涉及这些内容，它们也就是历代朝廷和天文官所关注的天象。

对于星占的进一步细节，甘、石二氏也多有发挥。如就日、月食而言，石氏有关于 12 个月日食的不同占辞，如“石氏曰：三月日蚀不见光，水大出。”④“甘氏曰：日出至早食时蚀，为齐；食时至昃(禺)中蚀，为楚；昃(禺)中至日中蚀，为周；日中至昳蚀，为秦；日昳至日晡蚀，为魏；日

① 瞿昙悉达：《开元占经》卷六十七。
② H.Maspero，L'astronomie chinoise avant les Han.
③ 潘鼐，中国恒星观测史，学林出版社，1989 年，第 71、72 页。
④ 瞿昙悉达：《开元占经》卷十。

晡至日夕蚀，为燕；日夕至日入蚀，为代。皆为不出三年，当之者国有丧。”[①] 对日食发生的月份以至一天中的不同时段皆各异其占，此中还引进了与分野相类似的观念。“甘氏曰：日蚀从旁起，失于令，相当之。”[②] 注意到了日食亏起方位的不同。甘、石还有日、月食发生于二十八宿不同宿次时的不同占辞，如“甘氏曰：日在角、亢而蚀，戒之在于耕田之臣。”[③] 注意到了日、月食所在的不同方位。上述对于诸多星占对象的具体规定，实际上也属此类发挥。

甘、石二氏还对星占做了一系列规范工作。如对于两天体相接近，依其程度不同，各有说道，甘氏曰：“共行在一宿为舍”，“去之寸为靡”，“相切为磨”，“星相灭为抵”，这是一个自远及近的明确序列；石氏曰：“光五寸以内为芒”，“芒角相及同光为合”，即以两星相距 1 度以内为合。而甘氏则曰：“日月五星与宿形同舍为合”，同石氏之说异。又石氏曰：两星“相至为磨”，这与甘氏之说并无不同。他们对于行星运动有关形态的描述也予以规范，如石氏曰：行星“日行五寸一尺(分)为平行”，“日行一寸、二寸为迟”，“日行一度为疾”，这里所谓一寸相当于 0.1 度。这是对行星运动不同速度的三种定义。石氏又曰：“以度至不去为居”，“居之不去为守”，“留二十日以上为宿，宿犹守也”，这是关于行星留的时间从短到长的三种定义。又曰：“五星入度，经过宿星，光耀犯之，为犯”，“在下犯上为陵”，“西入东出为贯”等等。对于这些定义，甘氏所说有不同者：如说“行所当至，过二十一日，色润泽，为居”，“在下犯上为陵”，“未当入度经入为侵”，“在下相侵为贯”[④] 等等。这反映了甘、石两家各执己见的状况。

从甘、石二氏的占辞看，他们所关注的大都是有关国家兴亡、君臣安危的大事。前面所引及的若干占辞业已涉及于此，以下不妨再引数例以明之。“石氏曰：岁星所在，五星皆从而聚于一舍，其下之国可以义致天下。”[⑤] 这是并不多见的少数吉利的天象与占辞之一。甘氏曰：岁星“失次见于参，其名洋有，国其虚，岁早水”。[⑥] 这里涉及到了水旱丰歉的问题。“石氏曰：荧惑逆行守心，哭泣滂滂，主命恶之，国有大丧与兵，国易政。”“甘氏曰：荧惑贯心，天下民饥。”[⑦]“石氏曰：彗星出氐中，天下大赦，其灭民大疾恶，籴大贵，有兵事。”“甘氏曰：彗星出危，天下乱，司空行诛，有土功之事，兵大起，期二年。”[⑧] 这里更涉及主恶臣死，政权变易，战争爆发，人民饥饿，疾病流行等等灾祸，是甘、石占辞中最为常见的。

甘、石二氏的星占术，也是基于天垂象、见吉凶的思想，分野的观念以及天人感应的思想。“石氏曰：明主在上，月行依道，若主不明，臣执势，则月行失道。”失道是“君臣刑德不正之咎也。……月行疾则君刑缓，行迟则君刑急。月之与日迟疾势殊而事势异也。”[⑨] 日月失道是如此，五星失道亦如此。“甘氏曰：人君、宰相不从四时行令，刑罚不明，大臣奸谋，离贤蔽能，则日月无光。”[⑩] 又曰：“荧惑舍毕，其国多枉刑。”[⑪] 也把天象异常的出现归因于君臣刑德不正。他

---

① 瞿昙悉达：《开元占经》卷九。
② 同①。
③ 瞿昙悉达：《开元占经》卷十。
④ 以上均见瞿昙悉达：《开元占经》卷六十四。
⑤ 瞿昙悉达：《开元占经》卷十九。
⑥ 瞿昙悉达：《开元占经》卷二十三。
⑦ 瞿昙悉达：《开元占经》卷三十一。
⑧ 瞿昙悉达：《开元占经》卷八十九。
⑨ 瞿昙悉达：《开元占经》卷十一。
⑩ 瞿昙悉达：《开元占经》卷五。
⑪ 同⑥。

们又共同认为,君臣应该改邪归正,以消退异常天象的影响。从这个角度看,其说具有整顿或规范君臣行为的积极意义,是甘、石二氏劝恶向善的反映。至于大量的某一天象而有某一灾异的占辞,则带有随心所欲的意味。对于同一天象,甘、石二氏大异其趣的例子,唾手可得,如“石氏曰:填星守角,万物不成”,而“甘氏曰:填星守角,皇后有喜”①,一忧一喜,不足为训;又如甘氏曰:“荧惑以五月守东井,六十日,江海决,溢水出”,而石氏曰:“荧惑守东井,名水有绝者,大鱼死,国大旱”②,一涝一旱,针锋相对。两位著名星占家相互矛盾的说词,正是星占家及其星占术的悲哀所在。

第九节　马王堆帛书《五星占》与《天文气象杂占》③

1973 年底在湖南长沙马王堆三号汉墓发掘出土的大批帛书中,有《五星占》和《天文气象杂占》各一篇,它们是战国时期及至西汉早期流行的星占家著述的摘录。其中,又多有这一期间人们的天文学知识的记述,分别简介于下。

一　马王堆帛书《五星占》

《五星占》(见图 2-5)约 8000 字,共分木星、金星、火星、土星、水星、五星总论、木星行度、土星行度和金星行度等九章④:内含大量天文星占的文字,多系战国时期甘德《天文星占》8 卷和石申夫《天文》8 卷中占文的遗存,其中以甘氏的占文尤多。

其中,尤值得注意的是,关于木星、土星和金星的恒星周期与会合周期及其在一个会合周期内动态的记述。

关于木星:

> 岁星以正月与营室晨〔出东方,其名为摄提格。其明岁以二月与东壁晨出东方,其名〕为单阏。其明岁以三月与胃晨出东方,其名为执徐。其明岁以四月与毕晨〔出〕东方,其名为大荒〔落。其明岁以五月与东井晨出东方,名为敦牂。其明岁以六月与柳〕晨出东方,其名为计给(协洽)。其明岁以七月与张晨出东方,其名芮莫(涒滩)。其明岁〔以〕八月与轸晨出东方,其〔名为作噩〕(作鄂)。〔其明岁以九月与亢晨出东方,其名为阉茂〕。其明岁以十月与心晨出〔东方〕,其名为大渊献。其明岁以十一月与斗晨出东方,其名为困敦。其明岁以十二月与虚〔晨出东方,其名为赤奋若。其明岁以正月与营室晨出东方〕,复为摄提〔格,十二岁〕而周。

这些是关于木星每经 12 年而行一周天(即为其恒星周期)、并与具体星宿相对应的描述。在“木星行度”章中,第三年是与胃前一宿的娄、第十二年是与虚前一宿的婺女晨出东方,略有不同。

---

① 瞿昙悉达:《开元占经》卷三十九。

② 瞿昙悉达:《开元占经》卷三十四。

③ 席泽宗,马王堆汉墓帛书中的《五星占》,见中国社会科学院考古研究所:《中国古代天文文物论集》,文物出版社,1989 年,第 46～58 页;席泽宗,马王堆汉墓帛书中的彗星图,文物,1978,(2)。

④ 马王堆汉墓帛书整理小组,马王堆汉墓帛书《五星占》释文,见《中国天文学史文集》编辑组:《中国天文学史文集》,科学出版社,1978 年,第 1～13 页。

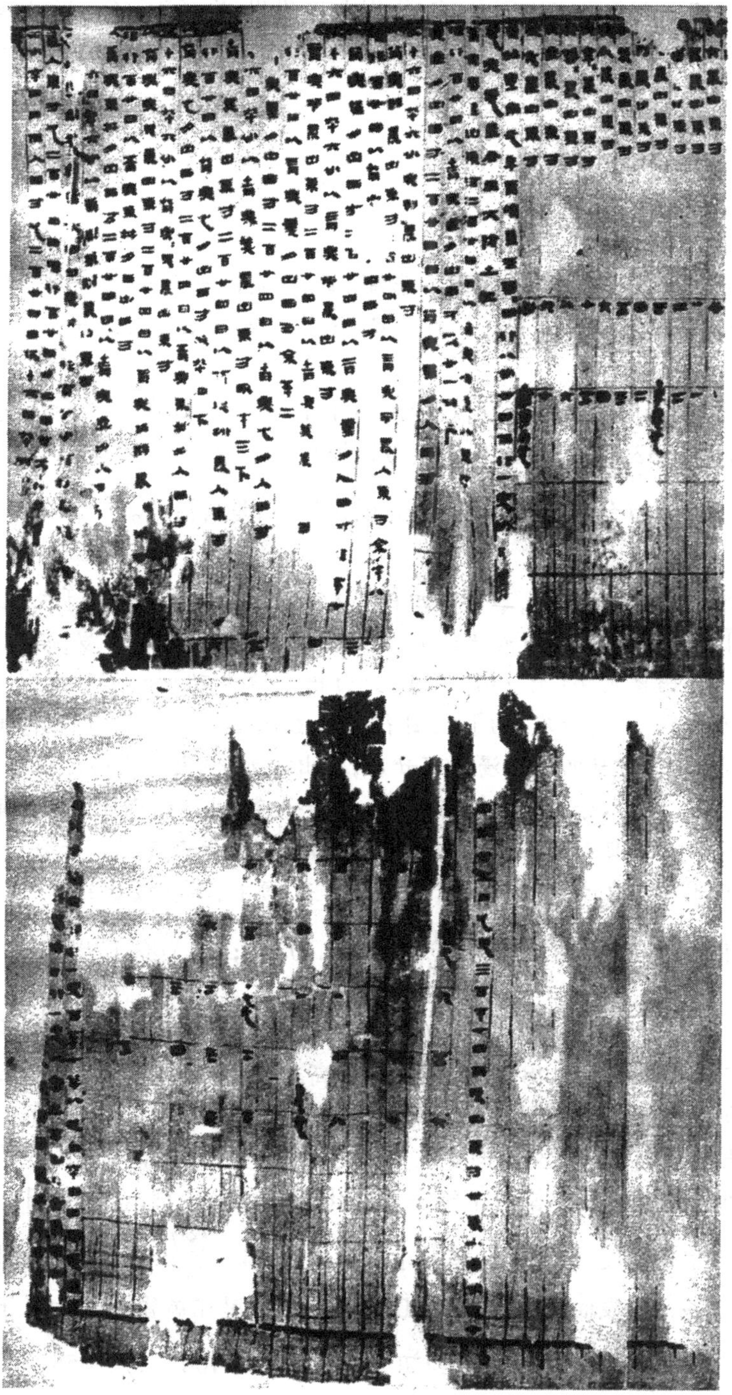

图 2-5 马王堆帛书《五星占》(部分)

又曰,木星“皆出三百六十五日而夕入西方,伏卅日而晨出东方,凡三百九十五日百五分〔而复出西方〕。……日行廿分,十二日而行一度。”“终〔岁行卅〕度百五分。”这是说木星的会合周期为395 105/240(=395.44)日,比今测值小3.44日。而在一个会合周期内,晨见东方后的约365日均可见,后于黄昏时入于西方,有约30日不可见,称之为“伏”,后又晨见东方,如此循环往复。“日行廿分”是说木星每日的平均行度,又由“十二日而行一度”知,一度等于240分。由其一年行:

$30\frac{105}{240}\left(=365\frac{1}{4}\times\frac{20}{240}\right)$度,

可知其一年应等于365 1/4日。

关于土星:

> 秦始皇元年(前246)正月,填星在营室,日行八分,卅日而行一度,终〔岁〕行〔十二度卅二分。见三百四十五〕日,伏卅二日,凡见三百七七日而复出东方。卅岁一周于天。

这是说土星的会合周期为377日,较今测值小1.09日。其在一个会合周期内,和木星相似,先见345日,后伏32日。“日行八分”、“卅日行一度”和“卅岁一周于天”(即为其恒星周期),这三者在一度=240分和一年=$365\frac{1}{4}$日的设定下,是自洽的。

关于金星:

> 以正月与营室晨出东方,二百廿四日晨入东方,浸行百二十日,〔夕〕出〔西方二百廿四日,夕〕入西方,伏十六日九十六分,晨出东方。五出,为日八岁,而复与营室晨出东方。又曰:秦始皇元年(前246)正月,太白出东方,〔日〕行百廿分,百日,上极〔而反,日行一度,六〕十日,行有〔益〕疾,日行一度百八十七分以从日,六十四日而复逮日,晨入东方,凡二百廿四日。浸行百廿日,夕出西方。〔太白出西方始日行一度百八十七分(应为百二十八分),百日〕,行益徐,日行一度,以待之六十日;行有益徐,日行(? 四十)分,六十四日而西入西方,凡二百廿四日。伏十六日九十六分。〔太白一复〕为日五〔百八十四日九十六分。凡出入东西各五,复〕与营室晨出东方,为八岁。

这是说金星的会合周期为$584\frac{96}{240}$(=584.40)日;从八岁五出之说亦可得出该值$\left(365\frac{1}{4}\times\frac{8}{5}\text{日}\right)$;由$\left(224+120+224+16\frac{96}{240}\right)$或$\left(100+60+64+120+100+60+64+16\frac{96}{240}\right)$日,亦可得出该值。它与今测值大0.48日,准确度已较高。在一个会合周期内,金星先晨见于东方,此时金星在太阳之西,后金星每日在恒星背景中东行120/240度,而太阳每日东行一度,故经100日,金星距太阳较当初晨见东方时更在太阳之西50度;后金星与太阳先均每日东行一度,计60日,故此间金星与太阳的相对距离实无变化;继后的64日,金星每日东行1又187/240度,太阳还是每日东行一度,故此间金星向东接近太阳$64\times\frac{187}{240}\approx50$度,即又回到了当初晨见于东方的位置上,并开始没而不见,计伏120日;又后,金星在黄昏时开始见于西方,此时金星在太阳之东。同上理,100日后,金星较当初更在太阳之东$100\times\frac{128}{240}\approx53.3$度;后有60日,金星与太阳之间的相对距离没有变化;又后,金星每日东行40/240度,太阳每日依然东行一度,故金星实际上每日向西太阳接近200/240度,则64日接近64×200/240≈53.3度,即金星又回到当初夕见西方的位置上,并开始没而不见,计伏16又96/240日;再后开始新一轮的晨见东方。如果金星先是每日远离太阳1又187/240度,100日则约为78度,必然同后来金星接近太阳的度数无法相合。

如上所述,《五星占》已把外行星(木、土星)和内行星(金星)动态的基本特征区别开来,外行星只有晨出东方和夕入西方一种动态,而内行星则有晨出东方、入东方和夕出西方、夕入西方两种动态。它们显然要较石申夫、甘德的认识前进了一步,而且已经具备了后世五星在一个会合周期内动态表的雏形。特别是对于金星不但分"晨出东方—顺行—晨入东方—伏—夕出西方—顺行—夕入西方—伏—晨出东方"这样几个大阶段,而且对第一次顺行给出先徐后疾的三个不同速度,对第二次顺行更则给出先疾后徐的三个不同速度,情况更是如此。

在《五星占》末尾三部分分别列出从秦始皇元年(前 246)到汉文帝前元三年(前 177)凡 70 年间木星、土星和金星的位置表:

以金星为例:

秦始皇元年"正月与营室晨出东方,二百廿四日,以八月与角晨入东方,浸行百二十日,以十二月与虚夕出西方,取二十一于下。"所谓"取二十一于下",是说自秦始皇正月金星晨出东方到十二月夕入西方,共历 344 日,这一年尚余 21.25 日,归于下一动态阶段计算,"二十一"只是取约数而已。

秦始皇二年"与虚夕出西方,二百二十四日,以八月与翼夕入西方。伏十六日九十六分,与轸晨出东方。以八月与轸晨出东方,二百廿四日,以(秦始皇三年)三月与昴晨入东方茅(昴)晨入东方,余七十八。浸行百廿〔四〕日,以九月与〔翼夕〕出西方"。所谓"余七十八",是说自金星夕入西方到晨入东方,共历$(224+16\frac{96}{240}+224)=464\frac{96}{240}$日,减去$(365.25+21)$,得 78.15 日,归于下一动态阶段计算,"七十八"也只是取其约数而已。

以下各年皆与之相仿。由之可见,该表实际上是以秦始皇元年正月为起点(亦即历元),根据上述金星在一个会合周期内的动态,以及二十八宿的距度状况,以此向下推衍排列而得的。木星和土星位置表亦作如是观。

在本章第七节中,我们已提及颛顼历实测于秦始皇元年(前 246),也可能是在原有颛顼历基础上的再认定。颛顼历又是以日月五星聚于营室 5 度为历元的条件之一的。帛书《五星占》所展示的秦始皇元年正月木、土、金三星均在营室的事实,似乎说明颛顼历确是在秦始皇元年测定或再认定的,其行星运行各周期与动态的认识大约也应是颛顼历的组成部分。至于黄帝历等其他五历是否也有相应的五星位置推算的方法,乃是一个有待进一步研究的问题。

席泽宗依据现代天文学的方法验算了秦始皇元年至八年(前 246～前 239)、汉高祖元年(前 206)、汉文帝前元元年(前 179)计 10 年间金星的见伏状况,证实了《五星占》表载值符合天象实际,他的结论是:"帛书中关于金星的 70 年的位置表是符合实际天象的。"而对于木星和土星的位置表的验算表明,它们并不完全与实际天象符合,其中又以土星位置表的吻合度最差,这与位置表的编定者无视二十八宿黄道距度广狭不一状况,不适当地作大体上均分的处理有很大关系。这则说明到战国晚年人们对金、木、土三星运行周期与动态的认识已经达到了一定的水平,这是人们已逐渐掌握行星(特别是金星)位置推算方法的证明。

马王堆三号汉墓葬于汉文帝前元"十二年(前 168)二月乙巳朔戊辰",而位置表截止于前 177 年,可见《五星占》系由前 177 年至前 168 年间人所作,它应是战国晚年到西汉早期人们关于五星知识的真切反映。

二　马王堆帛书《天文气象杂占》中的彗星知识

《天文气象杂占》，长约 150 厘米、宽 48 厘米，内载日、月、星、云气、晕、虹等的图像共约 250 幅，自上到下分 6 列示出，并附有文字说明。在其中第 6 列的中部有 29 幅彗星图(图2-6)，最引人注目。对于彗星长期认真的观测，使人们逐渐积累了关于彗星形态的不少知识，彗星的形态被明确地绘成彗头与彗尾两大部分。彗尾有宽有窄、有长有短、有直有弯，彗尾的条数为 1 至 4 条不等，这些都应是对诸多彗星尾部状况的真实写照；有的彗尾还画出若干树叶状波纹，这也并非画蛇添足，这种具有波状花纹或凝聚物的彗尾是确实存在的。彗头被画成一个圆圈或圆点，有的圆圈的中心又有一个小圆圈或圆点，这大约表明人们已经注意到彗头又可分为彗发与彗核两个部分，而且还有不同的类型，它们可能分别归属于苏联天文学家奥尔洛夫所说的 C 类、N 类与 E 类彗头。应该说这些关于彗星形态的认识是符合科学的，它们显示了当时人们对彗星观测的精细程度，是对彗星做过长期认真的观测而逐渐积累而得的。

图 2-6　马王堆帛书彗星图

还要指出的是，当时人们对彗星的这些观测与描绘主要是出于对星占的需要，他们认为这些不同形态的彗星预示着各不相同的意义，并给它们以各异的命名，如："赤灌，兵兴。将军死。北宫。""白灌见，五日，邦有反者。北宫。""浦彗，天下疾"等等。从这些命名看，当时人们还注意到彗星的颜色、出现方位及时间长短等要素。

长沙马王堆三号汉墓下葬的时间是汉文帝前元十二年(前 168)。帛书《天文气象杂占》的抄写年代当距前不甚远，而其写作年代应在三家分晋的公元前 369 年以后，和楚国灭亡的公元前 232 年之前。包括彗星图在内，均应是其时楚人博采与总结各国天文与星占家长期观测资料的著作。

第三章　天文学体系的形成
——秦汉时期(前 221～公元 220)

秦汉是中国古代社会发展的重要时期,国家的统一,中央集权制的建立与巩固,多民族的融合,促进了社会的进步,社会生产力得到了前所未有的发展,一系列社会政治、经济、文化、思想的制度或模式得以确立,同时,包括天文学在内的科学技术体系得以形成。

秦至汉景帝的西汉早期(前 221～前 141),国家初成一统,各种制度开始建立,经济则处于恢复阶段,与此相应,天文学继承先秦时期的成果,吸收、总结并推广之,是为其特征。西汉武帝、昭帝和宣帝(前 140～前 49)时期,是天文学蓬勃发展的年代。汉武帝以其雄才大略,强化中央集权的统治,巩固国家的统一,重视科学技术的发展。在天文学上,他在中国历史上首次以国家的力量,组织一部历法(太初历)的编制,完成历法的重要改革,促成天文学研究的一代新风。董仲舒、司马迁等人亦乘风而起,自成一家之言。昭、宣二帝时挟武帝时之余风,人们在恒星位置测定,天文仪器制作和宇宙理论的探索等方面取得进展,可以说这是天文学体系形成的初级阶段。自汉元帝至王莽新朝(前 48～公元 25),社会动荡,中央政权衰落,思想控制减弱,包括天文学思想在内的学术思想反趋活跃。星占思想如鱼得水,得到充分的发展。其他曾被压抑的天文学思想借助纬书的形式涌现出来。刘向、刘歆父子、扬雄、桓谭等学者对一些曾被视为经典或权威的天文观念、数据提出怀疑,使之面临认真、严肃的挑战,这些是对天文学体系形成的初级阶段的一次审视与反思。

随着东汉王朝的确立,社会进入一个稳定发展的阶段。从汉光武帝到汉殇帝(25～106)期间,经济的发展、恢复以至超过了西汉的水平,经学昌盛,谶纬之学广被重视,西汉末年以来对天文学的审视与反思取得了进一步的成果,主要表现在对月亮运动不均匀性的认识,东汉四分历的编定,宣夜说的出现;天文志与五行志的编修,漏刻制度的改进,黄道铜仪的制作,等等。这些都促进了天文学体系的最终形成。自汉安帝到汉献帝(107～220)是天文学体系形成的时期,这差不多就是张衡从事天文学活动的起始期到刘洪从事天文学活动的终了期,而张衡关于天文学理论的总结和水运浑象等的制作(约 120～130)、刘洪乾象历的编制(约 188～206),即为天文学体系形成的里程碑。天文历法作为一种特殊的科学门类,却备受统治者重视,使天文历法的研究有十分广泛的社会基础。此外,天文历法作为一门独立的学问,有自身发展的规律,长期的知识积累和张衡、刘洪创造性工作,遂使天文学体系水到渠成。

第一节　秦代大一统与天文历法

一　历法及相关制度的统一

秦灭六国,结束了长期诸侯割据的局面,建立了我国历史上第一个统一的、多民族的、中央集权制国家。秦始皇采取了一系列巩固全国统一、加强中央集权统治的措施,废分封、立郡县,疏浚河道,修筑堤防,兴建驰道,整治长城,统一货币和度量衡,统一文字和车轨,等等,其功用和意义已为人所共知，勿需赘言，这里我们只想讨论统一历法这一极其重要的措施。

据《史记·秦始皇本纪》载："秦初并天下，始皇推终始五德之传，以为周为火德，秦代周德，从所不胜，方今水德之始，改年始，朝贺皆自十月朔。衣服、旄旌、节旗皆上黑。"这是秦始皇统一中国后最先采取的措施之一。这里所谓"终始五德之传"，是战国时期邹衍在五行相胜说的基础上建立的。在邹衍的学说中，又以黄帝为土德，后经夏、商、周三代，则依次为木、金、水德，故秦始皇自认为秦统一天下是代周而起，遂以水德命之。以五德相应的是关于五色黄、青、白、赤、黑的规定，所以，秦始皇令衣服、旄旌、节旗等等均尚黑，是理所当然的。邹衍的终始五德之说在战国时期各诸侯之间就颇为流行，秦始皇更引而申之，使之成为新王朝合法、合理的理论性说明。

与之有关的还有对于历法的改革，在统一中国之前的秦国行用的是颛顼历，这是一种以365.25日为一回归年长度。29 499/940日为一朔望月长度，和19年设7闰的四分历。该历法约制订于秦始皇元年（前246）①。秦始皇在不改变历法的基本框架的前提下，改年始，即改正月为岁首变成十月为岁首，以凸显大一统的新王朝的新气象，与五德之论、五色之变彼此呼应。在春秋、战国时期盛传"夏正以正月，殷正以十二月，周正以十一月。盖三王之政若循环，穷则反本"② 的"三正说"，即以为夏、商、周三代曾分别以含有冬至之月的后二月、后一月和当月为每年的正月（岁首），认为这是三代迭兴，其政不同的反映。显然，秦始皇也受到这种理论的影响，他以为秦自可与三代相提并论，所以，定十月为一年之始是顺理成章的。不过，秦始皇并没有把"十月"之名改为"正月"，这则是顺应了当时人们已经习惯了的以含有冬至之月为正月的传统。由此看来，定十月朔为年始同自命水德及衣尚黑等等一样，都具有雄心勃勃地承天受命的政治意义，这些举措对后世产生了相当大的影响。首先，此举结束了春秋、战国期间各诸侯国行用各不相同的历法的局面，在全国范围内通用颛顼历，给出了一个统一的历日制度，为人们的生产、生活提供了一个统一的时间尺度，特别是朝贺、节庆、祭祀等重大时日的统一安排，使全国上下依时而动，这对于国人凝聚力的形成起着不可低估的作用。其次，历法改革在改朝换代中被赋予神圣的含义，这就大大提高了历法的社会地位，在客观上对历法的进步起了积极的推动作用。

二　从睡虎地秦简《日书》等看秦代历法的有关内容

1975年，考古工作者在湖北省云梦睡虎地一墓葬中出土秦简《日书》、《编年记》等重要文献③。在M7椁室门楣上阴刻有"五十一年，曲阳士五邦"字样，此五十一年乃秦昭襄王之纪年，当公元前256年。而《编年记》所记年代止于秦始皇三十年（公元前217）。可见《日书》所载的内容当反映战国末期到秦代初年的有关情况。

《日书》是日者所用以占候时日宜忌之书，而日者乃是陈述时日吉凶宜忌的诸多流派占候者的通称。在日者中，有以天文、历法的相关知识作为依据的流派，故在《日书》中可见与当时

① 陈久金、陈美东，从元光历谱及马王堆帛书天文资料试探颛顼历问题，见中国社会科学院考古研究所编，中国古代天文文物论集，文物出版社，1989年。

② 司马迁：《史记·历书》。

③ 睡虎地秦墓竹简整理小组，睡虎地秦墓竹简，文物出版社，1978年。

的天文、历法密切相关的若干记述。饶宗颐、曾宪通对此论述颇详[1]，现摘其要并予申述。

(一)建除家言与历注

在《日书》中有关于建除家的明确论说：某年正月"建寅、除卯、盈辰、平巳、定午、摰未、柀申、危酉、成戌、收亥、开子、闭丑。"此中建、除等共12名，按一定的规则循环排列，而寅、卯等为日名十二地支，二者相互搭配，以标示某时日的宜忌。这里的建除之名与后世通用者小有不同，其中，盈、摰、柀在后世为满、执、破，其余均相同。对于此建、除等的涵义，《日书》曰：

建日，良日也。可以为啬夫，可以祠，利早不利暮，可以入人，始冠，乘车，有为也，吉。

除日，臣妾亡不得，有瘇病不死，利市责彻□□□除地，饮乐，攻盗不可以执。

盈日，可以筑闲牢，可以产，可以筑宫室，为啬夫，有疾难起。

平日，可以娶妻，入人起事。

定日，可以藏，为官府室祠。

摰日，不可以行，以亡必摰而入公，而止。

柀日，无可以有为也。

危日，可以责摰，攻击。

成日，可以谋事，起口，兴大事。

收日，可以入人民、马牛、禾粟，入室娶妻及它物。

开日，亡者不得，请谒得，言盗得。

闭日，可以劈决池，入臣徒、牛马、它牲。

此外，在《日书》中还可见另一派别的建除家言，其名依此为建、陷、彼、平、宁、空、坐、盍、成、甬、濡、嬴，与之相应的宜忌吉凶亦另成一说。

在《日书》出土之前，我们所知最早的用建除之说注历者，见于敦煌出土的汉宣帝本始四年(前70)的历谱。《日书》关于建除家说的记载，不但表明用建除之说注说历日应早于秦代，而且说明秦代初期还是建除家说内部尚存在不同派别年代，连建除之名仍各执一词，更不用说具体的宜忌之说了。一般说来，要在建除家内部独尊一说几乎是不可能的。而我们知道入汉以后，上述前一派别之说基本上成为后世建除说的范本，由此可以推测秦代(或汉代)统一中国后，官方的认可应是建除家说得以划一的主要因素。

在《日书》中还有"反枳"即"反支"的记述："子、丑朔六日反枳，寅、卯朔五日反枳，辰、巳朔四日反枳，午、未朔三日反枳，申、酉朔二日反枳，戌、亥朔一日反枳。"这些规定同后世完全相同。反支日是为忌日。在山东银雀山出土的汉武帝元光元年(前134)历谱中最早见有以反支注历者，其渊源自然也应至迟前推到秦代。

《日书》中所反映的建除家等的时日宜忌之说，可能始于春秋时期。日者之名首见于《墨子》，言"墨子北之齐，遇日者"云云。《史记·太史公自序》亦云："齐、楚、秦、赵，为日者各有俗所用"，言及了日者中流派众多的状况。应该说，建除家等日者之说，起初是与历家相对独立地发展起来的，后来历家才取建除家之说用于注历，成为历法的一个组成部分。而这种结合很可能始于秦代。

---

① 饶宗颐、曾宪通，楚地出土文献三种研究，见云梦秦简日书研究，中华书局，1993年。

(二)招摇与玄戈指向

《日书》内有“玄戈”一题,记载从秦历岁首十月到九月的一周年间招摇所指的 12 辰,和玄戈所指向的宿次:

十月招摇击未,玄戈击尾;
十一月招摇击午,玄戈击心;
十二月招摇击巳,玄戈击房:
正月招摇击辰,玄戈击翼;
二月招摇击卯,玄戈击张;
三月招摇击寅,玄戈击七星;
四月招摇击丑,玄戈击此蠵(觜觿);
五月招摇击子,玄戈击毕;
六月招摇击亥,玄戈击茅(昴);
七月招摇击戌,玄戈击营室;
八月招摇击酉,玄戈击危;
九月招摇击申,玄戈击虚。

已如第二章第六节所述,《淮南子·天文训》有孟春之月(正月)招摇指寅、仲春之月(二月)招摇指卯……仲冬之月(十一月)招摇指子等等记载。而这里所谓招摇击应就是招摇指向之意,其含义也应相同。但是,这里的十一月却是招摇击午,而且所击十二辰的先后顺序与《淮南子·天文训》正相反。这说明秦时已有以招摇的指向来标示 12 个月的方法,并取 12 辰的逆向排列来一一标示,与《淮南子·天文训》所载的方法有所不同。

至于玄戈击也应是玄戈指向之意。玄戈亦为星名,其位置如图 2-3 所示。这里所说玄戈击系以每三个月(10,11,12;1,2,3;4,5,6 和 7,8,9)为一组,分别击二十八宿中相连续的 3 个星宿:尾、心、房;翼、张、七星;觜觿、毕、昴和营室、危、虚,在每组连续的 3 个星宿之间皆空过 3 至 5 个星宿不等。这说明玄戈击的前后变化是跳跃式的、非均匀的。

(三)12 辰异名和 12 生肖

在《日书》中,有如下记述:“〔鸡鸣丑,平旦〕寅,日出卯,食时辰,莫食巳,日中午,暴未,下市申,舂日酉,牛羊入戌,黄昏亥,人〔定子〕。”此中,鸡鸣、日出等即为 12 时的异名,它们与将一天均分为 12 时段的丑、寅等 12 辰一一明确对应。这些异名,在春秋战国或汉代的有关文献中也曾零星见过:如《左传·宣公十二年》有鸡鸣、日中、日入等;《吴越春秋》有禺中;《史记·天官书》有暮食和《史记·孝景本纪》有食时;《论衡·调时》有平旦寅、日出卯等。这些记载至少表明 12 时的异名应源起于春秋战国时期,到东汉必已齐备,而《日书》所载则明确无误地表明它们至迟在秦代就已经齐备了。晋代杜预在注《左传》时指出:丑鸡鸣,寅平旦,卯日出,辰食时,巳禺中,午正中,未日昳,申铺时,酉日入,戌昏时,亥人定,子夜半。若与《日书》所载比较,可知后世通用的 12 时异名和秦代又有所不同。

《日书》中关于 12 生肖的记载为:“子鼠也,丑牛也,寅虎也,卯兔也,辰口〔也〕,巳虫也,午鹿也,未马也,申环也,酉水也,戌老羊也,亥豕也。”此中,缺辰龙也,而虫应指蛇,环应指猿,水应指雉或隼,老羊应指狗。在《日书》出土前,关于 12 生肖记载的最早文献是《论衡·物势》:“寅木也，其禽虎也；戊土也，其禽犬也；丑、未亦土也，丑禽牛、未禽羊也……亥水也，其禽豕也；巳火也，其禽蛇也；子亦水也，其禽鼠也；午亦火也，其禽马也……酉鸡也；卯兔也……申猴也……”此中，亦缺“辰龙也”的记载，这应与王充在这里是要讨论“含血之虫，怀五行之气，辄相贼害”的命题，而非专论12生肖有关。若补上“辰龙也”，王充所说即是后世通用的12生肖。将《日书》所载与王充所说相比较可见：就所取动物而言，后世通用的12生肖除了以羊代鹿、以猴代猿和以鸡代隼之外，其余皆同；就所取动物和12辰的搭配而言，前六个和后二个均同，申、酉也可以说基本相似，惟午、未作了较大的调整。这些情况表明，12生肖之说至迟在秦代业已形成一个系统，到汉代仅作了一些修订，并影响至今。

（四）各月昼夜时间长短与楚月之名

在《日书》中，有秦月、楚月之名以及与之相应的昼夜长度的记载：

十月——楚冬夕（冬栾）——日六夕十（昼37.5刻）；
十一月——楚屈夕（屈栾）——日五夕十一（昼31.25刻）；
十二月——楚援夕（远栾）——日六夕十（昼37.5刻）；
正月——楚刑夷（刑层）——日七夕九（昼43.75刻）；
二月——楚夏（层）（夏层）——日八夕八（昼50刻）；
三月——楚纺月（亯月）——日九夕七（昼56.25刻）；
四月——楚七月（夏栾）——日十夕六（昼62.5刻）；
五月——楚八月（八月）——日十一夕五（昼68.75刻）；
六月——楚九月（九月）——日十夕六（昼62.5刻）；
七月——楚十月（十月）——日九夕七（昼56.25刻）；
八月——楚爨月（奥月）——日八夕八（昼50刻）；
九月——楚献马（缺）——日七夕九（昼43.75刻）。

楚月名后括号内的月名系见于湖北省荆门市包山战国楚墓出土的竹简①，两相比较，楚月之名从战国至秦代，基本相同，但也有小的变化。此中，“日六夕十”等等，系指该月份白天和夜晚时间的长度分别为一天的6/16和10/16，等等。若以一天为100刻计，其昼、夜的刻数应为37.5刻和62.5刻，等等（见上述括号内，仅给出昼刻数）。由之可见，冬至和夏至应分别在秦历的十一月（昼最短、夜最长）和五月（昼最长、夜最短），秦历当用寅正，即以冬至所在之月的后二个月为正月；亦应分别在楚历的屈夕（二月）和八月，楚历当用亥正，即以冬至所在之月的前一个月为正月。而春分和秋分应分别在秦历的二月和八月，亦应分别在楚历的夏层（五月）和爨月（十一月），其时日夜平分。春分日夜平分，自后昼渐长，到夏至最长，夏至后渐短，到秋分日夜平分，自后仍趋短，到冬至最短，冬至后渐长，到春分日夜平分。《日书》所示正是这种变化的定量化描述。从其冬至月的昼长仅有31.25刻（或夏至昼长68.75刻）来看，与之相应的观测地点的纬度当约在北纬56°。而秦都咸阳的纬度约为34.3°，冬、夏至昼长分别约为40刻和60刻，楚都江陵的纬度约为30.4°，冬、夏至的昼长分别约为42刻和58刻。这些情况说明，《日书》所载的各月昼夜长度的数值与秦或楚都的实际尚存在较大的误差，若在秦都和楚都间相比较，其数值较接近于秦都的实际。另一种可能是，其数值是依据某种论说推衍而得的，只

① 湖北省考古所，包山楚墓，文物出版社，1990年。

是与实际大体符合的理想化的数值。

《论衡·说日》:“儒者或曰:日月有九道,故日行有远近,昼夜有长短也。夫复五月之时,昼十一分夜五分,六月昼十分夜六分,从六月至十一月,月减一分,此则日行月从一分道也,岁日行天十六道,岂徒九道?”王充既反对盖天说、也反对浑天说而主平天说(详见第三章第十三节),这里,他引用前人已有的一年中昼夜长度消长之说,作为反驳浑天说的依据。且不论王充的反驳是勉强为说的,但他对当时仍在流行的各月昼夜长度定量变化的描述则是明确无误,而这正与《日书》所述相合,也就是说,王充在这里所引述的内容,至迟可追溯到秦代。

在明代《顺风相送》和清代《指南正法》① 中,均提及:正月“日长七分,夜九分”,二月“日长平分”,三月“日长九分,夜七分”……和《日书》所载全同。可见,对昼夜长度变化的这种描述,晚到明清时期仍为人们所运用,其简明扼要的特点,应是它乐于为人们所接受的主要原因。

(五)十六时段法

《淮南子·天文训》曰:

> 日出于旸谷,浴于咸池,拂于扶桑,是谓晨明,登于扶桑,爰始将行,是谓朏明,至于曲阿,是谓旦明,至于曾泉,是谓蚤食,至于桑野,是谓宴食,至于衡阳,是谓隅中,至于昆吾,是谓正中,至于鸟次,是谓小还,至于悲谷,是谓铺时,至于女纪,是谓大还,至于渊虞,是谓高春,至于连石,是谓下春,至于悲泉,爰止其女,爰息其马,是谓县车,至于虞渊,是谓黄昏,至于蒙谷,是谓定昏。日入于虞渊之汜,曙于蒙谷之浦,行九州七舍,有五亿万七千三百九里,禹以为朝昼昏夜。

这里,旸谷、咸池、扶桑、曲阿、曾泉、桑野、衡阳、昆吾、鸟次、悲谷、女纪、渊虞、连石、悲泉、虞渊、蒙谷等16名是为太阳周日运行的16个特定的位置,而每两相邻的二个特定位置的距离应均等。晨明、朏明、旦明、蚤食、宴食、隅中、正中、小还、铺时、大还、高春、下春、县车、黄昏、定昏等15名依次是太阳从咸池运行至扶桑、扶桑至曲阿、曲阿至曾泉……的时间段名,显然,从旸谷至咸池也应有一时间段名,却未见其名,这大约是传抄脱漏所致。再说正中这一时段,理应指正午时分,则与之相应的昆吾理当位于正南方位。又由“日入于虞渊之汜,曙于蒙谷之浦”和“日出于旸谷”等说法看,蒙谷应当位于正北方位。依这些理解,可作图3-1。

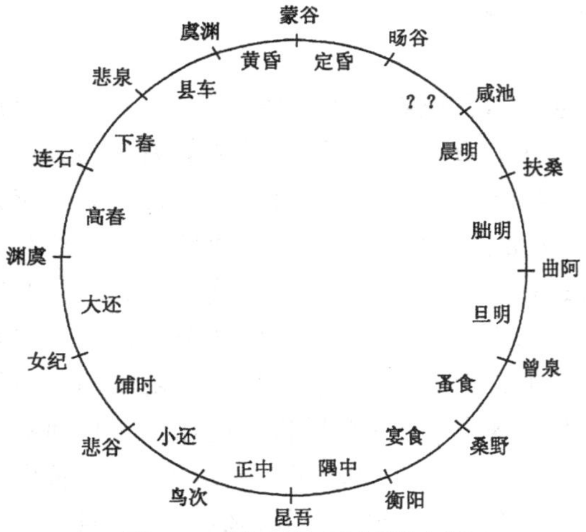

图3-1　《淮南子·天文训》太阳运行十六特定位置、十六时段

《淮南子·天文训》的这段记述,保存了古代一种将一天均分为16个时段的方法,具体而又明确。

在甘肃天水放马滩出土的秦简中,有关于在一日内的不同时段所生婴儿性别将不同的记述:“平旦生女,日出生男,夙食女,莫食男,日中女,日西中男,昏(应为昳)则女,日下则男,日未

① 向达校注,《两种海道针经》,中华书局,1961年,第29、110页。

入女，日入男，昏女，夜莫男，夜未中女，夜中男，夜过中女，鸡鸣男。”① 显然这也是关于一天分为16时段的记述，只是具体的时段名称另成系统而已。这说明一日分为16时段法在秦代还在使用，其发端大约应在春秋战国时期。若虑及上述《日书》所载者，和《淮南子·天文训》的这段记述很可能有内在的密切关系(亦示如图3-1)：

秦历十月和十二月，日出于曾泉、入于女纪，正得日六夕十；

秦历十一月，日出于曾泉与桑野之间、入于女纪与悲谷之间，正得日五夕十一；

秦历正月和九月，日出于曾泉与曲阿之间、入于女纪与渊虞之间，正得日七夕九；

秦历二月和八月，日出于曲阿、入于渊虞，正得日八夕八；

秦历三月和七月，日出于曲阿与扶桑之间、入于渊虞与连石之间，正得日九夕七；

秦历四月和六月，日出于扶桑、入于连石，正得日十夕六；

秦历五月，日出于扶桑与咸池之间、入于连石与悲泉之间，正得日十一夕五。

很可能的情况便是，先有《淮南子·天文训》提及的日行及其时段的论说，后有《日书》记述的各月昼夜长度变化的描述。尽管该描述的误差尚较大，但它们却是现所知中国古代最早的关于各月昼夜长度变化的定量描述，而且是大体可信的描述。

《日书》等对上述五个方面问题记述，将原先我们大多只能从汉代的有关文献中得见的零散状况，给予了很大的充实，使我们对战国末年到秦代初年历法的相关问题有了新的认识。这五个方面的问题，在汉代人看来大约都是常识性的问题，所以难有对之作系统的论述者，而《日书》则是日者的工具书性质的文献，它传达给我们的这些基本的历法信息是十分难得的。

第二节　西汉早期的改历之议与天象记录及天象观

一　改历之议

公元前206年，汉高祖刘邦代秦而起，建立了又一个中央集权的、大一统的西汉王朝。建国之初，汉高祖亦不忘对于历法的抉择与颁行。张苍(？～前152)在秦时就以“善用算律历”② 知名，在刘邦麾下的一般文臣武将中，张苍自然是历法问题的权威人士。一方面，汉高祖“以北平侯张苍言，用颛顼历，比于六历，疏阔中最为微近”③，即依据张苍的意见，由于颛顼历较其他五种历法(黄帝历、夏历、殷历、周历、鲁历)为密，而行用颛顼历。另一方面，他“亦自以为获水德之瑞”④，此说也得到张苍等人的认同，所以“袭秦正朔服色”⑤，更是自不待言了。可是刘邦又出新说，云他斩白蛇起义时，听到“有物曰：‘蛇，白帝子也，而杀者，赤帝子也’”⑥。依此而论，汉代应为火德，色尚赤。果若为火德，则全不合五德终始论。刘邦似也不便坚持火德之说，但在服色上颇为认真，于是，张苍提出了别出心裁的折衷方案：“色外黑内赤”⑦，这颇满足了汉高祖的心意。由之可见，

① 秦简整理小组，天水放马滩秦简甲种《日书》释文，见甘肃省文物考古研究所：《秦汉简牍论文集》。
② 司马迁：《史记·张丞相列传》。
③ 班固：《汉书·律历志上》。
④ 司马迁：《史记·历书》。
⑤ 同④。
⑥ 司马迁：《史记·封禅书》。
⑦ 同⑥。

西汉建国之初,人们仍器重五德终始论和三正说。不过,对于五德终始论的解说已见歧义,即不承认秦代是可以与夏、商、周三代相提并论的一代,而且在服色问题上可以随心所欲地加以变通,这无疑冲淡了五德终始论的严肃性和神圣色彩。更重要的一点是,张苍所提出的以历法疏密决定取舍的初始思想,这是中国古代历法得以不断改革、演进的最主要动因,此时已见端倪。

及至汉文帝前元十四年(前 162),改历之议由鲁人公孙臣提出,他是以终始五德论——"汉得土德,宜更元,改正朔,易服色,当有瑞,瑞黄龙见"① ——立论的。公孙臣显然认为不应该把秦代摒除在各代的排列之外,秦为水德,汉代秦而兴,应得土德,至于他主张的"改正朔"的内涵如何,现已不得而知。此时张苍还健在,而且身居丞相之位,他自然不以为然,重申前说,按下不议。次年(前 161),"黄龙见成纪(今甘肃天水)"②,与公孙臣的预言偶合,张苍无可奈何,不便再坚持旧说,由是,汉文帝"复召鲁公孙臣,以为博士,申明土德事"③,与此同时,有新垣平者,亦"颇言正历、服色事"④,深得汉文帝的宠信。这是一次由公孙臣发起的、由新垣平推波助澜的力图恢复五德终始论权威性的重要尝试,眼看就要获得成功。可是,于汉文帝前元十七年(前 159),新垣平作乱"事觉,夷三族"。⑤ 汉文帝便不再提德运和改正朔、易服色之事。西汉早期的历法大体停留在秦代的水准。

二　天象记录与天象观及天文机构

除了历法之外,这一时期对于天象的观测与关于天象的观念也有所进展。人们对于五星聚合、日月食等特殊天象最为关注。

据《汉书·天文志》记载:

"汉(高祖)元年(前 206)十月,五星聚于东井。"汉文帝后元六年(前 158)"四月乙巳,水、木、火三星合于东井"。后元七年(前 157)"十月戊戌,土、水合于危"。汉景帝前元"元年(前 156)正月癸酉,金、水合于婺女"、"七月乙丑,金、木、水三合于张"。前元"二年(前 155)七月丙子,火与水晨出于东方,因守斗"、"十二月水、火合于斗",中元"二年(前 148)正月丁亥,金、木合于觜"、"五月甲子,金、木俱在东井"。中元"三年(前 147)十一月庚午夕,金、火合于虚,相去一寸"。中元"四年(前 146)四月丙申,金、水合于东井"。中元"五年(前 145)四月乙巳,水、火合于参"。后元"元年(前 143)五月壬午,火、金合于舆鬼之东北,不至柳,出舆鬼北可五寸。"等等。

此中,汉高祖刘邦先至霸上,而有"五星聚于东井",被认为是"高皇帝受命之符也"。而自前 158 年到前 143 年的 16 年间,有 12 次二行星或三行星合于某宿的记事,均被认为是凶兆。这些记事占全部天象记事的 60%,可见被重视的程度。

又据《汉书·五行志下之下》载,日食记事汉高祖时三,汉惠帝时二,吕后时二,汉文帝时五,汉景帝时七,计得 19 次。如"高帝三年(前 204)十月甲戌晦,日有食之,在斗二十度",其他记事形式多如此。这同前代及后代大多数日食记事的不同处在于,多出日食所在宿度的记述。

---

① 司马迁:《史记·封禅书》。

② 司马迁:《史记·孝文本纪》。

③ 同②。

④ 同①。

⑤ 同②。

日食被认为是一种重大的异常天象，是与君主的命运、政治的休咎直接相关者，是上天对于君主的一种警示。

高后"七年正月己丑晦，日有食之，既，在营室五度，为宫室中。时高后恶之，曰：'此为我也'"①。

汉文帝前元三年(前177)十一月丁卯晦，日有食之。文帝诏曰：

> 朕闻之，天生烝民，为之置君以养治之。人主不德，布政不均，则天示之以菑，以诫不治。乃十一月晦，日有食之，谪见于天，菑孰大焉。朕获保宗庙，以微眇之身托于兆民君王之上，天下治乱，在朕一人，唯二三执政犹吾股肱也。朕下不能理育群生，上以累三光之明，其不德大矣。令至，其悉思朕之过失，及知见思之所不及，丐以告朕。及举贤良方正能直言极谏者，以匡朕之不逮。因各饬其任职，务省繇费以便民。朕既不能远德，故然念外人之有非，是以设备未息。今纵不能罢边戍，而又饬兵厚卫，其罢卫将军军。太仆见马遗财足，余皆以给传置。②

这是中国古代首见的君王因日食而下的罪己诏，它反映了以下几项观念：一是，人主不德，布政不均，上天就会示之以异常天象，以警戒之，日食是对人主大不德，布政大不均的严重警告。二是，承担治乱的责任、思过革新是人主应答天谴的首要举动。三是，听取匡正的意见，减轻人民的负担，节省军费的开支和控制皇室的日常消费，是消弭天谴的必要举措。

这些观念是天谴论的具体反映，并把它具体化为一种可操作的行为。天谴论实际上是一种神化皇权的理论，它把以往视为不祥之兆的灾异，解释为上天对皇帝的特别关照。君王自视是受命于天，且宽宏大度，也乐于接受这一理论③。天谴论对后世产生了巨大的影响，由之而起的日食诏、彗星诏等史不绝书，帝王因之罪己，大则宣布修德、修刑、大赦天下，小则减膳、撤乐，臣子上书直言，提出各种建议，也往往因之而起。日食等异常天象的发生与天谴论的普遍被接受，在中国古代历史上曾起了特殊的正面作用，这是一种异常的社会效应。

汉代设有专门的机构——太史，负责包括天象的观测与记录、每年历书的推算在内的有关工作：

> 太史令一人，六百石。本注曰：掌天时、星历。凡岁终，奏新年历。凡国祭祀、丧、娶之事，奏良日及时节禁忌。凡国有瑞应、灾异，掌记之。丞一人，明堂及灵台丞一人，二百石。本注曰：二丞，掌守明堂、灵台。灵台掌日月星气，皆属太史。④

又，《汉官仪》曰：

> 太史待诏三十七人，其六人治历，三人龟卜，三人庐宅，四人时日，三人易筮，二人典禳，九人籍氏、许氏、典昌氏各三人，嘉法、请雨、解事各二人，医一人。

又，《汉官》曰：

> 灵台待诏四十二人，其十四人候星，二人候日，三人候风，十二人候气，三人候晷景，七人候钟律，一人舍人。

由之可见，太史令是该机构的最高负责人，还有其副职丞一人和37名各领其职的工作人

① 班固：《汉书·五行志下之下》。
② 司马迁：《史记·孝文本纪》。
③ 徐凤先，中国古代的异常天象观，自然科学史研究，1994，(3)。
④ 范晔：《后汉书·百官二》。

员,从他们的分工看,负责每年历法的编算者只有6人,其他则大多是以龟卜等不同手段占验吉凶一类事物的人员。太史还下辖两个分支机构明堂与灵台,各设负责人丞一人。明堂是天子举行朝会、祭祀以及大型庆典的地方,太史令属下的明堂这一机构,显然是负责这些仪式时日的确定、事务的安排等工作。而灵台则是负责天象(包括气象)观测的处所,人手最多的是进行对星辰的观测,所谓"候日"无疑是指对太阳的观测,而"候气"和"候晷景"都是晷影的测量有关,钟律也被认为与节气有关,所以也被纳入其中。这一机构的设立对后世产生了巨大的影响,各朝代对于该机构的名称或有变迁,人员的配备或有多寡,但其主要职责均沿袭不弃,成为政权机构不可或缺的组成部分。

第三节 淮南学派的天文工作

刘安(前179～前122),汉高祖刘邦之孙、淮南厉王刘长之子,汉文帝前元十六年(前164)袭父爵为淮南王。为人好书、鼓琴,招致宾客方士数千人,与门客苏非、李尚、伍被等合著《鸿烈》(又称《淮南鸿烈》或《淮南子》)一书,是为西汉初黄老之学的主要流派的集体创作,书约成于公元前140年。内中"天文训"、"时则训"、"原道训"、"俶真训"等篇,含有十分丰富的天文学内容,反映了当时天文学发展的重要侧面,兹简要介绍于下。

一 宇宙本原与演化说

在《淮南子·天文训》的篇首就有如下十分精彩的论述:

> 天地未形,冯冯翼翼,故曰大昭。道始于虚郭,虚郭生宇宙,宇宙生气,气有涯垠。清阳者薄靡而为天,重浊者凝滞而为地。清妙之合专易,重浊之凝结难,故天先成而地后定。天地之袭精为阴阳,阴阳之专精为四时,四时之散精为万物。积阳之热气生火,火气之精者为日。积阴之寒气为水,水气之精气为月。日月之淫精者为星辰。天受日月星辰,地受水潦尘埃。

认为未生成天地之前,原始的宇宙是处于一种无形、无序和无边无际的混沌状态中,这一阶段(或状态)名叫"大昭",也叫做"虚郭",在"虚郭"之中就有精神性的"道"的存在,同时在"虚郭"的某一部分衍生出叫做"宇宙"的空间,在这部分空间中又生出"气"这种物质来,这"气"有一定的边际,其后,"气"中的轻清部分扩散而形成天,"气"中的重浊部分凝聚而形成地。由于轻清的"气"易于扩散,而重浊的"气"较难凝聚,所以天较先形成,而地较晚形成。在天地形成的过程中,天和地各自生出和谐合好的精气、阳气和阴气,其中热的阳气积聚在一起生成火,火精生成太阳,冷的阴气积聚在一起生成水,水精生成月亮。又由于太阳和月亮的流散而来的精气生成满天的星辰。此外,阳气和阴气彼此推移而成春夏秋冬四季,四季中阴阳二气的消长盈缩而生成地上的万物。

这些论述显然继承了先秦时期宇宙本原和演化的总体思想,并予以充实与发展:第一,它认为在天地生成之前,就有道和气的存在。道与气之间并不存在衍生的关系,而是并存不悖的。第二,它认为气是有限的,只是在有气的这部分"虚郭"中形成天与地,换一句话说,天地仅仅是无边无际的"虚郭"的一部分。第三,它认为轻清为天,重浊为地,引用轻清者上扬、重浊者下沉的自然现象作为天地分判的物理机制。第四,它认为先形成天、后形成地,以散易、聚难作为论据。第五，它提出了生成太阳和月亮的两各序列，分别引进阳积热生火与阴积寒生水的机制。对于星辰的生成也作了说明。第六，它把地上万物的生成看做是阴阳两气运动与变化的结果。质言之，它在宇宙本原的问题上，对无中生有和元气为本泛取兼容的态度。在演化总程序上，取与《吕氏春秋》类似的太一——天地——阴阳——万物的演化路线。这些是刘安等人对前人之说的继承，其余各点大约均为刘安等人的新创，都对后世产生了极大的影响。之所以说“大约”，主要是针对第三点而言的。

下面我们再来看《淮南子·俶真训》关于宇宙演化的另一种论述：

首先它把宇宙的演化分为“有始者，有未始有有始者，有未始有夫未始有有始者”三个阶段，对于每一个阶段又述其演化的形态特征，其中后一阶段的时间在前一阶段之先，若以先后次序排列，最后为“有始者”，中间为还没有开始“有始者”（即“有未始有有始者”），最先为还没有开始有“有未始有有始者”（即“有未始有夫未始有有始者”）。

“有未始有夫未始有有始者，天含和而未降，地怀气而未扬，虚无寂寞，萧条霄霏，无有仿佛，气遂而大通冥冥者也。”这是天地刚刚形成，天之阳气尚未下降，地之阴气亦未上升，天地之间，是一片空虚无物，寂寞静谧、昏暗迷茫的景象。

“有未始有有始者，天气始下，地气始上，阴阳错合，相与优游竟畅于宇宙之间，被德含和，缤纷茏苁，欲与物接，而未成兆朕。”这时，天之阳气开始下降，地之阴气开始上升，阴阳之气在天地之间悠闲通畅地流行，彼此交接会合，形成缤纷万状的聚集体，将要孕育化生。

“所谓有始者，繁愤未发，萌兆牙蘖，未有形埒垠愕，无无蠕蠕，将欲生兴，而未成物类。”这时万物的胚芽已经形成。但形状和边际还模糊不清，正蠢蠢欲动，将要生成物类。

这些是对天地刚刚分判以后，自阴阳始生到万物将成的三个不同阶段状态的描述。

《淮南子·俶真训》又按状态特征，把宇宙演化的过程分为四个阶段：“有有者，有无者，有未始有有无者，有未始有夫未始有有无者。”同样，这四个阶段的先后次序也是倒置的。按次序的先后，其形态依次为：“有未始有夫未始有有无者，天地未判，四时未分，万物未生，汪然平静，寂然清澄，莫见其形。”这是指天地未分之前的形态，即无形、无序、无边无际、寂静无声和清澈澄净的原始宇宙的形态。

“有未始有有无者，包裹天地，陶冶万物，大通混冥，深闳广大，不可为外，析毫剖芒，不可为内，无环堵之宇，而生有无之根。”上述“未有始有夫未始有有始者”中，有“气遂而大通冥冥者也”之说，同这里的“大通混冥”互相呼应，所以，这里亦当指天地刚刚剖判之时，这时阳气与阴气还处于各自独立的状态，它们既广大无形，又是不可分割的物质微粒，是为下一个“有无者”形态的根基。

“有无者，视之不见其形，听之不闻其声，扪之不可得也，望之不可极也，储与扈冶，浩浩瀚瀚，不可隐仪揆度而通光耀者。”这里所谓“有无者”并不是指“虚无”，而是指事物还处于无形的阶段，因其无形，故视之不见，听之不闻，扪之不得，又广大浩瀚，不能测度。从时间先后而言，这应与上述“有始者”和“有未始有有始者”两个阶段相应。“有有者”，是指当今的世界图像：“言万物掺落，根茎枝叶，青葱苓茏，萑蔰炫煌，蠉飞蠕动，蚑形哙息，可切循把握而有数量。”从时间先后而言，这应是上述“有始者”阶段的继续。

这一从时间上的三段分法和形态上的四种分法，显然是取自《庄子·齐物》，但注入了丰富、具体得多的形态描述，更为重要的是，它摒弃了庄子由此得出的对世界万物存在的真实性的怀疑论调，而把它们视作宇宙演化的真实和具体的阶段或形态①。

《淮南子·俶真训》这些论述的重点是对天地剖判之后演化状况的描述。它实际上是将其分为阴阳气生、阴阳气交、阴阳气孕和阴阳气成四个不同的阶段，对每一个阶段又各具不同的形态特征，是关于万物从无形演化变成有形的具体论述。在《淮南子·原道训》中，对于无形、无形与有形的关系曾作十分精彩的阐述：

"夫无形者，物之大祖也。……其子为光，其孙为水，皆生于无形乎。……所谓无形者，一之谓也，所谓一者，无匹于天下者也，卓然独立，块然独处。上通九天，下贯九野，圆不中规，方不中矩，大浑而为一，叶累而无根，怀囊天地，为道关门。……布施而不既，用之前不勤，是故视之不见其形，听之不闻其声，循之不得其事。无形而有形生焉。"

这就是说"无形"乃是宇宙的本原，也就是"一"，万物是由无形的物质生成的，其明亮照遍天下的"光"，其柔顺且浩浩荡荡的水，亦无不如此。这里把有形无质的光，说成是无形之子，把有形有质的水，看做是无形之孙，隐含有从无形到物质生成有一个过程的思想，即：无形——有形无质——有形有质之物。无形是一个独立的单元（"卓然独立，块然独处"），又广阔无边（"上通九天，下贯九野"），而且无穷无尽（"布施而不既，用之而不勤"），不为人们的感官所察觉（"视之不见"），没有确定的形象（"圆不中规，方不中矩"），处于一种混沌的状态（"大浑而为一"），是它生成了枝繁叶茂的天地万物（"叶累"、"怀囊天地"），它自身就是天地万物的本原，再也没有比它更原始的原始（"无根"），如果给它一个名子，就叫做"一"。这是中国古代关于无形，也就是关于物质性的宇宙本原的形态、性质的精彩论述之一。还要指出的是，这一论述是对庄周关于"未形"概念的发展，并且对之作了根本性的改造，即认为无形本身就是"物之大祖"，是"卓然独立"的、"无根"的，并不是由虚无创生出来的。

在《淮南子·说山训》中也说：

"故有形出乎无形，未有天地能生天地者。"

即认为有形之物出于无形之物，天地是有形之物，也是从无形之物生成的，表达了与"原道训"相类似的思想。

再看《淮南子·诠言训》的有关论述：

"洞同天地，浑沌为朴，未造而成物，谓之太一，同出于一，所为各异，有鸟有鱼有兽。谓之分物。方以类别，物以群分，性命不同，皆形于有。隔而不通，分而为万物，莫能及宗，故动而谓之生，死而谓之究，皆为物矣，非不物而物物者也。"

这里的"朴"是指素材、本原而言，认为在形成有形的万物之前，是处于一种充满无形的"一"的混沌状态，尔后都由无形的"一"生成千差万别的物类。生物活着是物，死去也是物，生成万物的也是物，极其鲜明地否定了无中生有的虚无创生论。

《淮南子》的这些论述，从不同的角度表述了同一种宇宙本原观，它应是《淮南子》大多数作者的共同见解。

如上所述，《淮南子》中关于宇宙本原与演化的论述是丰富多彩的，刘安及其门客对这一论题给予了充分的关注，他们继承先秦以来学者的相关思想，对宇宙本原与演化学说作了新的发展与归纳，把中国古代的宇宙本原与演化思想推到一个新的高度，并对后世产生了广泛而深刻的影响。

---

① 孙述沂、宣焕灿，论汉代的天地起源说，见《中国天文学史文集》第3集，科学出版社，1984年。

二　其他天文学知识的记述

《淮南子·天文训》中还记述了众多当时人们所掌握的天文学知识。它们有的是对往昔天文学知识的追述，有的是当时天文学新进展的记载，其涉及面十分广泛。在第二章第六节和本章第一节中，我们已分别提及月令、一日 16 分法等记述，而关于其他知识可简要介绍如下：

（1）“昔者共工与颛顼争为帝，怒而触不周之山。天柱折，地维绝，天倾西北，故日月星辰移焉，地不满东南，故水潦尘埃归焉”——这是关于为什么中国的地形西北高而东南低，为什么天极偏向北面、众星拱之等问题的神话式说明的最早记述。

（2）“麒麟斗而日月食，鲸鱼死而彗星出”——这是关于日月食和彗星出现原因的神话式说明的最早记载。

（3）“天有九重，人亦有九窍”——这是继屈原在《天问》中提及的关于九重天观念的又一次表述。

（4）“日移一度，反复三百六十五度四分之一，而成一岁，天一元始正月建寅，日月俱入营室五度，天一以始，建七十六岁日月复以正月入营室五度无余分，名曰一纪。凡二十纪一千五百二十岁大终，日月星辰复始甲寅元。”“二十九日九百四十分日之四百九十九而为月。而以十二月为岁，岁有余十日九百四十分日之八百二十七，故十九岁而七闰”——这是颛顼历为甲寅元和日、岁、纪、元以及岁、月长度、闰法之间关系的明确论述：1 元＝20 纪＝20×76（＝1520）岁＝1520×365.25 日。若一年以 12 个朔望月计，则每经一年少了以下日数：

$365\frac{1}{4}-(12\times 29\frac{499}{940})=10\frac{827}{940}$日。于是每经 19 年需加上 7 个闰月，正可使 19 年的日数同 235（＝19×12＋7）朔望月的日数全等：

$19\times 10\frac{827}{940}=7\times 29\frac{499}{940}$，亦即 $19\times 365\frac{1}{4}=235\times 29\frac{499}{940}$。

（5）“月日行十三度七十六分度之二十六（八）”——这是关于月亮每日平均运行速度为 13 28/76（＝13 7/19）度的最早的明确论述。这是从上述回归年与朔望月长度存在的数量关系推衍出来的。已知 19 年＝235 朔望月，即 19 年内日与月相会合 235 次，每日日行一度，一年 365.25 日日行一周天 365.25 度，则 19 年日行 19 周天。在此 19 年内，月亮除了行 235 周天外，还要追上日左行的 19 周天，也就是说，月亮在 19 年内行 254（＝235＋19）周天，即月亮一年行 254/19 周天，亦即月亮每日行 254/19＝13 7/19 度。

（6）金星“晨出东方二百四十日而入，入百二十日而夕出西方，二百四十日而入，入三十五日而复出东方”——这是关于金星一会合周期值于动态的描述。由之可知金星一会合周期为 635 日，这要比马王堆帛书《五星占》所载要粗疏得多，它可能是依据先秦时期的有关资料给出的描述。

（7）“欲知天之高，树表高一丈，正南北相去千里，同日度其阴。北表二尺，南表尺九寸，是南千里阴短一寸。南二万里则无景，是直日下也。阴二尺，二得高一丈者，南一而高五也。则置从南至日下里数，因而五之，为十万里，则天高也”——这是关于天（即指太阳）的高度的测量法。这里首先引进了南北相去千里，日影相差一寸（对于一丈表而言）的假定。又设于甲地用一丈表测影得 2 尺，则甲地到日下的距离应为 2 万里。又由图 3-2 可知，2 尺∶10 尺＝（2 万里＋2 尺）∶天高，则天高约为 10 万里。

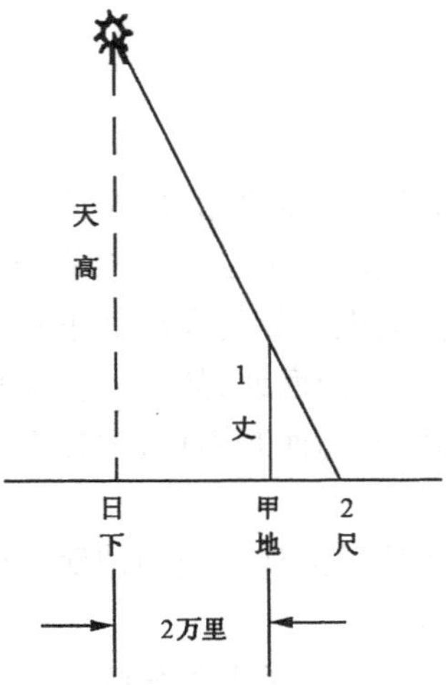

图 3-2　《淮南子·天文训》测量天高示意图

由于上述假定只是一种臆测,所以这种天高的测算法是没有意义的。

(8)“星分度:角十二,亢九,氐十五,房五,心五,尾十八,箕十一、四分一,斗二十六,牵牛八,须女十二,虚十,危十七,营室十六,东壁九,奎十,娄十二,胃十四,昴十一,觜觿二,参九,东井三十(三),舆鬼四,柳十五,星七,张、翼各十八,轸十七,凡二十八宿也”——这是关于二十八宿赤道度的记述。这一数据与《汉书·律历志下》所载三统历的二十八宿赤道度几乎相同,惟这里是将周天 365.25 度的尾数 0.25 度置于箕宿,《汉书·律历志下》所载则脱漏尾数,不知应置于何宿,而后世历法(唐一行大衍历以前)的二十八宿赤道度值亦同此,只是均把尾数置于斗宿。可见,《淮南子·天文训》所载二十八宿赤道度在相当长的时间内对历法产生了巨大的影响,该数值是否就是刘安的门客所测或是前人测量的成果的转录,还有待进一步的研究。若以测于刘安时代计,该数值绝对值平均误差约为 0.5 度①。

(9)前已述及在《淮南子·天文训》中首列 24 节气的名称,不但如此,它还给出了 24 节气在黄道上分布的状况。它称黄道为中绳,冬至、夏至与春、秋分在中绳上的位置分别为:“日冬至则斗北中绳,阳气极,阴气萌。”“日夏至则斗南中绳,阳气极,阴气萌。”“指卯中绳,则曰春分”,“指酉中绳,则曰秋分。”它又明确指出:“两维之间,九十一度十六分度之五而升”,“两维之间”系指冬至－春分－夏至－秋分－冬至两两之间,91 5/16 度正等于一周天 365.25 度的四分之一,即二分、二至正当黄道的四等分点上,而其他各节气则两两相距 15 度左右。应该说这是关于日行黄道概念的一种明确表述,而日行黄道是浑天思想的一个重要观念,与下面我们将要论及的日行七衡六间的《周髀算经》盖天说是截然不同的。

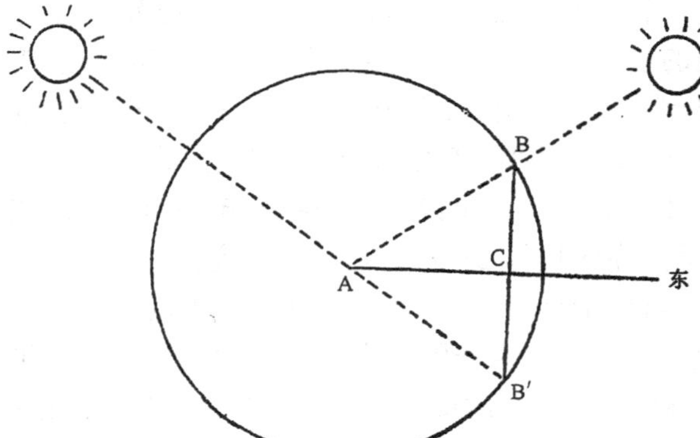

图 3-3　《淮南子·天文训》“正朝夕”示意图

(10)关于测定东西方向的方法:“正朝夕,先树一表(B)东方,操一表(A)却去前表十步,以参望日始出北廉;日直入,又树一表(B′)于东方,因西方之表(A),以参望日方入北廉。则定东

---

① 薄树人,中国古代的恒星观测,科学史集刊,1960,(3)。

方两表之中(C),与西方之表(A),则东西之正也。”这可如图 3-3 所示①,此中,表 A 实为固定于一处的竖立的表,而表 B 和表 B′为移动之表,分别在日出与日入时,令其在以 A 为圆心、10 步为半径的圆弧上移动,使 A、B 与日出方向,或 B′、A 与日入方向处于同一平面上。

在《淮南子·天文训》中还记载有“天有九野”,十二分野法,冬至日影长一丈三尺、夏至日影长一尺五寸(对于八尺表而言),太岁纪年法,木星和土星的恒星周期(分别为 12 年和 28 年)等等天文知识。这些大约都不是刘安门客们的首创,他们只是综述了当时人们已经掌握的常识而已,但为我们展示了当时人们已经掌握的天文学知识的基本状况。

第四节 董仲舒的天文学思想与司马迁的天文工作

一 董仲舒与天人感应说

董仲舒(前 179~前 104),广川(今河北枣强)人。少治《春秋》,汉景帝时为博士,汉武帝即位(前 140),董仲舒以贤良对策,阐述天人感应之说,提出“罢黜百家,独尊儒术”,“立学校之官,州郡举茂材孝廉”等建议,受到汉武帝的重视,并渐被采纳实施。董仲舒曾任江都王与胶西王相等职,颇有政声。后托病辞官,专事修学著书之务,又以《春秋》决狱,朝廷每有大议,常派使者就家问之,其对皆有明法②。其著作颇丰,今传《春秋繁露》是他的代表作。

《春秋繁露》共十七卷、八十二篇,推崇公羊学说,阐发“春秋大一统”之旨,杂糅阴阳五行之说,对自然和人事作各种比附,发展和完善了自先秦以来天与人之间可以相互影响的观念,建立了系统的天人感应理论体系。

首先,董仲舒申述了天的至高无上的地位:“天者万物之祖,万物非天不生,独阴不生,独阳不生,阴阳与天地参然后生。”③ 认为天乃是万物之源,只是在生出万物的过程中引进了与地及阴、阳相参合的机制。“天地者,万物之本,先祖之所出也。广大无极,其德炤明,历年众多,永永无疆。”④ 作为万物本源的天和地在时间与空间上都是无限的,而且具有道德崇高、永恒的特质。

接着,他认为“天地惟有人独能偶天地”⑤,“天地之精所以生物者,莫贵于人,人受命于天也”⑥,强调了人在万物之间的独特地位。而且“天之生物也,以养人”⑦,天只是为了人的需要才生出其他万物来。他还认为天是依照它自身的模样与特质生成了人:“身犹天也”,“身之有性情也,犹天之有阴阳也。”⑧ “观人之体一何高物之甚,而类于天也。……故人之身首妎,员象天容也,发象星辰也,耳目戾戾象日月也,呼吸象风气也……天地之象以要为带,颈以上者,精神尊严,明天类之状也,颈而下者,丰厚卑辱,土壤之比也,足布而方,地形之象也。”“天以终

① 中国天文学史整理研究小组,中国天文学史,科学出版社,1981 年,第 175 页。
② 班固:《汉书·董仲舒传》。
③ 董仲舒:《春秋繁露·顺命》。
④ 董仲舒:《春秋繁露·观德》。
⑤ 董仲舒:《春秋繁露·人副天数》。
⑥ 同⑤。
⑦ 董仲舒:《春秋繁露·服制象》。
⑧ 董仲舒:《春秋繁露·深察名号》。

岁之数成人之身，故小节三百六十六副日数也；大节十二分副月数也，内有五脏副五行数也，外有四肢副四时数也，乍视乍瞑副昼夜也，乍刚乍柔副冬夏也，乍哀乍乐副阴阳也，心有计虑副度数也，行有伦理副天地也。”① “为生不能为人，为人者天也。人之人本于天，天亦人之曾祖父也。此人所以上类天也。人之形体化天数而成，人之血气化天志而仁，人之德行化天理而义，人之好恶化天之暖清，人之喜怒化天之寒暑，人之受命化天之四时。”② 这些论述的基本思想是在把天人格化的前提下，把自然界的若干自然属性或现象同人的若干内外形态或性情相比附。

董仲舒还运用阴阳之气，在天与人之间建立了畅通无阻的联系渠道：“阴阳之气在上天，亦在人。在人者为好恶喜怒，在天者为暖清寒暑，出入上下左右前后平行而不止，未尝有所稽留滞郁也。其在人者亦宜行而无留，若四时之条条然也。”“天地之间有阴阳之气常渐人者，若水常渐鱼也。所以异于水者，可见与不可见耳。……天地之间若虚，而实人常渐是，澹澹之中而以治乱之气流通相殽僎也，故人气调和而天地之化美，殽于恶而味败，此易之物也。”③

在董仲舒心目中的天，并不是完全人格化的上帝，天的人格化特征是依附于它“遍覆包涵而五所殊，建日月风雨以和之，经阴阳寒暑而成之”④ 的自然属性的⑤。此外，董仲舒赞同古来已有的“天子受命于天，天下受命于天子”⑥ 之说，认为“王者，亦天之子也”，“天立王，以为民也”⑦。在“天地与人之中，以为贯而参通之”的是“王者”，所以，“天地、人主一也，然则人主之好恶喜怒，乃天之暖清寒暑也”⑧。

这些就组构成了“天人之际，合而为一”⑨ 的基本理论框架。在此基础上，再引进互动的机制，而成天人感应说的理论体系，其基本机制⑩ 是：“同类相动”，“气同则会，声比则应，其验皦然也”，“物故以类相召也”，“阴阳之气固可以类相益损也。天有阴阳，人亦有阴阳。天地之阴气起而人之阴气应之而起，人之阴气起而天地之阴气亦宜应之而起，其道一也。……非独阴阳之气可以类进退也，虽不祥祸福所从生亦由是也。无非己先起之，而物以类应之而动者也”⑪。这也是与先秦天人感应思想的重大差别所在。

董仲舒建立的天人感应理论体系，连同他对历史上的灾异与历史上某事件相应验的系统描述，都对后世产生巨大的影响。天人感应说在政治上论证封建专制统治的合法性和合理性，虚构天的至高无上，以树立皇帝的最高权威，来维护和加强地上君主的统治。就对科学技术的影响而言，用唯心主义、形而上学的说教替代对科学的探索与研究。天人感应说认为宇宙内的一切，从自然界、社会及至人类的所有现象，都是照着天的意志而显现的，世上万物本出于天。这实际上是把对自然界有关现象的解释，归之于对天的意念的揣测、对帝王性情的理会。这也

---

① 董仲舒：《春秋繁露·人副天数》。
② 董仲舒：《春秋繁露·为人者天》。
③ 董仲舒：《春秋繁露·如天之为》。
④ 班固：《汉书·董仲舒传》。
⑤ 徐凤先，中国古代的异常天象观，自然科学史研究，1994，(3)。
⑥ 同②。
⑦ 董仲舒：《春秋繁露·尧舜擅移汤武不专杀》。
⑧ 董仲舒：《春秋繁露·王道通》。
⑨ 董仲舒：《春秋繁露·深察名号》。
⑩ 同⑤。
⑪ 董仲舒：《春秋繁露·同类相动》。

就几乎窒息了人们对自然现象的规律性进行探索的任何生机，对科学技术的进步产生极大的阻碍作用。

在汉武帝时期，由于董仲舒的这一套世界观刚刚建立，非正统的所谓异端思想还在为自己的生存与发展而斗争。"欲以究天人之际，通古今之变，成一家之言"[①] 为抱负的司马迁，正是这样的代表人物。

二　司马迁的天文工作

（一）司马迁其人

司马迁（前145～约前87），字子长，夏阳（今陕西韩城）人，是我国伟大的历史学家和文学家。关于他的生平和他的不朽名著《史记》已有众多的研究与评述，人们无不赞颂他在史学和文学方面的辉煌业绩，这是理所当然的。此外，司马迁在哲学、经济学、地理学等领域也成绩卓著，特别在天文学方面也有令人瞩目的贡献[②]，本节就此作一简要的介绍。

大约从20岁开始，司马迁到长江、淮河、黄河中下游一带漫游，传说其目的是奉他父亲之命去搜求古代诸侯的历史。大约汉武帝元狩、元鼎年间（前122～前116），司马迁当了一名仪仗侍卫官——郎中。他曾多次随从汉武帝出巡，或奉命到外地视察，这又给司马迁实地考察、研究各地历史与现状的很好机会。天汉三年（前98），司马迁蒙受了一场奇冤，被处以腐刑。从此，他对朝廷杂务毫无兴趣，几乎把全部心力倾注在著述上，最终著成《史记》一书。在《史记》中，司马迁对天文学给予了特别的关注，不但在许多篇"纪"、"表"、"传"内记述有关天文学的史料，而且还写了《历书》和《天官书》两篇专论天文学问题的文字，总结前人的已有成果，阐述自己的研究心得。更重要的是，这开启了中国史书系统地记述天文学问题的优良传统，从而使我国历代天文学的丰富史料得以流传至今。

（二）历法主张

汉武帝元封年间，司马迁等人发起的改历活动所引致的颁用邓平、落下闳太初历的详细情况，我们在下一节中作介绍。我们先讨论司马迁在其间的工作及其历法主张。

司马迁是一位有见地、有作为的太史令，在其任内同公孙卿、壶遂等人一起，向汉武帝进言："历纪坏废，宜改正朔"，这自然是有胆有识之举。随即，司马迁等人便被委以"议造汉历"的重任，并开展了一系列观测研究工作。这些工作至少包括冬至点位置、日月五星运行状况以及恒星位置等的观测，历法的历元、交食周期、行星会合周期和逆行规律、回归年和朔望月长度以及闰法等的研究。司马迁等人显然圆满完成了如此繁重工作的组织协调任务。由于各家意见纷纭，经实验确定选用邓平、落下闳法，司马迁的历法主张未能得以采用，但他力主改历的建言业已实现，若干观测研究成果（如历元等）实际上对太初历产生了积极影响，一些历法见解也不比太初历逊色。司马迁接受了实测检验的结果，但在《历书》和《天官书》中，我们仍可见他的若干历法主张。

---

① 班固：《汉书·司马迁传》。

② 薄树人，司马迁——我国古代伟大的天文学家，自然杂志，1981，(9)。

在《天官书》中，司马迁指出："余观史记，考行事，百年之中，五星无出而不反逆行。"而据《汉书·天文志》载："古历五星之推，亡逆行者，至甘氏、石氏经，以荧惑、太白为有逆行。"这说明在战国时期甘德、石申夫的时代(约前4世纪)，人们已经知道火星和金星是存在逆行现象的，而司马迁对其前百年间史官关于五星运动记录的考察得知，约从公元前3世纪后期开始，史官业已知道五星都存在逆行的现象。司马迁则明确地指出了这一有据可查的、确凿无疑的事实，而且认为这是五星运行的一种正常的现象。这一论述自然是为研究五星在一个会合周期中动态的可靠基础。《天官书》中简略地记载有五星在一个会合周期中的动态，以及相应的会合周期值。其准确程度略高于甘德、石申夫所说，但低于长沙马王堆汉墓出土的帛书《五星占》的水准。

司马迁在《天官书》中提到了一种交食周期："月食始日，五月者六，六月者五，五月复六，六月者一，而五月者五，凡百一十三月而复始。"这是说一个交食周期的朔望月数 $=5\times6+6\times5+5\times6+6\times1+5\times5=121$，可是其所载总计数却为113，前后不一致，这应是传写错谬造成的。我们至今也难以复原司马迁所确认的交食周期值，但他给出了中国古代最早的交食周期值之一则是毋庸置疑的。

在《历书》中，司马迁没有记述当时被颁用的太初历，而是用"历术甲子篇"的形式记载了他所主张的历法方案。由中可以得知，司马迁是主张继续使用古四分历的三个基本天文数据的。他显然反对邓平、落下闳所采用的回归年和朔望月长度值的，当然也反对他们的"以律起历"[①]的玄虚理论。确实，司马迁所坚持应用的回归年和朔望月长度值，要比太初历来得精确，所以，司马迁的意见是有他的道理的。不过，公允而论，太初历自有其他长处是司马迁所不及的，当年决定颁用太初历乃是明智的抉择。

(三)对星官体系的整理

《天官书》是我国古代现存最早的介绍全天星官的完整文献，共记有89个星官、500多颗星。在司马迁以前，对于全天星官的命名与分划，不少天文家已做过大量工作，仅在战国时期著名的就有"齐，甘公(甘德)；楚，唐昧；赵，尹皋；魏，石申夫"四家。司马迁既出身于天官世家，又曾出任太史令，自然谙熟各家之说。在《天官书》中，他对全天星官的论述，与各家之说有同有异，即既有共性，又有明显的个性特征。《天官书》所载89个星官与石氏星官的共同之处最多，但其中约有3个星官(市楼、诸侯、司空)为石氏星官所无。又有21个星官在星官名和星数上有所不同，如北极5星和天极4星；钩陈6星和后句4星；紫微垣15星和紫宫12星，等等(前者为石氏星官，后者为《天官书》星官)。还有4个星官二者虽星官名相同，当所述位置却完全不一样，如《天官书》说天枪星在紫宫左，而石氏却说在斗勺东；《天官书》说长沙星在轸宿旁，石氏则说在轸宿中，等等。此外，大约有5个星官名还可能是石氏的后学依据《天官书》之说添加的，如《天官书》说："胃为天仓"，即把胃宿比做天上的仓库，石氏后学因而在胃宿的西南方另设立了一个天仓星官，等等。与此相仿，甘氏和巫咸氏星官中，约有20个星官名是有其后学依《天官书》之说而设的。

从上述情况看，《天官书》星官并不是前代已知各家星官的简单重复。有鉴司马氏世主天官，以及司马迁父子均曾任太史令的经历，我们有理由认为，《天官书》星官很可能是司马氏星

① 班固：《汉书·律历志上》。

官体系的再现，它是在吸收其他各家星官体系成果的基础上，自成一家，这也正像石氏、甘氏、巫咸氏三家传人吸收《天官书》的营养而扩充三家星官之说一样。无疑，司马迁对于全天星官的整理工作，为中国古代星官体系的最终定型，做出了重要的贡献。

(四)对恒星颜色、亮度及变星的观测

恒星的颜色是恒星的重要物理特征之一，中国古代人们早已注意到它。在《天官书》中，司马迁就记述了若干恒星颜色的差异：质，白色；狼，白色；心大星，赤色；参左肩，黄色；参右肩，苍色；奎大星，黑色；南极，赤色；昴，白色。

质，即所谓的鬼星团，M34。昴，即昴星团，M45。参右肩为参宿五，猎户座 γ 星。心大星，即心宿二，天蝎座 α 星。狼，天狼星，大犬座 α 星。司马迁对这些恒星颜色的描述都是正确的，和现今观测到的相一致。奎大星为仙女座 β 星，其颜色红而较暗，考虑到古人有把深色的东西称为黑色的习惯，又考虑到司马迁为适应五行说的理论，故以奎大星为黑色是可以理解的。

其中不符合现今所见的有两颗。一是南极，即老人星，船底座 α 星。现今所见为黄白色，这与《天官书》所说“赤色”相差很大。不过，北京天文台李竞先生认为，这可能是因为该星的赤纬太低，对黄河流域的观测者而言，其地平高度最高只有 5°左右，由于地面大气的消光作用会使星色变红。这大约便是司马迁说它是赤色的原因。

另一颗是参左肩，即参宿四，猎户座 α 星。现今所见为红色，与司马迁所说为黄色不同。1975 年戴文赛先生指出，这可能是二千多年中该星演化的结果。在他的指导下，薄树人等于 1978 年发表论文论证了这棵恒星的古今颜色变化可能是由于演化和大量抛射物质的结果①。后来，美国波士顿大学的布瑞彻(Bureche)博士则提出，在距今约 2700 年曾发生过一次爆发，使该星暂时变得较白，以后在几百年中又逐渐变回红色。由此看来，司马迁把参宿四记为黄色，可能是事出有因的，这还有待作进一步的研究。

恒星的亮度各不相同，这是有目共睹的事实。古代希腊天文学家曾提出比较严格的数量化的星等概念，来描述恒星亮度的大小。而在中国古代，人们仅对之作定性的叙述，可视为一种关于恒星亮度概念的初始形式。司马迁在《天官书》中就把恒星亮度大体分为五类。这五类并无严格的界限，但是它们之间的亮度区别基本上可以辨别开来。这五类依次是：

第一类叫做“大星”(见表 3-1)，计有 11 星。其中将位一星存疑，其余 10 星中以奎大星最暗，为 2.37 等星，狼星最亮，为 −1.58 等星。其平均星等为 0.69 等。

表 3-1　《史记·天官书》大星亮度表

星名	心宿二 天蝎座 α	南门一 半人马座 β	南门二 半人马座 α	轩辕十四 狮子座 α	毕宿五 金牛座 α	狼 大犬座 α	南极老人 船底座 α	北落 南鱼座 α	河鼓二 天鹰座 α	奎大星 仙女座 β
亮度	1.22	0.86	0.33	1.34	1.06	−1.58	−0.86	1.29	0.89	2.37

第二类叫做“明者”，只有一颗星有此称谓。即北极星 4 星中的最亮一颗，今称小熊座 α 星，其星等为 2.24 等。

第三类是不加称谓的一般恒星。《天官书》中所记的 500 多颗星绝大多数均属此类。其中

① 薄树人、王健民、刘金沂，论参宿四两千年来的颜色变化，科技史文集，第 1 辑，1978 年。

有亮到 2 等以上，乃至像织女星这样的亮星；也有暗到 5 等以下的恒星。不过，其中大多数是 3 至 4 等左右的恒星。

第四类叫做“小星”，明确提到的有 3 颗：轩辕御者（狮子座 31）为 4.58 等星；长沙星（乌鸦座 η 星）为 4.42 等星；附耳星（金牛座 92）为 4.85 等星。其平均为 4.62 等星。

第五类最暗，称为“若见若不”。这只对“阴德”（一名“天一”）3 星用过。我们证认这 3 颗星是天龙座 10 号星和南京大学《全天恒星表》（1972 年出版）中的第 11880 号与 11686 号星，它们的星等分别为 4.77，5.70，6.66 等。其中第 1 颗不难看到，观测第 2 颗就较困难，观测第 3 颗则必须有很好的目力，在好的天气条件下才能看到，故称之为“若见若不”。

总之，司马迁所记的五类恒星大体上可这样区分：“大星”，主要指 1.5 等以上的亮星；“明者”，指 2 等左右的星；一般无称谓的星为 3 至 4 等；“小星”，为 4.5 等左右的星；“若见若不”，指 5 至 6 等以下的暗星。这几类星彼此有交叉，但大体上是可以区别的。

还有一些恒星，其亮度在不断变化，这类星称为变星，中国古代人们也注意到一些亮度变化比较大的变星。司马迁在《天官书》中就记载有这类变星：

“贱人之牢，其牢中星实则囚多，虚则开脱。”

“（天）市中星众者实，其虚则耗。”

“三柱，柱不具，兵起。”“贱人之牢”，主要包括北冕座的半圆形部分，其中有两颗变星 R、S，其变幅分别为 5.8 至 6.5 等及 5.3 至 12.3 等。当 R、S 可见时，牢中就显得星多（实），反之，牢中则星少（虚）。

“天市”，司马迁所说的是四星，经证认应是蛇夫座 α、κ、ν 三星和巨蛇座 η 星。在此四星的范围内有蛇夫座 U 及 RS 变星两颗，其变幅分别为 5.8 至 6.5 等和 5.3 至 12.3 等。而所谓虚实的含义同上。

“三柱”，是指“五帝车舍”（后世称为五车）五颗星范围内的三柱（每一柱均由 3 颗星组成）。其中西北一柱为御夫座 ζ，ε，η 3 颗星，ζ 和 ε 均为变星，ε 星的变幅为 5.0 至 5.6 等。当这个食变星的亮度极小而天气条件又较差的情况下，就有可能看不见，这时就可说是“柱不具”。

由之可见，司马迁的这些记述是相当可靠的①。

（五）对陨石、银河本质等的认识

在《天官书》中，司马迁还对陨石、银河的本质，和恒星、行星的生成，以及若干奇异天象有所论述：

在《春秋》一书中，有鲁僖公十六年（前 644）“陨石于宋五”的记载，而《左传》则指出这是“陨星也”，即认为落在宋国境内的这五颗陨石是五颗星陨落的结果。在《天官书》中，司马迁则重申此说：“星坠于地，则石也。河、济之间，时有坠星。”司马迁之说显然较前说还要明确与肯定，这应与司马迁当年在黄河中下游地区漫游时的所见所闻有关。在这里，司马迁不再把陨星的降落当作奇异的天象看待，而是作为一种时常发生的正常的事物来认识。经由司马迁的确认，星陨至地便成陨石的观念普遍为人们所接受。如果虑及这一观念在欧洲直到 1803 年才为人们所承认，便可反衬司马迁及其前人论说的高明之处。

---

① 薄树人，司马迁——我国古代伟大的天文学家，自然杂志，1981，(9)。本节（三）、（四）的撰写还参照了薄树人先生未正式发表的相关研究论文。

关于银河，司马迁写道："汉者，亦金之散气，其本曰水。汉，星多，多水，少则旱，其大经也。"这里，司马迁大约已经涉及银河乃是由众多的恒星组成的观念。至于他认为银河也是由金的散气生成的说法，是与他所说"星者，金之散气，其本曰火"相应的，也就是说，银河与恒星都是金的散气这一点是共同的，而两者的区别在于，前者源出于水，后者则基于火。这些说法又与司马迁关于日月星辰的总体生成论有关："三光者，阴阳之精，气本在地"，即认为日月星辰是由地上的阴阳五行之气升到天上生成的。这些观念是司马迁对前人相关理念的继承与发展，它同稍早于司马迁的刘安等人所认定的日月星辰本来就是天上的事物的观念完全不同(参见上一节)。司马迁等人的这一观念，当与天人感应说有较密切的关系，因为它提供了天人之间发生直接联系的可能途径，可视作天人感应说的日月星辰生成观。中国古代最早把五大行星分别称作金、木、水、火、土五星的记述正见之于《天官书》，也许，就是这些观念使司马迁给五大行星作这样的命名的。

在《天官书》中，司马迁还认为若干彗星是因木星运行不正常引致的。司马迁分别称这些彗星之名曰天棓、彗星、天欃和天枪，其特征是长数丈，"末兑"或"两头兑"，由此可知，司马迁所说必是彗星无疑。它们分别是由彗星出现方位不同(东北、东南、西北或西南)而给定的别名。此外，司马迁又把出现于正东方的、有五条彗尾的彗星称为五残星；把彗尾特别弯曲的彗星称为蚩尤旗，等等。有此看来，司马迁是依据彗星出现的不同方位和彗尾的不同形态给彗星以不同的名称的。这种彗星命名法，显然是继承了战国以来为彗星命名的传统的。

司马迁在《天官书》中，还给其他10余种奇异天象命名，并对其形态特征予以描述。它们应是大流星、北极光、黄道光、新星、超新星等天象。这些命名和相关描述，是对前人工作的总结或归纳，对后世则产生了重大的影响。

第五节　太初历的制定及其贡献

一　太初历的制定

前已述及，西汉立国伊始，即承用秦之颛顼历，到汉文帝年间(前162)虽起改历之议，但因故夭折，自此又沉寂了50余年，至汉武帝元封年间，改历之议又起。这一回人们提出必须改历的主要依据是，依颛顼历所推历日，"朔晦月见，弦望满亏多非是"，这同汉文帝时公孙臣、新垣平等人的主要出发点迥异。由于颛顼历行用日久，而它所取用的朔望月长度偏大(每月偏大约0.00026日，则每经一年约使朔、弦、满日期的推算后于实际0.0032日)，从颛顼历制定(约前246年)到元封七年(前104)已达142年，则已经使得朔、弦、满日期的推算约后天0.5日。可见，当时人们提出对颛顼历的批评殆非虚言。

鉴于此，大中大夫公孙卿、壶遂、太史令司马迁等言："历纪坏废，宜改正朔。"这意见得到了汉武帝的重视，他下诏给御史大夫儿宽，令"与博士共议，今宜何以为正朔？服色何上？"于是，一场真正的历法改革的工作展开了。

一是，先从实测入手，分别用圭表、浑仪和漏壶，测量元封七年十一月的冬至时刻，和冬至太阳所在赤道宿度，二十八宿的赤道距度，岁星所在宿次，以及日月运行等的数据。

二是，为处理这些实测所得的大量数据和以前史官测量的有关成果，在朝野中聘选的主管人员感到困难，彼此发生了歧义的情况下，于是延募人才，以期集思广益求得"密度"，以造新历。参与者达 20 余人之多，其中包括天文名家唐都，以及邓平、落下闳等人。

三是，参与者多非等闲之辈，共提出了 18 种方案（此中自然包括司马迁自己的方案），面对这种众口难调的状况，于是采用了令各种方案各自预推日月行、并与实测结果相比较的方法，以辨别疏密，结果邓平和落下闳的方案脱颖而出。于是诏令太史令司马迁用邓平、落下闳法，并要求再行校验。

四是，这次复校由宦官谆于陵渠主持，主要检验邓平、落下闳法推算晦、朔、弦、望的状况，结果认为“皆最密。”而且还指出邓平、落下闳法所选取的上元还有“日月如合璧，五星如连珠”的特点。于是，最终决定用邓平、落下闳法，命名为太初历，并提升邓平为太史丞。

可是，太初历中以元封七年十一月甲子朔旦冬至为实测历元，并由此上推 4617 年作为上元（说见后）。元封七年测得日月在建星，上元时日月亦在建星（此时还不知岁差的存在）。这里所谓“太岁在子”，是说元封七年为丙子年，元封七年仅有十月、十一月和十二月三个月（这还是以颛顼历的十月为岁首计），太初历改为以正月为岁首，即元封七年正月已改为太初元年正月，岁名的干支亦随之改为丁丑年。至于所谓“复得阏逢摄提格之岁”，即甲子岁，不知所云何意，存疑待考。

采取了一条正确的思想路线与技术路线，当然也是至关重要的。从改历的全过程看，以实测入手，以实测辨别革家历法的优劣是非，又以实测进行再检验，即始终坚持了一条客观的、实事求是的标准，使各家得以公平竞争，真正择优而从之。地位较为低下的治历者邓平和来自巴郡的民间治历者落下闳的历法被选中，而身为太史令的司马迁的方案却落了榜，这是这种思想路线与技术路线得到贯彻的自然结果。

二　太初历的内涵

太初历的原貌如何，现已无从知晓。我们只能从东汉班固《汉书·律历志》中的有关记载进行分析以求索之。在《汉书·律历志下》中所载的历法系西汉末刘歆的三统历，共分“统母”、“五步”、“统术”、“纪术”、“岁术”、“世经”六大部分，其中“世经”部分是刘歆关于年代学的创作，而前五大部分则是刘歆在太初历基础上作成的。东汉徐干（？～217）《中论·历数篇》曰：“成哀之间（约前 7），刘歆用（邓）平术而广之，以为三统历”，正指此而言。既然三统历是以太初历为基础推而广之，这就为我们了解太初历的有关情况提供了重要线索。我们认为太初历的大体面貌有如下述：

邓平和落下闳把历法的基本常数朔望月长度的设定与黄钟律吕相联系，“其法以律起历，曰：‘律容一龠，积八十一寸，则一日之分也”，“一月之日二十九日八十一分之四十三”。他们又取 19 年 7 闰法，于是，一回归年的长度则为：$\dfrac{(12\times19+7)\times29\dfrac{43}{81}}{19}=365\dfrac{385}{1539}$日。这两个基本常数均较颛顼历来得大，其精度反不如颛顼历。从这一点看，太初历并不成功，这是“以律起历”的这一非实践性的历本思想造成的。

太初历应用“先籍半日”的“阳历”方法，即在推求朔日时，均加上半日$\left(\dfrac{40.5}{81}\text{日}\right)$为算。如历元后的第一个朔日为 $29\dfrac{43}{81}+\dfrac{40.5}{81}=30\dfrac{2.5}{81}$日，即历元年十一月定为 30 日、为大月，余可类推。据邓平所说,这样做是因为"阳历朔皆先旦月生,以朝诸侯王群臣便"①,即这样做可使在拂晓前见到新月,是为方便朝事活动而设计的。

太初历以元封七年十一月甲子朔旦(夜半)冬至为实测历元,已如前述。但为神其事,又上推4617年作为上元泰初之年。已知回归年和朔望月长度值和19年7闰法,则有:

$4617\times365\frac{385}{1539}=\left(4617\times12\frac{7}{19}\right)\times29\frac{43}{81}$,这就是说,由元封七年上推4617年的上元年亦正得十一月甲子朔旦(夜半)冬至。这实际上是先求回归年和朔望月长度的最小公倍数:1539年=562120日,这样便可回复到十一月朔旦(夜半)冬至,但日名干支不得甲子,于是又以3×1539年=4617年=1686360日,正可被60除尽,则日名干支亦可回复到甲子。据研究,公元前104年12月23日76刻为冬至时刻,太初历实测历元年冬至时刻的误差约为24刻②。若据颛顼历计算,冬至时刻的误差当在1日以上。所以,太初历历元的厘定是十分明智的。

太初历虽仍应用19年7闰法来推算闰月,但如果发现"中气在朔若二日,则前月朔也。"③因为中气若在朔日或二日,则其前一个月就可能无中气。这就是规定了以无中气之月为闰月的原则,来最后调整与确定闰月。这是较19年7闰法乃至比19年7闰法还准确的闰法都能更有效地调整回归年与朔望月之间的关系。该方法为后世历法沿用不弃,太初历首取该法之功不可没。

薄树人指出④,在《汉书·天文志》上有一段关于岁星纪年的文字。其中关于岁星位置记载,分别是按战国时期石氏(石申夫)、甘氏(甘德)、和太初历的二十八宿来标示的,三者所示的二十八宿体系名可列如表3-2。

表3-2 石氏、甘氏、太初历与三统历二十八宿名对照表

石氏	角	亢	氐	房	心	尾	箕	斗	牵牛	婺女	虚	危	营室	东壁
甘氏	角	亢	氐	房	心	尾	箕	建星	牵牛	婺女	虚	危	营室	东壁
太初历	角	亢	氐	房	心	尾	箕	建星	牵牛	婺女	虚	危	营室	东壁
三统历	角	亢	氐	房	心	尾	箕	斗	牛	女	虚	危	营室	壁
石氏	奎	娄	胃	昴	毕	觜觿	参	东井	舆鬼	柳	七星	张	翼	轸
甘氏	奎	娄	胃	昴	毕	参	罚	狼	弧	注	张	七星	翼	轸
太初历	奎	娄	胃	昴	毕	参	罚	东井	舆鬼	注	张	七星	翼	轸
三统历	奎	娄	胃	昴	毕	觜	参	井	鬼	柳	星	张	翼	轸

由表3-2可知,太初历的二十八宿体系绝大部分和甘氏相同,其不同处是不采用甘氏的狼、弧矢,而改用石氏的东井、舆鬼。东井、舆鬼离黄道较近,而狼、弧矢离黄道较远,所以,太初历对甘氏二十八宿体系所作的这一调整是有道理的。

前已提及,太初历测定历元年"日月在建星",并"已得太初本星度新正",这正可与《汉书·天文志》的这些记载相呼应。在汉武帝改元封七年为太初元年的诏书中也曾提到"乃者有司言历未定,广延宣问,以考星度,未能仇也"⑤,这表明关于二十八宿体系的厘定工作,在元封七年

① 以上均见班固:《汉书·律历志上》。
② 陈美东,论我国古代冬至时刻的测定及郭守敬等人的贡献,自然科学史研究,1983,(1)。
③ 班固:《汉书·律历志下》。
④ 薄树人,试探三统历与太初历的不同点,自然科学史研究,1983,(2)。
⑤ 班固:《汉书·律历志上》。

以前便得到人们的重视，进行过广泛的讨论，而只是在这次改历工作中才得以完成。可惜的是，太初历二十八宿距度的测量结果未能流传下来。

关于此时冬至位置测量的成果，薄树人又指出①，查《大衍历议·日度议》云："（刘）歆以太初历冬至在牵牛前五度"②，这是刘歆依据他自己的二十八宿体系，对太初历当年所测定的冬至点位置所作的表述。我们认为这一理解是可信的。果若如此，太初历测得的冬至点位置相当于赤道斗宿21.25度，其误差约为0.35度；若依颛顼历冬至点位置在牵牛初度，误差则达4.6度之多③，所以，太初历的这一改革也是具有意义重大的。

由三统历"统术"中"推月食法"的记述，我们可以知道，它是以135个朔望月11.5个食年为交食周期值的。又据《续汉书·律历志中》载："太初历推月食多失。四分因太初法，以河平癸巳（前28）为元，施行五年"，这是说在东汉四分历行用之初的5年，仍采用太初历的交食周期值，并以汉成帝河平元年（即癸巳年）作为起算点。又此看来，这一交食周期值应是太初历所创用。依这一交食周期值可推得一食年长度为346.6667日，其误差约68分钟④。这一误差虽然还较大，甚至精度还不如迦勒底人在此数百年前就已提出的沙罗周期（223个朔望月19个食年），但它是中国历史上最先出现的、明确的交食周期值与食年长度值。

如上所述，太初历的创新与长处远多于它存在的缺欠，所以，当年选用太初历是理所当然的，是"历本之验在于天"的历思想的一次重大胜利。

三　太初历颁行以后的论争

"后二十七年，元凤元年（前78），太史令张寿王上书言：'历者天地之大纪，上帝所为。传黄帝调（律）历，汉元年（前206年）以来用之。今阴阳不调，宜更历之过也'。"这是在太初历颁行27年后，太史令张寿王发起的对太初历的批评。他认为历法是上帝所制定的，非邓平、落下闳等人所能测定。他又认为当时发生的水灾等是阴阳不调的结果，"太初历亏四分日之三，去小余七百五分，以故阴阳不调，谓之乱世"，即阴阳不调是改用太初历引致的。所谓亏3/4日（=705/940）日，是说太初历所定元封七年十一月冬至时刻先天了3/4日，这是依据张寿王所主张行用的黄帝调历计算而得的结果。

且看当时的人们是如何来应对张寿王的挑战的。张寿王认为"黄帝至元凤三年（前76）六千余岁"，而丞相属宝、长安单安国、安陵桮育等人依据他们的研究认为"黄帝以来三千六百二十九岁"，这是当时知识界多数人所能接受的年数，这与张寿王说相差达二千余年。张寿王又以增益舜、禹在世年岁等力图自圆其说，但其增益年岁却远非人的寿命所可能达到者，可谓漏洞百出。而且人们又指出，"汉元年不用黄帝调历"，而是用颛顼历，这是个历史基本常识的错误。人们还指出，张寿王所说的黄帝调历"乃太史官殷历也"。这些反驳意见是围绕黄帝和黄帝调历展开的，实已可证明张寿王之说的虚妄。可是，我们看到，对于张寿王的反驳并不止于此，人们继承太初历制定时的思想路线与技术路线，是更为有效的途径。

① 薄树人，试探三统历和太初历的不同点，自然科学史研究，1983，(2)。
② 欧阳修等：《新唐书·历志三上》。
③ 陈美东，中国古代冬至所在宿度的测算，见薄树人主编，中国科技文化探胜，科学出版社，1992年。
④ 陈美东，试论我国古代年、月长度的测定，见《科技史文集》第16辑，上海科学技术出版社，1992年。

汉昭帝在见到张寿王的改历意见后，“下诏主历使者鲜于妄人诘问，(张)寿王不服。(鲜于)妄人请与治历大司农中丞麻光等二十余人杂候日月晦、朔、弦、望、八节二十四气，钧校诸历用状。奏可”。原来，在张寿王提出以黄帝调历替代它初历之议以后，又另有十家提出了各自的改历方案。我们现已无从得知这十家历法的内容，但诸多方案的提出这一事实本身，却正好说明在太初历颁行以后，朝野人士对历法研究的工作并没有停顿。再看这次检验的过程与结果：“诏与丞相、御史、大将军、右将军史各一人杂候上林清台，课诸历疏密，凡十一家。以元凤三年十一月朔旦冬至，尽五年十二月，各有弟。(张)寿王课疏远。……复候，尽六年(前75)。太初历第一。”这是说检验是在重要政权机构人员的监督与参与下进行的，其意自然在于保证检验工作的公正性与严肃性，他们应当类似于现今公证员的角色。经头两年的检验，已经证明张寿王黄帝调历的粗疏，但在太初历与另一些历法之间各有高低，尚难裁定优劣，这证明十家历法中不乏有比较高明者。于是，又延长了一年的检验时间，最后证明太初历是最合乎天象的。于是决定继续行用太初历。

最后，我们还要指出经过这场争论人们得出的结论：“故历本之验在于天，自汉历初起，尽元凤六年(前75)，三十六岁，而是非坚定。”[①] 即把是否符合天象实际提到历法是否成立的根本高度，这包括历法的厘定必须建立在实测天象的基础上，历法必须接受实际天象的检验，亦即是否符合天象实际是判别历法是非优劣的最基本和最权威的尺度。这次改历的活动经历了整整36年的风风雨雨，才最终巩固了太初历的地位。在此过程中，人们也总结出了对后世产生深远影响的重要理论，可以说，其意义甚至超过了太初历颁行本身。

第六节 圭表、晷仪、漏壶与星图的制作及百刻制问题

一 圭表与晷仪的制作

(一)圭表的制作

如前一节所述，在制定太初历的过程中，曾进行过“迺定东西，立晷仪，下漏刻，以追二十八宿相距于四方……”[②]的实测工作，这里所谓“漏刻”即指漏壶而言，当无疑问，而“晷仪”应指何物？对之可简述于下：

先说圭表。据《三辅黄图》记载：“长安灵台有铜表，高八尺，圭长一丈三尺，广一尺二寸，题云：太初四年(前101)造”，这是关于中国古代圭表形制的最早的明确记述，虽然如第一章第五节提及的《周礼·地官司徒·大司徒》所云：“日至之景尺有五寸”，我们已不难推测出其时的圭表的高度应为八尺。表高八尺、圭长一丈三尺有余，应是自周代开始的中国古代圭表的最主要模式。

1965年，在江苏省仪征县石碑村东汉一号木椁墓中，出土有一具铜制圭表，其全长34.5厘米、宽2.8厘米、厚1.4厘米，表体长20.3厘米、宽2.2厘米、厚1.3厘米。其全长约为汉尺的一尺三寸六分，即相当于圭长，而表体长约为汉尺的八寸，即相当于表高，也就是说，它大约

① 以上均见班固：《汉书·律历志上》。

② 班固：《汉书·律历志上》。

是上述灵台圭表的1/10。其圭与表的两端用枢轴连接,可以随意启合。圭的中央有一条槽,其长、宽、深与表的长、宽、厚相等,正可将表合置于槽中。圭面的边缘分划有15大格,每一大格又刻分为10小格,但其均匀度较差。这是现存中国古代最早的圭表实物,是一种袖珍式、可移动的圭表,其年代大约在汉明帝永平十年到汉顺帝永和二年(67～137)之间①。

(二)关于晷仪

从灵台圭表制成于太初四年(前101)看,制定太初历(时不晚于前104)时所"立晷仪"当不应指圭表而言,由上述"乃定东西"云云的引文看,先是定东西,亦即确定南北的方向,这早有特定的方法,已如第一章第五节和本章第三节所述。而晷仪与漏壶这两种仪器应与二十八宿距度的测定密切相关。下述两具出土的器具很可能便是这里所说的晷仪:

清光绪二十三年(1897)在今内蒙古呼和浩特托克托出土石板一方(图3-4),现存中国历史博物馆。尺寸为27.5厘米×27.4厘米×3.5厘米②,板面刻画内中外三圆圈,外圆直径约23.4厘米。在中外圆圈间刻有1至69的数字,以标示中圆圈上基本均匀刻出的69个小圆孔的序数,这69个圆孔中心与圆心间刻有69根连线(均不至圆心,而止于离圆心不远处的内圆圈上)。在中内圆圈间的稍偏上方处刻有一正方形,正方形的四角还刻有其对角线的延长线。

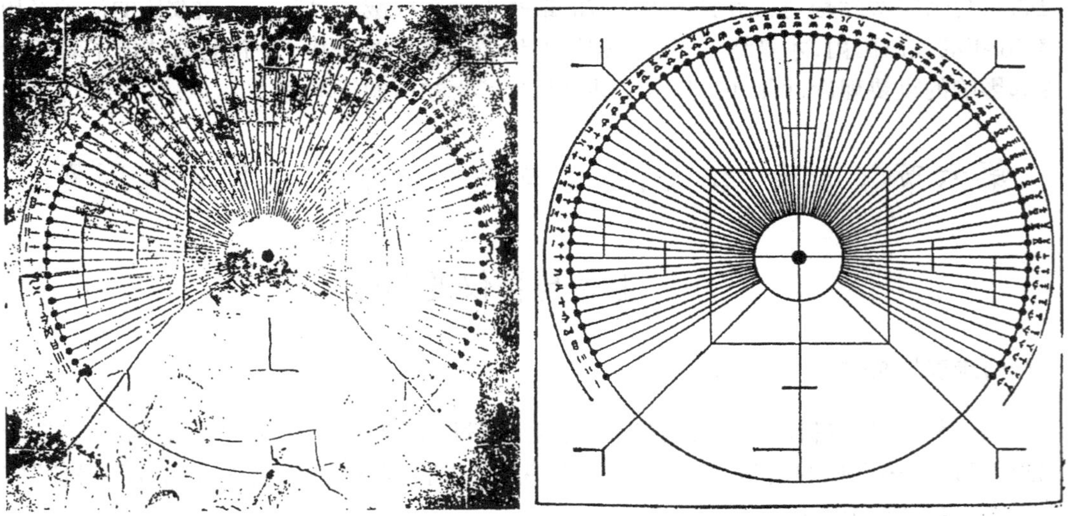

图3-4　内蒙古呼和浩特托克托出土晷仪

(左图为拓片;右图为摹本)

1932年,在河南洛阳金村一古墓中亦出土石板一方(图3-5),现存加拿大安大略皇家博物馆内。其长28.4厘米、宽27.5厘米、厚3厘米,即其大小与托克托晷仪基本相同,板面刻画的状况与亦同,而且更显工整,如其正方形中心与圆圈中心基本相合,内圆圈中还刻有十字直线等。

---

① 南京博物院,江苏仪征石碑村汉代木椁墓,考古,1966,(1);车一雄、徐振韬、尤振尧,仪征东旱墓出土铜圭表的初步研究,见中国社会科学院考古研究所,中国古代天文文物论集,文物出版社,1989年,第154～161页。

② 陈梦家,汉简年历表叙,考古学报,1965,(2)。

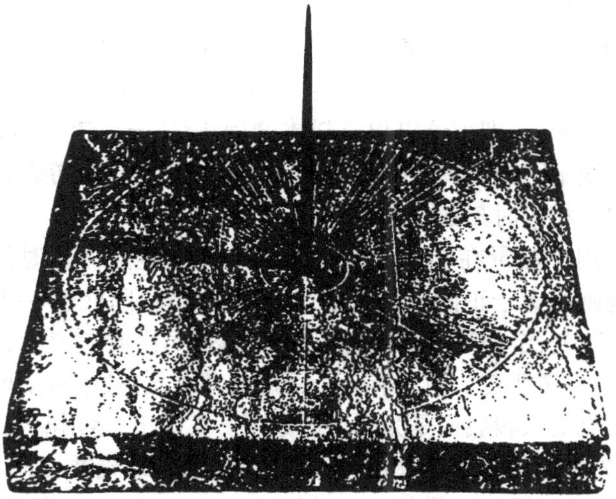

图 3-5　河南洛阳金村出土晷仪

对于这两具仪器，中外学者已有许多研究，但众说纷纭，主要可以归于两大类：一类是，清末汤金铸在《陶斋藏石记》中认为应是赤道式日晷。李约瑟（Joseph Needham，1900～1995）对此作过比较详细的介绍[①]。刘复、怀特（White）和米尔曼（Millman）也都认为当是赤道式日晷，并具体推测了相应的使用方法；又一类是，清末周暻认为是按地平面安放用来测日出、日没的地平经度的，马伯乐赞同这一看法，并进一步认为应是一种漏壶校准器，等等。

关于其年代，李约瑟认为是西汉，或许是公元前 2 世纪，李鉴澄则认为当在秦末汉初，他们都是依据两具仪器上所用的小篆体文字作出判断的，李鉴澄的意见可能更接近事实。李鉴澄还认为它们应是用于测定太阳方位的仪器[②]，他反对其应为赤道式日晷的主要理由是，秦汉时期的记时法不合，而且据文献记载，中国古代赤道式日晷的出现要晚至南宋初年。薄树人等则重申了当为赤道式日晷的意见[③]，而郭盛炽对周暻、马伯乐和李鉴澄的见解作了很好的否定性评述，也认为应是日晷，但却以为是一种精度不高的地平式日晷[④]。我们赞同它们应是赤道式日晷的意见。这主意是因为，该仪的 69 道辐射线的刻画基本上是均匀的，而且这 69 道刻画相当接近占整个圆周的 69/100，也就是说，制作者是将圆周作了 100 等分的，这正与当时已在行用的一日百刻制（说见下）相吻合。郭盛炽指出，对于托克托（约北纬 40°）和洛阳（约北纬 35.5°）而言，夏至时从日出到日入的时刻相当于百刻制的 67.6 和 66.3 刻[⑤]，这说明该仪的 69 道刻画确实与时间的测量密切相关，而且它更符合托克托的情况，但也适用于洛阳，而其发明者当是北方人氏。我们认为，69 道基本均匀的刻画，是赤道式日晷基本特征的鲜明体现，它们就不应该是刻画很不均匀的地平式日晷，或者精度不高的地平式日晷。实际的经验或者实验可以使发明者获知，当将仪面倾斜到一定角度后，日影在单位时间（1 刻）内的变化是均匀的，

---

① 李约瑟，中国科学技术史（中译本），第四卷天学第一分册，科学出版社，1975 年，第 303～320 页。

② 李鉴澄，晷仪——我国现存最古老的天文仪器，见中国社会科学院考古研究所：《中国古代天文文物论集》，文物出版社，1989 年，第 145～153 页。

③ 中国天文学史整理研究小组，中国天文学史，科学出版社，1981 年，第 180～182 页。

④ 郭盛炽，关于西汉日晷，见《中国天文学史文集》第三集，科学出版社，1984 年，第 214～236 页。

⑤ 郭盛炽，关于西汉日晷，见《中国天文学史文集》第三集，科学出版社，1984 年，第 224 页。

所以，可以设计出均匀的刻画来进行进间的量度。

我们还赞同薄树人等的观点①：石板平面平行于天赤道方向安置，令仪面正中的十字直线对准东西和南北方向，“三十五”刻画线置于正北，在圆心立(与仪面垂直)一定表。当太阳在赤道以北时，定表投影在仪面上，即可读出相应刻数：当太阳位于赤道以南时，仪面挡住了太阳，这时就需要立(亦与仪面垂直)一游表在中圆圈的某一小圆孔上，当游表、定表与太阳面中心同处于一平面时，即可得知相应时刻数。

实际上，该仪还可用于测量在赤道北的恒星间的赤道距度。这时该仪面的安置应平转180°，即令“三十五”刻画线置于正南。先令游表、定表与甲星同处于一平面内，可以游表所在之处读得刻数A，再令游表、定表与乙星同处于一平面内，可由游表读得B，将(A－B)化算为周天度数，即为甲、乙星的赤道距度。只要有一个固定的基座，这种平转是可以容易实施的，这大约也就是，我们现今所见的仪板底面是为平面的原因。实际上，运用漏壶也可以测定恒星间的赤道距度，当甲、乙星先后过南中天时，由漏壶先后读出相应的刻数C、D，将(D－C)化算为周天度数，即为甲、乙星的赤道距度。果若如此，似可更好地解读上引“立晷仪、下刻漏，以追二十八宿相距于四方”之文，即可以由晷仪与漏壶相互印证二十八宿赤道距度测量结果的可靠性。

二　出土的五具西汉漏壶

漏壶是我国古代最主要的计时仪器，它的起源大约可以追溯到商代，到西汉时期漏壶的发展状况，由于20世纪50年代以后，考古工作者先后发现4件西汉漏壶，将这些实物连同有关文献中关于这一时期的漏壶及刻漏制度的资料一起加以分析，使我们对西汉漏壶的构造与型制，漏箭及其刻画，用法与精度等细节有进一步的了解。

1. 满城漏壶

1968年河北满城1号汉墓出土。系汉武帝元鼎四年(前113)以前之物。铜漏作圆筒形，下有三足，通高15.6厘米，径8.6厘米，可容水902立方厘米。褛身近底处有一流管(已残断，但仍可看到它是与漏壁相垂直的)，壶盖上有方形提梁，提梁距壶该高4.3厘米，壶该与提梁有正相对的长方形小孔各一，其尺寸为1厘米×0.4厘米(见图3-6)。有考古工作者认为它是为一明器②，即非为当年实用之物，但它却是当年实用漏壶形制的真实模写，当无疑问。

图3-6　满城漏壶

2. 丞相府漏壶

该漏壶的文字说明或图录，见于北宋吕大临的《考古图》，亦见于南宋薛尚功的《历代钟鼎彝器款识法帖》、明代王圻的《三才图会》及近人冯云鹏所著的《金石索》等书中。各家一致认为：“按此器制度，其盖有长方孔，而壶底之上有旅筒(即流管)，乃漏壶也。视其铭文则汉器也。”又其铭文中有“丞相府”三字，因命名为“丞相府漏壶”。

吕、薛、冯三氏均录有该器铭文的摹本，冯氏正确地释其铭文为：“二

① 中国天文学史整理研究小组，中国天文学史，科学出版社，1981年，第180～182页。

② 中国科学院考古研究所满城发掘队，满城汉墓发掘纪要，考古，1972，(1)。

十一斤十二两，六年三月己亥，卒史神工谭正，丞相府。”吕、薛、冯三氏均指出：该漏壶“高九寸有半，深七寸有半，径五寸八分，容五升”。按宋 1 尺为 30.72 厘米，即其高、深、直径分别为 29.2，23.0 和 17.8 厘米，容量为 5736 立方厘米（“容五升”按历代度量制计算均不合，可能有误）。

吕、王、冯三氏在书中均给出丞相府漏壶的图像，其中，吕、冯两氏之图相同，其盖为整圆形（见图 3-7a）；而王氏所绘壶身与之相同，惟壶盖为半圆形（见图 3-7b），这一微妙的区别，显然不是绘图者随心所欲或粗心大意所致，他们应是各有所据。我们认为，壶盖的这一差异说明，丞相府漏壶应由两壶组成，吕、冯氏和王氏分别绘制了其中的一个壶。

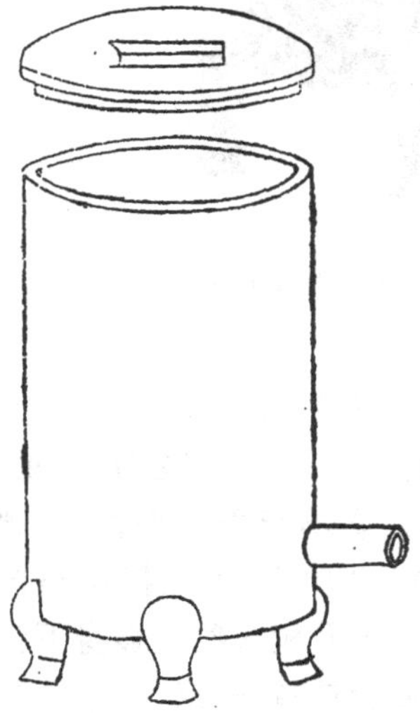

图 3-7a 丞相府漏壶
（见《考古图》与《金石索》）

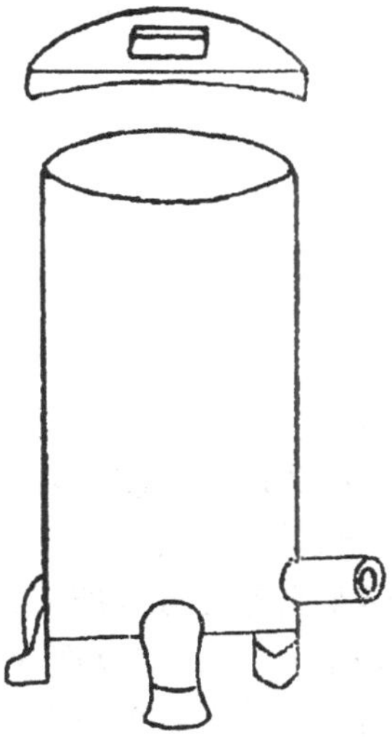

图 3-7b 丞相府漏壶
（见《三才图会》）

图 3-8 兴平漏壶

3. 兴平漏壶

1958 年夏于陕西省兴平县的一座汉墓中出土① （见图 3-8）。墓葬年代约为西汉中期。漏壶通高 32.1 厘米，深 23.6 厘米，径 10.6 厘米，容量 2082 立方厘米，流管长 3.8 厘米，孔径 0.3 厘米，同壶壁垂直。单层提梁距壶面高 6 厘米，长方形孔大小为 1.75 厘米×0.5 厘米。可见，漏壶的型制与满城铜漏相同，而尺寸较大，应是实用的器具。

4. 巨野漏壶

1977 年出土于山东省巨野县红土山西汉墓。据研究②，该墓墓主可能是汉武帝之子、死于后元二年（前 87）的昌邑王刘髆，果若如此，该铜质漏壶之作当在此年以前。漏壶（图 3-9）为圆筒形，平底无足，通高 79.3 厘米，口径 47 厘米。距器底约 5 厘米处有一流管，长 4.8 厘米，管端径为 3.3 厘米，管端面正中略偏右下方处，有一径约 0.1 厘米、深约 0.2 厘米的小孔，大约是尚未钻透的流孔。器顶无提梁、亦无开孔，距器底 64 厘米处饰有两个对称的铜环耳，以便搬动漏壶。由此看来，这当是一尚未加工完成的漏壶的供水壶③。

---

① 兴平县文化馆、茂陵文管所，陕西兴平汉墓出土的铜漏壶，考古，1978，(1)。
② 山东省菏泽地区汉墓发掘小组，巨野红土山西汉墓，考古学报，1983，(4)。
③ 华同旭，中国漏刻，安徽科学技术出版社，1991 年，第 33～35 页。

图 3-9　巨野漏壶

图 3-10　千章漏壶

5. 千章漏壶

它是于 1977 年，在内蒙古自治区伊克昭盟杭锦旗发现的①（见图 3-10）。这是迄今为止发现的容量最大，保存最完整的西汉铜质漏壶。通高 47.9 厘米，深 24.2 厘米，径 18.7 厘米，容量 6384 立方厘米。流管长约 8 厘米，管端孔径 0.35 厘米左右，流管不与壶壁垂直，下倾约 25 度。壶盖上有双层提梁，下层提梁距高壶面 8.3 厘米，上层高 14.3 厘米，两层提梁与盖上均有正相对的长方形孔，其盖上长方孔为 1.75×0.9 厘米，提梁的长方孔稍大些。壶身下为三碲形足，高 8.8 厘米。上层提梁上有阴刻“中阳铜漏”四字，壶内壁底面铸有“千章”二字。其壶身正对流管上有阴刻名文：“千章铜漏一，重三十二斤，河平二年四月造”。这告诉我们，它确是用于计量时间的仪器——漏壶，并造于公元前 27 年。

三　西汉漏壶的三种型制、百刻制及其他

（一）西汉漏壶的三种型制

1. 泄水型（沉箭式）漏壶

从上面介绍的满城、千章和兴平漏壶的结构看，它们均为泄水型（沉箭式）漏壶。三器的盖都是整盖，又都是单壶，而且壶底部附近有流管，所以，它们只能是盛水后，让水缓缓经流管流出，再通过漏箭（由长方形的木或竹质箭杆和箭舟组成，箭杆垂直安插于箭舟之中）上的刻度，实现对时间的量度。盖上或提梁上的长方孔显然是容漏箭在其中活动之用。当水流逝，水面下降时，漏箭随之下降，以壶盖（或提梁）上表面为“标尺”，即可在漏箭上读取刻数。满城和兴平漏壶是经由壶盖和单层提梁长方孔的配合，基本保持漏箭作垂直的下降运动，以保证读数的准确度。而千章漏壶的双层提梁的设置，显然意在更好地保持漏箭垂直下降的稳定性，无疑是一种进步的表现。

① 内蒙古伊克昭盟文物工作站，内蒙古自治区伊克昭盟发现西汉铜漏，考古，1978，(2)。

千章漏壶所铸“千章”二字，说明该器系于千章（今山西省乡宁县）铸造；其阴刻铭文“中阳铜漏”，则说明该器在中阳（今山西中阳县）使用。而千章只是西汉西河郡的一个县，这证明了西汉漏壶的制作当分布在相当广大的地区，其使用的范围则更大。仅从已发现的漏壶的地理分布来看，就有陕西、河北、山东、山西、内蒙等地，便可见其一斑。

满城漏壶向我们表明，泄水型（沉箭式）漏壶到西汉早期已经具备了比较完善的形式，这说明后世长期沿用的漏箭及在漏壶外部读数法的发明，至少可以追溯到秦汉之际。而在此之前，最初的方法大约是在漏壶的内壁刻画，以直接读数。《说文》曰：“漏以铜盛水，刻节，昼夜百刻”，似乎即指这一状况。唐代贾公彦曾提及一种掩箭法：“以壶盛木，悬于箭上，节而下之水，木（水）掩刻则为一刻。”[①] 说的也是泄水型（沉箭式）漏壶，但却是在漏壶内的漏箭上读数，这自然要比满城漏壶所展示的壶外读数法麻烦与原始。

2. 受、泄水型（浮、沉箭式）漏壶

将一昼夜分为100刻，并分为夜漏和昼漏两部分的制度始于何时？尚无定论，但其到西汉时期已经盛行则毋庸置疑。从《汉书》和汉简等有关刻漏制度的记载，我们看到西汉官漏对一昼夜中不同的时刻，有“昼漏上”（或称上水）、“昼漏未尽”、“夜漏上”（或称上水）、“夜漏下”、“夜漏未尽”某某刻等不同的称谓，便是明证。昼漏又分称为上水或上，夜漏又称为未尽或下。凡称上水或上若干刻，是顺数；凡称下若干刻是顺数，称未尽若干刻是逆数[②]。毫无疑问，官漏的这一套制度，必定有相应的计时仪器来计量。我们认为丞相府漏壶正是这样的计时仪器。

前面已经提到，丞相府漏壶是由两个漏壶组成的。根据上述官漏制度，我们可试推其使用方法为：令两壶上下差置，盖为整圆形者在上，为半圆形者在下。上壶先装水，当昼漏开始时，让其水经流管和下壶半圆形缺口注入下壶（此时下壶流管紧塞作为受水壶之用），下壶水位逐渐上升，漏箭随之上浮，在箭杆上的读数即为官漏制度中所谓昼上水或上若干刻；上壶水漏尽时（当为相应日期昼漏刻数的一半），开启下壶流管（此时又作泄水壶之用），水位逐渐下降，漏箭亦随之下沉，在箭杆上读数，即官漏制度中所谓昼漏下或未尽若干刻。下壶漏尽（此时应为昼漏完结，夜漏开始的时刻），堵塞下壶流管的同时，开启又已装满水的上壶。同理，则可计量官漏制度中夜漏上水和夜漏下水或未尽的各个时刻。由此看来，丞相府漏壶确是可以与官漏制度完全相应的计时仪器，它是一种受水和泄水型相结合的漏壶，从漏箭的角度考虑，它又兼用类浮箭和沉箭两种形式。这种型制的漏壶从本质上说，同单一的泄水型漏壶没有区别，但当下壶泄水时，伺者可以从容地给上壶添水以备再用，从而避免了泄水型单壶因换水引起的误差和不便，这则是受、泄水型漏壶的长处。

由《后汉书·礼仪志》等篇的记载可知，“昼漏上水”、“昼漏未尽”、“夜漏上水”、“夜漏未尽”某某刻等一套制度仍在使用，所以，受、泄水型漏壶到东汉仍沿用不弃。

3. 受水型（浮箭式）漏壶

巨野漏壶给我们的明确信息是，受水型（浮箭式）漏壶已经成为一种独立的类型。巨野漏壶的容量约达11700立方厘米，约为丞相府漏壶及千章漏壶的两倍，是我们迄今所见形制最大的西汉漏壶。巨野漏壶大约由一个供水壶和一个箭壶组成，其箭壶的容量理当同供水壶的容量相仿。

---

① 《古今图书集成·历法典》。

② 陈梦家，汉简年历表叙，考古学报，1965，(2)。

我们认为,受、泄水型(浮、沉箭式)漏壶是由泄水型(沉箭式)漏壶演进和发展而来的,并且它又是向受水型(浮箭式)漏壶发展的一种过渡型制。

(二)百刻制与漏箭及其刻画

我们知道,昼夜的长短随节气的推移是各不相同的。古人依据当时的认识水平,曾给昼夜的长短以不同的规定。刘向《洪范传》记(汉)武帝时所用之法云:"冬、夏二至之间,一百八十余日,昼夜差二十刻。"《初学记·卷二十五》引《梁漏刻经》更指出:"至冬至,昼漏四十五刻,冬至之后日长,九日加一刻,以至夏至,昼漏六十五刻,夏至之后日短,九日减一刻。或秦之遗法,汉代施用。"这些记载从各自不同的角度说明了可能在秦代就已开始使用一日分为百刻并依时增减昼夜漏刻长度的官漏法。由于冬、夏二至之间的日数均约为 183 日,若依 9 日增或减 1 刻和二至之间昼夜漏刻相差 20 刻计,那么,冬至到夏至以及夏至到冬至间各有 3 日左右的昼夜漏刻数应为多少并不清楚。据《玉海》引《五经析疑》云:"汉制又以先冬至三日昼、后冬至三日(可能为九日之误)昼漏四十五刻,夜五十五刻;先夏至三日昼、后夏至三日(亦可能为九日之误)昼漏六十五刻,夜漏三十五刻。"说的应就是关于 3 日左右奇零日数的调节方法。该引文可能有错漏字,但其意思却是明确的,即规定冬至和夏至前 3 日昼夜漏刻的长度分别与冬至、夏二至的昼夜漏刻长度相同。我们知道,冬、夏二至前后昼漏刻或夜漏刻长度的变化是最小的,因此这样的规定也是比较合理的。这些情况表明,秦汉时百刻制已经达到比较成熟的境地,其起源理应远在此之前。

与上述官漏的这些规定相适应,漏箭应该每经九日更换一次(冬至和夏至前 3 日至其后 9 日经 12 日更换一箭),相替换的二漏箭上的刻画增或减 1 刻。考虑到昼夜漏所用漏箭不同(除昼夜均为五十刻时,可用 1 支箭外,其余都需用二支漏箭),于是,这一时期的官漏在一年中需用 41 支漏箭,这与《隋书·天文志上》关于古法漏刻"凡有四十一箭"的记载正相吻合。再考虑到昼漏和夜漏又都有上水与下水之分,所以,每支漏箭的正反面均因有不同的刻画,以分别量度上水或下水若干刻。

泄水型(沉箭式)或受、泄水型(浮、沉箭式)漏壶,其壶满流速、壶虚流缓的现象是显而易见的,它势必造成在同一单位时间内,水位下降不等的状况。古人一定很早就发现了这一点,为达到度量时间的目的,也一定采取了相应的措施。从满城漏壶等的构造及流管等情况分析,并考虑到当时的科学水平,我们认为这些漏壶装有自动流量控制装置的可能性很小。古人针对上述水位下降不均匀的情况,直观地采取不均匀刻画漏箭的措施的可能性较大,沉箭的刻画下宽上窄,而浮箭的刻画则下窄上宽。

我们注意到:丞相府漏壶及千章、兴平铜漏的壶深均在 1 汉尺(23.0 厘米)左右,那么,与之相应的漏箭的有效长度(指箭杆有刻画的部分)也不超过 1 汉尺。现在的问题是,在这一长度范围内,在保证读数精度的情况下(如两刻画间最小的距离应不小于 1 毫米),是否可容下 33 道间距不均匀的刻画? 由于在一年中,夏至的昼漏与冬至的夜漏最长,为 65 刻;又因为有上、下水之分,所以,漏箭的最多刻数可不多于 33 刻画。我们知道,当水位愈接近出水口,其流速愈慢,最低使用水位(对沉箭而言,指与漏箭最上面一个刻画所相应的水位同出水口的高度差;对浮箭而言,指与漏箭最下面一个刻画所相应的水位同出水口的高度差)愈高,漏箭的有效长度愈长。依据流体力学的有关公式可以算知:当最低使用水位小于 2.5 厘米时,则在 1 汉尺之内完全可以容下 33 刻的不均匀刻画。当然,古人不可能从理论上推算最低使用水位值、也不可能推算各个不均匀刻划的具有数值，但是，他们不难用实验的方法得知应该如何刻画漏箭，和选取适当的最低使用水位，以达到在较短的壶身的条件下，实现漏箭有足够数量的刻画的目的。

巨野漏壶是为受水型（浮箭式），虽然大约仅有一个供水壶，但可能已经采用定时给供水壶添水的方法，即不是在供水壶的水全部流完之后才加水，这样就可以基本保持供水壶漏水的稳定性，于是也就可能采用均匀刻画的漏箭。

还要指出的是，限于古代的科学水平和技术条件，人们尚不能准确地计算、量度和铸造一定口径的出水口，而只能先制作出较粗口径的流管，然后在出口处附上较易加工和穿凿的部件，再经过反复的调试，以获得适当口径的出水口，这大概便是古人调节漏壶的流量，使之达到一定要求的简便方法。

四　汉代星图

汉代有一种称为盖图的星图，它原是配合盖天说而出现的一种仪器，类似于现代所用的活动星图（如图 3-11 所示）。它用两幅方缯重叠起来。下面一幅涂成黄色，以中心为北天极，画上周天二十八宿等星官，上面一幅也画一个圆，代表人目所能见的天空范围，圆内涂成青色。把黄图画中心和青图画中心按天北极和观测地的关系安排好①。这样，青图画透视下的黄图画部分就是在该地人目所见的星空。如果把黄方缯绕天北极顺时针旋转，在青图画内就可以演示该地人目所见星空的变化。实际上，黄图画就是一幅以天北极为中心的星图，后来的星图大约便是在此基础的发展起来的。

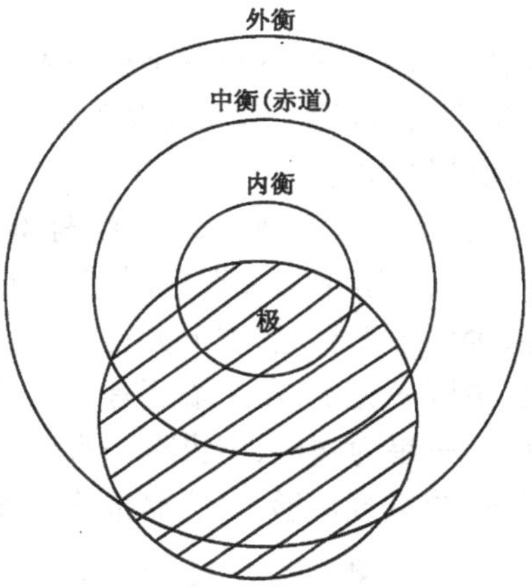

图 3-11　盖图示意图

东汉蔡邕在《月令章句》中，曾提及当时天文官所用的又一种星图——官图的情况：

> 天旋，出地上而西，入地下而东。其绕北极径七十二度常见不伏，官图内赤小规是也，谓乎恒（星图）〔显圈〕也。绕南极径七十二度常伏不见，图外赤大规是也。据天地之中而察东西，则天半不见。图中赤规截娄、角者是也②。

依之，可作图 3-12。这表明浑天说论者已经把盖天说的盖图改造成合符浑天说理论的星图。浑天说认为北极出地高 36 度，所以，绕北极径 72 度以内的星空可常见不伏，这一界限圈即为赤小规（亦称内规）；而绕南极径 72 度③ 以内的星空常伏不见，这一界限圈即为赤大规（亦称外规）。它们在官图中表达成以北极为圆心的直径不等的两个同心圆（一直径为 72 度，另一直径为周天度减去 72 度）。还有第三个同心圆称作赤规，它与直径正等于半个周天度，是为赤道。娄宿和角宿分别是春、秋点，亦即赤道和黄道的两个交点，说“赤规截”于此，似含有官图上还绘出黄道之意，果若如此，黄道则应是直径与赤规等同的偏心圆。当然，官图上不单只

① 钱宝琮，盖天说源流考，科学史集刊，1958，（1）。

② 瞿昙悉达：《开元占经》卷一。

③ 中国天文学史整理研究小组，中国天文学史，科学出版社，1981 年，第 55、56 页。

有二十八宿，还应有中、外星官等等①。

在发掘出土的若干汉墓壁画或画像石中，我们还可见关于汉代星图的一些重要信息。

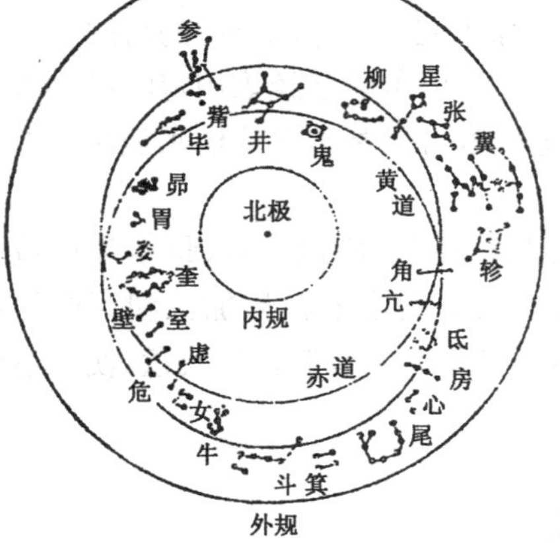

图 3-12　东汉的官图

1987 年，在西安交通大学一处工地上发掘出约当汉宣帝、平帝时期（前 73～公元 6）的一座古墓，在该墓主室穹顶上有彩绘星图（彩图三）。图中既绘有日、月及龙、凤、虎、蛇四像等图像，最主要的是环亘墓室顶部有一条内径为 2.20～2.28 米、外径为 2.68～2.70 米的环状圆带上绘出的二十八宿星像，这些星像画有白色外加黑圈的星点，星点的数量与方位，和当时的二十八宿知识相符，在星点之间大多有黑线相连，这则和后世的写实星图形式完全相同。还绘有与若干二十八宿相应的象征物，如人拉牛（牵牛宿）、人持一叉捕兔（毕宿）、猫头鹰（觜觿宿，觜的本意就是猫头鹰上的毛角）、两人抬着一似半个人体（舆鬼宿）之像，等等，十分形象生动，对于了解汉代关于二十八宿的演变史，有重要意义。它是一幅介于示意性与写实性之间的星图②。

在不少汉代画像石中，绘有单星官或多星官的图像③，如出土于河南南阳的东汉画像石牵牛、婺女、危、毕与参五宿图（图 3-13），其右边是一人牵牛，是为牵牛宿六星图，但其上仅列三星，少画了三颗星；左下方有四星，作四边形，内有一女子跪坐，当是婺女宿四星图；左上方有七星，中围一兔子，左上端还有一星，但未画出与其右下七星的连线，这当是毕宿八星图，七星为网叉、一星为网柄；中央有一张口竖尾奔走之虎，其上横列三星，应为参宿中腰三星图；而虎前三星，约呈直角形，这当是危宿三星图。又如，出土于山东嘉祥的东汉画像石北斗图，在北斗七

图 3-13　河南南阳东汉画像石牛女危毕参宿图

① 中国天文学史整理研究小组，中国天文学史，科学出版社，1981 年，第 55、56 页。

② 陕西省考古研究所、西安交通大学，西安交通大学西汉壁画墓，西安交通大学出版社，1991 年；雒启坤，西安交通大学西汉墓葬壁画二十八宿星图考释，自然科学史研究，1991，(3)；薄树人，中国古星图概要，见陈美东主编，中国古星图，辽宁教育出版社，1996 年，第 2 页。

③ 薄树人，中国古星图概要，见陈美东主编，中国古星图，辽宁教育出版社，1996 年，第 2～7 页；韩玉祥主编，南阳汉代天文画像石研究，民族出版社，1995 年，第 112 页。

星的斗魁中端坐一神，斗柄下有四人向其躬身而立，反映了《史记·天官书》所说："斗为帝车，运于中央，临制四乡"的含义。在斗柄第二星(开阳)近旁，还画有一带翅小神手捧一小星，这便是著名的北斗辅星。这些画像石的星像图，大多仅具示意性质，但却生动、形象地反映了若干星官的知识，同时反映了时人对星像的崇敬心态。

第七节　从周髀家盖天说到《周髀算经》盖天说及浑天说的兴起

盖天说是中国古代影响很大的关于天地大型结构的一种学说。该学说的渊源至少可以追溯到西周时期，而且有一段很悠长发展历史。本节拟在介绍早期盖天说——可称为周髀家盖天说的基础上，对约成书于汉武帝时期(约前100)的《周髀算经》一书中的盖天说，和浑天说的兴起作一简要的讨论。《周髀算经》盖天说的建立、浑天说的兴起与太初历的制定，同为中国天文学史上的重大事件，它们又差不多同时发生，这是饶有兴味的现象。

一　周髀家盖天说

在唐代李淳风所撰的《晋书·天文志上》与《隋书·天文志上》中，均载有一重被称为"周髀家"的盖天说，此说最重要的观点之一是"天圆如张盖，地方如棋局"，也就是天圆地方的观念。

所谓天圆地方，是指高悬在上的半圆形的天穹与稳居在下的平面的大地。这观念源于人们对天地相对位置及其形状的最直观的感觉。在先秦诸多文献中可以看到有关的论述。

成于西周末年的《诗·小雅·正月》云："谓天盖高，不敢不局。谓地盖厚，不敢不蹐。"局，拘束、拘谨之意；蹐，后脚紧跟着前脚，用极小的步子走路。表达了人们对于天与地的敬畏之情，以及天高在上和地厚无比的认识。

《易·系辞上》曰："天尊地卑，乾坤定矣。卑高以陈，贵贱位矣。动静有常，刚柔断矣。"这是以天地的尊卑、高下论证人间万物贵贱是天然合理的，它当然也反映了人们对于天以刚阳、高居于上、恒动不止，地以柔阴、卑处于下、静而不动的认识。

《易·说封》曰："乾为天，为圜"，"坤为地"，"为大舆"。认为天是半圆形的，地像是平整方正的大车厢。此说被屡屡提及，如战国时宋玉的《大言赋》说："方地为舆，圜天为盖"①。又如《周礼·考工记》曰："轸之方也，以地也，盖之圜也，以象天也。轮辐三十，以象日月也，盖弓二十八，以象星也。"轸是车厢底部四面的模木，正如唐贾公彦所说："轸之方也，以象地也者，据舆方而言，不言舆，言轸者，轸是舆之本，故举而言之。"即以轸比喻地，同以舆比喻地是一回事。这里把天地的相对位置与形状，以车辆上张开的半圆形的车盖，以及平整方正的车厢(或轸)作为比喻。还把车盖的28根骨架，比做二十八宿的星辰等等，表达了星宿乃附丽于半圆形的天上的思想。至于日月亦附丽于天，在《易·离卦》总则有明确的描述："日月丽乎天，百谷草木丽乎土。"由此看来，日月星辰均附丽于天，至迟在战国时期已不是什么新奇之论。

在《周礼·春官·大司乐》中有这样的记载："冬日至，于地上之圜丘奏之。若乐六变，则天神皆降，可得而礼矣。""夏日至，于泽中之方丘奏之。若乐八变，则地祇皆出，可得而礼矣。"圜丘

① 虞世南：《北堂书钞》卷一百四十九。

是半圆形的土丘,冬至之日在其上奏乐以祭天;方丘是正方形的土丘,建立于沼泽之中,夏至之日在其上奏乐以祭地。显然,是用圜丘象征天,方丘象征地,方丘建于沼泽之中,是一种的设计,亦必有某种象征的含义,它很可能是要表达大地的四周是水或地在水中这一观念。如果这种理解无误,圜丘于建于沼泽中的方丘的建筑模式,反映的就是人们心目中的天地模型。有趣的是,类似的建筑于仪式在殷商时期就已存在。殷墟甲骨文中便可见到这样的卜辞[①]:"壬午卜,扶,日南。雨?"(《殷墟文字乙编》9067)。在壬午这一天,贞人扶占,冬至日举行奏丘(在丘上奏乐)的祭祀仪式,会下雨吗?虽然这里并未明言"丘"的具体形状,但这似可证明《周礼》的上述记事殆非虚言,它大约应是西周时期礼仪制度的反映,同时也说明天圆地方观念的产生大约可以推至西周时期。还要指出的是,由于上述所引文献,都不是专门论述盖天说的,所以只能反映该论说的局部状况,而远非全璧,它们仅是周髀家盖天说前期发展的一些情况。

据李淳风所论,周髀家盖天说还包括以下内涵(见表 3-3)。为叙述方便,我们先列出李淳风说与王充《论衡·说日篇》的有关记述,二者可相互印证、相互补充,并把有关内容编成(1)~(5)。

表 3-3　周髀家盖天说的内容

序号	《晋书·天文志上》和《隋书·天文志上》	《论衡·说日篇》
1	天圆如张盖,地方如棋局。	
2	天旁转如推磨而左行,日月右行,随天左转,故日月实东行,而天牵之以西没。譬之于蚁行磨石之上,磨左旋而蚁右去,磨疾而蚁迟,故不得不随磨以左回焉。	儒者说曰:日行一度,天一日一夜行三百六十五度。天左行,日月右行,与天相迎。　其喻若蚁行于硙上,日月行迟,天行疾,天持日月转,故日月实东行而反西行也。
3	天形南高而北低,日出故见;日入下,故不见。天之居如倚盖,故极在人北,是其证也。极在天之中,而今在人北,所以知天之形如倚盖也。	或曰:天高南方、下北方,日出,高,故见;日入下,故不见。　居若倚盖矣,故极在人之北,是也。其效也。极在天下之中,今在人北,其若倚盖明矣。
4	日朝出阳中,暮入阴中,阴气暗冥,故没不见也。	儒者曰:日朝见出阴(阳)中,暮不见,入阴中,阴气晦冥,故,没不见。
5	夏时阳气多,阴气少,阳气光明,与日同辉,故日出即见,无蔽之者,故夏日长也。冬天阴气多,阳气少,阴气暗冥,掩日之光,虽出犹隐不见,故冬日短也。	儒者曰:冬日短,夏日长,亦复以阴阳,夏时阳气多,阴气少,阳气光明,与日同耀,故日出则无鄣蔽,冬阴气晦冥,掩日之光,日虽出犹隐不见,故冬日日短,阴多阳少,与夏相反。

两相比较,李淳风所论(3)、(4)、(5)与王充记述者几乎相同,(2)亦大同小异,惟有(1)为王充所未提及。由此可能产生这样一个问题:李淳风的记述是否即得自《论衡·说日篇》呢?大约不会是,因为李淳风明确将这些论说冠之以"周髀家言",而王充只是说"儒者曰"、"或曰"等等,况且(1)为王充所无。我们认为一种最大的可能性是:王充和李淳风对于周髀家言的转述应有一个共同的文献依据。这样又产生了另一个问题:王充看到的是否就是李淳风所引述的文字呢?大约也不是,因为王充所引的"儒者说曰"与(2)不尽相同,这应是王充和李淳风依据共同的文献所作的不同归纳的结果。由此看来,周髀家盖天说成于东汉王充之前当无疑问,而李淳风认为此论乃周公所作,这实在缺乏可信的依据。考虑到《周髀算经》盖天说约作于公元前100年,其论对周髀家盖天说作了重大的修正,由此,我们推想周髀家盖天说可能成于秦汉间,

① 萧良琼,卜辞中的"立中"与商代的圭表测量,见《科学史文集》第10辑,上海科学技术出版社,1983年。

而其渊源则可追溯至西周时期。

下面，我们转而讨论周髀家盖天说的具体内涵，如表 3-3 所示：

(1)说的是天与地的总体形态和二者之间的相对位置，天像一个半圆球居于地之上，地方直平正像棋盘一样承载上天。

(2)讲的是天每日都自东向西运转(左行)一周，日月星辰附丽于天上，与天一起左行，其中，日月又在天上各自以不同的速度由西往东运行(右行)，只是右行的速度慢得多，所以还是每天东出西没。这里，它引进了极其通俗易懂的磨蚁之喻，天如磨，日如蚁。磨左转快，蚁在磨上右行慢，所以看起来蚁还是向左行了。

(3)说的是天有极，这个极相当于磨上的轴，磨绕轴转动，天则绕极运转。这个极在人之北，于是天不像磨沿竖直的轴转动，而是斜向北，绕北斜的极轴运转。

(4)讲的是太阳朝出暮入的原因：太阳东方出到一定的高度时，阴气挡不住太阳的光辉，则表现为日出，天的南方一带，阴气更少，故太阳一直可见。而当太阳运行到西方降到一定的低度时，阴气淹没了太阳的光辉，则表现为日入。天的北方一带，阴气更多，故太阳一直不可见，而当太阳运行到东方一定高度时又表现为日出，如此循环往复。

(5)说的是夏天昼长、冬日昼短的原因。如图 3-14 所示，因为夏时，东、西方的阳气均较多，阴气均较少，当太阳行至 A 时，阴气既少，阳气又光明，人们便可见到太阳。基于同样的理由，当太阳行至 B 时才隐没不见，故昼长；到冬时，东、西方的阳气均较少，阴气较多，当太阳行至 A 时或 B 时，都被阴气遮掩，只有到 C 时才遮掩不住，人们始见到太阳，同理，当太阳行至 D 时，就被阴气所遮掩而不见，故昼短。

(4)、(5)的总特点，可认为是以阴阳说来解释日出日没、昼长昼短的。

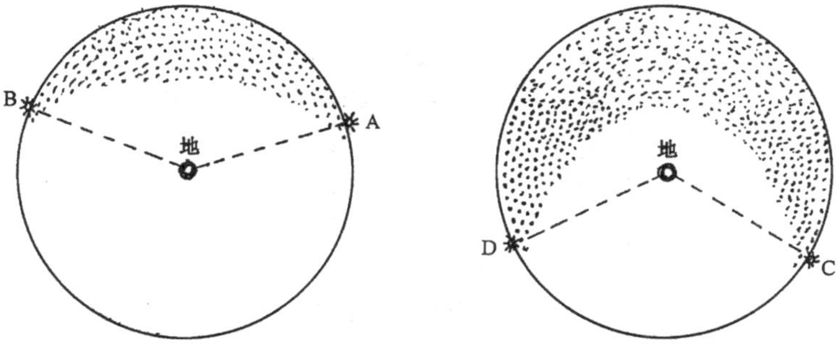

夏季阴气分布与日出入示意图　　冬季阴气分布与日出入示意图

图 3-14　冬夏至白昼长短示意图

二　《周髀算经》盖天说

《周髀算经》约成书于公元前 100 年①，是中国古代传统数学的经典著作《算经十书》的一种，是极可宝贵的数学著作，书中有相当繁杂的数学计算和勾股定理的引用，并含有十分详尽的盖天说内容，于是又是盖天说的一部代表作。中国古代的诸多论天学说，大都缺乏明确的数学模型，带有很强的定性描述色彩，甚至带有思辨的性质，而在《周髀算经》中，作者试图利用数

① 钱宝琮主编，中国数学史，科学出版社，1964 年，第 29 页。

学工具来说明有关的天文现象，从而建立起一个数学化的盖天模型，这是区别于中国古代论天各家的显著特征，也因此使它在中国天文学史上占有特殊的地位。

《周髀算经》盖天说也经历了发生发展的历史过程。在第二章第五与八节中，我们已经提及战国时期石申夫与《吕氏春秋》中的有关论述，即为该过程的一部分。此外，在刘安等人的《淮南子·地形训》中也有“建木在都广，众帝所自上下，日中无影，呼之无响，盖天地之中也”的说法，证明《吕氏春秋·有始览》的有关论说在西汉早期亦在传播。我们人为《周髀算经》盖天说的早期创立，当不晚于战国末年。而在其前还有迹象可寻。《山海经·大荒海内经》说：“有盐长之国，有人焉鸟首，名曰鸟氏。……有木，青叶紫茎，玄华黄实，名曰建木，百仞无枝。”原来建木高百仞，无枝兀立，所以夏至时才能无影。同书“海内南经”又说：“有木，其状如牛……其名曰建木，在窫窳西溺水上。”这里建木的形态于上述不同，但却说明它位于南方。这些似乎说明南方的建木无影之说的产生基础在战国末年以前就已具备。

关于《周髀算经》中的盖天说，钱宝琮、薄树人先生等曾先作过深入、全面的研究①，我们在此仅作简要的介绍。

设在地南北相距千里，中午时两地日影长度相差一寸（对于8尺表而言），又设地为平面；再设当A地影长为6尺时，其正南6万里的B地的影长为0，如图3-15所示，△AEC与△BDC相似，则AC/BC＝AE/BD，将有关数据代入，得BD应为8万里稍大一点点，可说是8万里。这就是《周髀算经》所说“勾之损益寸千里”，“候勾(AC)六尺……从髀(AE＝8尺)至日下(AB)六万里而髀(FB＝8尺)无影，从此上至日(BD)则8万里”。它又以为日月星辰均附着于天，天总是高出“地八万里”，由此可推知：因地为平面，天亦为平面。

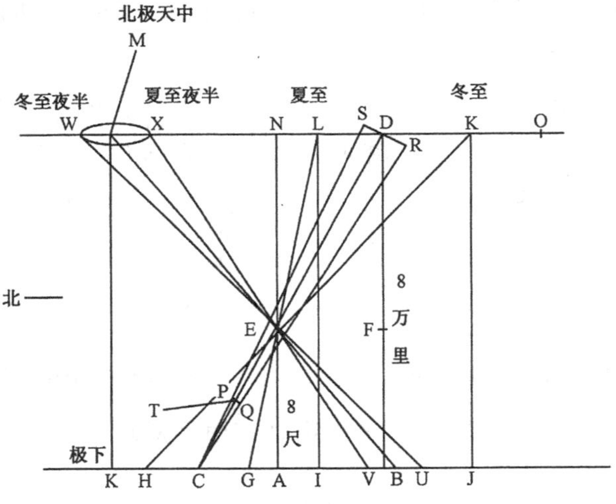

图3-15 《周髀算经》天高8万里等示意图

它又说：“冬至日晷丈三尺五寸(AH)，夏至之日晷尺六寸(AC)”，“今立表高八尺(AE)以望极，其勾一丈三寸(AB)”，分别由相似三角形：△JKH与△AEH，△BCD与△ACE，△BKM与△BAE，用与上述同理的方法可以求得AJ＝NK＝13.5万里，AI＝NL＝1.6万里，AK＝NM＝10.3万里。这就是《周髀算经》所说的：“日夏至南万六千里(AI)，冬至南十三万五千里

① 钱宝琮，盖天说源流考，科学史集刊，1958，(1)；薄树人，再谈《周髀算经》中的盖天说，自然科学史研究，1989，(4)。

(AJ)日中无影”,和“从周(A)北十万三千里而至极下(AK)”。于是,冬至和夏至太阳与北极的距离应分别为 MK = MN + NK = 10.3 + 13.5 = 23.8 万里,ML = MN + NL = 10.3 + 1.6 = 11.9 万里。这也就是《周髀算经》所说的“日冬至在牵牛,极外衡”,“外衡(冬至日道)去北极枢二十三万八千里”,“日夏至在东井,极内衡”,“内衡(夏至日道)去北极枢时一万九千里”。

《周髀算经》指出:北极附近的璇玑一天之中还存在四游的运动“常以夏至夜半时北极南游所极,冬至夜半时北游所极,冬至日加酉之时西游所极,日加卯之时东游所极,此北极璇玑四游。”璇玑四游之极与北极的距离为 1.15 万里,这是由“以绳系表颠而希望之,北极(指冬至夜半北游所极)至地所识丈一尺四寸半(AU)”,“其南极(指夏至夜半时南游所极,本应在冬至日正午时测量其极距,但因白天无法测量,故以夏至日夜半时测量之)至地所识九尺一寸半(AV)”推算而得。如图 3-14 所示,我们确可用上述类似的方法,得出 NW = 11.45 万里,NX = 9.15 万里,已知 NM = 10.3 万里,故 MX = MW = 11.45 - 10.3 = 10.3 - 9.15 = 1.15 万里。至于东西两游之极,是由测量得“其两端相去二尺三寸”,同理可推得东、西两游之极相距 2.3 万里,半之则得 1.5 万里。其实,依《周髀算经》所给定的极距数值上,并无真实的璇玑星存在,所以它也仅仅是作者的假想,而作此若有其事的论述,也许仅仅是为了说明星辰都是绕北极作等距离的平转的。

《周髀算经》又指出:“日照四方各十六万七千里,人所望见远近宜如日光所照”。即认为太阳光只能照及半径为 16.7 万里的范围内,人们能看见的天象的距离也以 16.7 万里为极限。太阳光所能照及的最远距离也就是天四极的范围。如图 3-14,天的半径 MO = MK + KO = 23.8 + 16.7 = 40.5 万里,所以它说“四极径八十一万里(2MO)。”

关于太阳的直径,它指出“即取竹空径寸长八尺,捕影而视之,空正掩日”,“率八十寸得径一寸。”如图 3-14,当 CT = 80 寸时,太阳圆面直径正等于 PQ = 1 寸。已知:BC = 6 万里 + 6 尺,BD = 8 万里,$CD=\sqrt{BC^2+BD^2}$,则 CD 应为 10 万里稍大一点点。△CPQ 与△CRS 相似,则:PQ/RS = CT/CD,将有关数据代入,得 RS = 0.125 万里。这就是《周髀算经》提及的“十万里得径千二百五十里,故曰日径千二百五十里。”由此看来,这仅是对于观测者与太阳距离为 10 万里时的日径。对于夏至、冬至时,可以用类似的方法求得:观测者与太阳的距离分别为 8.16 万里和 15.69 万里,其时的日径应分别为 0.1020 万里和 0.1962 万里,只是《周髀算经》未曾论及于此。

请注意,上述不少数据是在引进了诸多假定的前提下得到的。但《周髀算经》在论述天地的形态时说:“天象盖笠,地法覆盘”,认为天像一顶戴在上面的箬帽,地像一个倒伏的盘子,是两相平行的曲面,即对前面天地为两相平行的平面作了一次重大的扭曲,但却保留了上述由这一假定而推得的一系列数据。

《周髀算经》继续写道:“极下者高人所居六万里,滂沱四隤而下,天之中央亦高四旁六万里”,“天离地八万里,冬至之日虽在外衡,常在极下地上二万里。”这里又引进了 2 万里和 6 万里的假设,便成了《周髀算经》总的盖天说的基本模型。

依上述数据,《周髀算经》在外衡与内衡之间,均匀地安插五个圆圈,代表冬至、夏至以外的 5 个日道,组成了“七衡六间”的日道系统(见图 3-16),这个系统的中心是为北极(K)。每一衡的半径,外衡向内衡递减 1.983 万里。太阳在每两衡之间的运行是渐进式的,如从冬至到大寒,太阳运行的轨道半径日渐缩小,大寒时抵第 6 衡。依此便可解释太阳一年中地平高度的变化:如夏至、春、秋分和冬至时,太阳去极度分别为 KI,KH 和 KG,即它们的地平高度由大渐变小。

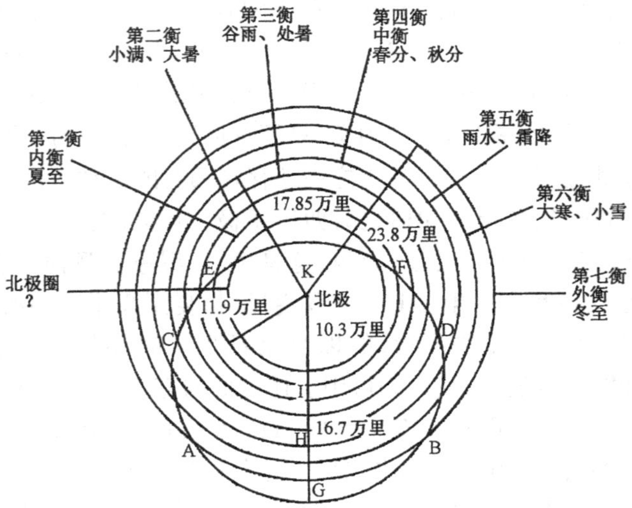

图 3-16　七衡六间示意图

以北极正南 10.3 万里处为中心,以 16.7 万里为半径画一圆,在此圆周内为人目所能见到的日月星辰的范围,就是说这一圆圈周正是日月星辰出现或隐没的关节点的轨迹。《周髀算经》还以此解释为什么夏天昼长(EIF)夜短,而冬至昼短(AGB)夜长的问题,以及太阳在一年中出没方位的变化,如夏至时"日出寅(F)而入戌(E)",春、秋分时"日出卯(D)而入酉(C)",冬至时"日出辰(B)而入申(A)"等问题。经过对七衡半径、人目可视范围直径等的精心设计,对有些情形方能自圆其说,但是内中还有很多问题无法解决,严重存在顾此失彼的现象。自此,我们已经对《晋书·天文志上》和《隋书·天文志上》中提及的《周髀》盖天说做了比较全面的介绍,权作为以上介绍的小结,不妨将李淳风的概括转录于下:

> 其言天似盖笠,地法覆盘,天地各中高外下。北极之下,为天地之中,其地最高,而四滂沱四,三光隐映,以为昼夜。天中高于外衡冬至日之所在六万里。天地隆高相从,日去地恒八万里。日丽天而平转,分冬夏之间日所行道为七衡六间,每衡周径里数,各依算术,用勾股重差,推晷影极游,以为远近之数,皆得于表股也,故曰《周髀》。

唐代的李淳风对《周髀算经》有过十分深入的研究,曾为之作注,又作为一位天文学家,他对其中的盖天说作如此精到的概括是不足为怪的。李淳风等人在《周髀算经》注中还指出:"以理推之,法云天之心处高于外衡六万里者,此乃语与术违","地既不平,而用术尤乖理验",已经尖锐指出《周髀算经》盖天说以天地为两相平行的平面为前提而算得的各项数据,全盘用于天地为两相平行的曲面的理论模型的不合理性。李淳风还指出了千里差一寸假定的不可靠性。这些都是作为浑天家的李淳风对盖天说的批评。其实《周髀算经》盖天说中还有诸多假定并非实测的结果,而是作者虚拟的,关于这一点,钱宝琮与薄树人已有专门的论述,恕不赘言。

三　浑天说的兴起

西汉时期是中国古代最主要的关于天地大型结构理论——浑天说蓬勃兴起的年代,其说的一些重要概念的建立,与盖天说的代表作成书的年代差不多同在一个时期。

“落下闳营之，鲜于妄人度之，耿中丞象之。”这是西汉末扬雄在回答关于浑天说与盖天说是非优劣的提问时提及的一句名言，其原文为：“或问浑天，曰：落下闳营之，鲜于妄人度之，耿中丞象之。几乎莫之能违也。请问盖天，盖哉！盖哉！应难未几也”①。

这里提及了自汉武帝到汉宣帝间三位天文学家的思想与工作。其言简而意赅，含有十分重要的天文事件的内涵，不能不作认真的分析与讨论。

落下闳，字长公，就是于邓平一起制作太初历的来自巴郡（今四川阆中）的民间天文学家。据《史记·历书》载：“至今上（指汉武帝）即位，招致方士唐都，分其天部，而巴郡落下闳运算转历，然后日辰之度与夏正同。乃改元，更官号，封泰山。”这可理解为，唐都和落下闳被征召的时间不一定如前引《汉书·律历志》所说的在元封七年〔见本章第五节〕，他们很可能在此前数年即已被征招到长安，这同前述汉武帝时改历之议始于元封元年以及元封七年以前已经“广延宣问，以理星度”② 的记述，可相呼应。又据《益部耆旧传》载：“字长公，明晓天文，隐于落下，武帝征待诏太史，于地中转浑天，改颛顼历作太初历，拜侍中不受。”③ 这里指出落下闳在参与作太初历的过程中，曾“于地中转浑天”。“浑天”可作浑象解，亦可作浑仪解。“转”是运转、操作之意。“地中”可理解为地下室中，亦可作地之中理解。若是作地下室中理解，“浑天”只能是浑象，可是，操作或研究浑象似对改历并无直接的关联，或者说并非当务之急，而且操作浑象似不必在地下室中进行。所以，“地中”还是以地上理解为宜，这样“浑天”便可作浑仪解，再考虑到当时定星度以及日、月行等乃是亟待解决的课题，于是把“浑天”理解为浑仪是顺理成章的。

浑仪乃是由若干环圈构成的用于测量天体位置的器具，我们推想，落下闳所创制的浑仪至少应有赤道圈和赤经圈，可用于测量天体的去极度和入宿度。还要指出的是，浑仪的这两个基本环圈的设计，是为天是浑圆的思想的反映，也就是从浑天说的这一基本思想出发的。扬雄所说“落下闳营之”的“营”，是经营、营造之意，其涵义当是肯定落下闳在浑天说的早期论述和浑仪制作方面的创造性贡献。

鲜于妄人就是在汉昭帝元凤三年至六年（前78～前75），作为主历使者主持用实测判别太初历与张寿王黄帝调历等十一家历法优劣是非的天文学家，如前所述，他还很可能是《石氏星经》的主要测定者之一（详见下一节）。从《石氏星经》给出的入宿度、去极度和黄道内外度三种度值的情况看，当时的浑仪除赤道、黄道环外，还应有黄道环，这黄道环或者是落下闳当初营造时所原有，或者为鲜于妄人所新添。扬雄说“鲜于妄人度之”的“度”，是量度之意，大约正是指鲜于妄人量度恒星位置以及浑天说有关数值等的功绩。

耿中丞是指耿寿昌，他在汉宣帝甘露二年（前52）曾任“大司农中丞”，故以耿中丞称之。这一年耿寿昌曾上奏曰：“以圆仪度日、月行，考验天运状，日、月行至牵牛、东井，日过一度，月行十五度；至娄、角，月行十三度，赤道使然”④，这里所谓“圆仪”即指浑仪而言，耿寿昌曾以此测量日、月运行的状况。他指出：当日、月运行至冬至（牵牛初）、夏至（东井初）点附近时，日每日运行超过一度，月每日运行达15度之多，较日、月的平均行度都要快；而当日、月运行至春分（娄宿）、秋分（角宿）点附近时，日每日运行一度，月每日运行十三度，与日、月的平均运行速度

---

① 扬雄：《法言·重黎》。

② 司马迁：《史记·历书》及班固：《汉书·律历志中》。

③ 司马迁：《史记·历书》“索隐”引姚氏案。

④ 以上均见司马彪：《续汉书·律历志中》。

相当，这是由于沿赤道量度日、月运行度值所造成的。这份奏文表明，耿寿昌在天文学上是颇有造诣的人物。扬雄说“耿中丞象之”的“象”应指浑象而言，这就是说耿寿昌还曾创制了浑象（相当于今天的天球仪），鲜于妄人等人对于恒星位置的观测成果，正可用于浑象星点位置的描绘。浑象是以浑圆的天为其理论依据的，它既可以形象演示星空每日的出没、四季星空的变化，又是浑天说理论正确性的有力证明。

扬雄的这一名言，是对落下闳、鲜于妄人、耿寿昌三人建立浑天说功绩的表彰，又是对他们创制与浑天思想密切相关的天文仪器——浑仪和浑象的肯定。

自然，浑天说若干思想的萌芽在落下闳以前就已有之，这里所说的兴起，是说浑天说已成为能与盖天说相抗衡的新学说得以成立。也就如扬雄所说，经由落下闳、鲜于妄人、耿寿昌三人的前后努力，浑天说业已打下了坚实的根基，已经是“几几乎莫之能违”的了，相比之下，盖天说则已是难以成立了。

第八节　《石氏星经》的测定

一　《石氏星经》的校订与证认

在唐代瞿昙悉达等人编纂《开元占经》中，载有一份古代恒星位置表。在卷六十五至六十七为“石氏中官占”，载摄提等62星官（其中缺序号为47～52的黄帝坐、四帝坐、内屏、郎位、郎将和常陈等六个星官），如“石氏曰：摄提六星夹大角，入角八度少，去极五十九度半，在黄道内三十二度太”（见图3-17）；卷六十八为“石氏外官”，载库楼等30个星官，如“石氏曰：库楼十星、五柱十五星、衡四星，凡二十九星。左角南西北星入轸少，去极百四十度，在黄道外二十一度太”；卷六十一至六十四分别为“东方七宿占”、“北方七宿占”、“西方七宿占”和“南方七宿占”载有二十八宿距星的位置，如“石氏曰：角二星，十二度（刘向《洪范传》曰与古度同）度距左角先去极九十一度，在黄道外”。在这些记述中，给出了每一个星官的星数、星官之间的相对位置，最重要的是，还给出了每一星官的一颗标准星（距星），并给出了它们的入宿度（与二十八宿距星的赤经差）、去极度（赤纬的余角）以及黄道内外度（沿赤纬圈量度的、类似于黄纬的极黄纬）三种坐标值。

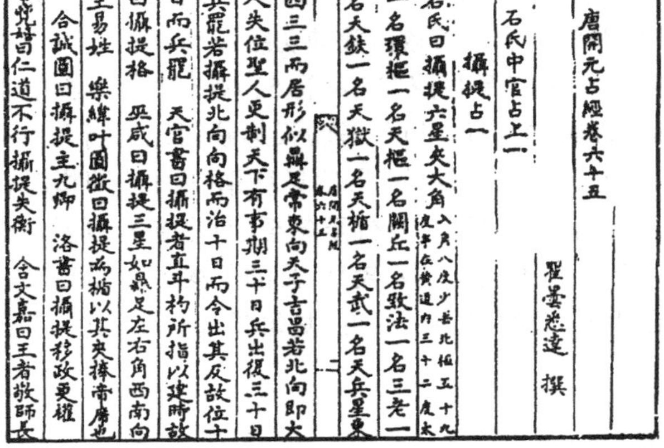
唐開元占經卷六十五
瞿曇悉達　撰
石氏中官占上一
攝提占一
石氏曰攝提六星夾大角入角八度少去北極五十九度半在黃道內三十二度太
一名環樞一名天樞一名闕丘一名致法一名三老一
名天鈇一名天獄一名天楯一名天武一名天兵星東
唐開元占經卷六十五
西三三而居形似鼎足常東向天子吉昌若北向即大
人失位聖人更制天下有事期三十日兵出復三十日
兵罷若攝提北向向格而治十日而令出其反故位十
日而兵罷　天官書曰攝提者直斗杓所指以建時故
曰攝提格　巫咸曰攝提三星如鼎足左右角西南向
主易姓　樂緯叶圖徵曰攝提爲楯以其夾擁帝席也
合誠圖曰攝提主九卿　洛書曰攝提移政更權
春秋緯曰仁道不行攝提失衡　含文嘉曰王者敬師長

图3-17　《开元占经》中的《石氏星经》记载

潘鼐依据《石氏星经》现存的不同版本(恒德堂版巾箱本、四库全书文渊阁本和上海图书馆藏精钞本),并参照薮内清所用日本东洋文库古写本与静嘉堂藏本的结果,还以麟德三年(665)萨守真撰的《天地瑞祥志》残钞本的相应值进行核对,校定了计120颗恒星的入宿度、去极度和黄道内外度值① (见表3-4)。上田穰(1929)②、薮内清③ (1937)、伊世同④ (1981)、潘鼐⑤ (1989)、孙小谆⑥ (1994)等曾先后对与上述120颗古恒星名相应的现代星名进行过研究,他们所得的结果亦列于表3-4中。其中上田穰、伊世同、潘鼐、孙小谆四家空白格处,系指与薮内清所证认相同者。上田穰的结果基本上是依据土桥八千太于1914年所作的研究⑦,只是小有调整而已。

潘鼐与薮内清对于《石氏星经》入宿度、去极度和黄道内外度的校订大体相同,其中入宿度异的序号(下同)有:7、22、39、41、81,计5处;去极度异者有:6、27、31、74、75、78、81、90、91、92、98、107、116、117,计14处;黄道内外度异者有:1、5、7、10、12、15、20、22、24、27、35、36、40、54、76、82、87、99、101、103、118、119、120,计23处。孙小谆与潘鼐对于《石氏星经》去极度异者计有8处,入宿度异者计有24处,黄道内外度异者亦有多处。这些自然是造成各家对上述恒星证认差异的主要原因之一。由表3-4又可见,虽然,由于种种原因,对上述恒星的证认是十分困难的工作,但是其总体形势是日渐趋同,这已是令人可喜的进展。

表3-4 《石氏星经》的校订与证认

序号	星官	星数	距星	入宿度	去极度	黄道内外度	薮内清	上田穰	伊世同	潘鼐	孙小谆
1	摄提	6		角8.25	59.5	32.75	ηBoo				
2	大角	1		亢2.5	58	34.25	αBoo				
3	梗河	3	西星	亢8	38	49	ρBoo				
4	招摇	1		氐2.5	40.75	57.08	γBoo			ABoo	
5	玄戈	3		氐1	32.5	53.5	λBoo	λ^2Boo			
6	天枪	1	西星	氐0.75	28.75	71	κBoo	κ^2 Boo			
7	天棓	5	柄星	箕8.5	32	71	μDra	ιDra	ξDra	ιHer	ιHer
8	女床	3	西星	箕1	50	56	πHer				
9	七公	7	西星	氐4.5	39.25	59.58	βBoo		δBoo	γBoo	
10	贯索	9	上右星	尾0.5	59.25	37	πSer			θCrB	βCrB
11	天纪	9	西星	尾5	51.5	56.75	σCrB	ξCrB	ξCrB	ξCrB	ξCrB
12	织女	3	大星	斗11	52	63.75	αLyr				
13	天市垣	22	门右星	尾0.75	94.25	1.25	νOph	ζOph	ζOph	ζOph	ζOph
14	帝座	1		尾15.5	71.25	39	αHer				
15	候	1		箕2.5	73.75	38.25	αOph				
16	宦者	4	南星	尾12	72.5	38	60Her	33Oph	32Oph		
17	斗星	5	第一星	尾10.25	72	25	?	ωHer	ωHer	45Her	κHer
18	宗正	2	南星	箕2	84	27.5	βOph	γOph		γOph	γOph
19	宗人	4	南星	箕7.5	85	28	67Oph		66Oph	68Oph	68Oph
20	宗	2	南星	箕9	79	23.75	72Oph	71Oph	110Oph	71Oph	71Oph

① 潘鼐,中国恒星观测史,学林出版社,1989年,第56～63页。

② 上田穰,石氏星经の研究,东洋文库论丛第十二,东洋文库刊行,1929年。

③ 薮内清,中国の天文历法(增补改正本),平凡社,1990年,第56～63页。

④ 伊世同,中国恒星对照图表,科学出版社,1981年。

⑤ 同①。

⑥ 孙小谆,汉代石氏星官研究,自然科学史研究,1994,(2)。

⑦ I. Tsuchihashi(土桥八千太),Catalogne Detoiles Fixes Observeesen Chine Sous Lempereur Qianlong(1757AD). Annales deIobservatoire Astronomique de Zo－Se, Shanghai, China, Ⅶ, 1914.

续表

序号	星官	星数	距星	入宿度	去极度	黄道内外度	薮内清	上田穰	伊世同	潘　鼐	孙小淳
21	东西咸	8	东咸南星	心 2	102	2.25	χOph	ωOph	ψOph	ωOph	ψOph
22	天江	4	南星	尾 6.25	111	−2.5	θOph	99G Oph	?		
23	建星	6	西星	斗 7.25	113.25	1	πSgr	ξSgr	ξSgr	ϵ^2Sgr	ξSgr
24	天弁	9	西南星	斗 6.75	90.75	17.75	4Aql	1Aql	αSct	αSct	5Aql
25	河鼓、旗	12	大星	斗 22.75	85	28.75	αApl				
26	离珠	5	北星	女 0	94	20	1Aql		70Aql	71Aql	
27	瓠瓜	5	西星	女 0.25	71.5	33	ζDel		αDel	βDel	
28	天津	9	西北星	斗 2	49	49.25	θHer	δCyg	γCyg	δCyg	δCyg
29	螣蛇	22	啄星	室 1.5	51	53.25	5914 Boss	αLac	αLac	αLac	αLac
30	王良	5	西星	壁 0.5	42.5	57	βCas				
31	阁道	6	南星	奎 5	43.25	58.25	ηCas	δCas	ιCas	ψAnd	ψCas
32	附路	1		奎 3	43	57	γCas		ζCas	δCas	νCas
33	天将军	11	大星	奎 15.5	60.33	29.25	γAnd				
34	大陵	8	北星	娄 6.25	44.25	40.25	11 Per	?	9Per		9Per
35	天船	9	北星	娄 9	43.5	43.25	ηPer				
36	卷舌	6	北星	胃 10.25	56	11.75	νPer	?			
37	五车、三柱	14	西星	毕 3	63	10.75	ιAur				
38	天关	1		觜 0	73.5	−2.75	ζTau				
39	南北河戍	6	南河中央星	井 17.25	80	−14	βCMi		εCMi	αCMi	
40	五诸侯	5	西星	井 2	57	3.25	θGem				
41	积水	1		井 13	55	12.75	βGem	χGem	65Aur	οGem	οGem
42	积薪	1		井 21.5	61.5	10.75	65Aur		κGem	μCnc	ψGem
43	水位	4	南星	井 19.5	72.5	−3.75	74Gem		6CMi	68Gem	68Gem
44	轩辕	17	大星	张 0.75	71	1.25	αLeo				
45	少微	4	南星	张 10.5	70.5	3.42	53Leo		52Leo	60Leo	
46	太微	10	门右星	翼 9	76.5	2.75	βVir				
47	黄帝坐	1		（翼 9.5）	（63.5）	（10.75）			βLeo		βLeo
48	四帝坐	4		—	—	—					
49	内屏	4	（西星）	（翼 7）	（72.5）	—			ξVir		ξVir
50	郎位	15		—	—	—			γCom		γCom
51	郎将	1		（轸 8）	（39.25）	（45.92）			31Com		αCVn
52	常陈	7	（西星）	（翼 5）	（45）	（33）			αCVn		61UMa
53	三台	6	上台北星	井 30.75	30.25	38.25	18UMa		ιUMa	ιUMa	ιUMa
54	相	1		翼 5	31.5	37	χUMa		5CVn	5CVn	χUMa
55	太阳守	1		张 13.25	35.5	39	ψUMa		χUMa	χUMa	ψUMa
56	天牢	6	东星	张 1.25	26.5	44.75	44UMa		ωUMa		
57	文昌	6	西星	井 15.75	25.75	43.5	οUMa		28UMa	17UMa	
			第五星	井 13	11.75	—	?				
58	北斗、辅	8	极星	张 0	18.25	98	αUMa				
59	紫微垣	15	右星	轸 10	90.5	56.75	?		αDra	αDra	κDra
60	北极、钩陈	11	钩陈大星	壁 8.75	11.5	84	αUMi				
61	天一	1		轸 10	10.5	74.5	?	ιDra	10Dra	10Dra	7Dra

续表

序号	星官	星数	距星	入宿度	去极度	黄道内外度	薮内清	上田穰	伊世同	潘 鼐	孙小淳
62	太一	1		轸 10	10	74.5	?			GC 18527	8Dra
63	库楼、五柱、衡	29	西北角星	轸 0.25	140	−21.75	δCru	?	ζCen	ιCen	
64	南门	2	右星	轸 14	130	−21.75	ξCen	?	εCen	ε^2Cen	ε^2Cen
65	平	2	西星	轸 14	100	−11.75	γHya	?			
66	骑官	27	西行北星	亢 4.75	115.5	−19.5	C^1Cen	?	γLup	GC20051	
67	积卒	12	西星	氐 13.75	124.25	−21.25	144G Lup	?	θLup	ηLup	ηLup
68	龟	5	头星	尾 12	131	−21	181G Sco	?	εAra	σAra	?
69	傅说	1		尾 12.75	120.5	−13.75	λCro	?	G Sco	G Sco	G Sco
70	鱼	1		尾 14	122	−12	G Sco	?	M7 Gco	GC24294	M7 Gco
71	杵	3	北星	箕 1.75	132.5	−21.75	θCrA	?	σCrA		?
72	鳖	14	右星	斗 1	129.5	−14	βCrB	?	αTel	μCra	μCra
73	九坎	9	西南星	斗 14.5	136	−19.75	ιSgr	?	?	αInd	
74	败臼	4	西南星	女 10	131.25	−19	ιPsA	?	γGru	αGru	
75	羽林、垒壁阵	57	西星	危 4.75	120.75	−13.75	νAqr	?	29Aqr	εCap	
76	北落	1		危 9	130.75	−23.5	αPsA	?			
77	土司空	1		壁 7.75	120.25	−24.25	βCet	?			
78	天仓	6	南星	奎 4.75	120	−18	ηCet	?	τCet	τCet	
79	天囷	13	东北星	胃 6.25	96.5	−14.25	αCet	?			
80	天廪	4	南星	胃 11.25	90	−9.75	oTau	?	5Tau		
81	天苑	16	东北星	毕 2.75	114	−48.25	53Eri	?	γEri	γEri	γEri
82	参旗	9	南星	毕 9.5	93	−13.5	π^5Ori	?	σ^1Ori	π^4Ori	
83	玉井	4	西南星	毕 12.25	120.75	−50.25	?		λEri	ψEri	βEri
84	屏	2	北星	觜 0.75	118	−46.75	εLep	?	μLep		
85	厕	4	西北星	参 3.25	115	−44.5	αLep	?			βLep
86	天矢	1		参 7	123	−53	ν^2Col	?	μCol	12Lep	
87	军市	13	西星	井 3.25	110	−31	17Lup	?	βCMa	θLup	
88	野鸡	1		井 8	111	−42.75	βCMa	?	ν^2CMa		
89	狼	1		井 18	106.75	−42.75	αCMa	?			
90	弧	9	西星	井 16	122.75	−52.5	59CMa	?	δCMa	κCMa	κCMa
91	老人	1		井 19	133.5	−75.75	αArg	?	αCar	αCar	αCar
92	稷	5	西星	柳 14.25	148	−68.25	oVel	?	γVel	eVel	δVel
93	角	2	左星	12	91	—	αVir				
94	亢	4	西第二星	9	89	5.5	κVir				
95	氐	4	西南星	15	94	1	αLib			α^2Lib	
96	房	4	西南第二星	5	108	−0.92	πSco	δSco			
97	心	3	前第一星	5	108.5	3.5	σSco				
98	尾	13	东第二星	18	120	−15.25	μSco				
99	箕	4	西北星	11	118	−5.25	γSgr				
100	斗	6	魁第四星	26.25	116	−2.5	ψSgr				
101	牛	6	中央大星	8	110	4	βCap				
102	女	4	西南第一星	12	106	8	εAqr				
103	虚	2	南星	10	104	8	βAqr				
104	危	3	西南星	17	99	9.75	αAqr				

续表

序号	星官	星数	距星	入宿度	去极度	黄道内外度	薮内清	上田穰	伊世同	潘　鼐	孙小淳
105	室	2	南星	16	85	18.5	αPeg				
106	壁	2	南星	9	86	12.5	γPeg				
107	奎	16	西南大星	16	77	14.25	ζAnd	δAnd			
108	娄	3	中央星	12	80	12	βAri				
109	胃	3	西南星	14	72	12	35Ari				
110	昴	7	西南第一星	11	74	4.25	17Tau	14Tau			
111	毕	8	左股第一星	16	78	−6.75	εTau	αTau			
112	觜	3	西南星	2	84	−12.75	ψOri		λOri	ψ′Ori	
113	参	10	中央西星	9	94.5	−23.5	δOri		ζOri		
114	井	8	北南辕西头第一星	33	70	−2.5	μGem				
115	鬼	5	西南星	4	68	0.75	θCnc				
116	柳	8	西第三星	15	79	−12	δHya	ξHya			
117	星	7	中央大星	7	91	−21.25	αHya				
118	张	6	前第一星	18	97	−26.5	νHya	κHya		ν′Hga	
119	翼	22	中央西星	18	99	−20.5	αCrt	νHya			
120	轸	4	西北星	17	99	−15.25	γCrv				

二　《石氏星经》观测年代的四种不同见解

(一)观测于战国时期说

日本学者新城新藏认为依《石氏星经》"所载约120个恒星距极之度数,逆行推定其观测此等星之年代,则知其约当公元前300年。"又认为"《汉书·天文志》中载有'太岁在寅曰摄提格,岁星正月晨出东方,石氏曰:'名监德,在斗、牵牛。失次,杓,早水、晚旱'。甘氏在建星、婺女。太初历在营室、东壁'云云。此系述,苟以岁星十二年一周天空者,则石、甘两氏之观测与太初时代之观测,稍有差异。今以此材料推定石、甘两氏之时代,则约相当于公元前360年"①。前者是依岁差原理推出的结论,可惜他没有给出具体的推算方法,大约只是一种粗略的估算;而后者,是依据石、甘两氏时正月岁星晨出东方在斗、牛、女宿之间,而太初时(前104)已在室、壁之间两者相距约60度(以牛初和斗末、壁初计),即2次。新城新藏认为,甘、石两氏时代当在秦始皇八年(前239)以前,而秦始皇八年前后,岁星所在辰次之名与太初历时有一次之差,即甘、石两氏时代同太初时岁星实际已差达三次,以"每82.6年当差一次"计,则石氏、甘氏之时代当在太初以前248(82.6×3)年、即大约公元前352年前后也"②。由于上述岁星位置的记述均为约值,且石氏与甘氏所述又不尽相同,所以,依此所作的推算是不可靠的。

新城新藏还认为:"战国时代中叶,有甘公、石申夫二人颇通晓天文,曾观测五星而开占星

① 新城新藏,东洋天文学史大纲,1918,东洋天文学史研究(沈璿译),中华学艺社,1933年,第19~20页。

② 新城新藏,再论《左传》、《国语》之著作年代,1920,见《东洋天文学史研究》(沈璿译),中华学艺社,1933年,第441~442页。

术与五行说之基础，且始用岁星纪年法，同时，自然与此关联而曾观测若干行星，定其名称、测其位置于诸殆无容疑”[①]。这是由甘德、石申夫的其他天文学贡献而推定《石氏星经》为他们所测量。这种推论自然不能令人信服。就以他所得的结论来分析，甘、石二氏观测岁星位置时(前360)至少应当有20岁，即他们至迟是公元前380年生人，到测量《石氏星经》时(前300)，他们至少已是80岁的老翁了，石、甘二氏是否寿过八旬？八旬老翁是否还可以作《石氏星经》的观测？这些都是大问题。

据新城新藏的这些说法，我们不能得出《石氏星经》观测于战国时期的结论，虽然他由此盛赞《石氏星经》“实可夸为世界最古之恒星表也”，我们也不敢苟同。当然，《石氏星经》既然冠以“石氏曰”，必然与石氏有某种关联。石申夫也许曾进行过某些测量，如二十八宿距度的测定，而石氏的后学在测得《石氏星经》后，不忘祖师石氏的开创始之功，而冠之以“石氏曰”，亦未可知。

(二)一部分观测于战国时期、另一部分观测于东汉时期说

此说始于日本学者上田穰[②]。他应用土桥八千太对《石氏星经》星官的证认，并作进一步的研究分析，然后用图解法计算，得出以下结论：二十八宿中有六宿的观测年代为公元前360年，有十七宿的观测年代为公元200年。“石氏中官”有28座的观测年代为公元前360年，几乎都在冬至点的半个天球上；有13座的观测年代为公元200年，几乎都在夏至点的半个天球上。“石氏外官”有10座的观测年代为公元前360年，正好为前10座；有16座的观测年代为公元200年或稍早，都在后20座。即共有44座观测于公元前360年，46座观测于公元200年。属于公元200年观测的星座，可能原亦观测于公元前360年，而在公元200年进行了重测修订。《石氏星经》共有120座除6座原缺外，尚有24座为数据有误或有其他特殊情况。

日本另一位学者能田忠亮亦取相类似的见解[③]。他对宋代流传的《甘石星经》中的39项天文记事(实与《石氏星经》所载相同)作了推算。得出其中29项为公元前360年所测，6项为公元200年所测，其余4项的年代还要迟些，为后世所窜入。

1989年，潘鼐重申此说[④]，他在对原始记录作认真校核和对对应星作重新证认的基础上，依据岁差理论，一一推算出与《石氏星经》所载去极度相应的观测年份，删除其中29星不论(因为所定出的观测年份或早于公元前1000年、或晚于公元700年、或度数相差过多、或恒星的赤纬变化过于缓慢，确定其年份无价值等等)。将其余85星分为两群：第一群52星，年份均为公元前者(前907～前37不等)；第二群星37颗，其中33星年份均为公元后(16～461不等)，另有4星年份为公元前者(前88～前37不等)，该4星同时亦属于第一群星。随后，分别取第一、第二群星观测年份的平均值，得公元前440年和公元160年。于是，《石氏星经》的观测原作于公元前4世纪近中叶的战国时期，部分佚失后，补测于公元2世纪下半叶约东汉后期桓、灵之世前后，这就是潘鼐先生的最后结论。

---

① 新城新藏，东洋天文学史大纲，载《东洋天文学史研究》(沈璿译)，中华学艺社，1933年，第19页。

② Joe Uete, Shih Shens Catelogue Stars, TheOldest Star Catalogue in The Orient, Publications of The Kwasan Observatory, 1(2), 1930, 英文版；上田穰：《石氏星经》研究，载《东洋文库论丛》第12册，1930年，日文版。

③ 能田忠亮，甘石星经考，载《东方学报》京都第1号，1937，日文版。

④ 潘鼐，中国恒星观测史，学林出版社，1989年，第55～69页。

(三)观测于西汉时期说

1937 年,钱宝琮[①] 和薮内清[②] 差不多同时提出了这一观点。

钱宝琮不同意新城新藏的见解,以为他"所持的二理由皆难成立"。钱宝琮依据《续汉书·律历志》所载"《石氏星经》曰:'黄道规牵牛初直斗二十度,去极二十五度'。于赤道,斗二十一度也",认为此中"于赤道,斗二十一度也",是贾逵依据《石氏星经》所说的黄道斗二十度变更而得的约值,而准确的赤道值应为"斗二十一度又百分度之六十三",此度值"实较《尚书·考灵曜》(赤道斗二十二度)为少,而较编訢等实测之数(赤道斗二十一度四分度之一)为多,可知《石氏星经》所依据之观测,当在《尚书·考灵曜》之后,其非战国时石申夫之原著,盖无可疑",即认为《石氏星经》应测于西汉末年。战国时期尚不能以度为单位测定去极度和黄道内外度,是他的又一论据。他还指出:"以岁差公式推算其测定年代,其中或有数十个星可以逆推至战国中期者,未始非因观测疏阔而偶合也",这是对上田穰所持战国、东汉说的原则性否定。

薮内清也看重《续汉书·律历志》所载《石氏星经》冬至点"于赤道斗二十一度也"之说,他与钱宝琮不同的是,认为此说是准确可信的,依此,他用岁差法逆推得《石氏星经》的观测年代为公元前 65 年。在随后的一篇论文中他又指出:上田穰的方法须以观测数据精密可靠为前提,而据他自己对宋代恒星观测的研究表明,误差仍在 1°至 2°或更大,所以,上田穰所依据的前提是大有疑问的。薮内清并把《石氏星经》的观测年代修正为公元前 70 年,而且指出,这一年代也就是上田穰公元前 369 年和公元 200 年的中间年份,薮内清还将《石氏星经》中 115 颗恒星的度数重行校订与证认,与历元为公元前 70 年的相应理论值进行比较,得出入宿度、去极度和黄道内外度的绝对值平均误差分别为 1.0°、1.1°和 1.2°,这正符合薮内清原先提出的去极度、入宿度和黄道内外度误差的大小应大致相同,所推观测年代才算合理的理论推想。

1977 年,又一位日本学者前山保胜[③] 著文对《石氏星经》作进一步的研究。他也应用土桥八千太对《石氏星经》星官的证认结果,并应用最小均方差法对二十八宿距星和石氏中、外星官的去极度、石氏中、外星官的入宿度分别作数理统计处理,其结果为[④]:

(1)调整后的二十八宿,去极度在去除氐、尾、轸 3 宿后,以对于平均偏差的标准差曲线作为时间的函数,其最小值 $S_{min}=0.53°$时,是时的观测年代约为公元前 60 年。去极度误差几乎都在 1°左右,表明进行观测时仪器所指的北极方位,高出实际的北极约 1°。若以二十八宿全部计,$S_{min}=0.78°$,平均年代为公元前 55 年。

(2)调整数据后,取石氏中官 58 星、石氏外官 30 星的去极度,得 S_{min}分别为 0.8°和 0.9°。剔除误差过大者,取石氏中官 58 星、石氏外官 30 星,得 S_{min}分别为 0.49°和 0.66°,其年代分别为公元前 100 年和公元前 70 年。因北极所指方位的差异导致的系统误差约为 0.9°。

(3)对于入宿度的研究,剔除中官星去极 25 度以内的近极星,则中官星 S_{min}为 1.4°,再去掉以公元前 50 年计误差较大的 4 星,则 $S_{min}=1.16°$,相应的年份则为 100 年。外官星的 S_{min}

---

① 钱宝琮,甘石星经源流考,浙江大学季刊,(1),1937。

② 薮内清,开元占经中の星经,东方学报,京都第 8 册,1937。此后又发表而论文:汉代における观测技术と石氏星经の成立,东方学报,第 30 册,1959;石氏星经的观测年代,中国科技史探索,上海古籍出版社,1986 年。

③ 前山保胜,The Oldest Star Catalogue of China:Shens Hsing Ching,见 PI MATA Festselirift Fur WillyHartner,1977,英文版。

④ 潘鼐,中国恒星观测史,科学出版社,1989 年,第 53 页。

则为 0.96°,相应年份为公元元年。

(4)总的说来,考虑去极度及入宿度的变化作为时间的函数时,揭示其观测的年代为公元前 50 年。但鉴于去极度较入宿度更可靠,故定其观测年代为公元前 70±30 年。

(5)因仪器安装不当所生的系统误差约为 1°,而去极度相差 1°,引起的时间偏差约为 300 年,因而,公元前 70±30 年,即可能成为公元前 370 年或公元 230 年,这正是上田穰所定观测年代为公元前 360 年和公元 200 年的来源。

前山保胜的研究成果大大充实了薮内清与钱宝琮的见解,对上田穰等人的《石氏星经》观测于前后两个不同年代的论说的症结所在,提供了必要的说明,发人深省。

1994 年,孙小谆又对《石氏星经》重作研究①。他对于《石氏星经》星官的证认以及各星去极度的考订大体与潘鼐相同。在此基础上,他对《石氏星经》110 颗星的去极度,依据傅里叶分析法作整体的数理统计处理,得出《石氏星经》的观测年代为公元前 78±18 年。他还指出,当时仪器极轴的安装偏离北极约 0.8°。由此,孙小谆进一步认为《石氏星经》是鲜于妄人等人在汉昭帝元凤三年至六年(前 78～前 75)之间测定的。

(四)观测于唐代早期说

1998 年,胡维佳认为撰写于唐高祖武德四年(621)的敦煌卷子 P2512 中的《二十八宿次位经》所载二十八宿宿度与去极度、李凤撰于唐高宗麟德元年(664)的《天文要录》中所载的二十八宿去极度与黄道内外度(残存 13 宿),以及萨守真撰于麟德三年(666)的《天地瑞祥志》中的石氏中外官(残存 47 座)星度数据等,应就是《开元占经》所载《石氏星经》的重要来源。"没有理由或证据认为它的观测年代会比《二十八宿次位经》二十八宿星表的更早,它的观测年代很可能就在《天地瑞祥志》编撰之前,因为稍前的《天文要录》尚未载录它。"②

关于《石氏星经》观测于战国时期说的不可靠性,已如前述,这里则对后二说作进一步的讨论。

首先,上田穰及其后继者的基本思路是:依岁差法逆推、逐一求出与《石氏星经》所载有关度值相应的、从理论上说是严格正确的年代,这里实际上已经设定《石氏星经》所载的这些度值是精确无误的,而实际上这些度值本身(还不包括考订或证认的失误)存在偶然误差与系统误差是毋庸置疑的,所以,这一设定是不可靠的。

其次,上田穰及其后继者将推得的所有年代分为两群,这带有很大的主观色彩,因为,人们要问:为什么要把这些年代分为两群、而不是三群或者四群?如果分成三群或四群,势必可得到三个或四个不同的平均年代,也就可以得到《石氏星经》是经过先后三次或四次观测的结果。就以分两群而论,又如何划界?为什么要以公元前后为界?又为什么不能以其他年代(譬如公元前 100 年)划界?

再次,上田穰及其后继者是在取得两群年代的平均值以后,以此为准,再求出《石氏星经》所载各度值存在的误差,由于年代平均值存在的非客观性‘求出的这些误差也就不是各度值存在的真实误差,而是一种虚幻的误差。基于这些原因,《石氏星经》一部分观测于战国时期、又一部分观测于东汉时期的说法是不足取的。至于上田穰与潘鼐两家的结论之所以有异,除对

① 孙小谆,汉代石氏星官研究,自然科学史研究,1994,(1)。

② 胡维佳,唐籍所载二十八宿星度及"石氏"星表研究,自然科学史研究,1998,(2)。

于恒星证认和有关度值的校订有较多差异外，两家对于参与平均年代计算的有关年代取舍不同、两家对于两群分界的取向亦不同，也是原因之一。

再看钱宝琮对于甘、石星经的历史考察，无疑给《石氏星经》的成立年代提供了重要的背景说明，他对于两年代说的批评是一针见血的。薮内清对于《石氏星经》观测年代在何种条件下方可成立的历史与理论分析，是十分精到的。更重要的是，他由对《续汉书·律历志》载有关度值的分析，首先得出了《石氏星经》观测于公元前 65 年的重要见解。但由于所用材料单一，这一见解还有待进一步证实。

前山保胜的工作，是应用最小均方差法对《石氏星经》的有关度值作全面的数理分析，并以最为可靠的去极度的分析结果为准。这一方法比预设前提条件，把《石氏星经》的有关度值视作存在某种误差的、当年测得的数据，而最小均方差法是为现代通用的有效的数理统计方法，以此求出与达到最小均方差时相应的年代——公元前(70±30)年。前山保胜还得出当年的观测仪器的极轴安置偏离北极约 1°的误差，以及若干偶然误差的存在，这也是较为客观的、重要的结论。应该说前山保胜的工作证实并发展了薮内清与钱宝琮的见解，是十分重要的进展，诚如潘鼐所指出的，前山保胜在若干恒星的证认与度值的考订上还存在一些不足之处，例如，对《石氏星经》87 项中、外官去极度数值中的 16 项都作了调整，而调整后的新值只有 2 项可见于有关的文献①，等等。

孙小谆所用的傅里叶分析法也是现代通用的有效的数理统计方法。在被处理的一群数据中，如果存在少数奇点，对于最小均方差而言，便会产生较大的影响，若用傅里叶方法，其影响就要小得多，这是后一种方法的长处。所以，孙小谆所选用的数理统计略优于前山保胜。前已提及，孙小谆对于《石氏星经》星官的证认以及有关度值的考订同潘鼐差别不大，应该比前山保胜的同类工作来得可靠些。《石氏星经》观测于公元前(78±18)年，当年用于观测的仪器极轴偏离北极约 0.8 度，而且此项观测乃由鲜于妄人等人在元凤三年至六年(前 78～前 75)间完成。这些当是截至目前为止比较可信的结论。

胡维佳指出，运用岁差原理结合数理统计等数学方法，把古代观测误差较大的星表作为同一个系统误差下的观测结果进行分析，不能可靠地推算出该星表的实际观测年代。这一见解应引起足够的注意。但是，他关于《石氏星经》观测于唐代早期的论据不够充分。《天文要录》没有录载石氏中外星官星度数据，并不一定就是因为当时尚无其数据的存在；《天文要录》中有二十八宿黄道内外度的记录，而《二十八宿次位经》中却无，这也不一定就是因为撰写《二十八宿次位经》之时尚无其数据的存在。所以，不宜断定《石氏星经》的成立不早于唐代早期。

第九节　京房、刘向、刘歆及扬雄的天文学思想

一　京房的天文学思想

京房(前 77～前 37)，本姓李，推律自定为京氏，字君明，东郡顿丘(今河南清丰)人。好钟律、知音声，对音律学深有研究，在十二律基础上，推演为六十律，对后世从不同途径对律制进

① 潘鼐，中国恒星观测史，学林出版社，1989，第 54 页。

行探索多有启示。他更专注于《易》学的研究，自成京房《易》一派，今有《京氏易传》三卷传于世。其学长于说灾异，以风雨寒温以及星象为验。汉元帝时（前 45～前 33）以孝廉为郎，屡上书以灾异推论时政得失，颇得罪权贵，终被冠以“非谤政治，归恶天子”的罪名，下狱弃市。

在唐《开元占经》中，引述了不少京房星占术的内容，在此中，京房俨然是以著名星占家的面目出现的。在其中的“日占”与“月占”中，引“京氏曰”或“京房曰”者，比比皆是。在这些引文中，有不少是关于京房对有关日、月现象的特有占辞，同时也有他对日、月观测与研究重要成果的记述，在其他有关文献中，也大抵如此。

京房曰“日者，众阳之精”[①]。即认为太阳乃是阳之精气组成，这是西汉晚期具有代表性的一种看法。

《周髀算经·卷下》有曰：“故日兆月，月光乃出，故成明月”，这是中国古代最早的关于月亮自身不发光，由于太阳的照射而生光的明确论述。京房则房继承并发展了这一见解，认为：“月与星，至阴也，有形无光，日照之乃有光。喻如镜照日，即有影见。月初光见西方，望已后，光见东，皆日所照也。”[②] 又曰：“日照处则明，不照处则暗。”[③] 他以为，月亮只具暗黑的形质，自身不发光，由于日光的照射才生光。这正如镜体本身不发光，但因日光的照射才反射出光来一样。黄昏月牙初见西方时，月亮的光明部分朝向西方，而在满月以后，月亮光明的部分则朝向东方，月亮的光明部分是太阳照射的结果，而黑暗的部分则是太阳照射不到的地方。这些是对月受日光说的更明确的阐发，而且论及了月亮的光明部分总是朝着太阳，已涉及月像变化同日月相对位置的变化有关的重要思想。

董仲舒在其《灾异对》中曾提及日环食的现象：“日食既而黑，光反外照。”京房也说：“厥食既，先日出而黑，光反外烛。”孙吴韦昭注曰：“中无光，四边有明外烛。”[④] 京房实重申了董仲舒之说，又经韦昭注释，把日环食的现象说得清晰明白。

关于日食，京房指出：“诸侯逆叛，更立法度，则食无光，晻晻月形见也。”[⑤] 他一方面把日食的发生归咎于诸侯的叛逆行为，这是天人感应思想的反映；但另一方面，他又把日食归因于暗黑的月体遮蔽了太阳，使太阳失去了光辉，这却是中国古代最早见的、十分重要的关于日食成因的科学理念。

在《京氏占》中，京房在论及月食时指出：“月与日相冲，分天下之半，循黄道。乌兔相冲，光盛威重，数盈理极，危亡之灾一时顿尽，遂使太阳夺其光，暗虚亏其本质。小潜则小亏，大骄则大灭，此理数之常然也。”[⑥] 同样，他一方面把月食的发生，同人事的阴险或骄横联系起来，还同阴阳的消长盛衰相联系，认为在日月相望，月光满盈之时，就可能发生盛极则否的情况；但另一方面，他又指出了发生月食的两个必要与充分条件：一是，日月必须相冲，即其所处位置的经度必须正好相距 180°；二是，日、月必须同“循黄道”之上，即日、月必须分别处于黄白交点附近。更为重要的是，他还明确提出了暗虚的概念，而且认为正是这黑暗的暗虚遮掩在月体上，遂有月食的发生。至于这暗虚为何物又如何生成？则未明确论及。但从“月与日相冲，分天下

① 瞿昙悉达：《开元占经》卷五。

② 李昉等，《太平御览》卷四引刘向《别录》转述《京氏易传》。

③ 《尔雅·释天》疏引。

④ 马端临：《文献通考》卷二百八十二引《京氏易传》。

⑤ 瞿昙悉达：《开元占经》卷九。

⑥ 瞿昙悉达：《开元占经》卷十七。

之半”一句看，这暗虚似应与处于天之中的地体有关。

这些都是京房与日、月有关的观测和研究的重要成果。其实，他对于其他天文学问题也多所涉及。

京房尝著《风角书》，其中有“集星章”一卷，论及包括彗星在内的三十五种妖星及其生成等，以为它们分别由五星——岁星、荧惑、填星、太白、辰星所生成，每一行星各生七种，如：“天枪、天根、天荆、真若、天榬、天楼、天垣，皆岁星所生也。见以甲寅，其星咸有两青方在其旁”，“皆见于月旁，互有五色方云，以五寅日见”云云。他又指出：“三十五星，即五行气所生，皆出于月左右方气之中，各以其所生星将出不出日数期候之。”① 一方面，这是京房对先秦以来人们关于包括彗星在内的异常天体的一种归纳，又一方面则是试图对这些异常天体的生成作出理论的说明，他显然赞同当时相当流行的五星乃是五行气所生成的观念，进一步把三十五种妖星归结为五星的散气所生，亦即由五行气派生出来的。再一方面，他还试图推测这些见伏无常的异常天体出现的可能征兆，以为它们同月亮的位置有关，并与月亮近旁的五色云气互生，又与五星晨见（或夕见）的日期有关，等等。

在孟喜十二卦气说的基础上，“京氏（房）又以卦爻配期之日，坎、离、震、兑，其用事自分、至之首，皆得八十分日之七十三。颐、晋、井、大畜，皆五日十四分，余皆六日七分，止于占灾眚与吉凶善败之事。……乾象（历）以下，皆因京氏。”② 所谓卦气说是以一年中阴阳二气的升降、四季二十四节气的推移，来解释《易》中的六十四卦的理论③。这里，京房实际上是给出了将一年 365.25 日和二十四节气分配于六十四卦的方法：坎、离、震、兑 4 卦分别起于冬至、春分、夏至和秋分，止于其后的 73/80 日，另有颐、晋、井和大畜 4 卦均为 5 14/80 日，其余 56 卦皆为 6 7/80日。$4\times\frac{73}{80}+4\times5\frac{14}{80}+56\times6\frac{7}{80}=365\frac{1}{4}$日，正好分布于一年之中。由是，六十四卦在一年中均有特定时日与之相应，各卦所预示的吉凶善败也就与这些特定的时日一一对应起来。京房的这一方法最先由东汉末年的刘洪引进其乾象历中，以作为历注的理论依据之一。对此，后世大多数历法均沿用不弃，成为历法的一个组成部分。薄树人指出④，卦气说在历代历法中的应用还有一个前后演变的过程，但京房卦气分配法的影响还是很大的。同样，京房关于日、月、日月交食、妖星分类及相应思想的阐述，也都对后世产生了很大的影响，他的星占术也为后人所重视。

二　刘向的天文学思想

刘向（约前 77～前 6），本名更生，字子政。沛（今江苏沛县）人，楚元王刘交四世孙。历仕汉宣、元、成三世，是当时著名的经学家。成帝时（前 32～前 7），拜为郎中，使领护三辅都水，迁光禄大夫及中垒校尉，诏领校中五经秘书。其著作颇丰，有《洪范五行传》11 篇、《列女传》，整理宫廷藏书，撰成《别录》，为我国目录学之祖。根据先秦旧闻，编撰《说苑》20 篇、《新序》30 篇，

---

① 李淳风，《晋书·天文志中》。

② 欧阳修等：《新唐书·历志三上》。

③ 薄树人，古代历法中的卦气说，科史薪传——庆祝杜石然先生从事科学史研究 40 周年学术论文集，辽宁教育出版社，1997，第 210～217 页。

④ 同③。

等等[①]。在这些著作中,多见他对天文学思想的阐发,兹评述如次:

(1)对于月亮上朦胧可见的阴影,曾引起古人的诸多猜想。在战国时期,屈原在《天问》中就提到月亮中为什么会有"顾菟在腹"的问题,这说明以为月中有兔,所以会有月影的传说,至迟在战国时期就在流传。在刘安等人的《淮南子·天文训》中,则曾提及"月中有蟾蜍",这是说因月中有蟾蜍,所以会有月影的另一种传说。这些传说反映了人们对月影总体形态的一种描述。在《五经通义》[②] 中,刘向则把这两种传说综合起来,说:"月中有兔与蟾蜍","月中有兔与蟾蜍何?兔阴阴也,蟾蜍阳也,而与兔并明,阴系于阳也。"刘向是从月体具有阴含阳的属性出发,认为月与兔均属阴,月中有兔是理所当然的,而月中有蟾蜍,是阴系于阳、阴中有阳的反映,这是关于月影生成的阴阳说的解释。也许刘向还基于另一考虑,即以为单纯以兔或蟾蜍还难以反映月影总体形象的复杂性,遂出此兔与蟾蜍共存之论。

(2)关于日、月食的成因,刘向在《说苑·辨物》中认为:"至于大水及日食,皆阴气太盛,而上减阳精。"此外,他还认为日食乃"乖气致异"。这是以阴阳论来解释日月食的发生。在《五经通义》中,刘向更明确地写道:"日食者,月往蔽之"[③],言词简练而精辟。在《洪范传》中,他指出"日蚀必以朔,非朔为薄蚀"。[④] 此说显然较京房的同类见解要前进一步,而且表明至迟到西汉后期,关于日食是因为月亮遮掩太阳所致的科学理论,已经为人们广泛认同。

刘向一人而持两种在今天看来截然不同的日食论,似足令人困惑,其实,在刘向看来,这二种论说是自洽的。月者阴精,日者阳精,这是时人的普遍观念,月掩日或蔽日,自然是阴气盛而蔽阳。前说是以阴阳立论,而后说则是从具体的机制阐发,一为形而上,一为形而下,两者是相辅相成的。

(3)在论及晦而月见西方、朔而月见东方的论题时,刘向指出:"朓者疾也,君舒缓而臣骄傲,故日行迟而月行疾也。仄匿者,不进之意,君肃急而臣恐惧,故日行疾而月行迟,不敢迫近君也。"[⑤] 这里提及了日月的运动有迟有疾的重要概念,已经涉及在应用平朔法的情况下,导致出现论题所述现象的核心问题。当时,月行有迟疾月行九道说方兴未艾,刘向也主其说(详见下一节),而关于日行也有迟疾之说则是刘向的超时代见解,在很长的时间内几乎无人提及,到北齐张子信之后,才为历家所广泛接受。当然,刘向将日月运行的迟疾原因归之于君臣行为的缓急,则是崇信天人感应思想使然。

(4)刘向还对战国时期邹衍的五德终始论作了重大的改造。如同齐、梁间沈约在《宋书·律历志中》所指出的:"五德更王,唯有二家之说。邹衍以相胜为本,刘向则以相生为义。"邹衍之说强调的是新朝革旧代的命,以新代旧,以相克相胜立本;刘向的新说则是强调新朝对旧代的承继,皇统相续,以相承相生为本。刘歆在三统历中即以其父刘向的新说,给出了历代五德变易的序列[⑥]:

> 太昊帝:木德;炎帝:木生火,故为火德;黄帝:火生土,故为土德;少昊帝:土生金,故为金德;颛顼帝:金生水,故为水德;帝喾:水生木,故为木德;唐尧帝:木生火,故为

---

① 班固:《汉书·刘向传》。
② 李昉等:《太平御览》卷四。
③ 瞿昙悉达:《开元占经》卷九。
④ 同③。
⑤ 班固:《汉书·五行志下之下》。
⑥ 班固:《汉书·律历志下》。

火德；虞舜帝：火生土，故为土德；夏伯禹：土生金，故为金德；商成汤：金生水，故为水德；周武王：水生木，故为木德；（秦为水德，在周、汉木、火德间）汉高祖：木生火，故为火德。

刘向父子所得夏、商、周、汉四代的德运，同依邹衍之说所推完全不同。对于秦代，刘向父子不得不脱离五行相生的体系，勉强为说，而且他们所给序列并不单纯以朝代为基本单元，时或以一位帝王为一基本单元。所以，新说带有更大的随意性。察其立论的基点之一是汉高祖肇始的汉代应为火德，以合所谓汉高祖乃“赤帝子”之应，如此而已。不过，刘向的新说在后世产生的影响远大于邹衍之说，成为大多数人接受的理论。但由于五德终始论内部相胜说与相生说的严重分歧，又由于对何谓正统的朝代的确认问题的随意性，使得五德终始论失去了自洽性和严密性。虽然历代统治者多对五德终始论感兴趣，但终因其理论缺欠引致无休止的纷争，又无可供判别优劣是非的标准，致使该论走向衰亡。

(5)我们知道，恒星自东向西的周日运动，是地球自转的反映，而日、月、五星的周日运动，则是地球与日、月、五星复合运动的结果。对此，中国古代并未获得正确的认识，但他们基于对这些天体视运动现象的观测，建立了直观的阐释理论，并进行过认真的论证和长期的争论。古人将天体自东向西旋转，称为左旋，而将天体从西向东运动，叫做右旋。这是人们假想置身天地之外，面北背南，观察南天天体运行走势的一种特定的描述。至迟自春秋战国时期开始，人们认为天是左旋的，一天一夜运转一周天，而日、月、五星则是右旋的，它们每天右旋各不相同的度值。刘向也是日、月、五星右旋说者。在《宋书·天文志一》中有这样一段有趣的记载：

> 刘向《五纪》说，《夏历》以为列宿日月皆西移，列宿疾而日次之，月最迟。故日与列宿昏俱入西方，后九十一日，是宿在北方，又九十一日，是宿在东方，九十一日在南方。此明日行迟于列宿也。月生三日，日入而月见西方；至十五日，日入而月见东方，将晦，日未出，乃见东方。以此明月行之迟于日，而皆西行也。（刘）向难之以《洪范传》曰：“晦而月见西方，谓之朓。朓，疾也。朔而月见东方，谓之侧匿。侧匿，迟不敢进也。星辰西行，史官谓之逆行。”此三说，《夏历》皆违之，迹其意，好异者之所作也。

这里所说《五纪》，即指刘向所著的《五纪论》。而《夏历》当是刘向所见的一部著作，它是主张左旋说的，认为：列宿左旋，一日一夜一周天，太阳也左旋，其运行速度一日一夜不及一周天，稍慢于列宿，月亮也是左旋，只是速度比太阳还要慢而已。《夏历》对此做这样的论证：自某天黄昏时、日与列宿一起入于西方开始，每经一个九十一日后，当黄昏日入西方时，列宿已分别在北方、东方和南方，这说明列宿左旋的速度比太阳来得快，也就是说，太阳也是左旋的，只不过每经一个季度比列宿迟 0.25 周天，一周年迟一周天，亦即太阳左旋的速度每天比列宿少一度。再说日、月相对运行的情况：日入西方时见新月在西方，十五日望时，日入西方时，满月见于东方，于是自朔至望，月亮比太阳少走了半个周天；其后，在日入西方许久之后，才看到月亮迟迟此东方升起，再往后，当日未出东方时，残月见于东方，也就是说，自望至朔，月亮又比太阳少走了半个周天。即每经一个朔望月（约 29.53 日），月亮比太阳少走了一个周天（365.25 度），则每天月亮比太阳少走 12 度余、比列宿少走 13 度余。

显然，刘向对《夏历》之说不以为然，他引经据典对之进行了一番批评：一是依《周易·洪范》说，晦日本不应见到新月，之所以晦日新月见于西方，是因为月亮向东运动比平均速度要快造成的。二还是依《周易·洪范》说，朔日本不应见到残月，之所以朔日残月见于东方，是因为月亮向东运动的速度比平均行度要慢造成的。三是依史官、历官之说，五星向西行叫做逆行，也就是说五星向东行才是正常的运动，这三者都是说月、五星是右旋的。《夏历》则违背了圣贤或官方的论说，所以是异端之说。刘向的这三条批评意见的前提是，圣贤或官方的右旋说是天经地义的他既没有对右旋说提出新的论证，更没有对《夏历》的左旋说作具体的分析，所以是缺乏说服力的。

其实，《夏历》的左旋说在解释日、月的相对运动现象方面，与右旋说是同样有效的。我们可以说日每天相对于恒星东行一度，也可以说日每天西行不及恒星一度；可以说月每天相对于恒星东行十三度余，也可以说月每天西行不及恒星十三度余。所谓五星顺行或逆行，这只是人为的规定，可以认为五星西行是逆行，也可以认为五星东行是逆行，这与五星真正是右旋抑或左旋的本质无关。《夏历》左旋说的提出，这大约与当时天文学有关知识的背景以及理论上的考虑相关。如前所述，这是人们已经知道月亮自身并不发光、日食是月亮遮掩太阳而成，等等。既然是月亮可以遮掩太阳，势必是月亮在太阳之下，也就是说月亮和太阳并不附着在同一天壳之上。这样，右旋说所依据的日、月如蚁皆依附于磨石（相当于天壳）运行的理论基础便难以成立，这也许是左旋说出现的直接原因。

可是，由于儒家经典以及史官、历官的权威，在当时是起了很大的作用，刘向之说可谓理直气壮。左旋说在此后相当长的时间内鲜有人提及，一直到宋代才又东山再起（见第六章第六节）。

前面，我们已经多次提到刘向的《五纪论》。据《汉书·律历志上》记载："至孝、成世，刘向总六历，列是非，作《五纪论》。"可惜，此书已佚，难知全豹。不过，我们由之可知，它原来这是一部综论先秦黄帝历、颛顼历、夏历、殷历、周历和鲁历的著作。可见，刘向对于历法问题当有较多的研究。上引《夏历》当包括先秦六历中夏历的内容，自然还包括左旋说的内容，这左旋说大约被刘向认为是同夏历一样古老，究其实，左旋说应为汉儒的伪托之作，理不当远。

关于刘向父子的月行九道说等，在下一节中，我们再作介绍。

三　刘歆的历法工作与天文学思想

刘歆（约前 53～公元 23），刘向之子，字子骏。少通诗书，能属文，继承父业。刘向去世后，复为中垒校尉。汉成、哀之际（约前 7）改太初历为三统历。汉哀帝初（约前 6）受大司马王莽推荐，任侍中太中大夫，迁骑都尉、奉车光禄大夫等职。他在其父《别录》的基础上，集六艺群书，著录《七略》，为我国历史上第一部图书分类目录。又自称发现古文《春秋左氏传》，引传文解经，多有义理，创始古文经学派。王莽执政（公元 1）后，复任中垒校尉以及羲和、京兆尹，封红休侯。王莽篡位（公元 9 年）后，被任命为国师。后怨王莽杀其三子，图谋诛杀王莽，事泄自杀[①]。刘歆一生在政坛浮沉，是不成功的，在学术领域，毁誉参半。而在天文历法方面，刘歆则多有建树，兹作如下评说。

（一）回归年长度和朔望月长度的研究与处理方法

前已述及，三统历是在太初历的基础上改编而成的，而它又是刘歆在进行了不少实测工作

① 班固：《汉书·刘歆传》。

和重新研究的情况下作出的，我们可以依据有关史料推知刘歆改作的新意所在。此中，《续汉书·律历志中》的两段记述最值得注意：

及太初历以后天为疾，而修之者云："百四十四岁而太岁超一辰，百七十一岁当弃朔余六十三，中余千一百九十七，乃可常行"。

顺帝汉安二年(143)，尚书侍郎边韶上言："……其后刘歆研机极深，验之《春秋》，参以《易》道，以《河图帝览嬉》、《雒书乾曜度》推广九道，百七十一岁进退六十三分，百四十四岁超一次，与天相应，少有阙谬。"

这两段记述讲的是一回事，自可相互补充。"修之者"即指刘歆。说他发现太初历行用了近100年以后，对于气、朔以及岁星的推算均发现了后天现象，这是因为太初历的回归年长度、朔望月长度和岁星的恒星周期都偏大了，所以，必须进行修正，修正的方法是：

太初历回归年长度为 $365-\frac{385}{1539}$日，经171年应弃去$\frac{1197}{1539}$日，则每年应弃去$\frac{1197}{1539\times171}$日，即新的回归年长度应为 $365\frac{385}{1539}-\frac{1197}{1539\times171}=365\frac{378}{1539}$日 $=365.24614$ 日。

太初历朔望月长度为 $29\frac{43}{81}$日，经171年应弃去$\frac{63}{81}$日，则每一朔望月应弃去$\frac{63}{81\times2115}$日(以19年7闰计，171年应有 $171\times12\frac{7}{19}=2115$ 个朔望月)，即新朔望月长度应为：$29\frac{43}{81}-\frac{63}{81\times2115}=29\frac{1122}{2115}=29.530496$ 日。

太初历岁星恒星周期应为12年，则144年应行12周天整，而刘歆经实测得知，144年岁星当行 $12\frac{1}{12}$周天，故岁星的恒星周期应为 $144\div12\frac{1}{12}=\frac{1728}{145}=11.9172$ 年。

刘歆新给出的这三个天文数值的精确度都比太初历要高，这是刘歆在天文学上的重要贡献。而刘歆主张在太初元年(前104)的171年以后，当节气后天1197/1539日(约0.8日)、朔后天63/81日(亦约0.8日)时，作一次总的调整，弃去这二个后天的日数值，使气、朔都回复到合天的时刻，以为这样"乃可常行"。这是一种委曲求全的方法，它容忍气、朔长期处于后天的状态，一直要等到后天达0.8日之多才做一次大的手术。对此，我们不能给予积极的评价。

(二)关于数字神秘主义

我们再来看刘歆所要建立与维护的有关历法数据的神秘主义。太初历"以律起历，曰：'律容一龠，积八十一寸，则一日之分也。……与长相终，律长九寸……律，法也，莫不取法焉'。"①龠是方九寸、深一寸的容器，其容量为810立方分。这里九分为黄钟律长九寸的十分之一，所以，龠的容量的十分之一"81"这个数据即与黄钟律长有密切的关系。邓平、落下闳就是这样牵强附会地论证了他们所取用的朔望月长度日数的分母(日法)为81的神圣含义，已经开启了一并不高明而且有害的、决定有关天文数据的先例。刘歆则建立了一整套关于天文数据的随意、复杂而神秘的数字关系。

对于日法81，刘歆给出了两种解释：

---

① 班固：《汉书·律历志上》。

元始黄钟初九自乘，一龠之数，得日法。[①]

《易》曰："参天两地而倚数"。天之数始于一，终于二十五。其义纪之以三，故置一得三，又二十五分之六，凡二十五置，终天之数，得八十一。[②]

这里二十五是天数一、三、五、七、九之和。刘歆说得如此微妙，而实际上是给出了以下算式：

$$3\frac{6}{25}\times 25 = 81$$

对于以日法 81 为分母的朔望月长度假分数的分子(月法)，刘歆煞有介事地说是"推大衍，得月法"[③]，其具体推法为：

是故元始有象一也，春秋二也，三统三也，四时四也，合而为十，成五体。以五乘十，大衍之数也，而道据其一，其余四十九，所当用也，故蓍以为数。以象两两之，又以象三三之，又以象四四之，又归奇象闰十九，及所据一加之，因以再扐两之，是为月法之实。[④]

实际上刘歆给出了以下算式：

$$\{[(1+2+3+4)\times 5-1]\times 2\times 3\times 4+19+1\}\times 2=2392$$

究其实，在日法取为 81，和当时人们早已得知朔望月长度应为 29.530 日左右这两个前提下，朔望月长度只能取为 29 4/81 = 2392/81 日。

对于五星会合周期的由来，刘歆说他的推算方法是基于这样的理论：

天以一生水，地以二生火，天以三生木，地以四生金，天以五生土。五胜相乘，以生小周，以乘乾坤之策，而成大周。[⑤]

而对于木星而言，则是：

木(3)金(4)相乘为十二，是为岁星小周，小周乘策(144)为千七百二十八，是为岁星岁数。[⑥]

见中法千五百八十三。[⑦]

即认为岁星每经 3×4×144 = 1728 年，凡 1583 见，一见(即一会合周期)为 1728/1583 年。刘歆实际上是由"百四十四岁而太岁超一辰"[⑧] 的观测结果而设计出如上算式的。已知岁星每年行约一辰(1/12 周天)，12 年约行一周天，严格地说应是 144 年行 12 周天又超过了一辰，即 144 年行 12 1/12 周，则 144×12 = 1728 年行 145 周。这就是 1728 年这一数据的真实来历。那么，在 1728 年中岁星应见(1728 − 145) = 1583 次，这就是岁星见中法的由来。只是刘歆未曾就此作出神秘化的说明。

刘歆对其他有关天文数据所作的神秘化阐释均如此类，恕不一一列举。质言之，正如《新唐书·历志一》所指出的："其数起于黄钟之龠，盖其法一本于律矣。"刘歆基于律生历，或律生

---

① 班固：《汉书·律历志下》。
② 班固：《汉书·律历志上》。
③ 同①。
④ 同②。
⑤ 同②。
⑥ 同①。
⑦ 同①。
⑧ 司马彪：《续汉书·律历志中》。

数、数生历两种指导思想而作如此繁杂之说，令历法染上神秘化的浓厚色彩。而实际上，在他的心目中早就有由实测而得的有关数据的底数，他的装饰功夫偶或正好与此底数吻合，但在多数情况下则不得不削足以适履，降低有关天文数据的精确度，这当是数字神秘化不得不付出的代价。

(三)五星会合周期及其动态表

如上所述，三统历中岁星的岁数、见中法等是从“百四十四岁而太岁超一辰”推出的，而岁星的会合周期与岁数、见中法之间存在如下的数量关系：

岁星会合周期＝岁数÷见中法×回归年长度$=\frac{1728}{1583}\times 365\frac{385}{1539}=398\frac{5163102}{7308711}$日。

这正与三统历“统母”、“五步”中关于木星会合周期的记载：“一见，三百九十八日五百一十六万三千一百二分”，“见中法七百三十万八千七百一十一”相符合。这证明木星会合周期确实与“百四十四岁而太岁超一辰”之间存在密不可分的关系。由此可以推知，三统历经上所载岁星会合周期当为刘歆所新定，其动态表亦当如此，至少也应是经刘歆作过重大修订者。其他四星的情况也应作如是观。

依据历经所载五星的会合周期和恒星周期可列如表 3-5：

表 3-5 三统历五星会合周期和恒星周期表①

	会合周期(日)	误差(分钟)	恒星周期(日)	误差(小时)
木星	389.7064	255.8	4352.7744	21.2
火星	780.5253	848.5	686.5015	0.5
土星	377.9355	225.2	10881.9359	122.7
金星	584.1298	300.1		
水星	115.9101	47.0		

由表 3-5 知，三统历的五星会合周期值均较前准确，其木、土、火三星的恒星周期亦如此，但关于金星与水星的恒星周期皆取为一年，后世所有历法亦均如此，这应与金星与水星的运动幅度总离太阳不远有关，又如下述表 3-7 所示，在不同时段内金星每日运行的速度时而大于太阳、时而小于太阳，而其平均速度则与太阳相同，故此古人产生了金星与水星的恒星周期是为一年的误解。

三统历的五星会合周期与在一个会合周期内的动态表，是我国古代现存最早、最完整的用于推算五星位置的数据与表格②。以岁星为例，其在一个会合周期内的动态依次为(见表 3-6)：

① 李东生，论我国古代五星会合周期和恒星周期的测定，自然科学史研究，1987，(3)。

② 以下均见班固：《汉书·律历志下》。

表 3-6　三统历木星在一个会合周期内的动态表

段名	每段日数	每日行度	每段行度
晨始见后逆	121	$\frac{2}{11}$	22
始留	25	0	0
逆	84	$-\frac{1}{7}$	-12
复留	$24\frac{3}{A}$	0	0
复顺	$111\frac{1828362}{A}$	$\frac{2}{11}$	$20\frac{1661286}{A}$
伏	$33\frac{3334737}{A}$	不盈 1/11，应为 1/10.36≈1/10	$3\frac{167345}{A}$
	一会合日数	平均每日行度	一会合行度
	$398\frac{5163102}{A}$	$\frac{145}{1728}$	$33\frac{3334737}{A}$

注：上表中 A=7308711。

三统历关于土、火二星动态的描述方式与木星动态完全相同，它们均可称作6段分法。而对于金、水二星动态的描述方法则有所不同，以金星为例，其在一个会合周期内的动态依次为（见表3-7）：

表 3-7　三统历金星在一个会合周期内的动态表

段名	每段日数	每日行度	每段行度
晨始见后顺	6	$-\frac{1}{2}$	-3
始留	8	0	0
始顺	46	$\frac{33}{46}$	33
顺，疾	184	$1\frac{15}{92}$	214
伏	83	$1\frac{33}{92}$有奇，应为 $1\frac{33.74}{92}$	$113\frac{4365220}{B}$
晨见，伏	327		$357\frac{4365220}{B}$
夕始见顺	$181\frac{45}{107}$	$1\frac{15}{92}$	211
顺，迟	46	$\frac{33}{46}$	33
始留	$7\frac{62}{107}$	0	0
逆	6	$-\frac{1}{12}$	-3
伏，逆	$16\frac{1295352}{B}$		$-14\frac{3069868}{B}$
夕见、伏	$257\frac{1295352}{B}$		$226\frac{6907469}{B}$
	一会合日数	平均每日行度	一会合行度
	$584\frac{1295352}{B}$	1	$584\frac{1295352}{B}$

注：上表中，B=9977337。

表 3-6 和表 3-7 中，每段日数×每日行度＝每段行度，内中带( )者，在原术文中未曾写明者，但其意当如此。三统历亦将水星动态分为如表 3-7 所示的 10 段。木、土、火三星动态表与金、水二星动态表的差异是，前者在一个会合周期内只有晨见，而后者则有晨见和夕见，这是因为前者是外行星，而后者是内行星所致。此外，后者将顺行分为两段，其速度分为两等，而前这仅取一等。

若应用五星动态表计算行星的位置时，均采取一次差内插法。以金星为例，欲求晨始见后第 N 日金星的行度，设 N＝400 日，由表 3-7 知，这是金星应在“夕始见”以后 73 日，而此段金星每日行度为：1 15/92，前此，金星已行 $357\frac{4365220}{9977337}$度，故金星的行度应等于 442.34$\left(=357\frac{4365220}{9977337}+73\times1\frac{15}{92}\right)$度。又考虑到金星夕始见时与太阳相距半次$\left(365\frac{385}{1539}\div24\approx15.22\right.$度$\left.\right)$，于是此时金星与太阳的距离应为：$15.22+442.34-365\frac{385}{1539}$，约等于 92.31 度。

我们认为，太初历原也应有步五星的内容，但三统历经所载五星动态表等应是刘歆进行了改造的产物，是在颛顼历、太初历相关表格及其算法的基础上的充实与发展，它以完整而成熟的形态出现，开启了中国古代历法中极其重要的天文表格及其算法的范例，对后世历法产生极深远的影响，刘歆的这一创造功不可没。

(四)关于上元和太极上元

据“世经”载：“汉历太初元年，距上元十四万三千一百二十七岁，前十一月甲子朔旦冬至，岁在星纪婺女六度。”这是说三统历以从元封七年(前 104)上推 143127 年为上元，而前已述及，太初历是以上推 4617 年为上元的，两者之间显然是不同的。若上推 4617 年，可回复到十一月甲子朔旦冬至的状态，而 143127 岁＝4617×31 年，依“百四十四岁而太岁超一辰”计，则 143127 年超辰 143127/144 次，也就是说，其间岁星行了 143127＋143127/144＝144120.9375 次，亦即岁名应变更 144120 次，此数正可被 60 整除，已知元封七年太岁在丙子，则上推 143127 年，太岁亦正得丙子。又已知星纪(即子)是从斗十二度到婺女七度[①]，其间距 29.25 度，于是，“岁在星纪婺女六度”，就是说太岁在子次开始后的 29.25＝0.9658 次，这与 144120.9375 的小数 0.9375 大体相符。由之可知，在上推 143127 年后，不但可以回复到十一月甲子朔旦冬至的状态，还可以回复到岁在丙子的状态，也就是说，三统历上元可视作日、月、岁星、60 甲子等周期数据的共同起算点，此为刘歆所推是毫无疑问的。

事情还远不止于此。三统历还推出数值更庞大的太极上元。已知五星运行的大周期(“岁数”)分别为：木星 1728 年，火星 13824 年，土星 4320 年，金星 3456 年，水星 9216 年，求其最小公倍数得 138240 年，是为五星齐同的周期。又已知 19 年是回归年与朔望月的谐调周期，它与 138240 年的最小公倍数为 138240×19＝2626560 年，是为日、月、五星齐同的周期，三统历称之为“会元。”还已知 4617 年是年、月、日、60 甲子的谐调周期，它与 2626560 年的最小公倍数为 2626560×9＝23639040 年，是为十一月冬至朔旦甲子月五星齐同的周期，这就是三统历的“太极上元”[②]。

---

① 班固：《汉书·律历志下》。
② 班固：《汉书·律历志上》。

刘歆在三统历中设定上元与太极上元，给有关历法问题的计算以整齐划一的起算点，有利于计算的程序化和规范化，而且给出了一个十分理想的、令人神往的特殊天象——日月五星聚合于一处，因而也就给三统历披上了比太初历更为神圣的外衣。这是中国古代历法中上元积年法的肇始，它对后世历法产生了巨大的影响。不过，上元积年法不得不采用庞大、繁重的数字计算，而且上元或太极上元要完全同由实测而得的日、月、五星等周期相吻合，几乎是不可能的，所以在推求上元或太极上元时，不得不对有关周期作某些人为的调整，这是上元积年法不得不付出的又一沉重代价。

(五)二十八宿体系与冬至点位置

由表 3-2 可知，三统历采用的是石氏的二十八宿体系，至于二十八宿赤道距度值(如表 3-8)则与《淮南子·天文训》所载基本相同。可见，刘歆采用了石氏二十八宿体系及相应测值以代替太初历原本取用的甘氏体系和相应的测值。前已提及，太初历以为冬至点是在甘氏 28 宿体系的建星，而三统历在“统术”篇中明言“数起牵牛”，在 12 次表(亦见表 3-8)中也说“牵牛初，冬至”，可见三统历是以为冬至点在牵牛初度，这是时人不知有岁差存在的情况下，沿用了战国时代的冬至点位置。可是，刘歆在列出二十八宿赤道距度表之后的文字说明中又说，冬至点“进退于牵牛之前四度五分”①，这应是刘歆对冬至点位置进行实测而得结果的反映，该值相当于赤道斗宿 22.25($26.25-4\frac{5}{1539}$)度，而其时冬至点理论值应为赤道斗宿 20.1 度，其误差为 2.15 度，准确度远不如太初历当年测得的度值，但要比牵牛初度(误差为 6.15 度)为优。

在三统历中，刘歆还给出了 12 次、24 节气的日所在赤道宿度表(见表 3-8)：

表 3-8　三统历 12 次、24 节气日所在赤道宿度表

12 次名	24 节气名	日所在赤道宿度	12 次名	24 节气名	日所在赤道宿度	12 次名	24 节气名	日所在赤道宿度
星纪	大雪	斗十二度	大梁	谷雨	胃七度	鹑尾	立秋	张十八度
	冬至	牵牛初度		清明	昴八度		处暑	翼十五度
玄枵	小寒	婺女八度	实沈	立夏	毕十二度	寿星	白露	轸十二度
	大寒	危初度		小满	井初度		秋分	角十度
娵訾	立春	危十六度	鹑首	芒种	井十六度	大火	寒露	氐五度
	惊蛰	营室十四度		夏至	井三十一度		霜降	房五度
降娄	雨水	奎五度	鹑火	小暑	柳九度	析木	立冬	尾十度
	春分	娄四度		大暑	张三度		小雪	箕七度

这是中国古代现存最早的 24 节气日所在宿度表，是对战国时出现的月令 12 个月日所在赤道宿度表的继承与发展。由表 3-8 知，12 次每二次之间距度大体为 30 或 31 度，24 节气每二节其间的距度多为 15 或 16 度，但 15 或 16 度呈无序分布，且还有 14 度者，其原因何在，有待考查。

综上所述，刘歆三统历对太初历进行了一系列的改造，无论是创举还是败笔，都对后世历法产生了重要的影响。在成败之间，自然成绩是主要的，它们是西汉晚期人们在继续进行天文观测与思考的反映，而所谓败笔，也是当时人们天文历法思想的一个侧面。

① 班固:《汉书·律历志下》。

(六)宇宙演化思想

刘歆对于太极上元的推求,是为日月五星运动的相关课题的计算建立一个共同的起算点而作的努力,他之所以这样做,还包含着更深层次的指导思想,他把太极上元的概念与宇宙演化的思想有机联系起来。

在三统历中[1],刘歆指出:"太极元气,函三为一"。曹魏孟康曰:"元气始于子,未分之时,天地人混合为一,故子数独一也。"刘歆又指出:"此阴阳合德,气钟于子,化生万物者也。故孳萌于子,纽牙于丑,引达于寅,昌茆于卯,振美于辰,已盛于巳,咢布于午,昧薆于未,申竖于申,留孰于酉,毕入于戌,该阂于亥。……胡阴阳之施化,万物之终始,既类旅于律吕,又经历于日辰,而变化之情可见矣。"这里所说"太极"即指《易·系辞上》"易有太极"而言,则刘歆认为宇宙的本原乃是元气,在天地未分之时,天地人三者均蕴涵于元气之中。而天地万物的生成变化则是元气随着时间推移而演进的结果。刘歆所说自子至亥的变化,既适用于某一特定的事物,也适用于天地万物整体,即都有一个孕育、萌芽、发育、生长、萎缩、凋零的过程。

刘歆又指出:"元典历始曰元。传曰:'元,善之长也',共养三德为善。又说:'元,体之长也',合三体而为之原,故曰元。……三统合乎一元……经元一以统始,易太极之首也。"对于"共养三德为善"句,孟康注曰:"谓三统之微气也,当施育万物,故谓之德"。这里,刘歆对"元"的解说,既是历法的原始起算点,又是太极的起始,也就把上元和太极有机地联系起来。"元"还有施育万物的原质的含义。此外,因一元分为三统,所以它又有三统之本原的意思。

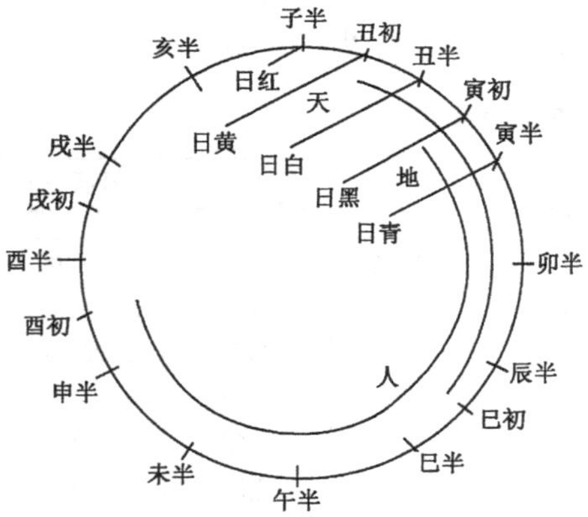

图 3-18　刘歆宇宙和太阳演化思想示意图

刘歆还指出:"天统之正,始施于子半,日萌色赤。地统受之于丑初,日肇化而黄,至丑半,日牙化而白。人统受之于寅初,日孳成而黑,至寅半,日生成而青。天施复于子,地化自丑毕于辰,人生自寅成于申。"此说中含有天地人生成过程中时间先后的意义,即认为天生于子半,到丑初生成;地生于丑初,到辰完成;人生于寅初,完结于申。这是对天先成、地后定、人再后生的演化思想在时间上数量化的描述。这里所谓子半、丑初等等是指相对时间而言的。刘歆以为"三统二千三百六十三万九千四十,而复于太极上元",则一辰(如从子半到丑半)为 23639040/12 = 1969920 年,每经三统亦即 12 辰又回复到太极上元的状态。由此看来,刘歆是主张宇宙循环说的,其循环的周期为 23639040 年。刘歆在上说中还有关于太阳演化的有趣论述,他认为太阳是与天同时诞生的,子半时,太阳显红色;到了丑初,太阳开始变成黄色;到了丑半,太阳开始变成白色;到了寅初,太阳开始变成黑色;及至寅半,太阳开始变成青色。每经 984960 年发生一次颜色的变化。这是关于太阳自身也有一个前后演化过程的思想,是十分珍贵的(见图 3-18)。

---

① 班固:《汉书·律历志上》。

四　扬雄的天文学思想

扬雄(前53～公元18),字子云,蜀郡成都人,西汉文学家、思想家。扬雄与刘歆同龄,两人走过截然不同的仕途生涯。在汉成帝时为文学侍从,专写辞赋。历事成、哀、平、新莽四朝,郁郁不得志,专心于著述,有《太玄经》10卷、《法言》13卷、《方言》15卷等著作问世[①]。在中国文学史上,扬雄素为后世人推崇,论辞赋则与司马相如并列,论文章则与司马迁并称。在中国思想史、语言学史和天文学史上,也占有重要的一席之地。

在论及扬雄的天文学工作时,不能不提及他的好友桓谭。桓谭(? ～56),字君山,沛国相(今安徽濉溪)人,东汉经学家、思想家。博学多通,不为章句,喜非毁俗儒,致使在汉哀、平帝时,位不过郎。王莽居摄,天下之士竟作符命以求媚,独其默然无言。汉光武帝即位后,仕途亦不畅。著有《新论》29篇,鸣于世[②]。在扬雄面前,桓谭大约算是后生晚辈,但两人志趣相近,交谊甚笃。他俩关于盖天说与浑天说的讨论一直传为美谈。

在《晋书·天文志上》、《太平御览·卷一》和《事类·天赋注》等典籍中都有这场讨论的有趣记载。清代严可均《全上古三代秦汉六朝文·全后汉文·卷十五》亦有收录,现主要依此引述于下:

> 通人扬子云因众儒之说天,以天为如盖转,常左旋,日月星辰随而东西。乃图画形体、行度,参以四时历数昏昼夜,欲为世人立纪律,以垂后嗣。

这是说扬雄原本是信奉盖天说的,而且对之颇有研究,并著有阐述其大义的图画与文字,意欲广为宣传,使之传于后世。桓谭则不以为然,他相信浑天说,因而难之曰:

> 春秋昼夜欲等平。旦日出于卯,正东方,暮入于酉,正西方。今以天下人占视之,此乃人之卯酉,非天之卯酉。天之卯酉,当北斗极。北斗极天枢。枢,天轴也。犹盖有保斗矣。盖虽转而保斗不移。天亦转周匝,斗极常在,知为天之中也。仰视之,又在北,不正在人上。而春秋时,如出入乃在斗南,如盖转,则北道远,南道近,彼昼夜刻漏之数,何以等平?

这是说春秋分时,太阳均出卯入酉,昼夜长度应相等。如果按照盖天说,太阳是绕北极旋转,北极在人之北,太阳行道亦应偏人之北,太阳绕行道一周期间,人目所能见到太阳的时间则应短于看不见太阳的时间,也就是夜应长于昼,这于实际情况是不符合的。对此,“子云无以解也。”下面,我们就要谈到扬雄“难盖天八事”中的第二难,即依桓谭此说而设。在其后不久,又发生了一件有趣的事:

> 后与子云奏事待表,坐白虎殿庑下,以寒故,背日曝背,有顷,日光去背,不复曝焉。(桓谭)因示子云曰:天即盖转而日西行,其光影当照此廊下而稍东耳,天乃应浑天家法焉。

此事发生在冬日傍晚,桓谭和扬雄坐在白虎殿西庑下,面东背西晒太阳取暖,等候召见。这时,太阳光从西南方投向东北方。可是过不久,太阳在西南方向落山,阳光照不到他们了。于是,桓谭便开口说话:如果依盖天说,太阳光此时还应该照得到我们,因为此时在西南方的太阳应还继续往西或西北方向运行,阳光应该投射到东北偏东的方向,而不应当就此落山而照不

---

① 班固:《汉书·扬雄传》。
② 班固:《后汉书·桓谭传》。

到我们了，照不到我们，就说明浑天说是对的。扬雄听了以后，觉得很有道理，回去之后“立坏其所作”关于盖天说的文章，改而主张浑天说。

以上是桓谭所叙述的故事，应是可信的。扬雄的“难盖天八事”以及他关于浑天说的论述正是他对盖天说与浑天说的重新审视的结果。在《太玄经·图告》中，扬雄有以下论述：

天穹窿而周乎下，地旁薄而向乎上。人眘眘而处乎中。天浑而撵，故其运不已，地隤而静，故其生不迟，人驯乎天地，故其施行不穷。

这里讲的显然是当时浑天说的基本观念，天运而地静，天为圆球形，周环于地之下，地为曲面状，居圆球形的天的下半部。

在《隋书·天文志上》中，有“扬雄难盖天八事，以通浑天”的记事。扬雄是针对当时的“太史令尹咸穷研晷盖，易古周法”① 而发难的。据研究②，其中有三难是抓住了《周髀算经》盖天说的致命伤，这三难的序号分别为二、五、六：

春秋分之日正出在卯，入在酉而昼漏五十刻。即天盖转，夜当倍昼。今亦五十刻，何也？（二难）

周天二十八宿，以盖图视天，星见者少，不见者当多。今见与不见等，何出入无冬夏，而两宿十四星当见，不以日短故见有多少，何也？（五难）

天至高也，地至卑也。日托天而旋，可谓至高矣，纵人目可夺，水与景不可夺也。今从高山上以水望日，日出水下，影上行，何也？（六难）

由图 3-16 可见，春秋分时太阳在白天行中道的时间（CHD）确约及夜晚的一半，这与春秋分昼夜平分的事实相违。亦由图 3-16 可知，依《周髀算经》盖天说，每夜所见的星宿总不及全天可见星宿的一半，而实际情况是，每夜总可以看到约一半的星宿。又依《周髀算经》盖天说，太阳最低时（冬至）也要高出地面 2 万里，可是，即便在高山上观察日出时，总是看到太阳从地平面下升起。这些确实是盖天说所无法辩护的。

还有三难，扬雄是针对依《周髀算经》盖天说而作的星图（盖图）的弊病而发的，其序号分别为一、四和八：

日之东行循黄道，昼夜中规。牵牛距北极南百一十度，东井距北极南七十度，并百八十度。周三径一，二十八宿周天当五百四十度，今三百六十度，何也？（一难）

以盖图视天河，起斗而东入狼、弧间，曲如轮。今视天河直如绳，何也？（四难）

视盖与车辐间，近杠毂即密，益远亦疏。今北极为天杠毂，二十八宿天、辐，以星度度天，南方次地星间当数倍。今交密，何也？（八难）

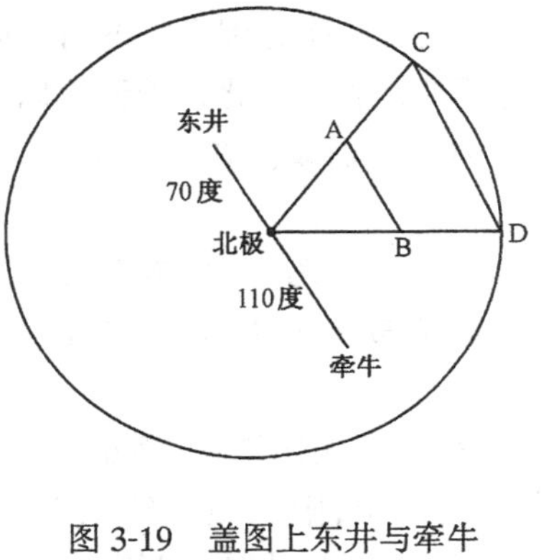

图 3-19　盖图上东井与牵牛之间的距离示意图

盖图是以北极为中心，采用类似极投影的方式，把曲面天球上的星象绘制在一平面上的星图。第一难是说在盖图上，东井与牵牛之间的直线距离为 180 度（见图 3-19），扬雄以为这两者之间的弧线距离应为 180×3＝540 度（以周三

① 李延寿：《北史·信都芳传》。

② 钱宝琮，盖天说源流考，科学史集刊，1958，(1)。

径一计)。这是扬雄对盖天说投影方法的误解,是错误的责难。而第四难和第八难,扬雄确实指出了盖图的弊病:银河在天上曲如轮,在盖图上却直如线,这是因为投影时星位的变异造成的。设A、B两星与C、D两星在天上的距离相等,但在盖图上CD>AB,愈是在南方的星宿,其变形也愈大。

还有二难,序号分别为三和七:

> 日入而星见,日出而不见。即斗下见日六月,不见日六月。北斗亦当见六月,不见六月。今夜常见,何也?(三难)
>
> 视物近则大,远则小。今日与北斗近我而大,远我而小,何也?(七难)

由图3-15可知,北斗总是在天中之北的一定范围内绕北极旋转,盖天说是可以解释北斗每夜常见的。而扬雄把北斗与太阳在同一方向以后的半年(如日入时,北斗在北极之西等等),以及北斗与太阳在相反方向以后的半年(如日入时,北斗在北极之东等等),分别称为"斗下见日"和斗下"不见日",并认为它们应分别是北斗不见与北斗见的半年,真有点强加于《周髀算经》盖天说的味道。至于第七难,是说《周髀算经》盖天说认为北极离人有时比太阳远(如在夏至前后),有时比太阳近(如冬至前后),为什么总是太阳大而北极附近的星星小呢?对此,盖天说可以辩解,因为在它看来,太阳要比北极附近的星大得多,太阳即便离人更远,太阳还是要比星大,星即便离人更近,星还是比太阳小。

由以上分析可知,扬雄对盖天说的八难中,有五难(二、四、五、六、八)是切中要害的,有一难(七)在两可之间,有二难(一、三)则是扬雄自己的误解。扬雄八难盖天,就他个人而言,是由盖天说彻底转向浑天说的一个标志,对当时的浑盖之争而言,是对盖天说的一次沉重打击,并为浑天说的发展一次强有力的推动。难盖天八事虽不尽善,但其功绩与影响却著于春秋。

关于宇宙演化思想,扬雄也有所论述。

在《檄灵赋》中,他写道:"太易之始,太初之先,冯冯沉沉,奋博无端"①。这里主要讲在天地生成前的太易阶段的形态。冯冯,指无形之貌;沉沉,指茂盛之貌;奋博无端,说的是作无休止的剧烈运动。前二点前人多已述及,而后者则是对浑沌状态的元气应处于运动之中的新见解。显然,在太易阶段之后当是太初阶段,可惜,对其状况扬雄未曾论及。

在《剧秦美新》中,扬雄又写道:"权舆天地未袪,睢睢盱盱,或玄而萌,或黄而牙,玄黄剖判,上下相沤,爰初生民,帝王始存。在乎混混芒芒之时,舋闻罕漫,而不昭察,世莫得而云也。"②这是扬雄对《易·坤卦》"天玄而地黄"之说,从宇宙演化的角度予以解说,以为天地未分之时,混混芒芒,质朴而未定,尔后滋生出深青色和黄色的物象,再以后更剖判为深青色的天和黄色的地,认为天玄地黄乃是宇宙演化的自然结果。扬雄的这些论述见于他的赋或政论中,这似乎表明这些论述所反映的观点是当时的人们所熟悉的。

第十节　纬书中的天文学

谶纬作为汉代儒学的一个重要组成部分,在西汉末年形成一股社会思潮,到东汉盛极一时,与经学平起平坐,甚至居于统治地位。"谶"是神的预言,多为隐语,以预决凶吉;"纬"本是

---

① 李昉等:《太平御览》卷一。

② 萧统:《文选》卷四十八。

相对于"经"而言的,"纬者经之支流,衍及旁义"①,这是就"谶"与"纬"的大体而言。但"谶"中多有"纬"的内容,"纬"中亦多有"谶"的内容,两者实际上同属一类,故人们多用谶纬以名之。谶纬的出现,是两汉之交神化儒学思潮的反映,"萌于成帝,成于哀、平,逮东京尤炽"②。其作者多是方士化的儒生,他们既汲取一些古传记与汉师经说(主要是今文经学)③,同时杂糅自身的研究、附会与想像,并伪托系圣人之言或经典之说,以图广其传、神其学。

谶纬之文林林总总,现知篇名达百余种之多。其内容博大庞杂,包括政治思想、伦理道德、哲学思想、数术占卜、神仙方技、原始宗教、儒家经说、古史传说、典章制度、符瑞灾异,还有自然科学特别是天文历法等等。如果说谶纬之学从总体上看,是以阴阳五行说和天人感应说为骨干,贯通天人,统自然与社会为一体的神学学说,此中关于天文历法的思想与知识,则是混杂于其中的玑珠,是为两汉之交民间学者对于天文历法积极思考的结晶。

一　《尚书·考灵曜》等的地有升降、四游说

《尚书·考灵曜》对于此说的记述较为详细。据清代马国翰《玉函山房辑佚书》,《尚书·考灵曜》中与地动说有关的论述有如下四项:

(1)"天如弹丸,围圜三百六十五度四分度之一","一度二千九百三十二里千四百六十一分里之三百四十八。""二十八宿之外,各有万五千里,是为四表之极,谓之四表。"

对此,唐代孔颖达作了很好的注释:"周天百七万一千里者,是天圆周之里数也。以围三周一言之,则直径三十五万七千里,此为二十八宿周回直径之数也。然二十八宿之外,上下东西各有万五千里,是为四游之极,谓之四表。据四表之内并星宿内,总有三十八万七千里。然则天之中央上下正半之处则一十九万三千五百里,地在于中,是地去天之数也"④。这里所说周天里数由《尚书·考灵曜》所给1度里数乘以365.25度而得。周天直径是由周三径一算得的,这是古人常用的算法,所以应视为无误。

(2)"日道出于列宿之外万有余里"。"正月假上八万里,假下一十一万四千里"。

这里"万有余里"应指"万五千里"而言,即日道应附着在四表之上。对于后一句,东汉郑玄的解释是:"夏至之时,日上极与天表平;冬至之时,日下至于地八万里,上至于天十一万三千五百里也",将两数相加正得四表半径193500里。其实,《尚书·考灵曜》所说"假上"与"假下"里数之和亦应等于四表半径,故准确地说应为"正月假上八万里,假下一十一万三千五百里。"孔颖达已经注意到郑玄大约把日与天、地的距离弄颠倒了。他说:"郑(玄)意以天去地十九万三千五百里,正月雨水之时,日在上,假于天八万里,下至地一十一万三千五百里。"⑤ 这一点,孔颖达的理解应是正确的。不过,其时当在冬至这一节气,郑玄之说应有所据。这里所谓"假上"、"假下",并不是说日离开四表而有上下,实应指日沿四表北侧运行,在某一月份或节气时,日分别同四表之极与四表天球地平面的垂直距离。在不同的月份或节气,其距离的具体数字各异,但日同四表之极的垂直距离("假上")及日同四表天球地平面的垂直距离("假下")之和

① 纪昀等:《四库全书总目提要》,《易》类六附录《易纬》按语。
② 阎若璩:《尚书古文疏证》卷七。
③ 钟肇鹏,谶纬论略,辽宁教育出版社,1991年,第11页。
④ 戴圣:《礼记·月令》疏。
⑤ 同④。

应正等于四表的半径。

(3)“地有四游，冬至地上，北而西三万里；夏至地下，南而东复三万里；春秋二分其中矣。地恒动不止，而人不知，譬如人在大舟闭牖而坐，舟行而人不觉也。”

对于“冬至地上”、“夏至地下”和“春秋而分其中矣”，郑玄的解释是：“地盖厚三万里，春分之时，地正当中，自此渐渐而下，至夏至之时，地下游万五千里，地之上畔与天中平；夏至之后，地渐渐而上，至秋分，地正当天之中央，自此渐渐而上，至冬至上游万五千里，地之下畔与天中平，至冬至后，地渐渐而下。”即认为地在一年内，自春分—夏至—秋分—冬至—春分，分别作向下—上—上—下的循环往复的升降运动。冬至和夏至时，地分别升至最高和最低处，春秋分时，地体中心在四表天球的水平中心线上。每经一个季节地升降的幅度均为 1.5 万里。

关于“北而西三万里”和“南而东复三万里”，说的是地在作升降运动的同时，自冬至—春分—夏至—秋分—冬至，地还分别作向西—向东向南—向北向东—向西向北的平移闭合运动。春分、夏至、秋分和冬至时，地分别行至最西、最南、最东、最北点。地体中心向东、向南、向北、向西移动与四表中心的最大距离是多少？这可以有两种解释：一是 1.5 万里，即从冬至到春分，地体向南、向西各移动 1.5 万里，合而为 3 万里，所以说“北而西三万里”云云；二是 3 万里，即从冬至到春分，地体向西移动 3 万里，所以说“北而西三万里”云云。虑及郑玄明言地体每经一个季节升降的幅度均为 1.5 万里，我们倾向于认为第一种解释是更可取的。下面的计算结果也支持这种选择。

关于“地恒动不止”云云，这是以运动相对性原理，对地动说作十分精彩的论证。《尚书·考灵曜》的作者认为，在一个封闭的系统内(如在一个封闭的大船中)，人居其中是很难判定该系统是否在运动，即使这个系统在平稳地运动，人也难以察觉。这一认识显然来自作者的切身体验。这正可以作为人虽无感觉，而地却在作四游、升降运动的证明。在欧洲，伽利略在 1632 年发表的《关于托勒玫和哥白尼两大世界体系的对话》中，也曾以类似的描述证明哥白尼地动说的正确性。

(4)“春则星辰西游，夏则星辰北游，秋则星辰东游，冬则星辰南游。”

对此，郑玄注云：“天旁行四表之中，冬南、夏北、春西、秋东，皆薄四表而止。”即自春分、夏至、秋分、冬至、春分，恒星天在四表之内，依次作西北、北而东、东而南、南而西的平移闭合运动，春分、夏至、秋分、冬至时，恒星天内切于四表的最西、最北、最东、最南点。

由以上四项论述以及郑玄、孔颖达等人的疏解，我们可以这样理解《尚书·考灵曜》的天地结构及其地动说：

天体分为内外两层，外层叫做四表天球，其半径为 193500 里；内层叫做二十八宿天球或恒星天球，其半径约为 178500 里。在一年中，它从东向西旋转一周，其运动被约束在四表天球的范围内，时时都与四表天球处于内切的状态。春分、夏至、秋分、冬至时切点在四表天球的西、北、东、南四极(见图 3-20)。地体为边长 3 万里的正方体。一年内，地体中心绕四表天球中心、沿椭圆形轨道自西向东运转，椭圆形轨道的短轴在春、秋分时，半径为 1.5 万里；长轴在

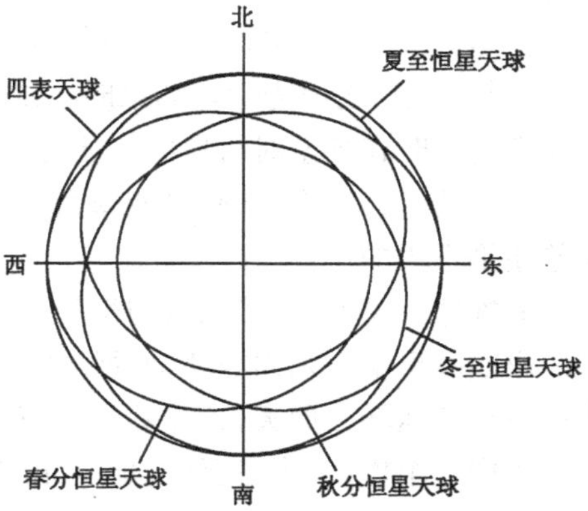

图 3-20　恒星天球与四表天球示意图

冬、夏至时，半径为：$\sqrt{1.5^2+1.5^2}\approx 2.12$ 万里。在春分(A)、夏至(B)、秋分(C)、冬至(D)时，地体与四表中心(E)的相对位置可示如图 3-21 和图 3-22。图 3-21 为俯视图，而卯酉面侧视图亦同此，图中(上)、(下)即相应于卯酉面侧视图而言。图 3-22 为子午面侧视图，圆圈为四表天球。太阳沿其内侧运行，冬至时，太阳在 G 点，后渐上行，到夏至时抵 F 点，后渐下行，冬至时又回到 G 点，如此往复不已。G 点和 F 点的位置，可由它们与四表天球天顶的垂直距离或它们与四表天球地平面的垂直距离(即“假上”或“假下”)来表述。还有一点十分重要，即地体是悬空运动的，没有水或别的什么东西的承托，这一思想比当时的其他浑天家之说远为先进。

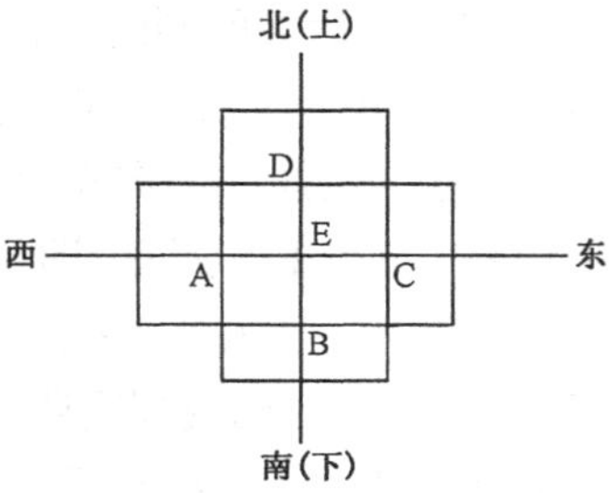

图 3-21　地体四游卯酉面侧视示意图

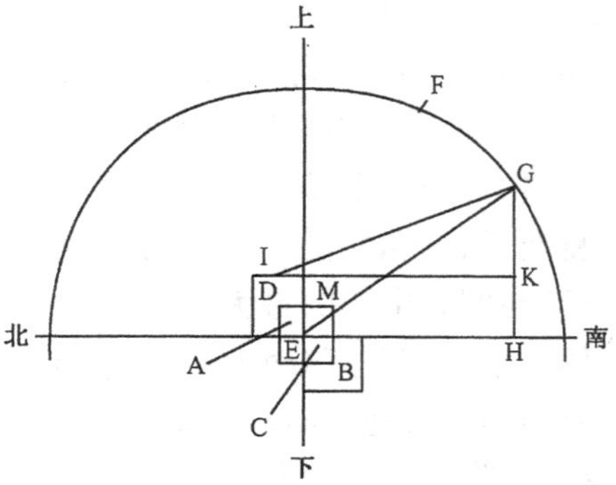

图 3-22　地体四游子午面侧视示意图

《尚书·考灵曜》的作者之所以设计了这样一套复杂的天地结构与运动模型，其关键的一点是，他们对地体是在不停顿地运动着的这一观念深信不疑。既要表达这一观念，又要对天象作出必要的说明，故殚精竭虑而为之。

依据这个模型，可以对四季太阳南中天时高度的变化，以及太阳出入方位和昼夜长短的变化作必要的说明。如图 3-22 所示，若以冬至时(从郑玄说)，太阳(G)与四表天球地平面的垂直距离(GH)为 11.35 万里(从孔颖达说)，又虑及此时地体表面在四表天球地平面之上 3 万里，地体表面中心(I)北游 1.5 万里，即已知 KH = 3 万里，IM = 1.5 万里。由直角△GHE，又已知 EG = 19.35 万里，则 EH = MK = EG − GH = 15.67 万里。于是，GK = GH − KH = 8.35 万里，IK = MK + IM = 17.17 万里。tg∠GIK = GK/IK，所以，∠GIK = 26°，此即为冬至时太阳的地平高度角。这与北纬 35°处，冬至太阳地平高度约为 31°相比，是较为接近的。如果依上述理解二计算，∠GIK = 24°。如果从郑玄说，令 GH = 8 万里，则∠GIK = 16°(依理解二得 15°)，故 GH 值依孔颖达之说为近。如果时在雨水，太阳地平高度应约为 44°，所以不能取孔颖达之说，而郑玄所说时在冬至时可取的。质言之，这个模型以太阳在四表内侧的运动，以及地体四游和升降运动的复合结果，来解释四季太阳地平高度的变化等现象，看来只是半定量的，也就是说误差还是不小的。

依据这个模型，地体四游与恒星天球四游的方向正好相反。在一年中，地体自西向东运动将造成四季星空自东向西移动的结果，再加上恒星天球自身也自东向西移动，势必造成恒星天球在一年内运转二周天，这显然是不正确的。

依据这个模型，当冬至时，地体北游至极而恒星天球南游至极，这将造成北极星离人近而高度增大，但此时地体升到最高处，又将造成北极星高低减小；当夏至时。地体南游至极，这将造成北极星离人远而高低减小，当此时地体降到最低处，又将造成北极星高低增大。显然，《尚书·考灵曜》的作者试图以此来说明冬、夏至时北极高度因两种不同因素一增一减而保持不变。当春、秋分时，地体分别西游和东游至极，恒星天球也同步西游和东游至极，北极星离人适中，此时地体的升降也适中，所以北极星的高度也不改变。当然，这些只是一种定性的解释。

此外，冬至时北极离人远，夏至时北极离人近，也还可以用来说明为什么冬寒而夏暖。可是，依据这个模型，将造成这样的严重后果：对于南天的恒星，当越接近冬至时，因为人离这些恒星越远，地体也越升高，这两个因素都造成恒星的地平高度减小，于是，这些恒星的地平高度势必越偏低。相反，当越接近夏至时，因为人离这些恒星越近，地体也越下降。同理，这些恒星的地平高度也就越偏高。就是说，该模型势必导致南天恒星位置的低昂变化（北天恒星亦如此），这当然是不符合实际的。这是该模型的又一缺陷。

在另一部纬书《春秋·元命包》中也有这样的论述："天左旋，地右动。"① "地所以右转者，禀浊精少，含阴而起迟，故转右迎天，佐其道。"② 这同《尚书·考灵曜》所说的恒星天球自东向西运转，及地体自西向东运行是大体一致的。而且它从阴辅佐阳的观点，对地体之所以右转作了说明。在《春秋·元命包》总还有"天不足西北"③，"地不足东南，阴右动"④ 等描述，也表达了相同的观念。

又一部纬书《河图·括地象》中也有类似的记载："地常动不止，春东、夏南、秋西、冬北，冬极上，夏极下。"⑤ 即认为地体在春分以后是自东向南、向下运动，到夏至时抵达正南、极下，自此向西、向上运动，到秋分时抵达正西，此后向北、向上运动，到冬至时抵达正北，此后向东、向下运动，春分时抵达正东，如此循环往复。《河图·括地象》地动说的进一步细节已无从考证，仅就这里所引关于地体的运动而言，它大约也主张地体在一年中沿一椭圆形轨道作闭合运动，但它认为其运动的方向与《尚书·考灵曜》所述正好相反。这似乎说明，在两汉之交十分流行的地有四游、升降说内部至少分为两个不同的流派。

有关的记述还见于其他的纬书中。如《易·乾凿度》曰："阳唱而阴和，男行而女随，天道左旋，地道右迁。"又如《春秋·运斗枢》曰："地动则见于天象。"⑥ 等等。这些都说明在两汉之交，关于地体是在运动着的思想几乎成为极其时髦的观念。

还要指出的是，地动的思想并不是在两汉之交突然出现的，这种思想至少可以追溯到战国时期，已如第二章第五节所述。《尚书·考灵曜》、《春秋·元命包》、《河图·括地象》等纬书中的地动说应是在此基础上的进一步发展。这些论说是中国古代地动思想的重要表述之一，它们是对中国古代占主导地位的地静说的挑战，具有十分重要的历史意义。

二　《易·乾凿度》等的宇宙前期演化说

《易·乾凿度》曰：

> 昔者至人因阴阳定消息，立乾坤以统天地也。夫有形生于无形，乾坤安从生？故

① 徐坚等：《初学记》卷五。
② 李昉等：《太平御览》卷三十六。
③ 李昉等：《太平御览》卷一。
④ 同②。
⑤ 彭定求等：《全唐诗》卷八百九十九，邱光庭：《海潮论》。
⑥ 虞世南：《北堂书钞》卷一百五十。

曰：有太易、有太初、有太始、有太素也。太易者，未见气也；太初者，气之始也；太始者，形之始也；太素者，质之始也。气、形、质具而未离，故曰浑沌。浑沌者，言万物相混成而未相离。

《孝经·钩命诀》中也有类似的论述：

天地未分之前，有太易、有太初、有太始、有太素、有太极，是为五运。形象未分，谓之太易；元气始萌，谓之太初；气形之端，谓之太始；形变有质，谓之太素；质形已具，谓之太极。五气渐变，谓之五运。

依此二说，可作示意图 3-23 如下：

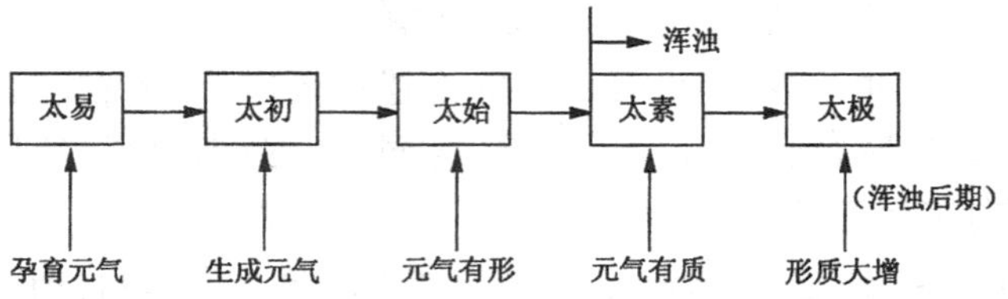

图 3-23 《易·乾凿度》和《孝经·钩命诀》元气生成示意图

它们都是论述天地未分之前的宇宙演化过程，亦即元气生成的过程，其说大体相同，但又有所区别：

“太易”——一曰“未见气也”，一曰“形象未分”，都认为不是“无”，尤其是后文有“五气渐变”之说，太易是为五气之一。所以，这应是含有比气还要原始和细微的物质（可称之为原始气）的阶段。

“太初”——由原始气生成无形的元气。

太易和太初两个阶段均以无形、无质为特征。

“太始”——由无形的元气生成有形的元气。

“太素”——由有形的元气生成有质的元气。

这里无形、有形、有质的元气兼备，但尚未分离，也叫做浑沌。

以上是《易·乾凿度》所主张的四阶段说。而《孝经·钩命诀》则主张五阶段说，它认为在“太素”以后还有一个“太极”的阶段，这实际上是将前者的“太素”阶段一分为二，令其前期以“形变有质”为特征，也叫做“太素”；后期以“质形已具”为特征，叫做“太极”。察其意，《孝经·钩命诀》的“太素”和“太极”虽均以气、形、质兼备为特征，但其所含形、质的数量有多寡之别。比较起来，《易·乾凿度》的四阶段说有明确的判分标准，而《孝经·钩命诀》的第四、五阶段的划分是很困难的，因为数量的多少难以界定。它又没有给出划分这两个阶段的其他形态特征的说明，所以很不明确的。它之所以作这样的划分，可能迁就五行说与《易·系辞上》的“易有太极”之说，而勉强为之。

《易·乾凿度》的每一个阶段各以原始气、元气、气之形、气之质的出现为起始点，前一阶段向后阶段的转变，均经过从量变到质变的过程，即当原始气、元气、气之形发展到某种特定的程度（即量变）以后才发生质变，而转入后一个阶段。同理，当气之质发展到某种程度以后，将要突破浑沌状态，而进入天地分判的新时期。《易·乾凿度》的四阶段说对后世产生了很大的影响，为后世大多数学者视作经典之论。

另一部纬书《春秋·元命包》也认为元气有一个生成的过程：“元者，气之始也。”① “元者，

① 《春秋·谷梁传》隐公元年，杨士勋疏引。

端也，气泉。”[①] 即认为气与元的关系，同水与泉的关系相类似，元是气之始，是比气更精细的原质。当然，这里还有有形起于无形的含义。《春秋·元命包》还把水为宇宙本原说融合到元气为宇宙本原说之中：“水者，天地之包幕，五行之始，万物之所出，元气之津液也。”[②] 认为水包天裹地，是五行、万物的本始，但是，水乃是元气变化的一种形态，即是元气的津液，所以比水更为基本的物质则是元气。

在另一些纬书中还有关于浑沌形态与此后生成天地的一般性论述。《春秋·说题辞》认为：“元，清气以为天，浑沌无形体。”[③]《春秋·命历序》认为：“冥茎无形，鸿萌兆，浑浑沌沌。”[④] 两者都以为浑沌是一种无形体的形态，这大约是汉代以前人们的共识。前者还提到天是由清气生成的，而这一清气则由元而生，依此思路推衍，应有地是由浊气生成的，而这浊气亦由元所生。如果这样理解不误，其见解应是元生清、浊而气，浑沌阶段二气相混，尔后二气相分生成天与地。《河图·括地象》中则有这样的论述：“易有太极，是生两仪，两仪未分，其气混沌。清浊既分，伏者为天，偃者为地。”[⑤] 此说虽无新意，但却以简明为特点，它明确地主张浑沌乃是气，气就是宇宙的本原。伏在上面的是天，卧在下面的是地，这则大约是关于盖天说的宇宙演化论的阐发。还有，《雒书·灵准听》则指出：“太极具理气之原，两仪交媾而四象生，阴阳位别而定天地。其气清者，乃上浮为天，其质浊者，乃下凝为地。”[⑥] 它主张宇宙本原的理、气二元论，而且认为先有阴阳之气，尔后因清浊之别而生成天地。

两汉之际是宇宙演化说相当活跃的一个时期，如果说西汉早期还主要是以淮南王刘安为首的淮南学派对宇宙本原和演化的问题格外关注的话，那么，这时该问题显然受到了普遍的关注，而关于宇宙演化前期（天地分判之前）阶段性划分的论述，是为最重要的进展。

三　《诗·推度灾》等的宇宙循环论

在本章第九节中，我们已经提及刘歆关于宇宙循环的论述。无独有偶，在与刘歆差不多同时的一些纬书中，也有类似的观念得到表述。

《诗·推度灾》云：“阳本为雄，阴本为雌，物本为魂。雄生八月仲节，号曰太初，行三节，雌雄俱行三节，而雄合物魂，号曰太素也，三未分别，号曰浑沌，上清下浊，号曰天地”[⑦]。这里与刘歆所说不同的是，它是以 12 月节而不是以 12 辰作为相对时间单位。八月仲节相当于图 3-18 中的申半，此时雄生，历三节之后，相当于图 3-18 中的戌初，这一阶段称为太初，内蕴有是为阳之本的雄。在戌初应是雌生之时，亦历三节之后，相当于图 3-18 中的亥半，这一时段叫做太素，内含作为阳本的雄和作为阴本的雌。在亥半应是魂生之时，于是，形成了作为阳本的雄、阴本的雌、物本的魂三者浑沌不分的状况，这一时段就叫做浑沌，上文中并未明言这一时段经历几节，我们推想应为二节，则相当于图 3-18 中的子半，此时开始上清下浊的天地分判过程。依

---

① 《春秋·公羊传》隐公元年，徐彦疏引《春秋说》。
② 虞世南：《北堂书钞》卷一百五十八。
③ 萧统：《文选》卷三十四，曹子建《七启》注引。
④ 萧统：《文选》卷十二，郭璞《江赋》注引。
⑤ 张毂：《古微书》卷三十二。
⑥ 安居香山、中村璋八，《重修纬书集成》（下），河北人民出版社，1994 年，第 1259 页。
⑦ 李昉等：《太平御览》卷一、《太平御览》卷三十六。

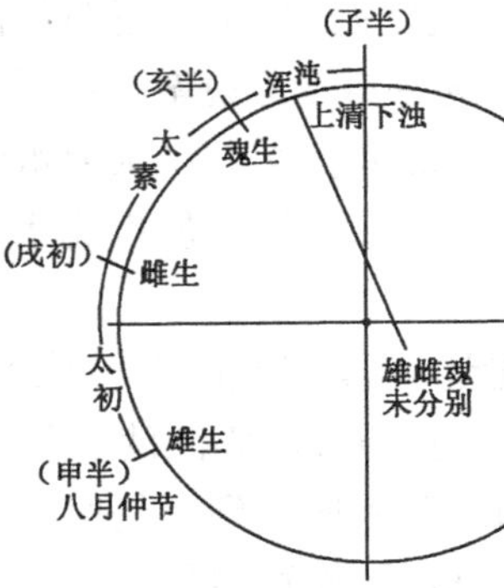

图 3-24　《诗·推度灾》宇宙演化图

此理解,可作图 3-24。图 3-24 正可弥补图 3-18 的空缺。若将此两图有机联系起来,便是一幅完整的在一元即一个循环周期内演化的图景。

在另一部纬书《礼·斗威仪》中也有宇宙循环论的简要记述:“二十九万一千八百四十岁而返太素。冥茎,盖乃道之根也。”① 这里的太素当指天地未分之前的阶段,太素之后则是天地开辟,返太素是说天地万物之返回到太素时的状态,天地一成一毁的周期为 291 840 年,这与刘歆之说同出一个思路,但所取周期值却大相径庭。

在一些纬书中,也有将上元与天地开辟的时代联系起来的明确论述。《尚书·考灵曜》曰:“天地开辟,元历纪名,月首甲子冬至日月五纬俱起牵牛初,仰观天形如车盖,日月如悬璧,五星若编珠,众星累累如连贝,青龙甲子摄提格孳。”②《尚书·中候》中也有类似的说法:“天地开辟,甲子冬至日月若悬璧,五星如编珠。”③ 这里所谓日月如合璧,五星若连珠,是人们所追求的历法上元的经典天象,在他们看来,这也正是天地开辟的神圣状况。

东汉郑玄在注《礼·含文嘉》时指出:“上元,太素以来至所求年”④,把上元与天地未分时的太素相联系,而从太素到所求年的积年数也被称之为上元积年。

下面,我们再来看一些纬书关于天地开辟具体年数的记述:

> 《元命包》、《乾凿度》皆以为开辟至获麟二百七十六万岁,及《命历序》积获麟至汉,起庚午之二十三岁,竟己酉、戊子及丁卯六十九岁,合二百七十五岁。汉元年岁在乙未,上至获麟则岁在庚申。推此以上,上极开辟,则元在庚申。谶虽无文,其数见存⑤。

《春秋·元命包》、《易·乾凿度》、《春秋·命历序》三种纬书都认为,从大地开辟到鲁哀公十四年(前 481),即到获麟之年相距 2 760 000 年。而据《春秋·命历序》所说,从获麟之年到西汉高祖元年(前 216),经 275(=54+76+76+69)年(76 年为一纪)。已知汉高祖元年岁干支为乙未,则获麟之年岁干支为庚申,天地开辟之年岁干支亦为庚申、即相当于公元前 2 760 491(=2 760 000+275+216)年。有趣的是,汉灵帝熹平四年(175),冯光和陈晃“以为开辟至获麟二百七十五万九千八百八十六岁”⑥,即较纬书所言少 114 年,则天地开辟之年岁干支应为甲寅,由此还引致了一场历元上元是庚申还是甲寅的论争(参见本章第十六节)。

四　《易·通卦验》的 24 节气晷影长度

在《易·通卦验》中,载有中国古代最早见的 24 节气晷影长度值表。细察该表的 24 节气晷

---

① 李昉:《太平御览》卷一。

② 徐坚:《初学记》卷一。

③ 同①。

④ 同①。

⑤ 司马彪:《续汉书·律历志中》。

⑥ 同⑤。

影长度值，显然是在冬至、夏至晷影长度(13 尺和 1.48 尺)的基础上推衍而得的：冬至后 12 个节气晷长依次等于 13 尺累减[(13－1.48)/12]尺；夏至后 12 个节气晷长依次等于 1.48 尺累＋[(13＋1.48)/12]尺。由此可见，《易·通卦验》所载 24 节气晷长显然不是实测的结果，因为每节气晷影长度的变化是非线性的，而其所列晷长必是作者想像中的晷影长度。

作者立此晷长是为了预测气候、年成及疾病等的情况，如“小寒，晷长一丈二尺四分。当至不至，先小旱，后小水，丈夫多病喉。未当至而至，多病身热，来年麻不为耳”(其他各节气的叙述均仿此)。所谓“当至不至”，是说时已交小寒节，而晷长尚不及 12.04 尺；而“未当至而至”，是说时交小寒节，而晷长已长于 12.04 尺。若由实测发现这两种情况，就要发生相应的灾异云云。实际上，依所给的晷长值，对于每一个节气而言，只能有、也必然会有“当至不至”或“未当至而至”两种情况中的一种，这势必造成每一个节气都将会有灾异的结果。所以，作者的这些说教完全是凭空设想的，这也许是许多纬书作者的共同风格。不过，24 节气晷长值的给出，也许给后世历家以某种启示，是为科学的 24 节气晷长值的出现的先声。

五　《河图·帝览嬉》等的月行九道说

《宋书·律历志下》载：

> 前世儒者依图纬云，月行有九道。故画作九规，更相交错，检其行次，迟疾换易，不得顺度。刘向论九道云：“青道二出黄道东，白道而出黄道西，黑道二出黄道北，赤道二出黄道南”。又云：“立春、春分，东从青道；立夏、夏至，南从赤道。秋白、冬黑，各随其力(方)”。按日行黄道，阳名也，月者阴精，不由阳路，故或出其外，或入其内，出入去黄道不得过六度。

这是沈约对于月行九道说的由来和他对月行九道说的理解的描述：月行九道之说始于图纬，后有儒者把它作月行有迟疾解，这是不妥当的。沈约引刘向之说，试图证明月行九道说应理解为月行轨道与黄道交成 6 度角，月行出入于黄道内外。

在本章第九节中，我们已经提及刘歆曾“以《河图·帝览嬉》、《雒书·乾曜度》推广九道”，这证明沈约关于月行九道说由来的见解是正确的，如果月行九道说是刘向所首创，就不应当说刘歆是依据图纬推广九道的。

《河图·帝览嬉》对于月行九道是这样论述的：

> 黄道一，青道二出黄道东，赤道二出黄道南，白道二出黄道西，黑道二出黄道北。日春东从青道，夏南从赤道，秋西从白道，冬北从还道。

刘向论九道与此毫无二致。它是将一年从立春起分做 8 节。在立春时，月行青道一，春分时，月青道二(均在黄道之东)；在立夏时，月行赤道一，夏至时，月行赤道二(均在黄道之南)；在立秋时，月行白道一，秋分时，月行白道二(均在黄道西)；在立冬时，月行还道一，冬至时，月行黑道二(均在黄道北)。如此计八道，加上黄道一，合为九道。我们知道，月行在黄道内外以及月行的迟疾，均与 8 节无关，换一句话说，在 8 节的任何一节，月行可能在黄道内，也可能在黄道外；月行可能迟，也可能疾。我们还知道，月行的迟疾又与月同黄道所处的相对位置无关，换言之，无论月处于黄道的东、西、南、北哪一个方位，都可能行迟，也都可能行疾。所以，月行九道说必与月行迟疾无关。考虑到月行九道说明确无误地论及月处于黄道的不同方位状况，我们只能将其理解为与月行黄道内外有关。虽然，这时人们还没有认识到月行白道，但对于月行轨道有别于黄道却已有清醒的了解，月行九道说正是对于这种了解所作的含糊不清的表述，但其中明确提及月在黄道南或北的正常的运行状况，这不能不说已经触及到了问题的本质。

早在战国时期，石申夫就有“失道则月行乍南乍北”① 的说法。他认为月应行黄道，但他已经发现月行偏离黄道的现象，并认为这是不正确的失行造成的。这种认识在西汉时期仍在继续，如《星传》曰：“月南入牵牛南戒，民间疾疫；月北入太微，出坐北，若犯坐，则下人谋上。”“月去中道，移而东北入箕，若东南入轸，则多风”，“月去中道，移而西入毕，则多雨”②。当时认为，牵牛乃冬至时日所在处，入牵牛南戒即在黄道南；坐，指太微垣的五帝坐，在黄道北；箕和轸都在黄道南。这些均说的是月行在黄道南北则有灾异发生。月行九道说正是在此基础上发展而来的，它明确认识到月行在黄道南北是一种正常的现象。

《汉书·天文志》在记述西汉天文学家关于日、月行的认识时写道：

> 日有中道，一曰光道。……月有九行者，黑道二出黄道北，赤道二出黄道南，白道二出黄道西，青道二出黄道东。立春、春分东从青道，立秋、秋分西从白道，立冬、冬至北从黄道，立夏、夏至南从赤道。然用之，一房（决）于中道……日之所行为中道，月、五星皆随之也。

这里，把日、月的行道明确区别开来，而关于月有九行的论述，则与《河图·帝览嬉》无异。有人对“然用之，一决于中道……日之所行为中道，月、五星皆随之也”等语有这样的感叹：“说月行九道，随一年中季候有所变迁，又说九道是中道的化名，日月五星共行一道，令人如坠五里雾中，实在莫名其妙。”③ 我们认为，“然用之，一决于中道”，是说在进行日、月运行的具体计算时，以日、月均行黄道来对待，并非“九道是中道的化名”之意。而“月、五星皆随之也”，当然可理解为日、月、五星共行一道，但也可理解为月、五星随日前后上下而行，这样就可以不“令人如坠五里雾中”了。

最后，我们顺便提及刘歆“参以《易》道”，用于“推广九道”的问题。在三统历“岁术”中，刘歆指出：“九章岁为百七十一岁，而九道小终。”“阳以九终，故日有九道。阴兼而成之，故月有十九道”④。这里，九道和十九道分别被认为是日、月运行轨道的数目，这是刘歆依据《周易》天数（阳）终于九，地数（阴）终于十推衍而得的：九为日行道之数，$9+10=19$ 为月行道之数。关于日有九道，月有十九道的详情已不得而知，但其为刘歆的附会之说是毋庸置疑的。

第十一节　东汉早期的历法改革与东汉四分历

一　东汉早期的历法改革

以上各节，我们主要讨论了秦及西汉时期天文、历法发展的状况。自西汉到东汉，中经新莽，天下汹汹。汉光武帝刘秀于新莽地皇三年（22）起事，东征西杀，到建武五年（29）前后才统一中原，建立了东汉王朝。由于刘秀自认为乃汉室中兴之主，故心安理得地沿用西汉太初历

① 瞿昙悉达：《开元占经》卷十一。

② 班固：《汉书·天文志》。

③ 钱宝琮，汉人月行研究，燕京学报，1935，(17)。

④ 班固：《汉书·律历志下》。

(实即三统历)作为新王朝的历法。可是,太初历业已“施行百有余年,历稍后天,朔先于历,朔或在晦,月或朔见”,乃是人所共见的现象。于是,“建武八年(32)中,太仆大夫许淑等数次上书,言历朔不正,宜当改更”。这是东汉王朝建立之后最早的、以历法后天为由而提出的改历建议。可是,因“分度觉差尚微,上以天下初定,未遑考正”,初始的改历之议被按下不表。

自汉明帝“永平五年(62),官历署七月十六日月食。待诏杨岑见时月食多先历,即缩用算上为日,因上言:‘月当十五日食,官历不中’。诏书令(杨)岑兼候,与官历课。起七月,尽十一月,弦望凡五,官历皆失,(杨)岑皆中。庚寅,诏书令(杨)岑署弦望月食官”。由于太初历取食年长度为 346.6667 日(见本章第五节),每经一食年必偏大约 68 分钟,故杨岑发现“月食多先历”是顺理成章的。由此,他机敏地做出这次月食当发生在官历所说前一日的预报,幸被言中,引起了汉明帝的重视,于是诏令从当年七月到十一月间,较比官历和杨岑用缩算法预报的弦望的准确性,结果证明历官非而杨岑是,随即任命杨岑作为推算弦望与月食的官员。这是中国历史上精彩的以验天(弦、望、月食)决定历算方法取舍的一幕。它开启了对太初历实施改革的序章。它还表明了最高统治者对历法改革的积极态度和所提倡的思想和技术路线,这无疑对天文、历法研究的活跃起了积极的推动作用。

永平“九年(66),太史待诏董萌上言历不正,事下三公、太常知历者杂议,讫十年(67)四月,无能分明据者。”很可能董萌对于杨岑所提的对太初历作局部改革方案并不满意,杨岑的缩算法大约带有较大的随意性;而且永平十一年(68)将是一个十分关键的年份,因为,自太初元年(前 104)到这一年正好是 171 年,若依据刘歆的方案,是要作弃朔余 63/81 日、弃中余 1197/1539日的处理。所以,董萌提出了这个问题,可是经过了一年的讨论,没有结果。

到了永平十一年(68),由于还没有找到更好的替代方法,又不愿施行刘歆的预设方案,“当去分而不去”,仍依太初历(经杨岑作部分修订者)颁用。大约也正在这一年,“待诏张盛、景防、鲍业等以四分法与(杨)岑课。岁余,(张)盛等所中多(杨)岑六事。十二年(69)十一月丙子,诏书令(张)盛、(景)防代(杨)岑署弦、望、月食加时。是时(张)盛、(景)防等未能分明历元,综校分度,故但用其弦望而已。”这就是说,张盛等人提出了以回归年长度为 365.25 日、朔望月长度为 29 499/940 日的基本常数,以及相应的历元的新改历方案,同杨岑的缩算法进行了一年多的校验比较,以相对优胜的结果脱颖而出,从而取代了杨岑的地位。可是,张盛等人所定的历元还不能令人满意,在推算日月形度等方面也未能表现出明显的优越性,所以,也还只是应用其法于弦望与月食的计算。

二　编䜣和李梵东汉四分历的编制

汉章帝元和二年(85),“太初历失天益远,日、月宿度相觉浸多,而候者皆知冬至之日日在斗二十一度,未至牵牛五度,而以为牵牛中星。(气)后天四分日之三,晦朔弦望差天一日,宿差五度”。这是说到这一年为止,太初历节气业已后天 3/4 日,晦朔弦望业已后天 1 日,冬至点所在赤道宿度则已与实际相差 5 度之多。汉“章帝知其谬,以问史官,虽然不合,而不能易”,太初历的差舛已是尽人皆知,但主管的史官却束手无策。于是,汉章帝“召治历编䜣、李梵等综校其状。”编䜣、李梵等人以四分历上献,元和二年(85)二月,汉章帝即下令颁用之。这就是废止太初历而施行东汉四分历的过程。

如同太初历和三统历的内容往往混淆不清一样,《续汉书·律历志下》所载东汉四分历的种种内涵究竟为何人所作，也是一言难尽的。因为自编䜣、李梵等人推出东汉四分历以后，在相当长的时间内，不断有新的内容添入其中，成为东汉四分历的一部分，所以有必要认真加以区分。

编䜣、李梵四分历的最重要进展，是对冬至点所在位置的新确认，它摒弃了太初历冬至点在牵牛初度的旧值，这是一项意义重大的改革。上引文有“候者皆知冬至之日日在斗二十一度，未至牵牛五度”之说，因为未至牵牛五度相当于斗二十一度又四分度之一，而斗二十一度相当于未至牵牛五度又四分度之一，所以，其说是不能自洽的。究其实，这里斗二十一度应是斗二十一度又四分度之一的省文，因为在贾逵论历中有明文曰：“编䜣等今日所在未至牵牛五度，于斗二十一度四分一”，所以，新测值应为二十一度又四分之一度，而且是编䜣、李梵等人实测的结果。

编䜣、李梵东汉四分历采用张盛等人业已应用的四分法，虽然这仅仅恢复到春秋战国时期古四分历的水平，且不如刘歆的相关测定所达到的精度，但相对于太初历和三统历而言，无疑都是一种进步。

东汉四分历历元的选定，也应是编䜣、李梵的工作。汉顺帝汉安二年(143)，太史令虞恭、治历宗䜣等在谈及东汉四分历当初立元的情况时说道：“四分历仲纪之元，起于孝文后元三年(前161)，岁在庚辰。上四十五岁，岁在乙未，则汉兴元年(前206)也。又上二百七十五岁，岁在庚申(前481)，则孔子获麟，二百七十六万岁，寻之上行，复得庚申。岁岁相承，从下寻上，其执不误，此四分历元明文图谶所著也”。这是说东汉四分历是先求得汉文帝后元三年为近距历元，尔后上推 45＋275＝320 年得孔子获麟之年，又依据纬书《春秋·元命包》、《易·乾凿度》等的从天地“开辟至获麟二百七十六万岁”之说，上推之而得东汉四分历的上元。汉文帝后元三年为庚辰岁，上推 320 年为庚申岁，又上推 2 760 000 年，亦得庚申岁，此即所谓东汉四分历以庚申为上元的由来。显然，这是在当时以图谶为时髦之学的情势下，编䜣、李梵等人趋附图谶以显所定历法的扭曲行为。

在东汉四分历中，还首见推没灭术的内容。东汉四分历“推没灭术：置入蔀年(N)减一，以没数(21)乘之，满日法(4)得一，名为积没，不尽为没余，以通法(487)乘积没，满没法(7)得一，名为大余，不尽为小余。大余满六十除去之，其余以蔀名命之，算尽之外，前年冬至前没日也。求后没：加大余六十九，小余四。小余满没法从大余，命之如前。无分为灭。”① 依之，则有：

所求年前冬至的第一个没日距冬至日的天数 $=\left[(N-1)\dfrac{21\times487}{4\times7}\right]\pmod{60}$

亦即：1 没有 487/7＝69 4/7 日；1 年有 5 1/4 没；当没日为整数时，则为灭日，1 灭＝7 没＝487 日。

自此后，历代历法推没日的方法均与之大同小异，但自唐代一行大衍历开始，对灭日给予了新的定义，并为后世各历法沿用不弃。其定义是：“凡经朔小余(W)不满朔虚分(1427)者，以小余减通法(3 040)，余，倍叁伍乘之，用减灭法(91 200)，不尽，如朔虚分为日，命经朔初日算外，得灭日。”② 依之，则有：

灭日距所求月平朔后的天数 $=[91\,200-2\times3\times5(3040-W)]\pmod{1427}=30W\pmod{}$

① 以上均见司马彪：《续汉书·律历志中》。

② 欧阳修等，《新唐书·历志四上》。

1427)。

王荣彬指出:东汉四分历的推没灭术是推算恒气日名干支序号的一种方法,大衍历的推没日法亦为推恒气日名干支之用,而其推灭日法,则与推平朔日名干支相关,大衍历 1 灭的日数约等于 67.9 日①。曲安京等② 则指出,推没灭术应与闰月设置法相关。而大桥由纪夫③ 指出,在古印度吠陀支天文学时代(前 6 世纪～4 世纪左右)的一部名曰《政事论》(Artha-śāstra)的著作(一说约成书于公元前 4 世纪)中,就载有和东汉四分历求没日相同的方法,在古印度,它是一种用于设置闰月的方法。东汉四分历中最早出现的没日的概念与算法,可能是受古代印度历法的置闰法传入的影响,但是并未真的运用于置闰。东汉四分历中的灭日只是特定的一个没日,到一行才重新定义灭日,使之同古印度历法中缺日基本上相同,使没灭日的概念与古印度的相关意义趋同。

东汉四分历所载的步五星术,大约也是编䜣、李梵等人的创造。察其五星会合周期值的准确度,同三统历比较均有明显提高,如其木星和土星会合周期分别为:398.8459 日和 378.0595 日,误差分别为:55 分钟和 47 分钟,而三统历该二星的误差则分别为:256 分钟和 225 分钟④。又察其五星在一个会合周期内的动态表,其详细程度较三统历有所提高。它均以“晨伏”作为起点,即把三统历的“伏”一分为二,辟为两起点。此外,对于木、火二星的顺行段都分成两段,其运行速度也分为二等,称第二等为“微迟”等等,即取 10 段分法。而对于土星顺行速度仍取一等,故为 8 段分法。对于金星的顺行段更分为三段,其运行速度则分为三等,称后二等为“疾”、“益疾”或“迟”、“益迟”⑤。即东汉四分历的金星动态表实取 14 段分法,而对于水星顺行段的速度仍分二等,故其动态表取 12 段分法。这些改进自然较接近五星视运动的实际情况。东汉四分历的五星动态表描述法对后世历家产生了很大的影响,在隋唐以前的各历法大都采用其法。

第十二节　贾逵、傅安、李梵、苏统等人的天文工作

汉和帝永元四年(92),贾逵曾泛论其前不久年代的天文历法进展状况,史称“贾逵论历”,其中包括他本人的见解,还有诸多对他人工作的介绍与评述,兹分别叙述如下。

一　贾逵的天文历法思想

贾逵(30～107),字景伯,扶风平陵(今陕西咸阳)人,东汉经学家。历仕汉明帝、章帝、和帝三朝,在汉章帝时最受器重。他知识广博,后世称之为“通儒”。在东汉四分历颁行以后,朝野对于新历法的可信性仍议论纷纷,贾逵在这场论争中扮演了十分重要的角色,阐发了不少颇有价值的天文历法思想。

在东汉四分历颁行当年,就发生了历元十一月应先大还是应先小的争论,汉章帝就请左中

① 王荣彬,中国古代历法推没灭术意义探秘,自然科学史研究,1995,(3)。

② 曲安京、李彩萍、韩其恒;中国古代没灭术算法的意义,西北大学学报(自然科学版)1998,(5)。

③ 大桥由纪夫,没日灭日起源考,自然科学史研究,2000,(3)。

④ 李东生,论我国古代五星会合周期和恒星周期的测定,自然科学史研究,1987,(3)。

⑤ 司马彪:《续汉书·律历志中》。

郎将贾逵过问此事。编訢、李梵认为应先大,他们只是沿用了太初历的方法与理由。可是,治历卫承、李崇等人认为,如果十一月先大,则势必造成“一月再朔,后月无朔”的状况,这是不可接受的。如图 3-25 所示,按朔望月长度计,每朔月的位置应分别在 0,29.53,59.06……处,若用先大法,每月朔的位置分别在 30,59,89,118……处,则在 0～29.53 区间无朔,而在 29.53～59.06 区间有二朔,其下各区间均仿此。这就是所谓“一月再朔,后月无朔”。若用先小法,每月朔的位置分别在 0,29,59,88,118……处,则在 0～29.53,29.53～59.06……各区间均有一朔。这便是卫承、李崇等人反对先大、主张先小的理由。贾逵显然同意这一意见,于是,上报汉章帝,遂诏令自次年始改从月先小法。这是新历刚颁用一年,便进行修订的有趣事例。

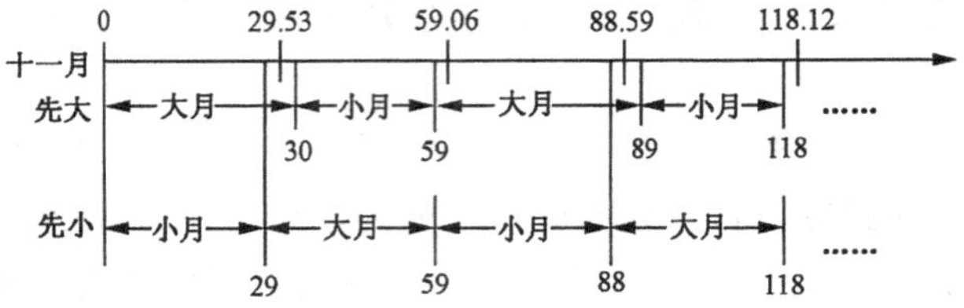

图 3-25 先大或先小法示意图

也就在东汉四分历颁行的当年,有人对新历所定冬至日在斗二十一度又四分之一度表示怀疑。贾逵则起而支持编訢、李梵等人的见解。他的依据是:《石氏星经》测定冬至日在“赤道斗二十一度”,《尚书·考灵曜》载冬至日在赤道“斗二十二度无余分”,编訢等人的测值与之相近,此其一;“四分历与行事候注天度相应”,此其二。即从图谶与《石氏星经》的神圣和验天为本的权威两个方面予以论证。贾逵的意见又受到汉章帝的重视。“元和二年(85)八月,诏书曰:‘石不可离’,令两候,上得算多者。”“石不可离”是说《石氏星经》的记载是不可背离的,同时,又令测候检验,以合天者为准。于是,“太史令玄等候元和二年至永元元年(85～89),五岁中课日行及冬至斗二十一度四分一,合古历建星《考灵曜》日所起,其星间距度皆如是氏故事”。这次长达五年的实测工作,包括对二十八宿赤道距度的重新测量,对太阳运动状况的测量,而以冬至日所在宿度的测定为核心,最终证实了编訢、李梵、贾逵意见的可靠性,“他术以为冬至日在牵牛初者,自此遂黜也”。

贾逵还提出了历法必须不断改革的理论。他以太初历和四分历分别推算 3 个不同年代时段的日食记事所在的时日,其结果如表 3-9。

表 3-9 太初历和东汉四分历推算日食之比较

时　段	太初历			东汉四分历		
	晦	朔	二日	晦	朔	二日
汉元年到太初元年(前 206～前 104)	4	17	2	14	7	2
太初元年到更始二年(前 104～前 31)	10	14		1	16	7
建武元年到永元年(25～89)	18	5		3	17	3

对于第 1 时段,太初历明显优于东汉四分历;第 2 时段,两历不相上下,东汉四分历仅略胜于太初历;第 3 时段,东汉四分历则大大优于太初历。他又指出:若以东汉四分历“上考《春秋》中有日朔者二十四事,失不中者二十三事”,即东汉四分历不能推远的弊病暴露无遗了。由此,贾逵的结论是:“太初历不能下通于今,新历(东汉四分历)不能上得汉元。”之所以会产生这种

状况，贾逵认为这是因为“天道参差不齐，必有余，余又有长短，不可以等齐”的缘故，即以为日月运行的真切周期是难以用某一定的数值表达的，无论太初历还是东汉四分历所给定的天文数据与真切的周期值比较，不可避免地存在误差，当然，两者误差的多少又是不一样的。只要存在误差，这些误差越是经长时间的积累就越大，这就是太初历和东汉四分历都不能通远的症结所在。这里已经涉及测量误差及误差积累的重要概念，贾逵以此理论所作的解释，是很有见地的。

二　傅安黄道仪与太史黄道铜仪及其应用

“（贾）逵论曰：臣前上傅安等用黄道度日月弦望多近。史官一以赤道度之，不与日月同，于今历弦望至差一日以上，则奏以为变。愿请太史官日月宿簿及星度课，与待诏星象考校。奏可。”这是贾逵依据傅安等人的工作与发现，向汉章帝呈上的奏文、并被认可的记述。而此时“问典星待诏姚崇、井毕等十二人，皆曰：‘星图有规法，日月实从黄道，官无其器，不知施行’。”即姚崇等人认为，日月运行的度数是应该都沿黄道量度，这是前代的规定，可是由于当今没有带有黄道环的浑仪可资利用，所以不能依此规定进行测量。在本章第七节中，我们已经提及至迟在西汉元凤年间（前78～前75）鲜于妄人所用的浑仪上理应有黄道的装置，否则，《石氏星经》就不会有星宿黄道内外度的测值。大约因为两汉之交的战乱，带有黄道环的浑仪因而失传，于是，遂有傅安等人的再创造。

傅安等人应用重新制作的黄道仪观测日月的运行后，指出了太史沿赤道量度日月行的弊病：致使对于弦望的确定可能差达1日以上，而且，势必要测得在斗、牵牛（冬至点附近），或在东井、舆鬼（夏至点附近）时，月每日行15度，而在东壁、奎、娄（春分点附近），或在轸、角、亢（秋分点附近）时，月每日行13度的结果，就往往以为其时日月之行发生变异而上奏、惊动朝廷。傅安等人还指出，若沿黄道量度，则无论何时，月每日运行的速度均相差无几，并不存在什么变异。也就是说，所谓变异是错误地沿赤道量度日月行所造成的。

贾逵“以今太史官候注考元和二年（85）九月以来”月行的状况，证明傅安等人之说是正确的，而且他还征引西汉耿寿昌的相关发现（见本章第七节）作为佐证。由是，贾逵建议：“如言黄道有验，合天，日无前却，弦望不差一日，比用赤道为密近，宜施用。”贾逵的这一建议，大约在11年以后才被采纳，“至（永元）十五年（103）七月甲辰，诏书造太史黄道铜仪”，也许，傅安等人所造的黄道仪正是太史黄道铜仪的样本，至少也应是在傅安等人的黄道仪的基础上制成的。

太史黄道铜仪制成以后，“史官以步日月行，参弦望，虽密近而不为注日。仪，黄道以度转运，难以候，是以少循其事”。看来，史官还是十分守旧的，虽明明知道由黄道度日月行“密近”，但在颁布的历书中，并不完全依之推算弦望，只令它起参照的作用，这实在是始料不及的。他们这样做的理由是，太史黄道铜仪似在安装或构造上还存在某种缺欠，这是极其不负责任的。

不过，史官还是利用太史黄道铜仪进行了二十八宿黄道度的测量，其结果是：“角为十三度，亢十，氐十六，房五，心五，尾十八，箕十，斗二十四（度）四分度之一，牵牛七，须女十一，虚十，危十六，营室十八，东壁十，娄十二，胃十五，昴十二，毕十六，觜三，参八，东井三十，舆鬼四，柳十四，星七，张十七，翼十九，轸十八。”而冬至日则在黄道“斗十九度四分之一。”这是中国古代最早测得的二十八宿黄道度值，它们被收录于东汉四分历中，充实了编訢、李梵原作的内容，而且它在唐一行大衍历以前，一直是各历法的基数据之一，产生过相当大的影响。

三　李梵、苏统关于月行迟疾与月亮近地点进动的发现

"(李)梵、(苏)统以史官候注考校,月行当有迟疾,不必在牵牛、东井、娄、角之间,又非所谓朓、侧匿,乃由月所行道有远近出入所生,率一月移故所疾处三度,九岁九道一复。"① 这是关于月行速度有迟疾变化重大发现的十分重要的记述。李梵、苏统的这一重大发现,其时当在元和二年到永元四年(85～92)间。这段记述包含了以下多层意思:

其一,李梵、苏统是从对史官候注的研究、校核中获的这一发现的。所谓"史官候注"可能有两种来源:史官测得的月行赤道度值;用傅安黄道仪测得的月行黄道度值。若用前者,则需有变赤道度为黄道度的方法,而直接用傅安黄道仪作此变换,便是一种可行的方法。若利用这两种来源的资料作认真的"考校",是不难有所发现的。

其二,牵牛(冬至)、东井(夏至)月行疾,娄(春分)、角(秋分)月行迟,这是因沿赤道量度月行度数所致。若沿黄道量度,也得不到月行速度均一的结果,仍是有迟有疾,而且,月行或迟或疾,并无固定的处所。

其三,月行的迟疾变化是呈周期性的,在此周期内,总有一个运行速度最快的处所("疾处"),这"疾处"经过一个周期之后,总要向前推进 3 度。用现代的天文学术语来讲,就是月亮的近地点每经一个近点月进动 3 度$\left(1\text{ 度}=\frac{360}{365.25}{}^{\circ}\right)$。由此可推知,一个近点月长度$=(365.25+3)\div 13\ 7/19=27.5463$ 日(此中 7/19 为月每天的平均行度);"疾处"每日前进 3/27.5463度,每年前进 3/27.5463 周天,那么,前进一周天需 27.5463/3=9.18 年。

其四,"九岁九道一复",所谓"九道"即指月行的轨道。这里是说每经 9 年,月行的"疾处"正好向前推进了一周天,则九日推进一度,即每日推进 1/9 度。由此可推知,一个近点月长度$=365.25\div\left(13\frac{7}{19}-\frac{1}{9}\right)=27.5508$ 日;那么,经一近点月"疾处"前进 $27.5508\times\frac{1}{9}=3.06$ 度。这就是说,"率一月移故疾处三度"同"九岁九道一复"基本上是等价的。我们现今似难辨别李梵、苏统究竟是以前说还是以后说作为准确的数值,我们倾向于认为他们似应以后说为准。李梵、苏统大约并未推算出一近点月长度的具体数值,但他们已建立了近点月的概念,并指出"疾处"每经一近点月前进 3.06 度,则是毋庸置疑的。

其五,刘向《洪范五行传》曰:"晦而月见西方,谓之朓。朔而月见东方,谓之侧匿。朓则王侯其舒言政缓,则阳行迟、阴行疾也;侧匿则王侯其肃言政急,则阳行疾、阴行迟也。舒者臣骄而执政也;肃者臣下恐惧太甚也。"② 晦日理应见不到西方的新月,若已可见新月,则说明月(从西向东)行得快,"谓之朓"。朔日理应已见不到残月,若仍可见东方的残月,则说明月行得慢,"谓之侧匿"。刘向把这种现象归因于王侯政务的舒缓或肃急,完全是一种天人感应的解释。李梵、苏统明确反对用这种理论来解释他们关于月行迟疾的发现,或者说李梵、苏统正是从这种理论的桎梏中解脱出来,才有他们关于月行有迟有疾的发现。

其六,李梵、苏统进一步认为月行的迟疾是因为月行轨道与人的距离有远有近造成的。他们大约认为月行的速度原本是一样的,但如果月离人近,则看上去就月行疾,如果月离人远,则

① 以上均见司马彪:《续汉书·律历志中》。

② 瞿昙悉达:《开元占经》卷十一。

看上去就月行迟(如图 3-26 所示)。由图 3-26 知,$\overset{\frown}{AB}=\overset{\frown}{CD}$,但∠AEB<∠CED。有趣的是,古希腊托勒玫(C.Ptolemaeus,约 100～约 170)在李梵、苏统以后不久,在解释月亮等天体运动的不均匀性时,也使用了类似的理论,即地球居于偏离这些天体运行轨道圆心某处的偏心圆理论,这真是不约而同。只是托勒玫的论说要完整健全得多,而李梵、苏统的论述则十分简略,在中国古代也没有得到足够的重视。

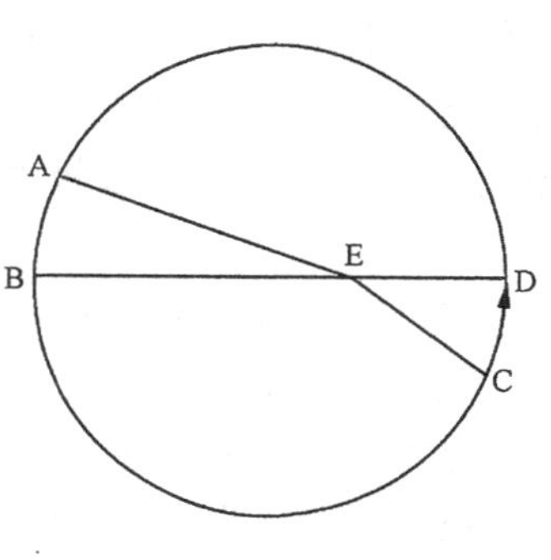

图 3-26　李梵、苏统月行迟疾理论示意图

李梵、苏统的这些发现与见解,是对西汉晚期以来备受人们关注的月行研究的总结与升华,无疑是东汉早期天文学最重要和最有价值的进展之一。贾逵对此亦取积极的支持态度,他正确地指出:“今史官推合朔、弦、望、月食加时,率多不中,在于不知月行迟疾意。”为此,贾逵还认真地做了校验的工作。前已述及,永平十二年(69),汉明帝曾诏令张盛(贾逵记作张隆)等人“以四分法署弦、望、月食加时”,贾逵指出张隆是“用《易》九、六、七、八爻知月行多少”的,由之所推月食的结果或“不应,或异日,不中天乃益远,至十余度”,所以,贾逵以为不足取;贾逵又以李梵、苏统的“术法上考建武以来月食凡三十八事,差密近,有益,宜课试上。”贾逵的校验工作可谓证据确凿,他坚信李梵、苏统的发现是可靠、有益的,建议在作进一步的考验之后用于署弦、望、月食加时,可惜没有被采纳,这在中国古代天文学史上是令人重视的一件大事。

四　宗绀关于交食周期的改革

编訢、李梵的东汉四分历的交食周期乃沿用太初历法。至汉和帝“永元元年(89),天以七月后闰食,术以八月”,即已发现太初历交食周期的差误。永元“十二年(100)正月十二日,蒙公乘宗绀上书言:‘今月十六日月当食,而历以二月’。至期如(宗)绀言。”宗绀以他的新交食周期值推得永元十二年正月十六日当发生月食,并提前四天上报他的预报结果,至时证实他的推算正确无误,而不是如官历所推定的二月发生月食。在确凿的事实面前,“太史令巡上(宗)绀有益官用,除待诏。甲辰,诏书以(宗)绀法署”月食加时等。宗绀的新交食周期是在 135 个朔望月 23 个食季的基础上,加上修正项而成的。但其修正的具体方法,今已不传。宗绀的月食推算法除了对原交食周期所作的修订外,是否还包含其他内容也不得而知。不过,编訢、李梵的东汉四分历的月食推算法(至少是交食周期值),在公元 100 年作过修正是毫无疑问的。

五　霍融与《夏历》关于漏刻等的测量

编訢、李梵东汉四分历原采用于汉宣帝本始“三年(前 71)十二月乙酉”颁布、又于汉光武帝“建武十年(34)二月诏书施行”的漏刻法。汉明帝“永元十四年(102),待诏太史霍融上言:‘官漏刻率九日增减一刻,不与天应,或时差至二刻半,不如《夏历》密’。”即指出东汉四分历原采用的漏刻法对于一年昼夜长短变化的计算,是以每经九日增或减一刻为准的,如冬至夜漏刻为 60 刻,则冬至后九日 59 刻、后 18 日为 58 刻……;夏至夜漏刻为 40 刻,则夏至后 9 日为 41 刻、后 18 日为 42 刻……。而霍融所说的《夏历》漏刻法是主张“漏刻以日长短为数,率日南北二度四分而增减一刻"，即以为一年中漏刻长度的变化，理当与午正时黄道（亦即太阳）去极度的变化相应，从冬至到夏至，太阳去极度相差 48 度，而冬至到夏至间夜（或昼）漏刻长度增减 20 刻，所以，需令太阳去极度南北每变化 $48/20=2.4$ 度（即二度四分≈2.3655°）而使漏刻增减一刻。

《夏历》漏刻法十分正确地把漏刻长度的变化同太阳去极度的变化有机联系起来，虽然这两者之间的关系并非是线性的，但用线性关系加以表述，已经相当接近于实际的情况，这在古代已是相当可贵的表述方式。

已知太阳出没的时角（T）为：

$\cos T=-\mathrm{tg}\delta\cdot\mathrm{tg}\phi$（洛阳 $\phi=34.7°$，δ 为太阳视赤纬）

夜漏刻 $=(360-2T)\times100/360$

依此二式，我们可以对霍融所主张的《夏历》漏刻法及其精度作大略的估算（见表 3-10）。

表 3-10　《夏历》漏刻法及其精度表

	《夏历》漏刻法夜漏刻数	理论值(刻)	误差(刻)		《夏历》漏刻法夜漏刻数	理论值(刻)	误差(刻)
Ⅰ	60	59.8	0.2	Ⅵ	55	54.7	0.3
Ⅱ	59	58.7	0.3	Ⅶ	54	53.7	0.3
Ⅲ	58	57.6	0.4	Ⅷ	53	52.7	0.3
Ⅳ	57	56.6	0.4	Ⅸ	52	51.8	0.2
Ⅴ	56	55.6	0.4	Ⅹ	51	50.9	0.1

在表 3-10 中，只列出冬至后 10 段（每段相距 2.4 度）的状况，Ⅰ为冬至、Ⅱ为冬至后 2.4 度、Ⅲ为冬至后 4.8 度，等等。再后 10 段基本与前 10 段呈对称状。由表 3-10 知，《夏历》漏刻法是相当准确的，对于洛阳而言，依每隔 2.4 度计，夜漏刻的变化确实均在 0.9 刻到 1 刻间，《夏历》漏刻法的平均误差约为 0.3 刻。而依官漏刻计，夜漏刻的变化在 0.1 刻到 1.4 刻不等，即在二至前后每经 9 日漏刻的变化远小于 1 刻，而在二分前后每经 9 日漏刻的变化则远大于 1 刻。可见，《夏历》漏刻法远较官漏刻法准确。后世历法均取霍融所主张的《夏历》漏刻法进行漏刻长度的计算，其影响是极其深远的。

在霍融提出宜改用《夏历》漏刻法后，即得到太史令舒以及卫承、李梵等人的大力支持，他们一致认为"《夏历》漏刻随日南北为长短，密近于官历，分明可施行"。这似乎说明《夏历》漏刻法的存在，于当时的天文历法界并不是什么秘密。在本章第九节中，我们曾提及刘向主张日月五星右旋说反对《夏历》的左旋说，也许刘向所看到的《夏历》与霍融等人所说的《夏历》同为一部书。

霍融不但主张《夏历》漏刻法，而且申而广之，对 24 节气日所在赤道宿度、黄道（即太阳）去极度、晷影长度、漏刻长度以及昏旦中星入宿度进行测量与推算，并列出相应的表格，还设定了相应的计算方法，对于两节气间的相关度值均以一次内插法求算之。汉明帝遂下令对之进行检验，"太常史官运仪下水，官漏失天者至三刻。以晷景为刻，少所违失，密近有验"①，随即在永元十四年（102）正式颁用。自然，霍融所定的这一整套天文数据表格和相应的计算方法，也

① 以上均见司马彪：《续汉书·律历志中》。

即被收入东汉四分历中,又大大充实了编訢、李梵东汉四分历的内容。

司马彪在《续汉书·律历志中》的文末颇有感慨地写道:"及用四分(指东汉四分历),亦始于建武(32),施于元和(85),讫于永元(102),七十余年,然后仪式备立,司候有准。天事幽微,若此其难也。"说的是东汉四分历施行前后,经历了70余年的长期论争与研究才得以确立,其间融会了几代天文历法家的艰辛探索。换句话说,东汉四分历是在不断受到质疑、不断进行检验、不断推出创举的动态变革过程中得到充实与发展的。它汲取了诸多新研究的成果,如黄道二十八宿距度值、宗绀交食周期法、霍融所主张的漏刻法以及24节气赤道宿度等等表格,但它也遗漏了若干重大的发现,如李梵、苏统月行迟疾的有关发现、沿黄道量度月行度法等等,有得有失,一如前述。究其实,关于东汉四分历的论争,远非"讫于永元"。在本章第十六节中,我们还要谈到东汉中、晚期关于东汉四分历历元的三次争论,关于交食周期的论争。还有,现载于《续汉书·律历志下》中的东汉四分历24节气日所在、黄道去极、晷景、漏刻、昏旦中星表也并不是霍融的原作,而是蔡邕、刘洪在汉灵帝熹平三年(174)测量的结果(见本章第十七节)。这真是"天事幽微,若此其难也"!

第十三节　王充的天文思想

王充(27～约97),字仲任,会稽上虞(今浙江上虞县)人,东汉思想家。曾游学洛阳,师事著名学者班彪,后归乡里,任郡功曹的小官,但不乐仕进,潜心著作《论衡》85篇。"伤伪书俗文,多不实诚,故为《论衡》之书"①,"是故《论衡》之造也,起众书并失实,虚妄之言胜真美也"②,这些便是王充著《论衡》的基本出发点。"疾虚妄"③、扬真美,便是《论衡》一书的立意所在。王充所说的"虚妄"、"失实"之类,是指当时盛极一时的图谶之学、天人感应说,以及对孔、孟的盲目崇拜,等等。为了对这些"虚妄"、"失实"之言作有说服力的批驳,王充一方面应用逻辑推理的力量,一方面涉足于自然科学的广阔领域,重视当时已经取得的科学成果,并对一系列科学问题进行思考,提出自己的见解,以此作为"疾虚妄"的有力武器。本节我们则要考察王充对天文学有关问题的思考。

一　元气自然论

元气自然论是王充关于天地万物发生、发展的理论。它包含有自然论、元气说与偶然论三部分内容。

自然论是针对有为论而发的,王充明确指出这是从黄老之学或道家那里继承而来的,"夫天道,自然也,无为。如谴告人,是有为,非自然也。黄老之家,论说天道,得其实矣"④。但是,王充又说:"道家论自然,不知引事物以验言行,故自然之说未见信也"⑤,所以,他只是对之进行论证,使之得以充实与发展。王充是用形式逻辑的方法进行论证的,他指出天无口、目、手,

① 王充:《论衡·自纪》。
② 王充:《论衡·对作》。
③ 王充:《论衡·佚文》。
④ 王充:《论衡·谴告》。
⑤ 王充:《论衡·自然》。

所以不能有知，不能谴告，不能造物等等，依此证明天只是无为、无欲的自然实体①。虽然王充的论证依然是幼稚的，但他确实已给有为论以有力的打击，并且得出比较符合实际的结论。

单有自然论显然还不能说明天地万物的生成变化是通过什么样的机制促成的，于是，王充又继承与发展了战国时期以来的元气学说，把它同自然论结合起来。他指出："天地，含气之自然也"②，即天地既是由元气所组成，由具有自然的性质。由此他进一步引申出万物的自然发生论。他认为天在不停运动的过程中，不断地、自然地施放出气来，即所谓"天之行也，施气自然也。施气则物自生，非故施气以生物也"③；而"天覆于上，地偃于下，下气蒸上，上气降下，万物自生其中间矣"④。从元气论的观点出发，王充推测在无限的宇宙空间均有气的存在，认为"天去人高远，其气莽苍无端末"⑤，这和我们现今所认识的星际空间物质的存在有相似之处。王充还推测太阳也是由气组成的，他认为"日，气也"⑥，而且认为太阳黑子也是一种"日气"⑦。

以上仅仅说明了宇宙万物生成的必然性问题，但还不能解释万物生成的千差万别的复杂情形。为此，王充又引进了偶然说的成分，他指出，"夫天地合气，人偶自生也"，"天地合气，物偶自生矣"⑧。这样，王充建立了一套能自圆其说的理论，它从自然论出发，以元气说为骨干，又辅之以偶然说，用于解释天地万物发生、发展的有关问题。我们认为，王充从前人那里继承下来并加以发展的元气自然论包含有反映客观本质的科学思想——自然界是客观存在的，天地万物是由物质性的元气构成的，物质处于不断的运动、变化的过程中，以及在天地万物生长过程中，存在着必然性与偶然性，等等。王充正是以此理论同神学目的论与谶纬之学进行针锋相对的斗争。

可是，王充在应用元气自然说于天上若干事物的解释时，强调了天、地事物的统一性的一面，却忽视了天、地事物的特殊性的一面，不适当地使用了无限外推法，把在地上或局部事物上观测到的现象或特征用之于对天上事物的解释。这种思想方法，同古希腊亚里士多德（Aristotle，前 384～前 322）把天上与地上的事物完全对立起来的观念相反，但都带有很大的片面性。如，王充指出："夫日者，天之精也，与地之火无异也"⑨。"日，火也，月，水也。水火感动，常以真气。今伎道之家，铸阳燧以取飞火于日，作方诸取水于月"⑩。这里，王充认为太阳乃是在天上的大火，同地上的火发光、发热、是气状物一样，太阳也是气状物，只是光更强、热度更高而已，这一推测还算合理，但他把二者完全等同起来则是不确当的。问题在于，他还认为月亮是水构成的，而且与地上的水相混同，这就不对了。王充还以阳燧（铜凹面镜）向日取火（实际上是日光聚焦引燃），和方诸（中间略凹的扁平铜盘）月下得水（实际上是露水凝结）的事实，试图证明日为火、月为水之说的可靠性。当然，王充的证明是错误的，因为他误解了阳燧取火、方诸得水的真正原因，但此说却对后世产生了重要的影响。

---

① 王充：《论衡·自然》。
② 王充：《论衡·谈天》。
③ 王充：《论衡·说日》。
④ 同②。
⑤ 王充：《论衡·变动》。
⑥ 王充：《论衡·感虚》。
⑦ 同③。
⑧ 王充：《论衡·物势》。
⑨ 同③。
⑩ 王充：《论衡·乱龙》。

有趣的是，王充既认为日是大火气，“火中无生物，生物入火中，焦烂而死焉，乌安得立？”他既认为月是水，“兔与蟾蜍，久在水中，无不死者”。所以，他指出：“夫乌、兔、蟾蜍，日、月气也。”① 即认为日中形似三足乌的太阳黑子、月中形似兔与蟾蜍的阴影，只是日、月中内在的气而已。这是王充对太阳黑子是日中有三足乌、月中阴影是月中有兔与蟾蜍的神话传说的否定，其中，对太阳黑子乃是日气的推测，还有一定的合理性。

二　平　天　说

关于天地大型结构的论说，王充属于盖天学派。他的论说是既不同于周髀家盖天说，又不同于《周髀算经》盖天说的平天说。

王充认为由于地是有形质的实体，于是认为天也是有形质的实体，即所谓“夫天体也，与地无异”②；他又认为地是平正的，于是，天也是平正的，即所谓“天平正与地无异”。这就是王充主张平天说的理论基础。这正是如上所述王充思想方法的片面性所致。

浑天说理论在当时的不成熟，是促使王充成为盖天学派一员的主要原因之一。当时的浑天理论，据王充所说是认为日月星辰附着于天球上，它们可以沿着天球转到地底下而作周天运动：

> 或曰：天北际下地中，日随天而入地，地密彰隐，故人不见。然天地夫妇也，合为一体，天在地中，地与天合，天地并气，故能生物。北方阴也，合体并气，故居北方。

对此，王充问道：“如审运行地中，凿地一丈，转见水源，天行地中，出入水中乎”，这是对天包地外，天可运行至地之下的有力责难。王充还指出：“儒者或曰：日月有九道，故曰日行有远近，昼夜有长短也。”这则是王充对日沿黄道运行，致使太阳距北极或远或近，故昼夜有长有短的浑天理论的批评，这一批评并不得当，但却反映了当时浑天理论的一个方面的内容，以及王充对于浑天说的偏见。

对于周髀家盖天说，王充不以为然。他指出，据其说，北方的阴气最浓重，故见不到太阳，可是为什么“星小犹见，日大反灭”呢？就是说太阳的亮度比星星要强得多、视径要大得多，为什么在太阳被北方浓重的阴气遮掩不见之时，在北方却可以见到星星！他又以夜晚在北方举火把，人们可见其“光不灭焉”，说明北方阴其浓重使太阳掩没不见之说的不可靠性。同理亦可证“日之长短，不以阴阳”，否定周髀家盖天说以阴阳理论解释昼夜长短的变化。他又指出：“天不若倚盖之状”，其理由有二，一是天“既以倚盖喻，当若盖之形也。极星在上之北，若盖之葆矣，其下之南，有若盖之茎者，正何所乎？”即以为天如盖，绕极运转，则应当有极轴，那么，极轴在哪里呢？二是天如倚盖运转，“其北际不着地者触碍，何得能行？”这里所谓“不着地”，是“岂不着地”之意。前者似较牵强，而后者则是周髀家盖天说论者难以应对的。

王充既不同意周髀家盖天说的“天圆如张盖，地方如棋局”，也不同意《周髀算经》盖天戳的“天象盖笠，地法覆盘”，而主张“天平正与地无异”，即天地是两相平行的平面，且看他的论证：

> 人望不过十里，天地合矣。远，非合也。
>
> 临大择之滨，望四边之际与天属，以实不属，远若属矣。夫视天之居，近者则高，

---

① 王充：《论衡·说日》。
② 王充：《论衡·变虚》。

远者则下焉。极北方之民以为高，南方为下，极东、极西，亦如此焉。皆以近则为高，远者为下。以北塞下近仰视斗极，且在人上。匈奴之北，地之边陲，北上视天，天复高北下南，日月之道亦在其上。

立太山之上，太山高，去下十里，太山下。夫天之高下，犹人之察太山也。平正四方，中央高下皆同。今望天之四边若下者，非也，远也，非徒下若合矣。

即天的四边看起来低垂，看起来与地合，都是因为视觉上的错误造成的，其实并不低垂，并不合。王充所举的例证也不无道理，从中原到天地若合的边陲看，天还是高昂，而中原方向却天地若合；临大山而观，大山挺拔高耸，而在十里以外看时，大山则朦胧低矮。应该说王充关于天地并无相合之处的观点及其论证都是可取的，但由此而得的推论应是多样的，譬如天地为两相平行的曲面可以是推论之一，当然，天地是两相平行的，也是可能的推论之一，不过，这一推论是否成立，王充实际上并没有作什么讨论。

王充又认为："天日行一周，日行一度、二千里"，"月行十三度，十度、二万里，三度、六千里，月一旦夜行二万六千里"，"天行三百六十五度，积凡七十三万里也"。"列星著天，天已行矣，随天而转"，"月行与日同，行皆附天"，"不离天而直行也"。由这些论中可知，在王充的观念中，列星附着在平直的天上，它们每天自东向西转动一周，日月五星也附着在天上，一方面随天而转，一方面又有自行，即太阳每天向东自行一度，月亮每天向东自行十三度。这里，王充是吸取了周髀家盖天说的磨蚁之喻来立论的。不过，天若转，必有极，同样存在王充前面所提到的有极必有轴，那么，这个轴又在何处的问题，对此，王充也没有作答。

王充还认为："天之行也，施气自然也"，"日月五星之行，皆施气焉。"这是应用了他的元气自然说来说明天之所以行，以及日月五星之所以自行。这似乎带有宣夜说的意味，比周髀家与《周髀算经》盖天说以致浑天说都进了一步。

对于太阳的出没，王充也以远近立论，以为日"似若出入地中矣。然则日之出，近也，其入，远不复见也，故谓之入，远见于东方，近，故谓之出"。对此，他列举了以下例证：

太上之高，参天入云，去之百里，不见埵块。夫去百里不见太山，况日去人以万里数乎？

试使人把火炬，夜行于道，平易无险，去人不一里，火光灭矣，非灭也，远也。今日西转不复见者，非入也。

这些说法都浅显易懂。王充又说：

当日入西方之时，其下民亦将谓之日中，从日入之下，东望今之天下，或时亦天地合。如是方天下在南方也，故日出东方，入于北(西)方之地；日出北方，入于南方。各于近者为出，远者为入。实者不入，远矣。

这是说在A地看到日入西方之时，西方B地的人看到日正在午中，他们若往东看也以为天地合。对于在南方的人看来，日东出西入，对于东方的人看来，日北出南入。其实都不是真的出入于地，而是因远近不同，看起来像是出入于地。这一说法也是有道理的。

对于冬日短、夏日长的现象，王充的解释是：

"夏时日在东井，冬时到在牵牛。牵牛去极远，故日道短；东井近极，故日道长。夏北到东井，冬南至牵牛，故冬夏节极，皆谓之至，春秋未至，故谓之分。"

"何以得见(夏日)其出于寅、入于戌乎？日东井之时，去人极近，夫东井近极，若极旋转，人常见之矣。"

“夏日之长也，其所出之星在北方也；冬日之短也，其所出之星在南方也。”

王充认为，太阳是在天平面上绕极运转，夏至时太阳在东井，与极的距离近，日道是一较小的圆圈；冬至时太阳在牵牛，与极的距离远，日道是一较大的圆圈；而春秋分时，日道圆圈的大小则是介于前二者之间。设天上的极在地下的投影称为极下，人应在极下正南不远的地方（其距离要比东井离极的距离还要近一些）仰面观察，由于夏至时日道较小且离人较近，冬至时日道较大有离人较远，在人目只能看见某一定的范围的物体这一条件的限定下，人们可以看到夏至时日道较长的部分，只能看见冬至日道的较短部分，这就是夏日长、冬日短的原因，也就是夏至太阳出于寅（东偏北）、入于戌（西偏北）的原因。也正因为夏至太阳西入于偏北方向，所以可以看到偏北方的星东出；冬至太阳西入于偏南方向，偏南的星东出。

由以上讨论可知，王充对于太阳的出没及昼夜长短的阶段的基本思路是与《周髀算经》盖天说是相同的。再看他提及的几个基本数据：“天行三百六十五度，积凡七十三万里也”，以周三径一计，其半径应为 12.2 万里，这与《周髀算经》所说夏至日道内衡半径 11.9 万里很接近；“天之去地六万余里”，这则与《周髀算经》冬至日道外衡高出地六万里之说相符。这两个数据，王充所说的“天”，实指《周髀算经》中所说的“日”。“日径千里”[①] 之说，又与《周髀算经》中依夏至时人与太阳的距离推得的日径相同。所以，王充心目中的有关具体数据也许正来源于《周髀算经》，但未明言。大约《周髀算经》以天地为平行曲面与数据计算之间存在的矛盾，也是促使王充改从平天说的原因之一。

自《周髀算经》盖天说对周髀家盖天说的否定以来，王充对周髀家盖天说中阴阳说的强有力批评，标志着盖天学派内部对周髀家言的扬弃。但王充对于天地为两相平行的曲面之说未做任何批评，于是盖天学派内部实际形成了曲面说与平面说并存的局面。王充是在批评周髀家盖天说等其他有关论说的基础上，提出平天说的，且多应用归谬式的论证方法。可是，人之谬并不能证明己之正，况且限于认识水平，他对正误的判断尚缺乏客观的真理性，以致有以正为误者。他对于平天说实际上缺少正面的论述。又由于平天说对于一般人而言太抽象，而且一点也没有减少《周髀算经》盖天说存在的解说有关天文现象的困难，所以，问世之后，并未引起社会的重视。

三　关于太阳离地远近的讨论

在《论衡·说日》中，王充论及一天中太阳离人远近变化的问题：

> 如实论之，日中近而日出入远。
>
> 日中去人近故温，日出入远故寒。然则日中时日小，其出入时大者，日中光明故小，其出入时光暗故大。犹昼日察火光小，夜察之，火光大也。既以火为效，又以星为验，昼日星不见者，光耀灭之也，夜无光耀，星乃见，夫日月，星之类也。平旦、日入，光销，故视大也。

王充认为，在一天中，太阳正午时离人近，而在昏旦日出入时离人远。他是以热源离人近则温、离人远则寒这一人所共知的现象作为论据的。而对于另一人所共知的现象：物体离人近则视大、离人远则视小，王充则以为这并不适用于说明日离人远近的论题。他所列举的事例也

---

① 以上均见王充：《论衡·说日》。

是人们熟悉的经验：置于相同距离的、同一个火把的视大小，在白昼要比在夜晚小得多。他还指出，夜晚可见满天星斗，而白昼则不见，也说明不能以远近论之。对于日、月亦应如此。在这里，王充引进了物体的视大小与该物体所处背景的亮度有关的重要概念。白昼视之小，是因为白昼背景明亮，物体的周边也显得明亮，故视之小；夜晚视之大，是因为夜晚背景暗淡，凸显了物体的轮廓，故视之大。在正午天空背景的亮度无疑要比昏旦日出入时强得多，故"日中时日小，其出入时大"是理所当然的。王充此说确实是合乎科学的影响日面视大小的重要因素之一。稍早于王充的学者关子阳则持另一种观点。据桓谭《新论》记载：

长水校尉平陵关子阳以为，日之去人，上方远而四旁近。何以知之？星宿昏时出东方，其间甚疏，相离丈余，及夜半在上方，视之甚数，相离一二尺。以准度望之，愈益明白，故知天上之远于旁也。日为天阳，火为地阳，地阳上升，天阳下降。今置火于地，从旁与上诊其热，远近殊不同焉。日中正在上，覆盖人，人当天阳之冲，故热于始出时。又新从太阴中来，故复凉于其西，在桑榆间(大小虽同，气犹不如清朝)也。

这一引文以《隋书·天文志上》所载为主，《法苑珠林·卷七》所载与此大同小异，上引文中加(　)者，据《法苑珠林·卷七》补。

这里，关子阳正是以远者小近者大为说。但他的证明却是，黄昏时某两恒星间的视距离要比该两恒星在夜半时的视距离大得多，一为丈余，一为一二尺，这实在有点夸大其词。我们知道黄昏时较夜半时稍大一些确是事实，但这并不与恒星离人的远近相关。所以，关子阳的证明是不成功的。可是，他对于凉热并不完全决定于热源离人远近的论述则颇有见地。他以火为证，在距离相等的条件下，在火焰正上方的温度要远高于在火焰之侧的温度，这也是人们所共知的事实。由此，关子阳指出，太阳如一团大火，午中时，太阳在人的正上方，早晚时，太阳在人的侧旁，故正午热而早晚时凉。这已经涉及凉热主要与太阳斜射或直射于大地有关的观点，这确实是早晚凉、午中热的重要因素之一。

我们知道，在一天内太阳离人远近的问题，是一十分复杂的天文学问题①，远非古人所能说清道明。但王充与关子阳都认为在一天内太阳离人有远有近，这一观念却是可贵的。而在作具体的论证时，在当时的认识水平上，各执一词，分别对物体视大小、热的直斜射等问题做了有益的探索。他们的这些论说对后世有关问题的讨论还产生了不小的影响。

四　日月食论和月生潮汐论

在《论衡·说日》中，王充记述类了当时在儒者中流行的关于日食的理论：

或说日食者月掩之也。日在上，月在下，鄣于日之形也。日月合相袭，月在上，日在下，不能掩日；日在上，月在下，鄣于日，月光掩日光，故谓之食。

显然，这是继西汉晚年京房、刘向等人之后，对日食理论所作的更明晰的阐述。他十分明确地提到了日、月离人有远近的观念，从而打破了日、月均附着于天球的理论，具有相当重要的理论意义。不过，他认为日时而居于月之下，自然是不正确的。王充是从他的平天说出发来审视这一日食论的，他当然不能同意这种观念，而以元气自然说建立他的奇特的日、月食理论，且看他的具体叙述：

① 杨文衡等，中国科技史话(上)，中国科学技术出版社，1988年，第84～86页。

首先,王充对上引日食论提出质疑:“使日月合,月掩日光,其初食崖当于旦复时易处,假令日在东,月在西,月之行疾,东及日,掩日崖,须臾过日而东,西崖初掩之处当复,东崖未掩者当复食。今察日之食,西崖光缺,其复也,西崖光复,过掩东崖复西崖,谓之合袭相掩障,如何?”王充的意思是,据月掩日光说,日光亏复的情况应为:日面的西边先亏,其后,在日面的东边被掩*的同时*,日面的西边即应复光。而他对日食进行观测的结果却是(见图 3-27):日面的西边(A_1)先亏,这一点可与月掩日说相符,可是,其后,在日面的东边(B_1)被掩以后一段时间,*日面*的西边才复光,所以他认为月掩日说是不能成立的。应该说,王充是确实作过认真的观测的,如图 3-27 所示,对于月亮在行道一而言,正符合王充所说的结果,可是,当月亮在行道二是,日光亏复的情况则是:在日面的东边(B_2)被掩以前的一段时间,日面的西边(A_2)就已复光。所以,王充所进行的观测是不全面的。再就是,王充依月掩日食说所作的推论,仅仅是日全食时的情况。显然王充是犯了以偏概全的毛病,而且由此不适当地否定了合理的月掩日而生日食的理论。

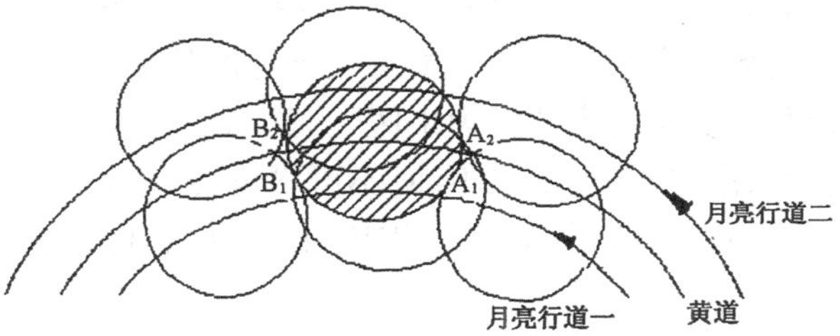

图 3-27 王充批评月掩日而日食示意图

其次,他申述了自己的见解:“日有食者,未必月也。”“日食谓月食之,月谁食之者?无食月也,月自损也。以月论日,亦如,日食,光自损也。”王充既以为日食与月无关,还以此反证月食不是有什么东西遮掩,又再证明日食也不是由什么东西遮掩所致。可是王充并未说明前一个论题的可信性,却又以之作为后一论题的证明,而作此武断之说。事情还不止于此,他又认为,日、月食分别是太阳和月亮光自损而成的,至于为什么光会自损?王充答曰:“气自然也”,这样的推测与论证,带有太大的随意性,难以令人接受,所以,其说在当时和后世都没有产生什么影响。

在《论衡·书虚》中,王充在驳斥“(伍)子胥恚恨,驱水为涛”的神话式潮汐生成说时,提出了他关于潮汐生成的新见解:“夫地之有百川,犹人之有血脉也。血脉流行泛扬动静自有节度,百川亦然。其朝夕往来,犹人之呼吸,气出入也。”这是由人的脉搏有节奏的跳动,和有节奏的呼吸运动,推论河川潮汐往来的现象是气出入推动的结果。这一解说似与欧洲在整个中世纪大为风行的所谓宇宙呼吸说有某种共同之处,这一宇宙呼吸说甚至连达·芬奇(L.da Vinci,1452～1619)也深信不疑,他竟真的想计算出宇宙肺脏的大小。其实,王充此说的关键点在于“气出入也”,“人之呼吸”仅仅是一种比喻,他并没有联想到什么宇宙肺脏的存在。而“气出入也”则是以他的元气自然论为前提的。那么,“气出入”是如何产生的?其频率或周期又如何呢?王充进一步指出:“涛之起也,随月盛衰,大小满损不齐同。”他极其明确地认为潮汐的大小变化,与月亮盈亏的周期性变化密切相关,并且把后者作为前者的动因。王充的这一见解是一种卓越的创见,他开启了后世得到进一步发展的月生潮汐说的先河。

第十四节　郗萌—黄宪宣夜说

一　郗萌宣夜说

宣夜说是中国古代天地结构理论的又一重要学派，东汉早期出现了这一学派的两个重要代表人物，他们是郗萌与黄宪。

据梁代萧统《文选·卷四十八》引班固《典引》开篇曰："臣固言，永平十七年(74)，臣与贾逵、傅毅、杜矩、展隆、郗萌等召诣云龙门，小黄门赵宣持秦始皇本纪，问臣等曰……"由此可知，郗萌应主要活动于东汉早期，是与班固、贾逵等著名学者同时的活跃人物。在唐代瞿昙悉达主编的《开元占经》中，屡屡引及郗萌关于星占的论说，在其前均冠以"郗萌曰"云云，又可见郗萌曾有星占著作问世，是当时颇有影响的占星家，又据唐代李淳风在《晋书·天文志上》所说，郗萌是为"汉秘书郎"。对于郗萌的身世，我们所能知道的大约就是这些。

黄宪(75～122)，在《后汉书·卷五十三》中有关于他的传记。由之可知，其字叔度，汝南慎阳(今河南上蔡)人，出身于贫困之家，"父为牛医"。黄宪自幼聪颖过人，及长，博学强辩，时人称其学问"汪汪若千顷波，澄之不清，淆之不浊，不可量也"。黄宪曾"举孝廉，又辟公府"，亦曾到京都洛阳，但"无所就"而返回故里，郁郁不得志，年48即谢世而去。

《晋书·天文志上》曰：

> 宣夜之书亡，唯汉秘书郎郗萌记先师所传云："天了无质，仰而视之，高远无极，眼瞀精绝，故苍苍然也。譬之旁望远道之黄山而皆青，俯察千仞之深谷而窈黑，夫青非真色也，而黑非有体也。日月众星，自然浮生虚空之中，其行其止皆须气焉。是以七曜或逝或往，或顺或逆，伏见无常，进退不同，由乎无所根系，故各异也。故辰极常居其所，而北斗不与众星西没也。摄提、填星皆东行，日行一度，月行十三度，迟疾任性，其无所系著可知矣。若缀附天体，不得尔也。"

这里，李淳风认为，宣夜说原有著作问世，但到郗萌之时业已亡佚，郗萌是从他的老师那里得知其说的要旨的。我们先依此来讨论其说的内涵，它主要表达了以下三个层面的重要观点：

(1)天是无形、无体、无质的，其高远无极。在人眼看来是浑圆而蔚然的天，实际上是人的错觉，是人眼昏花、视力所不及造成的。远望青山近却黄，俯察深谷，看似窈黑，实则无底，这是人们的经验之谈，也正是视觉错误的显明事例。所以宣夜说认为天实际上是没有形体、没有质地的虚空，它是广阔无垠、高远无所极的。

(2)天上的日月星辰是自然生成的，它们悬浮在无边无际的虚空之中，这虚空中充满了气，日月星辰或者运动、或者停止不动，都是气推动或者维持它们的行止。

(3)北极是不动的，北极附近的星，如北斗星等等于其他恒星一样都绕北极旋转，但它们与其他恒星不同的是常见不没。所有的恒星自然分布于虚空之中，并不附着于天体，因为没有什么天体存在可供附着。这从日月五星的运动状况可以看得十分清楚。日月五星在恒星之间穿行，其速度有快有慢，月亮每天行十三度，最快，太阳每天行一度，次之，其后是水星、金星、木星(摄提)和土星(填星)，运行速度依次减慢。特别是五星还有伏、见、顺、逆、留等不同的运动形态，当然这些运动并非杂乱无章。宣夜说认为这种状况是不能用日月五星附着于同一个天体来解释，却是它们无所根系、不辍附于天体的很好证明。反过来，这些又为前二个观点提供了进一步的论证。

宣夜说的这些观念,既打破了盖天说形如车盖或盖笠的天壳,也打破了浑天说球形的天壳,描绘了一幅日月星辰在充满气的无限空间、按各自的规律运动的壮丽图景,与盖天说和浑天说相比,更接近我们今天对天的总体认识以及对日月星辰总体分布的认识,具有十分重大的理论意义。可是,郗萌所提及的宣夜说,对于地、对于地与天的关系却未置一词,这不能不说是一个大疏漏。此外,宣夜说对于日月星辰运动具体状况的描述,只是泛泛而谈,对其具体机制与规律的讨论,也仅有“皆须气焉”和“迟疾任情”这8个字,自然带有极大的思辨色彩,在解释有关天文现象方面,它也没有提供必要的说明。这些缺点大大局限了宣夜说的天文学意义和社会影响。

二　黄宪宣夜说

稍晚于郗萌的黄宪在他的《天文》① 一文中,也给出了可与郗萌所传的宣夜说相表里,有异曲同工之妙的论述:

> 曰:然则天地果有涯乎?曰:日月之出入者,其涯也。日月之外,则吾不知焉。曰:日月附于天乎?曰:天,外也,日月,内也。内则以日月为涯,故躔度不易而四时成。外则以太虚为涯,其涯也,不睹日月之光,不测躔度之流,不察四时之成,是无日月也,无躔度也,无四时也,同归于虚。虚则无涯,是以日月之外,圣人不能范围之而作历,日月之内,圣人不能损益之而成象,故历者循其迹而作者也。
>
> 曰:天之旋也,左耶右耶?曰:清明不动之谓天,动也者,其日月星辰之运乎。是故言天之旋非也。规天而作历,犹非也,验诸运焉云尔已矣。

在此,黄宪对于天的无限性作了相当精彩的论述。他认为人眼所能及的日月星辰所在的空间是有限的,人们可以对它们进行观测与量度,并据以制定历法,以察四时之变。而在其外的空间,则是无涯无尽的太虚,那里无日月之光,人们的肉眼看不到那样远,所以无法量度,也无所谓四时之变。这些论述同郗萌关于天的无限性的论述是相通的,而且更具层次感。黄宪也指出,日月星辰不附丽于天。在他看来,天的范围是日月星辰活动的范围所无法比拟的,日月星辰居于天之内,所以,并不存在附丽于天的问题。黄宪还指出,天是不动的,只是日月星辰在其内运动不息,所以,也不存在天是左旋还是右旋的问题,这一点似较郗萌的论述更为明确。自然,黄宪和郗萌都不知道天体每日东升西落的转动仅仅是地球自转的反映,而他们主张天是不动的,则是从天无形、无质而且无限的观点出发的。

黄宪在《天文》中还有“是地无穷而物亦无穷也”的说法,虽然他所说的地无穷只是相对于日月星辰运动的范围而言的,也就说明他认为地体是极其深广的观念,这也大约是宣夜说论者的大地观。

由此看来,黄宪的这些论述对郗萌所传宣夜说的诸多要点作了更鲜明的表述,而且还作了极好的补充。所以,我们称其为郗萌－黄宪宣夜说是适当与合理的。

---

① 《古今图书集成·乾象典》卷六。

第十五节　张衡的天文学工作

一　张衡其人

张衡(78～139),字平子,南阳郡西鄂(今河南南阳)人。他出身于名门望族,自幼刻苦向学,聪颖过人。16岁以后,曾离家远游,先到了当时的学术文化中心三辅(今陕西西安一带),壮丽的山河景色和宏伟的秦汉古都遗迹,给他以心灵的震撼。以后,他又到了京都洛阳,并进过当时的最高学府——太学学习,结识了一些青年学者。贾逵的学生崔瑗成了他的挚友,崔瑗也精通天文、历法、数学的学问,他们在一起相互切磋,获益良多。汉和帝永元十二年(100),张衡应南阳太守鲍德之请,出任主簿,掌管文书等工作。8年后,鲍德调往京师任职,张衡即辞官居家。在故乡南阳期间,他致力于钻研天文、阴阳、历法等学问,并反复研究西汉扬雄所著《太玄经》,学问日进,名声远播。汉安帝闻其名,于永初五年(111)征召张衡进京,拜为郎中。自此,他成为活跃于学界、特别是天文历法界的重要人物。元初元年(114)迁尚书郎,次年又迁太史令。在此后的19年中,曾有5年张衡被调任他职,其余14年前后二度出任太史令,他的许多重大的科学技术工作都是在此间完成的。汉顺帝阳嘉二年(133),张衡升任侍中之职。但不久即被宦官中伤排挤,于永和元年(136)张衡被调任河间(今河北河间)王刘政的相。刘政是个骄奢淫逸、不守法度的人物,而且同当地豪强沆瀣一气,为恶一方。张衡到任后,严整法纪,打击豪强,使得上下肃然。3年后,张衡上表请求退休,朝廷却征他为尚书。也就在这一年,张衡长辞人世。

张衡是中国古代最杰出的科学家之一,他在天文学、地震学、数学、机械技术乃至文学艺术等众多领域,都取得重要的成就,可谓多才多艺。张衡的挚友崔瑗在《河间张平子碑》中写道:其"道德漫流,文章云浮;数术穷天地,制作侔造化",就是把张衡的道德文章和科技贡献相提并论的。崔瑗称赞张衡"天资睿哲",而且"敏而好学,如川之逝,不舍昼夜",先天的赐予和后天的努力,成就了一代英才。范晔在《后汉书·张衡传》中称张衡"虽才高于世,而无骄尚之情"。这些品德,是使张衡得以源源不断地吸取当时社会业已积累的学术成果,得以孜孜不倦地进行再探索、再创造的基本素质。

"与世殊技,固孤是求","约己博艺,无坚不钻",这是张衡在所作《应闲》一辞中,表明自己要献身科学技术的志向和对科学技术的认识的独白。他认为向社会提供新颖、有效、特殊的技艺,乃是崇高的事业,决心为此付出坚忍不拔的努力,去攻克可能遇到的一系列难题或困难。在当时社会并不重视科学技术的历史背景下,这一志向和认识,弥足珍贵。

也就在《应闲》中,张衡更表述了他的人生价值观。

在有人劝他不要去钻研那些难而无用的技术,应该"卑体屈己,美言"以求多福时,他回答道:"君子不患位之不尊,而患德之不崇;不耻禄之不伙,而耻知之不博。"这二句掷地有声的话,表明了他不贪图势利而追求德智的高尚思想境界。他认为"卑体屈己"以求升官,乃是"贪夫之所为"。他又说:"捷径邪至,我不忍以投步;干进苟容,我不忍以歙肩"①,这既是张衡为人处世

① 范晔:《后汉书·张衡传》。

的一般准则,当然也反映了他在科学技术探索中取实事求是的态度,以及不偷奸耍滑,不哗众取宠,而是脚踏实地、一步一个脚印前进的科学精神。

还要指出的是,张衡还被人尊为"阴阳之宗"[①]。他十分崇信"卦候、九宫、风角"之术,以为它们"数有征效"[②]。对于天人感应之说,他亦笃形不疑,以为"政善则休祥降,政恶则咎征见","天人之应,速于影响"[③]。在这些非科学的领域,张衡也深陷其中,这反映了张衡思想的非理性的一面。

下面,我们转而介绍张衡的天文、历法工作,主要有对浑天说理论的经典性总结、宇宙演化说的新阐述、若干天文学问题的理论、关于历法的主张、天文仪器制作等五个方面。

《灵宪》和《浑天仪注》是张衡天文、历法研究的代表作,前者约作于汉安帝时(约115~120),值张衡初次任太史令期间;后者约成于汉顺帝时(126年或其后不久),值张衡再任太史令期间[④]。《灵宪》和《浑天仪注》两文一脉相承,二者互为补充,相得益彰,后者较前者又有所修订与发展。

二 浑天说理论的经典性总结

《灵宪》和《浑天仪注》之文首见于《续汉书》"天文志上"和"律历志下"刘昭注中。从中,我们可以看到张衡对浑天说所作的新总结,在相当长的时间内,这是浑天说的经典性描述。现将《灵宪》和《浑天仪注》的相关论述依次讨论于下。

(一)天体如弹丸

《灵宪》曰:

昔在先王,将步天路,用定灵轨,寻绪本元,先准之浑体。

通而度之,则是浑已。

天体于阳,故圆以动。

阳道左回,故天运左行。

天以阳回。

天以顺动。

《浑天仪注》曰:

天体如弹丸。

天转如车毂之运,周旋无端,其行浑浑,故曰浑天也。

它们都认为天是圆球形的,天又是在不断运动着的。前者强调天体属阳,所以才是圆的、运动着的,而且是顺动左行的;后者则强调天体作无休止的圆运动。两者都用了"浑"来形容天体的基本特征。

---

① 范晔:《后汉书·方术传》。

② 范晔:《后汉书·张衡传》。

③ 袁宏:《后汉纪》卷十八。

④ 陈美东,张衡《浑天仪注》新探,社会科学战线,1984,(3)。

(二)天有两极,天球绕于地之下

《灵宪》曰:

是为正仪立度,而皇极有逌建也,枢运有逌稽也。乃建乃稽,斯经天常。

天有两仪,以儛道中,其可睹,枢星是也,谓之北极。在南者不著,故圣人弗之名焉。

《浑天仪注》曰:

周天三百六十五度四分度之一。又中分之,则一百八十二度八分之五,覆地之上,一百八十二度八分之五,绕地之下,故二十八宿半隐半见。其两端谓之南北极,北极乃天之中也,在正北,出地上三十六度,然则北极上规径七十二度,常见不隐;南极天之中也,在南,入地三十六度,南极下规七十二度,常伏不见,两极相去一百八十二度半强。赤道横天之腹,在南北二极各九十一度十六分度之五。

二者都认为天有南北两极,天球绕极轴运转,北极在地之上,可得而见,南极在地之下,常隐不见,赤道则处于天球两极的中腹。也就是说它们都认为天球连同附着其上的日月星辰均绕行于地的底下,作周而复始的圆周运动。当然,《浑天仪注》要比《灵宪》说得明确而具体得多,把周天度数、天半在地上、半在地下以及北极出地高度、上下规的度数等,都讲得清楚明白。同时也对二十八宿何以半隐半现?上规以内的恒星何以常见不隐?下规以内的恒星何以常伏不见?都给予清晰的说明。

(三)天地各乘气而立、载水而浮

《灵宪》曰:

地以阴浮。

凡至大莫如天,至厚莫若地。至质者地而已。至多者莫若水,水精为汉,汉周于天而无列焉,思次质也。

众星被耀,因水转光。

《浑天仪注》曰:

天表里有水。

天地各乘气而立,载水而浮。

二者都认为,地是浮在水之上的。《灵宪》认为众星也是因为太阳的照耀而生光的,当太阳在地下时,因为水的"转光"作用才被照耀生光的,可见,天与地之间应充满了水①。《灵宪》显然把水与地体合称为地,它把地体称为"至质",而把水称为"次质",两者均属于有质者,只是疏密不同而已。《浑天仪注》则明确讲地体浮于水上,水起着承载地体的作用,二者是连成一体的。如上所述,它认为天绕地下,严格地讲这不是说天绕地体之下,而是说天绕承载地体的水之下,所以,他讲的地也是水和地体的合称。《灵宪》说水是最多不过的,这大约应是说水无处不在,天上也理应有水,而银河则是由水之精组成。《浑天仪注》更指出天之下也有水,即天和地一样也浮在水之上。同时,天与地又因为天地之间存在的气,以及天以外的气的作用,维持

① 李志超等,《灵宪》的天体物理思想,见《科学史论集》,中国科学技术大学出版社,1987年;薄树人,张衡,见杜石然主编:《中国古代科学家传记》(上集),科学出版社,1992年。

着某种平衡,而不致坠陷。至于天上有水精,《浑天仪注》大约也作如是观,但它比《灵宪》更加注重维持天与地现有平衡状态原因的说明。

(四)天大地小、地平地静

《灵宪》曰:

天成于外,地定于内。

地体于阴,故平以静。

地以灵静。

地致其静。

八维之极,径二亿三万二千三百里,南北减短千里,东西则广增千里。自地至天,半于八极,则地之深亦如之。

《浑天仪注》曰:

浑天如鸡子,地如鸡中黄,孤居于内,天大而地小。

天之包地,犹壳之裹黄。

这里二文讨论的是天与地的大小及其相对关系等问题。二者都认为天大地小,天外地内,天包地外。《灵宪》强调地体属于阴,与属于阳的、圆且动的天相对应,应该是平而静的。天具东西稍长、南北略短的椭圆形状,颇有点像鸟卵或鸡蛋的样子,但它并未明言。地则是平面向上的、与天等大的半个椭球体①,它的外部是水,与天的下半部几乎密合,地体则浮于水上。《浑天仪注》则明确以鸡子比喻天地,用鸡蛋壳与鸡蛋黄的相对位置形象地比喻天与地的相对位置。至于在这一比喻中,张衡是否认为地体与鸡蛋黄相似也是圆球体,在没有更明确的证据以前,我们认为不宜断然予以否定,当然,即便张衡认为地体是圆球体,与我们现今所说的地球概念也是不同的,因为张衡圆球体的至少一半是没在水中,起一种平衡承托地体不沉的作用,而可供人居住的最多是上半个圆球体。若从张衡以后到元代以前的年代中,几乎没有人明确从张衡的上述比喻引出地体是圆球体的结论,看来,张衡自己大约也不曾将鸡蛋黄形状直接作为地体形状的比喻。又因为他仅是说"地如鸡中黄",而不是说"地形如鸡中黄",所以,我们倾向于认为,《浑天仪注》与《灵宪》所述天与地的相对位置以及地体的形态是协调一致的。《灵宪》给出了天地的具体尺度,而《浑天仪注》虽仅给出天地的相对大小,可是把地体的相对尺度缩小了一些,这较《灵宪》似前进了一步。

(五)关于日月五星运行的轨道

《灵宪》曰:

文耀丽乎天,其动者七,日月五星是也,周旋右回。天道者贵顺也,近天则迟,远天则速。行则屈,屈则留回,留回赋逆,逆则迟,迫于天也。

《浑天仪注》曰:

黄道斜带其腹,出赤道表里各二十四度。故夏至去极六十七度而强,冬至去极百一十区度亦强也。然则黄道斜截赤道者,即春秋分之去极也。

这里,《灵宪》论述的是日月五星运动速度的快慢,与它们同天体距离的远近密切相关,也

---

① 唐如川,张衡等浑天家的天圆地平说,科学史集刊,1962,(4)。

可以说与它们同地体距离的近远密切相关。这一理论，大约是对东汉早期李梵、苏统关于月亮运动的迟疾同其距人的远近密切相关理论的延伸与发展。关于日月五星右回运动(自西向东)平均速度快慢的次序(由快到慢)：月亮、水星和金星、太阳、火星、木星、土星，这在张衡看来，自然是常识问题，那么，由上述理论，张衡一定认为日月五星离地体近远的次序正与它们运动速度快慢的次序相同。还要指出的是，张衡是将五星顺行(自西向东)—留—逆行(自东向西)—留—顺行等复杂的视运动，当作五星的真运动看待，由上述理论，张衡一定认为五星运动轨道离人忽远忽近，是变动不定的。由此可见，张衡建立了日月五星并不附着于天体的理论，这大约是吸收了郗萌-黄宪宣夜说的思想，使之成为浑天说的一部分。张衡此说似乎比郗萌-黄宪宣夜说还进了一步，就是他试图对日月五星运动的状况作理论的说明，这一说明对于日、月而言，尚有可取之处，而对于五星，则并不成功。《浑天仪注》所说是太阳沿黄道运行，而月和五星则沿黄道附近的轨道运行的问题，对于黄道同赤道的相对位置作了定量的描述。这与《灵宪》对日月五星运动轨道的描述是相互补充的。

除了上述 5 个方面的内容之外，《灵宪》还指出，浑圆的天球并不是宇宙的边界，“宇之表无极，宙之端无穷”，鲜明地表述了时空无限的观念，即认为天地对于宇宙而言，只是有限的时空，或者说，天地只是无限宇宙的一部分。这一思想大约是受到《淮南子·天文训》的有关论述以及郗萌 - 黄宪宣夜说的影响。

综上所述，我们认为《灵宪》和《浑天仪注》都论及了浑天说的基本理论，两者的论述是相辅相成的，依之，可作张衡浑天说的示意图如图 3-28 和图 3-29。

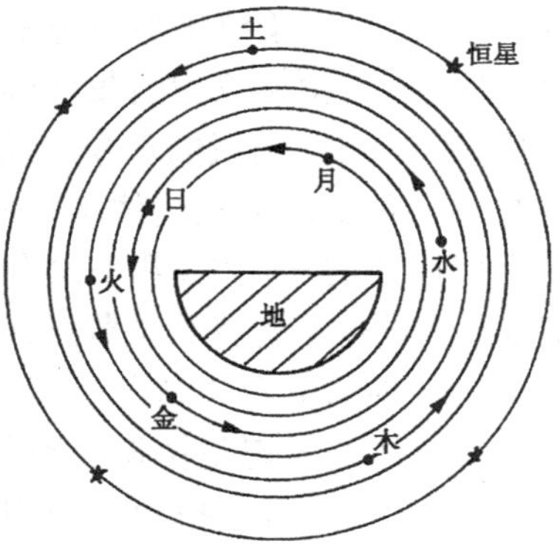

图 3-28　张衡《灵宪》天地结构示意图

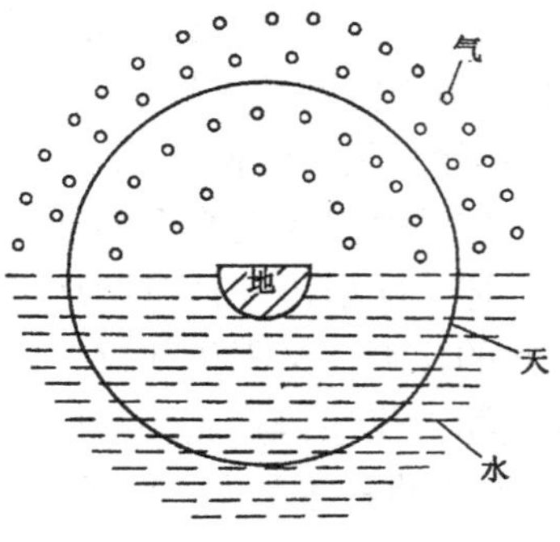

图 3-29　张衡《浑天仪注》天地结构示意图

张衡浑天说的出现，标志着浑天说的发展进入了一个崭新的发展阶段，为中国古代占主导地位的天地大型结构理论树起了一座里程碑。由于它能较好地解释恒星的东升西没、太阳在一年中出没方位的变化及昼夜长短的变化等天文现象，很快为多数人所接受。如同东汉晚年蔡邕所说：“言天体者有三家，一曰周髀，二曰宣夜，三曰浑天。宣夜之学绝无师法。周髀数术具存，考验天状，多所违失，故史官不用。唯浑天者近得其情，今史官所用候台铜仪，则其法也”①。可是，张衡浑天说仍存在一些重要的缺欠，盖天说，特别是宣夜说还有浑天说难以替代的长处，所以，言天体者三家仍争论不休，在以后有关章节，我们还要作进一步的介绍。

① 司马彪：《续汉书·天文志上》注引。

三　宇宙演化理论的阐发

东汉早期,关于宇宙的学说大体沿袭西汉刘安《淮南子》以来的观念,到张衡情况有了重要的变化。张衡在其《玄图》和《灵宪》中,对宇宙本原和演化的理论做出了新的总结与发展。

《玄图》指出:

玄者,无形之类,自然之根,作于太始,莫与之先。包含道德,构掩乾坤,橐籥元气,禀受无原。

在这里,张衡把"无形"命名为"玄",认为它就是宇宙的本原,包括道德、天地、阴阳、元气、万物在内无不由之生成。"无形"自然不是虚无,而是物质性的存在。可见,张衡继承了《淮南子》等关于"无形"的概念,并有所发展,他甚至把道德这一精神范畴的东西,也视作"无形"的衍生物,这是前人所未及的。关于宇宙演化的分阶段问题,张衡则明确认为,太始是为最早的阶段,这相当于《易·乾凿度》所说的太易、太初、太始三个阶段的总和。

《灵宪》更指出:

太素之前,幽清玄静,寂寞冥默,不可为象,厥中唯虚,厥外唯无,如是者永久焉,斯谓溟涬,盖乃道之根也。道根既建,自无生有。太素始萌,萌而未兆,并气同色,浑沌不分。故《道德》之言云:"有物混成,先天地生"。其气体固未可得而形,其迟速固未可得而纪也。如是者又永久焉,斯谓庞鸿,盖乃道之干也。道干既育,有物成体,于是元气剖判,刚柔始分,清浊异位。天成于外,地定于内。天体以阳,故圆以动;地体于阴,故平以静。动以行施,静以合化,堙郁构精,时育庶类,斯谓太元,盖乃道之实也。在天成象,在地成形。天有九位,地有九域,天有三辰,地有三形,有象可效,有形可度,情性万殊,旁通感薄,自然相生,莫之能纪。

这里,张衡把宇宙的演化分为三个阶段:

第一阶段叫做"溟涬",这是太素以前的阶段,虑及《玄图》所言,这也就是太始阶段。其时处于幽深、清静、静谧、寂寞无声的状态之中,内中存在无形之物,是为自然之根,亦为道之根。这一阶段经历了很久远很久远的时间。

第二阶段叫做"庞鸿",即太素阶段,此时无形之物开始生成元气,像是从树根长出了树干一样。元气的颜色相同,浑沌不分,尚无形状可言,虽已运动不止,但速度的快慢上无从知晓。这一阶段也经历了很久远很久远的时间。

第三阶段叫做"太元",由于刚柔、清浊、动静等机制的作用,使元气分离,开始分成了天和地。天成于外,地定于内,天动而地静,天圆而地平,这给浑天说的天地模型提供了一个宇宙演化的理论说明。天阳动向地而降,地阴静承天之阳而合化,自然而然地孕育出地上"情性万殊"形态各异的万物。

如上所述,张衡既把宇宙的演化分为三个不同的阶段,又把后一阶段看成是前一阶段长期发展的结果,而且前后两个阶段是由突变的形式加以衔接的。他关于宇宙是在不断发展变化着的、变化是分阶段有层次的、变化的形式既有渐变也有突变、变化的原因则存在于事物的内部等等思想,是对前代宇宙演化理论的很好总结与发展。

关于天上日月星辰的生成,《灵宪》则指出:

地有山岳,以宣其气,精积为星。星也者,体生于地,精成于天。

日者，阳精之宗。积而成乌，像乌而有三趾。

月者，阴精之宗。积而成兽，像兔。

这些论述连同上已提及的银河乃是由水精构成的观念，都是张衡从他的前辈学者那里继承而来的，并非新意。只是经由张衡重申，对后世影响甚大。在这里，我们还要顺便介绍张衡在青年时代游学太学时结识的另一位好友王符（约 85～162）的宇宙本原与演化思想。在《潜夫论·本训》中，王符指出：

上古之世，太素之时，未有形兆，万精合并，混而为一，莫制莫御，若斯久之，翻然自化，清浊分别，变成阴阳。阴阳有体，实成两仪，天地絪缊，万物化淳，和气生人，以统理之。是故天本诸阳，地本诸阴，人本中和，三才异务，相待而成。

是故道德之用，莫大于气，道者之根也。

这里，王符对于宇宙本原是气给予了极明确的论述，而且他也认为气还是"道者之根也"，这与张衡的见解相同。王符也认为原始的气是无形、无质、浑沌不分的，这又与张衡所说无异。不过，王符认为这一阶段正是"太素之时"，与张衡认为的这当在"太素之前"，有所不同。此外，王符对于自太素阶段向后一阶段转化时，用了"翻然自化"来形容，更强调了自然演化的色彩，这似较张衡所论还要明晰。还有，王符显然继承了纬书《雒书·灵准听》等的论述，这是对后世产生巨大影响的宇宙演化的总体路线。

四 若干天文现象的理论探讨

在《灵宪》中，张衡还对若干天文现象作理论的探讨。关于月食的理论便是重要的内容之一。他指出：

月光生于日之所照，魄生于日之所蔽，当日则光盈，就日则光尽也。

这是对于月光的由来及月相变化现象的解释，是张衡从他的先辈那里接受来的。在此基础上，张衡进一步指出：

当日之冲，光常不合者，蔽于地也，是谓暗虚。在星星微，月过则食。

在张衡看来，"当日之冲"是发现月食的必要和充分条件。所谓"当日"是指月望之时，其时，日月的黄经相距半个周天，两者遥遥相当，故称"当日"。月望时，月光盈满，"当日则光盈"说的就是这种情形。这里"之"是"至"、"抵达"的意思。而"冲"则有黄白交点或其临近处的含义。就是说只有当望发生在黄白交点或其附近时，才发生月食。张衡认为，这时地体挡住日光所形成的暗虚遮掩月亮，于是发生了月食。这一理论的基本点同我们现今的认识是一致的。至于"在星星微"之说，则是张衡基于恒星与人的距离同日、月与人的距离相当的错误认识所作的推论，自然是不正确的。可是，如果依据图 3-28 和图 3-29 所示的张衡天地结构模型，用现代的科学观念来看，张衡对于月相变化的解释和关于月食的理论，都要发生很大的问题，因为如此庞大的地体势必生成更为巨大的暗虚，那么，月亮被暗虚遮掩当是时常发生的事，所以，张衡的天地结构模型是存在很大的缺欠的。当然，在张衡看来，他的天地结构模型并不妨碍对这两个问题的解释。在上引两段文字之间，张衡加有"众星被耀，因水转光"八个字，他的意思是，在通常情况下，太阳光可以通过水的作用，把光线"转"射到众星（也包括月亮）上去。这自然是一种十分牵强的解释。在以后的有关章节，我们将要谈到，不少人不满意这种解释而出新论，并最终对张衡浑天说进行重大的改造。

在《灵宪》中，张衡对于陨星的形成及其本质，也有所论述："夫三光同形，有似珠玉，神守精存，丽其职而宣其明，及其衰，神歇精斁，于是乎有奔星。然则奔星之所坠，至地则石矣。"关于奔星至地为石的观点，前人早已述及，而张衡进一步认为，陨星原也是与日月星辰一样绕地运行的天体，只是当其运动趋向衰弱，才失去绕地运行的常态，自天而降成为陨石，这应是对于陨星认识的新发展。

在论及所谓妖星时，《灵宪》曰："故有列司作使，曰老子四星，周伯，王逢（絮），芮各一，错乎五纬之间，其见无期，其行无度，实妖经星之所。"这些妖星的特点是见无定期，行无定度，它们只能是彗星之属。张衡认为它们运行的轨道是交错于五大行星之间的，现在看来，张衡是认为这些彗星是太阳系之内的天体，是一种颇有意义的推测。

《灵宪》又说："摄提、荧惑、地候见晨，附于日也。太白、辰星见昏，附于月也。"这是张衡由摄提（木星）、荧惑（火星）、地候（土星）只有晨见东方的现象，而太白（金星）、辰星（水星）既有晨见东方，又有夕见西方的现象，对五星所作的分类的尝试，以为前者与日同类，后者与月同类。其实，它们应是内外行星之别，张衡在这里只是正确地强调了两者之间的差别，并未给予恰当的说明。

对于日月星辰在接近地平面时与中天时视大小的问题，张衡在《灵宪》中也有论述："日之薄地，（暗）其明也。由暗视明，明无所屈，是以望之若火（大）。方于中天，天地同明。由明瞻暗，暗还自夺，故望之若水（小）。火当夜而扬光，在昼则不明也。月之于夜，与日同而差微。星则不然，强弱之差也。"只要将此论述与王充《论衡·说日》中的有关论述作一比较，就不难发现张衡之说与之大同小异。

《灵宪》关于五星运动快慢与离人远近关系的理论，已如前议，恕不赘述。

五　天文观测与历法研究

在《灵宪》中，张衡还记述了一些他进行天文观测的成果。他写道："中、外之官，常明者百有二十四，可名者三百二十，为星二千五百，而海人之占未存焉。微星之数，盖万一千五百二十。"这是说在长期观测与统计的基础上，他对恒星进行了区分和命名工作，共得 444 个星官、2500 颗星，这还不包括航海者在南半球看到的星宿。张衡所得星官与星数，不但较《汉书·天文志》所说的 118 官 783 星多得多，而且也比后来中国传统的 283 官 1464 星来得多。可惜，张衡的恒星观测成果，早已不传，不得知其详。吕子方曾从有关古籍中录出张衡对于牛、危、虚、昴、毕、觜、井、鬼、柳、星、轸等十一宿，太微垣、紫微垣、天市垣等三垣，以及阁道等 34 星的占文，以为这是《灵宪》的重要遗文的一部分①。我们认为此说是可信的。此外，下面我们就要谈到，张衡水运浑象的制作，在该仪上刻有相当准确的恒星位置，这只有在对恒星位置作较精细测量的基础上才有可能。这些均可旁证张衡《灵宪》所提及的星官和星数殆非虚言。不过，其所言"微星之数，万一千五百二十"，恐非实际统计的结果。陈遵妫指出，古人所能看到的微星（至 7 等星）之数只能有七八千颗②。吕子方也指出，11520 这个数字被汉代人"看得很神奇，用

---

① 吕子方，张衡《灵宪》、《浑天仪》探源，载《中国科学技术史论文集》（上册），四川人民出版社，1984 年。

② 陈遵妫，中国天文学史，第 2 册上海人民出版社，1982 年，第 401～402 页。

之颇广”,在《汉书·律历志》中,论及历、量、权等问题时均提及此数①。他们的意见是很有道理的。张衡所说的微星之数,显然是受了这一神秘数字的影响。

在《灵宪》中还记载了张衡对日月视直径的测量结果。他指出:“悬象著明,莫大于日月。其径当天周七百三十六分之一,地广二百四十二分之一。”据钱宝琮考订②,此中“七百三十六”和“二百四十二”分别应为“七百三十”和“二百三十二”之误。依之,可算得张衡所测日月直径等于(365.25/730)度,或等于[(365.25/232)×π]度,而π=730/232,即其值约等于0.5度=29.6′。这是中国古代关于日月视直径测量的最早记载,与现代所测日月平均视直径值(分别为32.0′和31.1′)已比较接近。

对于历法,张衡也深有研究。汉“安帝延光二年(123),中谒者亶诵言当用甲寅元,河南梁丰言当复用太初。尚书郎张衡、周兴皆能历,数难(亶)诵、(梁)丰,或不对,或言失误。”这是说亶诵、梁丰等人对当时行用的东汉四分历提出反对意见,一是主张改用合于图谶的历元——甲寅元,一是主张恢复使用西汉的太初历(详见本章第十六节)。张衡和周兴起而批评亶诵、梁丰两家之说,他们的质疑,致使亶诵、梁丰无言以对,或者勉强作答,却又愈描愈黑。由之可见,张衡和周兴作为历法行家,言必中的,在否定此两家之说的论争中起了重要的作用。非但如此,张衡和周兴还“参案仪注,考往校今,以为九道法最密。诏书下公卿详议。”即张衡和周兴一起经过对史官有关天象记录的考证,和对当时有关天象的观测、检验,认为月行九道法最符合天象实际。这里所谓九道法,当然是指考虑到月行有迟疾的月亮运行推算法,它很可能就是张衡和周兴重新研究的成果,至少也应是他俩对已有的九道法作出修订的结果。

张衡和周兴的这一主张,得到了博士黄广、大行令任佥等人的支持,可是,有河南尹祉等40人则持反对意见,他们的理由是:“用九道为朔,月有比三大二小,皆疏远。”在这场论争中起关键性作用的尚书令忠也支持河南尹祉等人的意见:“前以为九道密近,今议者以为有阙”,即也认为“月有比三大二小”是不可接受的。这一条理由,在中国古代历法史上,曾在相当长的时间内,作为反对定朔法(考虑月亮或同时考虑月亮与太阳运动的不均匀性以推算朔日的方法)的杀手锏被提出来。这是古人对应用平朔法(只考虑日月的平均运动以推算朔日的方法)传统的执拗造成的。依平朔法,月朔的安排是大、小月相间,约每经16个月,有一个连大月的出现。经长期使用,这几乎成为不可改变的定式。而依定朔法,月朔的安排则可能出现连续三个大月或连续二个小月的情况。河南尹祉等人反对张衡、周兴的九道法,正基于此。由之可见,张衡、周兴的历法主张是正确的,是中国古代历法史上首见的明确主张应用定朔法的先行者。虽然他们的意见未被采用,但他们对月行研究的功绩和敢于变革的精神却永载史册。

在《浑天仪注》中还载有张衡对黄道度与赤道度之间相互变换的研究成果,这是中国古代历法中重要的课题之一,张衡则首开其篇。张衡指出:

> 是以作小浑,尽赤道、黄道,乃各调赋三百六十五度四分之一,从冬至所在始起,令之相当值也。取北极及(衡)〔冲〕各针椓之为轴。取薄竹篾,穿其两端,令两穿中间与浑半等,以贯之,令察之与浑象切摩也。乃从〔北极〕(减)〔针〕半起,以为百八十二度八分之五,尽(衡减)〔冲针〕之半焉。又中分其篾,拗去其半,令其半之际正直与两端(减)〔针〕半相直。令篾半之际从冬至起,一度一移之,视篾半之际多少黄赤道几

① 吕子方,张衡《灵宪》、《浑天仪》探源,载《中国科学技术史论文集》,四川人民出版社,1984年。

② 钱宝琮,张衡《灵宪》中的圆周率问题,科学史集刊,1958,(1)。

〔何〕也。其所多少，则进退之数也。

引文中(　)内者，应为衍文。〔　〕内者为校正者或应添加者。

这里记述的是张衡如何利用薄竹篾在木质圆球(小浑)上量度黄、赤道度进退的具体方法和步骤。依之，可简述于下：先在小浑上画出交角为 24 度的黄道和赤道，并定出赤道的南北两极，使小浑可绕此极轴旋转。又取长度稍长于半个小浑圆周的薄竹篾，用针将其两端钉在南北两极处，使薄竹篾与小浑完全切合。顺着薄竹篾两端的针眼将其劈成两半，再如上法将薄竹篾与小浑相切合。这样，从薄竹篾北端针眼处到赤道正得半个圆周度(百八十二度八分之五)。令薄竹篾带针眼的一边与黄道上的冬至点相切，并沿着薄竹篾的同一边在赤道上点画出与之相应的点。每转动小浑过这一点赤道一度，都在黄道上画出与之相应的点，于是便可得知从冬至点开始，赤道每变动一度时，黄道相应的多于一度或少于一度的进退状况。

在此量度的基础上，张衡总结出了黄、赤道度变换的方法，其结果可示如表 3-11。

表 3-11　张衡黄、赤道度变换法(自春分至夏至)

赤道度	4	8	12	15	19	23	27	30	34	38	42	45
黄道度	$4\frac{1}{4}$	$8\frac{1}{2}$	$12\frac{3}{4}$	16	$20\frac{1}{4}$	$24\frac{1}{2}$	$28\frac{3}{4}$	32	$36\frac{1}{4}$	$40\frac{1}{2}$	$44\frac{3}{4}$	48
赤道度	$46\frac{5}{16}$	$50\frac{5}{16}$	$54\frac{5}{16}$	$58\frac{5}{16}$	$61\frac{5}{16}$	$65\frac{5}{16}$	$69\frac{5}{16}$	$73\frac{5}{16}$	$76\frac{5}{16}$	$80\frac{5}{16}$	$84\frac{5}{16}$	$88\frac{5}{16}$
黄道度	$49\frac{5}{16}$	$53\frac{1}{16}$	$56\frac{13}{16}$	$60\frac{9}{16}$	$63\frac{5}{16}$	$67\frac{1}{16}$	$70\frac{13}{16}$	$74\frac{9}{16}$	$77\frac{5}{16}$	$81\frac{1}{16}$	$84\frac{13}{16}$	$88\frac{9}{16}$

张衡的黄、赤道度变换法，大体上正确地反映了黄、赤道度之间的数量关系。据研究，其绝对值平均误差为 0.21°。张衡的这一研究成果，被刘洪首次采用于乾象历(206)中，对后世产生了深远的影响。而且，张衡所发明的竹篾量度法也为后世所沿用，隋代刘焯、唐代一行都曾用之作新的测量，一直到元代郭守敬等人发明近似于球面三角的算法为止。

六　水运浑象、补偿式漏壶的制作

据《晋书·天文志上》记载：

> 至顺帝时，张衡又制浑象，具内外规、南北极、黄赤道，列二十四气、二十八宿中外星官及日月五纬，以漏水转之于殿上室内。星中、出、没与天相应。因其关戾，又转瑞轮蓂荚于阶下，随月虚盈，依历开落。

这是关于张衡创制水运浑象的真切记录。由中我们可知，在该仪圆球上画有相交成 24 度角的黄道和赤道，黄道之上标有 24 节气的名称，还画有分别表明恒星常见不隐和常伏不见的内、外两规。圆球上绘有满天的星官。至于日、月、五星当不是画在圆球面上，而应是居于另设的圆环之上，这自然是西汉耿寿昌当年所制浑象所不及的。上引“星中、出、没与天相应”之说，在《隋书·天文志上》有更为生动的描述：浑象置“于密室中，以漏水转之。令司之者，闭户而唱之，以告灵台之观天者，璇玑所加，某星始见，某星已中，某星今没，皆如合符”。由此可知，水运浑象还应设有子午环和地平环，因为若无此二环，就很难言什么星中或星的出没的；还可知张衡据以在圆球上描绘满天星官的恒星位置测值是比较准确的，而且，浑象的运转基本与天体的周日运动同步。又据《晋书·天文志上》记载:“古旧浑象以二分为一度,凡周七尺三寸半分。张衡更制,以四分为一度,凡周一丈四尺六寸一分。”这是说张衡所制水运浑象要比前代所制大一倍,其直径约为1米。更为重要的是,水运浑象是以漏壶的流水作为动力、通过某种机械的传动,实现可自动与天体的周日同步运转的器械,是为后世得到进一步发展的机械天文钟的始祖。此外,水运浑象还通过机械装置带动一个叫做“瑞轮蓂荚”的自动器械,自朔日开始,每经一天开出1个荚,到满月开了15个荚,此后,每经一天落下1个荚,这样,就可以显示历日的推移,是一种自动的历日显示器。可惜,因无足够的史料可稽,水运浑象与瑞轮蓂荚的内部传动机构如何,已不得其详。

在张衡以前,用于测量时间的漏壶是所谓“泄水型沉箭式单壶”,即在一圆柱形容器的下部开一小孔,装于容器内的水缓缓从小孔漏出,置于容器内的一带有刻度的长木条(箭)慢慢下沉,人们从箭下沉的刻数而得知时间的流逝。这种单壶漏水的流量是不均匀的,当壶内的水多时,流量大;少时,流量小。若用这种漏壶的流水作为动力,去驱动运转必须大体均匀的浑象,自然是不可能的,张衡势必对原有的漏壶进行改造,事情果然如此。从《初学记·卷二十五》中收录的《张衡漏水转浑天仪制》一文,我们见到了有关记述:“以铜为器,再叠差置,实以清水,下各开孔,以玉虬吐漏水入两壶,左为夜,右为昼”,又“铸金铜仙人,居左壶;为胥徒,居右壶”,皆以“左手抱箭,右手指刻,以别天时早晚。”这正是张衡对漏壶作了重大改造的记载。依之,可作图3-30。图中A壶可称为补偿壶,B壶是真正起量度时间作用的漏壶(受水壶)。A壶的漏水源源不断地流入B壶,B壶的漏水亦源源不断地流入左壶或右壶,由于B壶得到A壶漏水的不断补充,其水位可基本保持不变,也就使B壶的流量大体均匀不变,若以此作为驱动浑象的动力,便可基本上保证浑象的均匀旋转。当然,这里说的是令B壶的漏水流入左壶或右壶,以分别通过漏箭的上浮来显示夜晚或白昼时间的流逝。这是一种新式的漏壶,可称之为补偿式漏壶。由于该漏壶(B壶)的流量基本均匀,可提高漏壶量度时间的准确性,这在中国古代漏壶发展史上是一十分重要的事件。

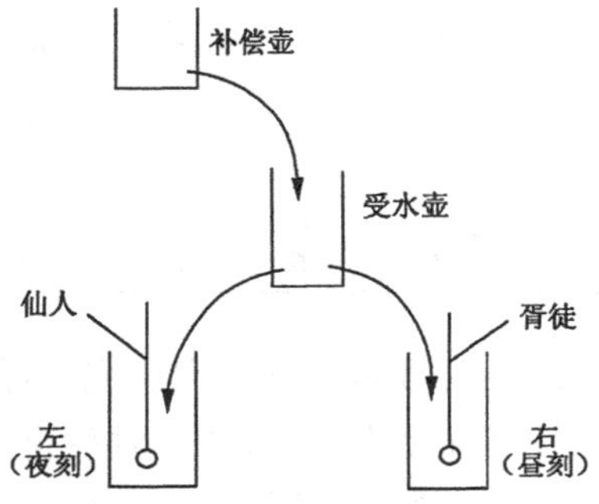

图3-30　张衡补偿式漏壶示意图

综上所述,张衡在天文历法领域的贡献是多方面的。《灵宪》和《浑天仪注》是中国古代天文学理论的经典著作,它们标志着浑天说、宇宙演化论以及一系列天文现象理论阐述新阶段的到来,这同张衡的历法新知和一些天文仪器的新创一道,建树起了中国古代天文学体系形成的里程碑。

第十六节　东汉中晚期的历法论争

一　关于历元的论争

在本章第十一节中,我们已经述及编訢、李梵东汉四分历历元的设置,他们自以为是合乎图谶的,是万无一失的。不料,也正在这个问题上,引出了不少麻烦,前后发生了三次大的争论。

(一)汉安帝时的历元之争

汉安帝延光二年(123),“中谒者亶诵言当用甲寅元,河南梁丰言当复用太初”,尚书郎张衡、周兴则主张用九道法。由是,“诏书下公卿详议”。这里提到有三家对东汉四分历提出了修改的意见,关于张衡、周兴一家言,在上一节中已作介绍,此不赘,而对另二家言以及论争的情况作一说明。

梁丰复用太初历的意见,得到太尉恺等 84 人的支持,真可谓人多势众。他们所持的理由是,汉武帝改用太初历后,“攘夷廓境,享国久长”,而汉章帝改行东汉四分历之后,“灾异卒盛,未有善应”。还有,“太初历众贤所立,是非已定”,而“四分有谬,不可施行”。

侍中施延等则支持亶诵的意见。他们认为“太初过天,日一度,弦望失正,月以晦见西方,食不与天相应”,所以,必须改革从新是理所当然的。可是,“四分虽密于太初,复不正,皆不可用。甲寅元与天相应,合图谶,可施行。”这是说东汉四分历所取庚申元在图谶中并无记载,而图谶中有明确记载的却是以甲寅为元,所以,庚申元是不可取的,必须进行变革。

而河南尹祉、太子舍人李泓等 40 人,自然也不同意再回复到太初历去的主张,而且他们坚持“元和变历(即指东汉四分历),以应《保乾图》‘三百岁斗宪改历’之文。四分历本起图谶,最得其正,不宜易。”

争论的三方(如果加上张衡、周兴一家,则为四方),各执己见,互不相让。在这种情况下,尚书令忠的意见起了关键的作用。他指出,“诸从太初者,皆无他效验”,而当今明明是“冬至日在斗,而(太初历)云在牵牛。迂阔不可复用,昭然如此。”这是从判断历法是非优劣的标准在于是否合天的观点立论的,与侍中施延等人的部分观点是一致的。但他却不同意施延等人的另一部分观点,认为庚申元与甲寅元两相比较,“甲寅元复多违失”,故不可改用甲寅元。这又是从是否合天的原则出发所作的抉择,而把是否合乎图谶的讨论束之高阁,这比河南尹祉等人着力于“四分历本起图谶”的考证,要高明得多。

汉安帝爽快地采纳了尚书令的意见,按下改历之议,而继续颁用东汉四分历。

(二)汉顺帝时的历元之争

汉顺帝汉安二年(143),尚书郎边韶旧话重提,他以为东汉四分历“以庚申为元,既无明文,托之于获麟之岁,又不与《感精符》单阏之岁同。史官相代,因成习疑,少能钩深致远,案弦望足以知之。”他主张要恢复使用刘歆的三统历,以替代东汉四分历。汉顺帝“诏书下之公卿、百官杂议。”

太史令虞恭、治历宗訢等人又重申了一遍东汉四分历合于图谶之说(参见本章第十一节),并对东汉四分历与三统历的优劣做了一番比较:“验章和元年以来(87～143)日变二十事,月食二十八事”,结果发现二历互有得失,但总的看来,东汉四分历所中“尚得多,而又便近”,所以,仍主张依从东汉四分历不改,汉顺帝于是从其说。显然,太史令虞恭等人要比汉安帝时的河南尹祉等 40 人高明些,除了同样以合图谶为说之外,他们还以是否合天、合天的程度为说。

虞恭、宗訢等人在这场论争中还进一步提出了关于历元和验历的理论。他们认为:“建历之本,必先立元,元正然后定日法,法定然后度周天以定分至。三者有程,则历可成也。”在他们看来,历元是为历法之本。这里所谓“日法”是指朔望月长度的分母,实即指朔望月长度;“周天”则指回归年长度。也就是说,必须先定历元,后定朔望月长度,再由 19 年 7 闰法,推定回归年长度。虞恭、宗訢等人把历元视为先验的、神圣的空中楼阁，由此再衍生出支撑它的基础，完全本末倒置了。他们又认为："课历之法，晦朔变弦，以月食天验，昭著莫大焉。"于此，虞恭、宗訢等人则全然脚踏实地，率先从理论的高度总结出月食（由其实际的作为看，还应包括日食）之验在检验历法的是非优劣时所应占据的重要地位。

（三）汉灵帝时的历元之争

汉灵帝熹平四年（175），五官郎中冯光、沛相上计掾陈晃再弹老调："历元不正，故妖民叛寇益州，盗贼相续为害。历当用甲寅而用庚申，图纬无以庚申为元者。"由是，汉灵帝于当年三月九日"诏书下三府，与儒林明道者详议，务得道真，以群臣会司徒府议。"[①] 蔡邕记载了这一天的盛大场面："百官会府公殿下，（?）东面，校尉南面，侍中、郎将、大夫、千石、六百石重行北面，议郎、博士西面。户曹令史当坐中而读诏书，公议。蔡邕前坐侍中西北，近公卿，于（冯）光、（陈）晃相难问是非焉"[②]，郑重其事，可想而知。这一天蔡邕发表了十分重要的议论：

第一，"昔尧命羲和历象日月星辰，舜叶时月正日，汤武革命，治历明时，可谓正矣，且犹遇水遭旱，戒以'蛮夷猾夏，寇贼奸宄'。而（冯）光、（陈）晃以为阴阳不和，奸臣盗贼，皆元之咎，诚非其理。"这一论题的正方与反方所示的论点和论据，同汉安帝年间尚书令忠与梁丰等人所说大同小异，可以说是老戏新演。

第二，"案历法，黄帝、颛顼、夏、殷、周、鲁凡六家，各自有元"，冯光、陈晃所主张的甲寅元是殷历的历元，也确见于图谶的记载，但古六历中其他五种历法的历元"虽不明于图谶，各自一家之术，皆当有效于当时"；太初历也另设历元，也是"非图谶之元，而有效于前"的例证；东汉四分历也新设历元，已被证明"密于太初（历），是又新元有效于今者也。"质言之，蔡邕以为，历元的设置不必一定要合于图谶之说，只要"术家以算追而求之，取和于当时"即可。这一段议论，直接涉及是以图谶为准还是以验天、合天为准的命题，对此，前二次论争主张以后者为准的一方，多采取回避的策略（如尚书令忠），或者取两者并举的态度（如太史令虞恭等人），而蔡邕则不同，他相当明确的主张应以后者为准，不过还是多少给图谶为准说留一点面子。从当时的历史背景看，图谶之说已趣式微，但余威尚存，蔡邕此说大约正反映了这种状况。当然，蔡邕此说是极需胆识的议论，它差不多给这个长期纠缠不休的问题一个比较清楚的答案。

第三，依甲寅元之说，"（冯）光、（陈）晃以为开辟至获麟二百七十五万九千八百八十六岁，获麟至汉百六十一岁。"可是，"《元命包》、《乾凿度》皆以为开辟至获麟二百七十六万岁"云云（参见本章第十节），说明冯光、陈晃之说"与奏记谱注不相应"。这是以子之矛攻子之盾的方法，证明甲寅元之非是，是颇为巧妙的。

第四，"当今历正月癸亥朔，（冯）光、（陈）晃以为乙丑朔"，癸亥与乙丑，时差 2 日。蔡邕认为这"须以弦望晦朔光魄亏满可得而见者，考其符验"，才能定其是非。蔡邕又说："（冯）光、（陈）晃历以《考灵曜》为本，二十八宿度数及冬至日所在，与今史官甘（德）、石（申夫）旧文错异，不可考校；今以浑天图检天文，亦不合于《考灵曜》。"这是说冯光、陈晃视之为命根子的《考灵曜》关于二十八宿度数及冬至日所在宿度，不但与战国时期的甘德、石申夫不同，更重要的是，与现今用浑仪测得的新值不合，所以是不可信的。蔡邕进一步指出："（冯）光、（陈）晃诚能自依

---

① 以上均见司马彪：《续汉书·律历志中》。

② 司马彪：《续汉书·律历志中》注引《蔡邕传》。

其术，更造望仪，以追天度，远有验于图书，近有效于三光，可以易夺甘、石，穷服诸术者，实宜用之。”可是，“难问(冯)光、(陈)晃，但言图谶，所言不服”。请注意，这里蔡邕所指出的三个层面的问题，都是以验天和是否合天作为最权威的手段与标准的，内中后二个层面的问题，更表达了不应以图谶作为衡量历法是非优劣尺度的思想。这些同上述第二点是前后呼应的。

蔡邕的这些议论得到了大多数人的支持，“太尉耽、司徒隗、司空训以(蔡)邕议劾(冯)光、(陈)晃不敬，正鬼薪法。诏书勿治罪。”① 这是东汉历争中首次有人提出给参与争论的某些人治罪的事例，可是还是被汉灵帝所否定，说明对于历法这类科学问题的论争，最高统治者是采取了相当宽容的政策，不如此，东汉时期十分频繁的历法之争是不可能发生的。如上所述，这些历法之争，实际上是最高统治者所安排、所认同的，是作为国家的一件大事看待的，这必然引导朝野人士对历法问题的关注及研究，无疑对历法的发展起了积极的推动作用。

上述三次历法之争，历经三帝，其核心都在于东汉四分历的历元问题。三度争论都兴师动众，朝野震摇。论争双方所持论据大体相同，但又都不是简单的重复。历元以致历法须以图谶为本的思想，在当时是相当流行的，这是图谶之学在整个社会占有重要地位的反映也正是这三度历争产生的总体背景与起因。但是，自汉武帝太初以来逐渐建立的以验天与合天为历本的历法思想，则显露了强大的生命力，同图谶之学作顽强的抗争，在历法的论争中实际上起了决定性的作用。又，此三度历争中，我们也看到了图谶之学在东汉晚期趋于衰微的态势，以致蔡邕敢于对图谶之学取蔑视的态度，而且居然得到了大多数人的赞同。反过来，我们也可以说，在历法之争中，以验天与合天为本思想的形成和发展，极大的冲击与淡化了图谶的神圣地位，在反对与批判图谶之学的历程中，起了重要的作用。

二　关于交食周期的论争

(一)宗诚与冯恂的交食周期之争

如前所述，汉和帝永元十二年(100)东汉四分历已改用宗绀的交食周期法。而至汉质帝本初元年(146)“天以十二月食，历以后年正月，于是始差”，即宗绀法在行用了约 46 年以后，又发现其不合于天的情况。自此到汉灵帝熹平三年(174)的“二十九年之中，先历食者十六事”。由是，修改包括交食周期在内的推算交食的方法的议论蜂起。其中主要有以下三家新说脱颖而出：一是常山长史刘洪作《七曜术》，太史部郎中刘固等人作《月食术》，二者的术法基本相同，合而为一家；二是舍人冯恂的新术；三是宗绀之孙宗诚对宗绀法进行修订后的新法。

汉灵帝熹平三年(174)，依官历宗绀法推算在 5 年后、即光和二年(179)五月当发生月食。但刘固、刘洪以为“当食四月，(冯)恂术以三月”。面对各家的不同预报，“太史上课，到时施行中者”，“诏书报可”。次年(175)，宗诚指出，其祖父宗绀的旧法已经欠密，应该进行修订，由修订后的方法可知，“今年十二月当食，而官历(即指依宗绀法)以后年正月”是不妥当的。届时，组织实验，结果证明，宗诚的预报果然正确，随即“拜(宗)诚为舍人”，“诏书听行(宗)诚法”。这可以说是东汉四分历交食周期的第二次变革。就是这位舍人宗诚也依其法预报了 179 年月食当发生于四月，与刘固、刘洪的预报结果相同。

---

① 以上均见司马彪：《续汉书·律历志中》。

到光和二年(179),引人注目的检验工作如期进行。可是,当年的三月、四月、五月望前后都是阴天,面对这种情况,纷争又起:

“太史令修、部舍人张恂等推计行度,以为三月近、四月远”,并上“奏废(宗)诚术,施用(冯)恂术。”元和三年(180),宗诚之兄宗整前后数次上书言:“去年三月不食,当以四月。史官废(宗)诚正术,用(冯)恂不正术”,状告太史令修等不公。确实,太史令修等人是以他们自认为正确的方法推度出“三月近、四月远”的结论的,而且以之为据,作出废举之论,是不能令人信服的;当然,宗整的意见也明显带有强烈的感情色彩。不过,“食当以见为正,无远近”之说则是当时大多数人的共识。于是,汉灵帝“诏书下太常:‘其详案注记,平议术之要,效验虚实’。太常耽上选侍中韩说、博士蔡较、谷城门侯刘洪、右郎中陈调于太常府,覆校注记,平议难问。(冯)恂、(宗)诚各对”,随即展开了一场严肃认真的校验与论争。

原来,冯恂是“以五千六百四十月有九百六十一食为法”,这是完全不同于135月有23食的太初旧法。依之可得一食年为:$2\times5640\times29\frac{499}{940}=346.6264$日,较理论值约偏大10分钟,其准确度大大高于太初旧法。而“(宗)诚术以百三十五月二十三食为法,乘除成月,从建康以上减四十一,建康以来减三十五”,这显然是发现以宗绀法推算交食多“先历者”,即原一食年长度必偏大,而作出的减小食年长度的尝试。它以汉顺帝建康(144年)为分界,其前食年长度以$\left(2\times135\times29\frac{499}{940}\right)\div23-\frac{41}{940}=346.6229$日入算;其后食年长度以$\left(2\times135\times29\frac{499}{940}\div23\right)-\frac{35}{940}=346.6293$日入算。该二值较理论值分别约偏大5分钟和14分钟,其准确度亦大大高于太初旧法。可见,宗诚法与冯恂法实难以分出仲伯。

而韩说、刘洪等人所作的评议有如下述:

“推建武以来(25～180,计155年),俱得三百二十七食,其十五食错”,即依冯恂法计:$\left(155\times12\frac{7}{91}\right)\div\frac{5640}{961}=326.66$;而依宗诚法计:$\left(2\times119\times12\frac{7}{19}\times29\frac{499}{940}\right)\div346.6229+\left(2\times36\times12\frac{7}{19}\times29\frac{499}{940}\right)\div346.6293=326.65$日。上算式中,$12\frac{7}{19}$为一回归年的朔望月个数;$29\frac{499}{940}$为一朔望月的日数;119为从建武元年(25)到建康(144)的年数;而36则为自建康(144)到元和三年(180)的年数。此即依二法“俱得三百二十七食”,但其中有15食,二者所推互异。这是从就理论上可能存在的交食情况所作的比较。又“案其官素注,天见食九十八,与两术相应”,即从建武以来155年间史官所记载的交食状况而论,二者均能自圆其说。所以,韩说、刘洪等人的初步结论是:“论其短长,无以相逾。”

有如前述,此时图谶之学虽已是强弩之末,但余威尚存。于是,冯恂、宗诚两家“各引书纬自证”,以图取胜。但是,韩说、刘洪等人认为书纬“文无要义,取追天而已”,重申“以见食为比”① 的原则,即以真正见到食或不食作为判别是非取舍的标准,不同意以图谶为断,而且明确对图谶取蔑视的态度。用现代月食理论推算,元和二年(179)三、四、五月均不发生月食②,可见,韩说、刘洪等人所坚持的原则和意见是何等的正确。

---

① 以上均见司马彪:《续汉书·律历志中》。

② 朱文鑫,十七史天文诸志之研究,科学出版社,1965年,第55页。

韩说、刘洪等人对于宗诚、冯恂二人的工作都给予充分的肯定，认为"(冯)恂久在候部，详心善意，能揆仪度，定立术数，推前校往，亦与见食相应"。他们又认为，宗诚法是对"其文在书籍，学者所修"的旧法的修订，又传家学，"厚而未衍"。应该说，这一评价是中肯的。

那么，如何处置现今的问题呢？韩说、刘洪等人建议，由"史官课之，后有效验，乃行其法，以审术数，以顺改易"。同时，他们指出："未验无以知其是，未差无以知其失。失然后改之，是然后用之，此谓允执其中"，也就是必须坚持"术不差不改，不验不用"的原则。在"(宗)诚术未有差错之谬，(冯)恂术未有独中之异"，而且新的检验还没有来得及进行的情况下，"宜施用(宗)诚术、弃放(冯)恂术。"这无疑是一种公允的好主意，汉灵帝即采而用之。

可是，冯恂、宗诚和宗整弟兄又"各复上书"，双方互不相让，但又提不出新的证据。由于一时没有交食可供判决，遂由刘洪提出了双方都接受的其他检验方案，"事下永安台覆实，皆不如(冯)恂、(宗)诚等言。"于是，有人上奏当事双方均漫欺无理，"诏书报，(冯)恂、(宗)诚各以二月奉赎罪，(宗)整适作左校二月"，并维持韩说、刘洪等人的意见，暂先施行宗诚之术。这大约是东汉时期的历争中采取的惟一一次行政处罚措施，这种处罚也许仅带有象征的意义，是对争论双方不明事理的一种告诫。

接着，我们还要顺便提及另一次历法之争。"案史官旧有九道术，废而不修，熹平中(172～178)，故治历郎梁国宗整上九道术，诏书下太史，以参旧术，相应。部太子舍人冯恂课校。(冯)恂复作九道术，增损其分，与(宗)整术并校，差为近。太史令飏上以(冯)恂术参弦望。然而加时犹复先后天，远则十余度。"这里所谓"史官旧有九道术"，除了指前已述及的李梵、苏统和张衡、周兴的九道法之外，还应指"永元中(89～105)，复令史官以九道法候弦望，验无有差跌"①的九道术。它们都应与虑及月行有迟疾的发现有关。而所谓"废而不修"。应指张衡、周兴于汉灵帝延光二年(123)重提九得法未果之后，九道术一度沉寂的事实。这一回是宗整再申旧案，又由冯恂作出修订，并经检验证明"差为近"，还被太史令正式列作推算弦望的参考。这说明月行有迟疾的发现已广为历法家所承认，而且已被采用，这在中国古代天文学史上是一件值得重视的事件。虽然，冯恂九道术的误差甚至达10余度之多，则说明其术尚较粗疏，还有待改进。由上引记载，我们可以推知，宗整对于冯恂只是在他的九道术的基础上"增损其分"，便据为已有，是很有意见的。

相比之下，韩说、刘洪等人公正的和实事求是的态度更显珍贵。他们在论争中，继承了汉武帝太初历争以来建立、发展了的以验天为历本的思想，并作出了新的阐发，大大充实和丰富了这一思想的内涵，其意义甚至超过交食周期的厘定这一具体事情本身。当然，在这场论争中，冯恂和宗诚各自提出的交食周期值的精度水平，均在当时世界上居领先地位，这一具体成果也是意义重大的。

(二)刘洪对王汉《月食注》的评论

也就在汉灵帝"元和二年(179)，万年公乘王汉上《月食注》。自章和元年(公元87)到今年凡九十三岁，合百九十六食。与官历河平元年(前28)月错，以己巳为元。"即王汉认为交食周期应为：93年$\left(=93\times12\frac{7}{19}=1150\frac{5}{19}\text{朔望月}\right)$196食，亦即21855朔望月3724食，则一食年长

---

① 以上均见司马彪：《续汉书·律历志中》。

度$=\frac{2\times21855}{3724}\times29\frac{499}{940}=346.6148$日，较理论值偏小约7分钟，应该说这在当时是相当好的数据，其精确度与冯恂、宗诚法同属一个数量级。王汉是以此交食周期值为基本数据，并以己巳为历元，推算前代的月食，而成《月食注》上献的。汉灵帝“事下太史令修”，并召谷城门侯刘洪与王汉相参校。太史令修指出：“(王)汉所作注，不与见食相应者二事，以同为异者二十九事。”刘洪也认为：“以(王)汉成注参官施行，术不同二十九事，不中见食二事。”即他们都以为依王汉法所推有2项与史官关于交食的记载不合。另有29项，王汉以为官历误，而其实无误者，这是因为王汉仍认定东汉四分历施行的最初5年所用的交食法(135月23食和以河平元年癸巳为历元的方法)是为官历，而实际上，官历早已改用宗绀法或宗诚法了。刘洪说：“河平疏阔，史官已废之，而(王)汉以去事分争，殆非其意”，正指此而言。

刘洪对于王汉所给出的交食周期值并无非毁之意，他对王汉《月食注》的最主要批评在于“以己巳为元”这个问题上。刘洪指出己巳元就是“《考灵曜》旃蒙之岁乙卯元也，与(冯)光、(陈)晃甲寅元相经纬。”“甲寅、己巳谶虽有文，略其年数，是以学人各传所闻，至于课校，罔得厥正。”认为纬书所载的甲寅元或己巳元的年数过于粗略，后人只能附益己意，各为解说。但是，若用实测的方法考察，它们均不能合符天象。刘洪又认为，用甲寅元在孔子之时是有效的，己巳元是秦时所用的颛顼历的历元，在当时也是有效的，但到了汉武帝元封年间便已“迂阔不审”。所以，用甲寅元或己巳元“于以追天作历，校三光之步，今为疏阔”，是理所当然的事。而“(王)汉习书，见己巳元，谓朝不闻”，以为是什么人所不知的新发现，其实是“不知圣人独有兴废之义，史官有附天密术”，这就是“明历兴废，随天为节”8个大字。当刘洪问及用己巳元的准确度如何时，“(王)汉不解说，但言先人有书而已”，看来，王汉在这个问题上真有点食古不化的意味，而且他对于天文历法界已经取得的新进展知之甚少，只顾闭门造车，未免显得古板。虽然他所研究得的交食周期值并不比人逊色，但却未能发挥其应有的作用。应该说刘洪对于王汉《月食注》的评论也是公允的，而且在此间充分阐发了以验天、合天为本，以是否合天确定历法兴废的历法思想。在刘洪的评论中，我们又一次看到对图谶之学的蔑视，再一次证明在历法求得自身发展的过程中，对图谶之学的起着巨大的冲击作用。

还要指出的是，刘洪的这些评论是在汉灵帝下达的诏书：“……审己巳元密近，有师法，(刘)洪便从(王)汉受”的情况下作出的。刘洪直截了当地指出，己巳元“虽有师法，与无同。课又不密近”，这与诏书的倾向性意见是相左的，但事实如此，又不得不发。这充分表现了刘洪坚持真理的勇气和实事求是的胆识，实令人敬佩。汉灵帝倒也明智，他尊重刘洪的意见，并“遣(王)汉归乡里”①，为这场论争划了还算圆满的句号。

三　24节气日所在、黄道去极等表格的重测

在本章第十二节中，我们曾提及霍融于汉和帝永元十四年(102)测量与推算24节气日所在、黄道去极、晷景、漏刻、昏旦中星等度值的工作。在《续汉书·律历志下》所载东汉四分历经中，我们确实可见与之相应的表格，但在该表格之后的一段文字中却有这样的记述：“从上元太岁在庚辰以来，尽熹平三年(174)，岁在甲寅，积九千四百五十五岁也。”前已述及，东汉四分历

① 以上均见司马彪：《续汉书·律历志中》。

是以汉文帝后元三年庚辰（前 161）作为近距历元的，由此到熹平三年计 335 年，再前推二纪（2×4560＝9120）年，就是这里所说的“上元太岁在庚辰”，这个历元显然是为应用 24 节气日所在、黄道去极等表格进行计算时而设定的，也就是说，这一表格应约测定于熹平三年（174）。刘宋祖冲之指出：“按《后汉书》及《乾象说》，四分历法虽分章设蔀创于元和（85），而晷仪众数定于熹平三年”①，十分明确地肯定这一表格即测定于是年。而这一表格是由何人所测？现已难以确知，我们推测可能与当年正活跃于天文历法界的刘洪、蔡邕等人有关。此外，为什么要以此新表格替代霍融的旧表格？此中也必有一番论争，可惜，我们现今也无由知其详。

由于这些表格对后世的影响甚大，是为中国古代历法的传统内容之一，我们不妨在此多费些笔墨：

1. 24 节气日所在赤道宿度表

这是对三统历相应表格的继承与发展。这里所给度值细到分（32 分为 1 度），各度值是以冬至日所在赤道斗 21.25 度为基点的，自此递加 365.25/24 度（15 度 7 分）即得，它远较三统历相应表格准确而严密。

2. 24 节气黄道去极度表

此表大约由推算而得（说见下），度以下各值分别以强、少弱、少、少强、半弱、半、半强、太弱、太、太强、弱等表示，即细到 1/12 度。所谓黄道去极度实即太阳去极度，它与日所在赤道宿度一起构成了完整的赤道坐标值，是对黄道、亦即太阳位置所作的最早见的定量描述。

3. 24 节气晷长表

这是中国古代最早见的由实测而得的 24 节气时日中影长值（对于 8 尺表而言），细到分（10 分为 1 寸）。

4. 24 节气昼、夜漏刻长度表

昼、夜漏刻值之和均等于 100 刻，所载值细到分（1 刻为 10 分）。大约由实测 24 节气时日入与日出时刻之差，再加上昏明刻 5 刻，而得昼漏刻长度，又以百刻减去昼漏刻得夜漏刻长度。是为中国古代最早见的 24 节气昼、夜漏刻长度表。若将表中相邻两节气昼漏刻（或夜漏刻）长度之差，除以 2.4（即霍融所说《夏历》漏刻法：“率日南北二度四分增减一刻”），所得，即为该两节气黄道去极度之差，这便是上述 24 节气黄道去极度表的由来。

5.24 节气昏、旦中星度值表

这是对战国时期出现的月令 12 月昏、旦中星度记述的继承与发展。亦由推算而得，亦细到 1/12 度。如图 3-31 所示，A 为某节气的夜半时刻，已知其时日所在赤道度 M（可由 24 节气日所在赤道度表查得）。到 B 点（旦时），太阳已东行：夜漏刻/2/100 度，即已行至：M＋夜漏刻/200 度。C 为南中天，则：

旦中星度＝M＋夜漏刻/200＋周天度－N

而 N＝昼漏刻×周天度/200

于是：

旦中星度＝M＋周天度－（昼漏刻×周天度－夜漏刻）/200

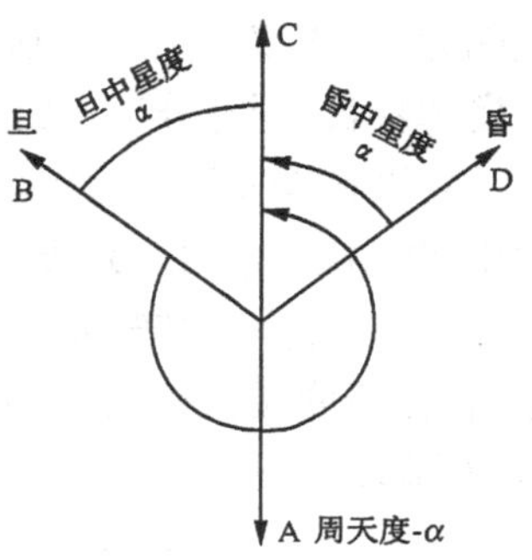

图 3-31　24 节气昏、旦中星度计算示意图

① 沈约：《宋书·律历志下》。

到 D 点(昏时),太阳已东行(1-夜漏刻/200)度,即已在:$M+1-$(夜漏刻/200)度,则:

昏中星度$=M+1-$(夜漏刻/200)$+N=M+1+$(夜漏刻×周天度-夜漏刻)/200

"昏明之生,以天度乘昼漏,夜漏减之,二百而一,为定度。以减天度,余为明;加定度一为昏。"如上二公式正与东汉四分历经所载的这一术文相同。

第十七节 刘洪及其乾象历的重大进展

一 刘洪其人

刘洪(约 129~约 210),字元卓,泰山蒙阴(今山东蒙阴)人。他是在汉桓帝"延熹(158~167)中,以校尉应太史徵"①,正式到官方的天文历法机构任职的。在此之前,他大约已在天文历法领域崭露头角,所以才受到太史的征召。在此以后的若干年中,刘洪继续从事研究,造诣日深。在上一节中,我们已经谈及刘洪在汉灵帝熹平三年(174)到光和三年(180)十分活跃的天文活动。其实,在此期间及其前,还有他的三项天文工作值得提及:

其一,在曹魏初年,徐岳曾说:"熹平之际(172~178),时(刘)洪为郎,欲改四分,先上验日食:日食在宴,加时在辰,食从下上,三分侵二。事御之后如(刘)洪言,海内识真,莫不闻见。刘歆以来,未有(刘)洪比。"② 又据《续汉书·五行志六》载,在熹平之际于京师见到的日食只有:"熹平二年(173)十二月癸卯晦,日有食之,在虚二度。"由此看来,刘洪正是相当成功地预报了这一年的这次日食,其预报的内容已包括日食时刻早晚、日食亏起方位以及食分多少,这似乎说明刘洪已经掌握了一套推算日食的有关数据与方法。这就难怪刘洪在参与前述历法论争时胸有成竹,言之成理,而且处于受人敬重的地位。

其二,大约就在熹平三年(174),刘洪献上经多年研究的心得之作《七曜术》,该术引起了朝廷的重视,汉灵帝特下诏委派太史部官员对该术作实际校验。依据校验的结果,刘洪对《七曜术》进行了修订,又撰成了《八元术》③。该二术的具体内容已无此查考,但从书名看,它们应是研究日月五星运动的专著,是刘洪关于历法的前期著作。

其三,"光和元年中(178),议郎蔡邕、郎中刘洪补续律历志,(蔡)邕能著文,清浊钟律,(刘)洪能为算,述叙三光。"④ 这是说,在这一年,刘洪和蔡邕一起在东观编撰东汉律历志,他们各自发挥特长,既有分工,又相合作,圆满地完成了任务。

刘洪在天文历法领域名声显赫,但他的任职并不主要在与之相应的部门。他历任太史部郎中、常山国(今河北元氏)长史、上计掾、谒者、谷城门侯、会稽郡(今浙江绍兴)东部都尉、山阳郡(今山东金乡)太守、曲城(今山东掖县)侯相等职。刘洪在这些任内的政绩多不详,我们只知道,台在任曲城侯相期间,赏罚分明,重教化,移风易俗,吏民畏而爱之⑤,成为远近闻名的颇有威望和政绩的行政官员。当然,此中大多数职务一定还花费了刘洪的不少精力,他只能利用业

① 司马彪:《续汉书·律历志中》注引《袁松山书》。

② 李淳风,《晋书·律历志中》。

③ 司马彪:《续汉书·律历志中》。

④ 司马彪:《续汉书·律历志下》。

⑤ 司马彪:《续汉书·律历志中》注引《袁松山书》。

余时间不懈地进行天文历法的研究。

大约在 184 年，刘洪迁会稽东部都尉，虽然离开了京都洛阳，刘洪仍在思考与探索，酝酿着一部新历法的问世。大约在 187 年至 189 年间，刘洪终于向朝廷献上了初成的乾象历，这在京都引起了很大的震动，随即采用了其中的月行术，以替代东汉四分历的相关算法[①]。这是月行迟疾术再次被正式行用的重要事件，同时也大约是东汉四分历被不断革新和充实的最后一个事例。刘洪是在 206 年最后完成他的乾象历的，即是在他初成乾象历的 7 至 9 年之后。如果从熹平三年(174)刘洪上献《七曜术》起算，则是经历了 28 年之久，要是再虑及作成《七曜术》之前的观测与研究，乾象历的最终完成当是经历了 30 余年乃至 40 多年磨炼的结果。在此整个过程中，刘洪不是闭门造车，而是积极参与当时的天文历法论争，从中汲取最新的天文学研究成果，磨炼与充实对天文历法的整体性思考，认真进行前代天象记录的考校以及当时天象的实测工作，即“覆校注记”，“考验天官”，“考验日月”，进而“追天作历”，提出“附天密术”[②]。质言之，乾象历是刘洪积 40 余年认真研究、不断修订的心血之作，同时又是对前代特别是当时历法进展的十分成功的总结。

二　乾象历的重大进展

下面，我们拟对乾象历的主要内容作简要的介绍，它至少应包括以下 11 个方面的重大进展：

1. 关于历元

乾象历“上元己丑以来，至建安十一年(206)丙戌，岁积七千三百七十八年。”这是刘洪在太初历实测历元——元封七年(前 104)十一月甲子朔旦冬至的基础上，前推 12 纪(1 纪 = 589 年)而得的。这是一种近距历元，与太初历的历元取法相类似，而与三统历和东汉四分历的上元法截然不同。刘洪断然摈弃刘歆太极上元以及合于图谶一类的概念或思想，用一种比较务实的态度和力求便捷的观念，作为确定历元的原则。这是具有进步意义的历元思想。

2. 关于朔望月和回归年长度

自春秋末(约前 5 世纪)出现古四分历以来，到刘洪的 600 多年间，人们对于朔望月和回归年长度的测定，长期处于徘徊以至倒退的局面(太初历所取便是倒退，东汉四分历所取仅回复到古四分历的水平)，刘歆虽有新得，但实际上没有付之应用。这种状况，导致了历法长期后天的现象(因为所取朔望和回归年长度均编大)。刘洪正是机敏地察觉这一人们已经熟视无睹现象的症结所在，指出：“历(法)后天”，“皆由斗分多故也”。这里所谓“斗分”，是指回归年长度 365 整数日之外的奇零日数，由于当时人们是将周天 365 整数度之外的奇零度数置于二十八宿的斗宿，故名曰“斗分”。又由于当时人们以为 19 年 7 闰是最佳的闰法，所以说“斗分多”，也就是说朔望月长度也偏大。刘洪是在“潜精内思二十余载”之后才得出这一结论的，在乾象历中，他给出了两个新值：回归年长度为 $365\frac{145}{589}$日，朔望月长度为 $29\frac{773}{1457}$日，其误差分别为 335 秒和 4 秒左右。虽然该二值的误差还略大于刘歆所得的数值，可是，刘洪是在他的历法中正式

① 陈美东，刘洪的生平、天文学成就和思想，自然科学史研究，1986，(2)。

② 司马彪：《续汉书·律历志中》及注引《袁松山书》。

应用了这两个新测值，从而结束了中国古代历法中所取用的朔望月和回归年长度长期停滞徘徊的状况，并鲜明地指示了进一步研究的方向。我们认为，刘洪应是从对前代史官交食记录的考核和当时交食的实测入手，先求得较准确的朔望月长度值，尔后，依 19 年闰法推算出回归年长度值的。

3. 近点月长度的测算

在本章第十二节中，我们已经谈到李梵、苏统关于月亮近地点进动发现和近点月概念的建立，刘洪则在此基础上，在乾象历中第一次明确地给出了近点月长度的具体计算方法和数据。他测算得月亮经一近点月，近地点向前推进 $1825\frac{7}{47}$分（＝3.1 度），刘洪称之为“过周分”，这个数值要比李梵、苏统的结果来得准确。刘洪还建立了计算近点月长度的公式，并取得了明确的结果：

一近点月长度＝（周天分＋过周分）/月周（即一日月平行分）

$$=\left(215130+1825\frac{7}{47}\right)\div 7874=27\frac{3303}{5969}\text{日。}$$

该值与理论值之差约为 104 秒。他的方法为后世所遵用，从而奠定了近点月长度测算迅速进步的基石。

4. 月行迟疾表的制定

如前所述，关于月行迟疾的发现和各种九道术、九道法的出台，是东汉早期以来天文历法界的重大事件，而对于月行迟疾的明确的、有条不紊的、合乎科学的描述，则首见于刘洪的乾象历中。刘洪率先给出了月行迟疾表，即月亮在一近点月内每日运行动态的表格。为此，他在一段较长的时期内，测量每日昏明时月亮运行的状况，正如曹魏初年徐岳所说：“昏明度月所在，则知加时先后意。”此月行疾处到下一个疾处为一个周期，在取得若干个周期的观测值以后，便可求得月亮自疾处以后每经一日的平均行度——“日转度分”①，这是月行迟疾表的实质性数据（表 3-12），该表的其他数据均可由之派生出来。

表 3-12　乾象历月离表（“日转度分”）

1 日 14 度 10 分	8 日 13 度 7 分	15 日 12 度 5 分	22 日 13 度 7 分
2 日 14 度 9 分	9 日 13 度 3 分	16 日 12 度 6 分	23 日 13 度 11 分
3 日 14 度 7 分	10 日 12 度 18 分	17 日 12 度 8 分	24 日 13 度 15 分
4 日 14 度 4 分	11 日 12 度 15 分	18 日 12 度 11 分	25 日 14 度
5 日 14 度	12 日 12 度 11 分	19 日 12 度 15 分	26 日 14 度 4 分
6 日 13 度 15 分	13 日 12 度 8 分	20 日 12 度 18 分	27 日 14 度 7 分
7 日 13 度 11 分	14 日 12 度 6 分	21 日 13 度 3 分	周日 14 度 9 分

上该表中，1 度＝19 分。该表把在一近点月内月行迟疾的平均状况，分为四段加以描述：

$$1\text{日}\xrightarrow[\text{月行日差趋大}]{\text{月行日慢}}7\text{日}\xrightarrow[\text{月行日差趋小}]{\text{月行日慢}}5\text{日}\xrightarrow[\text{月行日差趋大}]{\text{月行日快}}23\text{日}\xrightarrow[\text{月行日差趋小}]{\text{月行日快}}27\frac{3303}{5969}\text{日（回复到 1 日）}$$

（月行最快）　（月行平）　（月行最慢）　（月行平）　（月行最快）

这一描述同月行迟疾的实际情况是大体符合的。这种四段分法为后世大多数历法所沿用，其影响是十分深远的。又据研究，刘洪月行迟疾表的精度为 11.7″，它同历代类似表格的

① 以上均见李淳风：《晋书·律历志中》。

总精度水平(15.8″)还要高①,这证明刘洪的测算工作是相当精到的。

月行迟疾表的主要用途之一,是计算月亮的实际行度。在先算出欲求时刻同月亮近地点的时距之后,即可应用该表,依一次差内插法加以计算。刘洪应用该表的计算结果,主要用于推算交食发生的时间,并未用于晦朔弦望的推求,局限了该表功能的充分发挥。

5.黄白交角的测定和月亮去极度推求术的建立

月亮沿着不同于黄道的一条特定的轨道运行,这一认识在西汉晚期业已为人们所知晓,而对于这条轨道(白道)的明确的定量描述,则最先见于刘洪的乾象历中。刘洪不但明确地肯定了黄白道之间存在一个夹角,而且用表格的形式对白道相对于黄道的位置作了定量的描述,刘洪称此表格为“阴阳历”。在该表格中他给出了月亮从升(或降)交点开始,每经一日月亮距黄道南北的度分值 1 度 = 12 分——“兼数”(见表 3-13),这大约是刘洪经过长期观测得到的平均值,是为“阴阳历”表的最基本度值。他指出,从月亮升交点开始的第 1 至第 8 日,月亮行在黄道北,与黄道相距渐远,到第 8 日达到极值,其“兼数”为“七十三”,此后,月亮距黄道渐近,到第 13 日多抵达降交点,对于这一段,刘洪称之为“阴历”;而由月亮降交点开始的第 1 至第 8 日,月亮在黄道南,与黄道相距渐远,到第 8 日亦达极值,“兼数”亦得“七十三”,其后,月亮距黄道日近,也到第 13 日多抵达升交点,对此,刘洪称之为“阳历”。如此周而复始。刘洪所给的“兼数”值是以 12 为分母的,所以,刘洪是认为黄白交角值 = 73/12 = 6 度 1 分 = 5°59.8′。

表 3-13 乾象历月行阴阳表(“兼数”)

1 日初	2 日 17	3 日 33	4 日 48	5 日 60	6 日 68	7 日 72	8 日 73
9 日 71	10 日 65	11 日 55	12 日 42	13 日 27	13 $\frac{5203}{7874}$ 日	11	

“阴阳历”表的主要用途之一,是为求“月去黄道度”。在先算出所求时刻同月亮升(或降)交点的时距之后,便可应用该表,依一次差内插法求算之。在此基础上,“其阳历以加日所在黄道去极度,阴历以减,则月去极度”,从而比较圆满地解决了月亮去极度问题的计算。

诚如薮内清所指出,在中国古代传统天文学中并无黄极的概念,这里的黄白交角、“月去黄道度”、“月去极度”等,都是以赤极为基准点、沿赤经圈量度的度值②。又据研究,乾象历黄白交角值的误差为 0.62°,月行“阴阳历”表的误差为 0.44°,与后世历法所达到的精度水平相差无几③。这又说明刘洪的工作是十分精到的。

6.关于交食周期

刘洪多次参与交食周期的评议工作(已如前述),此间,他自然得到许多收益。又经过反复的校核与测验,在乾象历中,刘洪终于给出了交食周期的新值:11045 个朔望月(“会月”)中有 941 个食季(“朔望合数”)。由此可推算得一食年长度为:

$$\frac{11045}{941}\times 29\frac{773}{1457}=2\times 5\frac{1635}{1882}\times 29\frac{773}{1457}=346.6151\text{ 日。}$$

式中,$29\frac{773}{1457}$系为乾象历的朔望月长度值。在乾象历中明言半个食年长度为“五月,月余千六

① 陈美东、张培瑜,月离表初探,自然科学史研究,1987,(2)。
② 薮内清,中国の天文历法(增补改订本),平凡社,1990 年,第 295~298 页。
③ 陈美东,中国古代月亮极黄纬计算法,自然科学史研究,1988,(1)。

百三十五，满会率(1882)得一月”，正同上式所示。该值的误差约为6分钟，略小于王汉所给交食周期值的误差。应该说，刘洪给出了远胜于前代、也优于同代人的交食周期值。

7. 黄白交点退行概念的建立和定量化描述

在乾象历中，刘洪还明确地提出了黄白交点退行的概念，并给予了定量的描述。他给出了黄白交点每经一日退行的度分值，称之为“退分”，它等于1488/47分=1488/27683度(1度=589分)。刘洪又进一步推衍出每经一日月亮离开黄白交点的度分值，称之为“日进分”，它等于一日月平行分(7874)加上“退分”。这些，十分清晰地表述了刘洪关于黄白交点退行的观念及其数量化的认识。

刘洪所给的交食周期值，除了上述“会月”和“朔望合数”以外，还有“差率”一值，它等于11986=“会月”+“朔望合数”，这实际上是建立了在一个交食周期内朔望月个数与交点月个数之间的数量关系。这说明刘洪实际上已经涉及交点月的概念和交点月长度的求取，可惜，刘洪并没有迈出这一步。不过，我们倒可以由此推知刘洪是如何算得“退分”值的。在刘洪的心目中理应有如下等式的存在：

$$\frac{\text{会月}}{\text{差率}}\times\text{朔望月长度}=\frac{\text{周天分}}{\text{日进分}}$$

$$\text{即：}\frac{11045}{11986}\times 29\,\frac{773}{1457}=\frac{215130}{7874+\dfrac{1488}{47}}$$

求得了“日进分”，“退分”也就可得。刘洪的这一工作为后世交点月长度值的推算奠定了基础。

8. 交食食限概念的建立及其数值的规定

只有日月相会在黄白交点附近时，才可能发生日食或月食，这一观念人们大约在西汉时期便已建立。而对于“附近”的定量化说明，则首见于乾象历，这就是交食食限的概念及其数量描述。

在“阴阳历”表中，刘洪在二日和十三日项下，均给出“限余”值，并分别称之为“前限”与“后限”，这便是乾象历所给定的交食食限值。刘洪指出：“二日，限余千二百九十，微分四百五十七，此为前限”，其“微分法”为2209，又规定“如月周(7874)得一日”①，即他以合朔或望的时刻平均离开黄白交点1+[(1290+457/2209)/7874]日以内为“前限”，将它乘以月亮相对于黄白交点的平行度②，得14.77度=14°33′。刘洪又指出：“十三日，限余三千九百一十二，微分一千七百五十二，此为后限。”刘洪所认为的半个交点月长度为13 5203/7874日，以此减去“后限”12+[(3912+1752/2209)/7874]日，亦得1+[(1290+457/2209)/7874]日。这就是说，刘洪明确规定合朔或望时，月亮离开黄白交点前或后14°33′，作为判断是否发生交食的临界值。现代所定必发生日食的食限下限为15°21′，这说明刘洪所给的食限值，对于日食而言还是比较接近的。

9. 关于交食食分、亏起方位计算法的研究

在刘洪乾象历中，我们并未见到关于这一算法的明确记载。可是，其中交食食限的规定，月亮在黄道内外度、在黄白交点先后度推算法的确立，太阳位置计算法的建立，等等，实际上已经为交食食分、亏起方位的计算，准备了充分和必要的条件。再虑及前已提到的：刘洪早在汉灵帝熹

---

① 以上均见李淳风：《晋书·律历志中》。

② 陈美乐，中国古代的月食食限及食分计算法，自然科学史研究，1991，(4)。

平二年(173)就已成功地预报过一次日食的食分和亏起方位等情况,我们有理由认为,刘洪在这二个交食预报的论题上,已经获得重大的进展,已为后人对同类论题的研究开拓了道路。

10.消息术——日行有盈缩的初期探索

曹魏初年,徐岳在对刘洪乾象历与韩翊黄初历(220)作比较研究时,曾提及刘洪在推算交食发生的时间之时,应用了一种特殊的算法——消息术,即在利用月行迟疾表对月亮运动的不均匀性进行定量的计算以后,还要加上某一特定的改正值。这一改正值的大小、正负,同交食发生的月份密切相关。如十一月须加一个时辰,正月加一辰少弱,六月减去一辰少强,七月减去一个时辰,等等。这大约可以用十一月、正月前后日行疾,正月较十一月日行还要快些;六月、七月前后日行迟,六月较七月日行还要慢些来解释。这就是说,刘洪已经察觉到只考虑月行不均匀性对交食发生时刻的影响是不够的,他所给出的改正值也许是经验性的,起初,刘洪所给的改正值"但可减,不可加"①,后来,他又发展为有正有负,即可加可减。而经发展修订的消息术,则大体反映了当时一年内日行盈缩的情形。所以,刘洪已经自觉或不自觉地涉及太阳运动不均匀性的论题②。

11.关于五星会合周期的测定

刘洪在乾象历中,给出了五星会合周期的新测值。与东汉四分历比较,两历水星和金星会合周期的精度不相上下,火星的会合周期以东汉四分历为优,而木星和土星的会合周期则以乾象历为佳,分别为398.880日(误差0.004日)和378.080日(误差0.012日),其中尤可称道者是木星的会合周期,此后直到隋代刘焯皇极历(604)的新测值的精度才超过它。

刘洪是经过长期观测的基础上,获得上述成果的,这一点是毋庸置疑的。可是,在由此取得有关天文数据之后,刘洪还"依《易》立数,遁行相号,潜处相求"③,乾象历历名的由来,就是与刘洪在历法中采用了乾象之数,天地之数一类神秘的数据直接相关。刘洪把这些数据作为推求有关天文数据的又一准绳。使用乾象之数、天地之数一类人为的简单数字,总难以准确无误地表达由观测所得的客观数据,有时不得不削足适履,从而损害了观测所得数据的本来精度,这对后世某些历法产生了不良影响。

综上所述,刘洪的天文历法成就突出地集中在月亮运动和交食预报两大方面,这正是东汉时期天文历法界的热门课题。在乾象历中,刘洪展示了一系列令人瞩目的研究成果,它们以新和精为显著特点,或是使原有的天文数据精确化,或是对新天文概念、新天文数据、新天文表格、新推算方法的阐明。这就难怪东汉著名学者郑玄称赞乾象历是"穷幽极微"的杰作。唐代李淳风也十分中肯地指出:"自黄初(220)已后,改作历术,皆斟酌乾象所减斗分、朔余、月行阴阳迟疾,以求折中。(刘)洪术为后代推步之师表。"④ 事实确是如此,刘洪所发明的一系列方法成为后世历法的经典方法,其乾象历使传统历法的基本内容和模式更加完备,作为中国古代历法体系最终形成的里程碑而载入史册。

---

① 以上均见李淳风:《晋书·律历志中》。

② 陈美东,刘洪的生平、天文学成就和思想,自然科学史研究,1986,(2)。

③ 李淳风:《晋书·律历志中》。

④ 同③。

第四章　天文学体系的发展
——魏晋南北朝时期(220～581)

本章所要论述的便是中国历史上又一个基本上以南、北分治为特征的年代的天文学状况。先是曹魏(220～263)、蜀汉(221～263)与东吴(222～280)三足鼎立的时期，此间，东吴的天文学最显活跃，陈卓对传统星官的整理、葛衡等的天文仪器制作以及宇宙理论的争鸣方面的成绩尤为突出，曹魏次之，在历法与宇宙理论方面有所作为，而蜀汉则显沉寂。西晋时期(265～317)出现了约半个世纪一统的局面，却未见在天文学上有多大进步。倒是到东晋(317～420)与十六国(303～439)分治时期，南、北方在天文学上均有重要的进展，东晋虞喜关于岁差的发现(约330)，北方有北凉赵𢾺关于闰周的改革(412)最为重要，其他还有浑仪的制造、若干天文学理论的探讨等亦值得注意。到南北朝时期，更是提升了前一个时期的发展势头。南方的刘宋，先有何承天元嘉历(443)、特别是稍后祖冲之的大明历(463)，把岁差引进历法、进一步改革闰周、发明测量冬至时刻的新方法等，在历法领域大有长进；萧梁时(502～557)，因梁武帝对天文历法的特殊兴趣，使天文学活动相当活跃。而在北方，北魏(386～534)、东魏(534～550)和北齐(550～577)的历法在不断的论争中，小有进步，而最重要的是张子信关于太阳、五星运动不均匀性以及月亮视差对日食影响等的发现(约560)，把这一时期天文学体系的发展推向高潮。还要指出的是，南北朝时期，南北政权的更迭，均大多以较平和的方式，亦即南北社会是相对稳定的，此外，在南北方之间人员的交流相当频繁，天文学信息的交流并不存在多大的障碍，南北天文学实际上形成取长补短或彼此竞争的状态，这些皆有利于天文学的发展。

第一节　曹魏早期历法之争和杨伟景初历

一　曹魏早期关于历法的论争

东汉末年，群雄并起，战火纷飞，朝廷混乱不堪，君主朝不保夕，大臣你争我夺，陷人民于涂炭。在这种情况下，虽有刘洪的乾象历异军突起，较正在颁用的东汉四分历显示很大的优越性，朝廷也无暇顾及历法的改革，历法的颁布只是顺故依旧，勉强为之而已。及至三国分汉，鼎足而立，事情才有了转机。

蜀汉刘备自以为承继汉统，立国一隅，仍颁行东汉四分历不改，使得已明显落后的东汉四分历又勉强维持了43年，直到后主刘禅炎兴元年(263)国灭历亡。纵观蜀汉一代，于天文学其他领域，似亦无所建树，此中原因，颇值得进一步研究。

东吴孙权立国之后的第二年(223)，依从中书令阚泽、中常侍王蕃等人的意见，采用了刘洪的乾象历作为本国的历法。阚泽(？～243)，字德润，会稽山阴(今浙江绍兴)人，他曾“受刘洪乾象法于东莱徐岳，又加解注。”下面，我们就要说到徐岳乃是刘洪的嫡传弟子，所以，阚泽对于乾象历的理解应相当深刻，能为之作出注解又是一种证明。关于王蕃，我们在后面还要提到。他对于乾象历十分推崇，以为“(刘)洪术精妙”。由之可见，在东吴对乾象历深有研究，并知其奥妙者大有人在。刘洪尽毕生心力完成的乾象历，终于在东吴得遇知音而行于世，一直到东吴亡国(280)而废。

魏国曹丕立国，未遑改历，仍沿用东汉四分历。但改历之议频乃。魏文帝黄初元年(220)，即有“太史丞韩翊以为乾象(历)减斗分太过，后当先天。造黄初历，以四千八百八十三为纪法，千二百五为斗分。”此说一出，便引起了一场长达7年之久的历法之争，持反对态度的一方以徐岳为代表，他以乾象历的捍卫者自居，显然主张应该行用乾象历。

确定历法优劣的准绳在于是否合天的原则，在这场论争中起了重要的作用，并且在理论的申述和具体的实践上又有所发展。徐岳指出“效历之要，要在日食”。他所作的第一项校验便是交食之验，将黄初二、三年(221～223)间的5次交食的实测结果同依乾象历、消息术和黄初历所推算的结果加以比较(见表4-1)。

表4-1　乾象历和黄初历推算5次交食食时准确度的比较

年月日	交食发生的实测加时(T)	依乾象历推加时(A)	加消息术后加时(B)	依黄初历推加时(C)	B—C
黄初二年六月二十九日戊辰(221年8月5日)	加时未日食	加时申半强。后天一辰半强(以加时申半强为准，其后天应为一辰少强)	加未。与天近	加辛强。(后天)二辰半(以加辛强为准，其后天应为二辰少)	负一辰少强($-1\frac{1}{12}$)
黄初三年正月丙寅朔(222年1月30日)	加时申北日食(申北应为申太弱之意，这同B栏的记载正相符)	加午少。先天二辰少弱(以T栏之说，并以加午少为准，先天应为二辰少)	加未。先天一辰强	加时酉弱。后天半辰(以T栏之说，并以后天半辰为准，加时应为庚太弱)	正一辰少弱($+1\frac{1}{12}$)
黄初三年十一月二十九日庚申(223年1月19日)	加时西南维日食(西南维即为加时申之意)	加未初。先天一辰	加申。近中天(近中天，应为近天，“中”字衍)	加未强。先天半辰(以T栏之说，并以先天半辰为准，加时应约为未太强)	正一辰(+1)
黄初二年七月十五日癸未(222年8月20日)	日加壬月加丙食(以A、B、C栏之记载为准，加时应为午)	加申。后天二辰	加未。后一辰	加子强，入甲申日。后天六辰	负一辰(−1)
黄初三年十一月十五日乙巳(223年1月4日)	日加丑月加未食	加巳半。先天二辰(以T、B、C之记载和先天二辰为准，加时应为巳)	加午。先一辰	丙午月加酉强。后天二辰强	正一辰(+1)

由表4-1可知，乾象历、消息术、黄初历所推5次交食时刻误差的绝对值平均分别得1.52辰(约12刻)、0.62辰(约5刻)、2.23辰(约18刻)。可见，乾象历较黄初历为密，而刘洪在206年推出乾象历后发明的消息术又较原先的乾象历为密。徐岳指出他在这里所用的消息术是受刘洪的“师法”，看来，徐岳应是刘洪的嫡传弟子，当无疑问。

徐岳所作的第二项校验是黄初年间有关五星见伏时日的比较(见表4-2)。

表 4-2　乾象历和黄初历所推五星见伏时日的比较

实 测 结 果	乾象历	黄初历
三年五月二十四日丁亥(222 年 6 月 20 日)木晨见	先 7 日	先 9 日
二年十一月二十六日壬辰(221 年 2 月 27 日)土晨见	先 5 日	先 8 日
三年十月十一日壬申(222 年 12 月 2 日)土夕伏	同	先 4 日
三年十一月二十二日壬子(223 年 1 月 11 日)土晨见	先 7 日	先 10 日
三年闰六月十五日丁丑(222 年 6 月 9 日)金晨伏	先 19 日	先 22 日
三年九月十一日壬寅(222 年 11 月 2 日)金见	先 22 日	先 25 日
二年十一月十七日癸未(221 年 12 月 18 日)水晨见	先 4 日	先 5 日
二年十二月十三日己酉(222 年 1 月 13 日)水晨伏	后 2 日	后 1 日
三年五月十八日辛巳(222 年 6 月 14 日)水夕见	同	先 1 日
三年六月十三日丙午(222 年 7 月 9 日)水伏	后 7 日	后 6 日
三年闰六月二十五日丁亥(222 年 8 月 19 日)水晨见	先 16 日	先 17 日
三年七月七日己亥(222 年 8 月 31 日)水伏	后 4 日	后 3 日
三年十一月十四日甲辰(223 年 1 月 3 日)水伏	先 5 日	先 6 日
三年十二月二十八日戊子(223 年 2 月 16 日)水夕见	先 16 日	先 16 日

徐岳称“凡四星见伏十五，乾象(历)七近二中，黄初(历)五近一中”。而由表 4-2 知仅有见伏 14，且黄初历无一中，可能漏载了一次见伏记录，这次记录正是黄初历中者。又，由表 4-2，我们也难以得知徐岳所说的“近”的含义。不过，徐岳因此认为，乾象历的五星法较黄初历为优当无疑问。由表 4-2 所列两历先后日数，取其绝对值平均数，可得乾象历和黄初历分别为 8.1 日和 9.5 日，确可见徐岳对两历五星法的评价是公允的。

徐岳所作的这两项校验是相当精细的，特别是他所作的关于五星见伏的校验，是前人所未采用的。他提出五星校验法，一方面是人们对于五星运动的推算已取得长足进展的表现，一方面使该法成为后世公认的、重要的历法检验法之一。

徐岳的检验结果，没有使得朝廷得出取舍的决定。“尚书令陈群奏，以为：‘……其所校日月行度，弦望朔晦，历三年，更相是非，无时而决。案三公议，皆综尽典理，殊途同归，欲使效之璇玑，各尽其法，一年之间，得失足定’。奏可。”这是说，徐岳的检验结果还不足以证明黄初历和乾象历的优劣，还要再作一年的校验，再行定夺。由是，议论蜂起。“太史令许芝云：‘刘洪月行术用以来且四十余年，以复觉失一辰有奇’”，即认为乾象历也还存在不小的误差，其意自然是不宜用乾象历；孙钦议曰“……刘洪改为乾象(历)，推天七曜之符，与天地合其叙”，即认为乾象历好得很，应该予以颁行；郎中李恩则认为“以太史天度与相覆校，(黄初)二年七月、三年十一月望与天度日皆差异，月食加时乃后天六时半，非从三度之谓，定为后天过半日也”，他似乎认为，乾象历和黄初历都存在相当大的误差，其意为两者均不宜用。真可谓人言言殊。不过，在论争中人们无不以合天与否立论，这是十分可贵的共识。董巴的一段议论可视作具有代表性的观念：“圣人迹太阳于晷景，效太阴于弦望，明五星于见伏，正是非于晦朔。弦望伏见者，历数之纲纪，检验之明者也。”这应是这场历法之争的极其重要的理论上的收获。

杨伟在论争中有过这样的评述：“……今韩翊据刘洪术者，知贵其术，珍其法。而弃其论，背其术,废其言,违其事,是非必使(刘)洪奇妙之式不传来世。若知而违之,是挟故而背师也;若不知而据之,是为挟不知而罔知也。"这表明杨伟对黄初历取否定态度的。更重要的是,杨伟的评述十分明确地披露了刘洪与韩翊之间存在的师传关系,而且又隐约说明了杨伟自己与刘洪之间也存在着师传的关系。由此看来,刘洪及其乾象历在东汉、三国之际,产生了巨大的影响,实际上已经形成了一个占主导地位的历法学派,徐岳、韩翊、杨伟(可能也包括孙钦)、还有东吴的阚泽、王蕃,等等。在东吴,由于在这个历法学派内部并无歧见,故乾象历顺利得到颁行;而在曹魏,则因为韩翊在乾象历的基础上,作出改动,并以魏文帝的年号"黄初"为名,献上新历,又以"大魏受命,宜改历明时"为由,力求得到颁用。徐岳、杨伟等人,显然不同意韩翊所作的改动,故起而反驳之。

韩翊对乾象历的主要改动之一是,他认为刘洪减小回归年长度值太多,日后将要使历法先天。如前所述,乾象历取回归年长度为365.2462日,该值较理论值应是偏大,而不如韩翊所说是偏小了,就是说韩翊对乾象历所取回归年长度的批评是不正确的。黄初历取回归年长度为365.2468日,它亦用19年7闰法,由此可知,其朔望月长度应为29.53059日,与理论值之差为0.4秒,而乾象历朔望月长度值与理论值之差为3.7秒,即黄初历的此一改动则是成功的,它所取朔望月长度值的精度已经达到中国古代的很高水平。所以,韩翊在刘洪历法流派中亦非等闲之辈。他大约是经由对前代交食记录的详尽考核,以及对交食的实测,推求出较刘洪还要准确的朔望月长度值的,在此基础上,再由19年7闰法,推算得回归年长度。如第三章第十七节所述,刘洪当年也是依此思路求得朔望月和回归年长度值的,韩翊依之,只是其基础工作做得更细致些。至于黄初历所作的其他改动,如对消息术的理解、五星法的修订等并不成功,这则是徐岳、杨伟等人极力加以否定者,不过,他俩对黄初历的全盘否定,似多少带有感情色彩。

这一场历法之争,前后持续了7年之久,"校议未定,会(魏文)帝崩而寝。"①

魏明帝太和年间(227~233),又发生了一场历法之争。此时,乾象历已在东吴颁用多年,在魏国也施行乾象历的意见自然已经不合时宜(其实,在魏文帝后期行用乾象历也已是不可能的了,只是黄初历受到了强力的批评,又无可供选择的其他历法,故议而不决),于是,"太史上汉历不及天时,因更推步弦望朔晦,为太和历。帝以(高堂)隆学问优深,于天文又精,乃诏使(高堂)隆与尚书郎杨伟、太史待诏骆禄参共推校。(杨)伟、(骆)禄是太史,(高堂)隆故据旧历更相劾奏,纷纭数岁。(杨)伟称(骆)禄得日食而月晦不尽,(高堂)隆不得日食而月晦尽,诏从太史。"② 这是说,东汉四分历不合于天的情况已经显而易见,太史待诏骆禄和一些同事经实测与考验,以太史的名义献上太和历,请求采用之。可是,却受到高堂隆的反对。奇怪的是,高堂隆只是据东汉四分历之说,与杨伟、骆禄等人相纠葛,竟然"纷纭数岁"而不能决。最后,皇上却得出依从太和历的结论,这大约是徐岳当年所阐述的"效历之要,要在日食"的理论起了关键的作用。

二 杨伟景初历的制定

蜀汉基于政治原因,固守东汉四分历。东吴捷足先登,采用了乾象历。魏国在历法问题

① 以上均见李淳风:《晋书·律历志中》。

② 陈寿:《三国志·魏书·高堂隆传》注引《魏略》。

上，虽争论不休，几经周折，却推动了人们研究历法的步调。在上述两次历争中，都积极参与的杨伟，在魏明帝景初元年(237)，终于推出了颇具特色的景初历，完成了取代东汉四分历的历法改革。

杨伟，字世英，冯翊(今陕西大荔)人，生卒年月不详。魏明帝(227—239)年间，也曾担任处理朝廷日常事物的“尚书郎”。“明帝景初元年，尚书郎杨伟造景初历。表上，帝遂改正朔，施行(杨)伟历”[①]，说的正是此事。这一回决定改历，可谓干净利落，原来事出有因。“(魏明)帝在东宫著论，以为五帝三皇虽同气共祖，礼不相袭，正朔自宜改变，以明受命之运。及即位，优游者久之”，即魏明帝在为太子时，就对五德终始论深信不疑，以为王朝新立，必须改历明时，以显受命于天。即位之后，便有意改作，但一时找不到合适的历法和时机。“景初元年春正月壬辰，山茌县(今山东茌平)言黄龙见”，于是“史官复著言宜改”正朔。魏明帝以为时机已到，“乃诏三公、特进、九卿、中郎将、大夫、博士、议郎、千石、六百石博议，议者或不同”。其中史官“以为魏得地统，宜以建丑之月为正”，但“议者”众说纷纭，魏明帝不胜其烦，他自“据古典”，下诏书曰：“……今推三统之次，魏得地统，当以建丑之月为正月。考之群艺，厥义章矣。其改青龙五年三月为景初元年四月”[②]，一锤定音。

杨伟即因之上表中主张“以大吕之月为岁首，以建子之月为历初”，所谓“以大吕之月为岁首”也就是“以建丑之月为正月”，正合魏明帝的主意。杨伟在上表中还提出，东汉四分历行用“至于今日，考察日食，率常在晦，是则斗分太多，故先密后疏而不可用也”。杨伟此说也应是魏明帝和大多数“议者”心知肚明的事，自然引起了魏明帝的共鸣。杨伟又说：“汉之孝武革正朔，更历数，改元曰太初因名太初历。今改元为景初，宜曰景初历”，这实际上是将魏明帝与汉武帝相提并论，自然是魏明帝所乐于接受的。杨伟在上表中又说：“臣前以制典余日，推考天路，稽之前典，验之以食朔，详而精之，更建密历，则不先不后，古今中天”，把他多年从事历法研究的路线——以合于古今天象为准绳，以及所献历法与天相合的状况讲得清楚明白。

他还进一步说：“臣之所建景初历，法数则约要，施用则近密，治之则省功，学之则易知”，将其历法的优越性作了充分的介绍。杨伟之言多合魏明帝的心思，而且，在当时杨伟应是历法名家，魏明帝大约相信了他的自我举荐，再加上改历明时的心理状态，遂即采纳了杨伟的改历之议。从后来的事实或用现在的眼光考察，景初历优于东汉四分历是没有疑问的。

三 景初历的进展

杨伟景初历继承了刘洪乾象历的基本模式和内容，又在若干方面有所改动与发展。他所取回归年和朔望月长度值的精度同乾象历不相上下，而对于近点月长度，景初历取为 27.5545 日，误差约为 5.3 秒，则较乾象历的精度有大幅度的提高，已达到中国古代近点月长度取值的平均水平，对后世历法产生很大的影响。此外，景初历在以下两个方面颇有创意。

1. 历元设置

杨伟同刘洪一样，也对上元积年法取否定态度，不但如此，杨伟还首创了多历元法。所谓多历元法，是对有关天文量的推算，设置多个起算点，而不是只设置一个共同的起算点。乾象

① 以上均见李淳风：《晋书·律历志中》。

② 陈寿：《三国志·魏书·明帝纪》及注引《魏书》。

历所设历元是十一月朔旦冬至甲子、五星会合周期、月亮过近地点和太阳过黄白交点时间的共同起算点，而景初历则将后二者独立出来，所设历元仅作为其前数天文量的共同起算点，并分别求算出与该历元最临近时的那一次月亮过近地点和太阳过黄白交点的时间同该历元的时距，以此分别作为计算月亮过近地点和太阳过黄白交点时间的起算点。这便是多历元法中的一种。

“壬辰元以来，至景初元年丁巳岁，积四千四十六，算上”，这就是景初历设置的历元，即从景初元年前推4046年作为历元，这一年十一月甲子日夜半正好日月合朔，又是冬至，五星也正好聚合于此。景初历又设“交会差率”和“迟疾差率”两值，对于历元年而言，它们分别等于“四十一万二千九百一十九”和“十万三千九百四十七”，其分母均为“日法四千五百五十九”。即由历元再前推(412919/4559＝)90.572日，便是计算太阳过黄白升交点时间的起算点；而由历元再前推(103947/4559＝)22.800日，便是计算月亮过近地点时间的起算点。这样的处理方法，既可使历元年到景初元年的积年数大大减少，因为，若同时考虑太阳过黄白升交点和月亮过近地点周期的回归，势必使积年数急剧增大，势必增大计算的繁杂程度；又可使保持太阳过升交点和月亮过近地点时间的原测算精度，因为若同时考虑上述两周期的回归，又不致使积年数过于庞大，可能的方法是对上述两时间的原测算值作少许人为的调整。这两点，正是多历元法的长处，也正是上元法的重大弊病。所以，杨伟景初历的这一项创举，是意义重大的。

2.交食推算

关于新的食限概念与数值、交食食分的计算以及交食亏起方位的明确论述，是杨伟景初历的又一大贡献。

景初历“求去交度术曰：……去交度十五以上，虽交不食也，十以下是食，十以上，亏食微少，光晷相及而已。亏之多少，以十五为法。”这里，杨伟继承了刘洪关于食限的观念，规定当日月合朔或望时，日、月距黄白交点15度以上则不会发生交食现象(在景初历中，杨伟实际规定14.77度＝14°33′为食限，与刘洪所定值相同，此处说15度仅举大数而言)。杨伟还不止于此，他又规定当日月合朔或望时，日、月距黄白交点不足10度＝9°52′时，就必定要发生交食现象，这便是现今所说的必发生偏食的界限——必偏食限，对于月食而言，该值应等于9°37′，所以，杨伟所定值是相当准确的。这样，杨伟实际上是把日、月距黄白交点10度至14.77度的区间，都当作可能发生、也可能不发生交食现象的区间，而在14.77度以上则一定不会发生交食，这便是现今所说的或偏食限。由此可见，杨伟在刘洪食限概念的基础上，作了极重大的推展，这对后世产生了很大的影响。

这一段记述的另一个重要内容是关于交食食分的计算：“亏之多少，以十五为法”，失之简略，其确切含义，我们在本章第十一节予以说明。杨伟是在刘洪有关算法的基础上，率先明确提出了见食食分计算法，其功不可低估。

景初历“求日食亏起角术曰：其月在外道，先交后会者，亏食西南角起；先会后交者，亏食东南角起。其月在内道，先交后会者，亏食西北角起；先会后交者，亏食东北交起。亏食分多少，如上以十五为法。会交中者，食尽。月食在日之冲，亏角与上反也。”①

当月亮在黄道南时的月行道，称为“外道”；月亮在黄道北时的月行道，称为“内道”。“先交后会”指日食发生在日月行过黄白交点之后；“先会后交”指日食发生在日月抵达黄白交点之

① 李淳风：《晋书·律历志下》。

前。无论月在外道还是内道，也不管日食发生在黄白交点的先或后，在日食发生之前，月亮总是处在太阳的后面，因月东行的速度大于日，月从后面追及日而发生日食。

假设日食时月亮在外道，即月亮在太阳之南，随着时间的推移，月亮必先在太阳的西南、次在正南、后在东南。当先交后会时，太阳已过黄白交点，月亮从后面追来，也过黄白交点追及太阳，这时，日月之间的纬度差距较小，所以章亮同太阳首先接触的方位自然是日面的西南方。当先会后交时，月亮从西向东追赶太阳，经历西南、正南两个阶段追上了太阳，但由于这时它们之间的纬度差距还较大，虽已追上，仍未见食，须再历一段时间，距黄白交点渐近，然后见食，所以，见食的方位则在日面的东南。假设日食时月亮在内道，日食亏起单位因先交后会、或相会后交，而有西北、东北之不同，其道理亦如之[①]。由此看来，杨伟对于日食亏起方位的论述是可以理解的、是大体正确的。至于他说月食亏起方位的情况同此正相反，大约是指在相同条件下，当日食亏起西南时，月食亏起东北；东南时西北；西北时东南；东北时西南，两者均相差180°。这一认识也基本可通。

杨伟景初历的五星法比起乾象历要逊色一些。在景初历行用80年，晋“元帝渡江左以后，更以乾象(历)五星法代(杨)伟历”[②]。此后，景初历继续在东晋一代颁用，刘宋武帝刘裕代晋之后，亦沿用景初历，直至刘宋文帝元嘉二十二年(445)才为何承天元嘉历所替代；北魏道武帝拓跋珪立国(386)，也使用景初历，直到北魏太武帝正平二年(452)才被赵瞰元始历所代替。这就是说，景初历前后被行用了215年之久，是中国古代行用时间最长的历法之一。景初历还传到朝鲜和日本，并被颁用[③]。可见其影响是相当大的。

在刘洪乾象历(206)问世以后的31年内，先后出现了黄初历、太和历、景初历等历法，其中，黄初历和景初历都应是刘洪学派的创作，韩翊和杨伟在月行研究上都有所获，特别是杨伟在交食研究上贡献良多，在历元设置上更独辟蹊径，胜过刘洪当年的水平。曹魏早年在历法问题上的犹豫不决，引致历法的论争，和历家的进一步思考与研究，取得了一帆风顺的东吴历家所意想不到的好成果。

第二节　陈卓星官的问世

一　陈卓其人

东吴历家虽未在历法领域取得新的成就，但在天文学的其他方面做出了十分重要的贡献。陈卓对于全天星官的整理与研究，便是其中突出的一例。

关于陈卓和他的天文工作，史籍有以下两段记载：

《晋书·天文志上》曰：

> (晋)武帝时(265～290)，太史令陈卓总甘、石、巫咸三家所著星图，大凡二百八十三官，一千四百六十四星，以为定纪。

《隋书·天文志上》曰：

① 王应伟原著、陈展云改写，古历今解·景初历注解，载云南天文台图书情报室编:《参考资料》，1988，(37)。

② 李淳风:《晋书·律历志中》。

③ 李廷举、吉田忠主编，中日文化交流史大系·科技卷，浙江人民出版社，1996年，第26页。

三国时，吴(222～280)太史令陈卓，始列甘氏、石氏、巫咸三家星官，著于图录。并注占赞，总有二百五十四官，一千二百八十三星，并二十八宿及辅官附坐一百八十二星，总二百八十三官，一千五百六十五星。

这两段记述都是唐代李淳风所书，似有所不同。前书说陈卓是晋武帝时的太史令，而后书说是东吴时的太史令。此两说似可这样理解：陈卓先是在东吴任太史令，其时便已开始作全天星官的整理研究工作。东吴国亡之时，陈卓的这项工作已近完成，名声鹊起，由是又出任晋太史令，最终完成全天星官的整理研究工作。由这两段记述我们已可推知，陈卓是在战国时期的甘德、石申夫及其后学，还有巫咸(相传商代有巫咸其人，但此处所说的巫咸决非其人，我们宁可猜想他应是与甘、石差不多同时代的人)及其后学对星官分划和占验的基础上，求同存异，对全天星官作了十分成功的整理、汇总、厘定工作。还要指出的是，陈卓的工作成果，不但有星官分划的文字叙述，而且还用星图的形式表述，也就是说陈卓还绘出了一幅全天星图，形象直观地记述他的星官划分法，勾画全天星官的面貌。

二　陈卓星官与星数

由上两段记述，关于陈卓星官的总数，两书均有 283 之说，不过，后书又有 254 + 28 = 282 之说。我们认为，“总有二百五十四官”应为“总有二百五十五官”之误，即以 283 之说为是。而关于陈卓星官的总星数，后书说为 1565，这显然有误，因为同书有说总星数等于 1283 + 182 = 1465，故 1565 应是 1465 的误写。即李淳风在此是认为陈卓星官总有 283 官、1465 星。

在宋代郑樵《通志·天文略》中，载有隋代丹元子《步天歌》，在文末，郑樵写道：“魏石申夫以赤点纪星，共一百三十八座，计八百十星；商巫咸以黄点纪星，共四十四座，一百四十四星；齐甘德以黑点纪星，共一百一十八座，计五百十一星，三家共纪三百座，计一千四百六十五星。此旧书所纪，传写之讹，数目参差，无所考证。”这是一段很重要的遗文，它从另一个侧面反映了陈卓星官划分法的原始信息。这里所说陈卓星数总计为 1465，与李淳风之一说相同，看来，陈卓总星数应以 1465 为是。但这里提及了 300 官之说，与 283 官之说相差 17 座，此中自有原因在，下面，我们将要进行讨论。

陈卓星官的原书或原图早已失佚，我们只能从有关史籍窥其原貌。这些史籍主要有隋代丹元子《步天歌》、唐代李淳风所著《晋书·天文志》和《隋书·天文志》、唐代瞿昙悉达主编的《开元占经》等，它们都是以陈卓星官为原型，从各自不同的角度与形式论述全天星官的。《步天歌》以歌诀的形式记述陈卓星官的星官、星数等；《晋书·天文志》和《隋书·天文志》是分“中宫”、“二十八舍”、“星官在二十八宿之外者”三个部分记述陈卓星官的星官、星数等；而《开元占经》则有关于石、甘、巫三家星官、星数的记载，它十分明确地记述了某星官属于某家的状况①。通过对这些记述的分析，我们可以比较清楚地得知陈卓星官的原貌。它们对于陈卓星官、星数的记述大同小异，现主要以《步天歌》为准，并参照《晋书·天文志》、《隋书·天文志》、《开元占经》的有关记述，将陈卓星官的星官名、星数一并列于表 4-3 中，表中还示出某星官属于哪一家(依《开元占经》)。表中“序号”栏表示凡有星名、星数者的编号；“星官号”栏表示被明确称为星官者的编号。

① 陈美东，陈卓星官的历史嬗变，科技史文集，第 16 辑，上海科学技术出版社，1992 年。

表 4-3　陈卓星官、星数表

星官号	序号	星官名	星数	分属	星官号	序号	星官名	星数	分属
1	1	角	2	石	46	51	鳖	14	石
2	2	平道	2	甘	47	52	天鸡	2	甘
3	3	天田	2	甘	48	53	天籥	8	巫
4	4	进贤	1	甘	49	54	狗国	4	甘
5	5	周鼎	3	甘	50	55	天渊	10	巫
6	6	天门	2	甘	51	56	狗	2	甘
7	7	平星	2	石	52	57	农丈人	1	甘
8	8	库楼	10	石	53	58	牛	6	石
	9	柱	15	石	54	59	天田	9	甘
	10	衡	4	石	55	60	九坎	9	石
9	11	南门	2	石	56	61	河鼓	3	石
10	12	亢	4	石		62	右旗	9	石
11	13	大角	1	石	57	63	左旗	9	甘
12	14	折威	7	甘	58	64	织女	3	石
13	15	摄提	6	石	59	65	天桴	4	巫
14	16	顿顽	2	巫	60	66	罗堰	3	甘
15	17	阳门	2	巫	61	67	渐台	4	甘
16	18	氐	4	石	62	68	辇道	5	甘
17	19	天乳	1	甘	63	69	女	4	石
18	20	招摇	1	石	64	70	越	1	巫
19	21	梗河	3	石	65	71	周	2	巫
20	22	帝席	3	甘	66	72	秦	2	巫
21	23	亢池	6	甘	67	73	代	2	巫
22	24	骑官	27	石	68	74	晋	1	巫
23	25	阵车	3	甘	69	75	韩	1	巫
24	26	车骑	3	甘	70	76	魏	1	巫
25	27	天辐	2	巫	71	77	楚	1	巫
26	28	骑阵将军	1	甘	72	78	燕	1	巫
27	29	房	4	石	73	79	齐	1	巫
	30	钩钤	2	石	74	80	赵	2	巫
28	31	键闭	1	巫	75	81	郑	1	巫
29	32	罚	3	巫	76	82	离珠	5	石
30	33	东咸	4	石	77	83	败瓜	5	甘
	34	西咸	4	石	78	84	瓠瓜	5	石
31	35	日	1	甘	79	85	天津	9	石
32	36	从官	2	巫	80	86	奚仲	4	巫
33	37	心	3	石	81	87	扶筐	7	甘
34	38	积卒	12	石	82	88	虚	2	石
35	39	尾	9	石	83	89	司命	2	甘
	40	神宫	1	石	84	90	司禄	2	甘
36	41	天江	4	石	85	91	司危	2	甘
37	42	傅说	1	石	86	92	司非	2	甘
38	43	鱼	1	石	87	93	哭	2	甘
39	44	龟	5	石	88	94	泣	2	甘
40	45	箕	4	石	89	95	天垒城	13	巫
41	46	杵	3	石	90	96	败臼	4	石
42	47	糠	1	甘	91	97	离瑜	3	巫
43	48	南斗	6	石	92	98	危	3	石
44	49	建	6	石		99	坟墓	4	石
45	50	天弁	9	石	93	100	杵	3	甘

续表

星官号	序号	星官名	星数	分属	星官号	序号	星官名	星数	分属
94	101	臼	4	甘	143	151	天阴	5	巫
95	102	车府	7	甘	144	152	刍藁	6	甘
96	103	天钩	9	巫	145	153	天苑	16	石
97	104	造父	5	甘	146	154	卷舌	6	石
98	105	人	5	甘	147	155	天谗	1	甘
99	106	虚梁	4	巫	148	156	砺石	4	甘
100	107	天钱	10	巫	149	157	毕	8	石
101	108	盖屋	2	甘		158	附耳	1	石
102	109	室	2	石	150	159	天街	2	甘
	110	离宫	6	石	151	160	天节	8	甘
103	111	雷电	6	甘	152	161	诸王	6	甘
104	112	羽林军	45	石	153	162	天高	4	甘
105	113	垒壁阵	12	石	154	163	九州殊口	9	甘
106	114	铁钺	3	巫	155	164	五车	5	石
107	115	北落师门	1	石		165	三柱	9	石
108	116	八魁	9	甘	156	166	天潢	5	甘
109	117	天纲	1	巫	157	167	咸池	3	甘
110	118	土功吏	2	甘	158	168	天关	1	石
111	119	螣蛇	22	石	159	169	参旗	9	石
112	120	壁	2	石	160	170	九斿	9	甘
113	121	霹雳	5	甘	161	171	天园	13	甘
114	122	云雨	4	甘	162	172	觜	3	石
115	123	天厩	10	巫	163	173	坐旗	9	甘
116	124	铁锧	5	甘	164	174	司怪	4	甘
117	125	土公	2	甘	165	175	参	7	石
118	126	奎	16	石		176	伐	3	石
119	127	外屏	7	甘	166	177	玉井	4	石
120	128	天溷	7	甘	167	178	屏	2	石
121	129	土司空	1	石	168	179	军井	4	甘
122	130	军南门	1	甘	169	180	天厕	4	石
123	131	阁道	6	石	170	181	天屎	1	石
124	132	附路	1	石	171	182	井	8	石
125	133	王良	5	石		183	钺	1	石
126	134	策	1	甘	172	184	南河	3	石
127	135	娄	3	石		185	北河	3	石
128	136	左更	5	甘	173	186	天樽	3	甘
129	137	右更	5	甘	174	187	五诸侯	5	石
130	138	天仓	6	石	175	188	积水	1	石
131	139	天庾	4	甘	176	189	积薪	1	石
132	140	天将军	11	石	177	190	水府	4	甘
133	141	胃	3	石	178	191	水位	4	石
134	142	天廪	4	石	179	192	四渎	4	甘
135	143	天囷	13	石	180	193	军市	13	石
136	144	太陵	8	石	181	194	野鸡	1	石
137	145	天船	9	石	182	195	孙	2	甘
138	146	积尸	1	甘	183	196	子	2	甘
139	147	积水	1	甘	184	197	丈人	2	甘
140	148	昴	7	石	185	198	阙丘	2	甘
141	149	天阿	1	甘	186	199	狼	1	石
142	150	月	1	甘	187	200	弧矢	9	石

续表

星官号	序号	星官名	星数	分属	星官号	序号	星官名	星数	分属
188	201	老人	1	石	235	252	阴德	2	甘
189	202	鬼	4	石	236	253	尚书	5	甘
	203	积尸气	1	石	237	254	女史	1	甘
190	204	爟	4	甘	238	255	柱下史	1	甘
191	205	天狗	7	甘	239	256	御女	4	巫
192	206	外厨	6	甘	240	257	天柱	5	甘
193	207	天社	6	甘	241	258	大理	2	巫
194	208	天记	1	甘	242	259	四辅	4	甘
195	209	柳	8	石	243	260	六甲	6	甘
196	210	酒旗	3	甘	244	261	天皇大帝	1	甘
197	211	星	7	石	245	262	五帝内坐	5	甘
198	212	轩辕	17	石	246	263	华盖、杠	16	甘
199	213	内平	4	甘	247	264	传舍	9	甘
200	214	天相	3	巫	248	265	内阶	6	甘
201	215	稷	5	石	249	266	天厨	6	甘
202	216	张	6	石	250	267	八谷	8	甘
203	217	天庙	14	甘	251	268	天棓	5	石
204	218	翼	22	石	252	269	天床	6	甘
205	219	东瓯	5	甘	253	270	内厨	2	甘
206	220	轸	4	石	254	271	文昌	6	石
	221	长沙	1	石	255	272	三公	3	甘
	222	辖	2	石	256	273	太尊	1	巫
207	223	军门	2	巫	257	274	天牢	6	石
208	224	土司空	4	巫	258	275	太阳守	1	石
209	225	青丘	7	甘	259	276	势	4	甘
210	226	器府	32	甘	260	277	相	1	石
211	227	太微垣	10	石	261	278	三公	3	巫
212	228	谒者	1	甘	262	279	玄戈	1	石
213	229	三公内坐	3	甘	263	280	天理	4	甘
214	230	九卿内坐	3	甘	264	281	北斗	7	石
215	231	内五诸侯	5	甘		282	辅	1	石
216	232	屏	4	石	265	283	天枪	3	石
217	233	黄帝坐	1	石	266	284	天市垣	22	石
218	234	四帝坐	4	石	267	285	市楼	6	甘
219	235	幸臣	1	甘	268	286	车肆	2	巫
220	236	太子	1	甘	269	287	宗正	2	石
221	237	从官	1	甘	270	288	宗人	4	石
222	238	郎将	1	石	271	289	宗星	2	石
223	239	虎	1	巫	272	290	帛度	2	巫
224	240	常陈	7	石	273	291	屠肆	2	巫
225	241	郎位	15	石	274	292	候	1	石
226	242	明堂	3	甘	275	293	帝坐	1	石
227	243	灵台	3	甘	276	294	宦者	4	石
228	244	少微	4	石	277	295	列肆	2	巫
229	245	长垣	4	巫	278	296	斗	5	石
230	246	三台	6	石	279	297	斛	4	甘
231	247	北极	5	石	280	298	贯索	9	石
	248	钩陈	6	石	281	299	七公	7	石
232	249	天一	1	石	282	300	天纪	9	石
233	250	太一	1	石	283	301	女床	3	石
234	251	紫微垣	15	石					

依《开元占经》卷五十九至卷七十所载全天星官数应为:28 宿(属石氏星官)、石氏中官 62、石氏外官 30、甘氏中官 76、甘氏外官 42、巫咸氏中外官 44,总计 282 官。又,《开元占经》卷 66

所载石氏中官遗漏了序号为 47 至 52 的 6 座星官，据《开元占经·卷一百七》和《敦煌写本甘、石、巫三家星经》，均可知这 6 座星官应为：黄帝坐一星、四帝坐四星、屏四星、郎位十五星、郎将一星、常陈七星，其中后 4 座星官即表 4-3 中序号为 233、234、232、241、238、240 的 6 座星官。而由表 4-3 可见，共有星官 301 个，这与 282 官有 19 个之差，其原因何在呢？原来，在《开元占经》中，是把表 4-3 所示的若干星官合而为一，视作一个星官看待，其情况依次如下：

(1)“石氏曰：库楼十星、五柱十五星、衡四星，凡二十九星，左角南”(石氏外官第 1)，即把 8、9、10 合三为一，将柱、衡视为库楼的附坐。

(2)29、30 合二为一，即把钩钤视为房宿的附坐。

(3)“石氏曰：东咸四星在房东北，西咸四星在房北”(石氏中官第 21)，即把 33、34 合二为一，将东咸和西咸视为一个星官。

(4)39、40 合二为一，即把神宫视为尾宿的附坐。

(5)“石氏曰：河鼓三星、(右)旗九星，在牵牛北”(石氏中官第 25)，即把 61、62 合二为一，将河鼓和右旗视为一个星官。

(6)98、99 合二为一，即把坟墓视为危宿的附坐。

(7)109、110 合二为一，即把离宫视为室宿的附坐。

(8)“石氏曰：羽林四十五星、垒壁阵十二星，凡五十七星，在营室南”(石氏外官第 13)，即把 112、113 合二为一，将羽林军和垒壁阵视为一个星官。

(9)157、158 合二为一，即把附耳视为毕宿的附坐。

(10)“石氏曰：五车五星、三柱九星，凡十四星，在毕东北”(石氏中官第 37)，即把 164、165 合二为一，将三柱视为五车的附坐。

(11)175、176 合二为一，即把伐视为参宿的附坐。

(12)182、183 合二为一，即把钺视为井宿的附坐。

(13)“石氏曰：南河、北河六星，夹东井”(石氏中官第 39)，即把 184、185 合二为一，将南河和北河视为一个星官。

(14)202、203 合二为一，即把积尸气视为鬼宿的附坐。

(15)220、221、222 合三为一，即把长沙和辖视为轸宿的附坐。

(16)“石氏曰：北极五星、钩陈六星，皆在紫微宫中”(石氏中官第 60)，即把 247、248 合二为一，将北极和钩陈视为一个星官。

(17)“石氏曰：北斗七星、辅一星，在太微北”(石氏中官第 58)，即把 281、282 合二为一，将辅视为北斗的辅官。

以上计 17 项，被合并的星官共 19 个，这 19 个星官都属于石氏星官。这就是上述相差 19 个星官的原由。可是，如此说来，《开元占经》所载还是 282 座星官，与 283 仍有 1 座之差，其原因还须说明。查《隋书·天文志》卷上和卷中，它确也把若干星官作为二十八宿中若干宿的附坐，情况与上述第 2、4、6、7、9、11、12、14、15 项所述相同；它也把若干星官作为另一些星官的附坐或辅官，情况与上述第 1、10、17 项所述相同；此外，它也将某两个星官合二为一：“东咸、西咸各四星，在房、心北”(与第 3 项同)；“河鼓三星，(右)旗九星，在牵牛北”(与第 5 项同)；“南河、北河各三星，夹东井”(与第 13 项同)；“北极五星、钩陈六星，皆在紫宫中”(与第 16 项同)。惟有一处与《开元占经》所述不一样：“羽林四十五星，在营室南。一曰天军，主军骑，又主翼王也。垒壁阵十二星，在羽林北，羽林之垣垒也，主军位，为营壅也”，显然是将羽林军和垒壁阵区别开来,视为两个不同的星官,这与前述第 8 项迥异,也就由此多出一座星官来,是为 283 座。

这里还有一个问题需要讨论,在《步天歌》中是将黄帝坐 1 星和四帝坐 4 星合而为五帝坐 5 星,即视此两座星官为一座星官看待的。而在《隋书·天文志上》也将黄帝坐和四帝坐合称为五帝坐,这说明将此两座星官视作一座星官是不以为怪的。这就是说,由表 4-3 来看,《步天歌》序号星只应有 300 官,依之作一统计可得:

石氏星官	138 官	809 星
甘氏星官	118 官	512 星
巫咸氏星官	44 官	144 星
总计	300 官	1465 星

若以此同《通志·天文略》的前述记载相比较,则石氏星官少 1 星,甘氏星官多 1 星,其余则相同。其差异者,当是传写之误。这说明郑樵书于《步天歌》之后的遗文,正是对《步天歌》所述星官、星数的总结,而且分别指出这些星官、星数的甘、石、巫三家归属,其星官数是未经作附坐辅官的处理的。也许,由于体例上的原因,《步天歌》未能表明它是否也用附坐辅官之法,这就有两种可能:一是也用此法,其附坐辅官的分划若与《开元占经》相同,那么,它只有 281 官(因为它将黄帝坐和四帝坐二官合而为五帝一官);若与《晋书·天文志》、《隋书·天文志》一样,同理,它也只有 282 官,如果它是 283 官,则需将某一星官一分为二,可是,我们已无法得知它是哪一星官一分为二了。二是它不用此法,300 官之说可能就是它的方法。果若如此,我们还可推想,陈卓当年所设星官也可能是 300 或 301 座。不过,从《开元占经》所引"石氏曰"云云,附坐辅官之说应始于石申夫或其后学,陈卓更可能是沿用了此法,但到了丹元子、李淳风、瞿昙悉达,由于他们对附坐辅官的理解各有不同,故有 282、283(甚至 281)星官的差异。自唐代以后,人们多取李淳风之说,以 283 官为是。在表 4-3 中,"星官号"栏所示的编号即依此说而定,它大约也可视为陈卓星官的星官状况。

《晋书·天文志》和《隋书·天文志》的星官和星数统计可示如下:

中宫	155 官	711 星
星官在二十八宿之外者	100 官	571 星
	(255 官	1282 星)
二十八舍	28 官	183 星
总计	283 官	1465 星

这一结果,同前引《隋书·天文志》的记载有小异,应是史书传抄疏忽或刊误所致。

《开元占经》的星官、星数的统计结果是:

石氏中官	62 官	
石氏外官	30 官	626 星
甘氏中官	76 官	
甘氏外官	42 官	511 星
巫咸中外官	44 官	144 星
	(254 官	1281 星)
二十八宿	28 官	183 星
总计	282 官	1464 星

由这两个统计可见,陈卓星官的星数似有1465或1464之别,究其原因是《晋书·天文志》、《隋书·天文志》都说天庾4星,而《开元占经·卷七十》则说天庾3星,这大约就是有1465和1464两说的症结所在。考虑到《步天歌》也认为天庾是4星,即也以1465星为说,我们倾向于认为陈卓星官是以283官、1465星为说的。至于后世多认为天庾应为3星,归到1464星之说,那是以后的事。

陈卓星官的问世,结束了前此各家星官众说纷纭的混乱状态,提供了一个统一的星官系统,为对有关天文现象的描述规定了共认的标准和共同的语言,其意义是十分重大的。陈卓星官在后世有少许的变化,但它作为中国古代星官的经典之作,在其后一千多年的时间里发挥了巨大的影响,是与古代希腊星官完全不同的星官系统。

我们知道,石申夫、甘德还有巫咸都是先秦时期著名的占星家,他们建立各自的星官系统时,其主要的出发点是为占星服务的,也就是说,他们对星官的选择并不是从天文学的观念出发的,所以,他们没有依据恒星的亮度来作为选择星官的主要标准,以至不少亮星没有入选,入选的却有不少他们认为在占星术中有重要意义的暗星,甚至是一些他们想像中的恒星,譬如,器府32星就不知所指,便是典型的例子。陈卓并没有突破这一基本框架,只是对甘、石、巫三家星官作总结与整理,也许这同他自己对于星占也过于注重有关。自然,我们并不是苛求古人,而是要说明陈卓星官乃是在中国古代历史和天文学背景下的必然产物。

第三节 三国时期论天各家的争鸣

盖天、宣夜、浑天三家论天在汉代各自形成了独特的学派,其中,浑天说开始为多数人所肯定,逐渐成为占主导地位的一个学派,但是,由于浑天说仍存在一些重要的缺欠,盖天说和宣夜说论也存在若干浑天说所不及的长处,所以,论天三家的传人,仍论争不止,在三国的东吴以及东晋时期,这种论争还颇为热烈,隋代刘焯有言:浑天还有"盖(天)及宣夜,三说并驱,平(天)、昕(天)、安(天)、穹(天),四天沸腾"①,即指此而言。东吴陆绩、王蕃力主正统的浑天说,而姚信作昕天说,是为浑天说的变种;东吴、西晋间,虞耸兄弟则主穹天说,重申盖天之说,陈卓又申浑天说;东吴还有徐整主开天辟地说,而曹魏的杨泉主宣夜说、刘智主浑天说;到东晋葛洪又申明浑天说,这时北方后秦的姜岌也主张浑天说,而虞喜则作安天说,重塑宣夜说。等等。本节和下一节拟对此作一简要的介绍。

一 陆绩、王蕃的浑天说

陆绩,字公纪,吴郡吴(今江苏吴县)人。孙权时为奏曹掾,又为郁林太守,加偏将军。他"博学多识,星历算数无不该览","虽有军事,著述不废,作《浑天图》,注《易》释《玄》,皆传于世。"②《易》即《周易》,《玄》指西汉扬雄的《太玄经》。王蕃(228~266),字永元,庐江(今安徽庐江)人。孙权时曾为尚书郎,孙休、孙皓时,任散骑中常侍。他"博学多闻,兼通术艺"③,为人

① 李淳风:《隋书·天文志上》。
② 陈寿:《三国志·吴书·陆绩传》。
③ 陈寿:《三国志·吴书·王蕃传》。

耿直，数被谮毁，亦为孙皓所不容，被孙皓斩杀。他们是东吴学者型的臣僚，均英年早逝，也同主浑天说。

陆绩有《浑天仪说》传世[1]，可能是《浑天图》的一部分。在《浑天仪说》中，陆绩引经据典论证浑天说的可靠性，颇具儒者风范。他指出：

浑天以日出地上则昼，故《易》曰：明出地上，昼日三接。又曰：晋，昼也。日入于地则夜，夜则明伤，故《易》曰：明夷，伤也。又曰：初登于天，照四国也，后入于地，失则也。《尚书》：寅宾出日，寅饯纳日。以此言之，知出入于地，审矣。

仲尼说之曰：明出地上，晋进而丽乎天，明是以昼日三接，明入地中，明夷，夜也。先昼后夜，先晋后明夷，故曰出登于天，照四国也，后入于地失则也。日月丽乎天，随天转运，出入乎地，以成昼夜也。浑天之义，盖与此同。

他是以儒家经典《周易》、《尚书》之说，圣人周公、孔丘之言作为无可置疑的论据，心安理得是证明浑天说"天乃裹地而运"、日"出入乎地，以成昼夜"等主要观点。他又指出：

《易》曰：乾为天、为圜。又曰：先甲三日，后甲三日，终则有始，天行也。

扬子云《太玄经》曰：天穹窿而周乎下，地旁薄而向乎上。仲尼曰：譬如北辰，居其所而众星拱之。

"《太玄经》曰：天圆地方，极枢中央，动以历静。时乘十二，以建七政。是以《尧典》曰：在璇玑玉衡，以齐七政，此之谓也。"前二说用以证明"天大地小"和"天裹地下"；后二说用以证明"北极天轴所在""守中不易"。而进行论证的思路亦如前述。

当然，陆绩所罗列的论据本身还有待证明，或仅仅是有关天文现象的一般性叙述，并不能作为证明浑天说正确性的论据。但是，陆绩却证明了浑天说的有关理论与儒者信奉的经典、心目中的权威的有关论说是相协调一致的，这对于浑天说能够在当时社会立足和传播是至关重要的。也就是说，陆绩完成了浑天说儒学化的工作，这对于浑天说的生存与发展是十分重要的。

陆绩还曾制作过一具浑象，其出发点之一，自然是要证明浑天说的正确性。他所制的浑象"其形如鸟卵"[2]，这是以为天形为东西略长于南北的椭圆形思想的反映，这大约是受张衡《灵宪》之说的影响。王蕃则有《浑天象说》[3] 传世。在《浑天象说》中，他明确指出：

前儒旧说，天地之体，状如鸟卵，天包地外，犹壳之裹黄也。周旋无端，其形浑浑然，故曰浑天也。

开宗明义，十分精练地重申张衡之说。还值得注意的是，在《浑天象说》中，并未提及张衡关于地在水中、天地都乘气而立、载水而浮的说法。王蕃还对黄道在天球上的走向与位置作了十分详细的具体说明，并以此阐述太阳出入方位的四季变化及昼夜与晷影的长短：

日南至在斗二十一度，去极百一十五度少强。是日日最南，去极最远，故影最长。黄道斗二十一度，出辰入申，故日亦出辰入申。日昼行地上百四十六度强，故日短；夜行地下二百一十九度少弱，故夜长。自南至之后，日去极稍近，故景稍短。日昼行地上稍多，故日稍长；夜行地下稍少，故夜稍短。日所在度稍北，以至于夏至，日在井

---

① 瞿昙悉达：《开元占经》卷一。

② 同①。

③ 李淳风：《晋书·天文志上》、瞿昙悉达：《开元占经》卷一。

二十五度，去极六十七度少强。是日最北，去极最近，景最短。黄道井二十五度，出寅入戌，故日亦出寅入戌。日昼行地上二百一十九度少弱，故日长；夜行地下百四十六度强，故日短。自夏至之后，日去极稍远，故景稍长。日昼行地上度稍少，故日稍短；夜行地下度稍多，故夜稍长。日所在度稍南，故日出入稍南，以至于南至而复初焉。……春分日在奎十四少强，秋分日在角五度少弱，此黄赤二道之交中也。去极俱九十一度少强，南北处斗二十一、井二十五之中，故景居二至长短之中。奎十四、角五，出卯入酉，故日亦出卯入酉。日昼行地上，夜行地下，俱百八十二度半强，故日见之漏五十刻，不见之漏五十刻，谓之昼夜同。

这是中国古代应用浑天说对上述论题所作的经典论述，他十分浅显又十分准确地解说了这些天文现象，证明了浑天说具有盖天说或宣夜说所难以比拟的优越性。王蕃又用勾股法对天的大小作了一番推算。自战国以来，在王蕃之前，就有一些关于天的大小的记述，但它们都不曾说明具体的推算方法，王蕃的此番论述则给我们了解古人的想法提供了很好的机会。

王蕃认为“周天一百七万一千里，东西南北径三十五万七千里，立径亦然”的、从两汉之际纬书《雒书·考异邮》、《春秋·考灵曜》中传下来的说法是靠不住的。他指出，这是依据周三径一的圆周率计算的，“臣更考之，径不翅周三，率周百四十二而径四十五，以径率乘一百七万一千里，周率约之，得径三十(二)〔三〕万九千四百一里二十二步(二)〔三〕尺二寸一分七十一分分之十，东西南北及立径皆同，半之，得十六万九千七百里二百(十)〔十一〕步一尺六寸百四十二分分之八十一，地上去天之数也”。这里，1 里 = 300 步，1 步 = 6 尺。依之即有：

$$1071000\times(45/142)=339401+\frac{122}{300}+\frac{321\frac{10}{71}}{300\times600}=2\times\left(169700+\frac{211}{300}+\frac{160\frac{81}{142}}{300\times600}\right)$$

由上可知，上引文中若干数字有误，(　)内者误，〔　〕内者为校正之数字(下同)。严格而言，上式中 10/71 应为 9/71，但王蕃的计算有小误，姑存之。又，81/142 应为 40/71 = 80/142，因前小误而有此小误，亦姑存之。

这就是说仅仅取用准确些的圆周率，天的直径便缩小了大约 1.76 万里，可见天径为 35.7 万里的说法是靠不住的。王蕃认为该说“流行，布在众书”，乃因“通儒达士未之考正，是以不敢背损旧术”之故。他以“日景验天，违错甚多”，说明此说是“虚妄无征”的。王蕃于是给出了他认为可信的推算天径的方法：

郑众说：“土圭之长尺有五寸，以夏至之日立八尺之表，其景与土圭等，谓之地中，今颍川阳城地也”。郑玄云：“凡日景于地，千里而差一寸，景尺有五寸者，南戴日下五千里也。”以此推之，日当去其下地八万里矣。日邪射阳城，则天径之半也。天体员如弹丸，地处天之半，而阳城为中，则日春秋冬夏，昏明昼夜，去阳城皆等，无盈缩矣。故知从日邪射阳城，为天之半也。

以勾股法言之，旁万五千里，勾也；立八万里，股也；从日邪射阳城，弦也。以勾股求弦之法入之，得八万一千三百九十四里三十步五尺三寸六分，天径之半而地上去天之数也。倍是，得十六万二千七百八十八里六十一步四尺七寸二分，天径之数也。以周率(142)乘之，径率(45)约之，得五十一万三千六百八十七里六十八步一尺八寸二分，减《甄曜度》、《考异邮》五十五万七千三百一十二里有奇。一度凡千四百六里百二十四步六寸四分十万七千五百六十五分分之万(九)〔八〕千(四)〔八百七〕十九，减旧度千五百二十五里二百五十六步三尺三寸二十一万五千一百三十分分之十六万(七)

〔六〕百(三十)〔七十八〕。

依之可作图 4-1。由图则有：

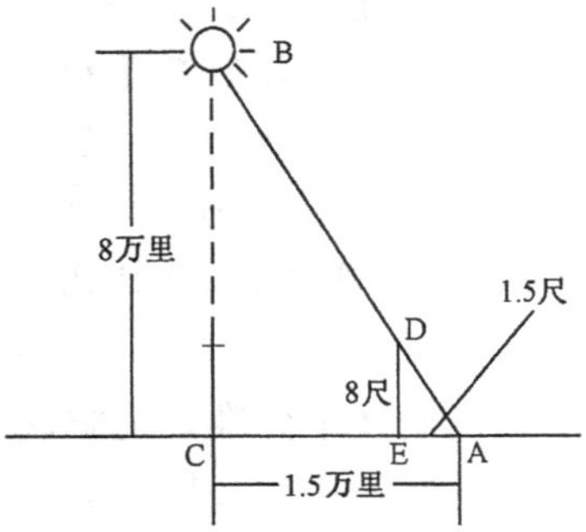

图 4-1　王蕃天径推算法示意图

AE/DE＝AC/BC。AE＝1.5 尺，DE＝8 尺，AC＝1.5 万里。于是，BC＝8 万里。

天径之半(AB)为：

$\sqrt{8\times8+1.5\times1.5}$＝81394 里 30 步 5 尺 3 寸 6 分

天径(2AB)为 162788 里 61 步 4 尺 7 寸 2 分

周天之里数(F)为：

$(142/45)\times2\times AB$＝513687 里 68 步 1 尺 8 寸 2 分

以此减《雒书·甄曜度》等的周天里数($1071000-F$)＝557312 里有奇

《晋书·律历志中》指出："中常侍王蕃以(刘)洪术精妙，用推浑天之理，以制仪象及论。"即已知刘洪乾象历一周天为 215130/589 度，则一度之里数(G)为：

$F\times589/215130$＝1406 里 124 步 6 寸 4 又 18879/107565 分

以此减旧度之里数得：

$1071000\times\dfrac{589}{215130}-G$＝1525 里 256 步 3 尺 3 寸又 160678/215130 分

以上引文数据有少许错误，应据此计算结果改正。

王蕃所定天径要较《雒书·甄曜度》等所说天径大约缩小了一半。这是中国古代明确说明测算天径的方法及所得结果的最早记述，这较前人的传说或主观的臆度，自然是一种进步。不过，考察其测算方法，却无可称道。由图 4-2 可知，王蕃的测算方法引进了一系列不正确的假设：如日影千里差一寸；大地为平面；以太阳为观测对象，将夏至时太阳与观测者的距离同天径之半等量齐观，等等。现在我们知道，王蕃所提及的日影测量的真实情况应如图 4-1 所示，将图 4-2 与图 4-1 比较即可知，图 4-1 是图 4-2 的变形，AE/DE≠AC/BC，AC≠AE，更何况太阳与地的距离不等于天径之半，日影千里不止差一寸，等等，也就是说王蕃引进的假设造成了严重扭曲的后果，其计算的方法和结果都是错误的。

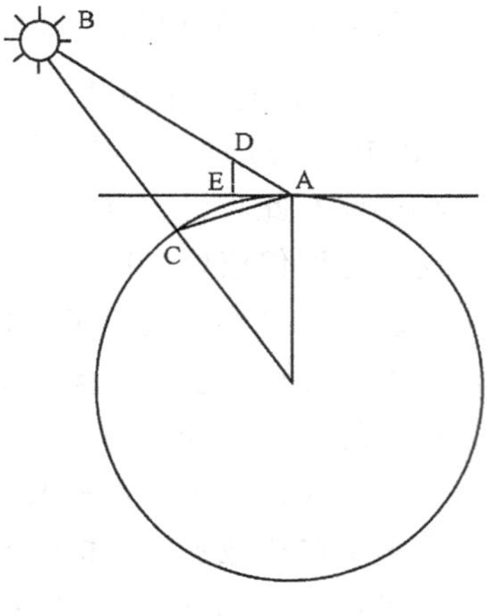

图 4-2　王蕃天径推算法的弊病示意图

在《浑天象说》中，王蕃还把阳城为地中的观念明确引入浑天说中。此外，他不同意陆绩关于天为鸟卵形的观点，以为天乃是正圆球形的。

王蕃也曾制作了一具浑象。他认为"古制(以二分为一度)局小，星辰稠穊，(张)衡器(以四分为一度)伤大，难可转移，更制浑象，以三分为一度"①，自以为得其中。

在东吴一代，有陆绩主浑天说于前，以儒家之说修饰之；又有王蕃倡之于后，应用浑天说对有关天象作明晰的解说。他们都有浑象之作。在王蕃稍后，还有陈卓亦申浑天说，他"所作《浑

① 李淳风：《晋书·天文志上》。

天论》与王蕃大同。”[①] 可见,浑天说在东吴备受青睐,陆绩、王蕃、陈卓前后相继的论述,对于浑天说的进一步普及起了重要的作用。

二　姚信昕天说

如果说陆绩、王蕃所申明的浑天说都回避了其中关于天地稳定性问题的论述,那么,东吴太常姚信则大不满意张衡浑天说中对于这个问题的观点,基于此,姚信对张衡浑天说作重大的改造,提出他的昕天说。

姚信指出:

若使天裹地如卵含鸡,地何所倚立而自安固?若有四维柱石,则天之运转将以相害;使无四维,因水势以浮,则非立性也。若天经地行于水中,则日月星辰之行不得其性。是以两地之说,下地则上地之根也,天行乎两地之间矣。[②]

他认为,地何以不坠不陷是天地大型结构理论要着重考虑的问题。他既不同意古老的地依靠四根柱石支撑而不坠的神话传说,因为,如果有四根柱石的存在,势必妨碍天在地下的正常运转;他也不同意张衡的地浮于水中,日月星辰穿地下之水而过、周而复始的论说,因为地的密度大于水,若地在水中,必下沉无疑,无浮于水上之理,即便勉强处于水中,也势必东摇西荡,漂浮不定,此即所谓“非立性也”;至于日月星辰穿水而行也是不可想像的,首先,至少太阳是一团大火,水火自不可相容,其次,水虽然没有像柱石那样不可穿越,但其阻力也不能低估,此即所谓“不得其性也”。总之,他认为要使天以及日月星辰从地下绕行而过,地下就必须留有足够的空间,也就是说,天及日月星辰应该是经过地下的空间作周而复始的圆周运动。既要如此,又要不致因为地无所依托而下坠,姚信提出了“两地之说”。他认为人们所居住的地称做“上地”,在其下还有一个“下地”,两者之间隔着宽阔的空间,天及日月星辰则围绕“上地”作圆周运动,可以通畅无阻。可是,“下地”是经由什么样的机制来承托“上地”?“下地”又依靠什么来承托而不致下坠?对于前一个问题,姚信只是含糊其辞地说:“下地则上地之根也”,并未作明确的回答。质其意,姚信大约是认为,“上地”和“下地”之间有一根根细的支撑物相连,其状况可示如图 4-3。而对于后一个问题,姚信可能认为,“下地”是无比深厚的,也就是认同了宣夜说的观念。当然,不管姚信认为两地之间是由多么细的一根支撑物来维系,它也势必与四维柱石一样,妨碍天的正常运转,虽然它可能避开日月星辰的通道。此外,人们也许还要问:仅仅靠这么细的一根支撑物能维持“上地”的稳定吗?这就是说,姚信充其量只是尽量减少支撑物的妨碍作用,而在本质上仍与四维柱石说没有区别。不过,姚信此说自然不是一无是处,他的基本出发点是,在地底下不应有水,而应有宽阔的空间,这一点则是十分重要的理念,虽然他还没有找到合理地说明这一理念的具体机制。从中,我们看到了古人在试图纠正张衡浑天说重大缺欠的过程中,所经历的

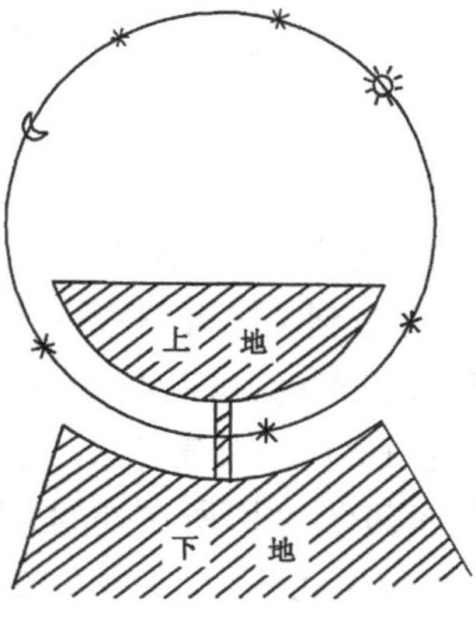

图 4-3　姚信两地说示意图

① 瞿昙悉达:《开元占经》卷一。
② 李昉等:《太平御览》卷二。

艰难道路。

姚信又指出:

人为灵虫,形最似天。今人颐前侈临胸,而项不能覆背。近取诸身,故知天之体南低入地,北则偏高。又冬至极低,而天运近南,故日去人远,而斗去人近,北天气至,故冰寒也。夏至极起,而天运近北,故斗去人远,日去人近,南天气至,故蒸热也。极之高时,日行地中浅,故夜短,天去地高,故昼长也。极之低时,日行地中深,故夜长,天去地下,故昼短也。①

尝览《汉书》云:冬至日在牵牛,去极远,夏至日在东井,去极近。欲以推日之长短,(姚)信以太极处二十八宿之中央,虽有远近,不能相倍。②

这是姚信对于夏热而冬寒以及昼夜长短变化等天文气候现象的解释,为此,他建立了他的天文模型。

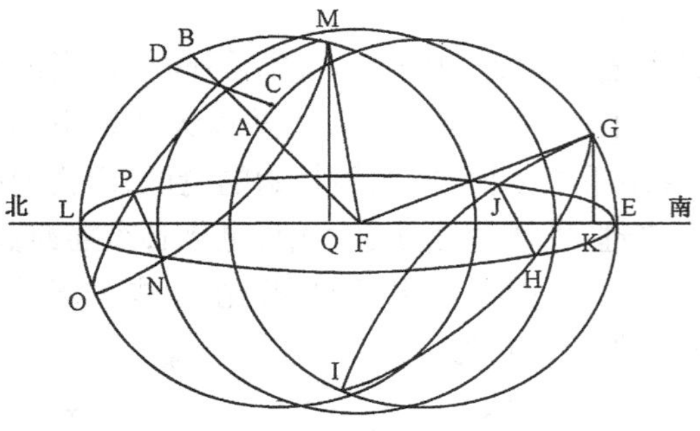

图 4-4　姚信冬夏冷暖及昼夜长短示意图

他认为人乃是天之骄子,所以,人的形态应与天最为相似。这一观念自汉代以来相当流行,姚信正以此立说。由此出发,他以为人的头是圆的,天也是圆的;人头与身子通过颈项相联系,可以作向前俯到胸、而不可以作向后仰到背的运动,于是,他认为天亦在作类似的活动,可以"南低入地,北则偏高",即以为天以一年为周期,沿子午圈作有限度的仰俯运动。如图 4-4 所示,在冬至时,天北仰到最低处(从 C 到 A),天运行到南端(E),这时炽热的太阳离人远(FG),带寒气的北极附近的北斗距人近(AF),故天寒地冻。也正在此时,北极随天转到最低处(从 C 到 A),太阳行过地下的路径长(HIJ),太阳所在处的天离地近(GK),所以,夜长而昼短;在夏至时,可南俯到最高处(从 D 到 B),天运行到北端(L),这时太阳离人近(FM),北斗距人远(FB),故天气炎热。也正在此时,北极随天转到最高处(从 D 到 B),太阳行过地下的路径短(NOP),太阳所在处的天距地远(MQ),所以,夜短而昼长。

姚信还认为,在一年之中,太阳离北极有远有近,在冬至与夏至之间,太阳同北极的距离或自远及近、或自近及远,这种远近的变化有一定的限度,"不能相倍"。这里"倍"应作"背"解,即不能相背离,不能离北极太远太近。

综上所述,姚信天地结构的模型应是:地分为"上地"和"下地",两者之间有一根很细的支撑物相连。"上地"是圆平面向上的半球体,人居于"上地"平面的中央部位。日月星辰附着于天上,可以通过两地之间的通道出入于"上地"之下。天绕南北极轴每日自东向西旋转一周(这样可以解释日月星辰的东升西没);同时,天还沿南北方向平移,太阳亦在天上作南北运动,两者都从夏至到冬至向南,冬至时移动到最南端,从冬至到夏至向北运动,夏至时移动到最北端,如此往复不已(这分别可以使冬至时太阳离人远、北斗离人近,夏至时则相反,可解释太阳在一年中高度的变化以及冬夜长昼短、夏夜短昼长等);又同时,天的极轴还沿南北方向作俯仰运

① 李淳风:《晋书·天文志上》、李淳风:《隋书·天文志上》。

② 沈约:《宋书·天文志一》。

动，从夏至到冬至向北仰，到冬至北仰至最低处，从冬至到夏至向南俯，到夏至南俯至最高处，如此亦往复不已（这可以使北极高度保持不变）。

显然，姚信是对浑天说关于冬寒夏热的解释很不满意，而从太阳离人远则寒，离人近则热的观念出发，又设想北斗带有寒气，北斗近人则寒，远人寒气少则热，以充其说。这样，姚信就不得不让天作如此繁杂的复合运动，即便如此，他还是不能自圆其说。譬如，依其说，冬至时，太阳离地应近，即应热；夏至时，太阳离地应远，即应寒，对此，姚信则避而不谈。真所谓顾此失彼、弃简就繁。应该说姚信对浑天说的这一番改造是极不成功的。

昕天说的“昕”是拂晓、日将出时之意，以此命名该说，令人费解。梁代萧子显就已指出：“此说应作‘轩昂’之‘轩’，而作‘昕’，所未详也。”① 轩昂乃高扬貌，这同姚信所论天之俯仰颇符合，萧子显之说似有道理，所以古代有人则称其为轩天说。而昕天说之名，始自东晋虞喜，约定成说。

三　虞耸兄弟穹天说

虞翻（164～233），字仲翔，会稽余姚（今浙江余姚）人。东汉末年，会稽太守王朗命为功曹，后归孙策，亦任功曹，又为富春长。东吴孙权时，任骑都尉，数犯颜谏争，性不协俗，多遭谤毁，徙丹杨泾县（今安徽泾县），又徙交州（今广西钦州、广西雷州半岛一带）。虞翻学问广博，“兼知医术”，是当时知名的经学家。他出身于书香门第，他说他家中“最有旧书，世传其业，至臣五世。”他还以著书讲学为务，在交州“虽处罪放，而讲学不倦，门徒常数百人”。虞耸兄弟正是出生于这样的家庭之中。

据《太平御览·卷二》记载，虞翻的第八子虞昺（一说第四子虞汜）作穹天说（权称之为第一次穹天说），其文有：“天形穹隆如笠而冒地之表，浮元气之上，譬覆奁以抑水而不没者，气充其中也。日绕辰极，没西（南）而还东，不入地中也。”

《晋书·天文志上》和《隋书·天文志上》均载有虞翻的第六子虞耸的第二次穹天说：

> 河间相虞耸又立穹天论云：天形穹隆如鸡子，幕其际，周接四海之表，浮于元气之上。譬如覆奁以抑水而不没者，气充其中故也。日绕辰极，没西而返东，不出入地中。天之有极，犹盖之有斗也。天北下于地三十度，极之倾在地卯酉之北亦三十度，人在卯酉之南十余万里，故斗极之下不为地中，当对天地卯酉之位耳。日行黄道绕极。极北去黄道百一十五度，南去黄道六十七度，二至之所舍以为长短也。

从第一和第二穹天说的可比之处看，两者的区别在于：

一个是天形如笠，一个是天形如鸡子。前者与《周髀算经》盖天说的“天似盖笠”的说法相同；后者则借用了浑天说的“天如鸡子”的概念，但又从中砍了一刀，剩下半个鸡子。

一个是天覆盖于地之上，一个是天浮于四海和元气之上，地也浮于海上。前者与周髀家盖天说的天地相互承接的说法相同；后者则借用了浑天说的天地均浮于水、气之上的概念。

而两者的共同之处则有：天在上，地在下，天并不绕到地底下去，这是盖天说的基本特征。两者都试图给盖天说的天地结构之所以不坠不陷一个物理的解释，因为在天之内充满了元气、天又有地或水承托，所以是稳定的。后者还涉及地之所以不坠不陷的载体问题，是从当时流行的浑天说那里借用来的。

---

① 沈约：《宋史·天文志一》。

第二次穹天说还吸收了一些浑天说的语言和概念，如说"极之倾在地卯酉之北亦三十度"，同王蕃在《浑天象说》中的"北极出地三十六度"① 之说相似，只是把三十六度改为三十度，这更接近东吴的都城建业（今江苏南京）一带北极出地高度的实际情况。而且由此，虞耸还否定了盖天说极下为地中的观念。又如，它还采用了浑天说日行黄道的概念，与《周髀算经》盖天说日行七衡六间的说法全然不同。虞耸也由此来解释昼夜长短变化等现象，与王蕃所作的解释相同。

虞家兄弟活动的年代值东吴、西晋之际，此时的太史令陈卓则力主浑天说，已如前述。也在此时，曹魏、西晋之际的民间学者杨泉则主宣夜说，西晋早年的学者刘智则主张对浑天说作必要的改进，下面，我们就来介绍他们的见解。

四 徐整与开天辟地说

东吴徐整著有《三五历纪》一书，现在我们可见其中有这样两段论说：

> 未有天地之时，混沌状如鸡子，溟涬始牙，濛鸿滋萌，岁在摄提，元气肇始。②
>
> 天地混沌如鸡子，盘古生其中，万八千岁，天地开辟，阳清为天，阴浊为地。盘古在其中，一日九变，神于天，圣于地。天日高一丈，地日厚一丈，盘古日长一丈，如此万八千岁，天数极高，地数极厚，盘古极长。后乃有三皇。数起于一，立于三，成于五，盛于七，处于九，故天去地九万里。③

徐整把元气肇始以前的混沌状态比作鸡卵状，曹魏的宋均也曾说："浑浑沌沌，鸡卵未分也"④，其意相同，可见，这是当时中国的南北方都在流行的观念，应与张衡关于"浑天如鸡子"的理论密切相关。他认为元气肇始之年岁在摄提，这则应是受了《尚书·考灵曜》之说（见第三章第十节）的影响，只是徐整并不认为其年是天地分离之始而已。

他还认为，在天地未分之前，就有神灵盘古生于状如鸡卵的混沌之中，而且这种状态经历了 18000 年。之后，才开始了天地开辟的过程，天在上，地在下，盘古则在天地之间，极尽变化之能事，比天地还要神圣。天与地的分离，除了其阳清或阴浊的自然属性起作用之外，盘古在其中还起着极重要的支撑作用。他又认为，天、地和盘古自身皆日长一丈，如此亦经历了 18000 年，才终止了天地分离的过程，随后才有三皇五帝的出现。若一年以 365.25 日计，1 里等于 180 丈，则天之高、地之厚和盘古之长均应等于：$18000 \times 365.25/180 = 36525$ 里。而徐整又以天地之数推论说，天地应相距 90000 里，致使前后自相矛盾。或许徐整是将前一种传说和后一种推论漫不经心地堆积在一起，才造成了前后不一的状况的。此外，仅依这两段论说看，在完成了天地开辟后，天地之间还横亘着一个其大无比的盘古，这当然是个令人费解的问题。或许在《三五历纪》的其他论述中，对此会有适当的解说，可惜已无由得知了。

有趣的是，在梁代任昉的《述异志·卷上》中，我们却看到了弥合这一问题的记述：

> 盘古氏之死也，头为四岳，目为日月，脂膏为江海，毛发为草木。秦汉间俗说，盘古氏头为东岳，腹为中岳，左臂为南岳，右臂为北岳，足为西岳。先儒说，盘古氏泪为

---

① 李淳风：《晋书·天文志上》。

② 李昉等：《太平御览》卷一。

③ 欧阳询：《艺文类聚》卷一。

④ 萧统：《文选》卷十二，郭璞《江赋》注引。

江河，气为风，声为雷，目瞳为电。古说盘古氏喜为晴，怒为阴。吴楚间说盘古氏，夫妻阴阳之始也。

这是说，充塞于天地之间的盘古原本长成人的模样，后来是尸解了，其身体的不同部位或其喜怒哀乐分别化解为天上的日月、地上的山岳、江海、草木、风、雷、电、阴晴及至人类。这类传说由来已久，自先秦以来，在不同的年代与地域虽有不同的说法，但有一点却是共同的，即如任昉所言："盘古氏天地万物之祖也"，这正是这些传说所传达的基本观念。

徐整所记述的盘古开天辟地说，是中国古代天地万物神创说的一个经典性论说，长期为一般人津津乐道，其影响是深远的。

五 杨泉宣夜说

杨泉，字德渊，梁国（今河南商丘南）人，三国时，此地应属曹魏。他一生不仕，以著述为务。采集秦汉诸家之言，研究天文、地理、医学、农学、工艺等各类学问，撰著《物理论》十六卷及《太玄经》、《文集》等，可惜均已散佚。今传《物理论》仅一卷，由之可见他的若干思想与见解。他写道：

夫地有形而天无体，譬如火焉，烟在上，灰在下也。

元气皓大，则称皓天。皓天，元气也，皓然而已，无他物焉。

这是对宣夜说"天了无质"所作的形象表述，认为天并无形体可言，同烟火一样飘渺在上，而地就像灰烬一样聚集在下。"皓"乃白而明亮之貌，认为天只是白而明亮、又广大无垠的元气而已，除此之外，什么也没有。这与宣夜说所言天"高远无极"、并充满了气的论说，异曲同工。他又写道：

天者，旋也、均也，积阳纯刚，其体回旋，群生之所大仰。

这里，杨泉又认为天是在不断旋转着的，与宣夜说认为天静止不动的观念有所不同。从天为"群生之所大仰"的说法看，"其体回旋"大约只能理解为天是在地之上作不断的回旋运动，这与浑天说所认为的天绕地作回旋运动也有所不同。所谓"均也"，是说元气在天的各处分布均匀。而所谓"积阳纯刚"，是说天的属性是阳和刚，大约是相对于地的属性阴和柔而言的。这一说法则是古代一种传统的观念。他还写道："立天地者，水也；成天地者，气也。" 这一句说的是天地均由元气所构成、所形成，前一句是说天地都因水的承载而得以稳固、不致坠陷。这些观念与张衡浑天说并无不同。

综观杨泉的这些论述，他应是一位宣夜说论者当无疑问，但他也吸收了若干浑天说的观念对宣夜说作某些改造。由中，我们又看到浑天说的难以阻挡的影响。

六 刘智浑天说

刘智，字子房，平原高唐（今山东平原）人。少贫苦，"每负薪自给，读诵不辍"，自曹魏至西晋间，先后任"中书黄门吏部郎，出为颍川太守"，又"入为秘书监，领南阳王师，加散骑常侍，迁侍中、尚书、太常"①。《开元占经·卷一》记载："晋侍中刘智《论天》曰：……"，由之，我们可知刘智的有关见解。他反对盖天之说，指出：

盖天之论谬矣，以春秋二分日出卯入酉，若天象车盖，极在其中，日月星辰回环藏

① 房玄龄等：《晋书·刘寔传》。

明，二分之时当昼短夜长，今以漏刻数之，则昼夜分等，以日（出）入较之，则出卯入酉，此盖天之说不通之验也。

这里说的正是西汉扬雄难盖天8事中的第2难。刘智赞同浑天说的诸多重要观点，指出："浑仪象天之圆体以含地方，轮转周匝，中有二端，其可见者极星是也，谓之北极，在南者在地下不见，故古人不名。""浑仪也，象天体亦以极为中，而朱规为赤游周环，去极九十一度有奇，考日所行，冬夏去极远近不同，故复画为黄道，夏至去极近，冬至去极远，而分之际，交于赤道。"这些无疑是当时浑天说的标准说法，是刘智认为确实无误者。

可是，刘智却不同意张衡浑天说天可运行于水中的观念，而赞成一种经改造的浑天说理论："浑仪以天裹地，地载于气，天以回转而日月出入以为晦明。"这是一种十分重要的论说，认为地是在天之内，天包裹着地，这与张衡浑天说还是相同的，但极关键之处在于，又认为在天地之间，是充满了气，地则依靠气的承载而悬浮于天之内，摈弃了张衡浑天说地浮于水之上的观念，而也就给天及日月星辰绕地而行的浑天说基本观点的合理性提供了很好的说明，开启了浑天说自我完善的先声。这又是一种十分大胆的论说，它吸取了汉代以来不为多数人所认可的地在气中的思想，用于对浑天说的改造，这是需要胆识的。

在这一新浑天说中，地体还是相当大的，这由刘智以下的论述可知其大概：

凡光之所照，光体小于所蔽，则荫大于本质。今日以千里之径，而地体蔽之，则暗虚之荫将过半矣。星亡月毁，岂但交会之间而已哉。

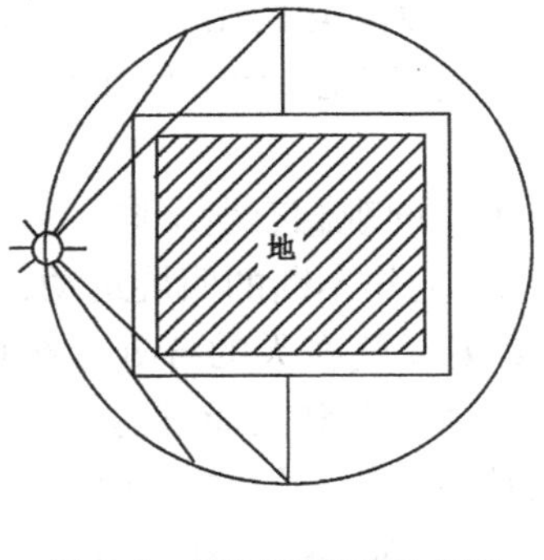

图4-5　刘智浑天说示意图

这里，刘智以光线直进原理，以及光源、物体和该物体所生成的阴影三者之间的大小关系，来推想以太阳作为光源照射地体时，地体所生成的阴影（暗虚）的状况。他指出暗虚的大小将要超过半周天，如果再虑及刘智前已提及的"地方"之说，我们可以推知该新浑天说认为地体的直径当不小于天的直径的一半（如图4-5）所示，内正方形表示当暗虚等于半周天时的地体，这时地径正等于天径的一半。显然，刘智认为地体就是这样巨大，他认为在这种情况下，地体的阴影总是遮掩着半个周天以上，所以，传统的月受日光说和暗虚蔽月而生月食说自难以成立。于是，刘智转向应用阴阳说来对之进行解释：

夫阴含阳而明，不待阳光明照之也。阴阳相应，清者受光，寒者受温，无门而通，虽远相应，是故触石而云出者，水气之通也，相响而相及，无远不至，无隔能塞者。至清之质，承阳之光，以天之圆，面向相背、侧正不同，光魄之理也。

他认为，月亮的光亮并不是阳光直接照射而生的，而是月亮上的"至清之质"，受阳气的感应而生光亮，这种感应是"无远不至，无隔能塞"的，就像水气可以绕过石头一样，是无可阻挡，无处不通的。而月相的变化则是月亮所处方位不同所致。关于月食，刘智则以为："当其冲月食者，阴性毁损，不受光也。……阴在于上，不自抑损，阳必侵之，望在交度，其应必食。"这里，刘智对于月食的必要和充分条件作了明确的论述，但对于月食的具体机制，则以阴损阳侵的阴阳说或自损说加以解释（其中，自损说大约是受到东汉王充之说的影响）。

这就是说，由于新浑天说中的地体过大，迫使刘智在解说月光的由来和月食时，回到阴阳说或自损说的旧说上去，这自然是一种倒退的表现。当然，刘智的这一失误是浑天说理论的另一大缺欠——地体过大所造成的。也许大多数浑天家并不同意刘智的这些解说，又不能不面对刘智提出的挑战，后来，一些浑天家开始考虑缩小地体的尺度的问题，就与应对刘智所提出的挑战不无关系。

第四节　两晋时期论天各家

一　虞喜安天说和《列子·天瑞》中的宣夜说

以上三小节，我们讨论了三国（主要是东吴）到西晋早期的论天各家说，其中陆绩、王蕃的浑天说是对张衡浑天说的申述，可称之为正统浑天说；姚信的昕天说是试图对浑天说的天地结构合理性与稳定性进行改造，但在解释有关天象时则误入歧途；虞耸兄弟的穹天说则采浑天说的若干论说以固盖天之说，浑天说所存在的理论缺欠应是他们坚持盖天说的主要原因；我们还看到其时宣夜说也并不沉寂，虽然它也受到浑天说的影响，发生了某些变异。而到东晋时期，宣夜说又起，呈现十分活跃的态势。下面就来介绍这一情况。

（一）虞喜安天说

虞喜（281～356），字仲宁，会稽余姚（今浙江余姚）人。据《晋书·儒林传》载：他乃是"光禄（虞）潭之族也。父（虞）察，吴征虏将军。"又据《三国志·吴书·虞翻传》注引《会稽典录》和《晋阳秋》称：虞忠之子名虞谭，"仕晋，历位内外，终于卫将军，追赠侍中左光禄大夫。"由之可知，虞潭即是虞谭，虞翻的第五子虞忠实是虞喜的曾祖父，第二次穹天说的作者、虞翻的第六子虞耸是为虞喜的叔曾祖父。虞喜自"少立操行，博学好古"，终生不仕，"岁寒不移，研精坟典"，"博闻强识，钻坚研微有弗及之勤，处静味道无风尘之志，高枕柴门，怡然自足"，是一位志行高洁、专心向学、勤奋钻研的学者。他有"注述数十万言，行于世"，可谓成绩斐然，其中有"安天论，以难浑（天）、盖（天）。"①

东晋成帝成康年间（335～342），虞喜在对盖天、浑天、宣夜三家之说做了一番考察以后，认为盖天和浑天之说均不可信，惟宣夜之说可靠有据，他恐"宣夜之法绝灭，有意续之"。他"近见姚元道（即姚信）造昕天说，又观族祖河间（即指虞耸）立意穹天"，也以为"鄙意多"②，于是提出了新说，这就是安天说。

> 天高高于无穷，地深深于不测。天确然在上，有常安之形；地魄焉在下，有静居之体。当相覆冒，方则俱方，圆则俱圆，无方圆不同之义。其光耀布列，各自运行，犹江海之有潮汐，万品之有行藏也。③

这是安天说的核心论点。虞喜认为天高高在上、高远而不可穷极，并且安静不动，即所谓"有常安之形"，也就是安天说之名的由来；他又认为地是有质地之体，安静地居于天之下，其深厚亦不可穷极。这是对郗萌-黄宪宣夜说的明确申述。虞喜似乎认为只有这样，才可以一劳永逸地解决天地稳定性的问题。盖天说和浑天说主张天是半球形（或球形）、地是方形（或带有一定曲率的有限形体），两者又相互依托（或天包地外），这在虞喜看来是完全不可能的，他大约认

① 以上均见房玄龄等：《晋书·儒林传》。
② 李昉等：《太平御览》卷二。
③ 李淳风：《晋书·天文志上》、李淳风：《隋书·天文志上》、李昉等：《太平御览》卷二。

为方圆两者是不可调和的，要么天地都是方形的，要么都是圆形的，才可以相互依托或包裹。虞喜还认为只有日月星辰在运动着，它们的分布在浩渺的虚空之中，其运动依循各自不同的固有规律，这就像潮汐的涨落和万物用之则行、舍之则藏的秉性一样，是自然而然的、有一定的规律可循的。这里强调了日月星辰运动的存在各自固有的规律性，并作了一般性的论述，对于宣夜说没有作更多实质性的推进。

在《太平御览》卷二中，我们还可见安天说的如下论述：

浑盖之家，依《易》立说，云天运无穷，或谓浑然包地，或谓浑然而盖。愚谓若必天裹地，似卵含黄，则地是天中一物，圣人何别名而配天乎？

或难曰：《周礼》有方圜之丘祭天地，则知乾坤有方圜体也。答曰：郊祭大报天而主日配，日月形圜，丘似之，非天体也。方者别之于天，尊卑异位，何足怪哉。

古之遗语，日月行于飞谷，谓在地中也。不闻列星复流于地，又飞谷一道，何以容此。且谷有水体，日为火精，水炭不共器，得无伤日之明乎？

这些是虞喜对浑天说和盖天说的责难。他指出，浑天说和盖天说主张天运行不止，只是以《周易·乾卦》“天行健”等的说法为依据的。这是一种先入为主的论证方法，他不惜否定《易经》的可信性来证明他所主张的天是静止不动的可靠性。反过来，他又以遵从圣人之说的面目出现，认为既然圣人已给天地分别命名，地就不应该是天中之一物，天就不应该包裹地。当有人举出另一部儒家经典《周礼》之说以证天圆地方说时，虞喜则狡辩说，圆丘是比拟于圆形的日、月的，而不是与天相比拟；方丘固然是与地相比拟，但也不是就其形状而言，却是从天尊地卑的角度立意的。这些论述都是苍白无力的，甚至可以说是反复无常、不可理喻的。倒是第三段引文还值得注意：首先，他提及了一种经改造的浑天说，该说认为，天以及日月星辰可经由地中的“飞谷”绕行而过，这似较天以及日月星辰可穿地而过的旧浑天说、可入水而过的张衡浑天说都要合乎情理些。其次，他对该说提出了批评，认为此说也不足以挽回浑天说的不合理性，因为即使有“飞谷”存在，“飞谷”中不能没有水，而太阳是一团大火，水火不相容，必损伤太阳之体，更何况“飞谷”狭窄，如何容得满天星斗顺利通过！这些批评大体上是合理的、有说服力的。其实，所谓“飞谷”是否存在更大可怀疑，这只是一些浑天说论者异想“地”开的想当然的猜测，浑天说存在的理论缺欠，迫使他们出此下策，以图补救，但还是无济于事。“飞谷”之说实事出无奈，此说很可能就是上述姚兴两地之说的前身，在两地之间留出的空间自然要比“飞谷”宽阔得多，但也还是于事无补(已见前述)。

质言之，虞喜确实是看到了当时的浑天说和盖天说存在的理论缺欠，而转向宣夜说的，但他的安天说也没有提出什么令人信服的论据，对诸多天文现象也未作任何具体的、必要的论述，对浑天说和盖天说的批评又多软弱无力，其安天说对于宣夜说仅有小补而已。

(二)《列子·天瑞》中的宣夜说

在《列子》中，对于宣夜说有相当精彩的论述。在《汉书·艺文志》中著录有《列子》8 篇，传为战国时期列御寇所撰，早佚。今本《列子》8 篇可能是魏晋时人的托名伪作，但其中大约有列御寇当年的论说，更多的应为后人补充的。《列子·天瑞》写道：

杞国有人，忧天地崩坠，身亡所寄，废寝食者。又有忧彼之所忧者，因往晓之曰：天积气耳。亡处亡气，若屈伸呼吸，终日在天中行止，奈何忧崩坠乎？其人曰：天果积气，日月星宿不当坠邪？晓之者曰：日月星辰亦积气中之有光耀者，只使坠，亦不能有所中伤。其人曰:奈地坏何?晓之者曰:地积块耳,充塞四虚,亡处亡块,若躇步跐蹈,终日在地上行止,奈何忧其坏。其人舍然大喜,晓之者亦舍然大喜。

这就是著名的杞人忧天的故事。其中为杞人解忧的晓之者所说的道理是:天并不是有形质的东西,而仅仅是充满了气的虚空,气在无边无垠的虚空中不停止地作有规律的运动,所以不必担忧它会崩坠。日月星辰也是由气积聚而成的,它与天不同之处仅在于气密集而且有亮光,即便下坠,也只是一团气而已,不会对人有所伤害。地则是由有形质的东西积聚而成的,它充塞了天以下的所有空间,是无比广大深厚的,即使人在地上不停地运动,也不必担忧它会坠陷。此番议论对宣夜说作了十分生动的阐述,杞人由是以为可以高枕无忧了,晓之者也颇得意于自己的论说,两者皆大欢喜。有长庐子者,"闻而笑之",曰:

夫天地空中一物也,有中之最巨者,……忧其坏者,诚为大远,言其不坏者,亦为未是,天地则不得不坏,则会归于坏,遇其坏时,奚为不忧哉!

长庐子显然比晓之者站得更高、看得更远。他认为日月星辰以及地固然是其大无比的,可是对于广阔无垠、高远无所极的虚空而言,它们也还仅仅是很细小的物体,只是"空中一物"而已。天地既是物,就不可避免地遵循发生、发展以至于消亡的规律,所以它们一定会有毁坏的一日,只是其毁坏的时日当在很久很久以后,而到毁坏的时日临近,又不得不忧心忡忡。

《列子·天瑞》继续写道,列御寇对晓之者和长庐子的上述议论作了这样的评论:

言天地坏者亦谬,言天地不坏者亦谬。坏与不坏,吾所未能知也。虽然彼一也,此一也,……坏与不坏,吾何容心哉!

他对前两者之说均予否定,但也说不出反对的理由来,而以一种不可知的态度自我解嘲。

二 葛洪对盖天说的批评和对张衡浑天说的辩护

葛洪(283~343),字稚川,列号抱朴子,丹阳句容(今江苏句容)人,家贫而好学,精研五经,不入仕途,又深究炼丹、神仙方术,兼攻医术,潜心于修行著述,作《抱朴子》、《神仙传》、《玉函方》、《肘后备急方》等,在炼丹术、道教理论、中医药学等领域都有重大贡献,是当时著名的学者。在天文学方面,葛洪也有所研究,对盖天说的责难和对张衡浑天说的情有独钟,便是他的天文学思想的反映。在《晋书·天文志上》和《隋书·天文志上》都载有他的有关论述。

葛洪力数盖天说之非,除了引述两汉之际桓谭难盖天说的理由(见第三章第九节)之外,他又提出了以下 7 事以难之:

(1)"日光既盛,其体又大于星多矣。今见极北之小星,而不见日之在北者,明其不北行也。"太阳的光亮和形体看起来都比星星亮得多、大得多,如果依盖天说,太阳在夜间是转到北方去,那么,为什么在夜间可以见到北方的星星,却见不到太阳呢?

(2)"若日以转远之故,不复可见,其北入之间,应当稍小,而日方入之时乃更大,此非转远之征也。王生(指东汉王充)以火炬喻日,吾亦将借子之矛以刺子之盾焉。把火之人去人转远,其光转微,而日月自出至入,不渐小也。"若依盖天说,日入是因为太阳离人渐远的结果,那么,此时太阳应该渐渐变小,这正像举着火把的人远去的时候,我们一定看到火把渐渐变小。可是,真实的情况却是,日入时,太阳不是渐渐变小,而是变大了,这怎么会是太阳离人渐远的表征呢?

(3)"又日之入西方,视之稍稍去,初尚有半,如横破镜之状,须臾沦没矣。若如王生之言,日转北去有半者,其北都没之顷,宜先如竖破镜之状,不应如横破镜也。”如果日入时,太阳是向北运动,人们应该先看不见日面靠北的部位,总要看到像从上到下破开的半面圆镜(竖破镜)一样的太阳面。可是,我们看到的总是像从左到右破开的半面圆镜(横破镜)一样的太阳面,这怎么会是其时太阳向北运动的表征呢?

(4)“又今视诸星出于东者,初但去地小许耳。渐而西行,先经人上,后遂西转而下焉,不旁旋也。其先在西之星,亦稍下而没,无北转者。……今日出于东,冉冉转上,及其入西,亦复渐渐稍下,都不绕边北去。”

(5)“今日径千里,周围三千里,中足以当小星之数十也。若日以转远之故,但当光耀不能复来照及人耳,宜犹望见其体,不应都失其所在也。”

(6)“日若绕西及北者,其光故应如月在云中之状,不得夜便大暗也。”

(7)“又日入则星月出焉。明知天以日月分主昼夜,相代而照也。若日常出者,不应日亦入而星月亦出也。”

前已述及,西汉扬雄有难盖天八事(见第三章第九节),我们不妨把葛洪在此提出的八事(包括他引述的桓谭所说的一事,令其编号为0),称作新难盖天八事。其中,0、1、2、3四难确实切中了盖天说的要害,盖天说论者似难以应对;对于4、5、6三难,似缺乏说服力,因为盖天说论者还可以用视觉的错觉或视力所不及加以辩解;而关于7难,葛洪的意思是如果日常出,星月也应该常出;如果日有入,星月也应该随之而入,即白天(日出可见时)也应可见星月,夜晚(日入不可见时)也应看不见星月。此说的前半部似无说服力,因为盖天说论者可以太阳光太亮,消隐星月为辩;而此说的后半部则与1难相类似。总而言之,葛洪的新八难还是给盖天说以新的打击,虽然并不是每一难都铿锵有力。

葛洪还是张衡浑天说的忠实捍卫者,他的论证方法之一是极力推崇张衡、陆绩等人的高明处,如依浑天说理论制作的张衡水运浑象、陆绩浑象,对于一系列天文现象可做出满意的解释,密近有验,即所谓“推步七曜之道,以度历象昏明之证候,校以四八之气(即24节气),考以漏刻之分,占晷景之往来,求形验于事情,莫密于浑象者也”。他的论证方法之二则与陆绩当年对浑天说的论证方法相似:

> 若天果如浑者,则天之出入行于水中,为的然矣。故《黄帝书》曰:“天在地外,水在天外。”水浮天而载地者也。又《易》曰:“时乘六龙”。夫阳爻称龙,龙者居水之物,以喻天。天,阳物也,又出入水中,与龙相似,故以龙比也。圣人仰观俯察,审其如此,故晋卦坤下离上,以证日出于地也。又明夷之卦离下坤上,以证日入于地也。需卦乾下坎上,此亦天入于水中之象也。天为金,金水相生之物也。天出入水中,当有何损,而谓为不可乎?

这是葛洪为张衡浑天说的天可以出入于水中之说所作的强辩。其中,以晋、明夷、需卦证日出入于地和天可入于水,是以虚证实,即是以未经证明的圣人之言作为证据;举《黄帝书》之说为证,亦属此类。在后世,葛洪在一些古人眼中成了圣人,所以,他关于天可以自由出入于水中的这些论述,在相当长的一段时间内成为替浑天说的重大缺欠辩护的托词,妨碍了浑天说的自我完善与发展。

三　姜岌对浑天说的改造

在东晋时期,除了出现葛洪这样固守天可出入水中的浑天家之外,还出现了与西晋刘智属于同一流派的、主张地在气中的浑天家,后秦姜岌便是这样的学者。

姜岌,天水(今甘肃天水)人,主要活动于后秦姚兴时(384～417),相当于东晋的后期。在《开元占经》卷一中载有姜岌的《浑天论答难》一文。文中以问答的形式回答了对于浑天说的若干责难,如:

难曰:"日曜星月,明乃生焉。然则月望之日,夜半之时日在地下,月在地上,其间隔地,日光何由得照月?暗虚安得常在日冲?"

这正是西晋刘智所曾虑及并作过回答的问题。设难者(实际上是姜岌本人)显然不同意刘智所作的回答而出此言。姜岌坚持月受日光之说,而他也认为地体是相当大的,那么,他是如何对之作出解释呢?姜岌认为:

日之曜天,不以幽而不至,不以明而不及,赫烈照于四极之中,明光曜焕乎宇宙之内,循天而曜星月,犹火之循突而升,及其光曜无不周矣。唯冲不照,名曰暗虚。盖日及天体犹满面贲鼓矣。日之光炎,在地之上,碍地不得直照而散,故薄亏而照则近;在地之下,聚而直照,故满盈而照则远。以斯言之,则日光应曜星月,有何碍哉!

即认为阳光像火的光焰一样,可以沿曲线传播,烛光呈椭圆形便是明证。在地之下的天和地之上的天的一部分,可被阳光直射自不待言,而被地体阻隔的那一部分天,虽不被阳光直射,但阳光还是可以绕将过去。而在天上,只有与日对冲的一个小区域,是日光照射不到的地点,这就是暗虚的所在(如图 4-6 所示)。姜岌的这一番解说可谓用心良苦,只是过于牵强,不足为训。他坚持月受日光说和月食乃暗虚所蔽的观念是对的,但他并未寻得正确的途径以论证这一观念。

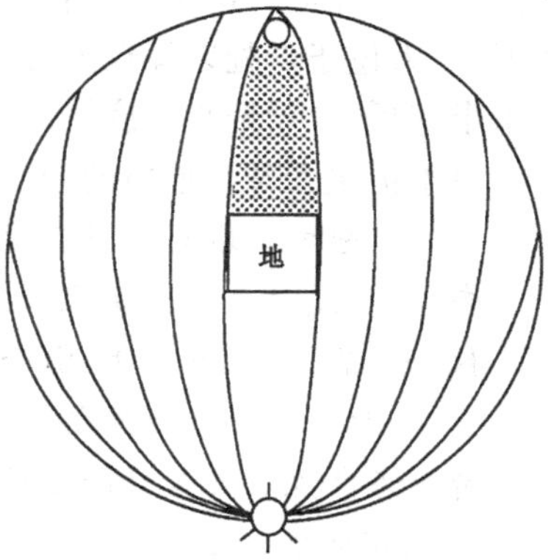

图 4-6　姜岌月受日光与暗虚说示意图

在《开元占经》卷二中还收录了姜岌的《浑天论》一文。文中姜岌把两汉之交的纬书《尚书·考灵曜》所述地有四游、升降说引入浑天说。如前所述,地有四游、升降说并无地在水中一类的假设,相反,它以为地是在空中作自由的运动。所以,姜岌把此说引入浑天说,即以地在气中取代地在水中之说,在这一点上,他与刘智的主张是一致的。

姜岌并不是简单地引进《尚书·考灵曜》之说,而是在其基础上,对之做了一番改造。关于地体的大小,姜岌大约也认为它是边长为 3 万里的正方体。他也认为天有双重天壳,外层称四表天球,其半径约为 19 万里,内层为恒星天球,它在四表天球的框架内运动。日道附着在四表天球上。地体与恒星天球都在作四游和升降运动。这些与《尚书·考灵曜》之说均同,但在以下若干问题上,则有与《尚书·考灵曜》不同的描述:

"二分之日出卯入酉,正与地上平,……然则地处天半而下也。"这是说,在春秋分时,四表天球的中心,正好与地体上表面的中心相合,这样正可符合此时太阳出于卯、入于酉的实际。而《尚书·考灵曜》则以为,此时四表中心是与地体的中心相合、地体上表面中心高出四表中心 1.5 万里，这势必不能出现日出卯入酉的情况。所以，这是一个虽然不显眼，但意义重大的改进。

关于日道在四表天球上的位置，姜岌也作了不同的描述：

天游四面(表)而止，日道与四表等，不升不降，常与四表交错。

天体旁倚，故日道南高而北下，运转之枢南下而北高，二枢为毂，日道为轮，周回运移，终则复始。北枢谓之北极，北极出地三十六度。

春分之后，日行中绳之北，故昼长而夜短，秋分之后，日行中绳之南，故昼短而夜长。

刻度既均，天度又等，与极应规谓之中绳。

即以为，日道与四表天球相交错，是固定不动的，日则沿日道往返运动，周而复始。日道又称为中绳，亦即四表天球的赤道。由于北极出地三十六度，南下而北高，于是日道也就表现为南高而北下。至于昼夜的长短变化，姜岌认为是因为日行中绳之北或之南所致。而姜岌又认为日行中绳南北，并不是太阳真的离开赤道南行或北行，而是由于地体和恒星天球的四游、升降，使得人们看到日南行或北行的视现象。他说："冬至之后，日转北移，非专日之移也，亦由天地游而南矣，故物有生而不死；夏至之后，日转南移，非专日之移也，亦由天地游而北，故物有伏而不生"，"非专四游之差，亦有地之升降"，这就明确地表述了上述观念。

关于地体的升降运动和南北运动对太阳地平高度的影响，姜岌作了专门的论述："今置浑天于地，以衡望日，地升浑上，则日去极远；地降浑下，则日去极近。远近之验，不必在于南北，亦由升降可知矣。"这是说，当地体上升，人位于高处以浑仪测日时，太阳的地平高度减小；当地体下降，人位于低处以浑仪测日时，太阳的地平高度增大。同理，当地体南移时，人距四表天球的南半部近，太阳地平高度增大，相反，地体北游时，太阳的地平高度减小。

对于恒星天球与地体的四游、升降，姜岌也给出了与《尚书·考灵曜》完全不同的描述：

二分之日道与二极应规，而天地居四游之中。春分之后，天地降而下，游西(而)南，至于夏至天游至南表而止，故视日北而高。自此以后而北，至秋分还与日应规。秋分之后，天地升而上，游而北，至于冬至则天游至北表而止，故视日卑而南。计其进退，南北不系于三万里之内。春分之后至夏至差度二十四度，除其钩弦之数，乃常南游六万余里。此盖升降之度，里则少矣。……然则旁游与外(升)降各十二度，与天地游三万里相近矣。

依此，可作图 4-7。当春秋分时，地体上表面中心(D)与恒星天球、四表天球的中心相重合。其时太阳位于日道的 A 点上，$\angle ADB = 36$ 度 $= 35.48°$，$\angle ADF = 90 - 35.48 = 54.52°$，$AD = 19$ 万里。春分之后，地体与恒星天球一起下降，同时游向南到 E 点，$\angle AEG = 54.52 + 24$ 度 $= 54.52° + 23.66° = 78.18°$。此后，地体与恒星天球一起向北、向上运动，到秋分时又回到春分时的状态。此后，地体和恒星天球一起继续向北、向上运动，冬至时抵达 C 点，$\angle ACH = 54.52° - 23.66° = 30.86°$。此后，地体和恒星天球一起转向南、向下运动，春分时又回到 D 点。如此四游、升降不已。

上引文中，春分至夏至"常南游六万里"，应指地体下降的距离而言（如果认为是向南游六万里，要达到 78.18°，地体则需上升，与"春分之后，天地降而下"不合）。设 $IG = 6.1$ 万里，由直角$\triangle ADI$ 可算知 $AI = 16.12$ 万里，$DI = 10.05$ 万里。又由$\triangle AGE$，$GE = (16.12 + 6.1) \times \text{ctg}78.18° = 7.97$ 万里，则春分到夏至，地体应南移 2.08 万里。又设 $HI = 6.1$ 万里，由直角$\triangle ACH$，$CH = (16.12 - 6.1) \times \text{ctg}30.86° = 19.01$ 万里，即秋分至冬至，地体应北移 2.89 万里。

这些大约就是姜岌所说的"与天地游三万里相近矣"的含义。由以上假设可算知 DE = 6.42 万里，CD = 6.75 万里，取其平均值约 6.6 万里，则恒星天球的半径应约为 12.4 万里。这些大约就是姜岌所说的恒星天球的南北进退"不系于三万里之内"的含义。

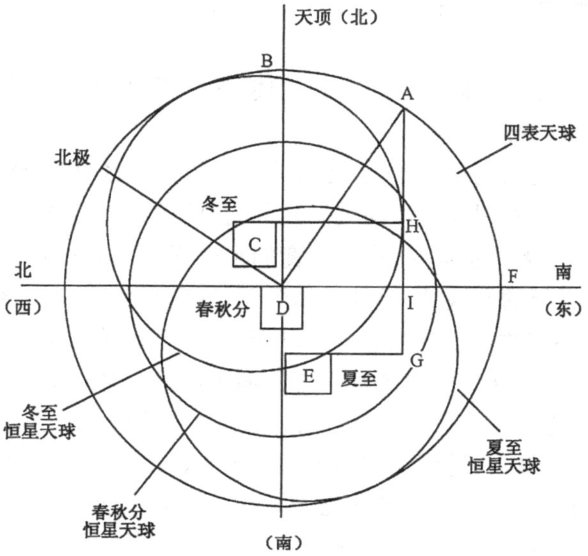

图 4-7　姜岌恒星天球与地体四游升降说示意图

由以上分析可知，姜岌天地结构与运动模型可以解释一年中太阳地平高度的变化，以及日出没方位和昼夜长短的变化。由于天地同步四游与升降，则可保持包括北极在内的所有恒星的位置恒定不变。可是，这个模型不能解释恒星位置的周年变化的现象，这是它的致命伤。而且其南北运动的设想也是错误的。应该说，姜岌模型是对《尚书·考灵曜》模型的重大改造，它坚持了地动之说，并应用了浑天说的若干数据。如果四表天球和恒星天球半径、天地四游与升降等数据选用得当，他可以定量说明有关的天象。不过，由于它毕竟不是对地球、太阳等天体运动的真实反映，所以，难免捉襟见肘，处于一种牵强凑数与含糊不清的状况。

第五节　三国两晋时期天文学的其他进展

一　葛衡浑天象、孔挺浑仪、斛兰铁浑仪及其他

（一）东吴葛衡浑天象及其他

在本章第三节中，我们已经提及东吴时期的王蕃和陆绩都曾制作过浑象，既用于演示有关天象，又用于表彰浑天说的正确性。他们所制作的浑象是继承西汉耿寿昌、东汉张衡等人的思路而成的。正如王蕃所说："浑象之法，地当在天中，其势不便，故反观其形，地为外匡，于已解者，无异在内。"① 这就是说，浑象是设想观测者置身于天球之外，以观测天体，浑象有一外框

① 李淳风：《隋书·天文志上》。

则是一假想的地平面，这样的结构，对于浑天理论有所认识的人而言，是不言而喻的。但对于一般人而言还难一目了然，还有欠逼真。有鉴于此，遂有葛衡对于浑象的改作，这便是王蕃所说的浑天象的创制。

(东)吴有葛衡，字思真，明达天官，能为机巧，作浑天，使地居于中，以机动之，天转而地止，以上应晷度①。

在《隋书·天文志上》亦有与此基本相同的记述，只是把“作浑天”写为“改作浑天”，更明确表述了葛衡之作与传统浑象的区别。

由上述记载可见，东吴葛衡所作的浑天象同浑象的最大区别在于：它把地置于天球的中央，这较浑象更加忠实地反映浑天说的面貌。此外，在浑天象的外部球壳上亦布列星辰，球壳在机械的带动下可自动与天同步运转，这与张衡的水运浑象无大不同。可是，为使人们能看清天中的地，球壳就应有必要的空缺处，但其具体形制如何，已无可考。葛衡改作的真意是更突显仪器描述浑天说理论的功能，这一创意对后世产生了相当大的影响。

刘宋文帝元嘉十三年(436)，太史令钱乐之以铜铸成浑天象，“径六尺八分少，周一丈二尺六分少，地在天内，立黄赤二道、南北二极规、二十八宿、北斗极星，五分为一度，置日月五星于黄道之上，置立漏刻，以水转仪，昏明中星，与天相应”②。《隋书·天文志上》则明确指出，钱乐之此作乃是葛衡浑天象的“放述也”。到元嘉十七年(440)，钱乐之“又作小浑，二分为一度，径二尺二寸，周六尺六寸。安二十八宿中外官星备足，以白青黑等三色珠为三家星。其日月五星，悉居黄道。亦象天运，而地在其中”。这是一具尺寸稍小的、形制亦同的浑天象，以白、青、黑三色珍珠镶嵌球壳之上，分别展示甘、石、巫咸三家星，大约是可置于案头观赏的、珍贵的天文仪器。

梁代陶弘景(441～536)也“尝造浑天象，高三尺许，地居中央，天转而地不动，以机动之，悉与天相会。”值得注意的是，陶弘景说他制作浑天象乃是“修道所须，非止史官是用”③。由此看来，在道家修炼中对于天文有相当重要的需求，浑天象正可为之所用。

(二)前赵孔挺浑仪

在介绍了葛衡浑天象的创制及其于刘宋、萧梁的再现之后，我们再来介绍葛衡之后约50年、前赵史官丞南阳孔挺于刘曜光初六年(323)所制造的浑仪。据《隋书·天文志上》记载，其形制为：

有双环规相并，间相去三寸许。正竖当子午。其子午之间，应南北极之衡，各合而为孔，以象南北枢。植楗于前后，以属焉。又有单横规，高下正当浑之半。皆周匝分为度数，署以维辰之位，以象地。又有单规，斜带南北之中，与春秋二分之日道相应。亦周匝分为度数，而署以维辰，并相连著。属楗植而不动。其里又有双规相并，如外双规。内径八尺，周二丈四尺，而属双轴。轴两头出规外各二寸许，合两为一。内有孔，圆径二寸许，南头入地下，注于外双规南枢孔中，以象南极。北头出地上，入于外双规规北枢孔中，以象北极。其运动得东西转，以象天行。其双轴之间，则置衡，长八尺，通中有孔，圆径一寸。当衡之中，两边有关，各注著双轴。衡既随天象东西转

---

① 陈寿：《三国志·吴书·赵达传》注引《晋阳秋》。
② 沈约：《宋书·天文志一》。
③ 李延寿：《南史·陶弘景传》。

运,又自于双轴间得南北低仰。……则古之浑仪之法者也。

这是中国古代关于浑仪具体形制最早的详细记载。由此可知,孔挺浑仪是由两重环圈和一根窥管(衡)构成。

第一重环圈在外,有三个同心安装的、直径相等(稍大于八尺)的环圈组成,其一是均安装在子午方向的两个大小相等、两者相距三寸的圆环,称为外双规,即子午环。外双规的南北两极处,彼此连接在一起,在此两处内里设有直径为二寸许的半球孔;其二是与子午环正相垂直的单横规,即地平环;其三是安装在赤道方向的单规,即赤道环。此三者相互交接,固定不动安装在一个底座之上(大约是在地平环下设置三或四根柱状物把它们支撑起来)。在子午和赤道环上刻有周天度数,在地平环上则刻出方位。

第二重环圈在内,这是一个与外双规结构相同的、直径为八尺的双规(可称为内双规,后世称之为四游环),内双规上同样有周天刻度,而且在其中各设有通过规环中心的轴,两轴相互平行,其中间各置有垂直于两轴的钉状物,又两轴的两端各伸出内双规二寸许,并连接在一起、呈半圆球状。将内双环凸出的两端安置在外双环预留的南北两极半球孔内,这样,内双规便可自由地绕南北极轴东西转动。八尺长、三寸许见方的窥管的中间两侧钻有小孔,令两小孔安置在内双环轴的两钉状物之上,这样,窥管便可在内双规的夹持下,自由地绕内双规中心作高低运转。而窥管中孔,其圆径为一寸。

利用这一仪器,可以测定任一天体的去极度和入宿度。转动内双规可以把窥管指向任何一个天体所在的赤经线上;再转动窥管可以朝向这条赤经线的任何一点。一旦瞄准天体后,便可在内双规上得到去极度;而从外面的赤道环上可得到这一天体的赤道度数,然后迅速转动内双规和窥管瞄准最临近的一个二十八宿距星,在赤道环上读出该距星的赤道度数,令前后两个赤道度数相减,就得到所测天体的入宿度。同样,该仪器还可以用于测量天体的地平方位(在地平环上读数),又可以用于测量天体南中天时的高度角(在子午环上读数)。

虽然孔挺浑仪还只是取最基本的制式,由于它是在当时北方十六国之一的前赵制成的,其尺寸不小,而且坚固实用,也应在中国浑仪史上占有重要的一页。该浑仪在东晋安帝义熙十四年(418)平定后秦后(前赵早已于 329 年亡国)在咸阳获得,并被运到建康(今南京),一直到梁代,孔挺浑仪还被安置在华林重云殿前,其时距浑仪初成已有二百多年。

(三)北魏斛兰太史候部铁仪

无独有偶,在北魏明元帝永兴四年(412),“诏造太史候部铁仪,以为浑天法,考定璇玑之正”。这就是中国古代著名的、惟一以铜铁合铸成的浑仪,制作者为都匠斛兰。“其制并以铜铁,惟志星度以银错之。”即各环圈上的刻度均以银错嵌之,铜铁色黑、银色白,可使刻度醒目,是颇具匠心的。此外,有“南北柱曲抱双规,东西柱直立,下有十字水平,以植四柱。十字之上,以龟负双规。其余皆与刘曜仪大同”。这是说,浑仪的诸环圈由东西南北四柱支撑,四柱的下端植于一底座上。底座平面上刻有十字形的水沟,用以调整底座平面处于水平状态,也就是调整浑仪的地平环处于水平状态,这是北魏铁仪的一个创造。上引文中有“十字之上,以龟负双规”之说,察其意,是在十字交叉处置一龟状物,以支撑外双规,使对浑仪诸环圈的承托更为稳固。不过也因此势必使十字沟中的水不能连通,我们推想,在龟状物四周亦必刻有沟漕,以使十字沟内的水可以互通。这一座铁浑仪在隋代被运抵首都长安(今陕西西安)。唐代李淳风说，“今太史候台所用”[①] 的浑仪也就是指北魏铁仪，即至少到唐高宗时(约 670)北魏铁仪仍完好无损，运转自如，时距铁仪铸成已有 250 余年了，可见铁仪制作质量之高，它在天文观测方面，长期起了十分重要的作用。

二　束皙关于太阳大小远近的论证

在第三章第十三节中，我们已述及东汉关子阳、王充等人对于太阳大小远近问题的讨论，及至西晋束皙又有新说，兹简述于次：

束皙(261～303)，字广微，阳平元城(今山东莘县)人，博学多闻，曾任左著作郎，撰史书，“迁转博士，著作如故”，又“迁尚书郎”，后“辞疾罢归，教授门徒”[②]，是当时颇有名望的学者。他尝著论天体曰：

> 旁视则天体存于侧，故日出时视日大也。日无小大，而所存者有伸厌。厌而形小，伸而体大，盖其理也。又日始出时色白者，虽大不甚，始出时色赤者，其大则甚，此终以人目之惑，无远近也。且夫置器广庭，则函牛之鼎如釜；堂崇十仞，则八尺之人犹短。物有陵也，非形异也。夫物有惑心，形有乱目，诚断疑定理之主。故仰游云以观月，月常动而云不移，乘船以涉水，水去而船不徙矣。[③]

在束皙看来，无论太阳在日中或日出入之时，太阳的大小都是固定不变的，其远近也相同。他认为，太阳之所以看起来有视大小的变化，则是人的视觉原因和所处的环境不同所致。他的论证有四：

(1)日出入时大，日中时小，这是因为日出入时，人目平视太阳，日中时，人目仰视太阳，而人目平视物体则大，仰视物体则小，是人们的经验之谈。故平视或仰视是日出入时大、日中时小的原因之一。

(2)日出时，有时太阳色白、有时色赤。色白时，人们看到的是不甚大的太阳圆面，而色赤时，人们则看到比色白时要大得多的太阳圆面。按理说，同是日出时，太阳的圆面应是一样大的，亦无远近的不同，但是，在不同的气象条件下(这是导致太阳色白、色赤的原因)，人们看到的却是大小不同的太阳圆面。这是人们无法排除气象条件的干扰，而产生的错觉。所以，不能以此错觉作为太阳有远近之别的判据。

(3)如果在一个很大的庭院中，置一可以装得下牛的大鼎，这大鼎看起来也如同小釜一般；如果在一个高耸广大的厅堂中，看一位八尺大汉，也显得短小。这是环境背景或参照物不同对于物体视大小影响的很好例子，这种状况自然也适用于太阳视大小的说明。

(4)月在云中游，水流船不动，这更是人们普遍认知的视觉错误的事例。

质言之，束皙是从视觉的不可靠性以及环境背景的差异两个方面论证太阳视大小变化的现象，否定太阳离人远近不同导致视大小不同的观念。他的论证在大体上是有说服力的，对于后世颇有影响。

---

① 以上均见李淳风:《隋书·天文志上》。

② 房玄龄等:《晋书·束皙传》。

③ 李淳风:《隋书·天文志上》。

三 虞喜:岁差的发现

在本章第四节中,我们已经论及虞喜的安天说,其实,虞喜对天文学的主要贡献并不在于此,而是关于岁差的发现。

在第三章中第九节,我们业已提及,西汉末年刘歆已经发现冬至点不再在牵牛初度,而在牛宿前4度有余;到东汉早期,编訢等人更明确测得冬至点在斗宿21度少。冬至点位置的这种变化,到虞喜所处的时代,自然已是人所共知的事实,也许,人们认为这是古今观测误差不同所致,并不在意,多熟视无睹。可是,虞喜却从这一事实出发,悟出一番道理,机敏地提出了岁差的概念,并推出中国古代第一个岁差值。

虞喜指出:"尧时,冬至日短星昴,今二千七百余年,乃东壁中,则知每岁渐差之所至。"① "古历,日有常度,天周为岁终,故系星度于节气。其说似是而非,故久而益差。虞喜觉之,使天为天,岁为岁,乃立差以追其变,使五十年退一度。"②

这就是说,虞喜认为冬至点的古今差异,并非测量误差造成的,而是冬至点自身在作渐退的移动,即所谓"每岁渐差"的便是。他依据人们熟知的《尚书·尧典》"日短星昴,以正仲冬"的记载,作为他推算岁差值的起点,又以他由实测得的当时冬至点位置——东壁,作为终点。而当时所公认的东壁到昴宿之间的各宿度依次为:东壁9度、奎16度、娄12度、胃14度、昴11度。如果以东壁和昴宿的中点作为终、起点计,则两者之间相距52度,而虞喜的计算结果则约为54度,这大约是他所考定的终、起点小有不同所致。虞喜又考得自尧时到当时相距2700余年。由是可推得岁差为每50年退一度。

这就是虞喜提出岁差概念的基本思路和算得岁差值的基本方法。

我们知道,在古代希腊是由依巴谷(Hipparchus,约前190~前127)最先提出岁差概念和数值的。他是依据他自己对恒星黄经的观测结果同150年前他人的观测结果的比较,提出黄道与赤道的交点(春分点)缓慢西移的黄道岁差的概念,并算得其值为每百年西退1度。而虞喜的同类发现约在330年,即要比依巴谷晚400余年。可是,虞喜显然是从自己独特的途径获得其发现的。还要特别指出的是,虞喜所说的岁差是指赤道岁差而言的,这是中国古代天文学以赤道坐标为主的必然结果。若将依巴谷的黄道岁差值化为中国古代的赤道岁差值则为107年差1度,而当时的赤道岁差理论值约为78年差1度。这就是说,依巴谷值比理论值大29年,而虞喜值比理论值小28年,即虞喜值应略较依巴谷为优。由此我们可以说,虞喜是独立地发现了岁差现象,虽然起步较晚,但起点不低。

虞喜关于岁差现象的发现和表述,是中国天文学史上的重大事件,它把从冬至点到冬至点的时间周期——回归年,同从某特定恒星到该恒星的时间周期——恒星年区别开来,即所谓"天为天,岁为岁",为提高一系列历法问题的推算精度开辟了道路。

---

① 脱脱等:《宋史·律历志七》。

② 欧阳修:《新唐书·历志三上》。

四 姜岌的天文历法工作

在本章第四节中,我们业已介绍了姜岌对于浑天说的改造。其实,这位后秦天文学家在其他天文学理论、天文学方法和历法方面还有所贡献。

对于太阳的大小远近,姜岌作了更深入的讨论:

> 余以为(关)子阳言天阳下降,日下热,束晳言天体存于目,则日大,颇近之矣。浑天之体,圆周之径,详之于天度,验之于晷影,二纷然之说,由人目也。参伐初出,在旁则其间疏,在上则其间数。以浑检之,度则均也。旁之与上,理无有殊也。夫日者纯阳之精也,光明外曜,以眩人目,故人视日如小。及其初出,地有游气,以厌日光,不眩人目,即日赤而大也。无游气则色白,大不甚矣。地气不及天,故一日之中,晨夕日色赤,而中时日色白。地气上升,蒙蒙四合,与天连者,虽中时亦赤矣。日与火相类,火则体赤而炎黄,日赤宜矣。然日色赤者,犹火无炎也。光衰失常,则为异矣。①

这里,姜岌十分推崇关子阳关于太阳直射、斜射之论和束晳之说,并对束晳说作了更为深广的阐述。

首先,他以浑天之理说明太阳沿浑圆的天运动,而地处天之中央,故太阳并无离人有远近之理。视太阳有大小之别,则与人目的错觉相关。

其次,他以参星与伐星在初出时间距似大、中天时间距似小为例,证明物体平视则大、仰视则小之理,以补充束晳之说。

再次,他以为日中时,日光刺眼,也就是把太阳圆面周围的天空也映得一片光明,故视之若小;而日初出时,日光不刺眼,也就是太阳圆面周围的天空相对暗些,故视之若大。这实际是说天空背景明暗不同的因素。

最重要的是,姜岌提出了游气的影响问题,这是束晳未予明确论述的。他认为同是日初出时,有时日色赤、有时日色白,这与当时东方地平方向上地之游气的多少有关。游气多,则日色赤,游气多,背景暗,视日面大;游气少以至无,则日色偏白以至全白,游气少以至无,背景亮,视日面不甚大。他又认为,日中时,日高悬于地之上,在一般情况下,无游气或游气很少,故日色白。但若日中之时,地气上升,蒙蔽天日,日色也将变赤,视日面也将大些。姜岌从正反两面论证了游气的多寡与日色赤或白、视日面大或小之间的关系,可以说已经触及到了论题的关键处,较前人的相关论述前进了一大步。

我们知道,天体辐射受到地球大气的吸收和散射而造成辐射强度减弱和颜色变化,这一现象叫做大气消光现象。一般而言,当天体愈接近地面、入射方向愈倾斜时,大气消光现象愈严重,自然还与大气的随机状况有关。由此看来,姜岌关于地有游气的概念同大气消光作用颇有相通之处,其中,关于太阳颜色变化的解释,尤与之相一致。

姜岌还提出了测算冬至点位置、亦即冬至时太阳所在宿度的新方法。在姜岌以前,人们采用的是昏旦中星法。其法是先测量某日昏、旦时刻正当南中天的星宿度,设其值分别为 A 和 B,又设一日为百刻,则该日昏、旦时太阳所在宿度应分别为 C 和 D:

---

① 李淳风:《隋书·天文志上》。

$$C = A - \frac{昼漏}{200} \times 周天度$$

$$D = B - (周天度 - \frac{昼漏}{200} \times 周天度)$$

而该日夜半时太阳所在宿度 E 则可由 C 和 D 分别推求，只要虑及昏、旦到夜半之间太阳在恒星间移动的度数：

昏时移动 $(1 - \frac{夜漏}{200})$ 度；旦时移动 $\frac{夜漏}{200}$ 度。

于是有：

$$E = A - \frac{昼漏}{200} \times 周天度 + \frac{夜漏}{200} - 1$$

或 $E = B + 周天度 + \frac{昼漏}{200} \times 周天度 - \frac{夜漏}{200}$

在东汉四分历中就有这两个算式的明确记载："昏明之生，以天度乘昼漏，夜漏减之，二百而一，为定度。以减天度，余为明，加定度一为昏。"[①]

又已知该日夜半与冬至时刻之间的时距为 F 日，以太阳每日运行一度计，则其间相距 F 度，于是，冬至时太阳所在宿度 = E 十 F。

由上述算式可知，应用这一方法测量冬至时太阳所在宿度的准确度主要取决于对昼、夜漏刻长度的精度。若昼、夜漏刻有 1 刻之差，则导致冬至时太阳所在宿度有约 1.8 度的误差。姜岌正鉴于当时漏刻测量误差较大的状况，而另辟蹊径，发明了著名的月食冲法。

月食冲法是应用月食时，日、月所在宿度正好相距半个周天度的原理设计的。在发生月食时，测量月食食甚时月亮中心所在宿度（G，该值依据月食食分的大小还须作适当改正），则其时太阳所在宿度 H = G + 0.5 × 周天度。又已知其时与冬至时刻之间的时距为 I 日，于是，冬至时太阳所在宿度 = H + I。这一方法完全避免了昏旦中星法的弊病，从而开启了更加准确地测定冬至点位置的新时期。此法一出，广为历家所接受，并成为后世测定冬至点位置的最主要方法。唐代李淳风称："（姜）岌以月食检日宿度所在，为历术者宗焉。"[②] 宋代周琮也把"姜岌始悟以月食所冲之宿，为日所在之度"，作为其前代历术中"可以为万世之法者"[③] 之一。可见姜岌此项发明的重大意义。

姜岌在历法方面也颇有成就。他在后秦姚兴时，相当于东晋孝武帝太元九年（384）制成三纪甲子元历。姜岌治历十分注重对于天象的实测，他认为"治历之道，必审日月之行，然后可以上考天时，下察地化"，至于历法的"疏密，唯交会薄食可以验之。"他以"上可以考合于《春秋》，下可以取验于今世"作为追求的目标，批评西汉刘歆"不以历失天"，反"因附《五行传》，著与侧匿之说"的行径。他应用自己发明的月食冲法，考验冬至点位置已在赤道斗宿 17 度。可是当时东晋仍在颁用的杨伟景初历依旧固守冬至点在赤道斗宿 21.25 度的数值，姜岌问道：如此"安可以考天时人事乎？"当时冬至点位置的理论值应为赤道斗 14 度，即姜岌所得值的误差达 3 度之多，究其原因，主要是姜岌所得冬至时刻的误差和所用 28 宿距度的误差造成的，而对月食位置的观测误差只在 1 度左右[④]。由于此时若依景初历，其误差已达 7.25 度，所以，姜岌对

① 司马彪：《续汉书·律历志下》。

② 李淳风：《晋书·律历志下》。

③ 脱脱等：《宋史·律历志八》。

④ 陈美东，中国古代冬至太阳所在宿度的测算，载薄树人主编：《中国传统科技文化探胜》，科学出版社，1992 年。

它的批评还是中肯的。他还认为"图纬皆云:'三百岁斗历改宪'"之文不足取,自信他的历法"可永载用之,岂三百岁斗历改宪者乎"?

三纪甲子元历全文早已不传,仅有一批法数见载于《晋书· 律历志下》中。由这些法数看,其精确度同景初历大体持平;此外,该历法也采取了与景初历相同的多历元法,即对于月亮过近地点以及太阳过黄白交点时间的计算,另设起算点。唐代李淳风在评述该历法时说:"五星约法,据出见以为正,不系于元本。然则算步究于元初,约法施于今用,曲求其趣,则各有宜,故作者两设其法也。"① 由之可知,在多历元法方面,三纪甲子元历较景初历又前进了一步,它对五星位置的推算也另设各不相同的起算点,更充实了多历元法的内涵。不过,该历法只是在推求自今往后的五星位置时,使用这种多历元法,而在推求往古的五星位置时,仍取用与景初历相同的方法。而对于五星动态表,该历又改以晨见东方为起点,回复到西汉三统历的形态。质言之,三纪甲子元历是在景初历的基础上,有所革新与发展。该历制成后,即在后秦颁用,是不足为怪的。后秦亡(417)而历废不用。

五 赵𢾺对于闰周的改革

自春秋战国之际开始,调节回归年和朔望月关系的 19 年 7 闰法即被采用。在其后 800 余年的时间里,这一闰法亦即闰周,一直为历家所认可,大有被推为无可替代的经典数值的架势。这种情况的发生,主要与人们对于回归年长度测量的精度长期未得到提高密切相关。在本章第一节中,我们已提及曹魏初年韩翊黄初历已经取用了精度很高的朔望月长度值,其后各历法亦保持着高水平,这就是说,历家对于朔望月的长度也已经有了共识。既然闰周和朔望月长度不可更改,那么,与之密不可分的回归年长度也就难以变动。所以,各历法的回归年长度一直在 365.2467 日左右摆动。可是,历法节气后天的现象却屡见不鲜,这毋庸置疑地表明,回归年长度偏大了。这当是困扰历家的一大难题。

这一难题是由北凉赵𢾺所突破的。"赵𢾺,河西(今山西临汾)人也,善历算。"② 梁元帝在所著《金楼子·自序篇》中提及:"凉国太史令赵𢾺造乾度历三十年,以心疾卒。"李修与卜显在晋武帝咸宁(275~280)年间曾制成名为乾度历的历法,该历法未被采用,且法已失传。梁元帝所说的赵𢾺于北凉大且渠蒙逊玄始元年(412)制成名曰乾度历的历法,他大约是将历法之名写错了。果若如此,赵𢾺的玄始历是在 382 年即开始制作,其根基是相当扎实的,他还担任了北凉的太史令,可见他在当时的影响也不小。关于玄始历的内容,今也所知无多,现所知该历最重要的进展是取"章岁六百,章月七千四百二十一,亦曰时法,章闰二百二十一"③,这显然是与 19 年 7 闰法不同的新闰周。唐代一行指出:"玄始历以为十九年七闰,皆有余分,是以中气渐差。"说的是赵𢾺改革闰周的原因,即赵𢾺认为朔望月长度是无须更动的,他取用与景初历相同的朔望月长度值;他又认为回归年长度必须减小,这样才不致使节气后天;由是他认为所要改革的应该是闰周,19 年应不及 7 闰。这便是所谓前人取用的回归年长度和 19 年 7 闰法"皆有余分"。一行又指出,赵𢾺改革闰周的具体方法是:"更因刘洪纪法(589),增十一年以为章岁,而

① 以上均见李淳风:《晋书·律历志下》。
② 沈约:《宋书·大且渠蒙逊传》。
③ 瞿昙悉达:《开元占经》卷一百五。

减闰余十九分之一。”① 即:589+11=600 为章岁,若依 19 年 7 闰法,应有:

$\frac{600\times7}{19}=221\frac{1}{19}$闰,减去$\frac{1}{19}$闰,得 221 为章闰,$600\times12+221=7421$,为章月。

已知玄始历朔望月长度为$\frac{\text{通数}(2629759)}{\text{日法}(89052)}$日,则其回归长度应等于:

$\frac{\text{通数}(2629759)}{\text{日法}(89052)}\times\frac{\text{章月}(7421)}{\text{章岁}(600)}=365.2443$日。该值与理论值之差为 174 秒,而刘洪乾象历以来各历法的回归年长度与理论值之差在 335 秒至 396 秒之间②,可见玄始历改革闰周确实导致了回归年长度值精度的相当大的提高。其实,一行所述仅仅是赵𢾺改革闰周的基本思路和给出闰周的具体方法,而更深层次的依据应当是,赵𢾺对于回归年长度值的底数胸有成竹,而这一底数的获得当与实际的测算密切相关。

赵𢾺玄始历的全豹亦不传,仅在唐代《开元占经》卷一百五载有其若干法数。由之可知,它所取交点年长度为 346.6225 日,与理论值之差为 258 秒③,其精度较前此各历法均有所提高,其他一些天文数据的精度则与景初历相当。此外,玄始历亦取用与景初历相同的多历元法。

玄始历制成后即在北凉颁行,终于北凉国亡。北魏世祖太武帝太延五年(439),“平凉土,得赵𢾺所修玄始历,后谓为密,以代景初(历)”④。玄始历在北魏得以颁用的时间是文成帝兴安元年(452),至孝明帝正光三年(522)为正光历所替代。

前赵、后秦、北凉均为与东晋相对峙的北方十六国之一,其立国都不长,北魏立国之初,也正与东晋遥相对峙,但是却出现了像孔挺、姜岌、赵𢾺这样于天文、历法素有修养、成就斐然的人物,还有如北魏铁仪的制作,说明当时的北方,原有丰厚的科学文化积淀,依然在不断发育新枝。它与当时南方的东晋,遥相呼应,一起推进包括天文、历法在内的科学文化的发展。

第六节　佛教须弥山说的传入

自东汉晚年印度佛教徒开始到中国传经布道,随之把印度的科学文化传入中国。历经三国、两晋,佛教在中国已经站稳了脚跟,信者渐众,佛教经典的翻译工作也已走上轨道。印度来华佛教徒的口传心授,其影响当然只能局限在较小的范围内,而佛教经典的翻译和传抄,给读书人自已心领神会佛学真谛的契机,因而开始了佛教本土化的进程。由于统治者的政治需求,或者像梁武帝萧衍那样的最高统治者个人的喜好,在南北朝时期,佛教广被重视,在南朝尤其如此,以至在萧梁王朝被奉为国教。由是,寺院布于南北,僧徒游于四方,佛教经典的翻译工作被有组织地进行,佛经的传播面更加宽。中国僧众从读经而注经,实现了佛教的本土化。

古代印度的宇宙理论随着佛教的传入,在中国渐次传播开来,产生了不小的影响。其中,关于宇宙循环论、有关天地结构的须弥山说和地轮—水轮—风轮—空轮说,是传播较广、影响较深的论说,本节拟对之作简要的介绍。

---

① 欧阳修:《新唐书·历志三上》。

② 陈美东,试论我国古代年、月长度的测定,见《科技史文集》第 10 辑,上海科学技术出版社,1983 年。

③ 同②。

④ 魏收:《魏书·律历志上》。

一 须弥山说的宇宙循环论

古印度的宇宙循环论至迟在西晋时就已传入中国。西晋法矩所译《楼炭经》中就论及宇宙有成有毁,一成一毁是为一大劫。一个大劫终了,又一个大劫起始,如此循环往复。一大劫又分为"成、住、坏、空四劫"①,成劫为生长期,住劫为存在期,坏劫为衰变期、空劫为消亡期四个阶段。每一阶段又各经历20个别劫(又称中劫),而1别劫为1.68万年②。这样算来,成、住、坏、空四劫各经历3.36亿年,一大劫为13.44亿年。

关于成、住、坏、空四劫的状况和年数,不同的佛经则有各异的描述。东晋佛陀拔陀罗所译《观佛三昧经》论及在住劫的晚期,由于"一切人民皆背正向邪,竞行十恶。天久不雨,所种不收,依水泉源乃至四大驶河皆悉枯竭"。非但如此,"久久之后,风从海底去日上天",即天上不止有一个太阳,渐次加剧对大地的毁亡。"一日出时,百草树木,一时凋落。二日出时,四大海水从百由旬(一由旬合四十里)乃至千由旬内其水自然枯涸"。三日出、四日出时,四大海水又日见消退。"五日出时,四大海水纵广七千由旬乃至竭尽"。"六日出时",整个大地"皆悉烟出,从须弥山乃至三千大千刹土及八大地狱靡比烧灭"。"七日出时,大地、须弥山渐渐崩坏",随即天也开始崩塌,以至"十四天以下尽成灰墨"。最后是"无日月星宿,亦无昼夜,惟有大冥,谓之火劫"。"火乃自灭,更起大云,渐降大雨,滴如车轴。是时此三千大千刹土遍其中,及至梵天"。……这些都是有关坏劫的描述。此说以住劫未期人人向恶为诱因,而导致干旱和火灾,再由数日并出渐次毁坏大地、须弥山乃至天宫,造成一切成灰的浑沌状态。在唐代所译佛经《瑜珈论》中也有类似的说法,不过,改"七日出"为"六日出",每多出一个太阳所造成的枯竭情况也有所不同,而且后一个太阳均较前一个太阳的温度高出4倍,云云③。

至于成劫的进一步演变,隋代暗那崛多等译的《起世经》有十分详细的描述:先是"起大重云,乃至遍覆梵天世界",接着开始下雨,越下越大,雨注"如车轴"、"如杵",这样经历了"百千万年",于是形成了一大团"水聚",这一大团"水聚"由"四风轮之所住持",故不致坠落。尔后,雨渐渐变小,终于停止。接着,"水聚"自降下"百千万亿由旬",即在水面上方留出了这样大的空间。此时,水面上狂风大作,把水面上自生的泡沫吹向上空,并化成金、银、琉璃、玻璃、赤珠、砗磲、玛瑙七宝,作成"梵天宫殿",这便是最高一层的、晶莹剔透的天壳。随后,如法炮制,依次造出魔身天、他化天、自在天、夜摩天等,以及须弥山(由四宝组成),还有另外的三十三天。其后,在须弥山的半中腰,造出日和月,绕须弥山运转。再后,造出夜叉城、四面阿修罗城、余大宝山、四大洲、八万水洲、大轮围山等等。最后,"水聚"不再下降,于是在大地的周围形成了无边的大海④。

这些论述,在佛教徒中广为传播自不必怀疑,同时,它对一些学者也产生了不小的影响。如萧梁著名的学者江淹(即成语"江郎才尽"所指的江郎)在其《邃古篇》中就说:"闻之邃古,大火燃兮。水亦溟,无涯也兮。"这里所谓大火燃,相当于空劫,而后一句则相当于成劫的早期,显

① 道世:《法苑珠林》卷三。

② 巫白慧,印度自然哲学,见《外国哲学》第11辑,商务出版社,1992年。

③ 以上均见道世:《法苑珠林》卷三。

④ 道世:《法苑珠林》卷四。

然要受佛家宇宙循环论的影响。在明代陈继儒《书蕉》一书中说:"所有一切世界,皆悉具四种劫相,谓成、住、坏、空。成而即住,住而续坏,坏而复空,空而又成,连环无端。都将成、住、坏、空,八十辘结算,一十三万四千四百万年为始终之极数,所谓一大劫也。"这正是佛家宇宙循环论直白的概述。又如明代王文禄在《海沂子·仪曜篇》中也对佛家宇宙循环论作简要的介绍:"浑沌火先起,火由旱生,旱由日出,铄石流金,山壤崩坼,人物烬灰。久静火息,更起大云,将大雨,统成大水,起大风,吹水聚大沫,成四大洲、八万四千小洲,中拥昆仑山及众山,水落而成四海。"这里未提及人人向恶之说,并以昆仑山替代须弥山,小有不同。

二 须弥山说的天地结构论

古印度的天地结构理论,随着佛教的传入也在中国传播开来。须弥山说是其中主要的论说之一。此说同盖天说有若干相似之处,但又具有许多特色,实际上自成一支,产生了不小的影响。

据后秦佛驮耶舍所译佛经《长阿含经》认为:"天地更始,了无所有,亦无日月。地涌甘泉,味如酥蜜。……后大黑风吹彼海水,漂出日月,置须弥(山)边安日道,中绕须弥山,照四天下。……自兹以后,昼夜晦朔,春秋岁数,终而复始。""须弥山北天下有郁单越国,其土正方,纵广一万由旬","须弥山东有天下名弗于逮,其土(正)〔半〕圆,纵广九千由旬","须弥山西天下名俱耶尼,其土形如满月,纵广八千由旬","须弥山南有天下名阎浮提,其土南狭北广,纵广七千由旬。""此四天下有八千天下围绕其外,复有大海水周匝围绕八千天下,复有大金刚山绕大海水,金刚山外复有第二大金刚山,二山中间,窈窈冥冥。"

又据隋代暗那崛多等译《起世经》所载:"四洲地心即是须弥山,山外别有八山围如,须弥山下大海深八万四千由旬,其边八山大海初广八千由旬,中有八功德水(一甘、二冷、三软、四轻、五清净、六不臭、七饮时不损喉、八饮已不伤腹),如是渐小,至第七山下水广一千二百五十由旬。其外咸海,广于无际。海外有山即是大铁围山,四周围轮,并一日月,昼夜回转,照四天下,名为一国土。"① 此两经之说大同小异,可互为补充。关于日月绕须弥山中腰运转之说,《起世经》的论述前已引及,与《长阿含经》所说无异。《长阿含经》所说大金刚山即同《起世经》所说大铁围山。《长阿含经》有第二大金刚山,《起世经》则未提及。在四大洲周围的八千天下及须弥山到四大洲间的八山八水,两经则详略不同。须弥山说的主要图像:须弥山、四大洲及其周围的八千天下、四大洲之外的大金刚山和第二大金刚山等均浮在大海之上,接近四大洲周围的都是海,须弥山到四大洲之间有山水,须弥山居于四大洲的中央,日月星辰均绕须弥山中腰自东向西运转不已。与盖天说比较,须弥山说关于地的描述要详细得多,而且更富想像力。须弥山说对地(包括须弥山、四大洲等等)的总体形态未作明确论述,但它显然认为四大洲等等要比须弥山低得多,这可以说,须弥山说认为地的总体形态是中央高而周边低,这与盖天说关于大地总体形态的观念有共同之处。而须弥山说认为地在水中,这一点则与浑天说相近。但须弥山说和盖天说都认定日月星辰只在天上运行,这是它们最重要的共同之处,与浑天说截然不同。

《起世经》又说:日"从东方出,绕须弥山半腹而行于西方,没已还从东出尔。""若阎浮(即阎浮提)洲日正中时,弗婆提(即弗于逮)洲则日始没,瞿耶尼(即俱耶尼)洲日则初出,郁单越洲正当夜半;若瞿耶尼洲日正中时,此阎浮洲日则始没;郁单越洲日正中时,瞿耶尼洲日则始没,弗

① 以上均见道世:《法苑珠林》卷四。

婆提洲日则初出,阎浮洲正当夜半;若弗婆提洲日正中时,郁单越洲日则始没,阎浮洲中日则初出,瞿耶尼洲正当夜半。”① 这是对因日绕须弥山运转而造成的四大洲所见日或升、或没、或中天各不相同的描述。

有趣的是,《周髀算经》盖天说也有与此相类似的叙述:“故日运行极北,北方日中,南方夜半。日在极东,东方日中,西方夜半。日在极南,南方日中,北方夜半。日在极西,西方日中,东方夜半。凡此四方者,天地四极四和,昼夜易处,加时相反,然其阴阳所终,冬夏所极,皆若一也。”② 这是对日在天上绕北极运转,因观测者所处地方位各异而造成地方时不同的论述。以日在极东方时为例,在日行至极东位置时,在正东方的人看来,日正中天;在正北方的人看来,日始没;在正南方的人看来,日初出;而在正西方的人看来,正当夜半,等等。当然,《周髀算经》盖天说并不认为这种状况是地的中央有什么须弥山之类的物体遮挡日光所致,而是以为这是日光照射不及而成。这就是说,须弥山说和《周髀算经》盖天说都论及几乎相同的现象,但两者在具体解释这一现象时,则各有“妙招”。

对于四季昼夜长短变化的现象,《起世经》也有所解说:“(秋分时)日天宫殿(即指太阳)过六月,已渐南行,……(冬至时)日天宫殿在阎浮洲最极南端,地形狭小,日过疾速,以此因缘冬至时昼短夜长。……(春分时)日天宫殿过六月,已渐北行,……(夏至时,日天宫殿)在阎浮洲处中而行,地宽行之,所以昼长,以此因缘春夏昼长夜分短促。”这一解释明显存在两个问题:一是,人们所见昼夜的长短取决于可见到太阳时间的长短,与所处地的宽狭无关,所以,这一解释不得要领;二是,所谓一年中昼夜长短的变化是就某地观测者而言的,并不是指不同地点的观测者而言,所以,这一解释又偷换了概念。质言之,这一解释是完全失败的。

《起世经》还指出:“日天宫殿常行不息,六月北行,于一日中渐移北向六拘卢舍(1 拘卢舍等于 5 里),未曾暂离日道;六月南行,亦一日中渐南向六拘卢舍,不离日道。日天宫殿六月行时,月天宫殿十五日中亦行尔许。”③ 这是对日月除了每日自东向西运转以外、还有南北向运行现象的一种描述。对太阳而言,从冬至到夏至 6 个月北移、夏至到冬至 6 个月南移,每日北(或南)移幅度均为 30 里。察其意这里所说的移动是指环绕须弥山中腰的日行道,冬至到夏至渐向上移动,夏至到冬至渐向下移动,从冬至到夏至(或从夏至到冬至),太阳实际上是沿一条螺旋线在冬至到夏至之间往复回旋。这确实可以定性地说明每天太阳上中天时高度角的变化,以及太阳出没时方位角的变化,而且还可以定性地说明昼夜长短的变化,因为须弥山的形状上细下粗,日道在极下时(冬至),人们可见太阳的时间最短、日出的方位也最偏南;日道在极上时(夏至),人们可见太阳的时间最长、日出的方位也最偏北。不过,这里所说太阳每日南北移动的距离只有 30 里,实在是微乎其微,不足以说明上述各项变化。

须弥山说的内涵还不止于此,在《起世经》中还指出:“即以此(指一国土而言)为量,数至满千,铁围绕讫,名一小千;(即数小千),复至一千,铁围绕讫,名为中千;即数中千,复满一千,铁围绕讫,名为大千世界。其中,四洲山王日月乃至有顶,各有万亿(1 亿等于 10 万)。成则同成,坏则同坏,皆是一化佛所统之处,名为三千大千世界,号为娑婆世界。”④ 这就是说如上所

① 道世:《法苑珠林》卷七。
② 《周髀算经》卷下。
③ 以上均见道世:《法苑珠林》卷七。
④ 道世:《法苑珠林》卷四。

说的一国土仅仅是三千大千世界的一个基本单元；1000 个这样的基本单元构成一个叫做小千世界的小单元，这个小单元外也有铁围上团团围住；1000 个小单元组成一个中单元——中千世界，其外亦有铁围上周环；1000 个中单元才组构成整个世界，即大千世界。这就是所谓三千大千世界，号称娑婆世界者。这是一个极其宏伟的图像，10 亿个日和月，还有无数的星宿环绕 10 亿座须弥山各自运转，下有 40 亿个大洲并存，更有众多的山山水水并立其间。应该说这是颇具想像力的论说。

娑婆世界说在佛教徒中有很大影响。

在梁武帝萧衍执政时期，须弥山说曾成为萧衍所提倡的金刚山说的重要支柱之一，而受到广泛的重视(参见本章第九节)。

如上所述，须弥山说确实构建了一个独特的天地结构理论，并依之试图对有关天文现象作出解释。在一部道家经典《三界图》中，在引述了须弥山说之后指出，“初出日既映山，其日合如立竖破镜”，而日没时实为横破镜。此外，对须弥山说“冬夏二至昼夜不等”① 的解释等不以为然。它实际上是应用了前人(如东晋葛洪)对盖天说的批评意见对须弥山说提出质疑。应该说，人们对盖天说的大部分批评也都适用于须弥山说，盖此两说确实有不少共同点之故。

三　须弥山说的地轮-水轮-风轮-空轮论

关于此论的最简明扼要的叙述见于东晋佛陀跋陀罗译的《华严经》中，“大地依水轮，水依风轮，风依空轮，空无所依，然众生业感世界安住”。即以为大地(即地轮)的四周均被水所包围、浮之于水之上，这一大水聚即为水轮；而水轮之外有风轮，因风轮的承托使地轮和水轮得以保持稳定状态；在风轮之外，还有空轮，它起承托和稳固风轮的作用，但其自身则无所依托，这是天地不坠不陷的一种解释。由此，住在大地上的人们自然可以安然无恙了。对这一地轮-水轮-风轮-空轮的基本模式，各佛经众口一词，但对于地轮的结构、各轮的尺度等的论述则众说纷纭。

西晋法炬所译《楼炭经》云：

> 此地深二十亿万里(1 亿是为 10 万)，〔下有金沙，亦二十亿万里〕，下有金粟，亦二十亿万里，下有金刚，亦二十亿万里，下有水际，八十亿万里，下有无极大风，深五百二十亿万里。此虽六重，前四是地轮，第五是水轮，第六是风轮。

依之可示如图 4-8。它认为地轮分为地体、金沙、金粟、金刚上下四层，每层 200 亿里，则地轮厚 800 亿里，水轮的深度与之相等。这一尺度未免太过庞大了。如果把风轮的外边缘理解为天的内边缘，把地轮和水轮视为一体，二者的比例则为 80∶(80＋520)＝4∶30，即地轮加水轮当周天度约 $\frac{2\times4\times365.25}{2\times3.14\times30}=15.5$ 度。

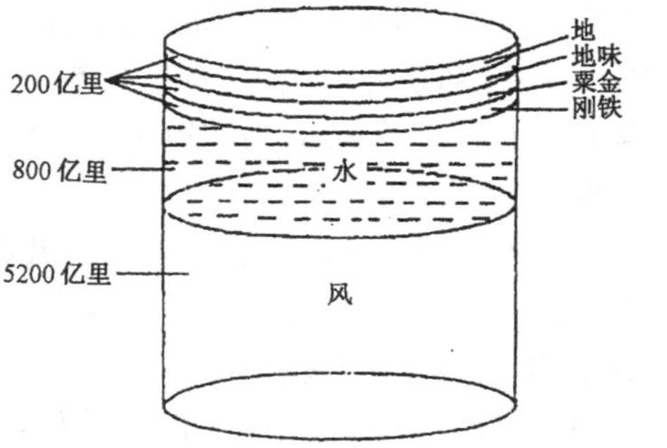

图 4-8　《楼炭经》地-水-风轮说示意图

南朝陈代真谛所译佛经《立世阿毗昙论》则认为：

> 水轮者……深一百一十三万由旬，减风轮三

① 张君房：《云笈七签》卷二十一。

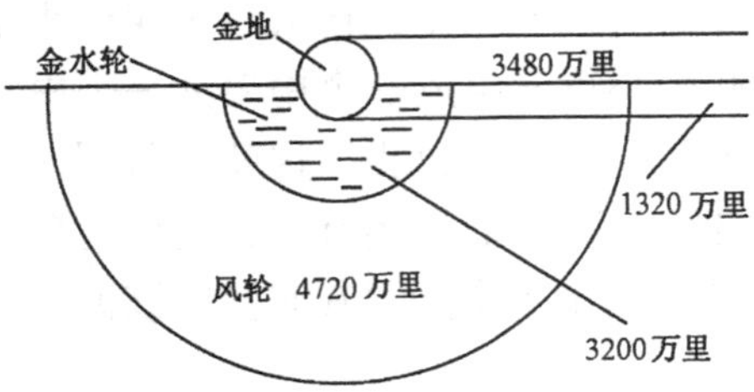

图 4-9 《立世阿毗昙论》地-水-风轮说示意图

十八万由旬，……内外物持水轮亦尔，外又有风轮持不散，……此风力顺转，此水成金水深一百一十三万由旬。既顺成金水，但厚八十万由旬，所略三十三万由旬皆属金地，金地轮中，从少向多，应厚十二洛沙，一洛沙有十万由旬，此轮纵广一等。

依之可示如图 4-9。它认为地轮纵广为 4800 万里，虽然还是太大，但已比《楼炭经》所说小了 1667 倍。但其风轮外边缘(可视作天空内边缘)与地轮加水轮半径之比为：

$\frac{80+87}{2}:(\frac{80+87}{2}+151)=5:14$，即地轮加水轮当周天度约为 41.5 度。与《楼炭经》比较相对比例增大了约 2.7 倍。

在隋代暗那崛多等译的《起世经》中则另有说法：

大地厚四十八万由旬。……此之大地住于水上，水住风上，风依虚空。……大地下……水聚厚六十万由旬，彼水聚下……风聚厚三十六万由旬，……其大海水最甚深处深八万四千由旬，……其须弥山王入海中八万四千由旬，出海水亦八万四千由旬，……须弥山王其底平正，下根连住大金轮上，……其须弥山王大海中下狭上广，渐渐宽大，端直不曲。

依此可作图 4-10。它认为地轮厚 1920 万里，又较《立世阿毗昙经》缩小了 2.5 倍，不过也还是太大。地轮加水轮半径同地轮加水轮加风轮半径之比为：

$\left(\frac{48+60}{2}\right):\left(\frac{48+60}{2}+36\right)=3:5$，即地轮加水轮当周天度约为 70 度。较《楼炭经》和《立世阿毗昙经》相对比例分别增大约 4.5 倍和 1.7 倍。

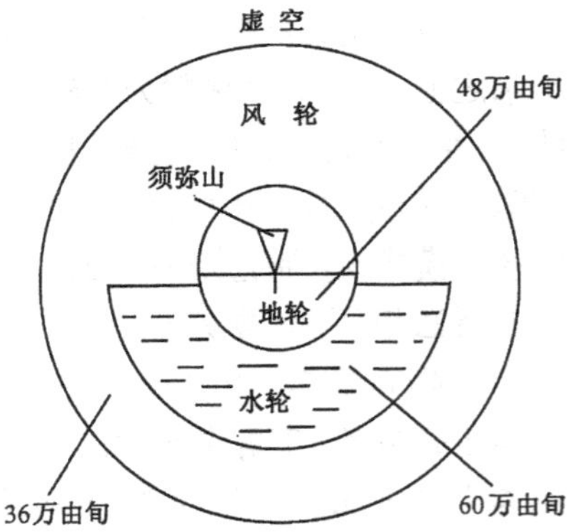

图 4-10 《起世经》地-水-风-空轮说示意图

到唐代玄奘所译《大菩萨藏经》所述又有所不同，它先依次叙述在地轮上方有乌卢博迦、风云轮、瞻薄迦、吠索缚迦、去来等五层风轮，以及最高层的、名曰舍利子的风轮，“舍利子次第轮上(指去来风轮之上)六万八千拘胝，……舍利子最上风轮，周遍上界，水轮之所依止，其水高量六十八百千缮那，为彼地轮所依止，其地高量六十八千踰缮那”①。依之可作图 4-11。1 拘胝为百亿即 1 千万，1 踰缮那为 40 里。从去来风轮到舍利子风轮则为 6800 亿里，此可视为风轮的半径(从地表到去来风轮的距离不及 2 千里，可略而不计)。而地轮厚为 272 万里，水轮深度为 72 亿里。其地轮的厚度又比《起世经》缩小了约 7 倍，即便如此，也仍是过大了。再看其地轮加水轮同风轮半径之比，应为(2.72 + 0.0272)：6800 = 1:2475，即地轮加水轮当周天度约 0.05 度。

综上所说，须弥山说的地轮-水轮-风轮-空轮论是就“一国土”而言的，此论也有一个发展

① 以上均见道世：《法苑珠林》卷四。

的过程。就地轮而论，其尺度渐见减小的趋势十分明显，从800亿里到4800万里到1920万里而272万里，前后缩小了近3万倍，由于其起始之数太过庞大，即使如此，也还是没有得到接近真实的结果。若就地轮加水轮（可视作地的大小）与风轮（可视作天的大小）半径之比而论，由1:7.5到1:2.8到1:1.7而1:2475，其间经历过曲折彷徨，但终于往正确的方向大步前进。还需要指出的是，当时浑天说占主导地位的观念还停留在地在水中、水与天连的模式，在这一点上还不如地轮-水轮-风轮-空轮的总体论说。而浑天说发展出类似于风轮的概念，要晚到五代时期（见第五章第十五节），还可能是受到须弥山说此论的启发而成。

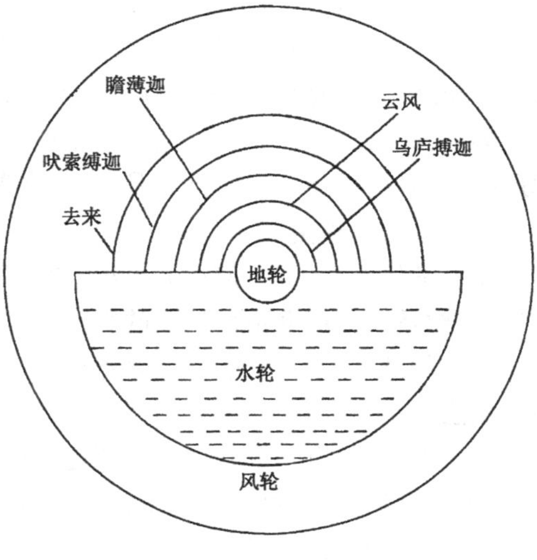

图4-11　《大菩萨藏经》地-水-风轮说示意图

第七节　何承天及其元嘉历

何承天（370～447），东海郯（今山东郯城）人。自幼丧父，但其母徐氏“聪明博学”，何承天还是得到了良好的教育，“儒史百家，莫不该览”。在东晋时，他曾先后担任浏阳令、宛陵令、太学博士、世子征虏参军、钱唐令等职。入刘宋后，则先后任尚书祠部郎、咨议参军领记室、尚书殿中郎兼左丞、刘宋文帝元嘉十六年（439）“除著作佐郎，撰国史”、“寻转太子率更令，著作如故”、元嘉十九年（442）“以本官领国子博士”、“顷之，迁御史中丞”。在439年何承天59岁以前，他担任的职务不下16种，多为参军、县令一类，或留迹于军旅，或奔波于郡县，偶或涉足治书一类他所专长的部门，也不得久留。这可能与他的个性“刚愎，不能屈意朝右，颇以所长侮同列”① 有关；而在此之后，何承天的才能始得以充分地显露，元嘉历的制定和一系列天文思想的阐述，便是其驰骋的领域之一。

元嘉二十年（443），何承天撰成元嘉历，在上表中谈及他关于历法研究的原委：“自昔幼年，颇好历数，耿情注意，迄于白首。臣亡舅故秘书监徐广，素善其事，有既往七曜历，每记其得失。自太和至太元之末（366～396），（四）〔三〕十许年。臣因比岁考校，至今又四十载。故其疏密差会，皆可知也。”这就是说，他是在其舅父徐广研究工作的基础上，又经过近40年的考察思索，对于历法的真谛有所领悟。

一　关于元嘉历

何承天充分应用了他自己长期实测，以及元嘉十一年（434）以来，史官土圭测影和以月食冲法定冬至点位置的宝贵资料，还有历年从交州上报的测影结果，尖锐地指出当时还在行用的景初历的差误：“考校二至，差三日有余”；依“景初（历）今之冬至，（日）应在斗十七（度）”，而实

① 沈约：《宋书·何承天传》。

际上“天之南至,日在斗十三四(度)矣”。他还敏锐地指出景初历沿用东汉四分历的24节气漏刻表的重大失误:“春分日长(55刻8分)、秋分日短(55刻2分),差过半刻(6分=0.6刻)。二分在二至之间,而有长短,因识春分近夏至,故长;秋分近冬至,故短也。”其实,此表大多数节气的漏刻值都存在类似的失误,何承天仅举春秋分为例以说明之。这就是说,此表已不可用了。他还指出,景初历还存在所推日月食“不在朔望”的弊病,此“亦非历意也”。这些便是何承天提及的必须改历的理由。

在上献的元嘉历中,何承天提出了“以盈缩定其小余,以正朔望之日”的定朔法,即在计算朔日时,虑及月亮运动不均匀性的影响。这是对东汉张衡等人的先进思想的重新申述。可是这一革新却遭到太史令钱乐之、兼丞严粲、员外散骑郎皮延宗等人的反对。他们的理由是:若用定朔法,“则月有频三大、频二小,比旧法殊为异。”这与当年否定张衡之说的河南尹祉等人的论调毫无二致;另有一说是:“若晦朔定大小余,纪首值盈,便应以故岁之晦,为新纪之首。”这是说,如果用定朔法,就可能将依平朔法算得的某年除夕变成次年的元旦。这是一种不成理由的理由,历日应天而已,定出与天相应的元旦无有不可。但是,在视平朔法为经典的年代,此说却被认为是定朔法的重大问题。何承天被迫无奈,不得不“改新法依旧术,不复每月定大小余”①。重演了定朔法失败的悲剧。经修改后的元嘉历于元嘉二十二年(445)终被颁用。

元嘉历取用与曹魏杨伟景初历、后秦姜岌三纪甲子元历、北凉赵𢾺玄始历相类似的多历元法,即对于月亮过近地点和太阳过黄白升交点时间的推算各设不同的起算点,对于五星位置的推算亦如此,特称之为“后元”。如“木后元丙戌,晋咸和元年(326),至元嘉二十年癸未(443),百十八年算上”。与元嘉历所设的“上元”(“至元嘉二十年癸未,五千七百三年算外”)截然不同。这一多历元法,使计算简便,又可保持经实测得来的天文量的原有精度,是一种明智的抉择。这种多历元法一脉相传,是有别于占主导地位的上元法的历元流派。

以冬至(在十一月)为历元之首、以正月为一岁之首,这是前代历法的传统。何承天以为历首与岁首不齐同,是不够理想的。于是在元嘉历中,他将历元之首改为正月所含的中气雨水,以实现历首与岁首划一的构想。可是,因为雨水时太阳所在的宿度,在古代难以由实测得到,还需由可依实测而得的冬至太阳所在宿度间接加以推算,这种推算还难免存在不确定的因素,所以,令历首与岁首齐同的理想,仍存在技术上的障碍。这大约就是后世历家并不认同何承天此项改革的原因。

有鉴上述对景初历24节气漏刻表的批评,何承天在元嘉历中给出了新的24节气漏刻表②。为叙述方便,我们将杨伟景初历(亦即东汉四分历)、何承天元嘉历和刘宋祖冲之大明历的24节气漏刻表及晷长表一并列于表4-4中。

由表4-4可见,元嘉历24节气漏刻表中,除了冬至和夏至夜漏刻值与景初历相同外,均取景初历与二至对称的两节气的夜漏刻值的平均值作为该两节气的夜漏刻值,其中除了将小满和大暑两节气夜漏刻平均值的0.05舍去外,其他凡得0.05者均入之。这就是说,元嘉历24节气漏刻表并未经实测,而是在景初历也就是东汉四分历的基础上作技术处理给出的,应该说这一技术处理是合理的。亦由上表可见,元嘉历24节气晷长表则是经由何承天实测的产物,它是自汉灵帝熹平三年(174)以来第二份、留存至今的24节气晷长表。宋代周琮指出:何承天

① 以上均沈约:《宋书·律历志中》。

② 沈约:《宋书·律历志下》。

表 4-4　景初历、元嘉历、大明历 24 节气晷漏表

节气	夜漏刻/刻			晷长/尺		
	景初历	元嘉历	大明历	景初历	元嘉历	大明历
冬至	55.0	55.0	55.0	13.0	13.0	13.0
小寒	54.2	54.4	54.4	12.3	12.48	12.43
大雪	54.5				12.56	
大寒	53.2	53.3	53.3	11.0	11.34	11.2
小雪	53.3				11.4	
立春	51.4	51.6	51.6	9.6	9.91	9.8
立冬	51.8				10.0	
雨水	49.2	49.5	49.5	7.95	8.22	8.17
霜降	49.7				8.4	
惊蛰	46.7	47.1	47.1	6.5	6.72	6.67
寒露	47.4				6.85	
春分	44.2	44.5	44.5	5.25	5.39	5.37
秋分	44.8				5.5	
清明	41.7	42.0	41.9	4.15	4.25	4.25
白露	42.2				4.35	
谷雨	39.5	39.7	39.6	3.2	3.25	3.26
处暑	39.8				3.33	
立夏	37.6	37.7	37.6	2.52	2.5	2.53
立秋	37.7				2.55	
小满	36.1	36.1	36.1	1.98	1.97	1.99
大暑	36.2				2.0	
芒种	35.1	35.2	35.2	1.68	1.69	1.69
小暑	35.3				1.7	
夏至	35.0	35.0	35.0	1.5	1.5	1.5

“立八尺之表，连测十余年，即知旧景初历冬至常迟天三日。”① 由之可知，何承天自己进行过长期的晷影测量工作，所以，他给出了新的 24 节气晷长表是不足为怪的。考察元嘉历所定元嘉十九年(442)的冬至时刻值，与理论值之差为 50 刻，这较前代绝大多数历法的精度有大幅度的提高②，也是何承天进行过长期晷影测量的极好证明。

① 沈约：《宋书·律历志下》。

② 陈美东，试论我国古代冬至时刻的测定及郭守敬等人的贡献，自然科学史研究，1983，(2)。

元嘉历所得若干天文数据要较前代历法精确，如朔望月长度取用 29.5305851 日，与理论值之差仅 0.1 秒，是为历代历法的最佳值；又如近点月长度取 27.5545213 日，与理论值之差为 3.9 秒[①]；木、火、金三星的会合周期分别为 398.8726 日、779.7593 日、583.9573 日，与理论值之差依次为 10.6 分、148.5 分、51.7 分[②]。这些数据的精度较前代各历法均有较大幅度的提高，无疑应是何承天经过长期测算的结果。

在元嘉历中，何承天用以下假分数表述朔望月长度值[③]：

$\frac{通数\ 22207}{日法\ 752}$日 $= 29\frac{399}{752}$日，取了分母相当小，精度又很高的效果。这与何承天发明调日法有密切的关系。宋代周琮指出：在何承天以前，历家均“率意加减，以造日法。(刘)宋世何承天更以四十九分之二十六为强率，十七分之九为弱率，于强弱之际以求日法。承天日法七百五十二，得一十五强，一弱。自后治历者，莫不因承天法，累强弱之数，……。”[④] 这就是说，何承天为了克服选择日法(中国古代历家习惯于应用分数表示有关天文量，其中朔望月长度的分母即被称为日法)的无序状态，发明了如下所示的算术不等式来作为确定日法的数学方法：

$$\frac{A}{B} > \frac{AM + CN}{BM + DN} > \frac{C}{D}$$

其中，$\frac{A}{B}$称为强率，$\frac{C}{D}$称为弱率，M 和 N 为正整数，称为强弱数。只要适当地选择 M 和 N，利用此式便可求出与朔望月实测值相当的日法和朔余(与日法相应的分子)。其具体方法是：先令 M = N = 1，代入上式，若所得值大于实测朔望月长度的余数，则改令 M = 1、N = 2，代入上式，若所得值还大于余数，再改令 M = 1、N = 3，余者类推。若所得值小于余数，则 M 增加 1，余者亦类推。如此反复运算和比较，一直到所得值与余数相符为止。

至于何承天为什么取$\frac{26}{49}$为强率、$\frac{9}{17}$为弱率？有人认为，这是因为古时用平朔，大小月相间，一般在 16、17 个月内加一连大月，何承天取其多者为算，即以在 17 个月内加一连大月计，其朔望月长度应为$\frac{16 \times 29.5 + 30}{17} = 29\frac{9}{17}$日。这便是弱率的由来。而太初历取朔望月长度为 $29\frac{43}{81}$日，已被公认为太强，于是何承天将它与弱率依上式予作了一次调试，令$\frac{9+43}{17+81} = \frac{26}{49}$。这便是强率的由来[⑤]。

此自可备一说。考察前代历法所用的朔望月长度值(除太初历外)，以 29.5306 日为最大(赵𢾺玄始历)，这大约也是何承天放心地取用其强率的考虑之一。至于弱率，大约是最接近 0.53 的最简单的分数表达法。何承天调日法的发明，为日法的调制提供了强有力的数学方法，后世，此法不但被广泛用于日法的调制，而且被推广到近点月、交点月长度、交食周期以及闰周相关分数值的调制，产生了十分深广的影响[⑥]。

---

① 陈美东，试论我国古代年、月长度的测定，载陈美东：《古历新探》，辽宁教育出版社，1995 年，第 271～274 页。

② 李东生，论我国古代五星会合周期和恒星周期的测定，自然科学史研究，1987，(3)。

③ 沈约：《宋书·律历志下》。

④ 脱脱等：《宋史·律历志七》。

⑤ 陈久金，何承天，载杜石然主编：《中国古代科学家传记(上)》，科学出版社，1992 年，第 215 页。

⑥ 陈美东，试论我国古代年、月长度的测定，载陈美东：《古历新探》，辽宁教育出版社，1995 年，第 271～274 页。

二　岁差值的新考定及其他天文学思想

在编定元嘉历的过程中，何承天对于东晋虞喜所首述的岁差值重新作了考察，得出与之有很大不同的数值。他指出："《尧典》云：'日永星火，以正仲夏。'今季夏则火中。又'宵中星虚，以殷仲秋。'今季秋则虚中。尔来二千七百余年，以中星检之，所差二十七八度。"① 这是说，尧时星火（即大火、心宿二）在仲夏昏时南中天，星虚在仲秋昏时南中天，而到元嘉年间，这两颗星昏时南中天的时间度提前了一个月，分别在季夏和季秋。时差一月，则度差约有30度，这是约略而言。作较准确的测量所得的结果是相差27至28度。何承天又认为从尧时到元嘉年间相距2700余年，由此，何承天以为赤道岁差应是100年西退一度。这一数值与约78年西退一度的理论值比较，大22年。其准确度比虞喜值和古希腊的依巴谷值都要高。

这里有一个问题需要讨论，即为什么虞喜与何承天度是依据《尚书·尧典》的有关记载推算岁差值，其结果却有如此大的差异？究其原因，大约有以下数端：其一，所谓"尧时"究竟为何年，这在年代学上即为一悬案，虞喜同何承天两人相距百余年，但两人都说距尧以来二千七百余年，便可知其数难真；其二，《尚书·尧典》所载四仲中星是否就是尧时的天象，就存疑问，而且四仲中星是否是同一时期的天象，也仍存疑，星昴、星火、星虚三者，是否构成一个有机的系统，也有疑难处；其三，两人对冬至（或季夏、季秋）日期与时刻的测定、对所谓"昏"的时刻的确定、对中天恒星的观测等，都存不同程度的误差。虽然存在这些问题，他们两人都选取了年距相当大的史料与当年的测值，这就相对减小了所存在问题的影响，而使两人所得的岁差值都达到了一定的准确度。

何承天还是一位浑天家。在他上献元嘉历(443)之后不久著《论浑天象体》一文②，曰：

> 详寻前说，因观浑仪，研求其意，有悟天形正圆，而水居其半，地中高而外卑，水周其下。……四方皆水，谓之四海，……百川发源，皆自山出，由高趣下，归注于海。

此说基本上因循张衡浑天说，但在地体形状问题上有所改进。他认为地体是有限的实体，浮于水中。地体中央高耸，四周渐次降低，终与四海相接。何承天认定地体四方皆水，是依据古史传说，只有中国诸水东流入海是明确有据，他也正由此推想水从地体中高处四向注入四海。由于何承天并未述及浮于水面上的地体的曲率多大，也未提到没入水中的地体的形态如何，所以，我们难以确知何承天所认为的地体的形状。有人把它理解为是一圆球体〔见图4-12(甲)〕③，但说它为一椭球体〔见图4-12(乙)〕或者是一个馒头形的物体〔见图4-12(丙)〕，亦未尝不可。若考虑到古人一定要注意地体在水中的稳定性问题，我们倾向于认为，何承天是将地体想像为一个如馒头形的物体的。不论何承

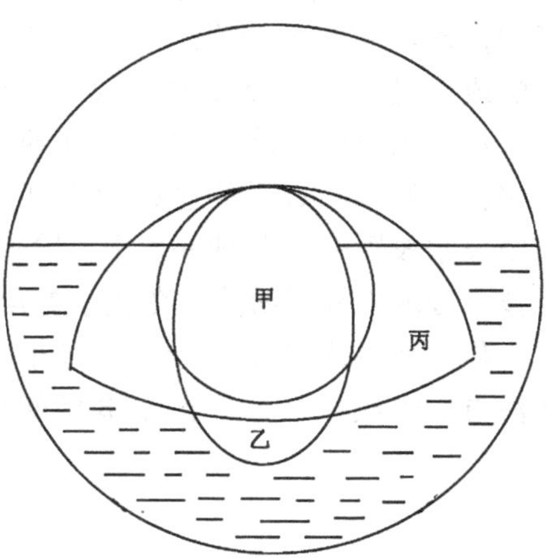

图4-12　何承天等人的地体形状观示意图

---

① 沈约：《宋书·律历志中》。
② 李淳风：《隋书·天文志上》。
③ 王立兴，浑天说的地形观，见《中国天文学史文集》第4集，科学出版社，1986年。

天的真意如何，何承天此说的意义至少在于，他第一次把曲面形的大地观引进到浑天说之中，对占主导地位的地平观提出了挑战，为后世浑天说大地观的演进开启了先声。

《论浑天象体》又曰：

> 周天三百六十五度三百四分之七十五。天常西转，一日一夜，过周一度。南北二极相去一百一十六度三百四分度之六十五强，即天径也。

这里有两点值得注意：一是，何承天认为天西转每经 1 昼夜是运行 1 周天又过 1 度，这显然与传统的浑天说以为天 1 昼夜西转 1 周天整不同。既有过 1 度之说，我们推想何承天势必以为太阳每经 1 昼夜西转 1 周天整，这才可能解释太阳每日在恒星间实际东行 1 度的有目共睹的现象。这就是说，何承天是主张日月五星左旋说的。这是西汉刘向批评日月五星左旋说以后，长期沉默无闻的左旋说的再现。可是，何承天旧案重提并没有很快引起反响，一直到北宋早年才再起波澜。

二是，何承天在这里应用了新的圆周率：$365\frac{75}{304}\div 116\frac{65.083}{304}=\frac{22}{7}$，此即后来被刘宋祖冲之采用的约率①。这是在周天度与天径关系的计算中不用传统的"周三径一"的又一例。

第八节　祖冲之及其大明历

祖冲之（429～500），字文远，范阳遒郡（今河北涞水）人。河北是他的祖籍所在，他实际生长在刘宋都城建康的一个官宦人家，他的曾祖父、祖父和父亲都曾在东晋或刘宋为官，这个家庭的几代成员，大都对天文历法有所研究，这对祖冲之自然不无影响。从青年时代开始，祖冲之便对天文学和数学发生了浓厚的兴趣，"专攻数术，搜练古今，博采沈奥，唐篇夏典，莫不揆量，周正汉朔，咸加该验。罄策筹之思，究疏密之辩"②。对刘洪乾象历、杨伟景初历、特别是何承天元嘉历的得失进行过仔细的研究，对刘歆、张衡、郑玄、阚泽、王蕃、刘徽等前辈学者的工作了如指掌。一方面，他积极汲取先辈学者的学术营养，同时驳正他们的错误，导出了若干有价值的成果，显露出在天文学和数学方面的才华，为新历法和新数学论著的面世打下了充实的基础。从刘宋时代开始，祖冲之就在朝廷里担任品位较低的官员，历任南徐州（今江苏镇江）从事史，公府参军等职，还做过娄县（今江苏昆山）县令，也做过谒者仆射等官。到了萧齐时代，他曾官至长水校尉③，这是他一生中官阶最高（四品）的官职。在仕途上，祖冲之无多作为，但在科学技术领域则异彩纷陈。在数学方面，他对圆周率的研究名闻遐迩，还有数学名著《缀术》面世。他制作过诸多奇巧的机械，如指南车、千里船、水碓磨等等，妙思巧作，冠于当时④，在天文历法方面也成绩卓著。下面，我们就此加以介绍。

一　关于上大明历表

如果说何承天是在 73 岁的暮年才造就他的元嘉历，可谓大器晚成，那么，祖冲之是在刘宋

---

① 钱宝琮主编，中国数学史，科学出版社，1964 年，第 87 页。

② 沈约：《宋书·律历志下》。

③ 李延寿：《南史·祖冲之传》。

④ 杜石然，祖冲之，载杜石然主编，中国古代科学家传记（上），科学出版社，1992 年，第 221～234 页。

孝武帝大明六年(462)就献上他的大明历,其时他仅33岁,堪称雏凤发清声。

在上大明历表中[①],祖冲之说:

> 臣博访前坟,远稽昔典,五帝躔次,三王交分,《春秋》朔气,《纪年》薄食,(司马)谈、(司马)迁载述,(班)彪、(班)固列志,魏世注历,晋代《起居》,探异今古,观要华戎。书契以降,二千余年,日月离会之征,星度疏密之验。专功耽思,咸可得而言也。加以亲量圭尺,躬察仪漏,目尽毫厘,心穷筹筴,考课推移,又曲备其详矣。

这是说他的大明历是建立在详尽研究前代天象记录(气朔、交食、五星运动等)的基础上,又建立在对实际天象(晷影、漏刻、日月五星位置)的认真观测和精心计算的基础上的。祖冲之又说:何承天所制元嘉历已不准确,"日月所在,差觉三度,二至晷景,几失一日,五星见伏,至差四旬,留逆进退,或移两宿。分至失实,则节闰非正,宿度违天,则伺察无准。"这是说经由他的测验,发现元嘉历所定冬至点位置有三度之差,冬至时刻差不多有一日之差,五星见伏时间有差达40天的,五星发生留或逆行时所在恒星间的位置有差至两个宿次的。他进一步指出,这些误差势必造成节气不正、闰非其月的严重问题,也势必不能准确预报和观察五星凌犯等现象或其所在的位置。所以,改历势在必行。

关于他新制历法的改革和创新之处,在上表文中祖冲之说,"谨立改易之意有二,设法之情有三":

> 改易者一:以旧法一章,十九岁有七闰,闰数为多,经二百年则差一日。……今改章法三百九十一年有一百四十四闰。

这是继北凉赵𠼝之后提出的新闰周值。祖冲之是在对回归年长度值作了全新的测算后(这一点,我们在下面还要详加讨论),满怀信心地提出这一改革方案的。研究表明,祖冲之的新闰周是历代最佳闰周值[②],所以,祖冲之将其列为改革的首项,真有自知之明。这里所说19年7闰的旧闰周"经二百年则差一日",应为"经二百五十年则差一 日"之误。因为依19年7闰计,250年则有:$250\times\frac{19\times12+7}{19}=3092.105263$ 月;若依391年144闰计,250年则有:$250\times\frac{391\times12+144}{391}=3092.071611$ 月。以所得两月数相减,再乘以公认的朔望月长度约29.53059日,得0.994日,正可以说"差一日",若依200年计,则得0.795日,不与"差一日"符合。

> 其二,以《尧典》云:"日短星昴,以正仲冬"。以此推之,唐世冬至日,在今宿之左五十许度。汉代之初,即用秦历,冬至日在牵牛六度。汉武改立太初历,冬至日在牛初。后汉四分法,冬至日在斗二十二。晋世姜岌以月食检日,知冬至在斗十七。今参以中星,课以食望,冬至之日,在斗十一。通而计之,未盈百载,所差二度。旧法并令冬至日有定处,天数既差,则七曜宿度,渐与舛讹。乖谬既著,则应改易。……今令冬至所在岁岁微差,却检汉注,并皆审密,……

这又是一项具有真知灼见的改革。先来看他所得的岁差值:

在这里,祖冲之说他所得值为"未盈百年,所差二度",准确地说,他是认为是45.92年而差

---

① 以下所引上大明历表均见萧子显:《南齐书·祖冲之传》。

② 陈美东,古历新探,辽宁教育出版社,1995年,第211~277页。

1 度①,也就是他在与戴法兴辩论时所说的 45 年 11 个月差 1 度②。应该说,这一数值是比较粗疏的,甚至不如东晋虞喜值。察其原因,主要有以下几点:他认为"秦历,冬至日在牵牛六度",又认为"太初历,冬至在牛初",而这二个判断都是错误的。我们知道,前者是为春秋以前的天象,而后者应是战国时期的天象,于是,他据以计算岁差的年距偏小了数百年之巨,此其一;姜岌测值的误差达 3 度之多,这是祖冲之始料不及的,因此使祖冲之据以计算岁差的数据偏大了,此其二;他所得冬至点位置为赤道斗 11 度,较理论值偏小 1.7 度,其精度水平并不比前人低,可是,前人的测值却均较理论值偏大,这自然也使祖冲之据以计算岁差的数据偏大,此其三;他对于《尧典》中星的估算存在同虞喜一样的问题,此其四。这就是说,祖冲之在具体推算岁差值时,在主、客观上均存在若干失误,并未获得成功。他在岁差问题上的主要贡献则在于,把岁差现象引入历法的计算中,这一点却是虞喜或何承天所远远不及的。

祖冲之指出,既然有岁差存在,冬至点所在位置就理当岁岁微差,就不应当永远位于某一"处",也就应当在历法中加进适当的方法去反映冬至点位置的变化。不如此,就必定使以冬至点位置作为基点的太阳位置的推算发生偏差,又由于在推算月亮及五星的位置时,均以太阳所在位置作为基点,也就势必导致计算月亮及五星位置的偏差。反过来说,祖冲之将岁差引进历法,对于提高日、月、五星位置的推算精度是至关重要的,是为一大创举。

接着,我们再来讨论祖冲之所上表中提及的"设法之情有三":

又设法者,其一,以子为辰首,位在北方,爻应初九升气之端,虚为北方列宿之中。元气肇初,宜在此次。前儒虞喜,备论其义。今历上元日度,发自虚一。其二,以日辰之号,甲子为先,历法设元,应在此岁。而黄帝以来,世代所用,凡十一历,上元之岁,莫值此名。今历上元岁在甲子。其三,以上元之岁,历中众条,并应以此为始。……今设法日月五纬交会迟疾,悉以上元岁首为始,群流共源,庶无乖误。

这是祖冲之对大明历所设历元的阐述。他认为一日时间的开始为子时,其位在北方,就爻象而言,北方是为阳气发生之处,在二十八宿北方 7 宿中,虚宿居于其中央,所以,历元冬至点应起始于虚宿 1 度。这是为将岁差引进历法而设置的起算点,是前代历法都未曾有过的历元新要素,不过规定其起于虚宿 1 度,则是主观的抉择,祖冲之只是引用虞喜之说为证,实际上并没有提出日度必须发自虚宿 1 度的客观依据;他又认为,甲子是 60 干支的第一个干支,所以,历元年的岁名也应从甲子开始,这自然又是一种人为主观的抉择。他又以前代历法所取历元也大多用甲子岁为历元年,为其说张目,可是,祖冲之也不否认前代历法中有不用甲子岁作为历元年的,而且也说不出不用甲子岁有什么不妥之处,所以,祖冲之此说是缺乏说服力的。

在《宋书·律历志下》中,也载有祖冲之上大明历表,其中最后数语是为:"……悉以上元岁首为始,则合璧之曜,信而有征,连珠之辉晖,于是乎在,群流共源,实精古法。"这完全道破了他极力主张和追求令上元法——日、月、五星、月亮近地点、黄白道的升交点、冬至点等共汇于一处,并俱起于甲子岁十一月甲子日夜半——的主导思想。因为这才可以达到日月合璧、五星连珠的理想的效果。当然,上元法可使这一系列历法问题的推算有一个整齐划一的起算点,便于计算的程序化,这大约也是祖冲之的考虑之一。也就是说,在这一起算点的天象十分理想,在数学上也是一种完美形态的思考,这些完全征服了他。

---

① 陈美东,古历新探,辽宁教育出版社,1995 年,第 211~277 页。

② 沈约:《宋书·律历志下》。

应该说，祖冲之在此对西汉刘歆等人所主张的上元法作了新表述，是对自杨伟景初历、赵敺玄始历、姜岌三纪甲子元历到何承天元嘉历似已成风气的多历元法的否定。也就在上表中，祖冲之对于多历元法的批评是"条序纷错，不及古意"，是仅为"裁得朔气合而已"，这前两点批评倒也符合实际，因为，与上元法比较而言，多历元法是设立了多个起算点，远不如上元法的整齐划一，而且多历元法确是古所未有的新法。至于第三点批评，似无道理，"裁得朔气合"有什么不妥呢？再说上元法确"及古意"，可是，祖冲之却未证明用上元法能达到"庶无乖误"的结果（也许，原表中并无此四个字，而应是"实精古法"四字，即陶醉于对上元古法的赞美之中）。究其实，上元法是以牺牲若干天文量实测结果的精度为代价，而取得上元时的理想天象的，它又不得不采用十分庞大的上元积年数，使计算复杂化。对此，祖冲之应有所知，但上元理想化的诱惑，促使祖冲之作顾此失彼的选择。

二　冬至时刻测算法及回归年长度等的测定

以上，我们围绕祖冲之的上表对大明历作了初步讨论，当然这不能替代我们对大明历的全面考察。其实，祖冲之及其大明历的重要贡献或进展还有以下几个方面。

祖冲之发明了一种崭新的冬至时刻计算法。他是在同戴法兴辩论时，讲述了他测定刘宋孝武帝大明五年（461）十一月冬至时刻的方法的。今把他的测量方法评介如下①：

表 4-5

《宋书·律历志下》原文	今　译
十月十日影一丈七寸七分半	10 月 10 日影长 10.7750 尺
十一月二十五日一丈八寸一分太	11 月 25 日影长 10.8175 尺
二十六日一丈七寸五分强	11 月 26 日影长 10.7508 尺
折取其中，则中天冬至应在十一月三日	冬至应在 10 月 10 日和 11 月 25 日之间正中的 11 月 3 日
求其蚤晚	求冬至时刻在 11 月 3 日早晚什么时候
令后二日影相减，则一日差率也	一日差率 = 10.8175 − 10.7508 = 0.0667
倍之为法	法 = 0.0667 × 2 = 0.1334
前二日减，以百刻乘之为实	实 = (10.8175 − 10.7750) × 100 刻 = 4.25 刻
以法除实，得冬至加时在夜半后三十一刻	冬至时刻 = 实 ÷ 法 = 4.25 ÷ 0.1334 = 31.86 刻

即由此得大明五年冬至时刻在十一月三日夜半后三十一刻（0.86 刻舍去不计）。

祖冲之的方法中使用了两条假设：其一，冬至前后影长变化的情况是对称的，即在冬至前后距冬至时间间隔相同的两个时刻的影长是相等的，也可以说，冬至前后影长相等的两个时刻的中点即为冬至时刻；其二，在一日之内，影长的变化是均匀的（下面我们还要谈及）。由此出发，可推导祖冲之的算法如下：

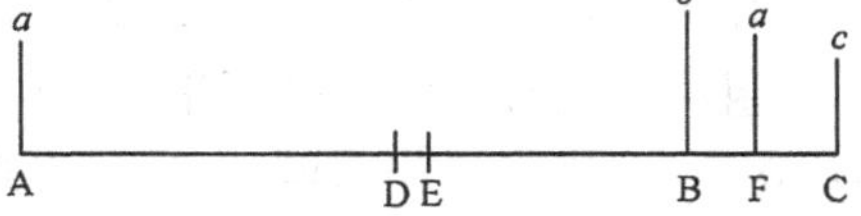

图 4-13　祖冲之测算冬至时刻法示意图

① 中国天文学史整理研究小组，中国天文学史，科学出版社，1981 年，第 89、90 页。

如图 4-13 所示，设 A 为十月十日正午，B 为十一月二十五日正午，C 为十一月二十六日正午。

已知 A 点的影长 a 比 B 点的影长 b 短，而比 C 点的影长 c 长，则必可在 B 和 C 点之间找寻到假想影长也等于 a 的 F 点。B、C 之间影长的变化既是均匀的，则每经 1 刻（一日 = 100 刻）影长变化 $\frac{b-c}{100}$ 尺，由 B 点到 F 点，影长变化 $(b-a)$ 尺，于是 $BF=[(b-a)\div(\frac{b-c}{100})]$ 刻 $=\frac{b-a}{b-c}\times 100$ 刻。又设 D 为 A 和 B 点之间的中点（即 AD = DB），已知大明五年十月为大月（30 日），即 A、B 之间相距 45 日，于是，D 点为十一月三日夜半。再设 E 为 A 和 F 点之间的中点（即 AE = EF），而 A 和 F 两点的影长相等，由第一条假设知，E 即为冬至时刻。

由图 4-13 可见，DE + EF = DB + BF；已知 AD = DB，AE = EF，则前式可改写作：DE + AE = AD + BF，亦即 BF = DE + AE − AD，而 AE − AD = DE，故 BF = 2DE，所以，$DE=\frac{1}{2}BF=\frac{(b-a)\times 100}{(b-c)\times 2}$ 刻，此分数式中的分母，就是祖冲之所说的“法”，分子便是“实”。

自然，祖冲之所作的上述两项假设都是不严密的。因为冬至点和太阳视运动的近地点是不相吻合的，在祖冲之所处的时代，两者相距约 13.5 度，所以，冬至前后两相对称时刻的影长是不等同的；又由于每日太阳视赤纬的变化、亦即每日正午时太阳高度角的变化是非线性的，影长与太阳高度角之间的关系也是非线性的，所以，一日内影长的变化绝不会是均匀的。这是就理论而言的。实际而论，由于这两项假设并不严密，势必会给计算带来误差，但这一误差并不大，因为冬至点和太阳视运动近地点相距不太远，冬至前后每日影长的变化本来就不大。所以，祖冲之所发明的冬至时刻测算法是相当成功的，它为冬至时刻测算精度的大幅度提高铺平了道路。研究表明①，祖冲之测得大明五年（461）冬至时刻的误差为 20 刻，较何承天经十余年观测而得的结果好得多，前代绝大多数历法冬至时刻的准确度，更不得与祖冲之的水平同日而语，这正是冬至时刻新测算法应用的直接成效。

与此密切相关的还有关于回归年长度的测算。在与戴法兴的辩论中，祖冲之提到了大明历回归年长度测算的问题。首先，他指出：

> 四分志，立冬中影长一丈，立春中影九尺六寸。寻冬至南极，日晷最长，二气去至，日数既等，则中影应等，而前长后短，顿差四寸，此历景冬至后天之验也。二气中影，日差九分半弱，进退均调，略无盈缩，以率计之，二其各退二日十二刻，则晷影之数，立冬更短，立春更长，并差二寸，二气中影俱长九尺八寸矣。即立冬、立春之正日也。以此推之，历置冬至，后天亦二日十二刻也。熹平三年，时历丁丑冬至，加时正在日中。以二日十二刻减之，天定以乙亥冬至，加时在夜半后三十八刻②。

祖冲之发现于汉灵帝熹平三年（173）所测定的、载于《续汉书·律历志下》的 24 节气晷长表中，立冬、立春影长相差四寸，这一发现可能受到何承天已指出的其 24 节气漏刻表二分漏刻不等同的启示。祖冲之认为“二气去至，日数既等，则中影应等”，而且影长的日差“进退均调，略无盈缩”，这两点正是前已提及的两项假设。于是，祖冲之认为熹平三年真正的冬至时刻应等

---

① 陈美东，古历新探，辽宁教育出版社，1995 年，第 54 页。

② 沈约：《宋书·律历志下》。

于:11 月丁丑日 50 刻 $-\frac{2}{0.94375}=$ 11 月乙亥日夜半后 38.079 刻(半弱 $=\frac{7}{16}=0.4375$),祖冲之取其整数 38 刻。他十分机智和巧妙地利用了前人的观测成果,并对之作合理的处理,得出熹平三年的冬至时刻。他又经如上所述的对大明五年冬至时刻的测算,于是得到这二年间的时距:(288×365.25-2.07)日,再除以年距 288,而得回归年长度为 365.2428125 日。由大明历知,其所用回归年长度为 $365\frac{9589}{39491}$ 日 $=\frac{14423804}{39491}$ 日 $=365.2428148$ 日(以下称之为 H)。由此看来,祖冲之还是把实测结果作了微小的调整。又,其所用朔望月长度为 $\frac{116321}{3939}$ 日(以下称之为 S)。由 $\frac{H}{S}=\frac{14423804\times3939}{39491\times116321}=\frac{4836}{391}$,这分数式的分母 391,即为大明历的章岁,分子 4836 即章月,(4836-391×12)=144,即为章闰[①]。这就是大明历新闰周的真正由来。祖冲之之所以把实测得的回归年长度值作微小的调整,也正基于能给出以整数形式表示的章岁、章月、章闰等值的考虑。若与理论值比较,祖冲之回归年长度实测值的误差为 45.4 秒,而 S 值的误差为 45.6 秒。这就是说,因这一调整还是造成了精度的损失,好在其损失很小。总的说来,祖冲之对回归年长度的测算,从方法到结果都是十分成功的,其所取回归年长度值是中国历代的最佳值之一,当时在世界上也处于遥遥领先的地位。

大明历 24 节气漏刻表和晷长表的已示如表 4-4 中。由之可见,其漏刻表亦取何承天相类似的方法,从东汉四分历演变而来。不过,祖冲之采用了与何承天稍异的舍取方法(清明和白露,及谷雨和处暑取 0.05 舍去法,其余均与何承天同)。此外,祖冲之也采用类似的方法来编制他的 24 节气晷长表,即在东汉四分历 24 节气晷长表的基础上,除冬、夏二至晷长值不动之外,取与冬、夏二至相对称的两节气晷长的平均值,作为该二节气的晷长值。而且,凡遇 0.005 尺则一律舍去。这说明,祖冲之并未应用他的新测值,但他所取的处理方法大体上也还是合理的。

在大明历中,祖冲之还给出了其他若干相当准确的天文数据。如交点月长度值为:27.21223 日,与理论值之差为 1.3 秒[②]。还要指出的是,尽管从东汉刘洪乾象历开始,就隐含有交点月长度的数据,可是,这是在中国古代历法中,最先明确给出的交点月长度值。又如五星会合周期值的测定,大明历得火、金、水三星分别为:780.0308 日、583.9309 日、115.8797 日,其误差依次为:63.9 分、13.7 分、3.2 分[③]。这些都比前代的精度有较大提高。

综上所述,大明历是一部相当优秀的历法,其多有创新之处,其中包括新思想、新方法、新数据的给出。可是,大约在半个世纪以后,大明历才得以正式颁用,其间曲折,不能不予讨论。

三　祖冲之同戴法兴的历法辩论

在以上叙述中,我们已经几次提到祖冲之与戴法兴的辩论。此事发生在祖冲之献上大明历之后,历时约两年。刘宋孝武帝见到大明历以后,“下之有司,使内外博议,时人少解历数,竟无异同之辩。惟太子旅贲中郎将戴法兴激烈反对。戴法兴,会稽山阴(今浙江绍兴)人,家贫,

① 沈约,《宋书·律历志下》。

② 陈美东,古历新探,辽宁教育出版社,1995 年,第 255 页。

③ 李东生,论我国古代五星会合周期和恒星周期的测定,自然科学史研究,1987,(3)。

好学，能为文章。刘宋世祖孝武帝即位前，戴法兴就随世祖前后，颇受器重。戴法兴的意见大约有以下六点：

其一，不同意有岁差之说，以为“冬至所在”“万世不易”，无视西汉以来，冬至点变化的事实，给祖冲之扣上“诬天背经”的罪名。

其二，以为 19 年 7 闰法乃“古人制章，立为中格”，“此不可革”，批评祖冲之推出新闰周是“削闰坏章”，嘲讽闰周之事“恐非冲之浅虑妄可穿凿”。

其三，认为若有岁差的存在，虚宿就不应当居于二十八宿北方七宿之中，而且“分至屡迁，而星次不改”是不可想像的。所以，“命上元日度发自虚一”是不妥当的。

其四，以为“置元设纪，各有所尚，或据文于图谶，或取效于当时”。历元年不一定非始自甲子岁不可，“昔黄帝辛卯，日月不过，颛顼乙卯，四时不忒，景初壬辰，晦无差光，元嘉庚辰，朔无错景，岂非承天者乎。冲之苟存甲子，可谓为合以求天也”。

其五，认为月行“迟疾之际，非凡夫所测”，其“疏密之数，莫究其极”。又认为岁星年移一辰，无超辰之理。还认为杨伟、何承天等人用多历元法，是“并省功于实用，不虚推以为烦也”。

其六，以为近点月和交点月长度的“日数宜同”，而祖冲之将两者别而为二，势必造成月行“当缩反盈，应损更益”的问题。

第一、二点是针对祖冲之的“改易之意有二”而发的。显然，戴法兴的观点是完全错误的。他站在极其保守的立场上，一味强调旧法之神圣，更以居高临下的傲慢态度讽刺挖苦，横加罪名。这对年轻的祖冲之而言，无异逢着了暴风骤雨。看来，由于祖冲之对于这两项改易是深思熟虑的结果，在分析了戴法兴的反对意见之后，他的反映之一是“浮辞虚贬，窃非所惧”，保持了镇定自若的心态。

他针对戴法兴不能“刊古革今”的主要论点，历数古六历为黄帝、颛顼等圣贤所作的观念是缺乏依据的，一口气提出其“可疑之据”有六。祖冲之以古六历中的周历和鲁历推《春秋》日食，证明“二历并乖”，以古六历校《春秋》朔日，则“并先天，此则非三代以前之明征矣”；他以古六历“课今”，指出“其甚疏者，朔后天过二日有余”；他又以纬书所载古六历彼此矛盾，莫衷一是的状况，说明“谶记多虚”和古六历的可疑；他还引刘向、桓谭、杜预等大儒对纬书“矫妄”的论断和对古六历的怀疑，作为旁证。他的结论是：“周秦之际，畴人丧业，曲技竞设，图纬实繁，或借号帝王以崇其大，或假名圣贤以神其说。”“古术之作，皆在汉初周末，理不得远。”这既是关于古六历制成年代的合理论述，自然也推翻了古六历为圣贤所作、神圣不可改易的观念。

祖冲之又着重列举近测冬至点位置的事实以驳之。他指出：“月盈则食，必在日冲，以检日则宿度可辨，请据效以课疏密。”接着，他举出元嘉十三年(436)、十四年(437)、二十八年(451)和大明三年(459)四次“太史注记”的月食宿度值，并以月食冲法计之。结果证明“凡此四食，皆与臣法符同，纤毫不爽，而法兴所据，顿差十度，违冲移宿，显然易睹”。有这些无可辩驳的事实为依据，祖冲之理直气壮地申言：“故知天数渐差，则当式遵以为典，事验昭皙，岂得信古而疑今。”

对于戴法兴所列几条似是而非的证明冬至点永恒不动的史料，祖冲之也一一加以分析，指出其错误之所在：或史料不可靠，乃是“自信之谈，非有明文可据也”；或是戴法兴对史料的误解；或是以纬书的记载为准，而祖冲之认为纬书非经，“谶记碎言，不敢依述”。又认为“寻臣所执，必据经史，远考唐典，近征汉籍”，完全是“循经之论”，何得“背经”之名！

“诬天背经”，在时人看来自然是莫大的罪名，祖冲之不能对此置若罔闻。祖冲之的这些申述，以验天实据为证，兼引经史为据，既以论证岁差的存在为核心，又表明了遵天循经的立场，还隐含真正诬天背经者乃是戴法兴自己之意。可谓古来辩论的妙文。

关于闰周问题，祖冲之则详述他新发明的冬至时刻测算法，说明新闰周的提出是以此为据，并非“浅虑”之举、“穿凿”之作。而且，他还指出：“臣考影弥年，穷察毫微，课验以前，合若符契。”表明他依其法所定回归年长度和闰周确当有验。他又反问道：“议云此法（指 19 年 7 闰法）自古，数不可移。若古法虽疏，永当循用，谬论诚立，则法兴复欲施四分（历）于当今矣，理容然乎？”此论此问，铿锵有力，戴法兴恐难应对。

上述第三、四、五点，是针对祖冲之的“设法之情有三”而发的。对于其中第三点，祖冲之指出戴法兴显然并未明了岁差的真正含义，而虚发一通议论，“求术意误，横生嫌贬”。至于第四、五点，戴法兴之说并非一无是处。如历元年不宜“苟存甲子”，而以“取效于当时”为是；又如多历元法“并省功于实用，不虚推以为烦也”。这些原本是有识之见。可是，戴法兴在论述中却横生枝节，难怪祖冲之要施加砍伐：“夫历存效密，不容殊尚，合谶乖说，训义非所取，虽验当时，不能通远，有臣所未安也。”这是就戴法兴历元年的设置可“据文于图谶”而发的。至此，我们已经多次引及祖冲之对于图谶之说的不信任、蔑视以至批评，可见他对图谶的虚妄深信不疑。而对于戴法兴所说“迟疾之际，非凡夫所测”等，祖冲之也不以为然，他说：“迟疾之际，非出神怪，有行可验，有数可推，刘（洪）、贾（逵）能述，则可累功以求密矣。”这又是一段十分精辟的论述。他又说：“夫甄耀测象者，必料分析度，考往验来，准以实见，据以经史。”这则是批驳戴法兴岁星无超辰说而言的，正是祖冲之对其历法思想的极好概括。

关于上元法，祖冲之则固守自己的观念。他承认多历元法有“以从省易”的特点，可是，这是以“奇偶不协，故数无尽同，为遗前设后”为代价的，而“建言倡论，岂尚矫异”。他认为“历上元年甲子，术体明整”，“元值始名，体明理正”。他又认为“稽元襄岁，群数咸始，斯诚术体，理不可容讥”。由此看来，在历元问题上，祖冲之强调的是体例明晰、整齐划一，认为这才是“建言倡论”的正理所在，而计算的省易则是第二位的问题。祖冲之的这一理念，为隋代以后的大多数历家所推崇，使上元法成为被普遍采用的方法。在这个问题上，我们实不敢恭维祖冲之所起的作用。

最后来讨论戴法兴提及的第六点意见。祖冲之指出：“迟疾阴阳，法兴所未解”，“法兴云日数同，窃谓议者未晓此意，乖谬自著，无假骤辩。”事情确实如此。在戴法兴对大明历的诸多责难中，还不乏同类弊病，真令人啼笑皆非。而在另一些大明历并不占有明显优势的问题上，戴法兴也多不得要领，反显露不少破绽。这大约便是盛气凌人、不学无术的官僚共同的历史悲剧。

这些，就是历史上著名的祖冲之与戴法兴历法辩论的大体情况。由中我们可见祖冲之尊重实践、实事求是、敢于创新的可贵精神，以及思路清晰、层次分明、因势利导、就实避虚的辩论技巧。这场辩论的实质，是革新与守旧之争，是真理对权势的挑战。祖冲之在这场历争中，继承并发展了前代许多历家坚持实践、首重验天的历法思想，表现了不畏权势、敢于坚持真理的极大勇气。在中国历代诸多历法论争中，这是一场最令人回味的历争之一，它对于后世历家以至今天的读者都会有所教益。

这场历争的最初结果并不令人满意。“时法兴为世祖所宠，天下畏其权，既立异议，论者皆附之。惟中书舍人巢尚之是冲之之术，执据宜用。上（刘宋孝武帝）爱奇慕古，欲用冲之新法，时大明八年(464)也。故须明年改元,因此改历。未及施用,而宫车宴驾也”①。废帝继位(465),因戴法兴“威行内外”,恐生变故,遂“免法兴官,遣还田里,……寻又于家赐死”②。巢尚之也被贬出京。改历之事更被搁置一旁,无人问津。大明历被戴法兴一通抹黑,祖冲之大约也去了娄县当县令,竟刘宋一代,大明历似被人遗忘。

到萧齐武帝时,事情似乎有了转机,“文惠太子(萧长懋)在东宫,见(祖)冲之历法,启武帝施行。文惠寻毙有寝”③。文惠太子卒于萧武帝永明十一年(493)④,这说明识真金者还是有人在,可惜事有不济,未能如愿以偿。直到萧梁时,经由祖冲之之子祖暅的努力,大明历终得颁用,这留待本章第十节中再作表述。

第九节 梁武帝萧衍的天文学思想

一 梁武帝与天文学活动的活跃

在上两节中,我们介绍了刘宋时期两位天文学家何承天和祖冲之的天文历法工作,而在本章第五节中,我们还提及了刘宋太史令钱乐之浑天象的制作。这些可以说明,刘宋时期是天文学活动十分活跃,且取得重大发展的时期,是在东吴、两晋天文学进步基础上的延续。可是,到萧齐一代,天文学活动却趋沉寂,几无建树,其原因有待有心者深究。及至萧梁时期,天文学活动又呈活跃之势。也在本章第五节中,我们已提到陶弘景曾制成浑天象,似应与炼丹术的兴盛有关。其实,萧梁皇帝梁武帝萧衍本人对天文学的兴趣,对于天文学活动的再活跃起了更重要的刺激作用。

梁武帝萧衍(464～549),字叔达,小字练儿,南兰陵中都里(今江苏常州)人,生于秣陵同夏里(今江苏南京)。萧齐高帝萧道成的族弟。萧齐时,任雍州刺史,都督军事,镇守襄阳。皇族内乱,他起兵攻入建业(今江苏南京),建立萧梁王朝,是为开国皇帝。他“博学多通,好筹略,有文武才干,时流名辈咸推许焉。”⑤ 萧衍笃信佛教,“及居帝位,即于钟山造大爱敬寺,青溪边造智度寺,又于台内立至敬等殿。又立七庙堂,月中再过,设净馔。每及展拜,恒涕泗滂沱,哀动左右。”归佛之心溢于言表,见诸行动,立佛教为国教。他甚至几度削发为僧,置江山社稷于脑后。他“尤长释典,制《涅槃》、《大品》、《净名》、《三慧》诸经义记,复数百卷。”不但如此,他还时常亲临寺院升法座宣讲佛义,其“于重云殿及同泰寺讲说,名僧硕学、四部听众,常万余人”。一时间,全国各地大兴寺庙,佛学亦随之盛行。萧衍“少而笃学,洞达儒玄”,对于儒学也深为敬重。又曾著《制旨孝经义》、《周易讲疏》等“凡二百余卷,并正先儒之迷,开古贤之旨。”立国后,他极力“修饰国学,增广生员,立五馆,置五经博士。”又诏何佟之等“撰吉凶军宾嘉五礼,凡一千卷”,他则亲自为之“称制断疑”。还与人合作,编成《通史》六百卷。不但如此,他还“于台西立士林馆,领军朱异、太府卿贺琛、舍人孔子祛等递相讲述。”在他的影响下,“皇太子、宣城王亦于

---

① 以上均见沈约:《宋书·律历志下》。
② 沈约:《宋书·戴法兴传》。
③ 萧子显:《南史·祖冲之传》。
④ 萧子显:《南史·齐武帝诸子传》。
⑤ 姚思廉:《梁书·武帝本纪上》。

东宫宣猷堂及扬州廨开讲。于是四方郡国，趋学向风，云集于京师矣。"①

萧衍既重佛教、又尊儒学，他在位达47年之久(502～549)，其间，在这位学者型皇上的提倡和鼓励下，既刺激了学术、文化的发展，这种发展又不能不明显带有一国之尊个人喜恶的印记。这大约便是萧梁一代学术、文化发展的重要原因与基本特征。

天文学也是萧衍深感兴趣的学术领域之一。对于若干天文学理论，萧衍就有所阐述，在《尝仪》一文中，他指出：

> 月体不全光，星亦自有光，非受明于日。若是日耀月，所以成光，去日远则光全，去日近则光缺，五星行度亦去日有远近，五星安得不盈亏？当知不然。太阴之精自有光景，但异于太阳，不得浑赫。星月及日，体质皆圆，非如圆镜，当如丸矣。②

这同当时已成为大多数人认可的月体和星体本无光，日照之而生光的论说大异其趣。平心而论，萧衍关于月亮自身发光的见解是不正确的，但在当时的历史条件下还是可以理解的。因为，依当时流行的浑天说(见本章第三节陆绩和王蕃说、第四节葛洪说、第七节何承天说等)，确实难以令人信服地说明日光照着月亮的问题；而且正如萧衍所指出的，人们也未曾见到五星的盈亏现象，如果五星和月亮一样自身不发光而由日光的照射发光，理应也有盈亏的。此外，同当时不少人认为恒星也因太阳光的照耀而发光的见解比较，萧衍认为恒星自身发光的猜测自然要高明得多。还有，他关于日、月、星的形体皆为球体的见解，是为中国古代对此论题明确而真切的表述。由此看来，萧衍对于这些人们司空见惯的天文学问题自有他独特的理解。关于他对天文历法问题的关注，在本章下一节中还将论及。

二　梁武帝与金刚山说

萧衍最为得意的则应是所谓金刚山说的提出，该说实际上是随佛教传入的须弥山说和中国传统的盖天说以及宣夜说的混合体。在《开元占经》卷一中，有此说的详细记载，依之，可介绍如次：

首先，萧衍从儒家经典《易·系辞》所说"易有太极，是生两仪"出发，认为天地源出于太极的元气，"元气已分，天地设位，清浮升乎上，沉浊居乎下"，于是，天上、地下乃是自然之理，而且只有这样才能"辨尊卑贵贱之道，正内外男女之位"。这里应用的是儒家的典型思想和语言。他又说，"天以妙气为体，广远为量，弥覆无所不周，运行往来不息，一昼一夜，圆转一周"，以为天乃由妙气组成，无限广阔、无限高远，并永居于地之上旋转不止，每日一周，这就是天的总体特征。他又说，"地以水土为质，广厚为体，边际远近亦不可知，质常安伏，寂然不动"，即认为地是由水土组成，广大深厚，在天之下，静而不动，这便是地的总体特征。这些论述正基于中国传统盖天说的根本理论，似还杂糅宣夜说的成分。这是萧衍建立金刚说的基石之一。

萧衍熟悉佛家的须弥山说是毋庸置疑的，其说是为他建立金刚山说的另一基石。且看他的论述：

"四海之外有金刚山，一名铁围山，金刚山北又有黑山。日月循山而转，周回四面，一昼一夜，围绕环匝，于南则现，在北则隐。"

---

① 姚思廉：《梁书·武帝本纪下》。

② 瞿昙悉达：《开元占经》卷一。

萧衍指出："夏则阳升，故日高而出山之道远；冬则阳降，故日下而出之道促，出山远则日长，出山促则日短；二分则合高下之中，故半隐半现，所以昼夜均等，无有长短。"由此可知，他认为金刚山的形状是上小下大的梯形。夏季日道高时，人们可见较多的日道，故昼长；冬季日道低时，则只能见到较少的日道，故昼短；春秋分时日道不高不低，则正好可见半个日道，故昼夜平分。

为了进一步说明四季太阳出没方位和昼夜长短的变化，萧衍又作了以下设想："黑山之峰正当北极之南，故夏日虽高而不能不至寅而现，又至戌而隐。春秋分则居高下中，朝至金刚山之外，虽与山平，而去山犹远，故为金刚山所障，日未能出，须至卯然后乃见，西方亦复如此。冬则转下，所隐亦多，朝至于辰则出金刚之上，夕至于申则入金刚之下。金刚四面略齐，黑山在北，当北弥峻，东西连峰，近前转下。所以日在北而隐，在南而现。夫人目所望，至远则极，二山虽有高下，皆不能见。"

这些就是萧衍金刚山说的大体内容。自然，这一关于天地结构和日月运动的模型是想当然的。这一模型除了存在须弥山说的所有缺欠。以外，还不能解释在夏至到春分之间，为什么日出后即向西运行？日入时迳向西北方向？因为，依金刚山说，其间，日出需先朝东而后才向西运行，日入时是先朝西然后向西北方向。他也不能解释在黑山与金刚山之间的北方"日光常自不照"的命题，而且，势必造成北方在一天之内有两个白昼和两个夜晚的问题，这当然是不符合事实的。还有，依其说，黑山之北的北极地区也将与南方一样，成为常温不寒的地带。实可谓矛盾重重，漏洞百出。

梁武帝在完成他的金刚山说的总体构思之后，便交给臣子们作具体的论证，设计出金刚山、黑山的大小、远近，日道的大小、高低，等等。即"令上林馆学士虞履、颍上林馆倪徽仁、刘文道等算其度数"。这些臣子心领神会，"奉依敕旨，推按历法表景长短之差，日行南北之道，旁考经记，近较目前"，终于确定了一批数据，上呈给皇上，声称"莫不事事符合，昭然可见"，梁武帝于是大喜，宣布大功告成。

虞履等人所定数据为："北极璇玑玉衡，上当天之北五十五度，北去黑山顶三十六度，夏至日在天南十二度，春秋分日在天南三十六度，冬至日中日在天南(五)〔六〕十度，(冬)〔夏〕至日中日去金刚南三十度。"

还有："日道圆周三百六十五度，分为十二辰，辰三十度半。""春秋分出卯中左右十五度。……入酉左右亦十五度。""冬至日出卯南，去卯中二十四度，则是侵辰九度；夏至日出卯北，去卯中二十四度，则是侵寅九度。……冬至日入酉南，去酉中二十四度，是侵申九度；夏至日入酉北，去酉中亦二十四度，是侵戌九度。"

这些数据，大都是依据人所共知的浑天说，并在此基础上作简单的加减运算。就这样，梁武帝君臣居然皆大欢喜，以为大功垂成。随之，梁武帝以一国之尊的身份，亲自"于长春殿讲义，别拟天体，全同《周髀》之文，盖立新意，以排浑天之论而已"①。

不但如此，梁武帝在提出金刚山说后不久的普通年间(520～527)，还大兴土木，建造了一座体现金刚山说基本思想的寺院——同泰寺②。

唐代许嵩《建康实录·卷十七》中有关于同泰寺的记载，内大通元年(527)条云："(梁武)帝

① 李淳风：《隋书·天文志上》。

② 山田庆儿，古代东亚哲学与科技文化，辽宁教育出版社，1996年，第169～172页。

创同泰寺，寺在宫后。别开一门，名大通门，对寺之南门。”又另引《舆地志》述其全貌：“四周池堑，浮图九层，大殿六所，小殿及堂十余所，宫各像日月之形。禅窟、禅房、山林之内。东西般若台各三层。筑山构陇，亘在西北，柏殿在其中。东南有璇玑殿，殿外积石种树为山，有盖天仪，激水随滴而转。”

由之可见，这是一个十分庞大的建筑群。四周挖有很宽的护城河，自然是要表达四海之意。九层浮图大约就相当于金刚山，耸立于寺院的中央，其上饰有云状之物，其中腰上下建有若干形似日月的宫室，以表示日月在其行道上运行达不同的位置。横贯在西北方向的一座山（也即道宣书中所说的烦积山），大约就是黑山的象征。而柏殿则可能象征着北极。在东南方向的璇玑殿，自然是象征中国之所在，此“殿外积石种树为山”，大约是要反映中国西北高、东南低的地形特征。值得重视的是，在璇玑殿外更有盖天仪一座，用以演示金刚山说的思想。它大约还是一个用漏壶的流水驱动的、可自动运转的仪器，表现日月的运动及其隐现。如果说整座同泰寺是依金刚山说的思想设计的，是金刚山说的大型模型，盖天仪则是反映金刚山说的微缩模型。

梁武帝普通八年(527)，萧衍驾幸竣工后的同泰寺，并首次舍身，似乎找到了他的归宿之地，在他确信无疑的天地构架之中求得内心的安宁。此后，他还几度舍身同泰寺。中大同元年(546)“夏四月丙戌，(梁武帝)于同泰寺讲解，设法会”[①]，当夜，同泰寺发生火灾。又据《建康实录·卷十七》引《舆地志》载，除柏殿和瑞仪(也许就是盖天仪)幸存之外，其他均化为灰烬。这对年届 82 高龄的梁武帝不啻是一个巨大的打击。再过 3 年，梁武帝去世，他的金刚山说也与同泰寺一样烟消云散。

第十节　祖暅和虞劆等人的天文历法工作

萧梁时期天文学的活跃及其发展，还表现在诸多方面。在梁武帝的支持下，祖冲之大明历被正式颁用、漏刻制的改革、若干天文学著作的编修、新历法的研制，等等，得以进行，出现了祖暅、虞劆等颇有作为的天文学家，他们在不同的领域展示了各自的才华。

一　祖暅的天文学活动

祖暅，一曰祖暅之，字景烁，祖冲之之子。“少传家业，究极精微，亦有巧思”。也曾在朝为官，任员外散骑侍郎、奉朝请、材官将军、徐州太府卿、太舟卿、南康太守等职[②]。

梁武帝天监三年(504)，员外散骑郎祖暅上书建议改历，申述理由有二：一是不同的朝代，应行用不同的历法，即所谓“当代用之，各垂一法”；二是表彰其父祖冲之当年所制历法的高明：“(刘)宋大明中，臣先人考古法，以为正历，垂之于后，事皆符验，不可改张。”也许由于萧衍初登极位，诸事纷扰，无心改作，或者他本人对于历法的改革另有更深层的考虑；加之祖暅的表文也未说到关键处，他对于其父历法的准确度也未及作实际的考察。下面，我们还将说到梁武帝在天监六年(507)作出改革漏刻制度的决定，委祖暅以重任，祖暅也得以对昼夜漏刻和晷影长度

---

① 姚思廉：《梁书·武帝本纪下》。

② 李延寿：《南史·祖冲之传》、颜之推：《颜氏家训·杂艺篇》。

进行实测，故祖暅初次上奏以后，不见下文，是可以理解的。天监八年(509)，祖暅成竹在胸，遂"又上疏论之"，这一回则引起了梁武帝的重视，即"诏使太史令将匠道秀等，候新旧二历气朔、交会及七曜行度"，由此诏示的校验内容看是相当全面的，包括日、月、五星的行度，节气和交食时刻等，这说明梁武帝对于历法还有所知。不过，似存在过急的毛病。起初，梁武帝只要求作百日的考验，后来，他可能也觉得时日短了一些，又诏令增加百余日。其实，即便如此，也还是显得急促。检验工作"起(天监)八年十一月，讫九年七月"，道秀等得出了"新历密，旧历疏"的结论。祖暅于是又上奏称，"得失之效"已见，"史官今用何承天历，稍与天乖，纬绪参差，不可承案。……所上脱可施用，宜在来正"。可以说是趁热打铁，把握好了时机。果然，他的努力有了结果，梁武帝爽快地采纳了他的意见，决定于"(天监)九年(510)正月，用祖冲之所造甲子元历颁朔"①。即只是将大明历改名为甲子元历，正式颁用。

据《南史·祖冲之传》载：祖冲之的大明历于"梁天监初，暅更修之，于是始行焉"。其有祖暅对其父祖冲之的历法作了一些修补之意，此说当有所据。我们认为祖暅至少对大明历的 24 节气昼夜漏刻表和晷长表作了补正(详见后)。总之，一代名历大明历几经周折，在历成的 47 年以后终被行用，以服务于社会百姓，祖冲之的心血不算白费。这真是"青山遮不住，毕竟东流去"。总算讨回了历史的公平。

祖暅当然知道其父大明历中的 24 节气晷长表并非经由实测的结果，为弥补其不足，在"梁天监中(约 507，详见下)，祖暅造八尺铜表，其下与圭相连。圭上为沟，置水，以取平正。揆测日晷，求其盈缩"。这是一具颇有特点的圭表，祖暅可能受到北魏早年(412)所制太史候部铁仪底座刻有十字水平沟槽的启示，将其引用于圭面的取平。我们知道，圭表的圭面是否处于水平状态，对于晷影测量的准确度是关系重大的，祖暅的创制，看似简单，其意义却不小。自此往后，圭表之作，圭面刻有水沟，遂成定制。

一日分为百刻，这是古来的传统，梁武帝对此很不以为然，曾二度提出改革的方案。

> 天监六年(507)，武帝以昼夜百刻，分配十二辰，辰得八刻，仍有余分。乃以昼夜为九十六刻，一辰有全刻。至大同十年(542)，又改用一百八刻。依《尚书·考灵曜》昼夜三十六顷之数，因而三之。冬至昼漏四十八刻，夜漏六十刻。夏至昼漏七十刻，夜漏三十八刻。春秋二分，昼漏六十刻，夜漏四十八刻。昏旦之数各三刻。②

梁武帝前后两次对一昼夜漏刻数的改革均不无道理。的确，分一昼夜为百刻，又分一昼夜为 12 辰，则 1 辰 $=8\frac{1}{3}$ 刻，应用起来有诸多不便。梁武帝以皇帝的权威，打破传统，对此进行改革，不失为合理和大胆的举措。有人认为，梁武帝定一日为 108 刻，除了以《尚书·考灵曜》之说为依据外，"108 或者是从佛教的 108 种烦恼中得出的数值"③，此说有一定道理。因为，此时梁武帝对佛教的迷恋达到了如醉如痴的地步，所以，又改一日 96 刻为 108 刻。不过，108 可以被 12 整除，得 1 辰为 9 刻，便于实用当是主要原因。当然，反过来说，1 辰为 9 刻的 9，又是一个带神秘色彩的数字，抑或这使梁武帝觉得改一日为 108 刻更是理想的了。再看其中一日为 108 刻制的二分、二至昼夜漏刻值，若将其化为百刻制则为：冬至昼漏 44.44 刻、夏至昼漏 64.81 刻、春秋分昼漏 55.56 刻。如表 4-4 所示，祖冲之大明历冬、夏至和春秋分的昼漏值依次

---

① 李淳风：《隋书·律历志中》。

② 以上均见李淳风：《隋书·天文志上》。

③ 山田庆儿，古代东亚哲学与科技文化，辽宁教育出版社，1996 年，第 160 页。

为 45 刻、65 刻和 55.5 刻。两者有所不同,前者应是大同十年(542)或天监六年(507)实测的结果。此外,它取"昏旦之数各三刻",则相当于百刻制的 2.78 刻,与传统百刻制规定昏旦刻数各 2.5 刻也不一样。梁武帝对于一昼夜漏刻数的改革,在短期内得到实施,其中,96 刻制行用 35 年,108 刻制施行约 20 年。"陈文帝天嘉中(560～566),亦命舍人朱史造漏,依古百刻为法",又回到传统的百刻制上去。改革之难,可想而知。

在梁武帝首次进行一昼夜漏刻数改革的天监六年(507),曾"令祖暅为《漏经》,皆依浑天黄道日行去极远近,为用箭日率"①。此外,"天监六年,帝以旧漏乖舛,乃敕员外郎祖暅治之。漏刻成,太子中舍人陆倕为文"②。由之可见,祖暅积极参与了梁武帝倡导的漏刻制度的改革,他既新制漏壶,又进行实际的观测,并依据相似于东汉霍融提倡的理论(参见第三章第十二节),即定出漏刻每增减一刻与日南北移动度值之间的关系,亦即"用箭日率",进而撰成《漏经》,作为行用新漏刻制度的规范。可以说,祖暅乃是具体操作新漏刻制的主将。

这里梁武帝所说的旧漏,乃是指"会稽山阴(今浙江绍兴)令魏丕造"③ 于东晋成帝咸和七年(332)的漏壶,到此时已历 170 余年,其误差很大是可以想像的。而祖暅所作的漏壶的形制等,我们可以从陆倕所著《新漏刻铭》略知一二。其"序"曰:

> ……爰命日官,草创新仪,……则于地四,参以天一(李善注:'言壶用金,而漏用水也')……变律改经,一皆征革。天监六年,太岁丁亥,十月丁亥朔十六日壬寅,漏成进御,以考辰正晷,测表候阴……。

> 而其铭文则有:方壶外次,圆流内袭。洪杀殊等,高卑异级。灵虬承注,阴虫吐。……微若抽茧,逝如激电。……铜史司刻,金徒抱箭……④。

由之可知,新漏壶制成于 507 年 11 月 6 日。漏壶以金制成。每一壶外表均长方形,而内里均为圆柱形。各壶依次高下放置,下一级的壶都比高一级的壶略大一些,而各壶水的流量都一样,这样可使高一级壶的流水递次流到下一级壶后,不致使下一级壶水漫溢出来。高一级壶的流水都像蚕丝那样细,通过附于壶体下部的龙头形的漏管向下一级壶激泄,下一级壶的上部有张口蟾蜍状的孔洞,承接流水进入。最下一级壶(箭壶)的上部中央还有一长方形的孔,可供漏箭升降,该孔的上方有一金质童子作抱箭状,还有一铜铸人物以手指指箭上的刻度。从《新漏刻铭》我们似难以断定该漏壶究竟由几个壶组成,这是令人遗憾的。不过,从晋代孙绰的《漏刻铭》,"乃制妙器,契壶氏铨。累筒三阶,积水成川"⑤,可知晋代就已有除箭壶以外,另有三级补偿壶的漏壶的创制,较东汉张衡所制又有所改进。由此,我们推想祖暅新制漏壶大约也是三级补偿壶的漏壶。如前所述祖暅圭表之作也就在 507 年前后,而且对 24 节气昼夜漏刻和晷长表重作测定。如上所述,祖暅是在天监八年(509)再次提出改历的建议,并于次年得以实施的。所以,他用这两种新测的数表替代其父历法中的旧表是势在必行的,也是理所当然的。

"贾逵、张衡、蔡邕、王蕃、陆绩,皆以北极纽星为枢,是不动处也。"⑥ 这是说东汉到东吴的

---

① 以上均见李淳风:《隋书·天文志上》。

② 萧统:《文选》卷五十六李善注引刘璠《梁典》。

③ 萧统:《文选》卷五十六李善注引萧子云《东宫杂记》。

④ 萧统:《文选》卷五十六。

⑤ 同④。

⑥ 李淳风:《隋书·天文志上》。

贾逵等五大家均以为纽星(鹿豹座 32H)当作北天极所在之处。虽然西汉中期的《周髀算经》就曾说“欲知北极枢,旋周四极”云云,已提及当时所认定的北极星同北天极是不一致的,但并未引起大多数人的注意。大约也就在天监八年前后,“祖暅以仪准候不动处,在纽星之末,犹一度有余”①。即是祖暅最先测定纽星并不正好在北天极处,两者之间有一度多的度距,他是用浑仪进行观测而得到这一发现的。若将窥管的中心对准纽星,从黄昏到黎明连续细心观测,就不难发现纽星偏离窥管中心的作弧形运动,这应就是纽星同北天极并不重合的证明。起先祖暅一定是发现了这一现象,随后,他才有意识地进行进一步的摸索和测量:黄昏时将窥管对准假想中的北天极,及至黎明作连续的观测,就会发现纽星绕北天极为中心作圆弧形运动。祖暅显然经过较长时间的观测与计算,得出了纽星距北天极一度有余的结论,而祖暅观测年代两者的度距应为 1.77 度②,祖暅的观测值约有 0.5 度的误差。这一发现不但具有理论的意义,而且在浑仪等天文仪器的安置时具有极重要的实际价值,即可大大减小将纽星误当作北天极而造成的浑仪极轴安置的误差。此外,在星图的绘制等方面也具有重要的意义。

据《隋书·天文志中》载:“梁奉朝请祖暅,天监中,受诏集古天官及图纬旧说,撰《天文录》三十卷。”这时,祖暅已迁任奉朝请之职,不再是当初的员外散骑郎了,这应是在天监九年(510)新历颁行之后。《天文录》的内容包括对“杂星、瑞星、妖星、客星、流星及云气名状”的描述,唐代李淳风就是以《天文录》作为主要参考书之一,撰写《隋书·天文志》中、下卷的有关文字的。在《天文录》中,祖暅还收录了他关于天文学若干理论问题的思考。

祖暅是个浑天说论者。

> 梁奉朝请祖暅《浑天论》曰:“自古论天者多矣,而群氏纠纷,至相非毁。窃览同异,稽之经典,仰观辰极,旁瞩四维,睹日月之升降,察五星之伏见,校之以仪象,覆之以晷漏,则浑天之理,信而有征。”

在《浑天论》中,祖暅以东吴王蕃浑天说的忠实追随者的面目出现,沿王蕃的思路,补充了王蕃所未论及的冬至和春秋分时太阳的高度,以及观测者同地上与太阳相垂直的那一点之间距离的计算。与王蕃关于天径大小的计算存在诸多失误一样,祖暅所作的补充也是漏洞百出,同样都没有实际价值。

祖暅在《浑天论》中对一年四季寒暑变化的原因则作了颇有见地的论述:

> 日去地中,四时同度,而有寒暑者,地气上腾,天气下降,故远日下而寒,近日下而暑,非有远近也。犹火居上,虽远而炎,在旁,虽近而微。……今大寒在冬至后二气者,寒积而未消也。大暑在夏至后二气者,暑积而未歇也。寒暑均和,乃在春秋季后二气者,寒暑积而未平也。譬之火始入室,而未甚温,弗事加薪,久而愈炽。既已迁之,犹有余热也。

首先,他指出四季的寒暑变化不是太阳远近不同的结果,太阳一年之中与地的距离都是一样的;其次,他把东汉关子阳对一日内温凉变化的解说,应用于一年四季寒暑变迁的说明。他同样以人们切身的体验来论证:当在火焰上腾的部位,即便距离较远也觉得较热;若在火焰的侧面,就是距离较近也不觉得热。同理,冬天“远日下而寒”,夏天“近日下而暑”。这里所谓“远日下”和“近日下”,是指人与太阳的相对位置而言。“远日下”是说太阳偏于斜射,“近日下”是

① 李淳风:《隋书·天文志上》。

② 潘鼐,中国恒星观测史,学林出版社,1989 年,第 168 页。

说太阳近于直射。也就是说，一年四季寒暑的变化是太阳直射或斜射程度各异所致。再次，他指出一年之中，大寒节气时最冷，大暑节气时最热，谷雨和霜降二个节气时寒暑均和。他认为这分别是积寒而寒甚、积热而热极、寒气渐消热气初起、热气渐退寒气初生的结果，即提出了热量逐渐累积或消减的机制，来说明一年内最冷、最热、或冷热均和的时日不在二至、二分的滞后现象。他也以人们所熟知的经验去证明它：在室内刚生火时，室内并不会很快暖和起来，而在撤火之后，室内不致马上觉得寒冷。这些论点和论据都是有说服力的。

以上论述自然是古来关于太阳大小、炎凉及远近论争的延续与发展。对此，《浑天论》还说道：

> 视日在旁而大，居上而小，仰瞩为难，平视为易也。由视有夷险，非远近之效也。今悬珠于百仞（"百仞"约为500尺）之上，或置之于百仞之前，从而观之，则大小殊矣。先儒弗斯取验，虚繁翰墨，夷途顿辔，雄辞析辩，不亦迂哉。[①]

祖暅强调平视与仰视的不同视觉效果，造成日在旁则视之大、在上则视之小的现象。他的试验依据是：将同一个球状物分别置于距离相同的高处和水平处，就可以发现悬于高处时视之小、置于平处时视之大。他认为这是平视易而仰视难的缘故。这自然是一有意义的试验和有价值的见解。不过，祖暅将太阳视大小的原因仅仅限于此，而一律否定前人多方面因素的探索，未免是以偏概全。况且，关于平视或仰视的影响，西晋束皙早已有其意，虽然，祖暅是把它阐述得更加明了，终非首创。

祖暅也曾论及星（包括行星和恒星）是否自己发光的问题："星犹月禀日之光然后乃见，则星在日则应盈魄，今既不然，故知星在日表而常明也。按星体自有光耀，非由禀日始明。"这与梁武帝的有关论述存在共同之点，即以为行星和恒星都是自己发光的。但又有不同之处，即祖暅还是坚持月禀日光之说，他指出星无如同月亮那样的盈亏现象，是要说明星与人的距离大于太阳与人的距离，这一点大体上是正确的。祖暅还说过："今星宿有时食月，在魄中分明质见，则是星行亦在月里，不专在表。"这是盲从前人星食月的记载而得的不正确推论。可见，他对日、月、星与人距离远近的问题，并未获完全正确的认识。但是，梁武帝则是由不见星有盈亏现象而推论月体亦自发光。祖暅与梁武帝天文学思想的这些不同，特别是他对浑天说深信不疑，而且还著文申述之，这自然不合梁武帝的心意。尤其是在普通年间（520～527）梁武帝构思并提出金刚说以后，更是如此。

天监十三年（514），祖暅被任命为材官将军，参与治理淮河的水利工程。他与陈承伯认为拟筑堰引水处土质稀松，不宜开工。梁武帝不纳其说，大动土木修之。天监十五年（516）工程竣工不久，洪水堤决堰废，顿时，千村漂流。祖暅作为替罪羊，被梁武帝投入监狱[②]。

祖暅何时出狱，不得而知。但到普通六年（525），祖暅在豫章王萧综治下的徐州府任太府卿。也就在这一年，萧综突然投奔北魏安丰王元延明，祖暅与徐州长史江革等都一并成了北魏军的俘虏[③]。这一偶发事件却引出当时南北对峙态势下科学文化交流的故事来。其时正在元延明手下任职的北魏天文学家信都芳，久闻祖暅的大名，得见祖暅，大喜过望。经由信都芳的介绍，元延明善待祖暅。信都芳与祖暅相处甚洽，以师事之。祖暅则为之讲授天文历算、机械

---

① 以上均见李淳风：《隋书·天文志上》、瞿昙悉达：《开元占经》卷一。

② 姚思廉：《梁书·康绚传》。

③ 姚思廉：《梁书·江革传》。

技巧之法①。元延明本人对科技文化也颇有兴趣，“使（祖）暅作欹器、《漏刻铭》”②。所谓“欹器”乃是其父祖冲之根据古籍记载复原的一种器具，用该器盛水“中则正，满则覆”，可置案头以自警③。而《漏刻铭》之作，自然是在作成漏壶以后，就是说，祖暅在此也制出了他当年曾作过的漏壶。也许，在祖暅看来，制作欹器和漏壶正是在北人面前显露南人技巧的机会，所以欣然而作。

北魏孝明帝孝昌二年（526），亦即梁武帝普通七年，南北双方达成协议，北魏召回擅自跑到南方的皇族子弟元略，而南方迎回江革、祖暅等人④。祖暅又奇迹般地回到了他阔别已久的京都建康（今江苏南京）。《漏刻铭》事件多少要给他的仕途产生影响，耸立在那里的规模宏伟的同泰寺以及炙手可热的金刚山说，一定也给他无形的压力。自此以后，祖暅在天文学领域还有什么作为，我们已一无所知了。也许，他仍坚持原先的天文学思想，但也无力回天，在依然在忙碌的仕途上走完一生的路程。

二 虞劆的天文学工作

如果说在梁武帝前期最主要的天文学家是祖暅，那么，在后期则当推虞劆。虞劆的主要天文学工作多集中在梁武帝大同十年（544）前后，这时，他身任太史令之职。其主要工作有以下三个方面：

（1）冬至太阳所在宿度新测定法的提出，以及冬至太阳所在宿度和岁差值的测算。在《新唐书·历志三上》载有“大同九年（543），虞劆等议”的如下一段文字：

“汉世课昏明中星，为法已浅。今候夜半中星，以求日冲，近于得密。”这是说，自汉代始，人们是依据测量昏旦中星的方法来推定冬至点所在宿度的，其法误差较大，后渐废而不用。虞劆等当然知道后秦姜岌月食冲法的发明，但其法只有在发生月食时才有用武之地。于是，虞劆等提出了夜半中星法，以便有较之多得多的机会进行测量冬至点所在宿度的工作。其法是先在某日夜半时测量南中天某星的宿度，加上半个周天度，即得该日夜半时太阳所在宿度 E，又已知该日夜半与冬至时刻间的时距 F，则冬至太阳所在宿度为 E+F。它可以避免昏旦中星法计算昏旦到夜半之间太阳在恒星间移动度数时导致的误差（参见本章第五节），这是夜半中星法略优于昏旦中星法之处。可是，此法可能存在的误差依然不小，对此，虞劆等人认为：

“而水有清浊，壶有增减，或积尘所拥，故漏有迟疾。臣等频夜候中星，而前后相差候至三度。”即他们对导致漏壶测时误差的两个因素有明确的认识。前已提及，若漏壶测时有 1 刻的误差，将导致冬至点位置有 1.8 度的差错。这里，虞劆等人说他们测量的结果最大有 3 度的差异，是可想而知的。

虞劆等人又议曰：“姜岌、何承天俱以月食冲步日所在。（何）承天虽移（姜）岌三度，然其冬至亦上（姜）岌三日。（何）承天在斗十三四度，而（姜）岌在斗十七度，其实非移。”他们认为姜岌和何承天用月食冲法测量冬至日所在度相差 3、4 度，主要是姜岌所测冬至时刻后天三日所致，

① 李延寿：《北史·信都芳传》。

② 姚思廉：《梁书·江革传》。

③ 杜石然主编，中国古代科学家传记（上），科学出版社，1992 年，第 233 页。

④ 魏收：《魏书·元略传》。

这一见解是有道理的。他们又认为从姜岌(384)到何承天(443)年距59年,冬至日所在度实际没有发生什么变化,充其量有不及1度的变化。由此,他们自然否定了祖冲之45.9年差1度的岁差值。他们还指出:“以(大同)九年(543)三月十五日夜半,月在房四度食。九月十五日夜半,月在昴三度食。以其冲计,冬至皆在斗十二度。”而他们用夜半中星法测量的结果是:“大略冬至远不过斗十四度,近不出十度。”若取其平均值,亦为斗宿12度。于是,他们认定当年冬至日应在斗宿12度。而当年冬至点位置的理论值是为斗宿11.5度[①],可见,其所得结果的准确度是相当高的,这与他们连续观测了当年发生的两次月食有关,真是天赐良机。据此,他们又指出,若依祖冲之法推当年的冬至“日在斗九度”,再一次证明了祖冲之法的不可靠性。

(2)重新立表进行晷影测量。“大同十年,太史令虞劆又用九尺表,格江左之影。夏至一尺三寸二分,冬至一丈三尺七分,立夏、立秋二尺四寸五分,春分、秋分五尺三寸九分。”[②] 中国古代传统的用于晷影测量的表高为8尺,虞劆一反常规,应用了9尺之表,这在中国古代是独一无二的。虞劆既打破了8尺表的传统,自然也就不必受这古来的经典数据的约束,而由实测得到新的数值,考其精度则比经典数据为高[③]。这应当是虞劆立表测影的真正意义所在。

(3)新历法大同历的制定。“大同十年,制诏更造新历。以甲子为元,六百一十九为章岁,一千五百三十六为日法,一百八十三年冬至差一度,月朔以迟疾定其小余,有三大二小。未及施用而遭侯景乱,遂寝。”[④] “以甲子为元”,这自然是接受了祖冲之的观念。以“六百一十九为章岁”,这是采用了与祖冲之不同的新闰周,其精度不如祖冲之值密,大体回归到北凉赵𢿱值的精度水平。其岁差值取183年差1度,这与祖冲之值大相径庭,可谓矫枉过正。若依上所述,虞劆知姜岌时(384)冬至日在斗13、14度,大同九年(543)冬至日在斗12度,则年距159年度差1度余。那么,虞劆是如何推得岁差183年差1度的,已不得而知。如前所述,祖冲之岁差值失之过大,而虞劆新值则失之过小,究其准确度还不如祖冲之之值,所以说是很不成功的。不过,它毕竟继承了祖冲之的方法,在历法中考虑岁差的影响,比北魏同期制定的历法不用岁差法为高明(见下一节)。

大同历法最重要的进展是采用了考虑月行不均匀影响的定朔法,所谓“月朔以迟疾定其小余,有三大二小”,即指此而言。虞劆之说显然得到了梁武帝的首肯,于是才有大同历采用定朔法并准备颁行的决定。这里所谓“侯景乱”,是指发生在梁武帝太清二年(548)八月大将军侯景举兵造反、随后攻入京城的事件,梁武帝萧衍也在次年五月城破无援、孤独忧愤中去世。可见,虞劆大同历之作,自大同十年(544)受诏后,约历经4年的测算、考验(这还不包括前此所作的有关工作),才被批准行用,绝非草率之举。其中定朔法好不容易被认可施用,却遇此不测风云,尤为可惜。

---

① 陈美东,中国古代冬至太阳所在宿度的测算,载薄树人主编,《中国传统科技文化探胜》,科学出版社,1992年。

② 李淳风:《隋书·天文志上》。

③ 陈美东,试论我国古代黄赤交角的测量,见《科技史文集》第3辑,上海科学技术出版社,1980年。

④ 李淳风:《隋书·律历志中》。

第十一节 北魏、东魏时期的历法及其论争

一 北魏早期的改历之议

在北魏(386～534)早期,统治者忙于建国立基,“未遑历事”,只是依据太史令晁崇的意见,承用曹魏杨伟景初历。施行不久,景初历“术数差违,不协晷度”① 的弊病就显露出来,特别是在北魏明元帝永兴四年(412),太史候部铁仪制作成功并用于观测以后,这种差误更趋明显。连明元帝本人也心中明白,但诸事繁忙,又苦于一时找不到更合适的历法和制定新历法的人选,只得因循不改。

但是,明元帝还是在为有所改革做准备。也就在永兴四年,他便诏令崔浩“学天文、星历、《易》式、九宫,无不尽看”。实际上把对历法有所改革的希望嘱托于崔浩。崔浩,字伯渊,清河(今河北)人,乃是当时精通“《易》及《洪范》五行”,善“参观天文,考定疑惑”的著名人物,故明元帝自以为是可信赖的人选。北魏太武帝继位之后(424),更明令“司徒、东郡公崔浩错综其数”,“更修历术”。约在太武帝太平真君十一年(450),崔浩终于完成了新历五寅元历。崔浩最终得出的结论是:“汉高祖以来,世人妄造历术者有十余家,皆不得天道之正,大误四千,小误甚多,不可言尽。”并自称新历“得周公、孔子之要术”,“非但时人,天地鬼神知臣得正,可以益国家万世之名。”② 崔浩所得的结论实令人咋舌,他全盘否定前代历家的工作,以为所有十余家历法皆为“妄造”,居然指出其中有“大误四千”(有人认为此处“千”乃是“十”之误,即便如此,也为数不少)、小误不可尽言,以证他所说的“妄造”殆非虚言。至于他所称新历的高明之处,也令人吃惊,非但时人、就连天地鬼神也莫不称是。

时有高允者,“明于历数”,“博通经史天文术数”,亦是当时名士。“时(崔)浩集诸术士,考校汉元以来日月薄食、五星行度,并识前史之失,别为魏历,以示(高)允。”这是说,崔浩在制作新历的过程中,确也对前代有关天象记录作过考察,而高允对崔浩所示新历的第一个意见就是:“天文历数不可空论,夫善言远者必先验于近。”显然这是对崔浩治历不重有验于近(自然包括今)、而重空论于往古的原则性批评。

高允接着说:“汉元年(前206)冬十月,五星聚于东井,此乃历术之浅。今讥汉史,而不觉其谬,恐后人讥今犹今之讥古。”他正确地指出了史载汉高祖至坝上有五星聚井瑞兆发生的不可靠性,认为这是“史官欲神其事,不复推之于理”。高允此说实际上婉转提到新历也可能会为后人所讥。崔浩对这些意见自然心中不快,于是在五星聚井的真实性问题同高允争辩起来。高允的理由是:“案《星传》,金、水二星常附日而行。冬十月,日在尾箕,昏没在申南,而东井方出于寅北。二星因何背日而行?是史官欲神其事,不复推之于理。”这是说,在冬十月时,太阳应在尾宿与箕宿之间,其与东井相距略小于半个周天。于是,当太阳(也即尾宿与箕宿)在西南方向(即申南)隐没不见时,东井正在东偏北(即寅北)方向升起。即使此时木、土、火三星聚于东井,由于金、水二星总是出现于太阳附近不远处的缘故,该二星此时绝不可能聚于东井。其言凿凿有据,是稍知天文者所能理解的。可是崔浩不以为然,以金、水二星“欲为变者何所不

---

① 魏收:《魏书·律历志上》。

② 以上均见魏收:《魏书·崔浩传》。

可"为辩，即认为天变不可测，非常理可推。对此，高允又一次强调说："此不可以空言争，宜更审之。"① 由此看来，时人对于崔浩及其新历的空论、空言早有的批评。50余年后，公孙崇也指出，当年"(崔)浩等考察未及周密"。② 可见时人对五寅元历的评价不高，崔浩自吹自擂，只能贻笑大方。

大约在推出新历前不久，崔浩将他奉诏总撰的《国记》立石铭刊，公诸于世，由是街头巷尾议论纷纷。太武帝大为震怒，于太平真君十一年(450)六月诛崔浩，且殃及数族。改历之议自然告吹③。临到新历完成，又别生变故。太武帝也在此后二年(452)去世，前后两位皇帝40余年的改历构想均付之东流。而景初历"岁年积久，颇以为疏"④，势在必改，于是，在北魏文成帝登基后(452)决定用太武帝平定北凉时(439)所得的赵畋玄始历替代景初历，总算解了燃眉之急。

二　北魏后期的历法之争

赵畋玄始历在北魏施用35年之后，改历之议又起。先是北魏孝文帝在太和十一年(487)，命钟律郎张明豫"修综历事"，"推步历法"。经过7年的工作，张明豫拟定了一部以己丑为历元的历法，但"草创未备"。太和十八年(494)，孝文帝迁都洛阳后，又任命他为太史令，可惜不久以后，历未成而张明豫去世，改历之事只好作罢。

随后，宣武帝"景明中(500～503)，诏太乐令公孙崇、太(乐)〔史〕令赵樊生等同共考验"(参与工作的还有著作佐郎张洪)。及至正始四年(507)，公孙崇上表指出，他们经数年的考验证明玄始历"星度，稍为差远。臣等鸠集异同，研其损益，更造新历。以甲寅为元，考其盈缩，晷象周密，又从省约。起自景明，因名景明历"。这是距崔浩提出五寅元历之后约57年由北魏历家制定的一部新历法。也许，公孙崇觉得景明历仍有待完善，在上表中提出"要须参候是非，乃可施用"，并盛赞太史令辛宝贵、秘书监郑道昭、长兼国子博士高僧裕(高允子孙)、尚书祠部郎中宗景、前兼尚书郎中崔彬等5人通晓历法，各有所长，建议由他们参与考验工作。同时，还提出"伺察晷度，要在冬夏二至前后各五日，然后乃可取验"。可以说公孙崇所行所言同崔浩当年的言行形成了强烈的反差，其实事求是的态度和所遵循的以实测天象决是非的路线，令人称赞。其中他所提及的"伺察晷度"的方法，就是祖冲之在其前40余年发明的测算冬至时刻的方法。看来，当时虽南北分治，但并未阻碍新的天文学方法的传播。宣武帝对于公孙崇上表的批复是："测度晷象，考步宜审，可令太常卿(刘)芳率太学、四门博士等依所启者，悉集详察。"

然而考验尚未了结，赵樊生就谢世而去，张洪被调出京任职，"唯(公孙)崇独专其任。及永平初(约509)，云已略举"。正值此时，张洪回京公干，顺便献上与公孙崇所定历法不同的两种历法(分别以甲午和甲戌为历元)。于是，宣武帝暂留张洪在京，又命"太史令赵胜、太庙令庞灵扶、(张)明豫子(张)龙祥共集秘书，与(公孙)崇等详验，推建密历"。虽然，这原本是无可厚非的好事，可是，考验工作时断时续，"虽有考察之利，而不累岁穷究，遂不知影之至否，差失多少"。而且，不久又调张洪任豫州司马、调庞灵扶为蒲阴令，赵胜和公孙崇又先后去世，本应有

① 以上均见魏收：《魏书·高允传》。
② 魏收：《魏书·律历志上》。
③ 同②。
④ 同②。

较好结局的改历活动半途夭折了。这是宣武帝对改历工作重视不够、措施不力的结果。不过，如同公孙崇所说，当时已有不少对历法深有研究的人在，改历虽未成功，但势在必改，自然会引起有志者对历法作进一步的研究。

到宣武帝延昌四年(515)冬，侍中、国子祭酒领著作郎崔光上表说道，当时已有四家五种历法问世，即中坚将军、屯骑校尉张洪到豫州后造成的甲子元历和己亥元历，荡寇将军张龙祥在京修成的甲子元历，校书郎李业兴所造戊子元历和贞静处士李谧私立的历法。鉴于此，崔光建议"更取诸能算术兼解经义者前司徒司马高绰、驸马都尉卢道虔、前冀州镇东长史祖莹、前并州秀才王延业、谒者仆射常景等日集秘书，与史官同验疏密；并朝贵十五日一验临，推验得失，择其善者奏闻施用，限至岁终"。

稍后，太傅、河清王(元)怿，司空、尚书令、任城王(元)澄，散骑常侍、尚书仆射元晖，侍中、领军、江阳王(元)继四人联名上奏说："天道至远，非人情可量；历数幽微，岂以意辄度。而议者纷纭，竞起端绪，争指虚远，难可求衷，自非建标准影，无以验其真伪。……臣等参详，谓宜今年至日，更立表木，明伺晷度，三载之中，足知当否。令是非有归，争者息竞，然后采其长者，更议所从"。崔光的建议意在于集中必要的专业人才，并由朝廷宰辅群官亲临监督，判别疏密得失，限于二三个月内得出结论。这未免操之过急，而且没有提出如何择其善的具体方法，所以，他的建议远不如元怿等四人合理和有效，他们的建议无论从指导思想还是可操作性以及权威性都是合乎科学和切实可行的。这时，宣武帝业已去世，由胡充华太后摄政。胡太后先是同意崔光的意见，后又采纳了元怿等四人的建议，于是，既立表测影，又集中专门人才研讨的工作切实得以实施。

及至北魏孝明帝神龟元年(518)，崔光又上书说道，立表测影的工作主要由张洪和祖莹等人进行，"尔来三年，再历寒暑，积勤构思，大功获成"。在这三年间，又有"驸马都尉卢道虔、前太极采材军主卫洪显、殄寇将军太史令胡荣及雍州沙门统道融、司州河南人樊仲遵、定州钜鹿人张僧豫"等六人献上六种各不相同的历法，连同原有的张洪、张龙祥、李业兴三种历法共九种，遂"以张龙祥、李业兴为主"，同心合力，编成新历。为慎重其事，崔光还建议将此新历"付有司重加考议"①，核准后再加施用。

孝明帝果如所请，又经过三年的检验，证明可用。遂于正光三年(522)十一月，诏"班宣内外，号曰正光历"。正如此诏书所言："自皇运肇基，典章犹缺，推步晷曜，未尽厥理。先朝仍世，每所慨然。……所谓魏虽旧邦，其历维新者也。"② 确实，正光历乃是北魏王朝自身制成的一部历法。若从永兴四年(412)明元帝有意改作新历之时算起，经历 110 年，几经周折，倾注了数代历家的心血始才实现。自宣武帝即位后(500)，北魏于历法有所研究者大为增加，除任职于太史者之外，在朝为官或服务于军旅的儒者、皇亲国戚、道士僧侣、秀才平民，均有人在，至有神龟年间(518)九家历法争雄的活跃局面。此中，张龙祥和李业兴脱颖而出，遂有正光历替代赵{}玄始历之举。

① 以上均见魏收：《魏书·律历志上》。

② 魏收：《魏书·肃宗本纪》。

三 东魏时期的历法之争

北魏孝武帝永熙三年(534),皇族内讧,大丞相、天柱大将军、太师高欢(即后来的北齐开国皇帝高洋之父,史称齐高祖、齐献武王)等大臣拥立清河王世子元善见为帝,即孝静帝,并定都于邺(今河北临漳),史称东魏。“孝静世,壬子历(即正光历)气朔稍违,荧惑失次,四星出伏,历亦乖舛”。即在东魏立国之后,便发现正光历在气、朔和五星位置的推算时,误差已经不小,改历之议又起。孝静帝“兴和元年(539)十月,齐献武王入邺,复命李业兴,令其改正”。于是,又正式开始了新历的制定工作。

新历的制作,乃由李业兴领头,另有王春、和贵兴、孙搴、季景、崔暹、李业兴之子李子述等人共同参与,以“定其是非”。历初成之后,又“集名胜,更共修理”。参加者有卢道约、李谐、裴献伯等 21 人之多。这些参与者“或器标民誉,或术兼世业,并能显微阐幽,表同录异,详考古今”,经过讨论修改,很快就定历上呈。孝静帝和齐献武王大约还不放心,于是,“诏以新历示齐献武王田曹参军信都芳”。信都芳正是曾与祖暅有过往来的天文学家,此时已以“关通历术”闻名,正在齐献武王手下任职。信都芳看到李业兴等人所定新历的时间大约是在兴和元年十二月,这就是说,新历厘定大约只用了二个月的时间。不过,从下面李业兴回答信都芳质疑时自称:“岁星行天,伺候以来八九余年”,“业兴推步已来,三十余载”云云,信都芳也承认“业兴潜构积年”,可见,新历之作实际上是李业兴在前此所作多年的观测、研究基础上形成的,王春、卢道约等人的参与,固然不能说对于新历的制成没有益处,但在相当大程度上是要造成某种声势,似乎这样才可以同当年制作正光历时的状况相媲美。其时,同东魏并立的西魏仍定都于洛阳,依然颁用正光历,所以,这种声势似乎是必不可少的。

真正对新历提出重要意见的应是信都芳,他的意见主要集中在五星位置推算的问题上。他指出:

> 今年(539)十二月二十日,新历岁星在营室十三度,顺,疾;天上岁星在营室十一度。今月二十日,新历镇星在角十一度,留;天上镇星在亢四度,留。今月二十日,新历太白在斗二十五度,晨见,逆行;天上太白在斗二十一度,逆行。便为差殊。
>
> 以去年(538)十二月中算新历,其镇星以十二月二十日在角十一度,留;天上在亢四度,留,是新历差天五度。太白、岁星并各有差。

信都芳是由实测行星的瞬时位置(顺、留、逆或晨见)与历推值加以比较,发现新历的推算结果有 2 至 5 度的差误,以为新历并不准确。李业兴对此事实自然无可否定,但他认为这是可以允许的误差,况且新历的这些误差较正光历为小,即李业兴是以新历的误差较前历相对要小为辩的。李业兴认为:

> 天道高远,测步难精,五行伏留,推考不易,人目仰窥,未能尽密,但取见伏大归,略其中间小谬,如此历便可行。若专据所见之验,不取出没之效,则历数之道其几废矣。

他承认新历对五星瞬时位置的推算还存在较大的误差,但对于木、土、金三星见伏时日及度数计算的准确度则要高一些,“考洛京已来四十余岁,五星出没,岁星、镇星、太白,业兴历首尾恒中,及有差处,不过一日二日、一度二度”。而北凉赵𢾺玄始历、刘宋何承天元嘉历、祖冲之大明历“三历之失,动则十日十度”。李业兴此说大略反映了新历的真实水平,当然这里他又以新历较前代历法精度为高作答。

信都芳对于李业兴辩答的大部分是理解的，但对李业兴强调测验五星瞬时位置将使“历数之道其几废矣”的见解却大不以为然。他认为五星每运行一会合周期(即所谓一终)，总有“一迟、一疾、一留、一逆、一顺、一伏、一见，七头一终”。而“造历者必须测知七头，然后作术，得七头者造历为近，不得〔七〕头者其历甚疏”。信都芳显然比李业兴站得更高、看得更远，他认为五星的“七头”是可以测知的，也是可以预推的。他接着指出，只要坚持足够长时间的实测，就可以达到这一目标，并由此引申出他对治历基本原则的主张：“凡造历者，皆须积年累日，依法候天，知其疏密，然后审其近者，用作历术。不可一月两月之间，能正是非。”“造历者皆积年久测，术乃可观。其仓卒造者，当时或近，不可久行。若三四年作者，初虽近天，多载恐失。”在此，信都芳强调了实测、特别是长期实测对于历法重要性，他以为历法的疏密、行用年月的短长是同实测时间或短或长成正比的。具体说来，他认为做三四年的实测工作还是不够的，若是仅一月两月，简直是在开玩笑。不过，他肯定了“旧历(正光历)差天为多，新历差天为少”的事实，鉴于当时的形势，他没有提出反对施行新历的意见，而给出这样的结论：新历“虽有少差，校于壬子元历(正光历)，近天者多。若久而验天，十年二十年间，比壬子元历，三星行天，其差为密”。应该说，这一结论是实事求是的。信都芳只是对新、旧历法给出客观的评价，而把是否废旧立新的决定权留给他的上司齐献武王和孝静帝。于是，“(齐)献武帝上言之，诏付外施行”①。时在兴和二年(540)，历名兴和历。

四　张龙祥、李业兴正光历及李业兴兴和历

张龙祥，上谷(今河北怀来)人，乃北魏孝文帝时太史令张明豫之子。他承继家学，有所成就。宣武帝永平初(约509)受诏参与公孙崇历的考验工作。随后在京师洛阳继续研修历法。延昌四年(515)，身任荡寇将军的张龙祥献上所修甲子元历，要求颁用，同时另有八家历法亦上献申用，已如前述。后由张洪等共推张龙祥和李业兴为主，共成正光历。其后，张龙祥的情况已不得而知。

李业兴(484～549)，上党长子(今山西长治)人。自幼刻苦向学，“后乃博涉百家，图纬、风角、天文、占候无不详练，尤长算历”。他以“举孝廉，为校书郎”开始他的官宦生涯，他参与主持制定正光历时才为校书郎，还是一个初见世面、锋芒崭露的青年人，而制定兴和历则在任中军大将军后不久，正是齐献武王的座上客，地位相当显赫，难怪齐献武王选中他主修新历。李业兴除了有正光历和兴和历之作外，在东魏孝静帝武定五年(547)还曾制成“九宫行棋历，以五百〔五〕为章，四千四十为蔀，九百八十七为斗分，还以己未为元，始终相维，不复移转，与今历法术不同。至于气序交分，景度盈缩，不异也”。此历以505年186闰为闰周，实际回归到正光历的闰周上去，回归年和朔望月长度值的取用与兴和历不相上下、还略逊于正光历，其他内容亦几无改变，惟更改历元，并应用上元法，大约是最主要的变化。九宫行棋历是李业兴因犯案在监狱中的自娱之作，真可谓闭门造车，难有作为是可想而知的。两年后，这位曾在天文历法界、政界极其活跃的人物，在监狱中默默谢世而去。

李业兴一人而作三历，在天文历法界驰骋约40年，是北魏、东魏天文历法界的主将之一。

① 以上均见魏收：《魏书·律历志下》。

永安二年(529),北魏孝庄帝曾因李业兴“造(正光)历之勋,赐爵长子伯”,这在古代历史上是极少见的事。李业兴对古六历还深有研究,他“以殷历甲寅,黄帝辛卯,徒有积元,术数亡缺,业兴又修之,各为一卷,传于世”。东魏孝静帝天平四年(537),李业兴同兼散骑常侍李谐、兼吏部郎卢元明一起出使萧梁,梁武帝萧衍当然知晓李业兴乃是北国天文历法名家,在接见时还曾与李业兴讨论《尚书·尧典》四仲中星及其尧时以何月为正月的问题[①]。这也可算当时南北天文学交流的一段佳话。

下面,我们转而讨论正光历和兴和历的具体内容。这两部历法总的说来是大同小异。它们都采用多历元法,与刘宋何承天元嘉历的方法完全相同,当然所取用的具体数值各异。正光历还取壬子年为历元岁名,与刘宋祖冲之所主张的上元法毫无共同之处;兴和历则以甲子年为历元岁名,多少受到祖冲之的影响。此外,兴和历所设定的日月过黄白升交点时间的起算点,在形式上也是另立的,但实质上是与冬至、朔旦夜半同于一点起算,即对元嘉历和正光历的多历元法打了一些折扣,也是受祖冲之上元法影响的反映。而从九宫行棋历看,李业兴晚年还是最终接受了祖冲之上元法的思想和方法。正光历所用闰周是在 19 年 7 闰法的基础上,505 年减闰余 1 的方法求得的,即以 $505\times\frac{7}{19}-\frac{1}{19}=186$ 为章闰。而兴和历以为前法减闰余稍多,遂改为 562 年减闰余 1,依同样的计算可知,其章闰应为 207[②]。究其实,这两个新闰周应以前者为优,这大约是李业兴在晚年所制历法又回归到前者的原因。正光历与兴和历所取的大部分天文数据的精度,大体与前代历法持平,惟正光历所得交点年长度为 346.61928 日,与理论值之差为 27 秒,其精度水平远高于前代各历法,看来,它选取了一个相当好的交食周期值。而兴和历的交点年长度值与理论值之差达 2085 秒,反远不及前代大多数历法已达到的精度,更不能与正光历同日而语[③]。至于五星会合周期,兴和历则全部较正光历为优,而且其中取火星、水星的会合周期分别为 779.8982 日和 115.8788 日,与理论值之差依次为 54.6 分钟和 1.9 分钟,其精度较前代各历法都要高。由此可见,李业兴说他在洛阳曾对五星见伏作过长时间的考察研究,殆非虚言。正光历和兴和历均不用岁差法,在这一点上,它们实不及南朝刘宋祖冲之大明历,也不如较兴和历晚约 8 年的萧梁虞劆的大同历。

正光历中载有:“推食分多少术曰:置入交限十五,以朔望去交(日)〔度〕数减之,余则食分。”[④] 这是中国古代关于食分计算法最早的明确记载,当然关于食分的计算并不自此始。在曹魏扬伟景初历中,关于此,有过一句话:“亏之多少,以十五为法”[⑤],而正光历所载则是对这句话的明确阐述。依之,则有:

食分 = 15 − 朔望去交度数,实际上该式还可表达为 $\frac{15-\text{朔望去交度数}}{15}\times 15$

设朔望去交度数 = 0,则食分 = 15,这说明其所定最大食分为 15 分,亦即将日或月面直径分为 15 等分,日或月面直径被遮掩若干个等分,食分就为若干分。而现代对于食分的定义是,日(或月)面直径被遮掩部分与日(或月)直径的比值,再乘以日(或月)面直径被等分的总分数。

① 以上均见魏收:《魏书·李业兴传》。
② 魏收:《魏书·律历志上》、魏收:《魏书·律历志下》。
③ 陈美东,古历新探,辽宁教育出版社,1995 年,第 255 页。
④ 魏收:《魏书·律历志上》。
⑤ 李淳风:《晋书·律历志下》。

研究表明，上述古代食分算式同现代食分定义基本上是等价的①。

还要指出的是，正光历是中国古代最先引进 72 候的历法。将一年 24 节气的每一节气均分为首、中、末三候，一年共 72 候，每一候应长 5 日余。最早的记载见于《逸周书·时则解》，它是从《吕氏春秋》12 纪之首章以及《礼记·月令》中约 90 项物候名里筛选出来、并组构成一个完整的系统的②。而兴和历的 72 候与《逸周书·时则解》所载有所不同，可示如表 4-6。

表 4-6　《逸周书·时则解》与兴和历 72 候表

节气	兴和历	逸周书	节气	兴和历	逸周书
	候名			候名	
	虎始交	蚯蚓结		蝼蝈鸣	王瓜生
冬至	芸始生	麋角解		蚯蚓出	苦菜秀
	荔挺生	水泉动	小满	王瓜生	靡草死
	蚯蚓结	雁北乡		苦菜秀	小暑至
小寒	麋角解	鹊始巢		靡草死	螳螂生
	水泉动	野鸡始鸲	芒种	小暑至	鵙始鸣
	雁北向	鸡始乳		螗蜋生	反舌无声
大寒	鹊始巢	鸷鸟厉疾		鵙始鸣	鹿角解
	雉始鸲	水泽腹坚	夏至	反舌无声	蜩始鸣
	鸡始乳	东风解冻		鹿角解	半夏生
立春	东风解冻	蛰虫始振		蝉始鸣	温风至
	蛰虫始振	鱼上冰	小暑	半夏生	蟋蟀居壁
	鱼上负冰	獭祭鱼		木槿荣	鹰乃学习
雨水	獭祭鱼	鸿雁来		温风至	腐草为萤
	鸿雁来	草木萌动	大暑	蟋蟀居壁	土润溽暑
	始雨水	桃始华		鹰乃学习	大雨时行
惊蛰	桃始华	仓庚鸣		腐草化为萤	凉风至
	仓庚鸣	鹰化为鸠	立秋	土润溽暑	白露降
	鹰化为鸠	玄鸟至		凉风至	寒蝉鸣
春分	玄鸟至	雷乃发声		白露降	鹰祭鸟
	雷始发声	始电	处暑	寒蝉鸣	天地始肃
	电始见	桐始华		鹰祭鸟	禾乃登
清明	蛰虫咸动	田鼠化为鴽		天地始肃	鸿雁来
	蛰虫启户	虹始见	白露	暴风至	玄鸟归
	桐始华	萍始生		鸿雁来	群鸟群羞
谷雨	田鼠化为鴽	鸣鸠拂其羽		玄鸟归	雷乃收声
	虹始见	戴胜降于桑	秋分	群鸟养羞	蛰虫培户
	萍始生	蝼蝈鸣		雷始收声	水始涸
立夏	戴胜降桑	蚯蚓出		蛰虫附户	鸿雁来宾

① 陈美东，中国古代的月食食限及食分计算法，自然科学史研究，1991，(4)。

② 陈美东，月令、阴阳家与天文历法，中国文化，1995，(12)。

续表

节气	兴和历	逸周书	节气	兴和历	逸周书
	候名			候名	
寒露	杀气浸盛	雀入大水为蛤		水始冰	野鸡入水为蜃
	阳气日衰	菊有黄华		地始冻	虹藏不见
	水始涸	豺乃祭兽	小雪	雉入大水为蜃	天气上腾地气下降
霜降	鸿雁来宾	草木黄落		虹藏不见	闭塞而成冬
	雀入大水化为蛤	蛰虫咸俯		冰益壮	旦不鸣
	菊有黄华	水始冰	大雪	地始坼	虎始交
立冬	豺祭兽	地始冻		鹖旦不鸣	荔挺生

由上表可见兴和历与《逸周书·时则解》所载72候有同有异。72候名中有62个两者是完全相同或基本相同的，所不同者有10个，它们分别是：鸷鸟厉疾、水泽腹坚、草木萌动、鸣鸠拂其羽、大雨时行、禾乃登、草木黄落、蛰虫咸俯、天气上腾地气下降、闭塞而成冬（以上见《逸周书·时则解》）；芸始生、始雨水、蛰虫咸动、蛰虫启户、木槿荣、暴风至、杀气浸盛、阳气始衰、冰益壮、地始坼（以上见兴和历）。有趣的是，这20个不同的候应名都可以在《吕氏春秋》12纪之首章或《礼记·月令》中见到它们的踪迹。若从所含物候意义强弱的角度考察这10个不同的候名，应该说两者互有短长，《逸周书·时则解》的天气上腾地气下降和闭塞成冬，兴和历的杀气浸盛和阳气始衰，实不具物候的含义。而其他8个不同的候名则难分优劣。这就是说，两者在候名的选择上是难分高下的。当然，两者之间最重要的不同是，由可比较的62个候名看，它们所列候名与节气的关系存在差异：兴和历较《逸周书·时则解》均晚1至3个候应不等。如虎始交为前者冬至首候，而在后者为大雪中候（差2）；雁北向为前者大寒首候，而在后者为小寒首候（差3）；鱼上冰为前者雨水首候，而在后者为立春末候（差1）。等等。平均而言，前者较后者晚2.2个候应，就时间而论晚11天左右①。

有人认为，这是由于北魏建都在平城（今山西大同），所处纬度和海拔高度均较《逸周书·时则解》的作者当年所出之地都要高造成的②。又有人认为，正光历候应的推迟，“大体冬夏季迟的时间特别多，春秋季推迟的是由冬夏季候应推迟所造成的”，而且这是因为“北魏时，我国气候普遍比战国末期和西汉初期要暖”所致③。这两种解释大约都是以正光历候应的选用，系由对物候的实际观测为依据的。若此前提成立，依前一种解释，春夏季候应理当晚出现，而秋冬季候应理当早出现；而依后一种解释，情况应正好相反。可是，正光历的候应不管春夏秋冬一律晚出现，所以，这两种解释均欠妥当。又由表4-6所示两家候应早晚的进一步统计可知，春夏秋冬四季，正光历候应分别平均后移1.6，2.3，2.6和2.7个候应④，并不是冬夏季候应推迟特别多，春秋季候应的推迟也不是冬夏季候应推迟所造成。所以，我们认为，正光历候应的选定并不是张龙祥、李业兴等人对当地、当时物候作系统观测的结果，上面已提及的并无物候含义的候应名的采用似乎也可作为证明。又鉴于在正光历中秋冬候应的推迟相对于春夏为多，

① 陈美东，月令、阴阳家与天文历法，中国文化，1995，(12)。
② 竺可桢、宛敏渭，物候学，科学出版社，1973年。
③ 中国科学院自然科学史研究所主编，中国古代地理学史，科学出版社，1984年，第84页。
④ 同①。

这也许多少反映了北魏时期气候较暖的事实，张龙祥、李业兴等人是依据这一切身体验，参照《礼记·月令》或《吕氏春秋》12纪之首章中的物候名称，对《逸周书·时则解》的72候进行调整而得新的72候系统。在唐代一行大衍历以前各历法均以正光历的72候系统为准，其影响是相当大的。

第十二节　张渊、信都芳、李兰等人的天文工作

一　张渊《观象赋》

"张渊，不知何许人。明占候，晓内外星分。自云尝事苻坚"，曾力劝前秦皇帝苻坚不宜南征，苻坚不听，果败。由此推测张渊生年当不晚于360年。后事后秦(384～417)姚兴父子，为灵台令。后秦亡国后，张渊入事夏(407～431)赫连昌，任太史令。北魏太武帝始光四年(427)击败赫连昌，俘获张渊等。太武帝知其明于天文历法，亦命张渊为太史令，后又迁转骠骑军谋祭酒。

张渊曾作《观象赋》一篇，其"序"曰："目阅群宿，能不歌咏？"满天的星斗，引发了他的激情，他对全天星官的分布状况自然烂熟于胸，遂以歌赋的形式对其加以描述。在《魏书·张渊传》中收载了《观象赋》的全文，文辞华丽，朗朗上口，如"三台皦皦以双列，皇座炯炯以垂晖"，"五车亭柱于毕阴，两河夹井而相望"，"内平秉礼以伺邪，天牢禁愆而察失"，"辇道屈曲以微焕，附路立于云阁之侧"云云。对于有关星官的形态、相对位置、明亮程度、星占意义等均有所描述。赋的本文没有述及各星官的星数，但在注文里则一一说明各星官星数，并更详细指明各星官的相对位置。现以该赋所述星官的先后为序，连同注文所说，依次罗列于下：

第一：①紫宫(紫微垣)十五星在北斗北；②帝座(天皇大帝)一星在紫宫中；③华盖(华盖七星，杠九星)合十六星在大帝上；④阁道六星在王良东北；⑤机衡(北斗七星)；⑥三台凡六星，两两而居，起文昌，极太微；⑦皇座一星在太微星中；⑧虎贲一星在下台南；⑨常陈七星，如毕状，在皇座北；⑩文昌七星在北斗魁前；⑪造父五星在传舍河中；⑫王良五星在奎北；⑬傅说一星在尾后；⑭奚仲四星在天津北，近河旁；⑮织女三星在纪星东端；⑯五车(五车三柱)共十四星在毕东北；⑰两河(南河、北河)六星夹东井；⑱储贰(太子)一星在帝座北；⑲三吏(三公)三星，在太微宫中；⑳将相次序以卫守太微宫十星在翼、轸北；㉑九卿三星在太微庭中；㉒天街二星在昴、毕间。

第二："四七列九土之异"，㉓～㊿四七(二十八宿)。

第三：㉛天纪九星在贯索东；㉜天枪三星在北斗勺东；㉝天棓五星在女床东北；㉞摄提六星夹大角；㉟大角一星在摄提间；㊱二咸，东咸四星在房东北，西咸四星在房西北；㊲七公七星在招摇东，接近贯索；㊳库楼十星在大角南；㊴骑官二十七星在氐南；㊵天市二十四星在房、心北；㊶帝座一星在天市中心；㊷老人一星在弧南；㊸天社六星亦在弧南；㊹清庙十四星在张南；㊺明堂三星在太微西南角外；㊻灵台三星在明堂西；㊼丈人二星在军市西南；㊽子二星在丈人东；㊾孙二星在子东；㊿天狗七星在狼北；⑪野鸡一星在参东南。

第四：⑫少微四星在太微西，南北列；⑬轩辕十七星在七星北；⑭御宫四星在钩陈左旁；⑮女史一星在柱下史北、钩陈右旁；⑯内平四星在中宫南；⑰天牢六星在北斗魁下；⑱车府四星在中宫南；⑲传舍五星在华盖上；⑳匏瓜五星在丽珠北；㉑天津九星在匏瓜北；㉒扶匡七星在天津

东;⑧③丽珠五星在须女北;⑧④人星五星在车府南;⑧⑤哭二星在虚南;⑧⑥泣三星在哭东;⑧⑦坟墓四星在危南;⑧⑧河鼓十二星在南斗北;⑧⑨螣蛇二十二星在营室北:⑨⓪钩陈六星在紫宫中;⑨①渐台四星在织女东足下;⑨②离宫六星与营室相连;⑨③酒旗三星在轩辕左角;⑨④女床三星在天纪东北端;⑨⑤辇道五星在织女西足;⑨⑥附路一星在阁道旁。

第五:⑨⑦咸池三星在天潢东;⑨⑧鸿沼二十三星在须女北;⑨⑨玉井四星在参左足下;⑩⓪天渊十星在龟星东南;⑩①建树星在胃南;⑩②百果星在胃南;⑩③竹林二十五星在天园西南;⑩④江(天江)四星在尾北;⑩⑤神龟(龟)五星在尾南;⑩⑥龙鱼(鱼)一星在尾后河中;⑩⑦南门二星在库楼南、翼西南;⑩⑧鼓吹二星在库楼南、翼西南;⑩⑨器府三十二星在轸南;⑪⓪熊一星在狼星旁;⑪①罴一星在狼星旁;⑪②虎一星在狼星旁;⑪③豹一星在狼星旁;⑪④弧精(弧)九星在狼东南;⑪⑤狼一星在参东南;⑪⑥燕一星在楚南;⑪⑦秦二星在周东;⑪⑧齐一星在九坎东;⑪⑨赵二星在齐北;⑫⓪郑一星在赵北;⑫①越一星在郑北;⑫②周二星在越东;⑫③代二星在秦南;⑫④晋一星在代南;⑫⑤韩一星在晋西;⑫⑥魏一星在韩北;⑫⑦楚一星在韩西;⑫⑧雷电六星在营室南;⑫⑨霹雳五星在上公西南;⑬⓪云雨四星在霹雳南;⑬①陈车(阵车)三星在氐南;⑬②天园十四星在天苑南;⑬③天苑十六星在昴、毕南;⑬④天仓六星在娄南;⑬⑤天廪四星在昴南。

第六:⑬⑥尚书五星在紫微宫门内东南维;⑬⑦大理二星在紫微宫中;⑬⑧太一一星在紫宫门南;⑬⑨天一一星在紫宫中;⑭⓪柱下(柱下史)一星在北极东;⑭①六甲六星在华盖下;⑭②内厨二星在紫宫西南角外;⑭③天船九星在大陵北;⑭④积水一星在天船中;⑭⑤阴德二星在尚书西;⑭⑥四辅四星夹北极;⑭⑦五座(五帝座)五星在太微宫中;⑭⑧五侯(五诸侯)五星在(?)东北。

依此可见,张渊的目光首先伸向以北极为中心的紫微垣,言及北极星附近的天皇大帝星、紫微垣两垣墙和两垣墙一端向外延伸的华盖、阁道诸星,以及临近北斗、文昌大约一直线的诸星宿,还有大约与这一线相对称、平行的王良、造父、奚仲、织女一线的星宿(即第一);随后,言及二十八宿,仅以“四七列九土之异”一笔带过(即第二);接着,张渊大约以天街为界叙述其左半天空中间一弧线的星宿(即第三);又次,叙述从少微、轩辕起始、中经临近天北极的钩陈、抵达哭、泣、坟墓等星,大体成一直线的诸星宿(即第四);再次,叙述天空周边一圈的诸星宿(即第五);最后,张渊的目光又回到紫微垣并兼及太微垣(第六)。这就是说,张渊在《观象赋》中是以大体连成线(直线过弧线)的方式来分述有关星宿的,这自然也不失为一种有条理的、便于人们识别星空的方式。不过,这些线之间难免相互交叉或跳跃,所以并不具有星空分区的意义。

以上总计 150 星官(南河、北河、东咸、西咸以 4 星官计),约 837 星。其中大多数星官名与传统星官名相同,但有 9 星官名则为传统星官所无,其序号为⑨⑧、⑩①、⑩②、⑩③、⑩⑧、⑪⓪、⑪①、⑪②、⑪③,至少约有 56 星(其中建树、百果恐不止一星,暂都以一星计),这些应是北方少数民族所设定的星官及星数,它们分布于传统星官的角、亢、女、娄、胃、井等宿,其中熊、罴、虎、豹的命名,似带有北方游牧、狩猎民族的特点,而竹林、百果、建树等的命名却带有南方的特色,这是一个饶有趣味的问题,值得作进一步的思考。由此看来,久居少数民族政权内为天文官的张渊,除了对传统星官有全面的了解之外,对于在少数民族中流行的星官也很熟悉。应该说《观象赋》之作,并未刻意全面描述全天的星官,而是大略举其要而歌咏之,即使如此,也给我们留下了当时北方流行的非传统星官的重要信息,而且,它是以赋的文学形式歌咏众多星官的相对位置、形态、明暗、星占含义等内容,有益于星官知识的记忆,是中国古代不多见的普及星官知识的长篇歌赋。

二 信都芳的天文工作

信都芳，字玉琳，河间(今河北河间)人。自幼好学，明天文算术，兼有巧思。“每精思研究，或坠坑坎”，“每一沈思，不闻雷霆之声”，其用心如此。安丰王元延明闻其名，召入宾馆。在本章第十节中，我们已提及在梁武帝普通六年(525)信都芳在元延明手下，并得遇祖暅的事，可见在此之前信都芳已在元延明处。而“(元)延明既博极群书，兼有文藻，鸠集图籍万有余卷”。信都芳便利用这一条件，“抄集《五经》算事为《五经宗》、及古今乐事为《乐书》；又聚浑天、欹器、地动、铜乌漏刻、候风诸巧事，并图画为《器准》”九篇。这些工作当是在525年前即已开始进行。祖暅的到来，对于信都芳更好地完成这些工作自然不无教益。北魏孝庄帝永安二年(529)，元延明兵败南奔萧梁而去，信都芳仍留在北方，“乃自撰注”，继续完成这项未竟的事业。

这些工作中有关于数学、音律学著作的整理研究，有欹器、测知地震的地动仪、测量风向的候风仪，而与天文学相关的有“浑天”和“铜乌漏刻”。所谓浑天，是指浑仪、浑象抑或浑天象？已难确知。如果从他是聚集古来诸巧事去理解，则浑天是指这三者在内亦在情理之中。所谓铜乌是指铜制的渴乌，渴乌是为虹吸管，用它将上一级漏壶的水引入下一级漏壶中去。用这一方式和器具导引漏壶的流水，可以减小下一级漏壶内水的扰动状况，有利于提高漏壶流量的稳定性。既然“铜乌漏刻”是信都芳所考定的古仪器之一，可见渴乌在漏刻中的应用理当在信都芳之前，但究竟起于何时，尚难断言。信都芳的工作是收集有关史料，对这些天文、地理、气象等科学仪器进行研究，考定其大小尺寸、形制构造，且以图文并茂的形式给予描述。而且其书名为《器准》，似还含有将这些仪器标准化或是提供标准式样的意义。它自然不是简单的史料的搜集，而是一种再创造的活动。可惜，《器准》一书早已失传，我们无由得睹这部中国古代最早的科学仪器机械图集。

元延明南奔后，信都芳隐居于并州乐平(今山西昔阳)之东山，大约就在那里完成了他的上述著作。并州太守慕容保乐闻其名而召之，“狷介自守，无求于物”的信都芳不得已应召前往。随后，又被推荐给齐献武王，担任中外府田曹参军之职。于是有前述李业兴兴和历制成后(539)，请他提出意见的事情发生。信都芳对于历法的很高造诣，从他对兴和历的质疑便可见一斑。其实，他自己也有历法之作。他把他的历法定名为“灵宪历，算月频大频小，食必以朔，证据甚甄明。”显然，这是一种以定朔法为重要特征的新历法。信都芳之所以把他的历法定名为灵宪历，大约是出于对东汉张衡的名著《灵宪》的推崇，也与张衡又是定朔法的先行者有关。他曾常对人说：“何承天亦为此法，而不能精。灵宪(历)若成，必当百代无异议者。”此说未免自视过高，不过，他的定朔法较何承天为优是可能的。在制定此历法时，信都芳也许还会将他提出的五星“七头一终”法的理论付诸实践，亦未可知。可是，历未成，信都芳即在东魏孝静帝武定中(543～550)去世，又一部力主定朔法的历法中途夭折了。

如本章第九节所述，由于梁武帝萧衍的提倡，金刚山说在大通元年(527)前后盛极一时，这一浪潮不但席卷南方的萧梁王朝，而且也波及到了北方的北魏及稍后的东、西魏王朝，信都芳也自然受到它的震撼。可是，东汉张衡《灵宪》所阐述的浑天说给他以深刻的影响，或许，还有祖暅的浑天说主张也给他某种启示。信都芳的《四术周髀宗》正是在这样的氛围中产生的。在该书“序”中，信都芳写道：“浑天覆观，以《灵宪》为文；盖天仰观，以《周髀》为法。覆仰虽殊，大归是一。古之人制者，所表天效玄象。(信都)芳以浑算精微，术机万首，故约本为之省要，凡述二编，合六法，名《四术周髀宗》”①。这是试图调和浑天和盖天两家于一说的理论。认为浑天和盖天两家只是观察问题的角度不同，实质上是一致的。

无独有偶。在南方有位学者崔灵恩，清河东武城（今河北清河）人，于梁武帝天监十三年（514）前在北魏“仕为太常博士”，之后，投奔萧梁到了南方。梁武帝“以其儒术，擢拜员外散骑侍郎，累迁步兵校尉，兼国子博士”，后还曾任长沙内史、明威将军、桂林刺史等职。这位在南北朝都曾任博士的学者，在萧梁常聚众讲学，对南北学术的交流无疑起了相当大的作用。有趣的是，他到萧梁以后，也力主浑、盖合一说。“先是儒者论天，互执浑、盖二义，论盖不合于浑，论浑不合于盖。（崔）灵恩立义，以浑、盖为一焉”②。崔灵恩和信都芳不约而同均主浑、盖合一说，但他们是如何具体论证浑、盖两家实则为一的，由于史载过于简略，已无由得知。

三　李兰秤漏和马上漏刻的创制及其他

（一）关于秤漏

秤漏和马上漏刻是北魏道士李兰的两大发明。先说秤漏，这在中国古代漏刻发展史上当是一桩重要的事件。李约瑟博士最先指出其重要性③。从设计思想上看，秤漏与传统漏刻是有所不同的，传统漏刻是利用在单位时间内漏水体积相等的原理来进行时间的量度，而秤漏利用的则是在单位时间内漏水重量相等的原理。

在唐代徐坚等编《初学记·卷二十五》里载有李兰的漏刻法：“以铜为渴乌，状如钩曲，以引器中水于银龙口中，吐入权器。漏水一升，秤重一斤，时经一刻。”这一记载，把李兰秤漏的原理说得相当清楚，而且也很具体，即在权器内漏水每增加一斤，则时过一刻。又，水重一斤亦即水的体积为一升，对水的重量与体积之间的数量关系也作了表述。依之，秤漏的形制可如图 4-14 所示。它的基本部件有：由一中国式的秤杆（AB）、秤砣（C）和权器（D）组成的秤，在秤的提纽、亦即支点（E）处将秤悬挂起来，在秤杆表面镶有秤星（大约有 100 颗秤星同一日百刻相应）；在 D 的左上方置一装满水的供水壶（F），铜渴乌（G）引 F 内的水流入 D 中（铜渴乌的下端呈龙口形，银质）。开始量度时间之时，C 放置于第一颗秤星处，AB 右端呈下垂状，当水流入 D 达一斤时，AB 呈水平状，此时时经一刻，测候人员即应将 C 移至第二颗秤星处。也可能是在 AB 呈水平状后其右端随即扬的瞬间，去移动 C。此后的操作与之类似。由此看来，在 AB 的右端还应该有一限定 AB 下垂或上扬幅度的部件。至于李兰秤漏的供水壶之上是否还有补偿壶，上引文献均无明确记载。不过，有鉴北魏时期多级补偿壶的形式在传统漏刻中早被采用，所以，我们倾向于认为，李兰秤漏的 F 壶上方至少还应有一个补偿壶存在。

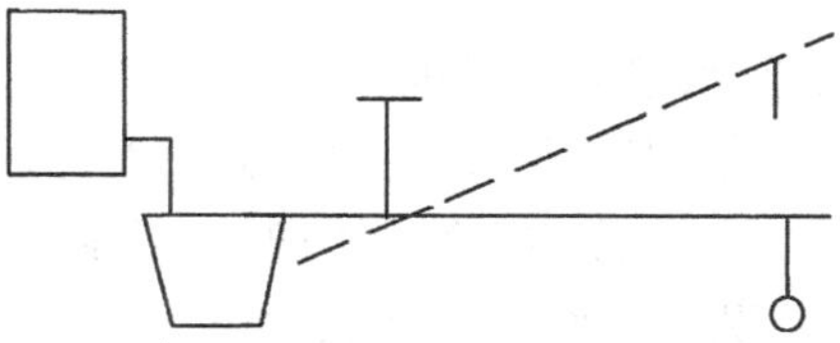

图 4-14　李兰秤漏示意图（李约瑟）

如上所述，李兰秤漏在显时系统上对传统漏刻作重大改革。传统漏刻的显时系统是应用

① 以上见李百药《北齐书·信都芳传》，李延寿《北史·信都芳传》，魏收《魏书·张渊传》附录。

② 姚思廉：《梁书·崔灵恩传》。

③ 李约瑟，中国科学技术史，第四卷“天学”第一分册，中译本，科学出版社，1975 年，第 345 页。

水的浮力和带有刻度的漏箭的升降来显示时刻的变迁;秤漏则是利用杠杆的平衡和带有刻度的秤杆的起落来显示。秤漏显时系统的长处大约有二:一是,可以相对准确和敏感地测定预设时间的来临;二是,秤杆的长度可以较漏箭来得长,则单位刻度的长度就可相对长一些,这样也就有利于提高读数精度及至测时精度。当然,要测量瞬时的时间,则是传统漏刻的长项,秤漏却无能为力。李兰是一位道士,在从事炼丹一类活动时,对每一个流程或工序一般都有预定的、较严格的时间要求,这一客观的需要,大约是李兰发明秤漏的初衷之一。

秤漏发明之后,便广为社会所重视。隋炀帝大业初(约 606),曾诏令耿询和宇文恺"依后魏道士李兰所修道家上法秤漏,制造称水漏器,以充行从"①。这是秤漏从民间道士方家之物,登堂入室,成为皇家朝廷珍品的明确记载。元代马端临《文献通考· 卷一百七十》还有记述:"行漏,隋大业行漏车也。制同钟鼓楼而大。设刻漏如桶。衡首垂铜钵。末有钵象。漆柜贮水,渴乌注水入钵中。长竿四,舆士六十。"可见,它被用作皇帝出行时的仪仗队器物之一,由 60 人负责运行操作("长竿四"不知指何而言),其形制比钟鼓楼中的漏刻还要大,其结构与李兰秤漏无异。又据宋代王应麟《玉海·卷十一》引夏竦《颍州莲华漏铭·序》曰:"李兰始变古法权器程水,以准时刻。唐之诸道,率循此制。"可见,到唐代秤漏更遍及全国各道,广被采用。而在五代和宋代,秤漏也在延续使用并有所发展。在第六章第四节中,我们还要论及。

(二)关于马上漏刻

李兰的另一发明——马上漏刻的有关记载只有以下两段:

唐代徐坚等《初学记·卷二十五》载"李兰漏刻法曰:以玉壶、玉管、流珠,马上奔驰行漏。流珠者,水银之别名也。"

《隋书·天文志上》曰:隋炀帝"大业初(约 606),耿询……又作马上漏刻,以从行、辨时刻。"

这些记载实在过于简单,以至产生多种不同的理解:

英国李约瑟博士认为:它是一种停表式的漏壶,其形制为一秤漏,很适用于短时间间隔的计量②。

李强则提出了三种设想:一是把漏壶分成上下两室,中间有一漏水管(图 4-15a);二是在上下两室上端连接一只铜管,当上室水基本泄完时,倒置即可重新使用(图 4-15b);三是壶内使用

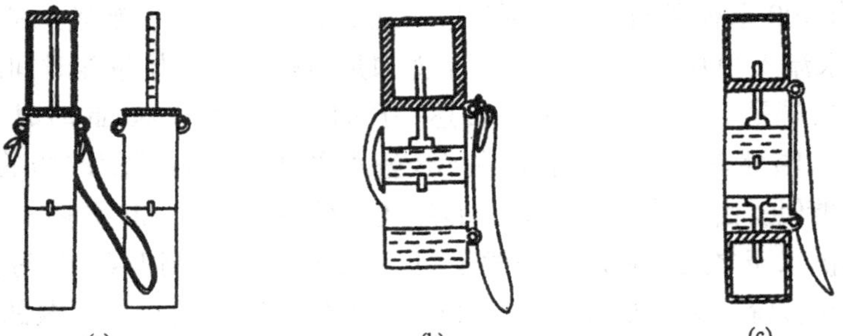

(a)　(b)　(c)

图 4-15　李强李兰马上漏刻复原示意图

---

① 李淳风:《隋书·天文志上》。

② 李约瑟,中国科学技术史,第四卷"天学"第一分册,中译本,科学出版社,1975 年,第 344～345 页。

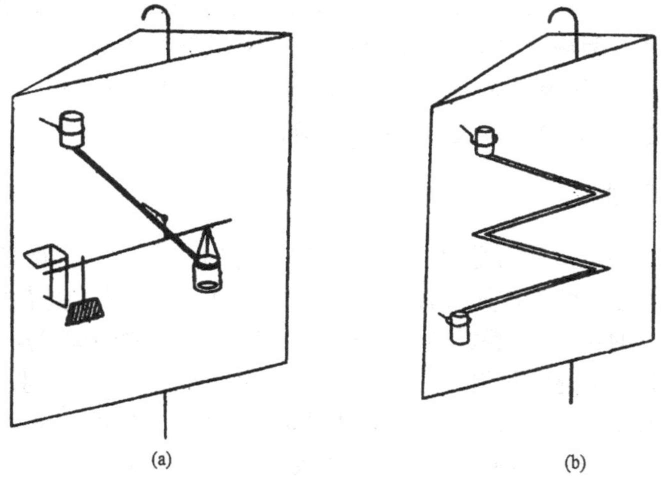

图 4-16　薄树人李兰马上漏刻复原示意图

水银，设计成图 4-15c 形式，可以翻复和连续使用①。

薄树人又提出了两种设想：一是秤漏式的（图 4-16a），这一设想与李约瑟的设想大同小异；一是曲折玉管式的，在玉管的两端置一玉壶，上玉壶内装满水银，令水银经玉管流向下玉壶（图 4-16b）。认为只要适当设计玉壶的大小、玉管的路径长短、倾斜程度，就可以使流完一玉壶水银的时间控制在所需的长度。薄树人的结论是后一种设想的可能性最大，而且后世的辊弹漏刻大约就是从此演变过来的②。

郭盛炽认为，"流珠者，水银之别名也"一句，并不是李兰漏刻法的本文，而是后人加的注文。且作注的人误解了本文的原意，其实，"流珠"应是流动的珠子之意。依此，他设想马上漏刻应如图 4-17 所示。他指出珠子先在密闭长方形玉壶的上部，经由玉管流到下部，并撞击玉壶壁发出声响，操作者即倒置玉壶，如此反复进行，以测量时间的长短③。

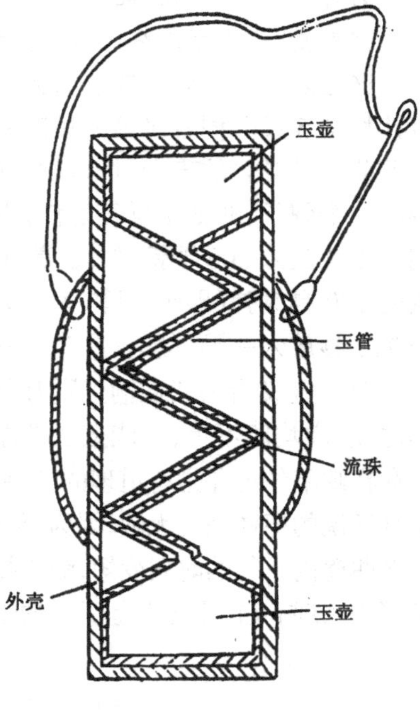

图 4-17　郭盛炽李兰马上漏刻复原示意图

李约瑟的理解和薄树人的设想一，似很难在行进中操作；李强的前二种设想均使用水流为说，和史载明显不合；李强的设想三存在难以判断水银全部流出亦即翻覆漏壶的时机；薄树人的设想二似也难判断上壶水银是否全部流出，同时还要虑及水银挥发有毒，是否合用的问题。郭盛炽的方案很适于在马上使用，何时倒置玉壶的时间也有明确的信号

① 李强，马上漏刻考，自然科学史研究，1990，(4)。
② 薄树人，关于马上漏刻的第四第五种推测，自然科学史研究，1995，(2)。
③ 郭盛炽，马上漏刻辨，自然科学史研究，1995，(2)。

可依。不同意此方案的学者的主要疑虑自然是《初学记》有流珠为水银的明文记述，但考虑到郭盛炽将此记述与李兰漏刻法本文区别开来的意见不无道理，流珠从字面上确可顺理成章地理解为流动的珠子，而且从现有众多的复原方案看，唯郭盛炽的方案切实可行，在没有更令人信服的方案提出之前，我们倾向于认为郭盛炽的理解是妥当的。

（三）关于辊弹漏刻

上面提到的辊弹漏刻被认为是中国古代四种计时仪器类型之一。南宋薛季宣在《浪语集·卷三十》中指出："今之为晷漏者其法有四：铜壶、香篆、圭表、辊弹。"铜壶指传统漏刻、秤漏一类；香篆指燃香、烛计时一类（在香或烛上刻画，点燃之，烧到某刻画即时经几许，为某一时辰）；圭表指日晷一类；而关于辊弹漏刻，严敦杰正是在此书中发现了如下记述：

其制为二尺屏风，纵横正等，以七尺五寸之竹，中通交解而四截之，斜倚屏中，隐其机括，盖以铜华菡萏（按：即荷花），承以芙蕖（按：亦即荷花）。为铜弹十有二铢（按：每一铜弹重半两）者十，投其一于菡萏，历筒道四折而下，堕芙蕖中，其声铿焉。以次发其九弹，屏上列牌为识。凡二十牌，尽十弹而转一牌，牌尽而复，则书其数于纸。一刻为一牌十二（按：此句应是一刻为十二牌），牌六十复而昼夜均，十二分之，每一时而牌五复，尽八刻三分之一，总十二时而百刻之数尽。

这是说辊弹漏刻的外形像屏风，2 尺见方，其内用四节中空的竹子连接成曲折的管道，管道计长 7.5 尺。伺者将第一颗铜弹从上荷花状洞口放入，铜弹沿曲折管道下行，当听到铜弹撞击下荷花（铜制）的声音时，即放入第 2 颗铜弹，如是反复运作；当放入第 11 颗铜弹时，伺者须翻动一个牌子，亦如是反复运作；当把 20 个牌子翻完之后，伺者便在纸上记数，此即所谓一复。则一复要放入 200 颗铜弹。5 复（1000 颗铜弹）为一个时辰，一个时辰为八刻又三分之一刻，则放完 120 颗铜弹（即十二牌）为一刻，而一日 12 个时辰、60 复（12000 颗铜弹）、86400 秒，则每隔 7.2 秒放入一颗铜弹。这 7.2 秒自然就是弹漏刻的计时精度，它不比传统漏刻逊色。

薛季宣又指出："在铜壶则有苔水迟疾之误；在香篆则有粗细燥湿之殊；在圭表则有雨旸蚤暮之差，戾均所不免，人能莅之唯谨而器无爽忒之事者，唯辊弹为然。"他对其他三类计时仪器所存在缺陷的批评是有道理的，辊弹漏刻确实有它们所不及之处，不过，辊弹漏刻大约并不如薛季宣所说的那样完美无缺，因为，随着使用时间的增长，竹筒内壁必渐被磨光，阻力渐渐减小，铜弹在曲筒内下行的时间变短，势必损害计时的精度。薛季宣还认为："辊弹漏刻始于唐僧文诰，行于军中，其制度在十国"，他所说的辊弹漏刻实物就是从一位在湖北服役的将领那里得到的。

第十三节　张子信的三大发现

一　关于张子信其人

至后魏末，清河张子信，学艺博通，尤精历数。因避葛荣乱，隐于海岛中，积三十许年，专以浑仪测候日月五星差变之数，以步算之①。

① 李淳风：《隋书·天文志中》。

北齐学士张子信因葛荣乱，隐居海岛三十余年，专以圆仪揆测天道[①]。

这是两段关于张子信生平的最主要记述，前者为唐代李淳风所说，后者乃北宋周琮所言。所谓"葛荣乱"是指北魏孝明帝孝昌二年(526)至孝庄帝建义元年(528)间、发生在华北一带由鲜于修礼和葛荣发动的一场农民起义。若加30余年，应约为560年，时已及北齐(550～570)。所以，李淳风说后魏(386～556)末、周琮言北齐，两说并无矛盾，即张子信乃主要活动于后魏、北齐间。清河，指今河北清河，至于海岛，大约应指山东半岛周边的某一海岛。圆仪即浑仪，应是张子信自己制作的，这说明他精于此道，并有相当的财力。30余年可以说是一段不短的时间，又在此相对安定的环境中，再加上勤勉、精心的观测工作，使他掌握了大量的关于日月五星运行的第一手资料，并对之进行了认真的研究。这应是张子信取得具有划时代意义的三大发现的基础。

在《北齐书·方技传》和《北史·艺术传》中都有一名也叫张子信的传记，此人也主要活动于后魏、北齐间，河内(今河南沁阳)人，"性清静，颇涉文学。少以医术知名，恒隐于白鹿山"，此人"又善易卜风角"。北齐武成帝"大宁中(561～562)，征为尚药典御"，温公"武平(570～576)初，又以太中大夫征之，听其志，还山"。由籍贯、隐居地、所擅长的专业看，这时确有两位张子信，切不可将此张子信混同于我们将作进一步介绍的天文历法大家张子信。显然，隐于海岛的张子信的功绩远甚于隐于白鹿山的张子信，后者有传、而前者传无一言，足见史官的失误。

二　太阳运动不均匀性的发现

由于太阳运动不均匀的幅度远小于月亮，而且，中国古代用于测量天体(包括太阳)的浑仪是以赤道坐标为主的，太阳每日行度的较小变化，往往被赤道坐标与黄道坐标之间的消长关系所掩盖。这是中国古代发现太阳运动不均匀性现象比古希腊晚得多的主要原因。其实，太阳运动的不均匀性现象，还可以由间接的渠道得知，对日月交食的认真研究便是十分有效的渠道之一。在第三章第十七节中，我们已经提及刘洪消息术的发明，就隐含有太阳运动不均匀改正的意义，它便是由交食研究入手而得的。可是正如唐代一行所说，刘洪"本以消息为奇，而术不传"[②]。也许，人们没有理解刘洪消息术的真正意义，而渐被人们遗忘了。此外，在刘宋祖冲之与戴法兴的历法辩论中，戴法兴曾提出过"日有缓急"的命题，而祖冲之以"日有缓急，未见其证"[③] 反驳他。看来，戴法兴确实拿不出证据，祖冲之未见证据，宁可信其无。这也算是中国古代太阳运动不均匀性现象发现过程中的一段小插曲。

张子信经过长期的观测、推算与研究，终于拿到了证据。他指出："日行在春分后则迟，秋分后则速"[④]，就是说，从春分到秋分太阳的平均运行速度小一些，而从秋分到春分太阳的平均运动速度大一些。这一结论是与太阳运动不均匀的实际状况相一致的。我们认为，张子信大约是经由如下所述的途径而得出这一结论的：冬、夏二至相距半年，又两分之，得平春分与平秋分，二分二至两两相距各91天多，这是以日数言之。若以太阳行度论，从冬至到平春分和从平

① 脱脱等：《宋史·律历志八》。
② 欧阳修：《新唐书·历志三下》。
③ 沈约：《宋书·律历志下》。
④ 李淳风：《隋书·天文志中》。

秋分到冬至,太阳各运行约93度余;从平春分到夏至和从夏至到平秋分,太阳各运行约88度余,这则是以度数论。由对冬、夏二至及平春、秋分时,日所在宿度的测算,张子信理当可以发现在平春分时,太阳已距离冬至点93度左右(亦即其时太阳距夏至点仅88度左右);在平秋分时,太阳与夏至点的距离只有88度左右(亦及其时太阳距冬至点达93度左右)。也就是说,从平春分到平秋分太阳只运行177度左右,而从平秋分到平春分太阳则运行187度左右。这就是张子信上述说法的依据所在。此外,张子信还可能用浑仪观测得平春分和平秋分时,太阳的去极度要比一个象限大(或小)一度余,由此,也可以得出相同的推论。于是,太阳运动存在不均匀性是不言自明的了。在用浑仪还难以测知每天太阳行度的"差变之数"的情况下,扩而大之,测定二分二至两两之间太阳的行度差,是一种切实可靠的估量太阳运行状况的方法。张子信就是先由此论定太阳的运动存在毋庸置疑的不均匀现象,而对其间进一步细节的探讨,则另寻其他渠道。

唐代一行指出:"北齐张子信积候合朔加时,觉日行有入气差,然其损益未得其正。"[①] 这当是张子信发现太阳运动不均匀性现象的又一重要途径。这里所谓合朔加时,即指日月处于同一黄经的时刻,这主要可从日食食甚的时刻明确无误地获知,当然从月食食甚时刻也可间接推算。我们认为,张子信主要应用了前代交食记录进行推算,他自己所亲见的交食观测结果,自然更不会不予利用。对于月亮运动的不均匀现象,张子信一定重作了研究,他用浑仪长期观测月行,就是为此提供必要的资料。在考虑了月行的不均匀性之后,张子信发现推算而得的交食食甚时刻仍与实际的时刻存在或多或少的偏差。对足够多的这些偏差进行分析以后,张子信发现,这些偏差的正负、大小与交食发生所值的节气的早晚存在密切、稳定的关系。所以,在虑及月亮运动不均匀性的影响之外,还必须加进与所在节气相关的修正值,才能推算得与交食食甚实际时刻相吻合的数值。这一修正值就是所谓"入气差",这一点实际上同刘洪当年的思路是一致的,但张子信的高明之处在于,他明确指出该"入气差"就是太阳运动不均匀性的反映,它也就是张子信对太阳运动不均匀进一步的细节的描述。

这样,张子信不但建立了太阳运动不均匀性的概念,论证了其总体的状况,而且给出了太阳在一个回归年内运动不均匀性细节的描述,他所定出的日行入气差,就是后世所说的日躔表。即从内容和形式两个方面,张子信都为后世对太阳不均匀性的进一步研究奠定了基础。

我们知道,在古希腊,依巴谷在公元二世纪发现了二分点不在二至点正中的现象,经由进一步的测算,提出太阳运动不均匀的概念并予以描述。张子信大约也首先从这一现象的发现开始,进而应用丰富翔实的交食记录,即经由与依巴谷不同的途径对太阳运动的不均匀性做出具体的、形式也不相同的描述。张子信是否受到刘洪消息术的启示已不得而知,即使得其启示,也远胜刘洪一筹,因为张子信已有了足够的准备,自觉而明智地对交食记录进行整理与研究,而刘洪当年大约只是就事论事,所以,未能究其所以然,不能归纳出理论上的认识。张子信的这一发现虽然比依巴谷晚了700余年,却是中国特定的天文历法环境内、独立的发现。

三　五星运动不均匀性的发现

在张子信之前,古人对于五星位置的推算是以五星与太阳一会合的平均时间(会合周期)

① 欧阳修:《新唐书·历志四下》。

及其在一会合周期内的动态表(也是取顺、逆、留、伏等时间的平均值)为主要依据的。张子信对五星运动的研究自然是遵循这一传统的路径。他用浑仪对五星运动的长期观测,其初衷当然是要进一步完善这一系统,正像他的同代人信都芳所说的那样,对五星的"七头一终"详加考究。经过 30 余年的努力,张子信终于发现,完全依循传统的路径,即使再虑及太阳运动不均匀性的影响,也难以消除推算结果与五星实际位置之间的偏离。他分析了一批五星晨见东方时间的偏离情况以后发现,其偏离值的正负、大小也与其时所值的节气早晚有密切而稳定的关系。因太阳运动不均匀性的启示,张子信毫无困难地断定,这应是五星也存在运动不均匀性的结果。五星"入气加减,亦自张子信始,后人莫不遵用之"①,这就是说,张子信也用在不同的节气加上不同的修正值的方法,对五星位置作因五星运动不均匀引致的改正,这一方法也成为后世历家广为采用的经典方法之一。

还须说明的是,所谓 24 节气,实际是指黄道上的 24 个特定的点,也就是太阳在恒星间特定的 24 个不同位置,而五星晨见东方时与太阳之间的角距各有一定的度数。所以,张子信所说的太阳入气差和五星入气差,实际上是说当太阳和五星在各自运行轨道的不同位置时所应加的改正值。也就是说,太阳和五星在其运行轨道不同处的速度各异。

张子信对于五星入气差的具体描述,大多已经失传,仅在《隋书·天文志中》见到以下记载:"辰星之行,见伏尤异。晨应见在雨水后、立夏前,夕应见在处暑后、霜降前者,并不见。启蛰、立夏、立秋、霜降四气之内,晨夕去日前后三十六度内,十八度外,有木、火、土、金一星者见,无者不见。"由此可见,张子信对水星入气差的描述只是定性的,其中后半部分的描述还带有臆测的成分。在隋代刘焯皇极历中,关于水星入气差的记述,仍与此大体相同。反过来,我们揣测张子信关于其他四星入气差的描述,也应在皇极历中见到踪影。

对于五星运动不均匀现象的原因,张子信还试图给出理论的说明:"五星行四方列宿,各有所好恶。所居遇其好者,则留多行迟,见早;遇其恶者,则留少行疾,见迟。"② 赋五星的运行以感情的色彩,是依据中国传统的精气交感的理论为立论之本的。有趣的是,一行曾指出:"天竺历以九执之情,皆有所好恶,遇其所好之星,则趣之行疾,舍之行迟。"③ 天竺历指印度的一种古历,九执指日月五星和罗睺、计都。张子信之说同天竺历之说的共同处是显而易见的,二者孰先孰后,值得作进一步的研究。

四　月亮视差对日食影响的发现

自东汉末刘洪乾象历始,提出了判断是否发生交食的食限概念和具体数值,其后各历法均沿用不弃,张子信对此自然是了如指掌。可是,在张子信对诸多日食资料进行一番深入的研究之后,却发现了如下的现象:有时已入食限(日距黄白交点的度值在规定的应发生日食的范围内)却不发生日食现象;有时未入食限则发生了日食现象。进一步的分析则表明,这是一种带规律性的现象,即"合朔在日道里则日食,若在日道外,虽交不亏"④。所谓日道里,是指月在日

① 欧阳修:《修唐书·历志四下》。
② 李淳风:《隋书·天文志中》。
③ 欧阳修:《新唐书·历志三下》。
④ 同②。

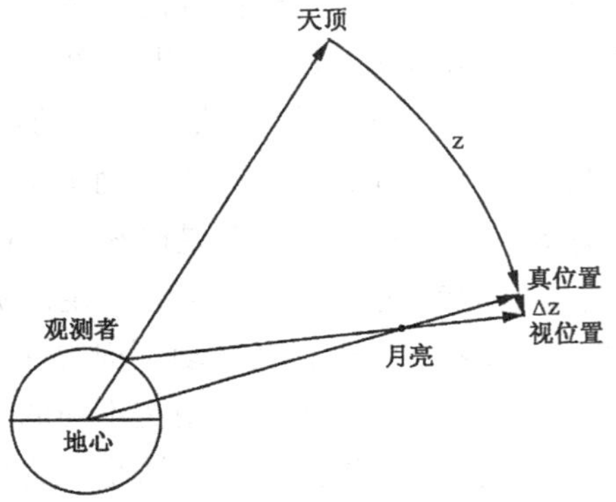

图 4-18 月亮视差对月亮视位置影响示意图

之北(亦即上方),日道外,是指月在日之南(亦即下方)。也就是说,只有当合朔时入食限,其时月又处于日之北,则必发生日食;其时若月位于日之南,则虽已入食限还是不发生日食现象。

我们知道,张子信所发现的这一规律性的现象,是由于月亮视差影响所致。如图 4-18 所示,观测者在地面上所见到的月亮视位置,总要比在地心看到的真位置来得低,月亮视、真位置的高度差叫做月亮视差。同理,太阳视、真位置的高度差,称为太阳视差,只是它较月亮视差要小得多,可略而不计,在古代的条件下,更是如此。当合朔时入食限,月又在日之北,由于月亮视差的影响,月亮的真位置更接近太阳,所以,必发生日食;若月在日之南,同理,月亮的真位置距离太阳要远些,于是,虽已入食限还是不发生日食。这便是张子信所发现的带规律性现象的真正原因。所以,我们可将张子信的这一发现称作月亮视差对日食的影响。

一行指出:"旧历考日食深浅,皆自张子信所传。"① 所谓日食深浅,是指日食食分之多少,即张子信不但发现了月亮视差对是否发生日食的影响,而且还提出了月亮视差影响日食食分多少的具体计算方法,并对后世历法的相关计算产生了重大影响。

张子信还指出:"月望值交则亏,不问表里。"② 即认为月食与日食不同,只要月望时入食限,则必发生月食现象,不论这时日月的相对位置如何。我们知道,月食是地影遮掩月亮造成的,地影和月亮都存在相同的视差现象,其影响可相互抵消,所以,张子信的这一论述也是大体正确的。

综上所述,张子信的这三大发现,是在前人的研究成果的基础上,经由长期的实测工作,占有大量第一手材料和可靠的第二手资料的情况下,加上认真的分析研究而取得的。他善于发现问题,又善于解决问题,从表面上杂乱无章的客观事实中,归纳出本质,而且提出了表述这些规律的切实可行的方式和方法。张子信是否已在这些发现的基础上,制成了一部新历法?回答应是肯定的。唐一行有言:"张子信历辰星应见不见术,……"③ 云云,既有张子信历之说,又引该历法中的一具体术文。由此,似可说明确有张子信历的存在。大约由于张子信在编成新历(约 560)后,还不及申请颁用,便谢世而去,故史书未见关于张子信历的明确记载。

张子信的三大发现,开启了传统历法的新纪元,使传统历法的面貌焕然一新。自此,虑及太阳运动不均匀影响的定气法瓜熟蒂落;同时考虑日月运行不均匀影响的食时计算法和定朔法接踵登台亮相;同时虑及日和五星运动不均匀影响的五星位置计算法水到渠成;考虑月亮视差对日食食分大小影响的食分计算法呼之即出,这些都为历法总体精度的提高开辟了道路。

张子信不但殚精竭虑于天文历法的测算、研究工作,还收徒授业,传播自己的新发现,遂使他的事业后继有人。张孟宾就是他的嫡传弟子,刘孝孙、刘焯也深受张子信发现的影响和启

① 欧阳修:《新唐书·历志三下》。
② 李淳风:《隋书·天文志中》。
③ 同①。

迪。经过这些后继者的努力，张子信的三大发现终于开花结果，熠熠生辉。

第十四节　北齐、北周时期的其他天文历法工作

一　北齐的历法之争

在本章第十一节中，我们曾提及齐献武帝高欢，东魏改历，即李业兴兴和历的制作，实际上是他的主意；令信都芳对兴和历作出评价，也大约是他的安排。当时，高欢是掌握重权的大臣，对改革历法表现出特殊的关注。及至高欢之子高洋取东魏而代之，于550年建立北齐王朝，为证明其"升坛受禅"的必要性和合法性，北齐文宣帝高洋"命散骑侍郎宋景业协图谶，造天保历"①。高洋此举不仅要改正朔以明受天命之意，更动用当时早已衰微的图谶之说，作为历法的立法之本，这是自东汉四分历以后所未曾发生过的奇异现象，而且在此之后也不再发生，可说是图谶之说在历法领域的回光返照和绝唱。

宋景业，广宗（今河北威县）人，"明《周易》，为阴阳纬候之学，兼明历数"。东魏末，他就曾以《易·稽览图》之说劝高洋"应天受禅"，正中高洋下怀，曰："（宋）景业当为帝者师"②。及至登基为帝，命宋景业以图谶为本制作新历是不足为怪的。宋景业所制历成，上奏曰："依《握诚图》及《元命包》，言齐受录之期，当魏终之纪"云云，于是"文宣（帝）大悦，乃施用之"，时在天保二年(551)。其实，该历法无创新之处，乃是一部极平庸的历法。

至北齐后主武平七年(576)，对宋景业和天保历的批评意见大起，其中以董峻、郑元伟的议论最具代表性："（宋）景业学非探赜，识殊深解，有心改作，多依旧章，唯写子换母，颇有变革，妄诞穿凿，不会真理。"他们说宋景业的所谓"改作"，不过对前代历法已有天文数据的分子、分母作少许改动。考察现所知天保历的若干天文数值，其精度或者仅仅与前代有关历法的精度相当，或者还稍不及前代有关历法，可见他俩的批评意见是中肯的。他们又说宋景业的所谓"变革"，虽说大胆却是穿凿附会而已。他们更尖锐地指出，经宋景业"改作"和"变革"的后果是："乃使日之所在，差至八度，节气后天，闰先一月。朔望亏食，既未能知其表里，迟疾之历步，又不可以旁通。……五星见伏，有违二旬，迟疾逆留，或乖两宿。"即在气、朔、闰、交食、五星的几乎所有历法问题上皆疏阔。这一说法，看来并非故作惊人之论，而是天保历疏漏的真实写照。当时，宋景业仍健在，若是无端攻击，理实难容。

董峻和郑元伟认为天保历已不可再用，并提出以他们新制的甲寅元历取而代之。以为天保历粗疏，需改历更新者还有"广平（今河北广平）人刘孝孙、张孟宾二人"，其中，"（张）孟宾受业于张子信"。刘、张二人亦各制新历，申求颁用。我们看到这两位深受张子信教诲或影响的人物终于面世，据说"上距春秋、下尽天统(565～569)，日月亏食及五星所在，以二人新法考之，无有不合"③。不过，我们考察此二历所定回归年、朔望月长度和闰周等值，较前代历法并无特异之处，此说的可靠性大约需打一些折扣。但从张孟宾历取日所在宿度为"斗十一"度，几乎同

① 李淳风：《隋书·律历志中》。

② 李百药：《北齐书·宋景业传》。

③ 以上均见李淳风：《隋书·律历志中》。

理论值完全吻合①;从刘孝孙武平历的交点月长度值为27.212216日,与理论值之差为0.1秒,达到了很高的精度,是为历代最值之一,其所取交点年长度值也相当准确②。又从下面就要说到的他们关于日食的预报看,断不可全然否定此说。他们的历法应较前代历法有较大进步,这大约是比较客观的评价。与此同时,"又有赵道严,准晷影之长短,定日行之进退,更造盈缩,以求亏食之期"。看来此人在晷影测算方面下了一番功夫,但他如何从这些测算结果导出太阳运动不均匀的重要结论并对其作定量的描述,由于史载仅此寥寥数语,实难揣测。不过,此说却至少反映了张子信关于太阳运动不均匀性现象的发现,在当时社会上曾引起共鸣的状况。赵道严是否也提出了他的历法,参与当时的论争,史亦无明言。但此时至少有三种历法参与争鸣是没有疑问的。

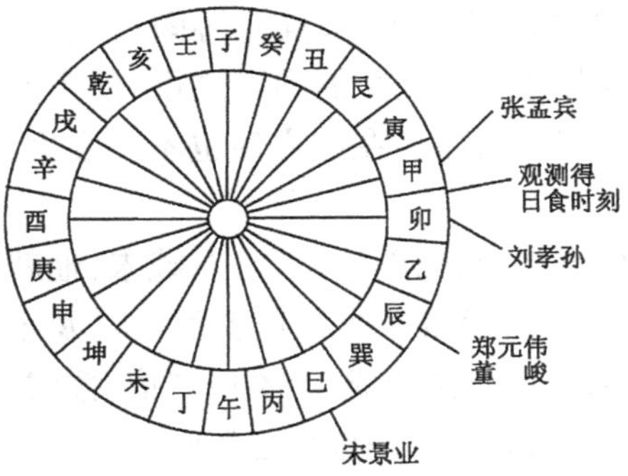

图4-19 刘孝孙等人预报日食时刻示意图

面对这种状况,朝廷采取了传统的判别历法疏密是非的方法,"其年(567),讫干敬礼及历家豫刻日食疏密"。这也许并非是善说图谶的宋景业所情愿的,但以验天为本的历法思想毕竟占了上风。"六月戊申朔,太阳亏,刘孝孙言食于卯时,张孟宾言食于甲时,郑元伟、董峻言食于辰时,宋景业言食于巳时。至日食,乃于卯甲之间,其言皆不能中"。依此,可作图4-19。即刘孝孙和张孟宾均有0.25时辰(2.1刻、约0.5小时)的偏差,张孟宾失之在前,刘孝孙失之在后;郑、董二人的预报有1.5时辰(12.5刻、3小时)的偏差;而宋景业预报的误差达2.5时辰(20.8刻、5小时)之多。可见宋景业天保历的疏阔殆非虚言,而郑元伟和董峻甲寅元历的精度也远不如张、刘二人的历法,但张、刘二人的历法却难分仲伯,一时不可作出取舍的判定。"争论未定,遂属国亡"③。这场十分精彩的历法检验工作,完全证明了张孟宾和刘孝孙二人所定历法的优越性,是张子信三大发现引进历法后,在历法之争中取得的第一场胜利。可惜,事有不济,却遇到北齐亡国的不测风云,一种以新的面貌出现的历法(如果论争得以继续,不管是张孟宾还是刘孝孙的历法得以颁用)中途夭折了。此后,宋景业、董峻和张孟宾的去向不明,而刘孝孙和郑元伟在隋初历法改革中重新露面,刘孝孙还是参与隋初历争的主将之一。

二 北周历法的变迁

当初,北魏分裂为东魏(534~550)和西魏(535~556),东魏于孝静帝兴和二年(540)改用李业兴的兴和历,已如前述,而西魏仍行张龙祥、李业兴的正光历,直至国亡。北周闵帝宇文觉于557年取西魏而代之,建立北周(557~581),立国之初,仍沿用正光历。"至周明帝武成元年(559),始诏有司造周历。于是露门学士明克让、麟趾学士庾季才,及诸日官,采祖暅旧议,通简南北之术。自斯已后,颇睹其谬,故周、齐并时,而历差一日。克让儒者,不处日官,以其书下

① 陈美东,中国古代冬至太阳所在宿度的测算,载薄树人主编《中国古代传统文化探胜》,科学出版社,1992年。
② 陈美东,古历新探,辽宁教育出版社,1995年,第255页。
③ 李淳风:《隋书·律历志中》。

于太史"①。这便是北周进行的第一次历法改革，史籍未载此历之名，遂以北周历称之。

明克让，字弘道，平原鬲(今山东平原)人。"少儒雅，善谈论，博涉书史"，"龟策历象，咸得其要"。初仕萧梁，曾在梁湘东王萧绎处任中书侍郎等职。萧梁为北周所灭(557)后，在北周任麟趾殿学士、司调大夫等职。入隋后，任率更令、通直散骑常侍等职②。庾季才(516～603)，字叔弈，新野(今河南新野)人。自幼颖悟过人，"好占玄象"。他的经历与明克让颇为相似。亦初仕萧梁，在梁湘东王萧绎处任外兵参军，后累迁中书郎，领太史，时在梁元帝(552～555在位)，直至萧梁国亡。"周文帝一见，深加优礼，令参掌太史"，后补麟趾学士，累迁车骑大将军、太史中大夫，开府仪同三司等职。入隋之后，任通直散骑常侍、均州刺史等职③。他俩都历经三代，长期活跃于天文历法领域。这次改历，由他们二人主事，并有北方的日官参与，得取南北历法之长，是情理中事。北周历早已失传，其中具体细节更一无所知。不过，从"采祖暅旧议"一说可以推知，北周历必采用了祖冲之大明历的不少内容，是一部融南北历法为一体的作品，似无疑问。这在当时南北天文历法的交流和融合上，应是一件重大的事情。

甄鸾，字叔遵，无极(今河北无极)人，曾任司隶大夫、汉中郡守等职。他主要以数学大家闻名，撰有《五曹算经》、《五经算术》等算术经典著作④。北周武帝天和元年(566)，"甄鸾造天和历"⑤，是为北周制作的第二部历法。该历法显然也受到了祖冲之大明历的影响，取章岁为391，章闰为144，此即大明历所用的闰周。可是，甄鸾似未真正理解祖冲之所用闰周的革命性含义，即在取用历家业已公认的朔望月长度值，和他用新发明的冬至时刻计算法测算得回归年长度值的基础上，经数学的处理而给出新闰周值的。甄鸾仅仅遵用此值，但却背离了祖冲之的初衷。首先，他采取了与北凉赵𢾺以来大多数历法的回归年长度值相近的数值，在这一前提下，他取用祖冲之的闰周，则产生了十分严重的不良后果，即所得朔望月长度大大偏离了历家业已认同的数值。天和历所取朔望月长度为29.53071日，与理论值之差达10.8秒，这是自东汉刘洪乾象历以来历代历法的最粗疏者。它必导致朔望明显后天的状况。天和历所取近点月长度又是曹魏杨伟景初历以来历代历法的最粗疏者，为27.55428日，与理论值之差为24.6秒。还有，天和历取交点年长度为364.64438日，与理论值之差为2159秒，也是刘洪乾象历以来历代历法的最粗疏者⑥。这些情况表明，天和历是一部十分粗疏的历法，甄鸾作为一位数学大家，却造出这样一部历法，实令人失望。究其原因，大约是未经实测，未对古来的天象记录作认真研究之故。好在天和历未被完全采用，它只是作为一家之言，"参用推步"⑦，还没有造成严重的问题。

北周武帝对于当时所行用的历法是不满意的，他认为它们"未臻其妙，爰降诏旨，博访时贤，并敕太史上士马显等，更事刊定，务得其宜"。开始了新一轮的历法研究和制定工作。随后，"术艺之士，各封异见，凡所上历，合有八家，精粗踳驳，未能尽善"。这次历争参与者达8家之多，颇有北魏后期正光历编制时的规模和气势。大约经历了若干年的争论，及至北周宣帝

① 李淳风:《隋书·律历志中》。
② 李延寿:《北史·明克让传》。
③ 李延寿:《北史·庾季才传》;房玄龄等:《隋书·庾季才传》。
④ 钱宝琮主编，中国数学史，科学出版社，1964年，第91页。
⑤ 李淳风:《隋书·律历志中》。
⑥ 陈美东，古历新探，辽宁教育出版社，1995年，第217、238和255页。
⑦ 李淳风:《隋书·律历志中》。

大成年间(578)，乃诏令马显等“监考疏密，更令同造”。约经一年“谨案史曹旧簿及诸家法数，弃短取长”的工作，于北周静帝大象元年(579)，马显等上丙寅元历(又称大象历)，随即颁行之。这就是北周制作的第三部历法。察此新历，取回归年长度为365.24377日，与理论值之差为128秒，精度优于除祖冲之大明历以外的前代各历，这是应予肯定的，但它所取朔望月长度虽较天和历略好，但还是嫌过大，远不及曹魏韩翊黄初历以来各历的一般水平。所取近点月长度值也较差。此外，值得注意的是，该历法“每十二月下各有日月食转分，推步加减之，乃为定食大小余，而求加时之正”[①]。这是说，在计算交食的时刻时，于各不同的月份各给出不同的差值，可称之为“入月差”。对此，隋代张胄玄曾批评说：交食“加时先后，逐气参差，就月为断，于理未可。乃因二十四气列其盈缩所出，实由日行”有迟疾所致[②]，其说甚为分明。看来，马显等人是错误理解了张子信关于太阳运动不均匀性的发现。质言之，这次改历，虽然气势不小，但未得其宜，丙寅元历基本上是一部失败的历法。

---

① 李淳风：《隋书·律历志中》。

② 房玄龄等：《隋书·张胄玄传》。

第五章　天文学体系的成熟
——隋唐五代十国时期(581～960)

隋(581～618)、唐(618～907)是相继的两个大一统的封建王朝，特别是唐代，曾以其强盛的国力、繁荣的文化，雄踞于东方，为世界所瞩目。随后的五代十国(907～约960)，中国又处于半个多世纪的分裂状态。同第四章所述的三国两晋南北朝时期相反，这是一个合多分少的时期。

隋代的刘焯、张胄玄以张子信的三大发现为契机，在与守旧势力的抗争中，分别在皇极历(604)和大业历(607)中引进了这些新发现，在传统历法的日月五星和交食推算等方面均开创了新局面，他们所采用的等差级数法、特别是刘焯等间距二次差内插法的发明，使历法中运用的数学方法提高了一个层次。唐初傅仁均戊寅历(619)定朔法的正式被颁用，标志着刘焯等开创的新局面为社会所承认。李淳风的麟德历(665)则在刘焯皇极历的基础上又有所改进，并最终奠定了定朔法的历史地位。传统历法体系的瓜熟蒂落已势在必得。一行的大衍历(728)可以被看做成熟的标志，无论在历法编制的体例、还是在其内涵上，都是如此。大衍历的日月五星和交食推算法，较刘焯等人更显精炼与合理，更有了不等间距二次差内插法的演进，此外，九服晷漏与交食法的发明，使传统历法成为适用于全国范围的历法。在一行以后，历法体系的成熟过程仍在延续，徐昂宣明历(821)的日食三差法，特别是由曹士芳的符天历(约780)所首创的二次函数算法，和边冈在崇玄历(892)中发展了的高次函数算法，更把中国代数学天文学体系的特色凸显出来。

隋、唐间丹元子《步天歌》关于星空的三垣二十八宿划分法、吕才漏壶、李淳风黄道浑仪、一行与梁令瓒黄道游仪及水运浑天俯视图等天文仪器的制作、敦煌星图的绘制等等，也大大充实了天文学体系的内涵。

如果说，随着东汉时期佛教开始传入，到唐代以前，古印度的若干天文学知识、特别是有关宇宙的理论在中国产生了一定的影响。而到唐代，古印度九执历、黄道十二宫、二十七宿以及星占术等的传入，形成了一股热潮，这也是这一时期天文学发展的一个特点。

第一节　隋初历法之争及庾季才、耿询等人的天文工作

一　张宾开皇历和刘孝孙的抗争

北周静帝大定元年(581)，大丞相、隋国公杨坚受禅登基，改国号为隋、年号为开皇，建立了一代新王朝。开皇九年(589)灭陈，自此结束了长达270余年南北分治的局面，开启了大一统的、新的历史时期。

颁布一部新的历法，是隋文帝杨坚关注的头等大事之一。“方行禅代之事，欲以符命曜于天下”，正是隋文帝关注推出新历的原委。在杨坚尚未登基时，道士张宾便“揣知上意，自云玄

相，洞晓星历，因盛言有代谢之徵，又称上仪表非人臣相。由是大被知遇”。到受禅之初，隋文帝就提拔张宾为华州刺史，并令其主持编制新历法的工作，参与其事者还有仪同刘晖、前太史上士马显、太学博士郑元伟、太史司历刘宜等10余人。其中，马显即在北周大象元年(579)主持制成丙寅元历者，郑元伟即在北齐武平七年(576)和董峻一起献出新历、参加历法之争者。看来张宾还是邀请了前代一些有名的历家共同修历。开皇四年(584)，张宾等制成新历上献，隋文帝随即下诏颁行之，名曰开皇历。

开皇历实“依何承天法，微加增损”。但隋文帝在诏书中却大加赞赏：“张宾等存心算数，通洽古今，每有陈闻，多所启沃。……验时转算不越纤毫，……实为精密。”① 由此看来，这实是对张宾当年言代谢之徵一类作为的表彰，当然历法新颁，可明受命改制之义，也是隋文帝要着意表杨张宾的。至于新历精密一类，只是想当然之说。察开皇历所定诸法数，回归年长度取365.24342日，与理论值之差为90秒，又较马显丙寅元历为优，即优于除祖冲之大明历外的前代各历，金星会合周期值取583.9127日，与理论值之差为12.5分钟，亦优于前代各历，但朔望月长度则为历代最差值之一②，其他各法数均居一般水平。开皇历在历元的设置上，取用与何承天元嘉历相同的多历元法。在推算日食食分时，则采用了张子信关于月亮视差影响的发现，“月行表里，厥途乃异，日交弗食，由循阳道”③，即指此而言。这样说来，开皇历还是有一定特点的。可是，它仍取用一系列同当时天文历法的重大进步不相协调的传统方法，它也取用马显丙寅元历的“入月差”法，却如张胄玄所批评的那样：“张宾因而用之，莫能考正。”④ 所以，从总体而论，开皇历显得守旧和落伍，于是，引起了一场大争论。

“张宾所创之历既行，刘孝孙与冀州秀才刘焯，并称其失，言学无师法，刻食不中”，他们列举了六条批评意见：

其一是批评何承天元嘉历用19年7闰法之失，这似与开皇历无关，但察其意大约是批评开皇历所取朔望月长度偏大。

其二是说开皇历不用岁差法，而使“冬至之日守常度”。

其三是责怪开皇历不用上元法，而取多历元法。

其四是指出开皇历推算历元时，“唯知日气余分恰尽而为立元之法，不知日月不合，不成朔旦冬至”。即认为开皇历历元的推算存在未虑及朔望月周期值的失误。

其五是认为开皇历“但守立元定法，不须明有进退”。这大约还是指未用岁差法的问题。

其六是批评开皇历仍旧用平朔法而不用定朔法。以为“纵使频月一小、三大，得天之统”。并指出用平朔法势必造成日食不在朔的弊端。而“今(刘)孝孙历法，并按明文，以月行迟疾定其合朔”，则可引致日食必在朔的结果。

以上六条意见中，第1、4是指具体取值或计算上的失误，第2(包括5)、6则是切中要害的、带原则性的批评，第3却是历家见仁见智者，何况多历元法的长处实际上不比上元法少。当然，从总体而论，刘孝孙和刘焯的批评意见是代表了先进的历算发展方向的。

刘孝孙、刘焯还用刘孝孙所制甲子元历(即武平历或经改进的武平历)对日月食时日、冬至

---

① 以上均见李淳风：《隋书·律历志中》。

② 陈美东，古历新探，辽宁教育出版社，1995年，第217、394页。

③ 李淳风：《隋书·律历志中》。

④ 房玄龄等：《隋书·张胄玄传》。

日所在宿度以及冬至时日的推算值，同实测值或前代有关记录进行比较，其结果如次：

“第一，勘日食证恒在朔。”对《春秋》所载 37 次日食记录，以及对“前、后汉及魏、晋四代所记日食，朔、晦及先晦，都合一百八十一”（前汉 45、后汉 74、魏 14、晋 48），用甲子元历推算，“并合朔日而食”。

“第二，勘度差变验。”刘孝孙考定当年(584)“冬至之日日在斗十三度”（实际应在斗宿 10.8 度，大 2.2 度），精度并不高。他又认为汉武帝太初元年（前 104）冬至日在牵牛初度（实际应在斗宿 21.6 度，大 4.6 度），还认为姜岌时(384)冬至日在斗宿十七度（实际应在斗宿 14 度，大 3 度），这两个认识也存在不小误差。显然，刘孝孙是依据这些不准确的度值来推算岁差值的。依太初元年和当年度值，可得岁差值为$\frac{584+104}{26.25-13}=51.9$年差 1 度；若依姜岌时和当年度值，可得岁差为$\frac{584-384}{17-13}=50$年差 1 度。这就是说刘孝孙大约取岁差值为 51 年差 1 度，该值显然是偏大了。

“第三，勘气影长验。”这里，刘孝孙是以刘宋文帝元嘉十三年至二十年(436～443)8 年间，有实测晷影记录可查的 6 年冬至时日，与用甲子元历所推结果作比较，得所推“冬至之日恒与影长之符合不差”①。

如上所论可知，刘孝孙历取上元法、用岁差法、用定朔法（还只虑及月亮运动不均匀的影响）。此外，北宋周琮谈及前代日躔表的不同名称时曾提及：“刘孝孙以盈缩数为朏朒积”②，可见刘孝孙历有日躔表的制定，显然，他是以此用于交食食时的计算。

刘孝孙和刘焯既指出开皇历“刻食不中”（指交食预报误差大）、“验影定气”“去之弥远”，又历数开皇历的前述六项弊端，还证明甲子元历的精确有验（其中日食之验和冬至时日之验有说服力，冬至日所在宿度，在今天看来，并不高明，但其力主历法必须引进岁差，在当时仍不失为先进的见解）。应该说，他们对开皇历的批评是得体的，他们主张以甲子元历替代开皇历也是无可厚非的。可是，这场历法之争却令人惊讶地演化成政治的迫害。“于时新历（指开皇历）初颁，（张）宾有宠于高祖（隋文帝），刘晖附会之，被升为太史令。二人协议，共短（刘）孝孙，言其非毁天历，率意迂怪，（刘）焯有妄相扶证，惑乱时人。（刘）孝孙、（刘）焯等，竟以他事斥罢。”即刘孝孙和刘焯的正确意见不但没有被考虑、被采纳，而相形见绌一方的主要人物张宾和刹晖则以阿谀奉承之术，不但保住了开皇历，而且还加官晋爵。更有甚者，还自命开皇历为天历，神圣不可侵犯，强加给刘孝孙和刘焯“率意迂怪”、“惑乱时人”③ 的惊人罪名。也许，慑于历代历法之争少有给人定罪的先例，又出于理亏的矛盾心态，张宾和刘晖也不便和不敢直接以刘孝孙和刘焯的历法主张而行惩处，则要弄权术，以其他借口排斥刘孝孙和刘焯。刘孝孙被赶出应京城，刘焯在开皇十年(590)因与群儒论义，深挫诸儒，为一些人所妨恨，“遂为飞章所谤，除名为民。”④

大约数年以后，张宾去世，正任掖县丞的刘孝孙到京城公干，伺机上表重提旧案，但“前后为刘晖所诘，事寝不行。”即因刘晖从中作梗，未能引起朝廷的注意。不过，因为刘孝孙确有真

① 以上均见李淳风：《隋书·天文志中》。

② 脱脱等：《宋史·律历志七》。

③ 李淳风：《隋书·天文志中》。

④ 房玄龄等：《隋书·刘焯传》。

才实学，非刘晖所能抹杀，朝廷还是决定“留(刘)孝孙直太史”任职。可是在太史内工作、生活的安排和升迁与否，却又属刘晖的职权范围，在这些问题上，刘晖又以势压人，使刘孝孙“累年不调，寓宿观台。”真可谓步步封杀，欺人太甚。刘孝孙被逼无奈，只好破釜沉舟，起而一博。“乃抱其书，弟子舆榇，来诣阙下，伏而恸哭。”即怀抱表奏和有关材料，让弟子用车子推着棺材，下定一死的决心，来到皇宫门下，伏地豪啕大哭。此举惊动了朝廷，“热法拘以奏之。高祖异焉，以问国子祭酒何妥。(何)妥言其善，即日擢授大都督，遣与(张)宾历比校短长。”① 何妥是当时才气横溢的学者，精通音律之学，兼知天文历法，为人正直，对于刘孝孙的造诣以及刘晖的骄横早有所闻。适遇隋文帝垂问，何妥说了公道话。钜料，何妥之说使之场持续已久的历法之争，产生了转折性的影响。隋文帝随即任命刘孝孙为大都督(正六品)，官阶比太史令(从七品)还要高两级②。当然，更重要的是，启动了校验新、旧历法疏密的工作。刘孝孙坚信新历法的优越性，进行了坚毅和勇敢的斗争，终于得到了公平竞争的机会。这时，隋代天文历法界另一名重要人物张胄玄也开始崭露头角，他“与(刘)孝孙共短(张)宾历，异论锋起，久之不定。”

至隋文帝开皇“十四年(594)七月，上令参问日食事。杨素等奏：‘太史凡奏日食二十五事，唯一晦三朔，依克而食，尚不得其时，又不知所起，他皆无验。(张)胄玄所克，前后妙衷，时起分数，合如符契。(刘)孝孙所克，验亦过半。’”这是说，经过多年的争论与检验，终于有了结果，张宾开皇历的粗疏已经一览无余，刘孝孙历法、特别是吸取刘孝孙历法之长，又糅进自己长期研究成果的张胄玄历法的精确已经毋庸置疑。“于是，高祖引(刘)孝孙、(张)胄玄等，亲自劳徕”，表现出了很大的热诚。可是，刘孝孙却犯了得寸进尺的毛病，“因请先斩刘晖，乃可定历。高祖不怿，又罢之。”③ 当然，刘晖多年的所作所为，令人气愤以致痛恨，刘孝孙多年所受的委屈与伤害，令人怜惜和同情，但是，刘孝孙的这一要求实在是过分了，隋文帝不同意这样做，是可以理解的。也因此，改历之议不得不搁浅，这主要是由于刘孝孙意气用事所致。事后不久，这场历争的主将刘孝孙就谢世而去，经如此旷日持久的努力与磨难，而不得亲见改历的成功，实在令人遗憾。自然，他对历法的精深研究和他的奋斗，是影响深远的，给继之而起的历法改革，奠定了牢固的基石。

这是一场轰轰烈烈的历法论争，争论的实质应是新的历算方法同旧的传统方法的较量，其间，以是否符合天象实际作为判定历法优劣取舍的最具权威的试金石，也得到体现。当初，隋文帝行开皇历就曾以此为由，而在得知刘孝孙与张胄玄历推日食有验之后所表现出的热诚，更基于此。但是，事情远非如此简单。论争同权势与纷杂的人事关系，同主要参与者的个人素质与其他偶然的因素交织在一起，造成了十分复杂以至大起大落的表面现象。

二 庾季才等人的天文工作

在第四章第十四节中，我们已经提及庾季才其人，和他与明克让等人于北周明帝武成元年(559)的历法工作。及至北周武帝(561～578年在位)时，更用庾季才的特长，“诏撰《灵台秘

---

① 李淳风：《隋书·天文志中》。
② 房玄龄等：《隋书·百官志下》。
③ 李淳风：《隋书·天文志中》。

苑》”一百二十卷[①]。这是一部大型的关于各类异常天象及其占验的著作，与萧梁祖暅所著《天文录》属同一类别，只是“占验益备”[②] 而已。隋文帝开皇元年(581)，庾季才因善说天象，深得隋文帝赏识，于是令庾季才及其子庾质共撰有关天文占验的著作，经多年写作，撰成“《垂象志》一百四十二卷，《地形志》八十七卷，并行于世”[③]。隋文帝统一中国以后，广收南北朝各代的天文图籍、仪器和人才，又诏令进行一项统一、规范、厘定全天星官的重大工程，庾季才受命主持其事，这当是庾季才一生中最主要的工作。

“高祖平陈，得善天官者周坟，并得宋氏浑仪之器。乃命庾季才等，参校周、齐、梁、陈及祖暅、孙僧化官私旧图，刊其大小，正彼疏密，依准三家星位，以为盖图。旁摛始分，甄表常度，并具赤黄二道，内外两规。悬象著明，缠离攸次，星之隐显，天汉昭回，宛若穹苍，将为正范”。这就是此项工作的概括性描述。

周坟原为陈朝对天文星象有精深研究的学者，隋文帝得之，任命他为太史令。“(周)坟博考经书，勤于教习，自此太史观生，始能识天官”[④]。周坟可谓恪尽职守，除了他勤于教学之外，重要的是有一种好教材，而这种教材应就是他参与庾季才所主持的工作的结果。

这里所谓“宋氏浑仪之器”，是指刘宋文帝元嘉十三年(436)钱乐之所造的浑天象。而所谓祖暅的旧图大约是指其在《天文录》中所附的星图。至于孙僧化的工作，则作于北魏孝武帝永熙(532～534)间。孙僧化，东莞(今广东东莞)人，以“识星分”，善言灾异鸣于世。其时，孝武帝“诏通直散骑常侍孙僧化与太史令胡世荣、张龙、赵洪庆及中书舍人孙子良等，在门下外省校补天文书。集甘、石二家星经及汉魏以来二十三家星占，集为五十五卷。后集诸家撮要，前后所上杂占，以类相从，日月五星、二十八宿、中外星图，合为七十五卷”[⑤]。这也是一项规范相当宏大的工作。此外，还有周、齐、梁、陈诸代的其他星图。这一方面说明星图的绘制在南北朝时期广被重视，成果颇丰，又一方面也说明庾季才的工作是植根于如此丰腴的土壤之中。

庾季才他们所制的盖图，则应是在汉代官图(见第三章第六节)基础上的发展。也以北极为圆心，依次有内规、赤道、外规三个直径不等的同心圆，有偏心圆表示黄道，有甘、石、巫三家星官，还绘出银河的轮廓等等。

南北朝长期分治，各王朝天文官对全天星官的理解不同(如第四章第十二节提及的张渊《观象赋》所述便是明证)、对三家星官的理解也发生歧义，是不足为怪的。庾季才等人所作的刊误订正的工作，制定了统一的、官方的权威范本，使在全国范围内，当提到某星官时，其当与天上的哪几颗恒星相对应，有了共同的语言和共同的认识，这自然是一项意义重大、影响深远的工作。

三　耿询天文仪器的制作

接着，我们要介绍一位带有传奇色彩的天文仪器制造家耿询，其字敦信，丹阳(今江苏省南京市)人。他“滑稽辩给，伎巧绝人”。陈后主时(583—589)，耿询在广东西南、广西东南一带活

① 房玄龄等:《隋书·庾季才传》。
② 同①。
③ 房玄龄等:《隋书·庾季才传》。
④ 李淳风:《隋书·天文志上》。
⑤ 魏收:《魏书·张渊传》。

动，与当地少数民族相处甚洽。约隋文帝开皇十一年(591)，耿询因被当地少数民族推为首领，进行反抗斗争，被“柱国王世积讨而擒之”，罪当死，但耿询“自言有巧思”，王世积察而信之，遂“释之，以为家奴。”耿询第一次幸免于难。在为家奴其间，耿询因与“以玄象直太史”的高智宝相熟，由是“从之受天文算术”，遂令他原本精通的机械制作技巧与天文知识得以有机的结合，自此踏上了制作天文仪器之路。不久，耿询便“创意造浑天仪，不假人力，以水转之，施于暗室中，使(高)智宝外候天时，合如符契。”即制成了与张衡当年发明的水运浑象相似的仪器。王世积见而奇之，于是上奏给隋文帝，遂被“配为官奴，给使太史局”。约隋文帝开皇十三年(593)，耿询被隋文帝赐给他的第四子蜀王杨秀，前往益州(今四川成都)，大约也因其技巧出众，颇得杨秀信任。隋文帝仁寿二年(602)杨秀被废为庶人，耿询也被株连，罪又当诛。精于纺织、陶瓷等工艺的开府何稠可谓惺惺惜惺惺，“言于高祖曰：‘耿询之巧，思若有神，臣诚为朝廷惜之’。”由是，隋文帝“特原其罪。”[①] 耿询第二次得以存活。

在第四章第十二节中，我们已经提及耿询制作漏秤和马上漏刻之事，其事发生于隋炀帝大业初年(约606)。先是，大业元年(605)“耿询作古欹器，以漏水注之，献于(隋)炀帝”[②]，深为隋炀帝赞赏，于是恢复了耿询“良民”[③] 身分。随后，才又命耿询和宇文恺一起制作漏秤、马上漏刻。此外，耿询实际上同时还制成了另一种计时仪器：“又作候影分箭上水方壶，置东都乾阳殿前鼓下司辰。”[④] 这大约是一种兼日晷和漏壶为一体的计时仪器，但其具体形制因记载过于简略，无由得其详。由于这些出色的工作，耿询被任命为右尚方署监事，他的聪明才智和辛勤劳作终于得到了社会的承认。

第二节 张胄玄、刘晖、刘焯的历法论争

一 张胄玄、刘晖、刘焯三家历法之争

张胄玄(约526～约612)，渤海(今河北景县)人。“博学多通，尤精术数”[⑤]。隋文帝开皇五年(585年)曾与李文琮一起制成一部历法，拟上献朝廷，由于其时张宾开皇历刚颁行不久，未果。但他们的历法“在乡阳流布，散写甚多”[⑥]，还是产生了一些影响。约开皇十年(590)，经由冀州刺史赵煚的举荐，年逾六旬的张胄玄被调至京都任云骑尉，于太史任职。在本章第一节中，我们已经提及张胄玄加入刘孝孙的行列一起批评开皇历，大约就在此后不久。开皇十四年(594)，他的历法推日食“时起分数，合如符契”，即无论食时还是食分，均与实际相符(此说有过誉之嫌)，备受瞩目。刘孝孙去世以后，杨素、牛弘等人都推荐张胄玄继续新历的制定工作，因而得到隋文帝的召见，张胄玄大谈“日长影短之事”[⑦]。这是说，他测知当时午中日影的长度较

① 房玄龄等：《隋书·耿询传》。
② 李淳风：《隋书·天文志上》。
③ 房玄龄等：《隋书·耿询传》。
④ 李淳风：《隋书·天文志上》。
⑤ 房玄龄等：《隋书·张胄玄传》。
⑥ 李淳风：《隋书·律历志下》。
⑦ 李淳风：《隋书·律历志中》。

前代都要短，晷影短则说明日行的轨道偏上，白昼的长度也就增长，而依西汉京房《别对》“太平日行上道，升平日行次道，霸代日行下道”[①] 的说法，则可证明当时是前所未有的太平盛世。隋文帝听言，“大悦，赏赐甚厚，令与参定新历”[②]。也在本章第一节中，我们提到的开皇历颁行后与刘孝孙一起批评其失的刘焯，这时又参与到历法之争中来。

刘焯（544～610），字士元，信都昌亭（今河北冀县）人。他“聪敏沈深”，“以儒学知名，为州博士。刺史赵煚引为从事，举秀才，射策甲科”。与张胄玄一样，刘焯也是先为赵煚所器重，但要早于张胄玄，约在开皇三年（583）。刘焯到京后与著作郎王劭同修国史，“直门下省，以待顾问。后与诸儒于秘书省考定群言。”曾一度返回故乡，任功曹之职。开皇六年（586），刘焯参与考订从洛阳运到长安的石经，以补正石经中磨损的部分，可见他对儒家经典研究之深。开皇十年（590），刘焯因与群儒辩论，得罪一些人，兼之刘晖从中发难，被革职为民回到老家以后，刘焯“专以教授著述为务，孜孜不倦”。一方面广收门徒，“天下名儒后进，质疑受业，不远千里而至者，不可胜数”；一方面仍埋头继续进行历算的研究工作，“推步日月之经，量度山海之术，莫不核其根本，穷其秘奥。”[③] 他还时时关心朝廷的历法改革的动态，当他得知隋文帝起用张胄玄制定新历之后，便“增损（刘）孝孙历法，更名七曜新术，以奏之。与（张）胄玄之法，颇相乖爽”，希望能参与考验，以别疏密。这本是正当的要求，可是，第二次受到不公平对待。这一回则是“袁充和（张）胄玄害之，（刘）焯又罢。”[④] 刘焯无可奈何，只得再回老家，继续他的教学与研究生涯。袁充和张胄玄同当初的张宾和刘晖一样，嫉贤妒能，实不可取。

开皇十七年（597），旅骑尉张胄玄制成新历（后世称其为张胄玄历）上呈，隋文帝令“杨素等校其短长”，而在开皇十四年（594）日食之验中业已相形见绌的刘晖、国子助教王颎、司历刘宜等仍据张宾开皇历与新历相抗衡。他们主要是用古今冬至影长日和交食记录的推算结果对两历进行比较，这一工作实际是由刘宜所为。

刘宋文帝元嘉十二年至十九年（435～442），“冬至影有七，张宾历合者五，差者二，亦在前一日。张胄玄历合者三，差者四，在后一日”。从北周武帝“天和元年（566 年）丙戌至开皇十五年（595）乙卯，合得冬、夏至日影一十四。张宾历合得者十，差者四，三差前一日，一差后一日。张胄玄历合者五，差者九，八差后一日，一差前一日”。总而计之，张宾历合者 15，差者 6，其中 5 差前一日、1 差后一日；张胄玄历合者 8，差者 13，其中 4 差前一日、9 差后一日（刘宜还列出三项“有至日无影”者，未计在内）。在本章第一节中，我们已经指出，张宾历所取的回归年长度值是较优的，而张胄玄历所取回归年长度值已不得而知，若依刘宜的上述推算结果看，应是偏大了。刘宜正好遇着了张胄玄历的弱点，碰上了张宾历的强项，为张宾历的苟延残喘提供证据。

关于交食记录与推算结果的比较，刘宜给出了依张胄玄历的推算结果，如表 5-1。

表 5-1 列出了隋文帝开皇年间 6 次月食和 3 次日食预报与实测可比较的情况。先看食时，有差仅 0.6 刻者，也有差达 46.1 刻者，平均差为 16.3 刻，应该说其总体水平并不高。次看食分，它是以15为最大食分。有仅差6分之1分者，也有差达8分余者，平均差为2.3分，其

① 李淳风：《隋书·天文志上》。
② 李淳风：《隋书·律历志中》。
③ 房玄龄等：《隋书·刘焯传》。
④ 李淳风：《隋书·律历志中》。

表 5-1　张胄玄历所推交食与实际的比较

日　期	食　时		食　分		亏起方位	
	推	真	推	真	推	真
四年十二月十五日 (585.1.21)	酉 (70.8 刻)	1 更 1 筹 (75.5 刻)	9	10	西北	东北
五年六月三十日 (585.8.1)?	午少强 (48.6 刻)	午后 6 刻 (51.8 刻)	1 半强	6	西南	西北
六年十月三十日 (586.12.16)?	辰少弱 (30.6 刻)	辰 2 刻 (31.2 刻)	9 强	10	东北	正西
十年九月十六日 (590.10.19)	丑 (4.2 刻)	午后 2 刻 (47.8 刻)	3 半强	12	正东	正东
十二年七月十五日 (592.8.28)	戌 (79.2 刻)	1 更 3 筹 (84.5 刻)	12 半弱	12 强	西北	西北
十三年七月十六日 (593.8.18)	申半强 (67.4 刻)	5 更 1 筹 (13.5 刻)	半弱	半强	西南	东北
十四年七月一日 (594.7.23)	巳弱 (36.8 刻)	未后 3 刻 (57.2 刻)				
十五年十一月十六日 (595.12.22)	亥 (87.5 刻)	1 更 4 筹 (81.3 刻)	9 半强	10 许	西北	东南
十六年十一月十六日 (596.12.11)					东南	正东

中为 1 分及其以下者有 5(以上者 2),应该说其总体水平是不差的。再看亏起方位,合者 2,不合者 6,总体水平也不高。有趣的是,刘宜并未给出依张宾历推算的结果,看来,开皇历对交食的计算确实粗疏,拿不出手,故避而不提。不过,刘宜是要证明"(张)胄玄不能尽中",确是言而有据。于是,刘晖利用两方面的推验结果,与张胄玄相周旋,双方"迭向驳难,高祖惑焉,逾时不决"①。

在这种情况下,"杨素与术数人立议六十一事,皆旧法久难通者,令(刘)晖与(张)胄玄等辨析之。(刘)晖杜口一无所答,(张)胄玄通者五十四焉"②。虽然,杨素等人所定议题存在某种倾向性,但毕竟刘晖原本不学无术,而张胄玄素来学有所成,最主要的是,张胄玄历确实较张宾历有诸多优越性,辩论得此结果是可想而知的。

照理说,在证明张胄玄历尚存诸多不准确处的情况下,是不宜用上述方法来解决纷争的。可是,张胄玄深得重臣杨素的支持,他的日长影短说又颇得隋文帝欢心,故聊以此了结之。随即隋文帝下诏曰:"朕应运受图,君临万宇思欲兴复圣教,恢弘令典,上顺天道,下授人时。"原来,他存心要尽快颁布新历,还有这一层用意在,是要证明自己应受天命,并获兴复圣教的美名。诏书接着说,经考验,"(张)胄玄历数与七曜符合",这着实十分勉强,因有刘宜确凿的推验在。诏书又说:"群官博议,咸以(张)胄玄为密",这一句大约符合实际,但这同隋文帝的倾向性不无关系。在诏书中,明令革除太史令刘晖、司历郭翟、刘宜、骁骑尉任悦等四人的职务,他们

① 李淳风:《隋书·律历志中》。
② 房玄龄等:《隋书·张胄玄传》。

所获罪名是反对改历,并私改开皇历。诏书中还尖锐批评通直散骑常侍、领太史令庾季才等6人"虚行此历(指开皇历),无所发明",而且"附下罔上,义实难容"[①],也一并革除职务。对庾季才等6人的前一句批评尚可理解,而后一句批评更为严厉,原来,隋文帝曾以张胄玄、袁充所言日长影短事问于庾季才,"(庾)季才因言(袁)充谬。帝大怒,由是免职,给半禄归第。"[②]其他5人大约也与庾季才持相同的见解,因而一并免职。这真是顺我者昌,逆我者亡。张胄玄一因制新历有功,也因言日长影短的祥瑞合意,于是,提升张胄玄为"员外散骑侍郎、兼太史令,赐物千段。"[③] 并立颁张胄玄历于天下。

这里,我们要顺便介绍一下袁充其人。袁充(544—618),字德符,祖籍陈郡阳夏(今河南淮阳)人,原仕陈,历任太子舍人、吏部侍郎、散骑常侍等职。入隋后,先任蒙、鄜二州司马[④]。"开皇十四年(594),鄜州司马袁充上晷影漏刻",自此进入京都的天文历法界。他所献的方法是"以短影平仪,均布十二辰,立表,随日影所指辰刻,以验漏水之节。十二辰刻,互有多少,时正前后,刻亦不同。"显然,这是一种地平式日晷。在地平式日晷面上,作十二辰刻的均匀刻画,自然要造成每一辰刻所历时间不等的后果,而且,在不同的季节,每一辰刻的时间长度更要发生十分复杂的变化。袁充此举是要打破每一时辰的时间长度均等的传统,去适应他的新仪器,真可谓要削足适履。"袁充素不晓浑天黄道去极之数,苟役私智,变改旧章。其于施用,未为精密。"[⑤] 这一批评是十分中肯的,袁充与张胄玄之间的关系颇为微妙,"(张)胄玄进袁充,互相引重,各擅一能,更为延誉。(张)胄玄言(袁)充历,妙极前贤,(袁)充言(张)胄玄历,冠于今古。"[⑥] 当初,张胄玄言日长影短之瑞时,袁充也极力附会之。到开皇二十年(600),当上了太史令的袁充重提日长影短之事,上奏曰:"伏惟大隋启运,上感乾元,影短日长,振世希有。"其时正值太子杨勇被废为庶人,新立杨广为太子,"(袁)充奏此事,深得其宜。"隋文帝还就此大做文章,一是"改开皇二十一年为仁寿元年",二是令"此后百工作役,并加程课,以日长故也。皇太子率百官,诣阙陈贺。"[⑦] 隋炀帝即位(605),袁充又奏"去岁冬至,日影愈长"云云,其后不久,又奏"陛下修德,荧惑退舍"云云,由是,"百僚毕贺。帝大喜,前后赏赐将万计。"此人之举皆此类,还屡屡得手,"候帝意欲有所为,便称天文见象,须有改作,以是取媚于上。"屡迁为朝请大夫、秘书少监、秘书令等[⑧]。隋炀帝和袁充也算是一对配合默契的搭档,两人主演了一出接一出天文闹剧,特别是日长影短之论,经由张胄玄、特别漏袁充的鼓吹渲染,引致轩然大波,这在中国天文学史上是为咄咄怪事。

二　张胄玄历及刘焯的抗争

隋文帝意犹未尽,也就在开皇二十年(600),"因以历事付皇太子,遣更研著日长之候。太

① 李淳风:《隋书·律历志中》。
② 房玄龄等:《隋书·庾季才传》
③ 同②。
④ 房玄龄等:《隋书·袁充传》。
⑤ 李淳风:《隋书·天文志上》。
⑥ 同⑦。
⑦ 李淳风:《隋书·律历志中》。
⑧ 房玄龄等:《隋书·袁充传》。

子徵天下历算之士，咸集于东宫”。由此，却衍生出新的历法论争来。当年为张胄玄和袁充所害的刘焯也应征而至。这一回刘焯带来的是经多年精雕细琢的皇极历，并以之“驳正（张）胄玄（历）之短”。皇太子杨广颇看重刘焯的历法，但不及考验，故未置可否。隋炀帝只是迁刘焯为太学博士，关于历法的考验之事也未排上日程。而刘焯“负其精博”，急切要以皇极历取代张胄玄历而用之，对迟迟不做检验工作和所任官职均不满意，不久后就称病返乡①。

到仁寿四年（604），刘焯“言（张）胄玄之误于皇太子”，其文洋洋洒洒，历数张胄玄历的失误之处：

其一，认为张胄玄历“日月交食，星度见留，虽未尽善，得其大较，官至五品，诚无所愧”。对张胄玄历作了十分得体的、基本肯定的评价。但张胄玄历之作有“因人成事”之嫌，若予认真讨论，则“违舛甚众”。

其二，具体指出张胄玄历在气、朔、日躔、月离、晷漏和交食诸方面的不妥之处，“随事纠驳，凡五百三十六条”。其中提及“星端不协，珠璧不同”，这说明张胄玄历采取的是多历元法，这自是一个见仁见智的问题。至于刘焯在此提到的其他诸多问题中，我们推想必有确为张胄玄历的失误者，但也必有其他见仁见智的问题存在。

其三，指出张胄玄当初在其故乡所行的历法与当今的张胄玄历截然不同，而张胄玄历又与刘焯在开皇三年（583）所修的不成熟的历法相差无几。刘焯还认为，刘孝孙的历法也是参考他的历法而作的，张胄玄到京后是跟随刘孝孙学习，后又将刘孝孙所作的历术之文据为己有，“元本偷窃，事甚分明”，并列出开皇三年所修历与张胄玄历相同者“凡七十五条”为证。这是古代有关著作权的一段公案，刘焯之说当为一面之词。

其四，“（张胄）玄为史官，自奏亏食，前后所上，多与历违，今算其乖舛有一十三事”。这是说，张胄玄并不严格按张胄玄历预报交食，而是有所增损，或计算有误，并举 13 事为证。这当是张胄玄的失误处，不过凡作增损者，实说明张胄玄自己对张胄玄历也不满意，也正在不断作调整和研究的工作。此外，刘焯还指出张胄玄前与刘晖辩论时，云可通者 54 事，细加考察是言过其实，“今纠并发前，凡四十四条”。这则是说，张胄玄所谓通者，多属夸夸其谈，即张胄玄历远不如他自己说的那样好。

其五，“（张）胄玄于历，未为精通。然（刘）孝孙初造，皆有意，徵天推步，事必出生，不是空文，徒为臆断”。这一方面是肯定刘孝孙历术出皆有所据，非随心所欲的臆想之作；另一方面似批评张胄玄不解刘孝孙历术之精髓所在，妄加增损，但具体指何而言，不得而知。

其六，刘焯对他的皇极历作了高度的评价，以为其历“精微”、“信而有徵”，“秦汉以来，无所与让”。“（张）胄玄所违，（刘）焯法皆合，（张）胄玄所阙，今则尽有，隐括始终，谓为总备”。皇极历确为一部十分优秀的历法，刘焯此说，与毛遂自荐相类似。但皇极历是否“皆合”和“尽有”，恐得另当别论。

在罗列了以上六项说辞外，刘焯还是提出了中肯的建议：“请徵（张）胄玄答，验其长短。”表现了一位科学家的气度。

次年（605），杨广继位为帝，“著作郎王劭、诸葛颖二人，因入侍宴，言刘焯善历，推步精审，证引阳明。帝曰：‘知之久矣。’乃下其书与（张）胄玄参校”。终于实现了刘焯所希望的局势，以为必胜无疑。不料，张胄玄等人采取了攻其一点不及其他的策略，集中攻击刘焯皇极历所采用

① 李淳风：《隋书·律历志下》。

的定朔法。“(刘)焯历有岁率、月率,而立定朔,月有三大、三小。案岁率、月率者,平朔之章岁、章月也。以平朔之率而求定朔,值三小者,犹似减三五为十四;值三大者,增三五为十六也。校其实理,并非十五之正。……今(刘)焯为定朔,则须除平率,然后为可。”这段反对定朔法的理由出自张胄玄之口,实令人惊讶。定朔法乃是在平朔法的基础上,加上日、月运行不均匀的改正值,这是顺理成章的自然发展。张胄玄却不许定朔法经由先求平朔的途径来实现,这简直是蛮横不讲理,是偏见导致了无知。张胄玄反对定朔法的另一个理由则是曾使前代若干历法得不到施行的杀手锏:“故张衡及何承天创有此意,为难者执数以校其率,率皆自败,故不克成。”是说定朔法并非刘焯的新创,精明如张衡、何承天,提出此法尚不得成功,而刘焯何德何能,再提此法?刘焯虽以雄辩名于世,且掌握真理在手,但面临以平朔为经典的传统观念,似也无能为力。双方“互相驳难,是非不决”,张胄玄等人所用的策略基本取得了成功。隋炀帝也许心知刘焯皇极历较优,但碍于袁充、张胄玄在废立之争中的良好表现,也容忍这种是非不决的状态继续下去。而刘焯实难忍这种久拖不决的局面,愤而辞职,再归故里。这便是刘焯第四回参与历法之争的结局。隋炀帝大业四年(608),“太史奏曰:日食无效。”这才震动了隋炀帝,于是,心血来潮,“召(刘)焯,欲行其历”。及至刘焯兴冲冲来到京都,所见情形非其所望。“袁充方幸于帝,左右(张)胄玄,共排(刘)焯历”,与3年前的状况毫无两样。刘焯虽也据理力争,事件依然没有长进。大业六年(610),刘焯抱恨离开人世,一部难得的优良历法也随之夭折了,实令人感叹不已。当然,刘焯为之付出一生心血的皇极历,并没有从后人的历算工作中消失,“术士咸称其妙”①,这是唐代李淳风对皇极历的确切评价,而且皇极历所开创的一系列方法对后世历法产生了极其深远的影响。

在刘焯去世以后,张胄玄才敢正式着手对张胄玄历进行修改,前已提及,他实际上早就发现张胄玄历的不足之处,只是偷偷予以增损,此时,他才松了一口气,比较冷静地总结近年研究的新得,消化吸取包括论敌在内所提的合理意见,令“诸法率更有增损”②,而推出一部新历法,这便是大业历,应该说它也是一代名历。

综上所述,有隋一代出现了刘孝孙、刘焯、张胄玄三颗历法明星。他们实际上都是北魏、北齐间张子信三大发现的传人。他们在继承的基础上还有所发展,并从各自不同的角度和理解,把张子信的三大发现引进历法之中,共同开启了历法的新时代。在此三人中,刘孝孙当是一位学长,他的天文学造诣对刘焯和张胄玄两人都应有所影响,在与张宾和刘晖的历法论争中,刘孝孙曾先后联合两人同心协力,对守旧的一方形成了巨大的威胁,特别是刘孝孙大无畏的斗争精神令人敬佩。张胄玄的年岁长刘焯近20岁,但闻道(指当时天文学的新进展)还略晚于刘焯。此公对天文历法的研究早有底蕴,闻道之后,更有长进。刘焯则是一位执著求真的学者,一而再,再而三的失败与抗争,更磨炼了他的历法,他至少三易其稿,不断完善,使皇极历成为一部在当时最为成功的历法。其才高并略带傲气,这使他吃了一些苦头。他也许到死还不明白皇极历未获颁行的政治原因。

隋代历法之争,差不多与这一朝代相始终。固然,历法合天与否,在总体上决定着历法的兴衰,但是帝王的好恶与政治考虑,也对之产生重大的影响。

---

① 以上均见李淳风:《隋书·律历志下》。

② 李淳风:《隋书·律历志中》。

第三节　刘焯皇极历的成就及其他

刘焯皇极历制成于隋文帝开皇二十年(600),隋文帝仁寿四年(604)又小作调整,遂成定制。此历未及颁行,却是硕果累累的宏篇大作,兹介绍于次。

一　日躔表的制定和定朔望计算法

所谓日躔表,是用于定量描述太阳运动不均匀现象的数字表格。其首创者当是北魏、北齐间的张子信,而在皇极历中所载的日躔表则是流存至今的、最早的完整表格。它应是刘焯经由测算编成的。见表5-2。皇极历日躔表的横行以24节气名为栏目,纵行包括有"躔衰"、"衰总"、"陟降率"、"迟速数"四个项目。在纵横行交错处所列数值,即为某节气的"躔衰"等值(见表5-2)。后世大多数历法日躔表的结构亦大体如此,只是所取名称有所不同而已。

表5-2　皇极、大业、大衍历日躔表(部分)

节气	皇极历		大业历		大衍历	
	躔衰	衰总	损益率	盈缩数	盈缩分	先后数
冬至	增28	先端	益70	缩初	盈2353	先端
小寒	增24	先28	益35	缩70	盈1845	先2353
大寒	增20	先52	益35	缩105	盈1390	先4198
立春	增20	先72	益20	缩140	盈976	先5588
雨水	增24	先92	益30	缩160	盈588	先6564
惊蛰	增28	先116	益35	缩190	盈214	先7152
春分	损28	先144	损55	缩225	缩214	先7366
清明	损24	先116	损45	缩170	缩588	先7152
谷雨	损20	先92	损40	缩125	缩976	先6564
立夏	损20	先72	损30	缩85	缩1390	先5588
小满	损24	先52	损55	缩55	缩1845	先4198
芒种	损28	先28	益65	盈初	缩2353	先2353
夏至	增28	后端	益55	盈65	缩2353	后端
小暑	增24	后28	益40	盈120	缩1845	后2353
大暑	增20	后52	益25	盈160	缩1390	后4198
立秋	增20	后72	益5	盈185	缩976	后5588
处暑	增24	后92	益30	盈190	缩588	后6564
白露	增28	后116	益40	盈220	缩214	后7152
秋分	损28	后144	损60	盈260	盈214	后7366
寒露	损24	后116	损55	盈200	盈588	后7152
霜降	损20	后92	损50	盈145	盈976	后6564
立冬	损20	后72	损45	盈95	盈1390	后5588
小雪	损24	后52	损40	盈50	盈1845	后4198
大雪	损28	后28	损10	盈10	盈2353	后2353

"躔衰"——相邻两节气初日间太阳实行度与平行度之差。

"衰总"——是为"躔衰"的累积值，亦即自冬至初日到某节气初日间太阳实行度与平行度之差。

"陟降率"——相邻两节气初日间因太阳运动不均匀所造成的应加于平朔望的改正日分值（T_1）。

"迟速数"——是为"陟降率"的累积值，亦即某节气时因太阳运动不均匀多造成的应加于平朔望的改正日分值。

前二者用于太阳实行度值的计算；而后二者用于定朔望时刻的计算。

我们知道，太阳周年视运动是地球绕日公转的反映。太阳周年视运动的速度在近地点时最快，此后渐减，到近地点和远地点的中点，其速度持平，此后仍渐减，至远地点时最慢，此后速度渐增，到远地点和近地点的中点，其速度又持平，此后仍渐增，至近地点时又最快，如此周而复始。中国古代并未形成近地点或远地点的概念，一般都把冬至点和夏至点分别作为近地点和远地点看待，但在隋代，冬至点应滞后于近地点约 11 度，夏至点应在远地点前约 11 度，即应约在大雪后 4 日太阳视运动速度最快，约在芒种后 4 日最慢，约在惊蛰、白露后 4 日速度持平。而由表 5-2 可见，刘焯是以为日行在二分、二至初日前后最快或最慢，此中只有冬至后日行最快与实际稍接近；自大雪后 4 日到惊蛰后 4 日、再到芒种后 4 日、再到白露后 4 日、再到大雪后 4 日共四段，与日行速度应渐减、渐减、渐增、渐增的实际比较，也只有第一段稍接近。由此看来，刘焯对太阳周年视运动速度变化的总体规律的描述是不正确的，这是就刘焯所给出躔衰值而论的。对躔衰值作精度分析，可知其绝对值平均误差为 9.3′。

好在利用日躔表进行有关计算时，更主要还要看衰总之值的状况。上表中，皇极历各值的分母为 52。春秋二分的衰总值最大，达 144，其意即平春分时，太阳距冬至点 1 象限度（91.31 度）加上$\frac{144}{52}$度，等于 94.08 度（平秋分时亦同）；而平秋分时，太阳距夏至点 1 象限度减去$\frac{114}{52}$度，等于 88.54 度（平春分时亦同）。我们又知道，该二值应分别约为 93.31 和 89.31 度。皇极历所得该二值的偏差约为 0.77 度，虽然这一偏差不算小，但还是描出了总体的轮廓。对所有衰总值的精度分析表明，其绝对值平均误差为 25.2′①。由月离表可求得因月亮运动不均匀所造成的应加于平朔望的改正日分值（T_2）。

于是，皇极历的定朔望日分值＝平朔望日分值＋T_1＋T_2。

二　交食推算法的革新

在皇极历中给出了一整套新的交食计算法，从而把传统交食计算法提高到了新的水平，标志着我国古代交食研究新时期的到来。其创新处有以下 6 个方面：

（一）首创了月亮入交定日（P）和太阳入会定日（Q）计算法

P、Q 分别指定朔（或定望）时，月亮、太阳分别与黄白交点的时距，其算式分别为②：

---

① 陈美东，日躔表之研究，自然科学史研究，1984，(4)。

② 薮内清，隋唐历法史の研究，东京三省堂版，1944 年，第 96～98 页；刘金沂，隋唐历法中入交定日术的几何解释，自然科学史研究，1983，(4)。

$$P=\text{入交平日及余}(P_1)\pm T_1\pm\frac{\text{交率}}{\text{交数}}\times T_2$$

$$Q=\text{入会平日及余}(Q_1)\pm T_2\pm\frac{\text{交率}}{\text{交数}}\times T_1$$

上式中，P_1、Q_1 分别指平朔(或平望)时，月亮、太阳分别与黄白交点的时距。T_1、T_2 的含义前已述及。交率、交数系与黄白交点运动有关的数值。在刘焯以前，历家仅仅注意到月亮运动不均匀性对 P、Q 的影响，而薮内清和刘金沂已分别从代数学和几何学的角度很好地论证了上式，既考虑了日、月运动不均匀性的影响，又虑及黄白交点退行的因素，具有十分准确和清晰的天文概念。所以，刘焯已经从根本上解决了交食推算的重要参量 P、Q 计算的严密性问题，对交食推算精度的提高具有重要的意义。

（二）关于交食食限概念的扩充和食分计算法的改进

对于月食食分，皇极历给出了如下算式：

$$G_1=\frac{\text{望差}-\{\text{去交日分}-[3K_1+2(10+S)+2K_2]\}}{96}$$

式中，望差为朔望月长度与交点月长度之差的一半。去交日分即上所述的 P 值。K_1 为发生在春分(或秋分)前、后的望日所值节气距夏至的节气数(0～12)。K_2为发生在春分(或秋分)前的望日所值节气距春分(或秋分)的节气数(0～6)，若望日在春分(或秋分)后，$K_2=0$。S 为去交日分所相当的时辰数(0～14)。

因为望差$=1439\,\frac{4205.5}{5923}$，约等于 96×15，则上式可 以改写为：

$$G_1=\frac{\text{望差}-P}{\text{望差}}\times15+\frac{3K_1+2K_2}{96}+\frac{2S}{96}+\frac{20}{96}$$

该式右边首项的分数部分的天文学含义是：月面直径被遮掩部分与月面直径的比，而 15 系月面直径的总份数，这一项与前代历家的传统算法是等价的(见第四章第十一节)。第二项是与望日所值节气有关的食分改正值，对皇极历所给定的 K_1 和 K_2值的分析可知，它实际上已经虑及了发生月食时，太阳与近地点(或远地点)相对位置不同对月食食分的影响，这是一个极重要的发现。而第三项则是一错误的改正值，因为 S 大时，G_1 理当小，所以加此项改正只能造成适得其反的效果。若令 $G_1=15$，K_1、K_2、S 均为零，代入上式可得：

$P=20\text{分}=\frac{20}{1242}\text{日}=\frac{20}{1242}\times13.36879\text{度}=0.21\text{度}$(1242 为日分分母，13.36879 为皇极历所规定的月亮每日平均行度)。

这就是说，当月亮距黄白交点小于 0.21 度时，便必定要发生月全食现象(即食分为 15)，这也就是这项改正的含义所在。在皇极历之前各历法，均以为只有当 $P=0$ 度时，才发生月全食现象，而刘焯并非如此，这自然又是一个极重要的发现。若令 $G_1=15$，$K_1=12$，$K_2=6$，$S=14$，代入上式可得：$P=96$ 分$=1.03$ 度，这则是可能发生月全食的最大限度，这一概念和数值的阐明，同样具有重要的意义。

此外，在上式中，刘焯还包容了前人已经发明的可能发生月偏食和必定发生月偏食的食限概念和数值：令 $G_1=0$，$K_1=12$，$K_2=6$，$S=14$，代入上式得：$P=1536$ 分$=16.54$ 度；令 G_1、K_1、K_2、S 均等于 0，代入上式得：$P=1460$ 分$=15.72$ 度。上述皇极历四种月食食限值的误差均在 4～5 度间,其中后两种甚至不如前代历法准确,这应是具有深远意义的开拓进程中的失误①。

对于日食食分(G_2),刘焯也给出了类似的算式②:

$$G_2=\frac{\text{望差}-\text{去交日分}}{\text{望差}}\times 15\pm\frac{M}{96}$$

式中,M 是与日食发生时所值的节气以及距午正辰刻有关的数值。我们知道,月亮视差的大小是与月亮天顶距的大小成正比的,而月亮天顶距的大小则与所值节气及距午正辰刻的多少相关。所以,该式第二项应是虑及了月亮视差对日食食分的影响的。至于其第一项的含义与前述无异。同理,该式亦包含有与月食的四种食限相类似的意义,所以,也是刘焯的重要发现。

(三)创立了由定朔时刻求食甚时刻的算法

前代各历法,均已虑及了月行不均匀影响后的定朔的时刻即视为日食的食甚时刻。在皇极历中,则给出了由定朔时刻求食甚时刻的新方法:日食食甚时刻 = 定朔时刻 + N,N 也是同日食发生时所值的节气以及距午正辰刻有关的数值。这就是说,必须在定朔时刻的基础上,加进月亮视差影响所引致的改正值,方得日食食甚时刻。

在中国古代历法中,导致定朔时刻与日食食甚时刻不同的原因大约有二:日月黄经相同时为定朔时刻,由于中国古代的所谓黄经圈是从赤极作的大圈(可称为极黄经圈),它与赤道垂直而与黄道及白道均斜交。如图 5-1 所示,$\overset{\frown}{MS}$弧垂直于赤道,而不与黄道、白道垂直。所以,定朔时并不是太阳和月亮最接近的时刻,要等月亮运行到 M_1 时日月才最靠近,才是食甚时刻,故必须虑及月亮从 M 到 M_1 的时间,这是原因之一。此外,由于月视差的影响,定朔时,我们看到的月亮在 M_2,$\overset{\frown}{MM_2}$ 是从天顶画的大弧,它垂直于地平线,同白道及视白道斜交,当月亮从 M 运行到 M_1 时,视月亮则从 M_2 运行到 M_3,这还不是距太阳最近的时候,要运行到 M_4 才是食甚时刻,故还须虑及月亮从 M_3 到 M_4 的时间,这是原因之二。因为黄白交角不大,第一因素不及第二因素造成的影响大,故一般认为是由于月亮视差的影响③。薮内清曾著文对此进行详细精到的讨论,他讨论的是定朔正好发生在黄白交点时的情况,故第一个原因所造成的影响等于零④。

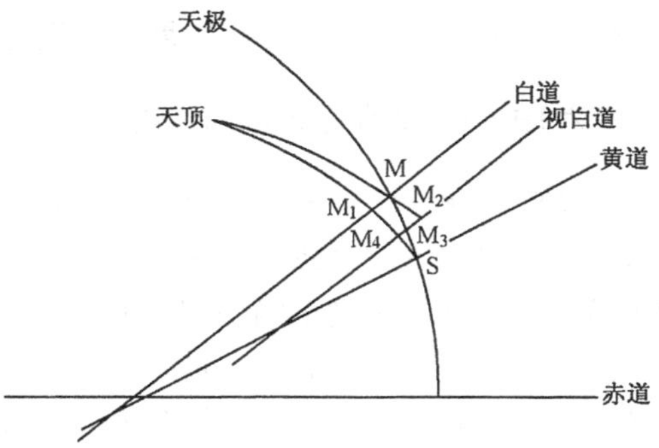

图 5-1　定朔至食甚时刻改正示意图

刘焯当年自然不会对此作如此仔细的考察,可是,他是从大量观测资料的分析研究中,取得了大体正确的认识,并对之作经验性的表述。皇极历还以定望时刻即为月食的食甚时刻,这也应是从大量观测资料的分析研究中获得的正确结论。

---

① 陈美东,中国古代的月食食限及食分计算法,自然科学史研究,1991,(4)。

② 陈美东,刘焯交食推算法——中国古代交食研究新时期的标志,见黄盛璋主编:《亚洲文明》第 2 集,安徽教育出版社,1992 年。

③ 刘金沂,麟德历交食计算法,自然科学史研究,1984,(3)。

④ 薮内清,隋唐历法史の研究,东京三省堂版,1944 年,第 126、127 页。

（四）日月食初亏和复圆时刻计算法的发明

在皇极历中，刘焯还最先给出了计算日月食所经历时刻的方法。其算式分别为：

$$\text{初亏时刻}=\text{食甚时刻}-H$$

$$\text{复圆时刻}=\text{食甚时刻}+H$$

$$\text{而 } H=\frac{(300-d)\times 1242}{300\times 103.5}=\left(12\frac{d}{25}\right)\text{刻}$$

式中，d 为与食分大小有关的数值，皇极历规定，当食分为 1 至 15 时，d 分别为 283、229、194、165、140、117、96、77、60、45、32、21、12、5 和 0。对此，刘焯是以等差级数的方式予以表述的。

已知复圆和初亏时刻，日月食的全部见食时刻则为两者之差，亦即 $2H$。设食分为 15，则 $d=0$，由上式可得全部见食时刻为 24 刻，其数值显然偏大了，其他各全部见食时刻也偏大。这说明刘焯就此所作的探索是十分粗疏的，但他毕竟迈出了可贵的第一步。

（五）关于日应食不食和不应食而食术

这是关于日食是否发生的更深一层的判别方法：日去黄白交点的度数已小于可能发生日偏食的限度，但在某种条件下却无日食；虽然日在黄道南，理不应食，但在某种条件下却发生日食现象。对此，刘焯进行了十分仔细的讨论。他共列出了 9 种日应食不食和 7 种日不应食而食的判据，每一种判据均与定朔时日月去黄白交点的度数、所值节气以及距午正的时刻等三个要素相关。经分析表明，刘焯所给这 16 种判据都定性地与月亮视差对日食影响的原理相符合，这应是对张子信当年发现的重要补充与发展。

（六）关于交食亏起方位的论述

刘焯在皇极历中，虑及了交食时月亮在黄道南或北、交食发生的方位以及食分的大小等影响交食亏起方位的三大要素：月在黄道北及食分小于 12 分（或大于 12 分）时；交食发生的方位在正东、正东至东南、东南至正南、正南、正南至西南、西南至正西、正西时；月在黄道南或在黄道北时等等。对其中 21 种不同情况下的交食亏起方位作了具体的阐述。如当交食发生的方位在正南方、食分大于 12 分、月在黄道北时，日食“起右上，亏左上”；若月在黄道南，日食“起右下，亏左下”。又如当交食发生的方位在正东、月在黄道北、食分小于 12 分时，日食“月自日上邪北而下”；若食分大于 12 分时，日食“起上亏下而近北”；若月在黄道南时，日食“月自日南邪下而映”。等等。这些论述大体正确地给予交食亏起方位的状况以定性的描述，它大大丰富了曹魏杨伟景初历以来关于交食亏起方位的初始描述，对后世历法产生了很大的影响①。

从上述六项创新中，我们除了看到张子信率先发现的太阳运动不均匀性和月亮视差对日食影响的具体应用外，还看到了刘焯对交食问题的深入和独到的研究，当然，具体应用本身也应是一种创造性的工作，其中自然有对张子信等人工作的继承，也有新的发展。这些都是前代历法所未见的，同时也开启了交食研究的新时代。

---

① 以上均见陈美东，刘焯交食推算法——中国古代交食研究新时期的标志，黄盛璋主编：《亚洲文明》第 2 集，安徽教育出版社，1992 年。

三　五星位置计算的新方法

刘焯是在前代历法五星位置计算法的基础上，虑及太阳和五星运动不均匀性的影响而构建了一套新方法的。自西汉太初历始，就建立了一套初始的计算法：先求出自历元到所求日的日数，除以五星会合周期值，其余数即为所求日距五星晨见（或合）的日数。以此为引数，利用五星在一会合周期内的动态表，即可求得五星与太阳的度距，又已知太阳所值的宿度，则可知五星所在宿度。在皇极历以前，各历均遵此不改，只是在五星会合周期以及五星动态表上，精益求精。五星会合周期和五星动态表所表述的五星在一会合周期内的动态，可视为五星会合运动的平均状态，由于太阳和五星运动的不均匀性，这种平均状态的描述方法，自然不足以准确地描述五星会合的实际状况，所以，必须做出合理的修正。刘焯新方法的提出，正是基于此。

皇极历五星位置计算法可分以下 5 个步骤：

（1）求五星平见日

先求出自历元到所求日（A）的积日数，减去五星伏日数的一半，所得数以五星会合周期除之，其余数（B）是为 A 与最临近的一次五星晨始东方时刻（平见日）间的时距，亦即平见日 T_0 应等于（$A-B$）。又以积日数除以回归年长度，所得余数（C）则为所求年冬至夜半与的时距，由此亦可知 A 所值的节气。

（2）求五星运动不均匀引致的改正值

皇极历给有五星入气加减表，这便是张子信所说的入气差。该表列出五星入某节气应加上或应减去某一特定的日分值。以 C 为引数即可由该表依一次差内插法求算得相应的改正值（T_1）。皇极历称 $T_0 \pm T_1$ 为常见日。对这些表格的研究表明：刘焯对金、水二星运动不均匀性的描述还只是定性的；而对木、土、火三星的近日点和远日点黄经测算的误差分别为 +51.5 和 −9.3，+26.6 和 −19.1，+22.5 和 +22.5 度，这说明刘焯至少并未认识到木、土二星运行最快和最慢处理应相距半周天；对于木、土、火三星运动不均匀性改正的误差分别为 1.6，3.3 和 2.4 度①，其误差还不小。这些情况都说明，刘焯对五星运动不均匀性的认识还处于初始的探索阶段，由此可以推知，张子信当年的工作也是如此。

（3）求太阳运动不均匀引致的改正值

如上所述，T_0 是相对于太阳所在位置而言的，所以，必须虑及太阳运动不均匀的影响，加上另一改正值 T_2。该值可以 $C \pm T_1$ 为引数，由日躔表推得。皇极历称 $T_0 \pm T_1 \pm T_2$ 为定见日 T。

（4）求定见日五星所在黄道宿度（R）

皇极历以历元年冬至夜半时太阳位于虚宿一度，由此后推自历元年到所求年的年距乘以黄道岁差之值，即可得所求年冬至夜半时太阳所在黄道宿度 R_0。又以 $C \pm T_1 \pm T_2$ 为引数，由日躔表求得相应的改正值 T_3，则定见日太阳所在黄道度应等于：$R_0 + T \pm T_3$。又已知五星定见日与太阳的距度（F）分别为：木星 14 度，火星 16 度，土星 16.5 度，金星 11 度和水星 17 度。于是，$R = R_0 + T \pm T_3 + F$。

（5）求所求日五星所在黄道宿度（W）

① 陈美东，中国古代五星运动不均匀改正的早期方法，自然科学史研究，1990，（3）。

以 $A-T$ 为引数，可由五星动态表求得自定见日到 A 日的五星行度 V。于是，$W=R+V$。

这就是皇极历五星位置计算法的梗概，其思路清晰而又严谨，对后世历法影响深远，也是一项具有划时代意义的创新①。

四　五星动态表的改进

对于木、土二星的动态表，皇极历仍取西汉三统历相同的 6 段分法，但对木星的顺行不再取匀速运动的描述法，而是以一日为单位，每一日的运行速度则按等差级数递减（或递增）的描述法。这是皇极历五星动态表的一大特点，是对前代五星动态表的重大改进。如其木星动态表的术文曰：

> 见，初日行万一千八百一十八分，日益迟七十分，百一十日行十八度、分四万七百三十八而留。二十八日乃逆，日退六千四百三十六分，八十七日退十二度、分二百四。又留二十八日。初日行四千一百八十八分，日益疾七十分，百一十日亦行十八度、分四万七百三十八而伏。

这里，刘焯显然采取了等差级数求和的公式进行有关计算。如依等差级数求和公式，木星见后或留后第 N 日的行度应分别为 X 和 Y：

$$X=\frac{11818N-\dfrac{70[1+(N-1)](N-1)}{2}}{46644}$$

$$=\frac{11853N-35N^2}{46644}$$

$$Y=\frac{4188N+\dfrac{70[1+(N-1)](N-1)}{2}}{46644}$$

$$=\frac{4153N+35N^2}{46644}$$

令 $N=110$ 代入上二式，均正得 $18\frac{40738}{46644}$ 日，与上引术文所言全等。

对于火、金、水三星，皇极历更给出较前代详细得多的动态表。如火星动态表，虽然仍取用与东汉四分历相似的 10 段分法，但同时它又给出了随火星晨见东方的时日不同以及随火星后留之后顺行速度由慢变快的时日不同而变化的动态表。

它给出了火星晨见所值不同时日（以与冬至所距的日数为断）的不同初速度表，如晨见在冬至初日，初速度为每日 $\frac{158}{236}$ 度、冬至后 1 日为 $\frac{157}{235}$ 度、冬至后 2 日为 $\frac{156}{234}$ 度、……即认为火星晨见时的初速度是因其所值时日（亦即不同节气）相关。在求得火星晨见初速度之后，火星的动态先是每日运动速度递减 20 分（1 度为 46644 分），直至其运动速度为 22669 分为止，因其初速度各异，火星的这一运动状态所经历的时间自然也各不相同。此后，火星每日运行速度递减 110 分，这种状况共持续 61 日，火星计运行 $25\frac{15409}{46644}$ 度。若依等差级数求和公式可表达为：

① 陈美东，刘焯，见杜石然主编，中国古代科学家传记（上），科学出版社，1992 年，第 300～301 页。

$$\frac{22669\times61-\dfrac{60\times61\times110}{2}}{46644}=25\,\frac{15409}{46644}\text{度}$$

这再一次证明刘焯确实应用了等差级数求和公式。第 61 日,火星运行的速度应等于 16069 分 $=\frac{16069}{46644}$度$=0.34$ 度。此后,火星留而不行,计 13 日。如果火星晨见初速度就小于 22669 分,火星运行速度即以每日 110 分递减,亦减至 16069 分后,留而不行 13 日。这就是说,虽都是从火星晨见到前留这一时段,皇极历给出了火星晨见所值不同时日的各不相同的火星动态。

它还认为火星后留到伏期间的动态并非恒定不变的。后留之后,火星行速先每日递增 110 分,在行速增至某特定值时,火星行速变为每日递增 20 分,直至伏而不见。皇极历指出这某特定值的多少是与后留所值的时日有关的,并具体列表给出了两者之间的对应关系。如后留在冬至初日,火星行速先每日递增 110 分,当其行速达$\frac{135}{213}$度后,变为每日递增 20 分、在冬至后 1 日达$\frac{134}{212}$度、在冬至后 2 日达$\frac{133}{211}$度……[①] 由之可知,刘焯对于火星从后留到伏期间的动态作了变动性的描述,而这种变动实质上是与后留所值的不同时日(亦即节气)相关的。

对于金、水二星的动态表,皇极历也给出了与之相类似的描述。有人认为,皇极历火、金、水三星动态表中所给出的与不同时日(亦即节气)相关的种种变动,可称为"地球改正",是因地球绕日运动不均匀造成的。设地球绕日运动不均匀(其速度为 e),行星运动还是匀速的(其速度为 v)。当地球运动加快,则内行星视运动减慢,外行星视运动加快。这是因为从地球上看去,内行星好似以$(v-e)$的速率绕日运动,外行星则好似以$(e-v)$的速率绕日运动,$(v-e)$跟 e 的变化相反,$(e-v)$则跟 e 的变化相同。地球速率的变化跟它在绕日规道上的位置(即节气)有关,于是,在不同时日,e 各不同,行星视运动的速率随之各异[②]。这是一种值得重视的见解。另一种解释是,它仍是行星运动不均匀本身造成的,对行星动态表所作的这一改革,是皇极历从行星平见日到常见日所加改正的一种补充。

五 等差级数法的应用与等间距二次差内插法的发明

在皇极历以前的历法,在计算两特定的天文量值(该二量值一般由实测取得)之间任一点的插值时,都采用一次差内插(即线性内插或比例内插)法。取这一方法,实际上是将两特定天文量之间的变化视作均匀的,这便是采用一次差内插法的物理含义。随着天文观测精度的日渐提高,人们逐渐确认许多天文量的变化并不是均匀的,譬如,月亮运动的速度在一日中是变化着的、五星会合运动的速度在规定的某一时段中(如在顺行的时段等)是变化着的、太阳运动的速度在一个节气中也是变化着的,等等。对此,一种可能的解决方法是,缩短两特定的天文量值之间的间距,如将五星顺行时段细分为二或三个小时段,分别给出与各小时段相应的天文量值,把各小时段内天文量的变化依然视作是均匀的,前代历家确实也这样做了。可是,这终究不是解决问题的最有效方法,因为,缩短两特定天文量值的间距,势必要增加天文量的测值

① 以上均见李淳风:《隋书·律历志下》。

② 刘金沂,麟德历交食计算法,自然科学史研究,1984,(3)。

数，更主要的是，天文量变化的不均匀性按理应具有连续性的特征，所以，需要另寻可以表述这种变化的适当的数学方法。

如前所述，皇极历在日月食初亏和复圆时刻计算、五星动态表等中采用了等差级数的表述法，并应用了等差级数求和的公式，这自然是一种有效的数学方法，可以较好地描述有关天文量变化的客观实际。在皇极历中，应用此法者还有：由 24 节气昼夜漏刻长度计算任一时日的昼夜漏刻长度时，刘焯给出了 24 节气初日的初数(A)，又给出相邻两节气间漏刻每日递增的公差值(Δ)，如“每日增太”、“每日增少”等等。欲求任一时日的漏刻长度(B)，可先算出该时日入某节气、与该节气初日的时距(t)。依等差级数求和公式则有：

$$C=\frac{1}{M}\left[A+\frac{(t-1)\Delta}{2}\right]t$$

式中，M 为一常数。由 24 节气昼夜漏刻长度表，可查得该节气的漏刻值(B_0)，则：

$$B=B_0+C$$

此法自然比传统的用比例内插法进行相关计算要来得合理和准确。此外，皇极历在求黄赤道差、黄白道差等课题时，也应用了等差级数描述法，下面，我们还要述及。

不但如此，刘焯还发明了等间距二次差内插法，用于“推每日迟疾数术”(求任一日太阳运动不均匀引致的对平朔的改正值)、“求月朔弦望应平会所入迟速”(求平朔时太阳运动不均匀引致的改正值)、“求每日先后数”(求任一日太阳实行度与平行度之差)、“推朔弦望定日术”(求月亮运动不均匀引致的朔日改正值)、“求月入交去日道”(计算月亮极黄纬)等广泛的历法问题，从而开创了历法计算的新格局。

现以皇极历“推每日迟疾数术”为例，察其所用算式①：

“见求所在气陟降率(Δ_1)，并后气率(Δ_2)半之，以日限乘而泛总除，得气末率。”

设$\frac{1}{L}=\frac{\text{日限}}{\text{泛总}}$，则气末率$=\frac{\Delta_1+\Delta_2}{2L}$。

皇极历规定，日限＝11，泛总为盈泛和亏总的合称，分别等于 16×10 和 17×10。则对于秋分后、春分前，$\frac{1}{L}=\frac{\text{日限}}{\text{盈泛}}=\frac{11}{160}\approx\frac{1}{14.55}$；对于春分后、秋分前，$\frac{1}{L}=\frac{\text{日限}}{\text{亏总}}=\frac{11}{170}\approx\frac{1}{15.45}$。而实际上 14.55 和 15.45 分别为从秋分到春分间每一节气的平均间隔日数的约值，和从春分到秋分间每一节气的平均间隔日数的约值。而 Δ_1 和 Δ_2 均可由日躔表查得。

“又日限乘二率相减之残，泛总除，为总差。其总差亦日限乘而泛总除，为别差。”

$$\text{总差}=\frac{|\Delta_1-\Delta_2|}{L}$$

$$\text{别差}=\frac{|\Delta_1-\Delta_2|}{L_2}$$

“率前少者，以总差减末率为初率，(乃)〔半〕② 别差加之；”

若 $\Delta_1<\Delta_2$：

$$\text{初率}=\frac{\Delta_1+\Delta_2}{2L}-\frac{|\Delta_1-\Delta_2|}{L}$$

① 以上均见李淳风：《隋书·律历志下》。

② 曲安京、纪志刚、王荣彬，中国古代数理天文学探析，西北大学出版社，1994 年，第 10 页。

$$=\frac{\Delta_1+\Delta_2}{2L}+\frac{\Delta_1-\Delta_2}{L}$$

$$\text{气初日朓降数}=\text{初率}+\frac{1}{2}\text{别差}$$

$$=\frac{\Delta_1+\Delta_2}{2L}+\frac{\Delta_1-\Delta_2}{L}+\frac{|\Delta_1-\Delta_2|}{2L_2}$$

$$=\frac{\Delta_1+\Delta_2}{2L}+\frac{\Delta_1-\Delta_2}{L}-\frac{\Delta_1-\Delta_2}{2L_2}$$

"前多者,即以总差加末率,〔半别差减之〕①,皆为气初日朓降数。"

若 $\Delta_1>\Delta_2$:

$$\text{气初日朓降数}=\text{末率}+\text{总差}-\frac{1}{2}\text{别差}$$

$$=\frac{\Delta_1+\Delta_2}{2L}+\frac{|\Delta_1-\Delta_2|}{L}-\frac{|\Delta_1-\Delta_2|}{2L_2}$$

$$=\frac{\Delta_1+\Delta_2}{2L}+\frac{\Delta_1-\Delta_2}{L}-\frac{\Delta_1-\Delta_2}{2L_2}$$

"以别差前多者日减,前少者日加初数,得每日数。所历推定气日,随算其数,朓加、降减其迟速,各为迟速数。"

设所求日入某节气初日的日数为 t,令以上算得的气初日朓降数累减($\Delta_1>\Delta_2$ 时)或累加($\Delta_1<\Delta_2$ 时)$\frac{|\Delta_1-\Delta_2|}{L}$值,依次可得:

$$D_1=\frac{\Delta_1+\Delta_2}{2L}+\frac{\Delta_1-\Delta_2}{L}-\frac{\Delta_1-\Delta_2}{2L_2}$$

$$D_2=\frac{\Delta_1+\Delta_2}{2L}+\frac{\Delta_1-\Delta_2}{L}-\frac{3(\Delta_1-\Delta_2)}{2L_2}$$

$$D_3=\frac{\Delta_1+\Delta_2}{2L}+\frac{\Delta_1-\Delta_2}{L}-\frac{5(\Delta_1-\Delta_2)}{2L_2}$$

…………

$$D_t=\frac{\Delta_1+\Delta_2}{2L}+\frac{\Delta_1-\Delta_2}{L}-\frac{(2t-1)(\Delta_1-\Delta_2)}{2L_2}$$

则 t 日的朓降数应等于:

$$D_1+D_2+D_3+\cdots\cdots+D_t$$

$$=t\,\frac{\Delta_1+\Delta_2}{2L}+t\,\frac{\Delta_1-\Delta_2}{L}-\frac{t^2}{2L_2}(\Delta_1-\Delta_2)$$

$$=f(nL+t)$$

已知其气初日的迟速数为 $f(nL)$,亦可从日躔表查得。则 t 日的迟速数应等于:

$$f(nL)\pm f(nL+t)\text{〔朓为加、降为减〕}$$

$$=\frac{t}{2L}(\Delta_1+\Delta_2)+\frac{t}{L}(\Delta_1-\Delta_2)-\frac{t^2}{2L_2}(\Delta_1-\Delta_2)$$

---

① 刘钝,《皇极历》中等间距二次插值方法术文释义及其物理意义,自然科学史研究,1994,(4)。

这就是刘焯等间距二次差内插公式，牛顿二次差内插公式正与此相同。关于刘焯等间距二次差内插公式的由来，已经有若干研究表明，它是从中国传统数学的土壤中衍生出来的，这些是十分值得重视的见解[①]。

等间距二次内插法的发明和应用，实际上是把两特定天文量值之间的变化，视为依二次曲线的变化。如果说一次差内插法是将特定天文量的变化视为匀速的，那么，等间距二次差内插法则视之为匀变速的，这当然更接近有关天文量变化的客观实际，是具有划时代意义的历算方法的改革。自唐代始，等间距二次差内插法广被采用，并得到发展，成为历法的经典算法之一，刘焯创始之功莫大焉。

六　若干天文数据和其他一些天文表格的改进与创制

在皇极历中，刘焯采用了若干较前代历法准确的天文数据。

皇极历取近点月长度为 27.55457 日，与理论值之差仅 0.8 秒，而前代诸历的误差多在 5 秒或更大，可见进步之大，若与后世历法比较，刘焯的取值亦属上乘，可见水平之高。

对于月亮每日平均行度，皇极历取 13.36879 度，与之相应的恒星月长度为 27.321675 日，与理论值之差为 1.3 秒，而前代各历的误差则都在 5 秒左右，可见其精度有明显的提高。后世不少历法取其值为 13.36875 度，显然是受到了皇极历的影响。

关于交点月和食年长度，皇极历分别取 27.212222 日和 346.619338 日，与理论值之差分别为 0.6 秒和 24 秒。其中，交点月长度的精度仅与前代一些历法持平，并无特异之处，但是，其食年长度的取值则较前代历法为优，与后世历法相比，它也不愧为佼佼者。这也就是说，刘焯采用了相当好的交食周期值：5923（皇极历称之为交数）个交点月相当 465（皇极历称之为交率）个食年[②]。

刘焯对岁差值也作了相当成功的新探索。首先，他应用了黄道岁差的概念，正如唐一行指出的：“皇极历岁差皆自黄道命之。”[③] 自东晋虞喜发现岁差以来，凡承认岁差现象存在的大多数历家，皆取赤道岁差法，即将回归年长度值加上赤道岁差值视为恒星年长度值，严格地说，这是不合理的，理应加上黄道岁差值才是正确的。刘焯显然是继承了张子信的观念而改用此法。刘焯取黄道岁差值为 76.53 年差 1 度，与该值相当的赤道岁差值应为 83.5 年差 1 度，此值较前代诸历法的精度都要高，而且对唐宋诸历法产生了很大的影响[④]。只可惜，后世历家多不取黄道岁差的方法，而用赤道岁差于恒星年长度等的计算，令人遗憾。

皇极历采用的五星的会合周期分别为：

木星：398.8823 日，误差 2.5 分钟；火星：779.8987 日，误差 53.8 分钟；土星：378.0892 日，误差 3.9 分钟；金星：583.9166 日，误差 6.9 分钟；水星：115.8778 日，误差 0.5 分钟。五星会合周期的平均误差为 13.5 分钟[⑤]。其精度较前代各历法有明显提高，从各星的精度到总体

---

① 曲安京、纪志刚、王荣彬，中国古代数理天文学探析，西北大学出版社，1994 年，第 13～14 页；刘钝：《皇极历》中等间距二次插值方法术文释义及其物理意义，自然科学史研究，1994，(4)。

② 陈美东，古历新探，辽宁教育出版社，1995 年，第 239、256 页。

③ 欧阳修等：《新唐书·历志三上》。

④ 陈美东，古历新探，辽宁教育出版社，1995 年，第 266 页。

⑤ 李东生，论我国古代五星会合周期和恒星周期的测定，自然科学史研究，1987，(3)。

第四节　张胄玄大业历的贡献

大业历是张胄玄继张胄玄历之后编制的一部历法，他是在刘焯去世(608)后才动手改作的，于次年(609)正式颁用。大业历固然有参考刘焯皇极历之处，但决非简单的抄袭，在一系列历法领域，有其独到的贡献，而且有刘焯皇极历所不及者。

一　关于太阳运动的研究

大业历取回归年长度为365.24303日，与理论值之差为65秒，不但比张宾开皇历为优，而且更优于刘焯皇极历(与理论值之差为196秒)。在本章第二节中，我们已提及司历刘宜对张胄玄历所推冬至时日误差的批评，也许，张胄玄在事后的确对回归年长度值重加考察，而在大业历中取此新值的。

大业历采用的是赤道岁差，取其值为84.77年差1度[①]。而据《隋书·张胄玄传》载：张胄玄所取岁差值是“八十三年却行一度”，此值可能是指张胄玄历而言，就是说改动岁差值乃是制定大业历时的举措之一。如上节所述，皇极历取用的黄道岁差相当于赤道岁差83.5年差1度，由此看来，张胄玄与刘焯当初对岁差的取值略同，他们可能都参照了张子信当年的取值。应该说，大业历所取赤道岁差值对唐宋历法的影响较皇极历的影响还要大，只是该值偏小了些。

张胄玄反对定朔法，已如前述。但是在大业历中，张胄玄却采取了折中的方案，可称为考虑月亮运动不均匀改正的、不完全的定朔法，即所谓“无食者不须气盈缩”。也就是只在推算交食时刻时，虑及了太阳运动不均匀的影响，故在大业历中，也列出日躔表(见表5-2)。表中“损益率”和“盈缩数”[②] 二值的含义与皇极历的“躔衰”和“衰总”相当(表中的“缩”和“盈”二字应互换，以下讨论即以互换后为准)。为进一步讨论二历日躔表的异同，可作图5-2(a)、(b)、(c)(唐一行大衍历日躔表的有关图示亦附于此)。由图5-2(a)、(b)可见，大业历与皇极历最大的不同在于：从冬至到夏至，和从夏至到冬至，太阳运动不均匀的变化是不对称的，太阳运动不均匀的变化也不以春、秋二分为对称点，而且是将盈初定在冬至，而缩初定在夏至前一个节气芒种，这些都反映了其具有的不对称性的明显特征。而皇极历日躔表则是取对称的形式。在上一节，我们已经提及隋时太阳近地点滞后冬至点近一个节气、远地点约在夏至前一个节气，大业历日躔表的不对称性应就是这一天文事实的客观反映。这是张胄玄确实进行过实测的一个证明。而刘焯也应作过实测，他可能是在实测的基础上，作了人为的调整与规范，而给出他所追求的不大失真、又比较完美的形式。此外，大业历损益率的基本走势与皇极历大体相似，但具体细节有所不同，自冬至到秋分18个节气损益率起伏的幅度稍异，至于从秋分到冬至6个节气损益率的变化态势，二历差异较大。

由表5-2知，大业历盈缩数的最大值一为+225、一为−260，其分母应为114.4，即张胄玄以为，太阳实行较平行最大超前可达$\frac{225}{114.4}=1.97$度，最大滞后可达$\frac{260}{114.4}=2.27$度，若取其

① 陈美东，古历新探，辽宁教育出版社，1995年，第266页。

② 李淳风：《隋书·律历志中》。

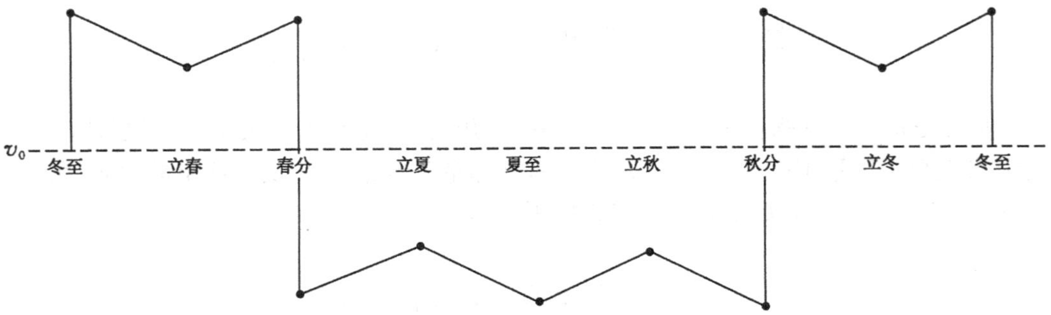

图 5-2(a)　皇极历日躔表示意图

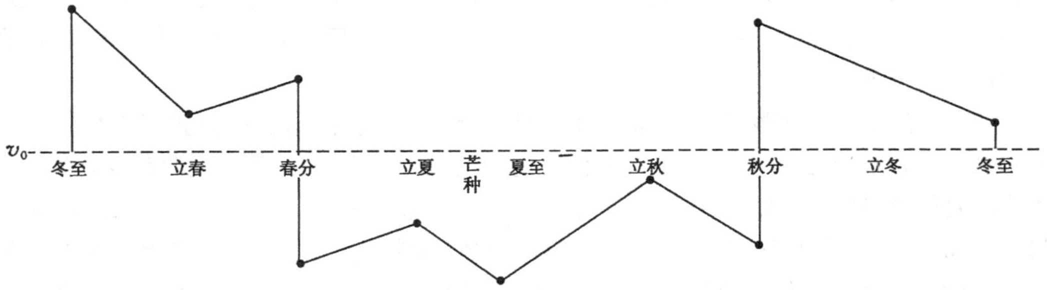

图 5-2(b)　大业历日躔表示意图

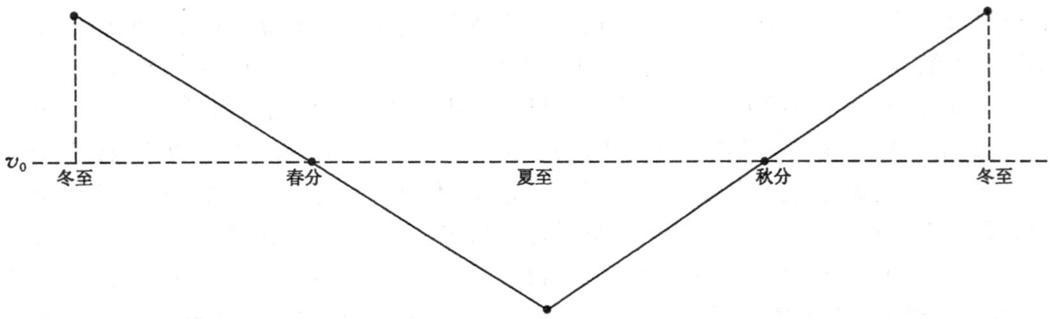

图 5-2(c)　大衍历日躔表示意图

平均值得 2.12 度，这可视为太阳中心差最大值，而其时该理论值应为 2.01 度，可见，张胄玄所得此值的精度是较高的，比刘焯所取 2.77 度要好得多。这又是张胄玄进行了独立研究、并取得刘焯所不及的成果的有力证明。而对大业历损益率和盈缩数的全面精度分析表明，其绝对值平均误差分别为 10.5′和 27.2′①，两者均略大于皇极历。大业历在应用日躔表进行有关计算时，是使用一次差内插法，这一点又是远不如皇极历之处。

如上讨论表明，大业历和皇极历日躔表互有长短，但从总体而论，皇极历还是略优于大业

① 陈美东，日躔表之研究，自然科学史研究，1984，(3)。

历。二历日躔表对于太阳运动速度变化的描述存在相似的错误，但在计算太阳实行较平行的累积差度时，则达到了一定的水准（在本章第十节中，我们将要提到，唐代一行的同类工作也只达到这一水平）。它们共同反映了人们在描述太阳运动不均匀性现象的早期状况。

太阳出入时刻（或昼夜漏刻长度）的测量，也是有关太阳运动研究的一个论题。隋文帝“开皇十七年（597），张胄玄用后魏浑天铁仪，测知春秋二分，日出卯酉之北，不当正中”①。其结果用于大业历②，可列如表 5-3（皇极历③ 和另二个载有日出入时刻值者唐初戊寅历④、北宋初韩显符⑤ 所得夜半漏刻值也一并列于表 5-3 中，以便比较分析）。

表 5-3　大业历日出入时刻与皇极历夜半漏刻表

节气	大业历			皇极历	戊寅历	韩显符
	日出刻	日人刻	夜半刻	夜半刻	夜半刻	夜半刻
冬至	辰$\frac{50}{68}$	申 7 $\frac{30}{68}$	27.48	27.43	27.50	27.48
小寒	辰$\frac{32}{68}$	申 7 $\frac{48}{68}$	27.22	27.26	27.21	27.31
大雪						
大寒	卯 8 $\frac{19}{68}$	酉$\frac{1}{68}$	26.63	26.76	26.625	26.73
小雪						
立春	卯 7 $\frac{28}{68}$	酉$\frac{52}{68}$	25.82	25.985	25.79	25.88
立冬						
惊蛰	卯 6 $\frac{25}{68}$	酉 1 $\frac{55}{68}$	24.78	24.965	24.75	24.90
霜降						
雨水	卯 5 $\frac{13}{68}$	酉 3 $\frac{7}{68}$	23.54	23.775	23.54	23.78
寒露						
春分	卯 3 $\frac{55}{68}$	酉 4 $\frac{25}{68}$	22.22	22.50	22.25	22.50
秋分						
清明	卯 2 $\frac{37}{68}$	酉 5 $\frac{43}{68}$	20.96	21.225	20.96	21.22
白露						
谷雨	卯 1 $\frac{28}{68}$	酉 6 $\frac{52}{68}$	19.82	20.035	19.79	20.03
处暑						
立夏	卯$\frac{28}{68}$	酉 7 $\frac{52}{68}$	18.82	19.015	18.79	18.98
立秋						
小满	寅 8 $\frac{3}{68}$	戌$\frac{17}{68}$	18.06	18.23	18.04	18.16
大暑						
芒种	寅 7 $\frac{36}{68}$	戌$\frac{44}{68}$	17.61	17.69	17.58	17.65
小暑						
夏至	寅 7 $\frac{30}{68}$	戌$\frac{50}{68}$	17.52	17.57	17.50	17.52

① 李淳风：《隋书 . 天文志上》。
② 李淳风：《隋书·律历志中》。
③ 李淳风：《隋书·律历志下》。
④ 欧阳修等：《新唐书·历志一》。
⑤ 脱脱等：《宋史·律历志三》。

由表 5-3 可见，张胄玄和刘焯所给 24 节气夜半漏刻值的最大差异在春秋二分，达 0.28 刻（约 4 分钟），这是因为大业历给出的是平气的漏刻长度值，正如前所引张胄玄发现春秋分时，日出入均在卯酉偏北，这是在平春秋分测量时才有可能发生的现象，由此也正可说明太阳运动的不均匀性；而皇极历给出的应是定气的漏刻长度值，即在平气测值的基础上，作了必要的数学处理。对二历漏刻表的精度分析表明，皇极历和大业历的绝对值平均误差分别为 5.6 和 6.1 刻①，前者又略优于后者。不过，它们的精度比前代历法还略低一些，但无疑是独立的新测值。

对于月亮运动的有关测值，大业历也得到很好的成果，如月亮每日平均行度取 13.36869 度，与之相应的恒星月长度为 27.32166 日，误差仅为 0.1 秒，是为历代最佳值②。

二　关于五星运动的研究

张胄玄对于五星运动的研究亦颇有所得。先看大业历所取五星会合周期的数值：木、土、火、金、水星依次为：398. 8821 日、779.9256 日、378.0902 日、583.9216 日、115.8794 日，其误差分别为 2.8 分钟、15.1 分钟、2.4 分钟、0.3 分钟、2.8 分钟，而平均误差为 4.7 分钟。此中，土、火、金三星会合周期值较皇极历为优，尤其是土星更远胜于皇极历，但木、水二星则不如皇极历。就其平均误差而言，大业历还是历代最小者，可见张胄玄对五星会合周期的测算是十分精到的。

大业历对五星运动不均匀性的描述也取入气加减法，以木星为例，其术文曰：

> 平见在春分前者，以三千三百四十乘去大寒后十日数，以加平见分，满法去之，以为定见日及分。立秋后者，以四千二百乘去寒露日，加之，满同前。春分至清明均加四日，后至立夏五日，以后至芒种加六日，均至立秋。小雪前者，以七千四百乘去寒露日数，以减平见日分；冬至后，以八千三百乘去大寒后十日数，以减之；小雪至冬至均减八日，为定见日数③。

由此可知，大业历的五星位置计算法，并未虑及太阳运动不均匀的影响，它由五星平见加上五星运动不均匀的影响，即得五星定见，这自然不及皇极历考虑周全。又依术文所述，可作图 5-3（皇极历④、戊寅历⑤、麟德历⑥、正元历⑦ 木星不均匀改正，亦用入气加减法，其状况也一并绘于图中，以资比较。图中还绘出相应的理论曲线）。对于火星和土星运动不均匀的状况，大业历也给出了与木星相类似的描述，同样可分别作图 5-4 和图 5-5。

由图 5-3 可见，大业历木星运动不均匀改正与皇极历大同小异。而由图 5-4 知，大约从小满到立秋段，大业历的改正失之偏小、而皇极历则失之偏大；而约从处暑到霜降段，大业历的改正已偏大，皇极历则更大，其余多大同小异。再看图 5-5，约从小满到立秋段和从白露到霜降段，大业历的改正偏小而皇极历偏大。此外，从霜降到冬至段，皇极历的改正已偏小，大业历则

① 陈美东，中国古代昼夜漏刻长度的计算法，自然科学史研究，1990，(1)。
② 陈美东，古历新探，辽宁教育出版社，1995 年，第 239 页。
③ 李淳风：《隋书·律历志中》。
④ 李淳风：《隋书·律历志下》。
⑤ 欧阳修等：《新唐书·历志一》。
⑥ 欧阳修等：《新唐书·历志二》。
⑦ 欧阳修等：《新唐书·历志五》。

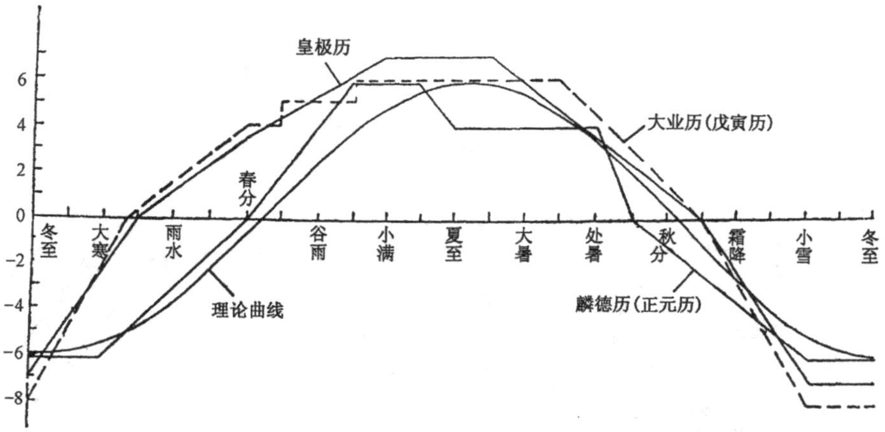

图 5-3　皇极历等木星运动不均匀改正示意图

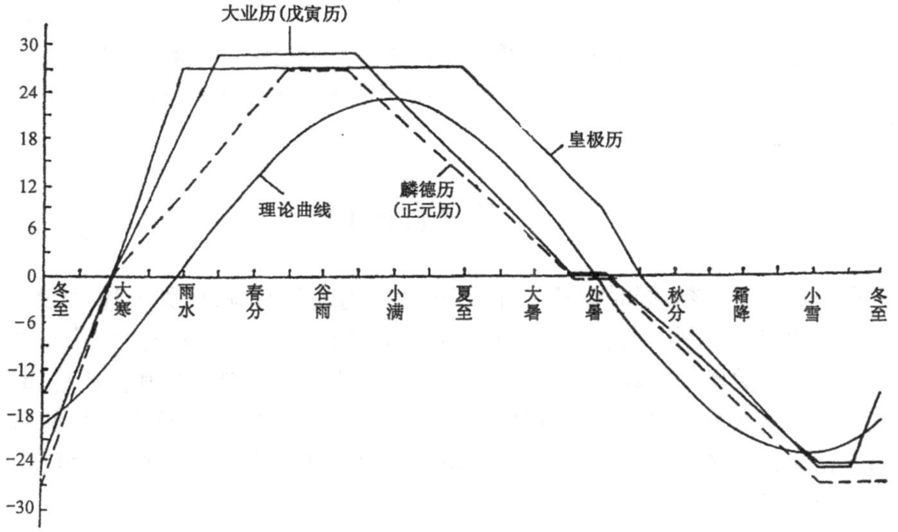

图 5-4　皇极等历火星运动不均匀改正示意图

更小,其余大同小异。这些情况表明,二历木、火、土三星运动不均匀改正的基本走势是相似的,大业历应受到皇极历的影响,但又据实测作出修订。对该三星运动不均匀改正的精度分析则表明,皇极历也略优于大业历。至于金、水二星运动不均匀改正,二历的状况也大同小异,都以半定性、半定量为特征①。

大业历的五星动态表的形式和思路也与皇极历相似,但所定顺、留、逆、留、顺、伏的时日及速率均有所不同。对于木、火、金三星运行速度的变化,也取等差级数描述法。对火、金、水三星也给出与有关时日相应的运行速率变化的规定,当然,其变化时日与速率等均与皇极历不同。看来,这也受到了皇极历的影响,但却给出了新的描述。

① 陈美东,中国古代五星运动不均匀改正的早期方法,自然科学史研究,1990,(3)。

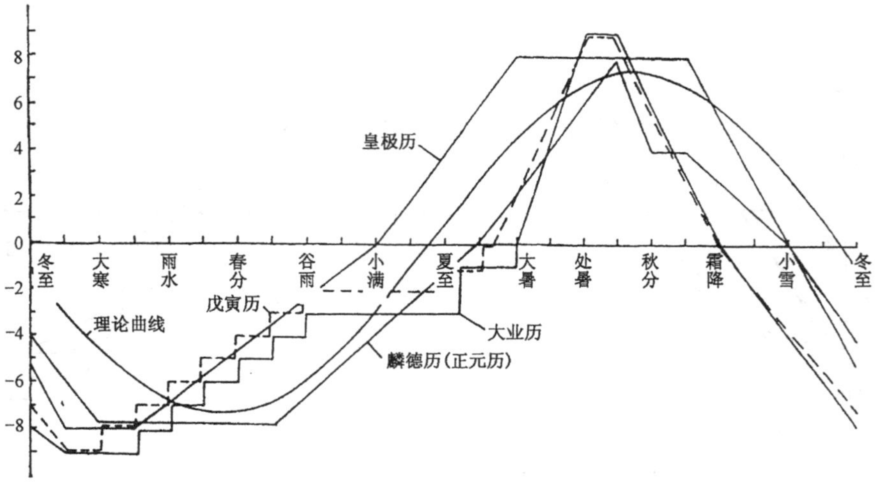

图 5-5 皇极历等土星运动不均匀改正示意图

综上所述,大业历对五星运动的描述及其计算法,无疑受到了皇极历的影响,但它是在重新进行必要的测量的基础上,作出了新的描述,在所作的修正中,有相当成功的部分,五星会合周期值的测定,便是明显的实例。

三 关于交食的研究

大业历在推算交食时刻,同时虑及了日、月运动不均匀的影响,已如上述,所以,其所得交食时刻实即真正的定朔时刻。大业历也虑及了日食定朔时刻与食甚时刻的不同,并给出了较皇极历要详细些的有关条件与数值,而且首次命名两者之差为时差。从其描述看,时差是与日食发生所值节气与所在方位、日月的相对位置(月在日之北或之南)以及日月与黄白交点的度距等四个因素相关的。考察这四个因素,确都是对月亮的天顶距产生影响者,可见,张胄玄对于时差有独到的认识。

关于交食食分的计算,大业历也给出与前不同的方法。其求月食食分的公式为:

当月食发生在春分后交、秋分先交、冬至后交时,

$$G_1 = 15 \times \frac{\text{去交余} - 32604}{30235}$$

当月食发生在春分先交、秋分后交、冬至先交及夏至先、后交时,

$$G_2 = 15 \times \frac{\text{去交余}}{30235}$$

这是中国古代有别于传统、又不同于皇极历的第三种月食食分计算公式。已知大业历的望差值=453528.5≈30235×15,则上二式可以近似写成:

$$G_1 = \frac{\text{望差} - \text{去交余}}{\text{望差}} \times 15 + \frac{32604}{\text{望差}} \times 15$$

$$G_2 = \frac{\text{望差} - \text{去交余}}{\text{望差}} \times 15$$

由此可知,大业历月食食分计算公式与传统的公式也是近似的,若与皇极历公式比较,大

业历公式的改正项为一常数或零，而皇极历的改正项则为变量。大业历又规定：对于后交而言，从立冬到谷雨，改正数均为32604，而从立夏到霜降，改正数均零；对于先交而言，从立秋到霜降，改正数均为32604，而其余各节气均为零。这就是说，大业历公式的改正项也都与节气有关的，而且还与月食发生在黄白交点前或后有关。进一步的分析表明，大业历公式的节气改正，多少含有受月亮视差影响的意义，但并不清晰，而大业历公式的交点前后改正的天文学含义则更含糊不清。

同样，在大业历月食食分算式中，含有月食食限的数值。令 G_1 和 G_2 为零，代入上二式，得去交余 $=486129$ 分 $=\frac{486129}{391248}$ 日 $=16.61$ 度，和 453525 分 $=\frac{453525}{391248}$ 日 $=15.50$ 度，它们应分别是必不发生月食和必发生月偏食的限度。此两值的准确度均不高。又令 $G_2=15$ 代入 G_2 式，得去交余为零，可见大业历仍以必定发生月全食的限度为零度，这较皇极历是一种退步。再令 $G_1=15$ 代入 G_1 式，得去交余 $=32604$ 分 $=\frac{32604}{391248}$ 日 $=1.11$ 度，此即可能发生月全食的限度，该值略较皇极历为优①。

大业历的日食食分(G_3)计算公式为：

$$G_3=\frac{\text{望差}-\text{不食余}}{\text{望差}}\times 15=\frac{\text{望差}-(\text{去交余}-\Delta)}{\text{望差}}\times 15$$

对于式中 Δ，大业历指出它是与日食所在节气有关的数值。由此看来，张胄玄大约也虑及了月亮视差对日食食分的影响，但其具体的描述却并不确当。

大业历还有“求外道日食法”和“求内道不日食法”②，它们同皇极历的日不应食而食、应食不食术相当。张胄玄也认为，这与日月所处的相对位置有关，所谓外道即指月在日北，而内道则指月在日南；又与日食发生时所在节气、所处的方位有关。这显然也是月亮视差影响所致。大业历也列出约10种不同的情况，具体加以界定，虽较皇极历简略，却也大体符合月亮视差对日食是否发生的原理。

总而言之，与皇极历相比，大业历要逊色不少。在已知太阳运动不均匀的情况下，在朔日和五星位置的计算中却不予考虑，不用等间距二次差内插法于历法有关问题的计算，大约是大业历的三大失算，此外，在交食计算问题上的考虑也远不及皇极历周全。还有，一系列天文数据与表格的测定，二历虽互有高下，但总体而论，仍以皇极历为优。即便如此，大业历较前代历法还是胜过一筹，这是其前不久天文历法突破性进展的大背景所决定的。张胄玄其人在人格上的缺欠显而易见，但在天文历法的研究方面，实学有所成，以至刘焯也不能不承认张胄玄“官至五品，诚无所愧”③。在刘孝孙、特别是刘焯的影响下，张胄玄经由自身的实践与研究，取得了若干可与刘焯的工作相媲美、以至超越于刘焯的成果，对天文历法的发展做出了贡献。

第五节　星官知识的普及与星官体系的总结

在中国古代，对天象的观测备受重视，这不单是朝廷或最高统治者的专利，就是一般士人，

① 陈美东，中国古代的月食食限及食分计算法，自然科学史研究，1991，(4)。
② 李淳风：《隋书·律历志中》。
③ 李淳风：《隋书·律历志下》。

除了熟读经书以外，也多以“上知天文，下知地理”作为追求的目标。既要观测天象，则不能不知据以描述有关天象发生背景的星官。在本章第一节中，我们已经提到隋初太史令周坟教授太史观生识天官之事。隋炀帝(605～617)时，又曾“遣宫人四十人，就太史局，别诏袁充，教以星气，业成者进内，以参占验云”①。要知星气，识星官当然是其基础。这是说从朝廷的角度看，关于星官知识的传授在正常地、积极地进行。至于在民间，除了从知天文者学习之外，更多的通过自学的渠道。由是，教人认星官、识星名的作品应运而生。

东汉张衡在《思玄赋》中，思绪在紫宫、太微、王良、阁道、毕宿、天苑、弧矢、天狼、壁垒阵、北落师门、河鼓、天潢、招摇、摄提等星官以及银河之间漫游。当然张衡并非要教人认识星官，而是“以宣寄情志”② 为目的，但《思玄赋》却是较早又较多地提及星官的文学佳作。在第四章第十二节中，我们提及了北魏张渊的《观象赋》，这是一篇专门叙述星官及其星占含义的文学作品，深含教人认星的意义。下面，我们要介绍隋代李播的《天文大象赋》，它与《观象赋》同属一类，但更全面地描述全天星官。还有《玄象诗》、特别是隋丹元子《步天歌》，它们更有效地教人认星，程度不同地对全天星官作了分门别类的划分，其中，《步天歌》的三垣二十八宿法，广为人接受，成为中国古代经典的全天星官体系。

一 《玄象诗》两种

在敦煌卷子 P.2512 上，抄录有《玄象诗》一首[为将此诗与下述另一首《玄象诗》相区别，权称此诗为(1)，后诗为(2)]。全诗五言为句，经校，可得完整的句子共 264 句，脱漏约 6 句，全文约 1350 字③。现先录其首 8 句于下：

角亢氐三宿，行位东西直。库楼在角南，平星库楼北。南门楼下安，骑官氐南植。摄(提)(大)角梗(河)招摇，以次当勺直。……

其文词通俗浅显，历数各星官名，以及各星官间的相对位置，而对于各星官的星占意义则未置一词，可以说是具有纯粹意义的、以教人认识星官的作品。该诗未言及各星官的星数，这是它的缺点，但它列出了陈卓星官的几乎全部星官名。它取五言诗的形式，大约每 8 句换一韵，是为便于人们记诵的明智抉择。正如全诗末句所言：“以此记推步，众星安可匿？”这比用较多笔墨叙说星占含义和用赋的形式，确实有助于人们更简捷明了地认识全天的星官。

再看全诗对全天星官叙述的顺序：先从角宿起，自西向东逐一言及石氏诸星官，在建星、天弁之后，插入天市垣，在翼、轸两宿之后言及太微垣，如此绕天一周；又从角宿附近的天门、天田、平道开始，同样从西向东，依次言及甘氏诸星官，也沿天球赤道及其附近绕天一周；再从角宿附近的阳门、顿顽说起，也是从西向东，一一提及巫咸氏诸星官，在房宿的罚星、键闭后插入天市垣内的列肆、车肆，后又依次向东北、东南折、再往东，亦绕天一周④；最后则集中叙述紫微垣诸星官，融甘、石、巫咸三家星官于一体。由此看来，《玄象诗》(1)是先以石氏、甘氏和巫咸氏三家星官为主线，都从角宿或其附近起始，自西向东绕天三周，讲述诸星官，后又专门讲述紫微

---

① 李淳风：《隋书·天文志上》。

② 范晔：《后汉书·张衡传》。

③ 邓文宽，敦煌天文历法文献辑校，江苏古籍出版社，1996 年，第 39 页。

④ 潘鼐，中国恒星观测史，学林出版社，1989 年，第 110 页。

垣。这种叙述方法，固然有助于人们分别甘、石、巫咸三家星官（当然也不能完全达此目的，因为对于紫微垣是三家合一的），但颇显繁杂，又难免相互交叉或跳跃，更主要的是，形不成天区分划的系统。

惟《玄象诗》(1)已基本上把三垣作为各自独立的天区加以叙述。紫微垣的情形已如上述。对于天市垣，诗曰："市垣虽两扇，二十二星光。其中有帝座，候宦（者）东西厢。前者宗正立，宦侧斗平量。宗人宗（星）在左，宗（星）在候东厢。"而对于太微垣，诗云："太微垣十星，二曲八星直。其中五帝座，各各依本色。屏在底前安，常陈坐后植。郎位常陈东，星繁遥以织。郎将独易分，不与诸星逼。"均十分明确地给出独立的天区名，只是限于甘、石、巫咸三家分述的主线，未把属于甘、巫咸的有关星官纳入于天市垣和太微垣中。

《玄象诗》(2)见于敦煌卷子 P.3589。该诗的开头部分已残，从所余部分看，它显然脱颖自《玄象诗》(1)。对于紫微垣的叙述两者完全相同，也置于全诗的后部，但将《玄象诗》(1)的前部诗句依据下述的构思进行调整：自角宿开始，从西向东依次一并讲述甘、石、巫咸诸星官，又在属于石氏星官的部分注明一"赤"字，在属于甘氏星官的部分注一"黑"字，而在属于巫咸星官的部分注一"黄"字。这一调整，一方面保留了《玄象诗》(1)区别甘、石、巫咸三家星官的原设想，另一方面则克服了必须先后绕天三周才言毕除紫微垣以外诸星官的弊病，基本上可实现自角宿起始，从西向东依次成片和连续地讲解诸星官的构想，也就是只须巡天一周，便可一览无余。这一构思是稍微冲淡《玄象诗》(1)区别三家星官的用意，而大大增强识认星官的功能，更适宜于一般人认为星官的要求。虽然《玄象诗》(2)也未形成天区划分的明确概念，但它确较《玄象诗》(1)又向这一方向前进了一步。

敦煌卷子 P.2512 抄录于何年，已不得确知。但在该卷子中有"自天皇已来至武德四年(621)二百七十六万一千一百八岁"的文字，由此大约可推断它当抄录于唐初，于是，《玄象诗》(1)理应成于隋代或其前。而在《玄象诗》(2)后附语有陈卓撰之说，若此说成立，则《玄象诗》(1)当作于陈卓之前，这是不可能的，故附语只是抄录者想当然之说。我们倾向于认为，《玄象诗》(1)当是隋代庾季才等人"依准三家星位"，定出"正范"① 以后，由一无名氏撰成的，随后不久，又由另一无名氏改作成《玄象诗》(2)。因为，在南北朝时期，星官的数量与命名等，多有歧义，北魏张渊《观象赋》所提及的星官便是典型的事例。

二　李播《天文大象赋》

在北宋欧阳修等人所撰《新唐书·艺文志三》中录有"黄冠子李播《天文大象赋》一卷，李台集解。"又，在南宋郑樵的《通志·艺文略六》中也有"《天文大象赋》一卷，唐黄冠子李播撰"之说。而今传本，如清代六严校刊本《天文大象赋》，则署隋李播撰，苗为注。此外，还有东汉张衡或唐代杨炯著，蜀汉诸葛亮、晋代张华、唐代李淳风以及毕怀亮等人注的说法。我们认为应以隋李播撰，李台或苗为注为宜，而李台或苗为应是唐宋间人②。李播，"仕隋高唐尉，以秩卑不得志，弃官而为道士，颇有文学，自号黄冠子"③。是唐代早期著名天文学家李淳风的父亲。《天文大

① 李淳风：《隋书·天文志上》。
② 陈美东，陈卓星官的历史嬗变，见《科技史文集》第 16 辑，上海科学技术出版社，1992 年。
③ 刘昫：《旧唐书·李淳风传》。

象赋》之作应在隋唐之际。

《天文大象赋》以标准的骈文体裁写成,文辞多因星官名而敷陈其义。如“布离宫之皎皎,散云雨之霏霏。霹雳交震,雷电横飞。垒壁写阵而齐影,羽林分营而折晖”。依次把离宫、云雨、霹雳、雷电、垒壁阵、羽林军等6座星官婉约自然地交织在赋之中,其余也与此相似。即《天文大象赋》只言及诸星官名,而未及星数和各星官之间的相对位置。《天文大象赋》还用较多笔墨讲述各星官占验所主之事,带有十分强烈的星占色彩。如果说《玄象诗》更适合于一般大众,特别是初学星官者,那么,《天文大象赋》则适于已有较多星官知识的文人雅士,特别有助于星占意义的记忆与普及。《天文大象赋》的注文,则详述星官的相对位置、星数等,并兼作有关解释,是对赋文的重要补充。

《天文大象赋》叙述全天星官的顺序大体为:紫微垣→角、亢;氐、房、心;尾、箕→天市垣→斗、牛;女;虚、危;室、壁;奎、娄;胃、昴、毕;觜、参;井、鬼;柳、星、张;翼、轸→太微垣。即它是分三垣13区叙说全天星官的。在依次叙述各分区时,是将甘、石、巫咸三家星官一并讲述的,但其间亦有次第,均按石氏中、外官,甘氏外官为序,仅甘氏中官及巫咸氏各星官略有陵替错杂的安排,即李播在赋中仍然有分别三家星的思路存在①。由此可见,它与《玄象诗》(2)有相似之处,也有不同之点,即在关于天区划分的观念上又有所长进,它除了与《玄象诗》一样,已把三垣独立分出之外,更明确地依二十八宿分区,但还不是1宿1区,而是以2～3宿划为一区(1宿1区者,仅女宿1区),而这又是与我们就要加以讨论的《步天歌》主要不同之处。

如果将《天文大象赋》与《步天歌》所定的星官归属加以比较,有32星官不同,即两者相同处远多于相异者②。就三垣和女宿4区而言,《天文大象赋》与《步天歌》相异处有:紫微垣多扶筐、三台2星官;太微垣少三台、长垣、少微3星官;天市垣少七公、贯索、女床、天纪4星官;女宿少扶筐1星官,而多离瑜1星官。这些情况表明,《天文大象赋》的天区划分法较《玄象诗》(2)更接近《步天歌》的方法。

三　丹元子—王希明《步天歌》

《步天歌》是以七言诗歌的形式,对全天星官进行通俗显明、有条不紊描述的佳作。其文辞浅显,读来朗朗上口,便于记诵。其内容包括对星官形状、彼此间的相对位置,以及星数的记述,甚至对若干星的亮度也作了描述。其先后次序,则依三垣二十八宿法,即分全天星官为紫微垣、太微垣、天市垣和二十八宿1宿1区,共计31区,具有十分鲜明的星空分区观念,也使更合理和有序地描述全天星官成为可能。

在南宋郑樵《通志·天文略》中,录载有《步天歌》全文,其顺序为:从角宿开始到轸宿止二十八宿,一一讲述,后继言太微垣、紫微垣和天市垣。如对于角宿,歌云:

> 南北两星正直悬,中有平道上天田,总是黑星两相连,别有一乌名进贤。平道右畔独渊然,最上三星周鼎形,角下天门左平星,双双横于库楼上。库楼十星屈曲明,楼中柱有十五星,三三相著如鼎形,其中四星别名衡,南门楼外两星横。

又如对于尾宿,歌云:

---

① 潘鼐,中国恒星观测史,学林出版社,1989年,第122页。

② 陈美东,陈卓星官的历史嬗变,见《科技史文集》第16辑,上海科学技术出版社,1992年。

九星如钩苍龙尾，下头五点号龟星，尾上天江四横是，尾东一个名傅说。傅说东畔一鱼子，尾西一室是神宫，所以列在后妃中。

又如对于危宿，歌云：

三星不直曲为之，危上五黑号人星，人畔三四杵臼形，人上七乌号车府，府上天钩九黄晶。钩下五鸦字造父，危下四星号坟墓，墓下四星斜虚梁，十个天钱梁下黄，墓傍两星能盖屋，身着皂衣危下宿。

又如，对于天市垣，歌曰：

下元一宫名天市，两扇垣墙二十二，当门六角黑市楼，门左两星是车肆，两个宗正四宗人，宗星一双亦依次，帛度两星屠肆前，候星还在帝座边。帝座一星常光明，四个微茫宦者星，以次两星名列肆，斗斛帝前依其次，斗是五星斛是四，垣北九个贯索星，索口横者七公成，天纪恰似七公形，数著分明多两星。纪北三星名女床，此座还依织女傍，三元之像无相侵，二十八宿随其阴，水火木土与并金，以次别有五行吟。

郑樵对《步天歌》予以很高的评价。首先，他说到他的切身体验："一日得《步天歌》而诵之，时素秋无月，清天如水，长诵一句，凝目一星，不三数夜，一天星斗尽在胸中矣。"其次，他十分精辟地指出："《步天歌》句中有图，言下见象，或约或丰，无余无失，又不言休祥，是深知天者之所作。"郑樵此说主要强调《步天歌》对星官作了形象的、详略得当的描述，即对其识别星官的功能，特别是对其不言星占，大加称赞。由上引数段《步天歌》辞可见郑樵之说是中肯的，不过还欠全面。

由歌辞看，作者还有区别三家星的用意。如尾宿各星官均属石氏(应为赤色)，而歌辞中均未言及星官的颜色，这可以理解为歌中凡未提及颜色者即属石氏的星官。又如角宿各星官中，平道、天田、进贤、周鼎、天门属于甘氏星官，其余则属石氏星官。若从歌辞看，明确提及黑或乌者，仅平道、天田、进贤三星官。又如危宿各星官的三家归属，由歌词可知：属甘氏星官者有人星(五黑)、车府(七乌)、造父(五鸦，鸦者，乌鸦，言其黑也)、盖屋(身着皂衣，亦言其黑也)；属巫咸星官者有天钩(九黄晶)、天钱(黄)；危三星未言颜色，当属石氏星官，也可推知，可是，对于杵、臼(属甘氏)、坟墓(属石氏)、虚梁(属巫咸氏)四星官也未明确言及颜色。再如天市垣各星官的三家归属，市楼和斛两星官属于甘氏，车肆、帛度、屠肆和列肆属于巫咸氏，而歌辞仅言市楼为黑，其余皆未及颜色。由这些情况看，《步天歌》是相当注意三家星官的区别，但并不刻意于一一注明，这一方面与诗歌的体裁不便于逐个区别三家星官，另一方面则与作者的总体思想有关。即作者是以通俗、简明地描述全天星官为基本原则，又兼顾当时人们对区别三家星官的需求，但如果因满足后者，而使诗歌作不胜其烦的叙述，则略去不论。

在第四章第二节中，我们已经以《步天歌》为主要依据，列出表4-3。表中星官号35是由序号39(尾)和40(神宫)所组成；星官号92是由序号98(危)和99(坟墓)所组成。它们都是依辅官附座法组构而成的。可是，从上引歌辞看，尾与神宫之间，隔着好几个星官，即并不是作为一个共同体对待的，危与坟墓之间的情况也是如此。而表4-3所示依辅官附座法组成的其他星官号及序号，我们均可以在《步天歌》中找到相应的诗句，基本上皆是连贯一气的。如表中星官号8是由序号8(库楼)、9(柱)、10(衡)所组成，这与上引关于角宿的歌辞"库楼十星屈曲明"等四句正相吻合。这些情况则表明，《步天歌》的作者对于辅官附座法是了解的，但他并不按(至少不严格按)此法作为叙述星官顺序的依据，而其最注重者乃是叙述的方便或连贯性。关于《步天歌》所述实为300星官的问题，我们已在第四章第二节论及，此不赘述。

关于《步天歌》的作者，自宋代以来就有两种说法。北宋欧阳修等人在《新唐书·艺文志三》中指出："王希明《丹元子步天歌》一卷。"又指出："王希明《太乙金镜式经》十卷，开元中诏撰。"南宋郑樵在《通志·艺文略六》中亦录有："《丹元子步天歌》一卷"，又注曰："唐右拾遗内供奉王希明撰。"由此可见，有《丹元子步天歌》一卷，被认为是唐玄宗开元(713～741)前后曾任右拾遗内供奉的王希明所撰。

另一种说法的首倡者也是郑樵。他在《通志·天文略》的"天文序"中又指出："隋有丹元子者，隐者之流也，不知名字，作《步天歌》，见者可以观象焉。王希明纂汉、晋志以释之，《唐书》误以为王希明也。"其言凿凿，似应有所据。那么，他为什么却在"艺文略"中作注说是王希明所撰，岂不前后矛盾吗？其实不然。因为在"艺文略"中，他只是依据《新唐书》之说加以引录，并对《新唐书》未加说明的王希明其人作了介绍。这也就为在"天文序"中"《唐书》误以为王希明也"的说法作了铺垫。即郑樵是十分明确地主张《丹元子步天歌》乃是隋代一不知姓名的、号曰丹元子的隐者所作的《步天歌》；而唐开元年间的王希明则是依据《汉书·天文志》、《晋书·天文志》等的记述给《步天歌》作注者。郑樵还指出：《步天歌》"只传灵台，不传人间。术家秘之，名曰鬼料窍。世有数本，不胜其讹，今则取之仰观，以从窥定。"这大约说的是宋时的情形，一方面官方秘而不传，一方面却又不胫而走，在世上就有数本流传，这两方面却证明《步天歌》得到了朝野的重视与认同。而在世上的流传本发生错漏的情形实属难免，为之作出订正，则是郑樵的贡献。也据郑樵说，在他看到的《步天歌》原本前"亦有星形，然流传易讹，所当削去。"这说明《步天歌》不但有歌，还配有星图，只是被郑樵删去不用，可见当年《步天歌》的作者以图文并茂的形式普及星官知识，匠心独具，而郑樵贸然削去其图，有违原作之意。

此后，学者或主前说，或申后论，莫衷一是。如宋元之际王应麟等就主前说①，马端临则申后论②，而陈振孙、晁公武等人则云："《步天歌》未详撰人。或曰唐王希明撰，自号丹元子。"③给出了带倾向性的见解，却不作定论。他们都未能提出进一步的证据，凭其直觉而已。时至近年，仍然两说分立。如陈遵妫同意清代钱大听见解，"认为在是非未明之前，暂以郑(憔)说为宜。"④ 笔者本人也取此说⑤。但较多学者则主张前说⑥，他们值得注意的观点是，《步天歌》之作，不应早于李淳风撰《晋书》和《隋书》"天文志"的年代，因为李淳风不知道有《步天歌》的存在，才造出一套远不如三垣二十八宿法的星官划分法，而后世对全天星官的划分法，依从的是《步天歌》而非李淳风之说。从全天星官划分法理应后人胜前人的设想出发，自然《步天歌》之作应晚于李淳风。

这里，我们要顺便对李淳风在《晋书》和《隋书》"天文志"中所述的全天星官划分法略作介绍。它将全天星官分为三大部分："中宫"、"二十八舍"和"星官在二十八宿之外者"。每一大部分都采用三家星官混合叙说的方法，即没有对三家星官作出区别的考虑。它既讲述所有星官

---

① 王应麟：《玉海》卷三。

② 马端临：《文献通考·象纬一》。

③ 陈振孙：《直斋书录题解》；晁公武：《郡斋读书志》。

④ 陈遵妫，中国天文学史，第二册，上海人民出版社，1982年，第406页。

⑤ 陈美东，陈卓星官的历史嬗变，载《科技史文集》第16辑，上海科学技术出版社，1992年。

⑥ 中国天文学史整理研究小组，中国天文学史，科学出版社，1981年，第43页；夏鼐，另一件敦煌星图写本——《敦煌星图乙本》，载李国豪等主编：《中国科技史探索》上海古籍出版社，1986年，第159页，潘鼐：《中国恒星观测史》，学林出版社，1989年，第123页。

的名称、星数以及星官之间的相对位置，又一一讲述各星官的星占意义，而且对于后者所费的笔墨要远多于前者。它对各大部分所作论述的顺序大体如下：

"中宫"——紫微垣→太微垣→角、亢、氐、房→天市垣→从心宿到七星宿各宿。这里是讲述从角宿起到七星宿止的二十五宿之北的诸星官。其顺序是先由角宿起，自西向东叙述若干星官(其所及星官并不止于房宿，而是越过天市垣直抵牛、女宿)，此后突又返回到角宿，再自西向东叙述若干星官(这一回是到房宿为止)；对于由心宿到七星宿各星官的讲述，则基本依循宿次的顺序，只有少数属相邻宿次的星官存在交叉的现象。而关于三垣各星官的讲述，并无明确的规范，即与《步天歌》有一些差异。如玄戈、天枪、天棓、太尊等星官不属于紫微垣；七公、贯索、女床、天纪等星官不属于天市垣；少微、长垣等星官不属于太微垣。而这与李播的《天文大象赋》则颇有相似之处。

"二十八舍"——从角宿起到轸宿止，依次叙述二十八宿各星官及其辅官附座，还算有序，但却不成连续的状态。

"星官在二十八宿之外者"——亦从角宿起到轸宿止，基本依次讲述二十八宿以南诸星官及其辅官附座，也只有少数属相邻宿次的星官存在交叉的现象，与"中宫"自心宿到七星宿的情况相似。这似乎说明李淳风对有关星官应属于二十八宿的哪一宿是了解的，但他并不以此为准，而是采取了他认为更合适的方法。

李淳风对全天星官的这种叙述方法，显得十分零乱，并不具有划分全天星官为若干不同天区的概念。如果依之认星，则要巡天好几周，很不方便。而且它不具备区别三家星官的功能，又不便于记诵。所有这些，均远逊于《步天歌》，甚至还不如其父李播在《天文大象赋》中所反映的对全天星官的分区思想，也不及《玄象诗》(2)，大约只达到《玄象诗》(1)的水准。不过，李淳风对辅官附座法却作了十分明确的论述(参见第四章第二节所述)，这则是《玄象诗》、《天文大象赋》、《步天歌》均不能企及的。此外，对于各星官星占意义的论述，自然也是李淳风的强项。

如果我们并不知道《晋书》和《隋书》"天文志"何时为何人所作，我们固然可能推测它应作于《步天歌》之前，同时也可能推测它亦应作于《天文大象赋》、甚至《玄象诗》(2)之前。这是说，后人一般胜于前人的推想，并不一定适用于此类问题的论证。讨论至此，我们既不能肯定《步天歌》作于隋，只能说从《步天歌》和《玄象诗》、《天文大象赋》有诸多相似处看，隋代有人作成《步天歌》是不足为怪的事；我们也不能肯定或否定《步天歌》成于唐玄宗开元年间，因为《步天歌》并不全部采用李淳风的辅官附座法，而李淳风对于有关星官应归属二十八宿的哪一宿，并非无所知，这两者都可以作为《步天歌》成于李淳风之前的理由；但又因为除了业已引起争议的郑樵之说以外，我们还没有足以否定欧阳修之说的更有力证据。当然，在这种情况下，凡是主张《步天歌》作于开元年间者，也应该认真对待郑樵之说，不宜认为郑樵之说"是完全凭着主观臆测来推定"的①。潘鼐认为，"很可能原有《步天歌》一首，是一位不知名的隋隐者丹元子所作，较为粗略，亦非广泛流传的名著。王希明据以补充和润释，成为一首完整的歌辞。"他又认为，欧阳修等人"王希明丹元子步天歌"的提法，"也可理解为丹元子步天歌的王希明改写本。"② 这是对欧阳修说和郑樵说的折中之论，自可备一说。只是笔者推测，隋丹元子的原作

① 夏鼐，另一件敦煌星图写本——《敦煌星图乙本》，李国豪等主编《中国科技史探索》，上海古籍出版社，1986，第159页。

② 潘鼐，中国恒星观测史，学林出版社，1989，第124页。

是已具规模的，但在流传过程中，大约发生了与郑樵当年遇到的相似情况，于是，王希明做了补遗、修订和润色的工作，使成全璧。总之，关于《步天歌》的作者，至今还只能说：或云丹元子—王希明作。

综上所述，《玄象诗》、《天文大象赋》、《步天歌》等以诗、赋、歌形式出现的星官佳作，对普及星官知识起了很大的作用。这些佳作的作者是为深知天文星象的行家，他们是在对全天星官作系统研究的基础上，竭力对全天星官作有序的描述，也就促成了全天星官有序划分观念的产生和发展，而《步天歌》的出现，则是这一观念趋于成熟的标志。明代王圻指出："隋丹元子《步天歌》始将恒星分属三垣二十八宿。三垣之星，固在中宫，其二十八宿之星，则不论近中宫与近地平，计星之经度，分属各宿。"① 这十分精到地概括了《步天歌》全天星官划分法、亦即其星官体系的基本特征。三垣二十八宿计 31 天区、283 星官 1645 星，自此成为中国古代经典的星官体系。

第六节　傅仁均戊寅历和吕才漏壶及其他

一　傅仁均戊寅历的贡献

(一)戊寅历的制定

唐高祖李渊于武德元年(618)戊寅岁登基称帝，建立了李唐王朝。立国伊始，唐高祖不忘制定新历法的大事。时有"东都道士傅仁均善推步之学，太史令庾俭、丞傅弈荐之"② 主持制历工作，唐高祖于是命他们一起参与改历之事。傅仁均，滑州白马(今河南滑县)人，以"善历算推步之术"③ 鸣于当时。受诏的当年即告历成，"高祖诏司历起(武德)二年(619)用之"，命历名为戊寅元历，并提升傅仁均为员外散骑侍郎④。诸事顺利，此中自有奥妙在。原来傅仁均深知唐高祖的心意，先是"言戊寅岁时正得上元之首，宜定新历，以符禅代"。⑤ 后在上呈新修历法时，又反复强调新历法合于《尚书·尧典》、《诗经》、《春秋命历序》，又合于阴阳之始，还与西汉武帝时所制太初历相仿佛云云，这些自然都令唐高祖心满意足，历法得以顺利通过，自在不言中。

戊寅历"祖述(张)胄玄，稍以刘孝孙旧议参之"⑥。这是说，傅仁均对刘孝孙、张胄玄等人的历法深有研究，他大约是在这两家历法的基础上，并加入自己研究的心得而制成新历的，但时间仓促。而由上述言行看，傅仁均为人颇似张胄玄，虽然还没有达到言日长影短的程度。

傅仁均戊寅历取赤道岁差值为 55.51 年差一度⑦，而在本章第一和四节中，我们已经提及刘孝孙历和大业历所取赤道岁差值分别约为 51 年和 84 年差一度，傅仁均则偏向于刘孝孙值，

---

① 王圻：《续文献通考·象纬考》。
② 欧阳修等：《新唐书·历志一》。
③ 刘昫：《旧唐书·傅仁均传》。
④ 欧阳修等：《新唐书·历志一》。
⑤ 刘昫：《旧唐书·历志一》。
⑥ 欧阳修等：《新唐书·历志一》。
⑦ 陈美东，古历新探，辽宁教育出版社，1995 年，第 266 页。

并有所改进,但他所作的选择是不明智的,因为大业历的取值是较好的。

在戊寅历中也给出了24节气日出入辰刻表,而且增列出"夜漏半"、"一更"、"一筹"的刻分值。① 而由表5-3可见,戊寅历的24节气夜漏刻值与张胄玄所得值的最大差异不过0.03刻,这大约是两者所取分数(分母,张胄玄取68,傅仁均取24)不同所致。就是说此表实际上是张胄玄表的翻版和延伸。

由图5-3、图5-4和图5-5可知,戊寅历木、火二星运动不均匀改正曲线全同于大业历,而土星运动不均匀改正曲线与大业历仅存小异。其五星动态表亦传承于大业历。至于五星会合周期,戊寅历也大体依凭大业历,其中土、水二星取值全同;木、火二星分别取389.8824日和779.9264日,其误差分别为2.4分钟和14.0分钟,精度还略高于大业历;而金星取583.9180日,误差为4.9分钟,精度则大不如大业历,但较其他历法还算精确。戊寅历五星会合周期的绝对值平均误差为5.3分钟,在历代历法中,其精度之高仅次于大业历②。

戊寅历日躔表与大业历日躔表一样,具有不对称性的明显特征,而其具体描述则有所不同。其盈缩数最大值为+2713、最小值为-2946,它们均以"气时法1183"为分母③,即以为太阳实际行度较平均行度最大超前可达2.29度、最大滞后可达2.49度,若取其平均值得2.39度,可视作太阳中心差最大值,其精确度不如大业历,但比皇极历要高。由此看来,傅仁均是对太阳运动进行了认真的测算的。尤其值得注意的是,戊寅历所取太阳中心差最大值却对一行产生了巨大影响,在大衍历中,一行所取值为2.41度,而且,一行值广为后世许多历法所接受,这大约是傅仁均始料不及的。

戊寅历关于交食的推算法,亦大同于大业历,此不赘述。

下面,我们还要专门讨论戊寅历采用的定朔法和多历元法,这才是傅仁均的最重要贡献,也是引起最大争论的问题。

(二)定朔法的应用与论争

戊寅历采用同时考虑日月运动不均匀影响的定朔法,是中国古代第一部被正式颁用的、采用这种定朔法的历法,于是广为天文史家所重视,这是理所当然的。因为,定朔法自东汉张衡等人首倡,几经磨难,令人感叹不已。张胄玄在大业历中采用了只虑及月亮运动不均匀影响的定朔法,而傅仁均虽"祖述(张)胄玄",但在这一点上大胆突破,理智采纳了刘焯的主张。

其实,戊寅历定朔法的行用并非一帆风顺。也许因为戊寅历的制定比较仓促,唐高祖武德"三年(620)正月望及二月、八月朔,当食,比不效"。戊寅历刚颁行一年、新历之作乃易姓受命表征的话音未落,就发生这样的事,傅仁均和唐高祖大约都很尴尬,只得按下不议。至武德六年(623),唐高祖才"诏吏部郎中祖孝孙考其得失。(祖)孝孙使算历博士王孝通以甲辰历法诘之"。王孝通所责难者有二事:其一是认为并不存在岁差现象,故不应用岁差法;其二是认为用定朔法必使传统历法的蔀首、元首、纪首三者失去意义,故宜用平朔法。傅仁均则以冬至日所在宿度历代各异的事实驳之,他又指出蔀首、元首、纪首所谓"三端"的设定,是以日月均作匀速运动为前提的,日月的运动既"迟疾匪常,三端安得即合"。傅仁均的对答,还算有力,致使

① 刘昫:《旧唐书·历志一》。

② 李东生,论中国古代五星会合周期和恒星周期的测定,自然科学史研究,1987,(3)。

③ 欧阳修等:《新唐书·历志一》。

“(祖)孝孙以为然”,于是保持定朔法和岁差法不变,只是“略去尤疏阔者”,但其疏阔者指何而言,却语焉不详。

唐太宗贞观十四年(640)十一月朔日,依戊寅历推为癸亥,次日甲子为冬至日。而李淳风认为,依当时已去世的太史令傅仁均戊寅历定朔法算,得“子初为朔,遂差三刻”,也就是说,依他的“新术”计算,合朔时刻虽应值子初三刻,与日期分界时刻子半有约一刻之差,但虑及早已有这一日“(唐)太宗将亲祀南郊”的安排,故可进一日为朔,使“十一月当甲子合朔冬至”,取其吉利之义。司历南宫子明、太史令薛颐等人也支持以甲子日为朔的意见,他们申言当日“子初及半,日月未离”,所谓“未离”,是说其时日月仍处于相互接近的状态,还没有到真正合朔之时,换言之,合朔当在子半之后,故理当以甲子日为朔。这些人为迎合冬至与朔同日的安排,有虚言天象之嫌。于是朝官议论。“国子祭酒孔颖达等及尚书八座参议,请从(李)淳风”。他们的意见是:“虽癸亥日月相及,明日甲子,为朔可也。”他们倒是尊重合朔确在癸亥日的事实,但支持李淳风的意见,进一日为朔,并得到了唐太宗的首肯。这是因政治考虑,人为地改定朔日的明显事例。孔颖达等人为了证明朔日定为甲子是可行的,还提出了另一条理由:“又以平朔推之,则二历(指戊寅历和李淳风历术)皆以朔日冬至,于事弥合。”虽然,他们并未因此提出废定朔法改用平朔法的意见,但却为稍后的平、定朔之争投下了阴影。

唐太宗十八年(644),“(李)淳风又上言:‘(傅)仁均历有三大、三小,云日月之食,必在朔望,十九年(645)九月后,四月频大。’”引起了唐太宗的重视,“诏集诸解历者详之,不能定。”这场论争的双方,大约势均力敌,故有“不能定”之说,但最后还是有了结果:“诏用(傅)仁均平朔,讫麟德元年(664)。”① 这是说,论争中除了定朔问题之外,还有人提及废戊寅历而行用其他历法的问题,但有鉴戊寅历在其他问题上,未见明显失误,所以,只废戊寅历的定朔法而改用平朔法。如上所说,当初唐高祖决定行用戊寅历时,带有急切颁用一种新历法、以明受命于天的心理,对于戊寅历中定朔法的应用,也许还被视作新朝新法的表现,在朝廷官员中即使有不同意者,在这种情势下,也不便多言。后不久,虽有王孝通起而发难,但傅仁均之说不是没有道理,其人在影响也在,而且主持辩论的祖孝孙也倾向于定朔法,故还算顺利过关。但古来一直以平朔法为经典的传统积习,仍存于不少人的记忆中,贞观十四年发生的朔日事件,似乎就说明平朔法依然可用。对于戊寅历有三大、三小的规定,在一些人看来,就十分勉强的。及至李淳风提到依戊寅历定朔法,贞观十九年将要出现四个月连大的情况,自然引起了轩然大波。于是,此后一段时间,又回复到平朔法上去,是不足为奇的。

(三)多历元法的应用与论争

如上所述,戊寅历制成于唐高祖武德元年(618),并于次年颁行全国,而现传本戊寅历经的首句为:“戊寅历上元戊寅岁至武德九年(626)丙戌,积十六万四千三百四十八算外。”由之可知,戊寅历所取历元乃用上元法,但起用年则自武德九年开始。那么,为什么戊寅历经所载是起自武德九年?在此之前,戊寅历所取历元的状况又如何呢?

原来,于武德九年曾进行过一次历法的修订工作。唐高祖“复诏大理卿崔善为与(王)孝通等校定”戊寅历,“(崔)善为所改凡数十条”。现传本戊寅历经即为“(崔)善为所较也”。所以,起自武德九年是可以理解的。崔善为的数十条修订包括哪些内容,已不能详知,但有一条则

---

① 以上均见欧阳修等:《新唐书·历志一》。

十分明了："初，(傅)仁均以武德元年为历始，而气、朔、迟疾、交会及五星皆有加减差。至是复用上元法积算。"这是一段十分重要的记述，揭示了戊寅历当初曾采用的历元法的重要信息。

在以上有关章节中，我们已经先后谈及多历元法的创用和发展：自曹魏杨伟景初历(237)首先采用多历元法起，后继者有后秦姜岌的三纪甲子元历(384)、北凉赵𢾺的玄始历(412)、刘宋何承天的元嘉历(443)、北魏张龙祥和李业兴的正光历(520)、东魏李业兴的兴和历(540)、隋代张宾的开皇历(584)、张胄玄的张胄玄历(597)等等，可谓不绝如缕。这些历法所取多历元法至多设定月亮过近地点时刻、太阳过黄白升交点时刻以及五星等各不相同的起算点，而傅仁均所采用的历元法，则是对这些历法所取多历元法的充实与发展。

唐高祖武德六年(623)，傅仁均在与王孝通辩论时，曾言及他对历元问题的想法："治历之本，必推上元，日月如合璧，五星如连珠，夜半甲子朔旦冬至。自此七曜散行，不复余分普尽，总会如初。"即认为推求上元乃是历法之本，这是没有疑问的。所以，傅仁均当初在制定戊寅历时即推有上元之年，合于上元之法，亦应无疑。傅仁均在上呈戊寅历时说："唐以戊寅岁甲子日登极，历元戊寅，日起甲子……"①，这是说戊寅历的上元之年是为戊寅，它是从唐高祖登基的戊寅岁(618)推衍而得的。我们又知道，李渊是在"武德元年五月甲子(618 年 6 月 18 日)即皇帝位"② 的。也就是说，傅仁均在进行历法诸问题的具体推算时，是以武德元年戊寅五月二十日甲子夜半作为起算点、亦即"历始"的，而将上元年、上元法之类置于一旁不用。但在此之前，傅仁均必须预作计算，由上元年依上元法推出"历始"时，与日月五星运动有关的各种余分、亦即"加减差"：与"历始"最临近的一次冬至时刻(气)、平朔时刻(朔)、月亮过近地点时刻(迟疾)、月亮过黄白升交点时刻(交会)及五星晨见东方时刻(五星)之间的时距(加减差)。其中，迟疾、交会、五星加减差的设定，与自杨伟到张胄玄等人所取的多历元法无本质的差异，而气、朔加减差则是傅仁均新增的项目，是对多历元法的充实与发展的部分。

不过，傅仁均应用多历元法，并不是基于对上元法存在的弊病的反思。他是一位典型的上元法论者，出于将唐高祖登极之期神圣化的考虑，借用了多历元法的形式，不自觉地发展了多历元法，开启了元代郭守敬等人授时历实测多历元法的先声。

综上所述，傅仁均戊寅历是一部颇具特色的历法，它虽以张胄玄大业历为范本，但还吸收了刘孝孙、刘焯等人历法的营养，兼以自身的研究与思考，较大业历有所进步，甚至有不比后来的麟德历逊色之处，正如北宋刘羲叟所说："其有所中，(李)淳风亦不能逾之。"③

二　吕才漏壶及其他

吕才(约 600～665)，博州清平(今山东临清)人。唐太宗贞观时，任太常博士、太常丞，唐高宗麟德中，任太子司更大夫。善阴阳、方伎之术及音律之学④。据杨甲《六经图》载，吕才曾制作四级补偿式漏壶，其形制为：

有四匮，一夜天池，二日天池，三平壶，四万分壶。又有水海，以水海浮箭。以四

① 欧阳修等：《新唐书·历志一》。
② 欧阳修等：《新唐书·高祖本纪》。
③ 欧阳修等：《新唐书·历志一》。
④ 欧阳修等：《新唐书·吕才传》。

匮注水，始自夜天池，以入于日天池，自日天池，以入于平壶，以次相注，入于水海，浮箭而上，每以箭浮为刻分也。

吕才四级补偿式漏壶又如图 5-6 和图 5-7 所示。

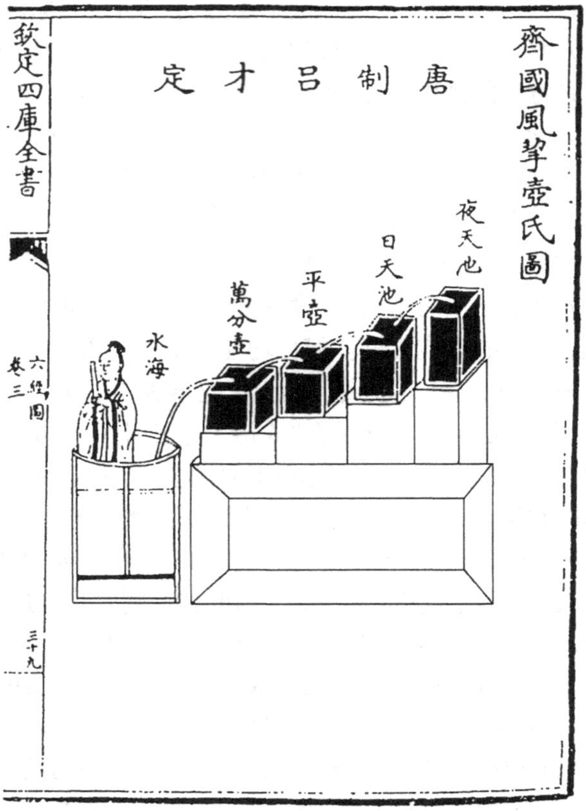

图 5-6　吕才漏壶示意图之一

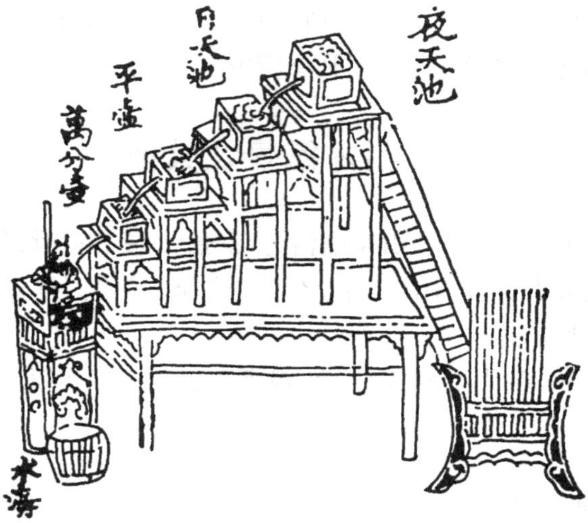

图 5-7　吕才漏壶示意图之二

由之可知,水海是为受水壶,其形制为长方形或圆柱形,它接受自万分壶流来的漏水,通过置于其中带有刻度的浮箭的上浮,显示时刻的多少。于是,万分壶是真正起量度时间作用的漏壶,其漏水流量的稳定性如何,决定着时间量度的准确性,而漏水流量的稳定性则与万分壶水位的恒定性密切相关。夜天池、日天池、平壶、万分壶均为方形或长方形,其容积逐一减小,依次置于阶梯形底座上。漏水通过虹吸管(渴乌)或导管从夜天池依次流入下一级漏壶中,直至水海。在各壶的水位最高时,各壶的流量应相等,这可以通过调节渴乌或导管的口径实现。设平壶与万分壶的容积等大,其上没有夜天池和日天池,则随着漏水的流逝,平壶的水位不断下降、流量逐渐减小,也将使万分壶的水位有所下降、流量减小;如果平壶容积稍大于万分壶,自可使平壶水位下降、流量减小的速度减缓,有助于保持万分壶水位和流量的稳定性。同理,夜天池和日天池的设置,分别有助于保持日天池和平壶水位和流量的稳定性。而由图5-7可见,夜天壶旁有梯子,显然可供人定期上去给夜天池添水,以保持夜天池水位的变化控制在一定的范围内。吕才设计的这一漏壶系统,是对东汉张衡以来二级、三级漏壶的发展与完善,它可以达到基本保持万分壶的水位稳定的目标,达到其流量基本恒定的目的,是补偿式漏壶发展的高峰。

吕才与天文学有关的工作还有:受命修订《阴阳书》。唐太宗时,“帝病阴阳家所传书多谬伪浅恶,世益拘畏,命(吕)才与宿学老师删落烦讹,掇可用者为五十三篇,合旧书四十七,凡百篇,诏颁天下”[①]。《阴阳书》是在历注中标示吉凶宜忌的理论依据,或者说是标准的规定。它的推出,对于历注中出现的五花八门的说词,起了规范历注的作用,实际上是统一历法中的一个重要组成部分的重要举措,对于后世也产生了重要的影响。

三 漏刻管理机构及人员编制

据《周礼·夏官司马》载,“挈壶氏”的属员有:“下士六人,史二人,徒十有二人。”这是中国古代最早的关于计时机构及人员状况的记述,约起始于周代。

在秦王朝太子宫中设有“太子率更家令”,唐代颜师古注曰:“掌知漏刻,故曰率更。”[②] 太子宫中既有专司漏刻的人员,朝廷应亦有同类人员的存在,这当是合理的推论。

自汉代以降,在天文历法机构中,设有专人负责漏刻的测量,称为“官漏”。至迟从汉武帝元封年间(约前104)开始,太史“下漏刻”[③],进行时间的测量已毫无疑问,而至迟由汉宣帝三年(前71)开始,已制定“官所施漏法”以供使用,其负责官员大约称“待诏太史”,汉和帝时霍融就曾任此职[④]。此外,皇太子属官中依然有“太子率更令”[⑤] 一职,其承秦制,可想而知。

魏晋南北朝时期,漏刻管理机构的情况,大约沿袭汉制。同时,增设专为皇帝服务的部门。据《晋起居注》记载,晋宫廷中设有“漏刻史”[⑥]。北周皇帝出巡时,有计时车驾随行,“行漏抱箭”,“始听鼓而唱筹,即移竿而标箭。”[⑦]

---

① 欧阳修等:《新唐书·吕才传》。
② 班固:《汉书·百官公卿表七上》。
③ 班固:《汉书·律历志上》。
④ 司马彪:《续汉书·律历志中》。
⑤ 班固:《汉书·百官公卿表七上》、司马彪:《续汉书·百官志四》。
⑥ 《古今图书集成·历法典》卷九十八。
⑦ 庾信:《三月三日华林园马射赋》,见《庾子山集》卷一。

及至隋代，在天文历法机构太史局(监)中，有“司辰师八人”，执掌漏刻的测量；又有漏刻博士一职的设置[①]，专为“掌教漏刻生”[②] 而设。在第四章第十二节中，我们已提及隋炀帝时有行漏车之制，为此，还曾“加置司辰师四人，漏刻生一百一十人。”[③] 原属右武侯管辖，这些人后来亦归属太史监，大约是专门为管理和操作秤漏而设。此外，也有太子率更令的设置，其令、丞各1人，“掌周卫禁防，漏刻钟鼓。”[④]

唐初，承隋之制，在天文历法机构中亦设有司辰师等职，以伺漏刻。到武则天长安二年(702)，漏刻管理部门发生了重大变化，设挈壶正2人，主管计时，又有司辰(即司辰师)70人，漏刻典事22人，漏刻博士9人，漏刻生360人，典钟112人，典鼓88人，楷书手2人，亭长4人，掌固4人，合计673人，可谓庞大至极。唐肃宗乾元元年(758)，略有调整，设五官挈壶正5人，五官司辰15人，五官礼生15人，五官楷书手5人，令史5人，漏刻博士20人，典钟、典鼓350人，漏刻生40人，漏刻视品10人[⑤]，合计465人，减员凡208人，也还是人数众多。这些人员各有职责，挈壶正或五官挈壶正为主管官员，负全责；司辰“掌漏刻事”，负责漏壶、漏称等的具体操作；漏刻典事、漏刻视品“掌知刻漏，检校刻漏”，负责漏刻的校验、检修等事项；典钟、典鼓负责依时刻敲钟打鼓以报时；漏刻博士“掌教漏刻生”；漏刻生“掌习漏刻之节，以时唱治”，“皆以中、小男为之，转补为典钟、典鼓”[⑥]。

除了天文历法机构所设漏刻管理部门以外，唐代亦有太子率更寺令的设置。唐初，计设令1人，丞2人，主簿1人，录事1人，伶官师2人，漏刻博士2人，掌漏6人，漏童60人，典钟、典鼓24人，共99人[⑦]。唐高宗龙朔二年(662)，人员也作了调整，改为令1人，录事1人，府3人，史4人，漏刻博士2人，掌漏6人，漏童20人，典钟、典鼓24人，亭长4人，掌固4人，计69人。其职责除管理东宫漏刻钟鼓之外，还掌“漏刻之政令”，凡“漏刻不审”，则“举而正之”[⑧]。即掌管东宫漏刻的日常事务以外，还全权负责有关漏刻的政令及检察漏刻准确性的工作。

可见，唐代对于计时、报时工作极其重视，设有两套庞大的漏刻测量与管理机构，分工严密，并辅以政令，保证这项工作的顺利实施，这在中国古代是最为突出的时期。唐以后各朝代，均沿袭唐时的制度，只是规模大为减小，但计时、报时工作还是可得到正常进行。

第七节　李淳风及其麟德历

一　李淳风其人

李淳风(602～670)，岐州雍县(今陕西凤翔)人。自幼俊逸豪爽，“博涉群书，尤明天文历

① 房玄龄等：《隋书·百官志下》。
② 孙逢吉：《职官分纪》卷十七。
③ 房玄龄等：《隋书·百官志下》。
④ 房玄龄等：《隋书·百官志中》。
⑤ 刘昫：《旧唐书·职官志二》。
⑥ 孙逢吉：《职官分纪》卷十七。
⑦ 刘昫：《旧唐书·职官志三》。
⑧ 欧阳修等：《新唐书·百官志四》。

算、阴阳之学"①。其父李播通天文星象,曾著《天文大象赋》,已如前述,李淳风自幼受家学熏陶,当无疑问。唐太宗贞观初年(约 627),李淳风研读傅仁均戊寅历,发现其失误处,遂"上疏论十有八事",引起了唐太宗的注意,于是,诏令"(崔)善为课二家得失,其七条改从(李)淳风。"② 现在我们已无由得知李淳风所论之事,但从朝廷采纳了其中七条意见,可见非等闲之论。李淳风时年约 25 岁,便显示出了天文历算方面的才华,由是"授将仕郎直太史局"。自此,李淳风在天文历算领域,多有贡献,成绩斐然。

不久,李淳风又上书言当时还在使用的北魏铁仪"制度疏漏实多",其中最主要的是无有黄道环设置,建议制作"黄道浑仪"。唐"太宗异其说,因令造之。至贞观七年(633 年)造成。"唐太宗"称善,置其仪于凝晖阁",加授李淳风为"承务郎"。关于黄道浑仪,下面我们要作进一步介绍。

在上一节中,我们已提及在贞观十四年(640),李淳风有"新术"之作,并以此与戊寅历相参议。这一"新术"系指李淳风所造的乙巳元历而言的。稍后,李淳风又著《历象志》一书,除收载乙巳元历的有关内容之外,还对若干历法问题进行讨论。下面,我们将再作介绍。

贞观十五年(641),李淳风升任"太常博士,寻转太史丞"。其时,参"预撰《晋书》及《五代史》,其天文、律历、五行志,皆(李)淳风所作也。"这里所谓《五代史》即指《隋书》。《晋书》和《隋书》天文、律历、五行等志的内容,包括对前代论天各家的评述,天文仪器和全天星官的介绍,有关异常天象的描述及天象的实录,音律和度量衡的演进,历法的沿革与论争,还有若干重要历法的载录,异常气象、水旱灾害、地震等的记录等等,是关于天文历法的极其珍贵史料,对于古人而言,自是学习天文历法的很好教材。贞观十八年(644),李淳风指出用戊寅历定朔法将造成"四朔频大"的问题,已如本章第六节所述。由此,大约引发了他关于进朔法的思考(见后)。

大约在贞观十九年(645),李淳风完成了他的星占术著作——《乙巳占》。因为《乙巳占》的书名乃唐太宗所赐,而这一年正为乙巳岁,所以可能性是极大的。

到贞观二十二年(648),李淳风"迁太史令",主持太史局的全面工作。此后,李淳风还"与国子监算学博士梁述、太学助教王真儒等受诏注五曹、孙子十部算经。书成,(唐)高宗令国学行用"。这是中国古代算学史上的一件大事。唐高宗显庆元年(656),李淳风"以修国史功,封昌乐县男"③。又由《算经十书》每卷的第一页上都题有"唐朝议大夫、行太史令、上轻车都尉臣李淳风等奉敕注释"看,《算经十书》的注释工作当在 648～656 年间,而且,李淳风在此间还曾任朝议大夫、上轻车都尉等职。

在《算经十书》中,有一部为《周髀算经》,这是一部兼天文与算术于一身的著作,有关内容我们已在第三章第七节中作过介绍。在此书注解中,李淳风等对《周髀算经》盖天说某些假设的不合理性提出批评(已如前述),又对"影千里差一寸"之说提出质疑:"以事考思,恐非实矣。"他们从《太康地理志》所载有关地点的里程,推算出"交趾(今越南境内)去阳城(今河南登封)一万八百二十里",又由刘宋文帝元嘉十九年(442)"遣使往交州(今越南境内)度日影,夏至之日影在表南三寸二分"的史实,知交趾与阳城夏至"影差尺有八寸二分,是六百里而差一寸"(阳城夏至影在表北一尺五寸,$\frac{10820}{0.32+1.50}=594.5$ 里差一寸)。又考虑到"人路迂回,羊肠曲折",《太康地理志》所载里数当偏大,所以应该是"未盈五百里而差一寸。"他们还从金陵(今江苏南

---

① 刘昫:《旧唐书·李淳风传》。

② 欧阳修等:《新唐书·历志一》。

③ 以上均见刘昫:《旧唐书．李淳风传》。

京)“去洛阳(今河南洛阳)南北大较千里”,而梁武帝大同十年(544)夏至在金陵测日影的结果证明,金陵与洛阳两地影差却为三寸三分左右,由之又可推得“千里而差三寸强矣”的结论,即约南北距 312.5 里而影一寸,这大约更接近实际的情况。更为重要的是,李淳风等人还得出“夏至影差升降不同,南北远近数亦有异”的正确推论,这实际上已经触及影差与里差之间更深层次的关系问题,即两者之间并不存在线性的关系,而是因地而异的。所以“若以一等永定,恐皆乖理之实”[①]。李淳风等人此说,是继承刘焯之论而伸张之,当然,此论说的最终证实,还有待一次实地测算的检验。

唐高宗龙朔二年(662),李淳风任秘阁郎中。他“又论前代浑仪得失之差,著书七卷,名为《法象志》,以奏之”[②]。据一行说:“秘阁郎中李淳风著《法象志》,备载黄道浑仪法”。[③] 可知《法象志》应成于 662 年或稍后,此书是论述浑仪的构造、尺度等详情,并总结前代浑仪制作得失的专著,可惜早已失传。又,其“时戊寅历法渐差,(李)淳风又增损刘焯皇极历,改撰麟德历奏之。术者称其精密”[④]。献历之时,李淳风称其历为甲子元历,其时应在麟德元年(664),唐高宗“诏太史起麟德二年(665)颁用,谓之麟德历”[⑤]。自然,李淳风麟德历并非简单因循皇极历,而是在其基础上有所创新(见后),它是李淳风一生最重要的历法之作,是为唐代名历之一。

唐高宗“咸亨初(670),官名复旧,还为太史令”[⑥]。这是李淳风的最后任职,这一年他年届 68,不久即在任上去世。

李淳风是唐太宗、高宗时最重要的天文历法家,他在天文仪器制造、天文、历法、星占术诸方面,均多有建树。下面作进一步的介绍。

二　黄道浑仪的制作

李淳风所制黄道浑仪的构造有如下述:

> 表里三重,下据准基,状如十字,末树鼇足,以张四表。一曰六合仪,有天经双规(即子午双环)、金浑纬规(即地平环)、金常规(即赤道环),相结于四极之内。列二十八宿、十日、十二辰、经纬三百六十五度。二曰三辰仪,圆径八尺,有璇玑规(即赤道环)、(日)月游规(即黄道环和白道环),列宿距度,七曜所行,转于六合之内。三曰四游仪,玄枢为轴,以连结玉衡游筒而贯矩规。又玄极北树北辰,南矩地轴,旁转于内。玉衡在悬枢之间,而南北游,仰以观天之辰宿,下以识器之晷度。皆用铜。[⑦]

这是说黄道浑仪共有三组环圈构成:

外面一组环圈由子午双环、地平环和赤道环组成,是固定不动的,是为六合仪。在地平环的东西南北四个方向,有四根鼇足支撑,鼇足植于刻有十字水沟漕的底座之上。在赤道环上刻有二十八宿距度各值,在地平环上刻有 12 辰刻度,在子午环上刻有周天 365 刻度。这些与前

---

① 《周髀算经·卷下》。
② 刘昫:《旧唐书·李淳风传》。
③ 刘昫:《旧唐书·天文志上》。
④ 同②
⑤ 欧阳修等:《新唐书·历志二》。
⑥ 同③。
⑦ 欧阳修等:《新唐书·天文志一》。

赵孔挺浑仪大同小异。

中间一组环圈由赤道环、黄道环和白道环组成，称为三辰仪，这是李淳风最重要的创造。一是增设了白道环，这是前所未有的。二是他把赤道环和黄道环结合在一起，两者相交成24度角，而在赤道环上刻有二十八宿距度各值。这样，只要把此赤道环和天上二十八宿的赤道位置对准(利用内重的四游环，这一点是不难做到的)以后，黄道环和天上的黄道也就自然对准了。由是，可基本上解决东汉太史黄道铜仪所遇到的难题。不但如此，使用它还可以直接读得天体的入宿度。三是将白道与黄道交叉安装，两者交成约6度角。白道和黄道的安置不是固定的，而是在黄道"旁列二百四十九交，以携月游"①，即在黄道环上凿有249对孔穴，每经过一个交点月(约27.2日)将白道环移过一对孔穴，以适应黄白交点每经一交点月退行1度余的事实②。自然，在黄道环和白道环上也均刻有周天 度，以量度黄道和白道宿度值。

内里一组环圈与孔挺浑仪相同，是一夹有窥管的四游环，李淳风称其为四游仪。

整个仪器都用铜制成。至于中间和内里两组环圈的安置方法以及仪器的运作方法等，皆与孔挺浑仪基本相同。

李淳风的黄道浑仪之作，在前人浑仪制作的基础上，又加进了巧妙的构思。它取多环同心安装的方法，可用于地平、赤道、黄道和白道等坐标的测量，将中国古代传统的测量天体位置仪器的制作基本臻于完善。

三　乙巳元历、《历象志》和《乙巳占》

(一)关于乙巳元历与《历象志》

乙巳元历是李淳风前期的历法之作，它与李淳风的《历象志》一样，多已失传，幸在《乙巳占》中有所引述，故可知其大概③。

乙巳元历的重要进展之一是："诸法皆同一母，以通众术，今列之，以推天度，日月五星皆用之。"如"日行一度，即是日法1340分，一年行$365\frac{328}{1340}$度"。其日法1340即是它所取用的共同分母，不但适用于回归年长度，亦适用于其他诸天文数据的表述。前此各历法在用分数表述天文数据时，都采用不同数据取不同分母的方法，这固然有利于准确地表述有关数据，但在应用不同数据进行有关问题的计算时，不得不作通分的处理，给计算带来诸多不便。李淳风在乙巳元历中，则创用了通用分母的方法，而且对有关天文数据的分子并不局限于只能取整数，亦可用分数表述。这样，既达到便于计算又可保证准确表述有关数据的双重效果，是历法计算中一种相当重要的改革。后来，李淳风在麟德历中，继续采用此法。后世历法无不遵循之，其影响是很大的。

在《历象志》中，李淳风论及了岁差现象："王蕃所论冬夏二至、春秋二分日度交黄道所在，并据刘洪乾象历所说，今则并差矣。黄道与日相随而交，据今正(贞)观三年己丑岁(629)，冬至

① 刘昫:《旧唐书·天文志上》。
② 中国天文学史整理研究小组，中国天文学史，科学出版社，1981年，第189页。
③ 刘金沂，李淳风的《历象志》和《乙巳元历》，自然科学史研究，1987，(2)。

日在斗十二度，夏至日在井十五度，春分日在奎七度，秋分日在轸十五度。每六十余年差一度矣。”[①] 这是据刘洪乾象历(206)所说冬至日在斗 21.25 度等[②]，与 629 年所测冬至日所在度等作比较，证明岁差现象的存在(若依之计算，则有 $\frac{629-206}{21.25-12}=45.7$ 年差一度)。而 60 余年差一度的岁差值则是据另一些数值推算得到的。

而在乙巳元历中，李淳风又说：“每岁不周天 13 分矣。”[③] 即认为日行一周年不及一周天 13 分，已知 1 度等于 1340 分，则岁差值应为 103.1 年差一度，这是李淳风给出的另一个岁差值。李淳风所得到的这些岁差值或大或小，都是欠准确的。虽然如此，李淳风在乙巳元历中还是引进了岁差值和岁差法，这比他在后来的麟德历废弃岁差法不用，仍是一种进步的表现。

乙巳元历还给出了一系列天文数据：如木、火、土、金、水五星的会合周期分别为：398.8828 日、779.9213 日、378.0884 日、583.9179 日和 115.8795 日[④]，其误差分别为 1.8 分钟、21.3 分钟、5.0 分钟、5.0 分钟和 2.9 分钟。此五值的准确度均较后来的麟德历为优，其中，木星值甚至还略胜于戊寅历和大业历，而其他四星则稍不如戊寅历和大业历。又如所取月亮每日平均行度值为 $13\frac{494}{1340}$(=13.36866)度，与大业历十分接近，也较麟德历为优。

乙巳元历也给出了五星动态表、五星入气加减表等，察其内容多因循皇极历，而小作修订。

至于乙巳元历所用的其他天文数据，《乙巳占》中仅载约值或失载。关于乙巳元历的月离、日躔、交会、五星等术的进一步情况，《乙巳占》亦未予引述。李淳风说：有关“推求法术并著在《历象志》，乙巳元(历)经事烦不能具录，略表纲纪而已。”[⑤] 所以，我们在《乙巳占》中只能见到乙巳元历和《历象志》的梗概是可想而知的。关于乙巳元历与《历象志》的异同，乙巳元历当是一部法数俱全的历法，而《历象志》则应是对乙巳元历有关法数的论证与说明。

(二)关于《乙巳占》

《乙巳占·自序》曰：“余幼纂斯文，颇经研习，古书遗记，近数十家，而遭大业昏凶，多致残缺。”后来的经历更感对天象及气象的观测与研究，可以“断天下之疑，通天下之志，定天下之业，冒天下之道，可大可久，通远愈深，明本其宗，致在于兹”。于是，“余不揆末学，集某所记，以类相聚，编而次之，采摭英华，删除蔽伪，小大之间，折衷而已，始自天象，终于风气，凡为十卷，赐名乙巳”。这部著作的酝酿始自隋炀帝大业年间(605～617)，当时，李淳风还只是十几岁的少年，及至成书，已垂垂老矣。李淳风深信星占术，故集前代星占家之说中他认为“理当者”[⑥]，以及他自身的理解，即所谓“寻之白首，粗得其门”[⑦] 之说，而作成此书。李淳风与前代星占家不同之处在于，他还是一个历算名家，故在《乙巳占》中，李淳风用了不少篇幅言及历法问题，于是构成合星占与历法于一体的特殊著作，当然，《乙巳占》的主体乃是星占术，而历法则为其附庸。

---

① 李淳风：《乙巳占》卷一。
② 司马彪：《续汉书·律历志下》。
③ 同①。
④ 李淳风：《乙巳占》卷五。
⑤ 李淳风：《乙巳占》卷二。
⑥ 李淳风：《乙巳占》卷一。
⑦ 李淳风：《乙巳占》卷九。

《乙巳占》包括天象、天数、天占、日占、月占、分野、占例、五星占、流星占、客星占、彗星占、气象占等等。其语多不经,仅具研究古代星占术发展的意义,此不赘述。

在《乙巳占》中,李淳风表述了他对浑天说的推崇,认为在论天各家中,“浑天最亲”,他又认为张衡“所著《灵宪》、《浑仪》(即指《浑天仪注》)略具宸曜之本”,尊之为浑天说的代表作。他还引东吴王蕃的《浑天象说》的有关论述,以证“天体圆如弹丸”① 之理。当然,李淳风所作黄道浑仪,也正是依浑天说的理论制成的。对于浑天说,李淳风也另有所论述:“天地中高而四陵,日月相隐蔽,以为昼夜。绕北极常见者谓之上规,南极常隐者谓之下规,赤道横络者谓之中规。”② 李淳风既认为天体是球形的,又认为天和地都是中高并四向渐次下降,此说与我们已在第四章第七节提及的刘宋何承天“地中高外卑”之说,颇相类似,但李淳风并未言及水周于地之下,似较何承天之说有所进步。

四 麟德历的成就

麟德历是李淳风晚年的作品,可以说是他经一生的思考与研究而得的历法力作。在对前代历法的比较研究中,他深知刘焯皇极历的精深巧妙,又惋惜皇极历因种种干扰竟不行于世。除了在《隋书·律历志下》全文载录“术士咸称其妙”的皇极历外,他还着意遵从皇极历法,并糅进自己的研究心得,编制一部新历法,这就是麟德历。以下仅介绍麟德历的创新之处,与皇极历相似者,恕不赘述。

在麟德历中,李淳风继续采用在乙巳元历中已发明的通用分母法,“古历章、蔀,有元、纪,有日分、度分,参差不齐,(李)淳风为总法千三百四十以一之”。③ 这里,后者说的就是取用通用分母法,而前者则说的是,麟德历还废除了前代历法传统的章、蔀、元、纪之法。所谓章、蔀、元、纪法,是反映回归年和朔望月长度、月名、还有日名和岁名干支之间关系的一种方法。以四分历为例,其回归年和朔望月长度分别为 $365\frac{1}{4}$ 日和 $29\frac{499}{940}$ 日,闰周为 19 年 7 闰。设从甲子年十一月甲子日夜半冬至合朔出发,它规定 19 年为一章,经过一章,19 年 $=19\times12+7=235$ 月,正可回到十一月冬至合朔的状态。但 19 年 $=365.25\times19=6939.75$ 日,时刻上回不到夜半的状态,故需以 4 乘,$19\times4=76$ 年 $=27759$ 日,即可回到十一月夜半冬至合朔的状态,这称为一蔀。可是,日名干支回不到甲子,故需以 20 乘,$76\times20=1520$ 年 $=555180$ 日,可为 60 除尽,则可回到十一月甲子日夜半冬至合朔的状态,这称为一纪。但岁名干支还回不到甲子,故还需以 3 乘,$1520\times3=4560$ 年,可为 60 除尽,才可完全回到当初的状态,这称为一元。这一方法实际上主要是为推算闰月而设的,其实,自西汉太初历开始,闰月实际上已用无中气之月为闰月的方法设定,但章、蔀、元、纪法作为一种辅助方法依然被广泛使用。到李淳风麟德历才最终取消这种形式主义的方法,这也就可以不再去推求闰周一类的数据,而完全以无中气之月为设定闰月的依据。李淳风的这一举措是去繁就简的改革,此后历家无不因循之。

针对应用定朔法可能造成月朔的安排四连大或四连小的情况,麟德历做出了某些人为的规定加以避免,这就是所谓进朔法,以期适应人们关于朔日安排的传统观念。它规定“凡置月

① 李淳风:《乙巳占》卷一。

② 欧阳修等:《新唐书·天文志一》。

③ 欧阳修等:《新唐书·历志二》。

朔，盈朒之极，不过频三。其或过者，观定小余近夜半者量之”[①]。即若要出现多于三大、三小的情况，则需作适当调整，将所算得的定小余同夜半最临近的那一个月作提前一日或推后一日的处理。这一方法的提出，对于平息传统观念对定朔法的强烈反抗，对于定朔法总体上得以实施，起了重要的作用。定朔法几经周折，在定朔法还是做出少许调整的条件下，才得到认同，这不能不说是定朔法的悲哀，亦可见传统观念的顽固和可悲。

唐中宗时(705～710)，南宫说曾批评麟德历“上元甲子之首，五星有入气加时，非合璧连珠之正也”[②]。由之可知，麟德历乃取用多历元法，这与皇极历是大不相同的。

李淳风首创了较严格的每日日中晷影长度计算法。在麟德历以前，各历法计算每日日中晷影长度，都是应用 24 节气晷长表，依一次内插法加以计算，并未考虑表列节气时刻时的晷长与该节气日日中时刻晷长的差异。麟德历不但给出了新测得的 24 节气晷长表，而且在应用该表时，正确地应用刘焯发明的等间距二次差内插法进行计算，还虑及了上述差异的影响，作了必要的修正，从而充实了每日日中晷长计算法，对后世历法产生了重要的影响[③]。

麟德历求月入“定交分”的术文中，有“六十(一)乘迟疾定数，七百七十七除，为限数”[④] 之说，这实际上与本章第三节二(一)所列的算式右边第三项相似，即麟德历所取交数、交率分别为 61 和 777[⑤]，也就是说，李淳风取交食周期为 777 个交点月与 61 个食年相当(亦即 716 个朔望月与 61 个食年相当)，而这正是美国天文学家纽康(S.Newcomb，1835～1909)在 19 世纪末才提出的著名的交食周期值。依李淳风交食周期值可算得麟德历所取食年长度为 346.62125 日，与理论值之差为 140 秒，其精度不及皇极历。但麟德历的交食周期值却对后世若干历法产生很大影响，如唐郭献之五纪历(762)、徐承嗣正元历(784)、南宋刘孝荣淳熙历(1176)均取与之相同的数值，北宋皇居卿观天历(1092)则取该值的 2 倍[⑥]。

关于食限，在麟德历之前，均以日月距黄白交点的度值为标准，李淳风一方面继承这一传统，又一方面提出了新的表述方式：“月道一度半强已下者，为沾黄道，当朔望，则有亏。”[⑦] 这是以日、月之间南北相距的度值作为判断是否发生交食现象的标准，这与传统的标准是等价的[⑧]。

对于五星动态表，麟德历在皇极历和大业历的基础上，有所修正。至于五星入气加减法，由图 5-3、图 5-4 和图 5-5 可见，麟德历对于木、火、土三星运动不均匀性的描述均优于皇极历和大业历。其中，以对木星运动不均匀性描述的进步尤为明显，其准确度甚至不比后世许多历法的相关描述逊色[⑨]。

---

① 刘昫：《旧唐书·历志二》。

② 欧阳修等：《新唐书·历志二》。

③ 纪志刚，麟德历晷影计算方法研究，自然科学史研究，1994，(4)。

④ 同②。

⑤ 曲安京、纪志刚、王荣彬，中国古代数理天文学探析，西北大学出版社，1994 年，第 79 页。

⑥ 陈美东，古历新探，辽宁教育出版社，1995 年，第 257～258 页。

⑦ 刘昫：《旧唐书·历志二》。

⑧ 陈美东，中国古代的月食食限及食分计算法，自然科学史研究，1991，(4)。

⑨ 陈美东，中国古代五星运动不均匀改正的早期方法，自然科学史研究，1990，(3)。

第八节 瞿昙悉达《开元占经》及九执历

一 瞿昙悉达及其家族

自唐高宗、武则天、中宗、玄宗、肃宗、代宗或德宗六、七朝，前后不少于110年，有一个来自天竺即古印度的家族一直活跃在天文历法的舞台上，这就是瞿昙家族。这一家族的祖先何时抵达中国，已不可考。但他们在唐代之前就已来到中国，并擅长古印度的天文历法当无疑问。

1977年5月，在陕西省长安县北田村发现了瞿昙譔的墓铭志[①]，这才得以知晓这一家族的血统关系。已知该家族的第一代是瞿昙逸，他是一位婆罗门僧人。瞿昙逸生瞿昙罗，瞿昙罗生瞿昙悉达，瞿昙悉达生瞿昙譔和瞿昙谦，瞿昙譔生瞿昙宴[②]。其家族颇为兴旺，这里所举的人物只限于与天文历法工作有关者。

瞿昙罗至迟在唐高宗麟德元年(664)已任太史令。当年唐高宗决定于次年颁行"当时以为密"的麟德历，同时决定"与太史令瞿昙罗所上经纬历参行"[③]。颁行一部历法，同时又令另一部历法参考使用，这在中国古代历法史上是不多见的现象。这似乎说明，当时在行用麟德历还是行用经纬历的问题上有过不小的论争，而李淳风的声望自然要高于瞿昙罗，检验的结果，麟德历又略优于经纬历，但经纬历又确实存在某些麟德历不可替代的长处，所以才有上述现象的产生。

至武则天圣历元年(698)，武则天"命太史瞿昙罗造新历。至三年(700)，复用夏时，光宅历亦不用"。这里所谓"复用夏时"，是说武则天于载初元年(689)曾改令"以建子月为正月，建丑为腊(月)，建寅为一月"[④]。即将自西汉武帝太初元年(前104)以后通用的"夏时"——以建子月为十一月、建丑月为十二月，建寅月为正月的制度进行修改。这在政治上含有武周代唐而有所改作的意义，但在历法上却毫无意义，只是一种标新立异的举措。而于698年又令瞿昙罗造光宅历，自然也有政治上的改作之意。可是，改十一月为正月等与历来的传统不合，到久视元年(700)，要求复用夏时和反对进行改历的呼声强劲，武则天只得顺应之。

由此可见，瞿昙罗在唐高宗到武则天期间，在天文历法界至少活跃了36年之久，在相当长时间内担任太史令之职，主持天文历法工作。他的经纬历被部分采用，可惜，关于经纬历和光宅历的进一步细节已无由确知，我们猜想，它们应包括有古印度历法的成分，为中国传统历法和古印度历法的结合体。

在《旧唐书·历志二》所载麟德历经步交食术和步五星术之间，我们可以看到录有"迦叶孝威等天竺法"的一大段文字，其内容是与麟德历步交食术不同的古印度交食理论及算法。在中国古代历经中，有夹述与该历法不同的历算方法的其他例子，如《宋史·律历志六》所载宋行古

① 晁华山，唐代天文学家瞿昙墓的发现，文物，1978，(10)。

② 陈久金，瞿昙悉达和他的天文工作，自然科学史研究，1985，(4)。

③ 欧阳修等：《新唐书·历志二》。

④ 刘昫：《旧唐书·历志二》。

崇天历步五星术之后，录有与崇天历不同的步五星术，并有“诏增入崇天历，其改用率数如后”等语说明之。如果考虑到瞿昙罗经纬历与麟德历“参行”的事实，我们似可推想“迦叶孝威等天竺法”即是与麟德历步交食术参行的古印度交食法，亦即瞿昙罗经纬历的构成内容之一。其法中有关于计算交食食分的方法：“去交十五度、十四度、十三度，影亏不食，自此已下，乃依验食。十二度十五分，食二分少强，以渐差降，自五度半已上，食既，十四分强，若五度无余分已下，皆食尽。”这是说，当日月距黄白交点 15 度时，为可能发生偏食的食限；13 度时，为必定发生偏食的食限；5 度时，为必定发生全食的食限。至于交食食分的计算，这里仅列举了几个特例，如当日月距黄白交点 12 度 15 分时，食分为 2 分少强（以 15 分为最大食分），5 度半时，食分为 14 分强，等等。其实，其食分的计算当有更具体的算法，但未作说明。而对于月食而言，麟德历与之相应 的三度值分别为 17.39 度、15.72 度和 0.53 度①。可见，两者有明显的差异。此三值的理论值依次约为 13 度、10 度和 4 度，即麟德历应不如天竺法准确。由此看来，当年决定让瞿昙罗经纬历“参行”之，是有道理的。

瞿昙悉达是现已知的瞿昙家族的第三代传人。据《开元占经》卷一记载：后魏铁仪“至于大唐，历年久远，仪益日以倾坠，太史者历正也。自景云三（二）年（711），奉敕重令修造。使……银青光禄大夫行太史令瞿昙悉达……等，首末共营，各尽其思。至先天二年（713）”修理完毕。这是说，瞿昙悉达在 711 年就已是当时天文历法界的重要人物，业已替代其父瞿昙罗的工作，并在修理后魏铁仪的工作中起了重要的作用。

《开元占经》编撰者的署名为：“银青光禄大夫太史监事门下同三品瞿昙悉达等奉敕撰。”这是说，《开元占经》乃是在瞿昙悉达的主持下、由太史监的人员集体编撰而成的。

这里，我们要顺便介绍唐代天文历法机构名称的变迁及人员配置的情况。唐初，“太史局隶秘书省，掌视天文历象”。武则天“久视元年（700）五月十九日，敕太史局不隶秘书省，自为职局，仍改为浑天监。至七月六日，改为浑仪监”。长安二年（702）“复为太史局，隶秘书省”。唐中宗“景龙二年（708）六月改为太史监，不隶秘书省”。唐睿宗“景云元年（710）七月，复为太史局，隶秘书省。八月，又改为太史监。十一月，又改为太史局。二年（711）闰九月，改为浑天监”。唐玄宗“开元二年（714）二月，改为太史监。十五年（727）正月，改为太史局，隶秘书省。天宝元年（742），又改为太史监”。唐肃宗“乾元元年（758）三月，改太史监为司天台”，此后终有唐一代不变。即在采用司天台的名称之前，曾先后应用过太史局、浑天监、浑仪监、太史监等四种名称，它们时而属秘书省管辖、时而自成独立的直属职局。局（或）监原址在“秘书省之南”，即在皇城西南方。在改名为司天台后，依据天上星官中的灵台三星在太微垣，夏至前后太微垣在紫微垣之东，而紫微垣相当于地上的皇城，于是在皇城以东的兴庆宫附近建立司天台，而且在“司天台内别置一院，曰通玄院。应有术艺之士，徵辟至京，于崇玄院安置”。这通玄院（或崇玄院）是司天台正式编制外通晓天文历法人士的安置之所，其人员不限，相当于编外的天文历法研究场所。

关于局（或）监的人员编制，情况不详。但从本章第六节所述，武则天长安二年（702）太史局的漏刻管理部门的编制就达 673 人，可以想见，太史局的官员及其编制是庞大的。至于司天台的编制，“其官员，大监一员，正三品。少监二人，正四品。丞三人，正六品。主簿三人，主事二人，五官正五人，五官副正五人，灵台郎一人，五官保章正五人，五官挈壶正五人，五官司历五

① 陈美东，中国古代的月食食限及食分计算法，自然科学史研究，1991，(4)。

其他天文历法著作的内容。当然，对于此，它也是以集录前人工作成果(九执历除外)的方式予以描述的。这就是说，瞿昙悉达及其同事们以十分广大的胸怀和深邃的眼光，对前人的天文历法工作、特别是星占术作了全面系统的搜集与整理，并有条不紊地呈现在世人面前，给后人留下了极其宝贵的天文学史料。据初步统计，《开元占经》中，摘录有现已失传的古代天文学和星占术著作共约 77 种，纬书共约 82 种。此外，还摘录有若干现已佚失的经学、史学和兵家著作①。由之，《开元占经》的史料价值更弥足珍贵。

《开元占经》撰成以后，自然成为国家的秘籍瑰宝，仅供皇家天文机构参用。所以，在唐、宋时期便极少流传，及至明代，似已失传，以致连明代皇家天文台也无藏本。一直到明神宗万历四十四年(1616)，安徽歙县学者程明善在为一尊古佛像布施装金时，在佛像腹中发现了一部《开元占经》的抄本，使失传有年的这部重要著作重见天日。自此，传抄者日众，较快地在各地传播开来。可见，该书的学术价值依然广为社会所认同。

在《开元占经》中备受我们重视的天文历法资料有：被认为是战国时期甘德对于木星的最亮一颗卫星——木卫二的肉眼观测记录；关于日食现象的高水平论述；关于石氏、甘氏和巫咸氏三家星官原貌的描述；关于先秦古四分历及若干其他历法基本数据的记述；中国最早的恒星位置表——《石氏星经》的记载；关于宇宙结构、天体运动理论的大量翔实的记录，等等。② 这些在本书前此有关章节均有所引述。当然，关于九执历的记载，更是受到关注的。下面，我们对之作简要的介绍。

三　九执历的编译及其特色

前已提及，九执历是唐玄宗诏令瞿昙悉达从“出于西域”的历法中译出的。瞿昙悉达自己也说：“九执历，梵天所造，五通仙人承习传授。”③ 这里所谓西域或梵天，均指古印度而言，即九执历是以印度历法为母本的。所谓九执，系梵文 navagraha 的直译，意思是九曜，即日、月、水、金、火、木、土、罗睺(Rahu)和计都(Ketu)，后二者实分别指黄白道的升交点和降交点，而古印度天文学家则视之为二颗“隐星”。即由九执历之名本身，就象征性地表示出印度天文历法的特征④。在翻译过程中，有“五通仙人”者起了相当大的作用。这位仙人势必精通印度历法，很可能是刚到中国不久的古印度僧人。日本学者薮内清和矢野道雄指出：九执历主要是以成书于 550 年的古印度《五种历数全书》为依据的，其次，也大约受到成书于 665 年的古印度《历法甘露》一书的某些影响⑤。这位僧人自号“五通”，也许就与自诩精通《五种历数全书》有关。

瞿昙悉达说：“今削除繁冗，开明法要，修仍旧贯，缉缀新经，备述算术，具算如左。”这是关于九执历是取母本的精要编撰而成的极好说明，也就是说，瞿昙悉达是在翻译上述诸种印度历法的基础上，经由一番研究，“凡在隐秘，咸得解通”，既依循其理论与算法的精髓，又做了删繁就简的工作，而编就了九执历的。当然，要使印度历法为中国人所理解与接受，瞿昙悉达还不能不对印度历法作某种必要的改造。如九执历关于历元的设置：“上古积年，数太繁广，每因章

① 薄树人，《开元占经》——中国文化史上的一部奇书，见《唐开元占经》前言，中国书店，1989 年。
② 薄树人，《开元占经》——中国文化史上的一部奇书，见《唐开元占经》前言，中国书店，1989 年。
③ 瞿昙悉达：《开元占经》卷一百四。
④ 薮内清，九执历研究，科学史译丛，1984，(4)，张大卫译，东方学报(Acta Asiatica)1979，(36)。
⑤ 同④。

首，遂便删除，务从简易，用舍随时。”这是古印度历法历元设置的基本方法，即给出数字极其庞大的有关周期值，但在九执历中并不予更具体的申述，一笔带过而已，而采用了简明的、中国人易于理解和接受的近距历元法：“今起明（显）庆二年丁巳岁二月一日（657 年 3 月 20 日，此日干支为己未）以为历首，至开元二年（714）甲寅岁，置积年五十七算。”这就带有中国传统历法历元设置的基本特征，只是其不取上元法，而用近距历元法；不用冬至而用春分、不用甲子日而以己未日作为历元的要素之一。又如，九执历有计算日干支的方法：“置积日，以六十除弃之，余从庚申算上，命之得甲子之次。”历元自己未日起算，其次日为庚申，设积日除以 60 所得余数为 A，则从庚申在内起算的第 A 日即为所求日的干支，这自然是顺应中国人特殊的记日方式而增设的。就是说，九执历应是瞿昙悉达参照多种印度历法，并考虑到中国人的需求编译而成的。

当然，归根到底，九执历还是一部具有古印度历法特色的历法，而古印度历法是受到古希腊天文学的影响的，于是它与中国传统历法属于完全不同的历法体系：一取几何学方法、一取代数学方法，这当是最基本的差异。此外，还有诸多不同：

（1）九执历取周天 360°法，与中国传统历法用周天 365.25 度法不同。

（2）九执历采用黄道坐标系于天体运动的计算，而中国传统历法则以赤道坐标系为主。

（3）中国传统历法始终没有明确区分太阳运动的近地点同冬至点、远地点同夏至点之间的差异，也就是说，并未明确建立起太阳运动近地点和远地点的概念，而九执历则明确指出它的运动远地点在夏至点之前 10°，这完全符合当时的实际情况。

（4）在中国传统历法中，没有大地为球形的概念，更谈不上此观念的实际应用，而九执历虽未明确提及大地为球形的论说，但在推月食术中，则明确论及“阿修量”——地球影锥直径的计算法①，这表明瞿昙悉达接受印度天文学的理论，具有毋庸置疑的地球观。在《大衍历议·日食议》中引《略例》之说②，有“暗虚半径”及其相关的月食食分的计算法，其法与九执历求“阿修量”及月食食分算法不全同，但明显受到九执历法的影响，是毫无疑问的。可是，在一行大衍历经中，却不见与之相似的算法的踪影。这似乎说明，一行在编制大衍历的过程中，确曾研究并考虑应用这一同九执历相类似的计算法，但最后还是弃而不用，而回归到中国传统的历法体系上去。充其量也只是吸收九执历的某些思想，把它化为充实中国传统历法算法的技术手段。

（5）在计算交食食分等问题时，中国传统历法没有考虑日、月与大地之间直线距离变化的影响，或者说，并未明确建立起计算日、月与大地之间直线距离的有关理论和具体方法，而九执历则明确给出了因日、月与地球直线距离变化造成的“月量”——月亮视直径和“阿修量”大小的计算法③。九执历的这一方法的应用，自然较中国传统历法先进。

（6）在计算日食食分时，九执历考虑到了月亮视差在不同地理纬度处的不同影响，给出了称为“随方眼”的计算方法。一行大衍历的九服食差算法的建立，大约就是得此启发而成的。

（7）在九执历中，给出了准正弦函数表并应用了正弦函数算法。其正弦函数表称作“月间量命”，如表 5-4 所示。

---

① 薮内清，九执历研究，科学史译丛，1985，（1），张大卫译，东方学报（Acta Asiatica）1979，（36）。

② 同①。

③ 同①。

表 5-4　九执历准正弦函数表

	A	B	C		A	B	C
第 1 段	225	224.9	+0.1	第 2 段	449	448.7	+0.3
第 3 段	671	670.7	+0.3	第 4 段	890	889.8	+0.2
第 5 段	1105	1105.1	−0.1	第 6 段	1315	1315.7	−0.7
第 7 段	1520	1520.6	−0.6	第 8 段	1719	1719.0	0
第 9 段	1910	1910.1	−0.1	第 10 段	2093	2092.9	+0.1
第 11 段	2267	2266.8	+0.2	第 12 段	2431	2431.0	0
第 13 段	2585	2584.8	+0.2	第 14 段	2728	2727.5	+0.5
第 15 段	2859	2858.6	+0.4	第 16 段	2978	2977.4	+0.6
第 17 段	3084	3083.4	+0.6	第 18 段	3177	3176.3	+0.7
第 19 段	3256	3255.5	+0.5	第 20 段	3321	3320.9	+0.1
第 21 段	3372	3371.9	+0.1	第 22 段	3409	3408.6	+0.4
第 23 段	3431	3430.6	+0.4	第 24 段	3438	3438.0	0

表 5-4 中每一段分别表示每隔 $90°/24 = 3.75° = 3°45'$ 的准正弦函数值，A 栏为历载值，B 栏为今算值，C 栏为（A − B）。所谓准正弦函数是指：

$$A = 3438\sin(3.75° \times N)$$

式中，$N = 1、2、3\cdots\cdots24$。3438 系与黄白交角、月地距离等有关的数值①。现传本 A 值第 9 段记作“一千九百一”应改为“一千九百十”；第 17 段记作“三千八百四”应改为“三千八十四”；第 21 段记作“三千五百七十二”应改为“三千三百七十二”；第 23 段记作“三千四百二十一”应改为“三千四百三十一”。而由表 5-4 中 C 的绝对值平均值为 0.3；若令 B 值四舍五入之，则可见仅第 6、7、16、17、18 五段与 A 值有 1 之差，所以说其准确度是相当高的。九执历应用准正弦函数表于“月间量”——月亮黄纬、交食持续时间、太阳的天顶距等课题②。

应该说，九执历的准正弦函数表是一种相当先进的数学用表，是一种相当先进的数学方法的应用。可是，这一数学方法和表格，并未引起中国历算家的注意，不但在唐代，而且直到明代末年以前均如此。这大约是得到相当充分发展的中国传统的代数学方法的排他性造成的，当然又是保守思想在作祟的结果。

（8）九执历采用了一些较中国传统历法准确的天文数据。如其太阳运动盈缩最大值为 2°14′，中国传统历法多取 2°23′左右，而理论值约为 1°58′③。但九执历所取回归年长度值逊于中国传统历法，恒星月、近点月、交点月、恒星年等长度的误差都在 1200 秒以上，其准确度远低于中国传统历法（前三者在数秒以内、后者在数十秒内），简直无法同日而语④。

《开元占经》卷一百四所载九执历缺关于五星推步方法的记述，这应当是传抄者的疏漏所致。其五星法自然也应是古希腊天文学体系的方法，可惜无由知其详。

如上所述，九执历是一部古希腊-古印度天文学特色的历法，它带来了与中国传统历法完

① 薮内清，九执历研究，科学史译丛，1985，（1），张大卫译，东方学报（Acta Asiatica）1979，（36）。
② 同①。
③ 陈美东，日躔表之研究，自然科学史研究，1984，（4）。
④ 陈美东，古历新探，辽宁教育出版社，1995 年，第 215～270 页。

全不同的天文学思想与方法，瞿昙悉达为此付出了巨大的心力，连同《开元占经》的编撰一起，很好地完成了唐玄宗交办的任务。九执历的问世，虽得到了一些历家的重视，还曾引起了一场历法的论争，但当时以一行为主导的天文历法界，只是汲取其中的有限思想与方法，将其融入于传统历法之中，作为传统历法的补充，坚持发展了传统的历法体系。

第九节　南宫说、一行、梁令瓒的天文工作

一　南宫说的天文大地测量和历法工作

南宫说是活跃于武则天至唐玄宗时期的一名颇有作为的天文历法家，他是李淳风以后，与瞿昙罗、瞿昙悉达、瞿昙谟三人共事并名的人物，与瞿昙氏有密切的交往，似有较融洽的关系。

神龙元年(705)武则天去世后，唐中宗恢复了李唐的统治。时任太史丞的南宫说指出："麟德历加时浸疏"，而且麟德历所用历元存在不用上元法，所以提出了需行改历的建议。唐中宗于是"诏(南宫)说与司历徐保、南宫季友，更治乙巳元历"。因为神龙元年岁次乙巳，故暂以之为历名。至唐中宗"景龙中(约709)，历成，诏令施用"。其历名改为景龙历。可是，因唐中宗去世，"(唐)睿宗即位(710)，景龙历寝废不行"[①]。南宫说所制新历终不得颁用的原因，大约是出于政治上的考虑，而察此新历，则不无其长处。

景龙历经早已不传，但在《旧唐书·历志二》和《开元占经》卷一百四中，我们均可见到它所取用的一批基本天文数据。由之可见，景龙历继承了麟德历创用的天文数据共用分母法，而且取母法为一百，较麟德历又进了一步。如它是这样表述一回归年长度的："期周，三百六十五日，余二十四，奇四十八。"即其值可表述为：

$$365\frac{24\frac{48}{100}}{100}=365.2448\text{ 日。}$$

这实际上是应用了小数表述法，而只是保存了分数表述法的形式。南宫说的这一天文数据表述法，实际上也就是元代授时历采用的万分法的前奏。

景龙历所取近点月和交点月长度分别为 27.554559 日和 27.212216 日，前者的误差为 0.4 秒，而后者则与理论值密合，这二者又均为历代历法的最佳值[②]。这自然是南宫说经过认真测算的结果，是非同小可的成绩。

此外，"其术有黄道而无赤道"。这又是景龙历有别于传统历法的显著特征，即在推算有关历法问题时，南宫说采用了黄道坐标为准的方法，而摒弃以赤道坐标为准的传统。这一方法是否受到瞿昙罗熟悉的古印度历法的影响，因记载过于简略，已不得而知。还有，景龙历"推五星先步定合，加伏日以求定见"。这也是有别于前代历法的一种改进。由此可以推知，景龙历的五星动态表是以五星平合为起始的，这同前代历法均以五星平见为五星动态表的起始是不一样的。将五星动态的起首从可见的五星晨见东方改为不可见的五星平合，同把月首从可见的朏改为不可见的朔有相似之处，虽然不如后者意义重大，但它是人们对五星动态的认识充满了

① 刘昫：《旧唐书·历志二》。
② 陈美东，古历新探，辽宁教育出版社，1995 年，第 239、257 页。

自信的反映，从上元法更为理想化的角度考虑，则可以达到景龙历所说的上元年“十一月甲子朔夜半冬至，七曜起牵牛之初”① 的理想。此法为一行大衍历及其后大多数历法所接受，产生了较大影响。

唐玄宗开元十二年(724)，一行为编制新历，发起全国性的天文大地测量工作，其中河南一带的四个测点就交由南宫说负责。“太史监南宫说择河南平地，以水准绳，树八尺之表而以度引之”②。即测量了滑州白马县(今河南滑县)、汴州浚仪太岳台(今河南开封市)、许州扶沟县(今河南扶沟县)、蔡州上蔡武津馆(今河南上蔡县)四处彼此之间的水平距离、四处夏至日午中晷长和北极出地高度等值，其结果可列于表 5-5 中③。

表 5-5　滑州等四地彼此水平距离、夏至晷长、北极出地高度表

地　点	水平距离	夏至晷长(尺)	北极出地高度(度)
滑州白马		1.57	35.3
	198 里 179 步		
汴州浚仪		1.53	34.8
	167 里 281 步		
许州扶沟		1.44	34.3
	160 里 110 步		
蔡州上蔡		1.365	33.8

这就是著名的世界第一次子午线长度实测的基本数值。一行和南宫说显然是依据隋代刘焯当年的建议而实施这一测量工作的。滑州白马等四地均在河南平地，而且大体位于同一经线上，用水准测量法丈量水平距离，树 8 尺之表，于夏至同日测影，南宫说正是依此进行了具体的操作，圆满地完成了任务。不但如此，一行和南宫说的考虑还超过了刘焯，他们还增加了对此四地北极出地高度值的测量。在取得上述测量结果之后，进一步的分析工作，大约是由南宫说和一行共同进行。

他们得到的第一个重要结论便是：“大率五百二十六里二百七十步，晷差二寸余。而旧说王畿千里，影差一寸，妄矣。”即南北相距(198 里 179 步 + 167 里 281 步 + 160 里 110 步 =)526 里 270 步(1 里 = 300 步)，夏至晷差(1.57 − 1.365 =)2.05 寸。如同刘焯和李淳风早已推测的那样，南宫说以其实测作出了证明，无可辩驳地证实了数百年来千里影差一寸之说的谬误。

由表 5-5 还可推衍出表 5-6。

表 5-6　滑州等四地实测结果的分析

序号	两地名	影差 1 寸之里差	北极出地高差 1 度之里差
1	白马—浚仪	496 里 148 步	397 里 58 步
2	浚仪—扶沟	186 里 179 步	335 里 262 步
3	扶沟—上蔡	213 里 247 步	320 里 220 步
4	白马—扶沟	281 里 285 步	366 里 160 步
5	白马—上蔡	257 里 7 步	351 里 80 步
6	浚仪—上蔡	198 里 292 步	328 里 91 步

① 以上均见欧阳修等,《新唐书·历志二》。

② 刘昫:《旧唐书·天文志上》。

③ 欧阳修等:《新唐书·天文志一》。

从表5-6可见，与夏至影差1寸相应的里差变化幅度很大，在186余里到496余里之间，而与北极出地高度差1度相应的里差变化的幅度则小得多，在320余里到397余里之间。有鉴于此，一行和南宫说得出了里差与影差之间并不存在线性关系的结论，这是他们得到的第二个重要结论。而他们得到的第三个也是最重要的结论则是："大率三百五十一里八十步，而极差一度。"首先，他们由上述情况得出里差与北极出地高度差之间存在线性关系的结论，其次，对这一线性关系给予定量的描述。如表5-6序号5所示，即为他们所给的数值，若取序号1、2、3三值的平均数，亦正得他们所给的数值。反过来说，他们也许正是出于这种情形，而定出该值的。而该值实际上就是子午线1度的长度。这一测量工作的主要出发点是要验证千里影差一寸之说的正误，却意外地进行了子午线1度长度的实测工作，可是，一行和南宫说的理念中，并无关于地球的观念，所以，他们并不真正了解其测量工作和所得结论的更为重大的意义。

这里，一行和南宫说所说的1里，是为150丈＝1500尺，而1尺当指1天文尺＝24.525厘米[①]，又依大衍历，1度＝$\left(\frac{360}{365.2565}\right)$[②]。于是，可以算知，1度差351里80步即子午线每1°长度为131.11公里。这与近代的测量结果，在纬度约35°处，子午线1°长度为110.94公里，偏大了20.17公里。这说明南宫说当年丈量两地间的水平直线距离偏大了，其中最主要的原因大约是未能在两地间取直线距离。虽然南宫说的测量工作还存在不小的误差，虽然一行和南宫说没有最终得出关于地球大小的更重要的结论，我们还是应该高度评价他们的这一工作，他们毕竟纠正了千里影差一寸的错误，取得了里差与北极出地高度之间存在线性关系的正确结论，并予以定量的描述，不自觉地进行了子午线1度长度的实测工作，在中国天文学史乃至世界天文学史上都写下了光辉的一页。

在本章第八节中，我们已经提及南宫说在唐玄宗开元二十一年(733)与陈玄景、瞿昙譔一起责难大衍历之事，当时，南宫说任"太子右司御率"之职。由于历争以失败告终，"乃罪(南宫)说等"[③]。这位在天文历法界至少活跃了30年的天文学家，至此没而不闻。

二　一行其人

一行(683～727)，俗名张遂，魏州昌乐(今河南南乐)人，一说今河北巨鹿人。其祖辈为官宦人家，后来家道中落，从孩童时起，一行幸得邻里王姓老妪的接济，聊以度日[④]。他自幼"聪敏，博览经史，尤精历象、阴阳、五行之学"[⑤]。且有超人的记忆力，"读书不再览，已暗诵矣"[⑥]。大约在703年前后，一行即以其学识广博，为世所知[⑦]。

武则天长安三年(703)，一行的父母相继去世，故而"豁然厌世，抱方外之心"[⑧]，随"荆州景

① 伊世同，量天尺考，文物，1978，(2)。
② 欧阳修等：《新唐书·历志四上》。
③ 欧阳修等：《新唐书·历志三上》。
④ 赞宁：《宋高僧传·卷五·唐中嶽嵩阳寺一行传》。
⑤ 刘昫：《旧唐书·一行传》。
⑥ 同①
⑦ 严敦杰，一行禅师年谱——纪念唐代天文学家张遂诞生一千三百周年，自然科学史研究，1984，(1)。
⑧ 最澄：《内证佛法相承血脉谱》。

禅师出家"[①]。而据《旧唐书·一行传》载:"武三思慕其学行,就请与结交,一行逃匿以避之。寻出家为僧。隐于嵩山,师事沙门普寂。"武三思乃是武则天的侄子,为人专横跋扈,一行不屑与之为伍,这也应是他逃避隐匿于嵩山,并削发为僧的原因之一[②]。其师普寂是为禅宗北宗的首领,一行在名师指点下,开始了佛学的研究。

唐睿宗即位(710),闻一行之名,"敕东部留守韦安石以礼征一行,固辞以疾,不应命"。仍在嵩山以继续研究佛学为重。唐玄宗开元四年(716),一行自嵩山"步(行)往荆州当阳山,依沙门悟真,以习梵律"。其时,一行的学识更臻纯青,名声远播。

开元五年(717),唐玄宗也闻一行的学行,特令一行的叔父张洽前往当阳山,"强起之",即下了强制性的命令,也许,一行还碍于叔侄的情分,不得不随之到京都长安。初到长安,一行被安置于光太殿,而在此后数年中,唐玄宗"数就之,访以安国抚人之道,皆切直无有所隐"[③]。看来,唐玄宗当初是看中一行安邦治国的宏论而强征他到京的,一行则恳切直言,尽其所知,申述是非得失。到京后,一行继续他的佛学研究和著述,自不待言。开元八年(720),南印度人金刚智来洛阳传授密藏,"沙门一行钦受秘法,数就咨询,(金刚)智一一指陈,复为立坛灌顶,一行敬受斯法,请译流通。"[④] 这是一行与刚来自印度的僧人学者直接交往的明确记载,说的虽都是佛学之事,当然也不排除一行与金刚智交流天文历法问题的可能性。我们可以推想,除了对佛学的研究之外,一行到京后,还着力于天文历法问题的探索,并卓有成绩,这才会有下述事态的出现。

"玄宗开元九年(721),太史频奏,日食不效。诏沙门一行改造新历。"[⑤] 这是说太史监多次上奏,依李淳风麟德历预报日食已不准确,想必当有要求改历之议。当时精于历法者,有资深的瞿昙悉达、南宫说、陈玄景,还有新起的瞿昙譔等人,唐玄宗未起用他们这些人,却独选中一行担负制作新历的重任,如果一行只是明于安国抚人之道的学者、只是精于佛学的僧人,唐玄宗是不可能做出这一决定的。受诏之后,一行采取的第一个措施便是请求制作黄道游仪,并请梁令瓒主持其事。这是一行经深思熟虑的提议,反映了一行的必须将历法建立在实测基础上的历法思想。关于黄道游仪的制作,下面,我们还要详加讨论。

一行采取的又一个措施是翻译有关印度天文学的著作,以期从中汲取有益的营养。《七曜星辰别行法》一卷,《梵天火罗九曜》一卷,《北斗七星护摩法》一卷,《宿曜仪轨》一卷等等,都是在开元十年(722)左右完成的[⑥]。在本章第八节中,我们已提及,唐玄宗令瞿昙悉达翻译九执历,开元六年(718)前后,大约已经译妥,这对一行说来,自然是难得的参考资料。

在黄道游仪制成之前,一行除了消化吸收中、印天文历法的精髓,构思他的新历法以外,继续他的参政、议政工作和佛学的研究及著述。约开元十一年(723),一行还奉敕修撰《释氏系录》一卷,此乃一佛学著作。

开元十二年(724),黄道游仪制成。一行即用该仪进行一系列天文观测工作,为历法的制定准备了重要数据(说见下)。与此同时,他组织发起了全国范围的天文测量工作,其中在河南

① 成尊:《真言付法纂要抄》,见《续大正藏》卷七十七,《大日本佛教全书》第106册。
② 吕建福,中国密教史,中国社会科学出版社,1995年,第225~226页。
③ 刘昫:《旧唐书·一行传》。
④ 智昇:《续古今译经图记》。
⑤ 刘昫:《旧唐书·天文志上》。
⑥ 严敦杰,一行禅师年谱——纪念唐代天文学家张遂诞生一千三百周年,自然科学史研究,1984,(1)。

滑州白马等四地由南宫说主持的天文大地测量工作及其成就，以如上述。此外，一行还派员到以下九个地点进行观测：铁勒（今俄罗斯贝加尔湖附近）、蔚州横野馆（今河北蔚县）、太原府（今山西太原）、洛阳（今河南洛阳）、阳城（今河南登封）、襄州（今湖北襄阳）、郎州武陵县（今湖南常德）、安南都护府（今越南北部）和林邑国（今越南中部）。观测的内容包括北极出地高度、冬夏至和春秋分晷影长度，以及冬夏至漏刻长度等（滑州等四地也如此）。其所得有关测值可列如表 5-7①。

表 5-7　一行组织的全国天文测量所得有关数值表

地点	北极高度(度)	夏至晷长(尺)	冬至晷长(尺)	春秋分晷长(尺)	$A(°)$	$B(°)$
铁勒	52(51.3)	4.13	29.26	9.87	51.2	51.3
横野	40(39.4)	2.29	15.89	6.635	39.9	39.9
				6.636	39.9	
				6.625	39.9	
太原	—	—	—	6	37.1	
白马	35.3(34.8)	1.57	13	5.56	35.1	35.0
				5.36		
浚仪	34.8(34.3)	1.53	12.85	5.5	34.8	34.7
		1.51				34.7
阳城	34.4(33.9)	1.478	12.715	5.43	34.4	34.4
扶沟	34.3(33.8)	1.44	12.55	5.37	34.1	34.1
			12.53			34.1
上蔡	33.8(33.3)	1.365	12.38	5.28	33.7	33.7
襄州	—	—	—	4.8	31.2	
武陵	29.5(29.1)	0.77	10.53	4.47	29.5	29.4
安南	20.4(20.1)	−0.33	7.94	2.93	20.4	21.2
林邑	17.4(17.1)	−0.57	6.9	2.85	19.9	18.4

一行所测地点计 13 处，有关数值缺洛阳，太原和襄州二处不全。由表 5-7 可见，测点南北纬度最大跨越 34.6 度，测点的分布以阳城为中心，中间密而两端疏，这基本符合中原地区和边远地区对历法的需求。我们知道，春秋分晷长、二至晷长与北极出地高度之间大约存在下述关系（如图 5-8(a)与(b)所示），图中 A,B,E 分别为冬至，春分与秋分，夏至时 8 尺表日影的端点，Z 为天顶。

$$北极出地高度(\varphi)=\operatorname{arctg}\frac{春秋分晷长}{表高\ 8\ 尺}+0.27°$$

若夏至影在表北，$D-C=2\varepsilon$（ε 为黄赤交角）

$$北极出地高度(\varphi)=C+\varepsilon=\frac{1}{2}(D+C)$$

$$=\frac{1}{2}\left(\operatorname{arctg}\frac{冬至晷长}{表高\ 8\ 尺}+\operatorname{arctg}\frac{夏至晷长}{表高\ 8}\right)+0.27°$$

若夏至影在表南，$C+D=2\varepsilon$

① 刘昫：《旧唐书·天文志上》；欧阳修等：《新唐书·天文志一》。

$$北极出地高度(\varphi)=\varepsilon-D=\frac{1}{2}(D-C)$$
$$=\frac{1}{2}\left(\text{arctg}\,\frac{冬至晷长}{表高\,8\,尺}-\text{arctg}\,\frac{夏至晷长}{表高\,8\,尺}\right)$$

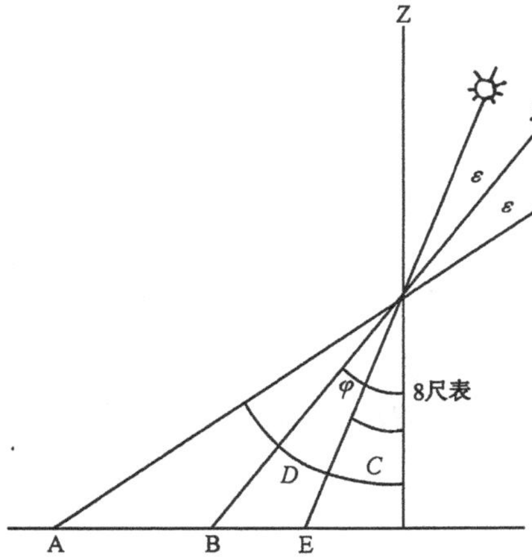

图 5-8(a)　由圭表测量推算北极出地高度示意图(夏至日影在表北)

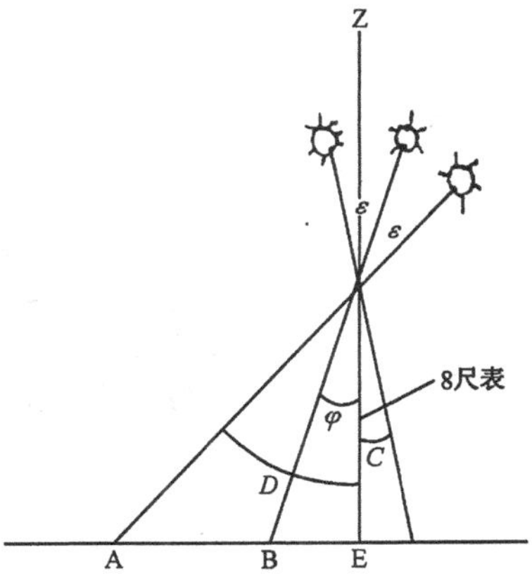

图 5-8(b)　由圭表测量推算北极出地高度示意图(夏至日影在表南)

由于古代测晷影时,测的是太阳上边缘光线所成的影子,所以,对于春秋分而言,其天顶距即北极出地高度,亦即地理纬度),还要加上太阳的视半径(约 16′=)0.27°,才是真值(蒙气差和太阳地平视差的影响可略而不计)。对于二至而言,当夏至影在表北时,亦如此;当夏至影在表南时,则无需加。现将计算结果亦列于表 5-7 中,表中北极高度栏后括号内所示为将古度化为今度之值。表中 A、B 栏分别为由二分和二至晷长算得的北极出地高度值。

横野春秋分晷长,《旧唐书·天文志上》记有两种数值,一为 6.635 尺、一为 6.63 尺,而《新唐书·天文志一》则记作 6.625 尺,与之相应的北极出地高度均为 39.9°,无以辨其正误,姑均存之待考。白马春秋分晷长,《旧唐书·天文志上》记作 5.36 尺,误,应为 5.56 尺。又,扶沟冬至晷长,《旧唐书·天文志上》记为 12.53 尺,而《新唐书·天文志一》记作 12.55 尺,亦难辨正误,姑两存之。浚仪夏至晷长,前者记为 1.51 尺,而后者记作 1.53 尺,亦两存之。

由表 5-7 中的 A、B 栏可见,除安南和林邑两地相差 0.8°和 1.5°外,其余 8 地相差均在 0.1°或 0.1°以下,这说明大多数地点所作晷长测量的结果是自洽的,也就是准确度是较高的。若将 A、B 栏与“北极高度”栏作比较,就会发现,除铁勒之外,A、B 值均较“北极高度”偏大,平均而论,A、B 值 0.6°和 0.5°,若 A 栏不计林邑、B 栏不计安南和林邑,也偏大 0.4°和 0.3°。这说明两者之间存在某种系统误差,可能与观测北极出地高度时,瞄准的是北极星而非真北极有关。此外,在安南和林邑所作晷影测量的准确度似较低。

为各地进行北极出地高度的测量,一行还发明了名叫“复矩”的专用仪器。据推测,它是个象限形的器具,在圆弧上有刻度,直角顶上挂一铅垂线,观测时,令一直角边瞄准北极,则由铅垂线在圆弧上所指的度数,即可知北极的出地高度(如图 5-9 所示)①。这是一种十分轻便、易

① 薄树人,一行,中国古代科学家,科学出版社,1959 年,第 103 页。

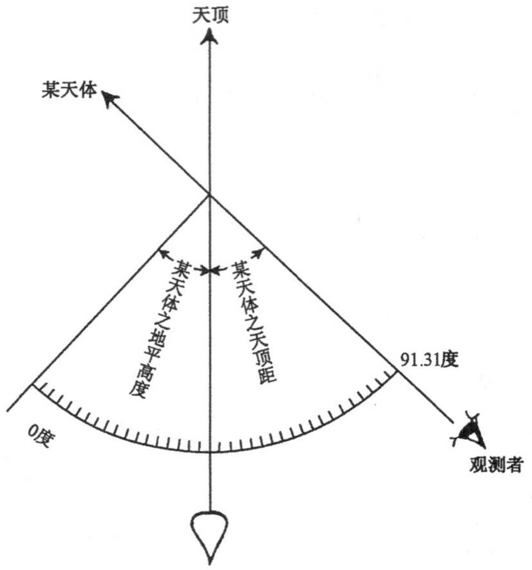

图 5-9 一行复矩示意图

于携带、并具较高准确度的测角仪器。

开元十二年(724),一行还与印度来华僧人善无畏、沙门宝月一起,在洛阳翻译沙门无行从印度带回的《大毗卢遮那成佛神变加持经》七卷①。由此看来,一行大约并未亲自参与上述具体的测量工作,只是主持其事,并进行测量后的分析事宜。开元十三年(725),一行正式开始新历的编撰工作。“十有三祀,诏沙门一行,上本轩(辕)、(颛)项、夏、殷、周、鲁五王一侯之遗式,下集太初至于麟德二十三家之后义。比其异同,课其疏密。……乃更审晷度之长短,核星间之广狭,绳九道之朓朒,纠五精之进退,参大衍天地之数,综八卦六爻之序,核《春秋》交食之辰,研九畴五纪之奥”②。这是说,一行全力进行对古来历法的比较研究,知其异同以及疏密得失之所在,在此基础上,应用新获得的和前代流传下来的大量观测资料,考定新历法的拟采用的天文数据、表格和计算方法,包括晷影长度、恒星位置、日月五星以及交食等等的广泛内容。还包括它们与大衍之数以及八卦、六爻之间关系的探索。

这一年,一行还和梁令瓒一起完成了“水运浑天俯视图”的制作,详说见后。

开元十四年(726),一行完成了新历的编撰工作。关于新历的具体内容,我们拟在下一节作进一步的讨论。

大约也就在这一年,一行还撰写了《天文志》数卷。“初,一行从祖东台舍人(张)太素撰《后魏书》一百卷,其《天文志》未成,一行续而成之”③。严敦杰由百纳本魏收《魏书·天象志一》第三卷后附语:“盖魏收志第三、第四卷亡,后人取他人所撰志补足之。”以及昭文馆旧本《魏书·天象志一》第三卷前题“朝议郎行著作郎修国史张太素撰”之说,指出现传本《魏书·天象志一》第

① 智昇:《开元释教录》卷九。

② 张说:《张燕公集》卷十二,“大衍历序”。

③ 刘昫,《旧唐书·一行传》。

三、四卷所载有关"星变"的内容，当系一行所撰《天文志》的遗存①。

开元十五年十月八日(727年12月5日)，一行圆寂于新丰(今陕西临潼)。先是，于此年九月，一行"于华严寺疾笃"，后"危疾微愈"，便于"十月八日，随驾幸新丰，身无诸患，口无一言，忽然浴香水，换衣，趺坐正念，怡然示灭"②。应该说，一行是在这一年的九月生这一场大病之前，才草成新历的系列著作的。这一场大病，自然与近三、四年的超负荷的工作密切相关，正如张说所言："抒轴万象，优柔四载，奏章朝竟，一公夕落。"③ 在一行病重期间，"(唐)玄宗乃诏京城名德致大道场为(一)行祈福。"④ 虽颇显惜才之心，但一行大病未愈，却不顾旅途劳苦，要一行随驾出行，白白断送了一行的性命。而一行身在官场，也不由自主，数年来可谓心力交瘁，在无奈中一行与世长辞，时年四十有四。之后，唐玄宗念一行的功业，"赐谥曰大慧禅师"⑤。

综上所述，一行作为一代名僧，在佛学研究领域成绩斐然。开元五年(717)他奉命出山，虽非情愿，却是他一生的重要转折点，这使他有机会涉足其他学术领域。开元九年(721)则是一行把他的主要精力转向天文历法领域的关键时期，在其后六年多时间里，他有条不紊地开展历法制定工作，充分展示了他的才华，在中国天文历法史上写下了光辉的一章。

三　一行和梁令瓒天文仪器的制作及应用

(一)黄道游仪的制作

唐玄宗开元九年(721)，一行受诏编制新历之初，便"奏云：'今欲创历立元，须知黄道进退，请太史令测候星度。'有司云：'承前唯依赤道推步，官无黄道游仪，无由测候。'时率府兵曹梁令瓒待制于丽正书院，因造游仪木样，甚为精密。一行乃上言曰：'黄道游仪，古有其术，而无其器，以黄道随天运动，难用常仪格之，故昔人潜思皆不能得。今梁令瓒创造此图，日道月交，莫不自然契合，既于推步尤要，望就书院更以铜铁为之，庶得考验星度，无有差舛。'从之。"⑥ 这里把制作黄道游仪的缘起及一行制新历的基本指导思想作了很好的描述。一行认为，欲要新历不发生差误，就必须测量日月五星沿黄道(或其附近)运动的详细情，就必须测量作为日月五星运动背景的恒星的准确位置，舍此则不能创历、立元，所以，当务之急便是着手制作一台不但能够测量天体的赤道坐标，还可以测定天体的黄道坐标的仪器。

这些描述还表明，梁令瓒实际上应是具体制造黄道游仪的主角。梁令瓒明天文，他曾参加开元初年由李林甫等奉敕删定《礼记·月令》的工作，"安定郡(今甘肃泾川)别驾梁令瓒等为之注解"⑦。开元九年(721)，"以将仕郎梁令瓒文学直丽正书院。"丽正书院乃是"学士无赏擢者行冲"之所，梁令瓒刚到丽正院待职不久，正好遇上一行受诏改历欲造黄道仪之事，梁令瓒便先制出黄道游仪的木样并绘制成图，得到一行的高度评价，由是被任命为率府兵曹参军，主持黄

① 严敦杰，一行禅师年谱——纪念唐代天文学家张遂诞生一千三百周年，自然科学史研究，1984，(1)。
② 赞宁：《宋高僧传·卷五·唐中狱嵩阳寺一行传》。
③ 张说，《张燕公集》卷十二，"大衍历序"。
④ 同②。
⑤ 同②。
⑥ 劳格：《读书杂识》卷七，《月河精舍丛钞》本。
⑦ 欧阳修等：《新唐书·马怀素传》。

道游仪的具体制作。开元十二年(724),黄道游仪制成后,梁令瓒和一行又奉诏制作“水运浑天俯视图”,于次年完成。其后,梁令瓒出任“恒王府司马”① 之职,直到逝世。

一行当然知道李淳风有黄道浑仪的制作,当初,“(唐)太宗令置于凝晖阁以用测候。”也知道李淳风黄道浑仪在其后不久,即因“运转既难,其器已涩”。就是说,李淳风的黄道浑仪虽然构思巧妙,但在诸构件的安装上,尚存不少缺欠,故运转困难,甚至滞涩而不可用,以致“寻而失其所在”。一行和梁令瓒均未亲见李淳风的黄道浑仪,是可想而知的。而他们是从李淳风的《法象志》中得知黄道浑仪的结构的,但认为李淳风的“用法颇杂”②,并没有真正解决黄道定位的问题,于是,才有上述一行的“昔人潜思皆不能得”等等说词。

《旧唐书·天文志上》和《新唐书·天文志一》有关于黄道游仪结构和尺度等的详细记载,依之,可列出表 5-8。

表 5-8　黄道游仪结构尺度表③

结构名称	外径	外周	环宽	环厚	备注
阳经双环	544	1730	广 40	厚 4	原文有内周数 1464。
阴纬单环	同上	同上	同上	同上	同上
天顶单环	同上	同上	竖广 8	厚 3	《新唐书》将“竖”改为“纵”。
赤道单环	490	1559	厚 3	横 8	《新唐书》中外径为 458,误。两书外周均为 1459,误。
黄道单环	484	1541	厚 4	横 8	
白道月环	476	1515	厚 3	横 8	
旋枢双环	459	1461	竖 8	厚 3	《新唐书》将“竖”改为“纵”。又,外径作 458。
玉衡望筒	长 458	广 12	厚 10	孔径 6	

表中数据均以分为长度单位,1 分=0.24525 厘米。

阳经双环即子午环,阴纬单环即地平环,天顶单环即卯酉环,这三环圈直径相同,彼此交叉固定装置,一处南北方向、一处水平方向、一处东西稍靠南方向,以免卯酉环遮挡出没于正东西方向的太阳。阳经双环上均刻画有周天度数,可用于量度天体的地平高度。双环之间的距离为 12 分,与玉衡望筒的广度相等(下述旋枢双环之间的间距亦同此)。阴纬单环内外上刻划有周天度和 100 个刻度,大约供测量天体的地平方位之用。在阴纬单环的东、南、西、北四方下部各有龙形柱一根,“高四尺七寸”,植于带有水槽的底座之上,水槽之设乃为使底座居水平状态。卯酉单环的设置主要起“令与阳经(双环)、阴纬(单环)相固”的作用。

赤道单环面与天南北极轴相垂直,可以转动。其旋转的方式,一种意见认为与李淳风黄道浑仪无异④;另一种意见认为,赤道单环是被夹在阳经双环和阴纬单环环面上、等宽的小刻缺中,以滑动方式旋转的⑤。如表 5-8 所示,以阳经双环的外周除以外径得 3.18015,若其环宽 40 分无误,则其内径应为 464 分,以 464×3.18015=1476 分,与原载值 1464 分小异,这大约与当

① 刘昫:《旧唐书·天文志上》。
② 刘昫:《旧唐书·天文志上》。
③ 李志超,关于黄道游仪及熙宁仪的考证和复原,自然科学史研究,1987,(1)。
④ 中国天文学史整理研究小组,中国天文学史,科学出版社,1981 年,第 189 页。
⑤ 李志超,关于黄道游仪及熙宁仪的考证和复原,自然科学史研究,1987,(1)。

年计算时，以稍小于3.18015的值入算造成的，或是当年作具体量度时，不够准确所致。若原载内周值1464无误，则内径应为1464/3.18015＝460分，其环宽广为(544－460)/2＝42分。无论其环宽广是40或是42分，都不影响以下有关问题的结论，不过，我们倾向于认为，其环宽广为40分应是正确的。依此，则阳经双环内径应为464分，而赤道单环的外径为490分，则它应深入阳经双环(490－464)/2＝13分(若其内径为460分，则深入15分，对于阴纬单环亦如此)。这深入的部分，就是如图5-10所示的刻缺的宽度。由此看来，后一种意见是可取的，而前一种意见似难以成立。

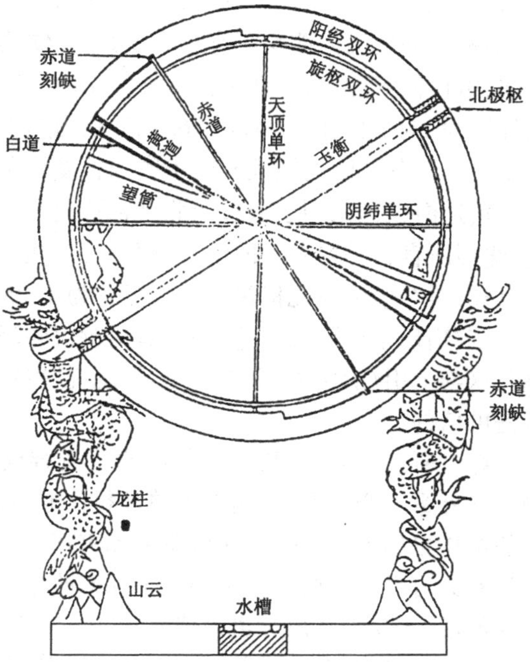

图5-10　黄道游仪构形示意图

在赤道单环内侧，“度穿一穴”，即凿有366个孔穴，以安置黄道单环，并令两环交成24度角。如表5-8所示，赤道单环内径为：490－2×3＝484分，正与黄道单环外径相等。其穿穴的目的是要适应岁差的现象，令黄道单环约每经83年(大衍历所取值)，移置于下一对孔穴中。这也就是黄道游仪名称的立意所在。这一设计自然是受李淳风黄道浑仪在黄道环上凿孔以移动白道环的影响，是李淳风设计思想的创造性应用。可是，岁差现象是二分点(或二至点)沿黄道西退的，而此设计是令其沿赤道西退，所以，它只能近似适应岁差的现象。

如表5-8所示，黄道单环内径为：484－2×4＝476分，正与白道月环外径相等。同样，在黄道单环内侧“度穿一穴”，以安置白道月环，此两环相交成6度角。这当然更是直接受李淳风黄道浑仪的影响了。不过，它只有366/2＝183对孔穴，所以，约每经$\frac{249}{183}\times 27.2=37$日移过一对孔穴。

再说在阳经双环上刻缺的弧度长，它应等于(24＋6)×2＝60度，再加上白道月环的厚度8分(约2度)，这样就可使黄道单环和白道月环在通畅无阻(而在阴纬单环上也应有与之类似的刻缺弧度)。

赤道单环、黄道单环和白道月环一旦安装成，其相对位置是固定不动的，即黄道单环和白道月环是随赤道单环一起运动的。在此三环上，均刻有周天度数，以便读取天体的赤道、黄道和白道入宿度值。其中，赤道单环上，“东西列周天度数，南北列百刻，使见日知时，不有差谬”。其意应为，在赤道单环的内外两侧均刻有周天度数，而上下两侧则刻有百刻，用于观测太阳的时角，以量度时间。这就明确纠正了前代浑仪将百刻置于地平环上以度量时间的错误。在赤道单环上还“列三百六十策，与用卦相准”。这360个刻画，是适应历法中候卦的推算的需要而设的。

旋枢双环与孔挺浑仪的四游环或李淳风黄道浑仪的四游仪相同。其外径为459(或458)分，而阳经双环的内径为464分，则在旋枢双环的枢轴两端应有约3分长的突出物，即旋枢双环与阳经双环间约相距3分。旋枢双环的枢轴安装在阳经双环的南北极枢内，绕枢轴自由旋转，旋枢双环的两内侧均刻有周天度数，以便读取天体的去极度数。玉衡望筒安装在旋枢双环之间，可作仰俯运动，又随旋枢双环作东西旋转，即可瞄准任一天体。由表5-8可见，旋枢双环的外周为1461分，除以4，得365.25，正为周天度值。这正是"并用古尺四分为度"的意思。也就是说其外各环圈的周天刻度1度的长度均稍大于四分。

黄道游仪已采用了通过南北极轴孔观测北极星位置、求出其中心北天极，以校正极轴的方法，沈括所言："(梁)令瓒旧法，天枢乃径二度有半，盖欲使极星游于枢中也"[①]，正指此。又由之可知，梁令瓒测得北极星距北天极约为1.25度，其误差与萧梁祖暅的相仿。

依《新唐书·天文志一》记载，黄道游仪各环圈"皆用钢铁"制成，而底座与四龙柱等则"皆用铜"，这与上引《旧唐书·天文志上》笼统说"以铜铁为之"，似并无矛盾。我们认为《新唐书》之说应是可信的。

综上所述，梁令瓒和一行制作的黄道游仪是在李淳风黄道浑仪的基础上，进行改进的产物。其外重三个环圈，改用天顶单环替代赤道环，形成三个彼此正交的环圈，这可使外三重环圈的结构更趋均衡，而且，还可避免赤道环遮掩天体的问题。此外，其中间三环中已有赤道环，外重实无再设的必要。其中间三个环圈改用滑动旋转方式，这似可使旋枢双环的运转更为稳当和灵活，避免李淳风黄道浑仪实际上是四个环圈都极轴旋转造成的运转困难，和加于极轴的沉重负荷。自然，令黄道单环定时在赤道单环上移动，以及在赤道单环上刻画百刻，以量度时间，也都是其所作的改进之一。所以，黄道游仪的制作，实是中国天文仪器史上的一件大事。

(二)黄道游仪的运用

还值得重视的是，一行等人运用新制成的黄道游仪作了十分重要的天文观测工作，取得了一批重要的成果。

首先，他们对二十八宿距度和去极度重新进行了测量。在此之前，各历法都采用西汉早期(《淮南子》成书之前)所得的二十八宿距度值。据研究，一行等人所测得的二十八宿去极度的绝对值平均误差为1.6°，而旧值为3.5°，一行等人所测得的二十八宿距度值的绝对值平均误差为0.56°，还略逊于当年测得旧值时的精度[②]，可是，若仍用旧值于一行的时代，旧值的误差已远大于0.56°。所以，一行等人新测的二十八宿去极度和距度值仍是有重要意义的，一行并取用新测值于大衍历中，也是明智的抉择。该新测值随后为北宋纪元历(1106)以前诸历法所采用，产生了相当大的影响。一行等人得出，古今二十八宿去极度变化的有关状况为：从牛宿到井宿，古大今小，其间稍异者仅有女宿(古小今大)和危宿(古今同度)；从鬼宿到斗宿，古小今大，其中稍异者仅有鬼宿(古今同度)。若用现今的岁差对去极度大小影响的知识加以分析，二十八宿去极度古今变化的情况应为：从牛宿到井宿古大今小，而从鬼宿到斗宿古小今大。这说明一行当年对二十八宿去极度古今变化的总体描述基本上是正确的。一行等人还得出，二十八宿中有斗、虚、毕、觜、参、鬼六宿的距度，古今不同。对该六宿新旧距度值的精度分析表明，新值的绝对值平均误差为0.26°，而旧值为0.86°，可见，一行等人的新测值较旧值要准确得多。

---

① 脱脱等：《宋史·天文志一》。

② 薄树人，中国古代的恒星观测，科学史集刊，1960，(3)。

其次，他们还对其他许多星官的位置作了测量。在此基础上，一行对之进行了分析，也发现若干星官位置的古今变化。这些星官包括文昌、北斗七星、天关、天尊等 23 座星官[①]，它们在全天星官中作无序分布。由此可以推知，一行等人是在对全天星官进行普测的基础上，而得此发现的。

这些测量结果，自然使一行得出恒星的位置是在变化着的，应该说，得到这一结论本身就是一个不小的收获。至于发生这种变化的原因，一行并未进行讨论。不过，我们认为，一行应该知道岁差的影响是恒星位置古今变化的原因之一。

运用黄道游仪，一行等人还取得了一系列日月五星运动的数据，并用之于大衍历中，这在下一节中，我们还要进行介绍。

（三）水运浑天俯视图的制作

在梁令瓒和一行于开元十二年(724)制成黄道游仪后，唐玄宗“又诏一行和梁令瓒及诸术士更造浑天仪”。“开元十三年冬十月癸丑(725 年 11 月 17 日)，新造铜仪成，置于景云门内，以示百官”。这就是被命名为“水运浑天俯视图”的天文仪器。该仪器的形制与结构为：

“铸铜为圆天之象，上具列宿、赤道及周天度数。注水激轮，令其自转，一日一夜，天转一周。”即在一空心铜球面上，缀有全天星官，画有赤道，在赤道上画出周天度数。它以漏壶的流水为动力，驱动转轮，并经一套传动装置带动空心铜球绕轴旋转，其运转速度与天球的周日旋转同步，一昼夜匀速旋转一周天。

“又列置二轮络在天外，缀以日月，令得运行。每天西转一匝，日东行一度，月行十三度十九度之七。凡二十九转有余而日月会，三百六十五转而日行匝。”即在空心铜球之外，设两环圈，其一环圈置于黄道面上(与赤道交成 24 度角)，环圈上缀一小圆球，表示太阳；又一环圈置于白道面上(与黄道交成 6 度角)，环圈上亦缀一圆球表示月亮。两环圈每天自东向西旋转一周，同时，太阳球和月亮球分别以每天 1 度和 13 度余的速度，从西向东沿各自的环圈运行。这一构件的有关运转，是通过某种装置使其自动进行，还是用人力拨动，上述记载未明确说明。这是较令空心铜球自动运转还要复杂的运动，估计使其自动运行的可能性较小。一种较大的可能是：两环圈可自动运转，而日、月球则用人力拨动。

“仍置木柜以为地平，令仪半在地下，晦明朔望，迟速有准。”即空心铜球和两环圈均半出象征地平的木柜之上、半隐木柜之下。这样就可以演示恒星和日月东升西没，以及日月的相对位置和月相变化的状况。

这些是对前人所制浑象的继承与发展，而该仪器最重要的创造乃是：“又立二木人于地平之上，前置钟鼓以候辰刻，每一刻自然击鼓，每辰则自然撞钟。皆于柜中各施轮轴，钩键交错，关锁相持。既与天道合同，当时咸称其妙。”即在木柜上还设置有两个木人，各置钟、鼓于其前，经由安置于木柜内的复杂的齿轮系的传动(上述带动空心铜球和两环圈亦当安置于此，它们很可能是由同一漏壶的流水为原动力的)，自动控制木人之一每经一刻击鼓、自动控制另一木人每经一时辰撞钟，以报某一刻钟或某一时辰的来临。这一自动报时系统是经后世进一步完善与发展的自动天文钟的始祖。

水运浑天俯视图实际上是一台集演示日月恒星位置和测时、报时于一身的，具有两种功能

① 以上均见刘昫：《旧唐书·天文志上》、欧阳修等：《新唐书·天文志一》。

的复合天文仪器，所以，它又是后世得到进一步发展的复合天文仪器的先声。也许由于该仪器内部的结构过于复杂，加之所选用的材质不当，所以，在运转一段不长的时间之后，“铜铁渐涩，不能自转。遂收置于集贤院，不复行用”①。

一行和梁令瓒先后创造性地制成了黄道游仪与水运浑天俯视图，两人之中，又以梁令瓒的贡献为大，另外，还有诸术士和众工匠在一行的主持、组织下，发挥了各自的才智，在唐王朝巨大财力的支持下，完成了中国古代天文仪器制造史上的一大壮举，对后世天文仪器的制作产生了重大影响。

第十节　一行大衍历的成就

一　大衍历的结构

唐玄宗开元十五年(727)，一行草成大衍历而病逝。后唐玄宗“诏特进张说与历官陈玄景等次为《历经》七篇，《略例》一篇，《历议》十篇，玄宗顾访者则称制旨”②。开元十六年(728)，张说等人整理编次完毕，遂于开元十七年(729)正式颁行全国。

据张说《大衍历·序》云：一行共成“《开元大衍历经》七章一卷，《长历》三卷，《历议》十卷，《立成法》十二卷，《天竺九执历》一卷。《古今历书》十二卷，《略例奏章》一卷，凡五十二卷”。这就是说，一行非但完成了一般意义上的新历经的编撰，而且完成了与之相关的一系列著作，构成了前所未有的历法著作系列。现传本大衍历历议和历经，只反映了一行当年系列著作的部分内容，虽然应该说是主要的内容，但其全貌已经不可获知。

《旧唐书·历志三》和《新唐书·历志四上和下》，大约反映了一行原作《开元大衍历经》七章一卷，及张说、陈玄景等人编次的《历经》七篇的内容，而且还应包括一行原作《立成法》十二卷的部分内容。这七章依次为：

“步中朔术第一”：推算节气、朔弦望、闰月、没灭日等。

“步发敛术第二”：推算七十二候、六十卦用事日、五行用事日等。

“步日躔术第三”：推算太阳运动不均匀引致的气、朔等的改正值，以及太阳运行黄、赤道宿度值等。

“步月离术第四”：推算月亮运动不均匀造成的朔弦望等的改正值，以及月亮运行黄、赤、白道宿度值和日、月距离黄白交点的度值等。

“步轨漏术第五”：推算全国有关地点的晷影和昼夜漏刻长度，太阳出入时刻，太阳去极度，昏明中星度等。

“步交会术第六”：推算全国有关地点的日、月食初亏、食甚、复圆时刻，食分大小，亏起方位等。

“步五星术第七”：推算五星所在宿度。

此七章编次法具有结构合理、逻辑严密的明显特点，因此成为后世历法的经典编次模式。

---

① 以上均见刘昫：《旧唐书·天文志上》、欧阳修等：《新唐书·天文志一》。

② 欧阳修等：《新唐书·历志三上》。

精度均如此。

此外，皇极历所取用的其他天文数据，也均保持了前代历法的较高水平。

前已述及皇极历日躔表、五星动态表、若干交食计算用表等的创制或改进，其实，还不止于此。

刘焯新测月离表是为历代最佳历表之一。其新测24节气昼夜漏刻长度、昏旦中星度及黄赤道差和月亮入交去黄道(及月亮极黄纬)等表格，也保持在前代历法已有的精度水平上，但在应用这些表格时，皇极历取等差级数法或等间距二次差内插法，这是前所不及的。此外，黄白道宿度差表的制作和相应算法，是为刘焯的首创。该表格仿用了黄赤道宿度差表及其算法，对其所作的精度分析表明，误差为0.13度。此法一出，广为后世历法所遵循，可见其影响之深远。

综上所述，皇极历在天文数据、天文表格、天文方法(包括测算方法和数学方法)诸方面，对传统历法作了全面和深刻的改造与扩充，是一部划时代的优秀历法。论述至此，我们对这样一部历法因种种干扰不得颁行，深感惋惜。好在有人慧眼识珠，约半世纪后，唐代李淳风在皇极历的基础上，改作成麟德历，得以颁用。这大约可慰刘焯于九泉之下，讨回一个公道。

七 关于天文学思想

考察刘焯的历法工作，可以看到他善于继承、又勇于创新的显著特点。“(刘)焯又造历家异同，名曰《稽极》”①。这是刘焯对前代历法做深入的比较研究的力作，可见他对前代历法的是非优劣有十分透彻的理解，而这正是皇极历制定的基点之一。《稽极》计10卷，早已佚而不传，故不得知其详。如前所述，皇极历所用各天文数据、天文表格均为新测算的产物，其中有选用前代历法中的较好成果者，更有新的、或更佳的数值。对于张子信的新发现和刘孝孙的工作，刘焯视若珍宝，在消化吸收的基础上，融入自己的新认识，把张子信的诸多发现在皇极历中作了极成功的表述和不乏创造性的发展。除天文历法之外，刘焯还精通算术，“《九章算术》、《周髀》、《七曜历书》十余部”② 前代算术、历术的经典著作，他非但烂熟于胸，而且熟而生巧，创造性地应用于天文历法的研究之中。等差级数法的广泛应用和等间距二次差内插法的发明，便是最明晰的证明。先施以缜密的实测，继之以准确的数推，是刘焯制定皇极历的两大支柱。他不但勇于创新，而且对如此众多的创新充满了自信，即所谓“负其精博”③，也正是建立在由大量实践所表明的合天的基石之上的。

刘焯还是一位浑天家。隋文帝仁寿四年(604)，刘焯在再次献上他的皇极历的同时，也献上了他的《论浑天》一文。文中指出，在诸多论天学说中，只有浑天说是惟一正确的，“此真已验，彼伪自彰”，但又认为，浑天说仍存在若干缺欠，他说：“(刘)焯今立术，改正旧浑。又以二至之影，定去极、晷漏，并天地高远，星辰运周，所宗有本，皆有其率。……为之错综，数卷已成，待得影差，谨更启送。”这是说，他认为前代浑天说的若干数据是不对的，也就是说，自两汉之际的纬书、到东汉张衡、到东吴王蕃及萧梁祖暅关于天的大小的论说是不妥当的。其中关键之处在

① 李淳风：《隋书·律历志下》。

② 房玄龄等，《隋书·刘焯传》。

③ 李淳风：《隋书·律历志下》。

于“影千里差一寸”之说。刘焯进一步指出:“考之算法,必为不可。寸差千里,亦无典说,明为臆断,事不可依。”他所依从的初步论据是:“今交、爱之州,表北无影,计无万里,南过戴日。是千里一寸,非其实差。”即认为在交州(今越南境内)、爱州(亦今越南境内)等地夏至的日影均在表之南,该两地与地中阳城的距离不及一万里,而影长差在 15 寸以上,所以,理应不到 667 里即影差一寸。

虽然,刘焯的出发点仍在于计算天的大小,并不可取,但他却是对流传数百年的“影千里差一寸”之说提出质疑、并初步论其非是的第一人。事情还不止于此,刘焯还提议:“请一水工,并解算术士,取河南、北平地之所,可量数百里,南北使正,审时以漏,平地以绳,随气至分,同日度影。得其差率,里即可知。”这一建议言简意赅、周密可行:在河南、河北平原上,选择相距数百里、且同在一子午线上的两地,用测绳量度其水平距离,又于夏至日同时测量两地 8 尺表的影长,即可得两地的里差和影差。刘焯自知人微言轻,在上书中特指明“请勿以人废言”,但是仍以“不用”告终。及至隋炀帝大业三年(608),才引起朝廷的注意,终于“敕诸郡测影”,可是,进展缓慢,到大业六年(611),刘焯去世,仍不见眉目,“事遂寝废”①。刘焯的又一个愿望也中途破灭了。这一意义重大的建议,被埋没了一百多年,直到唐代一行和南宫说才将它付之实践,并取得极重要的发现,这在本章第九节中再作介绍。

关于月受日光和月食的理论,刘焯也有所讨论。由于他的浑天说实际上并未脱离张衡浑天说的基本模式,所以,在太阳如何照亮月体的问题上,他只能说:“既月兆日光,当午更耀,时亦隔地,无废禀明。谅以天光神妙,应感玄通,正当夜半,何害亏禀。”② 在他的浑天说模型不能提供合理的物理解释的情况下,他也只好求助于物类相感的玄虚论说。

同样,在月食理论上,刘焯转向于所谓日体暗虚说。此说首次由萧梁时的萧子显提出:“日有暗气,天有虚道,常与日冲相对,月行在虚道中,则为气所弇,故月为食也。……暗虚之气,如以镜在日下,其光耀魄,乃见于阴中,常与日冲相对,故当星星亡,当月月食。”③ 而刘焯之说与之大同小异:“然月食以月行虚道。日有暗气,天有虚道,正黄道常与日对,如镜居下,魄耀见阴,名曰暗虚,掩月则食。”④ 他们都认为日中有暗气存在,而且与日相冲之处也有一暗气在,当月行与后一暗气相值时,便发生月食。至于后一暗气是如何产生的?他们的见解是,阳光照射在一面带有微斑(魄)的镜子上,在反射到阴暗处的镜子影像上,便可见到该微斑的阴影。太阳上既有暗气,正像镜子上有微斑,于是,从太阳上照射出来的光中亦应有日中暗气的阴影,这一阴影常在对日之冲,这便是暗虚之气的由来。这里,他们显然把太阳自发光与反射光混为一谈,而且即便是反射光,恰恰在对日之冲不应有暗虚的存在。所以,他们的见解是不妥当的。之所以会有日体暗虚说的出现,又是与浑天说模型的缺欠有关,因为该模型地体过大,暗虚也过大,如果承认是地体暗虚导致月食,则月食当时常发生,这自然不与实际符合,于是,日体暗虚说粉墨登场,自萧子显提出,经由刘焯重申,在后世产生了相当的影响,对合符科学的月食论的成熟构成了很大冲击。

---

① 以上均见李淳风:《隋书·天文志上》。

② 李淳风:《隋书·律历志下》。

③ 萧子显:《南齐书·天文志上》。

④ 房玄龄等:《隋书·刘焯传》。

人，五官司辰十五人。观生、历生七百二十六人，凡官员六十六人”[①]。这里所述官员自大监到五官司辰合计为52人，后又言“凡官员六十六人”，其意应为除前述52人之外，还有66人，只是未指明为何种官员而已。如在本章第六节中，我们已提及的唐肃宗乾元元年(758)司天台内漏刻管理机构有令史、漏刻博士、漏刻视品等理应属于官员之列。由此看来，此时的司天台应有官员118人，其他辅助人员达726人，计有844人之众。其后，司天台的编制略有减少，但仍不失相当庞大的规模。

如上所述，唐代天文历法机构名为太史监者，有唐中宗景龙二年(708)六月至唐睿宗景云元年(710)六月；唐睿宗景云元年八月至十月；唐玄宗开元二年(714)二月到十四年(716)十二月；唐玄宗开宝元年(742)至唐肃宗乾元元年(758年)二月。又虑及《开元占经》卷一百三至一百五中，在讲到各种历法的历元问题时，都以开元二年作为近距历元，并称这一年为“今”，再虑及开元十二年(724)太史监大监之职已由南宫说担任[②]，即此时瞿昙悉达业已去世。依据这些情况，我们认为，瞿昙悉达应在开元二年二月之后受诏编撰《开元占经》，并于开元十二年之前完成《开元占经》的编撰工作[③]。

“九执历者，出于西域”，开元六年(718)，唐玄宗“诏太史监瞿昙悉达译之”[④]。瞿昙悉达在译出九执历后，亦将其载于《开元占经》中。

在瞿昙悉达之后，便是他的儿子瞿昙譔和瞿昙谦登台亮相。

唐玄宗开元二十一年(733)，一行所制大衍历颁行5年之后，“时善算瞿昙譔者，怨不得预改历事”，与陈玄景一起上奏曰：“大衍(历)写九执历，其术未尽。”与此同时，“南宫说亦非之。诏侍御史李麟、太史令桓执圭较灵台候簿，大衍(历)十得七、八，麟德(历)才三、四，九执(历)一、二焉。乃罪(南宫)说等，而是否决”[⑤]。这说明瞿昙譔是参与这场历法之争的主要人物之一，当时他才20岁左右，便以“善算”知名，当是深得家学影响之故。他们责难大衍历有抄袭九执历的地方，而且没有把九执历的精彩之处加以吸收。这一批评并不是捕风捉影之说，如九执历采用先进的正弦函数法，大衍历却不屑一顾，九执历所取太阳中心差最大值为2°14′，要比大衍历所取2.42度准确得多，等等。此外，一行可能从九执历的有关算法中，得到了一些启示，将其融合于大衍历中。如朱文鑫所指出的：“一行知随方眼，而测九服日晷，以明北极出地；依阿修量而测九道月行，以定罗计周天。”[⑥] 这些都可能是其实例。不过，九执历中有若干天文数据是比较粗疏的，所以，在与大衍历的全面比较中，处于劣势，李麟、桓执圭等人奉诏所作检验的结果，就客观地反映了这一状况。瞿昙譔在这场历争中的失败，可能影响他在天文历法界发挥应有的作用，但是，他并未因此而消沉。唐肃宗上元“二年(761)七月癸未朔，日有食之”。“司天秋官正瞿昙譔”对此作了仔细的观测，并上奏文的记载。又，“宝应元年(762)，司天少监瞿昙譔”[⑦] 上奏言适量裁减司天监官员人数，此建议为唐肃宗所采纳。可见，瞿昙譔后来仍然活跃在天文历法领域，并担任司天台的重要职务。

① 以上均见刘昫：《旧唐书·天文志下》。

② 刘昫：《旧唐书·天文志上》。

③ 薄树人，《开元占经》——中国文化史上的一部奇书，见《唐开元占经》前言，中国书店，1989年。

④ 欧阳修等：《新唐书·历志四下》。

⑤ 欧阳修等：《新唐书·历志三上》。

⑥ 朱文鑫，历法通志，商务印书馆，1936年，第157页。

⑦ 刘昫：《旧唐书·天文志下》。

关于瞿昙谦，我们只知道他曾撰有“大唐甲子元辰历一卷”①，这说明他在历法方面也有建树。此外，他还曾担任宗正丞之职，为掌管皇家宗属事务部门的副职②。

瞿昙谍之子瞿昙宴是现已知瞿昙家族的第五代传人。他继续在他的祖辈驰骋的天文历法领域活动，曾任司天台冬官正之职③，其时约在唐代宗、德宗之际（约780）。

这是中国古代重要的天文家族之一，而且是仅见的印度裔天文家族，他们通晓古印度天文历法，又熟悉中国传统的天文历法，并在两者之间担当相互通融的角色。他们连续四代都在天文历法机构担任重要的职务，这一方面说明他们有很高的天文历法造诣，一方面也说明大唐帝国兼容各种不同科学文化和人才的时代特征。

二　《开元占经》的编撰

《开元占经》共120卷，前2卷是集录中国古代天文学家关于宇宙理论的论述：先后提及东汉张衡《灵宪》和《浑仪注》（又曰《浑仪图注》，即《浑天仪注》）、蔡邕《朔方上书》和《月令章句》，东吴陆绩《浑天》（即《浑天仪说》）、王蕃《浑天象说》、后秦姜岌《浑天论答难》、梁武帝萧衍《尝仪》、祖暅《浑天论》（？）、西晋刘智《论天》、刘宋何承天《论浑象体》（即《论浑天象体》）、梁祖暅《论浑天》、梁武帝萧衍金刚山说、朱史《定天论》、隋刘焯《浑天论》和皇极历中所述的天文理论（以上见第一卷）；后秦姜岌《浑天论》、东吴陆绩《浑天仪说》、王蕃《浑天象说》（以上见第二卷）。卷三至卷九十集录了有关天体的状况、运动、各种天文现象等等方面的论述，以及有关的星占术文：依次为天占（1卷）、地占（1卷）、日占（6卷）、月占（7卷）、五星占（5卷）、岁星占（7卷）、荧惑占（8卷）、填星占（7卷）、太白占（8卷）、辰星占（7卷）、二十八宿占（4卷）、分野略例等（1卷）、石氏星官（4卷）、甘氏星官（1.5卷）、巫咸星官（0.5卷）、流星占（5卷）、杂星占（1卷）、客星占（8卷）、妖星占（3卷）、彗星占（3卷）。卷九十一至卷一百二集录了有关气象等现象（风、雨、云气、虹、山石冢光、井泉自出、河移、水、火、霜、雪、雹、冰、寒、雾、露、霾、曀、霰、霁、濛、雷、霹雳、电、霆等）的占术文：卷103主要载录了李淳风的麟德历经。卷104讲有关算法，九执历就录于此卷中。卷105集录了从先秦古四分历到唐代南宫说神龙历（707～710间制成）为止共29种历法的一些最基本的数据。卷106至110则是讲星图，不过书中并未给出图像，而仅用文字描述今测恒星位置与旧星图所载的异同。卷111至120是集录有关草木鸟兽、人鬼器物等异常现象的占术文。

由之可见，《开元占经》主要是一部集前代星占术大成的著作，它泛取各家之说，对各有关现象的星占意义予以说明，如“月与五星相犯食”条，就先后引《巫咸占》、《河图·帝嬉览》、《海中占》、《郗萌占》、《荆州占》、《春秋纬·文曜钩》、《黄帝占》、《春秋纬·元命包》、司马迁《史记·天官书》、京房《妖占》、刘向《洪范五行传》、班固《汉书·天文志》、京房《易传》等13种著作之说④。其他各条目的描述均仿此，只是所引各家之言多寡有异。同时，《开元占经》也包容了不少前代及当代天文历法的资料，虽然比较而言，其所占篇幅较星占术少得多，但其绝对数量并不少于

---

① 欧阳修等：《新唐书·艺文志三》。

② 王应麟：《玉海》卷十。

③ 郑樵：《通志·氏族略》。

④ 瞿昙悉达：《开元占经》卷十二。

《立成法》十二卷,它是新历法本身的各种数据表格。其篇幅相当大,收录于现传本历经中的不少数据表格是以文字描述的形式给出的,估计原作中是列出具体的数值表格的。此外,原作中还应有关于这一系列表格由来的说明,“立成法”三字中的“法”即应指此而言。

《历议》十卷和《略例奏章》一卷,张说、陈玄景等人大约也只是在原作的基础上略作修订。《新唐书·历志三上和下》所载者,只是“略其大要,著于编者十有二”而已,远非原作的面貌。虽如此,亦大略可见一行的思想与创意(说见后)。“《历议》,所以考古今得失也”。即是对古今历法的得失、演进进行综述和评议的专题文集。“《略例》,所以明述作本旨也”。即是关于新历法的理论说明。这些是一行对大衍历的历史背景和正确性的理论阐述。

《古今历书》二十四卷,很可能是对前代23家历法(在上一节我们已引及张说有一行“下集太初至于麟德二十三家之后义”之说),连同一行历法本身共计24家历法的异同、疏密进行比较研究的文集。《长历》三卷,大约是依新历法推算而得的古今若干年代的日、月、五星位置的长编。

《天竺九执历》一卷,这是关于印度历法的翻译与研究的著作,大约与瞿昙悉达早已编译的九执历不同,否则,一行实无再行翻译的必要。

综上所述,一行大衍历是以《开元大衍历经》为核心,而在其外围,还有关于该核心的源与流的详细论述,由是组构成一个有机的整体,至于其核心部分,又具合理、严谨的特色。

二　关于《历议》和《略例奏章》

关于《历议》十卷,据陈振孙《直斋书录解题·卷十二》载:“十议者,一历本,二日度,三中气,四合朔,五卦候,六九道,七日晷,八分野,九五星,十日食。”其中,除了“七日晷,八分野”之外,在《新唐书·历志三上和下》中多少均有引述。而严敦杰指出,《旧唐书·天文志上》所载:“日晷:《周礼·大司徒》……”,以及《新唐书·天文志一》所载:“及一行作大衍历,诏太史测天下之晷,求其中土,以为定数,其议曰:《周礼·大司徒》……”,即为“七日晷”的内容;而《新唐书·天文志一》称:“一行以为天下山河之象存乎两戒。……”,其下备论分野,即是“八分野”的内容①。又,据《旧唐书·历志三》说:“十二次宿度首尾具载《历议》分野卷中也。”亦正可为证。如此说来,一行《历议》十卷的大体情况,至今得见。至于《略例奏章》一卷,仅散见于《新唐书·历志三上和下》中。

关于日晷议的有关内容,我们在上一节中已经作了介绍,即一行、南宫说等人在全国13个地点所作的天文观测及其研究。而分野议乃是一行对李淳风在《法象志》中所作的十二次分野说的发展。李淳风“因《汉书》十二次度数,始以唐之州县配焉”。一行则给出新的十二次初、中、终度数,如:“胃、昴、毕,大梁也。初胃四度,余二千五百四十九,秒八太;中昴六度;终毕九度。”等等。进而给出与之相应的唐之州县。此外,一行还将中国大地分为南北两大部分,大约以黄河、长江之间的地带为界,同时,将天区也分成与之相应的两大区域,以之作为地域和天区相对应的基本分划原则。

《新唐书·历志三上和下》所载历议凡12篇,可依次简介于下:

“其一历本议”。说明大衍历有关天文数据是如何由天地大衍之数推衍而得的。如大衍历

① 严敦杰,一行禅师年谱——纪念唐代天文学家张遂诞生一千三百周年,自然科学史研究,1984,(1)。

所用天文数据的共同分母 3040,是这样推出的:“天地中积,千有二百,揲之以四,为爻率三百,以十位乘之,而二章之积三千;以五材乘八象,为二微之积四十。兼章微之积,则气朔之分母也。”即:$\frac{(600+600)}{4}\times 10+5\times 8=3040$,实际上是一简单的数字游戏,其他均仿此。一行以为“大衍为天地之枢,如环之无端,盖律历之大纪也。”这就是一行之所以要作如此神秘的数字推衍的指导思想。当然,反过来说,在以历法为国之秘宝的中国古代,后一举措大约可以起到一种历法更加神秘化的作用,这可能是一行乐此不疲的原因之一。

在此议的后半部,一行对大衍历所用有关名词术语与前代的异同作了说明。

“其二中气议”。对前代冬至时刻及回归年长度的测算工作进行评述。一行认为“历气始于冬至,稽其实,盖取诸晷景”。这里,他强调了晷影测量对于冬至时刻、冬至时刻对于历法整体的重要意义,完全回到了现实之中。为此,一行进行了晷影的实测工作。除了前述在全国有关地点组织进行晷影测量外,“开元十二年(724)十一月,阳城测景,以癸未极长,较其前后所差,则夜半前尚有余分。新历大余十九,加时九十九刻”为冬至时刻。这是说,依在阳城晷影测量的数据,并用祖冲之的冬至时刻计算法,该年冬至时刻在十一月癸未 99 刻(724 年 12 月 18.99 日),这一结果与理论值密合,可见测算工作的精细。不过,一行对于《春秋·左传》两次朔日日南至的记载信以为真,实际上此两次日南至先天二三日①。就是说,一行没有摆脱对儒家经典的崇信,不像刘宋祖冲之当年在推算回归年长度时,不取该两次记录为准。所以,大衍历取得的回归年长度值必然偏大,与前代大多数历法一样,未能取得大的进展。在推算回归年长度值时,相信《春秋·左传》两次日南至记载的正确性,恐是中国古代大多数历家的共同失误,致使大多数历法的取值偏大。

在此议中,一行指出:“自春秋以来,至开元十二年(724),冬、夏至凡三十一事,戊寅历得十六,麟德历得二十三,开元历(即大衍历)得二十四。”其具体推算结果,可能载于《古今历书》中,这里只给出了总结论(下同此)。由此可见,大衍历并不比麟德历高明多少,正可知他们都存在一样的失误。

“其三合朔议”。对前代朔望月长度测算工作进行评述,并极力阐述定朔之法的科学性。一行说大衍历朔望月长度的厘定,是“本《春秋》日食,古史交会加时及史官候簿所详,稽其进退之中,以立常率”的。其值确实达到了相当高的精度水平,这正是一行所用方法得当的自然结果。一行又说:“考汉元光(前 134～前 129)已来史官注记,日食有加时者凡三十七事,麟德历得五,开元历得二十二。”这应与大衍历对日、月运动的认识和交食推算法的改进有关。

“其四没灭略例”。提出与前代历法不同的关于“没日”和“灭日”的定义和算法,成为后世历法的定说(参见第三章第十一节)。

“其五卦候议”。认为北魏李业兴兴和历所创用的七十二候“不合经义”,大衍历变从《逸周书·时则解》之说(参见表 4-5),为后世历法所依循。

“其六卦议”。认为关于十二月卦的分布,自东汉刘洪乾象历以来大多依从西汉京房之说,但“其说不经”,大衍历则变从西汉孟喜的《孟氏章句》之说,亦为后世历法所采纳。

“其七日度议”。这是一篇洋洋万余言的关于岁差问题的专论。文中指出了李淳风和王孝通否认岁差存在的立论上的错误,并以大量的事实阐明岁差的存在是勿庸争辩的。岁差现象

① 陈美东,古历新探,辽宁教育出版社,1995 年,第 52 页。

自晋代虞喜发现以来，虽得到多数历家的认同，并取得日渐准确的具体数值，可是，持怀疑或否定态度者，也不乏人在。其中，李淳风先在乙巳元历中认其有，后却在麟德历中言其无，其影响是不小的。一行此议的主要出发点之一正是针对李淳风而设的。可以说，此议是对岁差问题的一次历史性评述，起到了扫尽疑云的作用。自此以后，历家无不用岁差之法，为愈加准确的岁差值的测算铺平了道路。此议的另一个要点是，关于年代学的阐述，即是从岁差的角度，阐明一行对于年代学的见解。

"其八日躔盈缩略例"。指出刘焯皇极历对太阳运动不均匀性描述的失误处："(刘)焯术于春分前一日最急，后一日最舒；秋分前一日最舒，后一日最急。舒急同于二至，而中间一日平行。其说非是。"一行是从物体运动的一般规律论证刘焯之说的失误的，"凡阴阳往来，皆驯积而变"。即太阳的运动不可能在某一日的前后突然大幅度地增速或减速，理应循序渐变。依据他的新观测结果应为："日南至，其行最急，急而渐损，至春分及中而后迟。迨日北至，其行最舒，而渐益之，以至秋分又及中而后益急。……自然之数也。"这是中国古代对太阳运动不均匀性总体规律的首次基本正确的描述。

大衍历日躔表各节气太阳实行度与平行度之差的绝对值平均误差为 6.6′，较皇极历有很大进步，正是一行对太阳运动不均匀性总体规律的认识大有提高的表现①。如表 5-2 和图 5-2(C)所示，一行大衍历日躔表是以二至或二分为轴，呈对称状的，与前代诸历法日躔表的不对称性迥异，这应是一行对实测而得的太阳运动不均匀状况作了数学处理的结果。这种处理，自可令日躔表显得规整，但却以损害实测精度为代价。由表 5-2 知大衍历取太阳运动盈缩最大值为$\frac{7366}{3040}=2.423$ 度 $=2°23.29′$。该值与古希腊依巴谷所测日行盈缩大分 $2°23′$极其相近②。一行未取用瞿昙悉达编译的九执历中较准确的日行盈缩大分值，而所取值是否受依巴谷值的影响？大衍历日躔表仍以冬、夏至点为太阳近、远地点，也没有汲取九执历太阳远地点不同于夏至点的正确观念。若用大衍历日躔表计算任一时日太阳实行度与平行度之差时，其绝对值平均误差达 26.6′，精度还略逊于皇极历③，这大约与一行既未采用较好的太阳盈缩大分值，又未接受正确的有关观念，还对实测数据作了数学处理有重要关系。也就是说，一行虽然在太阳运动不均匀性规律的总体把握上，有了明显的长进，但在若干细节的描述上却并不高明。一行对太阳运动不均匀性的描述对后世历法产生了巨大的影响，也就是同时接受了大衍历的优点和短处。当然，在长期的探索中，还是有所进步，这可留待后面再作介绍。

"其九九道议"。论月亮运行轨道的问题，提出新的黄道、赤道和白道宿度变换的计算法，并讨论月亮出入黄道和黄白交点退行的有关问题。得交点月长度 27.21221454 日，误差仅 0.1 秒，略次于南宫说景龙历的佳值。"凡月交一终，退前所交一度及余八万九千七百七十三分度之四万(二)〔一〕千五百〔八十〕三少(半)〔弱〕，积二百(二)〔三〕十(一)月及分(七)〔二〕千七百(五)〔一〕十(三)〔五〕，而交道周天矣"。这是继东汉李梵、苏统及刘洪乾象历后对于黄白交点退行度值的又一次明确记述。现传本上述数值的记载有误，特校算于下。大衍历取朔望月长度、周天度和月亮日平行度依次为：29.5305921 日、365.2564967 度和 13.36875 度④。每

① 陈美东，日躔表之研究，自然科学史研究，1984，(4)。

② 张培瑜，僧一行对日行急舒的认识，紫金山天文台台刊，1982，(4)。

③ 同①。

④ 陈美东，古历新探，辽宁教育出版社，1995 年，第 218、240、257、267 页。

经过一交点月黄白交点应退行：周天度－交点月长度×月亮平行度＝$1\frac{41583.17}{89773}$。即原载值中“二千”应为“一千”，漏“八十”二字，而“少半”应为“少弱”＝$\frac{2}{12}$＝0.17。而交道一周天所需的朔望月个数＝$\frac{周天度\times交点月长度}{每经一交点月黄白交点退行度分\times朔望月长度}$＝$230\frac{2715}{89773}$，故原载值应据改。

“其十晷漏中星略例”。指出黄道去极度、晷影、漏刻与昏距中星度四术，内存有机的数量关系，可以彼此相互推求。

“其十一日食议”。一方面，一行指出：“较历必稽古史，亏食深浅、加时朓朒阴阳，其数相叶者，反复相求，由历数之中，以合辰象之变；观辰象之变，反求历数之中。”认为包括推算交食的所有历数，都应该根据前代有关天象记录，反复求算，先选用一历数，去拟合有关天象，不合，则修订历数，再拟合之，直至最大限度地与有关天象相符合。这当然是一种正确的方法与态度。由此，“以较古今日食四十三事，月食九十九事，课皆第一”。这说明所作的努力还是有效的。在作了上述努力之后，还是不能吻合的天象，这本来是可以理解的，一是与之有关的历数中有不够准确者；二是据以推算的历理欠周全；三是前代有关记录不够准确，等等。可是，一行均不作如是观，而提出了以下解释，反映了一行思想的另一方面：“若过至未分，月或变行而避之；或五星潜在日下，御侮而救之；或涉交数浅，或在阳历，阳盛阴微则不食；或德之休明，而有小眚焉，则天为之隐，虽交而不食。此四者，皆德教之所由生也。”即认为，凡交食现象同用他所定的历数和历术所推不合者，都是因为君主德行、政治的好坏造成的，这可以使月亮改变运行的速度，可以使五星去营救太阳，可以使阴阳消长，还可以使天为之动容。也就是说，一行把推算合者，作为大衍历准确性的证明，而把不合者，归于君主的德与政。一行思想的这种两重性，既是他对前人正确的历法思想的继承与发展，又是他对其历法的缺欠无可奈何、并深受天人感应说影响的反映。大衍历行用以后不久，预报日食就频频失误，正是一行日食论缺欠的必然结果。

在此议中，还收入了“日食略例”的内容。其中一行指出，前人在推算日食食分时，“皆自张子信所传，云积候所得，而未晓其然也”。于是，他引用了印度历法（大约就是九执历）推算日食食分时，论及的暗虚半径的概念，和暗虚遮掩日面的描述，来阐明其所以然。由此看来，一行依稀接受地在气中和暗虚是球形地体的影子的观念，但他却欲言又止，未能迈出关键的一步。最终在大衍历中，仍然沿用张子信所传的方法，当然还作了某些改进。

“其十二五星议”。一行提出了关于岁星运动前缓后急的奇特观点：“岁星自商、周迄春秋之季，率百二十余年而超一次。战国后其行浸急，至汉尚微差，及哀、平间，余势乃尽，更八十四年而超一次，因以为常。”即认为从商代到春秋时期（指鲁哀公二十年，前474年前），岁星约120年行$(10+\frac{1}{12})$周天，即年平行＝30.69度；而自西汉哀帝、平帝（公元5年）以后，变为84年行$(7+\frac{1}{12})$周天，即年平行＝30.80；在前后两时段间，岁星的年平行度则从30.69渐增至30.80度。这是关于天体运动可变性思想的一种反映，不过，他对岁星运动变化的具体推测则并不正确。一行依此推测对汉平帝、特别是春秋以前有关岁星记载进行的评述，自然也是不可靠的。

在五星术方面，一行也下了一番“稽古今注记，入气均而行度齐，上下相距，反复相求”的功夫，结果：“较史官所记，岁星二十七事，荧惑二十八事，镇星二十一事，太白二十二事，辰星二十四事，开元历皆课第一云。”此说殆非虚言，如大衍历取火星和土星的会合周期分别为779.9355日和378.0921日，其误差分别为0.8和0.3分钟，前者为历代最佳值，后者也胜过前人，为历代佳值之一①。此外，一行还对五星法作了重大改进，下面，我们还将论及。

“故五星留逆伏见之效，表里盈缩之行，皆系之于时，而象之于政。政小失则小变，事微而象微，事章而象章。已示吉凶之象，袭其常度。不然，则皇天何以阴骘下民，警悟人主哉”。这是说，在五星术上，也同样反映了一行思想的两重性。

以上讨论了一行《历议》10议和《略例奏章》4章的有关内容，既有大衍历所取得的新进展的介绍，又有大衍历建立的有关历术的理论说明。以实测验天为本，乃是一行历法思想的主流，但同时也渗进了数字神秘主义和天人感应的思想，这与一行既是一位杰出的天文学家，又是一位虔诚的佛教徒相一致的。

三　交食推算法的改进

在大衍历中，一行给出了十分简明的月食食分计算式：

$$G_1=\frac{\text{望差}-\text{去交分}}{183}$$

已知望差＝3524.9339，则$\frac{\text{望差}-779}{15}=183$。于是，上式也可表 达为：

$$G_1=\frac{(\text{望差}-779)-\text{去交分}}{\text{望差}-779}\times 15+\frac{779}{\text{望差}-779}\times 15$$

可见，大衍历月食食分算式实际上与刘焯皇极历、张胄玄大业历月食食分算式并无本质的不同，只是采取了更为简捷的形式。这一形式为后世历法所沿用，成为一种经典的算式。

又由上算式，可以推知，大衍历取必全月食限为3.36°，与理论值之差为0.55°，其准确度远较皇极历等为高②。大衍历也指出：“其月行入少象初爻之内，皆为沾近黄道度，当朔望则有亏食。”所谓“少象初爻”＝1度67分＝1.56度。这与麟德历一样，是以日月之间南北相距的度值作为判断是否发生交食的食限值。

关于日食食分的计算，大衍历考虑到了定朔时月在日之北或之南的不同情况，给出了不同的计算公式，这自然是虑及了月亮视差对日食食分大小的影响。它还给出了节气对日食食分的影响，列出了以定气为基点的24节气食差表，较前代有关历法的食差表要简明得多（见表5-9）③。

依大衍历日食食分算式，当定朔、月在日之北时，日食食差积的日食食分的影响是，与日食食分的大小成反比，而当定朔、月在日之南时，则成正比。由表5-9知，冬至时，差积最小，后渐增，到夏至时最大，后渐减，到冬至时又最小。这就是说，当定朔、月在日之北，若在冬至前后发生日食食分将较大，若在夏至前后将较小；而当定朔、月在日之南，若在冬至前后发生日食食分将较小，若在夏至前后将较大。我们知道，冬至（或夏至）前后时，月亮的天顶距较大（或较小），若月在日之北，月亮视差令日月接近的距离大些（或小些）；若月在日之南，月亮视差令日月拉

① 李东生，论我国古代五星会合周期和恒星周期的测定，自然科学史研究，1987，（3）。

② 陈美东，中国古代的月食食限及食分计算法，自然科学史研究，1991，（4）。

③ 欧阳修等：《新唐书·历志四下》。

开的距离大些(或小些)。这说明,大衍历日食食分算式和 24 节气食差表是大体正确地反映了月亮视差对日食食分的影响。

表 5-9　大衍历 24 节气食差表

定气	增损差	差积	定气	增损差	差积	定气	增损差	差积
冬至	增 10	积初	谷雨	增 50	积 220	处暑	损 45	积 220
小寒	增 15	积 10	立夏	增 55	积 270	白露	损 40	积 175
大寒	增 20	积 25	小满	增 60	积 325	秋分	损 35	积 135
立春	增 25	积 45	芒种	增 65	积 385	寒露	损 30	积 100
雨水	增 30	积 70	夏至	损 65	积 450	霜降	损 25	积 70
惊蛰	增 35	积 100	小暑	损 60	积 385	立冬	损 20	积 45
春分	增 40	积 135	大暑	损 55	积 325	小雪	损 15	积 25
清明	增 45	积 175	立秋	损 50	积 270	大雪	损 10	积 10

四　五星位置推算法的改革

对于五星运动,一行也进行了独到的研究。其收获主要有如下四个方面:

其一,提出了五星运动轨道不与黄道相重合,而两者之间存在一定夹角的概念,并给出了相应的五星在黄道南或北的计算法。“五星前变,入阳爻,为黄道北;入阴爻,为黄道南。后变,入阳爻,为黄道南;入阴爻,为黄道北”①。即指此而言。

其二,提出了五星点近日点进动的观念,并给予定量的描述。其值称为五星“变差”。如岁星变差为“三十四,秒十四”,即每年岁星近日点进动$\frac{34.14}{3040}=0.01123$ 度 $=39.9''$,其误差为 $18.1''$。同理,可算知火、土、金、水四星近日点进动值分别为 $37.4''$、$26.8''$、$35.6''$、$159.7''$,其误差分别为 $28.9''$、$43.7''$、$15.1''$、$103.7''$。虽然一行所得值并不大准确,但这确是一十分重要的天文发现,而且为后世的发展奠定了基础。在上述认识的前提下,一行还建立了计算五星近日点黄经的方法:已知某年五星近日点黄经为 H,N 年后,五星近日点的黄经则为:$H+N\times$每年进动值。依此,一行得 728 年木、火、土、金、水近日点黄经分别为 $345.1°$、$300.2°$、$69.9°$、$260.1°$和 $286.6°$,其误差分别为 $8.9°$、$12.5°$、$1.6°$、$146.3°$和 $228.9°$②。

其三,编制了以五星近日点为起点、每经 15°给出一个五星实际行度与平均行度之差的数值表格,称之为“五星爻象历”,以此取代自张子信以来所用的五星入气加减法。这一新表格对五星运动不均匀性的描述具有更为明晰的天文意义。如岁星爻象历为(表 5-10)③:

由表 5-10 可见,岁星运动进退最大值为 3078 分 $=\frac{3078}{760}$度 $=239.5'$,其误差为 $79.6'$。同理,亦可算得火、土、金、水四星运动进退最大值分别为 $377.5'$、$507.6'$、$77.0'$和 $192.0'$,其误差分别为 $256.7'$、$95.3'$、$26.3'$和 $1220.1'$。若考察爻象历的总体精度可知:木、火、土三星的误差

① 同①。
② 陈美东,我国古代对五星近日点黄经及其进动值的测算,自然科学史研究,1985,(2)。
③ 欧阳修等:《新唐书·历志四下》。

分别为 70.6′、256.6′和 59.4′，而金、水二星的误差还要大些①。由此看来，其精度水平不见得比五星入气加减法高。应该说，这是在新方法探索道路上存在的问题。

表 5-10　大衍历岁星爻象历

爻　象	损益率	进退积	爻　象	损益率	进退积
少阳、少阴初	益 773	进退积空	老阳、老阴初	损 123	进退 3078
少阳、少阴二	益 721	进退 773	老阳、老阴二	损 331	进退 2955
少阳、少阴三	益 630	进退 1494	老阳、老阴三	损 500	进退 2624
少阳、少阴四	益 500	进退 2124	老阳、老阴四	损 630	进退 2124
少阳、少阴五	益 331	进退 2624	老阳、老阴五	损 721	进退 1494
少阳、少阴上	益 123	进退 2955	老阳、老阴上	损 773	进退 773

其四，对于五星在一个会合周期内的动态表，大衍历也作了重要的改革。它们在《旧唐书·历志三》和《新唐书·历志四下》中均有记载。有趣的是，后者仍取文字描述的方式，而前者则取表格描述的形式，我们认为前者是一行当年原作的形式，它开启了表格式五星动态表的先河。还不止于此，大衍历木、火、土、金、水五星动态表还分别采取了 8、10、8、14、12 段分法，这是在前代历法五星动态分段法基础上作出的调整或补充。更为重要的是，一行扬弃了自刘焯、张胄玄以来，为描述五星运动的不均匀性，令五星动态表处于变动不定的处理思路和方法，而保持了五星动态表的相对稳定性，将五星运动不均匀性的改正，表达为对五星入各不同时段的时日的改正，不对五星动态表本身作游移不定的处理。概括而言，一行的这一思路和方法是：将五星的动态分成若干段；对于每一段内五星运行的速度取等差级数法加以描述，以某段与次段“初行率”之差，除以某段的“变日”数，即为某段五星运动速度变化的公差值；此后，再由五星爻象历表计算相应的五星运动不均匀性改正值。这一思路和方法得到了后世绝大多数历家的肯定，这是因为它要比刘焯、张胄玄等人的思路和方法来得简明和有效。

大衍历关于五星位置推算的这四项创新与改革，都具有重大的意义，虽然还显得稚嫩，但它们被后世历法遵为定式，为后世历家的进一步探索开拓了正确的道路。

五　若干数学方法的发明与应用

(一)不等间距二次差内插法的发明与应用

大衍历的日躔表和日食食差表，都是以定气为基点的，即是每隔 1/24 周天度给出一有关数据，于是，相邻两定气之间相距的日数是不齐同的，即是不等间距的。而在应用该二表格时，仍是以距冬至的日数为引数，故不能搬用刘焯发明的等间距二次差内插法，而需要另辟新法。据研究，一行在刘焯等间距二次差内插法的基础上，成功地发明了不等间距二次差内插法，圆满解决了上述推算的问题。其算式为②：

$$f(n+t)=f(n)+t\left(\frac{\Delta_1+\Delta_2}{M_1+M_2}\right)+t\left(\frac{\Delta_1}{M_1}-\frac{\Delta_2}{M_2}\right)-\frac{t^2}{M_1+M_2}\left(\frac{\Delta_1}{M_1}-\frac{\Delta_2}{M_2}\right)$$

① 陈美东，五星盈缩历之研究，见杜石然主编，《第三届国际中国科学史讨论会论文集》，科学出版社，1990。

② 钱宝琮主编，中国数学史，科学出版社，1964 年，第 106 页。

式中，$f(n)$为某一定气的“先后数”，Δ_1 和 Δ_2 分别为本定气和下一定气的“盈缩分”，此三值都可由日躔表(如表 5-2 所示)查得。M_1 和 M_2 分别为本定气和下一定气的日数分，分别等于一平气长度的日数分(即“策实”1110343/24) $\pm\ \Delta_1$(或 Δ_2)。t 为所求日入某一定气的日数值。$f(n+t)$即为所求日的“先数”。这是就推求某日太阳运动实行度与平行度之差而言的，其他可仿此计算。

(二)关于爻象历和阴阳历所用内插法

大衍历岁星爻象历进退积的四次差值等于 0，这可示如表 5-11[①]。

表 5-11　岁星爻象历四次差值表

进退积	一次差	二次差	三次差	四次差
0				
	773			
773		52		
	721		39	
1494		91		0
	630		39	
2124		130		0
	500		39	
2624		169		0
	331		39	
2955		208		
	123			
3078				

有趣的是，大衍历的月行“阴阳历”，即为计算月亮极黄纬而设的数据表格中，“阴阳积”的四次差值也等于 0。这说明，取某些数值表有关数据的四次差值为 0，并非事出偶然，而是一行深思熟虑之举。又由应用此二表进行插值计算的算式看，则与二次差内插法不同。鉴于此，严敦杰指出，这是一行发明了三次差内插法近似公式的结果[②]，提出了十分重要和令人深思的问题。

而另一种意见认为：关于阴阳历的插值算式，从算式的“结构方法来看，除初、末率算法与皇极历太阳改正算法的相应步骤不同外，其余各步骤完全相同。换言之，大衍历的月亮极黄纬算法与刘焯的二次等间距内差法实质上是一回事”。至于初、末率的计算，由于阴阳历相邻两爻间的加减率之差是不相等的，这与皇极历相邻两气间的陟降率之差都相等是大不同的，所以也不能搬用刘焯的现成算式。一行于是先依相当于等间距二次差内插的方法，计算初、末率，然后，再用与皇极历太阳改正算法相同的方法进行计算；关于爻象历的插值算式，“大衍历在度与分两级不同单位分别使用了二次差等间距内插法。对于度而言，因五星爻象历每爻的损益率不等，一行使用经它改进的方法；对于分而言，由于相邻两度的损益率之差——算差，在同一爻内是逐度相同的，可直接套用刘焯算法”。也就是说，一行实际上是采用了两级等间距二次差内插的方法，是对刘焯算法的又一种发展[③]。

① 欧阳修等：《新唐书·历志四下》。

② 严敦杰，中古代数理天文学的特点，见《科技史文集》第 1 辑，上海科学技术出版社，1978 年。

③ 曲安京、赵志刚、王荣彬，中国古代数理天文学探析，西北大学出版社，1994 年，第 281～288 页。

后一种见解较前一种看法，似更接近本来的立意。我们认为，四次差值为零的事实，以及两级内插法的应用，都说明一行不再把月亮极黄纬的变化和五星运动的不均匀性，单纯视作匀变速变化的，而应有较匀变速变化还要复杂得多的变化规律。他所采用的数学方法，自然还未能正确地描述这种变化，但毕竟已努力往正确的方向前进了一步，也给后世历家提出了新课题和努力的方向。

（三）反函数算法

在大衍历中，一行既给出了求某日五星行度的计算法，又给出了已知五星行度反求其相当于何日的计算法。在五星运动为匀变速的假设前提下，一行用等差级数给出如下算式：

$$E = n\left[a + \frac{1}{2}(n-1)d\right]$$

式中，E 为五星行度，a 为五星第一日经行度数，n 为某日数，d 为五星每日行度公差。

若已知 E、a、d，欲求 n，一行则给出了如下算式：

$$n = \frac{1}{2}\left(\sqrt{\left(\frac{2a-d}{d}\right)^2 - \frac{8E}{d}} - \frac{2a-d}{d}\right)$$

而上式正是$\frac{2E}{d} = n^2 + \frac{2a-d}{d}n$ 的正根。一行采用上述算式，在中国数学史和天文学史上都是罕见的例子[①]。

六　准正切函数表与覆矩图的编制

在大衍历中，一行给出了太阳天顶（T）为 0 至 81 度时，8 尺表影长（L）的数值表格。该表格的天文学和数学含义是：$L = 8 \times \operatorname{tg} T$。据此应该说，这是一份推算 8 尺表影长的数学用表，也可以说，这是一份准正切函数表，有人更称之为世界上最早的正切函数表[②]。其术曰：

> 南方戴日之下，正中无晷。自戴日之北一度，乃初数千三百七十九。自此起差，每度增一，终于二十五度，计增二十六分。又每度增二，终于四十度，（增五十六分）。又每度增六，终于四十四度，增六十八（八十分）。（又起四十五度，增一百四十八分）。又每度增二，终于五十度，（增一百五十八分）。又每度增七，终于五十五度，（增一百九十三分）。又每度增十九，终于六十度，增百六十（二百八十八分）。（又起六十一度，增四百四十八分）。又每度增三十三，终于六十五度，（增五百八十分）。又每度增三十六，终于七十度，（增七百六十分）。又每度增三十九，终于七十二度，（增八百三十八分）。（又度）增二百六十。又度增四百四十。又度增千六十。又度增千八百六十。又度增二千八百四十。又度增四千。又度增五千三百四十。（至于八十度）。各为每度差。因累其差，以递加初数，满百为分，分十为寸，各为每度晷差。又累其晷差，得戴日之北每度晷数。[③]

---

① 钱宝琮主编，中国数学史，科学出版社，1964 年，第 106 页。

② Christopher Cullen, An Eighth Century Chinese Table of Tangents, Chinese Science, 1982, 5；刘金沂、赵澄秋，唐代一行编成世界上最早的正切函数表，自然科学史研究，1986，(4)。

③ 欧阳修等：《新唐书·历志四上》。

上引文中，凡括号内的文字，均依《高丽史·卷五十》中所载宣明历的相关术文① 和曲安京对少量术文所作校勘② 给出的纠正或补充。由之可见，宣明历的相关记载确实源自大衍历，这可从两者术文大体相同得知，从叙述的形式看，两者的主要差异是，大衍历术文只偶或提及计增的分值，而宣明历则无一例外地言及计增的分值，当然，这一差异是非本质的。而《高丽史·卷五十》宣明历记述的重要性在于，它弥补了《新唐书·历志四上》所载 45 度和 61 度增率值的两处重大遗漏。这就难怪不少学者依《新唐书·历志四上》的记载，试图校订并复原术文的结果莫衷一是，而曲安京由《高丽史》的有关记载入手所作的复原工作应是可信的。依之可作表5-12。

表 5-12　大衍历准正切函数表

T	增率	度差	晷差	晷数	Δ	T	增率	度差	晷差	晷数	Δ
0	1	1	1379	0	0	41	6	62	2360	68579	470
1	1	2	1380	1379	3	42	6	68	2422	70939	421
2	1	3	1382	2759	6	43	6	74	2490	73361	359
3	1	4	1385	4141	9	44	68	80	2564	75851	287
4	1	5	1389	5526	13	45	2	148	2644	78415	203
5	1	6	1394	6915	17	46	2	150	2792	81059	110
6	1	7	1400	8309	23	47	2	152	2942	83851	67
7	1	8	1407	9709	29	48	2	154	3094	86793	70
8	1	9	1415	11116	37	49	2	156	3248	89887	113
9	1	10	1424	12531	46	50	7	158	3404	93135	191
10	1	11	1434	13955	56	51	7	165	3562	96539	295
11	1	12	1445	15389	68	52	7	172	3727	100101	417
12	1	13	1457	16834	81	53	7	179	3899	103828	554
13	1	14	1470	18291	96	54	7	186	4078	107727	700
14	1	15	1484	19761	113	55	19	193	4264	111805	848
15	1	16	1499	21245	132	56	19	212	4457	116069	989
16	1	17	1515	22744	152	57	19	231	4669	120526	1115
17	1	18	1532	24259	174	58	19	250	4900	125195	1224
18	1	19	1550	25791	197	59	19	269	5150	130095	1315
19	1	20	1569	27341	221	60	160	288	5419	135245	1381
20	1	21	1589	28910	247	61	33	448	5707	140664	1415
21	1	22	1610	30499	273	62	33	481	6155	146371	1405
22	1	23	1632	32109	300	63	33	514	6636	152526	1475
23	1	24	1655	33741	327	64	33	547	7150	159162	1617
24	1	25	1679	35396	354	65	36	580	7697	166312	1817
25	2	26	1704	37075	380	66	36	616	8277	174009	2055
26	2	28	1730	38779	405	67	36	652	8893	182286	2301
27	2	30	1758	40509	428	68	36	688	9545	191179	2515
28	2	32	1788	42267	449	69	36	724	10233	200724	2647
29	2	34	1820	44055	469	70	39	760	10957	210957	2630
30	2	36	1854	45875	487	71	39	799	11717	221914	2375
31	2	38	1890	47729	504	72	260	838	12516	233631	1770
32	2	40	1928	49619	519	73	440	1098	13354	246147	670
33	2	42	1968	51547	532	74	1060	1538	14452	259501	−1110
34	2	44	2010	53515	543	75	1860	2598	15990	273953	−3589
35	2	46	2054	55525	550	76	2840	4458	18588	289943	−6679
36	2	48	2100	57579	554	77	4000	7298	23046	308531	−9771
37	2	50	2148	59679	552	78	5340	11298	30344	331577	−11592
38	2	52	2198	61827	545	79	16638	41642	361921	−10076	
39	2	54	2250	64025	530	80		58280	403563	−2277	
40	6	56	2304	66275	505	81			461843	−15625	

① 俞景老，韩国科学技术史资料大系·天文学篇(2)，汉城骊江出版社，1986 年，第 88～91 页。

② 曲安京，大衍历晷影差分表的重构，自然科学史研究，1997，(3)。

表 5-12 中各值(除 T 外),均除以万得为尺。T 为戴日之北度数,亦即太阳的天顶距。Δ = 晷数 − 8tg T,T 度需乘以 360/365.2564967,化为 360°制入算。Δ 的绝对值平均数为 0.1311 尺,这是准正切函数表的总精度水平。由该表可见,自 $T = 54$ 度以后,Δ 值明显大增,这说明一行对于此后正切函数值的认识是不准确的。若取 54 度之前 Δ 的平均数则为 0.0276 尺,还是相当不错的。

"各置其气去极度,以极去戴日度五十六度及分八十二半减之,得戴日之北度数"。这是大衍历计算 T 值的方法。此中"其气去极度"可由大衍历所列阳城各定气黄道去极度等的表格查得。设此地北极出地高度为 W,则(W + 56.825) = 91.314,即 W = 34.489 度(前已述及,一行等人测得阳城 W 值为 34.4 度,小有不同)。在求得 T 值后,就可由表 5-12,用一次差内插法算出与之相应的晷长数。可是,用一行所说的方法对大衍历所列阳城各定气黄道去极度、晷长表进行计算时,却发现算得值与表列值并不符合。如冬至黄道去极度为 115.2 度,T = 115.2 − 56.825 = 58.375 度,由表 5-12 可算得其晷长为 12.7033 尺,与表列值 12.715 尺不同。这说明,一行在大衍历中所给出的各定气晷长表并不是用表 5-12 计算而得的,它们大约是经由实际的测算得到的。这又反过来说明,一行的准正切函数表是由某种数学方法推算而得的。曲安京认为徐昂宣明历晷长表则是由表 5-12 推算而得的[①],这是一行准正切函数表在后世被应用的一个例子。

关于一行应用准正切函数表等,以推算九服晷长、漏刻和食差方法,下面就要论及,在此,我们先介绍与之密切相关的覆矩图之作。一行"更为覆矩图,南自丹穴,北暨幽都,每极移一度,辄累其差,可以稽日食之多少,定昼夜之长短,而天下之晷,皆协其数矣"[②]。即从丹穴(17 度)到幽都(40 度),北极出地高度每变动 1 度作一图,计 24 图,给出北极出地高度每变动 1 度的地点的 24 定气晷长数值表[③]。如北极出地高度为 17 度,即当地定春秋分时,太阳的天顶距为 17 度,由表 5-12 可查得相应的晷长为 2.4259 尺;又由大衍历所载阳城定春分与定清明黄道去极度之差为(91.3 − 85.3) = 6 度[④],此即为阳城(同时也是任一地点)该两定气间太阳天顶距之差,则对于丹穴而言,定清明时太阳天顶距应等于(17 − 6) = 11 度,以此为引数,由表 5-12 可查得相应的晷长为 1.5389 尺。仿此,丹穴其余各定气时的晷长值均可算得(若天顶距度数非整数,可用一次差内插法计算)。这就为已知北极出地高度的某地提供了与之相应的 24 定气晷长表(一行只计算了 24 地,其实对于任一地点均可依此方法计算)。

七　九服晷长、漏刻和食差计算法

一行大衍历又一个重大成就是打破了原先历法只适用于某一特定地点(一般是当时的首都)的局限性,使之推广到适用于全国的广大地域。由于地点不同,晷影和漏刻长度各不相同;发生日食时,月亮的天顶距各异,由之产生的对日食食分的影响也不同,即日食食差也就不同。所以必须设法描述这种差异,才有可能进而表述各地的晷长、漏刻以及日食食分等的状况,九

---

① 曲安京,大衍历晷影差分表的重构,自然科学史研究,1997,(3)。

② 欧阳修等:《新唐书·天文志一》。

③ 刘金沂,覆矩图考,自然科学史研究,1988,(2)。

④ 欧阳修等:《新唐书·历志四上》。

服晷长、漏刻和食差计算法便是因此而立。

(一)关于九服晷长计算法

大衍历九服晷长计算之术曰:

> 使每气去极度数相减,各为其气消息定数(T_n)。因测其地二至日晷(T_1 和 T_2),于其戴日之北每度晷数中,较取长短同者,以为其地戴日北度数及分。每气各以消息定数加减之,得每定气戴日北度数(T)。各因所直度分之晷数,为其地每定气初日中晷常数。①

上述表 5-12,就是为计算九服晷影而制订的数字表格。又,前已述及,一行已测得有关地点的二至晷长值,以之为引数,可由表 5-12 依一次差内插法反求出与之相应的太阳天顶距值 T_1 和 T_2。一行指出阳城任一定气与二至黄道去极度之差,也就是二者之间太阳天顶距之差(T_n),不但适用于阳城,也适用于其他有关地点。于是,有关地点 24 定气时太阳的天顶距的度值 $T=T_1$(或 T_2)$\pm T_n$。再以 T 为引数,由表 5-12,依一次差内插法即可推算得有关地点的 24 定气晷长表。欲求任一时日的晷长,则可依求阳城晷长的方法计算,当然要用有关地点的 24 定气晷长表入算。应该说,一行所设定的这一套计算法的思路是十分清晰的,其天文和数学意义也是合理的。不过,由于表 5-12、有关地点二至晷影测量、阳城 24 定气太阳去极度,以及应用一次差内插法等等,都存在或大或小的误差。所以,一行九服晷长计算法,虽然构思巧妙,还只是一种近似的算法。

这里需要特别指出,即在大衍历所给出阳城二至去极度之差等于 115.20 度(冬至)$-$67.40度(夏至)$=$47.8 度,就是说,一行已经测得黄赤交角为 23.9 度。我们知道,至迟从汉代起,到一行之前,人们一直认为黄赤交角为 24 度,虽然它曾是很不错的数值,但到一行所处的年代,则已显粗疏。一行所得新值更合符当时的实际,自然有提高精度的意义,而且有开启后人对黄赤交角作进一步测定的意义②。

(二)关于九服漏刻计算法

其术为:

> 二至各于其地下漏水以定当处昼夜刻数(K_1 和 K_2)。乃相减,为冬夏至刻差(K_0)。半之,以加减二至昼夜刻数,为定春秋分初日昼夜刻数(K_3)。乃置每气消息定数(T_n),以当处差刻数(K_0)乘之,如二至去极差度四十七分八十而一,所得依分前后加减初日昼夜刻数(K_1 或 K_2),各得余定气初日昼夜漏刻。③

已知 K_1 和 K_2,这由实测而得。$K_0=K_1-K_2$,$K_3=K_1$(或 K_2)$\pm\dfrac{K_0}{2}$。这是在假设太阳去极度与昼夜漏刻长度的变化成正比的前提下进行计算的。亦基于这一假设,已知二至间太阳去极度相差 47.8 度、二至间昼夜漏刻相差 K_0、某一定气时与二至时太阳去极度相差 T_n 度,于是,该定气的昼夜漏刻长度$=K_1$(或 K_2)$\pm\dfrac{K_0T_n}{47.8}$。欲求任一时日有关地点的昼夜漏刻

① 欧阳修等:《新唐书·历志四上》。

② 陈美东,试论我国古代黄赤交角的测量,见《科技史文集》第 3 辑,上海科学技术出版社,1980 年。

③ 欧阳修等:《新唐书·历志四上》。

长度,亦依求阳城任一时日昼漏刻法,同样要用有关地点的 24 定气漏刻表。这自然又是一种巧妙的构思,可是,由于引进的假设并不准确,而且 K_1、K_2、T_n 以至 47.8 这一数据都存在测量的误差,所以,该算法也只是一种近似的算法。

(三)关于九服食差计算法

大衍历日食食差术曰:

> 先测其地二至及定春秋〔分〕中晷长短,与阳城每日中晷常数较取同者,各因其日食差为其地二至及定春秋分食差。以夏至差(S_1)减春分差(S_2),以春分差减冬至〔差〕(S_3),各为率(Δ_1 和 Δ_2),并二率,半之,六而一,为夏率(X)。二率相减,六而一,为总差(Z)。置总差,六而一,为气差(Q)。半气差,以加夏率,又以总差减之,为冬率(D)。每以气差加之,各为每气定率(L_n)。乃循积其率,以减冬至食差(S_3),各得每气初日日食差(S_n)。①

即先以在某地实测而得的二至和二分晷长值为引数,由阳城 24 定气晷长表、依一次差内插法求出相应的距冬至的日数及时刻。再以此为引数,由阳城 24 定气食差表、亦依一次差内插法求出与之相应的食差值,即为某地二至、二分时的食差值。我们知道,阳城 24 定气食差表实际上是给出了月亮天顶距为某特定值时的月亮视差对日食食分的影响,它是以定气为基准的,对于某一定气而言,太阳的天顶距是为某一定值,其时月亮或在黄道南或在黄道北,而且距离或大或小,所以,它所表达的月亮视差的影响,实际上是就其时月亮所处黄道南北的平均位置而言的,也就是月亮天顶距等于太阳天顶距时,月亮视差对日食食分的影响值。某地二至、二分时晷长是与其时的太阳天顶距(T_m)相关的。上述第一和第二个步骤是要分别推求若在阳城观测得 T_m 时,所相当的距冬至日数及时刻,和所相当的食差值。所以,这两个步骤的设置是基本上合理的。再看随后的算法:

$$\Delta_1 = S_2 - S_1 \qquad \Delta_2 = S_3 - S_2$$

$$X = \frac{\Delta_1 + \Delta_2}{2\times 6} \qquad Z = \frac{\Delta_1 - \Delta_2}{6}$$

$$Q = \frac{Z}{6} = \frac{2S_2 - S_1 - S_3}{36}$$

$$D = \frac{Q}{2} + X - Z = \frac{5S_1 - 22S_2 + 17S_3}{72}$$

$$L_n = D + nQ \quad (n = 0、1、2、\cdots\cdots、12)$$

$$S_n = S_3 - nD - \frac{n(n-1)Q}{2} \quad (n = 0、1、2、\cdots\cdots、12)$$

由上诸式可见,一行是在依上述方法求得二至、二分食差值之后,由冬至食差值起算,依等差级数法计算从冬至到夏至 12 定气的食差值,其等差级数的首项为 D,公差为 Q。而 D、Q 的大小则与二至、二分的食差值相关。至于从夏至到冬至 12 定气的食差值,则与冬至到夏至 12 定气食差值呈对称状。由此看来,大衍历九服食差计算法的思路也是清晰而合理的,同样,它也存在有关地点二至、二分晷长测量的误差、阳城 24 定气食差表的误差、应用等差级数法的误

① 欧阳修等:《新唐书·历志四下》。

差，等等，所以同样是一种近似的算法。

综上所述，一行九服晷长、漏刻、食差计算法是具有划时代意义的创造，解决了历法的普适性问题。自此，适用于全国范围的历法在中国出现，结束了一部历法只能用于某一特定地点的历史。其法思路明晰，构思合理，虽然它们都还是一种近似的算法。

大衍历无论从历法的结构和形式，到其实质性的内容和方法，都在前代历法的基础上，有了重大的进步。它是中国古代独特的历法体系已经成熟的标志，作为一座里程碑，大衍历在中国历法史上占有崇高的地位。

第十一节 敦煌星图与历书及黄道十二宫等的传入

在浩瀚的敦煌文献中，与天文历法有关的文献所占的比例可以说很小，虽然如此，这些敦煌天文历法文献，还是为我们了解其时天文历法的有关状况，提供了十分重要的资料。其中最主要的内容有天文星经、玄像诗、星图和历书。就其年代而言，自北魏太武帝太平真君十一年(450)到北宋太宗淳化四年(993)，跨越五百余年[①]。关于天文星经和玄像诗，我们已在前面作了介绍，这里讨论其中的星图和历书。

一 敦煌星图甲本和乙本

李约瑟在英国伦敦的大英博物院图书馆所藏的斯坦因敦煌卷子中，发现了一卷唐代星图，并在其所著《中国科学技术史》中最早作了介绍[②]。这一编号为MS3326的卷子系为一长轴，手绘有十二月星图各一幅和紫微垣星图一幅(为与其他敦煌星图相区别，一般称此星图为敦煌星图甲本，见彩图四)。星图前有云气图，残存25幅，上绘图、下书占文。星图后画一电神。李约瑟博士认为，该星图绘于940年左右，但是并未申述其理由。而马世长则指出：在同一卷子中的“云气杂占”中，“民”字避唐太宗李世民的讳而缺末笔，而在星图中，“旦”字则没有避唐睿宗李旦(710～712在位)的讳；此外，由电神的服饰等特征的比较分析，以为星图的抄绘年代应在705～710年间[③]。这一见解大约是可信的。

该星图的十二月星图大体依据三垣二十八宿法分划天区，绘出赤道附近的星官。其相对应的状况依次为(首幅为十二月星图)：十二月——女、虚、危、室；正月——危、室、壁、奎；二月——壁、奎、娄、胃；三月——胃、昴、毕；四月——毕、觜、参、井；五月——井、鬼、柳；六月——柳、星、张、太微垣；七月——太微垣、翼、轸；八月——角、亢、氐；九月——氐、房、心、尾、天市垣；十月——尾、天市垣、箕、斗、牛；十一月——斗、牛、女。每相邻两个月之间的星官均彼此交叉，每一幅图所绘出的星官当是在某一月内可见者。在每月星图的下方，书有当月太阳所在宿次和昏旦中星宿次，其内容与《礼记·月令》所载无异，并不是当时的实际天象；而在每月星图的中间，直书一、两行与各月相应的十二次起讫度数，其度数则与《汉书·律历志下》记载的刘歆三

① 邓文宽，《敦煌天文历法文献辑校》目录，江苏古籍出版社，1996年。

② J.Needham，Science and Civilisation in China(Ⅲ)，英国剑桥大学出版社，1958年，第264～265、276、282页。

③ 马世长，敦煌星图的年代，见中国社会科学院考古研究所：《中国古代天文文物论集》，文物出版社，1989年，第195～198页。

统历所定者一致，也是取前人之说。这一、两行文字也就成了每月星图的分界线。

对于天北极附近的紫微垣，敦煌星图甲本则画成一以北极为中心的圆图，即取汉代以来盖图的传统画法。至于十二月星图的画法大约是依据自南北朝时期以后才出现的新方法。在《隋书·经籍志三》中载有"《天文横图》一卷，高文洪撰"。研究者大都认为，这是如下星图新方法出现的证明：将赤道画成直角坐标中的横轴，而以去极度为纵轴，这样画出的星图总体上看是呈长方形的，这便是横图名称的由来①。敦煌星图甲本则集横图和圆图两种画法于一身。用横图法，可以保证赤道附近星官的变形较小，而用圆图法，则可保证天北极附近星官的变形较小，所以，敦煌星图甲本的作者是兼取横图和圆图二法的长处，这当是一种带创造性的工作。

李约瑟博士认为，这十二月星图是利用类似于比利时麦卡托(G. Mercator, 1512～1594)发明的圆柱投影法绘出的。鉴于包括十二月星图在内的敦煌星图甲本中所绘的诸星官，都仅具写实或示意的性质，即在图上没有任何坐标圈、轴、线，似并未具备投影的观念，所以，我们宁可不对其科学价值作太高的评价②。

敦煌星图甲本中的星点凡用四种形式或颜色：黑色、橙黄色、圆圈、外圆圈内橙黄点。其用意当在区别甘氏、石氏和巫咸氏三家星官。细察之，黑色确用于表示甘氏星官，但也有将甘氏星官画成圆圈者，其他三种形式或颜色通用于表示石氏和巫咸星官，但对于石氏和巫咸星官的区别并不严格③。这大约是抄绘者的失误所致。

星图中各星官大多以连线联成，并注出星官之名。至于星官数和星数，各家之说略有差异，一说计 1359 星④，一说 278 官 1332 星⑤，又一说 1348 星⑥。因为各家所见星图清晰程度不同，对若干点的理解不同，遂造成了这一差异，有待进一步考察。

如上所述，敦煌星图甲本抄绘于 8 世纪初年，其所依据分原本绘制的年代，自然还要早一些。内中有不少于 1332、不多于 1359 颗星。它是中国、也是世界上现存的年代最早、星数最多的写实星图，又是用圆图和横图相结合的先进方法绘制的最早星图，这两点注定了敦煌星图甲本在中国乃至世界星图史上的崇高地位。

向达于 1944 年发现的另一件唐人星图卷子，现存甘肃省敦煌县文化馆，编号为写经类 58 号。该卷子高 31 厘米，残长 299.5 厘米，其背面首有紫微垣星图一幅(部分已残)，这就是敦煌星图乙本(彩图五)，其后为《占云气书》一卷。从书法字体和云头的形式等考察，马世长认为，该星图大约绘于唐末至五代初年⑦。

这是一幅依圆图法绘制的紫微垣星图。图中凡甘氏星官均用黑色表示，并以黑线相连。而属于石氏和巫咸氏的星官，则都用红色表示，并多以红线相连。图中将紫微垣的东、西垣墙，即东蕃和西蕃诸星画成圆形状，是一很明显的特点，也是很明显的缺点，因为这与实际相差较

---

① 席泽宗，敦煌星图，文物，1966(3)；薄树人，中国古星图概要，见陈美东主编：《中国古星图》，辽宁教育出版社，1996 年，第 12～13 页。

② 薄树人，中国古星图概要，见陈美东主编：《中国古星图》，辽宁教育出版社，1996 年，第 12～13 页。

③ 邓文宽，敦煌天文历法文献辑校，江苏古籍出版社，1996 年，第 71～72 页。

④ 席泽宗，敦煌星图，文物 1966(3)；薄树人，中国古星图概要，见陈美东主编：《中国古星图》，辽宁教育出版社，1996 年，第 12～13 页。

⑤ 潘鼐，中国恒星观测史，学林出版社，1989 年，第 156 页。

⑥ 同②。

⑦ 马世长，敦煌写本紫微垣星图，见中国社会科学院考古研究所《中国古代天文文物论集》文物出版社，1989 年，第 210 页。

大,是作者理想化的一种想象,这一点反不如敦煌星图甲本自然可信。而敦煌星图乙本较甲本稍优之处在于:它画出了表示上规的圆圈(图中外圆圈),在图的正左方标有"西"字,在图的中心,标明了北极的位置,星官各连线也较规范,这些似反映了民间流传的星图的科学化和规范化倾向。

二　敦煌历书

自周代开始就已有天子颁朔的制度,即把日官预推的次年朔闰等的历日安排以及有关政事,颁发给各诸侯国和政府有关部门,令其依照执行。至迟到西汉时,这种历日的安排,则已以历书的形式流布于民间。现在所见到的最早历书是汉武帝时的元光元年(前134)历书,系于1972年在山东临沂银雀山二号汉墓出土的竹简历书①。其上纵行书写从十月到十一月……九月、后九月(即闰月)等13个月的名称,并注有"大"、"小"字样,标明其为大月或小月;横行书写一至三十,表示每一月的日序;在纵横行交错处,书写干支名,即为某月某日的干支名,在相应干支名下还有冬日至、立春、夏日至、立秋、伏、腊、反支等历注。其内容和形式皆简明,宜于实用。

汉代历书在全国许多地方也有出土,其中以西北地区为最多,现在已知的有数十种之多。以居延、敦煌出土的汉简为例,已考定年代的历谱就有约20种,其年代从汉宣帝本始二年(前74)到汉和帝永元十七年(105)。这些历谱都不完整,纵观之,其形式基本上与元光历书相同,而历注的内容有所增加,节气有二至、二分和四立,伏又分初、中、后伏,还有十二建除(建、除、满、平、定、执、破、危、成、收、开、闭)和反支、血忌、八魁,等等②。

在敦煌文献中的历书,已考定年代的有38种③,可举数例以明之。

北魏太武帝太平真君十一年(450)历日④:

太平真君十一年历日　太岁在庚寅　太阴、大将军在子

正月大、一日壬戌、收、九日立春正月节、二十五日雨水;

二月小、一日壬辰、满、十日惊蛰二月节、二十五日春分、二十七日社;

三月大、一日辛酉、破、十一月清明三月节、二十六日谷雨;

四月小、一日辛卯、闭、十二日立夏四月节、二十七日小满;

五月大、一日庚申、平、十三日芒种五月节、二十八日夏至;

六月小、一日庚寅、成、十四日小暑六月节、二十九日大暑;

七月大、一日己未、建、十五日立秋七月节、三十日处暑;

闰月小、一日己丑、执、十五日白露八月节;

八月大、一日戊午、收、社、二日秋分、十七日寒露九月节;

九月小、一日戊子、满、二日霜降、十七日立冬十月节;

十月大、一日丁巳、破、四日小雪、十九日大雪十一月节;

---

① 罗福颐,临沂汉简概述,文物,1974,(2)。

② 陈久金,敦煌、居延汉简中的历谱,见中国社会科学院考古研究所:《中国古代天文文物论集》,文物出版社,1989年,第111～121页。

③ 邓文宽,敦煌天文历法文献辑校,江苏古籍出版社,1996年,第101～110页。

④ 同②。

十一月小、一日丁亥、闭、四日冬至、十九日小寒十二月节；

十二月大、一日丙辰、平、五日大寒、十日腊、二十一日立春正月节。

由之可见，此历书最为突出之处在关于一年24节气的记载，这应该与农时对24节气的需求有关。这使笔者想起儿时的一段往事，住在农村的一位亲友因买不起日历，大约每年岁末，都要我代抄一份次年的24节气时日表，他说这对他的农事安排至关重要。看来，上引历书，正具此性质和功能。在此历书中，还有月朔干支、社、腊以及十二建除、当年太岁、太阴、大将军所在等记载。

太平真君十二年(451)历日也与此相仿。特别值得注意的是，这一年的历日中，二月十六日和八月十六日下还注有“月食”字样。据研究，这两日为451年4月2日和9月27日，确实应有月偏食现象发生，但前一次在中国境内均不可见，而后一次则可见。又，依据当时的历法景初历验算上述两年历日的气朔闰等皆全合①。可见，历书中包括月食在内的所有内容都应是依景初历预推、预报的。太平真君十二年历日所注月食，是至今所见(不但是中国，而且是世界)最早的向全国公众布告的月食预报。

以上两件历日，是董作宾于1944年在敦煌发现的，是从藏经洞文献中流传出来的。可惜，其原本至今下落不明。除这两件历日外，最早的敦煌历书是为唐宪宗元和三年(808)的具注历日。由此开始，历日的内容和篇幅都大为增加，都列出一年中所有日数的日名干支，每日下均加有相关历注。除前已有的内容外，还注出72候、上下弦、望、没灭日、每月太阳出没方位等可由历法所算得者，更载有大量的供人择日行事的历注，如年九宫、正月九宫、男女命宫、年神方位、月神方位与日期、气往亡、六十甲子日游神、六十甲子纳音、逐日人神所在、魁日、罡日，以及吉宜和忌避：包括嫁娶、葬埋、祭祀、升坛、赏赐、加官、拜官、拜谒、出行、入学、市买、内财、修造、造车、修堤、伐木、斩草、移涉、坏屋、安宅、镇宅、盖屋、上梁、立柱、安门、起土、塞穴、治病、服药、扫舍、冠带、裁衣、安床帐、沐浴以至剃头，等等，几乎对人们生活中的大小事，均给出指导性的规定(见图5-11)。这使得历书远远超出原来的安排月朔、节气等历日的意义，而起了一种干

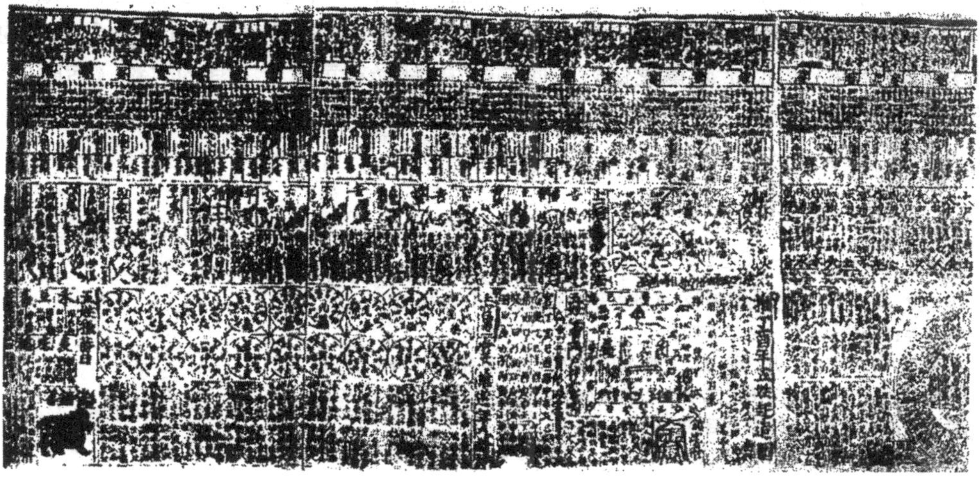

图5-11 唐敦煌历书

① 张培瑜，试论新发现的四种古历残卷，见《中国天文学史文集》，科学出版社，1989年，第104～125页。

预人们日常生活规范的作用，这也就更加大了社会对于历书的需求，逐渐成为人们生活不可或缺的用品。

于是，官方颁发的历书往往供不应求，即便有明令禁止不许私人经营历书的生意，而总是禁而不止。在敦煌历书中，唐僖宗中和二年(882)历书，就是“剑南西川成都府樊赏家”的私家印本①。由于有利可图，樊赏之举并非特例和首创，在此之前，东川节度使冯宿(767～836)就在奏请朝廷禁止民间私印历书的表章中提及：“剑南两川……，皆以版印历日鬻于市。”甚至“每岁司天台未奏颁下新历，其印历已满天下”②。所以说樊赏只是后继者之一，而社会对历书需求之大和历书的普及程度亦由此可见一斑。

关于历注中属于迷信范畴的内容，由于篇幅所限，在此不拟作进一步的介绍，读者可参阅陈遵妫的有关著作③。

三 黄道十二宫的传入

黄道十二宫是古代巴比伦人把黄道带等分为 12 部分，并把这 12 部分黄道附近的有关恒星联想描绘成 12 种物象的天区划分法的名称。这是一种与中国古代传统的天区划分法全然不同的方法。巴比伦人大约在公元前 2100 年就已发明此法，而于公元前 800 年左右传到古希腊，又于公元元年前后传到古印度。黄道十二宫传入中国则是随佛教而来的。

现在所知最早载有黄道十二宫名称的佛经是隋代耶连提耶舍所译的《大乘大方等日藏经》，译出时间当在隋代初年(约 581)④。唐玄宗开元六至十二年(718～724)间，瞿昙悉达编译的九执历中，明确应用了黄道十二宫的概念，它称春分点所在的白羊宫为羖羖(黑色的公羊)首，而称秋分点所在的天秤宫为秤首⑤。在一行大衍历中，有注引“天竺俱摩罗所传断日食法，日躔郁车宫，的食”⑥ 之说，夏鼐先生认为，郁车乃是梵文白羊后半部分的音译⑦。该注还明确指出：“天竺所云十二宫，即中国之十二次。郁车宫者，降娄之次也。”⑧ 降娄之次当时起于“奎二度”余，终于“胃一度”，中点为“娄一度”⑨，确与当时白羊宫的位置相当。这是古人最早的对黄道十二宫中国化的理解。随后，不空在唐肃宗乾元元年(758)译出《宿曜经》、金俱叱约于唐宪宗元和元年(806)译出《七曜攘灾诀》，在此二经中，都译有黄道十二宫的名称，《宿曜经》中甚至还给出不尽相同的译名。再往后，在唐末五代时(约 10 世纪初年)杜光庭的《玉函经》⑩ 中也译出新的名称(见表 5-13)⑪。

---

① 邓文宽，敦煌天文历法文献辑校，江苏古籍出版社，1996 年，第 101～110 页。

② 董诰等：《全唐文》卷六百二十四。

③ 陈遵妫，中国天文学史，第三册，上海人民出版社，1984 年，第 1648～1669 页。

④ 夏鼐，从宣化辽墓的星图论二十八宿和黄道十二宫，考古学报，1976，(2)。

⑤ 瞿昙悉达：《开元占经》卷一百四。

⑥ 欧阳修等：《新唐书·历志四下》。

⑦ 同②。

⑧ 欧阳修等：《新唐书·历志四下》。

⑨ 欧阳修等，《新唐书·天文志一》。

⑩ 杜光庭：《玉函经·荣卫周舟舆天同度之图》，《关中丛书》，第 5 号。

⑪ 同②。

表 5-13　诸佛经黄道十二宫的译名

今名	大乘大方等日藏经	宿曜经(Ⅰ)	宿曜经(Ⅱ)	七曜攘灾诀	玉函经
白羊	特羊	羊	同左	同左	白羊
金牛	特牛	牛	同左	同左	金牛
双子	双鸟	婬	男女	仪	阴阳
巨蟹	蟹	同左	同左	同左	巨蟹
狮子	同左	同左	同左	同左	同左
室女	天女	女	双女	双	双女
天秤	秤量	秤	同左	同左	天秤
天蝎	?	蝎	同左	同左	天蝎
人马	射	弓	同左	同左	人马
摩羯	磨竭	同左	摩竭	磨羯	磨蝎
宝瓶	水器	瓶	宝瓶	同左	同左
双鱼	天鱼	鱼	同左	同左	双鱼

由表 5-13 可见,狮子宫的译名从一开始就有了共识。至于羊、牛、蟹、女、秤、蝎、鱼等都还较易理解,所以,各家译名的分歧也不大。对于宝瓶曾一度被理解为盛水的器皿,但很快有了适当的译名。而对于摩羯、人马和双子则也颇费一番周折。摩羯是羊身鱼尾的怪兽,在中国确找不到完全可与之对应的词语,诸经均音译的方法,其中《七曜攘灾诀》取用“羯”(去势的公羊)字,既音似又含意,是颇具匠心的。对于人与马合成一体的怪物,非中国所有,人们起先未予直译,而用人马所持的弓箭或取其意(“射”)以代之,这是可以理解的。对于双子,最先译为双鸟,“仪”是“匹配”之意。这些,《大乘大方等日藏经》有首译之功,《宿曜经》有所改进,《七曜攘灾诀》有独到之处,而《玉函经》的译名已与今译名相当接近,仅双子——阴阳、室女——双女、摩羯——磨蝎等三宫有异。宋代以后,黄道十二宫的译名,大多与《玉函经》全同,可见,从唐末五代开始,黄道十二宫的译名在中国已经定型。《玉函经》是中国人自著的作品,即是由杜光庭其人起了这样重要的作用,可说明黄道十二宫在中国已经立足稳当了。

差不多与文字介绍同时,黄道十二宫的形象画图也在中国传播开来。

1974 年,在西安柴油机厂唐墓中出土古梵文印本陀罗尼经咒一张,韩保全从与此经咒同时出土的铜腾托、规矩四神铜镜、经咒中字体及若干图案等的特征,断其为唐初(约 7 世纪初叶)的印刷品①。印本作方形,长 27 厘米、宽 26 厘米。印文正中是一个宽 7 厘米、高 8 厘米的空白方框,其右上方有竖行墨书“吴德口福”四字。在此方框外,四周是经咒印文。经咒印文的四边,围以三重双线边框,内外边框间距 3 厘米,其间布满莲花、花蕾、法器、手印、还有我们尤感兴趣的黄道十二宫图案。在边框上方正中处,系为天秤宫的图案,左上方则有巨蟹宫和天蝎宫的图案。由于印本残缺或模糊不清,其他图案已难得知,但其应有黄道十二宫的图案则当无疑问。这是现所见最早的黄道十二宫图像的一部分。它们与佛经同时印行,是在情在理的。

20 世纪初,德国人勒柯克(A. Von Le Coq)在新疆吐鲁番盗掘得唐代写本诸神煞方位等图一幅,仅存全图的右上方一角(见图 5-12)②。全图约呈方形。其右上部有“发盗在未”等等

① 保全,世界最早的印刷品——西安唐墓出土印本陀罗尼经咒,中国考古学研究论集,三秦出版社,1987 年。
② 勒柯克等,德国吐鲁番研究的语言学成果,第 2 册,1972 年。

字样，这是当时历书的通用词汇，所以，此写本也许是历书的一部分。此外，画有四个方形环，最外一环列二十八宿，并绘有各宿的人物化的图像，现只存轸、角、亢、氐、房、心、尾7宿名和前6宿的图像；内一环绘有与最外一环各宿相应的星象；再内一环则绘有黄道十二宫的宫名和相应的图像，现仅存天秤宫的名与图、天蝎宫之名和残图、及室女宫之图（名缺，画成双女），在双女和天秤宫间还书有“二月”二字；再往里为一（或二）方框，书有“大吉”一类的凶或吉的文字。夏鼐指出：“观字体当为初唐（约7至8世纪）写本。但边疆地区的书体，可能延续到较晚的时代。”大约可视为8世纪的写本。诚如大衍历注中所言，白羊宫与降娄之次相当，依大衍《历议》分野之说则有①：

双女宫——鹑尾之次——张、翼、轸宿

天秤宫——寿星之次——轸、角、亢、氐宿

天蝎宫——大火之次——氐、房、心、尾宿

这正与图5-12所示相合。至于其上所书“二月”二字，其意尚不明，有待进一步研究。

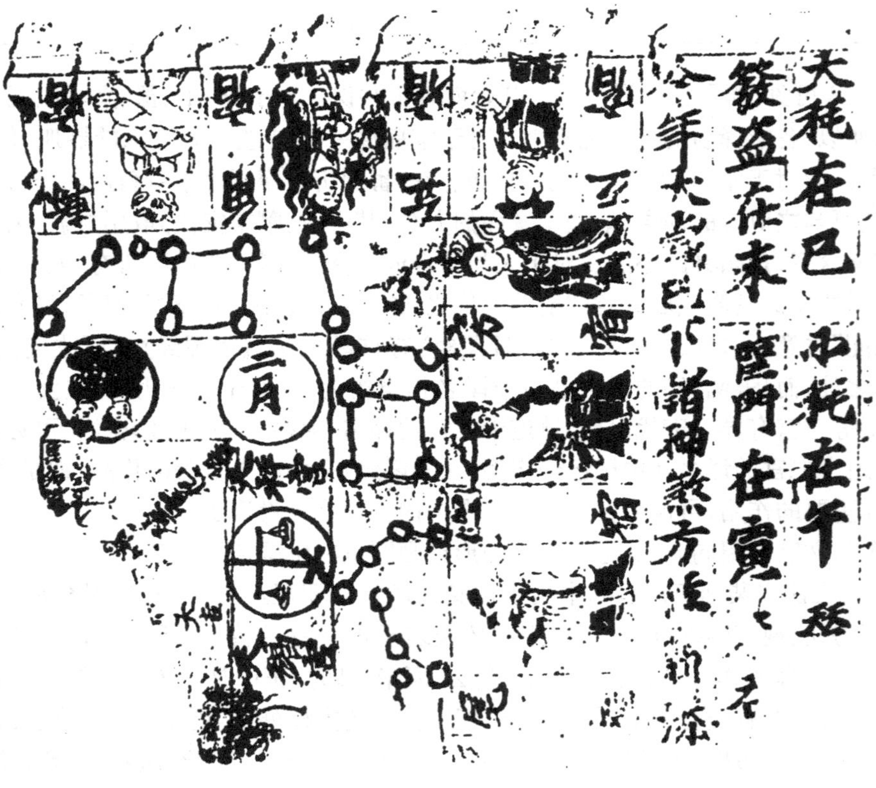

图5-12　新疆出土唐代写本上的黄道十二宫图

这一写本显然以中原的历法与二十八宿体系为主体，同时融入黄道十二宫系统，以相参照。遂成为首见的把中外两种不同的星官系统熔于一炉的杰作。

---

① 欧阳修等，《新唐书·天文志一》。

四　不空《宿曜经》和金俱吒《七曜攘灾诀》及其他

(一)关于《宿曜经》与《都利聿斯经》等

《宿曜经》的全名是《文殊师利菩萨及诸仙所说吉凶时日善恶宿曜经》①,其译者不空(Amogha-rajra,705～776),法名智藏,密号不空金刚。不空祖籍北印度人,幼年父母双亡,随舅父至康居(约在今巴尔喀什湖和咸海之间)生活,10岁时,又随其舅父到甘肃武威,13岁时,到太原一带游历,约15岁起,师从金刚智学习②。在本章第九节中,我们已提到,一行此时亦正向金刚智求教,所以,不空和一行两人应该相识,只是一行较不空年长23岁。不空天资聪颖,通晓梵文,精勤于佛经的翻译工作,历唐玄宗、肃宗、代宗三朝,共译出佛经111部、1430卷③。《宿曜经》只是其中的1部、2卷,于唐肃宗乾元二年(759)译出。

上已述及的黄道十二宫的翻译,仅是《宿曜经》的内容之一。其中还有关于古印度二十八宿(一作二十七宿)、日月五星与印度古代历法知识的介绍,以及有关星占占辞的详细描述。总体而言,这是一部比较详细介绍古印度星占术的著作④。

《宿曜经》分上、下二卷。上卷分为七品,依次为:

"序分定宿直品第一",介绍二十八宿(一作二十七宿)同12宫及十二月份之间相互对应的关系。

"序宿直所生品第二",介绍二十八宿的星数和形态(表5-14)及其所对应的诸神和星占意义的详细叙述。

表5-14　《宿曜经》二十八宿星数与形态

宿名	星数	形态	宿名	星数	形态	宿名	星数	形态	宿名	星数	形态
昴	6	剃刀	星	6	猛	房	4	帐	虚	4	阿梨勒
毕	5	半车	张	2	杵	心	3	阶	危	1	花穗
觜	3	鹿头	翼	2	跏趺	尾	3	狮子顶毛	室	2	车辕
参	1	额上点	轸	5	手	箕	4	牛步	壁	2	立竿
井	2	屋栿	角	2	长幢	斗	4	象步	奎	32	小艇
鬼	3	瓶	亢	1	火球	牛	3	牛头	娄	3	马头
柳	6	蛇	氐	4	牛角	女	3	梨格	胃	3	三角

这是关于古印度完整的二十八宿的最早介绍。在经文中虽屡言"二十七宿"云云,即并无牛宿,但具体论述时,却是包括牛宿在内的二十八宿,这可能是不空为迎合中国传统的二十八宿说,而作的修订,不过,古印度也存在二十八宿流派的可能性亦未可排除。由表5-14可见,这里所说的二十八宿的星数与形态和中国传统的二十八宿比较,有角、氐、房、心、箕、室、壁、

① 《大正年修大藏经》,第1299号,第389页。

② 吕建福,中国密教史,中国社会科学出版社,1995年,第247～248、265页。

③ 钮卫星,《宿曜经》提要,见薄树人主编:《中国科学技术典籍通汇·天文卷》第八册,河南教育出版社,1998年,第25页。

④ 矢野道雄,密教占星术,ペノジ,1986年。

娄、胃和觜等10宿的星数相同,但它们所实指的恒星是否也相同,仍是一个有待证明的问题,两者之间有同有异,当是初步的结论。从二十八宿整体而言,中、印两家的星数及所指恒星的大部分是不同的,至于所描述的形态则没有任何共同之处,是属于两个完全不同的系统。

"序三九秘宿品第三",介绍由人的生日定其命宿的方法,及相关占辞。

"序七曜直日品第四",介绍日、月、五星"所以司善恶而主理吉凶"之事。

"秘密杂占品第五",介绍日、月、五星犯命宿的占辞种种。

"序黑白月分品第六",介绍古印度把一月分为黑白二分的方法,"从一日至十五日为白月分,从十六日至三十日为黑月分",并简述与之相应的吉凶之事。

"序日名善恶品第七",介绍一月中各日的吉凶宜忌。

下卷的内容依此为:

"白黑月所宜吉凶历",其内容与上卷第六、七两品大多重复。

"二十七宿十二宫图",与上卷第一品大多重复,更具体以图表述之。

"二十七宿所为吉凶历",与上卷第二品有所重复,但关于吉凶宜忌的述说更加详细。

"七曜直日历品第八",与上卷第四品多有重复。

"七曜直日与二十七宿合吉凶历",理当介绍日、月、五星位于二十七宿时的吉凶之事,但现抄本仅有关于金星的部分吉凶说。

以上这些内容显得比较零乱,这大约是在传抄过程中造成的。传抄者大约是把相对明确的各品置于上卷,而下卷则具有存疑和保存资料的性质。看来,《宿曜经》原本应分为八品,似无疑问。

《宿曜经》大约是由不空的再传弟子日本僧人空海(774~835)于唐宗元和元年(806)归国时,带回的大量经籍之一,空海是为日本真言宗的创始人。《宿曜经》传入日本后,成为日本星占学的经典著作,产生了很大的影响。

稍晚于《宿曜经》,另有来自古印度的星占术著作被译出。据《新唐书·艺文志》记载:有"《都利聿斯经》二卷,贞元中(785~808),都利术士李弥乾传自西天竺,有璩公者译其文。"又有"陈辅《聿斯四门经》一卷"。由之可知,都利当为地名,前书来自古印度应无疑问,后书亦当如此。前书系由李弥乾传来,经璩公译出,而后书为陈辅所译。该二书均已失佚,无由辨其异同。薮内清等[①] 依据有关佚文判断,它们应是属于古希腊系统的星占术著作,即古希腊的星占术经由阿拉伯传入古印度、再转而传入中国者。

(二)关于《七曜攘灾诀》

《七曜攘灾诀》[②] 系由西天竺国婆罗门僧金俱吒撰集,金俱吒的生平及其来华后的其他活动均不得其详。该书译出的时间约在公元9世纪初年。其主要内容包括五大行星和罗睺、计都两隐曜在内的七曜的运动历表。其中,五星历表均以唐德宗贞元十年甲戌(794)入历,即以之为历元。木星、火星、土星、金星和水星历表分别以83、79、59、8和33年为周期;罗睺和计都

① 薮内清,中国の天文历法(增补改订本),平凡社,1990年,第186~189页;石田幹之助,都利聿斯经とその佚文,见羽田博士颂寿纪念东洋史论丛,1950年。

② 矢野道雄,密教占星术,ペノジ,1986年;薮内清,中国の天文历法(增补改订本),平凡社,1990年,第182~186页;钮卫星,罗睺、计都天文含义考源,天文学报,1994,(3)。

历表均以唐宪宗元和元年丙戌(806)入历，并分别以 93 和 62 年为周期。七曜历表分别给出七曜在各年十二个月所处的位置，均用中国传统的二十八宿度值表述之。

以木星历表第一年为例："退、张、二十二日退、留张、留张、张、九日伏、翼、轸、轸、四日留、轸"，它们分别和正月到十二月一一对应。其余四星历表亦均仿此。这些历表实际上是依据《七曜攘灾诀》所给定的五星动态表推演而得的。其动态表，亦可以木星为例："三百九十九日一伏见。初晨见东方，六日行一度，一百一十四日顺行十九度，乃留而不行二十七日，遂逆行，七日半退一度，八十二日半退十一度，则又留二十七日，复顺行一百一十四日，行十九度而夕见伏于西方，伏经三十二日，又晨见如初。八十三年凡七十六终，而七周天也。"这里所言顺、逆、留、伏的时间为 114+27+82.5+27+114+32 = 396.5 日，与"三百九十九日一伏见"之说不符，薮内清等改其中的 32 为 34，是有道理的，其实改成 34.5 则更佳。薮内清等还作表如 5-15 所示。

表 5-15　《七曜攘灾诀》与唐代若干历法木星动态表的比较

历名	七曜攘灾诀	麟德历	大衍历	五纪历	正元历
终日	399 日	398.86 日	398.87 日	398.88 日	398.90 日
晨初见顺行	114	114	112	114	114
留	27	26	27	27	26
逆	82.5	84	86	82	84
留	27	25	27	27	25
复顺行	114	114	112	114	114
伏	34(34.5)	35.86	34.87	34.88	35.90

由之可见，《七曜攘灾诀》与郭献之的五纪历(783)是最接近的，前者受后者影响的可能性是很大的。如本章第七和十节所述，麟德历和大衍历的五星动态表实际上有更细密的描述，五纪历和正元历也是如此，所以，《七曜攘灾诀》的五星动态表与它们相比是较粗疏的。

《七曜攘灾诀》的两隐曜历表，以其罗睺历表为例可示如表 5-16。

表 5-16　《七曜攘灾诀》罗睺历表

	正月	二月	三月	四月	五月	六月	七月	八月	九月	十月	十一月	十二月
一年	轸十	九	七	五	四	二	初	翼十八	十六	十五	十三	十二
二年	翼十	八	七	五	三	二	张十九	十八	十七	十四	十三	十二
三年	…………											

计都历表亦仿此。

《七曜攘灾诀》有曰：罗睺"常逆行于天，行无徐疾。十九日行一度(由此可得十九年行一周天)，……十八年一周天退十一度三分度之二〔以一周天为 365.25 度计，由之可得 18×365.25/(365.25－11.67)=18.59 年逆行一周天〕，凡九十三年一大终而复始(由此可得 93/5 =18.6 年逆行一周天)。"这就是说，其逆行一周天的准确时间应为 18.6 年，而 19 年或 18.59 年均为约值。

《七曜攘灾诀》又曰：计都"常顺行于天，行无徐疾。九日行一度(由此可得九年顺行一周天)。……凡九年一周天差六度十分度之三〔由此可得(9×365.25)/(365.25－6.3)= 9.16 年顺行一周天〕，凡六十二年七周天差三度十分度之四〔由此可得(62×365.25)/(7×365.25－

3.4)= 8.87 年顺行一周天〕。"同理,其顺行一周天的准确时间应为 8.87 年,而 9 年或 9.16 年均为约值。

上述两隐曜历表,实际上便是依据罗睺和计都的这些运行速度推衍而得的。由两隐曜运行一周天的时间及其历表的研究均表明,罗睺应指黄白交点的升交点、计都则应指月亮的远地点而言。黄白交点和月亮远地点行一周天的理论值应分别为 18.61 年和 8.85 年,故其误差分别为 0.01 和 0.02 年,精度还是相当高的。

此外,在《七曜攘灾诀》中还给出了一年中每一日太阳所躔二十八宿宿度表,如冬至一日在斗宿 9 度、二日在斗宿 10 度,等等。

当然,从本质上看,《七曜攘灾诀》乃是一部星占术著作,在卷首和卷末,有诸多关于日、月、五星"占灾攘之法"的描述,其法与中国传统的占辞大不相同,显然是古印度星占术的反映。而上述七曜运动历表、日躔宿度表以及相关运行周期等的描述,其基本方法可能源于古印度,但也吸收了中国传统历法的内容,并已进行了中国特色化的处理,可用于推算相关天体的位置,以服务于星占术。有趣的是,后者所占篇幅却约占全书的 80%,则大大冲淡了星占术著作的色彩,而显现出强劲的天文学著作的含义,这大约是作者自身也始料未及的。

《七曜攘灾诀》于中唐时期由日本僧人宗叡带到日本,在日本得到流传与保存。

第十二节 曹士蔿符天历和徐昂宣明历及其他

一 至德、五纪和正元三历略说

唐肃宗即位(756)后不久,"山人韩颖上言大衍历或误。帝疑之,以(韩)颖为太子宫门郎,直司天台。又损益其术,每节增二日,更名至德历,起乾元元年(758)用之,讫上元三年(762)"[①]。这是说,一行大衍历颁行 29 年后,即为韩颖的至德历所替代,其因不甚明确,史载只有"或误"之说,而且唐肃宗对此说"疑之",又令韩颖到司天台任职。至于"每节增二日",则又不知所云为何,但韩颖所编至德历也只是在大衍历的基础上作少许改动,却是毋庸置疑的。

宝应元年(763)唐代宗即位。当年"六月望戊夜,月食三之一(即食分为 5 分)",而依至德历预报,该月食发生在"日出后,有交,不署食",即以为食分不及 1 分,就是说至德历预报食时差约 8 刻、食分差约 4 分(这时定最大食分为 15 分)。由是,"代宗以至德历不与天合,诏司天台官属郭献之等,复用麟德元纪,更立岁差,增损迟疾、交会及五星差数,以写大衍旧术"[②]。即郭献之等人参照李淳风麟德历的若干法数,对大衍历作某些改动而成新历。当年历成,就颁行于天下,是为五纪历。

五纪历"与大衍(历)小异者九事",其中,关于进朔法的规定一事,关于晨初时刻的计算一事,关于交食的计算五事,关于五星的计算二事[③]。其"小异"均为数据的进退,无关基本方法的大局。

---

① 欧阳修等:《新唐书·历志三下》。

② 欧阳修等:《新唐书· 历志五》。

③ 同②

五纪历所采用的一系列天文数据中，交食周期（取与麟德历相同的数值，亦即与纽康周期等价者）、近点月长度、金星和水星会合周期值等较大衍历为优，但其余却不如大衍历精密①。由之可见，郭献之等人对大衍历的改造，并无特异之处，从总体精度而言，似反不如大衍历。

唐德宗即位（780）后不久，就发现“五纪历气朔加时稍后天，推测星度与大衍（历）差率颇异”。这里说依五纪历推算节气和朔望不与天合，这是要求改历的一般性的、常见的理由，有趣的是，这里还提出了其不与大衍历所推结果相合的理由，可见，在当时人们的心目中，大衍历依然占有很高的地位。于是，唐德宗“诏司天徐承嗣与夏官正杨景风等，杂麟德（历）、大衍（历）之旨治新历”，这便是正元历。这一回，徐承嗣等人还是沿着郭献之等人的思路，而且还不如郭献之等人高明：“其气朔、发敛、日躔、月离、轨漏、交会，悉如五纪（历）法。”也就是说，他们是在五纪历的基础上略加改作的，而且，“其五星写麟德历旧术”②。这当是一种倒退的表现，因为麟德历的五星法是用入气加减的老方法，从发展的角度看，自然不如一行已经提出的新方法（见本章第十节）优越。正元历之后的历家（还有前此的郭献之）无一不用一行新五星法，徐承嗣等人的抉择是一种不多见的反弹现象。同样，正元历所采用的一系列天文数据绝大多数也不如大衍历准确③，其总体精度似亦不及大衍历。正元历于唐德宗建中四年（783）开始颁行，讫于唐宪宗元和元年（806）。

如上所述，自 763 年到 783 年，先后改用至德历、五纪历和正元历，此三种历法，虽以大衍历为基本模式，或徘徊于麟德历与大衍历之间，甚至回复到麟德历上去，至多只能说这期间的历法在原地踏步。

二　曹士苪符天历的新创

正当官方历法处于踌躇不前状态的时候，民间的新人给历法吹进了一股新风，开拓了历法发展的新方向，这便是我们就要予以介绍的曹士苪及其符天历。

唐德宗“建中时（780～783），术者曹士苪始变古法，以显庆五年（660）为上元，雨水为岁首，号符天历，然世谓之小历，只行于民间。”④ 这里所说的“始变古法”，是仅就曹士苪符天历不用传统的、当时似已成定法的上元积年法和以冬至为岁首的成规，而取近距历元法和以雨水为岁首而言的。这两点固然是符天历的重要特征，但并非前代历法所从未曾有过的创举。如前所述，秦国的吕不韦用颛顼历断取近距为历元，唐初傅仁均直接取唐高祖武德元年（618）为历始，而刘宋何承天以雨水为岁首。当然，我们并不是说曹士苪符天历的这两个特征无关紧要，而是说这两个特征是有根可寻的，在并非无懈可击的上元积年法几乎被人们遵为定式的年代，重提近距历元法，无疑是一种勇敢的挑战，是历法向朴实、简易方向发展的一种回归。

大约也正因为如此，符天历得不到官方的认可，而被称为“小历”。但是它却得到了民间的认同，在民间广泛流行，而且还东渡大海，在日本产生了很大影响。关于符天历的进一步细节，

---

① 陈美东，古历新探，辽宁教育出版社，1996 年，第 218、240、257、267 页；李东生，论我国古代五星会合周期和恒星周期的测定，自然科学史研究，1987，（3）。

② 同②。

③ 陈美东，古历新探，辽宁教育出版社，1996 年，第 218、240、257、267 页；李东生，论我国古代五星会合周期和恒星周期的测定，自然科学史研究，1987，（3）。

④ 欧阳修：《新五代史·司天考》。

在中国的文献中已找不到记载，而在日本却发现了十分重要的资料。

约1964年，日本学者在京都天理图书馆藏的、由多多良保佑（1708～1784）于1765年编撰的《天文秘书·卷六十四》中，发现了符天历的残篇《符天历经日躔差立成》抄本，并对之进行了十分重要的阐释①。1995年日本学者又发现了与上述抄本内容相同的另一种抄本。这似乎可以说明，符天历在日本的传播颇广。

《符天历经日躔差立成》备载太阳从冬至（0度）到夏至（182度）每经1度的盈缩度数（太阳实行度与平行度之差）和差积度数（每经1度太阳实行度与平行度之差的累积数，亦即任一度数时，太阳实行度与平行度之差）。该"立成"（即表格）可示如表5-17。

表5-17　符天历经日躔差立成

序号	盈缩						序号	盈缩						序号	盈缩					
	平行度	度数		差积度数				平行度	度数		差积度数				平行度	度数		差积度数		
		分	小分	度	分	小分			分	小分	度	分	小分			分	小分	度	分	小分
0	182	0	00	0	0	0	31	151	3	67	1	41	85	62	120	1	78	2	25	45
1	181	5	48		5	48	32	150	3	60		45	45	63	119	1	73		27	18
2	180	5	43	1	0	91	33	149	3	55		49	0	64	118	1	67		28	85
3	179	5	36		16	27	34	148	3	48		52	48	65	117	1	60		30	45
4	178	5	30		21	57	35	147	3	43		55	91	66	116	1	55		32	0
5	177	5	25		26	82	36	146	3	36		59	27	67	115	1	48		33	48
6	176	5	18		32	0	37	145	3	30		62	57	68	114	1	43		34	91
7	175	5	12		37	12	38	144	3	25		65	82	69	113	1	36		36	27
8	174	5	6		42	18	39	143	3	18		69	0	70	112	1	30		37	57
9	173	5	0		47	18	40	142	3	12		72	12	71	111	1	25		38	82
10	172	4	94		52	12	41	141	3	6		75	18	72	110	1	18		40	0
11	171	4	88		57	0	42	140	3	0		78	18	73	109	1	12		41	12
12	170	4	82		61	82	43	139	2	94		81	12	74	108	1	6		42	18
13	169	4	75		66	57	44	138	2	88		84	0	75	107	1	0		43	18
14	168	4	70		71	27	45	137	2	82		86	82	76	106	0	94		44	12
15	167	4	64		75	91	46	136	2	75		89	57	77	105	0	88		45	0
16	166	4	57		80	48	47	135	2	70		92	27	78	104	0	82		45	82
17	165	4	52		85	0	48	134	2	64		94	91	79	103	0	75		46	57
18	164	4	45		89	45	49	133	2	57		97	48	80	102	0	70		47	27
19	163	4	40		93	85	50	132	2	52	2	0	0	81	101	0	64		47	91
20	162	4	33		98	18	51	131	2	45		2	45	82	100	0	57		48	48
21	161	4	27		2	45	52	130	2	40		4	85	83	99	0	52		49	0
22	160	4	22		6	67	53	129	2	33		7	18	84	98	0	45		49	45
23	159	4	15		10	82	54	128	2	27		9	45	85	97	0	40		49	85
24	158	4	9		14	91	55	127	2	22		11	67	86	96	0	33		50	18
25	157	4	3		18	94	56	126	2	15		13	82	87	95	0	27		50	45
26	156	3	97		22	91	57	125	2	9		15	91	88	94	0	22		50	67
27	155	3	91		26	82	58	124	2	3		17	94	89	93	0	15		50	82
28	154	3	85		30	67	59	123	1	97		19	91	90	92	0	9		50	91
29	153	3	78		34	45	60	122	1	91		21	82	91			3		50	94
30	152	3	73		38	18	61	121	1	85		23	67							

① 姚裕行，符天历について，科学史研究，1964年，71号；中山茂：符天历の天文学史的位置（出处同前）；薮内清，唐曹士芳の符天历について，科学史研究，1982年，78号。

这是中国历法日躔表的一种新形式。据《符天历经日躔差立成》卷首言:“日躔差经文幽微,非久习者致或难了固,今新张立成,得其意,定率即固。”说此表是为初习者计算方便而设置的。已知太阳距冬至的平行度及分(若其值大于182度,则需以182减去之),依表用一次差内插法即可求得相应的太阳实行度与平行度之差值。这里所谓“日躔差经文”,则载于卷末,其文确非一般人所能了解。经由中山茂研究,遂焕然冰释,他指出这段经文实叙述如下的计算式:

$$V - M = \frac{M}{3300}(182 - M)$$

式中,V和M分别为太阳实行度和平行度。当$M<182$度时,$(V-M)$为正值;当$M>182$度时,$(V-M)$为负值,需先以182减去之,以备依上算式计算。若$M<91$度,可直接代入上式、若$M>91$度,需减去91,再代入上式计算。$(V-M)$即表中的差积度数,相邻两差积度数之差即为表中的盈缩度数。以此算式的计算结果与后发现的抄本相校验,两者绝大多数相吻合,这证明中山茂的理解是正确的。其中不合者有:$M=32$,盈缩57小分;$M=52$,差积84小分;$M=64$,差积38小分;$M=65$,差43小分;$M=66$。盈缩50小分;$M=67$,盈缩38小分、差积44小分;$M=68$,盈缩48小分;$M=82$,盈缩56小分。而脱漏者有:$M=1$和2的盈缩度数,$M=14$的差积度数的小分值。这些脱误是原件脱漏或模糊不清造成的。在此抄本中可见,抄写者对此表的含意并不了解,但他至少依据两种原件作了认真的校核,如在$M=56$的差积度数小分值处,书“八十二,一本三”。由之可知,符天历在日本确曾广泛流传。

上述算式是符天历的最重要创新,它不但形式新颖、简明,便于计算,而且在计算精度上与传统的日躔表加二次差内插的计算法持平①。更为重要的是,它给出的是二次函数的新算法,使传统的表格加内插法的算法公式化了,从而开拓了历法中应用这一新数学方法的重要方向;还有,它将太阳运动不均匀性总体描述为一平滑的二次曲线,克服了传统的方法将太阳运动不均匀性分24段予以描述而必然造成的奇点问题,从而冲淡了传统方法的经验性色彩,而增强了理论性成分。所以,曹士芳发明的上述算式,对后世历法产生了极深远的影响,在数学和天文学史上都具有十分重大的意义。

由表5-17可见,盈缩和差积度数的分、小分值均取100为分母,这与唐南宫说景龙历所用的方法是相同的。自然,这又是符天历的特征之一,是曹士芳明智地从前代历法中汲取营养的又一事例。正鉴于此,符天历还有所谓万分历的别称。

也由表5-17知,曹士芳取太阳盈缩大分(即最大值)为2.5049度(L=91度时),该值较大衍历所取2.423度还要偏大些,这是它的不足处。不过,由此似也说明,符天历在这一论题上还是受到其前传统历法的影响。

符天历的上述革新,确实给当时沉闷的历法界吹进了一股新风,自然也引发了我们对曹士芳其人的关注。可是,有关他的生平,史籍鲜有记载,故无从得知,关于符天历的其他内容同样也不得而知。

值得注意的是,南宋陈振孙在《直斋书录题解》中提及,曹士芳曾著有《罗计二隐曜立成历》,以唐宪宗元和元年(806)入历,此作应是为推算“罗计”的位置而作的。这可说明曹士芳至少从唐德宗建中(780~783)以后的20余年中,一直活跃在天文历法的舞台上,而且他在后期

① 陈美东,日躔表之研究,自然科学史研究,1984,(4);陈美东,我国古代的中心差算式及其精度,自然科学史研究,1986,(4)。

对印度历法有专门的研究。还值得注意的是，南宋王应麟在《困学纪闻·卷九》中说："唐曹士芳《七曜符天历》，一云《合元万分历》，本天竺历法。"南宋晁公武在《郡斋读书志·卷十三中》也说：《合元万分历》，"唐曹氏撰，未知其名。历元起唐高宗显庆五年(660)庚申。盖民间小历也。本天竺历法。李献臣云"。他们都认为，符天历是本于印度的历法的，这一见解不知何据，从现已知的符天历的内容似得不出这一结论。而陈久金则指出："曹士芳历法中有推算罗计二隐曜的方法，这证明符天历无疑是受到印度历法影响的。"① 但若依王应麟说曹士芳历名为《七曜符天历》(历法的名称王应麟当不会说错)，则符天历当不会有九曜之论，而且，依陈振孙说，曹士芳推算二隐曜之作，是在符天历制成以后的 20 余年。所以，符天历中是否有二隐曜的计算方法是否受到印度历法的影响？都还是值得进一步研究的课题。

三　徐昂宣明历的新探索

唐"宪宗即位(806)，司天徐昂上新历，名曰观象。起元和二年(807)用之。"观象历的详情已不得而知，我们只知道它小有改作，但基本上还是"循用旧法"，而所谓"旧法"大约是指大衍历而言。看来，这时的官方历法依然没有什么进展，只是勉强为继而已。观象历行用 10 余年后，发现与"测验不合"，又遇唐"穆宗立(821)，以为累世缵绪，必更历纪，乃诏日官改撰历术，名宣明"。即观象历不合天象的实际和唐穆宗改历明时的思想促成了历法的改革。这里所说的"日官"，还是徐昂其人，上一回是他主动献上历法，这一回则是受命作历。宣明历的"气朔、发敛、日躔、月离，皆因大衍(历)旧术；晷漏、交会，则稍增损之；更立新数，以步五星。"徐昂毕竟经过了长年的研究，这一回终于取得了一定的进展。在诸多方面，大衍历已经取得的成果，似还难以逾越，故徐昂遵而用之，而在若干论题上，则有了新方法的阐述。

(一)关于日食时差、气差、刻差和加差法

首先是日食时差、气差、刻差和加差四差法的提出。其中，时差法是计算由定朔时刻到食甚时刻改正值的方法，而气差、刻差和加差则是与日食食分大小有关的改正值，它们是试图对前代历法已经提及的日食食差值作分类处理的一种方法。我们在前面已经论及，时差和日食食差都是月亮视差的影响所致，依此认识，下面可对徐昂的四差法作简要的评述。

关于时差法，其术曰：

> 凡日食，以定朔日出入辰刻距午刻数(K)，约百四十七，为时差。视定朔小余(D)如半法(4200)已下，以减半法，为初率；已上，减去半法，余为末率。以乘时差，如刻法(84)而一，初率以减，末率倍之，以加定朔小余，为食小余(S)。月食，以定望小余为食定余。

依之，可列出以下二式：

当 $D<4200$ 时，

$$S-D=-\frac{(4200-D)K}{84\times 147}$$

当 $D>4200$ 时，

① 陈久金，符天历研究，自然科学史研究，1986，(1)。

$$S-D=\frac{2(D-4200)K}{84\times147}$$

由上二式中，S 为食甚时刻，D 为定朔时刻，K 为定朔那一天太阳出(或入)时刻与午正时刻的间距。由上二式知，徐昂认为，$(S-D)$绝对值大小与 D 有关，当 D 愈接近 4200、即日食愈接近中午(这时月亮的天顶距较小，月亮视差的影响也较小)，其值愈小，这一认识大体是正确的。徐昂又认为，其值与 K(与日食发生的节气有关的数值，如夏至时，约等于 30，冬至时，约等于 20，等等)有关，这从原理看是无误的，因为，在不同的节气，月亮的天顶距是不同的，一般说来，夏至时，月亮的天顶距小(月亮视差的影响小)、冬至时大(月亮视差的影响大)。可是，徐昂所作的具体描述则是不正确的，因为照理说，夏至时，$(S-D)$的绝对值应小、冬至时应大，但徐昂却以为夏至应大(因 K 大)、冬至应小(因 K 小)。此外，徐昂又以为，当日食发生在距正午前、后相对称的位置时(如 $D=3100$，依前式，$4200-3100=1100$；与之相对称的午后 $D=5300$，依后式，$5300-4200=1100$)，午后$(S-D)$的绝对值是为午前的 2 倍。这显然也是不对的，因为在距午正前、后相对称的两处，月亮的天顶距应基本相同，于是，$(S-D)$的绝对值大小也应基本相同。又，若 $D=4200$，即日食发生在午正时，上二式均显示 $S=D$，也就是不受月亮视差的影响，这自然也是不正确的。仅由这些就可见，徐昂宣明历所给定的时差法从总体而言是不成功的。

次看徐昂宣明历的气差法，其术曰：

二至之初，气差二千三百(五)〔六〕十〔六〕，距二至前后(Z)，每日损二十六，至二分而空。以日出没辰刻距午正刻数(K)约其朔日气差(Q)，以乘食甚距午正刻数(J)，所得以减气差，为定数(P)。

由下述刻差法知，距二至日数应取整日数值，即二至与二分间依 91 日计，设每日损 26 无误，则二至之初气差应为 2366。依之，可得：

$$P=(2366-26Z)\left(1-\frac{J}{K}\right)$$

式中，Z 为定朔时刻与二至的时距(取 $Z\leqslant91$，91 至 91.31 日间的气差均为 2366)，K 的含意同时差法，J 为食甚时刻距午正的刻数，P 即为气差定值。

由上式知，徐昂也认为气差定值是与日食所值的节气及离午正的时距有关，亦即与月亮天顶距的大小有关，其出发点是正确的。可是，他所作的具体描述又出了问题。先看二至时的情况：夏至时，K 大；冬至时，K 小。则夏至时，P 大；冬至时，P 小。这是不符合月亮视差对日食食分影响的实际的。又，设 $J=K$，则 $P=0$。这就是说，当日食发生在地平方位时，月亮视差对日食食分没有影响，而因为此时月亮的天顶距最大，影响理当最大。又，J 大时，P 小；J 小时，P 大。而实际情况应是：J 大，是说月亮的天顶距较大，P 应较大；同理，J 小，P 应较小。由于看来，徐昂宣明历的气差法也是不成功的。

再看其刻差法，其术曰：

二至初日，无刻差。自后每日益二、小分十。起立春至立夏，起立秋至立冬，皆以九十四分有半为刻差。自后日损差分二、小分十，至二至之初，损尽。以朔日刻差(C)乘食甚距午正刻数(J)，为刻差定数(F)。

即：当 $H\leqslant45$ 时($45>H>45.66$ 时，$C=94.5$)：

$$F=CJ=2.1HJ$$

式中，H 为定朔时刻与二至时刻的时距。

当 $G<45$ 时($45>G>45.66$ 时，$C=0$)：

$$F=CJ=(94.5-2.1G)J$$

式中，G 为定朔时刻与立夏(或立冬)时刻的时距。

在立春至立夏、立秋至立冬期间：

$$F=94.5J$$

由如上三式可知，F 与 J 成正比，即 J 大(月亮天顶距较大)时，刻差定数较大，J 小(月亮天顶距较小)时，刻差定数较小，这正与月亮视差对日食食差的影响相符合。但是，宣明历对于与节气有关的 C 值的描述并不令人满意。

最后来看加差法，其术曰：

立冬初日后，每气增差十七，至冬至初日，得五十一。自后，每气损十七，终于大寒，损尽。①

这是一值与节气有关的改正值。它以冬至为中心，而且改正值最大，后趋小，到冬至前后三个节气(立冬和立春)等于0。这是与月亮视差对日食食分的影响相一致的。

在分别依上述方法计算得气、刻、加三差值之后，宣明历令求其总和，称之为"食差"，尔后再用于日食食分大小的计算。

总而言之，徐昂宣明历的时、气、刻、加四差法，基本上是不成功的，但是它对后世历法产生了巨大的影响。如上所述，在气、刻、加三差中，以气差和刻差的数值(最大值分别为2366和2835)较加差(最大值为51)要大得多，所以，后世历法则不用加差法，于是，一般称时差、气差和刻差为三差；此外，后世历法的三差法较宣明历有所改进，渐趋于合理，这在下一章中，我们再作介绍。徐昂作为此法的首创者，其功绩还是应予肯定的，虽然，他并未成功地解决他想要解决的课题。

(二)关于五星运动的新描述

徐昂在宣明历中，对五星运动的不均匀性给出了与一行大衍历有较大不同的描述。一行大衍历的五星爻象历均以近日点为起算点，而且如表5-10所示，其前后两段的进退积两两对称，前后两段自身的进退积亦两两对称。而宣明历火、土二星的五星平见加减历(即爻象历)则打破了这种两两对称的关系，开了后世一半以上历法五星爻象历非对称的先例。这种非对称性，是历家所定行星近日点黄经存在数度以至十余度的误差的自然反映。宣明历的木星平见加减历还以远日点作为起算点。宣明历五星平见加减历也分为24栏，分别称作阳初、阳二、……阳十二、阴初、阴二、……阴十二，这则与大衍历没有本质上的差异。由此可见，徐昂确实对行星运动的不均匀性作了认真的测算，并把实测的结果，直接在五星平见加减历中予以反映。此外，宣明历土星平见加减历起算点(近日点)的加减差(即大衍历的进退积)不等于0，其因也在于此。考察宣明历木、土二星加减差最大值分别为：364.0′和425.9′，其误差分别为43.8′和16.0′，较大衍历有很大的进步。宣明历木星平见加减历的总体精度(其误差为38.5′)也高于大衍历。宣明历水星加减差最大值的准确度，也略优于大衍历。但对于火、金二星运动不均匀性的描述，宣明历则反不及大衍历准确②。

---

① 以上均见欧阳修等：《新唐书·历志六上》。

② 陈美东，五星盈缩历之研究，见杜石然主编：《第三届国际中国科学史讨论会论文集》，科学出版社，1990年。

对于五星近日点黄经每年进动值，宣明历也给出了新数据，其值为 0.14″至 4.51″不等[①]，这些均远较大衍历小得多，其准确度也远不如大衍历，所以，徐昂的改动是失败的。

宣明历的五星动态表也作了较大改革。其五星动态表设纵横两栏，纵栏分为若干段，这与大衍历相似，而横栏均各设 24 段，各段的名称与五星平见加减历 24 栏的名称相同。其纵横栏交叉处所列的数据当是相应时日五星运动不均匀性改正有关的数值。

质言之，徐昂是力图对五星的运动做出新的描述，他的努力有成功的部分，也有反不如大衍历者。在五星问题上，徐昂也是以一位探索者的面貌出现的。

（三）宣明历的其他作为

徐昂在宣明历中，给出了较大衍历还要准确的黄赤交角数值。在所给 24 定气黄道去极度数值表中，冬、夏至黄道去极度分别为：115.17 度和 67.34 度，取两者之差的一半等于 23.915 度，此即徐昂所得的黄赤交角度值，它与理论值之差仅 37″，是为历代最佳值[②]。

宣明历 24 定气晷长表是依据一行的准正切函数表推算而得，这在本章第十节中已提及，此不再赘述。

对于不等间距二次差内插法，徐昂在宣明历中给出了更为简明的归纳[③]：

$$f(n+t)=f(n)+t\frac{\Delta_1}{M_1}+\left(\frac{tM_1}{M_1+M_2}\right)\left(\frac{\Delta_1}{M_1}-\frac{\Delta_2}{M_2}\right)-\frac{t^2}{M_1+M_2}\left(\frac{\Delta_1}{M_1}-\frac{\Delta_2}{M_2}\right)$$

这是由定气时刻太阳在黄道上的经度求任一时刻经度的计算方法。上式中各符号的含义与一行的类似计算式相同（见本章第十节），两相比较，其实质相同，但宣明历在形式上更为简明。

宣明历推算月亮离近地点后 $(n+t)$ 日经行度数所用算式为：

$$f(n+t)=f(n)+t\Delta_1+\frac{t}{2}(\Delta_1-\Delta_2)-\frac{t^2}{2}(\Delta_1-\Delta_2)$$

该算式也显然比刘焯皇极历的相似算式（见本章第三节）来得简明。

朝鲜新罗宪德王时（810～826 年在位）即采用宣明历以替代李淳风的麟德历，到高丽建国亦沿用宣明历，直到中宣王（1309～1313 年在位）改用元代的授时历，而交会术仍循宣明旧术，直至 1392 年为李朝朝鲜所取代为止[④]。这就是说，宣明历在朝鲜先后行用了 480 余年，其中交会术更行用了约 570 年。此外，宣明历于日本贞观三年（861）传到日本，取代郭献之的五纪历而颁用之，直到江户中期（1684），才改用日本天文家自己编制的贞享历，行用时间达 823 年之久[⑤]。可见宣明历对朝鲜和日本影响之深远。

第十三节 封演、窦叔蒙、卢肇等人的潮汐论

自东汉王充提出潮汐的长落与月亮的圆缺周期密切相关的论说之后，在相当长的时间里，

① 陈美东，我国古代五星近日点黄经及其进动值的测算，自然科学史研究，1985，(2)。

② 陈美东，试论我国古代黄赤交角的测量，见《科技史文集》第 3 辑，上海科学技术出版社，1980 年。

③ 钱宝琮主编，中国数学史，科学出版社，1964 年，第 107 页。

④ 杨绍全，中朝关系史论文集，世界知识出版社，1988 年，第 33 页；张培瑜等，宣明历定朔计算和历书研究，紫金山天文台台刊，1992，(2)。

⑤ 李廷举、吉田忠，中日文化交流史大系·科技卷，浙江人民出版社，1996 年，第 27、28 页。

它只作为一家之言为部分学者所认可，与之并行的潮汐论还有多种。如认为潮汐乃是“长数千里”的“海鳍”定期出入海底之穴造成的[①]；或是海底的大山定期升降所致[②]。又如认为是天上的银河转运入海，“故激涌而成潮水”。[③] 再如认为是天地呼吸运动的产物：“天地噫气，有吸有呼，昼夜成候，潮乃不逾。”[④] 这里提及的第一种，仍不脱神话或想像的性质；第二种则与当时浑天说的天与海相接的天地结构模式有关；第三种是以传统的元气论为基础，所谓天地的呼吸是与元气的往复运动相关的。及至唐代，潮汐与月亮密切相关的论说有了巨大的进展，其最主要的代表作是窦叔蒙的《海涛志》，另还有封演之说。其时，还有卢肇的太阳入海激水成涛说，则是一种猜想的理论。

一　封演《说潮》：月生潮汐论的进展

封演，蓨地（今河北景县）人。唐玄宗天宝（742～756）末为太学生，唐代宗大历中（766～779）官邢州刺史，唐德宗贞元中（785～805），先后任检校尚书、吏部郎中兼御史中丞等职[⑤]。封演著有《闻见记》（亦即《封氏闻见记》）十卷，备载各种典章制度、风俗习惯、有关古迹、传说以及当时士大夫的轶事等。其中第七卷有《海潮》一节，今传《封氏闻见记》各本中，均缺此节，而在《全唐文·卷四百四十》中录有封演《说潮》一篇，应就是《海潮》一节的遗文，可据之作一讨论。

> 余少居淮海，日夕观潮，大抵每日两潮，昼夜各一。假如月（出）（初）潮以平明，二日三日渐晚，至月半则月初早潮翻为夜潮，夜潮翻为早潮矣。如是渐转，至月半之早潮复为夜潮，月半之夜潮复为早潮。凡一月旋转一匝，周而复始。

这是封演对少年时居于海滨认真观潮的回顾和总结：在一日内，海水有两次涨潮，一在白昼，一在夜晚。设朔日黎明出现早潮，黄昏则出现夜潮；到初二、初三日，早潮和夜潮出现的时间依次往后推移；如此以往，到了月半（十五日）的黎明则出现夜潮，而黄昏则出现早潮；再往后，夜潮和早潮出现的时间继续依次向后推移，经过半个月以后（即朔日）的黎明又出现早潮，黄昏又出现夜潮，如此周而复始。这是关于一日两潮和每日潮水滞后现象的描述。封演认为每经一朔望月（29.53059 日）潮水滞后整一日，即每日滞后$\frac{24\times60}{29.53059}=48.8$分钟，这是关于每日潮水滞后时间的早期定量描述。这同现代一般计算正规半日潮推迟 50 分钟之说已比较接近。

封演接着指出：“虽月有大小，魄有盈亏，而潮常应之，无毫厘之失。月，阴精也。水，阴气也。潜相感致，体于盈缩也。”这是关于月生潮汐的理论上的解释。封演认为天上的月和地上的水，同属阴类，两者的不同仅仅是一为精，一为气而已，它们之间存在一种潜在的相互感应（“感”）和招引（“致”）的作用，于是，表现为月与潮常应之，无毫厘是失的现象。这里，封演用了“感”和“致”二字来表述月亮和潮汐之间的关系，是颇有意义的，特别是“致”字的应用，尤令人寻味。当然，封演之说仍不脱传统的同类相感的理论范畴。

封演的这些论述，是对前人月生潮汐说的补充和发展，而更大的发展则是由与封演同时的

---

① 周处：《风土记》。
② 燕肃：《海潮说引》，见姚宽：《西溪丛语·卷上》。
③ 葛洪：《抱朴子·外佚文》。
④ 卢肇：《文标集》卷上，《海潮赋引》。
⑤ 董诰等，《全唐文》卷四百四十。

窦叔蒙作出的。

二　窦叔蒙《海涛志》:潮汐论的重大发展

窦叔蒙,唐代宗大历中(766～779),浙东处士。浙东,泛指江浙沿海,处士,有才德而隐居不仕者。其所著《海涛志》,对于潮汐的理论及其周期作了极其重要的阐述:

是故潮汐作涛,必符于月,……晦明牵于日,潮汐系于月,若烟自火,若影附形,有由然矣。……月与海推,海与月相期,苟非期时,不可强而致也;时至自来,不可抑而已也。虽谬小准,不违大信,故与之往复,与之盈虚,与之消息矣。涛之潮汐,并月而生,日异月同,盖有常数矣。盈于朔望,消于朏魄,虚于上下弦,息于朓朒,轮回幅次,周而复始。

他指出,潮汐的涨落同月亮的盈亏之间的关系是:朔望时潮大,朔望后约三日,潮次大,朔望后七八日,潮小,朔望前约三日,潮次大,如此周而复始,循环往复(这是就大体情况而言,更详细的说明,窦叔蒙还有进一步的论述,见后)。这种关于如同烟火相生、形影相随一般密不可分。两者之间的消长是按期自然而然生成的,不到其时,无论谁也不能强制之,到了其时,不论谁也无法阻挡之。正像昼夜晦明因太阳而生一样,潮汐因月亮而成。这些论述,是对王充之说毋庸置疑的肯定和具体的充实。不但如此,窦叔蒙还提出了“月与海推”的新概念,含有月亮给海水一种推力而生成潮汐的意义,也就是说,潮汐与月亮之间如此密切的关系,是通过这种推力实现的,这种推力的大小则与月亮的盈亏有关,于是,月亮有盈亏而潮汐有涨落。应该说,这是一种极有价值的推测,与我们现今关于潮汐生成力学原因的认识有一定的相同之处。这里,窦叔蒙还指出每日潮汐推迟的现象,即所谓“虽谬小准,不违大信”之说。对此,他有更具体的定量描述:

自太初上元乙巳岁日南至甲子宵分,七纬俱起北方,至唐宝应(元)〔二〕年癸卯(763)南至,积七万九千三百七十九,积月九十八万〔一千〕七百八十七余八日,积日二千八百九十九万二千六百六十四,积涛五千六百二万一千九百四十四也。

依之,可推得窦叔蒙所取回归年和朔望月长度分别为:

$$\text{回归年长度:}\frac{28992664}{79379}=365.24350\text{ 日}$$

$$\text{朔望月长度:}\frac{28992664-8}{981787}=29.53049\text{ 日}$$

该二值与当时正行用的大衍历(365.24441 日和 29.53059 日)或五纪历(365.24475 日和 29.53060 日)均不相同①。其中所取朔望月长度与历家早已得到的共识(29.53059 日左右)差异不小,窦叔蒙理当知其差异所在而用之,这似乎说明他并不注重考虑该二值的准确度问题,他只是借用历家习用的上元积年、积月、积日等形式(在所取数据并不相差太多的情况下)来表达他想要阐述的论题。

窦叔蒙论题的核心是“积日”和“积涛”之值,由此可以算出潮汐每涨落一次相距的时间为:

$$\frac{28992664}{56021944}=12\text{ 小时 }25\text{ 分 }14\text{ 秒。}$$

---

① 陈美东,《古历新探》,辽宁教育出版社,1996 年,第 218 页。

也就是说，窦叔蒙认为相邻两次涨潮(或退潮)的时间间隔为 24 小时 50 分 28 秒，亦即每日潮水所推迟的时间为 50 分 28 秒。这同现代一般计算正规半日潮推迟 50 分钟的数值已相当接近，比起封演所给数值更前进了一步。当然，事情的真相应该是：窦叔蒙经由较封演更为精到的测量得知每日潮水推迟的时间，尔后才设计出上述的表达方法的。

对于潮水每日推迟的原因，窦叔蒙也给出了解释：

> 甲之日，乙之夜，日月差互。月差十三度，日差迟月，故潮不及期。

这是说，由于月亮每天要比太阳向东多运行 13 度，当太阳运行一周天(约 24 小时)，月亮还位置太阳东边 13 度处，必须约再经过$\frac{13\times100\times14.4}{365.2435}=51$分钟，月亮才正好回到原来的方位上，才引致大潮，这一解释是基本正确的。这也就为潮汐系于月的理论提供了强有力的证明。这里，窦叔蒙所说“月差十三度”，是仅举约数而言，因为月亮运动的不均匀性，在当时乃是学者的常识。正因为这种不均匀性，于是造成了窦叔蒙在前提及的“虽谬小准，不违大信”的状况。

窦叔蒙指出，潮汐实际上有三种不同的周期：“一晦一明，再潮再汐”，就一日而言，有两次潮汐循环；“一朔一望，载盈载虚”，就一月而言，有两次大潮和两次小潮；“一春一秋，再涨再缩”，就一年而言，有两次特大潮和两次特小潮。这是对潮汐涨落规律的十分明晰的描述。

窦叔蒙还指出：“月周之期极朔望，潮汐之期极朏魄。”即认为每月大潮出现的日期，并不正与朔、望日相应，而是出现在朔日后约三日的朏，和望日后约三日的朏。这是对大潮滞后现象的正确描述。他还试图对这一现象作出解释：“一寒一暑后岁期，是故日至之期建子、午，寒暑之大建丑、未。”他是用一年中最冷的日子不在冬至所在的子月，而在其后一个月的丑月；一年中最热的日子不在夏至所值的午月，而在其后一个月的未月，亦即用积寒而致极寒、积热而致极热的道理来说明之，这种解释是不正确的。

在《海涛志》中，窦叔蒙还论及在一年中的二月、八月潮水达到极大的现象，并力图予以解释：

> 二月之朔，日月合辰于降娄。日差月移，故后三日而月次大梁。二月之望，日在降娄，月次寿星，日差月移，故旬有八日而月临析木矣。八月之朔，日月合辰于寿星，日差月移，故后三日而月临析木之津。八月之望，月次降娄、日在寿星，日差月移，故旬有八日而月临大梁矣。仲月临之，季月经之，故三月、九月抑其次也。夫析木，汉津也；大梁，河梁也。阴主经行，济于河汉，乃河王而海涨也。

这里所说的降娄、大梁、寿星、析木等是中国古代十二次的名称，它们分别与十二个月份相应，如图 5-13 所示。已知太阳每天行 1 度，月亮每天行 13$\frac{7}{19}$度，则窦叔蒙是说：二月朔日，日月均在降娄(A)，三日后，日行至降娄(B，自降娄到大梁的 30 余度范围内，都称为降娄，其他同此)，月行至大梁(C)；二月望日，日在降娄(D)，月在寿星(E′)；又三日后(即朔后 18 日)，月在大火(F，窦叔蒙云“临析木”，比较勉强)。八月朔日，日月均在寿星(A′)，三日后，日在寿星(B′)，月在大火(C′，窦叔蒙云“临析木之津”，更为勉强)；八月望日，日在寿星(D′)，月在降娄(E)；又三日后，月在大梁(F′)。

如上所说，窦叔蒙对于日月所处位置的描述基本上是正确的，但也存在勉强之处。他之所以作此勉强之论，是试图以银河与大海相通的观念，来解释二月、八月潮水极大的现象，因为析木与汉津有关，而大梁则与河梁相关。虽然他所作的解释是不正确的，可是他确实已指出了二月和八月的朔日前后，日月在降娄（春分点附近）和寿星（秋分点附近）之时，将要发生一年中最大潮的现象，这同我们现今所说的分点潮是相吻合的。而且，窦叔蒙还认为，三月和九月的潮水也很大，仅略小于二月和八月，这一认识也是大体正确的。

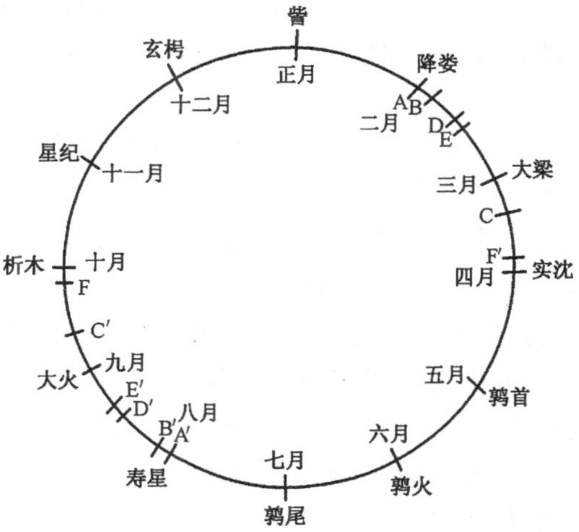

图 5-13　日月行十二次示意图

总而言之，窦叔蒙的潮汐论大大丰富了月生潮汐的学说，它不但分别对潮汐在一日、一月、一年内涨落的规律作了明晰的描述，而且已经脱离了一般性的思辨性论述，从每日潮水推迟时间的相当准确的测量及其原因的阐明，对该学说作了有力的论证；它还涉及了一个月内大潮滞后的论题，比较正确地描述了一个月内潮汐的起伏变化；它又涉及了一年内以分点为高潮的潮汐起伏变化。其中，关于"月与海相推"之说，尤为精彩，似已涉及潮汐生成的力学本质。窦叔蒙《海涛志》的问世，是中国古代潮汐论的发展进入一个崭新时期的标志，窦叔蒙无疑是中国古代最重要的潮汐理论家之一。

三　卢肇《海潮赋》：潮汐论的谬误

这是一篇以赋的形式出现的关于潮汐的论说，全文（赋并序）洋洋五千余言。其作者卢肇，字子发，袁州宜春（今江西宜春）人。唐武宗会昌三年（843）以状元及第。曾任著作郎，充集贤院直学士等职。唐懿宗咸通中（862～874），出为歙州（今安徽歙县）刺史，后又先后任宣（今安徽宣城）、池（今安徽贵池）、吉（今江西吉安）三州的刺史。《海潮赋》大约作成于卢肇出任歙州刺史前后，是他"以二十余年，前后详参"，并认为"实符象数"的得意之作①。

在《海潮赋》序文中，卢肇开宗明义曰："夫潮之生，因乎日也，其盈其缩，系乎月也。"这便是他的基本观点。乍一看，他是说潮汐的生成与日、月有关，似无可厚非，其实不然。且看他的进一步叙述：

卢肇指出："浑天之法著，阴阳之运不差；阴阳之运不差，万物之理皆得；万物之理皆得，其海潮之出入，欲不尽著，将安适乎！""日傅于天，天（右）〔左〕旋入海，而日随之。日之至也，水其可以附之乎？故因其灼激而退焉。退于彼，盈于此，则潮之往来，不足怪也。"② 卢肇是依据当时流行的浑天说"地浮于水，天在水外"，"水与地居其半（指天球的下半），日月绕乎其下"③ 的理论，来构建他的日生潮汐论的。如果这一浑天说是正确的，卢肇认为日运转入海激海水成潮汐似为自然的结果。这也就是卢肇所说"夫潮之生，因乎日也"的含义。

对于一日中有两次涨潮的现象，卢肇是以"日入，则晚潮激于左，日出，则早潮激于右"来解

---

① 卢肇：《海潮赋·进海潮赋状》，见董诰等：《全唐文》卷七百六十八。
② 卢肇：《海潮赋》，见董诰等：《全唐文》卷七百六十八。
③ 卢肇：《浑天载地及水法》和《海潮赋后序》，见董诰等：《全唐文》卷七百六十八。

释的。若依之,从夏至到冬至,日出入的时间渐渐趋晚,这多少还可以解释每日潮水滞后的现象;但是,由冬至到夏至,日出入的时间渐渐趋早,每日潮水则应超前出现,这一推论是与事实相悖的。

卢肇认为一月中潮汐的"大小之期,则制之于月,大小不常必有迟有速,盈亏之势,与日月体同。"这又是一种似是而非的论述。一方面,他承认潮汐的大小与月之盈亏有关。另一方面,却以为月盈则潮汐大,月亏则潮汐小,对此,他进一步说道:"日月合朔之际,则潮殆微绝","月离日而潮大"(即朔日以后,潮水一直趋大),"势由望而积壮,故信宿而乃极。此潮之所以后望二日而方盛也。"这也就是卢肇"其盈其缩,系乎月也"的含义。而人所共知,朔日潮大,其后二三日极大,再往后到望日,潮水有一个先趋小再转大的过程,而到望日后二三日次极大(稍小于朔日后二三日)。可见,卢肇关于一月中潮汐大小的描述几乎一无是处。但是,卢肇却振振有词:朔日时,"以其阴之物(指月),迩于至阳(指日),是以阳之威不得肆焉,阴之辉不得明焉。阴阳敌,故无进无退;无进无退,乃适平焉。是以月之与潮,皆隐于晦。"这是欲以信口雌黄的阴阳之论,改变客观的事实本身。更有甚者,卢肇还说"此潮生之实验也","斯不刊之理也。"这真正是完全颠倒了黑白与是非。

对于一年内潮汐的大小变化,卢肇以为"春夏当气散之时,故潮差而小也。""秋冬当气聚之时,故潮差而大也。"此说似也与实际不完全符合,理应春大而冬小。至于秋潮大,卢肇则还以"夫秋之中而阴盛",即仅以阴阳之说予以解释。

卢肇潮汐论涉及了窦叔蒙在《海涛志》中提及的大部分潮汐现象,他显然是从书本中得知这些现象的。他大不满于"近代言潮者,皆验其及时而绝,过朔乃兴,月弦乃小瀛,月望乃大至,以为水为阴类,牵于月而高下随之也"的潮汐说,而从当时流行的浑天说和他对阴阳、元气等论说的一知半解出发,推衍出海潮涨落的状况应该是什么样子,并按不住大发诗赋之兴,即所谓"观乎日月之运,乃识海潮之道;识海潮之道,亦欲推潮之象;得其象,亦欲为之辞。"自以为得"未始见于经籍间"的"潮之理"。

当时流行的浑天说的重大缺欠,是卢肇潮汐论谬误的根源之一,反过来说,卢肇潮汐论的谬误正反映了当时流行的浑天说的重大缺欠。有趣的是,对浑天说的重大修正,正是卢肇之后不久的另一位潮汐论者邱光庭最先作出的(见本章第十五节)。卢肇潮汐论谬误的另一个根源则在于,他完全颠倒了理论与实践的关系,是潮汐论反映潮汐现象的客观实际,还是令潮汐现象的客观现象"实符象数"之作,卢肇显然选择了后者。这当是卢肇潮汐论的真正悲剧所在。应该说,卢肇潮汐论的问世,是封演、窦叔蒙月生潮汐论取得重大进展之后,出现的一次反复,自然也是一种挑战。至少它引起了不少学者的关注,从反面对潮汐论的进一步发展起了意想不到的作用。

第十四节 边冈崇玄历的重大进展

唐昭宗(889 年即位)时,徐昂宣明历"施行已久,数亦渐差,诏太子少詹事边冈与司天少监胡秀林、均州司马王墀改治新历"。经过一段时间的编制,于唐昭宗"景福元年(892),历成,赐名崇玄"。这就是在历法上取得重大进展的崇玄历的由来。

崇玄历之作,"术一出于(边)冈"。边冈其人的生平,我们所知很少,只知道他曾任太子少詹事。在本章第六节中,已提及唐代在东宫太子处有漏刻官员的设置,也许边冈在此显露了他在历法和算术方面的才能，而被任命主持这次历法改革的重任。边冈崇玄历仍以一行大衍历为基础，但又有诸多创新，其最重要的进展则表现在计算方法的改革之上。“(边)冈用算巧，能驰骋反复于乘除间。由是简捷、超径、等接之术兴，而经制、远大、衰序之法废矣”①。这些是北宋欧阳修、刘羲叟等人对边冈算法的概括。这是说，边冈精于算术，以其出色的运算技巧，对历法的一系列算法进行了重大的改革。这里所谓“简捷、超径”之术，系指删繁就简的计算捷法；“等接”之术，应是下面就要论及的二次、三次和四次函数算法的总称；“经制、远大”之法，当指繁冗的传统算法；而“衰序”之法大约指等差级数法以及传统的表格计算法等。可是，欧阳修和刘羲叟却认为边冈算法“虽筹策便易，然皆冥于本原。”这一评价是极不公正的。相反，我们认为边冈的这些新算法不但有算法简便易行的优点，而且还与历法之理默契符合，也就是说，其计算的精确度并不亚于原来的复杂算法。下面，对之作进一步的讨论。

一　边冈历算捷法举隅

在崇玄历中，边冈多将原本十分繁冗的历算问题，经过巧妙的数学处理，即使计算结果保持必要的准确度，又达到计算便捷的效果，可举二例以明之。如，求任一年十一月冬至时月亮距冬至的平均行度值(B)：

依历理，已知上元到所求年的积年数为 $A(>53947308)$，则传统的算法为：

$$B=(\text{回归年长度}\times\text{月亮每日平均行度}\times A)(\text{mod 周天度数})$$

其中，月亮每日平均行度 $=\dfrac{\text{恒星年长度}}{\text{朔望月长度}}+1$。

将崇玄历的有关数据② 代入上式，则有：

$$B=\left[\frac{4930801}{13500}\left(\frac{4930961.24}{398663}+1\right)A\right]\left(\text{mod}\,\frac{4930961.24}{13500}\right)$$

这对古人而言，当然是一十分繁冗的算题。边冈“作径术：求黄道月度(B)，以蔀率(9036)去积年(A)，为蔀周，不尽，为蔀余。以岁余(639)乘蔀余，副之。(二)〔九〕因蔀余，(三十七)〔百一十六〕除之，以减副。百一十九约蔀余，以加副。满周天去之，余，四因之为分，度母(19)而一为度，即冬至加时平行月(B)”③。

依之，则有下算式：

$$B=\left[\frac{4}{19}\left(639\times\text{蔀余}+\frac{1}{119}\times\text{蔀余}-\frac{9}{116}\times\text{蔀周}\right)\right](\text{mod}\quad\text{周天度数})$$

当 $A=53947308$ 年及其后的 600 年中，蔀周均等于 5970，而蔀余在 2388 和 2988 之间变动。可见，后算式显然比前算式要简便得多，而且依前后两算式计算所得结果的差异将不大于 0.04 度，这应是当时的计算所能允许的。

又如，求任一年冬至午中与月亮远地点间的度距(G)：

依历理，传统的算式应为：

① 欧阳修等：《新唐书·历志六下》。

② 同①。

③ 王应伟，中国古历通解，辽宁教育出版社，1998 年，第 480～482 页；陈美东，边冈历算捷法试析，见陈美东、林文照、周嘉华主编：《中国科学技术史国际学术讨论会论文集》(北京·1990)，中国科学技术出版社，1992 年。

$$G=(\text{回归年长度}\times A\pm E)(\text{mod}\quad\text{转周})$$

式中，E 为冬至时刻与冬至日午中时刻的时距，转周即近点月长度，将崇玄历的有关数据[①]代入，可得：

$$G=\left(\frac{4930801}{13500}\times A\pm E\right)\left(\text{mod}\ \frac{371986.91}{13500}\right)$$

这也是相繁复杂的。对此，边冈所给的捷法为："四十七除蔀余，为率差（C），不尽（D），以乘七日三分半，副之。（九）〔十二〕因率差，退一等，为分，以减副。又百约冬至就时距午分（E），午前加之，午后减之，满转周去之，即冬至午中入转（G）。"[②]

依之，可得：

$$G=(7.035D-0.012C\pm E)(\text{mod}\quad\text{转周})$$

式中，C、D 均小于 47。后式较前式简捷是显而易见的。当 $A=53947308$ 年及其后的 600 年中，依前后二式计算的最大差异将不大于 0.05 日，这也应是当时的计算所允许的误差。

这些证明边冈赋有十分娴熟和巧妙的数学处理能力，在简化历算的工作方面，取得了很大的成绩。

二　对二次函数算法的继承与扩展

在崇玄历中，边冈继承了曹士芳首创的二次函数算法，用之于太阳运动不均匀性改正的计算，而且将此法扩展用于黄赤道宿度差、月亮极黄纬、日食三差中的时差，以及阴、阳历食差等广泛课题的计算。在谈及这些算法时，边冈首创了"先相减、后相乘"的专门术语，对二次函数法予以十分明晰的表述。

崇玄历在计算气、朔、交食时，仍然应用传统的日躔表，边冈大约认为用日躔表的准确度较高些。而在准确度要求较低的、太阳运动不均匀性对五星位置影响的计算中，边冈则使用了同曹士芳相类似的二次函数算式。其术曰：

> 视定积（M）如半交（181.8682）已下，为在盈，已上，去之，为在缩。所得，令半交度先相减、后相乘，三千四百三十五除，为度（$V-M$）。

依此可列出下式：

$$V-M=\frac{1}{3435}(181.8682-M)M$$

式中，$M<181.8682$ 度，若 $M>181.8682$ 度，需以 181.8682 度减去之。显而易见，该算式系脱颖自曹士芳的算式，其构造和形式均相一致，只是具体的数据有所变更。令 $M=90.9341$ 代入该式得 2.41 度，即为太阳盈缩最大值，其准确度较曹士芳符天历为高，而与一行大衍历（2.423 度）相近，可见，边冈同时吸取了一行大衍历和曹士芳的有关研究成果，在计算精度上优于后者，而在便捷程度上高于前者，收到了两利的效果。

关于黄赤道度差，崇玄历术曰：

> 凡冬至赤道日度及约余（C），以减其宿全度，乃累加次宿，皆为距后积度。满限

① 欧阳修等：《新唐书·历志六下》。

② 陈美东，边冈历算捷法试析，见陈美东、林文照、周嘉华主编：《中国科学技术史国际学术讨论会论文集》（北京·1990），中国科学技术出版社，1992 年。

九十一度三十一分三十七小分，去之。余半已下，为初；已上，以减限，为末。皆百四十四乘之，退一等，以减千三百一十五。所得以乘初、末度分，为差。又通初、末度分，与四千五百六十六先相减、后相乘，千六百九十除之，以减差，为定差，再退为分。至后以减、分后以加距后积度，为黄道积度(F)。

依此，可得以下算式①：

$$F-C=\frac{1}{10000}\left[C\left(1315-\frac{144}{10}C\right)-\frac{C}{1696}(4566-C)\right]$$

式中，C 为从冬至点起算的赤道度，F 为与之相应的黄道度。$C<45.65865$ 度，若 $C>45.65865$，则需以 91.3137 返减之。若 $C>91.3137$，需以 182.6274 返减之。若 $C>182.6274$，需以 182.6274 减去之。

上算式是由先相减、后相乘法构造的两个函数之差组成的，其实质也就是先相减、后相乘法的应用，只是在表述上显得繁杂而已。由该算式计算得的黄赤道度差的准确度，大体与大衍历用传统方法求得者持平。

崇玄历关于月亮极黄纬算式的术文曰：

如一象已下，为在少象(91 度)；已上者，反减〔半〕半交(91 度)，余为入老象(N)。皆七十三乘之，退一等。用减千三百二十四，余以乘老、少象度及余，再退为分，副之。在少象三十度已下，老象六十一度已上，〔反减九十一度〕，皆与九十一度先相减、后相乘，五十六除，为差。若少象三十度已上，反减九十一度，及老象六十〔一〕度已下，皆自相乘，百五除，为差。皆以减副，百约为度，即朔望夜半月去黄道度分(P)。

依之，可列出以下两算式②：

当少象 $N<30$ 度，与老象 $N>61$ 度(须以 91 度返减之)时：

$$P=\frac{\left(1324-\frac{73}{10}N\right)N}{10000}-\frac{(91-N)N}{5600}$$

当少象 $N>30$ 度(须以 91 度返减之)，与老象 $N<61$ 度时：

$$P=\frac{\left(1324-\frac{73}{10}N\right)N}{10000}-\frac{(91-N)^2}{10500}$$

上二式中，N 为所求日月亮与黄白交点的度距。其中第 1 式的构造与黄赤道度差算式相同，而第 2 式则为一先相减、后相乘法构建的函数与另一以自相乘法构建的函数之差组成的，由自相乘法所得亦为二次函数，故算式总体还是表现为一二次函数，这则是边冈的新创。依此二式计算结果的准确度，也与大衍历用传统的表格计算法所得结果大体相同。

对于日食三差中的时差，崇玄历有术文曰：

凡定朔约余(D)距午前后分(K)，与五千先相减、后相乘，三万除之，午前以减，午后倍之，以加约余，为日食定余(S)。

依此，可得如下二算式：

$$S-D=-\frac{(5000-K)K}{30000}$$

① 严敦杰，中国古代黄赤道差计算法，科学史集刊，第 1 集，1958 年。

② 陈美东，中国古代月亮极黄纬计算法，自然科学史研究，1988，(1)。

$$S-D=\frac{2(50000-K)K}{30000}$$

上二式分别适用于定朔发生在午前和午后之时。其中 50000 为半日的分数。当 K 愈小(即愈接近正午)时,$(S-D)$的绝对值也愈小;当 $K=2500$(即约在昏旦)时,$(S-D)$的绝对值最大。这大体与月亮视差对日食时刻的影响相一致。所以,崇玄历的时差算式较徐昂宣明历要高明。不过,边冈并未虑及节气的不同对时差的影响,这是不足之处。此外,他也认为,午前后时差的大小相差一倍,显然受了宣明历的影响,这则是不正确的。

崇玄历还有阴、阳历食差的算法:

限外者,置限外分(T)与五百先相减、后相乘,四百四十六而一,为阴历食差。又限内分(W)与五百先相减、后相乘,三百一十三半而一,为阳历食差。

即阴历食差$=\dfrac{H}{446}(500-H)$

阳历食差$=\dfrac{W}{313.5}(500-W)$

上述时差和食差算式,均为先相减、后相乘法的典型应用。就其形式与运算而言,具有十分明晰和便捷的特征。

这些就是边冈在崇玄历中,使用二次函数算法的基本状况。边冈的这些工作,使曹士蒍开创的二次函数算法不再形孤影单,令二次函数算法成为一种适用于众多历法论题计算的便捷有效的方法,从而真正奠定了二次函数算法作为历法计算的又一重要方法的基础。

三　三次、四次函数算法的创用及其他

这是边冈崇玄历的又一重大贡献。在推算晷影长度时,边冈创用了三次函数算法,而在推算太阳视赤纬和昼夜漏刻值时,更创用了四次函数算法。

(一)三次函数算法的创用

崇玄历推每日阳城中晷术曰:

各计其日中入二至加时已来日数及余(L),如初限已下(冬至前限、夏至后限 59 日;夏至前限、冬至后限 123.62225 日),为后;已上,以减二至限(182.62225 日),余为前,副之。各以乘数乘之(15;4),用减初、末差(2195;4880),所得再乘其副,满百万为尺,不满为寸、为分。夏至〔前〕后,则退一等。皆命曰晷差。冬至前后,以减冬至中晷(12.7150 尺);夏至前后,以加夏至中晷(1.4780 尺),为每日阳城中晷(Q)。

当冬至前限、夏至后限时:

$$Q=12.7150-(2195-15L)L^2 10^{-6}$$

当夏至前限、冬至后限时:

$$Q=1.4780+(4880-4L)L^2 10^{-7}$$

式中,L 为所求日午正时刻与二至时刻之间的时距加上太阳盈缩改正后的定日数及分。Q 为相应时刻的晷长值。当冬至后 $L<59$ 日和夏至后 $L>123.62225$ 日(须以减 182.62225 日)时,依前算式计算;当冬至后 $L>59$ 日(须以减 182.62225 日)和夏至后 $L<123.62225$ 日

时，依后算式计算①。

这是中国古代历法中首见的三次函数算式，它包括有常数项、二次项和三次项的函数式。依此算式计算的准确度亦与大衍历依传统的表格计算法不相上下。

（二）四次函数算法的创用

崇玄历推求太阳视赤纬的算法为：

计二至加时已来至其日昏后夜半日数及余（U），冬至后为息，夏至后为消。如一象（91.3131）已下，为初，已上，反减二至限（182.6262），余为末。令自相乘，进二位，以消息法（1667.5）除为分，副之。与五百分先相减、后相乘，千八百而一，以加副，为消息数（R）。以象积（480）乘之，百约为分，再退为度（Z）。春分后，以加六十七度四十分，秋分后，以减百一十五度二十分，即各其日黄道去极（H）。与一象相减，则黄道内外也（Y）。

据此术文，可列出以下算式：

$$Z=\frac{480}{10000}\left[\frac{100U}{1667.5}+\frac{2\left(500-\frac{100U^2}{1667.5}\right)\left(\frac{100U^2}{1667.5}\right)}{1800}\right]$$

式中，$U<91.3131$ 度，若 $U>91.3131$ 度，须以 182.6262 度返减之。U 系指所得求日距二至的太阳实行黄道度。

对于春分后的时日（当日夜半时）：

$$H=67.40+Z;\ Y=23.9141-Z$$

对于秋分后的时日（当日夜半时）：

$$H=115.20-Z;\ Y=-23.8859+Z$$

这是一个包含有常数项、二次项和四次项的四次函数算式，亦是在中国古代历法中所首见者。依此计算的准确度也与大衍历用传统的表格计算略同②。

由于昼夜漏刻长度的计算，与太阳视赤纬的计算存在密切的关系，所以，崇玄历关于昼夜漏刻的算式也为四次函数。其术曰：

以消息数（R），春分后加千七百五十二，秋分后以减二千七百四十八，即各为其日晷漏母也（J）。

凡晷漏，百为刻，不满，以象积乘之，百约为分，得夜半定漏（X）。

依术文意，可分别得春、秋分后各日夜漏刻之半的算式为：

$$X_1=\frac{(1752+R)}{100}\qquad X_2=\frac{(2748-R)}{100}$$

式中，$R=\frac{1000Z}{48}$。而 Z 即见前所述。由上列算式计算而得的准确度，亦同大衍历依传统表格计算法的结果相当③。

同理，由于太阳出没距北、南中天的方位角，与昼夜漏刻值密切相关，所以，其算式也用的

① 陈美东，崇玄、仪天、崇天三历晷长计算法及三次差内插法的应用，自然科学史研究，1985，(3)。
② 陈美东，中国古代太阳视赤纬计算法，自然科学史研究，1987，(3)。
③ 陈美东、李东生，中国古代昼夜漏刻长度的计算法，自然科学史研究，1990，(1)。

是四次函数。这在崇玄历中分别称为“距子度”和“距中度”,其术曰:

置晷漏母(J),千四百六十一乘,而再半之,百约,为距子度(O)。以减半周天(182.625度),余为距中度(I)。①

即 $O=\frac{1461J}{400}$　　$I=182.625-\frac{1461J}{400}$

式中,$J=1752+R$(春分后);$J=2748-R$(秋分后)。

边冈对二次函数算法的拓展以及三次、四次函数算法的创立,使传统历法呈现了新的面貌。他把一系列历法问题的计算,从繁杂的数字表格的编制以及较麻烦的内插法计算程式中摆脱出来,还消除了表格计算法的经验性和区间不连续性的弊端,同时大大减轻了计算量,而且保持了较高的准确度,在历法的数理化和公式化的道路上前进了一大步。由于这些新算法的优越性,很快得到后世历家的认可,在后世历法中得到广泛的应用,并得到进一步的发展,成为中国古代历法中的又一经典的数学方法。

除了历算方法的重大革新之外,崇玄历在若干天文数据的测算上也取得了成就。如,交食周期取3350个交点月263个食年,与此相应的食年长度为346.619530年,与理论值之差仅约15秒,是为历代最佳值之一。又如,恒星年长度取365.2563881日,与理论值之差为2秒左右,亦为历代最佳值之一②。又如,取月食食限中的必偏食限为9.46°,与理论值之差仅为0.15°,为历代最佳值③。再如,其月离表中每日月亮实行度的平均误差为7.0′,是为历代最好的月离表④。这些情况说明,边冈在全力更新计算方法的同时,也十分注重有关天文数据的测算工作,力图将历法建立在更扎实的客观基础之上。

第十五节　王朴、邱光庭等人的天文工作及吴越国天文图

一　五代十国时期的历法概况

五代十国指后梁(907～923)、后唐(923～936)、后晋(936～946)、后汉(947～950)和后周(951～960)五个前后相继的短命王朝,以及在907～979间先后建立的吴、楚、闽、吴越、前蜀、后蜀、南唐、南汉、北汉和南平等十个地方政权。在后梁和后唐时期,仍沿用边冈的崇玄历,或以徐昂宣明历参用之,盖因时运汹汹,“众职未修,三辰孰验”,权以之颁布岁历而已⑤。

及至后晋,情况才有改观。“马重绩,字洞徽,其先出于北狄,而世事军中。少学数术,明太一、五纪、八象、三统大历。”先仕后唐,曾任六理司直。入后晋,任太子右赞善大夫,迁司天监。后晋高祖天福三年(938)⑥,司天监马重绩始造新历,在上表中指出指出:“今以长庆宣明,虽气朔不渝,即星纬罕验;景福崇玄,纵五(历)〔纬〕甚正,而年差一日。今以宣明气朔,崇玄星纬,而

① 以上均见欧阳修等:《新唐书·历志六下》。
② 陈美东,古历新探,辽宁教育出版社,1995年,第257和267页。
③ 陈美东,中国古代的月食食限及食分计算法,自然科学史研究,1991,(4)。
④ 陈美东、张培瑜,月离表初探,自然科学史研究,1987,(2)。
⑤ 薛居正等:《旧五代史·历志》;欧阳修等:《新五代史·司天考一》。
⑥ 欧阳修等:《新五代史·马重绩传》。

历合参,方得符合。”这是说,宣明历和崇玄历各有短长,只有在各取其长的情况下,方才合用。但是“为国者,正一气之元,宣万邦之命”①,是不得同时用两种不同的历法的,所以,必须改用一部新的历法,方显一国之主治历明时、受命理国的天意。

马重绩接着说道:“自古诸历,皆以天正十一月为岁首,循太古甲子为上元,积岁弥多,差阔至甚。臣改法定元,创为新历一部二十一卷②,七章,上下经二卷,算草八卷,立成十二卷,取唐天宝十四载乙未(755),立为近元,以雨水正月朔为岁首。”后晋高祖于是“命司天少监赵仁锜、张文皓、秋官徐皓、天文参谋赵延乂、杜昇、杜崇龟等,以新历与宣明、崇玄考核得失。”③ “(赵)仁锜等言,明年庚子(940)正月朔,用(马)重绩历考之,皆合无舛。乃下诏颁行之,号调元历。”④ 这些便是我们所知道的调元历的基本内容及其经由考验并得以颁行的大体情况。

从马重绩自己所述调元历的内容看,与曹士蒍符天历的若干特征是相同的,其中所取近距历元的具体年代有所不同。所以说“(马)重绩乃用其法(指曹士蒍之法)”是有道理的。当然更准确的说法应该是,马重绩是以曹士蒍的符天历为基础,参考宣明、崇玄二历的长处,而编成调元历的。经由马重绩的努力,曾“行于民间”的“小历”——符天历,得以登堂入室,“遂施于朝廷”⑤,这是一件很有意义的事情。

马重绩调元历的编制和检验,大约是经过了比较认真的实测的。北宋周琮约于1064年曾提及:“今司天监圭表乃石晋时参谋赵延乂所建,表既欹倾,圭亦垫陷,其于天度无所取正。”⑥ 赵延乂正是受命考验调元历的主要人物之一;他所建立的圭表应该与考验工作直接有关。这一圭表的建成大约在马重绩制成调元历之前,马重绩说宣明历的“气朔不渝”,而崇玄历的节气“差一日”,自然不是凭空而论,而应是使用圭表进行实测的结果。赵延乂圭表前后使用了100多年,其历史功绩当不可没。

在马重绩所处的时代,“布算积分,上求数千万年之前,必得甲子朔旦夜半冬至,而日、月、五星皆会于子,谓之上元,以为历始”,“历家之术,虽世多不同,而未始不本于此”。马重绩则尖锐地指出,用上元积年法,“积岁弥多,差阔至甚”,是颇有勇气和眼光的。而应用近距历元法的便捷和不损害实测数据的精度的优势,应是马重绩厚爱符天历的重要原因之一。

由于调元历自身存在的差失,大约还要加上其不用在当时大多数人看来已成定法的上元积年法的因素,调元历仅“行之五年,则差不可用,而复用崇玄历”。

后周太祖“广顺中(951～953),国子博士王处讷,私撰明玄历于家”。此公作历,也许自认还不成熟,故藏而不露。大约十年以后,他才作成应天历鸣于世,这在第六章第一节中再作介绍。

此间,在民间和在一些自立为王的地区,另有若干历法在行用。“民间又有万分历,而蜀有永昌历、正象历,南唐有齐政历”⑦。所谓“万分历”至少说明它是一种以一万为日法(即诸天文数据的共同分母)的历法,也许与符天历或调元历有某种关系。至于永昌、正象、齐政三历法是

---

① 同①。
② 以历经二卷、算草八卷、立成十二卷计,合为二十二卷。
③ 薛居正等:《旧五代史·历志》。
④ 同②。
⑤ 欧阳修等:《新五代史·司天考一》。
⑥ 脱脱等:《宋史·律历志九》。
⑦ 以上均见欧阳修等:《新五代史·司天考一》。

状况如何,早已不得而知。不过,地方小国也自行颁布历法,其中蜀国还先后颁布两种历法。在十国中的其他地方政权当也各行其历,但详情已不可考。这些事实本身则说明政权与历法之间存在着的密切关系。有国者必行历法以自重,必行历法以授民时,这在中国古代已成为天经地义的事情。

五代十国时期,最重要的历法之作,当推王朴的钦天历,以下特设一小节予以介绍。

二 王朴钦天历的贡献

王朴(915～959),字文伯,东平(今山东东平)人,自"幼警慧好学",后汉隐帝乾祐中(948～950)进士,任校书郎、记室、开封府推官等。后周世宗立,任比部郎中、左谏议大夫知开封府事。王朴对于"星纬声律,莫不毕殚其妙。"① 其时,所颁用的崇玄历"法度浸差"。"显德二年(955),世宗以端明殿学士、左散骑常侍王朴明于历数,乃命(王)朴考而正之。"② 其时,王朴仍知开封府事,同时经过一年多的测量布算,王朴上表言撰成"步日、步月、步星、步发敛为四篇。合为历经一卷,历十一卷,草三卷,显德三年(956)七政细行历一卷,以为钦天历。""世宗嘉之。诏司天监用之,以明年(957)正月朔旦为始。"③ 这是王朴一生中最重要的天文学工作。其后,王朴更得到重用,曾负责扩建京城,历任东京副留守、户部侍郎兼枢密副使、枢密使检校太保、东京留守等要职,不幸英年早逝④。

王朴钦天历的编次与以大衍历为代表的诸历不同,但察其内容则无大差异。其"步日"篇(亦称步日躔术),实含步气朔、步日躔、步轨漏三项;"步月"篇(亦称步月离术),实含步月离、步交会两项;"步星"篇(亦称步五星)和"步发敛"篇则与大衍历同。这种编次方法,虽然看似简捷,但条理不够强,如推朔望,应与月相关,却见在"步日"篇中;又如,交会之术,实涉及太阳的运动,却见于"步月"篇名下。所以,后世历家均不取王朴的编次法,而仍以一行大衍历为圭臬。

王朴对于历法的功能有十分精彩的论述:

> 夫为国家者,履端立极,必体其元;布政考绩,必因其岁;礼动乐举,必正其朔;三农百工,必授其时;五刑九伐,必顺其气;庶务有为,必从其日月。六籍宗之为大典,百王执之为要道。是以圣人受命,必治历数。故得五纪有常度,庶征有常应,正朔行之于天下也。

将历法对于政权的象征意义,对于统治者政务的实施、礼乐刑罚的安排,对于老百姓生产、生活的指导等方面,作了相当全面的说明。

关于钦天历的制定,王朴称:"乃包万象以立法,齐七政以立元,测圭箭以候气,审朓朒以定朔,明九道以步月,校迟疾以推星,考黄道之斜正,辨天势之升降,而交食详焉。"这是关于历法必要建立在实测的基础上,并正确地反映日月五星运动的真实状况的概括性论述。王朴还十分强调日月五星的运动是有数可推的:"天道之动,则当以数知之。数之为用者也,圣人以之观天道焉。岁月日时,由斯而成;阴阳寒暑,由斯而节;四方之政,由斯而行。"他所说的"数",自然

---

① 薛居正等:《旧五代史·王朴传》。

② 薛居正等:《旧五代史·历志》。

③ 欧阳修等:《新五代史·司天考一》。

④ 同②。

是要建立在实测基础上的。

具体而言，王朴对于晷影及漏刻长度，曾作了认真的测量工作："今树圭置箭，测岳台晷漏，以为中数。晷漏正，则日之所至、气之所应，得之矣。"圭即圭表，箭指漏箭，即指漏壶。岳台在汴(即今河南开封)。这里所说"树圭"，大约不是说新立圭表，王朴应是利用了后晋赵延乂所立圭表进行了测量晷影的工作。对于晷、漏测量的目标，王朴主要着眼于二至及诸节气的时刻，以顺应国家与社会对历法的需求。当然，这也是与历法其他问题的推算密切相关的。

"臣薄游曲艺，尝涉旧史，遂降述作之命，俾究推测之要，虽非能者，敢不奉诏"。这是王朴奉命编历时心情的表白。"天道玄远，非微臣之所尽知，但竭两端，以奉明诏。疏略乖谬，甘俟罪戾"。这则是王朴修成新历后心境的写照。由上述王朴的这些叙说看来，王朴确是一位深知历数，而且是谦逊和有自知之明的学者。

钦天历较前代历法，确有若干重要的革新之处：

(一)关于月离表与五星在一个会合周期内的动态

前代历法的月离表均以一日为间距，给出月实行度与平行度之差等数据。钦天历的月离表将"一日之中，分为九限，逐限损益，衰稍有伦，朓朒之法，所谓审矣"。已知钦天历取近点月长度为27.5545958日，一日分为9限，则共计248限。于是，其月离表是以0.1111日为间距，给出相应数值的。这当然比前代月离表来得精细。显然，王朴是不可能用实测方法直接得到以0.1111日为间距的月离表各数值，这就要运用王朴所说的"数"的功能。前代历法应用月离表进行计算时，是运用等间距二次差内插法，而王朴对月离表作此改革的用意是要简化计算。"置入历分，以日躔朓朒定数，朓减、朒加之(H)，程节(800)除之，为限数。余乘所入限损益率，程节而一，用损益其限朓朒为定数"。此中，"历分"是指平朔距月亮近地点的日分数，H为经太阳运动不均匀改正后的日分数(分母等于7200，即统法)。以"程节除之"的含义可示如下式：

$$\frac{H}{7200}\div 0.1111=\frac{H}{7200}\div\frac{800}{7200}=\frac{H}{800}$$

即在由上法求得H所入限数后，在所入限与次限间，以余数为引数，依一次差内插法算得与之相应的朓朒数，再加或减表列所入限朓朒数，得定数。这就是说，王朴对月离表的改革，起到了以一次差内插法代替二次差内插法的、简化计算的作用。

王朴指出："自古诸历，分段失实，隆降无准，今日行分尚多，次日便留，自留而退，唯用平行，仍以入段行度为入历之数，皆非本理，遂至乖戾。"这是对前代诸历关于五星在留前后运动状况描述不够合理的批评。前代诸历一般都把五星在留前后数日间的运行速度看做是等同的，而实际的状况应是留前数日，五星运动速度日渐减小，留后数日，日渐增大。针对这一问题，王朴"校定逐日行分，积逐日行分以为变段。于是自疾渐而迟，势尽而留，自留而行，亦积微而后多"。经由这样的改革，使得对五星动态的描述更趋合理。

(二)关于二次函数算法

王朴继承并发展了曹士蒍、边冈的二次函数算法，将其应用于月亮极黄纬、交食初亏与复满时刻、九服晷长及漏刻等论题的计算：

钦天历"月去黄道度"(即月亮极黄纬)术曰：

置入交定日(N_1)，交中(13.60611日)以下，月行阳道；以上，去之，月行阴道，皆以经法(72)通之,用减九百八十,余以乘之,五百五十六而一,为分,满经法为度。行阳道,在黄道外;行阴道,在黄道内,即所求月去黄道内外度也(P)。

依之,可列出如下算式:

$$P=\frac{72(980-72N_1)N_1}{72\times556}$$

式中,N_1 为所求日与月亮过黄白升交点时日之间的时距。$N_1<13.60611$ 日,若 $N_1>13.60611$ 日,须以 13.60611 日减去之。该算式的自变量为日数,而边冈崇玄历相应算式的自变量则为度数,而且该式又显然较边冈算式简明,这自然是王朴的新创。然察其精确度,则不如边冈算式①。

在计算日、月食初亏与复圆时刻的论题时,王朴创用了与先相减、后相乘法有所不同的"自相乘"法,以月食为例,其术曰:

置距食分(A),二千一百四以上,用减五千二百六十,余自相乘,六万九千一百六十九除之,以减七百一十一,为泛用分(B)。一千五十二以上,用减二千一百四(十),余,七除之,以减五百六十七,为泛用分。一千五十二以下,以距食分减之,余自相乘,二千六百五十四而一,用减四百一十七,为泛用分。

即:当 $A>2104$ 时:

$$B=711-\frac{(5260-A)^2}{69169}$$

当 $2104>A>1052$ 时:

$$B=567-\frac{(2104-A)}{7}$$

$A<1052$ 时:

$$B=417-\frac{(1052-A)^2}{2654}$$

式中,A 为与日月距黄白交点度数有关的数值。B 为与月食初亏、复圆时刻有关的数值。如上三式中的第 1、3 式,均以"自相乘"为法,其实质也是一二次函数算法。而"自相乘"法,在边冈崇玄历中,也已提及,不过都是与先相减、后相乘法混用的(可参见本章第十三节),王朴则最先专以此为法,用之于有关论题的计算中。对于日食的情况,王朴也给出了与此类似的算式,恕不详述。

关于九服晷长和刻漏的计算,钦天历给出了新的计算方法:

先求其地戴中数和距轨数,术曰:

置距岳台南北里数,以三百六十通之,为步。一千七百五十六除之,用北加、南减二千五百一十三,为其地戴中数(D)。以赤道内外定数(Z),内减、外加之,即九服距轨数也(G)。

依之,可得:

$$D=2513+\frac{\text{南北里数}\times360}{1756}$$

$$G=Z\pm D$$

① 陈美东,中国古代月亮极黄纬计算法,自然科学史研究,1988,(1)。

上式中，D、G、Z 均为度分数(分母为 72)。$\frac{2513}{72}=34.9$ 度，此即王朴测得的开封岳台的北极出地高度(地理纬度)。设南北里数＝1 里，南北两地北极出地高度差应为：$\frac{360}{1756\times72}$度，则南北两地北极出地高度差 1 度，南北里数＝$\frac{1756\times72}{360}=351.2$ 里＝531 里 60 步。这就是说，王朴是应用了一行、南宫说当年的天文大地测量成果(见本章第九节，为 531 里 80 步，小有不同)。又，式中的 Z 值，可由钦天历所给出的岳台赤道内外度表算得。

次求“九服中晷”(即各地的晷长)，术曰：

置距轨数(G)，二十五乘之，一百三十七除，为天用分(T)，置之，以二十二乘，六约之，用减四千，为晷法。又以天用分自相乘，如晷法而一，为地用分(S)。相从为晷分，分十为寸，即得其地中晷也(K)。

即：

$$T=\frac{25G}{137}$$

$$S=\left(\frac{25G}{137}\right)^2\div\left(4000-\frac{22\times25G}{6\times137}\right)$$

$$K=\left(\frac{T+S}{10}\right)\text{寸}$$

式中，G 即前述与南北里数及岳台赤道内外度数有关者。这里既有 G 的一次项，又有自相乘法的应用(即含有 G 的二次项)，还以一常数项与 G 的一次项之差相除。这是一独特的函数算式，是为王朴的创造性发明。

再求“九服漏刻”(即各地的昼夜漏刻长度)，其术曰：

经法(72)通轨中(182.6281)而半之，用自相乘，如其地戴中数(D)而一，以乘二百六十三，经法除之，为漏法。〔列经法〕通轨中于上，置赤道内外数(Z)于下，以下减上，余以乘之，〔又倍经法乘之〕，盈漏法，为漏分。赤道内以减、赤道外以加一千六百二十，为其地晨分(C)，减统法(7200)，为昏分(H)①。

即：

$$C=1620\pm\frac{(72\times182.6281-Z)Z\times2\times72\times D\times72}{\left(\frac{72\times182.6281}{2}\right)^2\times263}$$

$$H=7200-C$$

$$\text{昼漏刻}=\frac{H-C}{72}=\frac{7200-2C}{72}$$

$$\text{夜漏刻}=\frac{2C}{72}$$

已知钦天历定岳台春秋分夜漏刻为 45 刻、冬至夜漏刻为 65 刻。设 $Z=0$(即春秋分时)，代入上算式，正得夜漏刻为 45 刻；设 $Z=23.9$ 度(即冬至时)、$D=2513$(即地点岳台)，代入上式，正得夜漏刻为 65 刻。由之亦可见，我们对上引术文所作的校补是正确的。而上列算式显示，王朴是应用了先相减、后相乘法构建“九服漏刻”的算式的。这里，王朴首创了该算法的又一种表述方式：列某某于上，置某某于下，以下减上，余以乘之。这一表述方法为后世历家广泛采用，成为二次函数算法的经典表述法之一。

王朴继边冈之后，将二次函数算法向前推进了一步，使曹士蒍开创、边冈拓展的高次函数

---

① 以上均见欧阳修等：《新五代史·司天考一》。

算法，成为历法中重要数学方法之一，成为一种不可逆转的潮流。

此外，钦天历对若干天文数据也作了改进，如它取可能发生月篇食的食限为 12.73°，与理论值相差 0.36°，较前代诸历法的取值要准确得多，而且对后世历法产生了很大的影响①。

三 邱光庭《海潮论》的天文思想

邱光庭，吴兴(今江苏吴兴)人，吴越时(893～978)曾任国子博士。他著有《海潮论》一文②，提出了关于潮汐生成的理论，其理论是建立在新的天地结构模式基础上的，其天地结构模式对张衡浑天说的天地结构模式作了重大的修正，具有相当重要的理论意义。

(一)关于天地结构的新模式

邱光庭认为："天以乘气而立，地以居水而浮。""地含气"，"且子不见陶器乎，夫陶之于水也，全之则虽重必浮"。"地形中耸而边下"。这里，邱光庭取消了张衡当年认为天也浮于水上的旧说，而专以气作为承托天的载体；至于地，邱光庭则吸取了刘宋何承天和唐代李淳风等人的地形观念，进而认为地体乃是其中含气的、倒覆着的、中部隆起而周边低垂的陶器状物，从而心安理得地说明地浮于水而不致沉没的问题。

他指出："《抱朴子》云：从地向上，四千里之外，其气刚劲，居物不落。以此推之，则周天之气皆刚，非独地之上也。是知日月星辰无物维持而不落者，乘刚气故也。"这是引用东晋葛洪的刚气说，推而广之，以为自地四千里之外及至于天，皆充满了刚气，日月星辰也均因此而不落。他又指出："日月星辰虽从海下而回，莫得与水相涉。""海之下有气"，海之边际"亦气也"。这是说，非但地之上、天之下有刚气，而且承载地的海之下和海之周边，也一样有刚气。于是，日月星辰随天运转，并不通过海水，而在环绕海水的刚气中经过。这样就克服了张衡浑天说的一重大理论缺欠，并且给地连同海水之所以不致坠陷提供了一种机制：刚气起着维持与承托的作用。邱光庭是这样论证海之下及其周边有刚气的存在的："若海下无气，则日月星辰并入于水。按星月无光，假日光而明，若日夜入于水，则星月无由明矣。故知日居元气之内，光常周遍于天，虽当夜半之时，天中亦不昏黑。以斯知海之下有气必矣。"他是从月亮及星辰受日光而明的观念出发，以为日光只能通过刚气(或元气)照及星月，若中间隔着海水，日光就无由照及星月。也就是说，海之下及其周边有刚气的存在，乃是星月受日光而明观念的自然推论。

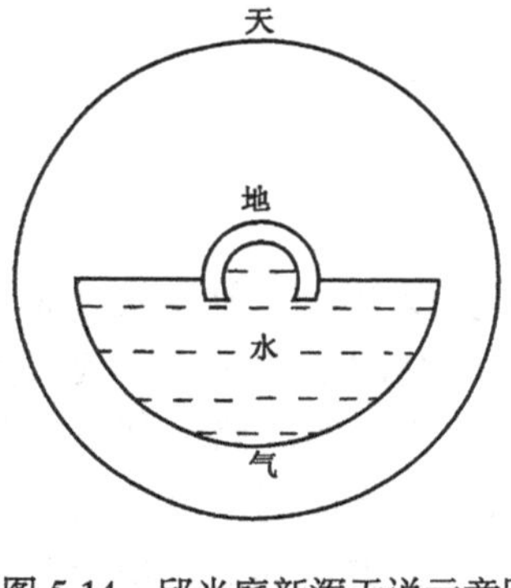

图 5-14 邱光庭新浑天说示意图

于是，邱光庭概括出了这样的新天地结构的模型："天形之外，但空而无物"，"气之外有天，天周于气，气周于水，水周于地，内地而外天。天地相将，形如鸡卵。"(如图 5-14 所示)此论自然使我们想到佛家的地轮-水轮-风轮-空轮之说(见第四章第六节)，这二者之间有某种相似之处。当然，邱光庭所论实际上有地轮-水轮-气轮-天轮-空轮计五轮，并且无四大洲，小、中、大三千世界的邱光庭新浑天说示意图内容，也不认为日月绕须弥山

① 陈美东，中国古代的月食食限及食分计算法，自然科学史研究，1991，(4)。

② 董诰等，《全唐文》卷八百九十九。

运转，而认为天、地及载地的水即构成整个世界，日月星辰则与天一起绕地运转，又应用浑天说浑天如鸡子、地如鸡中黄的传统观念，并赋予新的内涵。为《海潮论》作注者的理解是："黄即地也，白即水也，膜即刚气也，壳即天也。"这一解释显然已含有地为圆球体的意义，但这是否就是邱光庭的本意？我们倾向于认为，邱光庭还未认定地是圆球体，他的地形观应如前已叙及者。除这一点之外，作注者的理解当是正确的。

邱光庭新的天地结构模型较张衡等人浑天说的最重要进展是缩小了水—地联合体的尺度，在天与水—地联合体之间留出一段可供天及日月星辰自由运转的空间，从而增强了浑天说的合理性，给可称之为新浑天说的问世迈出了极重要的一步。邱光庭之说，仍保留了地浮于水的观念，而且他认为："天大于地，逾数倍焉。"即天地大小之比，只有数倍而已，也就是说，地还是太大了，这依然妨碍着太阳光照及月亮的路径。所以，到了宋代，人们才又对之做出重要的修正，而推出较完善的新浑天说来。

（二）关于地有升降新论

地有升降、四游之说，在汉代风行一时，后来也有人提及（参见第三章第十节和第四章第四节），其说以为地的这些运动是在气中进行的，但未涉及造成这些运动的机制。邱光庭在《海潮论》中，则以为地在水中，进而对地有升降运动的机制作出说明。这真可谓大事糊涂，而耽于小节。不过，由于它对传统地静说的挑战，而且与邱光庭的潮汐论密切相关，故以下略作介绍：

邱光庭指出："地之所处，于大海之中，随气出入而上下。气出则地下，气入则地上。"如前所述，地体乃含气之物，若地气出，地的比重相对增大，则地体必在水中相对下沉；若地气入，地的比重相对减小，则地体必在水中相对上升。这是就地与大海之间存在相对的升降运动而言的。他又认为，地气出入乃以半日为周期："翕者物之收敛，辟者气之散出。气收敛则地上，气散出则地下，何异人之呼吸欤！……一昼一夜，两翕两辟。"他还认为，地气有时盛、有时微，并有两种周期性，一是以一年为周期，又一是以一月为周期："二月、八月，阴阳之气交；月朔、月望，天地之气变。交变之时，其气必盛，气盛则出甚，气出甚则地下甚，……其非交变之时，其气安静，则出微，气出微则地下微，……"即由邱光庭看来，因为地气的出入、盛衰，地体相对于大海作相当复杂的升降运动。

邱光庭又指出："《河图括地象》云：'地常动不止，春东、夏南、秋西、冬北。冬至极上、夏至极下。'其故何哉？由于气也。夫夏至之后，阴气渐长，阴气主闭藏，则衰于上而盛于下，气盛于下，则海溢而止，故及冬至而地随海俱极上也；冬至之后，阳气渐长，阳气主舒散，则衰于下而盛于上，气盛于上，则海敛而下，故及夏至而地随海俱极下也。此一年之内动息上下也。"这是就地—水联合体在一年内的升降运动而言的（并未对地的四游运动作出说明）。而对于汉代人的春秋分时"地正当中"之说，依邱光庭的理解则应是其时阴阳气和，故地居于上下之中了。这些就是邱光庭对前代地有升降说机制的说明。

这些论说，是对传统的阴阳说和元气说的具体应用，由于阴阳说和元气说自身存在的思辨性质，邱光庭关于地有升降运动的解释自然也是思辨式的。其中后者，乃是汉代人所猜测的一种地动观念，从现代科学的观点看，并不是正确的，所以，邱光庭的解释更是子虚乌有；而前者，邱光庭则主要为他的潮汐说而设论的，于是，也带有很强的主观色彩。

(三)地体升降而致潮汐说

对于前代各家潮汐说,邱光庭均不以为然。而他的基本观点是:“以为水之性,只能流湿润下,不能乍盈乍虚。静而思之,直以地有动息上下,致其海有潮汐耳。”

“今按《易》称:水流湿。《书》称:水润下。俱不言水能盈缩。斯则圣人之情可见矣”。这便是邱光庭潮汐说基本观点的基础之一。就是说,潮汐说只能依据圣人所言及的水的基本特性为前提。而汉代人首倡的地有升降说,则是邱光庭潮汐说基本观点的又一基础。他认为:“地下则沧海之水入于江河,地上则江河之水归于沧海。入于江河之谓潮,归于沧海之谓汐。”如前所述,因一昼一夜,地气再出再入,地再升再降,故“一昼一夜两潮汐”。因一月中的朔望之时,“地下甚,则潮来大”。而一年中的二月和八月,亦如此。其中,邱光庭还是承认潮汐与月亮之中存在一定的关系,只是他所认定的机理并不正确。

对于潮“大不正当朔望之日,常于朔望之后”的现象,邱光庭解释说:“凡物之动,先感而后应,先微而后盛。朔望之气虽至而地动之势犹微,故潮水大常于朔望之后也。”若撇开他所认定的引致地动的机制不论,此说较唐代窦叔蒙、卢肇等人的解说都要高明些。

而对于潮汐每日推后的现象,他认为:“昼夜系日,翕辟随月。月临子午则地辟,故潮之来,皆月临子、临午。”由于月东行速于日,“月速渐东,至午渐迟,故潮亦渐迟也”。这里,邱光庭则完全承认月亮与潮汐每日推后现象之间的密切关系,而且正确地指出当月亮处于上、下中天时,是为涨潮的时间,并对该现象作出了合理的说明。

四 吴越国天文图

吴越国是十国之一。唐昭宗景福二年(893),钱镠为镇海节度使,后占有今浙江之地及江苏的一部分,唐昭宣帝天祐四年(907)被封为吴越王,都今杭州,后历五王,987 年降于宋,国亡。这个小王国的君王对于天文似有特殊的兴趣,在不少王室成员墓室中均绘有天文图,似乎成了一种传统。至今,考古工作者已先后发掘出这一时期绘有天文图的墓葬五座,现依天文图年代的先后,简述于下①:

钱镠之父钱宽墓天文图(图 5-15),1978 年发现于浙江临安,该墓葬于唐昭宗光化三年(900)。天文图绘于长方形墓室顶上,在四重椭圆土红色线圈内绘有北斗星与二十八宿诸星。最里一重为内规——恒显圈(长径 200 厘米、短径 86 厘米),第二重为赤道(长径 274 厘米、短径 120 厘米),第三重为外规——恒隐圈(长、短径分别约为 464 与 80 厘米),第四重为重规——外规外起装饰作用的圆圈(较外规大约 15~16 厘米)。星点直径约 1.4 到 2 厘米,均用金箔贴成,在各星点间有土红色联线,分别组构成星官。二十八宿的东、北、西、南 7 宿分别居于东、北、西、南四方,即以顺时针方向排列。在东方 7 宿的心宿左方画有红日一轮,而在西方 7 宿的昴宿与毕宿间画有青白色的满月②。内规中画有北斗 7 星及其辅星,但位置明显偏北,而且方向画反了,在二十八宿中的亢、房、女 3 宿的方向也画反了。这是一幅大型的、以二十八宿星象为主的示意性天文图。

① 蓝春秀,浙江临安五代吴越国马王后墓天文图及其他四幅天文图,中国科技史料,1999,(1)。

② 浙江省博物馆、杭州市文管会,浙江临安晚唐钱宽墓出土天文图及“官”字款白瓷,文物 1979,(12)。

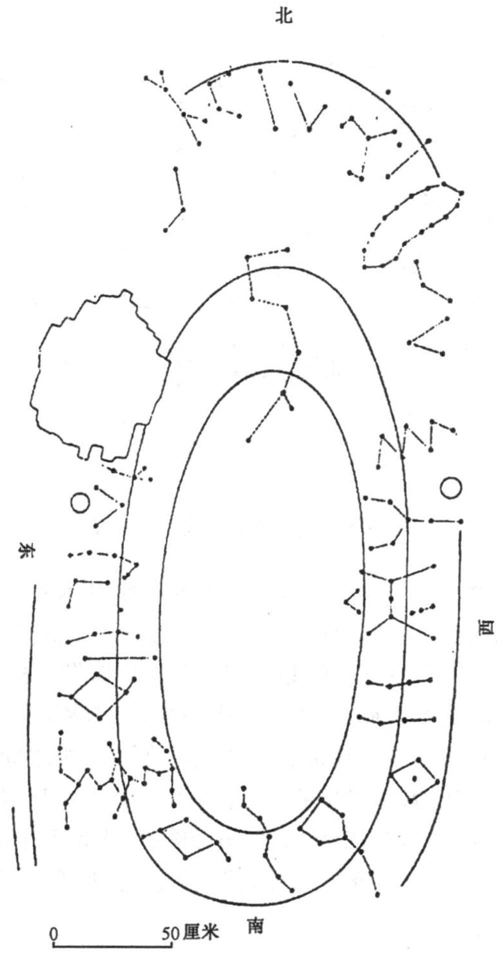

图 5-15 钱宽墓天文图(900)

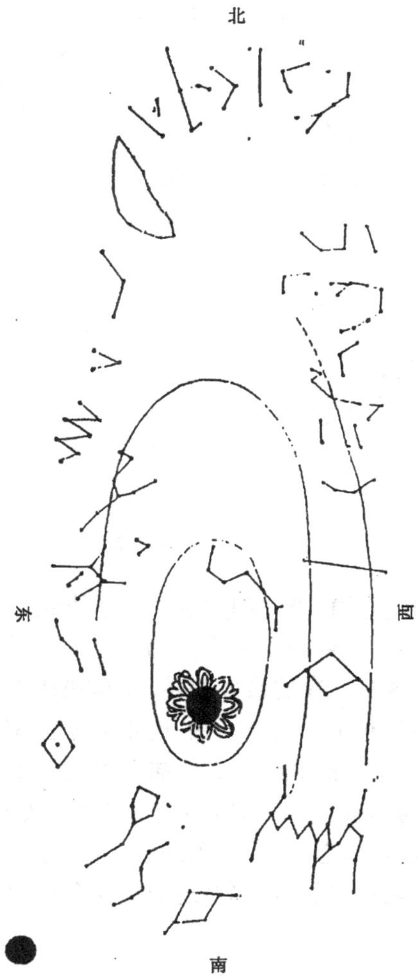

图 5-16 水邱氏墓天文图(901)

钱宽之妻水邱氏墓天文图(图 5-16),1980 年发现于钱宽墓侧旁,该墓葬于唐昭宗天复元年(901)。天文图亦绘于长方形墓室顶上,其内规长径 96 厘米、短径 49 厘米,赤道长、短径分别约为 120 与 90 厘米,外规短径约为 135 厘米,因石灰剥落,未见重规痕迹,亦不知外规的长径尺度。图中内容与钱宽墓天文图基本相同,小有不同处是在内规中还画有重瓣莲花一朵,红日一轮画在南方 7 宿的柳、星两宿正前方,二十八宿以逆时针方向排列,未见有星宿画反的现象。这是一幅与钱宽墓天文图同一性质的天文图,只是尺寸仅约一半,但较少明显失误。这两幅天文图均画成椭圆形,显然与长方形墓室密切相关。

马王后墓天文图(图 5-17),马王后是吴越国二世国王钱元瓘之妻,葬于后晋天福四年十二月(940),该墓于 1996 年发现于临安。钱元瓘墓天文图(图 5-18),墓葬于天福六年(941),1965 年在杭州发现。马王后天文图阴刻于墓顶部红砂石岩石板之上,星点为大小不等的圆形,并由阴刻单线连接成组,星点与联线均用金箔贴成,走进黑暗的墓室,抬头仰望,可见星点闪烁,仿佛看到一个晴朗的夜空。从形式到内容,钱元瓘墓天文图均与之大同小异。前者刻有三个同心圆,其内规、赤道和重规的直径分别为 46.25、190 和 200 厘米,后者刻有四个同心圆,

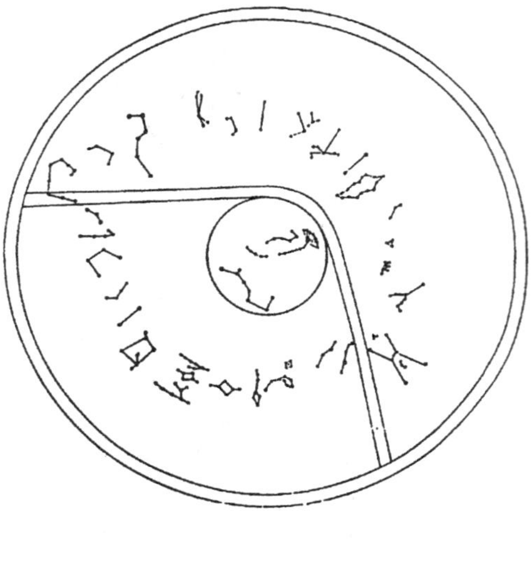

图 5-17　马王后墓天文图(940)

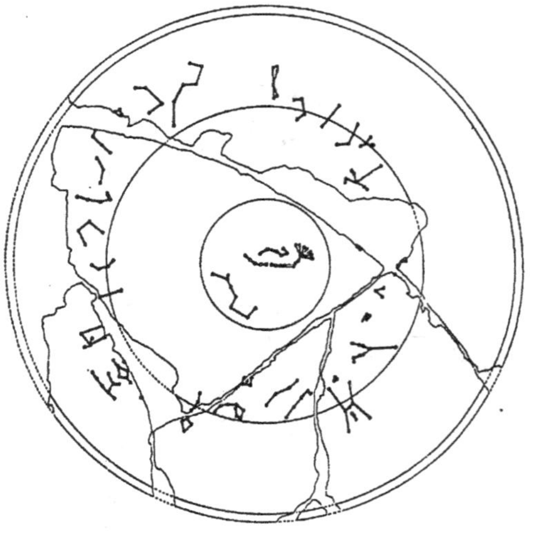

图 5-18　钱元瓘墓天文图(941)

其内规、赤道、外规和重规的直径依此为 50、119.5、约 183 和 189.5 厘米,可见尺度基本相同。前者还刻出银河的轮廓,用宽 4 至 45 厘米的白色粉带示出,但无赤道,而后者刻出了赤道但无银河,这是二者的最大差异。两图的内规中均刻有北斗 7 星及其辅星、华盖 7 星及其附座杠 9 星、钩陈 6 星和北极 5 星,这 4 个星官 35 颗星的位置基本正确,与《步天歌》的记载全相符合。北极 5 星中的北极星大约居于内规的中心,表明了两天文图所具备的科学性。在内外规之间,两图均刻有二十八宿诸星官的图像,从东南方的角宿开始,依顺时针方向一一列出,各宿的相对位置与形态,基本是正确的。由马王后墓天文图看,其所刻二十八宿 161 颗星,及其十个附座 21 颗星,同《步天歌》的记载亦全相吻合。钱元瓘墓天文图亦应如此,但其破损较为严重,不

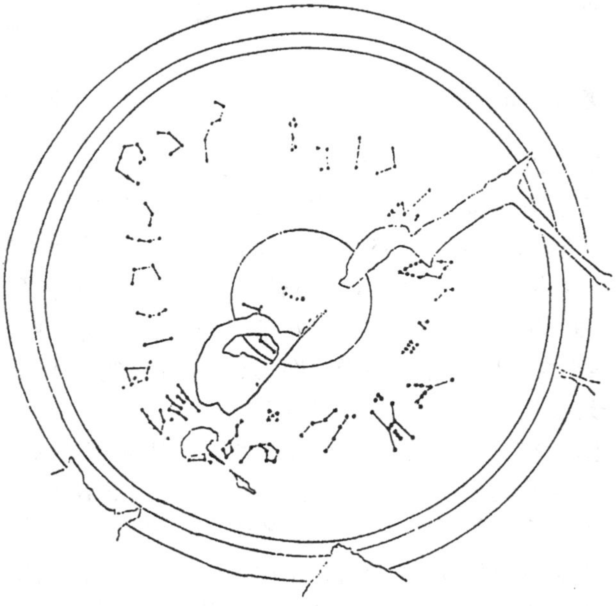

图 5-19　吴月汉墓天文图(952)

及保存完好的马王后墓天文图一目了然。马王后墓天文图所刻银河的位置与走向也与实际基本相符。又从该天文图内、外规直径之比为 46.25∶190 = 1∶4.1，而宋代苏州石刻天文图内、外规直径之比为 1∶4.5[①]，可见，该天文图内、外规直径的设置也是比较合理的。

总之，马王后和钱元瓘墓天文图均为极坐标式星图，均总共刻有 32 星官 217 颗星，是为科学式写实的石刻彩色星图。还要指出的是，在马王后与钱元瓘墓中，还有青龙、白虎、朱雀、玄武四象的浮雕和十二生肖——鼠、牛、虎、兔、龙、蛇、马、羊、猴、鸡、犬、猪的阴刻图像，都更丰富了两墓与天文学相关的内涵。

还有一幅是吴月汉墓天文图(图 5-19)，吴月汉是钱元瓘的妃子，葬于后周太祖广顺二年(952)，于 1958 年在杭州发现。该图与马王后墓大同小异，只是尺度略小，且未刻出银河，在内规中未刻华盖和钩陈两星官。其破损程度小于钱元瓘墓天文图，但也不及马王后墓天文图完整。

上述吴越国五幅天文图的发现，弥补了现存中国古代星图从敦煌星图到宋代星图之间的缺环，是弥足珍贵的。其中后三幅天文图应出于一份相同的底图，当无疑问，甚至前两幅天文图也依据的是同一底图，也是可能的。在这幅底图上是否还有更多的其他星官的图像，已不得而知，但是，我们推测该底图是一幅全天星图的可能性很大。

---

① 伊世同，最古的石刻星图，考古，1975，(3)。

第六章　天文学体系的高峰
——宋辽金元时期(960～1368)

960年,宋太祖统一了中国的广大地区,建立宋王朝,却面对居于其北方的由契丹族建立的契丹国(后改称为大辽)(907～1125),其后在西北部又有由党项族建立的西夏王朝(1038～1227)。1115年,女真族在东北兴起,定国号为金,立国后仅用10年时间就吞灭了辽,又过2年(1127)便灭亡了北宋,再过数年又令西夏俯首称臣,一举统一了中国的北部,与偏安一隅的南宋呈对峙之势。1206年,成吉思汗建立蒙古汗国,开始了南进西征的历程,于1234年灭金,到1271年,忽必烈改国名为大元,1276年攻克临安,灭南宋,统一了全中国。这一时期,先是相对强大的宋王朝把天文学体系渐渐推向高峰,而辽、西夏与金处于次要地位,在元统一全中国后,则成功地实现了天文学高峰的攀登。

宋代继承了隋唐以来历法的成果,并进行了频繁的历法改革,这些改革一般是在对新旧历法的精度进行比较的前提下展开的,这促成了宋代历法高水平天文数据的屡屡涌现。民间天文学家踊跃参与历法的改革,这既表明对历法的研究在民间有深厚的基础,又表明官方采取了吸纳民间天文学家智慧的比较明智的政策。周琮的明天历(1064)算法高度公式－表格化,姚舜辅的纪元历(1106)和杨忠辅的统天历(1099)也引进了不少新方法、新思想,它们是宋代具有代表性的历法,反映着传统历法向高峰挺进的脚步。宋代诸多大型浑仪的制作,和对恒星位置等进行的频繁测量,不但为提高恒星位置等的精度创造了条件,出现了杨惟德星表(1034)、周琮皇祐星表(约1053)等,也使苏颂星图(1092)、苏州石刻天文图(1247)等科学星图的诞生成为可能。关于新型的天文仪器,先有张思训的"太平浑天仰视图"(979),继有苏颂与韩公廉的水运仪象台(1092),实现了综合性、多功能和自动化为重要特征的天文仪器的创制。燕肃莲花漏的发明(1031),标志了漏壶理论与技术的成熟,沈括的浑仪、圭表、浮漏三仪(1073),也反映了对中国传统的主要天文仪器理论与技术研究的新进展。关于宇宙本原与演化的理论以及新浑天说,从北宋初年开始出现发展的势头,到南宋的朱熹达到了高潮。潮汐理论的科学化也在北宋时期取得了重要的进步。所有这些,共同交织出天文学体系走向高峰的丰富多彩的画卷。

元代以郭守敬为代表的天文学家团队的工作,最终把天文学体系推到了高峰。天文仪器的多样化、系列化与精细化,天文观测工作的全面开展及其精度的提高,授时历(1281)在吸取前代历法的长处与摒弃前代历法的弊病两方面,都可谓慧眼独具,非但如此,其在数学方法上更有诸多创新:如三次差内插法的发明,弧矢割圆术、几何学方法以至类似于球面三角法的应用等等。此外,元代十分活跃而精彩的关于宇宙理论与若干天文学理论的阐述,也给天文学体系增添了光彩。

第一节 宋代早期的应天、乾元、仪天、崇天四历法

一 王处讷与应天历

王处讷(916～983),河南洛阳人。自少年时代开始便“留意星历、占候之学,深究其旨”。后晋末年(约944),为避战乱而移居太原。时任太原节制的刘知远,闻王处讷深知天文,特“辟置幕府”,为己所用。及刘知远于947年建立后汉王朝,王处讷先后任司天夏官正,国子尚书博士,判司天监事等职。王处讷与后来的后周太祖郭威同事于刘知远,两人“雅相厚善”。当951年郭威举兵攻入汴都(今河南开封),“遽命访求(王)处讷,得之甚喜”。王处讷遂以历数为说,劝郭威少行杀戮,宽大为政,全活了不少人的性命。在第五章第十五节中已经谈及,后周太祖广顺(951～953)中,国子博士王处讷私撰明玄历于家一事,看来,其时应在951～952年间,随后不久王处讷即“迁司天少监”,他的历法大约仍在研究中。及后周世宗显德二年(955),“以旧历差舛,俾(王)处讷详定”。同时,后周世宗也诏令王朴撰定新历。显德三年(956),王处讷完成了他的历法,但未及上呈,王朴率先献上了“颇为精密”的钦天历。王处讷没有与前代许多历家那样,以自己的历法同王朴一争高低,这也许和王处讷确实看到王朴新历较他自己历法为优,便悄然而退。不过,他在私下则对王朴说:“‘此历且可用,不久即差矣。’因指以示(王)朴,(王)朴深然之。”① 既肯定钦天历可用,又指出其不足,可惜不知所说为何。宋太祖即位(960)后,王处讷仍任司天少监之职。至建隆二年(961),因为钦天历“推验稍疏”,诏令王处讷等“别造新历。(建隆)四年(963)四月,新法成,赐号应天历”②。如此说来,王处讷应天历的问世,前后经历了不少于11年的思考。

应天历包涵历经2卷、立成1卷③。从总体上看,应天历是一部保守的历法。之所以这样说,主要是因为它既完全中止了唐代曹士蔿开拓、边冈重大发展了的高次函数新算法的运用,也对王朴钦天历的若干创新未予理睬。此外,应天历所取诸天文数据和天文表格的精度均平平,几乎没有特长者(它取近点月长度为27.55455日,误差为0.8秒,是惟一较佳者)④;其计算方法基本上取自唐代一行大衍历或徐昂宣明历或边冈崇玄历,至多作小的改动,可以说没有什么进展。应天历仅仅保持在唐代徐昂宣明历的水平上,大约是对它合适的评价。

在应天历中,已有推算每年冬至日和十一月朔日所值星期序数的方法,也就是已把七日为周期的星期制度正式引进中国传统的官历之中,这是为适应中国境内穆斯林的生活和宗教活动之需求而作出的,在其后的乾元历和仪天历也都沿用此法⑤。有人指出⑥,宋初来自西域的回回天文学家马依泽(921～1005)参与了应天历的编修工作,星期制度的正式引用,大约应是马依泽的贡献,此说是不无道理的。此外,从表面上看,应天历取用的是上元积年法,但是,在推算气、朔、

① 脱脱等:《宋史·王处讷传》。

② 脱脱等:《宋史·律历志一》。

③ 脱脱等:《宋史·艺文志六》。

④ 陈美东,古历新探,辽宁教育出版社,1995年,第240页。

⑤ 陈久金,马肇曾,回人马依泽对宋初天文学的贡献,中国科技史料,1989,(2)。

⑥ 陈久金,马肇曾,回人马依泽对宋初天文学的贡献,中国科技史料,1989,(2)。又,罗香林,族谱中关于中西交通若干史实的发现,见台湾中央研究院历史语言研究所集刊,第40集,1968年。

月亮过近地点和过黄白交点的时间之时，均需加上某一特定的改正值。这实际上是给这四种天文量的计算另设起算点[①]，与唐代傅仁均为戊寅历曾设立的“加减差”相类似，即是实测历元法的隐秘应用，是对唐代曹士蒍和后晋马重绩关于历元改革的延续。在其后的乾元历和仪天历中，也都采用了相似的方法。这两个方法的采用，应是北宋初三历法的共同特点。

除了应天历之作以外，王处讷“又以漏刻无准，重定水秤及候中星、分五鼓时刻”。即对秤漏做过订正工作，并重新测量昏旦中星，提出五鼓时刻分划的意见。由是而“迁少府少监”。又于“太平兴国初（约 976 年），改司农少卿，并判司天事”[②]。就在此后不久，有人上书指出：“应天历气候渐差。诏（王）处讷等详定。六年（981），表上新历（二十卷），诏付本监集官详定。”[③]当年，王处讷“拜司天监”[④]。这回王处讷虽然得以主管司天监事，但他新修的历法未作认真的考察，并遇到了竞争者，所以在考验和竞争中败下阵来。

二　吴昭素与乾元历

宋太宗太平兴国六年（981），除了王处讷奉诏编制新历外，还有“冬官正吴昭素、徐莹、董昭吉等各献新历”。于是四家历均参与校验，在第一轮，王处讷新历即被淘汰出局。宋太宗又“诏以（吴）昭素、（徐）莹、（董）昭吉所献新历，遣内臣沈元应集本监官属、学生参校测验，考其疏密”。这是第二轮的校验，其结果由秋官正史端等上报：“（董）昭吉历差，（吴）昭素、（徐）莹二历以建隆癸亥（963 年）以来二十四年（应为 18 年）气朔验之，颇为切准。复对验二历，唯（吴）昭素历气朔稍均，可以行用。”对此，宋太宗仍不放心，诏令作第三轮校验，由“卫尉少卿元象宗与元应等，再集明历术”者王处讷之子王熙元等七人，“及在监官属史端等精加详定”。最后，元象宗等人得出结论说：“（吴）昭素历法考验无差，可以施之永久。”宋太宗于是“赐号为乾元历”[⑤]，代应天历颁行于宋，并“优赐束帛”[⑥] 给吴昭素等人，时值太平兴国七年（982）十月[⑦]。乾元历计有历经 2 卷、历成 2 卷[⑧]。如果说，应天历的采用和颁行，时值宋朝建国之初，未免显得草率。那么，18 年后，已有一批明于天文、历法的学者出现，传统的、切实可靠的验历、定历的程序得到重视和实施，这是此次改历活动呈现出的重要特征。

关于编修乾元历的主角吴昭素其人，《宋史》未列其传，其他史籍亦缺其载，我们只知道他时任司天台冬官正之职，至于他的籍贯、生卒年等均不得而知。而与吴昭素同修此历者还有时任“司天台主簿、知算造”的苗守信和另一“主簿刘内真”[⑨]。看来，他们并没有什么特殊的背景可以依赖，乾元历之所以能够胜出，并替代三朝天文元老王处讷的应天历，则在于乾元历自身的长处。

与应天历相比较，乾元历确实呈现出进步的迹象。乾元历所取诸天文数据与应天历互有短长，其所用恒星年长度为 365.25638 日，误差约为 1 秒，是为历代最佳值之一，该值对随后史

---

① 脱脱等：《宋史·律历志一》和《宋史·律历志二》。
② 脱脱等：《宋史·王处讷传》。
③ 脱脱等：《宋史·律历志一》。
④ 同②。
⑤ 同③。
⑥ 脱脱等：《宋史·苗训传》。
⑦ 脱脱等：《宋史·太宗本纪一》。
⑧ 脱脱等：《宋史·艺文志六》。
⑨ 同⑥。

序的仪天历和宋行古的崇天历产生了巨大的影响。乾元历的月离表所反映的对月亮每日实行度分值测算的平均误差为 9.6′①，这是历代测值中的佼佼者。乾元历的又一重要进步表现在关于黄、赤道宿度变换法的归纳上，其方法是：

准二至赤道日躔宿次，前后五度为限，“初率九，每限减一，末率一”，“以五因之”，以八十四除为度②。

这是说，自春分点(即黄赤道交点之一)开始，每经 5 度，赤道宿度依次较黄道宿度少 9×5/84、8×5/84、……、2×5/84、5/42 度(自 40～45.66 度均同此)，其后亦每经 5 度，赤道宿度依此较黄道宿度增 5/42(45.66—51.31 度均同此)、2×5/84、……8×5/84、9×5/84 度。其余各象限皆与此相仿。由此，依表 3-11 所示的计算方法，可以算知，乾元历黄、赤道宿度差的绝对值平均误差小于 0.05°。而这一准确度是历代黄赤道宿度变换表的最佳值。

至于乾元历其他历法问题的计算方法等也是基本沿用唐代一行大衍历、徐昂宣明历的方法，但它在若干天文数据、天文表格和计算方法上，开始有所突破，这些应是吴昭素等人进行了认真测算的结果。

三　史序与仪天历

史序(935～1010)，字正伦，京兆(今陕西省西安市)人。太平兴国(976～984)中，以“善推步历算”，被“补司天学生。(宋)太宗亲较试，擢为主簿”。此时，史序已年逾四十，他显然是在民间学习历算之术，并学有所成，而被召至京，先留司天台，后经宋太宗面试，认定确有真才实学，遂任命为司天台主簿的。

宋真宗即位(998)，基于改朝换代受命改历的思想，和乾元历五星法差天等的考虑，“命判司天监史序等考验前法，研核旧文，取其枢要，编为新历。至咸平四年(1001)三月，历成来上，赐号仪天历”③。仪天历计十六卷(十五卷?)，包括历经二卷(三卷?)，立成十三卷④。接着，史序“又尝纂《天文历书》为十二卷以献”。由是，史序“改殿中丞，赐金紫，俄权监事”。后于“景德二年(1005)迁权知少监，大中祥符初(1008)即真”。3 年后卒于任上⑤。

仪天历的进展表现在，所取近点月长度的误差为 0.4 秒，较应天历还要准确；所取恒星年长度的误差为 2 秒，虽稍逊于乾元历，但也是历代最佳值之一⑥。而更重要的是，在仪天历中，史序恢复并再探索唐代曹士蒍、边冈的高次函数计算法，使这一便捷有效的算法再现生机。

对于太阳中心差算法，仪天历给出了比较繁杂的算式，而其实质可示如以下二式⑦：

对于冬至后盈初($M<88.8811$ 日)和夏至后缩末($M>93.7412$ 日，需以 182.62 日返减之)时：

$$V-M=\frac{M}{3250.9699}(177.7623-M)$$

① 陈美东，古历新探，辽宁教育出版社，1995 年，第 268、310 页。
② 脱脱等：《宋史·律历志一》。
③ 同②。
④ 脱脱等：《宋史·艺文志六》。
⑤ 脱脱等：《宋史·史序传》。
⑥ 陈美东，古历新探，辽宁教育出版社，1995 年，第 241、268 页。
⑦ 陈美东，我国古代的中心差算式及其精度，自然科学史研究，1986，(4)。

对于夏至后缩初($M<93.7412$ 日)和冬至后盈末($M>88.8811$ 日,需以 182.62 日返减之)时:

$$V-M=\frac{M}{3616.2144}(187.4823-M)$$

式中 V,M 的涵义分别为太阳的实行度和平行度。若将此两算式与第五章第十二节二中论及的相应算式作比较,就不难发现它们的形式相同、所取系数大小相近。这说明该两算式是受曹士蒍算式的影响,但史序又依据太阳运动不均匀性的新测结果对之作必要的调整,给出了新的表达式,其精度略优于曹士蒍算式。"仪天(历)以盈缩定分、所限直求二十四节气阴阳差,乃更不制二十四气差法"①。说的正是仪天历省去传统的日躔表,而直接采用如上所示的算式计算太阳运动盈缩改正的方法。

关于每日晷长的计算,仪天历亦取公式算法②:

在冬至后上限($A<59$ 日)和夏至后下限($A>123.622275$ 日,需以 182.622275 日返减之)时:

$$B_1=12.7150-(2130-14A)^2\cdot A\cdot 10^{-6}$$

在夏至后上限($A<123.622275$ 日)和冬至后下限($A>59$ 日,需以 182.622275 日返减之)时:

$$B_2=1.4784+(4812-3.5A)^2\cdot A\cdot 10^{-7}$$

式中,A 为所求日夜半距冬至或夏至时刻的日数;B_1 和 B_2 为与该日夜半相应的晷长值。该算式来源于边冈的相应算式,但又有所变化。依此计算,平均误差为 0.038 尺,反不如边冈算式准确,说明其所选用的系数均不甚合适。

仪天历计算每日太阳视赤纬的公式为③:

对于春分后的时日:

$$\delta=23.9296-\frac{50}{1052}g_1(\text{或 } g_2)$$

对于秋分后的时日:

$$\delta=-23.9296+\frac{50}{1062}g_1(\text{或 } g_2)$$

对于冬至后初象($n\leqslant 88.8811$ 日)和夏至后次象($n>93.7412$ 日,需以 182.622275 日返减之)时:

$$g_1=\frac{167750}{2229099}n^2-\frac{125000}{2229099\times 39107}n^4$$

对于夏至后初象($n\leqslant 93.7412$ 日)和冬至后次象($n>88.8811$ 日,需以 182.622275 日返减之)时:

$$g_2=\frac{1261875}{20126347}n^2-\frac{6250000}{20126347\times 522009}n^4$$

上式中,δ 即所求日的太阳视赤纬,n 为所求日距冬至或夏至时刻的日数。这些算式的形式也

---

① 脱脱等:《宋史·律历志一》。

② 陈美东,崇天、仪天、崇天三历晷长计算法及其三次差内插法的应用,自然科学史研究,1985,(3)。

③ 陈美东,中国古代太阳视赤纬计算法,自然科学史研究,1987,(3)。

与边冈的有关算式相同,但从自变量的选取,到系数的确定,到时限的划分,都作了新的探索。依这些算式计算结果的平均误差为0.45°,其精度也不如边冈的同类算式。

与此密切相关的每日昼夜漏刻时间的计算,仪天历所用算式为①:

对于春分后的时日:

$$L=\frac{1}{101}[1768+g_1(\text{或 }g_2)]$$

对于秋分后的时日:

$$L=\frac{1}{101}[2777-g_1(\text{或 }g_2)]$$

式中,L 为所求日夜漏刻长度的一半,g_1、g_2 的含义即如上述。依之计算而得结果的平均误差为7.9分钟,精度亦不及边冈的同类算式,这自然是由于 g_1、g_2 的误差较大所致。

史序是在消化吸收曹士蒍、边冈的相应算法后,给出上述二次、三次以至四次函数算式的。他并不是简单地沿用他们的算式,而是依据他对相应天文量的实测结果,以相应算法去拟合,这种探索的精神是值得充分肯定的,虽然史序似未取得超越前人的成果。

四 宋行古与崇天历

乾兴(1022)初,仪天历推算见差,改历之议又起。宋真宗"命司天役人张奎运算",这位地位低微的司天监职员,必有才学,而被钦命参与改历大事。张奎不负所望,当年即成新历上献,宋真宗于是"诏以(张)奎补保章正"。但是,张奎的新历并没有被颁用,这可能与宋真宗在次年二月驾崩有关。差不多同时,"又推择学者楚衍与历官宋行古集天章阁,诏内侍金克隆监造历"。次年(1023)八月新历编成,继位的宋仁宗遂命新历为崇天历,于明年(1024)替代仪天历颁行于宋②。崇天历计有历经2卷、立成4卷③。

崇天历的编修以宋行古为主,但其籍贯、生卒年等亦无考,只知其时任历官,如此而已。而楚衍,开封胙城(今河南开封)人,"于《九章(算术)》、《缉古(算经)》、《缀术》、《海岛(算经)》诸算经尤得其妙。明相法及《聿斯经》,善推步、阴阳、星历之数,间言休咎无不中",对于天文、历法和相术、占星术,特别是算术都有深入的研究。他步入司天机构,是由"自陈试(唐代徐昂的)宣明历"开始,因其才识得"补司天监学生,迁保章正。天圣(1023)初,造新历,众推(楚)衍明历数,授灵台郎,与掌历官宋行古等九人制崇天历"。由此,我们知道参与崇天历编修的有宋行古、楚衍等十人,估计他们多是司天监的人员,楚衍应是才华出众的新秀。后来,楚衍继续活跃在天文历法领域,"进司天监丞,入隶翰林天文。皇祐中(1049~1054)同造《司辰星漏历》十二卷。久之,与周琮同管勾司天监"④。这些则是后话。

由于崇天历的制定比较仓促,在颁用的当年(1024)"五月丁亥朔,日食不效(算食二分半,候之不食)"。这就造成了骑虎难下的尴尬局面。周琮因此上言曰:"古之造历,必使千百年间星度、交食若应绳准,今历成而不验,则历法为未密。"周琮此说,极有见地,他推重古人实际验

① 陈美东,李东生,中国古代昼夜漏刻长度的计算法,自然科学史研究,1990,(1)。

② 脱脱等:《宋史·律历志四》。

③ 脱脱等:《宋史·艺文志六》。

④ 脱脱等:《宋史·楚衍传》。

天制历和以古史所载天象验历的传统，也是他所主张的定历原则。宋仁宗深然其说，采取了亡羊补牢的措施，“诏候验。至七年(1029)，命入内都知江德明集历官用浑仪较测”。这一回校验的时间前后约达 5 年之久，宋行古等依之对崇天历作了必要的修订。与此同时，周琮，还有杨皞、于渊等人更提出各自的修订意见，经过反复比较研究，证明“(杨)皞术于木(星)为得，(于)渊于金(星)为得，(周)琮于月(亮)、土(星)为得。诏增入崇天历”。这说明从总体上看，宋行古等人的崇天历还是站得住脚的，所以，采取了在不改变整个历法的前提下，吸收若干先进成果以优化崇天历的决策。这与东汉四分历间或吸收新的研究成果入历的做法颇为相似。此后，于宋仁宗景祐元年(1034)，“日官张奎言：‘自今月朔或遇节首，勿避。’诏中书集历官参议，而丁慎言请如旧制。有诏，卒从(张)奎议”①。这是关于朔日安排宜遵从实际天象，不必因朔日与立春同在一日时，而人为地调整朔日安排的主张，经过辩论得到认可的记述。张奎当年所编新历虽未被采用，但他在历法上不无真知灼见，由此可见一斑。当然，这又是崇天历在行用的过程中有所修订的一个例子。

与前述三种历法比较，崇天历是一部有较多创新的历法。这首先表现在较多天文数据的确定之上：如所取恒星年长度的误差为 1 秒，可与乾元历相媲美②；所得历元年月亮过近日点时间的误差为 0.08 日，是为历代最佳值③；新取可能发生月食之食限值为 12.62°、必定发生月全食之食限值为 3.96°，均是历代最佳值之一④；对于历元年火星近日点黄经测算取得较好的数据，尤其是对于水星近日点黄经的测算取得突破性进展，误差从前代诸历的百余度，降至此 15.93°，而且对后世历法产生巨大影响；对于五星运动不均匀性的改正，也给出了别树一帜的描述，对后世若干历法产生直接的影响⑤；关于木、土、火、金四星在一个会合周期内动态表的划分更对后世历法产生重大影响，其中土星的 12 段分法和金星的 20 段分法为后世各历法沿用不弃，火星的 18 段分法亦大体如此(仅北宋明天历为例外)，木星的 14 段分法也为宋元 8 种历法所沿用⑥。

其次，崇天历更把唐代边冈的有关算法向前推进了一步。

崇天历对于太阳中心差的计算，没有应用二次函数算式，依然采取传统的日躔表计算，不知出于什么考虑。

关于每日晷长的计算，崇天历基本上沿用了边冈的三次函数算式，仅对其系数作些微的调整。崇天历的每日太阳视赤纬算式为：

对于春分后的时日：

$$\delta = 24.0041 - g_1$$

对于秋分后的时日：

$$\delta = -23.9959 + g_1$$

$$g_1 = \frac{460720}{130620943} n^2 - \frac{80000}{130620943 \times 7873} n^4$$

---

① 脱脱等：《宋史·律历志六》。

② 陈美东，古历新探，辽宁教育出版社，1995 年，第 268 页。

③ 陈美东，张培瑜，月离表初探，自然科学史研究，1987，(2)。

④ 陈美东，中国古代的月食食限及食分计算法，自然科学史研究，1991，(4)。

⑤ 陈美东，古历新探，辽宁教育出版社，1995 年，第 427、460 页。

⑥ 张培瑜，陈美东等，中国天文学史大系·中国古代历法，河北科学技术出版社，2002 年。

式中，$n \leqslant 91.31$ 度，若 $n > 91.31$ 度，需以 182.62 度返减之。δ 为太阳视赤纬值，n 为所求日太阳距冬至或夏至的度值。由之可见，它较史序相应算式简单，而与边冈相应算式大同小异。其中，宋行古取黄赤交角约为 24 度，而边冈约取 23.9 度，这则是宋行古算式的精度不如边冈的主要原因①。

关于每日昼夜漏刻时间长度的算式，亦为与此类似的四次函数式，也与边冈相应算式大同小异，兹不赘述。

对于月亮极黄纬的算式，崇天历在边冈相应算式的基础上有所改进，其算式可示如下②：

当 $n < 45.47$ 度时：

$$p = \frac{1}{840000}(91451n - 290n^2)$$

当 $45.47 < n < 90.94$ 度时：

$$p = -\frac{1}{840000}(868359 - 129646n - 710n^2)$$

式中，n 为月亮距黄白交点的度数，p 即为相应的月亮极黄纬值。这里，宋行古等取 90.94 度为界限是经深思熟虑的结果，这已考虑到黄白交点退行的度值，当其度时，月亮极黄纬正当极大值。这一选择要比边冈缜密。上算式的精度亦略高于边冈的相应算式。

崇天历的黄赤道宿度差算式，较边冈的相应算式要简明得多，其式为③：

$$F - C = \frac{C}{1200}(125 - C)$$

式中，C 为从冬至或夏至点起算的赤道宿度，F 为与之相应的黄道宿度。$C < 45.66$ 度，若 $C > 45.66$ 度，需以 91.31 度返减之，若 $C > 91.31$ 度，则需以 182.62 度返减之。该算式基本上是依据唐代一行大衍历的黄赤道宿度变换法拟定的，两者的差异仅在于，大衍历以 $C = 45$ 度为限，而崇天历则改以 $C = 45.66$ 度为限。该算式的简明与便捷，充分反映了宋行古等娴熟地掌握了二次函数算法的技巧。

崇天历关于交食初亏、复圆时刻的计算，是在边冈和王朴钦天历的基础上发展得出的：

已知食甚时刻为 G，则初亏时刻 $C_1 = G - H$；复圆时刻 $C_2 = G + H$。

而 $H = \dfrac{1337}{A}B$

式中，A 为交食当日月亮实行度分值，B 则与日食或月食的不同情况有关：

日食在阳历（月亮极黄纬大于一象限，$E < 4200$）时：

$$B = \left[\left(84 - \frac{E}{100}\right)\frac{E}{100}\right]\frac{100}{185}$$

日食在阴历（月亮极黄纬小于一象限，$E < 7000$）时：

$$B = \left[\left(140 - \frac{E}{100}\right)\frac{E}{100}\right]\frac{100}{514}$$

月食在交初（月亮在黄白交点降交点前后）时：

$$B = 1112 - \frac{F^2}{93500}$$

---

① 陈美东，古历新探，辽宁教育出版社，1995 年，第 131，174～175，195 页。

② 陈美东，中国古代月亮极黄纬计算法，自然科学史研究，1988，(1)。

③ 严敦杰，中国古代黄赤道差计算法，科学史集刊，1958，(1)。

月食在交中(月亮在黄白交点升交点前后)时:

$$B = 900 - \frac{F^2}{115600}$$

上四式中,E,F 分别为日食食甚时和定望时月亮距黄白交点的度分值。这些算法对后来周琮的明天历和皇居卿的观天历均产生直接的影响。

对于日食三差值中时差的计算,崇天历亦仿边冈取用二次函数算式而用之。

上述各项算式,宋行古等皆仿照边冈法和王朴法,或沿用不弃,或做出程度不同的改进,含有创新的成分。其实,还不止于此,宋行古等还把类似算法推广到更宽广的历法问题的计算①:

关于日食三差中气差的计算,崇天历的算式为:

$$Q_1 = \left(3533 - \frac{100}{236}D\right)^2\left(1 - \frac{J}{K}\right)$$

式中,Q_1 为气差。D 为定朔时刻与冬至时刻的时距,$D < 91.31$ 日,若 $D > 91.31$ 日,需以 182.62 日返减之,若 $D > 182.62$ 日,需减去 182.62 日。J 为定朔时刻与午正的时距。K 为当日白昼时刻长度的一半。

关于日食三差中刻差的计算,崇天历的算式为:

$$Q_2 = \frac{400J}{10590 \times 236}(182.62 - D)D$$

式中,Q_2 即为刻差。D,J 的含义同上。

对于黄白道宿度差,崇天历也首创了二次函数算式:

$$F - S = \frac{F}{2400}(125 - F)$$

式中,F 为月亮(或太阳)与黄白交点间的黄道宿度,S 为与之相应的白道宿度。$F < 45.47$ 度,若 $F > 45.47$ 度,需以 90.94 度返减之。

同时,崇天历还首创了赤白道宿度差的算式:

$$S - C = \frac{F_1}{2400 \times 90}(125 - F)F$$

式中,F,S 的含义同上,C 为与 S 之相应的赤道宿度,F_1 为黄白交点与冬至或夏至点的黄道宿度。

黄白道、赤白道宿度差算式也是依据大衍历的相关变换法而拟定的。

如果说应天历还在唐代历法的水平上徘徊不前,乾元历和仪天历开始逐渐有所长进,而崇天历更在基本天文数据的测算以及一批历法问题的推算方法上,取得了重要的进展,已经展现出超越唐代历法总体水平的强劲势头。这应是北宋早期六十余年间历法发展的基本状况。

第二节 张思训、韩显符的天文仪器制作

一 张思训"太平浑天仰视图"的创制

张思训,巴中(今四川省巴中市)人。太平兴国四年(979),他向赵宋朝廷进献一种新型天

① 以上均参见张培瑜,陈美东等,中国天文学史大系·中国古代历法,河北科学技术出版社,2002 年。

文仪器的木样，得到宋太宗的重视。“太宗召工造于禁中，逾年(980)而成，诏置于文明殿东鼓楼下”[①]。(据《玉海·卷四》记载：张思训初“献其式上”，于太平兴国“四年正月癸卯仪成”若依此，该仪则成于979年。二说姑并存之)。这是宋朝立国后，首制的一台气势恢宏，多所创新的天文仪器。

据《宋史·天文志一》记载，该天文仪器的结构、形制为：

“起楼高丈余(《玉海·卷四》曰：起为楼阁之状，数层，高丈余)，机隐于内，规天矩地”。从外表看，它是一座高4米左右的、圆顶木结构楼阁，在其内部则隐藏复杂的机械结构，既可演示天象——“规天”，又可计时、报时——“矩地”。

其“下设地轮、地足；又为横轮、侧轮、斜轮、定身关、中关、小关、天柱”。这是说仪器中、下部内部主要机构状况。“地轮”等专用构件名词及其彼此之间搭配的详情已无由得知，但顾名思义，四“轮”依次应是平置于底部与中部、立置与斜放的轮子，它们大约有原动轮和传动轮之分；三“关”当是起控制作用的构件；而“天柱”应为自底到顶竖立的中轴。

又有“七直神，左摇铃，右扣钟，中击鼓，以定刻数，每一昼夜，周而复始；又以木为十二神，各直一时，至其时则自执辰牌，循环而出，随刻数以定昼夜短长”。这是说居于仪器中部的报时系统，有以摇铃、扣钟、击鼓三种音响形式报每一刻(14.4分钟)流逝者；又有以木制神人的形象形式报每一时辰(2小时)来临者。二者皆每经一昼夜自动循环一周。

又，“上有天顶、天牙、天关、天指、天抱、天束、天条”，这说的是仪器上部的传动或控制构件，同样，其详情已难知晓，但它们当是带动仪器上部所列天象运转的构件。“布三百六十五度，为日、月、五星、紫微宫、列宿、斗建、黄赤道，以日行度定寒暑进退”。即在一球形内壁上绘有周天刻度、全天星官、黄道与赤道等，在其上还可见日、月、五星。“并著日、月象，皆取仰视(《玉海·卷四》记为：并著日、月、星辰，皆须仰视)。按旧法，日、月昼夜行度皆人所运行，新制成于自然，尤为精妙”。这里所谓“旧法”系指唐代一行和梁令瓒所制“水运浑天俯视图”中的有关方法，张思训在此基础上作了改进，使日、月的运行也自动化了，而对于新添的五星的运转，大约还兼靠人力拨动。而“皆取仰视”，这里既指对于日、月而言，因为全天星官、五星等等均与日、月同在上部，故同样也取仰视无疑。对于一台高约4米的仪器，观测其上部演示的星象、日、月、五星等的运转，自然难以登高俯视，而取仰视法应是自然与合理的。一取仰视、一取俯视，这则是新制同一行、梁令瓒的“水运浑天俯视图”的最大区别处。这也是张思训最重要的创意处，新制仪器的上部，即应相当于近现代的假天仪，是为中国古代最早见的假天仪。

又，“开元遗法，运转以水，至冬中凝冻迟涩，遂为疏略，寒暑无准。今以水银代之，则无差失”。所谓“开元遗法”与上所述“旧法”同。这是张思训基于水温随四季变化导致漏壶水流量多少不同的认识，和水银流量受温度变化的影响较小的发现，而采取的独特的措施。可是，水银挥发易导致中毒，这大约是张思训没有虑及的。后世漏壶均不取用水银，大约正缘于此。

如上所述，张思训所创制的这一台大型仪器，是集计时、报时和演示星象、日月五星的运行于一身的多功能仪器，它由漏壶流出的、具有等时性的水银驱动，通过复杂的齿轮系的转动和若干构件的控制，使报时、星象等的运行自动与天同步。其中，相当于假天仪的创制，在中国古代天文仪器史上更具有十分重要的地位。对这样一台重要的天文仪器，史籍并未提及其名称，

① 脱脱等：《宋史·天文志一》。

有人因其制成于太平兴国年间，称其为“太平浑仪”[①]，可是因为该仪器并非浑仪一类，而与唐代一行等所作的“水运浑天俯视图”相近，故以“太平浑天仰视图”名之，似更贴切。

还要指出的是，在宋朝立国早期，对于天文一门采取十分严厉的管理限制政策。宋太宗太平兴国二年(977)，“召天下伎术有能明天文者，试隶司天台，匿不以闻者，罪论死”[②]。“诸道所送知天文、相术等人三百五十有一，十二月丁巳朔，诏以六十有八人隶司天台，余悉黥面流海岛”[③]。又，宋真宗景德元年(1004)，“诏：图纬推步之书，旧章所禁，私习尚多，其申严之。自今民间应有天象器物、谶候禁书，并令首纳，所在焚毁。匿而不言者论以死，募告者赏钱十万。星算、伎术人并送阙下”[④]。这两道诏书表明，统治者在深信天象昭示天意的氛围下，极力在防范天象奥秘的泄露或任人解说天象，可能对其政权构成的威胁，或可能引致的社会动乱；而在民间，一些人基于天象昭示天意的同样理解，出于不同的动机，私习天象之解说、相术一类；兼之，天文、历法无疑是一门传统的学问，对其发生兴趣者不乏其人。这就造成即便法有严禁，依然“私习尚多”的鱼龙混杂的复杂局面。

在这种情况下，统治者对之采取一一甄别的措施是可以理解的，可是未免过于严厉，对天文学在民间的自由研究产生了不良的制约作用。这两道诏书发布的时间，正是在张思训献上他的“天象器物”前后不久，张思训在这样的社会环境中，之所以敢于主动投网，应基于对自身巧思的自信。宋太宗并未追究他的“私习”之罪，且在“太平浑天仰视图”制作成功后，授张思训“司天浑仪丞”[⑤] 之职。上述 68 名隶司天台者，以及张思训，都是当时网开一面的天文政策下的幸存者。也正是这一政策，使不少对天文、历法确有真才实民间学者，得以相继充实到国家垄断的天文机构，成为天文、历法研究保持其生命力的重要源泉。

二 韩显符至道浑仪与祥符候仪的制作

韩显符(940～1013)，“不知何许人也。少习三式，善察视辰象，补司天监生”，这位籍贯不明的天文仪器制作家，也就是上述 68 名留补于司天台者之一。《宋史·天文志一》云：在宋太宗“召天下伎术有能明天文者，试隶司天台”时，“张思训、韩显符辈以推步进”，正指此而言。这里，我们自然想到在上一节论及的仪天历的编制者史序，大约也应是这 68 名之一。韩显符对浑天说有深入的研究，尤擅长天文仪器的制作，工作渐有成绩，“迁灵台郎，累加司天冬官正”。宋太宗淳化初(约 990)，韩显符鉴于“今文德殿鼓楼下有古本铜浑仪一，制极疏略，不可施用。且历象之作，非浑仪无以考真伪；算造之士，非占验不能究得失”，主动“表请造铜浑仪、候仪”。他从当时所存的古浑仪已不合实用的现状，以及用浑仪观天对判别历法是非优劣，占验得失疏密的关键作用的认识，所提出的建议得到了宋太宗的首肯。“诏给用度，俾(韩)显符规度，择匠铸之”。至道元年(995)，韩显符铸成铜浑仪，宋太宗大喜，令“于司天监筑台置之，赐(韩)显符杂彩五十匹”[⑥]。此铜浑仪可称为至道浑仪。

---

① 中国天文学史整理研究小组编著，中国天文学史，科学出版社，1981 年，第 196 页。
② 脱脱等：《宋史·天文志一》。
③ 毕沅：《续资治通鉴》卷八十。
④ 毕沅：《续资治通鉴》卷五十六。
⑤ 同②。
⑥ 脱脱等：《宋史·韩显符传》。

至道浑仪的形制与唐代李淳风、一行和梁令瓒所造大同小异。其不同者是铜浑仪不设白道环,亦不在赤道环圈内壁凿孔穴以备每经约80年移置黄道环。前者大约基于增加浑仪的运转灵便性和减少环圈对天区遮挡的考虑;至于后者,韩显符大约认为一行等的设计是理想化的,而浑仪的制作不可能一劳永逸,且约80年后原凿出的孔穴是否能用,还不得而知。由此看来,这两项省约,是韩显符讲求实用和有效的天文仪器设计思想的反映。韩显符浑仪的尺度较一行和梁令瓒的黄道游仪还要大些,如其"双规,皆径六尺一寸三分"①,而黄道游仪与之相当的"阳经双环""直径五尺四寸四分"②,可见,其外环直径要较之大六寸九分,是为宋朝立国以后制作的第一座大型的、用于测验天体坐标的浑仪。沈括指出:"至道(995)中,初铸浑仪于司天监,多因斛兰、晁崇之法。""虽不甚精缛,而颇为简易"③。这应是比较中肯的评价。

韩显符为此浑仪之作,曾进行了宋都开封北极出地高度的测量,得"三十五度"(相当于34°30′,误差约为18′),较李淳风所测"三十四度八分"④(相当于34°18′,误差约30′)要准确得多。韩显符正是依此测量结果用之于铜浑仪极轴的安置。

在铜浑仪制成之后,韩显符受命"专测验浑仪",这大约包括两项任务,一是负责浑仪的日常维修,二是运用浑仪进行天文观测。又因其工作成绩,"累加春官正,又转太子洗马"⑤。

"宋真宗大中祥符三年(1010)闰二月四日,司天监言:冬(春)官正韩显符造铜浑仪成。诏移入龙图阁,令(韩)显符选学生中可教育者传授其业。十一月三日,召辅臣至阁观铜仪。其制为天轮二,一平一侧,各分三百六十二(五)度,又为黄、赤道(轮),立管于侧轮中,以测日月星辰,行度无差"⑥。此时,韩显符已官迁春官正,所谓铜浑仪即《宋史·韩显符传》所说的铜候仪,可称其为祥符候仪。其形制与至道浑仪基本相同,有关环圈的刻度也应是365度,并无362度之理。它大约主要是供司天监官、监生等学习或熟悉浑仪测天之用,其尺度可能较至道浑仪要小一些。这一主要供教学之用的浑仪的制作,也是天文仪器史上的一项创举。当年,"诏(韩)显符择监官或子孙可以授浑仪法者。(韩)显符言长子监生(韩)承矩善察躔度,次子保章正(韩)承规见知算造,又主簿杜贻范,保章正杨惟德皆可传其学"⑦。在韩显符亲传的这四个学生中,以杨惟德最有成就,这在下面还要论及。

也就在"(大中)祥符三年七月五日,司天监冬(春)官正韩显符上外官星位去斗、极度数"⑧。这里所说"外官星"系指二十八宿以南天区的有关星宿,去极度指星宿距北极的度数,去斗度则是星宿与冬至点之间的赤经差,因为当时的冬至点在斗宿之内,因此人们用"斗"代表冬至点,正像汉代用牵牛初代表冬至点一样。去斗度的本质同现在的赤经是相同的,只是现在的赤经是从春分点起量而已,这与传统的以二十八宿距星为标准,测量星宿与所在宿的距星之间的赤经差——入宿度,是大不一样的。这是韩显符本次测量的一大特点⑨。可惜,其测量结果已佚而不存。一般认为,韩显符的这一成果就是在这一年用祥符候仪观测取得的。但由祥

---

① 脱脱等:《宋史·天文志一》。
② 刘昫:《旧唐书·天文志上》。
③ 同①。
④ 同①。
⑤ 脱脱等:《宋史·韩显符传》。
⑥ 王应麟:《玉海》卷四。
⑦ 脱脱等:《宋史·韩显符传》。
⑧ 徐松:《宋会要辑稿》卷一千三百二。
⑨ 中国天文学史整理研究小组编著,中国天文学史,科学出版社,1981年,第52页。

符候仪成于这一年的闰二月，接着就移置龙图阁，再行调节，这均需时日，而韩显符上报观测成果在七月，不用说这些观测至少需要一年的时间，就是观测结果的整理也不是短时间所能完成，所以，这一成果应是韩显符运用至道浑仪进行观测，并于祥符三年(1010)整理完成的。至于韩显符为什么只测量外官星确是个难以回答的问题。也许，韩显符前已测量了重要性不低于外官星的其他星宿，但史缺其载亦未可知。

也在这一年，韩显符还著成《铜浑仪法要》十卷，其内容大约包括对于历代浑仪制作的回顾，最主要的当是关于至道浑仪和祥符候仪形制、结构、尺度等的详细说明，是一部关于浑仪制作的技术规范专著。全书也已佚失无存，令人惋惜。所幸者，在《宋史·韩显符传》中录有《铜浑仪法要·序》，从中尚可窥知韩显符的若干思想。上引韩显符关于用浑仪观天对判别历法是非等的关键作用的认识，即见于其序文中。他还指出："帝尧即位，羲氏、和氏立浑仪，定历象日月星辰，钦授民时，使知缓急。"把浑仪的创始不适当地归功于羲氏、和氏，这是古代一般士人、也是韩显符崇古思想的反映，而他又认为浑仪的创制是以历法的制定为目的的；他又云："浑仪者，实天地造化之准，阴阳历数之元，自古圣帝明王莫不用是精详天象，预知差忒。"这除了重申前义外，还增加了浑仪观天象以知吉凶的意义；他又云："占逆顺，明吉凶，然后修福俾顺其度，省事以退其灾，悉由斯器(浑仪)验之。"这更强调了浑仪观天象见吉凶的作用。纵观之，韩显符对天文学定历法以授时和观天象明吉凶双重意义的思想，作了较典型的论述。另据记载，宋真宗"常对宰相言及历象事，曰：'历象，阴阳家流之大者，以推步天一道，平秩人时为功。'"[①] 可见，这一观念几乎是朝野的共识，也是天文历法备受重视的原因。

又所幸者，在《宋史·律历志三》中还有《铜浑仪法要》中"二十四节气昼夜进退、日出没刻数立成之法"的转录。这是一份24节气初日的"日出"、"日没"时刻和"昼刻"、"夜刻"刻数的数值表。据研究，韩显符是以子初与夜半等同，这和隋、唐时规定子初在夜半前4刻余不同[②]。

此外，韩显符还撰有《天文明鉴占》十卷[③]，这是星占术方面的著作，亦佚不存。

大中祥符三年(1010)，是韩显符成绩斐然的一年。大约正因此，他升迁为"殿中丞兼翰林天文"[④]。三年后(1013)，韩显符卒于任上。

还要指出的是，宋朝对于恒星位置的重要测量工作并不始于韩显符。"自唐开元中(约724)一行所造浑仪，其所测(有关星宿的)宿度已与旧经异。而宋太平兴国(976～984)中，浑仪所测又与唐异。所争或一、二度或三、四度"[⑤]。在第五章第九节中，我们已经论及一行运用黄道游仪对二十八宿距度和若干星宿的位置进行了新测量，那么，太平兴国年间所测也至少包括二十八宿距度和相关星宿，否则无由得出"又与唐异"的结论。其中二者相差一、二度，可能与岁差的影响有关，是可以理解的，但差至三、四度，必另有原因。也许如同韩显符所说，当时所用的"古本铜浑仪"已经"疏略"，才造成这样大的差异。这是宋朝首次进行的较大规模的恒星位置测量工作，可惜其成果亦不传。

张思训的"太平浑天仰视图"的创制，韩显符的"至道浑仪"和"祥符候仪"的制作，以及太平兴国年间和韩显符的恒星位置测量工作，都展示了宋朝立国之后不久便已开展的活跃且有成

① 脱脱等：《宋史·王处讷传》。

② 张培瑜，陈美东等，中国天文学史大系·中国古代历法，河北科学技术出版社，2002年。

③ 脱脱等：《宋史·艺文志五》。

④ 脱脱等：《宋史·韩显符传》。

⑤ 马端临：《文献通考》卷二百七十九。

效的天文活动，与上一节所述宋代早期四历法一起，显露了天文学体系向高峰挺进的良好势头。

第三节　大型秤漏、莲花漏与民间计时仪器

一　大型秤漏

在第四章第十二节中，我们已经论及北魏李兰秤漏的创制。秤漏在唐宋得到了广泛的应用，它与传统的补偿式大型漏刻并行，甚至有超越之势。在南宋孙逢吉的《职官分纪》一书中，有关于唐宋大型秤漏的详细记载：

> 漏刻之法有水秤。以木为衡，衡上刻疏文，曰天河，其广、长容水箭。箭有四，木为之，长三尺五寸，著时刻更点，纳于天河中，昼夜更用之。自卯至午易一箭，自午至酉易一箭，自酉至子易一箭，自子至卯易一箭。衡右端有铜镮连钩，为铜覆荷形。荷下铜索三条，以系铜壶。又为髹漆大奁，曰水柜。中安铜盆，曰水海。奁有盖，上刻白兔一为饰，曰水拍。铜盆隅有铜刻乌一，引水下注壶中。衡左端有大铜镮贯衡，镮下大铜索连铜权，权为立象形。又有铁竿高五尺，权于铁连附中，屈上端为方镮形，曰鸡竿。每移改时刻，司辰者以衡尾纳方镮中，以组绳挽权上大铜镮进退之。秤之所系以大木双柩，有跗，如钟簴之制。画五彩金龙为饰。上有铁胡门大铁钩，镮以系之。其制度精巧，未知作者为谁。盖唐及五代用之久矣。

依之可作图6-1和图6-2①。这里有几个问题需作进一步讨论：

其一，关于天河与箭。天河是开凿在秤杆上长方形的、大小尺寸与箭相等的凹槽。箭长3.5尺，因计有4箭，每箭用于量度25刻$\left(=\frac{100}{4}\text{刻}\right)$的时间长度，而1时辰$=8\frac{1}{3}$刻，由于箭上还标明12时辰（子、丑、寅等），我们猜想其箭上应均分为75个刻画，以1尺为23厘米计，则刻画的间距约为1.1厘米，每一刻的间距约为3.2厘米。

其二，铜覆荷的作用。我们赞同这样的理解：铜覆荷乃一铜质荷叶形漏斗，当秤漏换箭和铜壶倒水之时，可暂时用塞子塞住铜覆荷下端漏孔，经由渴乌流下的漏水可先储存在荷叶形漏斗内，待换箭、倒水完毕，再拔去塞子，让荷叶形漏斗内的水一并流入铜壶中。这样，就可以保证经由渴乌流下的水的连续性，不致使换箭、倒水期间的漏水不能纳入后一时段漏水重量的计量②。

其三，关于鸡竿。这就是前面提到的起限定秤杆下垂或上扬幅度作用的部件。

其四，关于水柜、铜盆（水海）、水拍和白兔。我们认为这是该秤漏的稳流装置的理解是得当的。其具体设置状况为：水柜盛水，铜盆亦盛水，并令其浸浮在水柜的中央。在水柜和铜盆中间设置一环形的水拍（其作用之一是使铜盆大体保持在水柜中央的位置上），并令其漂浮在水柜的水面上，铜盆可在环形的水拍中间自由升降。白兔置于水拍之上，渴乌由白兔固定支撑，其一端伸入铜盆水中，另一端伸向铜覆荷的上方。设铜盆的自重为G，其内横截面积为

---

① 华同旭，中国漏刻，安徽科学技术出版社，1991年，第69～76页。

② 同①。

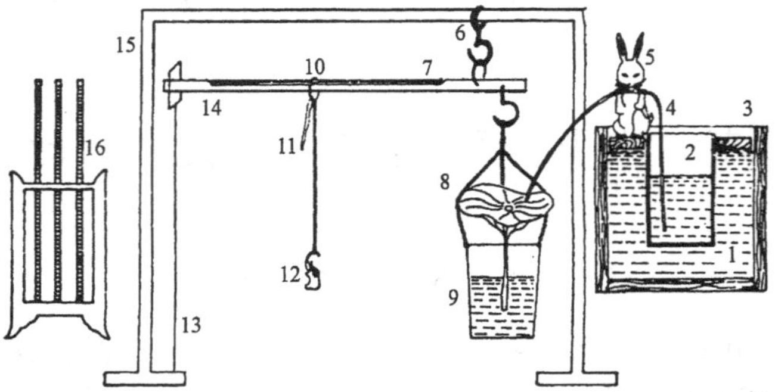

1. 水柜；2. 铜盆；3. 水拍；4. 渴乌；5. 白兔；6. 铁胡门大铁钩；7. 秤；8. 铜覆荷；9. 铜壶；10. 箭尺；11. 大铜镬，组绳；12. 权；13. 鸡竿；14. 天河；15. 秤架；16. 箭

图 6-1　唐宋秤漏结构示意图

1. 水柜；2. 铜盆；3. 水拍；4. 渴乌；5. 白兔

图 6-2　秤漏稳流原理示意图

S_1，其外截面积为 S_2。当在 T_1（或 T_2）时刻时，铜盆内水位高为 h_1（或 h_2），水拍下部到铜盆底部的距离为 H_1（或 H_2）。因为从 T_1 到 T_2 时，铜盆内的水经由渴乌流出一些，故其内水位从 h_1 降至 h_2；同时，因盛水的铜盆变轻，则上升，上述距离也随之从 H_1 减为 H_2。当在 T_1 和 T_2 时，可分别列出如下等式：

$$G + pS_1h_2 = pS_2H_2$$
$$G + pS_1h_1 = pS_2H_1$$

式中，p 为水的比重。如果铜盆的壁很薄，可以认为 $S_1 = S_2$。令上两等式依次相减，则有：

$$h_1 - h_2 = H_1 - H_2$$

亦即：$h_1 - H_1 = h_2 - H_2$

这表明，随着时间的流逝，该装置可以保持铜盆内与水柜内的水面之高度差近似为一恒量，这也就使渴乌所处的水头近似恒定，漏水的流量亦近似恒定。由此看来，该秤漏稳流系统的设计是十分巧妙的。当然，由于 S_1 实际上不等于 S_2，当铜盆内的水位下降时，漏水的流量要略微减小,所以,在通常情况下,是辅以按时给铜盆添水的方法,促令保持流量的稳定。据复原实验,用秤漏测时的误差可以小于20秒①。

孙逢吉所记述的这一秤漏,应是在李兰秤漏基础上的发展。

二 燕肃与莲花漏

燕肃(961~1040),字穆之,青州益都(今山东省益都县)人。少年丧父,生活贫困,但好学不倦,外出游学,后得中进士。先在凤翔府(今陕西省凤翔县)、临邛县(今四川省邛崃县)、考城县(今河南省兰考县)、河南府(今河南省洛阳市)为地方官,深得寇准器重;又为广南西路(今广西)、广南东路(今广东)、越州(今浙江省绍兴市)、明州(今浙江省宁波市)等地主管刑狱的官吏;后到京都,"直昭文馆,为定王府记室参军,判尚书刑部","擢龙图阁待制,权知审刑院","累迁左谏议大夫","进龙图阁直学士","官至礼部侍郎"后退休。其间还先后到梓州(今四川省三台县)、亳州(今安徽省亳县)、青州(今河北省青县)、颍州(今安徽省阜阳市)、邓州(今河南省邓县)等地为官②。其足迹布于中国广大的区域,就其科学活动而言,这对于他关于潮汐理论的思考和他所创制的莲花漏的普及是不无助益的。

燕肃在法律、断狱等方面深有研究,这似乎是他的本职工作。天圣三年(1025),时任刑部侍郎的燕肃出于"广听察,防缪滥"的思想和当时全国被判死刑者"视唐几至百倍"的状况,主张实行"天下死罪皆得覆奏"于京师,得到批准后方可执行的制度。宋仁宗纳其议,遂使死囚"多得减死矣"③。燕肃"性精巧,能画,入妙品,图山水罨布浓淡,意象微远,尤善为古木折竹"。自是一位造诣很深的画家。他还是诗人,诗作"多至数千篇"。燕肃又兼通音律,曾奉命与李照、宋祁等对皇家原有钟、磬等乐器重行调试,使之合于后周王朴所定的音律标准。其"性精巧"又表现在他"尝造指南、计里鼓二车及欹器以献"④,这些都是结构复杂、设计巧妙的器具。其"性精巧"还表现在他创制了一种新型的计时仪器——莲花漏之上,对此要作详细些的讨论。

"天圣八年(1030)八月,龙图阁待制燕肃上莲花漏法"⑤。该法最主要的技术突破在于首次采用了漫流式系统,巧妙地基本解决了水位变化对漏壶流量的影响,在中国古代漏刻史上占有十分重要的地位。

据杨甲《六经图》记载,燕肃莲花漏的结构如图6-3所示。

莲花漏有大小相同、上下差置于一平台上的"上柜"和"下柜"(即后来所说的平水壶)以及形似莲花的受水壶(莲花漏正因此而得名)。"上柜"的水经渴乌(虹吸管,A)注入"下柜",又经渴乌(B)转注入受水壶。由于渴乌A的口径略大于渴乌B,于是,"下柜"的受水量总大于排水量,因而始终保持漫溢状态;当然,漫溢出来的水并非任由之流到平台上,而是又有"减水盎、竹注筒、铜节水小筒三物,设在小柜之旁,以平水势",即在"下柜"上部开孔,并与铜节水小筒相接(图中未画出),再经由竹注筒将漫溢出的水导入减水盎中。这样既基本保证了起量度时间作用的"下柜"水位的稳定,即基本消除了因水位变化对水流量的影响,又简化了漏壶系统,克服

① 华同旭,中国漏刻,安徽科学技术出版社,1991年,第69~76、180页。
② 脱脱等:《宋史·燕肃传》。
③ 脱脱等:《宋史·刑法志一》。
④ 脱脱等:《宋史·燕肃传》。
⑤ 王应麟:《玉海》卷十一。

了补偿式漏壶过于庞大的缺陷。受水壶上部的莲花形设计方案,一是取其美观,二是为使浮箭稳定垂直上升。而"退水孔"自然是当受水壶需要退水时的预留孔道,"退水盆"则承接所退之水。由此看来,这是相当巧妙和周到的设计。据复原实验,莲花漏测时的平均标准误差约为18秒①。

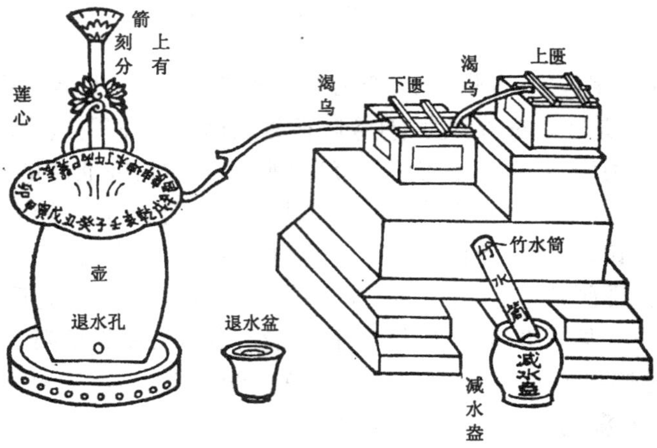

图 6-3 燕肃莲花漏图(见《六经图》)

但是,燕肃莲花漏并没有被一些评定者所接受,而出现了一波三折的复杂情况:

天圣八年(1030)九月,"诏司天台考于钟鼓楼下,云不与崇天历合"②。这次检验由司天监王立等做出,由此他们认为"不可施用。罢之"。这里所说"不与崇天历合",应指用莲花漏测量24节气等的昼夜漏刻长度与崇天历所载者不同,这是一种十分不合理的检验方法,甚至可以说是荒谬的,因为它是把是非优劣还有待论证的崇天历所定昼夜漏刻长度作为衡量标准,由此而得的对燕肃莲花漏的评价自然是极不公正的。可惜,就是这样一种检验结论,却维持了整整4年的时间。经过燕肃的努力,"景祐元年(1034)九月十一日,(燕)肃奉诏于资善堂与司天少监杨惟德测验,并合天道。而知制诰丁度等评定,以为难久行"③,又告作罢。这一回倒是端正了检验的方法,即以是否合天作为衡量的标准,检验证明莲花漏是合天的,而"难久行"可能是说莲花漏在操作上还存在某种困难,难以长久施用。华同旭指出④,由于莲花漏"上柜"的水位在时时变化,这可能导致"下柜"漫溢状况的波动,仍将影响流量的稳定性,要减少这一影响,就必需适时给"上柜"加水,这就给操纵者带来一定困难,这是值得重视的见解。又一年后,景祐二年(1035)"九月乙未诏司天监造百刻水秤",仍不用燕肃发明的漫流式平水壶,到"景祐三年(1036)二月,复命(章)得象等(含冯元和燕肃等人)重定水秤。四月辛亥,(章)得象言,水行有迟疾,请增平水壶一,渴乌二,昼夜箭二十一",并"于钟鼓楼测量漏水,凡定夺三年,而卒用莲花漏焉"⑤。这次是将补偿式秤漏与漫流式秤漏的合天状况作长达三年的比较研究,最终证明了

① 华同旭,中国漏刻,安徽科学技术出版社,1991年,第188~190页。
② 脱脱等:《宋史·燕肃传》。
③ 王应麟:《玉海》卷十一。
④ 华同旭,中国漏刻,安徽科学技术出版社,1991年,第85~86页。
⑤ 同③。

漫流式漏壶的优越性。又由于秤漏形体庞大和不能表明时间连续变化的弊病,同时在此数年的检验过程中解决了给莲花漏"上柜"加水的技术问题,于是,莲花漏在几经磨难之后,终于登大雅之堂,成为包括司天监在内使用的最主要的计时仪器。莲花漏自问世到被官方认可,前后经历了8年多时间,先有4年的不公正(这是偏见和无知所致),继有1年多的不习惯(这应是主要原因,因为莲花漏合天实际上已被证明,只是其具体操作与以前漏刻稍异而已),后有3年的严格检验(这可视为有益的实验,但时间似乎偏长)。由中,我们可以看到,一种新的方法要为所有人接受是多么不易,同时也说明,凡是经得起检验的科学方法,终将冲破偏见或习惯势力而为人们所接受。

在莲花漏正经受官方的评估之际,燕肃深信其法的优越性,已力所能及地开展了普及推广的工作。他著有《莲花漏法》一卷①,流传于世,并利用四出为官的机会,"所至,皆刻石以记其法,州郡用之以候昏晓,世推其精密"②。这些说明,燕肃不但在发明、论证,而且在推广莲花漏这一新事物中,均付出了巨大的努力,其功莫大焉。

三 盂漏、田漏与几漏

以上介绍的是唐宋盛行一时的秤漏和宋代新出的、逐渐取代秤漏成为最主要的莲花漏,它们大多是在皇宫、司天台、或州郡治所在使用,是为官方的计时仪器。而在民间,计时仪器的应用也不可或缺,盂漏、几漏与田漏便是在宋代民间得到广泛运用的小型计时器具。

(一)盂漏

据佚名的《居家必用事类全集·戊集》(亦见《说郛·卷一〇九》)记载,宋代民间有一种"至简且捷"的计时器具——盂漏,其形制为:

> 以铜盂二只,大一小一。大者贮水,初无定制,但宽大过于小者足矣。如无(大铜盂),以磁盂代之。小者重五两,高三寸四分,面、底并阔四寸七分,上下四直。造之恐度量差殊,当以太平钱五十文,准其轻重。(小盂)造毕,于盂底微钻一窍如针眼大,浮于(大)水盆上,令水颠倒,自穴外逆通上入(小)盂中。

可见,这是应用小铜盂的自重连同从盂底小孔不断涌入的水的重量及其形成的压力,令小铜盂中的水上涨(小铜盂亦随之下沉),进而度量时间的器具。其使用的方法为:

"每日天晓日将出时,将小盂浮于大盆水面上,至日落自然水满,小盂沉于水底为度。却取出小盂,去其水再浮水面上,至来日天晓,仍旧沉于水底。昏晓二时,俱以水满为度,定其昼夜"。由于四季昼夜长短不同,最长的白昼(或夜晚)比最短的夜晚(或白昼)要多出20刻,为与之相协调,又有太平钱20枚备用。冬至时,昼用20枚太平钱匀铺小铜盂底,夜不用太平钱;春秋分时,昼夜均用10枚;夏至时,昼不用、夜用20枚。其他时日,则昼夜依次加减1枚太平钱,以合昼夜长短的实际变化。需知时刻、更点时,"用筹探之,水至子则子时,至午则午时,至一更则一更矣"。即用薄木片或竹片制成的、其正反面分别画有时刻或更点刻度的探筹,量度自大盆水面到小铜盂顶部的距离,便可读知时刻、更点数。自然,随昼夜长短的变化,也应使用不同

---

① 脱脱等:《宋史·艺文志六》。

② 脱脱等:《宋史·燕肃传》。

刻度的探筹。

王立兴曾对盂漏作的形制、用法等作过仔细的复原研究。依据他的复原实验，当放置十枚太平钱时，小铜盂下沉的时间（应为 12 小时）的误差约为 15 分钟（约 1 刻）①。古人制作盂漏，大约也可达到这一精度水平。看来，盂漏测时的准确度，主要还取决于在小铜盂内加减太平钱的有关规定，而据对现存该规定的考察表明，其准确度还是较低的。

顺便还要指出，晋代惠远法师曾“取铜叶制器，状如莲花。置盆水中，底孔漏水，半之则沉。每昼夜十二沉”②。宋代盂漏的基本原理正与此同，但使漏器加大，取每昼夜二沉，且使漏器上下四直，利于随时测量时刻与更点。

（二）田漏与几漏

田漏也是一种民间使用的计时仪器，它在北宋农村广为采用③。王安石有咏田漏诗云④：

占星昏晓中，寒暑已不疑；田家更置漏，寸晷亦欲知。
汗与水俱滴，身随阴屡移；谁当哀此劳，往往夺其时。

诗人对农民注重农时、辛勤劳作，及至置田漏以量度时间的举措，予以由衷的赞许，并对有人不顾农时之重要而胡作非为，表示了极大的愤慨。苏轼在《眉州远景楼记》⑤ 一文中，则记述了当时田漏的使用情况：“四月初吉，谷稚而草壮。耘者毕出，数十百人为曹，立表下漏，鸣鼓以致众。择其徒为众所畏信者二人，一人掌鼓，一人下漏，进退作止，唯二人之听。”“七月既望，谷艾而草衰，则仆鼓决漏”。“岁以为常，其风俗盖如此”。田漏是在每年的四至七月农作最忙碌的时候使用，用以合理确定劳作或休息的时间。

图 6-4　《王祯农书》田漏图

① 以上均参见王立兴，宋代民间计时小仪器漏盂的复原，自然科学史研究，1983 年，(3)。
② 孙星华，钱熙祚：《唐语林》卷五。
③ 华同旭，中国漏刻，安徽科学技术出版社，1991 年，第 101～103 页。
④ 王安石：《王文公文集》卷四十。
⑤ 苏轼：《苏东坡全集》卷三十二。

在元代《王祯农书》中，就载有田漏之图（图 6-4）和有关文字说明：“置箭壶内，刻以为节，既壶下注，即水起箭浮，时刻渐露。”可见，它是一种单级受水型浮箭式漏壶，上壶是一大木桶，为供水壶，下壶是一缸状器，为受水壶。二者上下差置于水田头，由一老者操作，水田中有劳作者正在缛秧，这一情况同苏轼所说颇为相像。田漏的漏箭刻划应是不均匀的，其漏箭的制备和时刻准确度的检验，均以对晷影的经常测量为标准。

几漏是南宋孙逢吉设计的小型计时器。在其所著《准斋心制几漏图式》中载有几漏的图像（图 6-5）及有关文字说明。与田漏一样，它也是一种单级受水型浮箭式漏壶，上壶为供水壶，下壶为受水壶，其漏箭（即筹箭）的刻画亦为不等间距的。它共有 25 支不同刻画的漏箭，以因应四季昼夜长短的变化。几漏可以说是小型化、精巧化了的田漏。“水之去来不露”，不致水溅于外；所用之水经“滤水筛”过滤，以求洁净；又备有“发透子”（猪毛）及时疏浚漏管，以求保持漏管畅通且不变形。几漏“内可施之堂奥，外可带之舟车。至于夙夜在公，优游燕处，皆可置之坐隅，备知时刻正最，便宜士大夫出入起居之用”。

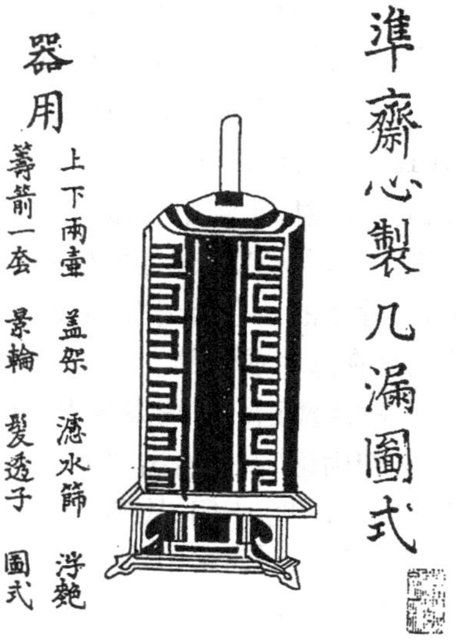

图 6-5 《准斋心制几漏图式》几漏图

显然，这几种民间使用的计时器具的准确度，均远不及前述官用的大型秤漏或燕肃莲花漏，但它们是基本适应于民用时间精度要求的、简便的计时仪器，是为普及型的计时器。

第四节 燕肃、余靖等人的潮汐理论

北宋时期是中国古代潮汐理论发展的黄金时代，涌现了诸多有关潮汐的论著和不少颇有见地的论说，张君房、燕肃、余靖、邵雍、张载、沈括、徐兢等人均有各具特色的论述，本节给予较详细的讨论。而到南宋及元代，具有特色的论述较罕见，也一并在此作简要的介绍。

一 张君房的《潮说》与燕肃的《海潮论》

张君房，字尹才，安陆（今湖北省安陆县）人，其生卒年代不详。宋真宗景德年间（1004～1007）进士，曾任尚书度支员外郎、集贤校理等职，后自御史台谪官浙江海宁，出任钱塘县令。大中祥符五年（1012），他奉命主持校正秘阁道书，乃取朝廷所降道书，及苏州、越州、台州旧道藏，同道士十人修校，至天禧三年（1019）编成《大宋天宫宝藏》（即《道藏》之初本）4565 卷。随后，又撮取其精要，撰成《云笈七签》一百二十二卷，是名噪一时的学者。

张君房十分推重唐代窦叔蒙的《海涛志》，以为其“详覆于潮，最得其旨”。他认为：“潮之为体也，父天母地，依阴附阳，其本则系属于月焉。”特别强调潮汐与月亮之间的一为本、一为体的关系，即强调潮汐现象的起因在于月亮的主张。对于朔日和望日的大潮现象，他予以专门的讨论：

凡月周天则及于日，日月合同，谓之合朔。合朔则敌体，敌体则气交，气交则阳生，阳生则阴盛，阴盛则朔之潮大也。自此而后，月渐之东，一十五日与日相望，相望则光偶，光偶则致感，致感则阴融，阴融则海溢，海溢则望日之潮犹朔之潮大也。斯又本于自然也。[1]

这里，张君房是基于阴阳学说和光的感应之类的自认为是合乎逻辑的推测，得出日月相合时“阴盛”和日月相望时“阴融”的结论，进而认为导致海水增多而生成大潮，当然他的这些推测是不正确的。不过，其中包含有潮汐乃是日、月共同作用的结果的思想，应予肯定。

大约稍后于张君房的燕肃，在潮汐理论上更有建树。燕肃尝言他在宋真宗大中祥符九年(1016)后，历经广西、广东和浙江沿海的诸多地方，“朝夕观望潮汐之候者有日矣，得以求之刻漏，究之消息，十年用心，颇有准的”[2]。他终于约在1025年任职宁波时，“为《海潮图》，著《海潮论》二篇”[3]，以记述他的研究心得。《海潮图》大约是关于潮候的图表，今已不传。而《海潮论》因曾在浙江会稽刻石，被人抄录下来，得以流传至今。在上一节中论及的莲花漏的构想，可能也是在这时成形的。

在《海潮论》中，燕肃首先对前人的潮汐论作了概述，以为其“源殊派异，无所适从，索隐探微，宜伸确论”。他指出：“大率元气嘘翕，天随气而张敛，溟渤往来，潮随天而进退者也。日者，众阳之母，阴生于阳，故潮之附于日也。月者，太阴之精，水乃阴类，故潮依之于月也。是故随日而应月，依阴而附阳”。这是关于潮汐涨落的总体理论的说明，认为潮汐生成的起因在于太阳和月亮，这同我们现今的认识是相合的。至于起作用的机制，他先说潮汐是元气的舒张与收敛造成的，而元气分为阴、阳二气；又说日、月是为阴、阳“之母”或“之精”。反过来便是说，日、月通过阴、阳二气作用于水，而导致了潮汐的生成。这里，燕肃是依据传统的元气学说，以及日月与阴阳的关系等理论加以论述的，其中含有某种合理的成分，或者说是一种科学的猜测。燕肃关于潮汐由日月生成及其机制的论说，不但否定了唐代卢肇“日入海而潮生”的机制，也不同意潮汐只与月亮有关的观点，而且较五代邱光庭大地上元气出入使大地升降导致潮汐的主张要高明得多。而对于卢肇“月去日远，其潮乃大，合朔之际，潮殆微绝”之说，燕肃更予尖锐的批评，指出：“此因不知潮之准也。”用词虽平和，却入木三分。

燕肃又指出：

今起月朔夜半子时，潮平于地之子位四刻一十六分半。月离于日，在地之辰，次日移三刻七十二分。对月到之位，以日临之次，潮必应之。过月望复东行，潮附日而西应之。至后朔子时四刻一十六分半，日月潮水复会于子位。其小尽，则月离于日，在地之辰，次日移三刻七十三分半，对月到之位，以日临之次，潮必平矣。至后朔子时四刻一十六分半，日月潮水亦俱复会于子位。是知潮常附日而右旋，以月临子、午，潮必平矣；月在卯、酉，汐必尽矣。或迟速消息之小异，而进退盈虚终不失其期也[4]。

这则是关于潮汐在一个朔望月内涨落的周期性的具体描述。设日月合朔时刻正当子时，则高潮出现的时间在子时后4.165刻(约1小时)，而不是正好在子时；而此后每日高潮出现的时间则在子时后$(4.165+3.72H)$刻，H为距合朔日的日数。此中，4.165刻是每日高潮出现

---

① 俞思谦：《海潮辑说》卷上。

② 姚宽：《西溪丛语》卷上。

③ 脱脱等：《宋史·燕肃传》。

④ 以上均见姚宽：《西溪丛语》卷上。

时间滞后于月临子位时间的一个常数量；而3.72刻（约53.6分钟）即为正规半日潮推迟的时间，燕肃认为该值或为3.735刻（约53.8分钟），这是“迟速消息之小异”所致。前者实际上是燕肃关于日、月引力最大时刻与高潮出现时刻存在一时间差的发现；而后者唐代封演、窦叔蒙等人已发现在先，且燕肃所得数量反不及他们准确，但是，燕肃注意到该值并非一固定不变的常量，这是每天日、月相对位置的变化不恒定的结果，则是一种进步。燕肃在此还认为，当月亮位于某一特定地点的子、午（北、南）方位时，约略是该地点潮水最大之时；位于卯、酉（东、西）方位时，约略是该地点潮水最小之时，这则是对每日两潮两汐现象主要决定于月亮的精辟论述。

张君房《潮说》和燕肃《海潮论》的问世，开启了北宋时期潮汐理论发展和备受关注的新局面。

二　余靖《海潮图序》：月生潮汐理论的新发展

余靖（1000～1064），字安道，韶州曲江（今广东韶关）人。宋仁宗天圣二年（1024）进士，曾任将作监丞、太常博士、将作少监、集贤院学士，官至工部尚书，死后被追赠为刑部尚书，谥“襄”，后人称之为余襄公。余靖曾“三使契丹，亦习外国语，尝为蕃语诗”①，可见其聪颖好学。与燕肃相似，他也曾屡屡到地方为官，广西、广东、江苏沿海地区，特别是广州也是他的任所。对于唐代卢肇的“日入海而潮生，月离日而潮大”之论，余靖甚不以为然，他说：“予尝东至海门（今江苏省海门市，位于长江口北岸），南至武山（今广东省东莞市西南珠江口），朝夕候潮之进退，弦望视潮之消息，乃知卢氏之说出于胸臆，所谓盖有不知而作者也。”这说明余靖关于潮汐的论述是建立在实际观测的基础上的，而对于卢肇凭空想像的，与潮汐现象本身正相背反的论说予以有力的批评。

余靖进一步指出：“夫昼夜之运，日东行一度，月行十三度有奇。故太阴西没之期，常缓于日三刻有奇。潮之日缓其期，率亦如是”。这既是对于正规半日潮每日滞后现象的精辟解析，又是对于潮汐依于月亮理论的有力证明，也据之点破卢肇之误：“若因日之入海，激而为涛，则何故缓不及期常三刻有奇乎？”他又指出：“夫朔望前后，月行差疾，故晦前三日潮势长，朔后三日潮势极大，望亦如之，非谓远于日也。月弦之际，其行差迟，故潮之来去，亦合沓不尽，非谓近于日也。”这是对大潮见于朔或望后三日，和在一个朔望月内潮势有起有伏现象的很好描述，这也可视为对潮汐依于月亮理论的一种证明，自然也是对卢肇之说的否定。可是，他把这种状况归因于朔、望前后月亮运动速度较快（“月性差疾”）和月弦前后月亮运动速度较慢（“月行差迟”），则是不正确的，这并不符合当时历家已经得知的月亮运行迟疾变化的认识。余靖也提及“潮之极涨，常在春秋之中”的事实，这也应是对卢肇之说的否定。但他的解析也仅是“盖春为阳中，秋为阴中”，是苍白无力的。余靖的这些论述既阐明了他的月生潮汐的理论，又是对卢肇说的强有力批判，自此，卢肇之说再无人相信，余靖给它画上了句号。

对于月生潮汐的机制，余靖认为：“潮之涨退，海非增减。盖月之所临，水往从之”。即潮汐现象并不是海水或增或减所致，而是水顺从月亮所在的方位突起，这十分形象、生动和正确地描述了潮汐与月亮之间的依从关系。余靖还从大范围的时空视野，而不是某一时一地的角度，形象、生动和正确地描述了潮汐与月亮之间的关系：“日月右转而天左旋，一日一周，临于四极。

① 脱脱等：《宋史·余靖传》。

故月临卯、酉,则水涨乎东、西;月临子、午,则潮平乎南、北。彼竭此盈,往来不绝。皆系于月,不系于日。"① 他认为水体升起的部分总是与月亮所处的方位相一致,月在卯,则东方水涨;月在午,则南方水涨;月在酉,则西方水涨;月在子,则北方水涨。即随着月亮的运行,造成水体与之同步此起彼伏,这是对月亮运动方位与水体涨落之间有机联系的描述,说的"实际上就是近代的潮汐椭球"②。自然,这里余靖把潮汐完全归因于月亮,而同太阳无关的见解是有失偏颇的。

余靖是从他在江苏海门和在广东武山"朝夕候潮之进退"的实践及其比较研究中,机敏地得出上述潮汐椭球的推论的,在《海潮图序》中,就如实记载有他在该二地观测潮候的具体结果。余靖大约还给出了该二地的潮候图表,《海潮图序》应是为这些图表所作的序言,可惜,这些图表今已失传。

《海潮图序》是北宋、同时也是中国古代潮汐理论发展到高峰的一座里程碑。余靖读过燕肃的《海潮论》,他正确地指出,燕肃所说月临子、午,潮必平等,是就南海而言,可是他并不认同燕肃关于潮汐又与太阳相关的见解,这一缺欠只能由燕肃之说来弥补。

三 邵雍、张载、沈括、徐兢等人的潮汐理论

邵雍(1011～1077),字尧夫,自号安乐先生、伊川翁等,范阳(今河北省涿县)人,徙居卫州共城(今河南省辉县),隐居于苏门山,以讲《易》闻名遐迩,屡授官不出。死后,谥"康节",后人又称其为康节先生。著有《皇极经世》、《伊川击壤集》等,流行与世。就在《皇极经世·绪言·卷八下》中,邵雍论及关于潮汐:

> 海潮者,地之喘息也。所以应月者,从其类也。气,由口出入则喘,由鼻出入则息。海潮,气之行也,出入于水土,与人喘息同,即谓地之喘息可也。所以应月之晦、朔、弦、望而消长,则以地之太柔,从天之太阴类也。是故月丽卯、酉,潮应东、西;月丽子、午,潮应南、北。天地一气,观潮见类也。

即以为潮汐是地在喘息的结果,所谓地在喘息,实指气出入于水土,可视为五代邱光庭潮汐说的形象说明。邵雍似更强调包括水在内的大地的呼吸运动,也就是强调元气对于水体和地体同时发生作用,而导致潮汐的生成,这是与邱光庭说稍有不同之处。关于潮汐的大小与月亮的盈亏相应,他是赞同的,可是是以同类相从的传统理论为说。而关于"月丽子午,潮应东西"等说,只是复述余靖之论,不过,邵雍则以之作为更大的"天地一气"论题的佐证,是余靖所不及的。

张载(1020～1077),字子厚,凤翔郿县(今陕西省眉县)横渠镇人。宋仁宗嘉祐二年(1057)进士,曾任云岩县令、著作佐郎、崇文院校书、同知太常礼仪院等职,又曾长期屏居故里讲学,人称横渠先生,是为理学中"关学"学派的创建人,完成于1076年的《正蒙》一书为其代表作。在《正蒙·参两篇》中,张载提及他关于潮汐的见解:

> 地有升降,日有修短。地虽凝聚之物,然一气升降其间,相从而不已也。阳日上、地日降而下者,虚也;阳日降、地日进而上者,盈也。此一岁寒暑之候也。至于一昼夜之盈虚升降,则以海水潮汐验之为信,然间有小大之差,则系日月朔望,其精相感也。

---

① 以上均见余靖:《武溪集》卷三。

② 中国古代潮汐史料整理研究小组,中国古代潮汐论著选译·前言,科学出版社,1980年。

由之可见，张载的潮汐论属于邱光庭一派，都以为潮汐系由大地的升降而成，但又有所不同，认为大地的升降是由于承托水的元气的升降造成的：元气上升，使大地下降，海水涌入江河而为潮；元气下降，使大地上升，海水泄出江河而为汐。即把一年内和一日内升降的机制都统一于元气的升降运动，而不取元气出入大地之说。张载也认为元气的盛衰大小与日月朔望密切相关，两者相感而生，再经由上述机制生成潮汐。

沈括在《补笔谈·卷二》中，也曾论及潮汐。他也认为卢肇的潮汐说“极无理，若因日出没，当每日有常，安得有早晚”，他指出：“每至月正临子、午，则潮生，候之万万无失。此以海上候之，得潮生之时，去海远，即需据地理添时刻。”以为若在大海中候潮，总是当月亮正处于观测者的上、下中天时，便有高潮出现，这是从另一个角度对余靖所述潮汐椭球的描述。沈括还对一日内出现的两次大潮作了新定义：“月正午（上中天）而生者为潮，则正子（下中天）而生者为汐。”这同以涨潮为潮，落潮为汐之说有所不同。关于沈括其人，我们在本章第八节中还要作介绍。

徐兢，字叔明，吴县（今江苏省吴县）人，生卒年月不详。善画山水神物，尤工篆籒。宋徽宗宣和五年（1123），他随同路允迪、傅墨卿出使高丽，归国后约于 1125 年著成《宣和奉使高丽图经》四十卷，备述此行的航道以及见闻等等。在此书卷三十四中，徐兢论及潮汐：

> 大抵天包水，水承地，而一元之气升降于太空之中，地承水力而自恃，且与元气升降互为抑扬，而人不觉，亦犹坐于船中者，不知船之自运也，方其气升而地沉，则海水溢上而为潮，及其气降而地浮，则海水缩下而为汐。……一昼一夜，合阴阳之气凡再升再降，故一日之间，潮汐再焉。

徐兢此说实际上是对张载潮汐论的极好诠释。徐兢还指出：

> 月临于子，则阳气始升；月临于午，则阴气始升。故夜潮之期，月皆临子；昼潮之期，月皆临午焉。……月朔之夜潮，日亦临子，月朔之昼潮，日亦临午焉。……天体西转，日月东行，自朔而往，至午渐迟，而潮亦应之……

这则是对燕肃、余靖、沈括之说的申述，不过，他是以阴阳说作为潮汐生成机制基础的，远不如余靖所说，但是，他依稀承认潮汐的生成也与太阳有关，则较余靖之说略优。

如上四家的潮汐论，都是在他们各自的长篇著作中的一个段落，可见潮汐论是当时的学者津津乐道的论题。邵雍和张载之说，基本上回归到邱光庭的水平上去；沈括也只是在余靖之说的基础上略有发展；而徐兢则回旋于邱光庭说与沈括等人的论说之间。其总体水平已较燕肃、余靖的潮汐说有所降低。

四　余　　论

北宋以后，潮汐理论更呈现停滞以至衰落的局面。

南宋朱熹只是重申徐兢之说①，马子严《潮汐说》认为：“水，阴物也，而生于阳，潮汐依日而滋长，随月而推移。”这还保存有日、月生成潮汐的基本思想，但又掺杂阴阳说的影响。朱中有《潮颐》对卢肇的潮汐论有深入的批评，但他的潮汐论亦不过是：“夫水，天地之血也，元气有升降，气之升降，血亦随之。”乃脱颖于汉代王充之说。

元代史伯璿则将余靖之说同卢肇之说相提并论，以为都是错误的，“谓潮与月相应则可，谓

---

① 李光地编：《朱子全书·理气二·潮汐》。

水往从月，潮系乎月则不可”。而主张水气张而推北方的水南涌则为潮，水气翕而使南方的水北返则为汐，“气之一张一翕，如循环然，无停机也。……区区愚见，仅止于此”①。他几乎否定前人所有的论说，而以不知从何而来的水气和臆想的南北水流取而代之。宣昭的《浙江潮候图说》② 仅杂采邱光庭和张载之论为准。

明代王佐《潮候论》认为“要之不出水与月一气之相应”③；陈天资《潮汐考》④ 和张燮《东西洋考·卷九》则均主邵雍的大地喘息论。清代周亮工《书影·卷九》杂取王充“水者，地之血脉，随气进退”和窦叔蒙“水随月之盈亏”之说；屈大钧《广东新语·卷一》和周春《海潮说·下》皆主邱光庭之说；周煌《琉球图志略·卷五》认为“应月之说为最”等等。

可见，北宋以后各家说，均在前人论说中进行选择，一无创新之处，更遑论出现像史伯璿那样的人物。不过，元代虞裕，在其所著《谈撰》中，论及潮汐时写道：

“潮者，太阳、太阴(即指月亮)鼓怒之气所起。盖日月运行，阴阳鼓怒，朝夕为常，故潮汐有信。”⑤ 他认为太阳和月亮有一种“鼓怒”之气，“鼓”有鼓动、振作、凸起、涨大之意，“怒”形容气势强盛。即以为日月运行所临之处，有气势强盛的，起鼓动、振作、凸起、涨大作用的气作用于其下的水体之上，这便是生成潮汐的具体机制。虞裕此说不愧是中国古代日月生成潮汐具体机制的最精彩论述之一，多少给其前后相当长时间内沉寂的潮汐说带来一点光明。

第五节　杨惟德的恒星观测工作及其他

一　杨惟德与《杨惟德星表》

在本章第二节中，我们已经提及：宋真宗大中祥符三年(1010)，杨惟德被韩显符指定为可以受业的四名学生之一，当时，杨惟德是一个已崭露头角的年轻人，大约已在司天监工作有年，时任保章正。在本章第三节中，我们已提及杨惟德于宋仁宗景祐元年(1034)九月奉诏与燕肃一道在资善堂测验莲花漏，并公正地得出莲花漏合天的结论，杨惟德时任司天少监，已颇有影响与声望。自1010年前若干年至此的20余年间，杨惟德大约一直在司天监任职，职位逐级上升，已任司天监副主管。

约在景祐元年(1034)初，宋仁宗“乃命太子洗马兼司天春官正权同判监杨惟德，春官正王立(即前述否定燕肃莲花漏者)，翰林天文李自正、何湛等，于资善堂将历代诸家天文占书，并自春秋至五代已来史书，采摭撰集。又遣内侍任承亮、邓保信、皇甫继和、周惟德等总其工程。庀事数月，书成”。全书“凡三十卷。至景祐元年七月五日编成”。宋仁宗“以权判司天监杨惟德为殿中丞少监，何湛为冬官正，以新书成也”。这部新书名曰《景祐乾象新书》，亦曰《乾象新书》。杨惟德和何湛为此作的成功用力颇多，尤以杨惟德为最，故得以升迁。

《乾象新书》计有“天占、地占各一卷”，“太阳、太阴占各上下二卷”，“周天星座去极、入宿度一卷”，“晷景、昼夜刻、中星、七曜行数、分野一卷”，“岁星、荧惑、填星、太白、辰星之占各一卷”，

① 史伯璿：《管窥外篇》卷上。
② 翟均廉：《海塘录》卷二十。
③ 聂缉庆等：《临高县志》，光绪版。
④ 吴颖、贺宽：《潮州府志》，顺治版。
⑤ 陶宗仪等：《说郛》卷三十五下。

“紫微垣、太微垣、天市垣占各一卷”，“二十八宿为之占七卷”，“东西南北杂座之占四卷”，“五星总占一卷”，“彗星、孛星占一卷”，“瑞星、妖星、客星占一卷”，“流星占一卷”。依此统计全书应为31卷。由之可见，它是一部汇集前代星占理论和占法著作。其中“晷景、昼夜刻、中星、七曜行数、分野一卷”可能除了综述前代有关测量成果之外，还包括杨惟德等人的新测结果。而最重要的是“周天星座去极、入宿度一卷”，这是宋仁宗“初命（杨）惟德等以周天星宿度分及占测之术，纂而为书，至是上之”的。这里所说的“初命”不当指景祐元年年初的诏令，因为仅用半年左右的时间是难以测遍周天星宿的（若取中星观测，至少需用一年时间），所以，这一诏令至少应在宋仁宗明道二年（1033）间颁发，也就是说，杨惟德等人至迟应在明道二年便已开始全天恒星的观测工作。我们认为，这一观测成果应在景祐元年以前就已基本完成，并收入《乾象新书》中。而在奉命编撰《乾象新书》后，杨惟德等在景祐年间又进行了重测工作，下面就要提及的所谓“景祐测验”，当指此间观测的结果。

《乾象新书》云：“《天文录》并诸家占书所载石申夫、甘德、巫咸三家星座共二百八十三座，总一千四百六十四星。年代浸远，宿次舛误，验天文则去极不同，赜星书则次舍靡定。臣等将司天监铜浑仪测验周天星次，较定前书。”这是说，前代诸家天文星占著作中有关三家星官的记述，存在诸多错误与混乱，或者星宿的坐标与今不同，或者恒星所应归属的星官众说纷纭，所以有重新测定周天星官坐标和厘定归属的必要。杨惟德用以测量的浑仪应就是韩显符制作的至道浑仪。他们所测定的星官依次有：

石申列舍星28座共166星，赤
石申中官星54座共318星，赤
石申外官星38座共271星，赤
甘德中官星59座共201星，黑
甘德外官星39座共209星，黑
巫咸中官星9座共31星，黄
巫咸外官星20座共95星，黄
石申紫微垣星12座共54星，赤
甘德紫微垣星20座共101星，黑
巫咸紫微垣星4座共18星，黄①

如上所列总数正得283座1464星。其中石氏计132座809星，甘氏计118座511星，巫咸计33座144星。若与在第四章第二节论及的《开元占经》所载者作比较，不难看到三家星数均相同，但石氏星官数却增加了12座，巫咸星官数则减少了11座。这说明杨惟德等人对全天星官的组成作了不小的调整。如依《开元占经》所载，石氏将摄提6星为一官，而杨惟德等分为左、右摄提各3星为二官，等等。

在《宋史·天文志》中，可以见到许多关于《乾象新书》、“景祐测验”与前代相关星官坐标值以及归属差异的记述，如：

按汉永元铜仪，毕十六度，旧去极七十八度。景祐测验，毕宿十七度，距毕口北星去极七十七度②。

① 以上均见王应麟：《玉海》卷三。
② 脱脱等：《宋史·天文志四》。

按汉永元铜仪，尾宿十八度，唐开元仪同。旧去极百二十度，一云百四十度，今百二十四度。景祐测验，亦十八度，距西行从西第二星去极百二十八度，在赤道外二十二度。《乾象新书》二十七度。

按《步天歌》，大角一星，折威七星，左右摄提总六星，顿顽、阳门各二星，俱属角宿。……《乾象新书》以右摄提属角，左摄提属亢，……景祐测验，乃以大角、摄提、顿顽、阳门皆属于亢，其说不同[①]。

由之可见，《宋史·天文志》的作者手头应有《乾象新书》和"景祐测验"两种素材，若两者相同，就只提《乾象新书》或"景祐测验"中之一，若两者不同，则并列书出。所以，杨惟德等人在景祐元年前已进行了全天星官的测量和分划，而在景祐年间又作复测并对有关归属进行一些调整，似无疑问。

除了在《宋史·天文志》中保存有这两次测量的成果外，在南宋李季于宋高宗建炎四年(1130)所纂的《乾象通鉴》一书中亦有留存。依之，潘鼐整理、考订出杨惟德等人的部分观测成果，对之作了精度分析[②]：包括二十八宿距星在内的341颗恒星的入宿度、去极度和去赤道内外度等坐标值，名之曰《杨惟德星表》。这是中国古代继《石氏星经》后，流传至今的第二份星表。就二十八宿距星而言，其入宿度的平均误差为0.68°、去极度的平均误差为为1.63°，误差是比较大的；取其他恒星的抽样精度分析表明，其赤经平均误差为2.25°，赤纬平均误差为1.21°，此中，赤纬测量的精度还稍高于对二十八宿去极度的测量，而赤经误差增大的原因，自然是受二十八宿入宿度测量误差叠加的影响。综观之，杨惟德等人的观测结果是比较粗疏的，这大约与至道浑仪不够精密有关，也与观测者的测量误差有关。

差不多在奉诏编纂《乾象新书》的同时，杨惟德等人还受命编撰《景祐三式太一福应集要》十卷，将历代"诸家言太一者编为一集"，内容涉及杂星、云雨、阴阳、岁候的占候以及分野等。此外，还编有《景祐遁甲符应经》三卷、《六壬神定经》十九卷、《三式日录》一卷[③] 等著作，内容亦属此类。

宋仁宗"景祐五年(1038)六月戊子，杨惟德等请移闰于庚辰岁(1040)，以避正旦月食。上不许，曰：'惟有责可以答天变。'"[④] 杨惟德等的问题是，依崇天历推算，次年应闰十二月，若如此，将有月食发生在后年正月十五，故建议次年十二月不置闰，把闰月调整到后年去，但他们的建议未被宋仁宗采纳。这表明杨惟德还负责编算历法的任务，次年历法的编算是在当年的年中进行，编算时还要瞻前顾后。

杨惟德此后的作为，史载鲜及。他无疑是一位勤勉的天文观测家，在10余年后，我们才看到他的又一项重要工作，在下面谈及。

二　1054年超新星的观测及其他

1054年出现的超新星，使杨惟德在恒星观测方面的特长显露出来。"至和元年七月二十二日(1054年8月27日)，守将作监致仕杨惟德言：'伏睹客星出见，其星上微有光芒，黄色。

---

① 脱脱等：《宋史·天文志三》。

② 潘鼐，中国恒星观测史，学林出版社，1989年，第169～171、175～189页。

③ 以上均见王应麟：《玉海》卷三。

④ 同③。

谨案《黄帝掌握占》云：客星不犯毕，明盛者，主国有大贤。乞付史馆，容百官称贺。'诏：'送史馆'。"① 这时，杨惟德已经退休，不在司天监任职，但他仍然关注天象的变化，进行习惯的观测，并说明这一天象所昭示的意义。宋仁宗则信其说，容百官称贺，这自然使得对该超新星的观测与关注，至少在京师成为热门话题。

杨惟德并不是该超新星的最先报告者，而是司天监的人员。宋仁宗"至和元年五月己丑（1054 年 7 月 4 日），（客星）出天关东南，可数寸，岁余稍没"②。嘉祐元年三月"辛未（1056 年 4 月 6 日），司天监言：'自至和元年五月，客星晨出东方守天关，至是没。'"③ "嘉祐元年三月（1056 年 3 月 19 日～4 月 17 日），司天监言：'客星没，客去之兆也。初至和元年五月晨出东方，守天关。昼见如太白，芒角四出，色赤白，凡见二十三日。'"④ "至和二年正月二十一日（1055 年 2 月 20 日）侍御史赵抃上言曰：'臣伏见自去年五月已来，妖星遂见，仅及周年，至今光耀未退。'"⑤ 这些连同杨惟德所言是关于该超新星观测始末的主要记述。

由之可见，该超新星自 1054 年 7 月 4 日发现后的 23 天中，亮度和金星（约 −4.4 等星）相仿，颜色赤白；又后 32 天（即杨惟德报告时），其亮度大约与岁星（约 −2.4 等星）相仿，颜色微黄；又后 176 天（赵抃上言时），"光耀未退"当指虽不明亮，但仍有光亮，大约相当于 4、5 等星；又后 411 天，没而不见，其时的亮度应相当于 6 等星以下。计可见期为 641 日，其亮度（星等）－时间变化曲线大约可如图 6-6 所示。看来，该超新星爆发后，在很短的时间内其亮度急剧增加，在随后的 23 天中保持着较大的亮度；接着，亮度较快衰减，32 天减 2 个星等；又接着，亮度较慢衰减，176 天减约 7 星等；再接着，亮度衰减很慢，411 天减约 1.5 星等。

天关是在毕宿与井宿之间的一颗恒星，即金牛座（Tau）ζ 星，在此星西北 1°多处有一蟹状星云（图 6-7）。上述所记"出天关东南"的"东南"显然是误载⑥。当今天文界"已广泛承认了 AD1054 新见星是一颗超新星，而蟹状星云是它的遗迹"。无疑，司天监、杨惟德和赵抃等人当年的观测，和中国古代天象记录的传统，对当今"天体物理学最广泛研究对象之一"的这一课题的开展，起了至关重要的作用。"有关 AD1054 超新星的历史记载，涉及的国家和地区有中国、日本、美国阿利桑那、苏联亚美尼亚以及中东地区。经分析证明，中国的记录是最完整和精细的，而且在目前已发现的记载中，也可能是最早的。这是中国古代劳动人民在世界科学史上的一项巨大贡献，是中国古代珍贵文化遗产中极其光辉灿烂的一页"⑦。

对于 1054 年超新星的观测与记录，只是中国古代对众多各类天象的观测与记录中较为突出和精当的一个事例。在第二章第二节中，我们已经提及中国古代天象观测与记录的多样性、系统性和可靠性，而到宋元时期，这些特性有增无已，不妨再举二例以明之：

在《宋史·天文志》中，有大量关于月亮犯、入或掩某恒星的记录。如宋神宗熙宁二年（1069）上半年："正月戊寅（2 月 4 日）入东井；癸未（2 月 9 日）犯西上相；戊子（2 月 14 日）入氐。二月己酉（3 月 7 日）犯轩辕大星；甲寅（3 月 12 日）犯亢距星；乙卯（3 月 13 日）入氐。三

① 徐松：《宋会要辑稿》，第 52 册 2065 页。

② 脱脱等：《宋史·天文志九》。

③ 脱脱等：《宋史·仁宗本纪四》。

④ 徐松：《宋会要辑稿》，第 52 册 2086 页。

⑤ 赵抃：《清献集》卷一。

⑥ 薄树人，王健民，刘金沂，蟹状星云是 1054 年天关客星的遗迹，中国天文学史文集第 1 集，科学出版社，1978 年。

⑦ D.H.Clark and F.R.Stephenson 著，王德昌，徐振韬等译，历史超新星，江苏科学技术出版社，1982 年。

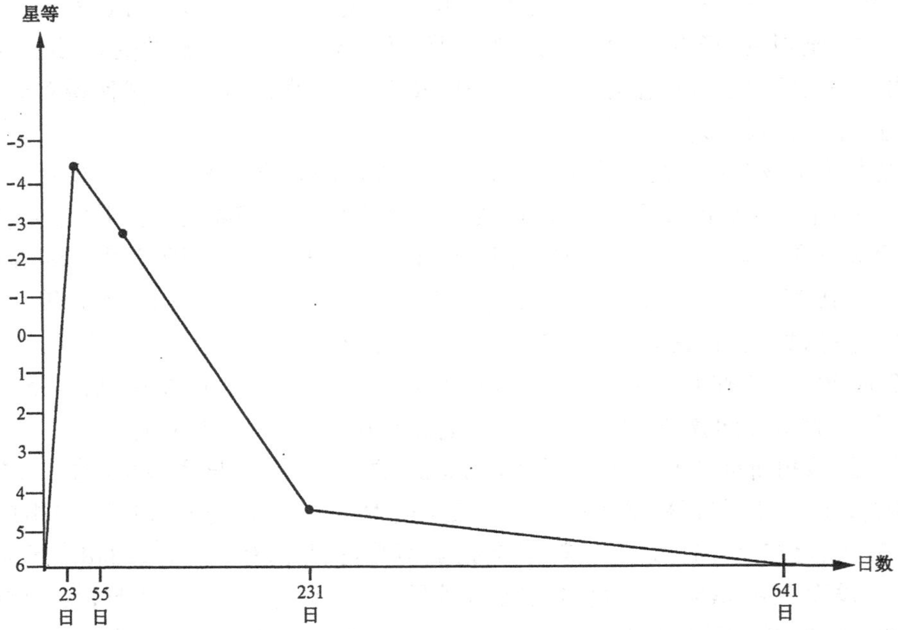

图 6-6　1054 年超新星亮度(星等)-时间变化曲线示意图

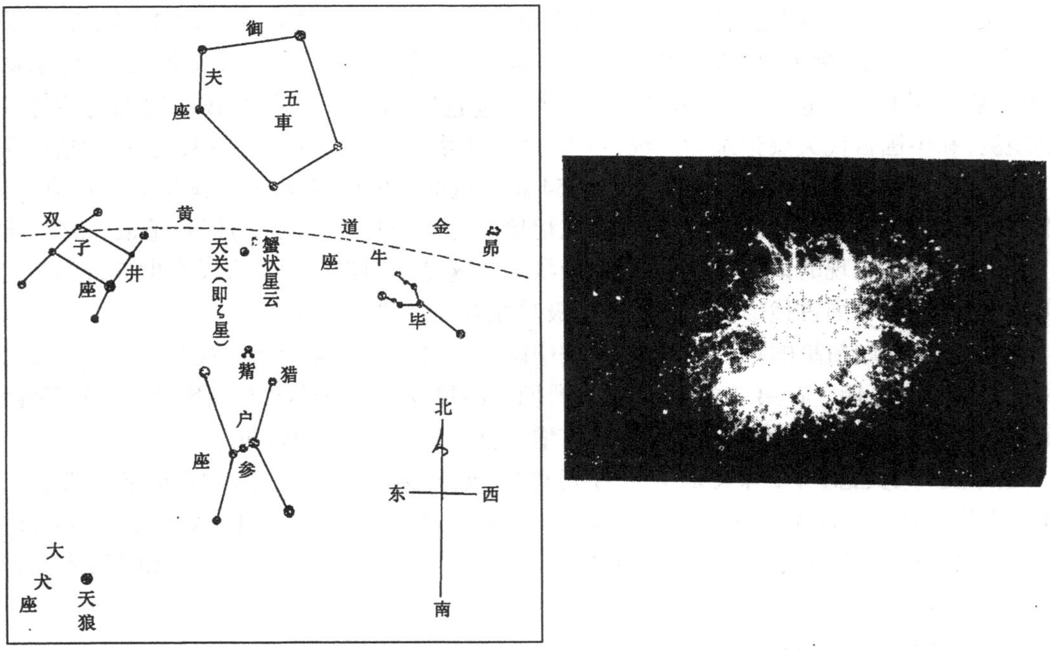

图 6-7　天关星与蟹状星云位置示意图

月丙子(4 月 3 日)犯轩辕大星;戊寅(4 月 5 日)入太微;癸未(4 月 10 日)犯氐东北星。四月庚子(4 月 27 日)入东井;庚戌(5 月 7 日)入氐。五月甲戌(5 月 31 日)犯东上相;壬辰(6 月 18

日)掩毕大星。六月乙巳(7月1日)入氐;己未(7月15日)犯毕……”[①] 单从宋英宗治平元年(1064年),中经宋神宗,到宋哲宗元符三年(1100)的37年间,关于月亮犯、入或掩某恒星的记录就有1229项(其中月掩星记录有43项),即每年平均有33项,亦即平均每11日有一项此类观测记录,此中最多的年份为宋哲宗元符二年(1099),达66项之众,可见宋人观测之勤。这些记录应选自司天监的观测档案,当年原始的观测记录大约较此还要详尽。所谓“犯”是指月亮临近某恒星约1°时;而“入”系指从地面上看月亮运行进入某星宿的范围之内;“掩”指月亮遮掩某恒星,这是并不多见的现象,对于现代月亮运动理论的研究具有重要的价值。

又如关于彗星的观测与记录:元顺帝至元三年五月“丁卯(1337年6月26日),彗星见于东北,如天船星大,色白,约长尺余,彗指西南,测在昴五度。……八月庚午(8月28日),彗星不见。其星自五月丁卯始见,戊辰(6月27日)往西南行,日益渐速;六月辛未(6月30日),芒彗愈长,约二尺余;丁丑(7月6日)扫上丞;己卯(7月8日)光芒愈甚,约长三尺余,入阛卫;壬午(7月11日)扫华盖、杠星;乙酉(7月14日)扫钩陈大星及天皇大帝;丙戌(7月15日)贯四辅,经枢心;甲午(7月23日)出阛卫;丁酉(7月26日)出紫微垣;戊戌(7月27日)犯贯索,扫天纪;七月庚子(7月29日)扫河间;癸卯(8月1日)经郑、晋,入天市垣;丙午(8月4日)扫列肆;己酉(8月7日)太阴光盛,微辨芒彗,出天市垣,扫梁星;至辛酉(8月19日)光芒微小,瞻在房星键闭之上、罚星中星正西,难测,日渐南行,至是凡见六十有三日,自昴至房,凡历一十五宿而灭”[②]。这一颗彗星开始出现时并不明亮,但元人还是发现了它,而且用浑仪(或简仪)对之进行了测量,并作了跟踪观测。在63日中,对该彗星的亮度、运行速度、彗尾长度与指向等的变化作了翔实的描述,对其位置之所在,约有5处确切的记述,依此似可以对该彗星的轨道根数进行估算。

中国古代对于各类天象的观测与记录,一方面是在“观象以见吉凶”的思想指导下进行的,另一方面是天文历法家为编制、检验、改进历法的需要而展开的。因此而进行了持续不断、认真系统和广泛的观测与记录,从而构成了中国古代天文学的一大特色,也为近现代天文学的研究提供了十分珍贵的历史遗产。

第六节 邵雍、张载等人的宇宙理论

一 邵雍的宇宙本原、演化说、循环论与地附气说

在宇宙本原观上,邵雍比二程走得更远。他认为:“道为天地之本,天地为万物之本。”[③]又认为:“万物万事生乎心也。”[④] “身生天地后,心在天地前;天地自我出,自余何足言。”[⑤] 即他把绝对精神的“道”和主体精神的“心”同作为宇宙的本原看待。而“心为太极,又曰道为太极”[⑥] 以为“太极”是由“心”和“道”生成的。他既吸取佛家的心为本,又吸取老子的道为先,作

---

① 脱脱等:《宋史·天文志六》。
② 宋濂:《元史·天文志二》。
③ 邵雍:《皇极经世书·观物篇五十三》。
④ 邵雍:《皇极经世书·观物外篇上》。
⑤ 邵雍:《伊川击壤集·自余吟》。
⑥ 邵雍:《皇极经世书·观物外篇下》。

为其本原观。

邵雍指出："清浊混而为一，是为太极。太极者已见气也。太极判，两仪生。"① 以为"太极"乃处于一种清浊混沌的状态，其间已有气的存在，其后天地万物的生成是一个演化的过程。"太极，一也，不动。生二，二则神，神生数，数生象，象生器。太极不动，性也。发则神，神则数，数则象，象则器，器之变复归于神也。"② 认为静而不动乃是太极的本性，这也就是气亦即"一"在其时的状态。又"无极之前，阴含阳也"③，其时的气是阴阳合而为一，在阴中含阳，未曾分离。一旦太极的稳定状态被打破而动起来，气中的阴阳就开始分离："动之始则生阳，动之极则生阴。"④ 这便是由一而生二，此后的变化也跟着接二连三地发生。这些变化又都遵循如下所说的数的规律："有一则有二，有二则有四，有三则有六，有四则有八"⑤，各以倍数相生。质言之，在邵雍看来，动静、阴阳、刚柔和倍生律是太极分判及至天地万物生成的要素，不过，他又以为其中动静起着决定性的作用："如其必欲知天地之所以为天地，则舍动静将奚之焉。"⑥ 邵雍认为天地日月星辰的形成，既决定于运动速度的快慢："天生于动者也，地生于静者也"，"动之大谓之太阳，动之小谓之少阳，静之大谓之太阴，静之小谓之少阴。太阳为日，太阴为月，少阳为星，少阴为辰"⑦；又决定于阴阳的多寡："一气分而阴阳判，得阳多者为天，得阴多者为地"⑧，"阳中阳，日也；阳中阴，月也；阴中阳，星也；阴中阴，辰也。"他还认为："星之至微如尘沙者，陨而为堆阜。"⑨ 这同现今所知有大量小陨星落到地球上的事实有某种共同之处。

关于天与地之间的关系，邵雍指出："（天地）自相依附，天依形，地附气，其形也有涯，其气也无涯。"⑩ "天之体，无物之气也。"⑪ 认为天与地是直接相互依附的，有形的大地是有限的实体，无形的天是无限的元气。"天覆地，地载天，天地相函，故天上有地，地上有天。"这里"天上有地"是说地之下的天之上有地，这也明显吸收了宣夜说的思想，进一步把天与地直接相依附的、天在地外的关系说得清楚明白。"水、火、土、石交而地之体尽矣。"⑫ 这更明白无误地把水在内的物体包含于地体之中，亦即水是地的一部分。这些论述较二程更明确地表达了天为无形的元气，地悬浮于天中，亦即地在气中的思想，扬弃了天为圆形、地在水中的旧浑天说。

邵雍认为，天地是有限、有始、有终的："天地亦物也，天地有物之大者。既谓之物，则亦有所尽也。"⑬ "或曰：天地亦有终始乎？曰：既有消长，岂无终始！天地虽大，是亦形器，乃二物也。"⑭ 他是以凡物必有一定的大小，凡有消长必有终始的一般理念，来论证这一命题的。

邵雍还认为，天地在作一成一毁的循环往复的变化。朱熹曾对之作简要的介绍："邵子《皇

---

① 张九韶：《理学类编》卷一。
② 邵雍：《皇极经世书·观物外篇下》。
③ 邵雍：《皇极经世书·观物外篇上》。
④ 邵雍：《皇极经世书·观物篇五十一》。
⑤ 同②。
⑥ 邵雍：《皇极经世书·观物篇五十五》。
⑦ 同④。
⑧ 同③。
⑨ 同②。
⑩ 邵雍：《渔樵问答》。
⑪ 同②。
⑫ 同②。
⑬ 同④。
⑭ 同①。

极经世书》以元统十二会为一元，一万八百年为一会。初间一万八百年而天始开，又一万八百年而地始成，又一万八百年而人始生。邵子于寅上方始注开物字。……他说寅上生物，是到其上方有人物也。有一元十二会、三十运、十二世，十二万九千六百年为一元。岁月日时，元会运世皆得十二而三十而三十而十二，至尧时会在巳午之间，今渐及未矣。至戌上说闭物，到那里则不复有人物矣。”[①] 依此，可作示意图如图 6-8。邵雍以为天地成毁的循环周期为 129600 年（一元）。该值系由 360×30×12 而得，其中 360＝12×30，所以也可以说由 12×30×30×12 而得。而 360 被认为是一年的日数，30 是一月的日数，12 是一日的时辰数。若与汉代刘歆的相似说法（见第三章第九节）比较，邵雍所说周期的绝对年数较之短 182.4 倍。而就相对时间而言，两者基本相同，只是邵雍认为地形成的时间要短些，人物经历的时间要长些，天地演化前期的时间要短些，即只有些数量上的区别，从思想本质上看，并无不同。这说明邵雍的宇宙循环论是与刘歆一脉相承的。

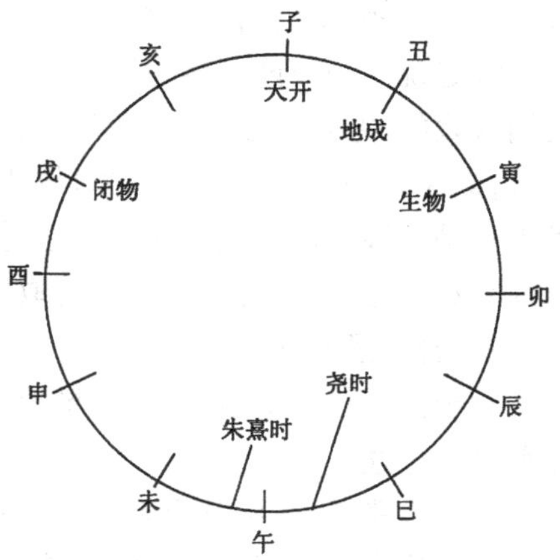

图 6-8　邵雍天地成毁循环周期示意图

二　张载的气本原与聚散说、地在气中说及左旋说

张载认为：“太虚无形，气之本体，其聚其散，变化之客形尔。”“气之聚散于太虚，犹冰释于水，知太虚即气，则无无。”“太虚不能无气，气不能不聚而为万物，万物不得不散而为太虚，循是出入，是皆不得已而然也。”[②] 他把宇宙的本原归之于气，气分布于广袤的太虚之中，气无形，太虚也无形，气具有物质性，无生无灭，而只有聚散，其聚散则是一种自然、必然的过程，有其自身的机制和不可抗拒的规律。

他又指出：“气块然太虚，升降飞扬未尝止息。……此虚实、动静之机，阴阳、刚柔之始，浮而上者阳之清，降而下者阴之浊。”[③] “阴性凝聚，阳性发散。”“地纯阴，凝聚于中，天浮阳，运旋于外。”[④] 这里，特别强调气在作无休止的运动的观点。而且，除了引进与邵雍相同的动静、阴阳、刚柔的机制外，还添加了虚实、清浊、凝散的机制以说明气的特性及其运动的状况。张载认为在天地生成的过程中，由于天地自身的特性，自然形成天运旋于外、地静居于天之中央的状态，这同传统的天成于上、地成于下的观念有区别。显然，这是与当时浑天说的发展有密切的关系。张载自己便是新浑天说的倡导者，他的天地生成说实际上也就为新浑天说提供了在宇宙演化理论上的论证。

对于老子的虚无创生说和佛家的天地万物是人心的虚幻感觉的论说，张载予以有力的批判：“若谓虚能生气，则虚无穷，气有限，体用殊绝，入老氏有生于无自然之论。”“若谓万象为太

---

① 张九韶：《理学类编》卷一。
② 张载：《正蒙·太和篇》。
③ 同②。
④ 张载：《正蒙·参两篇》。

虚中所见之物，则物与虚不相资，形自形，性自性，形性天人不相待，而有陷于浮屠以江河大地为见病之说。……诬世界为幻化。”① 他认为如果把虚无作为宇宙的本原，势必造成无限的虚无同有限的、客观存在的有之间不相匹配，造成无与有的断然割裂，从无到有，缺乏必要的中间环节，遂使万物与太虚、形(形体)与性(精神)的依存关系相脱节，所以是不足取的。佛家关于世界只是一种人们感觉上的幻象之说，倒是可以与此说相容，但是，世界不以人们的感觉而变异的客观存在，则是佛家之说不可取的要害所在。由此，张载也就反过来证明他的上述论说是合理的、合乎逻辑的。

对于天、恒星、地、日、月、五星的运动速度与属性等问题，张载在《正蒙·参两篇》中作了十分重要的论述：

> 常星不动，纯系乎天，与浮阳运旋而不穷者也，日、月、五星逆天而行，并包乎地者也。地在气中，虽顺天左旋，其所系辰象随之，稍迟则反移徙而右耳。
>
> 凡圜转之物，动必有机，既谓之机，则动非自外也。……恒星所以为昼夜者，直以地气乘机左旋于中。

这里，他提及“地在气中”之说，是当时诸家同类论述中，最为明确而简要者。他指出天、恒星、日、月、五星皆包围于地之外，运旋不止，地居于它们的中心。恒星与天处于同一层次，也是离地最远的层次，并向左旋，其速度也最快，一日一周天。他还认为，恒星等天体的左旋，是由左旋的地气带动的，而左旋的地气则是由左旋的地体为“机”，亦即为原动力的。也就是说，地与日、月、五星均在气中，地既在左旋，势必带动气左旋，也势必带动日、月、星辰一起左旋，由于日、月、五星左旋的速度比天与恒星慢，所以看起来，它们好像在逆天而右行。这些便是张载关于日、月、五星左旋说的主旨，这是建立在他的宇宙演化论的基础上的。还要指出的是，在张载看来，地体左旋的速度较诸天体要慢，因为只有这样，才可以在地上看到诸天体在左旋。这却造成低速旋转的动力源带动快速旋转的载体的结果，是有悖常理的，所以，他认为地体在左旋也不符合实际。虽然如此，他确实表达了地体在自转的观念，则是难能可贵的。

> 间有缓速不齐者，七政之性殊也：月阴精，反乎阳者也，故其右行最速；日为阳精，然其质本阴，故其右行虽缓，亦不纯系乎天，如恒星不动；金、水附日前后进退而行，其理精深，存乎物感可知矣；镇星地类，然根本五行，虽其行最缓，亦不纯系于地也；火者亦阴质，为阳萃焉，然其气比日而微，故其迟倍日；惟木乃岁一盛衰，故岁历一辰者，日月一交之次，有岁象也。

这是张载关于日、月、五星运动之所以迟疾不同的解释。他用阴迟阳速的理论说明月亮“右行最速”，即左行最慢；太阳“右行虽缓”，即左行较快；火星每天右行的平均速度为太阳的一半，即左行较太阳要快相应的数值，因为月亮是“阴精”，太阳是“阳精”，火星是“阳萃”之故。对于金星和水星，他认同传统的其平均运动速度与太阳相当的错误观念，并用它们与太阳相感应为说的。关于镇星(土星)右行最缓，即左行最快，他是以其“根本五行”为说。而对于木星的左星速度仅次于土星，他则以其“岁一盛衰”说明。由之可见，张载并未给出一个统一的机理来说明日、月、五星运动的迟疾，带有很大的随机色彩。他所给出的日、月、五星左行自快到慢的顺序：土星、木星、火星、金星和水星、太阳、月亮，实际上是历家早已得知的日、月、五星右行自慢到快顺序的反映。

---

① 张载：《正蒙·太和篇》。

张载的日、月、五星左旋说，经由南宋朱熹等人的极力宣传，对后世产生了很大的影响，这在下文中还要论及。

第七节　周琮明天历、皇祐仪象、《周琮星表》及其他

一　周琮与明天历

在本章第一节中，我们已经提及周琮于宋仁宗天圣二年(1024)提出对交食等的检验应“使千百年间若应准绳”的高论，和于天圣七年(1029)他关于月亮和土星运动的研究成果被增入崇天历之事，说明周琮当时已是一位于历法之学有相当高造诣的天文历法家。当时他大约已在司天监任职，但详情不得而知。皇祐初(约1049)，宋仁宗命“日官舒易简、于渊、周琮等”①新制浑仪、漏刻和圭表，随后，周琮等应用新制仪器对周天恒星位置及晷影长度等进行了测量工作(详说见后)，即在沉默了大约20年后，我们才又看到了周琮其人的积极的天文活动。

宋仁宗“皇祐四年(1054)十一月日食，二(?)历(当指崇天历)不效，诏以唐八历及宋四历参定，皆以景福(指边冈崇玄历)为密，遂欲改作”。② 但此议遭到了刘羲叟的强烈反对。刘羲叟(1015～1058)精算术、兼通唐代一行的大衍历等历法，“强记多识，尤长于星历、术数”，常以天象说时事，撰有《刘氏辑历》，是为研究历代历日的著作。欧阳修十分推崇他的学术造诣，“及修唐史，令专修律历、天文、五行志”③。其时，刘羲叟正在编修《新唐书》“历志”、“天文志”，声望正高，他说：“崇天历颁行逾三十年，所差无几，讵可偶缘天变，轻议改移?”又说：“古圣人历象之意，止于敬授人时，虽则预考交会，不必吻合辰刻，或有迟疾，未必独是历差。”“(刘)羲叟历学为宋第一，欧阳修、司马光辈皆遵用之”④。于是，改历之议不了了之，崇天历得以继续施用。这位号称宋代历学第一的权威的此番议论，实在同他的名望不相匹配。若如其所说，历学便无由进步，历家不必为交食吻合辰刻而精心观测与研究，以至所有历差都可用“偶缘天变”予以搪塞，这与周琮的上述主张确有天壤之别。而从欧阳修、司马光等学界大家都不反对刘羲叟之说看，这种把历法不与天合的现象归因于日月失行的观念，在当时的学界是大有市场的。周琮虽到这时在天文历法领域已成绩斐然，但在这些名家面前似乎还说不上话，即便有话可说，不被重视也是可想而知的。

“(周)琮自谓善历，尝曰：‘世之知历者鲜，近世独孙思恭为妙。’而(孙)思恭又尝推刘羲叟为知历焉”⑤。看来，周琮对刘羲叟“历学为宋第一”之说不以为然，大约就与刘羲叟曾有此番议论有关。而孙思恭“尝修天文院浑仪，著《尧年至熙宁长历》，近世历数之学，未有能及之者”⑥。可见，周琮推崇孙思恭亦非虚言。其实，刘羲叟和孙思恭治历学，均以对前代历法的研究为主，这可从他们相似的著作得知。而孙思恭对于浑仪还深有研究，这大约是刘羲叟所不及的。

---

① 脱脱等:《宋史·律历志九》。
② 脱脱等:《宋史·律历志十五》。
③ 脱脱等:《宋史·刘羲叟传》。
④ 同②。
⑤ 脱脱等:《宋史·律历志八》。
⑥ 脱脱等:《宋史·孙思恭传》。

治平元年(1064),周琮上言:“旧历(指崇天历)气节加时,后天半日;五星之行,差半次,日食之候,差十刻”。此时,刘羲叟已去世多年,而且,周琮对崇天历的失误言之凿凿,于是,新即位的宋英宗“命殿中丞、判司天监及冬官正王炳、丞王栋、主簿周应祥、周安世、马杰、灵台郎杨得言作新历,三[当]年(1064)而成”。这又是在周琮参与上述制仪、测量工作十余年后,在天文历法领域再创新业绩之举。此时,周琮已是司天监的主要负责人,大约已是六七十岁的老人,在天文历法上的造诣更为深厚。在周琮等人奉命编制新历的同时,“司天中官舒易简与监生石道、李遘更陈家学”,也献上了他们各自编制的新历法,由是形成了四历并争的局面。鉴于此,宋英宗“诏翰林学士范镇、诸王府侍讲孙思恭、国子监直讲刘攽考定是非”。这些学者以此四历法上推《尚书》和《春秋》中日食的记录,并“参今历之所候”,即以当时的天象加以检验,而得出:“(舒)易简、(石)道、(李)遘等所学疏阔,不可用,新书(指周琮等的新历)为密”的结论,“遂赐名明天历”①,并于次年代崇天历颁行于宋。

宋英宗“治平二年(1065)始改用明天历,历官周琮(等)皆迁官。后三年,验(宋神宗)熙宁三(元)年(1068)七月月食不效,乃诏复用崇天历,夺(周)琮等所迁官”②。这是说,周琮等人因为明天历的编成而得到升迁的奖励,而在三年后,由于一次月食推算失验,周琮等人又被降职。交食失验当然是明天历不够准确的反映,予以当事人一定的处罚亦不为过。依常理应令其改进,或另定新历,但是,出人意料的决定却是重新颁用也曾失验于交食,而且还有其他弊病的崇天历,实令人惊讶。

二　《明天历·义略》:周琮论历

周琮等计成《明天历经》三卷、《明天历立成》十五卷和《明天历略》二卷③。此中,后者应就是《宋史·律历志七》所说的“(周)琮亦为《义略》冠其首”者,实为《明天历·义略》。在历代历法中,只有三部历法于其卷首泛论历法的理论及本历法成立的依据与特点,前有唐代一行的大衍历,继即周琮的明天历,后有元代郭守敬的授时历。

在《明天历·义略》中,周琮论及在历法中被广泛采用的调日法,其中,以调日法推求朔望月长度分数值的方法,我们已在第四章第七节中提及。此外,还有推求近点月长度分数值的方法:“旧历课转分,以九分之五为强率,一百一分之五十六为弱率,乃于强弱之际而求秒焉。”这些虽然不是周琮的新发明,但说明了调日法发明及其应用的重要信息。

在对明天历所取天文数据等的合理性、准确性的论证中,周琮反复阐明了它们是合于天的。当说到朔望月长度时,他以为“可以上稽于古,下验于今,反覆推求,若应准绳”。当论及赤道岁差值时,他以为“可以上覆往古,下逮于今。自帝尧以来,循环考验,新历岁差,皆得其中,最为亲近”。当言及恒星年长度时,他以为“使上考仲康房宿之交,下验姜岌月食之冲,三十(千)年间,若应准绳”。当谈到回归年长度时,他认为应“上稽往古,下验当时,反覆参求,合符应准,然后施于百代,为不易之术”④。等等。这些论述显然是对他 40 余年前同一主张的重

① 脱脱等:《宋史·律历志七》。

② 脱脱等:《宋史·律历志十五》。

③ 脱脱等:《宋史·艺文志六》。

④ 脱脱等:《宋史·律历志七》。

申。同样重要的是,周琮对其所取不少数据的肯定,在今天看来也决非自吹自擂之词。如他所取朔望月长度的误差仅 0.2 秒,为历代最佳值之一;他所取赤道岁差值为每 77.57 年差 1 度(每年 45.74″),误差为 0.23″,亦为历代最佳值;他所得的与回归年长度的测算密切相关的冬至时刻测算的误差为 8 刻(约 2 小时),这较刘宋何承天以来各历法的冬至时刻测算误差均在 50 刻(12 小时)左右而言,取得了突破性的进展。他所得冬至时太阳所在宿度的误差为 1°,这与代张胄玄大业历以来各历法测算该值的误差在 2°～3°以至 3°以上相比,也是一大进步。他所取木星和火星会合周期分别为 398.8847 日和 779.9368 日,其误差分别为 0.9 分钟和 1.0 分钟,皆为历代最佳值之一①。这些情况表明,周琮确实把他长期坚持的治历原则付之于实践,也就是说这些相当精确的天文数据应是他长期测算的结果,也正因为他基于长期认真的测算,才使得他在《明天历·义略》中作如此充满自信的论述。

在周琮的历法思想中,也受到日月失行说的影响。他同意唐玄宗开元十二年(724)和十三年(725)的二次日食不验,是"非天之常数也"。他也赞成若干当食而不食的现象,"皆德感之所繇致也"②。由此可见,当年,刘羲叟极力主张的日月失行说,还是侵蚀到了这位极力主张可使交食等"三千年间若应准绳"的人物的思想之中。

在《明天历·义略》中,周琮还对汉代以来历法发展的主要线索做了很好的概括。他认为"古今之历,必有术过于前人,而可以为万世法者,乃为胜也"。即他除了认同继承的必要性之外,特别强调了创新的重要性,而所谓创新,则应是经得起时间考验的科学思想或方法。他接着提到了历代的 9 项重大创新:东汉刘洪"始悟月行有迟疾数",指创用月离表;后秦姜岌"始悟以月食所冲之宿,为日所在之度";刘宋何承天"始悟景以定气序",指其连续测量晷影 10 余年,取得冬至时刻测算精度的突破性提高;刘宋祖冲之"始悟岁差",指把岁差首先引入历法;北魏、北齐间张子信"悟月行有交道表里,五星有入气加减",指月亮视差对日食的影响和五星运动不均匀的改正;隋代刘焯"悟日行有盈缩之差",指创用日躔表;唐代李淳风"悟定朔之法,并气朔、闰余皆同一术",指进朔法的制定和统一有关天文数据的分母;唐代一行"为《大衍历议》及《略例》,校正历世,以求历法强弱,为历家体要,得中平之数",指对前代历法的详细研究,和求取适中的数据和算法去拟合、模写日月五星运动的思想与方法;唐代徐昂"悟日食有气、刻差数"。最后说到明天历"悟日月会合为朔,所立日法,积年有自然之数,及立法推求晷景,知气节加时所在"③,关于求取明天历的日法(即元法)和上元积年数的方法,其实采用的数字非自然数字,而是经人为调整的。而关于计算晷影长度的方法,详说见后。应该说,周琮对前代历法重大创新的概括,虽不够全面,却颇有见地,足见他对前代历法有深入的研究和精到的理解,更反映了他力求创新与超胜的进取心态。

周琮还进一步指出:"造历者,皆须会日月之行,以为晦朔之数,验《春秋》日食,以明强弱。其于气序,则取验于《左传》之南至"。其他各种天文课题的"立数、立法"也各有检验之法,即较验"其星辰、气朔、日月交食等,使三千年间若应准绳"。又一次表述了他的一贯主张。他还论及了具体的较验之法:"依一行、孙思恭,取数多而不以为少,得为亲密。""而有前有后、有亲有疏者,即为中平之数,乃可施于后世。"这是说,在大量较验的结果中,自然会呈现合与不合、亲

① 陈美东,古历新探,辽宁教育出版社,1995 年,第 219,268,57,88,396 页。

② 脱脱等:《宋史·律历志七》。

③ 脱脱等:《宋史·律历志八》。

近与疏远杂陈的情况，这就要采取必要的判别优劣的方法，即取用“中平之数”——亲近者频数居多的数据或方法。这是一种基本符合误差理论的取舍方法。此外，“若较古而得数多，又近于今，兼立法、立数，得其理而通于本者为最也。”这里所谓“理”和“本”，则是对日月五星运动基本规律以至事物常理的认识。

对于亲、近、疏、远，周琮更给出了定量的界定：“较日月交食，若一分（指食分）、二刻（指食时）以下为亲；二分、四刻以下为近；三分、五刻以上为远；以历注有食而天验无食，或天验有食而历注无食者为失。其较星度，则以差天二度以下为亲，三度以下为近，四度以上为远。其较晷景尺寸，以二分以下为亲，三分以下为近，四分以上为远。”① 这些既是当时人们对历法相关问题精度判别的标准，其中“亲”与“近”的规定，也应是周琮在编制或检验明天历时的基本要求，同时也反映了到此时历法的精度确已超胜前代而达到了新的高度。

三　明天历算法的高度公式-表格化

如上所述，明天历在诸多天文数据的测算上取得了重大进步，不但宋初四历不能与之相比，就是在历代历法中也算佳值，这只是明天历的重要成就之一。此外，明天历还是历代历法中，算法的公式-表格化程度最高的历法，这则是它的一大特色和又一重要成就。

公式-表格化是指以一特定的算式为基础，依此算式编算出一份数值表格，在计算相应量值时，由该数值表格用简便的一次差内插法求取。在第五章第十二节中，已经论及的曹士蒍太阳中心差算式及其相应表格，就是公式-表格化的最先尝试。其后，唐代边冈、北周王朴、宋代宋行古等人的相关算法，便是其程度不同的发展。到明天历则几乎将历法的有关论题都公式-表格化了。明天历关于太阳中心差的算式为：

$$V-M=\frac{M}{4135}(200-M)$$

式中，V，M 分别为太阳距冬至（或夏至）的实行度和平行度。$M<182.6218$ 度，若 $M>182.6218$ 度，需以 182.6218 度减去之。该算式与曹士蒍算式一样简明，且其误差仅为曹士蒍算式的一半，是为历代历法中同类算式的最优者②。

明天历的太阳视赤纬算式和昼夜漏刻长度算式均为基本因袭崇天历者，明天历的黄赤道、黄白道、赤白道宿度差的算式，以及推算交食初亏与复圆时刻的算式，亦均与崇天历大同小异③，恕不赘述。

在明天历中，把日食气差与刻差更名为南北差与东西差。其中，南北差的算式为④：

$$Q_1=\frac{J}{9750}\left[508-\frac{106}{3093}(2435-D)D\right]$$

式中，Q_1、J、D 的含义均同崇天历。但 D 值的界定有所不同：当 $D>182.6282$ 日时，需先以 182.6282 日减去之。$D<60.875$，若 $D\geqslant 60.875$ 日，需以 182.625 日返减之。该算式与崇天

① 脱脱等：《宋史·律历志八》。

② 陈美东，我国古代的中心差算式及其精度，自然科学史研究，1986，(4)。

③ 陈美东，古历新探，辽宁教育出版社，1995年，第175，197页；张培瑜，陈美东等，中国天文学史大系·中国古代历法，河北科学技术出版社，2000年，第249，258，259，233，234，238，239。

④ 张培瑜，陈美东等，中国天文学史大系·中国古代历法，河北科学技术出版社，2002年，第193～195页。

历的相应算式形式就不同，而且它认为 Q_1 值与 K 值没有关系，这是正确的，即该算式较崇天历的相应算式有所改进。至于求东西差的算式，明天历则与崇天历大同小异，只是关于 D 值的界定作了与上式相同的变化。而周琮等人以为这种变化的天文学意义在于，南北差和东西差的极大值应在雨水和处暑，而不是宋行古等人所认定的冬至和夏至。

如果说明天历的上述诸算式或者是基本沿用崇天历的算式，或者是在其基础上有所改进，那么，以下诸算式则是周琮等人的首创，是对高次函数算法的重大发展。

对于月亮实行度与平行度之差的计算，明天历创用了如下算式①：

$$V_1 - M_1 = \frac{M_1}{1976}(201.09—M_1)$$

式中，V_1、M_1 分别为月亮距月亮近地点的实行度和平行度。$M_1 < 184.1854$ 度，若 $M_1 > 184.1854$度，需先以 184.1854 度减去之。代入上式计算时，$M_1 < 92.0927$ 度，若 $M_1 > 92.0927$度，需以 184.1854 返减之。该算式的精度同用传统算法中的优者相当，是比较成功的。

明天历创用了类似的算式于五星中心差的计算，他说道："今别立盈缩，与旧异。"② 在现存明天历经中，可见其木、土、火三星的中心差算式依次为③：

木星：$V_2 - M_2 = M_2(182.6282 - M_2) \cdot 10^{-3}$

土星：$V_3 - M_3 = M_3(182.6282 - M_3) \cdot 10^{-4}$

上二式中，$V_2(V_3)$、$M_2(M_3)$分别为木星（土星）距近日点（或远日点）的实行度与平行度。$M_2(M_3) < 91.3141$ 度，若 $M_2(M_3) > 91.3141$ 度，需以 182.6292 度返减之。

火星：$V_4 - M_4 = 12M_4(273.93 - M_4) \cdot 10^{-4}$

式中，V_4、M_4 分别为火星距近日点的实行度与平行度。当 $M_4 < 45.655$ 度时，需以 3 乘之；当 $45.655 < M_4 < 136.965$ 度时，则直接用之；当 $M_4 > 136.965$ 时，需以 182.6282 度返减之，其余数再以 3 乘。

如上三算式的精度均远高于传统的计算方法，足见周琮所创算式的优越性。

至于明天历晷长的计算式更取五次函数算式（详说见后）。

前已述及，明天历除有历经外，尚有立成 15 卷，其篇幅远较历经为大。这些立成应是依据上述各算式编算的数值表格。总而言之，明天历把简明、合理、有效的高次函数算法，以及与之配套的表格法推广到 17 种历法问题的计算，算式中既有二次、四次，更有五次函数式，即在广度与深度两个方面都推向了高峰。

四　皇祐仪象

明天历所取得的诸多进展，是与宋仁宗皇祐初（约 1049）新制的浑仪、漏刻和圭表密切相关的。而周琮也是这三种天文仪器的主要制作者之一。

皇祐初，宋仁宗"命日官舒易简、于渊、周琮等参用（李）淳风、（梁）令瓒之制，改铸黄道浑

① 脱脱等：《宋史·律历志七》。

② 同①。

③ 陈美东，我国古代的中心差算式及其精度，自然科学史研究，1986，(4)。

仪，又为漏刻、圭表，诏翰林学士钱明逸详其法，内侍麦允言总其工，既成，置浑仪于翰林天文院之候台，漏刻于文德殿之钟鼓楼，圭表于司天监。帝为制《浑仪总要》十卷，论前代得失”。其中，铜浑仪和漏刻的制作，三人中主次的排序均为舒易简、于渊、周琮，而圭表的制作，则为周琮、于渊、舒易简。这里所谓“帝制《浑仪总要》十卷”，应是说宋仁宗领衔，而真正的作者当是舒易简等人。

皇祐浑仪的基本结构与唐代李淳风等人的浑仪并无区别，亦取赤道、黄道、白道、地平、子午、百刻、四游诸环圈同心安装法，但它与至道浑仪一样，也不取白道或黄道环可移动的方法。其中，最主要的改进是，纠正了前代浑仪将量度太阳时角变化以测量时间的百刻分划置于地平环之上的通病，正确地把它刻画在一固定的赤道环上，是为真正意义上的百刻环，相当于现代赤道式仪器中的时盘。此外，除了传统的在浑仪底座开有“十字水平槽”以平整浑仪之外，还在地平环“上有池沿环流转，以定平准”，更加强了使浑仪实际工作部分处于水平状态的保证措施。皇祐浑仪的“阳经双环”（即子午环）的“外围二丈三尺二寸八分，直径七尺七寸六分”，其直径比至道浑仪还要长一尺六寸三分，规模较至道浑仪更大。皇祐浑仪的极轴“出地三十五度少强”，这自然是舒易简等人测量北极出地高度结果的反映，该值相当于 34°49.5′，误差约为 1.5′，达到相当高的精度，较韩显符所测有重大长进。这些情况说明，皇祐浑仪是一部较为精密的仪器。皇祐浑仪依然取黄赤交角为 24 度（至道浑仪亦如此），而不考虑自唐代一行以来历家已知其值应约为 23.9 度的事实，这应是当时浑仪制作的一件憾事。

皇祐漏刻的制作是在燕肃莲花漏的基础上改进而成的。由于莲花漏的上柜水位存在时高时低的状况，虽然已经采用适时添水的方法以消除其影响，但是这一方法的实施需要有经验的操作者，并使操作者不胜其烦，更重要的是，它终不能完全消除上柜水位有所变化的情况。而上柜水位的这种变化必导致上柜水流量的变化，进而使下柜漫溢的水平面产生波动，而且造成下柜中水的扰动状况的不一致，这些都影响到下柜水流量的若干变化，成为莲花漏测时误差的一个重要原因。“舒易简、于渊、周琮更造其法，用平水重壶均调水势，使无迟疾”①。这是一项十分巧妙的技术改进。即在莲花漏上柜之上，再增设一漏壶，令其不断给上柜添水，致使上柜也处于漫溢状态，上柜和下柜便是“平水重壶”，这样就无需对操作者作专门的培训，省去操作者的诸多麻烦，更重要的是，这可使上柜基本保持水位的稳定，更使下柜水位和其内水的扰动状况恒定不变，对于计时精度的提高大有裨益。

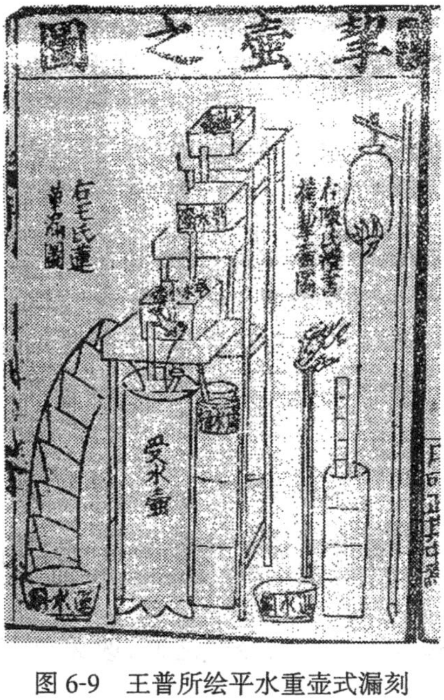

图 6-9　王普所绘平水重壶式漏刻

大约在两宋之交的王普著有《小漏款式》一卷和《官历刻漏图》一卷②，前者可能是王普对其所见或所发明的小型漏刻形制的论述；而后者则应是他对当时流行的官用漏刻的绘画与说明。可惜此二书均已不传。所幸

① 以上均见脱脱等：《宋史·律历志九》。
② 脱脱等：《宋史·艺文志六》。

者，在南宋早年杨甲所著的《六经图》一书中，我们看到了王普所绘的一幅莲花漏图（图 6-9），它很可能就是《官历刻漏图》的遗存。图中右侧是古老而简单的单级受水型漏刻，作为《周礼》挈壶氏一节的图像，而左侧即为当时官用漏刻图。由中，可见上下差置的两只平水壶（平水壶和平水小壶），它与燕肃莲花漏的主要差别，就在于中间增加了一只平水壶。所以，它很可能基本上便是舒易简、于渊和周琮所改进的漏刻的图像。李约瑟指出，该漏刻还有一个起自动控制作用的机件，当漏箭上升到最高位置时，该机件便把流水经过的漏管口堵塞住①。果若如此，该机件是否为舒易简等人所创，具体构造和原理都不得而知，至为遗憾。

在宋代的司天监内的圭表"乃石晋(936～946)时天文台参谋赵延乂所建，表亦欹倾，圭亦垫陷，其于天度无所取正"。针对这种情况，宋仁宗"诏周琮、于渊、舒易简改制之。乃考古法，立八尺铜表，厚二寸，博四寸，下连石圭一丈三尺，以尽冬至景长之数，而有双沟刻尺寸分数，又刻二十四气岳台晷景所得尺寸，置于司天监"②。可见其基本形制与传统的 8 尺圭表并无差别，只是新制的圭表竖直横平，利于实用而已。

五　《周琮星表》与《皇祐岳台晷景法》

令人感兴趣的自然不单在于这些天文仪器的制造，还在于应用这些天文仪器所做的观测工作。周琮也在应用这些天文仪器进行天文测量方面做了大量重要的工作。皇祐三年"十二月庚辰(1052 年 1 月 7 日)，新作浑仪"③。这说明舒易简等人是经历 2 年多的时间才完成皇祐浑仪的制作的，而周琮的测量工作自然当在此后展开。

首先是关于全天恒星位置的重新测量。"皇祐初，日官周琮以新仪测候，与唐一行尤异"④。具体而言，"自后测验赤道宿度，又一十四宿与一行所测不同"。"其二十八宿距度著于后，其周天星入宿、去极、所主凶吉，则具在天文志"⑤。又据《玉海·卷三》引《国史志》曰："皇祐中，太史以浑仪测周天星，总二百八十三官，经纬距度，静躁变动，吉凶之验，视前志及晋、隋天文粲然为最详。"这些是说，周琮对于包括二十八宿在内的周天 283 星官诸星的位置均作了测量工作，而对二十八宿距星的位置测量的结果和对周天星官的分划见载于《宋史·天文志》中。其所测二十八宿的入宿度或去极度与一行不同之 14 宿分别为：氐、心、尾、箕、斗、牛、女、危、室、胃、毕、井、鬼和柳。

潘鼐、王德昌⑥ 依据宋代王安礼等重修《灵台秘苑》、马端临《文献通考》、明代陈荩谟《象林》、清代黄鼎《天文大成管窥辑要》和徐发《天元历理全书》等书的有关记载，整理、考订出周琮所测 283 星官中有入宿度和去极度记载者 360 星，并名之曰《周琮星表》或《皇祐星表》。据研究，其中二十八宿赤道宿度的平均误差为 0.45°、其在测量去极度时的读数皆以半度为断，而平均误差为 0.37°。其所测北极星距天北极的度距为"一度少强"，误差仅为 0.13°。这些都表

① 李约瑟，中国科学技术史，第 4 卷第 1 分册，中译本，科学出版社，1975 年，第 367～368 页。

② 以上均见脱脱等：《宋史·律历志九》。

③ 脱脱等：《宋史·仁宗本纪四》。

④ 脱脱等：《宋史·天文志一》。

⑤ 同②。

⑥ 潘鼐，王德昌，北宋的恒星观测及《皇祐星表》，见《科技史文集》，第 10 辑和 16 辑，上海科学技术出版社，1983 年和 1992 年；潘鼐，中国恒星观测史，学林出版社，1989 年，第 172，189～238 页。

明周琮的测量精度较杨惟德的相关测量有大幅度的提高。这是现存的中国古代第三份星表，无论从数量还是从质量上看，它都比《石氏星经》和《杨惟德星表》既多又高，这与皇祐浑仪比较精良和周琮认真细致的观测工作密不可分。

其次是周琮应用新制圭表在浚仪岳台(今河南省开封市)做了认真的晷影测量工作。“候之三年，知气节比旧历后天半日。因而成书三卷，命曰《岳台晷景新书》，论前代测候是非，步算之法颇详。”周琮从“皇祐元年己丑十月十九日戊寅”(1049 年 11 月 16 日)小雪节起，到皇祐“四年十月六日戊寅”(1052 年 10 月 31 日)立冬节止的近 3 年中，凡遇节气必测之，理应得 72 个测值，但因“云霾不测”① 者计 28 次，故只得到 44 次实测值，其结果详载于《宋史·律历志九》中。由此可知，皇祐圭表的制作当在此前便已大功告成。这是中国古代少有的晷长实测的系统记录，只有元代郭守敬在至元年间进行的相关测量与记录可与之相媲美。对这些测值的精度分析表明，其平均误差为 0.017 尺，较前代同类测量的精度有所提高，达到了一个新水平②。

在这些实测成果的基础上，周琮又以其数学专长，给出了拟合函数算式以表述这些成果，用以计算每日的晷影长度(B)。他把一回归年划分成如图 6-10 所示的 3 个区间，给定下述 3 个不同的算式进行计算③：

对于冬至后初限($M<45.62$ 日)和夏至后末限($M>137$ 日，需以 182.62 日返减之)：

$$B=12.85-\left(193.75M^2-M^3-\frac{200}{827}M^4+\frac{1}{827}M^5\right)\cdot 10^{-6}$$

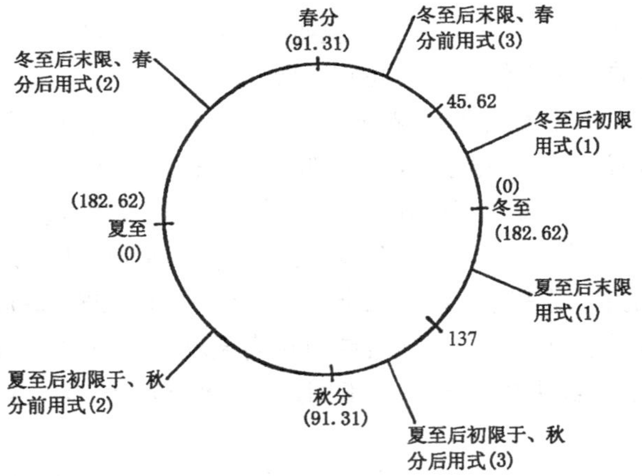

图 6-10　皇祐晷长计算法三段分法示意图

对于冬至后末限、春分后(91.31 日$<M<$182.62 日，需以 182.62 日返减之)和夏至后初限、秋分前($M<91.31$ 日)：

$$B=1.57+\left(545.25M^2-\frac{3827}{2481}M^3+\frac{5}{827}M^4\right)\cdot 10^{-6}$$

对于冬至后末限、春分前(45.62 日$<M<$91.31 日，需以 182.62 日返减之)和夏至后初限、秋分后(91.31 日$<M<$137 日)：

① 脱脱等：《宋史·律历志九》。
② 陈美东，皇祐、崇宁晷长计算法之研究，自然科学史研究，1989，(1)。
③ 同②。

$$B=1.57+\left\{\left(485.25-\frac{M}{3}\right)-\frac{1}{6}\left[2.4-\frac{200-(182.62-M)}{4135}(182.62-M)\right]\cdot(M-91.31)\right\}\cdot M^2\cdot10^{-6}$$

上三式中，M 为与冬至或夏至的时距。对它们所作的精度分析表明，其平均误差为 0.018 尺，即同实测的精度是相同的，这说明周琮所创的算式是相当成功的。其中，第 1 和第 3 式为 5 次函数式，是中国古代历法中采用的最高次的函数算式，而第 2 式为 4 次函数式，是对曹士蒍、边冈以来高次函数算法的重大发展。在给出这些算式的同时，周琮还列出了依之计算的一回归年中每一日的午中晷长表格，其结果亦载于《宋史·律历志九》中。这是前述公式－表格化算法的一个典型实例。

周琮还进一步发展了刘宋祖冲之首创的冬至时刻计算法。他指出："若夫较景、定气，历家最为急务。观古较验，止以冬至前后数日之间，以定加时早晚。且景之差行，当二至前后，进退在微芒之间。又日有变行，盈缩稍异，若以为准，则加时相背。……今比岁较验，在立冬、立春景移过寸，若较取加时，则宜以其相近者通计，半之为距至泛日。"① 这是说，由于在二至前后数日，晷影长度的变化很小，不宜用以计算冬至时刻，应改用二立前后数日变化较大晷影长度值入算，以利于提高冬至时刻测算的精度。从第四章第八节论及的祖冲之算式可知，若$(b-c)$的测量误差相同时，当$(b-c)$较小，对冬至时刻计算结果的影响较大，而当$(b-c)$较大时，其影响较小。这应就是周琮主张的理论基础，所以，他的考虑是合理的、科学的。

又其次，在皇祐漏刻制成后，也及时被用之于 24 节气太阳出入时刻和与之相关的昼夜时间长度以及昏晓中星度的测量。虽然史书未明言观测者为谁，我们推想应是周琮或舒易简、于渊辈所为。其测量结果亦见载于《宋史·律历志九》中。

《周琮星表》、《皇祐岳台晷景法》以及皇祐年间对太阳出入时刻等的测量，都是皇祐仪象新制之后得到了丰硕成果。这些成果也就为周琮等人明天历的编制打下了坚实的基础，它们之中有的实际上成为明天历的组成部分，如后二者就是如此。而如前所述的明天历中诸多精到天文数据的取得，自然应与周琮应用皇祐仪象进行实测密切相关，又与周琮发明的新方法密不可分，如明天历对于冬至时刻测算的突破性进展，有赖于晷影测量与计算方法的改进，就是明显的例子。

周琮在天文仪器制造、天文观测、算法改革和历法理论等方面都展现了杰出才华，他的诸多成就是宋代天文学全面超出前代水平的重要表征，是宋辽金元时期天文学体系向发展高峰挺进的标志。

第八节　沈括与卫朴的天文工作

沈括（1031～1095），字存中，钱塘（今浙江省杭州市）人。他出身于一个士大夫家庭，自幼受到良好的教育。其父沈周历任湖北、江苏、四川、福建、浙江等地官员，沈括青少年时代一直随之宦游，大大开阔了眼界，增长了见闻与学识。宋仁宗至和元年（1054），沈括以父荫被授予海州沭阳（今江苏省沭阳县）主簿之职，曾主持整治沭水，大获成功，显露了科学技术方面的才能。宋英宗治平元年（1064），沈括得中进士，历任昭文馆编校、太子中允、检正中书刑房、提举

① 脱脱等：《宋史·律历志九》。

司天监、河北西路察访使、兼判军器监、集贤院校理、翰林学士、权三司使、出知宣州(今安徽省宣城)、延州(今陕西省延安)等职。他积极参与王安石变法,是变法的骨干之一,做了大量兴利除弊的工作。宋神宗元丰五年(1082),沈括因防务有失,被贬为地方小官。宋哲宗元祐三年(1088)迁润州(今江苏省镇江市)梦溪园隐居,撰著《梦溪笔谈》二十六卷、《补笔谈》三卷、《续笔谈》十一篇,记述他一生的重要见闻,包括社会、政治、外交、军事和科学技术的状况,以及他自己对科学技术和艺术等方面的见解或建树,使之成为一部珍贵的科学典籍,具有极高的学术价值和历史价值。此外,沈括还有《长兴集》、《良方》等著作传世。史称沈括"博学善文,于天文、方志、律历、音乐、医药、卜算,无所不通,皆有所论著"[①],这是十分中肯的评价。以下仅介绍沈括及与之关系密切的卫朴在天文、历法方面的工作。

一 《浑仪议》、《浮漏议》与《景表议》及熙宁仪象

宋神宗熙宁五年(1072),沈括受命提举司天监,上任伊始,他面临着十分严峻的形势,一是,"日官皆市井庸贩,法象图器,大抵漫不知"[②];二是,虽然采取了令禁中天文院与司天监各自独立地进行天象观测并上报,以防不作认真观测的措施,可是院、监官员仍多"不占候""日月五星之行次",而私下里串通一气,合伙编造天象。就是说,在 1068 年周琮被撤职,并莫名其妙地复用过时了的崇天历以后,司天监等天文机构出现了迅速衰败的情况。对此,沈括采取了整治措施,"免官者六人"[③],以去芜存真,强调实测天象的重要性和严肃性。而改进观测仪器,则是他采取的又一重要举措。《浑仪议》、《浮漏议》和《景表议》[④] 便是沈括于熙宁六年(1073)上奏的、关于改进浑仪、刻漏和圭表三种观天仪器的意见书,实是三篇十分重要的专题论文。宋神宗准其奏,诏依式制造,次年(1074),新浑仪和漏刻(可能还有圭表)告成[⑤],给天文机构以新的武装,促其恢复生机。

在《浑仪议》中,沈括首述天文仪器制造对于考天作历的重要性,以为"度在器,则日月五星可抟乎器中,而天无所豫也。天无所豫,则在天者不为难知也"。接着,他对历代浑仪制作的得失进行了全面考察,指出"有不合者十有三事",即可能导致浑仪的观测误差或结构不合理者有13 事:其一,浑仪的极轴必须对准天北极,"直当据建邦之地,人目之所及者,裁以为法";其二,浑仪必须水平安置,而放置浑仪的台面的高矮则无关紧要,即"衡之低昂当审,而台之高下非所当恤也";其三,月行白道,黄白交点每日都在退行变动,而在浑仪上设置的白道不能及时反映这种变动,所以"终不能符会天度,当省去月环(即白道环)。其候月之出入,专以历法步之",改以数学方法推算月亮沿白道的运行;与此相关的还有其八,省去月环可使"星度易审",即可避免月环遮挡天区,增加浑仪的灵活性和实效;其四,使用上下孔径相等的窥管,难以使观测者的眼睛正处下窥孔的中心,应改为"下径三分,上径一度有半",可使"人目不摇,则所察自正";其五,认同唐代一行、梁令瓒所采用的由南北极轴孔观测北极星进而校正极轴方向的方法,但他测得北天极与北极星的距离为"三度有余",这一结果的误差达1.5°。远不及周琮所得的精度,

---

① 脱脱等:《宋史·沈括传》。

② 同①。

③ 沈括:《梦溪笔谈》卷八。

④ 脱脱等:《宋史·天文志一》。

⑤ 脱脱等:《宋史·律历志十三》。

甚至不如萧梁祖暅的水准；其六，指出唐代及其前将测量太阳时角的百刻环置于地平环上的错误，认同周琮等将其移置于赤道环的正确举措；其七，改在黄道环(原在赤道环)上刻出二十八宿距度值，用以厘定黄赤道的位置；其九，为便于在光线不足的情况下读数，前浑仪是在有关刻度环圈的背面附有凸或凹的标记，以手触摸的方式来读数，沈括改将标记附于刻度环圈的两旁，使触摸读数更方便、准确；其十，适当减小各环圈的宽度和厚度，令浑仪运转轻便；其十一，在黄、赤道环上各每度穿一孔穴，黄、赤道环以铜穿钉相连接。当岁差满一度时，令黄道环和赤道环各移过一对孔穴相连接，以更准确地反映岁差造成的黄、赤道度的变化；其十二，不把黄、赤道环圈的中线正安置在黄、赤道方向上，而是让其偏在一边，使环圈不至遮挡黄、赤道方向重要的天区；其十三，不把地平环圈的中线安置在正中腰的水平方向上，而是令地平环圈的上表面处于其上，这样就可以准确地测量出入地平的天体。

应该说，沈括的这些改进意见是经过深思熟虑的，是十分周全的，其总的立意在于使浑仪运转灵活、视野开阔、准确合理，达到提高观测精度和使用效率的目的。沈括依此制作的浑仪史称熙宁浑仪，熙宁浑仪在总体上与唐代一行、梁令瓒的黄道游仪相类似，尺度亦相仿，但作了如上所述的种种改进，《浑仪议》是对熙宁浑仪合理性和先进性的极好论证，它与熙宁浑仪一起，在中国古代浑仪发展史上均占有重要的地位。

《浮漏议》则是对沈括漏刻合理性和先进性的极好论证。该漏刻系由求壶、复壶、建壶和废壶组成(见图6-11所示)①。求壶为一供水壶，其下部有一漏嘴(称为“龙噣”)，由之注水入其下的复壶左侧。复壶中有一竖隔板(“介”)将复壶一分为二(右半部略大些)，隔板的正中开一孔(“达”)，使复壶左、右两半连通，在复壶右侧上方中部开一方形孔道(“枝渠”)，复壶右侧下部亦有一漏嘴、并衔有一长漏管(“玉权”)，由之注水入于其下的建壶中。令求壶的流量略大于复壶，这样复壶的左、右两侧均处于漫溢状态，多余的水经由方形孔道流入其下方的废壶之中。求壶、复壶和废壶的尺寸相同，长、宽皆1.8尺、深1.45尺，而建壶为一长、宽均为1尺、深3.5尺的长方形筒。建壶中立一浮箭，可升降以读数，建壶的下部亦有一漏嘴(“土室”)，当建壶水满后开启堵塞物以泄水。这些便是《浮漏议》所描述的沈括漏刻的基本结构。由之可见，这是在舒易简、于渊、周琮所创平水重壶基础上的再创造。复壶的左半部相当于平水重壶的上一个平水壶，而右半部相当于真正起量度时间作用的平水壶，这一设计不但使整个漏刻更显紧凑，而且由于复壶右半部中的水，是由隔板中央的小孔从左半部缓缓注入的，可使右半部中水的扰动情况更趋平稳，又使右半部漫溢水面的波动情况亦趋平稳，这些都有利于漏水流量的稳定和计时精度的提高。

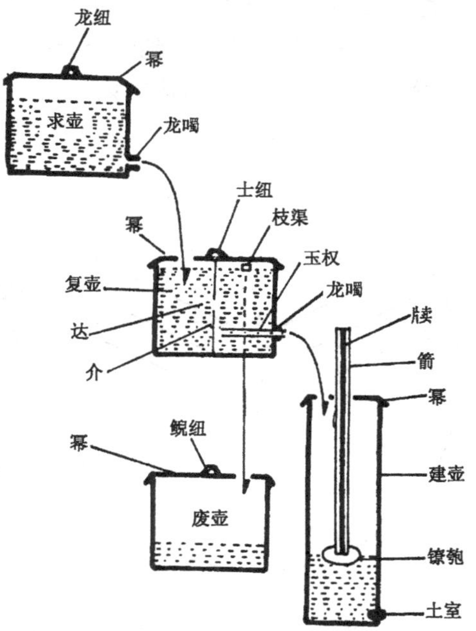

图6-11　沈括漏刻示意图

① 陈美东，我国古代漏壶的理论与技术——沈括的《浮漏议》及其它，自然科学史研究，1982，(1)。

在《浮漏议》中，沈括还论及了保持漏水流量稳定性的有关理论和所采取的措施："今之下漏者，始尝甚密，久复先天者，管泐（漏管有纹理而变粗）也。"是说漏管口径的变大，使流量加大，计量的时间先天，为此，沈括选用硬度很大的玉作为漏管的原料，使漏管不致因漏水的长期流淌而加大口径；又令漏管安置在复壶右半部下部偏上处（约在壶深的3/4处），以减少漏水的冲刷力度，这一措施实际上还可使通过漏管的水更洁净，不致堵塞漏管，因为愈接近底部的水总是愈混浊些。此外，沈括用了长约1尺的漏管，而现在我们知道，较长的漏管是有利于流量的稳定的，沈括大约是由经验做出这一抉择的。为使漏水洁净，沈括令各壶均加盖（"幂"），"无使秽游，（秽游）则道水不慧"；又，"下漏必用甘泉，恶其垽之为壶眚也"，"一井不可他汲，数汲则泉浊"。沈括还指出：下漏"必用一泉"，这是因为同一处泉水四季的水温大抵相同，而水温不同对于漏水的流量有重大的影响；"陈水不可再注，再注则行利"，这则是因为在通常情况下，在室温下经过一段时间的水要较新汲的泉水温度高些，而水温高时流量大；沈括更发现在有关条件相同的情况下，用取自不同地点的泉水，也将导致漏水流量的变化，这是因为水有轻重之分，"权之而重，重则敏于行"，"权之而轻，轻则椎于行"，认为水的密度大时流量大、小时流量小。当然，这些都是从实践中得到的经验性知识，其中有的还应是汲取前人经验的结果。

无论从对漏刻总体结构的设计，还是对诸多细节的考虑，都反映了沈括的睿智和科学眼光。《浮漏议》无疑是中国古代关于漏刻的最佳论文，沈括漏刻也应是中国古代漏刻的精品，在漏刻史上占有重要的地位。

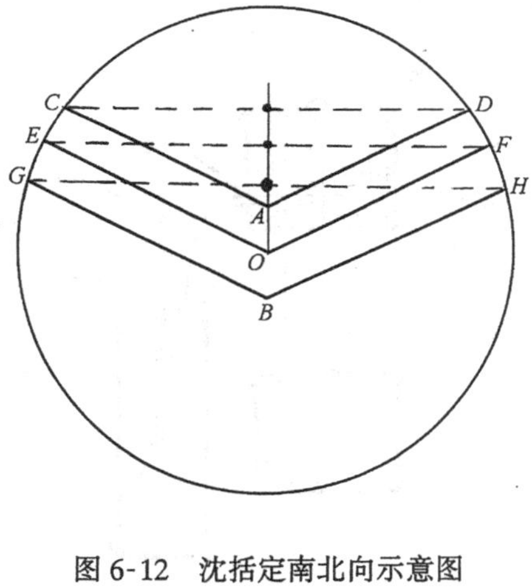

图 6-12　沈括定南北向示意图

再说《景表议》。沈括先论述确定南北方向所存在的困难，和经由他改进的方法：在一水平的地面上，沿大体南北的方向竖立北、中、南三根8尺高的表，三表间距为2尺。为使中表与地面垂直，须在中表的大致的东、西、南、北四方适当位置上各悬挂一条铅垂线，令中表同时处于东西两铅垂线平面和南北两铅垂线平面之中，对于南表与北表亦如是操作。以中表为中心，在地面上画一圆（圆半径不拘，如8尺左右均可）。日出、入时，分别标记出三表影与圆圈的6处交点（图6-12）。调整 AOB 的方向，当 $AC = AD$，$OE = OF$，$BG = BH$，$CE = DF$，$EG = FH$，"五者皆合"时，CD、EF 或 GH 的中点与 O 的连线即为南北方向。

关于圭表，沈括仍取8尺为表高，铜质，与其下的石圭相垂直。石圭自表的跟部向北水平设置，宽3尺、长1丈余，并刻有分、寸、尺的刻度。圭表安置于一密室中，密室南向顶部的南北方向开有一道缝，此缝可依正午太阳的高度而调整开合，使测影时日光正通过缝隙照于表端，在圭面上投出黑白分明的影子，这一设计较圭表露天安置的常规方法，在提高表影的清晰度上有所改进，而表影清晰度正是圭表测量精度高低的关键因素。当日光较微弱时，沈括还设计了一种"小表"备用。"小表"为铜质，高4寸、宽2寸、厚5分，"小表"端呈锐形。虽然日光较微弱，观测者在密室中仍可见投射到圭面的一道光束，将"小表"在圭面上移动，令"小表"端与该光束相切，达到提高表影清晰度的目的。

《浑仪议》、《浮漏议》、《景表议》及依之而作成的熙宁仪象，是沈括对中国古代三种最主要的观天仪器的改进所作的重大贡献，是这些仪器发展到一个新高度的重要标志。

二 关于平太阳日与真太阳日之差异等的论述

应用熙宁仪象,沈括进行了许多实测工作,其中对一年内每日时间长短变化的推测及其验证最为重要。“予占天候景,以至验于仪象,考数下漏,凡十余年,方粗见真数,成书四卷,谓之《熙宁晷漏》,皆非袭蹈前人之迹”,即指此而言。沈括指出:“予以理求之,冬至日行速,天运已期,而日已(未)过表,故百刻而有余;夏至日行迟,天运未期,而日已至表,故不及百刻。既得此数,然后复求晷景、漏刻,莫不吻合。此古人所未知也。”① 古人认为,太阳除了每日随天向西运转一周天之外,还自西向东平均运行1度。这里所谓“天运”是指当太阳向东运动为1度时,两次上中天所需的时间,即为百刻;而所谓“表”是指正南方或上中天而言。沈括从当时历家所共认的日行理论出发,得出了如下推论:冬至之日,太阳向东行速度最快(大于1度),当“天运”到期,时间已经历一百刻时,太阳仍未达到上中天,还需经一段随天西转的时间,才抵达上中天,则冬至之日太阳两次上中天所需的时间应多于百刻;夏至之日,太阳向东运行速度最慢(小于1度),当“天运”尚未到期,太阳却已上中天,故夏至之日太阳两次上中天所需的时间应少于百刻。此说实即沈括关于平太阳日与真太阳日观念的表述,是对因太阳运动不均匀性导致冬至之日真太阳日长、夏至之日真太阳日短的正确的理论推测。沈括还提及他经由10年余的实测,验证了每日时间长短(即真太阳日)变化理论推测的可靠性,可惜记载其具体结果的《熙宁晷漏》一书早已不传,已无由考其详。

对于若干天文学理论问题,沈括亦予以关注。他指出:“日之形如丸,何以知之? 以月盈亏可验也。月本无光,犹银丸,日耀之乃光耳。光之初生,日在其旁,故光侧而所见才如钩;日渐远,则斜照,而光稍满。如一弹丸,以粉涂其半,侧视之,则粉处如钩;对视之,则正圆。此有以知其如丸也。”② 这是以实验的方法,对前人论及的月亮为圆球形抑或扁圆形的两种不同见解的是非做出判定的。他指出,令一圆球形物体的一半涂上白粉,当观测者侧视时,“其粉处如钩”;正视时,粉处圆满。这正与人们所习见的月相相同,从而证明月亮是圆球形的。虽然,沈括并未明言若月亮是扁圆形的,就不会有“其粉处如钩”的状况出现,这大约是不言自明的。应该说,沈括的这一实验是很有说服力的,而且这一实验也对月相的成因提供了很好的说明。

关于日月食,沈括也作了简明的讨论。可是他认为日食是“同度而又近黄道、月道之交,日月相值,乃相陵掩”而成,即以为是日月两者相重叠而成日食。他又解释说:“日、月气也,有形而无质,故相值而无碍。”③ 这是认为日月乃是由气组成,且处于同一个天球层面上,故日食时两者相重叠而无妨。这一认识无疑是不正确的,但它却反映了当时一些学者的日食观念。

关于陨石,沈括也有精细的观察与论述:“治平元年(1064),常州日禺时,天有大声如雷,乃一火星,几如月,见于东南。少时而又震一声,移著西南。又震一声而坠在宜兴县民许氏园中,远近皆见,火光赫然照天,许氏藩篱皆为所焚。是时火息,视地中只有一窍如杯大,极深,下视之,星在其中,荧荧然。良久渐暗,尚热不可近。又久之,发其窍,深三尺余,乃得一圆石,犹热,

---

① 沈括:《梦溪笔谈》卷七。
② 同①。
③ 同①。

其大如拳,一头微锐,色如铁,重亦如之。"[①] 这是古代众多的天象记录中最精彩的例子之一,把发现陨星的时间、地点,特别是对其过程和形态都作了十分明晰而详细的记述。其中最为重要的是指出陨星为铁质,从而有了陨星不但可以为石,还可以为铁的认识。

节气与人们的生产、生活密切相关,而阴阳历存在节气不与月名固定相应,同一节气可能游移于前后数个月名之间的弊病,沈括主张对之进行改造,以便人们简易明了地把握节气的来临。约于宋哲宗元祐元年(1086年)他提出了以"十二气历"替代阴阳历意见:"今为术,莫若用十二气为一年,更不用十二月。直以立春之日为孟春之一日,惊蛰为仲春之一日,大尽(三十一日),小尽(三十日),岁岁齐尽,永无闰余。十二月常一大、一小相间,纵有两小相并,一岁不过一次。如此,则四时之气常正,岁政不致陵夺,日月五星亦自从之,不须改旧法。唯月之盈亏,事有系之者,如海(潮)、胎育之类,不预岁时寒暑之节,寓之历间可也。……如此历日,岂不简易端平,上符天运,无补缀之劳。"[②] 这实际上是主张以战国时期兴盛一时的月令历(是为一种十二月太阳历)为基础取代阴阳历[③]。这里,沈括更明确地规定大月31日、小月30日,有些年份的11月和12月为连小月,并将月亮的盈亏作为次要的因素在新历间注出,以满足特殊的需要。显然,沈括的这一主张具有节气与月名基本相对应、每月日数基本固定、便于人们记忆和应用的优点。不过,要是真正实行起来,还是存在一些困难:如当时人们已知一回归年长度略小于365.25日,于是哪些年份应有连小月,还必须有更仔细的考定;又如,一律规定大月31日、小月30日,则可能造成真正的节气时刻并不正当其月份中的问题,所以"十二气历"并非严谨的历法。一方面由于阴阳历的使用已成为一种传统的习惯,另一方面"十二气历"也不够完善,所以沈括的主张并未引起人们的足够重视,是可以理解的。但是,沈括对阴阳历所存在的弊病的批评是十分中肯的,他的主张亦不失为一种值得考虑的历法改革的方案。

三 卫朴及其奉元历

宋神宗熙宁八年(1075),崇天历所推节气后天日显[④],"始更用奉元历,沈括实主其议"[⑤]。即在沈括的倡议下,以卫朴的奉元历替代崇天历颁行于宋。

卫朴,楚州(今江苏省淮安)人,生卒年不详,平民出身,精于历算之学,是一位盲人天文学家,为沈括所知。沈括由卫朴于熙宁五年(1072)修订的历法推《春秋》日食,合者35,以及"自夏仲康五年癸巳岁(前2128年)至熙宁六年癸丑(1073),凡三千二百一年,书传所载日食,凡四百七十五,众历考验,虽各有得失,而(卫)朴所得为多"的事实,而知其历法可用。"凡大历悉是算数,令人就耳一读,即能暗诵","大乘除皆不下照位,运筹如飞,人眼不能逐",这些是沈括对卫朴的超强记忆能力和娴熟运算技巧的描述。因此,沈括并不在意其出身,认为卫朴乃是唐代著名天文学家"一行之流也"[⑥],深为器重之,并极力推荐他进行改历的工作。

卫朴所定历法,主要得验于历史上的有关天象记录,理应再以近期的天象观测加以检验与

① 沈括:《梦溪笔谈》卷二十。
② 沈括:《补笔谈》卷二。
③ 陈美东,月令、阴阳家与天文历法,中国文化,1995,(12)。
④ 王应麟:《玉海》卷十。
⑤ 脱脱等:《宋史·律历志十五》。
⑥ 沈括:《梦溪笔谈》卷十八。

调整，但“以无候簿，未能尽其术，（卫朴）自言得六七而已”，虽然如此，沈括以为其历法“已密于他历”[①]，故仓促而举用之。“熙宁九年（1076年）正月月食，（奉元历）遽不效，诏问修历推恩者姓名，（沈）括具奏辩，得不废”。“识者谓（沈）括强辩，不许其深于历也”[②]。这正是对沈括仓促行事的很好警告，“识者”对他的批评是不无道理的。也许正有鉴于此，沈括与卫朴提出了进行连续长期观测，以定月亮和五星位置计算法的具体方案：“其法须测验每夜昏、晓、夜半月及五星所在度秒，置簿录之，满五年，其间剔去云阴及昼见日数，可得三年实行，然后以算日（术）缀之”。这反映了沈括与卫朴作为科学家的实事求是态度。但是，这一建议却受到司天监一些官员的阻挠，遂使卫朴“不能尽其艺”[③]。

卫朴的奉元历早已失传，《元史·历志二》载有该历的上元积年与日法二数值，清代李锐曾作《奉元术注》[④]，复原了奉元历的若干基本天文数据，如所取回归年、朔望月长度与周琮明天历大体相同，较崇天历要准确。沈括与卫朴还由实测得知，依崇天历计算，当时的冬至时刻“已后失（天）五十余刻”，故于“熙宁十年（1077），天正元用午时，新历改用子时”，这是一个十分重大的改革，引起了朝廷震动，“众论谓气至无显验可据，因此而摇新历，事下有司考定”。其检验之法是，测算依崇天历所推得的立冬和立春二日的晷影长度，如果其冬至时刻无误，该两节气时的晷影长度应相等，“今二景短长不同，则知天正之气偏也。凡移五十余刻，立冬、立春之景方停。以此为验，论者乃屈”。[⑤] 据研究知，崇天历定历之年（1023），冬至时刻即后天53刻[⑥]，兼之崇天历所取回归年长度偏大，到1077年，其冬至时刻应约后天65刻。所以，沈括与卫朴所论基本上是正确的，他们所采取的改革措施基本上是科学与合理的，而“论者”亦非盲从，他们在事实面前认输也不失学者风度。由之可见，奉元历在颁行过程中，仍进行实测以求自我完善，亦足见沈括与卫朴的科学态度。

第九节　苏颂与韩公廉的水运仪象台及《新仪象法要》

一　水运仪象台的创制及其他

苏颂（1019～1101），字子容，泉州南安（今福建同安）人。他出身于官宦世家，自幼深受家学熏陶。宋仁宗庆历二年（1042）苏颂得中进士，此后50余年在宦海沉浮，历仕仁宗、英宗、神宗、哲宗四朝。曾出任今安徽、江苏、浙江、河南、河北等省的地方官员，在中央政府的礼、吏、刑、工各部任过大小不同的官职，官至吏部尚书、右宰相等职。他从掌理财政、主持法院、代皇帝起草文书、整理皇家图书与档案、编修国史，到出任外交特使及处理民间饥荒瘟疫的特殊任务，无不涉及，阅历十分丰富，练就了精干的办事能力，积累了广博的知识，史称他“自书契以来，经史、九流、百家之说，至于图纬、律吕、星官、算法、山经、本草、无所不通”[⑦]，殆非虚言。

① 沈括：《梦溪笔谈》卷十八。
② 脱脱等：《宋史·律历志十五》。
③ 沈括：《梦溪笔谈》卷八。
④ 李锐：《李氏算法遗书·奉元术注》。
⑤ 沈括：《梦溪笔谈》卷七。
⑥ 陈美东，论我国古代冬至时刻的测定及郭守敬等人的贡献，自然科学史研究，1983，(2)。
⑦ 脱脱等：《宋史·苏颂传》。

元祐元年(1086),宋哲宗即位,十一月诏令已 67 岁的苏颂"定夺新旧浑仪",苏颂随即到翰林天文院和太史局两处考察,发现至道浑仪与皇祐浑仪等虽仍可使用,但均已陈旧;而 12 年前制成的熙宁浑仪"环器怯薄,水趺低垫,难以行使",这是说,当年沈括为使浑仪运转灵便而采取的减少各环圈的宽度与厚度的措施,造成了意想不到的环圈变形的后果,兼之承载浑仪的底座倾斜,故不能再行使用。这些当是需要重铸新仪的起因。苏颂自青年时代便对天文学有浓厚兴趣,他对于历代天文观测及演示仪器浑仪、浑象、漏刻、圭表等的制作有深入的了解,对于张衡的水运浑象、一行与梁令瓒的水运浑天俯视图与张思训的太平浑天仰视图有特别深刻的印象。他又认为产生观测误差的一个重要原因是:"测候须人运动(仪象),人手有高下,故躔度亦随而移转。"于是,苏颂萌发了制造一台集多种仪象于一身、且能自动随天运转的新仪象的思想。可是,张衡、一行与梁令瓒、张思训旧法均已失传,无由得其详,要把构想变为事实,谈何容易。事有凑巧,苏颂"访问得吏部守当官韩公廉,通《九章算术》,常以勾股法推考天度"者,"因说与张衡、一行、梁令瓒、张思训法式大纲,问其可以寻究依仿制造否?"韩公廉慨然答曰:"若据算术、案器象,亦可成就"①。"(韩)公廉天性机巧,知天文历算,制器尚象,无不精巧"②,其所言与苏颂所想一拍即合。大约过了半年时间,韩公廉即撰写了"《九章勾股测验浑天书》一卷,并造到木样机轮一座",既有关于仪象的全部设计,又有关键部件的实际模型,交由苏颂审阅。可见,韩公廉必是对此类仪象研究有年,尤其对其中贯穿上下仪象的总体结构(机轮)及其动力轮(枢轮)的构思胸有成竹。苏颂对其评价意见是:"观其器范虽不尽古人之说,然激水运轮亦有巧思。若令造作,必有可取。"苏颂将此意见连同"先创木样进呈,差官试验,如候天有准,即别造铜仪",置专门机构执行的建议上报,元祐二年(1087)八月十六日,宋哲宗准其所请,设立元祐浑天仪象所,随即开始实施。这便是水运仪象台制作的缘起、构思、论证和立项的过程,前后约经 9 个月。

苏颂组织了一个班子加以实施。他破格挑选官低职微的"郑州原武县住簿充寿州州学教授王沇之充专监造作兼管勾收支";又选派太史局精于仪象的主要官员"夏官正周日严、秋官正于太古、冬官正张仲宣等与韩公廉同充制度官",负责仪象各部件制作及总体组装等的技术指导;命精于观测的"局生袁惟几、苗景、张端,节级刘仲景,学生侯永和、于汤臣测验晷景、刻漏等",负责与天象有关的仪象定位、调试等工作;又令"都作人员尹清部辖指画工作",负责仪象的修饰工作。这一工作班子的组建,体现了精干、有序、有效的原则,反映了苏颂对仪象制作内在规律的充分理解和出色的组织才能。

苏颂还制定了先制小木样,经检验可行后继作大木样,又经检验认可后再正式制造的技术路线,这既可检验原设计的可靠性,又可积累经验、摸索更好的具体实施方案,是一条避免失败,最终节省人力、财力和时间的技术路线,反映了苏颂审慎而精明的才干。小木样制成于元祐三年(1088)五月,也用了约 9 个月,经检验论证,认为可行,而开始大木样的制作,于当年十二月③ (1088,1089 年之交)完工。就是说从制作小木样到完成大木样用了约 7 个月时间,其进度是相当快的。随后又进行了 3 个多月的严格考核与检验,"元祐四年(1089)三月八日已

① 以上均见苏颂:《新仪象法要·进仪象状》。

② 苏象先:《魏公谭训》卷一。

③ 以上均见苏颂:《新仪象法要·进浑仪状》。

卯,(许)将与周日严、苗景昼夜校验,与天道合,诏以铜造"①。经过3年多的精心制作,于元祐七年(1092)六月丙寅,"元祐浑天仪象成,诏三省、枢密院官阅之"②,得到了一致的赞许。

如上情况说明,在国家充足财力和人力的保证下,由一名在行而精明的组织者苏颂同一名精通技术的实干家韩公廉的有机结合,实施一条正确的技术路线,并有一个精干的工作班子的积极配合,是在约5年半的时间内完成如此重大创造的可靠保证。唐代一行与梁令瓒这一对搭档在天文仪器制作上成就的取得,也具有相似的特征。这种在国家全力支持的氛围中双星互耀的现象,一直传为中国天文仪器发展史上的美谈。

元祐浑天仪象,现通称水运仪象台,是一座大型综合性的天文仪器,它把浑仪、浑象、圭表、计时与报时等仪器集于一身。台高约12米,宽约7米,外观是一上窄下宽的正方形木构建筑(图6-13和图6-14)。台分三隔:上隔放置浑仪和圭表,用以测天;中隔放置浑象,用以演示天象;下隔放置报时系统和全台的动力机构等。报时系统为5层木阁,可以通过摇铃、打钟、敲鼓、击钲或出现木人等声像形式,报告时、刻、更、筹的推移。动力机构以漏刻的流水为原动力,驱动原动轮(枢轮)转动,并由一组相当于近代钟表中的擒纵器的杠杆装置,控制枢轮作等间歇的匀速运动。枢轮又带动贯通全台上、中、下隔的传动轴(天柱)作匀速转动,进而使浑仪、浑象和报时装置均作与天同步的运转。于是,浑象和报时装置可自动显示天象或报时。浑仪亦可

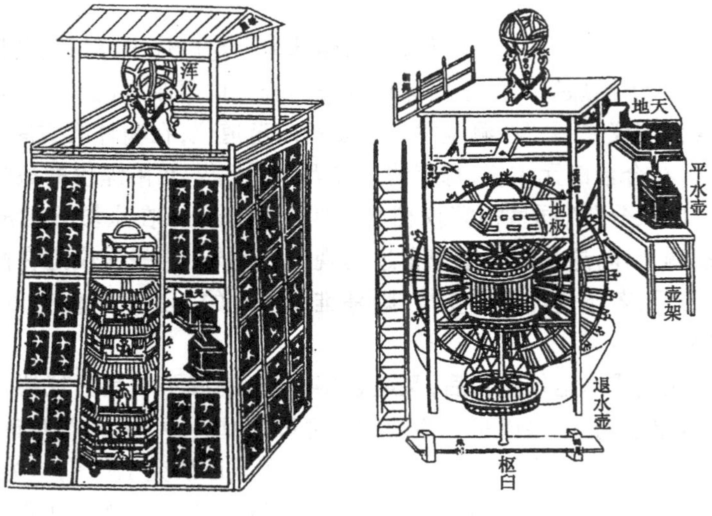

图6-13　水运仪象台台体与内部结构示意图(采自《新仪象法要》)

自动地跟踪天体,是后世转仪钟的雏形。太阳中天时,太阳光通过浑仪的望筒投射到台顶的圭面上,其影像的南北正中线,即为晷影长度。以不同颜色的宝珠代表日月五星,各以丝线贯穿之,丝线的两端各系于浑象的南北两极轴上,每日用手调整其所应在位置,又令其与浑象一同运转,以演示日月五星所在的位置。台顶系由9块屋面板构成,可以随意组装或摘除③,是近代望远镜室活动屋的先声。水运仪象台是世界上最早的天文钟,其以恢宏的规模、巧妙的设计和众多的创新,不但在中国而且在世界天文仪器制造史上都占很高的地位。

① 徐松:《宋会要缉稿·运历二》。
② 李焘:《续资治通鉴长编》。
③ 苏颂:《新仪象法要》。

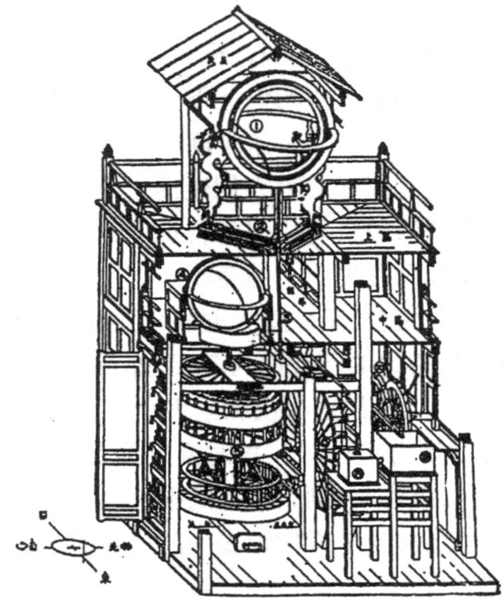

图 6-14　水运仪象台复原图(王振铎复原)

水运仪象台上的浑仪又称为元祐浑仪,其结构基本上与唐代李淳风的黄道浑仪相同,但它取消了白道环,并吸取了周琮等人的皇祐浑仪以来的若干重要改进(图 6-15)。元祐浑仪是北宋立国后所制的四大浑仪之一,“在测验浑仪刻漏所曰至道仪,在翰林天文局曰皇祐仪,在太史局天文院曰熙宁仪,在合台曰元祐仪,每座约铜二万余斤”。[①] 元祐浑仪的最外环圈“直径七尺七寸七分,阔五寸,厚八分”[②],同皇祐浑仪相当。四大浑仪分布在京城开封的不同场所,有不同的人员应用于观测工作,这是前代未曾有过的现象。此外,这些浑仪是在前后 97 年间制成的,仅用铜就约 9 万斤,若不是国家的支持,则是难以实现的。这大约便是以官营为特色的中国古代天文学优势所在。

苏颂和韩公廉在制成水运仪象台后,又经数年时间,制成了一具新仪器:“大如人体,人居其中,有如笼象。因星凿窍,如星以备。激轮旋转之势,中星、昏、晚(晓),应时皆见于窍中。星官历翁,聚观骇叹,盖古未尝有也。”[③] 据此,王振铎作了复原研究工作[④],认为其外圆球乃以竹条编成,直径约为 5 尺,表面用不透明的纸绢裱糊,依星宿的位置在纸绢上凿孔;圆球绕一枢轴旋转,且半露于机座的地纬单环外,半隐于其内;枢轴支架在圆球外的天经双环上;观测者可经由一“跳板”进入圆球中,坐在吊环支撑的椅子上进行观测;以人力转动圆球,观测者便可由孔窍透进的光,看到与某一特定时节相同的星空图像(图 6-16)。这是继北宋初年张思训所创假天仪之后,又一设计新颖的假天仪。水运仪象台与新假天仪的制作成功,展示了苏颂、韩公廉等人在天文学以及机械制作上的才华,同时体现了中国古代天文仪器制作的高水平。

约宋徽宗宣和七年(1125),在宰相王黼和、内侍梁师成的主持下,又制成了一种名为“玑

① 脱脱等:《宋史·律历志十四》。

② 苏颂:《新仪象法要》。

③ 王应麟:《玉海》卷四。

④ 王振铎,中国最早的假天仪,文物,1962,(3)。

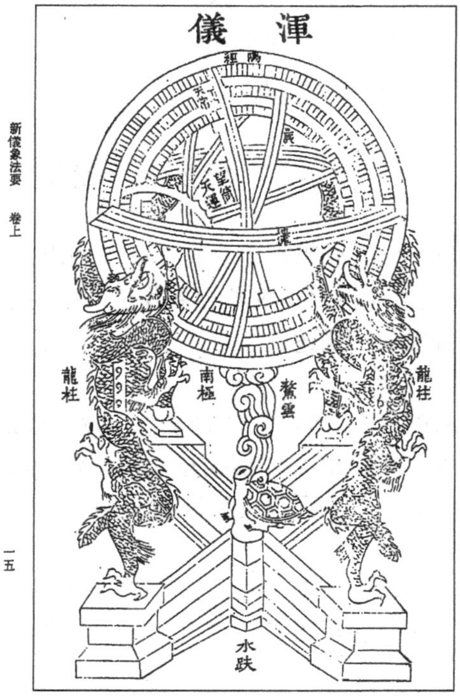

图 6-15　元祐浑仪(采自《新仪象法要》)

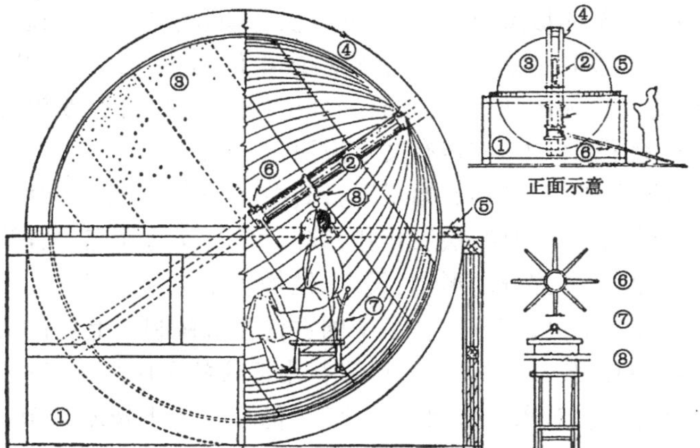

①基座　②枢轴　③球体　④矢经双环　⑤地纬单环　⑥把手　⑦椅　⑧吊环　⑨跳板

图 6-16　苏颂与韩公廉的假天仪示意图(王振铎复原)

衡”的新式自动浑象。先在崇宁元年(1102),一位王姓民间技术专家便已献出玑衡制作的详细说明书,随后经二个月的施工,造就了玑衡的小样。1125 年所制就是依此小样造成的。玑衡的圆球表面绘有黄、赤道、周天度数、24 节气、昼夜百刻以及全天的星宿等,它以漏刻流水为原动力,通过复杂齿轮系的传动,可自动与天同步旋转。日、月亦可自动沿黄道每日分别西行 1 度与 13 度余,以演示日、月的运行,又依照沈括的方法,令月球的半球涂以银粉,可演示月相之变化。此外,还有自动报时系统,用一木人手指刻度的形式,指示时刻的连续变迁;又有一龙口含珠,下承以荷叶状铜器,每当12时辰的正点,则龙“吐珠振荷”① 以报时。由之可见,王专家的玑衡有诸多新的创造,而这些创造又是粹取张衡、一行与梁令瓒、沈括、苏颂与韩公廉等人的创意而得的,是水运浑象制作的一次重大发展。

二 《新仪象法要》的编撰

也许有感于张衡、一行与梁令瓒、张思训等人有关创作失传,更为了对水运仪象台的结构、工作原理及其合理性进行说明,苏颂在水运仪象台制作成功后,撰著了《新仪象法要》一书,以图文并茂的形式对之给予十分重要的描述。

《新仪象法要》分上、中、下三卷。

卷上首载《进浑仪状》,备述制作水运仪象台的缘起、过程,简要回顾类似仪器的历史状况,和水运仪象台的总体结构与特色等。继则详细描述元祐浑仪,有浑仪总图1幅(即如图6-15所示),又有各自的尺度与组装方法等。浑仪主要环圈组构图3幅,还有浑仪各零件图13幅,分别描述其尺度与组装方法等。

卷中,先介绍浑象的总体结构,有总图1幅,又有浑象局部的组构图2幅,均有文字说明其尺度、组装方法等;继则介绍浑象表明星宿、黄、赤道、银河及28宿距度线等的绘制,容在下一小节中再作讨论。

卷下有水运仪象台整体图2幅,一以总体外观为主,一以展示内部主要结构的状况为主,均可称之为一级图(即如图6-13所示);又有五层木阁图1幅,昼夜机轮图1幅,分别给出报时系统外观及其内部结构的整体形象,这与卷上的浑仪总图和卷中的浑象总图相当,均可称之为二级图。随后又分别给出报时系统的局部组构图或零件图12幅(可分别称其为三级和四级图);关于水运仪象台的动力和传动机构,则有局部组构图或零件图15幅;另有圭表图1幅,亦载于卷下之中。同样,除了图像外,亦均有文字说明。

《新仪象法要》共载图66幅(包括5幅星图),其中又分为整体图,浑仪、浑象和报时系统总体图,局部组构图及零件图四级图像,层层相扣,彼此关联,互为补充,又辅以文字说明,从而把水运仪象台的整体面貌及至各部分的形制、尺度、结构等细节跃然纸上。其图像清晰,从机械制图的角度考察,亦不愧为上品,充分反映了中国古代在机械制图上的很高成就。

依据《新仪象法要》的记载,现代人们可以进行水运仪象台作复原工作,已经取得了许多成果。毋庸讳言,《新仪象法要》对水运仪象台的介绍,仍存在若干技术细节含糊不清之处,遂令复原工作产生见仁见智的状况②。虽然如此,《新仪象法要》记述的科学性与可靠性,从总体上

---

① 脱脱等:《宋史·律历志十三》。

② 1959年,在王振铎的主持下,中国历史博物馆复原了水运仪象台(1/5),王振铎并撰有《揭开了我国天文钟的秘密》一文以申述之(《文物参考资料》1958年第4期)。1970年代初,英国李约瑟博士等亦有复原模型问世,现存英国南肯辛顿科学博物馆(李约瑟:《中国古代和中世纪的天文学》,潘吉星主编,《李约瑟文集》第486～493页,辽宁科学技术出版社,1986年)。1988年,陈晓、陈延杭制成小型复原模型,置于福建省同安县苏颂科技馆。1993年,台湾省台中自然博物馆复制成原大的水运仪象台一座。1997年,日本精工株式会社亦推出一原大的水运仪象台,置于日本长野諏访湖时间科学馆,日本山田庆儿与土屋荣夫合著《复原水运仪象台——十一世纪中国的天文观测计时塔》一书(新曜社出版,1997年),详加说明。此外,对《新仪象法要》详作考释的著作还有:管成学、杨荣垓、苏克福,《苏颂与〈新仪象法要〉研究》(吉林文史出版社,1991年);胡维佳,《新仪象法要》注释(辽宁教育出版社,1997年);李志超,《水运仪象志——中国古代天文钟的历史》(中国科学技术大学出版社,1997年)。

看是勿庸置疑的。我们相信，随着研究的深入和理解的趋同，一座更符合苏颂与韩公廉原作的水运仪象台的问世是指日可待的。

三　苏颂星图

在《新仪象法要·卷中》载有星图5幅，其依次为“浑象紫微垣星之图”（以下简称Ⅰ），直径约为16.8厘米；“浑象东北方中外星官图”（Ⅱ，见图6-17）、“浑象西南方中外星官图”（Ⅲ，见图6-18），大小均约为20×27厘米；“浑象北极图”（Ⅳ）、“浑象南极图”（Ⅴ），直径均约为18.5

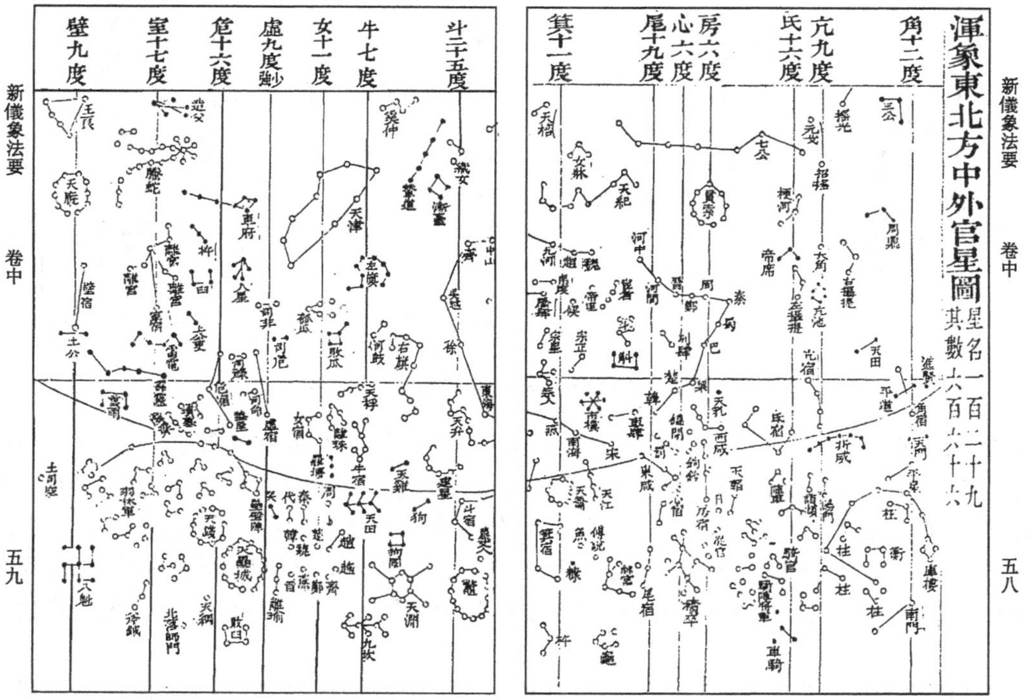

图6-17　《新仪象法要》浑象东北方中外星官图

厘米。此中，（Ⅰ），（Ⅱ），（Ⅲ）构成一组全天星图，而（Ⅳ）和（Ⅴ）则构成了另一组。前一组采用的是圆图和横图相结合的画法，（Ⅰ）为圆图，（Ⅱ）和（Ⅲ）为二横图（该二横图实可连贯为一），与唐代敦煌星图相类似，但要远较敦煌星图精细，这不但表现在各星宿的圈、线描绘的规范化上，而且图中绘有赤道、黄道及28宿距度线，各星宿的位置厘定显现定量化的特色，它不是以每月一星图的形式出现，更具有连贯性和系统性的特征。这一组星图是中国现存最具科学性的圆—横图相结合的星图，与现今星图的绘制方法已相当接近。后一组星图的画法则为苏颂所首创[①]，可称之为双圆图法。苏颂指出：“今仿天形，为俯仰两圆图。以盖言之，则星度并在盖外，皆以圆心为极，自赤道而北为北极内官星图，赤道而南为南极外官星图。两图相合，全体浑象。则星宫阔狭之势与天吻合，以之占候，则不失毫厘矣。”这是说，将天球拦腰截断，分别以

① 薄树人，中国古代在天体测量方面的成就，见中国古代科技成就，中国青年出版社，1978年，第24页。

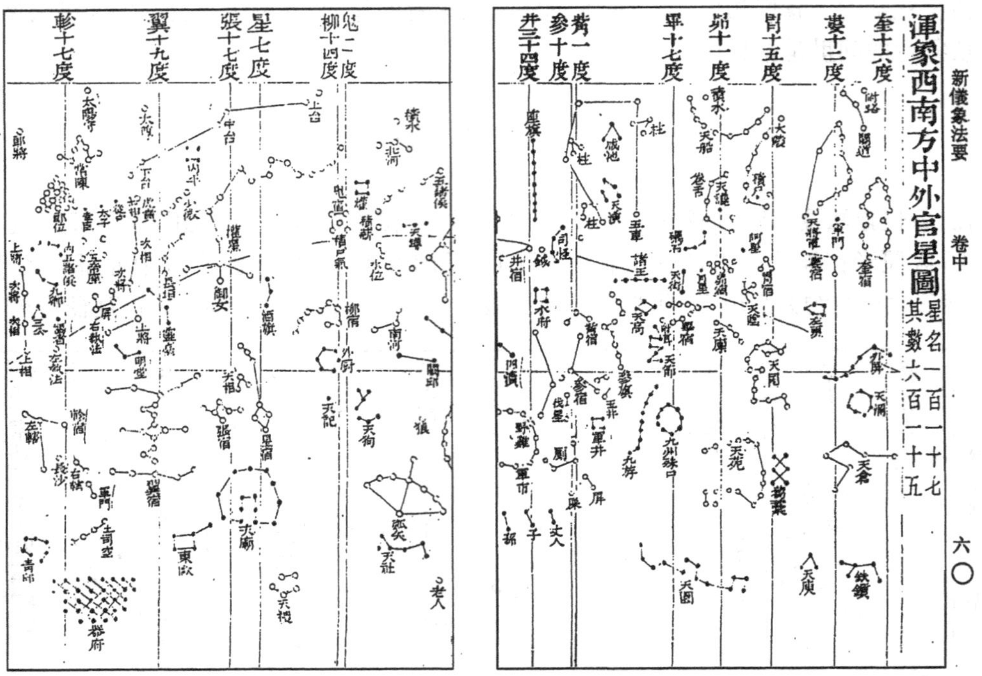

图 6-18　《新仪象法要》浑象西南方中外星官图

南、北极为中心，依圆图法，绘成两幅均以赤道为边界的圆图，该两幅圆图相合即为全天星图。若与仅取一个圆图的全天星图比较，双圆图法可以避免赤道以南星宿的图像当狭反阔、变形较大的弊病，而使之接近真实。对此，苏颂还有十分清晰的论述："圆图视天极（指北极）则亲，视南极则不及"，"近北，星颇合天形；近南，星度当渐狭而反阔矣。"① 正基于这一认识，苏颂的两组全天星图分别采用传统的圆-横图法和新发明的双圆图法，它们都是减少星图失真的好方法。

这两组全天星图都是水运仪象台中的浑象表面上图像的再现，它们均无南极附近星宿的图像，可见，浑象表面原本也没有这些星宿的图像。但在浑象表面原应有银河的图像，而二组星图皆未予反映，且前一组星图又未示出黄道，是其不足之处。

从（Ⅱ），（Ⅲ）中所示的二十八宿距度值与《元史·历志四》所载元丰年间的测量结果完全相同，和苏颂在《新仪象法要》中提及二分、二至昏晓中星今度时所说的："称今者，是元丰所测见今星度也。"可知浑象与二组星图上恒星的位置，是采用宋神宗元丰年间（1078～1085）所进行的恒星观测的结果②。其实，苏颂还明确提及他所采用的二分、二至太阳所在宿度乃是"元丰甲子岁"（1084）所进行测算的结果。所以，浑象和星图上所用有关坐标值，当取元丰年间的测值无疑。

---

① 苏颂：《新仪象法要》。

② 中国天文学史整理研究小组，中国天文学史，科学出版社，1981 年，第 59 页；陈遵妫，中国天文学史，第 2 册，上海人民出版社，1982 年，第 450 页；潘鼐，王德昌，北宋的恒星观测及《皇祐星表》（上），见科技史文集第 10 辑，上海科学技术出版社，1983 年。

在两幅全天星图中，均分别以小圆圈和小圆点将石氏、巫咸氏同甘氏星官相区别，亦均取传统的283星座、1464星的星官系统。但在现传版本中，又均有部分缺陷：在（Ⅰ）中，缺内厨2星、三公2星、右垣1星和阁道5星；（Ⅱ）中鳖少1星、缺泣星的“泣”字和库楼五柱中的一个“柱”字；（Ⅲ）中，缺右更5星、天关星则有星点而缺星名；（Ⅳ）中，缺“天关”和“明堂”四字、左旗少1星、左更少2星、诸王多1星、策1星与右更5星皆无名无星、女床误作少床；（Ⅴ）中，天籥多1星、车肆误作市肆、库楼五柱多1星而少一“柱”字。此外，（Ⅱ）和（Ⅲ）中的二十八宿距星间相距的尺度同所载二十八宿距度值不相匹配。这些情况表明，现传版本中的星图并非苏颂所绘原图，在刊刻中出现了失误。虽然如此，它们还是反映了苏颂原图的基本面貌，仍不失为流传至今的两幅很有价值的古代科学星图。

还要指出的是，元丰年间测量二十八宿距度的平均误差为0.4°[①]。其所用仪器系由欧阳发等人约于元丰六年（1083）制成的元丰浑仪和元丰浮漏[②]。浑仪与浑象的北极与当时北极星的度距取为“一度有半”，其误差为0.13°，这在（Ⅰ）和（Ⅳ）图中皆有所反映。其所取黄赤交角为23度又11/12度，即23°34.4′，误差为0.2′。其冬至点取为赤道斗三度，误差为0.1°。其北极出地高度取为35度又1/6度，误差为0.14°[③]。这些数据表明，苏颂、韩公廉所制浑仪与浑象，以及苏颂星图都是建立在相当精当的天文观测的基础上的，这从又一个侧面反映了水运仪象台和苏颂、韩公廉所达到的相当高的天文学水准。

第十节　皇居卿观天历及姚舜辅占天历与纪元历

一　皇居卿与观天历

宋哲宗元祐六年（1091），沈括被贬润州已约3年，是否继续行用卫朴奉元历的议论又起，有人以奉元历节气“后天一日”[④]为由，要求作新历以替代之。今察之，这时奉元历节气后天仅10余刻[⑤]。故“后天一日”之说显然是夸大其词，可惜再无沈括为之辩解，遂于同年十一月，诏“作元祐观天历”[⑥]，元祐七年（1092）“六月甲戌，进呈新历”[⑦]。后又经一年多时间的检验，于绍圣元年（1094）正式取代奉元历颁行于宋[⑧]。应该说，奉元历是在对它不公正的批评中被废止的。

关于观天历的制定者，南宋王应麟《玉海·卷十》和清代阮元《畴人传·卷二十》认为是黄居卿，而《元史·历志二》、明代邢云路《古今律历考·卷十八》与清代汪曰祯《历代长术辑要·古今推步诸术考·卷下》均以为是皇居卿，孰是孰非，实难认定。在没有进一步的证据之前，我们以为应从历学名家邢云路与汪曰桢之说较妥。

---

① 潘鼐，王德昌，北宋的恒星观测及《皇祐星表》（上），见科技史文集第10辑，上海科学技术出版社，1983年。

② 脱脱等：《宋史·律历志十三》。

③ 陈美东，《新仪象法要》中的浑象与星图，社会科学探索，1991，（4）。

④ 王应麟：《玉海》卷十。

⑤ 陈美东，古历新探，辽宁教育出版社，1995年，第57页。

⑥ 脱脱等：《宋史·哲宗本纪一》。

⑦ 李焘：《续资治通鉴长编》。

⑧ 同④。

早在“元祐二年(1087)九月，以奉元历疏，命保章正黄(皇)居卿等六人考定。”① 这说明在元祐六年十一月奉命改作新历之前的4年多时间内，皇居卿等人就已开始了与改历有关的测验与研究工作。也就是说，皇居卿观天历的正式颁行至少经历了6年的研究和检验。

观天历在一些天文数据与表格的测算上确实取得了新进展：对于冬至时刻的测算，偏差为后天5刻(1.2小时)，不但较奉元历为优，其精度还是北宋时期的最佳者；水星会合周期为115.8771日，误差为0.5分钟，是历代最佳值之一；月食必定发生全食的食限值为4.03°，误差约为0.14°，也是历代所得较好的数值；黄白交角取用5.99度(5.91°)，较历代诸历法略优；赤道岁差取77.83年差1度(每年45.59″)，此值略逊于历代最佳的明天历，为历代第二佳值；在木星运动不均匀改正表中，木星实行度分测量的平均误差为29.2′，较前代历法的同类表格的精度有大幅度的提高②，等等。这些自然不是凭空而得，而应是经过认真测算的结果。

在采用的数学方法方面，观天历除了在计算月亮与五星运动不均匀改正时，继承宋行古崇天历只用一次差内插法外，对一系列其他历法问题的计算，皆采用高次函数公式法，其公式化的程度之高仅次于周琮明天历，在中国古代诸历法中，名列第二位。

观天历对以下10个问题的计算皆采用了二次函数式：关于太阳运动不均匀改正，其算式是对史序仪天历的同类算式改进而来的，其精度高于仪天历，而与明天历持平；关于黄赤道宿度差、黄白道宿度差以及赤白道宿度差的算式，均参照崇天历而小有变化，都具有简明的特点；关于月亮极黄纬、气差与刻差、交食初亏与复圆时刻以及月食既带食出入时刻的算式，亦由崇天历演变而得；关于日食时差的算式，则是唐代边冈崇玄历的翻版。观天历关于太阳视赤纬和昼夜漏刻长度的算式为四次函数式，也是由崇天历演变来的，而关于晷长计算的五次函数式，则是承用了明天历的方法③。由之可知，皇居卿是选用崇玄历、仪天历、明天历，特别是崇天历的有关算法作为观天历的算法的，他只是对之进行了小许的改造，并无根本性的发展。所以，我们只能说，皇居卿的观天历在保持历法计算的公式－表格化的势头上做出了一定的贡献。

质言之，观天历是一部较好地继承了前人的已有成果而小有进步的历法，我们自然也不会忘记皇居卿为之而付出的巨大努力。

二　姚舜辅与占天历

史籍没有关于姚舜辅生卒年的记载，他的生平事迹无从可考，但是纪元历和若干其他天文工作，则昭示他是北宋最后一位成绩斐然的天文历法家。

姚舜辅前后编制了二部被正式颁用的历法。宋徽宗崇宁二年(1103)，他的第一部历法占天历取代观天历颁行于宋④，这次改历的直接原因是依观天历推算一次朔日时“当进而失进”，即在进朔与否的问题上发生失误。而占天历在行用3年后也被废止，它所受到的是“成于私家，不经考验”⑤ 的指责。这正好说明姚舜辅原非天文机构的专职人员，但他对天文历法有精

① 王应麟：《玉海》卷十。

② 陈美东，古历新探，辽宁教育出版社，1995年，第57，396，369，289，268，462页。

③ 陈美东，古历新探，辽宁教育出版社，1995年，第337，284，285，176，197，198页；张培瑜、陈美东等，中国天文学史大系·中国古代历法，河北科学技术出版社，2002年，第232，233，236，239，240，222，223，195，196，291，301，302页。

④ 宋濂：《元史·历志二》。

⑤ 王应麟：《玉海》卷十。

深的研究，而被朝廷发现，并仓促行用其历法。可是，未经检验证明其可靠性的历法不得颁用，已是人们的共识，所以，占天历受到这一指控后，随即被停用是在情理之中的。大约在占天历被采用后，姚舜辅就调到司天监任职，他自知占天历未经认真的检验，故充分运用难得的有利条件，继续进行观测与研究，以考验占天历的可靠性，并做出修订或改进。宋徽宗崇宁五年(1106)，当有人对占天历提出责难时，姚舜辅并不感到意外，随即推出新编的纪元历以回应之。这时的姚舜辅自然比3年前更加成竹在胸，纪元历理应较占天历更为精当，故很快通过了检验，得以颁行。

关于占天历的状况，我们已所知无几，《元史·历志二》有关于该历的上元积年与日法的记载，而清代李锐曾作《占天术注》[①]，复原了占天历的回归年与朔望月长度等数据，今察之，其精度与纪元历大体相同。至于其他情况，均付之阙如。

三　姚舜辅的纪元历及其影响

纪元历是一部有诸多创新的历法，这主要表现在它采用了一系列精确的天文数据与表格，在数学方法上也多辟新径，此外，在天文测量方法上也多有改进。

(一)关于天文数据与表格的新进展及天文测量新方法

关于天文数据：对于二十八宿赤道和黄道度距作了重新测量，所得度值不再与前代各历法仅给出整度值相同，而注出“少”(1/4)、“半”(1/2)、“太”(3/4)等，即读数准确到1/4度。研究表明，其二十八宿赤道距度测量的平均误差为0.16°[②]，精度较前代各历法有大幅度的提高；测算得冬至时太阳所在宿度为赤道斗宿2.7度，其误差为0.1°，是为历代第二佳值；土星会合周期取为378.0917日，误差为0.3分钟，是历代所得第二佳值；交食周期取用4127个交点月324个交点年，即便在今天看来，这也是一极佳的交食周期值，其相应的交点年长度为346.619859日，误差为7秒，是为历代最佳值；所取黄赤交角值当为23°34′03″，误差为43″，亦为历代第二佳值；关于必不发生月食的食限值取为12.38°，误差为0.01°，是历代最佳值，等等。

关于天文表格：日躔表中每日太阳实行度分的误差为4.3′、太阳运动不均匀改正的误差为19.0′，精度较前代诸历法有所提高；在五星运动不均匀改正表格中，除了木星实行度分测值保持了和观天历同等的精度之外，对于土星实行度分的测量精度也较前代取得大幅度的提高，其误差为37.9′[③]。

在这些新进展中，有一些是与姚舜辅发明的天文测量方法密切相关的。如关于冬至时太阳所在宿度的测算，除了运用后秦姜岌首创的、传统的月食冲法之外，姚舜辅还应用了金星偕日出没法：“纪元历复以太白志其相距远近，于昏后明前验定星度，因得日躔。”[④] 在昏或旦时分，用浑仪测量金星所在赤道宿度，而这时金星与太阳的赤道度距可由历法间接算得，于是，可

① 李锐：《李氏算法遗书·占天术注》。

② 潘鼐，中国恒星观测史，学林出版社，1989年，第175页。

③ 陈美东，古历新探，辽宁教育出版社，1995年，第88,396,258,101,369,315,462页。

④ 宋濂：《元史·历志一》。

以进一步算知这时太阳所当的赤道宿度值，进而用与月食冲法相同的方法推得冬至时太阳所在赤道宿度。在《授时历议·验气》中论及冬至时刻测算的演进时，提到除了祖冲之与周琮的贡献外，“纪元(历)以后诸历，为法加详”①。大约是说，姚舜辅和南宋有关历法的作者已经采用了测量多组晷长的方法以测算冬至时刻，姚舜辅则开其先声。

(二)关于数学方法的继承与创新

姚舜辅纪元历中数学方法的运用，采取了多样化的思路，即既采用自隋代刘焯以来二次差内插法，又采用唐代曹士蒍、边冈以来的高次函数算式，还应用他自己首创的新算法，形成了丰富多彩的算法系统。

在纪元历中，二次差内插法被运用于太阳运动不均匀改正的计算，对于月亮与五星运动不均匀改正的计算，亦沿用宋行古崇天历的方法，用一次内差法。当然，它们都是在先给出日、月、五星运动不均匀改正表的基础上进行的。

对于黄赤道宿度差、黄白道宿度差与赤白道宿度差的计算，以及交食初亏与复圆时刻的计算，纪元历皆取同崇天历相类似的算式，但较之有所改进；关于日食气差与刻差的算式，纪元历所用是与崇天历等价的算式；纪元历的日食时差算式受边冈崇玄历的影响，而且还新给出了月食时差的算式；在纪元历中，还最先明确给出了月食初亏(月面的东边缘被蚀时)、食既(月面的西边缘被蚀时)、食甚(月面被蚀的食分最大时)、生光(月面的东边缘开始复明时)与复圆(月面完全复圆时)时刻(即所谓月食五限)的算式，不过其所用算式也均受崇天历的影响②。这里实际提及了 10 余种历法问题的算式，它们皆为二次函数算式，多受崇玄历尤其是崇天历的影响，但又多有改进，或为姚舜辅的新创。

纪元历计算太阳视赤纬和昼夜时刻长度的算式，虽然与边冈崇玄历所开创的相关算式同为四次函数，但姚舜辅给出的是一种新的形式，而有新的发展。

其太阳视赤纬算式为：

对于冬至前后的时日(当天中午时)：

$$\delta = -23.90 + \frac{608.3109^2 n^2 - 1216.6218 n^3 + n^4}{517 \times 517 \times 348.856}$$

对于夏至前后的时日(当天中午时)：

$$\delta = 23.90 - \frac{491.3109^2 n^2 - 982.6218 n^3 + n^4}{400 \times 400 \times 348.856}$$

式中，δ 为太阳视赤纬，n 为所求日中午时太阳距冬至(或夏至)点的度数。$n \leqslant 91.3109$，若 $n > 91.3109$，需以 182.6218 返减之。

这是一个包含二次、三次和四次项的函数式，与边冈等人的同类算式只含二次和四次项不一样。对其所作的精度分析表明，误差为 0.11°，与边冈算式的精度持平，但较仪天历、崇天历、明天历和观天历同类算式的水平要高许多，由此结束了边冈以后使用高次函数算法于太阳视赤纬计算的不理想状况，恢复了高次函数算式的真正优势③。

---

① 宋濂：《元史·历志一》。

② 张培瑜，陈美东等，中国天文学史大系·中国古代历法，河北科学技术出版社，2002 年，第 234，240～242，292～294，196～198，223～226，302，303 页。

③ 陈美东，中国古代太阳视赤纬计算法，自然科学史研究，1987，(3)。

纪元历昼夜漏刻长度算式可示如下式：

$$L=\frac{20}{729}\left(1822.5-\frac{3630\delta}{239}\right)$$

式中，L 为所求日昼夜漏刻长度值，δ 即为上述太阳视赤纬值。

可见该算式亦为一四次函数，也具有同上所述的优势，其误差为 3.8 分钟，达到了古代昼夜漏刻长度公式计算法的最高水平①。

对于月亮极黄纬的计算，纪元历亦给出全新的高次函数算式：

$$P=\frac{1}{34375\times10^5}(372026500m-763324m^2-8181m^3-10m^4)$$

式中，P 为月亮极黄纬，m 为月亮距黄白交点的度数。$m\leqslant90.9486$ 度，若大于此值，需以 181.8972 度返减之。

这是一个一、二、三、四次项齐全的四次函数式，一改此前同类算式仅用二次函数式的状况，说明姚舜辅认识到二次函数不足以反映月亮极黄纬的变化，而创用了更合符月亮极黄纬变化规律的四次函数以描写之。精度分析表明，该算式的误差为 0.32°，是为历代最佳水准②。

纪元历每日午中晷长的计算，对于一年各时段采用了与周琮明天历不同的三段划分法（图 6-19），并运用了 3 个全新的数学公式进行计算③：

对于冬至后初限（$M<62.20$ 日）、夏至后末限（$M>120.42$ 日，需以 182.62 日返减之）：

$$B=12.83-\frac{200M^2}{100617+100M+\frac{400}{29}M^2}$$

对于冬至后末限、半限以上（91.31 日$<M<$182.62 日，需以 182.62 日返减之）和夏至后初限、半限以下（$M<91.31$ 日）：

$$B=1.56+\frac{4M^2}{7923+9M}$$

对于冬至后末限、半限以下（62.20 日$<M<$91.31 日，需以 182.62 日返减之）和夏至后初限、半限以上（91.31 日$<M<$120.42 日）：

$$B=1.56+\frac{7700M^2}{13584271.78+44718M-100M^2}$$

上三式中，B 为每日午中晷长（单位为尺），M 为所求日午中与冬至或夏至的时距。

这些是十分独特的函数式，它们与曹士蒍、边冈以来得到充分发展的高次函数式有所不同，无疑是姚舜辅对数学方法探求的新成果。依上三式计算结果的误差平均为 0.018 尺，其精度与周琮明天历的同类算法不相上下，也达到了较高的水平。

在前代历法中，关于黄赤道宿度差的计算，都是已知赤道宿度，求与之相应的黄道宿度。纪元历则更进一步，还给出了已知黄道宿度返求相应的赤道宿度的算式④。这里，我们不拟列出这些具体算式，而只想指出，它们是中国古代反函数法研究的一大进展，为有关天文学问题的解决开辟了新道路。

① 陈美东，李东生，中国古代昼夜漏刻长度的计算法，自然科学史研究，1990，(1)。

② 陈美东，中国古代月亮极黄纬计算法，自然科学史研究，1988，(1)。

③ 陈美东，皇祐、崇宁晷长计算法之研究，自然科学史研究，1989，(1)。

④ 曲安京，中国古代的二次求根公式与反函数，西北大学学报(自然科学版)，1997，(1)。

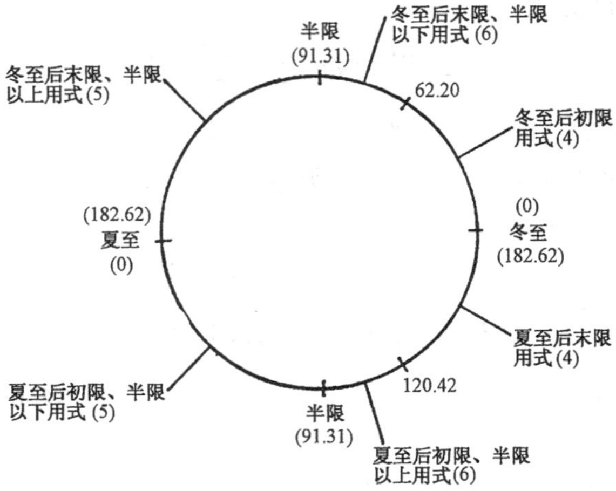

图 6-19　纪元历晷长计算法三段分法示意图

综前所述,北宋 167 年间,历凡 9 改,其先后是王处讷应天历、吴昭素乾元历、史序仪天历、宋行古崇天历、周琮明天历、卫朴奉元历、皇居卿观天历、姚舜辅占天历和纪元历,平均约 19 年一改历,可见,历法是处在一种不断得到关注、不断进行检验和相当频繁地做出变革的活动状态中。这 8 部历法,在天文数据和表格的测算上,或多或少有上佳的表现,一些历法更在计算方法上有不同程度的改进或创新,其中,以纪元历为最,明天历次之,崇天历又次之。从总体而言,北宋历法是在隋唐的基础上,将业已成熟的历法体系向精密化与完善化的方向推进,纪元历则是对这一过程作出的出色总结。

纪元历对南宋历法产生了决定性的影响,南宋绝大部分历法都是在纪元历的基础上作少许修订而成的,所谓"少许修订"是指对若干天文数据和表格进行改进,而历法的基本结构、推算程序和数学方法则沿袭纪元历不改,以致《宋史·律历志》中,在详载纪元历经之后,对于南宋诸历的录载屡见"法与前历同,此不载"字样,"前历"即指纪元历。同样,金代赵知微的重修大明历也可作如是观。这就是说,纪元历奠定了此后约 170 年历法的基本模式与走向,是元代郭守敬等人再攀传统历法最高峰的基本营地。

第十一节　辽代、西夏与金代的天文历法

一　辽代的天文历法

辽太祖耶律阿保机于神册元年(916)立国,国号契丹,后辽太宗于大同元年(947)改国号为大辽,是契丹族在今河北、山西、陕西北部一线东北的广大地域建立的政权。辽天祚帝保大五年(1125)为金代所灭,共历九帝,统治 210 年。辽与北宋双方征战不断,形成长期对峙状态。

大同元年(947),辽太宗灭后晋以后,将后晋的"百司僚属、伎术、历象"①,包括刻漏、浑象等仪器② 悉数迁到中京(今辽宁省宁城),开始建立与汉人相类似的天文机构。至辽穆宗应历

① 脱脱等:《辽史·历象志上》。

② 脱脱等:《辽史·历象志下》。

十一年(961),“司天王白、李正等进历,盖乙未元历也”,即经过10余年的整顿,王白等人才献上后晋马重绩于后晋高祖天福三年(938)编就的调元历,因该历法以唐玄宗天宝十四年乙未(755)为近距历元,故也称乙未元历。这就是说,到应历十二年(962),辽代才开始正式颁布历书于国中,其所依据者即马重绩调元历。《辽史·历象志上》指出:“(辽)圣宗统和十二年(994),可汗州刺史贾俊进新历,即大明历是也”,“大明历本(刘)宋祖冲之法。”该历法制成于刘宋孝武帝大明六年(462)。贾俊居然进献,辽朝廷也居然颁用530余年前的早已过时的历法,实令人费解,其后终辽一代再无改历之议,更不可思议。清代汪曰桢认为,《辽史·历象志上》此说“出于臆度附会,实则大明之名偶同”,而并非就是祖冲之大明历,他还指出,金代杨级和赵知微所修历法“并以大明为名,当即本辽术修之”[①],他还引元代刘秉忠所说“见行辽历,日月交食频差”[②] 等为证,而当时的见行历是为赵知微的重修大明历,刘秉忠却称其为辽历,正是指其原本而言的。我们以为汪曰桢之说应是可信的。

至于对各类异常天象的观测,大约是辽代司天机构的主要工作,与占验上的需要密切相关。所运用的星官系统则与中原相同,也是辽太宗时被迁到中京的五代石晋天文学家奠定的基础。此外,印度传来的黄道十二宫也产生了很大的影响。1974年,在河北省张家口市宣化区下八里村一座辽代墓的后室穹隆顶部的正中央,就发现有一幅彩绘星图(见彩图六)。墓主人张世卿是曾以进粟被授右班殿直的虔诚佛教徒,卒于辽天祚帝天庆六年(1116)。其墓顶星图直径为2.17米。中心嵌有一面直径35厘米的铜镜,铜镜的周围绘有重瓣的九瓣莲花。再外一周是二十八宿、北斗七星,各星点为朱色圆点,各星官的星之间以朱色直线相连,绘出二十八宿和北斗的典型图像。在这些图像与莲花之间,还绘有九颗较大的圆点,其中最大的一颗,作赤色,中绘金乌,显然是太阳的图像,其余8颗,朱、蓝两色各占一半。夏鼐认为:它们应分别代表月亮、五星和罗睺、计都,与太阳合为九曜,此说是可信的。夏鼐又认为,月亮和金、水、土星属阴,故用蓝色,木、火星和罗睺、计都属阳,故用赤色[③],可备一说。而罗睺、计都是想像中的两个天体。又外一周则是黄道十二宫图像。其中,应为金牛宫的图像处,正好是一盗洞的位置,故已破坏,其余11宫图像完好无损。内中,双子宫画成一男一女,室女宫画成双女,人马宫画成一人牵马状,摩羯宫画成龙身鱼尾带翅兽,这些都是已被中国化了的图像。该星图是至今首见的中国传统的二十八宿与经由印度传入的黄道十二宫一一对应的、可以说是完整的形象图画,察其两相对应的具体情况,大体是正确的,所以是颇具价值的中西合璧的星图。辽代的天文历法与差不多同时代的北宋不可同日而语,以致也不如它的西部邻邦西夏。下面就要论及西夏天文历法的状况。

二　西夏的天文历法

西夏是党项族在今宁夏回族自治区、陕北、甘肃一带建立的政权。自西夏景宗天授礼法延祚元年(1038)称帝,到西夏献宗乾定四年(1227)为蒙古所灭,传十帝,立国约190年。西夏王朝与宋、辽、金等王朝时或兵戎相见,但更多的时间里则是和平共处,一直保持密切的交往。西

① 汪曰桢:《历代长术辑要·古今推步诸术考·卷下》。
② 宋濂:《元史·刘秉忠传》。
③ 夏鼐,从宣化辽墓的星图论二十八宿和黄道十二宫,考古学报,1976,(2)。

夏地处中西交通要道，其文化一方面深受汉文化的影响，一方面又吸纳藏文化及古印度文化的营养，形成了独特的内涵，在天文历法领域亦如此。

西夏设立有专门的天文、历法机构与官员从事天文、历法和占卜工作。其机构有司天监①，负责天文观测；大恒历院②，负责历法编算；史卜院③，负责占卜与记录事宜，其分工较宋朝还要细密。

在清代吴广成编修的《西夏书事》中，尚可见 66 项④ 有关日食、彗星、月亮及五星凌犯等天象的记录，这些记录的形式与内容同《宋史·天文志》、《金史·天文志》相似。其中有与宋志、金志完全相同者，有稍详细者，有异者，更有宋志、金志所皆无者，如西夏崇宗大德五年(1139)"正月，太白、荧惑合于井。司天谓：不利用兵"。西夏仁宗人庆元年(1144)"九月，彗星见，改元。星见坤宫，五十余日而灭"。等等。这里的占法及改元之举，与汉人的思想方法无异，而所谓"坤宫"，则应是一种与中原不同的对全天星空分区方法的反映。西夏对星空的分划与中原有同有异，它也采用二十八宿体系，其他星官有与中原相同者，如钩陈、螣蛇、华盖、霹雳、人星、北斗等，也有不同者，如攀鞍、驿马、逊星、寡宿等⑤，反映了中原与西夏合璧的星空划分与命名方法。

西夏的前身是夏州政权，自唐末开始就行用中央朝廷颁布的历法。立国之后，先是沿用《崇天万年历》⑥，其后，每当宋朝改历，西夏亦随之用新历法，"故事：每于上年孟冬，受中国赐历"，这些说明宋代历法长期对西夏产生巨大影响。一直到西夏崇宗时，因附金反宋，于正德六年(1132)决定停用宋代历法⑦，虽然如此，宋高宗仍未放弃争取工作，一直到 30 年后的绍兴三十一年(1161)才停赐西夏历日⑧。又据载："曩宵(李元昊)称帝，自为历日行于国中"⑨。这说明李元昊深知颁布历法，是国家权力的象征，这一认识同中国传统的历法观完全一致。由此看来，西夏是在接受宋代赐历的同时，又依据自己的理解与需要，对之作必要的修订，而后颁历日于国中的，这一修订工作当由恒大历院承担。恒大历院的官员们也因此对宋代的有关历法有较全面与深入的了解，而在宋代停止赐历之后，他们自然应有能力负担起自己编制历书的任务。1971 年，在甘肃省武威发现出土了西夏历书残页，残历存七至十二月历日，依据其中闰十一月及每月朔日干支，与宋高宗绍兴十五年(1145)历书相同，可推知其为西夏仁宗人庆二年(1145)的历书⑩。这时西夏虽已明令停用宋代历法，但仍有宋代历书可供参考，或者是依原赐陈得一统元历进行推算。西夏的纪年法以干支纪年与五行配十二兽纪年法并用。西夏仁宗乾祐七年在甘州所立黑水桥碑上，阳文为汉文，纪年曰"岁次丙申"，阴文为藏文，纪年为"阳火猴年"⑪，后者显然是受藏历纪年法的影响。

在敦煌研究所编千佛洞 61 号洞的甬道两侧的壁画上，均绘有黄道十二宫图，它们出现在

---

① 吴广成：《西夏书事》卷二十八；《西夏书事》卷三十五。

② 《蕃汉合时掌中珠》。

③ 白滨，西夏文献及其史料价值，中国史研究动态，1981，(7)。

④ 汤开建，西夏天文学初探，见中国天文学史文集第 4 集，科学出版社，1986 年。

⑤ 同④。

⑥ 吴广成：《西夏书事》卷十八。

⑦ 吴广成：《西夏书事》卷三十四。

⑧ 李埴：《皇宋十朝纲要》卷二十五。

⑨ 同⑥。

⑩ 甘肃省博物馆，甘肃武威发现一批西夏遗物，考古，1974，(3)。

⑪ 王尧，西夏黑水桥碑考补，中央民族学院学报，1978，(1)。

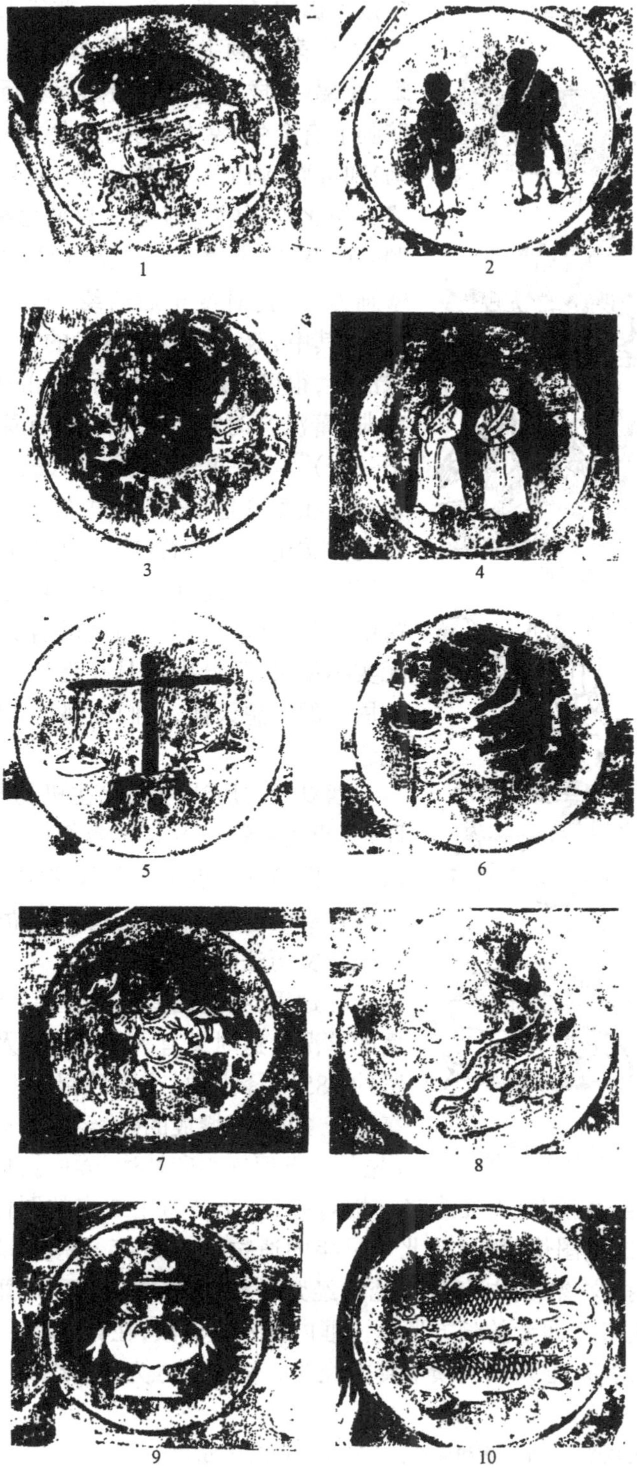

1. 金牛宫　2. 双子宫　3. 巨蟹宫　4. 室女宫　5. 天秤宫
6. 天蝎宫　7. 人马宫　8. 摩羯宫　9. 宝瓶宫　10. 双鱼宫
(缺白羊宫和狮子宫)

图 6-20　敦煌千佛洞黄道 12 宫图

图 6-21　古希腊黄道 12 宫图像

炽盛光佛和九曜神像的天空背景上。其中，清晰可见者，甬道南壁画上有双子（画成一男一女）、天秤、天蝎、摩羯（画成龙身鱼尾带翅兽）、巨蟹和双鱼 6 宫；北壁画上有金牛、室女（画成双女）、人马（画成一人牵一马）和宝瓶（画成一花瓶）4 宫（见图 6-20），其余残缺或为相比较不够清晰者。夏鼐由壁画下端供养人像题名的“汉字旁边有西夏文对照并书”的状况，认为该壁画为“西夏时或稍后所绘”①。图形和画法都已中国化，其中，双女画成两披发的女子，从服装上看，不像汉人，很可能就是当时西夏人的写真。在西夏通俗字典《蕃汉合时掌中珠》中，也有黄道十二宫名（缺双子一宫）②。可见，从印度传入的黄道十二宫的天区划分法在西夏是十分普及的知识，而且它已经融入西夏人的文化之中。而壁画中的九曜，系指日月五星加上罗睺、计都。此外，在《蕃汉合时掌中珠》等西夏典籍中，还有月孛、紫气，与九曜合为 11 曜。后二者亦无实际星象，乃分别指月亮近地点和一个 28 年运行一周天的假想天体，它们也都是从印度传入的天文学概念。

西夏天文历法与宋代在机构与人员的设置及其职责、历法的颁行及其内容等方面有诸多共同之处，而且融西藏和印度的一些天文学知识于一体，加上党项族自身的创造（如某些星座的命名等），丰富了中国传统天文历法的内涵。

在这里，我们还要顺便介绍黄道十二宫在北宋传播的情况。这时又有一些著作提及黄道十二宫，如法贤约 985 年译出的《难尔计湿缚罗天支轮经》③ 曾公亮等于 1044 年撰成的《武经总要·卷二十》，吴景鸾的《先天后天理气心印补注·卷中》，均载有黄道十二宫，它们所用译名，与《玉函经》相差无几或完全相同④。至于黄道十二宫的图像，也有所见。流传至今的完整的黄道十二宫图像，最早是北宋早年的遗物。1978 年，在苏州瑞光寺塔第三层塔心的窨穴内发现了一批文物，其中有印本梵文经咒一幅⑤，通高 25 厘米、宽 21.2 厘米。其正中为一高 8.5 厘米、宽 6.2 厘米的长方形框。框内画佛教典故，在其左、上、右三边各画 4 个星官形象，合为黄道十二宫。框外四周横书梵文经咒。经咒上方为花卉图案，左右两边各有 4 个

① 夏鼐，从宣化辽墓的星图论二十八宿和黄道十二宫，考古学报，1976，(2)。
② 汤开建，西夏天文学初探，见中国天文学史文集第 4 集，科学出版社，1986 年。
③ 《大正年修大藏经》，第 1312 号，第 463 页。
④ 夏鼐，从宣化辽墓的星图论二十八宿和黄道十二宫，考古学报，1976，(2)。
⑤ 苏州市文管会，苏州博物馆，苏州市瑞光寺塔发现一批五代、北宋文物，文物，1979，(11)。

垒叠起来的神像，下端各有一护法神像，其上28个神像大约代表二十八宿。下边中间框内有宋真宗“景德二年(1005)八月日记”的题记。可知是一幅年代绘制明确的黄道十二宫图像。察其顺序，从白羊宫(左下)起，依次为天蝎、双子(画成一男一女)、巨蟹、天秤、狮子、宝瓶(画成一花瓶)、双鱼、人马(画成弓箭)、金牛、室女(画成双女)、摩羯(画成龙身鱼尾带翅兽)。由表5-13可见，这里黄道十二宫实际是作无序排列的，而其所绘图像则与《宿曜经》(Ⅱ)所述比较接近。至于其左右两边所绘28个神像，只带有关于二十八宿的示意性质，不可与唐代吐鲁番出土的二十八宿同黄道十二宫一一对应的写本相提并论。

至此，我们可以对黄道十二宫传入中国的论题作一综述。随着佛教的传入，黄道十二宫的知识至迟在隋代便开始以文献的形式在中国传播。黄道十二宫的译名一开始就呈现中国化的倾向，即以中国人易于理解的方式来命名，为便于比较，可将希腊古代黄道十二宫图像示出(见图6-21)①。由之可见，其中有5宫译名的中国化尤值得注意：人马宫——以弓箭或一人牵一马替代人首马身的怪物；摩羯宫——以龙身鱼尾带翅兽替代羊身鱼尾兽；双子宫——以男女或阴阳的观念理解之；宝瓶宫——突出宝瓶(先是装水、后为插花)而略去持瓶者；室女宫——以双女替代一位带翅女郎，等等。从唐代起，中国学者已把黄道十二宫与传统的十二次说相联系，做出特有的理解，而且，已将黄道十二宫同传统的二十八宿相对照。从五代起，黄道十二宫的中译名已经大体定型，而且，随着佛教的传播，黄道十二宫在中国的广大地域(无论宋地、辽地还是西夏地)得到传播，不单见于佛教作品，还见于中国人自己撰写的著作中，或作为墓葬的装饰品，当然，佛经或与佛教有关的作品乃是黄道十二宫的主要载体。由于中国传统的二十八宿系统有根深蒂固的影响力，黄道十二宫虽长期与之共存，也只能居于次要地位。

三　金代的天文工作及赵知微重修大明历

1115年，崛起于白山黑水间的女真族首领完颜阿骨打建国称帝，定国号为金，是为金太祖。金立国后仅用10年时间就吞灭了辽代，又过2年便灭亡了北宋，再过数年又令西夏俯首称臣，一举统一了中国的北部，与偏安一隅的南宋呈对峙之势。金代传10帝，至金末帝天兴三年(1234)为蒙古所灭，历120年。

金太宗天会五年(1127)金兵攻陷北宋京都开封，尽得诸多天文仪器、典籍与人才。天文仪器置于中都(今北京)太史局候台，大大充实了天文历法研究的实力。从元代郭守敬在1276年才测量中都的北极出地高度，对原浑仪的极轴做出调整，并用于观测来看，这些天文仪器在百余年间并没有被充分应用。也就在1127年，“司天杨级始造大明历，(天会)十五年(1137)春正月朔，始颁行之”。杨级大明历与辽代贾俊所献的祖冲之大明历名同而实异，“然其所本，不能详究，或曰因宋纪元历而增损之也”。看来，杨级应是原北宋司天监的官员，他将姚舜辅纪元历小作改动，献给金太宗，使金代可自行颁历，在经过10年的议论与检验之后，终于取得成功，即为金代的第一部历法。

金海陵王“正隆戊寅(1158)三月辛酉朔，司天言日当食，而不食”。这说明在金代亦建立了中国传统的检验历法疏密的制度，但这次杨级大明历失验，似并未引起朝廷的重视。其后在金世宗时，又先后发现大明历日食预报失准的情况：“大定癸巳(1163)五月壬辰朔，日食；甲午

① C.弗拉马利翁著，李珩译，大众天文学，第1分册，科学出版社，1965年，第45页。

(1174)十一月朔，日食，加时皆先天。丁酉(1177)九月丁酉朔，食乃后天。”这都证明杨级大明历“占候渐差”，这才得到朝廷的关注。于是，“乃命司天监赵知微重修大明历，(二)十一年(1181)历成。时翰林应奉耶律履亦造乙未历”，这就形成包括大明历在内的三家历法相争的局面。遂决定令三家预推大定“二十一年(1181)十一月望，太阴亏食”的时刻与食分大小，以别疏密。检验结果证明三家之中以“(赵)知微历为亲，遂用之”①。这就是赵知微重修大明历被颁用的经过，其程序与方法同前代没有什么差异。

实际上，重修大明历也是在姚舜辅纪元历的基础上略作改进而成的。在重修大明历中，给出了每日昼夜漏刻长度的新式表格及其算法，据研究②，该表格是依据三次差内插法计算而得的。这大约为元代郭守敬授时历三次差内插法的推广应用奠定了基础，列出 24 节气太阳出地平时刻的表格后用此表格依等差级数法进一步计算任一时日的昼夜漏刻长度③。据进一步的研究，重修大明历的漏刻算法，已率先采用三次差内插法，是对刘焯二次差内插法的发展与推广④。其太阳视赤纬(δ)的计算，则在求得每日太阳出地平时刻(H)的基础上，依下式算出⑤：

$$\delta=\frac{(H-1037.5)\cdot 1000}{10896}$$

依此计算的平均误差为 0.12°，为历代较佳结果。此外，重修大明历对木星运动不均匀改正用表的测算获得了进展，其木星实行度的平均误差为 23.5′⑥，精度水平超过前代各历。其他天文数据与表格的精度也都保持在与纪元历相当的水平上。

应该说，金代先后颁行的大明历与重修大明历的整体水平与南宋同期的历法是不相上下的。

宋孝宗“淳熙五年(1178)，金遣使来朝贺会庆节，妄称其国历九月庚寅晦为己丑晦。接伴使、检详丘崈辨之，使者辞穷，于是朝廷益重历事。”这说明金与南宋历法所推当年十月朔日有一天之差，即金代较南宋用前一天为朔日。丘崈是如何令金朝的“使者辞穷”的，已不得而知，但我们知道，宋孝宗确实诏令礼部与太史局官员对当年九月的上弦、晦时的月亮行度等进行实测，终于证明南宋历法“信合天道”⑦。再说金使回国后，也必向金主谈及与南宋历差一日之事，而如前所述，金人亦已发现上一年(1177)“九月丁酉朔，食乃后天”，正可反映依杨级大明历所推朔日先天一日是可能的，这应就是金代不久后即下令改历的一个重要原因。这是金代与南宋历法相互促进的很好说明。

约于金章宗明昌二年(1191)，“司天台刘道用改进新历，诏学士院更定历名”，看来金章宗是基本认可了改历之事。但礼部郎中“(张)行简奏：乞覆校测验，俟将来月食无差，然后赐名”。金章宗接受了这一意见，“诏翰林侍讲学士党怀英等校定(刘)道用新历”。经一年多的测验，证明刘道用新历在置闰、木星位置推算和月食预报等方面均粗疏⑧，反不及重修大明历，于是罢改历之议。由之可见，金代历法的制定、检验及颁行等，也都遵循与北宋相同的传统模式，是否

---

① 以上均见脱脱等:《金史·历志上》。

② 王荣彬，中国古代历法三次差内插值法的造术原理，西北大学学报(自然科学版)，1994，(6)。

③ 陈美东，李东生，中国古代昼夜漏刻长度的计算法，自然科学史研究，1990，(1)。

④ 同②。

⑤ 陈美东，中国古代太阳视赤纬计算法，自然科学史研究，1987，(3)。

⑥ 陈美东，五星盈缩历之研究，见杜石然主编，《第三届国际中国科学史讨论会论文集》，科学出版社，1990 年。

⑦ 脱脱等:《宋史·律历志十五》。

⑧ 脱脱等:《金史·历志下》。

与天相合乃是判定历法取舍的权威标准。

"张行简为礼部尚书提点司天监时(约1196),尝制莲花、星丸二漏以进,(金)章宗命置莲花漏于禁中,星丸漏遇车驾巡幸则用之"①。莲花漏即指北宋燕肃所发明的计时仪器,而星丸漏应指辊弹漏刻而言(参见第四章第十二节)。又于金章宗承安四年(1199),有个名叫丑和尚的人向金政府进呈了许多天文仪器的图样,金政府曾命有关部门"依式造之",但结果如何却没有下文。在这些图样中有一式称为"简仪",和元代郭守敬所制的简仪名称相同,这两者之间是否存在某种关联？颇令人玩味②。当然,在没有进一步的证据之前,我们宁可相信郭守敬的简仪是新的创制。

金代的天文机构及其职能也与宋代相类似,而在天文机构任职的也多是汉人学者。从《金史·天文志》看,其所观测与记录的天象门类和南宋基本相同,只是详备程度略逊于南宋而已。当时虽南北分治,但双方则共同承继古代天象观测与记录的传统,相互补充,相得而益彰。金代和南宋的天文历法工作,都为元代天文学高峰的出现提供了有利的条件。

第十二节　南宋民间天文学家与陈得一、刘孝荣的历法工作

一　南宋民间天文学家的历史贡献

1127年,金太宗攻陷北宋京都开封,虏去宋徽宗、钦宗二帝,宋高宗败走江南,于临安(今浙江省杭州市)建都,开始了偏安一隅的南宋时期。这一风云突变,不但造成社会的巨大变化,也给南宋天文历法工作带来了灾难性的影响。集中在开封的一批天文仪器尽归金朝所有,天文机构的人员四散,以至于正颁用中的纪元历亦不知所在。"绍兴二年(1132),(宋)高宗重购得之"③,这才于次年(1133)颁布依纪元历编算的历法,而1128年至1132年间5年的历法则不知是依何种方法勉强颁行。也在绍兴二年,始议制浑仪,次年(1133)"工部员外郎袁正功献浑仪木样,太史局令丁师仁始请募工铸造。……用(铜)八千斤有奇"。可是,由于"在廷诸臣罕通其制度者",这具拟制造的、不及北宋诸浑仪一半大小的浑仪半途夭折了④。到绍兴"十四年(1144),太史局请制浑仪",这与上次之请已距11年之久。宋高宗曰:"此阙典也。朕已就宫中制造,范制虽小,可用窥测。……,第当广其尺度耳。"⑤ 这是说,这时在皇宫中已有一具小型的浑仪,用于象征意义的观测,宋高宗决定依其为范本,为太史局制造尺寸较大的浑仪。"乃命宰臣秦桧提举铸浑仪,而以内侍邵鄂专领其事。"秦桧于浑仪一窍不通,亦无心于此,浑仪之作,久而不成。直至绍兴"三十二年(1152),始出其二,置太史局"。其最大外径为"四尺九寸六分"⑥,即其大小约为皇祐或水运仪象台上部之浑仪的2/3,其结构与型制亦与之相仿。这说明在南宋立国后25年,才有了可供太史局应用的浑仪。又据《宋会要辑稿·运历》载,到宋光宗绍熙四年(1193),太史局备有浑仪三座。这些大约便是南宋朝廷所造浑仪的基本情况。

---

① 脱脱等:《金史·张行简传》。

② 中国天文学史整理研究小组,中国天文学史,科学出版社,1981年,第191页。

③ 脱脱等:《宋史·律历志十四》。

④ 脱脱等:《宋史·天文志一》。

⑤ 脱脱等:《宋史·律历志十五》。

⑥ 同③。

宋高宗绍兴五年(1135),常州布衣陈得一上言日食"卒验",诏令其"改造新历",即统元历;宋孝宗乾道二年(1166),光州士人刘孝荣上献新历,经过一年的考验,果用其历法,即乾道历[①]。乾道四年(1168),"福州布衣阮兴祖上言新历(指乾道历)差谬","即补(阮)兴祖为局生"。乾道五年(1169),"搜访能历之人补治新历,半年未有应诏者"。这一回征诏确实是有诚意的,但急切中却不见有应诏者。宋孝宗淳熙十三年(1186)又"诏有通天文历算者,所在州、军以闻"。"八月,布衣皇甫继明等上言"请造新历。宋光宗绍熙四年(1193),布衣王孝礼上言当时行用的历法(会元历)差误,要求重加考验,"朝廷虽从之,未暇改作"[②]。宋宁宗庆元四年(1198)九月"太史言月食于昼,草泽上书言食于夜。及验视,如草泽言。乃更造统天历"。元代脱脱等人由此而感叹曰:"民间天文之学盖有精于太史者。"[③] 庆元五年(1199年)"诏通历算者所在具名来上"。宋宁宗嘉泰二年(1202)"诏草泽通晓历者应聘修历"。"五月朔,日食。太史以为午正,草泽赵大猷言午初三刻半日食。诏著作郎张嗣古监视测验,(赵)大猷言然,历官(杨忠辅)乃抵罪"。宋理宗"淳祐四年(1244),兼崇政殿说书韩详请召山林布衣造新历,从之"。淳祐八年(1248)尹涣上言:"请召四方通历算者至都,使历官学焉。"[④] 这些记载十分翔实而生动地表明,正是诸多布衣、士人、草泽学者不断推动着历法的改革,他们之中不乏有真知灼见的天文历法专家,正是比较开明的招募、重用和奖励政策,保证了朝野天文历法研究的沟通、优秀人才的出现和高水平历法的维持。

如果说北宋先后颁用的9部历法中,有4部(仪天历、奉元历、占天历和纪元历)出自民间天文学家之手,已显示民间天文学家不可忽视的作用,但是不要忘记卫朴及其奉天历是受到天文机构人员的排斥与抵制的,姚舜辅的占天历"成于私家",是被废止不用的主要原因之一,可见,由于北宋相对严厉的天文政策,还是给民间天文学家加上了比较沉重的负担。那么,到南宋,前后颁用7部主要历法(统元历、乾道历、淳熙历、会元历、统天历、开禧历、成天历)中的前4部全出于民间天文学家之手,第5、6部亦成于私家,只有第7部的情况不明,民间天文学家登上了大雅之堂,与北宋时期相比较,判若天壤,更凸显了民间天文学家的重大作用与贡献。

二　陈得一与统元历

依纪元历推算,宋高宗绍兴五年(1135)"正月朔旦日食九分半,亏在辰半。常州(今江苏省常州市一带)布衣陈得一言,当食八分半,亏在巳初",两者预报的食分大小差1分、食时差半个时辰(1小时),届时测验果如陈得一所言。这一结果引起朝廷的高度重视,当年二月,宋高宗即命陈得一制作新历法,八月新历编成,赐名统元历,并决定次年(1136)即代纪元历颁行于南宋。宋高宗还因此"赐(陈)得一通微处士,官其一子",与此有关的"道士裴伯寿等受赏有差"。陈得一的大胆进言与所取得的成功,以及宋高宗的开明举措(且不论宋高宗此举还含有急功近利的因素),首开了南宋王朝不拘一格从民间选拔、任用与奖励天文历法人才的先例,其重要意义甚至超过颁用统元历本身。

① 脱脱等:《宋史·律历志十四》。
② 脱脱等:《宋史·律历志十五》。
③ 脱脱等:《宋史·天文志一》。
④ 脱脱等:《宋史·律历志十五》。

陈得一大胆进言，并非出于一时的冲动，他所取得的成功也不是出于偶然。侍御史张致远在举荐陈得一进行改历工作时提到："仍尽取其书，参校太史有无，以补遗阙；择历算子弟粗通了者，授演撰之要，庶几日官无旷，历法不绝。"这表明陈得一处拥有诸多天文历法方面的书籍，其中甚至有太史局所无者，而且，陈得一还对历算深有研究，可为已粗通历算的历算子弟授业解惑。陈得一在受命编历后的半年时间内，著成统元"《历经》七卷、《历议》二卷、《立成》四卷、《考古春秋日食》一卷、《七曜细行》二卷、《气朔入行草》一卷"①，显然它们是在陈得一原有研究基础上，整理、编撰而成的，从中亦可见，统元历的编修是参验了古代有关天象记录的。又从现存统元历经② 知，纪元历应是陈得一所依凭的最主要参考资料。

"绍兴九年(1139)，史官重修(宋)神宗正史，求奉元术不获，诏陈得一、裴伯寿赴阙补修之。"③ 此又可见陈得一与裴伯寿对历法的精通。只可惜经补修的奉元历今亦不传。

研究表明，统元历所取用的天文数据与表格中，赤道岁差为 77.98 年差一度(每年 45.50″)，误差为 0.48″，是仅次于周琮明天历与皇居卿观天历的历代第三佳值；其月离表的精度水平亦属上乘④，但其他天文数据与表格的精度只维持在纪元历的水准上。所以，应该说统元历并没有取得什么重要的进展，其主要原因当与在制历前后未进行必要的天文测量工作有关。对此，宋高宗与朝廷均未提出异议，这是他们急切要一部属于中兴王朝自己的新历法，以表明受命于天的功利所决定的。此外，在颁用统元历的过程中，还存在"有司不善用之，暗用纪元法推步而以统元为名"的情况，如日官以宋孝宗乾道三年(1167)十一月甲子朔(实依纪元历所推)，而裴伯寿指出依统元历推应为乙丑朔，于是，礼部则依裴伯寿之说改正之⑤。这里，我们已经第三次提到裴伯寿，看来，这位道士也是通晓历算的学者，他和陈得一应是南宋时期最早被重用的民间天文学家。而日官暗用纪元历的情况，似乎是对民间天文学家仍存歧视意念的表现，是北宋天文政策的影响所致。

三　刘孝荣与乾道历

宋孝宗乾道二年(1166)，"光州士人刘孝荣言：统元历交食先天六刻，火星差天二度，尝自著历，期以半年可成，愿改造新历"。这位来自今安徽省潢川县的士人，对统元历的差误言之凿凿，且自许只要经半年时间即可编成新历法。此说深得礼部的重视，宋孝宗"乃诏礼部尚书周执羔提领改造新历"。裴伯寿也许有感于统元历未经必要的实测而不能尽善的教训，指出："造历必先立表测景验气，庶几精密。"可是，"判太史局吴泽私于(刘)孝荣，且言铜表难成，木表易坏以沮之"。周执羔也认为"测景验气，经涉岁月"，把裴伯寿的正确意见置之不理。"(刘)孝荣乃采万分历，作三万分以为日法，号七曜细行历"。在官僚的徇私与偏见的庇护下，刘孝荣则仓促行事，仅参照不知何人所作的万分历，小作改动(变日法一万为三万等)，便于乾道三年(1167)献上新历，这是在历法史上罕见的公然反对进行测验的恶劣事件。宋孝宗认同侍御史单时的意见，对统元历、七曜细行历连同纪元历三历法进行检验，"察其稍近而屡中者，从其说

---

① 以上均见脱脱等:《宋史·律历志十四》。
② 脱脱等:《宋史·律历志十五》。
③ 同①。
④ 陈美东，古历新探，辽宁教育出版社，1995 年，第 268，307 页。
⑤ 以上均见脱脱等:《宋史·律历志十四》。

定历”。检验的内容包括交食、月亮与五星所在宿度:对于乾道三年(1167)、四年(1168)先后发生的三次日月食,七曜细行历的预推连连失误,这大约便是对吴泽、周执羔和刘孝荣等人作为的极大嘲讽。倒是裴伯寿对其中两次的预推结果与天相符①。裴伯寿指出:“(刘)孝荣与同造历人皆不能探端知绪,乃先造历,后方测验,前后倒置,遂多差失。夫立表验气,窥测七政,然后作历,岂容掇拾绪余,超接旧历,以为新术,可乎?”② 这实是入木三分的中肯批评。对于乾道四年(1168)三月初九和十二日昏、二十和二十四日晨的月亮所在度,三历法预推与实测值作比较,其平均误差为:七曜细行历 0.6 度,纪元历 2.8 度,统元历 2.2 度;对于同年三月十一日、二十日、二十四日和二十七日晨的木星、土星、火星所在度,共得 10 组结果,其平均误差为:七曜细行历 0.2 度,纪元历 0.7 度,统元历 1.5 度③。由之可见,七曜细行历在月亮与五星运动的推算上占有较大的优势,而纪元历和统元历比较则互有高低。这些结果是最终决定采用刘孝荣新历的主要原因,遂名以乾道历,于次年(1169)取代统元历颁行于南宋。但是,由于乾道历所预推乾道四年三月二十四日晨月亮所在度的误差均较另二历法为大,人们还是得出乾道历“九道太阴间有未密”,其月行法“未尽善”的中肯结论,虽然已决定行用乾道历,还是要再行检验。

此时,又有荆大声、盖尧臣、裴伯寿三家各上新月行法等,宋孝宗遂令他们与刘孝荣“各具乾道五年(1169)五月已后至年终,太阴、五星排日正对赤道躔度,上之御史台,令测验官参考”,“然后见其疏密”,“从其善者用之”。这一回则是采用逐日测验月亮和五星所在度的方法,时历 8 个月,可见是十分认真与慎重的。

在此后几年内,乾道历一直处于“权用”的状况中,也就是一直在进行论争与检验,一旦证明有更“善者”,即改用新历。如乾道六年(1170),成都历学进士贾复,刘大中等人,各预报当年十二月望月食初亏、食甚时刻和食分等数值,要求同乾道历校验优劣,太史局李继宗等推得“月食大分七、小分九十三”。至时测验,月食八分,相当准确,证明乾道历优于贾复、刘大中等人的预报,乾道历得以继续行用;又如乾道九年(1173)五月朔日食,“灵台郎宋允恭、国学生林永叔、草泽祝斌、黄梦得、吴时举、陈彦健等各推算日食时刻、分数异同”,亦与依乾道历所推不同。届时测验证明乾道历所推食分“多算二分少强,亏初少算四刻半,食甚少算三刻,复满少算二刻以上”,其余 6 家所算“时刻、分数皆差舛”,在这种情况下,还是只好再权用乾道历,但采取了责罚太史局主要负责人的措施:“(李)继宗、(吴)泽、(荆)大声削降有差”④,并令其继续进行检验工作。参与这一回校验的人员中,出于草泽者便有 4 家之多,另一家林永叔亦非天文专业人士,可见民间天文历法人才济济,虽然他们还未臻成熟。而乾道历长期所处的这种“权用”状态,在中国古代历法史上是仅见的,这是对乾道历的可靠性一直存在疑问,但又苦于没有更好的历法可供采用造成的。不过,这种状态促成了检验工作的不停顿展开,是大有利于历法的改进的。

研究表明,刘孝荣乾道历在少数天文数据与表格的测算上是上乘的:冬至时太阳所在宿度值为赤道斗 1.7 度,误差为 0.1 度,与纪元历并列历代第二佳值;在其土星运动不均匀改正表

---

① 以上均见脱脱等:《宋史·律历志十四》。

② 脱脱等:《宋史·律历志十五》。

③ 陈美东,中国天文学史大系·中国古代天文学思想,河北科学技术出版社,2000 年,第 782,808 页。

④ 脱脱等:《宋史·律历志十五》。

格中关于土星实行度分测值的误差为28.3′[①],达到历代最佳水准。而大多数天文数据与表格则水平一般。可见乾道历的整体水平与统元历不相上下,所以,令其处于“权用”的状态,也许是一种合适的选择。

四　刘孝荣与淳熙历

宋孝宗淳熙元年(1174),在权用乾道历6年后,刘孝荣在李继宗等人的参与下,对乾道历进行了修订,“礼部言:今岁颁赐历书,权用乾道新历推算”,所谓“乾道新历”就是经修订的历法。以没有正式颁行的历法推算正式颁布的历书,这在中国历法史上也是罕见的事态。淳熙三年(1176)九月望月食,“以纪元、统元、乾道三历推之,初亏在攒点九刻,食二分及三分已上;以(乾道)新历推之,在明刻内食大分空,止在小分百分中二十七”。检验证明乾道新历为密。“于是,诏名淳熙历,(淳熙)四年(1177)颁行”。这就是刘孝荣的第二部历法得以颁行的经过。而在此前,李继宗曾以乾道新历推算同年六、七月间月亮、木星、火星、金星所在宿度的7个数据,经检验表明其平均误差为0.64度,对此,宋孝宗并不满意,但又无可奈何,曰:“自古历无不差者,况近世此学不传,求之草泽,亦难其人。”所以,对于淳熙历仍然采取了“权用”的政策。

在淳熙历颁行的头7年中,倒是相安无事,但到淳熙十二年(1185),成忠郎杨忠辅指出,刘孝荣的“淳熙历简陋,于天道不合”,并提出以当年九月望月食为验,可是“其夜戌正二刻,阴云蔽月,不辨于食”,“孝宗曰:历久必差,闻来年月食二,可俟验否?”这是一段耐人寻味的事件。杨忠辅要求检验一次月食,以证明他对正在颁用的历法简陋、不与天合的意见的正确性。由于天气条件未能见到月食的实际状况,宋孝宗似乎也倾向于认为淳熙历不够精密,故有“历久必差”之说,但是,他大约也知道汉代刘洪等人论及的以“见食为比”的原则,并没有遽令改历,而提出了再行实际检验的正确见解。于是,令刘孝荣、杨忠辅、皇甫继明(新近征召而至的布衣)等各据已法,预推淳熙十三年(1186)“八月十五日太阴亏食”的状况,而检验结果是:亏食时刻“(刘)孝荣差一点(约0.5小时),(皇甫)继明差二点(约1小时),(杨)忠辅差三点(约1.5小时)”,说明淳熙历还是略胜一筹,这大约也正是在头7年相安无事的原因。

淳熙十四年(1187),国学进士石万以为“淳熙历立元非是,气朔多差,不与天合”,以私撰五星再聚历上献。同时,杨忠辅、皇甫继明等人虽不认同五星再聚历,但也旧议重提,亦认为淳熙历所推朔、望、二弦有误,建议改历。由是,在次年进行了淳熙历与该三家历法关于朔、望、二弦的专项测验[②],但因为该测验方法没有明确无误的判别标准,故未得最后的结论,淳熙历仍得以“权用”下去。对淳熙历的现代考察显示,其所取土星会合周期378.0910日,与理论值密合,是为历代最佳值[③],除此之外,其他天文数据与表格的精度均平平。由于淳熙历是在前数年不断考验的基础上修订的,刘孝荣可能选择较为合适的历元,所以初始数年间能够基本合天,但时过境迁,十数年后即见破绽。应该说,淳熙历也与乾道历的水平相当,没有取得什么大的进展。

① 陈美东,古历新探,辽宁教育出版社,1995年,第88,463页。
② 以上均见脱脱等:《宋史·律历志十五》。
③ 李东生,论我国古代五星会合周期和恒星周期的测定,自然科学史研究,1987,(3)。

五　刘孝荣与会元历

淳熙十六年(1189),依淳熙历所推“冬至并十二月望月食,皆后天一辰”,其误差达到了不能容忍的地步,改革历法势在必行。宋光宗“绍熙元年(1190)八月,诏太史局更造新历颁之”。次年(1191)正月,又由刘孝荣领衔“进《立成》二卷、《绍熙二年七曜细行历》一卷,赐名会元”,旋即颁用之。“绍熙四年(1193),布衣王孝礼言:今年十一月冬至,日景表当在十九日壬午,会元历注乃在二十日癸未,系差一日。……陈得一造统元历,刘孝荣造乾道历、淳熙历、会元历,未尝测景。苟弗立表测景,莫识其差。乞遣官令太史局以铜表同(王)孝礼测验”[①]。这位又是来自民间的天文学家的陈述,实为真知灼见,一语中的。从当年道士裴伯寿主张立表测验,受到周执羔、吴泽等人的阻挠以来,时间过去了20余年,赵宋朝廷就是连一座圭表也没有建立起来,刘孝荣等人也居然无动于衷,在不作对历法而言是如此重要的晷影测量的情况下,接二连三推出新历法,这确实是有悖中国古代的历法传统。虽然,在布衣出身的一些天文学家的督促下,刘孝荣与太史局也曾时常用小型浑仪观测日、月、五星的运动,或进行日月食的比较测量,这固然有助于历法的局部改进,但是,刘孝荣等人始终是处于一种被动的与临时应付的状态中,而未能对历法的改革作全面与深入的思考,而只能对少数天文数据和表格有所改进。而那些民间天文学家也囿于成见,又无从进行必要的观测工作,所以也一时未能出现水平出超刘孝荣的人物。这大约便是在前后20余年中,在当时历史条件的制约下,刘孝荣得以连续制定乾道、淳熙和会元三部没有大的进展的历法,并均得以颁用的原因。

研究表明,会元历取近点月长度为27.55457日,误差为0.7秒,是历代较佳值;其日躔表中太阳实行度的平均误差3.6′、太阳运动不均匀改正值的误差为16.4′,达到了历代最高精度水平;其所得冬至太阳所在宿度为赤道斗1.3度,误差为0.1度,与乾道历所取值同为历代第二佳值。取土星会合周期为378.0917日,误差为0.3分钟,与纪元历相同,亦为佳值,这些是会元历的闪光点,它们与乾道历和淳熙历的闪光点一样,是刘孝荣等人对历法发展的贡献。这里还要指出,淳熙历所取冬至太阳所在宿度为赤道斗0.5度,误差为1.0度[②],远不如其前乾道历的取值准确。显然,在编修会元历时,刘孝荣始察觉其误而予改正,才又回复到原先的精度水平。

刘孝荣一人前后作三种历法,并均被颁用,这在中国历法史上是仅有的。这三种历法皆无大的进展,但还是保持在前代已有的较高水平上,而且,各有闪光点在,这些闪光点则是刘孝荣等人与其他民间天文学家的论争及实际检验中产生的。

刘孝荣的会元历因“占候多差”,于宋宁宗庆元六年(1200)为统天历所取代,但刘孝荣并未因此退出天文历法界,及至开禧三年(1207),刘孝荣还提出他的新历法(即第4部历法),参与了要求废止统天历的历法之争,可是没有成功。嘉定四年(1211),刘孝荣又参与编成了另一部历法,正要颁用,但因制定该历法的提领官戴溪的政治问题而中止[③]。从1166年至此,已历46年之久,刘孝荣对天文历法不倦的追求令人肃然起敬。

---

① 脱脱等:《宋史·律历志十五》。

② 陈美东,古历新探,辽宁教育出版社,1995年,第242,316,396,88页。

③ 脱脱等:《宋史·律历志十五》。

第十三节　朱熹等人的天文学思想

一　朱熹的宇宙本原与演化新论

朱熹(1130～1200),字元晦,又字仲晦,号晦庵,一号晦翁,别称紫阳,徽州婺源(今江西婺源)人。宋高宗绍兴十八年(1148)进士,宋宁宗即位(1195)曾一度任焕章阁待制、侍讲,又以本职提举南京鸿庆宫,但次年即遭弹劾。他是理学的集大成者,长期在福建设坛讲学,大量学子从之受业,不但是在当时而且是对后世影响巨大而深远的理学大师。

朱熹赞同程颢、程颐关于"理"是宇宙本原的主张,同时认同张载关于气的学说:"天地之间,有理有气。理也者,形而上之道也,生物之本也;气也者,形而下之器也,生物之具也。"① 这是说天地万物的生成,要有理,也要有气,但理是第一性的、决定性的,而气则是第二性的,只是构成天地万物的物质、材料。他认为:"未有天地之先,毕竟也只是理。有此理便有此天地,若无此理,便无天地,无人无物。"② 即理在气先,由理生气,再由气构成天地万物。朱熹又指出:"五行、阴阳七者滚合,便是生物底材料。"③ 即他认为,更具体而言,是由气派生出金、木、水,火、土、阴、阳而成为组构天地万物的材料的。至于其派生的过程则为:"动而生阳","静而生阴"④。"阳变阴含,初生水、火,水、火,气也,流动闪烁,其体尚虚,其成形犹未定。次生木、金,则确然有定形矣。水、火初是自生,木、金则资于土,五金之属,皆从土中旋生出来。"⑤ 给出了气生阴与阳、阴与阳生水与火、水生土、土生木与金的派生系列。他还认为:"理气本无先后可言,然必欲推其所从来,则须说先有是理,然理又非别为一物,即存乎是气之中,无是气,则理亦无挂搭处。"⑥ 这似乎又给气一种同理相当的地位。由之,不难看到朱熹之说深受二程和周敦颐的影响,并有所发展,但他却不完全同意二程和周敦颐之说,而酌取张载之论略作修订。

关于天地的生成,朱熹认为:"天地初间,只是阴阳二气,这一个气运行,磨来运去,磨得急了,便挱得许多渣滓,里面无出处,便结个地在中央。气之清者便为天、为日、为星辰,只在外常周运转。地便在中央不动,不是在下。""惟天运转之急,故凝结得许多渣滓在中间。地者,气之渣滓也。"⑦ 这是说,生成天地之前的混沌状态是含有阴阳二气的大气团,这个大气团从静到动,开始作逐渐加速的圆周运动,使阴阳二气中的轻清者在气团的外围集结,渐渐形成天与日月星辰;又由于阴阳二气的快速运转而产生的碰撞与摩擦,凝结出越来越多的渣滓,再加上向心力的作用,使渣滓向气团的中心集结,最终形成了地。搅动一盆含有杂质的水,水中的杂质便向中心集结,这一人们惯见的现象,可能便是朱熹提出上说的事实依据。这些论述是中国古代最精彩的天地生成说,与近代康德-拉普拉斯星云说有相似之处。

朱熹又指出,在有了水与火之后,"水之渣脚便成地。今登高而望,群山皆为波浪之状,便

① 朱熹:《文集·答黄道夫书》。
② 朱熹:《语类·一》。
③ 朱熹:《语类·九十四》。
④ 李光地编:《朱子全书·理气一·总论》。
⑤ 李光地编:《朱子全书·理气一·五行》。
⑥ 同④。
⑦ 李光地编:《朱子全书·理气一·天地》。

是水泛如此。只不知因甚么时凝了，初间极软，后来方凝得硬。问：想得如潮水涌起沙相似？曰：然。水之极浊便成地，火之极清便成风、霆、雷、电、日、星之属"①。这是与上说有所不同的天地生成说。朱熹是从现有地貌高低起伏的总体特征，反推大地初成时是可塑性极强的、亦即极软的水中渣滓的集结体，在水的涌动下，形成现有地貌之特征，后来，该集结体不断凝聚、日渐坚实、终于变硬，而至于今。朱熹关于现有的地貌与当初的地貌相同的观念，自然是不正确的，但他关于大地有一个从软变硬的演化过程的推想，则是颇有新意的、有一定科学价值的见解。至于日、月、星辰的形成，朱熹在这里是以火气之精生成为说。

朱熹也认为天地是有始有终，有成有毁的。"问：不知人物消磨尽时，天地坏也不坏？曰：也须一场鹘突。即有形气，如何不坏?！但一个坏了，便有一个生得来"②。至于天地毁坏的原因，他认为："只是将相人无道极了，便一齐打合混沌一番，人物都尽，又重新起"，这显然是受佛家之说的影响。朱熹还十分推崇邵雍的宇宙循环论，说"邵康节以十二万九千六百年为一元，则是十二万九千六百年之前又是一个大阖辟，更以上亦复如此"。并尽力为之找寻证据。他似乎未加仔细思索，便把五峰(即胡宏，1105～1155 或 1102～1161)的有关论述拿来作为论据，以为"此事思之至深，有可验者"。而胡宏之说则是："一气太息，震荡无垠，海宇变动，山勃川湮，人物消尽，旧迹大灭，是谓鸿荒之世。尝见高山有螺蚌壳，或生石中，此石即旧日之土，螺蚌即水中之物，下者却变而为高，柔者却变为刚。"③ 说的是，由于气的无休止的运动，大地经历着沧海桑田的巨大变化，在大地上的纭纭万物，遭遇过万象俱灭的鸿荒之世，这可以从高山岩层中存在螺蚌一类的水生生物化石得到证明。胡宏此说，有夸大其词的缺欠，因为局部的地壳变动，即可造成他所说的化石现象，但从其主旨上看并无大误，还不失为有价值的见解。可是，朱熹却以此来论证邵雍之说，则有失大观，因为这不是大地的毁灭，如若毁亡，何以得见化石？更不用说，这可以证明 129600 年周期的存在了。

二　朱熹：地在气中说的确立

在本章第六节中，我们已经论及邵雍、程颢、程颐和张载等人关于地在气中之类的思想，对此，朱熹更予以进一步的论证，从而使这一思想更趋成熟。

上述朱熹的天地生成说中，论及天与日月星辰"在外常周运转，地便在中央不动，不是在下"，就是对邵雍等人相关论说的延伸和更明确的论述，是在天地演化理论的层面对该思想的论证。除此之外，朱熹还作了多方面的讨论。

朱熹指出："地则气之渣滓，聚成形质者，但以其束于劲风旋转之中，故得以兀然浮空，甚久而不坠耳。"④ "天行急，地阁在中。"⑤ 这些是对其天地生成说的申述，并提出了由于在大地的外周存在快速运转的风的约束，遂使大地得以浮于气中而不坠。他又说："天以气而依地之形，地以形而附天之气，天包乎地，特大中之一物尔。天以气运乎外，故地榷在中间，隤然不动。使天之运有一息停，则地须陷下。""(气)若转才慢，则地便脱坠矣。"这既综述邵雍、二程已有的见

① 李光地编：《朱子全书·理气一·天地》。
② 张九韶：《理学类编》卷一。
③ 同①。
④ 朱熹：《楚辞集注》卷三。
⑤ 李光地编：《朱子全书·理气二·天度》。

解，又进一步反证上述约束机制的必要性，即无论是运乎地周围的气有短暂的停顿，还是放慢了速度，都将造成大地离散、陷落的后果。若在搅动一盘水后停止了搅动，原集结于中心的杂质必将离散的现象，也许便是朱熹此说的事实依据。这些就从正反两面论证了地在气中不致陷落的可能性与可靠性，在古代条件下，这大约是一种可自圆其说的、易为人接受的论证。他还指出："地形若肺形，质虽硬而中本虚，故阳气升降乎其中，无所障碍。"[①] 这是朱熹犹恐大地过重，劲风旋转难以约束的考虑，而赋予大地一种多孔含气的结构，以增加地在气中说的可信度，真可谓用心良苦。

"天只是气，非独是高。只今人在地上，便只是如此高，要之连地下亦是天"。这是朱熹对地在气中，地下也有天，所以，不能以传统的用高下论天的通俗解说。他又说："天却四方上下都周匝无空厥，逼塞满皆是天，地之四面、底下却靠著天。"地的上面靠着天，这是人所共见的，这里，朱熹特指出地的其他"四面、底下"也靠着天，这既是地在气中的又一种说明，而且也表明朱熹认为大地乃是有限的六面体。他进而说："恐人道下而有物。"[②] 这是关于在大地的底面也有生物存在的大胆推测，是中国古代仅见的与西方对跖人相类似的论说。

关于大地的大小，朱熹只是说"地在天中，不为甚大"[③]，但是究竟有多大，则未作更具体的说明。至于大地的形状，他认为："大抵地形若馒头，其捻尖则昆仑也。"[④] 即以为大地为半球形，昆仑山为其顶端处，这与他所说的六面体似也可相通。

三　朱熹对日月五星左旋说与天体层次说的发展

朱熹原本是日月五星右旋说的信奉者，但在他的弟子蔡沈（1167～1230）认同左旋说后，也对左旋说产生了浓厚兴趣，与蔡沈一起讨论，进而改从左旋说，并反复在许多场合申述之。蔡沈之说曰："天体至圆，周围三百六十五度四分度之一，绕地左旋，常一日一周而过一度，日丽天而少迟，故日行一日亦绕地一周，而在天为不及一度。……月丽天而犹迟，一日常不及天十三度十九分度之七。"[⑤] 这是说，周天 365.25 度，天每日左旋 366.25 度，太阳每日左旋 365.25 度，而月亮每日左旋 352.88 度。由于此说所认定的天及日、月的左旋速度相对而言同右旋说是等价的，故在说明日、月与天之间的相对运动，以及日、月之间的相对运动的有关现象时，左旋说与右旋说同样是有效的。其实蔡沈之说并无创意处，他只是将张载之说明确地予以数量的描述，而且仅及天与日、月三者的左旋速度。而朱熹所作的申述，除了说"横渠（即张载）之说极是"，"说得好"之外，就是引《易》的"天行健"[⑥] 之说，证明天的运动速度就应该最快，再也提不出像样的理由。而且蔡沈和朱熹都没有对左旋说难以解释的五星运动、太阳南北向的周期性运动及日、月运动的不均匀运动等重大问题做出进一步的说明。深察朱熹转而力主左旋说的原因，应与他所主张的天地生成说以及多层天壳论有密切的关系，或者说，他的天地生成说和多层天壳论倒是对左旋说的一种论证。

---

① 李光地编：《朱子全书·理气一·天地》。
② 同①。
③ 李光地编：《朱子全书·理气二·天度》。
④ 张九韶：《理学类编》卷四。
⑤ 蔡沈：《书经集传》卷一。
⑥ 同③。

先且看朱熹同他的弟子的两处问答:“问:天有形质否? 曰:无。只是气旋转得紧,急如风,然至上面极高处,转得愈紧。”“问:天有形质否? 曰:只是旋风,下软上坚,道家谓之刚风。常说天有九重,分九处为号,非也,只是旋有九重耳,但下面气较浊而暗,上面至高处,则至清至明矣。”① 在这里,朱熹首先指明,天是无形质的气,接着认为这个气在绕地作旋转运动,再接着指出这个气旋转的速度是不同的,距离大地愈远,其速度愈快。朱熹是明确引述“道家有高处有万里刚风之说”和“想得高山更上去,立人不住了”② 的体验与推想,来论证此说的此外,他还指出,随着与大地距离的增加,这个气的状态由软、浊、暗向硬、清、明转变。进而,朱熹认为古人常说的天有九重,不是指全天分为九个不同的区域,而是说这个气分为九个不同的层次,各有一定的旋转速度。也许,搅动一盘水,接近中心处水较混浊、旋转较慢,远离中心处水较清明、旋转较快的事实,也当是他立论的依据。朱熹又说:“《离骚》有九天之说,注家妄解云,有九天,据某观之,盖天运行有许多重数,里面重数较软,至外面则渐硬,想到第九重,只是硬壳相似,那里转得又念紧矣。”③ 这把前述的思想说得更明白,而且指出第九重是一层清明、刚硬并急速旋转的天壳,这大约便是朱熹所认定的天。

在回答“星是不是贴天”的提问时,朱熹说:“天是阴阳之气在上面,下人看见是随天去耳。”④ 这是说人在下面看上去,星辰好像附丽在天上,其实,星辰并不贴着天,天在星辰的上面,这上面的天即是天壳,它是由阴阳之气组成的。而在讨论日、月与天左旋问题时,朱熹十分赞赏他的一位弟子的论述:“或曰:此亦易见。如以大轮在外,一小轮载日、月在内,大轮转急,小轮转慢,虽都是左转,只有急有慢,便觉日、月似右转了。曰:然。”⑤ 这里更形象而明确地以圆环来论述天和日、月运行的轨道,且圆环有大小之别。这应是他们关于天与日、月等循着大小不同的圆环形轨道运行的思想的表述。

朱熹的有关论述仅止于此,他并没有给出天体层次说的更明确论述。不过,就从朱熹已有的论述,兼及他所推崇的张载左旋说来看,朱熹所说已经涉及了如下思想:天体是分层次分布的,计有九重。第九重为天壳,第八重为恒星,其下依次是土星、木星、火星、太阳、金星和水星、月亮。

应该说,朱熹的地在气中说与日、月、五星左旋说、天体的多层次说是与他的天地生成说是相辅相成的,可以视为一有机的整体,它们是对有宋以来宇宙理论发展的集大成的、又富创新意义的成果。若从另一侧面来看,在五代邱光庭突破旧浑天说天地结构模型中的天水相连说,开始了重建浑天说的过程之后,北宋邵雍、二程、张载等人的地在气中说的提出,则应是这一过程的重大进展,而朱熹的如上一系列论述,则在邵雍等人论说的基础上,更全面、系统地重塑了浑天说,从而确立了新浑天说的地位,并开拓了浑天说发展的正确方向。

朱熹的一位弟子提及蔡元定(字季通,1135～1198)关于月受日光的论述,而就教于朱熹:“问:月本无光,受日而有光。季通云:日在地中,月行天上,所以受光者,以日气从地四旁周围空处并出,故有受其光。先生曰:若不如此,月何缘受得日光。”⑥ 蔡季通是为朱熹得意的弟子

① 李光地编:《朱子全书·理气一·天地》。
② 同①。
③ 同①。
④ 李光地编:《朱子全书·理气二·天文》。
⑤ 李光地编:《朱子全书·理气二·天度》。
⑥ 同④。

之一，他深知其师新浑天说的要旨，而为此说。由此看来，朱熹新浑天说中的地还是相当大的，虽然这仍是一个缺欠，但它已消除了旧浑天说解说月受日光的不可逾越的困难而前进了一大步。同样，关于月食的理论也因新浑天说的确立，而大有改观(详见本章第十九节)。

四　俞琰、吴澄等人的天文论说

在朱熹之后，日月五星左旋说与天体层次说以及宇宙循环论等又有所发展。

宋元之际的俞琰指出："夫(日)行黄道，譬之丝缠纬车，缠向上则若仲夏之日，缠向下则若仲冬之日，经于中，作于春秋二分之日。"① 这是说，日行黄道并非右旋说论者所说的太阳沿与赤道交成24度的黄道圈上运行(每日右行一度)，而是每日运行一周天，每日的行道均不相同，其轨道犹如丝线缠绕于纬车那样，每日绕一圈，一年内上下往复一次，绕365余圈，夏至时绕到极上，冬至时绕到极下，春秋二分时居中。这则是左旋说关于太阳南北向的周期性运动的理论说明。

俞琰认为天地在时间和空间上都是无穷无尽的。对于邵雍的宇宙循环论，他指出："若邵康节十二万九千六百年之数，吾亦未敢以为然也。"② 这是对相当盛行的宇宙循环论的明确否定。

也在宋元之际，吴澄(1249～1333)在《答人问性理》中写道：

……天行最速，一日过太虚空盘一度；镇星之行，比之稍迟，于太虚盘中略过了些子而不及于天，积二十八个月则不及天三十度；岁星之行比镇星尤迟，其不及于天，积十二个月与天争差三十度；荧惑之行比岁星更迟，其不及于天，积六十日争差三十度；太阳之行比荧惑又迟，但在太虚之盘中，一日行一周匝，无余无欠，比天之行一日不及天一度，积一月则不及天三十度；太白之行稍迟于太阳，但有疾时，迟疾相准，则与太阳同；辰星之行又稍迟于太白，但有疾时，迟疾相准，则与太白同；太阴之行最迟，一日所行比天为差十二三四度，其行迟，故退数最多，……今次其行之疾迟：天一、土二、木三、火四、日五、金六、水七、月八③。

这与蔡沈否认月亮的盈缩运动大不相同；而且，他还明确承认金星和水星的运行也有迟疾的变化。至于太阳和土星、木星、火星运动的迟疾变化，吴澄大约也是持肯定意见的，只是未明言而已。由此看来，吴澄已把日、月、五星运动的盈缩变化引进于左旋说之中，是对左旋说的一大改进。

吴澄还对邵雍、朱熹以来的天地生成循环论作了归纳总结，并有所发展。他指出：

一元凡十二万九千六百岁，分为十二会，一会计一万八百岁。又天地之运，至戌会之中为闭物，两间人物俱无矣。如是又五千四百年而戌会终，自亥会始五千四百年当亥会之中，而地之重浊凝结者，悉皆融散，与轻清之天混合为一，故曰浑沌。清浊之混逐渐转甚，又五千四百年而亥会终，皆暗极矣，是天地之一终也。贞又起元，又肇一初，为子会之初，仍是混沌，是谓大始，言一元之始也，是谓太一，言清浊之气混合为一

① 俞琰：《书斋夜话》卷三。
② 俞琰：《书斋夜话》卷三。
③ 吴澄：《吴文正集》卷二。

而未分也。自此逐渐开明，又五千四百年，当子会之中，轻清之气腾上，有日、有月、有星、有辰，日月星辰四者成气而共为天，故曰天开于子。浊气搏在中间，然未凝结坚实，故未有地。又五千四百年而子会终，又自丑会之始五千四百年当丑会之中，重浊之气凝结者始坚实而成土石，湿润之气为水，流而不凝，燥烈之气为火，显而不隐，水火土石四者成形而共为地，故曰地辟于丑。又五千四百年而丑会终，又自寅之始五千四百年，当寅会之中，两间人物始生，故曰人生于寅也[①]。

依之，可作图 6-22。这是中国古代关于宇宙循环论的最完整而明晰的论述。关于循环的周期全依邵雍之说，但对具体时段的划分则有所不同，而且十分有创意地补足了邵雍未论及的从戌到子时段状态的描述。他又重申邵雍的水、火、土、石合而为地之说，以及朱熹的气结为地和地先软后硬之论，颇具慧眼。他认为先有土、石，后有水、火，这与朱熹之说截然不同。更主要的是，吴澄认为，天地的成毁，并不是自无到有或从有到无，而是一气的循环变化，这则与张载的气聚散说有共同之处。

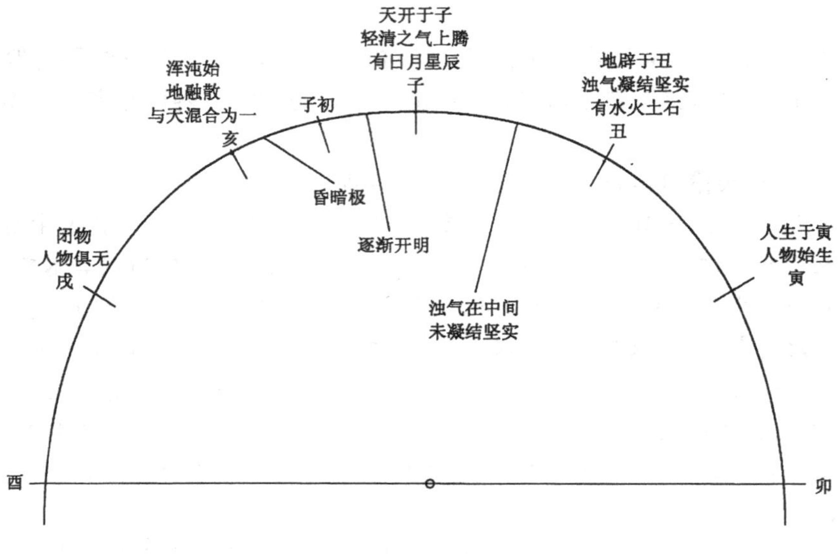

图 6-22　吴澄天地演化周期示意图

及至明代，黄润玉更指出："天之南北二极如倚杵，天体如磨，极如磨心。天体浑是一团气。如磨转，但近心处不大转，在外气愈远愈急。其星为天体，在最远处，次日，次纬星，次月，在内气中至极。""天地之间一气右(左)旋，如车轮之转，地如车之轴，居毂之中，毂转迟，轮转疾。此天之气近地者缓，渐远渐急。七政行迟者在缓气中，行急者在急气中。"[②] 这是自张载、朱熹以来，关于天体层次说和左旋说机理的明确而简要的论述，将天体的左旋明确地统一于不同层次的气的左旋和气的推动之下，建立起了明确的天体运动的力学机制。黄润玉把朱熹没有明确说出的有关理论作了画龙点睛式的描述，而且认为，地自身也在左旋的气的推动下，作向左旋的自转，从而发展了朱熹的学说。不过，其说以恒星—日—五星—月作为距地远近和速度快慢

① 张九韶：《理学类编》卷一。
② 黄润玉：《海涵万象录》。

的顺序，反不如吴澄之说准确。至于日月五星和地的左旋，均并不符合其运动的实际状况，则是左旋说在整体上的失误，这在下文中还要作进一步的讨论。

第十四节　杨忠辅统天历及南宋后期诸历法

一　杨忠辅及其统天历

在本章第十二节中，我们已经提及杨忠辅先后于宋孝宗淳熙十二年(1185)和十四年(1187)两次对刘孝荣的淳熙历提出异议，要求改历。杨忠辅时为成忠郎，对历法已有较深入的研究，但由于他这时所私撰的历法测量未精、方法亦未善，在检验中未能胜出，故未能如愿以偿。也在第十二节中，我们还论及在宋光宗绍熙四年(1193)，布衣王孝礼批评刘孝荣会元历等未作晷影测量，并中肯提出应补行检验之事，对此，"朝廷虽从之，无暇改作"，实际上不了了之。显然，杨忠辅完全认同王孝礼的见解，其后不久，即开始了认真的晷影测量工作，同时充实与改进他原有的历法。及至宋宁宗"庆元四年(1198)，会元历占候多差，日官、草泽互有异同"，改历之议蜂起，于是早已胸有成竹的杨忠辅应之而出。"诏礼部侍郎胡纮充提领官，正字冯履充参定官，监杨忠辅造新历"。次年(1199)杨忠辅历成，"赐名统天，颁之"。这一年，杨忠辅计献上14种新著①：

《历经》三卷——这是统天历法本身；

《八历冬至考》一卷——对前代8种历法冬至时刻测算结果的考评；

《三历交食考》三卷——对前代3种历法交食计算法的比较研究；

《晷景考》一卷——关于晷影测量的方法的研究；

《考古今交食细草》八卷——对于自古及今的交食记录所作的详细验算；

《盈缩分、损益率立成》二卷——关于太阳运动不均匀改正的新测表格；

《日出入晨昏分立成》一卷——新测南宋京都临安(今浙江省杭州市)太阳出入和晨昏时刻表格；

《岳台日出入昼夜刻》一卷——对北宋京都开封太阳出入与昼夜时刻的研究；

《赤道内外去极度》一卷——关于太阳视赤纬的计算方法；

《临安午中晷景常数》一卷——关于临安冬、夏至晷影长度和每日午中晷影长度的测算法；

《禁漏街鼓更点辰刻》一卷——关于临安每日晨钟暮鼓和夜晚更点时刻的规定；

《禁漏五更攒点昏晓中星》一卷——关于与临安每日昏、晓、五更及五点时相应的南中天恒星宿度；

《将来十年气朔》二卷——关于公元1199年后10年间的节气与朔闰安排；

《己未、庚申二年细行》二卷——公元1199年和1200年历法有关问题的详细推算。

这些既有对历法的全面论述，又有对有关专题的深入探讨，从而构成了对历法系列研究的成果。它们充分表明，杨忠辅是在长期对古今交食、冬至时刻、晷影测量、太阳出入与昼夜时间、太阳运动盈缩宿度与视赤纬值等观测及研究的基础上，编成统天历的。他与刘孝荣制历的最大不同正在于进行了晷影与冬至时刻、太阳位置、昏晓中星等的实际测量，而且提出了不少

---

① 以上均见脱脱等：《宋史·律历志十五》。

姚舜辅以来的诸历家所不及的新思维与新数值。

在统天历中，杨忠辅又一次对上元积年法提出了挑战。其历元设定为："演纪上元甲子岁，距绍熙五年甲寅(1194)，岁积三千八百三十，至庆元己未(1199)，岁积三千八百三十五。"从表面上看，它仍保留着上元字样及形式，但积年数却大幅度减少，仅3800多年，与前代许多历法的上元积年数动则数千万形成了极大的反差。细审之，原来杨忠辅保留了上元的字样和形式，在由上元推算得的气、朔、月亮过近地点和黄白交点的时间，冬至时太阳所在宿度，以及五星平合和五星过近日点的时间等等的基础上，分别加上气差、闰差、转差、交差、周天差、周差、岁差(可合称七差)改正值①，这些改正值系经由实际的测算求得的。也就是说，在进行这些历法问题的推算时，实际上是采用了各不相同的起算点，亦即采用的是实测历元法。而七差的含义分别为：

气差：历元年冬至日名时刻(以下简称 A)与其前甲子日夜半之间的时距；

闰差：历元年11月平朔日名时刻与 A 的时距；

转差：A 与其前月亮过近地点时刻之间的时距；

交差：A 与其前月亮过黄白降交点时刻之间的时距；

周天差：太阳所在宿度的起算点(赤道虚宿7度)与 A 时太阳所在宿度之间的度距；

周差：A 与其前五星平合时刻之间的时距；

岁差：A 与五星过近日点时刻之间的时距有关的数据。

在本章第一节中，我们已论及王处讷应天历、吴昭素乾元历和史序仪天历也曾采用与此相似的方法，不过，杨忠辅没有他们那么幸运，而在宋宁宗开禧三年(1207)被鲍澣之点破其中的奥妙："其历书演纪之始，起于唐尧二百余年，非开辟之端也。气、朔、五星皆立虚加、虚减之数。……以是而为术，乃民间小历，而非朝廷颁正朔、授民时之书也。"以为历元必须"推求上元开辟为演纪之首，气朔同元，而七政会于初度"②。这里，鲍澣之认为杨忠辅所取的历元有两大问题：一是，历法的上元即应是开天辟地之年，这似已是当时历家的共识，所以，3800多年确实是太短了，即便如邵雍所说，也应有129600年；二是，在统一历元的基础上加若干改正值的方法，乃是唐代曹士蔿所采取的民间小历的方法，不能登官颁历法的大雅之堂。鲍澣之的这些议论确实揭穿了杨忠辅试图予以伪装的手法。其实，杨忠辅在历元问题上，表现出了进行改革的极大勇气，他既反对把历元同所谓的开天辟地之年相联系的观念，而仅视之为有关历法问题的起算点，又反对牵强地追求一个庞大积年数的统一起算点的做法，而以多起算点的、直接与天合的实测历元法取代之。为了避免这些改革可能招致传统观念的激烈反对，杨忠辅采取了技术性的措施加以处理，从而缓和了矛盾，使统天历得以正式颁行，取得了有限的成功。

杨忠辅最先提出回归年长度并非恒量，而是一个古大今小的变量的重要概念。在统天历中，他给出了回归年长度随时间而变化的改正值——"斗分差"③，并建立了如下求任一年(t)的回归年长度值(T)的计算公式④：

$$T = 365.2425 - 0.00000216(t - 1195)$$

① 以上均见脱脱等：《宋史·律历志十七》。

② 脱脱等：《宋史·律历志十五》。

③ 脱脱等：《宋史·律历志十七》。

④ 中山茂，消长法研究，李国豪等主编，《中国科学史探索》，上海古籍出版社，1986年，第167页。

杨忠辅所提出的这一观念是与现今我们的认识一致的，不过他所给的计算公式第二项的系数要较我们现今的认识大约30倍，这是因为杨忠辅据以建立该公式的基础远不如现今可靠。杨忠辅自然是基于对前代各历法所取用的回归年长度的综合考察，而得出这一观念和改正值的。现在我们知道，中国古代绝大多数历法的回归年长度均偏大，这主要与历家过于崇信《左传》中的两次日南至（即冬至）的记录有关。而这两次冬至记录实际上均先天约3日[①]，这势必导致回归年长度测算偏大的后果。杨忠辅在测算统天历的回归年长度时，显然不用《左传》两次冬至的记录，与刘宋时的祖冲之相类似，他一定是采用了年代不像《左传》所述的那么久远，但确是可靠的冬至时刻测算值，以及他自己所作的晷影测量的结果，得出了较祖冲之还要准确的长度值——365.2425日，其误差约为22秒，达到了前人未曾取得的精度水平。1582年，罗马教皇格里高里十三世（Gregory XIII，1502～1585）颁布的、沿用至今的格里历，所采用的回归年长度值也正与此值相同，可见，杨忠辅的测算结果非同凡响。杨忠辅在确信其测算结果无误的前提下，又发现了前代各历法的回归年长度值自古及近逐渐减小的总体现象，机敏地提出了回归年长度古大今小的观念，并给出了定量的数学表述。虽然他的表述还存在很大的误差，他所依据的数据也并不可靠，但他毕竟最早提出了这一重要的观念和相应的表述方法，还是具有特殊的历史意义。

研究表明[②]，统天历所测冬至时刻的误差仅为1刻（14.4分钟），可见，杨忠辅确实做了十分精到的晷影测量工作，他势必对姚舜辅多组晷影测量及冬至时刻推算法又有所发展，这也就为精确的回归年长度的求得创造了必要条件。由杨忠辅测得的临安冬、夏至晷影长度，可推算得黄赤交角为23°31′48″，误差为49″，是为历代同类测量的佼佼者，再一次证明了杨忠辅晷影测量之精良。统天历取土星会合周期与纪元历相同，所取木星会合周期为3988.849日，误差为1.2分钟，均为历代佳值。其所取必定发生月全食的食限值为3.93°，误差为0.02°，是为历代最佳值。统天历的月离表的精度亦属上乘者。

杨忠辅及其统天历，是南宋时期继北宋姚舜辅之后最有作为的历家与历法。杨忠辅的统天历是南宋第一部建立在系统、精密天文测量基础上的历法，而且在历法的若干重大问题上有所改革。统天历的历元法、特别是七差值的设定，为元代郭守敬授时历所采纳，其所取回归年长度亦为授时历所采用，其影响之大可见一斑。

二　鲍澣之与开禧历

宋宁宗庆元六年（1199年），也就是统天历被正式颁用的当年“六月乙酉朔，（统天历）推日食不验”。这确实是大令朝廷和杨忠辅极其难堪的事，也许大家为了保全面子而敷衍了事。可是到“嘉泰二年（1202）五月甲辰朔，日有食之”，统天历所推“先天一辰有半”，这自然是再也不能容忍了，于是“乃罢杨忠辅”之职，“诏草泽通晓历者应聘修治”[③]。考统天历所取交食周期为242交点月19交点年，相应的食年长度为346.5981315日，较理论值小31分12秒，回落到东汉前期历法的水准上去，与纪元历等历法比较，其误差之大令人咋舌，是统天历的一大失误，这

① 陈美东，论我国古代冬至时刻的测定及郭守敬等人的贡献，自然科学史研究，1983，(1)。
② 陈美东，古历新探，辽宁教育出版社，1995年，第59，104，396，370，307页。
③ 脱脱等：《宋史·律历志十五》。

也正是统天历推日食屡屡出错的主要原因。此外,统天历取赤道岁差值为 66.67 年差 1 度(每年 53.2″),也是历代历法中误差较大者[①],这可能也是出错的又一原因。有趣的是,元代郭守敬授时历所取赤道岁差值居然也因循统天历,成为授时历的一个缺欠,这是后话。

到宋宁宗开禧三年(1207)改革历法的主角由在朝为官的大理评事鲍澣之来承担。鲍澣之自己说:“当杨忠辅演造统天历之时,每与议论历事,今见统天历舛近,亦私成新历”,可见,鲍澣之对历法的研究至少已有 10 年之久。当初,他并没有对统天历提出前已提及的关于历元问题的批评,而只是在统天历日食失验之后,作为统天历存在的另一个问题提出。他还指出,依统天历所推来年(1208)的置闰不妥(可由测量 1207 年的冬至时刻来判定),于是提供了一个可加检验的客观依据。

与鲍澣之同时献上新历法者,还有刘孝荣、王孝礼、李孝节、陈伯祥 4 家。于是以“去年(1207)十月以后,今年(1208)正月以前所测晷影,已见天道冬至加时分数”为验,“以最近之历推算气朔颁用”。“诏(秘书监兼国史院编修官、实录院检讨官曾)渐充提领官,(鲍)澣之充参定官,草泽精算作者、尝献历者与造统天历者皆延之”,可以说是创造了公平竞争的条件,结果证明鲍澣之历最密,遂赐名开禧历,“诏以戊辰年(1208 年)权附统天历颁之”。

嘉定三年(1210),“邹准言(开禧)历书差忒,当改造”。于是诏与曾渐职务完全相同的“(戴)溪充提领官,(鲍)澣之充参定官,邹准演撰,王孝礼、刘孝荣提督推算官生十有四人”共修新历。看来,鲍澣之也承认邹准之说是事实,而参与了编修新历的工作。“(嘉定)四年(1211)春,历成,未及颁行,(戴)溪等去国,历亦随寝”。这是因为涉及编修新历的主要负责人的突发政治事件而遽停改历的又一事例,开禧历也因此得以继续颁用。嘉定“十三年(1220),监察御史罗相言:太史局推测七月朔太阳交食,至是不食。愿令与草泽新历精加讨论”。这说明仍有民间历家献上新历和要求改革,但朝廷并无改历的意向,只是令太史局官员“(吴)泽等各降一官”了事。其后 20 余年间,天文历法界也沉寂无事,开禧历得以连续颁行 44 年,不过,由于开禧历间出差误,所以,其间是以“开禧历附统天历行于世”的方式处理,即统天历依然处于参照使用的状态。至于为什么开禧历得以如此长期颁用?《宋史》的撰者认为是因为“韩侂胄当国,或谓非所急,无复敢有言历差者”[②]。而据《宋史·韩侂胄传》载:(韩)侂胄是从宋孝光宗绍熙四年(1194)到他被诛杀的宋宁宗开禧三年(1207)间“行事十四年,威行宫省,权震寓内”,故开禧历的长期颁用与他没有干系。而“谓非所急”的也许应是南宋朝廷与司天机构,而且行开禧历又参照统天历,在一段时间里未见重大失误,也可能是原因之一。

据研究,开禧历所取木星恒星周期为 4332.5828 日,误差为 9.0 分钟,是为历代最佳值。其必定发生月全食的食限值取为 4.08°,误差为 0.17°,逊于统天历,但与皇居卿观天历不相上下,均为历代较好的数据。其取木、火、土、金、水五星近日点黄经每年进动值分别为 52.72″,52.70″,52.70″,52.67″,52.92″,误差分别 5.24″,13.50″,17.80″,2.02″,3.08″,亦为历代最佳值[③]。开禧历并未采用杨忠辅的创新部分,但也是在姚舜辅纪元历的基础上略作修改编成的。

---

① 陈美东,古历新探,辽宁教育出版社,1995 年,第 258,268 页。

② 以上均见脱脱等:《宋史·律历志十五》。

③ 陈美东,古历新探,辽宁教育出版社,1995 年,第 397,370,428 页。

三　南宋晚期诸历法

宋理宗淳祐“五年(1245)七月癸巳朔,日有食之”①,“元算日食未初三刻,今未正四刻;元算亏八分,今止六分”,这是开禧历出现的重大失误,其食时差约5刻,食分差更大至2分。对此,朝廷还是以“降算造成永祥一官”敷衍之。由于长年采用这种不改良历法而只轻描淡写地惩治历官的方法,导致了“天文、历数一切付之太史局,荒疏乖谬,安心为欺,朝士大夫莫有能诘之者”的严重后果。这就难怪朝奉大夫尹涣在淳祐八年(1248)发出了“请召四方之通历算者至都,使历官学焉”的强烈呼吁。大约在急切中,没有应召而至者。直至淳祐十年(1250)才有李德卿献上新历,便匆忙于淳祐十二年(1252)颁用之,这便是淳祐历。

而于淳祐十一年(1251),殿中侍御史陈垓就指出,依淳祐历所推节气差达6刻,又以淳祐历和开禧历推算近期发生的某一次交食,“开禧旧历仅差一二刻,而李德卿新历差六刻二分有奇”,这种以差多的新历取代差少的旧历的做法,“岂不贻笑四方”,陈垓的批评意见犀利而且切中要害,这完全揭穿了当时已处于风雨飘摇中的南宋朝廷和荒疏作假的太史局的天文历法工作的真面目。淳祐十二年(1252),谭玉也指出,淳祐历的取日法乃是用北宋宋行古崇天历日法的三分之一,所用回归年长度乃是用刘宋祖冲之大明历之值(365.2428日),所取上元积年数超过1亿2千余万,“不合历法”。此外,依淳祐历所推交食、置闰亦误,等等。淳祐历早已不传,但由谭玉之说可知,淳祐历确实存在随意选取前代历法的现成数据或不合历法常规,以及误差较大的弊病。有鉴于此,遂又匆忙决定用谭玉所编的历法,“赐名会天,宝祐元年(1253)行之”。

会天历亦早已失传,而从谭玉的自述看,其所取回归年长度为365.2429日,反不如淳祐历准确。又,于宋度宗咸淳五年(1269),浙江安抚司准备差遣臧元震指出:会天历所推次年置闰有失,并提出以早已过时的19年7闰为闰法安排历日,这不能不说是一种倒退的历法主张。事情还不止于此,“于是朝廷下之有司,遣官偕臧元震与太史局辨正,而太史之词穷,臧元震转一官,判太史局邓宗文、谭玉等各降官有差”。这就是说,不但朝廷居然无人知19年7闰法之不可用,懵懵懂懂地组织讨论,而且太史局的谭玉等人居然不能说明19年7闰法的粗疏,反而理屈词穷,因之,臧元震升官而谭玉等人降职。这简直是一场闹剧,是对这时朝廷和天文历法机构的辛辣讽刺。由之可以推知谭玉及其会天历的水准并不高明。

有趣的是,这一场闹剧则导致了历法的改革。咸淳六年(1270),陈鼎编成新历,“(咸淳)七年(1271),颁行,即成天历也”②。

察成天历,也是在纪元历的基础上略作修订而成的,而且深受鲍澣之开禧历的影响。成天历所取必定发生月全食的食限值与开禧历相同。所取五星会合周期也几与开禧历全同。而所取木、火、土、金、水五星近日点黄经每年进动值分别为52.42″,52.33″,52.43″,52.19″,52.67″,其误差分别为5.54″,13.94″,18.08″,1.50″,3.34″③,稍逊于会元历,也显系受开禧历的影响。

宋恭帝德祐二年(1276),元世祖忽必烈攻破临安,南宋覆亡,成天历也废止不用。“德祐之

---

① 脱脱等:《宋史·天文志五》。

② 以上均见脱脱等:《宋史·律历志十五》。

③ 陈美东,古历新探,辽宁教育出版社,1995年,第370,397,428页。

后，陆秀夫等拥立益王，走海上，命礼部侍郎邓光荐与蜀人杨某等作历，赐名本天历”①，这是南宋的最后一部历法，其法亦早已不传。其时流亡政权疲于奔命，历法之作，仅是装点门面而已，故本天历平庸无奇，是可想而知的。

南宋有国153年(加上流亡政权的3年)，先后颁行的历法有姚舜辅纪元历、陈得一统元历、刘孝荣乾道历、淳熙历和会元历、杨忠辅统天历、鲍澣之开禧历、李德卿淳祐历、谭玉会天历、陈鼎成天历、邓光荐本天历，共计11种历法。平均每14年改用一种历法，较北宋历法平均每19年一改历还要频繁。可是，南宋天文历法的活力显然不如北宋，且不说大型天文仪器的制造、大量天文观测工作的展开，仅从历法看，除了杨忠辅统天历有较多创新之外，其余各历法大都只停留在姚舜辅纪元历的水平上。不过，南宋各历法大都在若干天文数据或表格的测算上有突出的工作，即在天文数据与表格的精确化方面取得了或多或少的进展。

第十五节　苏州石刻天文图碑

一　苏州石刻天文图碑的由来、作者及文字说明

在江苏省苏州市文庙的戟门处，至今竖立着三座南宋遗留下来的石碑，其上分别镌刻有“天文图”、“地理图”和“帝王绍运图”，图的下部又各有文字说明。其中，“天文图”及其下的文字说明一碑，高2.16米，宽1.08米，碑额题“天文图”三字，就是著名的苏州石刻天文图碑(见黑白图10)。

在“地理图”下有一段文字说明，提及这些碑刻是“盖山黄公为嘉邸翊善日所进也。致远旧得此本于蜀，司臬右浙，因募刻以永其传。淳祐丁未(1247)仲冬，东嘉王致远书”。这为我们了解这些碑刻的来历提供了可靠的信息。

“盖山黄公”系指黄裳(1147～1195)，字文叔，隆庆府普成(今四川梓潼)人。宋孝宗乾道五年(1169)进士。宋光宗即位时(1190)，任太学博士，进为秘书郎②。同年三月，皇子赵扩(即后来的宋宁宗)被封为嘉王③，黄裳以其才学“迁嘉王府翊善”，为嘉王授课讲学。其间，黄裳“作八图以献；曰天极、曰三才本性、曰皇帝王伯学术、曰九流学术、曰天文、曰地理、曰帝王绍运，以百官终焉，各述大旨陈之”。绍熙二年(1191)，黄裳“迁起居舍人”。这就是说，黄裳是在1190年献上包括天文图在内的八图的，此八图之作应稍早于这一年，是他一生的主要学术造诣的图文并茂的展示。除了作天文图外，黄裳还“尝制浑天仪”，这大约是小型的浑象，即与天文图相配合，以更鲜明的形象讲授天文知识，而且“欲王观象则知进学，如天运之不息”，则是其深意所在；而地理图之作的用意更在于，使嘉王“披图则思祖宗境土半陷于异域而未归”。真可谓用心良苦。黄裳的苦心，使嘉王“意益向学”，也因此受到了宋光宗的嘉奖。在光宗朝，黄裳还曾任中书舍人、给事中等，后又曾以显谟阁待制充翊善之职，足见嘉王对他的器重。宋宁宗即位(1195)，他被任命为礼部尚书、兼侍读，但不久便英年早逝④。

---

① 以上均见脱脱等：《宋史·律历志十五》。

② 脱脱等：《宋史·黄裳传》。

③ 脱脱等：《宋史·宁宗本纪一》。

④ 以上均同②。

而王致远乃是浙江省永嘉县人，宋理宗嘉熙年间(1237～1240)任慈溪知县，累任湖北路与浙西路提刑及台州知州等职，后辞官回乡创办永嘉书院①。提刑为提点刑狱公事的简称，亦称臬司。王致远自称镌刻石碑是在“司臬右浙”之时，即是在出任浙西路提刑期间。显然他十分推崇黄裳的“天文图”、“地理图”等的创作，而原图文之所以得之于四川，大约与黄裳是四川人有关系。

由之可知，苏州石刻天文图碑是由王致远在1247年据黄裳约于1190年的原作镌刻而成，当无疑问。如果说黄裳原作的初衷是为了教育嘉王，而王致远刻石的用意则在于向更多的人普及天文、地理等知识，亦兼具劝学与不忘半壁江山的含义。有人认为②，黄裳的原作很可能是依据宋高宗绍兴七年(1137)四川隐士张大樴所进呈的一幅天文图——“用唐制创盖天图新式”③——复绘或改绘的，这是一种过于大胆的推测。虑及黄裳还曾制作过浑天仪，《玉海·卷一》更直称有“黄裳天文图”，与张大樴天文图无涉，故在没有进一步可靠的证据之前，我们宁可相信黄裳的原作也就是黄裳的创作，而张大樴创作的天文图则应是另一幅南宋时期的作品，只可惜已失而不传。

苏州天文图碑的文字说明，共41行，每行约51字④。其内容包括宇宙演化、天地结构、天球南北与黄赤道、日月五星的性质及其运动状况、月相与日月食成因、三垣二十八宿及中外星官、妖星、银河、24节气、12辰、12次、12分野等等，是对当时天文学知识的比较全面的概述。

在此，我们不拟对之作全面的讨论，仅就其有特色的部分作一介绍。

“太极未判，天地人三才函于其中，谓之浑沌，云者言天地人浑然而未分也。太极既判，轻清者为天，重浊者为地，清浊混者为人。轻清者气也，重浊者形也，形气合者人也。”黄裳突出了人在整个宇宙演化中的地位，使之与天、地相提并论，这是对天地人三才说的拔高，而从宇宙演化理论上看，其科学性反不如先秦以来的有关论述。

黄裳仍主天圆地方说和张衡浑天说：“天体圆，地体方”，“天包地，地依天”。“(地体)径二十四度，其厚半之。势倾东南，其西北之高不过一度。邵雍谓水火土石合而为地，今所谓径二十四度，乃土石之体尔，土石之外，水接于天，皆为地体，地之径亦得一百二十一度四分度之三也”。他不同意北宋以来盛行的地在气中说，也不同意邵雍对于地体的定义，而回到张衡浑天说上去。但他认为地体的宽度和广度均相当于天球直径的五分之一($=24/121.75$，而$121.75=$周天度$365.25/3$，即取$\pi=3$)，厚度相当于天球直径的十分之一。水充满了下半个天球，地体浮在水面之上，其西北高出东南1度，即略微倾斜。此说得到宋元之际一些思想倾向保守的学者的认同，产生了一定的影响。

黄裳认为日、月的视直径均为“一度半”，这显然是不对的，说明他根本没有作过实际观测，也没有吸取前人已有的正确成果。而对于日、月的运行，月相与日月食的成因、24节气、12辰等，黄裳在说明文字中给予了相当通俗合理的描述。他主张日月五星右旋说，与当时盛行的左旋说不同：“天行速，七政(即日月五星)行迟，迟为速所带，故与天俱东出西入也。”这里，黄裳认为七政自身是较慢地从西向东运行的，但又被速度快得多的从东向西运行的天所牵带，所以每

① 张宝琳等，《永嘉县志》卷十五，光绪版。

② 潘鼐，中国恒星观测史，学林出版社，1989年，第260,261页。

③ 王应麟：《玉海》卷一。

④ 陈遵妫，中国天文学史，第二册，上海人民出版社，1982年，第468～474页。

天也表现为东出而西没。这是对日月五星右旋说较通俗的解说，特别在左旋说盛极一时的情势下，具有一定的意义。

对于全天星官，在说明文字中也有简要的论述，指出："计二百八十三官，一千五（四）百六十五星。"黄裳认为"经星常守恒位，随天运转，……七政之行至其所居之次，或有进退不常，变异失序，则灾祥之应，如影响然，可占而知也"，对于其他异常天象，也是"政教失于此，变异见于彼"，"或吉或凶，各有当之者矣"，云云，这些也正是黄裳之所以关注天文学和绘制天文图的原因之一。

综而言之，黄裳是一位粗通天文学的学者，他的天文思想偏于保守，但他对不少天文知识作了通俗的介绍，特别是天文图的绘制，再经由王致远的刻石，在其后数百年间，起了重要的作用。

二　苏州石刻天文图及其科学价值

苏州石刻天文图是一幅圆图式全天星图（不含南极附近星官），见图 6-23。它以天北极为中心，画有三个同心圆，分别表示恒显圈（内规）、天赤道和恒隐圈（外规），其直径依次为 19.9 厘米、52.5 厘米和 85.3 厘米。又有一圆圈直径与赤道圈大致相等，并与之相交约成 24 度角，表示黄道。外规之外，还有两窄环圈，宽度各 3.1 厘米。内环圈标有二十八宿名及其宿度值；而外环圈则交叉标示 12 辰、12 次及州国分野各 12 名称，它们与《晋书·天文志上》所载"班固取三统历十二次配十二野"之说相同。又画有通过天北极与二十八宿距星的、与上述三同心圆正交、角度宽窄各异的 28 根辐射线，表示二十八宿的宿度线。还画有贯穿天文图的、约呈弧形的银河轮廓线。这些组成了该天文图的基本架构，而在其内则分布如文字说明提及的三垣二十八宿星官系统的 283 官 1465 星（以下称之为 D），但现天文图中仅有 1431 星。潘鼐指出①，在这 1431 颗星中，有 22 颗是 D 所无的，是当年镌刻时的失误或后世某种人为的原因所致，即现天文图中实际上仅绘出 D 中的 1409 星，计缺 56 星。此外，现天文图中还有绘有星点、漏刻星名者 21 处，星名写了错别字或有衍字、漏字者 20 处。黄道在天文图上理应表现为椭圆形，对此，唐代一行就曾有过论述，他还指出如果黄道画成与赤道相交的圆形，"二至出入赤道二十四度，以规度之，则二分所交不得其正；自二分黄赤道交，以度规之，则二至距极度数不得其正"②。现天文图上的黄道画为圆形，春分点和秋分点之间并不是相距 180°，夏至点与冬至点的去极度也出现较大偏差，正如一行当年所述。这些都是苏州石刻天文图的不足之处。

苏州石刻天文图的内环圈所标二十八宿宿度值与《元史·历志四》所载的宋神宗元丰年间的测值完全相同，即与苏颂星图所取值也是一样的（参见本章第九节），这是苏州石刻天文图中各恒星位置系依元丰七年（1084）实测结果厘定的主要证据。又由石刻天文图碑的文字说明知，其所取北极"出地上三十五度有余"，与《新仪象法要》所说 35 度又 1/6 度相当（这是北宋京都开封的地理纬度，而不是黄裳作天文图的所在地南宋京都临安的地理纬度），这也是苏州石刻天文图的绘制受苏颂或元丰年间测量影响的旁证。

---

① 潘鼐，中国恒星观测史，学林出版社，1989 年，第 262，263 页。

② 欧阳修等：《新唐书·天文志一》。

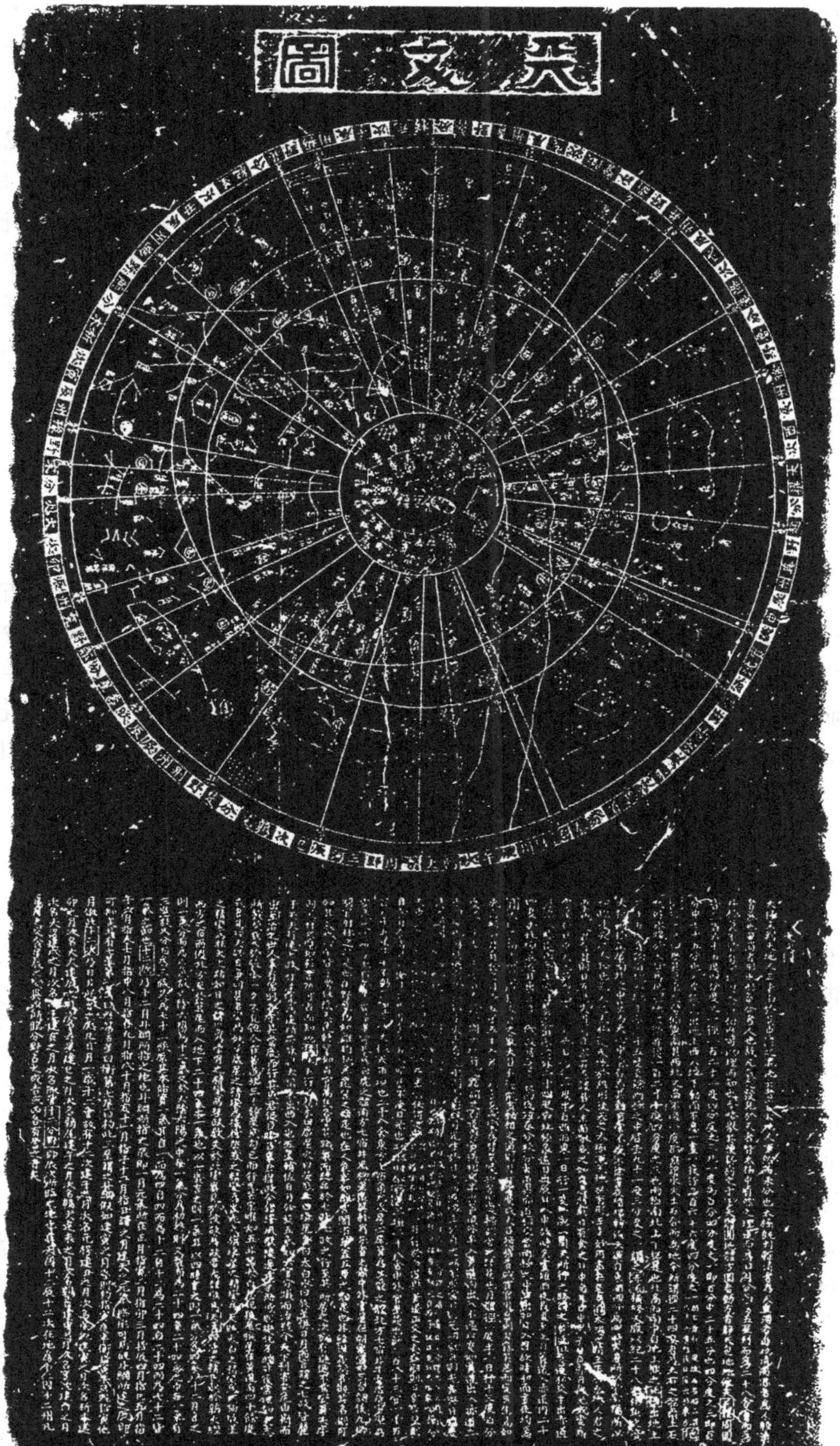

图 6-23　苏州石刻天文图(拓本,伊世同提供)

关于苏州石刻天文图绘制的准确性问题，已有不少学者进行过研究[①]。现天文图中天北极与当时的北极星(纽星)略有偏离，这是作者注意到二者之间应相距1度有余的反映。潘鼐指出，现天文图中的二十八宿线绘制的平均偏差为0.38度；而由内规直径与赤道直径之比，以及外规直径与赤道直径之比，可分别推算得天文图所反映的观测地点应在北纬34.2°和34.3°，这表明现天文图内、外规直径的设定是自洽的，而与北极出地35度有余之说约有0.5°之差。杜升云曾选取现天文图上266颗恒星，量度其赤经与赤纬值，进而与理论计算值作比较研究，得出其误差的均方差为±1.5°。这些情况说明，苏州石刻天文图是一幅依据对恒星位置的实测成果、按极坐标式的方法绘制而成的科学星图。由于它是以石刻的形式相当完好地流传至今的，所以，它十分忠实地反映了南宋时期星图的水平，是弥足珍贵的。自立石之后，该天文图起了普及天文知识的重要作用，对于明代天文图的绘制产生了深远的影响。

第十六节 耶律楚材、札马鲁丁的天文工作与上都回回司天监

13世纪初，生活在蒙古高原的蒙古族逐渐崛起。1206年，铁木真被推举为蒙古汗国的大汗，是为成吉思汗，在他的领导下，开始了南进西征的历程。蒙古大军先在窝阔台率领下于1234年灭金，到至元八年(1271)，元世祖忽必烈改国名为“大元”，是为元朝之始。至元十三年(1276)攻克临安，灭南宋，随即统一全中国。同元朝的辽阔疆域与所继承的深厚文化底蕴相匹配，元代的天文历法获得很大进展，形成了中国天文学体系发展的高峰。而耶律楚材、札马鲁丁等人的天文历法工作，可以说是开其端倪。

一 耶律楚材的天文历法工作

耶律楚材(1190～1244)，字晋卿，契丹人，辽太祖的九世孙。其父耶律履事于金，在本章第十一节中，我们已经提及，金世宗大定二十一年(1181)耶律履曾参与改历之争，有乙未历之作，但没有被采用。可见，耶律楚材的天文历法工作，实有其家学渊源。他“博极群书，旁通天文、地理、律历、术数及释老、医卜之说”，是一位精通传统文化而且学问广博的学者。在金代，他曾任燕京(今北京)行省左右司员外郎等职。1215年，元太祖成吉思汗攻克燕京，“闻其名，召见之”，深为其见识所动，令“处之左右”[②]。

1219年，耶律楚材随成吉思汗西征，除参谋应答之外，十分关注历法改革的问题。当时颁用的历法仍是金代赵知微的重修大明历，依其所推，1220年“五月望，月食不效；二月、五月朔，微月见于西南”[③]，可知重修大明历已日渐疏阔。对此，耶律楚材早有所知。清代梅文鼎指出，当年五月，耶律楚材正随成吉思汗驻扎在“也儿的石河，有西域人与耶律文正王楚材争月食，而

① 今井溱，黄裳天文图考，上海自然科学研究所汇报，第7卷别册11，1937年(日文版)；薮内清，宋代の星图，支那の天文学，1943年(日文版)；杜升云，苏州石刻天文图恒星位置的研究，北京师范大学学报(自然科学版)，1982，(2)；潘鼐，中国恒星观测史，学林出版社，1989年，第255～264页。

② 宋濂：《元史·耶律楚材传》。

③ 宋濂：《元史·历志一》。

西说并诎。"[①] 对此,史籍还有不同的记载。一说是其时有"西域历人奏五月望夜月当食。(耶律)楚材曰:'否。'卒不食"[②],此说应有误。因为据《金史·天文志》载,金宣宗兴定四年(1220)"五月甲辰,月食",当无疑问。更主要的是,据载:庚辰(1220)岁,耶律楚材在塔斯干城(今哈萨克斯坦撒马尔罕),"当五月望,以大明历考之,太阴当亏二分,食甚子正,时在宵中。是夜候之,未尽初更,月已食矣。"[③] 虽然这里所说是指以赵知微重修大明历推算的月食时刻,要较在塔斯干的实测结果早 2 个多小时,但是,也可说明当年耶律楚材同西域历家之争,不是有无月食的问题,而是食时早晚或食分大小的论争。到"明年(1221)十月,(耶律)楚材言月当食,西域人曰不食,至期果食八分"[④]。又据史载,宋宁宗"嘉定十四年(1221)十月丙寅,月食"[⑤]。可知其说不虚。这些事实说明,耶律楚材对于历法早就深有研究,已有初成的新历可供推算,而且,西征更给他提供了同西域天文历法家直接对话的机会,为他对原有历法的改进或充实创造了条件。大约是在这一次西征期间,耶律楚材向成吉思汗献上"题名曰西征庚午元历"的新历法。可是,成吉思汗正忙于开疆辟土,未理睬改历之议。此外,耶律楚材"尝言西域历五星密于中国,乃作麻他巴历,盖回鹘历名也。"[⑥] 这大约也是他在西域时的作品,可惜该历法已不传。

在成吉思汗 1227 年去世后,耶律楚材深得元太宗窝阔台的器重,官至中书令(相当于宰相),对于元代立国规模,治国方式,维持中原经济的稳定增长与汉族文化的传承,颇多贡献。

察耶律楚材的庚午元历,乃与赵知微的重修大明历大同小异。他重定历元,对一批天文数据和表格作部分调整。其中对于木星运动不均匀改正表的误差为 $20.6'$,是为历代最佳值[⑦]。而最主要的进展则在于发明所谓里差之法:"又以西域、中原地里殊远,创为里差以增损之,虽东西万里,不复差忒。"[⑧] 在庚午元历中,在推求冬至时刻,冬至时太阳所在赤道宿度,平朔、弦、望时刻,朔、弦、望时月亮距近地点的度数,朔、望时月亮与黄白交点的时距,五星平合时刻等一系列课题之时,均运用了里差法,这些课题显然都与不同地点同某一特定地点之间地方时的差异有关。其具体的推算方法则见于"求朔、弦、望中日"的术文中[⑨]:

"以塔斯干城为准,置相去里数(L),以四千三百五十九乘之,退位,万约为分,曰里差(C)。……以东加之,以西减之。"即:

$$C=\pm\frac{4359L}{10\times10000}=\pm0.04359L$$

这里,L 为某地同塔斯干之间东西向的距离,其单位是元里;而 C 的单位为分,若要化为 12 时辰的时辰数,需以 6 乘之,再以 2615 除之。已知 1 元里 = 1800 元尺,1 元尺 = 24.525 厘米[⑩],则 1 公里 = 2.2653 元里。又已知塔斯干的纬度约为 39°,取地球半径为 6378 公里,则 $2\pi\times6378\times2.2653\times\cos39°$ 元里应与 $12\times2615/6$ 分相当,即 1 元里应与 0.074133 分相当。

---

① 梅文鼎:《勿庵历算书目》。
② 宋濂:《元史·耶律楚材传》。
③ 苏天爵:《元朝名臣事略》卷五。
④ 同②。
⑤ 脱脱等:《宋史·天文志五》。
⑥ 陶宗仪:《辍耕录》卷九。
⑦ 陈美东,古历新探,辽宁教育出版社,1995 年,第 463 页。
⑧ 宋濂:《元史·历志一》。
⑨ 宋濂:《元史·历志五》与《元史·历志六》。
⑩ 伊世同,量天尺考,文物,1978,(2)。

这也就是说，上式实应为：

$$C = \pm 0.074133L$$

由之可见，耶律楚材里差法的概念与思路都是正确的，但是，他所选定的系数却偏小了许多。这里，最大的困难无疑是 L 值的测定，对于古人而言更是如此。耶律楚材所选定的系数偏小，就与估大了塔斯干同中原间的 L 值有关①。还要指出的是，耶律楚材里差法的发明，大约就是1220年五月那次月食直接促成的。

二　札马鲁丁的西域仪象与万年历

“（元）世祖至元四年（1267），札马鲁丁② 造西域仪象”七件，在《元史·天文志一》中，对这七件天文仪器有较详细的记述，已有不少学者对之进行很好的研究③，他们的理解有同有异。我们基本赞同整研组的见解，现拟从原始记载的切入，展开评述。

（1）“咱秃哈剌吉，汉言混天仪也”。按汉字字音译出其阿拉伯文原名为 *Dhatu al-halaq-i*，哈特纳意译为多环仪。李约瑟认为其系“浑天仪，它不是托勒玫式的，而是赤道式的，但有两个回归圈（或恒显圈与恒隐圈）附在带照准器的活动赤纬圈上”。再看原文：“其制以铜为之。平设单环，刻周天度，画十二辰位，以准地面（这是一地平环）。侧立双环而结于平环之子午，半入地下，以分天度（这是与地平环相垂直的子午双环）。内第二双环，亦刻周天度，而参差相交，以结于侧双环，去地平三十六度，以为南北极，可以旋转（这是一个连接在子午双环上的、可绕南北极旋转的赤经双环），以象天运，为日行之道（如同天球每日绕北极轴旋转）。内第三、第四环，皆结于第二环，又去南北极二十四度，亦可运转（这分别指黄道环和黄经环，去南北赤极二十四度处是为南北黄极，黄经环安置在赤经双环上南北黄极处，可绕之旋转，黄道环与黄经环相垂直连接，亦随黄经环的运转而运动）。凡可运三环，各对缀铜方钉，皆有窍以代衡箫之仰窥焉（指赤经、黄经和黄道三环上均有孔照准器并用相应的孔照准方法）。”整研组指出④，既然此三环上皆有照准器，则李约瑟博士之说难以成立，“混天仪”应是一种托勒玫式的使用黄道坐标的黄道浑仪，这是很有道理的。

“混天仪”的黄道装置对中国学者来说是新鲜的事物，其中黄极的概念是中国所无的，传统的黄道坐标是以赤极为准的极黄经与极黄纬。

（2）“咱秃朔八台，汉言测验周天星曜之器也”。哈特纳音译为 *Dhatush-shubatai*，意译曰双股仪，并以为实即托勒玫长尺（*Organon parallacticon*），可用于测量天体的天顶距，各家均认同此说。“外周圆墙，而东面启门，中有小台。立铜表高七尺五寸，上设机轮，悬铜尺，长五尺五寸，复加窥测之箫二。其长如之，下置横尺，刻度数其上，以准挂尺。下本开图之远近，可以

---

① 陈久金，回回天文学史研究，广西科学技术出版社，1996年，第74页。

② 宋濂，《元史·历志》作札马鲁丁，《元史·天文志》作扎马鲁丁，《元史·百官志》作札马剌丁、《元史·食货志》作扎马剌丁，均为阿拉伯音译名，现统一取为札马鲁丁。

③ 哈特纳（Hartner, W），The Astronomical Instruments of Cha-Ma-Lu-Ting, their Identification, and their Relations to the Instruments of the Observatory of Maragha. ISIS, 1950, 41, 184；薮内清，中国に於けるイスラム天文学，TG/K，1950，19，65；李约瑟，中国科学技术史，第4卷第2册，中译本，科学出版社，1975年，第475～484页；中国天文史整理研究小组，中国天文学史，科学出版社，1981年，第198～202页；宫岛一彦，元史天文志记载のイスラム天文仪器にっしじて，东洋の科学と技术，薮内清先生颂寿纪念论文集，同朋社，1982年。

④ 中国天文学史整理研究小组，中国天文学史，科学出版社，1981年，第200页。

左右转而周窥，可以高低举而遍测”。铜表竖立在一平台上，在铜表的顶部有一机轴，可绕铜表左右转动；在机轴处悬一铜尺，可绕机轴上下转动，铜尺两端各置一窥箫。在铜表的下半部又有一机轴，其距顶部机轴的长度与铜尺等长，在该机轴处悬一横尺，横尺上有刻度。令铜尺上下、左右转动、通过二窥箫瞄准天体后，再令横尺与铜尺末端相交，即可从横尺上读出相应的刻度。此时，铜尺、两机轴的距离和横尺组构成一等腰三角形，由三角学可以推算得与横尺的长度相应的所测天体的天顶距值，该值实际上可以预先刻在横尺上。见图 8-10。

在中国传统天文学中，虽有天顶距的概念，它实即为出地平高度角的余角，但应用的范围较小。相应的传统测量仪器有如唐代一行发明的覆矩（参见第五章第九节），与托勒玫长尺的构思不同，所以，此仪器对中国学者而言也是新的事物。

(3)“鲁哈麻亦渺凹只，汉言春秋分晷影堂”。哈特纳音译为 *Rukhamah-i-mu-wajja*，哈特纳和李约瑟均以为是“冬夏至晷”，亦曰非均匀时平板日晷，显然不妥。原文是：“为屋二间（应指二间大小的密室），脊开东西横罅（应在赤道面上下），以斜通日晷。中有台，随晷影南高北下（其斜面应大致与赤道面平行），上仰置铜半环（应置于南北方向上，北边略跷起），刻天度一百八十（可见此七件仪器是用周天 360°制，与中国传统的 365.25 度制不同），以准地上之半天，斜倚锐首铜尺，长六尺，阔一寸六分，上结半环之中（平时，铜尺似并不安置在铜半环上。进行测量时，铜尺顶端应正在铜半环的中心，铜半环的直径应为 12 尺），下加半环之上，可以往来窥运（铜尺的下部可沿铜半环移动，进行测量时，需令铜尺与铜半环相垂直）侧望漏屋晷影，验度数（当中午时，铜尺的晷影正好指在铜半环上特定的度数，该度数需预作严格推算，以此时的太阳中心、铜尺顶端和该度数刻画三者同处于赤道面为前提），以定春秋二分。”由之可知，它不是用于测时的、非均匀平面日晷，更不是“冬夏至晷”，而是用于测定春、秋分时刻的仪器。

(4)“鲁哈麻亦木思塔余，汉言冬夏至晷影堂也”。哈特纳音译为 *Rukhamah-i-mustawiya*，他和李约瑟皆认为是“春秋至晷”，亦曰均匀时平板日晷，同样也不妥。其原文是：“为屋五间（为五间大小的密室），屋下为坎（坑），深二丈二尺，脊开南北一罅，以直通日晷。随罅立壁（在南北方向的狭逢下的坑中垒砌一长宽各 2.2 丈的竖墙），附壁悬铜尺（铜尺的上端附于竖墙面中心的一支点上），长一丈六寸。壁仰画天度半规（在竖墙面的下半部，画一以支点为中心、半径约 1 丈的半圆环），其尺亦可往来规运（铜尺可绕中心支点运转），直望漏屋晷影，以定冬夏二至。”每日午中时，日光从狭逢射入，令铜尺与之相切，即可在半圆环上读出太阳的高度角（进一步也可推算的太阳视赤纬），太阳高度角最大与最小时，则分别为夏至日和冬至日。所以，它不是用于测时的均匀平面日晷，更不是“春秋至晷”，而是用于测量冬、夏至时刻及太阳高度角或视赤纬的仪器。

以上所述测定二分、二至时刻的思路、方法和仪器都与中国传统的圭表测量法不相同。而对于太阳视赤纬的测量，这里是由实测太阳高度角间接推算而得，中国传统则直接用浑仪测量得到，也是不一样的。

(5)“苦来亦撒麻，汉言浑天图也”。哈特纳音译为 *Kura-i-sama*，他和李约瑟均称其为“斜丸浑天图”，认为是一种天球仪，此说是可信的。“其制以铜为丸，斜刻日道交环度数于其腹，刻二十八宿形于其上（这里明确提及在铜球表面上镌刻有黄道、赤道和二十八宿，估计还应有全天其他星座）。外平置铜单环，刻周天度数，列于十二辰位以准地。而侧立单环二，一结于平环之子午，以铜钉象南北极，一结于平环之卯酉，皆刻天度（在铜球外另有地平环、子午环和卯酉环）。即浑天仪而不可运转窥测者也（铜球可以绕南北极轴旋转，但不能用于观测天体的坐标)”。这与中国传统的浑象没有什么大区别。

(6)“苦来亦阿儿子,汉言地理志也”。哈特纳译音为 *Kura-i-ard*,以为是地球仪,各家众口一词。“其制以木为圆球,七分为水,其色绿,三分为土地,其色白。画江河湖海,脉络贯串于其中。画作小方井,以计幅圆之广袤、道里之远近”。为彩色地球仪,内还绘有经纬网格。

地球仪对于中国学者更是一新鲜事物,它与占主导地位的传统地平观是不能相容的。该地球仪的传入对于中国学者产生了什么样的影响,因为缺乏直接的证据,尚难断言。在本章第十九节中,我们将要谈到在元代有地圆思想的涌动,明代初年,《元史》的主编宋濂也有地圆观念的表述,这些同该地球仪的传入之间,是否存在某种关系,当是一个值得进一步研究的问题。

(7)“兀速都儿剌不,定汉言,昼夜时刻之器”。哈特纳音译为 *al-Usturlab*,即星盘,绝大多数学者对此都无疑问。“其制以铜如圆镜而可挂,面刻十二辰位、昼夜时刻。上加铜条缀其中,可以圆转。铜条两端,各屈其首为二窍以对望,昼则视日影,夜则窥星辰,以定时刻,以测休咎。背嵌镜片,三面刻其图凡七,以辨东西南北日影长短之不同、星辰向背之有异,故各异其图,以画天地之变焉”。星盘是阿拉伯和中世纪欧洲天文学家广泛使用来观测天体坐标、日影长短和时间的仪器。它用球极平面投影法,把天球上的星座和有关坐标网等附在星盘的表面上,经特定方法的观测与推算而得到预期的结果。

由于星盘对中国学者而言是新鲜的事物,其用途又多样,没有现成的词汇可以概括,而仅突出了它的测时功能,这便是原文首句的由来。此外,原文提到的种种刻画或“图”,也仅及星盘的表面特征,而对于星盘的照准器则作了清楚的描述,它是一根可绕圆形星盘面中心运转的铜条,铜条的两端有带小孔的立耳,通过两立耳的小孔以照准目标。在下一节,我们就要谈及郭守敬所创制的简仪中的照准器大约就受到了星盘照准器的启示。

总而言之,札马鲁丁传入的七件天文仪器,与中国传统仪器有同有异,但异远多于同,所以,它们是对中国传统天文学的极大补充,其中蕴涵着诸多新思想、新思路、新知识和新方法,是中国天文学史上的一个重大事件。

李约瑟认为,这些天文仪器是统治波斯一带的、忽必烈的弟弟旭烈兀或其继承人,派马拉盖天文台的天文学家之一札马鲁丁亲自送给忽必烈的①,马拉盖天文台于 1259 年建成,位于今伊朗西北部大不里士城南。山田庆儿则据《元史·百官志六》所载:“(元)世祖在潜邸时(1259 年前),有旨征回回为星学者札马剌丁等,以其艺进,未有官署”,指出札马鲁丁是在马拉盖天文台建成前即已来华②。若从以上对七件天文仪器的考察亦可知,也许只有第 6 件是札马鲁丁随身带来的;第 2 件的部件即便是带来的,也要重新安装;第 7 件若要适用于中国,其刻度或“图”则需另行绘制;而其余四件则要到中国后,依法再行制造,自然还要费不少时日。由此看来,山田庆儿之说是可信的。

也在“至元四年(1267),西域札马鲁丁撰进万年历,世祖稍颁行之”③,陈久金认为,“稍颁行之”的意思是,仅在中国穆斯林中颁行万年历,大约在元代一直行用④。《元明事类钞·卷一》引《宋濂集》曰:“元时西域有扎玛里鼎(即札马鲁丁)者,献万年历。其测候之法,但用十二宫,

---

① 李约瑟,中国科学技术史,第 4 卷“天学”第 2 册,中译本,科学出版社,1975 年,第 476 页。
② 山田庆儿,授时历の道,みすず书房,1980 年,第 51～56 页。
③ 宋濂:《元史·历志一》。
④ 陈久金,回回天文学史,广西科学技术出版社,1996 年,第 92 页。

而分三百六十度，若不闻二十八宿次舍之说。及推步日月之食，颇与中国相合，亦以理同故也。”前已提及，宋濂乃是主编《元史》者，他一定见到了万年历，其介绍是可信的。即万年历是一种伊斯兰历法，用黄道12宫和360°制，除了有历日的安排之外，至少还有日月食的推算法。该推算法大约与当年西域人在塔斯干与耶律楚材争论时所用的交食法大同小异。万年历业已失传，实难述其详。

三　札马鲁丁与上都回回司天监

札马鲁丁所造的七件天文仪器置于何处？这是一个饶有兴味的问题。据《元史·百官志六》记载：“中统元年(1260)因金人旧制，立司天台，设官属。至元八年(1271)，以上都(今内蒙古自治区锡林郭勒盟正蓝旗)承应阙官，增置行司天监。”这是说，从1260年起，在上都就建立有司天台，在1271年忽必烈改国号为“大元”的同时，也在上都正式建立了回回司天监这一机构，它是在上都承应阙原有回回司天机构的基础上扩建的。而据《元史·爱薛传》载：“爱薛，西域弗林人。通西域诸部语，工星历、医药。中统四年(1263)，命掌西域星历、医药二司事。”看来，西域星历司应是1260年所设司天台的一个组成部分。再说札马鲁丁是以“星学者”的身份应征来到中国的，到中国之初，司天台尚未建立，除参与天文历法方面的工作外，中统二年(1261)，“三月，又命扎马剌丁籴粮，仍敕军民官勿沮”[①]。即曾一度充任筹粮官。而在此之后，他大约应在西域星历司工作，并于至元四年(1267)编成万年历、造就七件西域仪象，看来，这些仪象当置于上都承应阙是合理的推断。也正因此功绩，在1271年，上都回回司天监正式成立时，札马鲁丁被任命为提点。后来，他还曾任秘书监官(1273)、集贤大学士中奉大夫行秘书监事(1287)，官至从二品，为中阿科技文化交流和中国科技文化的发展做出了重要贡献[②]。

有人认为[③]，在内蒙古自治区锡林格勒盟正蓝旗五一牧场现存的内、中、外三重规整城墙，即为上都所在地，而其中内城的北门位置上有一座特殊的高台建筑，台高约12米、东西长132米、南北宽52米，两端与北城墙相连。高台可分为东、中、西三台，东、西两台又各分隔成两个部分，为一三台五组模式，台上另有华丽而精巧的建筑(图6-24)，应该便是承应阙，也就是回回司天监的旧址。

回回司天监“掌观象、衍历”，观测、推算与占卜天象，以及依万年历编算历日，是其职责。内设提点一员、司天监三员、少监二员、监丞二员、知事一员、令史二员、通事兼知印一员、奏差一员、教授一员、天文科、算历科、三式科、测验科、漏刻科勾管各一员、阴阳人一十八人[④]，官员共计有37名，其分工细密，门类齐全，可见是一座颇具规模的皇家天文台。

据《秘书监志·卷七》载：“至元十年(1273)十月，北司天台(即上都回回司天台)申：本台合用文书，统计经书二百四十二部(相当于卷)，本台合用经书一百五十九部”，并列出这195卷的书名。

据马坚研究[⑤]，这些图书中与天文历算有关者有：欧几里得(Euclid，约前330～前275)《几

---

① 宋濂：《元史·食货志四》。

② 陈久金，回回天文学史，广西科学技术出版社，1996年，第90～91页。

③ 陆思贤，李迪，元上都天文台与阿拉伯天文学之传人中国，内蒙古师范学院学报，1981，(1)。

④ 宋濂：《元史·百官志六》。

⑤ 马坚，元秘书监回回书籍释义，《光明日报》，1955年7月7日。

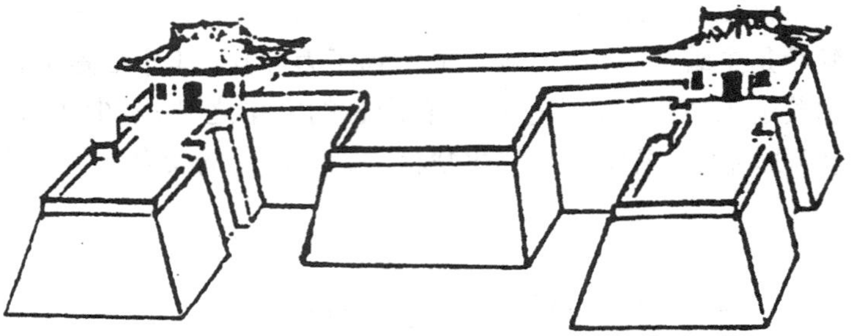

图 6-24　元上都承应阙复原示意图

何原本》15 卷、《知识与学问》3 卷(原书名为《解算法段目》)、《几何学》17 卷、托勒玫(C. Prolemaeus,约 100～约 170)《天文学大成》15 卷、《诸星断诀》、《沙卜法》、《占卜必读》、《七洲形胜》7 卷(原书名为《历法段数》)、《算数》8 卷、《天文表》48 卷、《星象问答》4 卷、《仪器制造法》8 卷(原书名为《造浑仪、香漏》)、《机械制造法》2 卷(原书名为《造香漏并诸般机巧》),等等。这些图书均为阿拉伯文,应是爱薛、札马鲁丁等人从西域带来的。此中包括有欧几里得和托勒玫的天算名著,以及阿拉伯天文算表、星象和星占书,这些应就是回回司天监的天文学家们观象与推步所依循的基本理论和方法。《元秘书监志·卷七》中还提及,在回回司天监提点的住宅内还有小天球仪、小黄道仪、星盘、圆规各一件,如果再虑及上述有关仪器与机械制造法的书籍,它们都可能与札马鲁丁制作七件天文仪器有关,而小黄道仪和小天球仪很可能便是前述仪器第 1 件和第 5 件的样本。

元世祖后来在元大都(今北京)又另立汉儿司天台和回回司天台,但上都回回司天台的机构和工作仍继而不辍,是为元代不可或缺的天文历法工作基地之一。

第十七节　郭守敬、王恂等人及天文仪器的制作与太史院的建立

元世祖至元元年(1264),忽必烈接受刘秉忠的建议迁都到金中都(今北京),又于至元八年(1271),改国号为大元,改中都为大都。遂在大都新建汉司天监和回回司天监,开展天文历法工作。大都回回司天监的组织机构和职责大约与上都同。而汉司天监“掌凡历象之事”,职责实无不同,而其组织机构也与回回司天监相似,但官员要多一些,共计 45 名(不包括天文生 75 人),如有少监五员、丞四员、每科勾管各二员,另有译史一员、提学二员、学正二员、押宿官二员、司辰八员等为回回司天监所无,但掌阴阳者仅一人,远少于回回司天监的十八人①。

元初仍沿用金代赵知微的重修大明历,在忽必烈即位时(1260),刘秉忠就提出过改历的建议,到至元十年(1273)前后,汉司天监算历科又有人提出现行历法日渐疏远的问题,忽必烈心知此事,但无暇改作,直到至元十三年(1176)平南宋后,才着手解决这一问题,诏另改作新历法②,一场策划周密、规模宏大、成绩斐然的天文历法工作由是展开。

① 宋濂:《元史·百官志六》。
② 宋濂:《元史·历志一》。

一　郭守敬、王恂等人及其历法思想

郭守敬(1231～1316),字若思,顺德邢台(今河北省邢台市)人,王恂(约1235～1282),字敬甫,中山唐县(今河北省唐县)人,他们两位是这次天文历法工作的主将。

郭守敬出身在一个殷实人家,从小跟随祖父郭荣长大,郭荣通晓五经,兼通数学和水利之学,郭守敬自幼便受熏陶。约1246年,郭守敬得到一幅北宋燕肃莲花漏图的拓片,便能依图将其原理说清楚。他还曾依据古图用竹篾扎成浑仪,并积土为台,用扎制的浑仪进行恒星观测①。这些都显露了青年郭守敬在仪器制作上的才华,和对天文观测的浓厚兴趣。1247年,郭荣把郭守敬送到他的同乡老友刘秉忠(1216～1274)处学习深造。刘秉忠是忽必烈所倚重的谋臣,是当时著名的学者,精通天文历法、数学、地理等学问,其时正在邢西紫金山(今河北省武安县东)为父守孝,前后一年有余②。这时,在刘秉忠身边就学的还有王恂。王恂自幼聪慧,过目成诵,他是刘秉忠前此"取道中山,访求一时之俊"时所发现,"欲为大就之"③ 的人才,这回南归途中携之到紫金山。王恂之父王良也是"潜心伊洛之学,及天文、律历无不精究"的学者,王恂亦得家学之熏陶自不待言,"十三学九数则造其极"④,即在数学上有突出的才华。于是,这两位后来天文历法工作的主将得以在此聚首,在刘秉忠的指导下,天文历算当是他们互相切磋的课题之一。

在紫金山分别后,郭守敬与王恂各奔前程。郭守敬回故里继续学习与研究,并在参与家乡水利工程上有所建树。元世祖中统三年(1262),经张文谦(1217～1283)举荐,郭守敬得以晋见忽必烈,提出了兴修6项水利工程的建议,颇得忽必烈的重视与赞赏。自此,郭守敬在水利部门任职,官都水少监、都水监等⑤。而张文谦是刘秉忠的幼时同窗,亦为忽必烈所器重,也是一名"家惟藏书数万卷"⑥ 的学者。再说王恂,刘秉忠于1253年便把他举荐给忽必烈,"命辅导裕宗为太子伴读。中统二年(1261)擢太子赞善","命太子受业焉"。王恂"早已算术名",太子尝问之。答曰:"算数六艺之一,定国家、安人民,乃大事也。"可见,他是把算术视为儒家的必修课之一,作为定国安邦的一件大事。

1276年,元世祖欲定新历,首先想到的人选就是王恂,因"知(王)恂精于算术,遂以命之。……官属悉听(王)恂辟置"⑦。而王恂的第一个建议是:"历家知历数而不知历理,宜得(许)衡领之。"⑧ 此时,刘秉忠已经去世,许衡(1209～1282)是当时最有名望的学者之一,而且据王恂所知,他是既知历数又通历理者。于是,元世祖召回业已辞官在家的许衡,命之"领改历事"⑨,作为总指导者。王恂自然不会忘记他青年时的好友郭守敬,使由水利部门调出,与郭守敬共同主持改历的核心事务,他俩之间作了大致的分工:王恂负责为改历而专门成立的太史局

① 齐履谦:《知太史院事郭公行状》,见苏天爵:《元文类》卷五十。
② 白钢,张易事迹考,郭守敬及其师友研究论文集,邢台市郭守敬纪念馆编,1996年。
③ 苏天爵:《元朝名臣事略·太史王文肃公》。
④ 宋濂:《元史·王恂传》。
⑤ 宋濂:《元史·郭守敬传》。
⑥ 宋濂:《元史·张文谦传》。
⑦ 宋濂:《元史·王恂传》。
⑧ 宋濂:《元史·许衡传》。
⑨ 同⑦。

的组织工作和历法中数学问题的研究，而郭守敬负责天文仪器的制造和天文观测工作。此外，还任命张文谦、张易（约 1215～1282）两位长者“为之总领裁”①，参与太史局的领导、决策与协调工作。并从大都和上都司天监以及南宋太史局和民间通晓天文历法者中，选调 30 余人，现知其姓名者就有司天少监冯天章，判官赵德新，提举郝昇，教授刘巨渊，任算术工作的王素、曹震圭，事测验工作的岳铉、王椿，还有陈鼎臣，邓元麟，毛鹏翼和高敬等人②，稍后还有杨恭懿（1225～1294）加盟进来，真可谓五湖四海群贤毕纳。忽必烈采取的是放手让专家治历的路线，并给予充足的财力支持。而以王恂和郭守敬为首的专家采取的是上下协调、任人唯贤、各尽所长与分工合作的组织路线，形成了一个高效和充满活力的创作集体。

除了组织保证之外，治历的主导思想也是关键之所在。许衡指出：“冬至者历之本，而求历本者在验气。”③ 果然，这位总指导者一语中的，不负众望，他总结前人成功的经验和南宋前期诸历法未立表测影的教训，抓住了历法中至关重要的一个核心问题。对此，《授时历议》有明确的阐述：“天道运行，如环无端，治历者必就阴消阳息之际，以为立法之始。阴阳消息之机，何从而见之？惟候其日晷进退，则其机将无所遁。候之之法，不过植表测景，以究其气至之始。”④郭守敬则进一步指出：“历之本在测验，而测验之器莫先仪表。”⑤ 他更阐发了历法制作的更广泛和更基本的理论，把对日月星辰的实际测验作为历法的根本，而且提出为保证实际测验的精确度和可靠性，必须依靠精良的天文仪器的重要见解。许衡、特别是郭守敬的思想，实际上就是这个创作集体的共识，他们也正是依此制定其技术路线并见诸行动的。

改历的具体工作随即紧张而有序地展开。先是各种仪表的设计，与此同时，还有对前代各历法全面而深入的研究，以辨其是非优劣，取其精华，去其繁杂。而作为“测验”的一种自然延伸，是对前代天象观测记录的整理与考订，它们是评估前代历法和新历法优劣的不可或缺的判据之一。亦与此同时，率先进行晷影测量等工作。至元十六年（1279），忽必烈决定改太史局为太史院，任命王恂为太史令，郭守敬同知太史院事、为副职⑥，张文谦则以昭文馆大学士的身份“领太史院以总其事”⑦。随即开始了太史院的设计与施工，仪表的制造，四海测验等在内的先期测量工作。在太史院建成和仪表安装完毕后，观测与研究工作更是加紧进行。至元“十七年（1280）冬至，历成，诏赐名曰授时历。十八年（1281），颁行天下。”⑧

次年（1282），许衡、王恂、张易先后去世，张文谦与杨公懿告老返乡，张文谦又于 1283 年撒手人寰。而授时历还仅成初稿，规整的推步方法和一系列天文表格，以及大量观测资料和诸多研究心得还有待整理与总结，郭守敬义不容辞地承当起了这些繁多而重要的工作，约到至元二十七年（1290）他终于完成了 14 种 105 卷的系列论著，为这一创造集体的杰出工作划上了完满的句号。自至元二十三年（1286）开始，郭守敬升任为太史令。在完成上述工作后，郭守敬主要精力又一度转向他曾钟爱的水利工程领域，至元三十年（1293）大都通惠河工程的完成，便是他

① 宋濂：《元史·郭守敬传》。
② 潘鼐，向英，郭守敬，上海人民出版社，1980 年，第 28 页。
③ 宋濂：《元史·许衡传》。
④ 宋濂：《元史·历志一》。
⑤ 同①。
⑥ 宋濂：《元史·郭守敬传》。
⑦ 宋濂：《元史·许衡传》。
⑧ 宋濂：《元史·历志一》。

的一大杰作。此间，郭守敬还是以太史令的身份兼职主管都水监的工作的。至元三十一年(1294)，由于在天文历法与水利工程上的卓越贡献，郭守敬被任命为昭文馆大学士，仍兼管太史院的工作。此后，他在天文仪器上又有创新之作，保持着旺盛的活力。到元成宗大德七年(1301)，郭守敬请求退休，但没有得到批准，一直到元仁宗延祐三年(1316)，在任上走完了他光辉的一生①。

二　一系列天文仪器的制造

郭守敬一生中制作的天文仪器不少于22种，其中有17种是他在参与编制授时历时制成的，它们分别是②：

高表　这是为提高晷影测量的精度而设计的。传统圭表的表高一般为8尺，郭守敬把表高增至4丈，圭长亦相应增长。在大都，郭守敬先以木为表，后又改用铜铸表，表端均为架空的横梁。而在河南省登封县告成镇，郭守敬则建造了城墙式高表(彩图七)，以砖砌为台，其中起高表作用的是台面正中的垂直凹槽，横梁置于凹槽的顶端，横梁中轴与圭面的垂直距离为4丈，可用铅垂线量度，铅垂线的垂足即为自南向北水平延伸的圭面的零点，在圭面上刻画有丈、尺、寸、分的刻度，其中轴线的两侧开有两条平行的水槽，用于校正圭面处于水平面上。这一设计既十分别致，又十分科学合理，具有表与晷必相垂直、零点容易确定等优点。

景符　这是依小孔成像原理设计的测影器具。它由一个2寸见方的框子和一片4寸长、2寸宽的铜叶组成，铜叶的一边用枢纽与框子的一边连接，可以转动，铜叶的中间开一小孔(图6-25)。测影时，将景符在圭面上沿南北方向移动，用一小棍支撑，令铜叶面与阳光垂直，又令高表横梁的影子正好平分米粒大小的太阳像圆面，此时横梁影子所指之处，即为4丈高表的影长。从理论上讲，表高增加5倍，测影的精度也应提高5倍，但由于表高影淡，在圭面上很难看清横梁的影子。景符的发明，使其影子清晰可见，所以，它是保证高表测影精度得以提高的关键性器具，亦可视作高表的有机组成部分。

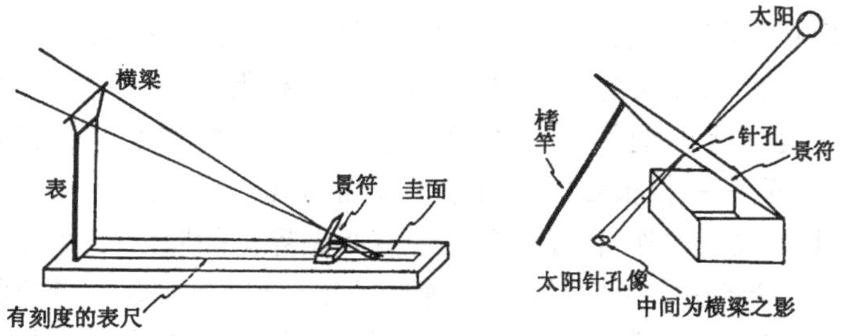

左：景符造成针孔像。右：调节景符倾斜度，使垂直于日光。

图6-25　景符示意图(见潘鼐《郭守敬》)

窥几　其形制类似于几案，在几面的正中开一长方形的缺口，与缺口相垂直装有两根中间带有刀口的小木条(图6-26)。夜间观测时，将窥几置于圭面上沿南北方向移动，观测者位于

① 宋濂：《元史·郭守敬传》。

② 宋濂：《元史·天文志一》；宋濂：《元史·郭守敬传》；齐履谦：《知太史院事郭公行状》，见《苏天爵：元文类》卷五十。

窥几下，通过缺口移动几面上的两根小木条，令它们的刀口分别与高表横梁的上下边缘同所观测的天体处于一条直线上。然后，在几面上取这两根小木条所处位置的中点，用铅垂线读取圭面上的圭长值。再用一定的数学方法便可求出天体南中天时的地平高度角。

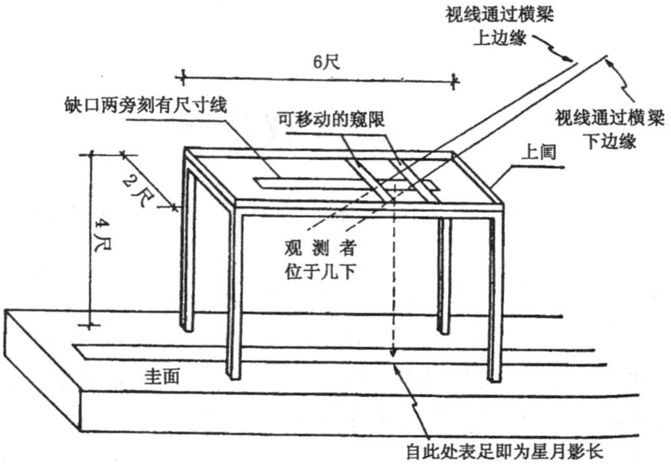

图 6-26　窥几示意图（见潘鼐《郭守敬》）

简仪　这是一种崭新的测量天体位置的仪器，它是为克服传统浑仪环圈繁多，遮挡天区与运转不够灵活，以及众环圈同心安装在技术上的困难等弊病而精心设计的。它由两组彼此独立的装置组合而成（彩图八）：第一组由四游环（即赤经环）、赤道环和百刻环组成，其中赤道环和百刻环重叠安置，二者之间平放 4 个圆筒形的短铜棍，这是世界上滚筒轴承的最早利用[①]，可使赤道环灵活地沿固定的百刻环转动。四游环垂直安置在赤道环的环心之上，可自由绕环心转动。这是一组赤道坐标装置，可用于测量天体的去极度（沿四游环）、入宿度（沿赤道环）和地方真太阳时（沿百刻环），是世界上最早的大赤道仪。第二组由立运环（即子午环）和阴纬环（即地平环）组成，立运环环垂直安置在阴纬环的环心之上，亦可绕环心自由转动。这是一组地平坐标装置，可用于测量天体的地平高度（沿立运环）和地平方位角（沿阴纬环），这与近现代的地平经纬仪相当。这两组装置又统一组构为一台仪器，相得益彰。这两组装置的照准器是分别设置在四游环和立运环上的铜条，称为窥衡。铜条穿过环的中心，其两端各有一立耳，立耳开有圆孔，圆孔的中央安有一根很细的垂直于铜条面的线，观测时，令两细线与天体重合，即可在四游环或立运环上读数。此外，在赤道环上还有叫做界衡的照准器，它们是两根都通过环心的铜条，每一铜条的两端各引一条联结于北极轴的细线，观测时，令一界衡的两细线与天体相重合，即可在赤道环或百刻环读数。同时还可以用另一界衡照准另一天体并读数，即可求出两天体之间的赤经差。这就是说，简仪是以线照准法取代了传统浑仪的管照准法，大有助于照准精度的提高。而线照准法可能是郭守敬受到札马鲁丁西域仪象照准法的启示发展而得的。第一、二组各环圈的直径分别为 6 尺和 6.4 尺，要小于北宋的四大浑仪，但各环圈刻度的精细程度却有所提高，刻度从原先的 1/4 度提高到 1/10 度，则读数从原先的 1/12 度提高到 1/20 度，各环圈（除百刻环外）的刻度取传统的 365.25 度制，百刻环则刻画成百刻，每刻 36 等分，这也

---

① 刘仙洲，中国机械工程发明史（第一编初稿），清华大学，1961 年，第 38 页。

大约受到札马鲁丁西域仪象360°制的影响①。

郭守敬简仪在清初被毁,现存于南京紫金山天文台的简仪乃是明代正统二年间(1437)的仿制品,仍可见郭守敬当年杰作的风采。

候极仪　它安置于简仪四游环极轴的上端,是由一与赤道环相平行的小环圈(规环)和更小些的环圈(定极环)组成。规环内有一十字交叉架构,定极环与其中一个象限相切安置,定极环内也有一十字交叉架构,该十字交叉的中心有一直径半分的小孔。在极轴的下端附一小铜板,其中心开一直径为一分的小孔,上下两小孔中心的联线与极轴平行。随时通过两小孔观测北极星,北极星均应在两小孔联线的方向上,才证明简仪极轴得到了正确的安置,否则就要适当调整极轴的指向。所以,候极仪是校正简仪极轴指向的重要器具。由于它和简仪组装在一起,也可视为简仪的一个构件。

立运仪　即指简仪上的地平坐标装置。

仰仪　它是一铜制的中空半球,宛如一铜釜,直径约10尺,釜口向上,平放嵌入砖砌的台座中。取一根小木条,让其一端架在釜口的正南边缘上,另一端附一铜片,中间开一小孔,令小孔正与半球心相重合。又取一根较短的小木条,令与前一根小木条相垂直,其两端分别平放在釜口的东南和西南边缘。通过釜口正南点和半球心在釜内壁作一大圆,由正南点向下沿该大圆弧40.75度(此为大都的北极出地高度值)处取一点,以此点为极心,在釜内壁绘制一极坐标网格,这就是与大都相应的赤道坐标网格(图6-27)。观测时,令太阳光通过铜片小孔,成像在釜内壁上,由网格可以直接读取太阳的赤纬值与地方真太阳时刻。若遇日食,食相可以连续在釜内壁成像,由此可以测定日食的初亏、食甚、复圆等的时刻与方位,以及食分的大小等等②。这也是一具设计巧妙、功能多样的大型仪器。

正方案　这是一块4尺见方的木板,以木板正中为圆心,画19个同心圆,最里的同心圆半径为1寸,其外同心圆的半径各增1寸,最外圆边缘分划成365.25度(图6-28)。将正方案平置,在其圆心上竖立一根小棍,标出自日出到日入棍影依次与这些同心圆的交点,取棍影出入同一个圆的两个交点连线的中点,这些中点的连线即为当地的正南北方向。若将正方案沿正南北方向竖直安置,则可用于测量当地的北极出地高度,其原理与唐代一行创制的覆矩相同。这是一种轻便的多功能仪器,既用于简仪等大型仪器的定向,又用于下面就要提及的四海测验的野外作业,供定向和测量各地的北极出地高度之用。

玲珑仪　这是一中空的圆球,圆球面用半透明的材料制成。在圆球面上绘有纵横交错的赤道坐标网格,网格的交叉点均凿有小孔;又绘有全天星官的位置,在相应位置上亦凿有小孔。圆球在机械装置的驱动下,可绕南北极轴自动旋转,且与天体的运转同步。人居于圆球中心观测太阳或月亮,可以由坐标网格直接读得它们的赤道坐标值,即玲珑仪可用于测量日、月的位置,而且它又相当于一座假天仪,具有演示恒星位置的功能。

赤道式日晷和星晷定时仪　前者可用于地方测量真太阳时,而后者是一种星盘,可用于测量天体的高度,也可以用于测定时间。这二者皆非郭守敬的创制,其中后者显然是受到西域仪象的影响。

丸表、悬正仪和座正仪　它们分别是用于测量地方真太阳时的天球仪式日晷、校正仪器的

① 中国天文学史整理研究小组,中国天文学史,科学出版社,1981年,第193页。

② 伊世同,仰釜日晷和仰仪,自然科学史研究,1986,(1)。

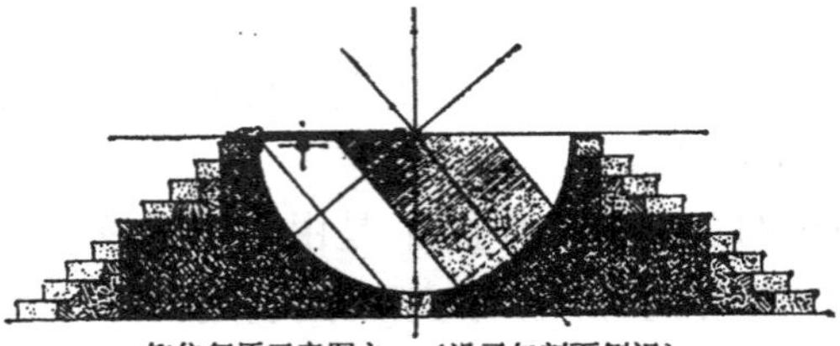

仰仪复原示意图之一（沿子午剖面侧视）

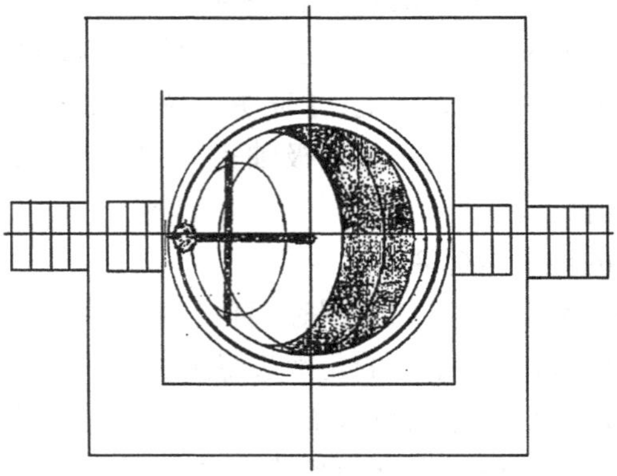

仰仪复原示意图之二（俯视）

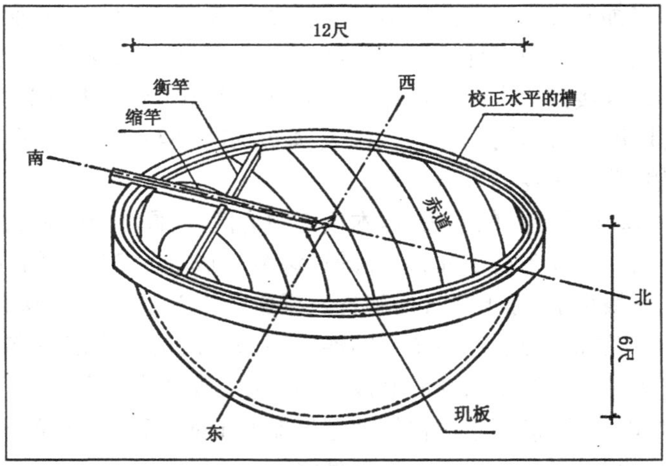

仰仪复原示意图之三

图 6-27　仰仪示意图(据伊世同、潘鼐)

竖轴处于垂直方向和校正仪器的底座处于水平方向的仪器。它们也都是为四海测验而设计的。

证理仪和日月食仪　它们分别是用于演示日、月运动状况和日月交食原理的仪器①。

浑天象　这是一种天球仪,在一个圆球面上缀有全天星官,并绘有赤道、黄道和可随时移动的白道。圆球半隐半现于一方柜内外,圆球的南北两极出入方柜顶面各 40.75 度,柜内设有机械装置,使圆球自动随天球同步运转,能自动演示日月星辰的运动。它是传统自动浑象的再创作。

① 以上均参见薄树人,试探郭守敬仪器的几个悬案,自然科学史研究,1982,(1)。

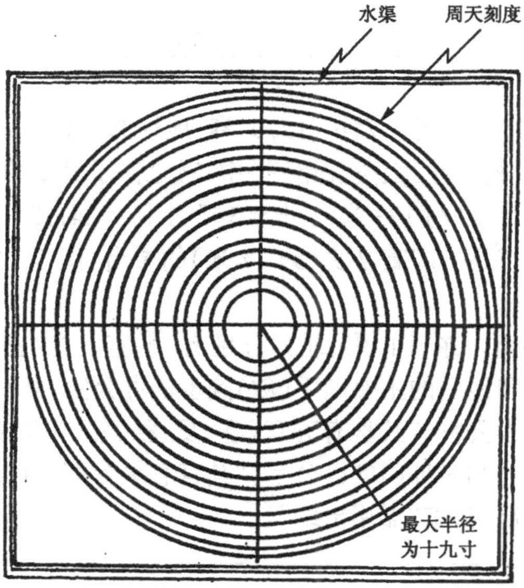

图 6-28　正方案示意图(见潘鼐《郭守敬》)

前述 17 种天文仪器(若不计景符、候极仪和立运仪则为 14 种)主要是为编制授时历所必须进行的观测工作而制造的,它们被安置在太史院,用以测量与演示,或供四海测验之用。除此之外,郭守敬在晚年,还制作了以下 5 种仪器:

大明殿灯漏　这是一种大型自动报时仪器。通高 17 尺,作球状,共分 4 层,每层分别置四神像,青龙、白虎、朱雀、玄武四象,十二神人和四木人等,它们或自动演示日月星辰的运转,或自动依时刻隐现,或自动依时刻跳跃、鸣叫、敲钟、打鼓、敲钲、击铙等等,以丰富多彩的音像形式来报时。

水浑莲运浑天漏　这是一种自动演示日月星辰运行状况的仪器,较浑天象具有更多的演示功能和更复杂的结构。与大明殿灯漏一样,二者都是以漏壶的流水为原动力,通过复杂的齿轮系统的传动,达到与天同步、自动运转的效果的。

柜香漏、屏风香漏和行漏　它们都是用于计时的仪器。前二者是以点燃更香的形式来计时的,更香被巧妙地镶嵌在柜式工艺品或屏风之中,既发出幽香,又具观赏性,还可报时。而后者是供皇帝出行时使用的。

在这 5 种仪器中有 4 种是计时器,说明郭守敬晚年对计时器自动化、实用化和工艺品化的关注。

郭守敬一生所制作的大多数天文仪器是其新创,大都具有构思巧妙、设计合理、一器多用的特点。其中有对前代天文仪器传统的继承,有对西域仪象设计思想的吸收,更有独到的创意。这一批天文仪器又共同组成了一个完善的天文仪器系列,既较好地满足了授时历编制对有关天文量测定的需要,也较好地满足了天文教育与天文普及的需求,从而把中国古代天文仪器的制造推向高峰。

三　太史院的建立

太史院的建设始于元世祖至元十六年(1279)春,地址选在大都城东城墙下(今北京建国门内中国社会科学院院内)。杨垣在《太史院铭》① 中,对之作了简要的介绍:

太史院围墙南北长一百步(约123米,1步＝5尺、1尺＝24.525厘米计),东西长七十五步(约92米),院内的主体建筑是一座高7丈(约17米)的灵台(图6-29、图6-30和图6-31)②,共分三层:

第一层为行政办公场所。东、西、南、北方分别有“朝室”、“夕室”、“中室”和“阴室”。“中室”为太史院令、同知院事和他们的主要助手(佥)院事的办公室,其左右还设有专门的会议室;“朝室”是历法推算部门的办公室,“其官有五官(春、夏、秋、冬、中五官)正,有保章正、有副,有掌历”;“夕室”是观测天象和测时部门的办公室,“其官有灵台郎,有监候,有副”,又有“挈壶正,有司辰郎”;“阴室”为器材部门,掌“器用出纳”。

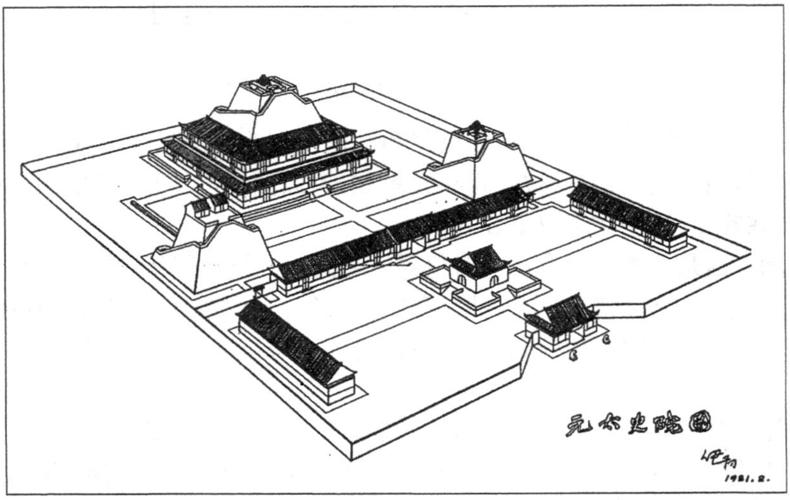

图6-29　太史院立体图(据伊世同)

第二层为天文历法业务工作与研究场所。按八卦命名8室,并安排不同的功用:“离室”——陈放赤道式日晷;“巽室”——陈放“水运浑天壶漏”,这大约是一种可自动上水、换水的莲花漏式漏壶,在前述诸仪器中未提及,它可能也是郭守敬制作的;“坤室”——陈放浑天象和悬挂一幅以大都为观测地的圆图式全天星图;震室和兑室——分别放置“南北二异方浑天、盖天之隐见”,这也应是圆图式全天星图,但它们是以全国南北不同地域为观测地点的;“坎室”——“以位太岁”,大约是供奉太岁的神位;“乾室”和“艮室”——为天文历法图书馆,分别存放历代天文测验和历法推算的图书。

① 苏天爵:《元文类》卷十七。

② 伊世同,元太祖院考,马星垣主编,纪念元代卓越科学家郭守敬诞生750周年学术论文集,北京天文学会等,1981年。

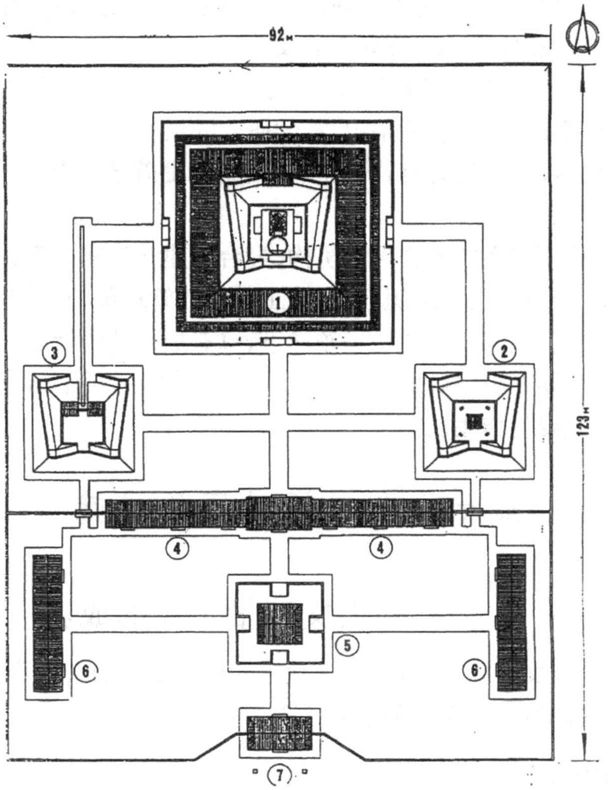

①灵台 ②玲珑仪 ③高表 ④印历工作 ⑤碑亭 ⑥神厨、算学
⑦太史院正门

图 6-30 太史院平面布局图(据伊世同)

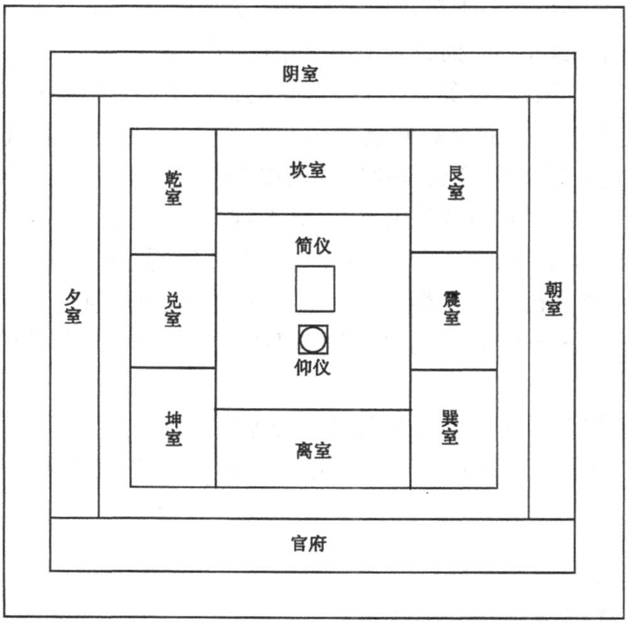

图 6-31 灵台平面示意图

第三层，亦即灵台的顶部平台，为天文观测的场所之一。其上错落有致安置有关天文仪器和建筑物。中偏北有简仪和仰仪，“正方案敷简仪下”。

在灵台之东有玲珑仪，之西有高表与石圭，之南有“印历工作局”，为设计、编印历书的机构，还有“神厨”、“算学”等附属建筑，为祭祀、算学研究的场所。

在太史院院墙内的四周，大约另有若干建筑，因为太史院还有“诸生七十人”，应有必需的居留或进行教育与学习的场所。

总之，太史院是一规模宏大的天文历法机构，灵台的建筑气势恢宏，规划布局得当，装备有精良的仪器、充实的研究资料，还有组织严密、分工明确的管理部门，更有一批如前所述的高水平的观测、研究人才，在王恂、郭守敬的统一领导下，卓有成效地开展了编制新历的工作。而在授时历编定后，太史院长期在郭守敬的主持下，继续日常的天文历法工作，而且在其后的约半个世纪中，一直发挥着重要的作用。

第十八节 授时历的成就

一 一系列天文测量工作的成就

为取得尽量准确的天文数据与表格，郭守敬等利用所制作的新仪器和所发明的新方法，对一系列天象进行了精细的测算和深入的研究工作。

(一)七应等值的测算

在授时历中，给出了由实测而得的气应、闰应、转应、交应、周应、合应与历应等七应值，此七应的含义与杨忠辅统天历的七差——气差、闰差、转差、交差、周天差、周差与岁差一一对应，只是历元年改定为1280年，太阳所在宿度起算点改为赤道虚宿6度[①]。当然，七应的具体数值需一一重新测定是毫无疑问的，而且其中不乏精确的结果。

为求历元年的冬至时刻，郭守敬等自接受改历的任务伊始，就在原司天监内建立4丈木制高表并用景符进行连续2年多的晷影测量工作。自元世祖至元十四年(1277)六月到十七年(1280)正月，郭守敬等共选取了98次有效的实测成果，应用选取冬至或夏至前后对称时日及其前后一日的3个晷影长度值(每3值为一组，冬至前后28组、夏至前后17组)，依循刘宋祖冲之计算冬至时刻的基本方法，共得28个冬至时刻和17个夏至时刻值，最后“定拟至元十八年辛巳前(1280)冬至，当在己未日夜半六刻”[②]。今考之，与理论值密合，可见其精。而对郭守敬所得的晷影长度值的分析表明，其与理论值的平均偏离(单次测影的偶然误差)已在±1毫米左右，亦可见其精[③]。

授时历的气应值为“五十五万六百分”，其分母为“日周，一万”[④]，两者相除，得55.06，即距历元年至元十七年(1280)九月甲子日夜半后55日6刻，亦即至元十七年十一月己未日夜半6

① 宋濂:《元史·历志三》和《元史·历志四》。

② 宋濂:《元史·历志一》。

③ 陈美东,古历新探,辽宁教育出版社,1995年,第64～79页。

④ 宋濂:《元史·历志三》。

刻是为冬至。

在实测得冬至时刻的基础上，郭守敬等又考察得"自刘宋大明壬寅(462)以来，凡测景验气得冬至时刻真数者有六"，进而求出它们与实测冬至时刻间的年距及日距，以日距除以年距即可得6个回归年长度值，最后得到回归年长度为365.2425日①。此值虽与杨忠辅统天历相同，但却是郭守敬等经过重新认真实际测算的结果，仍不失为一个相当好的取值。

郭守敬亦认同杨忠辅统天历中论及的回归年长度古大今小的概念，并对之进行了改进，以每百年增或减1分(＝1/10000日)计，即求任一年(t)的回归年长度值(T)的计算公式改定为②：

$$T = 365.2425 - 0.0002t_0$$

其中，t_0为t年距1280年的整世纪数，t年在1280年后，t_0为正数，在1280年前，t_0为负数。该算式的准确度要略高于杨忠辅统天历的相应算式，但其所取的变率还是太大，仍存在与杨忠辅相同的弊病，当然，我们也不应忽视其特殊的历史意义。

在此基础上，郭守敬等还收集到前代冬至记录"凡四十九事"，用前代若干著名的历法以及授时历推算的结果相比较，得"大衍历(唐一行)合者三十二，不合者十七；宣明历(唐徐昂)合者二十六，不合者二十三；纪元历(北宋姚舜辅)合者三十五，不合者十四；统天历(南宋杨忠辅)合者三十八，不合者十一；(重修)大明历(金赵知微)合者三十四，不合者十五；授时历合者三十九，不合者十事。"作为进一步的检验，郭守敬还以刘宋何承天元嘉历(Ⅰ)、隋刘焯皇极历(Ⅱ)、唐傅仁均戊寅历(Ⅲ)、一行大衍历(Ⅳ)、徐昂宣明历(Ⅴ)、北宋吴昭素乾元历(Ⅵ)、史序仪天历(Ⅶ)、姚舜辅纪元历(Ⅷ)、金赵知微重修大明历(Ⅸ)和南宋杨忠辅统天历(Ⅹ)等10种历法，分别推算至元十八年(1280)的冬至时刻，发现(Ⅰ)后天2日；(Ⅱ)、(Ⅲ)、(Ⅴ)、(Ⅵ)、(Ⅶ)均后天1日；(Ⅳ)后天0.81日；(Ⅷ)、(Ⅸ)皆后天0.19日；而(Ⅹ)先天0.01日。反过来，郭守敬又依授时历推算上述10种历法制定年代的冬至时刻，发现仅较(Ⅳ)、(Ⅷ)、(Ⅸ)3种分别先天0.04、0.02和0.09日，而与其余7种均密合。这些缜密的反复验算，令人信服地说明在冬至时刻的认定上，授时历的确是较前代诸历法都要精确的历法。由此，郭守敬指出："授时历与古历相较，疏密自见，盖上能合于数百年之前，则下可行之永久。"③

郭守敬等人的这一系列工作，完全落实了许衡的"冬至者历之本，而求历本者在验气"的指导思想，展示了中国古代冬至时刻测算以及与之相关的回归年长度等推求的最精到的理论与实践。

自然，事情还远不止于此。对于七应中的其他六应，郭守敬等也作了认真的测算。

从1277至1280年，经过约3年对月亮运动迟疾变化的测量(主要用原司天监经修复的浑仪)，郭守敬等"每日测到逐时太阴行度"，其中测知月亮运动"极迟、极疾并平行处，前后凡十三转，计五十一事，内除去不真的外，有三十事"④。由之算得转应值，以为1280年11月30.87日为月亮过近地点时刻，与理论值之差为0.15日，是历代同类测量的最佳值之一。同时，他们对月离表作了改革，即将一个近点月平分为336段，分别给出每一段的月亮实行度分值，较传统

① 宋濂：《元史·历志一》。

② 中山茂，消长法研究，李国豪等主编，中国科学史探索，上海古籍出版社，1986年，第166页。

③ 同①。

④ 齐履谦：《知太史院事郭公行状》，见苏天爵：《元文类》卷五十。

月离表以一日为一段要精细得多①。

在对前代交食时刻等记录研究的基础上，郭守敬等得出闰应值，以为1280年1月23.88日为平朔时刻，与理论值之差为0.1日左右②。

也在1277至1280年间，郭守敬等"每日测到太阴去极度数，比拟黄道去极度数，得月道交于黄道共得八事"，即由测量进而认定月亮和太阳去极度相等的时刻，得到8次月亮过黄白降交点或升交点的时刻，由此推得交应值，以为月亮于1280年11月18.04日过黄白降交点，与理论值之差为0.34日，其结果并不理想③。

为测量冬至时太阳所在赤道宿度，郭守敬等除了沿用后秦姜岌发明的月食冲法外，还应用"日测太阴所离宿次及岁星、太白相距度，定验参考"④。此中一种方法是直接测量月亮所在赤道宿度，再推算出其时日与月的赤道度距，可得其时太阳所在赤道宿度，进而用与月食冲法相同的方法求得冬至时太阳所在赤道宿度，这可称为月离宿次法，当是郭守敬的新发明；另二种方法分别是北宋姚舜辅首创的金星偕日出没法，和原理与之相同的木星偕日出没法，这当是郭守敬的新发展。这些测量工作"起自丁丑(1277)正月至己卯(1279)十二月，凡三年，共得一百三十四事"⑤。由此得知历元年冬至时太阳在赤道箕宿10度，也就求得周应值，它与理论值之差为0.2度，为历代较佳值⑥。而与此密切相关的赤道岁差值的测算，得66.67年差1度⑦，和杨忠辅统天历所取者相同，同唐宋一些历法比较，这是不够准确的数值。

授时历所给出的五星合应值，是在测量五星晨见东方时刻等大量资料的基础上求得的。依之可以推知，郭守敬所得1280年冬至前后木、火、土、金和水星平合时的平黄经分别为：153.73°，214.06°，252.69°，60.60°和220.96°，其误差分别为0.51°，0.73°，0.36°，0.02°和10.34°⑧，除水星的误差较大外，其余4星平黄经的测算均达到了较高的精度水平。

五星历应是从五星运动迟疾变化的大量观测资料中分析归纳而得的。依之可知郭守敬等测算得木、火、土、金、水星在历元年冬至前后的近日点黄经分别为5.60°，316.99°，78.28°，258.21°和67.44°，其误差分别为2.80°，5.84°，0.73°，136.72°和1.16°⑨。其中，除金星外(历代对金星近日点黄经测算的误差均达百余度，这大约与金星的轨道偏心率较小有关)，木、土和火三星的测算精度是历史上同类测算的较佳值，而水星则为最佳值。

(二)四海测验与恒星位置等的测量

元世祖至元十六年(1279)，郭守敬向忽必烈提出了进行四海测验的建议，随即得到批准并付诸实施。四海测验的目的是为使授时历可适用于全国的广大地域，与唐代一行当年的用意相同。由于元代的疆域较唐代还要大许多，郭守敬等选取了南北27个测点，进行北极出地高

---

① 陈美东，张培瑜，月离表初探，自然科学史研究，1987，(2)。

② 陈美东，授时历的七应及其精度，纪念元代杰出科学家郭守敬诞生755周年学术讨论会论文集，河北省邢台市郭守敬纪念馆，1987年。

③ 同②。

④ 宋濂：《元史·历志一》。

⑤ 苏天爵：《元文类》卷五十，齐履谦：《知太史院事郭公行状》。

⑥ 陈美东，中国古代冬至太阳所在宿度的测算，见薄树人主编，中国传统科技文化探胜，科学出版社，1992年。

⑦ 宋濂：《元史·历志三》。

⑧ 陈美东，回回历法中若干天文数据的研究，自然科学史研究，1986，(1)。

⑨ 陈美东，我国古代五星近日点黄经及其进动值的测算，自然科学史研究，1985，(2)。

度(ϕ)、夏至晷影长度(G)和昼夜漏刻长度(Y)等的测量①。其结果可列于表 6-1②。

表 6-1　四海测验成果表

序　号	测点名	现代对应地点	元测 ϕ(古度)	误差(°)	G(尺)	Y(刻)
1	南　海	越南中部沿海	15	?	1.16(表南)	54
2	琼　州	广东海口南琼山	19 太	−0.5		
3	雷　州	广东海康	20 太	−0.4		
4	衡　岳	湖南衡阳衡山	25	?	0(无景)	56
5	吉　州	江西吉安	26 半	−1.0		
6	鄂　州	湖北武汉市武昌	31 半	+0.6		
7	成　都	四川成都	31 半强	+0.4		
8	扬　州	江苏扬州	33	+0.1		
9	兴　元	陕西汉中	33 半强	0		
10	安西府	陕西西安	34 半强	−0.2		
11	阳　城	河南登封告成镇	34 太弱	−0.2		
12	南　京	河南开封	34 太强	−0.5		
13	岳　台	河南开封市区西部	35	−0.3	1.48	60
14	东　平	山东东平	35 太	−0.7		
15	大　名	河北大名东	36	−0.8		
16	益　都	山东益都	37 少	0		
17	高　丽	朝鲜开城	38 少	?		
18	太　原	山西太原	38 少	−0.1		
19	登　州	山东蓬莱	38 少	−0.1		
20	西凉州	甘肃武威	40 强	?		
21	西　京	山西大同	40 少	−0.4		
22	大　都	北京	40 太强	+0.3	11.07 有奇	62
23	北　京	辽宁宁城西北大明城	42 强	−0.1		
24	上　都	内蒙古锡林郭勒盟正蓝旗	43 少	+0.2		
25	和　林	蒙古乌兰巴托西南鄂尔浑河上游右岸额尔德尼桑图附近喀拉和林	45	?	3.24	64
26	铁　勒	俄罗斯贝加尔湖西部叶尼塞河上游安加拉河一带	55	?	5.01	70
27	北　海	约在俄罗斯西伯利亚中部通古斯卡河一带	65	?	6.78	82

表中所列 20 处地点明确可考的地理纬度(亦即北极出地高度,1 古度=0.98565°)的平均误差为 0.35°,这说明郭守敬所组织的这一支人员众多的测量队伍的素质还存在高低不同的状况,但已是难能可贵的了,而其中有 9 处的测量误差不大于 0.2°,益都和兴元两地的测量结果则与现代测值完全吻合,是相当准确的。郭守敬亲自负责的大都、上都和阳城等地的测量误差在 0.2°到 0.3°之间,这大约便是应用正方案等野外测量器具所能达到的观测精度。再看布

① 宋濂:《元史·天文志一》。

② 潘鼐,向英,郭守敬,上海人民出版社,1980 年,第 82,83 页。

点的情况，从 15 度到 65 度间，每隔 10 度均有测点，这似可以证明郭守敬等事先是有所计划的，即要求观测者必须在这些地点设点。由《中国天文年历》“日出日没”表可以查知，在北纬 15°，25°，35°，45°，55°处，夏至时的白昼时刻应分别为 54.2，57.0，60.3，64.9，71.6 刻。可见，南海和岳台测点的观测是认真可信的；衡岳测点的观测则存在较大问题，由夏至时测得日中无影，说明观测地点应约在北纬 23.5°(23.8 度)处，测得夏至白昼长度为 56 刻，与之相应的纬度约为 22°，这些情况说明衡岳站的观测者所测北极出地高度存在 1 度多的误差，也就是说其选点偏南了 1 度多，并没有满足预定的测点应在 25 度的要求；和林与铁勒测点的选定也似乎稍偏南了一些。这里还要顺便指出，有些研究者认为南海应是今西沙及中沙群岛以南或东南的地域，以致以为即今中沙群岛的黄岩岛，我们认为这是不妥当的。因为此次测验的目的已如前述，是要在颁布历法时指出各地的昼夜时刻、晷影长度以及交食状况等，选点应当在居民相对多的区域，观测者不会避实就虚、舍近求远、舍易就难。在 27 个测点中有北海一处，此处显然没有海，所以也不必一见南海之名，就非要到海中去找寻与之对应的地点不可。由此看来，南海应在今越南中部沿海的可能性最大。

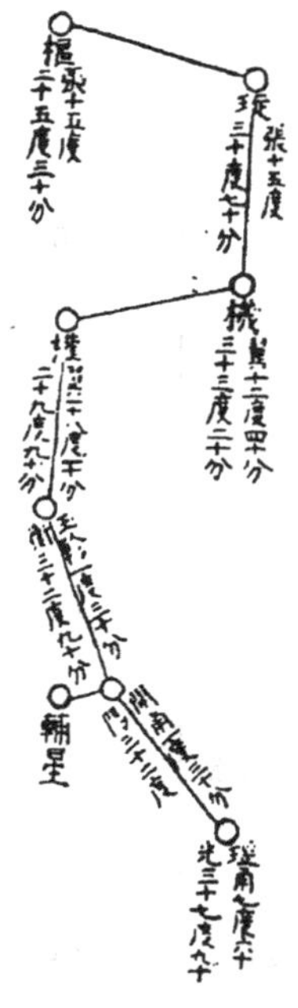
图 6-32 《天文汇钞》星图式星表（北斗八星图）

四海测验是中国古代一次规模最大的天文测量活动，其准确度也达到了较高的水平，实现了预期的目的。

在简仪投入使用后，郭守敬等所作的重要工作之一是对二十八宿赤道距度的再测量。他们得到的测量数值准确到 5 分(0.05 度)，而与理论值的平均误差为 0.16°①，是为历代最佳值。

20 世纪 80 年代，有人② 从北京图书馆所存的明抄本《天文汇钞》内的《三垣列舍入宿去极集》一书中，发现绘有 267 个星官、1375 颗恒星的星图式星表(图 6-32)，其中有 739 颗恒星标有赤道入宿度与去极度的具体数据，他们认为这应是郭守敬等当年实测结果的遗存。若将这些数据与 1280 年的理论值作比较，其入宿度与去极度的平均误差分别为 15.68′与 13.50′(一说为 17.2′与 18.3′)。但另有人认为，该星图式星表应是明代初年(1380 年左右)所测，是明初天文学观测的成就③。看来，《天文汇钞》星表的确切观测年代仍有待作进一步的研究才能得到共认的结论，但无论如何，该星表以其众多的恒星数与相当准确的观测值，均不失为当时世界上最优秀的星表之一。

对于大都每日太阳出入和昼夜时刻，郭守敬等也作了认真的观测。在授时历中，有一昼夜漏刻数值表格，它是以冬至或夏至为起点，每隔 1 黄道度给出一个昼夜时刻值，这较前代以 24 节气为准列出 24 个昼夜时刻值的传统表格远为精细。研究表明，该数值表格的误差为 0.7 分钟，精度也远高于前代各历法④。

综上所述，郭守敬、王恂等人确实进行了规模空前与卓有成效的天文测量工作，为授时历的编制奠定了真实可靠的基础。还要指出的是，以上未提及的其他天文数据与表格，授时历绝

---

① 潘鼐，中国恒星观测史，学林出版社，1989 年，第 175 页。

② 陈鹰，《天文汇钞》星表与郭守敬的恒星观测工作，自然科学史研究，1986，(4)；潘鼐，中国恒星观测史，学林出版社，1989 年，第 274～309 页。

③ 孙小淳，《天文汇钞》星表研究，见陈美东主编，中国古星图，辽宁教育出版社，1996 年。

④ 陈美东，李东生，中国古代昼夜漏刻长度的计算法，自然科学史研究，1990，(1)。

大多数也取得了上乘的成果。但也有例外，前述赤道岁差值的取值就不理想，还有，授时历取黄赤交角为23度90分(或23度90.3分)，大致与唐代一行大衍历相同，但此时已明显偏大，和唐宋一些历法比较亦非佳值①。

二 授时历的若干重要革新与授时历的系列著作

以王恂、郭守敬为首的创作集体除了同心协力于天文仪器的制造、太史院的建立和脚踏实地的测量工作之外，还在诸多历法的重要问题上进行了重要的革新，废除上元积年法、用万分为日法、不用进朔法即为其例。此外，授时历的最终定稿，亦具特色。

(一)废除上元积年法、日法与进朔法

郭守敬人等指出，前代许多历家所追求的"日月五星同度，如合璧连珠然"的"往古生数之始"的理想上元是不可取的，这是因为"日月之行迟疾不同，气朔之运参差不一"，"天道自然，岂人为附会所能苟合哉！"即认为日月五星运动的周期是各不相同的，气朔等等历法问题的变化周期也大小不一，要推算出这众多周期的统一起始点实际上不可能的。若非要求取这样的起始点，就不得不对这些周期作人为调整，但这种调整又不宜过大，以防明显失真，于是不能不造成上元积年"世代绵延，驯积其数至逾亿万"的状况，形成了"布算繁多"的困难局面。又正由于对这些周期作过些微的人为调整，势必造成历法"行之未远，浸复差失"的弊病。所以"又何必舍目前简易之法，而求亿万年宏阔之术哉"！所谓"目前简易之法"，即指以编制历法的当年为历元，测算出如前所述的七应值，作为有关历法问题计算的起始点，这样，既不必对有关周期作什么调整，又可以收到计算简便的实效，何乐而不为?！当然，关于上元积年法的缺欠和实测历元的优势，前代已有一些历家深有感悟，最近期的一位便是南宋的杨忠辅，但他是在强大的传统立元思想威慑下，采取半遮半掩的策略表达他的感悟的，而郭守敬等人则旗帜鲜明地对上元积年法和实测历元法的优劣作了科学的理论阐述。他们更指出："晋杜预有言：'治历者，当顺天以求合，非为合而验天。'前代演积之法(即上元积年法)，不过为合验天耳，今以旧法颇疏，乃命厘正。法之不密，在所必更，奚暇钟故习哉！"在他们看来，追求实际上并不存在的理想的上元，而对有关天文周期作些微人为的调整，正是治历者陷入杜预所指明的为合而验天的大忌，所以无需顾虑传统的偏见，应断然摒弃这种理论上不正确、实用上不简便的方法。

对于天文数据的表达，前代历家传统的方法是，在测算得这些数据后，以分数的形式加以表述的。因为总是难以找到与实测结果完全对应的分数值，应用这种传统表达法(即所谓日法)，往往要对实测结果作些微调整，实际上是要以多少损害实测的精度为代价的。就是说，它与上元积年法存在相似的缺点。对此，郭守敬等人也作了改革，使"所用之数，一本于天"，并用"秒而分，分而刻，刻而日，皆以百为率"万分法来表述各天文数据。于是达到了"比之他历积年、日法，推演附会，出于人为者，为得自然"的理论效果。同样，应用万分法在实际运算中也是比较简便的。

对于唐代李淳风创始的进朔法，郭守敬等人也基于顺从日月运行本来面貌的思想，作了重要的变革："月之隐见，本天道之自然，朔之进退，出人为之牵强，孰若废人用天，不复虚进，为得

① 陈美东，试论我国古代黄赤交角的测量，见《科技史文集》第3辑，上海科学技术出版社，1980年。

其实哉。至理所在，奚恤乎人言，可为知者道也。”认为月朔的安排有“四大三小，理数自然”。其实，用进朔法的不合理性，唐代一行就有明确的认识，但是，大约也是慑于传统偏见势力，仅论而未行改作。在其后的约500年间，陈陈相因，一直无人敢于迈出这重要的一步。郭守敬等人登高一呼，要本天道之自然，去人为之牵强，不惧传统偏见的压力，不再虚为进退，直以“所在之日以为朔”①。与废除上元积年法和日法一样，也表现出了巨大的勇气和改革精神。

（二）授时历的定稿及其系列著作

大约从元世祖至元十九年(1282)开始，郭守敬便全力投入了授时历的定稿工作，到二十三年(1286)，他先后完成了一批与新历法的推步和颁用关系密切的著作，其中有②：

《推步》7卷——即授时历经7卷，依此为步气朔第一、步发敛第二、步日躔第三、步月离第四、步中星第五、步交会第六和步五星第七。其中，步中星的内容主要是关于昼夜时更点的计算和与之密切相关的太阳视赤纬值的推求，以及昏、五更与旦中星宿度的推算，而未涉及晷影长度的问题，这与前代历法的步晷漏有所不同。

《立成》2卷——授时历有关天文数据表格。

《历议拟稿》3卷——“发明新历顺天求合之微，考证前代人为附会之失”，是关于授时历治历原则、革新内涵的阐述。郭守敬拟成初稿后，至元“二十年(1283)，诏太子谕德李谦为《历议》”③。即现今载于《元史·历志》的《授时历议》的定稿乃出于李谦之手。

《转神选择》2卷和《上中下三历注式》12卷——这些是供颁布历书时撰写历注之用书。

此后，郭守敬着手对授时历编制工作做全面的总结，大约到至元二十七年(1290)又先后完成以下一批著作④：

《时候笺注》2卷——大约是关于24节气和72候的论述。

《修改源流》1卷——大约是关于前代诸历法沿革及其主要特征的简要评述。

《仪象法式》2卷——关于所制有关天文仪器的尺度、形制等的记述。

《二至晷影考》20卷——对古今晷影测量及二至时刻推算方法与结果的详尽考证。其内容在《授时历议》“验气”、“冬至刻”等中有所反映，但要较之有更具体的推算和更详细的讨论。

《五星细行考》50卷——对古今五星运动有关周期、五星位置推算方法及其结果的详细考察。

《月离考》1卷——关于月亮运动的研究。

《古今交食考》1卷——其内容大约与《授时历议》中的“交食”部分相类似。由是可知，郭守敬收集前代交食记录，一一加以推验考证。其中，对“《诗》、《书》所载日食二事，春秋二百四十二年间，(日食)凡三十七事”，以授时历推算之，得到“其三十五食，食皆在朔”的结果。他又以蜀汉昭烈帝章武元年(221)到元世祖至元十四年(1277)间的日食“三十五事”，用授时历与重修大明历分别推算，得“密合者，授时七，大明二；亲者，授时十有七，大明十有六；次亲者，授时十，大明八；疏者，授时一，大明三；疏远者，授时无，大明六”。他还以刘宋元嘉十一年(434)到至元十七年(1280)间的月食“四十五事”，也用授时历和重修大明历分别推算之，得“密合者，授

---

① 以上均见《元史·历志二》。

② 齐履谦：《知太史院事郭公行状》；见苏天爵：《元文类》卷五十。

③ 宋濂：《元史·历志一》。

④ 同①。

时十有八,大明十有一;亲者,授时十有八,大明十有七;次亲者,授时九,大明十有四;疏者,授时无,大明二;疏远者,授时无,大明一”。这里所谓“密合”等,郭守敬的具体界定是:“同刻者为密合,相较一刻为亲,二刻为次亲,三刻为疏,四刻为疏远。”① 其中,对于月食校验的内容还包括初亏、食甚、复满时刻的推算。这是又一次用古代交食记录检验历法疏密的壮举。若由上述蜀汉以来80次交食的检验结果(其中“密合”以0.5刻计),经计算可知,授时历推算交食的平均误差为1.1刻(约16分钟),重修大明历为1.6刻(约23分钟)。

有如上述,郭守敬前后大约花费了9年光阴,倾注心力先后完成了14种105卷著作,对授时历的编制以及后续的天文观测工作做了全面、系统的总结,构成了一个严密、完整的天文历法论著系列,十分出色地展示了中国传统天文学发展高峰的风貌。可惜,郭守敬系列著作的很大一部分均已失传,虽然如此,从现存的有关文献,我们依然可见王恂、郭守敬及其创作集体当年的风采。

三　授时历数学方法的创新

(一)招差术——三次差内插法的创用

“招差术”即三次差内插法在一系列历法问题上的使用,是授时历在数学方法上的一大成就,这大约主要应是王恂的工作。它是在隋代刘焯、唐代一行等人工作的基础上发展而来的,也很可能是参考了金代赵知微重修大明历漏刻算法的结果。

在授时历中,在推算日、月、五星运动不均匀改正时,皆应用了三次差内插法。以太阳运动不均匀改正为例,其术曰:

> 求盈缩差:视入历盈者,在盈初缩末限(88.909225日,以下称之为A)已下,为初限,已上,反减半岁周(182.62125日,以下称之为C),余为末限;缩者,在缩初盈末限(93.712025日,以下称之为B)已下,为初限,已上,反减半岁周,余为末限。其盈初缩末者,置立差三十一,以初末限(M)乘之,加平差二万四千六百,又以初末限乘之,用减定差五百一十三万三千二百,余再以初末限乘之,满亿为度,不满退除为分秒;缩初盈末者,置立差二十七,以初末限乘之,加平差二万二千一百,又以初末限乘之,用减定差四百八十七万六百,余再以初末限乘之,满亿为度,不满退除为分秒,即所求盈缩差(S)②。

依之,可列出以下二式:

当在盈初(所求日在冬至到夏至间,距冬至日数小于A时,即为M)缩末(所求日在夏至到冬至间,距夏至日数大于B,需以C返减之,得M)时:

$$S=[(31M+24600)M-5133200]M\cdot10^{-8}$$

当在缩初(所求日在夏至到冬至间,距夏至日数小于B时,即为M)盈末(所求日在冬至到夏至间,距冬至日数大于A,需以C返减之,得M)时:

$$S=[(27M+22100)M-487600]M\cdot10^{-8}$$

① 宋濂:《元史·历志一》。

② 宋濂:《元史·历志三》。

据研究①,上二式中的诸系数(平、立、定三差),是在设定太阳运动不均匀改正的最大值为2.4026184度,和上述区间的界定等条件下,依三次差内插公式求得的。同样,授时历还给出了计算月亮与五星运动不均匀改正的算式②:

关于月亮实行度与平行度之差(称迟疾差 G):

$$G=[(325K+28100)K-11110000]K\cdot 10^{-8}$$

式中,K 为所求日月距月亮近地点的平行度分值。当 $K<168$ 度时,为在疾历,当 $K>168$ 度时,为在迟历,需以168度减去之。又,无论在疾历或迟历,K 均需小于84度,若大于84度,则要以168返减之,再代入上式计算。

关于木星实行度与平行度之差(称盈缩差$\triangle_{木}$):

$$\triangle_{木}=[(236N+25912)N-10897000]N\cdot 10^{-8}$$

关于金星实行度与平行度之差($\triangle_{金}$):

$$\triangle_{金}=[(141N+3)N-351550]N\cdot 10^{-8}$$

关于水星实行度与平行度之差($\triangle_{水}$):

$$\triangle_{水}=[(141N+2165)N-3877000]N\cdot 10^{-8}$$

如上三式中,N 为所求日行星距行星近日点的度分值。当 $N<182.62875$ 度时,为在盈历;当 $N>182.62875$ 度时,为在缩历,需以182.62875度减去之。无论在盈、缩历,N 均需小于91.314375度,若大于此,则需以182.62875度返减之,再代入诸式计算。以下土星算式中的 N 的含义亦同此,只是又分为两种不同情况依式计算。

关于土星实行度与平行度之差($\triangle_{土}$):

对于盈历:

$$\triangle_{土}=[(283N+41022)N-15146100]N\cdot 10^{-8}$$

对于缩历:

$$\triangle_{土}=[(331N+15126)N-11017500]N\cdot 10^{-8}$$

关于火星实行度与平行度之差($\triangle_{火}$):

对于盈初($N<60.87625$ 度)缩末($N>121.7275$ 度,需以182.62875度返减之)时:

$$\triangle_{火}=[(831189-1135N)N-88478400]N\cdot 10^{-8}$$

对于缩初($N<121.7275$ 度)盈末($N>60.87625$ 度,需以182.62875度返减之)时:

$$\triangle_{火}=[(851N-30235)N-29976300]N\cdot 10^{-8}$$

在进行具体计算时,可用日数或度分值直接代入相应算式计算。此外,授时历还另给出依上诸式算得的、每经1日或1度的差值表格,以所求日数或度分值为引数,用一次内差法加以计算③,这是以公式计算为基础的表格计算法。王恂、郭守敬等人的三次差内插法的创用,把中国传统的内差法研究提高到一个新水平,也促进了天文历法计算的精度提高。

又据研究④,依如上诸式计算而得的日、月、木、土、火、金、水星运动不均匀改正值的平均

---

① 李俨,中算家的内差法研究,科学出版社,1957年,第62~73页;钱宝琮主编,中国数学史,科学出版社,1964年,第189~197页。

② 陈美东,我国古代的中心差算式及其精度,自然科学史研究,1986,(4)。

③ 宋濂:《元史·历志三》和《元史·历志四》。

④ 陈美东,我国古代的中心差算式及其精度,自然科学史研究,1986,(4)。

误差分别为：2.9′(1.1′)[2.1′]，约 10.5′(7.5′)[10.4′]，7.0′(7.0′)[17.2′]，13.2′和 7.7′(13.2′和 7.7′)[14.8′]，93.7′(127.6′)[123.2′]，1.4′(0.9′)，1.0′(1.0′)。(　)和[　]中的角分值，系分别依古代希腊与印度的中心差算式及北宋周琮明天历的算式计算所得的平均误差。从总体精度水平看，王恂、郭守敬等人的算式要优于周琮，而同古希腊与印度差不多处在一个精度水平上，但略逊之。

(二)弧矢割圆术的创用

"弧矢割圆术"的创用是授时历在数学方法上的又一大成就，也大约主要是王恂的工作。它是反复地应用北宋沈括发明的"会元术"，并配合使用了相似三角形各线段间的比例关系，从而在推算"赤道积度"、"赤道内外度"方面创立的一个新方法。从数学意义上来讲，新方法相当于球面三角法中求解直角三角形的方法，开辟了通往球面三角法的途径。授时历所要解决的问题，相当于现代的已知太阳的黄经度数、求其相应的赤经与赤纬度数①，也就是前代历法中计算黄赤道宿度差和太阳视赤纬两大问题。在授时历中，还给出了依如上数学方法求得的：与二至后每隔 1 黄道度(从 1 到 91 度)相应的赤道度值表格，和与二分后每隔 1 赤道度相应的黄道度值表格②；与二至前后每隔 1 黄道度相应的太阳去极度值的表格③。欲求任一黄道(或赤道)度值相应的有关数值，则以该度值为引数，由相应表格用一次差内插法求算之。此中，由赤道度求黄道度是应用了与北宋姚舜辅由黄道度求赤道度相类似的反函数的算法。

据研究，授时历依上法计算黄赤道宿度差的准确度为历代较佳者。而太阳视赤纬的平均误差为 0.11°，亦仅为历代较佳值④。由于授时历所取黄赤交角值偏大(已如前述)，再加上会圆术弧矢公式误差较大，并以 $\pi=3$ 入算⑤，所以未能取得更佳的结果。虽然如此，创用弧矢割圆术的数学意义仍是不应低估的。

(三)日食三限与月食五限算法及其他

关于日食的初亏、食甚、复圆(日食三限)和月食初亏、食既、食甚、生光、复圆(月食五限)的计算，授时历更给出了新的算式。关于日食三限，其术曰⑥：

> 视去交前、后度(F)，各减阴、阳历食限(阴历限为 8 度、阳历限为 6 度)，余如定法(阴历定法为 0.8、阳历定法为 0.6)而一，各为日食之分秒(W)。
>
> 求日食定用与三限辰刻：置日食分秒，与二十分相减、相乘，平方开之，所得，以五千七百四十乘之，如入定限行度(A)而一，为定用分(D)，以减食甚定分(L)，为初亏(T)；加食甚定分，为复圆(R)。

依此可得如下各算式：

$$T=L-D=L-\frac{5740}{A}\sqrt{(20-W)W}$$

---

① 钱宝琮主编，中国数学史，科学出版社，1964 年，第 209～214 页。

② 宋濂：《元史·历志三》。

③ 宋濂：《元史·历志四》。

④ 陈美东，中国古代太阳视赤纬计算法，自然科学史研究，1987，(3)。

⑤ 同①。

⑥ 同③。

$$R=L+D=L+\frac{5740}{A}\sqrt{(20-W)W}$$

当在阳历(月在日之南)时：

$$W=(6-F)/0.6$$

当在阴历(月在日之北)时：

$$W=(8-F)/0.8$$

上式中，L 为日食食甚时刻；F 为食甚时，日月与黄白交点的度距；A 为当日月亮实行分值。

该日食三限可示如图 6-33。图中，S 为日心，M_1 为初亏，M 为食甚，M_2 为复圆时的月心。设日、月视直径均为 10 分，则 $AE=20$。CD 即为食分(W)。

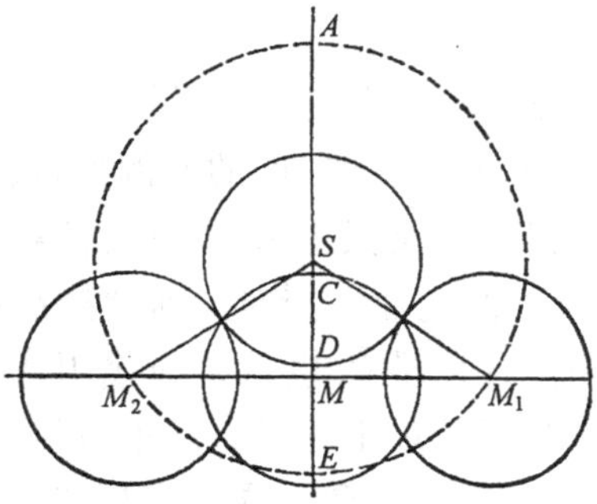

图 6-33　日食三限图

依几何与代数知识不难证明①：

$$MM_1=(AE-CD)CD^2$$

$$MM_1=\sqrt{(20-W)W}$$

MM_1 即与($L-T$)或($R-L$)相当，需乘以一系数(5740/A)转化为时间单位，即为如上所列算式。

关于月食五限，其术文依次为②：

视去交前、后度(F)，用减食限(13.05 度)，余如定法(0.87)而一，为月食之分秒(W)。

置月食之分秒与三十相减、相乘，平方开之，以五千七百四十乘之，如入定限行度(A)而一，为定用分(D)。

月食既者，以既内(大)分(H)与一十分相减、相乘，平方开之，所得，以五千七百四十乘之，如入定限行度(A)而一，为既内分(P)；用减定用分，为既外分(Q)。以定用分减食甚定分(L)，为初亏(T)；加既外为食既(G)；又加既内为食甚(L)；再加既内为生光(S)；复加既外为复圆(R)。

依之，可得以下各算式：

$$W=(13.05-F)/0.87$$

$$D=\frac{5740}{A}\sqrt{(30-W)W}$$

$$P=\frac{5740}{A}\sqrt{(10-H)H}$$

$$Q=D-P$$

$$T=L-D$$

$$G=T+Q=L-D+Q=L-P$$

$$L=G+P=L-D+Q+P$$

$$S=L+P$$

① 中国天文学史整理研究小组，中国天文学史，科学出版社，1981 年，第 134，139 页。

② 宋濂：《元史·历志四》。

$$R = S + Q = L + P + Q = L + D$$

该月食五限可示如图 6-34。图中，C 为地影中心，M_1 为初亏、M_3 为食既、M 为食甚、M_4 为生光、M_2 为复圆时的月心位置。设月亮直径为 10 分，地影直径为 20 分，故 CA 为 15 分。$BG(=MG+BM=AB+BM=AM)$ 即为食分 W。$BG-CB=CG$，为既内大分 H。初亏 M_1 到食既 M_3 之间的时间称既外分，即 M_1M_3 相当于 Q；M_3 到食甚 M 之间的时间称既内分，即 MM_3 相当于 P；M_1M 之间的时间称定用分，即 M_1M 相当于 D。

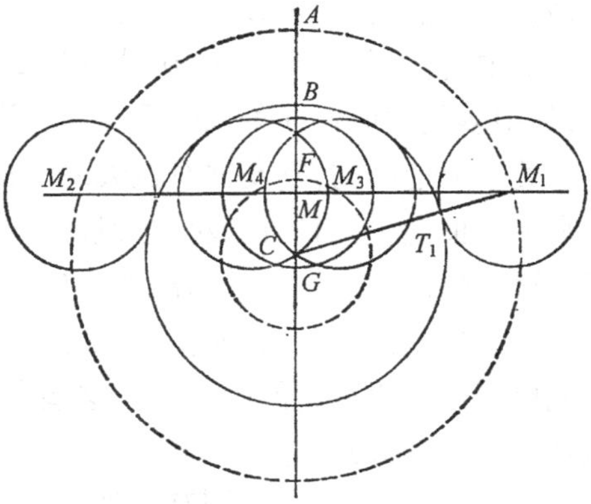

图 6-34　月食五限图

依几何和代数知识也不难证明[①]：

$$MM_1 = (2CA - AM)AM^2$$

$$MM_1 = \sqrt{(30-W)W}$$

$$MM_3 = (2MG - CG)CG^2$$

$$MM_3 = \sqrt{(10-H)H}$$

同理，线段 MM_1 与 MM_3 同 D 与 P 之间，亦存乘一系数（5740/A）达到单位转换的目的。

如上所述，王恂、郭守敬等是以相当严密的几何、代数方法推导得以上各算式的。

在授时历中，也应用高次函数法于有关历法问题的计算。如对于日食南北差（即气差）、东西差（即刻差）与时差的计算，分别采用了与北宋宋行古崇天历及金代赵知微重修大明历形式相同的二次函数公式；又如在计算赤道度与白道度之间的变换时，也应用了二次函数算式[②]。

质言之，王恂、郭守敬等在授时历中采用了多样的数学方法，有对传统的代数学方法的继承与发展，又有几何学方法以至类似于球面三角法的应用或发明，从而把历法中的数学方法发展到崭新的水平。

第十九节　赵友钦、伊世珍、林辕等的天文学思想

在本章第十三节中，我们已经提及宋元之际俞琰、吴澄等人的天文学思想，都具有发展前人已有论说的特征，而在入元之后，更有众多学者，如赵友钦、李冶、邓牧、伊世珍、林辕、许谦、黄必寿、史伯璿、黄镇成、杨维桢、宋濂等，在天文学思想领域驰骋，阐发妙思，各有特色，从而形成了繁花似锦的生动局面，以下拟撮其要，予以介绍。

一　赵友钦与《革象新书》

赵友钦，一说赵敬，字子恭（或子公），一说字敬夫，自号缘督，鄱阳（今江西省波阳县）人，隐居并时在民间游历，从事易学、炼丹术及天文学等的研究与著述，是兼通儒、道、佛三家的学者。他的主要活动年代在宋末、元初，其主要著作《革象新书》是一部以讨论对一系列历法与天文学

① 中国天文学史整理研究小组，中国天文学史，科学出版社，1981 年，第 135，139 页。

② 张培瑜，陈美东等，中国天文学史大系·中国古代历法，河北科学技术出版社，2002 年。

理论问题为主旨的著作，也兼及天文仪器和数学、光学等内容。原书计5卷，约写成于1281年，后经明代王祎删定，编为二卷，名《重刊革象新书》，流传至今。

书中，有一些是对天文、历法问题的一般性介绍，另一些是他对天文、历法问题的个人见解，其中多是对尚存在争议的天文学理论问题的解说。

关于天地结构，赵友钦对盖天说取批评的态度①，但却从新浑天说完全退回到张衡浑天说的水平。他也主张日月五星左旋说②。他赞同太阳早晚离人近、午中离人远的见解③，回落到当年辩日的两小儿之一的水准上去。关于月食，他一方面认为存在所谓日体暗虚，但同时又认为更主要的是月"所受日光伤于太胜，阳极反亢，故致月体黑暗"④。从原本就不正确的日体暗虚说更倒退到阴阳说的范畴中。这些实际上是他对已有的各家学说中所作出的选择，反映了他缺乏眼光、思想保守的一面。

但在另一些论题上，则有独到的见解。关于月受日光说，赵友钦就有十分精到的论述。他是以"悬黑漆丸于檐下"，作模拟观测，进而说明"月体并无圆缺"，而月相的变化则是日、月、人三者相对位置不同所致。他又认为在太阳和月亮之间有"阴阳精气之潜通，如吸铁之石，感霜之钟，莫或间之也"⑤。即以为由于阴阳精气的作用，像磁石吸引铁或铜钟凝结霜一样，使两个距离遥远，似乎难以沟通的天体之间建立起联系。对于这种超距作用的存在，赵友钦是以磁石引铁的磁引力，及水气无可阻挡地凝于铜钟而成霜的事实加以论证的。这里，他是以传统的阴阳说加上磁引力的思想，用以说明天体之间相互作用的有价值的推测。赵友钦指出邵雍所说的"元会运世，初无其事，……其以三十年为一世，尤非天道。……两朔相距止二十九日五十三分有奇，邵子例以三十为用，是以一定之数推不齐之运，……故历家不取其说"⑥，则是对当时在儒者中影响较大的宇宙循环论的中肯批判。

在《革象新书》中，赵友钦还提出了测量两颗恒星间赤经差的子午观测法⑦：

关于"测经度法"。赵友钦先设计了一种专用的漏壶和漏箭，"昼夜之间，易水五十次，箭之浮沉亦各五十。于是，一日不云百刻，乃云百箭矣"，"每箭分一百四十六画半(应为一百四十六画又十分画之一)"。"天体一日绕地一周，运行三百六十五度余四之一，其运一度，则箭之浮沉为四十画，百箭总一万四千六百五十画(应为一万四千六百一十画)，乃一周之数也"。而观测的方法则是："别立四木为架，架上平列二板，其厚五寸许，二板之间留一直罅，其阔不及半寸，正指子午中向。星昏见时，当罅底尺余，仰视候各宿距星来当罅间。以五色，乃便于夜视也。然必置四壶，立两架，同时参验，庶无差忒。且须测半周天，俟半年后更测之也。"

这是一种测量某天体与二十八宿距星间赤经差(亦即赤道入宿度)的很好设想。其方法是由处于子午方向上的两木板间的狭缝，先后等候测量二十八宿距星和某恒星通过中天时的时间差。而该时间差可由事先设计好的漏箭上的刻画差数，直接转化成度数之差。而且，他还提出用四具漏壶同时进行测量，和进行至少一年时间的测量等设想，这些都是要运用尽量多的第

① 赵友钦著，王祎删定：《重刊革象新书·盖天舛理》。
② 赵友钦著，王祎删定：《重刊革象新书·天体左旋》。
③ 赵友钦著，王祎删定：《重刊革象新书·天地正中》。
④ 赵友钦著，王祎删定：《重刊革象新书·日月薄食》。
⑤ 赵友钦著，王祎删定：《重刊革象新书·月体半明》。
⑥ 赵友钦著，王祎删定：《重刊革象新书·元会运世》。
⑦ 赵友钦著，王祎删定：《重刊革象新书·经星定躔》和《重刊革象新书·横度去极》。

一手观测资料，以消除各类可能存在的测量误差，得出可靠结果的思想的反映。赵友钦关于漏箭的刻画，显然是为提高读数的精度而设计的。从如上的叙述看，其刻画应是均匀的，这对于当时已有的漏壶技术看，当漏壶上水（亦即浮箭）时，是适用的。可是，当漏壶下水（亦即沉箭）时，均匀刻画的漏箭则并不适用，这一点，赵友钦大约疏略了。由此亦可推想，赵友钦实际上并未把他的这一套设想付诸实施。如果真的付诸实施，他理应会取消沉箭法，而一律改用浮箭法，则可实现他的设想。

赵友钦还另设计有“测纬度法”，即测量恒星赤纬值的方法。其法较繁，限于篇幅，不再作介绍。

二　邓牧与伊世珍的宇宙无限论

邓牧（1247～1306），自号儒家、道家和佛家之外的“三教外人”。他在1302年所作的《超然馆记》一文中，以淋漓酣畅的笔触和生动的比喻，抒发他关于无限宇宙的构想：“且天地之大也，其在虚空中，不过一粟耳。……虚空本也，天地犹果也，虚空国也，天地犹人也。一本所生，必非一果，一国所生，必非一人。谓天地之外复无天地焉，岂通论耶？营宁之生人腹中，精神所照，必以为日月，膏液所浸，必以为江河，筋骨所树，必以为山岳，其周流百骸六脏，而不见所穷，必以为四方万里若是远也。而告之曰：一人之外又有若人者，彼不信也。人生于天地之间，何以异此！”①

无独有偶，在另一位学者伊世珍所著的《瑯環记》中，有与邓牧相似而又更富思想内涵的论述。他虚拟两位皆具仙风道骨神韵的女子与长者的对白，来表述他的思想：“姑射嫡女问九天先生曰：天地毁乎？曰：天地亦物也，若物有毁，则天地焉独不毁乎？曰：既有毁也，何当复成？曰：人亡于此，焉知不生于彼？天地毁于此，焉知不成于彼也？曰：人有彼此，天地亦有彼此乎？曰：人物无穷，天地亦无穷也。譬如蛔居人腹，不知是人之外更有人也；人在天地腹，不知天地之外更有天地也。故至人坐观天地，一成一毁，如林花之开谢耳，宁有既乎？”② 他也认为天地是有成有毁的，但这种成毁并非如同邵雍等人所说的那样循环不已，而是有无数个天地，每一个天地都有各自不同的生成与毁亡的过程，这正像各种树木之花或开或谢，既是没有穷尽的，又是此长彼消的。

伊世珍又写道：“姑射嫡女曰：人能出此天地而游于彼天地乎？曰：能也，驾无形之马，御太虚之车，一息之顷无不出也，无不游也。天地虽多，在吾心也，吾心虽大，无为体也，汝其游矣乎！”③ 他认为人们可以在很短的时间内，从此一天地抵达彼一天地。不过，同所驾驭的车马并非真实的承载工具，而是指意念而言，他游于彼天地，仅仅是神游而已。虽然如此，伊世珍还是表达了有众多天地的思想和游于彼天地的愿望，是颇令人心驰神往的。

伊世珍还写道：“九天先生曰：无极一而太极众，无极无穷而太极有穷也。譬之种植，无极犹元气乎，太极为桢，阴阳为枝，天地为花，万物为果。”④ 这是关于宇宙由众多天地组成思想

① 邓牧：《伯牙琴》。
② 《古今图书集成·乾象典》卷七。
③ 《古今图书集成·乾象典》卷七。
④ 陶宗仪等：《说郛》卷三十二上。

的进一步论述,认为元气乃宇宙的本原,它分布于无限的宇宙(无极)之中。由元气生出众多的有限的太极,犹如树干,再由之生出阴阳,犹如树枝,再又之生出天地,犹如枝上的花,再由之生出万物,犹如花结出果实,给出了天地万物生成演化的通俗说明。

关于天、地的结构,伊世珍写道:“姑射嫡女曰:天上地下而人在中,何义?九天先生曰:谓天外地内则可,谓天上地下则不可。天地人物不犹鸡卵乎?天为卵壳,地为卵黄,人物为卵白。”① 这不但把天大地小、天包地外、地在气中的新浑天说思想表达得一清二楚,而且把天形如卵壳,地形如圆形的卵黄,人物如分布于卵黄四周的卵白的观念表达得一清二楚。这是关于地圆以及在地球四周均有人物存在思想的明确申述。

伊世珍的这一系列见解,展示了有关宇宙理论发展的新面貌。他应该是中国古代最富创见的宇宙理论家之一。

三 林辕的宇宙膨胀说

林辕,字神风,号五福玄巢子,今福建省人,是一位浪迹湖海的道士。元成宗大德八年(1304),他著成《谷神篇》上下卷,后被收录于《道藏·洞真部·方法类·光下》中。在《谷神篇》下卷中有《元气说》一文,备论元气的产生、运动、变化、聚散,以说明宇宙、天地、山川、人物的生成演化,其中,关于宇宙膨胀的思想尤为精彩,特简介于下:

他指出:“元气始生,犹一粟也、露珠也、水颗也。”这三个连续的比喻,一是言刚刚生成的元气的形状大小为直径约 1 毫米的圆球,二是言其内蕴涵着无限的生机,三是言其本质乃是宇宙本原的水。他认为,这一小点元气并非从虚无中产生,而是经历了极其久远的时间,由弥散的水质微粒集聚、凝结而成的,它即是宇宙万物的初胚。其形态特征是:“内白而外黑”,“阴含而阳抱也”,即其内属阴,色白,其外属阳,色黑。由于动静的作用,促成它逐渐向外扩展,又由于和阴阳属性不同的作用,更加速了阴气向外扩张、阳气向内集结的过程,并形成其外部寒湿、内部燥热,自表及里温度和燥度渐次升高的状况。这一小点元气逐渐长大到直径约“百里”后,由于其外有一层相当于胚膜的物质的制约,还由于阴、阳之间存在的亲和力的作用,在相当一段时间内,处于相对稳定状态,这也就是“结成混沌”的时期。

他认为,“大只百里”的混沌的形态特征是:其外色黑,为水,其内色黄,为火,“混沌之内,惟水中沉一日光者矣。”就好像是一轮太阳沉浸在一团黑色的水之中。其间,内部发生了一系列变化,渐渐地在“黄之内生燥气”,燥气愈积愈多,“燥极而雷作焉”。燥气又令周围的水蒸发,而使周围的空间虚实不一,则引致“风生焉”。于是在混沌内具备了风、水、火、雷“四象”。随着这“四象”在混沌内的“激搏”加剧,终使混沌失去其相对稳定性“而破矣”。“破而分之”,“是天开也”。

林辕接着描述道:“雷震而阐,风扬其旷,火气得以升沉,水液得以流注”,即由于混沌被爆裂,四象自混沌体内向四面八方迸发出来,遂使“元气化气之轻者,自下而升,结成梵宇也。元气积液之凝重者,随底而载,乃真水也”,开始了天地形成的过程。他又认为,元气化气向外扩展的速度为百里,依此速度天不断向外扩张,先是“千里矣,渐至万里矣”,随后“致令莫啻其几千万里矣”。与此同时,混沌中的火升腾结成太阳,水气凝而“北辰出焉”,“而后,水之气,日之

---

① 《古今图书集成·乾象典》卷七。

影感化而生月焉”,以为太阳、北斗星和月亮是由如是的机制先后生成的。他还指出,元气化气不能无限制地向外延伸,到了某一定的位置便停留不前,便形成天穹。也与此同时,元气积液下沉为水,在这里,他应用了与佛家相类似的说法描述土的生成,接着依次叙述水生植物、低等动物、草本植物、木本植物、石、高等动物及至人类的生成演化。至于北斗星之外的星辰的生成,他认为是由地上“万物之液气”上升,凝结于天穹上而成的,而且天穹与日月星辰也是由于“万物旦夕腾气,为之仰托”,才得以不崩坠的。

林辕还认为,自混沌爆破后,“天之积气万年,而休息于八百年矣。”即在前1万年,化生诸气不断向外延展,生成天及日月星辰,地也在不断沉积加厚。而在其后360年内,由于地上“水流极而势弱矣,况兼地土生物太盛”,而使得大地坠陷;又其后360年,因为天无所载,兼之湿气“薰蒸四达”,致使天也崩塌。这就导致在原来天地的范围内形成黑暗的、清浊不分的新混沌局面。又其后81年,则开始了“清浊分焉,光明出焉,物资始也”的过程。这后三个阶段合起来约计800年即所谓“休息于八百年矣”。林辕以为:“天地之休息,是造化歇力养气也,乃亦阴阳交接之道也,归根复命之义也。”即把天与地的崩坠看做是自然的、也是必然的过程。

林辕以为,在天地休息之后,在新混沌的基础上,重新经历1万年的膨胀和800年的休息,如此往复循环,造成了“天高而愈远,地卑而愈厚”的结果。

这些便是林辕从弥散的水微粒收缩成约直径1毫米的原始宇宙,再膨胀成直径百里的原始混沌,再以一张(1万年)一弛(800年)的脉动形式,不断向外膨胀的宇宙膨胀说的基本框架。他引进阴阳、动静、燥湿、温寒、吸引与排斥、轻重、聚散、化育等机制,以及他对与之相应的自然现象和自然力的理解,来具体地说明其所以然,基本上排除了神灵们对宇宙自然演化的干预。林辕关于天地之休息周期取为10800年,是受到了邵雍以此数为一会的年数的影响,也是一种天地周期性毁成的循环说的变种,其中含有不少臆想的成分。虽然如此,他关于宇宙膨胀的思想及其论证,不失为中国古代朴素的、思辨性的精彩论说。

四 许谦、黄必寿等对日月五星左旋说的否定与对右旋说的论证

由于理学大师朱熹的极力提倡,日月五星左旋说在其后风靡一时,直到元代几成为儒者的共识。但是在天文、历法界,仍据守右旋说的理论,这不单是因为右旋说用于诸多历法问题的计算有便捷的效果,更由于左旋说存在一些不能自圆其说的重大问题。在元代,此二说的论争是为知识界的热门话题,在一次科举考试的试题中,也要求“诸生其参酌厥中,务详言之,著于篇”①。而对左旋说提出有分量的质疑者,则是兼通天文、历法的儒者,许谦、黄必寿是具代表性的人物。

许谦(1270～1337),字益之,婺州金华(今浙江金华)人。他是朱熹的第四传弟子,精通理学,“其他若天文、地理……医经、术数之说,亦靡不该贯”②。在所著《读书丛说·卷二》的《七政疑》一文中,许谦率先系统地对左旋说提出质疑。他共指出7个可疑之处,其中5处与五星的运动相关,以为左旋说“言日月尚可,言五星则不可通”,抓住了左旋说的薄弱环节不放。察其所论,以质疑之五,特别是质疑之七触及了左旋说的痛处。“星虽阳精,亦日之余也。以日之阳

① 苏天爵:《元文类》卷四十六。
② 宋濂:《元史·许谦传》。

次于天，而一日不及一度，星之阳不及日甚远，而木十余日、土二十余日始不及天一度，是木、土之精及过于日远矣，五也”。这里，许谦引用传统的关于五星乃由太阳余气生成的理论，指出木星和土星的“阳精”应弱于太阳，而张载和朱熹当初立论时，阳速而阴迟是一大原则，依此原则，木、土二星左行速度应慢于太阳，这正同左旋说背反。若依左旋说，势必得出木、土二星的“阳精”强于太阳的结论。

“（五星）所谓留则不可言留，乃行而与天同健，一日皆能过太阳一度；至于所谓退，乃更速于天运矣，七也”。这就更进一步指出了五星运行的实际与左旋说立论原则的不可克服的矛盾，即当五星留而不动时，其“阳精”与天相同，其行与天同健；当五星逆行（在恒星背景间左行）时，其“阳精”强于天，其行更健于天，而当年朱熹是明确以“天行健”作为天左旋最快的论据的。

如果说，许谦质疑的要点还只是以子之矛攻子之盾，从逻辑推理的方法否定左旋说的可靠性的话，那么，黄必寿则从更高的层面，否定左旋说的可信，并论证右旋说的可靠。黄必寿“好历数之学，大德间（1297～1307）尝客京师，得订其说于太史氏”。他也是一位兼通天文、历法的儒者，而且就此同郭守敬为首的太史院的专门家作过认真的讨论。他认为判别右旋说和左旋说是非的标准在于是否合乎天象实际，务必合于自然，避免人为的臆想：“盖天地之化，阴阳消长，皆有一定之常而莫之为者，稍不出于自然，则非所以为造化矣。”而考辨之法，黄必寿则以日行黄道作为主题，从正反两面予以论述：

> 若使日自左旋与天无与，则日乃浮游无定，使至牵牛、东井之极处，岂不能侵轶而行过其外？何故南北两间若为物所阻阂，独常进退缠绕于四十八度之内而无所变易哉？且若是，则南北升降之间，其出没之道凡百八十二度有奇，每日各循一道而行，何其疏密之限无少差失如此哉？

这是对如俞琰所述的太阳行道好像缠绕纬车的丝线一般的批驳。黄必寿提出了三个左旋论者难以回答的问题：为什么太阳行道不可逾越南端的牵牛（冬至点）和北端的东井（夏至点），是什么阻碍它向南、北延伸？为什么太阳行道会在、也只能在这48度的区间往返移动？又为什么在一年内，每日太阳行道的南北向移动总是有多有少，而且总是遵循冬、夏至前后移动少，春、秋分前后移动多的、且循序渐进的不变规律？这三个问题都是在对太阳运动观测基础上提出的，其中前两个现象是为许多人所知的，左旋论者若硬要回答黄必寿就这两个问题的发问，恐怕就得引进诸多假设；而后一个现象则是内行人的知识，为此，左旋论者若非要解释不可，还要引入更多的假设。对于黄必寿的这三个难题，我们没有见到左旋论者的任何回应，看来确实打中了左旋论的要害。

反过来，黄必寿对上述三个现象做了解释：“古人作浑仪，器立黄道为日行之准，斜倚于赤道之内外。日道万古但循黄道之轨，每日右行一度，随天而左转。日退一日（度）渐降至于天体南端之极，则循其左自然而复升，渐升而至于天体北端之极，则循其右自然而复降。一升一降，循环无已。天则因日退一度，故每日必进一度，然后日出地上而为一昼夜，是为天过一度，一期三百六十五日四分日之一，日行黄道一周，复至去岁所起之度，天日进一度，至是而亦一周，是为与天一会。皆造化神巧，一定之势，不烦拟议安排则自然吻合也。”① 即依右旋说，太阳行道为一与赤道交成24度角的环圈（黄道），每日太阳沿黄道右行一度，同时随天左旋一周，就可以既自然而然又天衣无缝地说明上述三个现象为什么会出现，而不须虚拟其他任何人为的假设，

① 黄镇成：《尚书通考》卷一。

这也就反证了右旋说的可靠性。

许谦、黄必寿等人这些论述的问世，标志着左旋说无可挽回地走向衰微。及至明代，明太祖朱元璋亦主右旋说，明令以右旋说为官方的理论，更促成了左旋说的没落。

五　史伯璿与地体暗虚月食论

史伯璿作《管窥外篇》上下卷，对一些天文学理论问题作有趣的讨论。其中涉及天地结构、交食、月相等等的理论问题。如果说赵友钦的《革象新书》给出的是对有关天文学理论的言简意赅的说明，那么，《管窥外篇》则给出了要详细得多的推理论述。

对于导致月食暗虚的原因，史伯璿首先指出："日光外照，无处不明。纵有暗处在内，亦但有暗于内而已，又安能出外射月，使之失明乎？"这是对相当流行的日体暗虚说的入木三分的批驳，可以说是打中了要害。接着，他又指出："恐暗虚是大地之影，非有物也。盖地在天之中，日丽天而行，惟天大地小，地遮日之光不尽，日光散出遍于四外，而月常受之以为明。然凡物有形者莫不有影，地虽小于天而不得为无影。既曰有影，则影之所在不得不在对日之冲矣。盖地正当天之中，日则附天体而行，故日在东则地影在西；日在下则地之影必在上。月既受日之光，若行值地影，则无日光可受，而月亦无以为光矣，安得不食者乎？如此则暗虚只是地影可见。"这是他依据新浑天说、月受日光说、光线直进说，对暗虚乃是地体之影及其月食理论所作的精彩论述。不过，他所依据的新浑天说中的地体还是太大，所以在论及月受日光时，还不能不用"地遮日之光不尽，日光散出"为说。

史伯璿还指出："既是地影，则其(暗虚)大不止如日又可见矣。""盖月食有历二、三时辰者，若暗虚大只如日，则食安得如此久？今天文家图暗虚之象，可以容三、四个月体，有初亏、食既、食甚之分，可见暗虚之大不止如日之大。"这既是由新浑天说所认定的较大地体的观念出发引致的推论，又从天文家推算月食的具体方法中得到证据，是对当时在论说者中流行的暗虚大小与日同大观念的否定。史伯璿从月食时间有时达2、3个时辰，而做出地体暗虚大于日3、4倍的推论是很有见地的。这些是中国古代科学月食论的精彩论说之一。

其实，暗虚既然是地体之影，而其影为圆形是人所共知的，则地体亦为圆形当是自然的推论，可是，史伯璿没有跨出这至关重要的一步，这大约是受传统地平观的严重束缚有关。事情还远不止于此，同在《管窥外篇》中，史伯璿出于天地结构问题的考虑，却完全否定了他自己的以上论述。

关于天地结构，史伯璿反对佛家的须弥山说。而对于朱熹新浑天说他也心存诸多疑虑，其中最主要者有二：一是反思上说中担心偌大个地体难以在空中兀立，思来想去，从新浑天说节节后退，还是令地体浮于水中，又令水体差不多充满天球的下半部，再在天水之间设计了一层不怎么厚的旋转的劲气，把天水分开，也就回到了五代邱光庭的浑天说上去，他还说"然则在下地形终极之处与天体相接不相接，非愚所能及也"，最终几乎回归到了张衡浑天说的旧说法。史伯璿对于地体稳定性的关注，以及关于这种稳定性机制的思考，在中国古代具有典型的意义，这大约也就是张衡浑天说能在相当长的时间内广为多数人认同的原因。由此，我们也可见新浑天说建立与发展的重大理论意义。

正由于对于天地结构观念的改变，史伯璿转而主张月亮自发光说。他认为月体只有半面在发光，而且又引进了"月常面日"的观念，即以为月体每经一朔望月自转一周，用以解释月相的变化：当日月相合时，月体黑暗的一面正对着观测者；当日月相望时，月体发光的一面正对着观测者云云。他关于月相的这一论说自然是不正确的，但他却提出了月亮在自转的观念。也因天地结构观念的改变，他不能不指出："盖地体甚大，若谓其有影，则凡物之影必倍于形。"他认为地体的直径约为天球直径的三分之一，这样一来，暗虚实在是太大了，所以只能否定上述的地体暗虚说。那么，暗虚从何而来呢？史伯璿只好说："天象所有，有非人所能尽知者。对之冲与太阳远处，往往常自有幽暗之象在焉，其大如日，与日同运，亦未可知也。"无可奈何地陷于不可知论的泥潭，并且又回复到暗虚与日同大的旧说。

史伯璿是一位勤于思考的学者，若有正确理论的指导，自可引申出令人信服的新说，若无正确理论的指导，则将走向泥潭，上述史伯璿对于同一论题所作的完全不同的解说，正是颇有说服力的事例。

六　宋濂等人的地圆思想与月食论

在中国古代人们的观念中，地平、地方是占主导地位的大地观，但认为大地是中央拱起的曲面形的见解，也有相当多的拥护者，而关于大地为圆形的思想，则只有为数不多的学者偶尔提及，有趣的是，这些为数不多的学者就相对在元代出现。

上述伊世珍把地形比做鸡卵黄，而且认为其四周皆有人物，这既是从张衡"地如鸡中黄"之说引申出来的，关于大地为圆形的明确表述，又是对朱熹曾提及的"恐人道下而有物"思想的发

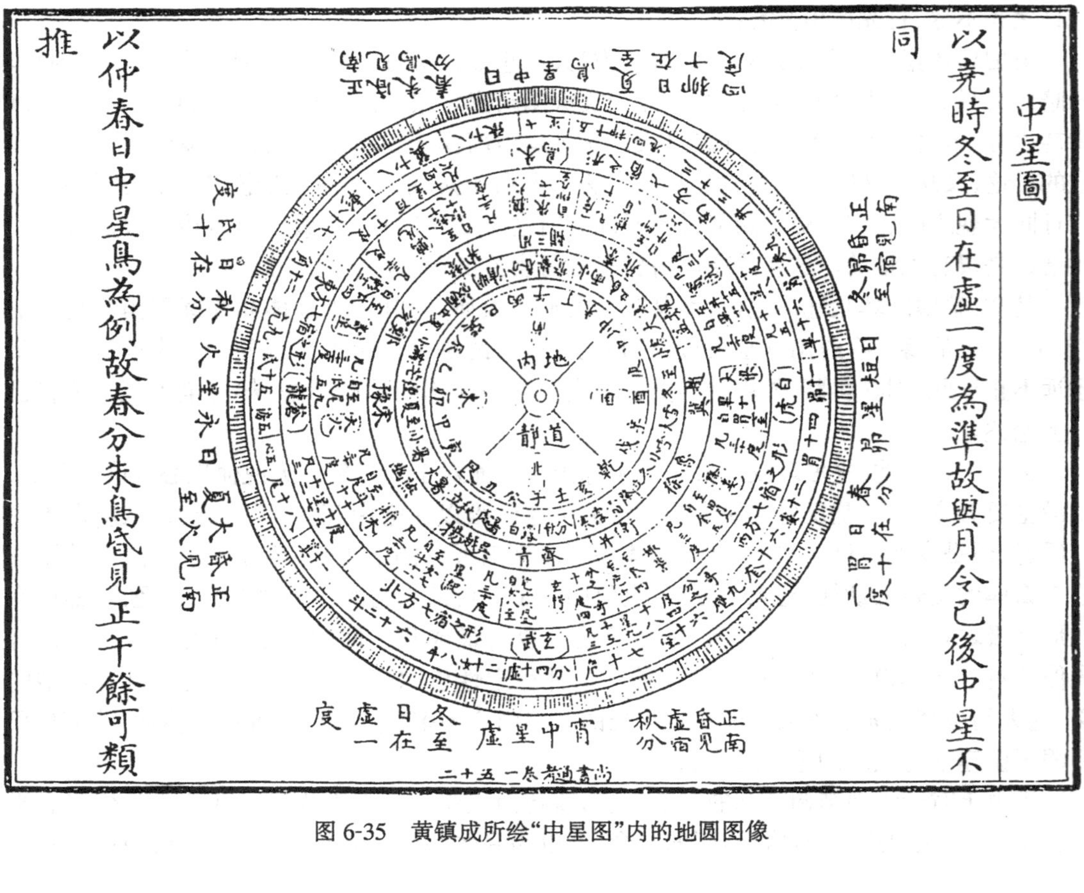

图 6-35　黄镇成所绘"中星图"内的地圆图像

展。

在黄必寿之子黄镇成所著《尚书通考·卷一》的“中星图”中，我们可见到以圆圈表示地体的图像(图 6-35)，而且在文字说明中，黄镇成明确指出：“内轮象地，不动，以定正南之位。”这当是地圆思想的图像表述。

在李冶(1192—1279)的《敬斋古今黈·卷一》中，这位宋元之际著名的数学家指出：“天地正圆如弹丸，地体未必正方，令地正方，则天之四游之处，定相窒碍。窃谓地体大率虽方，而其实周匝亦当浑圆如天，但差小耳。”这是从传统的地有四游，地体在二至、二分时应与天球相切的观念出发，而推导得的地体的形状应介于方圆之间、接近于圆形的结论。

宋濂(1310～1381)，字景濂，号潜溪，今浙江省浦江县人。元末隐居著述，名声远播。明太祖洪武二年(1369)出任《元史》总裁官，书成迁翰林学士，兼修国史，深得明太祖宠信，是为明初文坛的领袖。在《文宪集·卷二十八》和《荆川稗编·卷四十九》中，分别有“楚客对”和“论月五星”一节，记载宋濂有一次夜泊彭蠡，时月明星朗，与同舟的楚客有一段精彩的问答，谈论月相的盈亏，月食之成因，天地的结构以及五星之盈缩等广泛的议题。在论及月食和与之有关的天地结构时，宋濂说道：“月圆如珠”，“月上地下，而日居下，地影既隔，则日光不照。”“盖地居天内，如鸡子中黄，其形(影)不过与月同大。地与月相当，则其食既矣。”

《文宪集》和《荆川稗编》所载仅有一字之差，前者曰“影”而后者曰“形”。我们认为，不论是“影”或是“形”，其意并不相悖。若是“形”，即意为地形如鸡子中黄，而且其大小与月同大，对地体为圆形的描述直接而明确；若是“影”，其意为日光所照地体的影子的大小与月同大，考虑到古人以为日、月径约等(其视直径均约半度)，既然地影与月同大，则地体亦必与月同大，其形亦如同鸡中黄，则对地体为圆形的描述虽是间接却也明确(图 6-36)。这里，宋濂不但明确地表述了地圆的思想，而且表达了他关于天包地外，地在天中亦即在气中，地体是与日、月同大的当天度半度的球体的观念，这些是对新浑天说的继承与发展。宋濂正是应用这些新观念于他的月食论中，给地体暗虚说注入了新活力，作了新说明。若将宋濂此说与史伯璿的相关论说作比较，应该说史伯璿对地体暗虚的说明还要详尽些，但宋濂之说则以简明扼要为特征，而且明确引进了地圆的观念，这是远非史伯璿可比的。不过，宋濂所给出的地体的相对尺度还是太大了，虽然这已是中国古代相关论述中所取的相对尺度最小者。也就是说，他的月食论依然是不严密的，包括其浑天说在内，仍然处于一种需要做进一步改进的过程中。可惜，这种改进后来未见发生，而赖于明末西方天文学知识的传人。

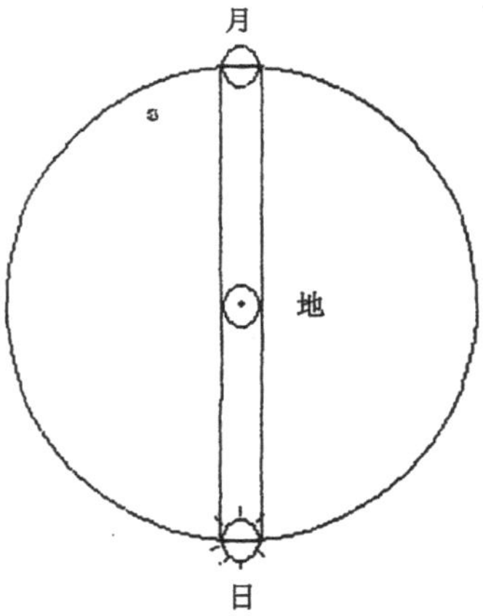

图 6-36　宋濂浑天说与月食论示意图

在这里，我们还要顺便提及另一位元明之际学者杨维桢(1296—1370)的地体自转思想。他在《虚舟记》一文中写道：“客欲知夫舟之神且大乎？天一气也，气，水也。地一舟也，地至重而浮游于一气之中，未尝溺也。”[①] 在《书画舫记》一文中，他又写道：“大地表里皆水也，大罗境界一渣之浮，急旋水中央而人不悟，悟者必在旋之外也。吁！天一大瀛也，地一大舫也。至人

① 杨维桢：《东维子集》卷十八。

以道为身，入乎无穷之门，招乎无初之根，斯有以见大舫于舫之外，子能能之乎？”① 在杨维桢看来，至大至重的大地在太虚之中不过是一浮渣而已，这与邓牧、伊世珍等人的思想并无不同，只可惜这一思想在像宋濂一类的浑天家那里往往未被重视。在这里，杨维桢的立意则在于思考大地之所以能在太虚中浮游而不致沉溺。他强调了在气的推动下，大地在气的中央作快速的旋转运动，故得以浮游。对于人们之所以没有感觉到这种快速自转，他显然是依据《尚书·考灵曜》等提及的人在大舫之中而不觉大舫在运动的运动相对性原理加以解释，他认为如果能像“至人”那样，置身于大地之外，便可见大地在快速自转了。这是中国古代大地自转思想的精彩论述。

① 杨维桢：《东维子集》卷十五。

第七章 天文学体系的停滞与复兴
——明代(1368～1644)

1368年，朱元璋灭元，建立明王朝。朱元璋是在经历了千辛万苦之后始得政权的，他深信天命，对于可窥知天命的天文、历法尤为敏感，视为珍秘之术，自开国之初，便立法严厉禁止民间对天文历法的学习与研究。不幸的是，这一政策被认真执行了120余年后，才稍有松动，先是不温不火，继而是尾大不掉，对明代的天文历法产生了严重的负面影响。这一政策产生的最重要效果是，阻断了民间对天文历法的学习，更谈不上研究，也就实际上断绝了天文历法人才产生的源头活水。再一个效果则是使数量不多的司天监官员及其子孙，趋向于保守以致敷衍塞责。这不但造成了整个明代仅仅颁用实为元代授时历的大统历一种历法，而且造成了后来的司天监官员不懂授时历的原理，以至于算错历法的状况，更不用说因长年使用授时历而产生精度下降的问题了。此外，当历禁松动而向全国征召通天文历法之人时，举国居然无人应征。这些情况都说明了明代天文历法在元代的高峰之后，开始了止步不前，以至倒退并濒于萎缩的可悲过程。

相反，朱元璋对于回回天文历法却情有独钟，在他的提倡下，回回历法与《天文书》等阿拉伯天文历法著作得到很好的翻译，并使回回历法在中国占有了一席之地，正式成为官方参用的一种历法。另外，航海天文的方法则因郑和七下西洋而得到了重要的发展。这些是游离于对天文历法厉禁之外的特殊事件。

在弛禁之后，特别是在明世宗嘉靖(1522～1566)以后，我们才听到要求改革历法的真正有力的呼声，虽然依旧没有得到朝廷的重视。这时，重要的进展还表现在诸多传统的或有创意的星图出现，及以朱载堉、邢云路为代表的对授时历的重新研究和所开展的若干有重要意义的天文活动，如邢云路六丈高表的建立与回归年长度测量的新进展便是最突出的事件。这些，可以看做是中国传统天文历法在备受禁锢后，从低谷中走了出来，并呈现复苏局面的表征。

第一节 明代的天文、历法政策及其影响

一 天文、历法厉禁对历法的影响

“国初学天文有厉禁，习历者遣戍，造历者殊死”①。说的就是朱元璋在立国后即制定的、关于天文、历法的一道较前代远为严厉的禁令。前代一般对民间学天文有厉禁，对历法一般却较为宽容，而这一回则是只要敢于学习历法者便要发配充军，敢于私造历法者就得问斩。到明太祖洪武六年(1373)，朱元璋又下了一道诏令：“(钦天监)人员永不许迁动，子孙只习学天学历算，不许习他业；其不习学者，发南海充军。”② 这大约是在断然阻塞了民间学习与探究天文、

① 沈德符：《万历野获编》。

② 李东阳等：《大明会典》卷二百二十三。

历法的路径之后，而采取的权宜之计。它也就把天文、历法的传承局限在十分狭小的范围内，不论这些人员的子孙是否有兴趣，是否有才能，天文、历法之学完全成为一种强行摊派的差事，成为不能不捧的饭碗。即便这些子孙都有兴趣与才能，也不免是“近亲繁殖”，难得大有发展。尤为不幸的是，这两道诏令并不像南宋时那样形同虚设，而是被不折不扣地执行了。

明代建国之初仍用授时历，至洪武十七年(1384)，朱元璋任命元统为钦天监监正，“(元)统乃取授时历，去其岁实消长之说，……以洪武十七年甲子为历元，命曰《大统历法通轨》”，其实质是将授时历改名为大统历颁行之。不过，大统历也有稍异于授时历者，就是去除了授时历的回归年长度古今消长法，而一律以 365.2425 日入算，这一改动并无进步的意义，反倒有退步之嫌。另外，对历元的改动则是以郭守敬等人当年观测的数据为基础的，所以这仅仅是表面上的不同。此外，以南京的昼夜时刻为准，摒弃以北京昼夜时刻为准的规定，这是顺应首都所在地变化而作的必要变革。如果说，当初继用授时历并无不可，可是，前后“承用二百七十余年，未尝改宪”，则是一个极其严重的问题，正是建国之后长期施行的对于天文历法的厉禁使然。

且看随后明代帝王、大臣们和那些为数不多的有幸涉足天文历法者的作为：

“永乐迁都顺天(今北京，1421)，仍用应天(今南京)冬、夏昼夜时刻，至正统十四年(1449)始改用顺天之数。其冬，景帝即位，天文生马轼奏，昼夜时刻不宜改。”司天监监正许惇等人则主张应予变革，可是，明景帝(代宗)却认为：“太阳出入度数，当用四方之中。今京师在尧幽都之地，宁可为准？此后造历，仍用洪(武)、永(乐)旧制。”[①] 应该说许惇等人的主张是正确的，而明景帝之说是不知时变，且其说“终明之世未能改正也”[②]，实令人悲哀。即便退一步讲，以何处的昼夜时刻为准，有商量的余地，并非历法的根本是非问题，但是，明景帝由此引申出来的说法，却成为此后有关天文、历法问题“祖制不可变”说的恶劣先声。

明代宗“景泰元年(1450)正月辛卯，卯正三刻月食。监官误推辰初初刻，致失救护。下法司，论徒。诏宥之”。这是明代建国、亦即大统历使用 80 余年后，首见关于历法有误的事件。若以授时历论，至此已近 170 年，而食时之差仅 1 刻左右，可见授时历确是一部十分精良的历法，明初继续颁用授时历也不失为一种不错的选择。可是，历久必差，此次月食失验，理应引起改进历法的思考，但似没有人虑及于此，而只关心“致失救护”的政治性问题。

明宪宗“成化十年(1475)，以(司天)监官多不职，擢云南提学童轩为太常寺少卿，掌(司天)监事。”这说明在对天文历法的厉禁执行 107 年后，司天监官员的无能已达到了何等严重的程度，朝廷已顾不得追究童轩是如何对天文、历法有所研究的，在厉禁中打开小小的缺口，希望对司天监的无能有所补益。“十五年(1480)十一月戊戌望，月食。监推又误。帝以天象微渺，不之罪也。”由此看来，童轩并无回天之力。至于这一次失误有多大，史未明言，但无疑是又敲响了一次警钟。可是皇帝并不追究历法欠妥的问题，而以“天象微渺”自我解嘲，可以说到了无可奈何的地步。“十七年(1482)，真定教谕俞正已上改历议”，俞正已是对天文、历法的厉禁执行 114 年后，第一位提出必须对历法进行改革的学者，他也许是受到童轩入主司天监一事的策动，斗胆上书的。俞正已所提出的新历法，大约并无特别超过大统历之处，这是当时所处的研究环境所决定的，而这却成为被定罪的口实，尚书周洪谟等人群起而攻之，言其“轻率狂妄，宜正其罪”，明宪宗则采纳之，“遂下正已诏狱”。这便是明代第一个言改历者的可悲故事，而细察

① 以上均见张廷玉等：《明史·历志一》。

② 张廷玉等：《明史·历志三》。

定其罪的真正原因应就是俞正己违背了不许研习天文、历法的禁令。“十九年(1484),天文生张昇上言改历。钦天监谓祖制不可变,昇说遂寝。”这一回并没有给张昇定罪,显然是因为他本人是天文生,而对此等人则有“祖制不可变”说高悬其上。

到明孝宗“弘治中(1488～1505),月食屡不中,日食亦舛”①,这才引起了朝廷的注意。“至孝宗(1488～1502 在位),弛其禁,且命征山林隐逸能通历学者以备其选,而卒无应者”②。这便是在厉禁执行 120 余年后民间天文、历法人才几被斩尽杀绝的惨状。再说纵有少数能通历学者在,有俞正己的前车之鉴,难再有愿冒险而出者。所以,明孝宗弛禁之令,虽从名义上为民间学历法者正名,但积重难返,一方面是人们心有余悸,另一方面是通历学并不能一蹴而就。

直到明武宗“正德十二、三年(1518～1519),连推日食起伏皆弗合”,有鉴于此,“漏刻博士朱裕上言”,请求“往复参校,则交食可正”。这是有明 150 余年后第一次听到要求通过校验并修正交食法的呼声。可是,官方的反应首先便是对倡议者的怀疑:“(朱)裕及监官学历未必皆精”,朱裕和监官们的历学水准不高可能是事实,但是这无论如何都不应是不作考验、不思改革的理由。朱裕当是钦天监内面对历法屡屡失验而有所觉悟的代表人物,但是他还面对着更为可悲的麻木不仁的朝廷。有鉴交食屡屡失验的严重事态和进行考验乃是古来传统,这一回朝廷也不得不以“至期考验”虚应其事,而最后还是不了了之。

明世宗嘉靖二年(1523),光禄少卿、兼管司天监事的华湘上言:“欲正历而不登台测景,皆空言臆见也。”提出要与周濂等人一起进行较大量的实测工作,并请“更敕礼部延访精通理数者征赴京师,另详定岁差,以成一代之制”。但此议却受到了与华湘同为光禄少卿、兼管司天监事的乐頀的反对,后者的理由还是“历不可改”。所幸者,这一回礼部的判决是:“(华)湘欲自行测验,不为无识。请二臣各尽所见,穷极异同,以协天道。”这是有明以来第一次改历的要求勉强得以通过的重大事件,无论如何,它反映了相当一部分官员的觉醒。但是,华湘改历之举却未见下文,这大约是因为华湘周濂等人对于历法实际上也并无真知灼见,提不出超越大统历的可行方案,而且他们还不得不面对以乐頀为代表的势力还不小的反对派。此后,司天监及朝官及至皇帝本人,对于天文、历法的懵懂依然如故,嘉靖“十九年(1541)三月癸巳朔,台官言日当食,已而不食。帝喜,以为天眷。”这则是这时关于日食的推算已不能明其有无的恶性事件,当是上述事态发展的必然结果。更可悲的是,明世宗不但不以为忧,反而转喜,以为是上天对他的关心与照顾,真令人啼笑皆非!

“万历十二年(1584)十一月癸酉朔,大统历推日食九十二秒,回回历推不食,已而回回历验”。礼部给事中侯先春更指出,大统历的失误还不仅于此,“迩年月食在酉(时)而曰戌(时),月食将既(接近 10 分)而曰未九分,差舛甚矣!”因而,他主张以回回历“纂入大统历中,以备考验。诏可”。这表明朝廷与司天监已经到了不得不暗用回回历的境地。万历“二十年(1592)五月甲戌夜月食,监官推算差一日。”③依大统历所推月食的时间居然与实际差达一日之多,其水准远非宋元时期可比,不能不说又是一次恶性事件。其后不久,虽有朱载堉、邢云路等人出(详说见本章第七、八节),但改历之举仍然没有实际的进展,明末王曰俞指出:“自天文禁私习,士大夫目不识玑衡,台司推步一依授时之旧,……秘其书而守备之。岁差不改,日躔不移,奚待四

① 以上均见张廷玉等:《明史·历志一》。
② 沈德符:《万历野获编》。
③ 同①

甲子后始怪交食失验哉！神光末造，五官之属手不握算，足不登台，仪器涩滞，交食之分秒时刻已阴用西法矣。”① 直至徐光启等人主持的历局编成《崇祯历书》，崇祯帝决意改历，还是未予颁行遂告国亡（详说见第八章第二节）。

质言之，明代历无一改，甚至倒退，濒于萎缩。其间，虽有一些有识之士主张改历，但对天文、历法的厉禁断绝了可能来自民间的源头活水，司天监从总体而言又是一潭死水，还有“祖制不可变”的利剑高悬头上，形成自皇帝、朝官到司天监的保守网系，使微弱的、先天不足的改历力量难以实现其愿，这不能不说是明代施行的天文、历法政策的恶果，也是官办天文学的历史悲剧。

二　天文政策与天文仪器

据载：“明太祖平元，司天监进水晶刻漏，中设二木偶人，能按时自击钲钟。太祖以其无益而碎之。”② 水晶刻漏的形制为：“其浑仪周围长二尺五寸强，中列十二龃龉，长八寸，以按十二时，龃龉在轮上转，触直使之手，则系鼓以报时。旁列百龃龉，以按一日刻，触直符之手，则系钲以报刻。丁甲庙中有十二神骑十二属相，下共一轴，龃龉触其轴，一时一神立其上矣。”龃龉即指上下齿交错的齿轮而言，直使与直符即分别可自动击鼓与鸣钲的二木偶人，前者每经一个时辰击鼓一次，后者每刻鸣钲一回。它由漏壶的流水驱动，“以激浑仪之轮”③，使主轴基本匀速旋转，再通过齿轮系的传动达到自动报时的目的。朱元璋出身贫寒，见此精巧之物，多从其昂贵着眼视之，又以其帝王之尊，欲表明其不玩物丧志，去奇器淫巧的心迹，却无此乃科学报时器具的认识。朱元璋此举，实际上是对与此相关的仪器制作的一种政策宣示，在一定程度上达到了他的政治意图，却也阻断了元代郭守敬以来关于计时器自动化与小型化的发展势头，基本中止了郭守敬所开创的天文仪器大发展的局面。

又据载：“明初，詹希元以水漏至严寒水冻辄不能行，故以沙代水。然沙行太疾，未协天运，乃以斗轮之外复加四轮，轮皆三十六齿。”④ 这说明在元、明之际，关于天文仪器的新创造仍势头不减。明初的宋濂指出詹希元五轮沙漏的创制“人以为古未尝闻，较之郭守敬七宝灯漏钟鼓应时而自鸣者，殆将无媿乎”。他还专门作《五轮沙漏铭》，并在“序”中对之作较为详细的介绍：

> 沙漏之制，贮细沙于池，而注于斗，凡运五轮焉。其初轮轴长二尺有三寸，围寸有五分，衡奠之。轴端有轮，轮围尺有二寸八分，上环十六斗，斗广八分，深亦如之。轴杪傅六齿。沙倾斗运，其齿钩二轮旋之。二轮之轴长尺，围如初（轮），从奠之。轮之围尺有五寸，轮齿三十六。轴杪亦傅六齿，钩三轮旋之。三轮之围轴若此与二轮同，其（奠）如初（轮）。轴杪亦傅六齿，钩四轮旋之。四轮如三轮，唯奠与二轮同。轴杪亦傅六齿，钩中轮旋之。中轮如四轮。余轮侧旋，中轮独平旋，轴崇尺有六寸，其杪不设齿，挺然上出，贯于测景盘。盘列十二时，分刻盈百。斫木为日形，承以云，丽于轴中。五轮犬牙相入，次第运益迟。中轮日行盘一周，云脚至处则知为何时何刻也。余轮各

---

① 王英明：《历体略·重刻〈历体略〉序》。

② 张廷玉等：《明史·天文志一》。

③ 周述学：《神道大编历宗通议》卷十七。

④ 同②。

有楹附度，中轮则否。轮与沙池皆藏几腹，盘露几面。旁刻黄衣童子二，一击鼓，一鸣钲，亦运衍沙使之。沙之进退，则日一视焉①。

依此，刘仙洲给出了五轮沙漏推想图(图 7-1)，并指出其系用“四对齿轮，每一对的速比都是 6，全轮系的速比是 1296，即每天指针转一周，初轮应转 1296 周”，而且认为：“就所用齿轮系的组织看，已经和后来西洋时钟里边的齿轮系相似。”② 他的推想及其评介都是很精到的。尚须补充提及的是，在测景盘一侧击鼓、鸣钲的二黄衣童子，也是由细沙注驱动，再通过齿轮及机械的传动自动驱使的。关于以沙代水作驱动的问题，宋濂也已提及：“初，滦阳(今河北迁西或承德)水善冰，虽爨鼎沃汤，不能为漏。新安(今河北安新)詹君希元，乃抽其精思，以沙代之。”这是中国古代漏壶发展史上，为克服水的黏滞系数随温度变化对水流量稳定性的不良影响而采取的重大改进措施。

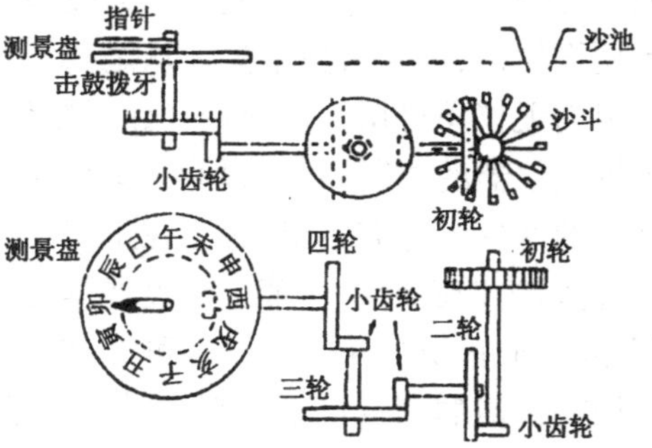

图 7-1 五轮沙漏推想图(刘仙洲作)

詹希元的这一发明，显然未引起官方的注意。不过，据宋濂说，在民间倒有人重视，“浦阳(今浙江浦江)郑君永与希元游京师，因知其详，归而制之”③，他的《五轮沙漏铭》便是为之而作的。

自然，计时、报时毕竟是人们生产与生活所必需的，明太祖也深明其理，于是在洪武十四年(1381)“颁漏壶式于天下。设台四，上为日天壶，次夜天壶，又次平水壶，其下万水壶”④，“令天下郡邑立钟、鼓楼，置铜壶”⑤。这种漏壶较宋代燕肃的莲花漏多设置一壶(日天壶)，应该说是一种实用有效的计时仪器，它又以国家法令的形式颁行，无疑对全国范围内的普及起了重要作用。可是，其显时系统较前代粗疏，箭尺上的刻度只到一刻，而且成为一种长期不得改变的法定式样，实际上又造成了明代漏刻技术停滞不前的后果⑥。

再看明代其他天文仪器制作的状况。

明太祖洪武元年(1368)，大将军徐达攻克元大都(今北京)，随后将所有天文仪器运往南京。洪武十八年(1385)明太祖在南京“设观象台于鸡鸣山”，这些天文仪器即被安置于此。约在 1595 年，来华耶稣会士利玛窦(Mattoeus Ricci，1552～1610)曾造访鸡鸣山观象台，看到台上仍保存完好的浑象、浑仪、简仪与圭表等仪器，赞叹不已：“皆铸以青铜，制作精美，装饰华丽，其宏伟雅致非欧洲所能匹敌。”但他又说：“惜有一讹误之处，北极出地均作三十六度，而南京之纬度实为三十二度又四分之一。故诸仪似在他处制成，后由不晓历算者移至南京，而未察其地之位置也。”⑦ 利玛窦此说应无误。看来，当年在鸡鸣山观象台安置从北京运来的仪器时，曾对浑象、浑仪与简仪极轴的出地高度作过调整，可是安置者大约并未进行南京北极出地高度的实

① 宋濂：《文宪集》卷十五。

② 刘仙洲，中国机械工程发明史，第一编(初稿)，清华大学，1961 年，第 114，115 页。

③ 同①。

④ 彭九思：《漏壶记》，《湖南文徵·元明文徵》卷十七。

⑤ 沈德符：《万历野获篇》卷二十。

⑥ 华同旭，中国漏刻，安徽科学技术出版社，1991 年，第 115 页。

⑦ 李约瑟，中国科学技术史，第四卷，《天学》第二分册，科学出版社，1975 年，第 459～463 页。

测工作，而取用传统浑天说的北极出地 36 度之说，胡乱予以安置，因而使这些精美华丽的天文仪器只能成为实用意义很差的摆设，这不能不说是明代天文学的悲哀。

明英宗正统二年(1437)二月，“行在钦天监监正皇甫仲和等奏，南京观象台设浑天仪(即浑象)、璇玑玉衡(即浑仪)、简仪、圭表之类，以窥测七政行度，凌犯迟留伏逆。北京于齐化门楼上观测，未有仪象。乞令本监官一人往南京督匠以木如式造之，赴北京较北极出地高低准验，然后用铜铸造，庶几占象不失。从之。”① 这是说明朝在迁都北京后的 16 年间，观测天象时仅凭肉眼而无仪象可用。皇甫仲和建议制作的仪器，约在正统七年(1442)才铸成，它们是元代郭守敬等人仪器的仿制品②。现存南京紫金山天文台上的浑仪(彩图版九)和简仪(彩图版八)即为其中的两件。还需指出的是，在正统“十一年(1446)，监臣言：‘简仪未刻度数，且地基卑下，窥测日星，为四面台宇所蔽。圭表置露台，光皆四散，影无定则。壶漏屋低，夜天池促，难以注水调品时刻，请更如法修造。’报可”。即到此时，简仪的制作实际上尚未完工，没有刻度的仪器难以做有价值的测量自不待言，更何况视野为建筑物遮蔽。至于圭表与漏壶，亦实际上无法正常应用。这就是说天文仪器乃是形同虚设，钦天监的无所作为可见一斑。在明代宗景泰六年(1455)和明宪宗成化年间(约 1475)，还先后有“内观象台简仪及铜壶”与浑仪之作，大约也都是前代同类仪器的仿制品。时至明孝宗弘治二年(1489)，监正吴昊言：“考验四正日度，黄赤二道应交于壁、轸。观象台旧浑仪黄赤二道交于奎、轸，不合天象，其南北两轴不合两极出入之度，窥管又不与太阳出没相当，故虽设而不用。所用简仪则郭守敬遗制，而北极云柱差短，以测经星去极，亦不能无爽。”说的还是天文仪器安装不当和“虽设而不用”的问题，这应是明孝宗稍弛天文厉禁之前的 100 余年间皆存在的总体状况。

明武宗正德十六年(1521)，漏刻博士朱裕曾提出“铸立铜表，考四时日中之影”和“分立圭表于山东、湖广、陕西、大名等处，以测四方之影”的建议，但“疏入不报”。这说明朝廷仍对作较准确的天文测量没有兴趣。直到明世宗嘉靖年间(1522～1566)，情况才有所变化。

> 嘉靖二年(1523)，修……简、浑二仪。七年(1528)，始立四丈木表以测晷影，定气朔。由是钦天监之立运仪、正方案、悬晷、偏晷、盘晷诸式，具备于观象台，一以元法为断。

即到此时天文仪器才比较齐备，不过，也还是对元代相关天文仪器的仿制，尚无创新可言。在嘉靖年间，明初詹希元的五轮沙漏又一次有人问津。“周述学病其窍太小，而沙易堙，乃更制为六轮。其五轮悉三十齿，而微裕其窍，运行始与晷协”③。周述学，字继志，山阴(今浙江绍兴)人，“读书好深湛之思，尤邃于历学”④，是一位博学多才的学者。他指出詹希元五轮沙漏的主要弊病在于漏斗的口径偏小，往往形成拥堵不畅的状况，这重可使五轮沙漏停转，轻也会造成细沙流量不均匀的问题，也就影响了时辰与时刻计量的准确性。为此，他提出了适当加大漏斗口径的改进方案和与之相应的设计，在詹希元设计的基础上，改五轮为六轮，使五对齿轮“每一对的速比都是 5，全轮系的速比是 3125，即每天指针转一周，初轮应转 3125 周”⑤。周述学还有“浑仪更漏”的创制，它由浑象与一特殊的报时装置组成，其原动力是置于一水箱中的一个大

---

① 孙继宗、陈文等：《明英宗实录》卷二十七。

② 潘鼐，现存明仿制浑仪源流考，自然科学史研究，1983，(3)。

③ 以上均见张廷玉等：《明史·天文志一》。

④ 张廷玉等：《明史·方伎》卷一百八十七。

⑤ 刘仙洲，中国机械工程发明史，清华大学，1961 年，第 115 页。

浮子，随水箱中水漏出下沉而生成的拉力[①]，再通过齿轮系的传动，使浑象与天同步转动和自动报时。周述学的这些工作，是在詹希元之后将近200年才出现的、有新意的天文仪器之作，可见，明代前期所执行的厉禁政策，对天文仪器在元代发展高峰后理当有的延续，起了急刹车的作用，而在将近200年后，才又缓缓启动。在本章第五节和第八节中，我们还将谈及这种起动的其他迹象，可惜为时已晚，中国传统天文学的发展已面临一种完全不同的情势。

三　天文政策与天文学思想

在第六章第六、十三、十九等节中，我们已经论及宋元时期，特别是宋元之交天文学思想十分活跃的状况，而在入明以后，在该领域也风云突变。能与前代相匹配的有意义的论述仅偶尔可见，如在《豢龙子》一书中，有曰："或问天地有始乎？曰：无始也。天地无始乎？曰：有始也。未达。曰：自一元而言，有始也；自元元而言，无始也。"认为就一个天体系统来说（"自一元而言"），是有成有毁的，有始有终的；但就无穷多的天体系统组成的宇宙来说（"自元元而言"），是无始无终的[②]。此说同伊世珍在《瑯環记》中所述（见第六章第十九节）有异曲同工之妙。此外，关于日月五星是左旋还是右旋的问题，却引起了明太祖朱元璋的关注：

洪武"十年（1377）二月，帝与群臣论天与七政之行，皆以蔡氏（指宋代蔡沈）左旋之说对。帝曰：'朕自起兵以来，仰观乾象，天左旋，七政右旋，历家之论，确然不易。尔等犹守蔡氏之说，岂所谓格物致知之学乎？'"[③] 朱元璋并因此明令礼部告示天下读书人摒弃左旋说而改从右旋说。朱元璋是这样论证他所主张的右旋说的："当天清气爽之时，指一宿为主，使太阴居列宿之西一丈许，尽一夜，则太阴过而东矣。盖列宿附天，舍次而不动者，太阴过东，则其右旋明矣。"[④] 此说实际上并不能判明左旋说与右旋说的是非，远不如元代许谦和黄必寿等人的相关论说有说服力。但是，这是中国古代以皇帝的权威和行政命令干预一种学术问题是非的典型例子，对于日月五星右旋说成为占主导地位的学说，产生了很大影响。有趣的是，朱元璋此说一出，确有些学者响应之，王应电的《七政右旋说》[⑤] 即为其一，可是，其说了无新意，是牵强附会的浅薄之论。可见，钦定之说及行政的干预并无补于学术是非的真正解决。

除此之外，在明代宗弘治年间（1488～1505）稍弛天文厉禁之前，鲜见其他有关天文学思想的讨论。而在其后，则出现了下述的奇异状况：

金末元初丘处机力主盖天说，其论说有"三光轻清，悉上于天，既上于天，如何却沉于地乎？"一类，并无特异者，但明代杨慎（1488～1559）十分赞赏其说，以为丘处机之识，"卓矣。"[⑥]

王廷相（1474～1544）写道："愚尝验经星、河汉位次景象终古不移。谓天有定体，气则虚浮，虚浮则动荡，动荡则有错乱，安得终古如是？自来儒者谓天为轻清之气，恐未然，且天包地外果尔？轻清之气何以乘载地水？气必上浮，安得左右旋转？汉郗萌曰：天体确然在上，此真

① 汪前进，中国全史·中国明代科技史，人民出版社，1994年，第58～60页。
② 中国天文学史整理研究小组，中国天文学史，科学出版社，1981年，第171页。
③ 张廷玉等：《明史·历志一》。
④ 祝允明：《枝山前闻》，见陶宗仪等：《说郛续·弓十三》。
⑤ 唐顺之：《荆川稗编》卷四十九。
⑥ 杨慎：《丹铅总录》卷一。

至论,智者可以思矣。”[①] 他认为天是有形体的,而且确然在上(此为晋虞喜之说而非汉郗萌之论),新浑天说的地在气中、天包地外、天运旋不止等观念都是不可信的。在《王氏家藏集》“答天问”中,他还主张“地如覆盘,昆仑中高,四旁皆下”,以及地在水中,如“倒瓶于水,浮而不沉”之说,即杂采宣夜说、盖天说和张衡浑天说的若干概念以否定新浑天说,其实质则是退回到盖天说上去。

陆深(1477～1544)在《玉堂漫笔》中也认为太阳“不出入地中,恐亦有理”。

庄元臣认为:“古人之言天者,莫详于盖天之说矣。天之体隆高而四旁堕垂。日月磨围而行,如缘山腰而循环。中之隆然者,隔阂其照,是以相避隐为光明耳。”[②] 他一方面说盖天说是最详的,一方面却申述佛家的须弥山说,将此二者相混淆,实际上并不知盖天说为何物,可以说懵懂至极。

王文禄则干脆退到须弥山说,只是把须弥山改作昆仑山,且又引进盖天说的若干观念:“昆仑在天地中,若亭结顶,下有大海环绕。”“昆仑至高地,日月绕之,彼晓此夜也。……(日月)若入地然,犹人持火,行远不见,非灭也。果入地,地底有倒生之物乎?”[③]

章潢在《图书编·天地运旋变化》中指出:“南为明都,天体所见,日月五星至是明显,北为幽都,天体所藏,日月五星入是隐晦。两都各异,天体一也。日月五星入幽都,阴盛之极,所以不明,非天入于地也。”他提出明都、幽都的概念来论证盖天说的可靠性,而明都和幽都实分别为阳盛和阴盛处。故此说实即周髀家盖天说的翻版。

杨慎、王廷相、陆深、庄元臣、王文禄、章潢等均为当时的大儒,他们不约而同地回归到盖天说的范畴中去,这是一个颇令人深思的现象。他们的回归,或出于对大地稳定性的考虑、地底有物的疑惑,或出于对佛教的笃信,更主要的应是对日月五星运行规律知之甚少,以及对天地结构说所要解释的天文学问题茫然无知。他们对所主张的盖天说等未做任何新的论证,对前人对盖天说的批评也未作任何辩护,甚至也不明白盖天说与须弥山说的异同,便盲目地主张盖天说。当然,其间认同浑天说者也大有人在,但是这些人也只是简单地重述前代浑天家的论说,而无所发展。这些都是明代所采取严厉的天文政策造成的历史悲剧的又一幕。

关于明代的天文政策对传统星图影响,我们在本章第五节中再作论述。

第二节　《天文书》

明太祖朱元璋在先后攻取元大都和上都等地后,做了两件对明代天文、历法的发展关系重大的事情:一是,获得 200 余册用西域文字书写的天文学著作。它们大多是元代上都和大都回回司天台中的西域天文学家所保存和应用的阿拉伯文或波斯文的天文学著作,其中应包括本书第六章第十六节提及者。虽然其“言殊字异,无人知者”[④],朱元璋还是如获至宝,并且怀有很大的好奇心。二是,在天文机构的建制上,于洪武元年(1368)改元太史院为“司天监,又置回回司天监”,同时“诏征元太史院使张佑、回回司天太监黑的儿等共十四人,寻召回回司天台官

① 王廷相:《阴阳管见解》。

② 庄元臣:《叔苴子·内篇》卷六。

③ 王文禄:《海沂子·仪曜》。

④ 马哈麻等:《明译天文书·吴伯宗序》。

郑阿里等十一人到京,议历法"。这些都充分体现了对回回天文、历法及在华西域天文学家的高度重视。洪武三年(1370),改司天监为钦天监,内"设四科:曰天文,曰漏刻,曰大统历,曰回回历。以监令、少监统之"①。这一调整依然保持了回回天文、历法的重要地位,并成为明代的定制。

洪武"十五年(1382)秋九月癸亥,上御奉天门,召翰林臣李翀、臣吴伯宗谕之曰:'……尔来西域阴阳家,推测天象至为精密,有验其纬度之法,又中国书之所未备,此其有关于天人甚大,宜译其书以时披阅。庶几观测可以省躬修德,思患预防,顺天心、立民命焉。'遂诏钦天监灵台郎臣海达儿(即上述黑的儿)、臣阿答兀丁、回回大师臣马沙亦黑、臣马哈麻等,咸至于廷,出所藏书,择其言天文、阴阳、历象者,次第译之。"② 经西域天文学家和汉族天文学家的通力合作,大获成功,先后译出《天文书》(亦称《明译天文书》或《天文宝书》)和《回回历法》。这是明代天文、历法的重要篇章,也是中国与阿拉伯天文学交流史上的光辉一页。在本节和下一节中,对之作必要的介绍。

一 马哈麻和《天文书》的翻译及其底本

洪武二年(1369),有麦加人氏马德鲁丁携长子马沙亦黑、次子马哈麻和三子马哈沙来华。马德鲁丁"精通天文、数学","明太祖嘉其学有渊源,遂留朝用,封回回太师府爵,钦天监博士,赐姓马,封大测堂,就明德后外姓"③。马德鲁丁去世后,子承父业,至迟到洪武十五年(1382)马沙亦黑和马哈麻亦被封为回回大师,并参与了有如上述的重大天文学活动。

据吴伯宗说,明太祖还有如下明确的指示:"尔西域人,素习本音,兼通华语,其口以授儒;尔儒译其义,辑成文焉。惟直述,毋藻绘,毋忽。"④ 这种译书方式及其要求,不啻是一种创新的模式,它可视为明末清初耶稣会士来华时大量译作的标准方式。"臣等奉命惟谨,开局于右顺门之右,相与切摩,达厥本指,不敢有毫发增损。越明年(1383)二月,《天文书》译既,善写以进。"⑤ 这就是说,在不到半年的时间内,由西域天文学家选择底本,并口授其意,而由吴伯宗和李翀负责润色成文的《天文书》便告完成。那么,这位西域天文学家是谁?其底本又为何书?不可不辨。对此,日本学者矢野道雄有新著发表,可参阅⑥。

在《天文书》中,除载有吴伯宗"译《天文书》序"一文外,另有未署名的"《天文书》序"一篇,内中有"逮阔识牙儿大贤者出,阐扬至理,作为此书"之说,明确指出了《天文书》的底本乃是阔识牙儿所著。

阔识牙儿即 *Kushyar Ibn Labban Ibn Bashahri*, *Abnl-Hasan*, *Al-Jili*,出生于伊朗北部的Caspian(卡斯培)海之南的地方,后到巴格达居住,约生于971年,卒于1029年。

在北京图书馆和北京大学图书馆分别存有名曰《乾方秘书》和《天文象宗西占》的钞本,均署为马哈麻译,对比其内容,皆与《天文书》大体一致,仅有个别地方略有不同,它们应是署以异

① 以上均见张廷玉等:《明史·历志一》。

② 马哈麻等:《明译天文书·吴伯宗序》。

③ 陈久金,回回天文学史研究,广西科学技术出版社,1996年,第108,109页。

④ 同②。

⑤ 同④。

⑥ 矢野道雄,Kūšyār Ibn Labbān's Introduction to Astrology,东京外国大学アジア·アフリカ言语文化研究所,1997年。

名的《天文书》的不同版本。由之可见,《天文书》的主译者当是回回大师马哈麻,而上述"《天文书》序"大约也正是马哈麻所作。

马哈麻,字仲良。主译《天文书》无疑是他天文学生涯的最重要成果,其后20余年,他依然活跃在天文历法领域,"洪武二十四年(1391)封钦天监监副,文林郎,任四译馆,翻译回回文书","永乐四年(1406)奉诏留驻南京,阐扬数理"①,继续有所贡献。

二 《天文书》的结构及占法

《天文书》全书分为四类,每一类又各分为若干门,共计58门。

第一类,凡二十三门,总说题目:

这是全书的总论与纲领,它不涉及具体的人或事,而是阐述回回星占学的基本理论和占法大要。"天轮七曜,有吉有凶,应世上之吉凶",由"各星性情衰旺及相遇度数,则知四时寒暑,旱涝疾疫,又知人事福祸吉凶"。在这些基本理论的基础上,对相关命题做出一系列具体的规定:如,日月五星和黄道十二宫(每一宫又平分为三)各自不同的性情、吉凶、所属阴阳、所属昼夜;月和五星同太阳相距度数不同时的性情;若干恒星的性情、威力等等。再由这些具体规定出发,视日月五星所处的宫分或与若干恒星相对位置的各种不同组合,来推测寒暑丰欠、旱涝疾疫、吉凶祸福的种种基本情况。此外,还设定了"福德之箭"、"言财帛宫之箭"等12箭的计算方法,作为推定个人的福、德、财、禄、婚姻等状况的基本依据。

第二类,凡十二门,断说世事吉凶:

所谓"世事"系指社会与国家之事,诸如战争、天灾、疾病、寒热风雨、阴雨湿润、物价贵贱、国家治乱,等等。对之进行星占的方法是,用星盘、星表等测算出与之相关的日月五星(此中尤重视木星和土星同度相躔之时)及其所当宫分与箭的数据,直接导出或经综合的考察后得出相应的结论——吉吉或凶凶相加而得大吉或大凶、吉凶相抵而得凶多吉少或凶少吉多,等。

在此类中,还专门设有"断说天象"一门,其中包括彗星、云气之占,其占法相对于日月五星占而言,要简略得多,只是作定性的描述,如"彗星见时,世上所应之事有刀兵征战、火灾地震等事"云云;另有"说日月交食"一门,依交食起讫时间的长短、亏食所当宫分等设占,其内容也不如日月五星占丰富。还有"说世运"一门,是对往古来今世道好坏的说道。一运360年,又分为四季,一季90年。每一运的主星依此为土星、木星、火星、太阳、金星、水星和月亮,每一季的主星分别为火星、太阳、水星和土星。亦以运与季主星属性等的不同组合,推定世道的好坏。

第三类,凡十二门,说人命运并流年:

是关于个人命运的说道,包括生相秉性、才智寿数、风症病患、父母兄妹、财帛福禄、婚姻子女、朋友仇人、职业与行止等等。其占法以求占人出生时东方地平线上的宫分度数(安命宫)为主展开,亦以日月五星及其所当宫分与箭的数据导出各种结论,间或还给出不同星占名家的不同说法。内中还有"说流年并小限"一门,简要介绍由星占推导求占人一生中按年、月甚至日的命运的多种方法。

第四类,凡三门,说一切选择:

系指选择吉日良辰的方法,小至剃头、沐浴的日常小事,大到君王登基的国家大事,无不在

① 陈久金,回回天文学史研究,广西科学技术出版社,1996年,第108,109页。

其规范的范围之内,其具体事项计达55种,如“若要沐浴,必择太阴在火星宫分、或在木星宫分,又太阴与木星相吉照”。又如“若君王登基时,选取太阴在人马宫、或双鱼宫、或天蝎宫、或狮子宫。……”等等。

《天文书》的结构是条理清晰的,其占法也是如此。它是中世纪西方星占学在中国首次完整的展现。

三 《天文书》的星占特色及其影响

《天文书》星占的基本思想与中国传统星占学并无不同,它们也都以主观臆测作为立说的主要特征,而且在各自不同的星占学派之间存在难以避免的不相容性,以致彼此牴牾之处。但《天文书》的特色是相当明显的①:

其一,从用于星占的天体看,《天文书》主要以日月五星为重点,不太重视彗星和日月交食,更不涉及流星、客星、瑞星与妖星等异常天象。也就是说,它主要以日月五星及其运动背景正常变化的不同组合做出占卜,这与中国传统的主要对异常天象进行占卜大不相同。

其二,从星占服务的对象看,《天文书》具有较大的普适性,无论何人皆可占卜。关于君王和国家大事之占基本集中在第二类的2～9门中,而第三类全部20门,和第四类选择事项中的45种,都是同个人命运和人们日常生活中遇到的问题密切相关,可见其服务的对象更侧重于平民百姓。这也与中国传统的主要占卜战争、年成、国之吉凶、君主与大臣之祸福,存在很大的差异。

其三,《天文书》对于吉日良辰的选择,也与有关天象密切联系。而中国传统的关于吉凶日的厘定则依照与天象关系不大的另一套复杂方法,亦即缺乏星占的意味。从星占学的角度看,《天文书》的选择法是星占的自然延伸,或者说是其他星占内容的反向应用,实际上又与其他星占内容浑然一体,也就从总体上更富有纯粹星占学的特色。

其四,《天文书》强调的是某一定天象,单向地决定某人或某事确定的吉凶祸福的结果。这同中国传统的天象的示警作用,以及人事对天象的反作用、天象可以祈禳甚至可以转移的说教明显不同。

其五,《天文书》所用的参照系是十二宫黄道坐标系,星占主要限于黄道带附近,而中国传统则用三垣二十八宿赤道坐标系,则将更广大的天区纳入关注的范围。

《天文书》译出之日正当明初对天文历法采取严厉的禁绝政策之时,是最具敏感性的著作,所以,它无疑仅限于为皇家服务并为极少数人所知。又由于《天文书》展现的是同中国传统星占学完全不同的星占学体系,即便在明代后期对天文历法弛禁之后,其影响也不能同中国传统的星占学著作相匹敌。不过,也正由于这些特色的存在,《天文书》作为中国传统星占学的重要补充,在明清时期也产生了一定影响。明末清初薛凤祚写道:“治历者齐七政以授民时,选择其要务也。”“回回历旧有选择一书,译于洪武癸亥(1383),阙略不备,难以行世。今新西法出,取其切要于日用者,理辞简切,以视附会神煞诸说。”② 这既说明了明末之前,《天文书》并不在民间流行的状况,也说明了其中关于百姓日常生活的星占内容还是得到了关注与应用。到清代

① 陈鹰,《天文书》及回回占星术,自然科学史研究,1989,(1)。

② 薛凤祚:《历学会通·致用·选择叙》。

出现的不少星占著作，也都对之采取了兼容的态度，如倪荣桂的《中西星要》将《天文书》的某些部分通篇辑入书中；陈松的《天文算学纂要》吸纳了《天文书》从选择到占法的相关内容；姚子兴的《择吉会要》选取了《天文书》中有关选择的诸多项目等等。

四 《天文书》中的天文学知识

应该说，《天文书》星占术成立的另一个基础，是对日月五星等天体及其背景的观测以及对这些天体运行基本规律与背景位置的把握，自然，在星占家看来，这些只是一种供他们利用的客体，即便如此，对有关天文学知识的探求和描述则是不可或缺的。

古希腊的黄道十二宫、360°周天度数和黄道坐标系等，乃是《天文书》所采用的基本天文学框架。在《天文书》中，载有30颗恒星的黄经值及其星等，如“其一，是人坐椅子象上第十二星，在白羊宫第二十度七分，属黄道北，系第三等星，有金、土二星之性”。这30颗恒星中，白羊宫1、金牛宫3、阴阳宫7、巨蟹宫5、狮子宫2、双女宫1、天秤宫3、天蝎宫1、人马宫2、磨羯宫2、宝瓶宫2、双鱼宫1。可见，其选择的原则之一是须遍布于黄道十二宫，各宫选1至7星不等。察其星等，一等星13、二等星12、三等星1、六等星4，可见，虽以亮星为主，但也选择较暗的恒星，这大约主要决定于这些恒星所具备的星占意义。在此星表之末有文曰：“以上星数是三百九十二年之前度数如此。其星皆往东行，一年行五十四秒，十年行九分，六十六年行一度。观者依此推之。”是说该星表的黄经值系为公元991年的数值，这大约应是阔识牙儿编撰《天文书》底本的年代。其所言黄经岁差值为1年54″，依此计算，则应为66.67年1°。又据研究，该星表也与绝大多数阿拉伯星表一样，是在托勒玫星表基础上加黄经岁差改正后得到的，现在欧洲所保存的阔识牙儿的《完备的天文表》(Zij-al-jami)中的星表与此完全相同①。《天文书》星表是为传入中国的第一份西方星表，而关于星等的概念也是第一次传入。

对五星冲、照、大距等概念的介绍，也是《天文书》带进的新知识。“凡宫分相照者，隔六宫一百八十度，呼为相冲；隔四宫一百二十度，呼为三合；隔三宫九十度，呼为二弦；隔二宫六十度，呼为六合”。这里“相冲”即是冲、“二弦”即是照，而“三合”与“六合”则是另两个专门的界定。关于大距，是为“土、木、火三星离太阳不过六十度，金星离太阳不过四十五度，水星离太阳不过二十五度”。

“凡彗星有四等：第一等，尾向上指；第二等，尾向下垂；第三等，其象似枪竿；第四等，其象似瞖簾，身细头大”。此中第一和第二等，是以彗尾的指向相分别，而第三和第四等言及彗星的形态，一是彗头尖锐而彗尾细长，一是彗头较大而彗尾较细。这些虽远不如中国传统的认识精细，却反映了当时阿拉伯人的一般认识。

关于地理经纬度亦有所介绍：“有人烟生物之处，亦分作四分。从中道上纬度往北分起，至纬度六十六度处止。经度自东海边至西海边一百八十度，经纬取中处，纬度三十三度，经度九十度。东西南北共分为四分。”这里“中道”即指赤道，认为自赤道至北纬66°、和东、西海边之间经度相距180°的地域内是为“有人烟生物之处”，它又以北纬33°线和东海边之西的90°经度线划分为四个区域，云云。这在当时的中国也是一种新的知识。

---

① 中国天文学史整理研究小组，中国天文学史，科学出版社，1981年，第54页。

第三节 《回回历法》与《七政推步》

一 《回回历法》与《七政推步》的编译

上一节所述的《天文书》，仅是朱元璋命回汉学者翻译的西域天文历法书籍之一，而另一部编译出的更重要的天文历法著作则是《回回历法》。《明史·历志一》载：洪武“十五年(1382)九月，诏翰林李翀、吴伯宗译回回历书”。《明史·历志七》又载：“洪武十五年秋，太祖谓西域推测天象最精，其五星纬度又中国所无，命翰林李翀、吴伯宗同回回大师马沙亦黑等译其书。”这些记载十分明确地指出了《回回历法》的主要译者，他们所采取的翻译方法与《天文书》相同，亦无可疑。

马沙亦黑是马德鲁丁的长子，字仲德，曾任回回“钦天监监正，任四译馆，翻译回回文书”，“永乐四年(1406)钦取进京”[①]，任钦天监五官灵台郎，这些当是马沙亦黑主译成《回回历法》后的部分经历。而从该历法取洪武甲子(1384)为近距历元看来，《回回历法》当译成于是年。

贝琳《七政推步·卷一》末有云：“此书上古未尝有也。洪武十一年[②] (1378)，远夷归化，献土盘历法，预推六曜干犯，名曰经纬度。时历官元统，去土盘译为汉算，而书始行乎中国。岁久堙没。予任监佐，每虑废弛而失真传。成化六年(1470)具奏修补，钦蒙准理。又八年矣而无成，今成化十三年(1477)秋而书始备。命工锓梓，传之监台，以报圣恩，以益后学。”《七政推步》(亦名《回回历法释例》)与见载于《明史》“历志七”至“历志九”中的《回回历法》大同小异(详说见后)。而据《明史·历志七》说，其底本的由来乃是“洪武初，得其书于元都”，关于译者已如上述，同时又说：“但其书多脱误。盖其人之隶籍台官者，类以土盘布算，仍用本国之书。……以故翻译之本不行于世，其残缺宜也。今为博访专门之裔，考究其原书，以补其脱落，正其讹舛，为《回回历法》，著于篇。”

贝琳(1429～1490)字宗器，上元(今南京市)人，早年得充任天文生，明正统十四年(1449)服务于军旅，占候多有功。景泰三年(1452)回钦天监任漏刻博士，天顺元年(1457)任五官灵台郎，成化六年(1470)升任监副，这也正是他奏请修补《回回历法》之时，两年后(1472)改任南京钦天监监副，从此定居于南京，对《回回历法》作了修订和重要补充的《七政推步》正成于此地。“自(贝)琳以天文起家，次鹏、次仁、次豳、次尚质、次元桢，(次字仕)[③]，七世以天文相始终。……康熙中，有名国珍者，与梅定九(即梅文鼎)交善，其历法诸书，定九多所采择。故《历算记》云：‘《回回历法》刻于贝琳，其布立成，以太阴而起，距算以太阳年，巧藏根数。’”[④]

综而观之，关于《回回历法》和《七政推步》的编译过程大约可作推论于下：

《回回历法》的底本应如贝琳所说并不得于元都，乃是远夷归化者所献，其献者很可能便是马德鲁丁父子。至于元统，于洪武十七年(1384)任钦天监漏刻博士之职，当年因主张对授时历

---

① 陈久金，回回天文学史研究，广西科学技术出版社，1996年，第108,119页。

② 有一些版本作“洪武十八年”，陈久金指出，他见到一明刊本作“洪武十一年”，较为可信。见陈久金，回回天文学史研究，广西科学技术出版社，1996年，第125页。

③ 陈久金，回回天文学史研究，广西科学技术出版社，1996年，第125页。

④ 莫祥之，甘绍盘等：《上江两县志》卷二十八，同治版。

小作修改而成大统历，得到朱元璋首肯而“擢(元)统为监令”①。可见，在洪武十五年(1382)决定翻译《回回历法》时，元统的学术地位还较低，他应也是参与翻译工作的汉儒之一，但在《天文书·吴伯宗序》中未提及他，是可以理解的。而到了贝琳的年代，元统的大名显著，贝琳将《回回历法》翻译的主要功劳归之于他，同样是可以理解的。

在马沙亦黑主译成《回回历法》之后，与《天文书》一样为皇家所秘藏，而回回钦天监中的西域天文学家自然更乐于应用本国之书，和轻车熟路地用印度数码在土或沙盘上演草的土盘算法。所以，《回回历法》汉译本渐渐残缺不全。在1435年前后，虽有刘信的演绎，和朝鲜李纯之等的考较(说见后)，但是，刘信之作可能也很快残缺，而李纯之之作则远在朝鲜。于是有贝琳在1470至1477年间的修补和刊刻工作。而到清代，《明史·历志》的编撰者(梅文鼎为作者之一，说见第八章第九节)，起先看到的仍是残缺不全的《回回历法》汉译本和底本，他们访到的“专门之裔”，很可能就是贝琳的后裔贝国珍，由是，《明史·历志》所载的《回回历法》，实则依《七政推步》与《回回历法》汉译本及其底本编修而成。

《明史·历志七》录载回回历法之术文，“历志八”和“历志九”则录载有关立成(天文表格)29种，“历志八”首载有相关立成造法的文字说明。计有“日、五星中心行度立成造法”(太阳和五星相对于春分点的平均行度表造法)、“五星自行度立成造法”(五星与太阳的平黄经差表造法)、“日、五星最高行度立成造法”(太阳、五星远地点黄经表造法)、“太阴经度立成造法”(月亮相对于春分点的平均行度、月亮相对于太阳平均行度的两倍、月亮于本轮的行度、罗睺与计都——黄白降交点与升交点相对于春分点的行度等表格的造法)、“总、零年、宫、月、日七曜立成造法”(星期推算表)等等。它们实际上是依据测算而得的有关天文数据和有关历元设定的(说见后)。

《七政推步》计七卷。第一卷为回回历法的术文，与《明史·历志七》所载基本相同，只少许增加了一些解释性的文字；第二至第七卷则为各种立成，它均不载立成造法的文字，但除具备上述29种立成之外，又增加了如下10种立成：(1)日五星中行总年立成；(2)日五星中行零年立成；(3)日五星中行月分立成；(4)日躔交十二宫初日立成；(5)日五星中行日分立成；(6)太阴经度总年立成；(7)太阴经度零年立成；(8)太阴经度月分立成；(9)太阴经度日躔交十二宫初日立成；(10)太阴经度日分立成(以上均见卷二)，它们实际上是《明史·历志八》首载的若干立成造法的具体化[其中(9)，在《明史·历志八》中未言及其造法，可据该立成补出②]。此外，另有载于卷六的黄道南北各像内外星经纬度立成，和载于卷七的13幅黄道坐标星图，则是《明史·历志》所无者。

由之可见，《明史·历志》保持了马沙亦黑《回回历法》汉译本及其底本的原貌，而《七政推步》则在其基础上有所修订与补充，贝琳自己所说的“修补”殆非虚言。

二　天文数据与表格

由《回回历法》关于若干立成造法的文字说明和《七政推步》新增的10种立成，可知回回历

① 张廷玉等：《明史·历志一》。

② 陈美东，回回历法中若干天文数据之研究，自然科学史研究，1986，(1)。

法采用了以下各种天文数据①：

回归年长度 365.2421997 日（与 1384 年理论值比较，误差 2.7 秒，下同），又一值为 365.2421875 日（3.7 秒）。它们均较前代中国传统历法精确。

朔望月长度 29.53059299 日（0.5 秒），略逊于中国传统历法的平均水准。

恒星月长度 27.32158575 日（6.5 秒），水平不高，而在唐宋时期中国传统历法的误差达 1 秒以下。

近点月长度 27.55458039 日（2.1 秒），略高于中国传统历法的平均水准。

交点月长度 27.21221996 日（0.1 秒），亦略高于中国传统历法的平均水准。

土星会合周期长度 378.0930028 日（95.7 秒），木星会合周期长度 398.8845230 日（41.1 秒），火星会合周期长度 779.9356461 日（38.4 秒），金星会合周期长度 583.9197207 日（143.0 秒），水星会合周期长度 115.8771744 日（26.2 秒）。其总体水平要高于中国传统历法，但北宋晚期后不少历法的土星会合周期误差已在 20 秒左右，张胄玄大业历（607）金星会合周期误差仅约 18 秒，等等，也有高过其水平的数据出现。

太阳远地点和五星远日点黄经（以 1384 年 7 月 16 日计）及其误差分别为：

$\omega_{日}=78°40'32''(0.99°)$

$\omega_{土}=244°07'32''(4.20°)$

$\omega_{木}=169°27'32''(2.29°)$

$\omega_{火}=124°23'32''(7.64°)$

$\omega_{金}=66°25'32''(136.25°)$

$\omega_{水}=205°36'32''(29.58°)$

太阳远地点的概念为中国所无，或者说一直把冬至点和太阳远地点相混同，这是继唐代九执历之后的又一次传入。授时历相应数值的误差依次为 0.60°，0.73°，2.80°，5.84°，136.72°，1.16°，可见，$\omega_{日}$、$\omega_{土}$、$\omega_{火}$、$\omega_{水}$ 的精度以授时历为高，而 $\omega_{木}$、$\omega_{金}$ 的精度则二者不相上下。

太阳和五星远地点黄经每年进动值均取为 60.01″，其误差分别为：$\Delta_{日}=2''$，$\Delta_{土}=10''$，$\Delta_{木}=2''$，$\Delta_{火}=6''$，$\Delta_{金}=9''$，$\Delta_{水}=4''$。中国没有太阳远地点进动的概念，这是回回历法远胜传统历法之处。与授时历比较，其 $\Delta_{土}$、$\Delta_{木}$、$\Delta_{火}$ 远小于授时历，$\Delta_{金}$ 和 $\Delta_{水}$ 则大于授时历，从总体水平看，应以回回历法为高。

太阳和五星平黄经值（以 1384 年 7 月 16 日中午计）及其误差分别为：$\lambda_{日}=122°25'10''(1.10°)$，$\lambda_{土}=80°43'10''(0.40°)$，$\lambda_{木}=67°42'10''(0.56°)$，$\lambda_{火}=271°49'14''(1.25°)$，$\lambda_{金}=39°15'10''(2.14°)$，$\lambda_{水}=158°21'10''(3.68°)$。而授时历相应数值的误差依次为：0.99°，0.36°，0.51°，0.73°，0.02°，10.34°。两相比较，除水星外，皆以授时历的精度为高。

综上所述，回回历法和中国传统历法所取用的相关天文数据的精度，互有高低，从整体上看，亦难分仲伯，它们反映了古代中国和阿拉伯天文学发展殊途同归的图景。

而《明史·历志》和《七政推步》所共有的 29 种立成，可简论于下②：

（1）太阳加减立成——太阳运动中心差改正表。中心差极大值即盈缩大分为 2°47″，误差

① 陈美东，回回历法中若干天文数据之研究，自然科学史研究，1986，（1）。

② 顾观光：《回回历解》《武陵山人遗书》光绪九年（1883）刊本；薮内清，回回历解，日本东方学报，京都 36（创立 35 周年纪念论文集），1964 年；陈久金，回回天文学史研究，广西科学技术出版社，1996 年。

约为 4′,远较中国传统历法准确。表列各值系由偏心轮或本轮均轮理论导出。这些理论是西方天文学体系区别于中国传统天文学体系的最主要特征,它们以天体沿圆形轨道作匀速运动,并以几何学的方法来推衍天体的运动状况。

(2)太阴经度第一加减比敷立成——月亮黄经第一改正表,这是考虑到月亮中心差以及与朔望月周期有关的月亮黄经改正表。表列各值依偏心轮或本轮均轮理论计算,略有差异,薮内清认为应按托勒玫《天文学大成》中的假设计算,亦不全合。《回回历法》的底本可能另有所据。

(3)太阴第二加减远近立成——月亮运动中心差("加减差")和出差("远近")改正表。其极大值分别为 4°50′和 2°30′,较理论值分别为小 1°27′和大 1°14′①。表列各值亦用本轮均轮理论导出。

(4)~(13)土、木、火、金、水五星第一加减比敷立成和第二加减远近立成——五星运动不均匀第一项改正表和第二项改正表。第一项改正表中,五星"第一加减差"变幅极大值分别为 6°19′,5°05′,11°25′,2°01′,2°43′,表列各值依本轮均轮理论并引用托勒玫在《天文学大成》中提到的对地点概念导出。第二项改正表中,五星"第二加减差"变幅极大值依次为 5°40′,10°23′,36°45′,44°58′,19°56′,表列各值是在假设本轮半径等于行星远地向径的情况下,依本轮均轮理论加对地点概念导出。又假设本轮半径等于行星近地向径的情况下,依本轮均轮理论加对地点概念导出一组数据,令前后两者相对应的数据相减,即得表列"远近"各值,其极大值依次为 42″,1°,13°38′,3°6′,4°6′。

(14)~(18)五星黄道南北纬度立成——五星黄纬表。表列各值以本轮均轮理论推出,说见后。

(19)太阴黄道南北纬度立成——月亮黄纬表。黄白交角取为 5°2′30″,较理论值小 6′13″②,其精度也高于中国传统历法。它又以"月离计都宫度为引数",列出相应表格。即该表格是在已知黄白交角和月亮距离黄白升交点的黄经差后,依弧直角三角形公式计算得相应的月亮黄纬值的。

(20)太阴出入晨昏加减立成——月亮出入时黄经表及晨昏时黄经表。表列各值以月朔序数为引数,令所求日午正月亮黄经加减查算而得的数值,即得。

(21)五星伏见立成——发生土、木、火三星晨见与夕伏,以及金星与水星晨见、晨伏与夕见、夕伏现象的限度表。当行星与太阳黄经差在表列限度以上时,即发生上述现象。

(22),(23)五星顺留立成和五星退留立成——计算五星发生留现象的表格。

(24)西域昼夜时立成——表列各值为与所求日午正太阳黄经相应的太阳出入地平时的赤道度(L),而与所求日午正太阳黄经相应的赤道度(J)可以换算得知,则 $2(J-L)/15$(赤道度差 15°为 1 小时),即为白昼小时数,以 24 减去白昼小时数即夜晚小时数。陈久金指出,与该表格相应的地理纬度当在北纬 32°0′到 32°06′之间,同南京市的地理纬度 32°02′十分接近,即该表格适用于南京地区,当是马沙亦黑等人在南京对其地理纬度进行实测的基础上编纂的③。

(25)昼夜加减差立成——太阳均时差表,即用于平太阳时换算为真太阳时的表格。该表中均时差的最大值在黄经 220°处,为 31 分 47 秒,这是平太阳时相当于真太阳时而言最小之

① A. Danjon 著,李珩译,球面天文学和天体力学引论,科学出版社,1980 年,第 289 页。

② 同①。

③ 陈久金,回回天文学史研究,广西科学技术出版社,1996 年,第 202,203 页。

处;最小值为零,在黄经 332°处。这似乎说明其均时差值皆为正数,亦即平太阳时当恒小于真太阳时,同我们现在所知平太阳时与真太阳时之差有正有负,是不一样的。但是其变幅为 31 分 47 秒,这则与均时差变幅的理论值 30 分 45 秒趋同①。

(26)太阳、太阴昼夜时行影径分立成——太阳与月亮视直径("太阳径分"与"太阴径分")、月亮行经地球影锥的截面圆直径("太阴影径分")及其改正值("太阳影差")表格。该表格太阳与月亮最小视直径分别取为 32′26″和 30′50″,分别比理论值小 6″和大 1′28″;最大视直径分别取为 34′48″和 36′18″,分别比理论值大 3′20″和 2′52″②。表列各值系以偏心轮理论,及日、月最大或最小视直径的测定值与直角三角形的有关公式推算而得的。该表格月亮行经地球影锥截面圆直径最小为 1°19′49″,最大为 1°38′47″。表列各值是在设定太阳处于远地点时,因月亮距离地球远近变化所导致的月亮对地球影锥截面圆径大小的状况。由于月亮行经地球影锥截面圆直径实际上还受地球与太阳距离变化的影响,"太阳影差"就是虑及于此而设立的。因为它较前者的影响为小,所以姑以改正值称之,该表格的最大值 2′6″。可见,回回历法关于月亮行经地球影锥截面圆直径最小应为 1°17′43″,最大为 1°36′41″,分别较理论值大 15′41″和 31′39″。

(27)经纬加减差立成——用于计算日食东西差(经加减差)和南北差(纬加减差)的表格。东西差和南北差分别是月亮视差的经向和纬向分量,由表列各值可反推得其所取月亮视差约为 50′8″,较理论值约小 6′余。月亮视差的大小与日食发生时月亮的天顶距相关,这也就是与日食发生所值的季节(或者说日月所当十二宫的宫分)以及时刻相关,所以该表格的纵栏为十二宫、横栏为时数,纵横交错处所列数值分别为某宫某时的东西差和南北差。此外,月亮视差还与地理纬度有关。陈久金指出,该表格也是以北纬 32°0′为准的,适用于南京地区。这也是马沙亦黑等人在南京对地理纬度进行实测的基础上编纂该表格的证明。有鉴于此,视《回回历法》实为马沙亦黑等人的编译之作③,是适宜的。

(28)时差加减立成——用于计算东西差造成的对日食时刻的改正表。表列各值是为东西差除以日月相对运行的速度(取每分钟 28′2″入算)。

(29)太阴凌犯时刻立成——与月亮凌犯五星或恒星有关的表格。

三 回回历谱、日月位置及交食计算法

回回历法的历元"起西域阿喇必年,下至洪武甲子(1384)七百八十六年。"④ 即以公元 1384 年为近距历元,这里所说的 786 年系指距回回历纪年元年即历元(公元 622 年,相当于唐高祖武德五年,亦即回回历法的历元)的回回历纪年数。这是回回历法各类有关计算的起点。此外,黄道坐标乃是标示天体位置的基本方法。

回历是为纯阴历,定一年为 12 个月,单月大、30 日,双月小、29 日。又设 30 年中有 11 个闰日,从历元年开始,以 30 年为周期,每逢第 2,5,7,10,13,16,18,21,24,26,29 年为闰年,这些年的 12 月改为 30 日。依此,回回历历面的一月长度为 $29\frac{191}{360}$日(29.5305556 日,与理论值

---

① A. Danjon 著,李珩译,球面天文学和天体力学引论,科学出版社,1980 年,第 67,68 页。

② A. Danjon 著,李珩译,球面天文学和天体力学引论,科学出版社,1980 年,第 328,344 页。

③ 陈久金,回回天文学史研究,广西科学技术出版社,1996 年,第 202,203 页。

④ 张廷玉等:《明史·历志七》。

之差为 2.8 秒），这与回回历法所知的真正朔望月长度十分接近，其实加有闰年的用意也正在于此。而回回历纪年的一年相当于 $354\frac{11}{30}$ 日，较回归年要少 10 日有余。它又规定："七曜数，日一，月二，火三，水四，木五，金六，土七"①，它们以 622 年 7 月 16 日起数，循环往复。这些即为回回历谱的基本要素。

太阳位置的计算，是先求所求时日太阳的平黄经（$\lambda_{日}$）和远地点黄经（$\lambda_{地}$），两者之差即为太阳自行度，以之为引数，由太阳加减立成查算（依比例法，即一次差内插法，下同）得改正值（$\Delta\lambda_{日}$），该时日太阳的真黄经则为 $\lambda_{日}\pm\Delta\lambda_{日}$。$\lambda_{日}$ 的计算，是以所求时日为引数，"置积年入总年、零年、月、日立成内，各取日中心行度，并之，内减一分四秒"②，即得。这些立成就是前已述及的《七政推步》增加的 10 种立成中的（1），（2），（3），（5）立成。$\lambda_{地}$ 的计算法为：已知历元年太阳远地点黄经，加上所求年与历元年的年距与太阳远地点每年进动值的乘积，即得。

月亮黄经的计算，是先求所求时日月亮平黄经（$\lambda_{月}$）和太阳平黄经，以两者之差的二倍（加倍相离度）为引数，由太阴经度第一加减比敷立成查算得改正值（$\lambda_{月a}$）；再以 $\lambda_{月}\pm\lambda_{月a}$（本轮行定度）为引数，由太阴第二加减远近立成查算得"加减差"和经通分后的"远近"改正值（$\lambda_{月b}$和 $\lambda_{月c}$，后者称为"泛差"）。该时日月亮的真黄经则为 $\lambda_{月}\pm(\lambda_{月b}+\lambda_{月c})$。$\lambda_{月}$ 的计算，"置积年入立成内，取总（年）、零年、月、日下中心行度，并之，得数内减一十四分"③，即得。这些立成就是前已述及的《七政推步》增加的 10 种立成中的（6），（7），（8），（10）立成。

月亮黄纬的计算，是以所求时日计都和月亮真黄经之差为引数，由太阴黄道南北纬度立成查算得该时日的月亮黄纬。计都黄经的计算法，与 $\lambda_{月}$ 的计算相仿。

关于日月食的计算，上述日、月、计都（或罗睺——黄白降交点）黄经、黄纬（太阳、计、罗的黄纬均为零）等的计算是为基础。先简述关于日食的计算：

先求日、月真黄经相同的合朔时刻（T_0），以及与之相应的太阳真黄经，以此为引数，由昼夜加减差立成查算得改正值（ΔT），这是从平太阳时换算为真太阳时的改正值。则合朔时真太阳时时刻 $T=T_0\pm\Delta T$。回回历法是以午正为一日之始，为变从中国传统的以子正为一日之始的状况，令 $T+12$ 小时作为合朔时真太阳时时刻入算。以此为引数，可分别查算得相应的月亮和计都黄经值，又以此两者之差为引数，查算得此时月亮的黄纬值。次辨日食发生的可能性——关于日食食限的规定。合朔时，当月亮在黄道南（黄纬为负值）45′和当月亮在黄道北（黄纬为正值）90′以内者可能有食，需作如下进一步的推算。

次求日食三差——东西差、南北差和时差，它们都与月亮视差密切相关。东西差对月亮黄经产生影响，导致日食食时的变化；南北差对月亮黄纬产生影响，导致日食食分大小的变化；而时差则是在已知东西差值后求算得的对日食食时的具体影响时刻。东西差和南北差可由经纬加减差立成查算而得，以（$\lambda_{日}+\Delta\lambda_{日}$）和（$T+12$ 小时）为双引数，先依（$\lambda_{日}+\Delta\lambda_{日}$）在相应宫间用一次差内插法算出准东西差和准南北差，再依（$T+12$ 小时）在准东西差和南北差间用一次差内插法求出东西差和南北差。而时差则由时差加减立成查算而得，其法亦与东西差、南北差查算法相同。

---

① 张廷玉等：《明史·历志七》。

② 同①。

③ 同①。

次求日食食甚时刻,即 $T+12$ 小时 ± 时差。

次求日食食分。已知日食食甚时刻,便可依前述方法求得与之相应的太阳黄经、月亮黄经与黄纬值,亦可求得相应的计都黄经值。继求此时的日、月视直径,以此时日、月距各自的远地点的黄经差为引数,由太阳、太阴昼夜时行影径分立成中的"太阳径分"和"太阴径分"栏查算。再求日食食分:令食甚时的日月视半径相加,减去食甚时月亮的黄纬值(此值应加上南北差的改正),以所得差值除以太阳视直径(此为月亮遮住太阳视圆面的比值),再乘以 10,即得以全食分定为 10 分的日食食分数。

次求日食初亏、食甚与复圆(三限)时刻,亦如图 6-33 所示,S 为日心,M_1 为初亏,M 为食甚,M_2 为复圆时的月心。M_1 圆、M_2 圆分别与 S 圆相切。由直角三角形 SMM_1 知:

$$M_1M=MM_2=\sqrt{SM_1^2-SM^2}=\sqrt{SM_2^2-SM^2}$$

上式中,SM_1、SM_2 为食甚时日、月视半径之和,SM 为食甚时月亮黄纬值。以 M_1M 除以食甚时日月相对运行速度,此值亦可从太阳、太阴昼夜时行影径分立成中的"太阳日行分"(或"太阳时行分")、"太阴日行分"("或太阴时行分")栏查算而得。设相除得数为 K,则初亏时刻为(食甚时刻 $-K$),复圆时刻为(食甚时刻 $+K$)。

次求日食初亏、复圆方位。以日食 8 分为界,8 分以上,初亏、复圆均作正西或正东方向。8 分以下,则虑及日食时月亮在黄道南或北的不同情况:当月亮在黄道北时,初亏西北、复圆东北;在黄道南时,初亏西南、复圆东南。其法尚粗疏。

关于月食的计算,可简述于下:

先求日、月真黄经相距六宫(180°)的合望时刻(N_0),以及与之相应的太阳真黄经,与日食之计算相仿,以此为引数,由昼夜加减差立成查算得改正值(ΔN),则合望时真太阳时时刻 $N=N_0\pm\Delta N$。亦变从中国传统的以子正为一日之始的状况,令 $N+12$ 小时,作为合望时真太阳时时刻入算。以之为引数,即可由相应表格查算得合望时的太阳、月亮与罗睺(或计都)真黄经以及月亮黄纬等值。

月食的食限取两种数值,一是以望时月亮与罗睺(或计都)间的黄经差在 13°以内;二是以望时月亮黄纬在 1°8′以内。准此,可判断是否作进一步的推算。

上述合望时刻亦即月食食甚时刻。以此时月亮和太阳距各自远地点的黄经差为引数,由太阳、太阴昼夜时行影径分立成中"太阳径分"和"太阴径分"栏,分别查算得相应的太阳和月亮的视直径;又由该立成的"太阴影径分"和"太阳影差"栏,分别查算得相应数值,令二者相减即为其时月亮行经地球影锥截面圆直径值。

次求月食食分:令如上求得的日、月视半径相加,减去月亮黄纬,再除以月亮视直径,乘以 10,即为月食食分。

次求月食初亏、食既、食甚、生光、复圆(五限)时刻:图 7-2 所示乃是月食发生于黄白升交点后的情形。O 为地球影锥中心,圆 O 即月亮行经地球影锥截面圆,月亮依次行经 A,B,C,D,E,它们分别为初亏、食既、食甚、生光和复圆时的月亮中心,AB,BC,CD,DE 则分别为月亮从初亏到食既、食既到食甚、食甚到生光、生光到复圆所行的距离。

由直角三角形 OAC 和 OEC 知:

$$AC=\sqrt{AO^2-CO^2}=CE=\sqrt{EO^2-CO^2}$$

又由直角三角形 OBC 和 ODC 知:

$BC=\sqrt{BO^2-CO^2}=CD=\sqrt{DO^2-CO^2}$

上二式中，CO 应为月亮的白纬，而回回历法以相应的月亮黄纬 CF 为其近似值入算。$AO=EO$，同为月亮视半径与影锥半径之和。$BO=DO$，同为影锥半径与月亮视半径之差。

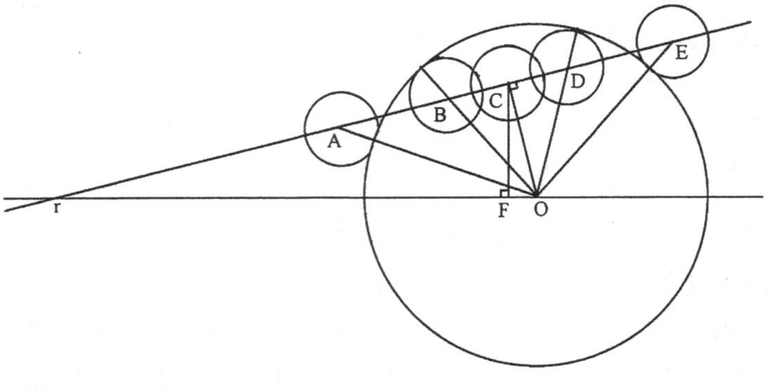

图 7-2　月食五限示意图

运用计算日食三限类似的方法，便可求得从初亏到食既、食既到食甚、食甚到生光、生光到复圆各段的时距，又已知食甚时刻，则初亏、食既、生光和复圆时刻便可一一算知。

月亮初亏、复圆方位的描述，亦仅具定性范畴：凡全食，初亏在正东、复圆在正西。凡偏食，若月亮在黄道南，则初亏在东北、复圆在西北；若月亮在黄道北，则初亏在东南、复圆在西南①。

四　行星位置推算法②

回回历法对于行星黄经（W）的计算，可简述于下：

先求行星相对于行星远地点的平黄经（W_0）。已知所求时日行星远地点的黄经（H，“最高行度”）、太阳平黄经（$\lambda_日$，“日中行度”）、行星与太阳的平黄经差（ΔW_0，“自行度”），太阳平黄经的查算已如前述，行星远地点黄经和行星黄经以所求时日为引数，分别由“日、五星最高行度立成”和“五星自行度立成”查算而得。

对于土、木、火星（外行星）而言：

$W_0=\lambda_日—\Delta W_0—H$

对于金、水星（内行星）而言：

$W_0=\lambda_日—H$

次求行星运动不均匀第一项改正后的黄经（W_1）。由于 W_0 是以地球处于本轮中心为准算得的行星均轮中心相对于行星远地点的黄经差，而实际上地球并不居于本轮中心，故需加上

---

①　以上均参见薮内清，回回历解，日本东方学报，京都 36（创立 35 周年纪念论文集），1964 年；陈久金，回回天文学史研究，广西科学技术出版社，1996 年。

②　薮内清，回回历解，日本东方学报，京都 36（创立 35 周年纪念论文集），1964 年；杨怡，回历行星运动几何模型之研究，自然科学史研究，1991，(3)。

相应的第一项改正值(ΔW_1),其可以 W_0 为引数,由五星第一加减比敷立成查算而得。则:$W_1 = W_0 \pm \Delta W_1$。

次求行星运动不均匀第二项改正后的黄经,以及所求时日的行星黄经(W)。由于行星是绕均轮中心运动的,故需加上第二项改正值。以 $\Delta W_0 \pm \Delta W_1$ 为引数,由五星第二加减远近立成分别查算的"加减差"(ΔW_2)和"远近"(ΔW_3)值。已知 ΔW_3 乃是分别假设在行星远地向径和近地向径(故称"远近")时的差值,而所求时日的向径(即 W_1 时)在远、近向径之间,与其相应的改正值("泛差")可依一次差内插法计算,再虑及通分,便为:$\dfrac{\Delta W_3 \times W_1}{180 \times 60}$。

于是,$W = H + W_0 \pm \Delta W_1 \pm \Delta W_2 \pm \dfrac{\Delta W_3 \times W_1}{180 \times 60}$。

再讨论行星黄纬度的计算。

据研究,对于土、木、火三外行星黄纬度的计算,系采取如图 7-3 所示的几何模型。行星 P 绕本轮中心 O′旋转,O′又绕虚线圆旋转。本轮面与黄道面的最大倾角为 i;本轮中心的黄道面垂足 B(即求行星经度时的本轮中心)绕均轮旋转,虚线圆面与黄道面的最大倾角为 θ;E 为地球。故行星的黄纬是随着本轮心定度(即上述 W_1)和自行定度(即上述 $\Delta W_0 \pm \Delta W_1$)的变化而改变。在五星黄道南北纬度立成中,就是以此作为双引数来查算相应的行星黄纬值的。

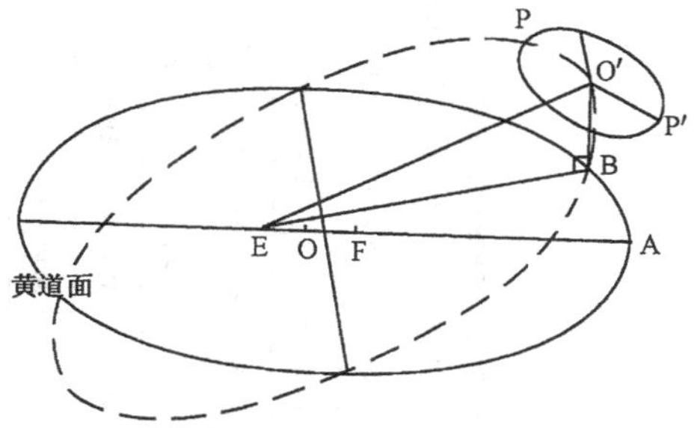

图 7-3 行星轨道立体解释图

由该几何模型和有关数据可推得三外行星的相关倾角如表 7-1 所示。

表 7-1 土、木、火星的倾角

	木轮面倾角 i	虚线圆面倾角 θ	轨道倾角现论值①
土星	1°07′	2°23′	2°29′
木星	18′	1°16′	1°18′
火星	39′	1°22′	1°51′

由上表知,回回历法所设定的 θ 值与理论值是比较接近的。

关于金、水二内行星黄纬度的计算,要较外行星黄纬度的计算复杂一些,因为回回历法认定内行星虚线圆面与黄道面的交点在不断地相对于太阳远地点运动,而外行星虚线圆面与黄道面的交点同太阳远地点则是相对固定的。此外,内行星本轮面与黄道面的倾角较大,而虚线圆面与黄道面的倾角较小,也是不同于外行星的一个特征。

五 《七政推步》中的星表与星图

在《七政推步·卷六》中载有"黄道南北各像内外星经纬度立成",这是一份载有 277 颗恒星的黄经、黄纬及其星等的星表。这些恒星是分属于 15 个星座、且黄纬值在 ±10°范围内者,故

① 中国科学院紫金山天文台,一九八四年中国天文年历,科学出版社,1983 年,第 2 页。

也可以说是一份黄道带附近恒星的星表。对于各恒星不但给出阿拉伯星名,同时给出相应的中国传统星名。星表纵栏依次为:“黄道南北各像星”、“各星经度”、“各星纬度”、“各星等第”和“各星宿次”(如图 7-4 所示)。

七政推步

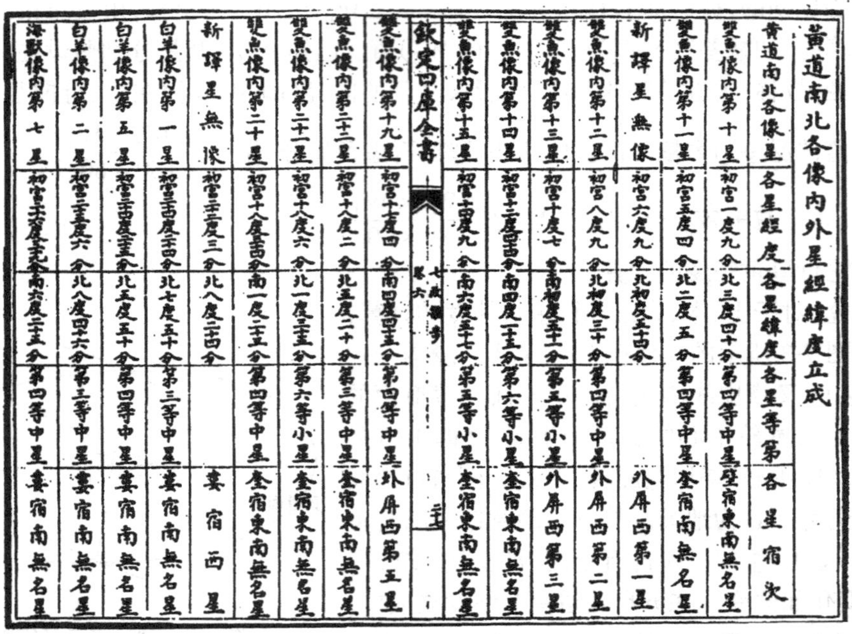

黄道南北各像内外星經緯度立成

黄道南北各像星	各星經度	各星緯度	各星等第	各星宿次
雙魚像内第十星	初宫一度九分	北三度四十分	第四等中星	壁宿東南無名星
雙魚像内第十一星	初宫五度四分	北二度五分	第四等中星	奎宿南無名星
新譯星無像	初宫六度九分	北初度五十四分		外屏西第一星
雙魚像内第十二星	初宫八度九分	北初度三十分	第四等中星	外屏西第二星
雙魚像内第十三星	初宫十度七分	南初度五十一分	第五等小星	外屏西第三星
雙魚像内第十四星	初宫十二度四十四分	南四度一十五分	第六等小星	奎宿東南無名星
雙魚像内第十五星	初宫十四度九分	南六度五十七分	第五等小星	奎宿東南無名星
雙魚像内第十九星	初宫十七度四分	南四度四十五分	第四等中星	外屏西第五星
雙魚像内第二十二星	初宫十八度二分	北五度二十分	第三等中星	奎宿東南無名星
雙魚像内第二十一星	初宫十八度六分	北一度一十五分	第六等小星	奎宿東南無名星
雙魚像内第二十星	初宫十八度五十四分	南一度二十五分	第四等中星	奎宿東南無名星
新譯星無像	初宫二十二度三分	北八度二十四分		婁宿西星
白羊像内第一星	初宫二十四度二十四分	北七度五十分	第三等中星	婁宿南無名星
白羊像内第五星	初宫二十四度二十五分	北五度五十分	第四等中星	婁宿南無名星
白羊像内第二星	初宫二十五度六分	北八度四十六分	第三等中星	婁宿南無名星
海獸像内第七星	初宫二十六度五十八分	南六度二十五分	第四等中星	婁宿南無名星

欽定四庫全書　七政推步　卷六

图 7-4　《七政推步》星表首页(文津阁本《四库全书》)

该星表所列 15 个星座依此为双鱼、宝瓶、摩羯、人马、天蝎、人蛇、天秤、双女、狮子、巨蟹、阴阳、人像、金牛、白羊和海兽。此中除人蛇、人像和海兽三星座外,即为黄道十二宫。人蛇等三星座系阿拉伯特有的星座,为近代西方星座所无。

277 颗恒星的星等共分 6 等,计有一等星 4 颗、二等星 4 颗、三等星 35 颗、四等星 69 颗、五等星 88 颗、六等星 61 颗,还有未注明星等者 16 颗。由之可见,该星表对恒星的选择并不以亮星为主要标准,更为重要的考虑则应是恒星所包含的星占学上的意义。

若将该星表与托勒玫星表比较,不难发现前者的黄经并不存在简单地依后者加黄经岁差改正的情况,其黄纬值也有所不同,所载星等也多处与托勒玫星表不一致,另有托勒玫星表中所没有的恒星,在该星表纵第一栏注明“新译星无像”者,凡有 15 颗星,就属于此类。所以,该星表应是参照某种阿拉伯星表、并经独立的观测编纂而成的。

关于该星表的观测年代,中外学者已有不少研究。由该星表所载各恒星的黄经值,运用黄经岁差变化的理论,估算其观测年代,是通用的一种方法。依之,薮内清得 1365 年前后①,薄树人等得 1360 年前后②,而潘鼐认为应在 1359 年前后③。其结果相当接近,小有差异大约是所取恒星及其数量各异造成的。这里所谓“前后”,是运用该方法估算观测年代时所可能的误

① 薮内清,Indian and Arabian Astronomy in Chana,Silver Jubilee Volume of the Zinbun Kagaku Kenkysyo,1954 年。
② 据薄树人和陈鹰在 20 世纪 80 年代初所作《关于〈七政推步〉星表之研究》一文的观点。
③ 潘鼐,中国恒星观测史,学林出版社,1989 年,第 368 页。

差,如潘鼐即以±30年为算。

在朝鲜李朝《世祖实录》所载和《七政推步》星表相同的《七政算外》星表(说见后)表首有一段说明文字:

各项经度,每五年加四分。洪武丙子(1396)积七百九十八算,已加四分讫;至辛巳年(1401)八百三算,又当加四分。累五年加之,至于永久。

这是说,黄经岁差每年为48″,亦即75年差1°,其精度要较《天文书》所述每年54″准确(理论值约为每年50″)。此外,是说公元1396年和1401年相当于回回纪年的798年和803年,公元1401年距1396年为5年,又应当将星表中各恒星的黄经加上4′,星表所载黄经值是以1396年为元的,而这则是在5年前——公元1391年(洪武二十四年)——原星表所载黄经值上加4′得来的。是薮内清最先由此得出《七政推步》星表当测定于公元1391年的结论的①,其说可信。

至于《七政推步》星表的测定者,有人认为它很可能是明初被朱元璋征召到南京的回回天文学家黑的儿(即海达儿)等人在元上都时观测编纂的星表②,既然该星表当测定于洪武二十四年,此说之不妥是显而易见的。潘鼐认为该星表系马沙亦黑和海达儿等人译自阿拉伯某一星表的译本③,其测定者为某阿拉伯天文学家在阿拉伯某地测定的,而陈久金则力主该星表是马沙亦黑在南京测定的④。我们认为,该星表的测定者还有待进一步的论证。

马沙亦黑对《七政推步》星表的贡献,至少是翻译的工作,以及阿拉伯与中国传统星官的对照证认工作,这是第一份中西星名对照表。自然,这些工作与《天文书》的翻译一样,也融入了汉族学者的力量。

在《七政推步·卷七》载有毕宿(9星)、井宿(9星)、鬼宿(5星)、轩辕星(7星)、太微垣(19星)、角宿(2星)、亢宿(4星)、氐宿(4星)、房宿(4星)与心宿(3星)、斗宿(6星)、建星(6星)、牛宿(6星)、垒壁阵星(12星)等13幅黄道坐标图,计14座星官96星。它们均以黄纬为纵坐标、黄经为横坐标,并绘出相距为1°的纵横坐标网。各星宿诸星以小圆圈示出,由小圆圈的中心可读出诸星的黄道坐标值。若将图中和《七政推步》星表中所共有恒星的黄道坐标相比较,可以发现两者是基本符合的,这说明图中诸星的位置理当是依测定的黄道坐标值点定的。图、表共有的恒星计有78颗,另有毕宿4星,井宿、轩辕、亢宿各2星,太微垣10星和建星1星,共计21星为星表所无,这些星的黄道坐标值可能应是马沙亦黑等人新作测量的结果。讨论至此,我们似可反过来说明《七政推步》星表并非马沙亦黑等人在南京测量的,因为如果是马沙亦黑等人所测,在《七政推步》星表中,理当不会不载上述21颗星的黄道坐标值,反而载有上述14座星官的诸多"无名星"的黄道坐标值。由此看来,《七政推步》星表系阿拉伯某星表的译本的可能性更大。

在该13幅黄道坐标图的太微垣与角宿图之间,有一段文字说明:

凌犯入宿图

推月与五星入宿法

---

① 薮内清,中国的天文历法(增补改订版),平凡社,1990年,第233页。

② 中国天文学史整理研究小组,中国天文学史,科学出版社,1981年,第54页。

③ 潘鼐,中国恒星观测史,学林出版社,1989年,第369,371页。

④ 陈久金,回回天文学史研究,广西科学技术出版社,1996年,第140页。

法曰：置各宿初界宫度数，其月入宿、纬度并时刻，并依太阴凌犯求纬度、时刻法推之；其五星入宿者，视各宿初界宫度数与五星经度相近者，取之是也。

由之可知，“凌犯入宿图”应是这13幅图的总名称，而绘制该图的目的则是为了适应中国传统星占术以二十八宿等为恒星背景的需要。至于计算月亮、五星等的凌犯，仍是依据回回历法的相关方法为准。此外，这一段说明文字插入在上述两图之间，颇为蹊跷。我们推想它们理当在全图之首，其后应按二十八宿与相关星官的传统排列顺序角、亢、氐、房等等一一示出，亦即现说明文字之前的各图应在垒壁阵星图之后，而且还应有其他星官图的绘制，或者说，现所见13幅凌犯入宿图仅是更多的同类图像的遗存。

同样，《七政推步》星表的译撰，也是基于星占的需要。在回回历法中，有“求太阴所犯星座”和“求五星凌犯相离分”二术，是在依回回历法求算得月亮或五星的黄道坐标值后，“入黄道南北各像星立成内，经纬度相近在一度以下者，取之”①。说的就是运用星表以计算月亮、五星凌犯恒星的方法。再与《天文书》之类的星占著作相配合，便可给出相应的占辞。

《七政推步》星表和星图乃是回回历法的有机组成部分，只是它们是在回回历法术文和其他有关表格于洪武十七年(1384)由马沙亦黑等人先期编译成功后，在洪武二十四年(1391)后继完成的。

六　《回回历法》的影响

《回回历法》“与大统(历)参用二百七十余年”②，即在明代，它不但为向中国境内的回族民众颁行回历提供依据，而且也独立向皇家提供星占信息，同时与大统历处于彼此参照或相互竞争的地位。

在《回回历法》译出后，得到了一些中国和朝鲜学者的关注，展开了学习与研究的活动。

刘信(？～1449)，江西安成(今江西安福)人，明英宗正统年间(1436～1449)任钦天监夏官正。他曾于正统十二年(1447)测得“北京(北极)出地高度四十度强”、“冬至日出辰初一刻、入申正二刻，夜刻六十二；夏至日出寅正二刻、入戌初一刻，昼刻六十二”③，为明成祖迁都北京后依然沿用南京漏刻的谬误、并要求进行必要的改革提供客观依据。如本章第一节所述，刘信等人的改革努力没有奏效，但他们的主张特别是刘信的观测工作则是不可磨灭的。刘信更重要的天文学工作还在于编辑有《西域历法通径》二十四卷，其时大约就在他担任夏官正的正统年间。北京图书馆善本部存有该书明刻本八卷：卷十一和十二“求金星第二差”立成，卷十三“求水星第二差”立成，卷十四“求月、五星泛差”立成，卷二十一至卷二十四为月亮“凌犯时刻立成”。在这些立成之首，皆有相关计算方法的文字说明。卷二十四的后半部还列出月亮“中心行度立成”、“加倍相离度立成”、“本轮行度立成”和“计都行度立成”。经与《回回历法》的相关立成初步比较，这里所谓“第二差”，是指金星与水星第二加减差；“月、五星泛差”包括月亮与五星第二项改正中的“远近”、“比敷分”，并增加了“泛差”的数值；“凌犯时刻”则同。从现存八卷

① 张廷玉等：《明史·历志七》。

② 同①。

③ 孙继宗、陈文等：《明英宗实录》卷一百六十；黄宽等：《安福县志》卷四(康熙版)；马明达，陈静，中国回回历法辑丛，甘肃民族出版社，1996年，第42页。

看,我们的初步结论是:在两者之间并不存在本质的区别,《西域历法通径》是在《回回历法》的基础上,对有关立成作了某些调整或增加了一些项目,而其最突出的特征则是,极大地扩充了相关立成的篇幅,即给出了更详尽的数据表格,以供便捷和准确的查算。如"第二差",在《回回历法》中每隔 1°给出一个相应数据,而《西域历法通径》却是每隔 2′、3′或 5′不等便给出一个相应数据,查其中整度处的"第二差"值则与《回回历法》中相应度数的"第二加减差"值相同。而月亮"中心行度"等立成,系与《回回历法》所述这些立成的造法无异,即是为文字说明的造法的表格化。此外,"凌犯时刻立成"之首的文字说明中,有月亮与某星相距"五十四分以下者取犯,五十五分至二度五十九分取到"的规定,与《回回历法》以 1°以内为凌犯的规定有所不同;又有"入黄道南北内外星立成内,俟及取其各星经度,在其限内视南北纬度相近者,即将其星经度录之"等语,可见,《西域历法通径》中也应有"入黄道南北内外星立成"的存在,这大约也就是《七政推步》中的星表。刘信的这一工作,当是中国汉族天文学家对回回历法的深入研究与演绎的早期成果,是对与中国传统历法分属截然不同体系的回回历法的认同。

据朝鲜《书云观志·卷三》记载:"世宗癸丑(1433),上……命郑麟趾……等,取皇明《大统通轨》,稍加概括,为内篇;又得《回回历法》,命李纯之、金淡等考较,为外篇。"《大统通轨》即指元统所撰《大统历法通轨》,经郑麟趾等概括成《七政算内篇》。而由受朝鲜李朝派遣到明钦天监学习的朝鲜天文学家李纯之与金淡的考校而成《七政算外篇》,该书编译的主要目的也是为了在朝鲜行用授时历的同时参而用之。由是,《回回历法》开始在朝鲜流传,其时与刘信编辑《西域历法通径》的年代相当。《七政算外篇》现见载于 1454 年成书的《李朝实录·世宗庄宪大王实录》卷一百五十九至一百六十三中。

《七政算外篇》也基本上是依据马沙亦黑《回回历法》汉译本和原底本考订整理而成的,应该说李纯之与金淡更早做了后来贝琳所做的同类工作。若将《七政算外篇》同《回回历法》及《七政推步》相比较,从总体上看,三者均大同小异,而《七政算外篇》与《七政推步》相同之处则更多。二书所载立成数量相当、内涵相仿。《七政算外篇》中亦载有"黄道南北各像内外星经纬度立成",但却无《七政推步》中的星图。《七政算外篇》全书分为"太阳第一"、"太阴第二"、"交食第三"、"五星第四"、"太阴、五星凌犯第五"等五大部分,每一部分皆将有关术文与相关天文数据、表格穿插编排。正如薮内清所指出的,这是符合中国传统历法的编排格局的,李纯之等既改编出了中国的风格又传达了汉译本的内容①,这是其他二书所不备的。就历法的计算步骤而言,《七政算外篇》较其他二书也有不少改革,这可能是李纯之等依据在明钦天监学习时得知的新方法,也可能是他们自已的研究心得。《七政算外篇》各类立成中数据的错误率较低,这应是李纯之等对其重作认真校算的结果。"李纯之、金淡考校之,乃知中原历官有差谬者,而更为润正"②,此说不虚。可见,朝鲜天文学家也对回回历法作了十分深入的研究。

随后,在明清两代,更有一些中国学者对回回历法作过研究。明代的唐顺之、周述学、袁黄,清代的梅文鼎、顾观光,是为代表。

在周述学《神道大编历宗通议·卷十三》所载《皇朝大统、万年二历通议》中,既有周述学关于回回历法与中国传统历法的比较研究,又录有唐顺之关于回回历法研究的"语录"。而在王肯堂《郁冈斋笔麈·卷三》所载《西历》中,亦载有唐顺之对回回历法研究的成果。这里所谓"万

---

① 薮内清,Indian and Arabian Astronomy in Chana,Silver Jubilee Volume of the Zinbun Kagaku Kenkysyo,1954 年。

② 《李朝实录·世宗庄宪大王实录》卷一百五十六,学习院东洋文化研究所刊,1956 年。

年历”或“西历”均指回回历法而言。唐顺之(1507～1560),字应德,号荆川,武进(今江苏武进)人[①]。周述学和唐顺之同是活动于明嘉靖年间的著名学者。他们对回回历法的研究,是试图汲取中国传统历法所无而回回历法所独有的五星纬度法,并对中西两历法的相通部分进行讨论。应该说他们对回回历法有了一定程度的理解,但并不精到,这同当时知识界对中国传统历法的认识水准也不高的状况是相一致的。

袁黄,字坤仪,一字了凡,嘉善(今江苏吴江)人[②],活动于明嘉靖、万历间,著有《历法新书》五卷。卷一,历数自汉太初历到元授时历计 46 部传统历法的上元积年数与日法,并指出这些历法制定年代、冬至及定朔时刻的误差;卷二至卷五,则为袁黄所编定的新历法。这是一部兼具中国传统历法和回回历法内容的历法。它既保留了大统历的若干算法和表格,又大量采用了回回历法的交食法和五星法以及相关表格,实质上是试图保留中国传统历法的基本构架,而以回回历法加以充实的一种尝试。

入清以后,《西洋历法新书》的颁行,已经确立了一种优于回回历法的西来新历法的地位。有鉴于此,梅文鼎对回回历法的研究,主要着眼于对西来天文历法的历史考察,和在学习《西洋历法新书》的基础上,对回回历法历理的阐析。顾观光(1799～1862),字宾王,号尚之,上海金山人[③]。他所著《回回历解》,对回回历法关于日、月、五星运动以及交食的理论与相应的计算方法,进行了相当清晰的论述,为近现代学者的进一步研究提供了重要的基础。

《回回历法》的传入对中国传统历法的冲击和对中国天文学界的影响,无疑都大于前此的西来天文学的多次传入。《明史·历志七》指出,《回回历法》“胜于九执、万年远矣”,“九执”指唐瞿昙悉达翻译的古印度九执历,“万年”指元代札马鲁丁编撰的万年历,此说是十分中肯的。可以说,《回回历法》的传入,是明末西方天文历法大举传入中国的前奏,它实际上为中国学者学习和理解同中国传统天文学体系截然不同的以西方天文学体系,作了历史的铺垫。

第四节　航海天文——牵星术

一　航海天文从导向到定位的发展

中国古代的航海业素称发达,到汉代中国航船已经抵达印度与斯里兰卡等地,而以北斗或北极星的指向来导航的记载自汉代起屡见于史籍。西汉早年的《淮南子·齐俗训》曰:“夫乘舟而惑者,不知东西,见斗、极则寤矣。”西晋葛洪《抱朴子外篇·嘉遁》亦曰:“竝乎沧海者,必仰辰极以得还。”这些是儒者的泛泛议论,却真切地反映了当年航海者采用北斗或北极星导向的普遍方法。

东晋高僧法显(约 337～422)曾远行到天竺(今印度)取经,回国后写成《佛国记》,书中记述了他浮海东归途中的切身经历:“大海弥漫无边,不识东西,唯望日月星宿以进。若阴雨时,为风逐去,亦无准,……至天晴已,乃知东西,还复望正而进。”这里,法显提到航船据以确定航向的天体有日、月与星宿,即除了传统的以北斗或北极星导向之外,人们已经有了更多的赖以

① 阮元等:《畴人传》卷三十。
② 同①。
③ 张文虎:《顾尚之别传》,见顾观光:《武陵山人遗书》卷首。

导向的天文方法。可惜法显语焉未详,我们还难以获知当年天文导向的具体方法。南朝周舍在被问及海道艰难时说:“昼则揆日而行,夜则拷星而泊。”也提到航船日夜的行止均有赖于对太阳与星宿的观测,在指南针发明以前是如此,以后也不可或缺。北宋朱彧在撰于 1119 年的《萍州可谈》卷二中写到:“舟师识地理,夜则观星,昼则观日,阴晦观指南针。”这里所谓“地理”应指可用于导航的水势、近海地物及岛屿等地文知识,而观测太阳与星宿依然是最重要的导航方法之一。而徐兢在《宣和奉使高丽图经》(1124)中也写道:“是夜,洋中不可住,维视星斗前迈。若阴冥,则用指南浮针,以揆南北。”说的正是相同的情况。而南宋吴自牧在《梦粱录》中写道:“舟师观海洋中日出日入,则知阴阳。”这里所谓“阴阳”即指南北而言,而且明确指出是以观测太阳出没的方位来认定航向。

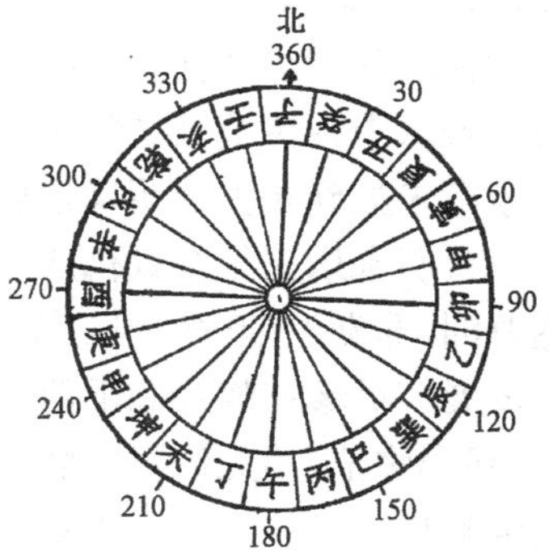

图 7-5 二十四方位图

太阳出没的方位既与观测者所处的地理纬度有关,又与一年中不同的时节有关。对于后者的认识可追溯到先秦时代,而对于前者的认识则稍晚,但至迟当不晚于唐代。在明代的《顺风相送》[①] 中载有“定太阳出没歌”一首:

正九出乙没庚方,二八出兔没鸡场。
三七出甲从辛没,四六生寅没犬藏。
五月出艮归乾上,仲冬出巽没方坤。
惟有十月十二月,出辰入申仔细详。

此中,“正九”等系指正月、九月等等,“乙”、“庚”等系指 24 方位之一(见图 7-5),而“兔”、“鸡”、“犬”分别指卯、酉、戌方,仲冬(或子月)指十一月。从歌诀所说太阳在仲冬时出巽入坤来看,其适用海域的地理纬度当在北纬 45°左右,其所定方位只有一定的参考价值。这类歌诀朗朗上口,便于记诵与普及。

在《顺风相送》中还有“定太阴出没歌”一首,歌曰:

正九出甲没于辛,二八出兔入鸡邻。
三七出乙没庚位,四六出辰没在申。
五月出巽没坤上,子月出艮乾至真。
惟有十月十二月,出寅入戌正可陈。

我们知道,黄白道交角约为 6°,月亮时在黄道南、时在黄道北,而且在南或在北同一年 12 月并无固定的关系,也就是说,在不同年份的同一个月,月亮出没的方位并不固定,所以用它来定向的准确性远较用太阳出没定向粗疏,更只具有大略的参考价

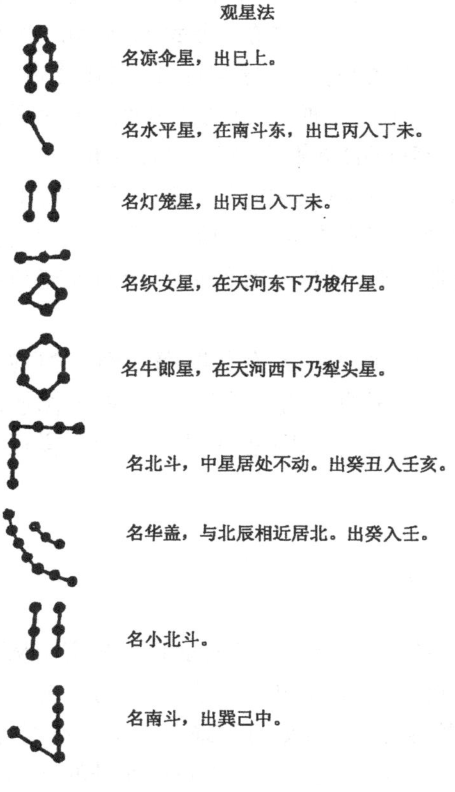

图 7-6 《指南正法》“观星法”

① 向达校注,两种海道针经,中华书局,1961 年。

值。察歌诀所言，前三句似还具有一定的可信度，其余似均不可信，如由“定太阳出没歌”知十一月太阳出巽入坤，则月亮决无出艮入乾的可能，即便在纬度较低的地方也是如此。这一状况说明，古人在应用月亮出没以定向的问题上，仍存在较大的困难。

除北斗星与北极星外，古人如何应用其他星宿定向的问题，我们在《顺风相送》和清初的《指南正法》[①] 中均可见一斑，其内载有由若干星座的出没方位来定向的方法，如“北斗出在丑癸，入在壬亥；华盖出在癸，入在壬；灯笼骨星出在巳丙，入在丁未”等等，图 7-6 是为《指南正法》所载“观星法”的图像与文字，自然这些是相对于某一特定的海域及某一特定的时节才有效的。若从中国传统天文学中自先秦时期便已出现的昏旦中星知识来看，理亦可用于定向，可惜至今尚未见到相关的明确记载。

自明永乐三年至宣德八年(1405～1433)间，郑和(1371～1435)先后七次率领庞大船队抵达亚洲、非洲的 30 多个国家，因船队远航特别是横穿印度洋的需要，大大促进了航海天文知识的发展。巩珍在随郑和下西洋归来后著有《西洋番国志》一书，内中提到：“往返三年，经济大海，绵邈弥茫，绝无纤翳之隐蔽，唯观日月升坠，以辨东西，星斗高低，度量远近。”这里，除了提及观测日、月以定向外，更重要的是言及观测星斗以定位方法的应用，即航海天文从导向到定位的重大发展。

其实，这一发展并不自郑和下西洋始。《顺风相送·序》中说：“永乐元年(1403)奉差前往西洋等国开诏，累此校正针路，牵星图样，海域水势山形图画一本山为微薄。务要取选能谙针、深浅、更筹，能观牵星、山域，探打水色浅深之人在船。深要宜用心，反复仔细推详，莫作泛常，必不误也。”在福建厦门集美航海学院收集到的《福建渔民航海针路簿》中也说：“明永乐元年奉旨差官郑和、李恺、杨敏等出使巽域，躬往东西二洋等处，开轫(朝)贡累累，校正牵图星样(牵星图样)，海岛、山域、水势一本，务要巽(选)取能识山形水势，日夜无歧误也。”可见，在郑和初下西洋前 2 年，已经着手收集、整理、研究、校订原有的包括牵星图在内的船舶地文、天文与指南针导航及定位的知识，且已初成包括这些内容的航海图册一本，只是有待作进一步的补充与校订。

据研究，早在元代，朝廷曾下令向侨居中国境内的阿拉伯人征集有关航海指南一类的典籍，在郑和船队中有不少阿拉伯血统与西域血统的人士[②]。这些情况似表明，上述航海图册的编纂应有阿拉伯血统与西域血统人士的参与和贡献，进一步的推测则是，其中的牵星图样很可能源于传入的阿拉伯航海天文知识。

二 过洋牵星图

在明末茅元仪编撰的《武备志》卷二百四十中，载有《郑和航海图》，该图备载郑和宝船从长江口出海到南亚、东非诸国的航海路径和所用指南针方位以及航海更数(即里程)的情况。主要从今斯里兰卡往西的航路上，有大量天文观测的记事，载有近 70 处有关地点的牵星数据，内中特别有“过洋牵星图”四幅，尤其令人注目。其图式均为：在中央绘有扬帆破浪前进的郑和宝船一艘，其四周绘有各不相同的星象与“某某星某某指平水”字样，在图的右边还有总体的文字

① 向达校注，两种海道针经，中华书局，1961 年。

② 赵鹿军，郑和牵星图考释及复原，郑和研究，1993，(3)。

说明(以下简称总说)。对之可一一讨论如次:

(1)锡兰山(今斯里兰卡)回苏门答腊(今印度尼西亚苏门答腊)过洋牵星图(图 7-7a)

总说曰:

时月正回,南巫里洋(今苏门答腊)牵华盖星八指,北辰星一指,灯笼骨星十四指半,南门双星十五指,西北布司星四指为母,东北织女星十一指,见山。

四周的文字与之基本相同,另有“西南布司星四指平水”之说。这些是说抵达苏门答腊时所可见到的 7 个星宿的地平高度分别为八指、一指等等,换一句话说,它们都是船舶已抵达苏门答腊的定量化的天文标志。而各星宿的地平高度是用一种特制的牵星板观测的,一指相当于 1.9°,详说见后。从苏门答腊北辰星地平高度为一指知,其地当在北纬 1.9°处。

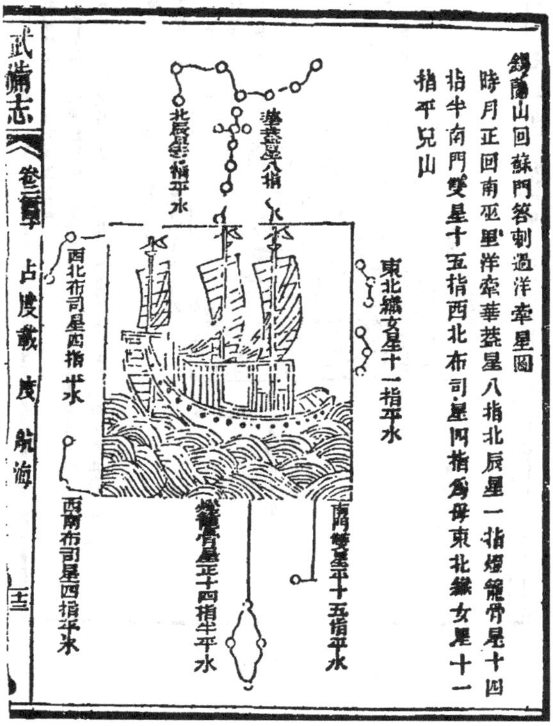

图 7-7a　过洋牵星图

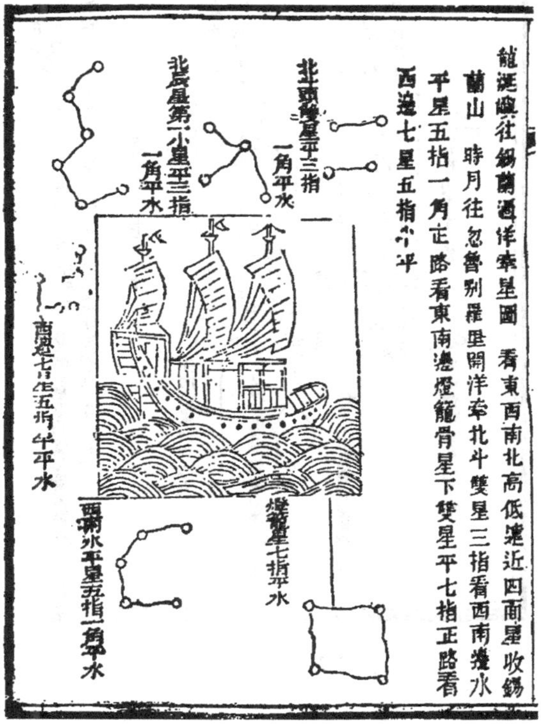

图 7-7b　过洋牵星图

(2)龙涎岛(今苏门答腊一岛屿)往锡兰山过洋牵星图(图 7-7b)

总说曰:

看东西南北高低远近,四面星收锡兰山。时月往忽鲁(谟斯)(今波斯湾北口伊朗境内)。别罗里(今斯里兰卡境内)开洋牵北斗双星三指,看西南边水平星五指一角,正路看东南边灯笼骨星下双星平七指,正路看西边七星五指半平。

而四周的文字另有“北辰星第一小星平三指一角平水”之说,而关于北斗双星记作“三指一角平水”,与总说小有不同。即抵达锡兰山应有 5 个星宿的特定地平高度可作为标志。

(3)古里(今印度西南海岸)往忽鲁谟斯过洋牵星图(图 7-7c)

总说曰:

(前缺),指,过洋,看北辰星十一指,灯龙骨星四指半,看东边织女星七指为母,看西南布司星九指,看西北布司星十一指(这些应为沙姑马山的标志)。丁得把昔(从古里到忽鲁谟斯航路上印度洋中一岛屿)开到忽鲁谟斯看北辰星十四指。

而四周之文自北而东而南而西依次为:“丁得巴昔过洋牵北辰星七指平水”;“到沙姑马山(同一航路上印度洋中另一岛屿)看北辰星十四指平水”(应为十一指);“东边织女星七指平水”和“南门双星六指平水”(均应为沙姑马山的标志);“丁得把昔过洋灯龙骨星八指半平水”;“到沙姑马山灯龙骨星四指半平水”;“西南布司星九指平水”和“西北布司星十一指平水”(均应为沙姑马山的标志)。

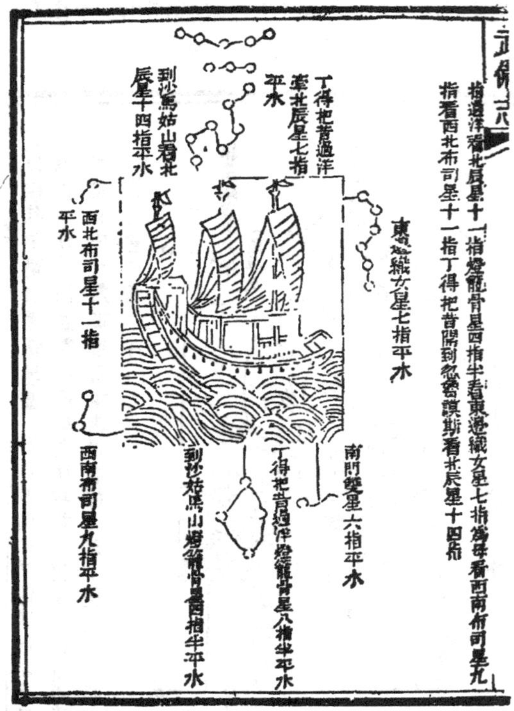

图 7-7c　过洋牵星图

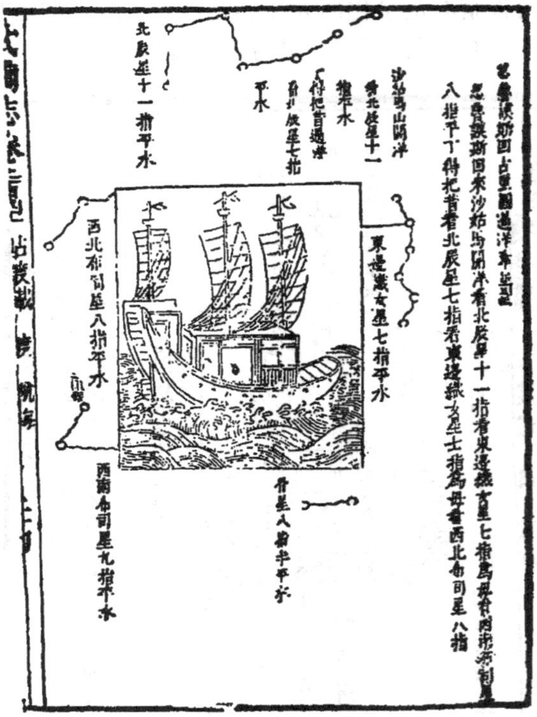

图 7-7d　过洋牵星图

(4)忽鲁谟斯回古里过洋牵星图(图 7-7d)

总说曰:

忽鲁谟斯回来,沙姑马(山)开洋,看北辰星十一指,看东边织女星七指为母,看西南布司星八指,平丁得把昔,看北辰星七指,看东边织女星(?)指为母,看西北布司星八指。

而四周之文自北而东而南而西依次为:“沙姑马山开洋,看北辰星十一指平水”;“丁得把昔过洋看北辰星七指平水”;“北辰星十一指平水”(重复沙姑马山标志);“东边织女星七指平水”(亦为沙姑马山标志);“(灯笼)骨星八指半平水”和“西北布司星八指平水”(为丁得把昔标志);“西南布司星九指平水”(又为沙姑马山标志)。

综合图 7-7b 和图 7-7c 所说,以下三地的标志应分别为:

忽鲁谟斯——北辰星十四指(北纬 26.6°)

沙姑马山——北辰星十一指(北纬 20.9°)

织女星七指
灯笼骨星四指半
西南布司星九指
西北布司星十一指
南门双星六指

丁得把昔——北辰星七指(北纬 13.3°)
织女星? 指
灯笼骨星八指半
西北布司星八指

以上四幅过洋牵星图计分别给出苏门答腊、锡兰山、忽鲁谟斯、沙姑马山和丁得把昔等五地 7,5,1,6,4 种星宿地平高度的数值,以作为抵达该五地的纬向定位标志,这种船舶定位的方法称为牵星术,记载与之相关的数据与图像者称为过洋牵星图。至于船舶的经向定位,则主要依据指南针位和航程来估算。亦如上所述,北极星地平高度的测定在牵星术中占有最重要的地位,对它的观测可以不受时节与时辰的限制,而其他星宿地平高度则与不同的时节与时辰相关。上述诸星宿中有与中国传统星宿名及指谓相同者,如北辰星——即钩陈一,今名北极星,小熊座 α 星,织女星——天琴座 α 星,华盖星——仙后座 49 星(一说为小熊座 β 星和 γ 星);有名同而实异者,如南门双星——实应指半人马座 α 星和 β 星;有传统星宿所无者,如灯笼骨星——南十字座 α,β,γ,δ 四星,西北布司星——双子座 α 星和 β 星,布司疑为阿拉伯语音译,此外还有西南布司星、西南边水平星、西边七星等,但它们究指何星宿,迄今尚未得到证认。我们知道,如果已知恒星时刻,只要一个星宿地平高度的观测值,便可确定该观测地的纬度,但古人尚不懂得恒星时刻,也不会从事球面三角的计算。此外,在原则上说,只要有二个不同星宿地平高度的观测值,亦可确定观测地的纬度,但古人也不知道这一方法。在这种情况下,古人采用了如上所说的多星宿地平高度观测法,是很明智的①。

三 关于牵星板及其使用法

牵星板乃是牵星术的用具,据李诩(1505～1592)《戒庵老人漫笔》“周髀算尺”条载:

> 苏州马怀德牵星板一副,十二片,乌木为之,自小渐大,大者长七寸余。标为一指、二指以至十二指,俱有细刻,若分寸然。又有象牙一块,长二寸,四角皆缺,上有半指、半角、三角等字,颠倒相向。盖周髀算尺也。②

这副牵星板的主人马怀德是否是阿拉伯裔人,已难考究。李诩认其为“周髀算尺”,可见实已不知其真实用途,而所记“牵星板一副”云,当是实物上原有的名称。严敦杰③ 最先指认其为牵星板,并对之作了复原研究。他认为该牵星板是“用 12 块方的木板,最大一块每边长约 24 厘米(合明尺 7 寸 7 分强),叫 12 指。其次是约 22 厘米,叫 11 指。这样每块递减 2 厘米,到

---

① 航海天文调研小组,我国古代的航海天文,华南师范学院学报(自然科学版)1978,(1);薄树人,中国古星图概要,见陈美东主编,中国古星图,辽宁教育出版社,1996 年,第 22 页。

② 明万历三十四年刊《藏说小萃》本。

③ 严敦杰,牵星术——我们明代航海天文知识一瞥,科学史集刊,1966,(9)。

最小的一块每边长约二厘米，叫 1 指。”观测的方法可如图 7-8 所示，AC 为牵星板，OB 约等于 72 厘米。依此设定并经计算，他得出牵星板的“1 指约在 1°34′和 1°36′之间”，并且指出：“按当时阿拉伯人计算为 224 指（*isba*）合 360°，也恰是 1 指为 1°36′，则此处用指当受阿拉伯人航海术的影响。”关于小象牙板，他认为是“每个角按不同单位斜割为一角、半指（二角）、三角和半角四种”，1 指等于四角（亦见图 7-8）。

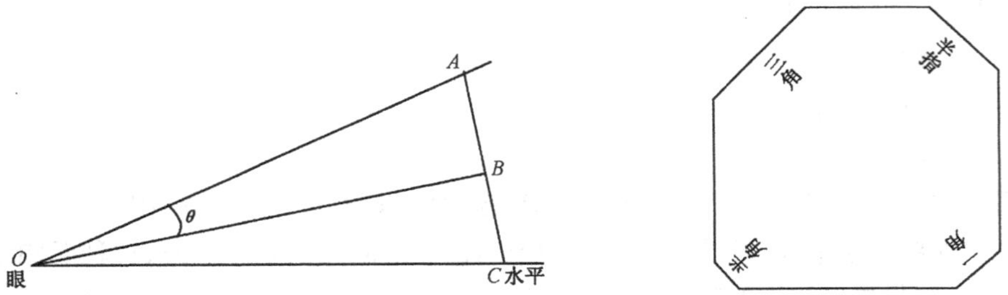

图 7-8　严敦杰关于牵星板使用法和“小象牙板”示意图

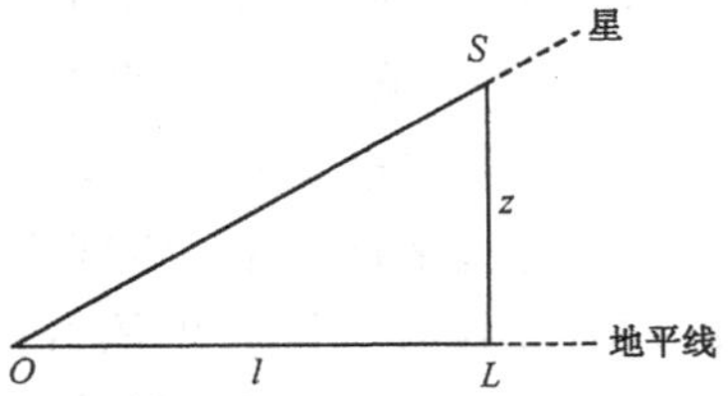

图 7-9　刘南威等关于牵星板使用法示意图

而刘南威等① 认为，牵星板的使用法宜如图 7-9 所示，图中 SL 为牵星板。牵星时，观测者手持牵星板，伸向前方，令牵星板与海面垂直、下边缘与海天线相合，上边缘与所牵星体相切，便可测知该天体地平高度的指数。他们认同严敦杰对牵星板与小象牙板尺度与形制的见解，但并不同意 1 指约当 1°36′的意见。他们由《郑和航海图》和《顺风相送》等书所载的若干已确知地点和有明确的北辰星或灯笼骨星指数记述的分析中，得出 1 指约相当于 1.9°的结论。他们还指出，指作为角度单位，最早见于长沙马王堆三号汉墓出土的帛书《五星占》的占文，在提及金星与月亮的相对位置时，有“三指”、“二指”之说，且在李淳风的《乙巳占》、瞿昙悉达等的《开元占经》中，也有将指作为纬向单位的记载。由此，他们又进一步引申出“用‘指’作为角度单位，可能最早出现于战国时代”和“我国天文航海的牵星术量度方法起源于战国时期”的结论。

金秋鹏② 指出：仅据个别星占著作中出现过“指”，便作如此引申是难于成立的，况且与指同属一个系统的“角”作为量度单位，更不见于明代以前的典籍。所以，他认为“指”和“角”作为航海天文的量度单位，是伴随过洋牵星术和牵星板的采用而采用的。此说大略可信，从上述西北布司星和西南布司星的“布司”大约为阿拉伯语的音译，以及永乐元年包括牵星图样在内的航海图册的编撰等，亦可证牵星术当是受到了阿拉伯航海天文的影响。他也认同严敦杰关于牵星板尺度与形制的描述，并同意 1 指约当 1°36′的见解，这样观测者的体高当在 1.75 米左右。但他认为牵星板的使用方法应如图 7-8 所示，同时指出小象牙板“四角的缺口，应该是方形的，而不是斜割”，因为“斜割的缺口观测时难于掌握，很容易产生误差”，这是对严敦杰说的一个重要改进。

在前数家之说的基础上，我们以为该牵星板的形制与使用方法应有如下述：

---

① 航海天文调研小组，我国古代的航海天文，华南师范学院学报（自然科学版）1978，(1)；刘南威等，航海天文学，科学出版社，1984 年，第 17～22 页。

② 金秋鹏，略论牵星板，海交史研究，1996，(2)。

其使用方法当以刘南威等人之说为是。观测时先取 12 指板作大略的测量，12 指板的一边（其他各指板亦然）刻有指、角的刻度（即所谓“俱有细刻，若分寸然”），由此可知所应选取的合适指板，再作进一步的测量。若所观测的天体正好与所用指板的上边缘相切，则该指板的指数即该天体高度的指数；若所观测的天体略在该指板上边缘之上，则需将小象牙竖立板置于该指板上边缘之上，令天体正好与四角中一角的下边缘（如图 7-10 所示）相切，则可知该天体的地平高度为某指某角。严敦杰、刘南威等均未论及小象牙板的具体使用方法，若我们的推测无误，则可反过来说明牵星板的使用法当如图 7-9 所示，若用图 7-8 之说，小象牙板是不可能在指板的上边缘竖立稳当的。

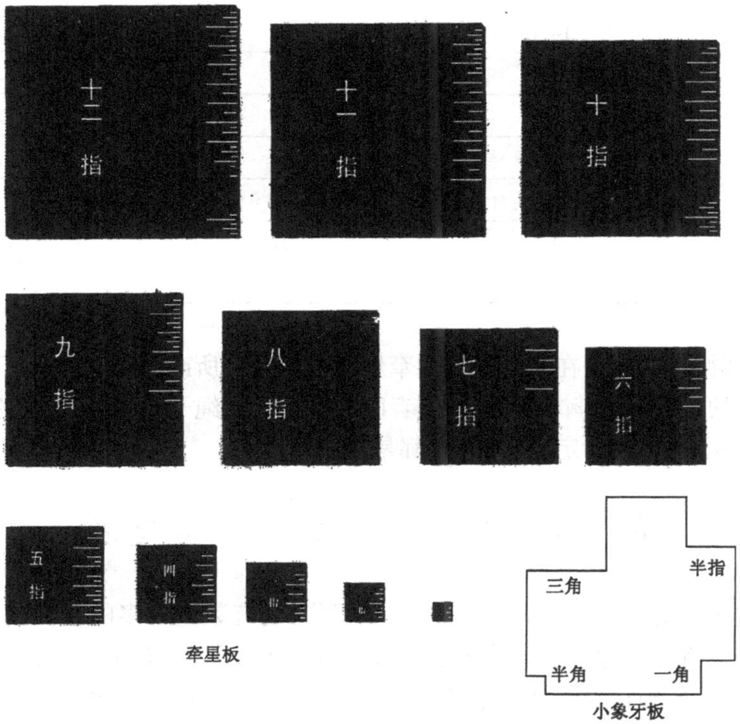

图 7-10　牵星板及小象牙板的形制示意图

严敦杰对牵星板的复原中，关于各指板边长以及 OB = 72 厘米等均系一种假设，他所得到的指板 1 指约当 1°36′，与阿拉伯原有的 1 指为 1°36′说之间的吻合，仅仅是表面现象，即前者只是对上述假设的结果，甚至可以说是虑及了后者的结果，而上述假设并非无懈可击，如 OB = 72 厘米，观测者的身高当在 1.75 米以上，这对于中国人的一般身高而言，是偏高了，也就是说这样的牵星板并不适合一般身高的中国人使用。此外，1 明尺应等于 32 厘米，而严敦杰却以 1 明尺约等于 31.1 厘米（= 24/0.771）人算，亦为不妥。

我们还认为刘南威等关于 1 指相当于 1.9°的论证是可信的，依此和李诩所载最大的牵星板边长“七寸余”等，如图 7-9 所示，假设 OL = 60 厘米，我们也可提出如表 7-2 所示的复原方案。

如表 7-2 所示，最大的牵星板边长约合明尺七寸八分五，设 OL = 60 厘米，较符合一般中国人的身高，即非身材高大者才可使用，在进行观测时可备一专用的尺子来量度该距离。至于各指板的边长,即便不具备三角函数的知识,也可由实际的测量来确定。

表 7-2 12 块牵星板尺度的一种复原方案

指	SL(厘米)	∠SOL(°)	相邻两∠SOL之差(°)
12	25.1	22.70	1.89
11	22.8	20.81	1.85
10	20.5	18.86	1.90
9	18.3	16.69	1.94
8	16.1	15.02	1.90
7	14.1	13.22	1.91
6	12.0	11.31	1.85
5	10.0	9.46	1.87
4	8.0	7.59	1.88
3	6.0	5.71	1.90
2	4.0	3.81	1.90
1	2.0	1.91	1.90

应该说,马怀德牵星板是在受到阿拉伯牵星板影响后有所改进与发展的产物,它不用阿拉伯牵星板所惯用的、用以限定牵星板到观测者眼睛间距离的绳子,并有阿拉伯牵星板所无的小象牙板的创制,还有将 1 指约定为 1.9°等,都是证明。

第五节 传统星图的继承与发展

明代以前的中国传统星图为数并不多,而在明代,则有数量众多的传统星图出现,这是与前大不相同的一个特点。考察明代传统星图出现的具体年代分布,又可见其前期寡少而后期大为增加,这与明代所施行的天文政策有着重大的关系;若就其内容而论,前期以继承前代为主,到后期则有明显的发展,在星图的功能和普及程度上都有长足的进步。

一 明代传统星图纵览

所谓传统星图是指以中国传统的三垣二十八宿星官体系为描绘主体的星图。流传至今的明代传统星图当不少于 20 种,以下便可列出 18 种之多(以出现年代先后为序):

(1)传为刘基(1311—1375)所撰《观象玩占》之卷首所附的星图。刘基,字伯温,浙江青田人,乃是协助朱元璋建立明朝的开国元勋之一。该星图为全天星图,由于其尺寸较大,不便在书中全体刊出,于是将全图有序地分解成若干分图刊载,可经拼接以成全璧。

(2)明抄本《天文汇钞》星图与表。在第六章第十八节中,我们已提及此图与表,对此有郭守敬所测和明初所测两说。该图与表系以 1 座星官或数个星官为 1 图并附注有关入宿度和去极度值的形式给出。

(3)明抄本《天文秘旨备考》,梁溪(今江苏无锡)贾琦甫纂集。内收载"盖天式全天星图一幅(以下均称其为总图),工笔绘制,分朱墨二色,属石氏、巫咸氏与甘氏三家星形式。观其恒星位置,大抵为宋代星象。图后有全国地图,著有北京顺天府与南京应天府。其下为《步天歌》与《司天歌》,并绘三垣二十八宿分图。歌后附星占注释。卷首原序已佚大半,仅余末段数语,对此书视为秘宝。下署'丙戌岁季春梁溪子贾琦甫自叙于云川山房'。据两京顺天、应天及丙戌岁判断,原作或为永乐四年(1406)或成化二年(1066)抄本"①。

(4)北京隆福寺万善正觉殿藻井彩色星图② (图 7-11)。隆福寺乃是明代皇家两大香火院之一,始建于明景泰四年(1453)。星图为一全天星图,其外规直径 161 厘米,绘于正觉殿内下垂如伞的藻井天花板之上,是寺院初建时的遗物。

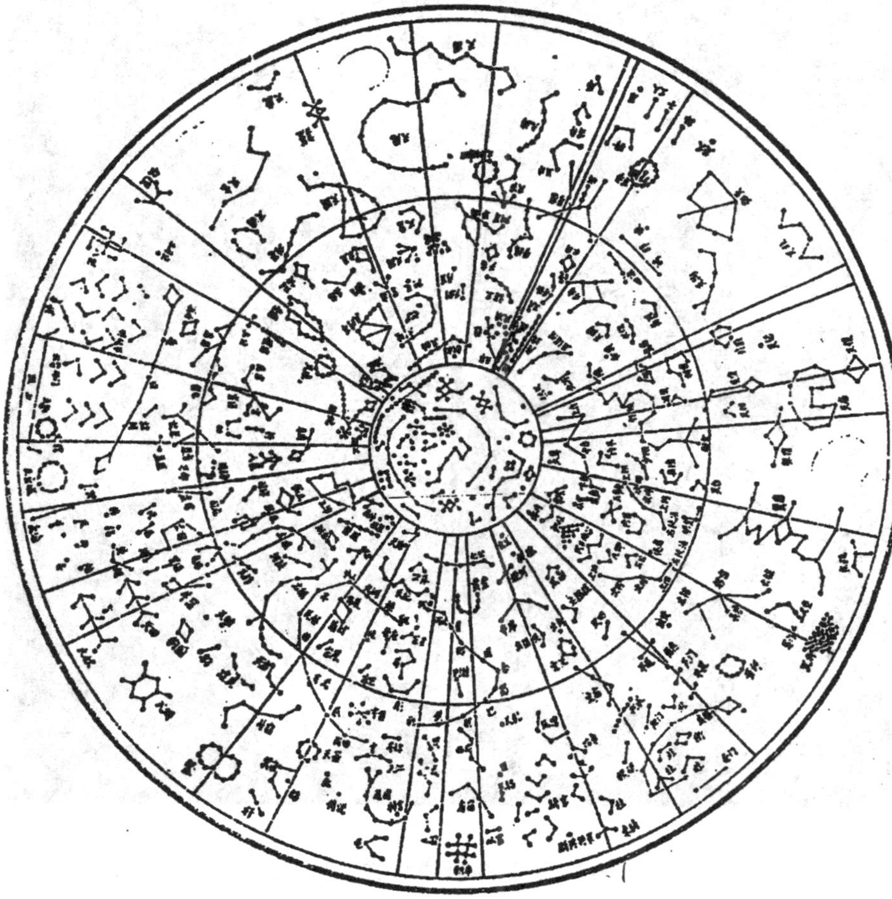

图 7-11 北京隆福寺正觉殿藻井星图(约 1453)描本(伊世同提供)

(5)江苏常熟县学天文图碑③ (图 7-12)。该星图为 1 幅全天星图,先由知县杨子器于明

---

① 潘鼐,中国恒星观测史,学林出版社,1989 年,第 238 页。

② 伊世同,北京隆福寺藻井天文图;潘鼐,北京原隆福寺万善正觉殿星图。载陈美东主编,中国古星图,辽宁教育出版社,1996 年,第 109~123 页。

③ 王德昌等,常熟石刻天文图,载中国社会科学院考古研究所,中国古代天文文物论集,文物出版社,1989 年,第381~390 页。

弘治九年至十二年(1496～1499)间刻石而成,后由继任知县计宗道于正德元年(1506)重新镌刻,并保留至今。该星图系仿照宋代苏州石刻天文图碑刻制而成,但对之又多所补正。图上所用星名基本依照《宋史·天文志》书出,各星官连线多依据苏颂《新仪象法要》星图绘画。

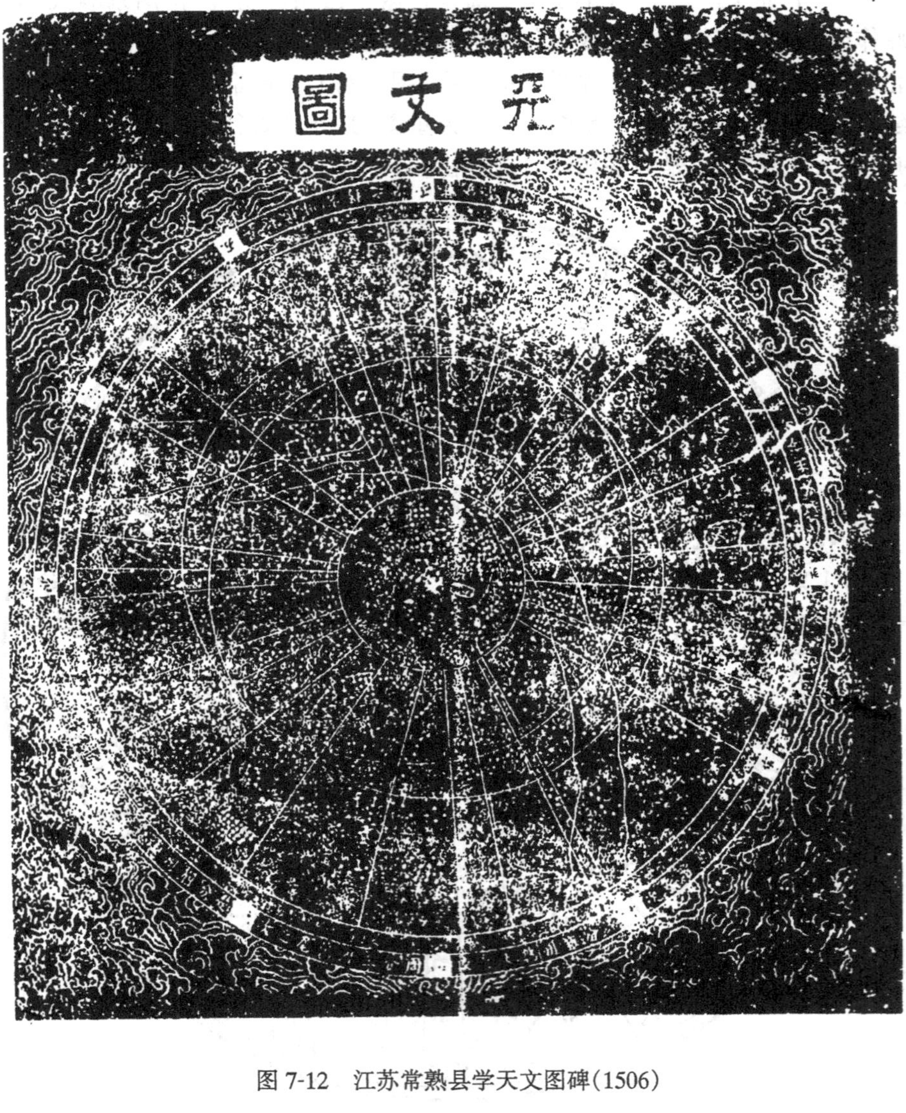

图 7-12　江苏常熟县学天文图碑(1506)

(6)《昊天成象之图》,载于《吴疏山公遗集》中。该星图与《观象玩占》卷首星图相似,为 1 幅全天星图,亦分解为若干分图刊出。作者吴悌(1502～1568),字思诚,金溪(今江西省金溪县)人,人称疏山先生。该文集丁天毓"跋"称:"是图也,少司寇吴疏山先生之所绘也。"知为吴悌所亲绘,绘制时间当在嘉靖十一年至十六年(1532～1537)间①。

(7)《天文略》星图集。作者蔡汝南(1516～1568),字子木,号白石,德清(今浙江省德清县)

① 徐凤先,吴悌《昊天成象之图》与章璜《图书编》中的《昊天垂象图》,载陈美东主编,中国古星图,辽宁教育出版社,1996 年,第 134～150 页。

人。该星图于明末以《天文图举要》为名重刊,据该书“叙”称:“嘉靖间(1522～1566),白石蔡先生刊刻《天文略》,冠编去其《步天歌》,独摹星次三十二图弁于初编。”所谓“三十二图”系指总图1幅,与三垣二十八宿分图各1幅。可见是一专门的星图集。

(8)《昊天成象图》,是为1幅全天星图。系陈奎于嘉靖年间重刊宋人税安礼的《历代地理指掌图》一书时,添加进的一幅星图①。

(9)传世明代扇面星图。亦为1幅全天星图。现存南京博物院。原系荣毅仁先生收藏,后于1958年捐献给南京博物院。

(10)《天文节候躔次全图》星图集。计有总图1幅、24节气中星图各1幅,为一字长卷式的专门星图集(详说见后)。图集封面署:“万历丁丑(1577)写于叠嶂山房”。该星图集原为福建省泉州市达知先生家藏,后于1994年由黄孙奎先生搜集并赠中国科学院自然科学史图书馆收藏。

(11)《昊天垂象图》②。为1幅全天星图,收载于章潢的《图书编》中。章潢(1527～1608),字本清,南昌(今江西省南昌市)人。《图书编》是一部大型类书,编成于万历十三年(1585)。该星图大约源于陈奎所给出的《昊天成象图》。

(12)《三才图会》星图③。《三才图会》乃是王圻于万历三十五年(1607)编成的另一部大型类书。王圻(1530～1615),字元翰,上海(今上海市)人。书中收录总图1幅、三垣二十八宿分图各1幅、12月中星图各1幅。

(13)《天文图说》星图集。袁子谦于万历癸丑年(1613)绘制而成。内载银河运转图1幅、中星图24幅(每月各2幅)。图7-13为其中三月上旬之星图。

(14)《乾象图》星图集。该星图集系“天启六年(1626)梅静复在其师冯肖翁原作的基础上,据《步天歌》增订而成。……内有总图、12月星象图与3垣28宿分图。”④ 由此可知,其原图大约应绘于万历年间(1573～1620)。

(15)《天文图》星图与表合集。作者顾锡畴,字九畴,崑山(今江苏省昆山市)人,约绘制于万历末年(约1619)。内含总图1幅、12个月(每月2个节气)星图与表各1幅、三垣二十八宿分图各1幅,详说见后。

(16)福建省莆田市涵江天后宫彩色星图⑤。此为一卷轴式挂图,亦为1幅全天星图,现藏福建省莆田市文化馆。由该星图上的恒星星点大小不一(这是星等概念的反映)和画有纬度标尺线等情况看(见图7-14),它应受到《赤道南北两总星图》(详见第八章第三节)的影响,其绘制的年代当在崇祯七年(1634)以后;又从该星图仍采用《大明清类天文分野》所规定的二十八宿入辰度,以及对孔丘的“丘”字和清康熙帝玄烨的“玄”字都不避讳等情况看,它大约应绘制于明亡(1644)之前。

---

① 陈美东主编,中国古星图,辽宁教育出版社,1996年,第151～157页。

② 徐凤先,吴悌《昊天成象之图》与章潢《图书编》中的《昊天垂象图》,载陈美东主编,中国古星图,辽宁教育出版社,1996年,第134～150页。

③ 段异兵,王圻《三才图会》中的星图和中星图研究,载陈美东主编,中国古星图,辽宁教育出版社,1996年,第158～168页。

④ 潘鼐,中国恒星观测史,学林出版社,1989年,第239页。

⑤ 福建省莆田市文化馆,涵江天后宫的明代星图,文物,1978,(7);王恭,陈龙,莆田明代彩绘星图初探,载陈美东主编,中国古星图,辽宁教育出版社,1996年,第187～192页。

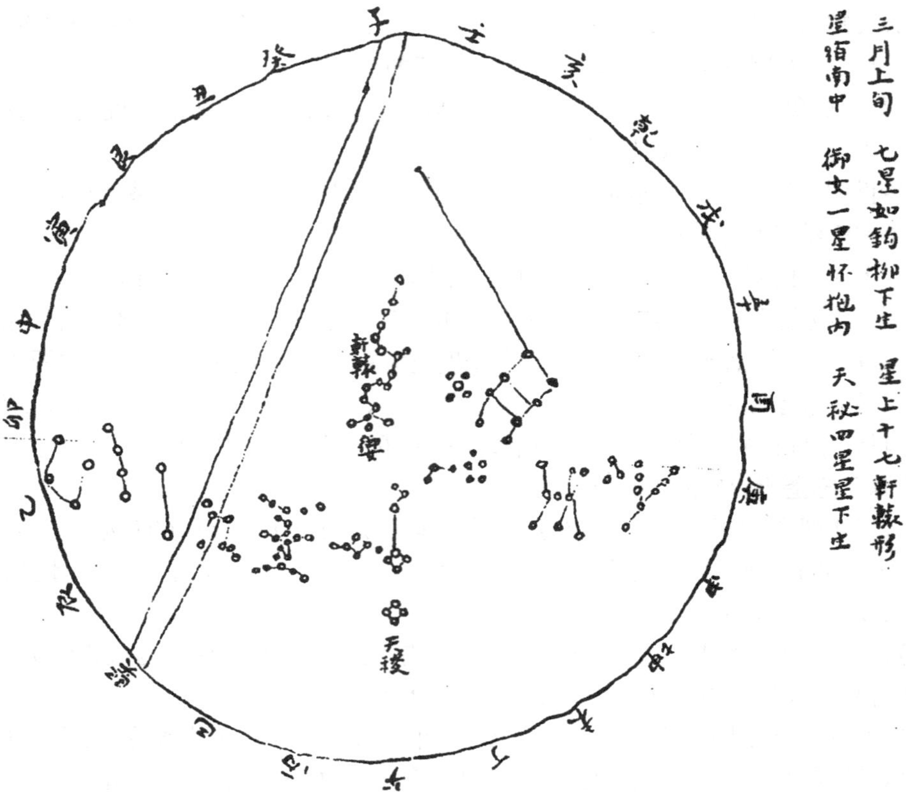

图 7-13　《天文图说》中三月上旬星图

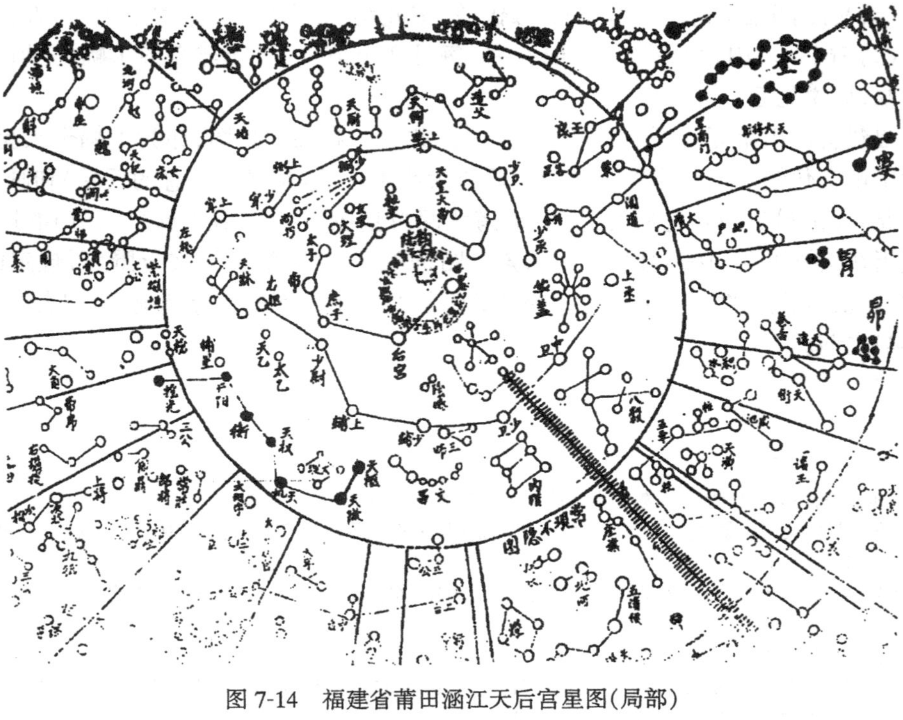

图 7-14　福建省莆田涵江天后宫星图(局部)

(17)山东省临沭县星图[①]。也是1幅全天星图。现藏山东省临沭县文物保管部门。原为该县一中医师的家传珍品,后于20世纪80年代捐献给国家。该星图的绘制年代当在明清之际。

(18)《天官图》星图与表合集[②]。主要作者张汝璧,号鉴湖棘野叟,浙江绍兴人。张汝璧于天启元年(1621)在南京应天府司天监获见监藏秘籍图书,得星图24幅、中星图12幅。后于清代康熙三年(1664)他与息公潘先生合作,在原图的基础上,绘成新图42幅。但刊出者仅18幅,计有总图1幅、12个月(每月2个节气)星图与表各1幅、三垣二十八宿分图5幅。该合集与顾锡畴所绘者应同出于一源,也可能即出于顾锡畴的合集,不过,经由张汝璧等人的重绘还是有所不同。

二　明代天文政策、实学思潮与传统星图

从上述传统星图出现的年代可见,自明初到弘治年间(1488～1505)计4种,其后共有14种。这种状况正与先是厉禁后转为弛禁的明代天文政策息息相关。

前4种星图在厉禁时期的出现,各有其特殊的理由。《观象玩占》乃是一星占著作,极可能是刘基为皇家编撰的,自然秘而不宣,其中所附星图是为星占所需要的;《天文汇钞》星图与表,实际上是对恒星位置观测的记录,严格地说并未形成真正意义上的星图;《天文秘旨备考》中的星图附有星占注释,不论贾琦甫是从何渠道而得,他视之为秘宝,不轻示人是可想而知的;隆福寺彩色星图是人们可望而不可即的神品,它高悬于藻井之上,在深蓝色背景上用贴金、涂金等工艺描绘出繁星点点,作为供人虔诚瞻仰、顶礼膜拜的上天的表征。

江苏常熟县学天文图碑是弛禁之后出现的第一幅面向大众的星图。杨子器是一位颇具胆识的人物,他及时抓住了天文政策有所改变的机会,在适当的场所(县府学),并用适当的、行之有效的方式(刻碑),来宣传与普及天文学知识。天文图碑既立,给远近学子一个难得的学习机会,在其后不到10年(约1496～1506)的时间内,"拓者甚众,日就磨灭",可见天文图碑影响之大,和人们对天文学知识的渴求。

前述(6)、(7)、(8)星图的问世,表明在嘉靖年间(1522～1566)星图得到了进一步的普及。"史家言地有举星次,读者病无考见",为"使涉史者知其部位"[③],当是吴悌、蔡汝南与陈奎等人刊行星图的主要出发点。他们的星图受到了社会、特别是读书人的欢迎与肯定自不待言。"先生(吴悌)为令时,入计谒政府,弗为具羔雁,第持是图献,异乎俗吏所操阿堵者,京师艳谈之,则号吴天文。"[④] 由此看来,一幅全天星图乃是珍贵而高雅之物,朝廷也认可它的存在与传播。但他们的心有余悸仍隐约可见:"国朝天文,律有禁,而颁大统历日于中外臣民,十二月建下著星躔某星之次。仰睹律,历是所禁者机祥未然之应,恶其扇祸福,亵天而贰民志,不谓星次部位已然之迹、察三辰以著众、授民时使务力本者并禁之也。……至于机祥,不特有司存而世亦无其书。"[⑤] 这是蔡汝南小心翼翼、诚惶诚恐地论证星图有益于民生而无害于政权的表白,这大

---

① 伊世同,山东临沭天文图简释,载陈美东主编,中国古星图,辽宁教育出版社,1996年,第193～197页。

② 潘鼐,张汝璧《天官图》星图,载陈美东主编,中国古星图,辽宁教育出版社,1996年,第179～182页。

③ 蔡汝南:《天文图举要·叙》。

④ 吴悌:《吴疏山公遗集·跋》。

⑤ 蔡汝南:《天文图举要·叙》。

约也是厉禁松弛不久之际人们的共同心态。不过，厉禁既弛，中国传统天文学基本功能之一的“天垂象，见吉凶”①，也不可避免地反映出来。在陈奎所加的星图与传世扇面星图上，就已带有可供星占之用的色彩。而将一幅全天星图绘于扇面之上，自是一种便携式星图，它也反映了厉禁松弛之后，星图以日用品或工艺品的形式日渐得到普及的态势。

上述(10)至(13)和(15)星图以及(14)、(18)星图的原图均出现于万历年间(1573～1620)，其年数与嘉靖年间相当，而星图的数量差不多成倍地增加，这说明了星图得到更广泛普及的情势。在《图书编》、《三才图会》一类大型类书中，星图几乎成了不可或缺的内容。更重要的是，此间星图的作者更加注重星图的实用性，这既是此间经世致用的实学思潮的反映，又是蓬勃兴起的实学思潮推动的结果。

《天文节候躔次全图》同时具备识别星空与测时两种功能，是此间星图得到重大发展的鲜明标志(详说见后)。而袁子谦指出：

> 余初游国学，自天文学《步天歌》，见二十八宿之象，然不以宿证宿，别以星证宿，文不载见之某方、见于某时，但使人知纸上之天，而不知在天之天，图虽(难)攻于实用何。②

即认为星图之用不单在于读史解经，满足于在纸上谈天，而当面对真实的星空却茫然不知所以，若要真正识别星宿，则要加上所当时日、所在方位等要素，方可一目了然。于是，他所制的星图十分突出银河所当方位的描绘，并每半月给出一份星图，标示主要的星宿图像与位置，特别利于初学者识别星宿之用。当然，这一尝试并不自袁子谦始，在《天文节候躔次全图》中，已然有24节气中星图的创制，在王圻《三才图会》星图集中，继承前人的创意已然有12个月中星图之作，其中银河的走向也赫然在目。袁子谦每半月给出一图，与24节气中星图相当，又标明银河走向，是兼取了两者之长。顾锡畴特别强调天文学的测时、授时功能，他指出“古之帝王历象日月星辰，不过敬授人时”而已，“天文可废乎？非也。尽人而取验于天则可，执天以求合于人则不可”。即认为天文不可废，因为人们可以通过对日月星辰运动的观测，来为自身的生产或生活服务，这就是敬授人时的功用，也是人们验天的目的，而不可让天象牵合人事的吉凶祸福。他的《天文图》星图集与表，则是定量化了的，可用于测量昏、晓、五更等时刻的星图、星表，是在星图实用化这一方向上的最重要发展(详说见后)。在《天文图》中，我们还看到“三垣二十八宿星占”的内容，系杂采前代星占家之说而成，对此，顾锡畴聊以“虽终日言天无厌，又何不可信其有”③ 相调侃。可见他实际上也难以忽视传统天文学的另一重要功能。

在万历以后到明朝灭亡的20余年间(1621～1644)，有(16)、(17)两种星图出现，它们均保持了传统星图的基本特色，但又都可见受西来星图影响的痕迹，关于(16)已如前述，而在⒄中，所绘银河的轮廓显然参照了西来的知识，星宿中有“马尾”1官6星，为传统星官所无，显系译名。星图(16)藏于天后宫中，在供人顶礼膜拜这一点上与星图(4)并无区别，但两者间的重要不同是，这幅卷轴式星图可以随时取下供人仔细观览与学习，依然存在实用价值。星图⒄是依据某一母本描摹的，其上还有描摹者添加的不少注记，和取自不同来源的有关资料，十分生动地反映了民间收藏、学习、研究星图的状况。虽然在这一时期的星图已不如万历年间兴盛，但

① 《周易·系辞上》。
② 袁子谦:《天文图说》。
③ 以上均见顾锡畴:《天文图·叙说》。

星图的普及仍在延续则无疑问。

三　明代传统星图的类型与特色

就星图的构成而言，上述传统星图可分为 4 种类型①：

第一种为 1 幅全天星图，上述星图(1)，(4)，(5)，(6)，(8)，(9)，(11)，(16)和(17)等 9 种均属此类；

第二种由 1 幅总图和三垣二十八宿分图各 1 幅构成，上述星图(3)和(7)属于此类；

第三种由 1 幅总图和 24 节气分图各 1 幅构成，上述星图(10)即属此类，星图(13)也可划归于此，稍有不同的是，其总图是 1 幅银河周年运转状况的图像，示出每经半个月银河走向的变化，而非为一盖天式全天星图；

第四种由 1 幅总图、三垣二十八宿分图各 1 幅和 12 个月中星图各 1 幅构成，上述星图(12)，(14)，(15)和(18)皆属此类。

此中，第二种可视为对第一种的发展，更突出地展示传统的三垣二十八宿星官体系各别的星官图像，作为总图的尺寸较小的一种补充，实际上是使总图的各局部放大，以利辨认。即由总图可见三垣二十八宿的总体关系，由分图可见三垣二十八宿各垣各宿的更为明显的图像，它始见于明永乐或成化年间。总图的形式早已有之，自不待言，就三垣二十八宿分图而言，在此之前便已出现，宋代时就有有歌有图的《步天歌》的流行，但把总图和分图一起示出，可能是自此始。第三种可视为对第一种的另一类意义的发展，一方面，它也起放大的作用，但形式与第二种不同；一方面，它还可用于测时(详说见后)。它首见于 1577 年，无疑是一种创造；第四种则既是对第二种的继承，又多少含有第三种的意图，但它不是对第三种的继承，而是对也许在宋代已有的或者说已见雏形的中星图的继承或发展。它始见于 1607 年，也不失为一种创造。

第一种和诸总图((13)除外)均为盖天式全天圆形星图，即以天北极为中心，以类似于极坐标投影的方式绘制的全天星图。其基本圈多有内、外规，黄、赤道，以及银河轮廓等，星图(4)，(5)，(6)，(7)，(16)，(17)等均绘有二十八宿宿次线，外规之外则有数环圈标明二十八宿距度、12 辰以及 12 分野等内容。这些都与宋代苏州石刻天文图碑大同小异。

从总体上看，这些全天星图均未超出苏州石刻图碑的水准。它们之中有的明显受到宋代星图的影响，有的实际上源于前代，如星图(4)，其母本可能是出于唐代开元(或稍后)年间的作品，或者是传承自宋代苏颂《新仪象法要》星图。即明代全天星图系对前代全天星图的传承是毋庸置疑的，自然在传承中又有所发展。

考察这些星图的二十八宿距度值，受宋代元丰年间(约 1084)或元代至元年间(约 1281)测值的影响较大，不少星图即取其一作为绘制星图的基本素材。其中星图(6)，(8)，(9)的二十八宿距度值却是在元丰测值的基础上有所增减，而星图(16)，(17)，(18)则是在至元测值的基础上有所增减。这些情况表明，在明嘉靖至万历年间(1522～1620)以及崇祯年间(1628～1644)，人们至少先后两次进行二十八宿距度的新测量，并被有关星图的绘制者所采用，这是颇值得一提的新进展。

在吴悌的星图(6)中，可看到在外规之外的环圈中有周天刻度圈的设置，这大约是中国传

① 陈美东，明代传统星图说略，载陈美东主，中国古星图，辽宁教育出版社，1996 年，第 34～42 页。

统星图中最早加入刻度圈的 1 幅星图。刻度圈的设置是为了便于在星图上量取某星的入宿度,这反映了绘图者将某星的入宿度作为确定某星在星图上位置的重要参数的尝试,所以,刻度圈的出现,是星图绘制定量化的表征。在随后的星图(7),(8),(11)中,亦有刻度圈的设置,可见在明嘉靖、万历年间,这一新趋向得到了普遍的重视。而在星图⒄中,除了有刻度圈外,更有纬度标志线的设置,在北极附近还有罗盘 24 方位圈的设置(见图 7-14),这些则是星图绘制定量化的再发展。

在上述一些星图中,还可见若干前代传统星图从未有过的新星官出现。如星图(5)计有 284 官 1466 星;星图(7)多出御女 1 官 1 星;星图(8)中,增加有天淮 1 官 3 星(属心宿)、天海 1 官 10 星(属危宿),星图(11)与此同;在星图(9)中,亦增加天淮 1 官 3 星,又增赞府 1 官 4 星;而在星图(12)的 12 个月中星图中,新给轩辕星官下部左右两颗星分别命名为"少民"与"大民",星图(17)亦取用之,此外,星图(17)还增加马尾 1 官 6 星,已如前述;星图⒃计有 288 官,而且标示出 1572 年超新星的位置,等等。这些情况表明,试图突破传统的 283 官 1465 星系统,并给更多的恒星命名,是明代一些人所作的尝试。

在星图(8),(9)和(11)中,在应用传统的三垣二十八宿的天区划分法之外,又对其中的二十八宿作或分(以某 1 宿为 1 区)或合(以某几宿合而为 1 区)的处理,即把全天划分为 10 余个不同的天区。星图(8)和(11)均分为 18 区,星图(9)则分为 15 区。这种划分法应与分野思想有关,传统的分野皆以 12 区为法,而上述星图所显示的 15 区或 18 区划分法,当是与传统的 12 分野不同的、新的 15 分野或 18 分野的反映。

其实,明代传统星图的最重要进展是实用中星图的兴起,前述 4 种类型星图中的后两种类型都与此密切相关。星图(10)可谓开此风气之先,星图⒂更拓而展之,后两种类型的其他星图也为之增光添彩,共同展示了明代传统星图的主要特色。下面可由对星图(10)和(15)的剖析,进一步对此予以讨论。

四 《天文节候躔次全图》星图集和《天文图》星图表集

(一)《天文节候躔次全图》星图集

该星图集的创新处在于 24 节气中星图。每 1 节气均单独绘出 1 幅图(如"清明中星图",见图 7-15),各图皆呈扇面形,且又分成 5 个小扇形,在此框架内描绘出相应的星官,在其左、右下角还分别注有"昏"、"晓"字样。在图的右上方标明相应节气的太阳出入时刻,如清明节,"日出卯初三刻,入酉初四刻";左上方标明相应节气的昼夜漏刻数,如清明节,"昼五十二刻,夜四十八刻"。这些数值与《明史·历志三》所推数值相同;在图的左边还书有相应节气的歌诀一首,如清明节,歌曰:

> 三月节、是清明,昏时南、北河边行。
> 一更鬼、柳星共朗,二鼓三台翌(翼)上呈。
> 漏三下、角旁平,四更贯索、氐、房、心。
> 天市、帝、侯五鼓烂,朦胧箕、斗时将辰。

可见这是一册有图像、有歌诀的普及型的星集,更重要的是,它又是科学与实用的星图集。

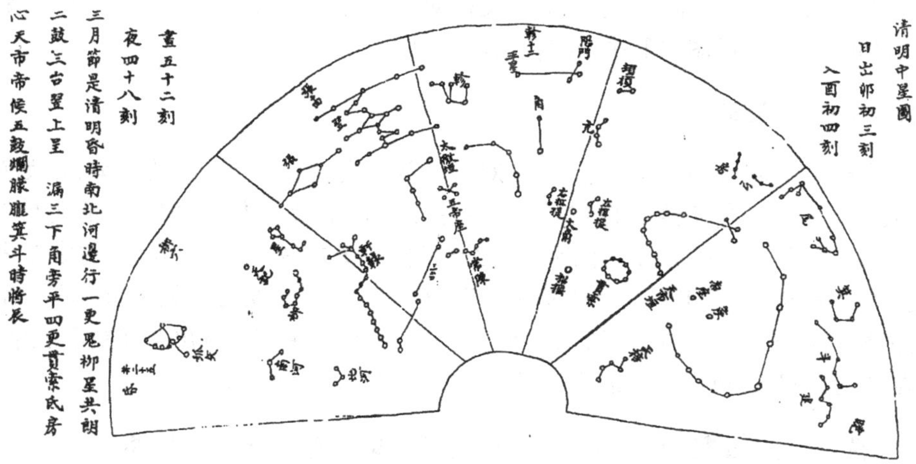

图 7-15　《天文节候躔次全图》星图集中的“清明中星图”

从 24 节气中星图的绘制方法看，每 1 节气的星图实际上都给出了相当于盖天式全天圆形星图一半左右，但略去了北极附近星宿的图像。5 个小扇形自左到右依次展示昏、五更、晓等 7 个时段南中天星宿的图像，其中主要星宿与歌诀所述可一一对应。24 节气中星图中，最北的恒星是招摇星（牧夫座 γ 星），约当赤纬 40°，最南的恒星是老人星（南船座 α 星），约当赤纬 −50°。如果观测者处于地理纬度约北纬 40°的地方，那么赤纬大于 40°的恒星就在天顶以北上中天，赤纬小于 −50°的恒星则不可能升到地平以上，是观测不到的。所以，24 节气中星图显示的赤纬范围，正应是该星图集的作者所处地理位置的反映，他略去距北极约 40°以内的星官，并描绘了可用于作南中天观测的全部可见天区的一批主要星官，是科学与合理的。24 节气中星图上共有 68 座星官，除了二十八宿之外，大部分是石氏星官，另有几个巫咸氏星官，甘氏星官则一个也没有。这与石氏星官多为比较明亮的恒星，巫咸氏星官有一些较明亮的恒星，而甘氏星官多为比较暗弱的恒星有关。也就是说，作者是有意选取比较明亮的恒星作为中星观测的对象的，这自然有利于中星观测及观测精度的提高。24 节气中星图上的星官位置要比总图上的星官位置准确得多①，看来总图只是提供全天星官的大体位置及其关系，而 24 节气中星图才是作者的着力之处。

24 节气中星图上的歌诀，有较强的文学性，押韵上口，便于记忆，其中对不同的时间段采用了多样且又不发生歧义的名称，避免了单一枯燥的问题。歌诀提及图上 68 座星官中的 64 座（无常陈、顿顽、厕与玉井 4 座）②，这说明作者已是尽力把图上所绘的星座纳入歌诀之中，使歌诀与星图成为既可独立收到预期效果，更可成为彼此呼应、相得益彰的结合体。这是继丹元子《步天歌》之后出现的、颇具创意的中星观测天文歌诀。

如上所述，24 节气中星图具备以下两种功能是显而易见的：一是，已知观测时所值的节气及昏或晓或更点，可由相应节气的星图认知南中天左右天区的星宿；二是，已知南中天左右天

① 孙小淳，《天文节候躔次全图》中的星官的证认，载陈美东主编，中国古星图，辽宁教育出版社，1996 年，第 55～67 页。

② 景冰，段异兵，《天文节候躔次全图》中的歌诀初探，载陈美东主编，中国古星图，辽宁教育出版社，1996 年，第68～79 页。

区的星宿,可由相应星图推知所应值的节气及昏或晓或更点的大致时刻。它们可以星图的形式,或歌诀的形式,更以星图与歌诀相结合的形式得以实现。

(二)《天文图》星图表集①

顾锡畴《天文图》星图表集中的总图,是对前人盖天式圆形全天星图的继承,并无创新或改造之处。其创意则在于他所给出的12个月(每月2个节气)星图与表(如三月清明与谷雨星图表,见图7-16),更确切些说,最重要的是他所给出的12个月(每月2个节气)的中星表。由其星图可见,顾锡畴实际上只是给出了总图的一部分,即大略是与某月所见中星的那一部分。而最重要的内容则是在星图上方所列的24节气昏、晓、五更中星度及日出所在宿度表格(如三月清明、谷雨,见表7-3)。可以三月清明与谷雨两节气为例分析如次:

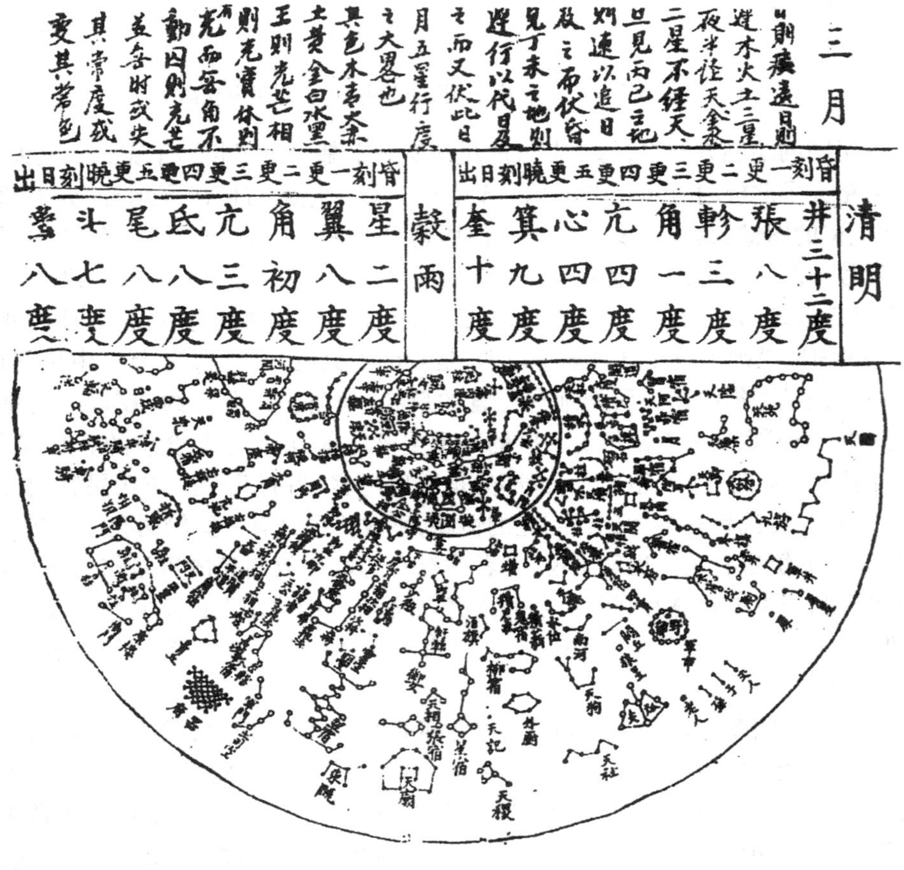

图7-16 《天文图》中三月清明与谷雨星图表

表7-3,"井32"、"张8"等等,系《天文图》所载分别与"昏刻"、"一更"等等时段一一对应的南中天所值的二十八宿宿度。如三月清明节黄昏时,南中天正值赤道井宿32度;一更时,正值赤道张宿8度;……以及日出时太阳位于赤道奎宿10度,等等。"相邻两中星度差"系用《明史·

① 陈美东,顾锡畴《天文图》试论,载陈美东主编,中国古星图,辽宁教育出版社,1996年,第169～178页。

表 7-3 《天文图》24 节气昏、晓、五更中星度及日出所在宿度表

月份	节气	中星度等	昏刻	一更	二更	三更	四更	五更	晓刻	日出太阳所在宿度	相邻两节气太阳所在宿度差
三月	清明	中星度	井 32	张 8	轸 3	角 1	亢 4	心 4	箕 9	奎 10	
		相邻两中星度差	31.10	31.10	15.30	15.10	31.10	30.60			14.60
	谷雨	中星度	星 2	翼 8	角初	亢 3	氐 8	尾 8	斗 7	娄 8	
		相邻两中星度差	29.55	28.05	15.10	14.20	28.40	28.50			14.80

历志五》所载的二十八宿赤道距度值推算而得的。如由其中井宿 33.30 度、鬼宿 2.20 度、柳宿 13.30 度、星宿 6.30 度,可知“井 32”到“张 8”之间相距 1.30 + 2.20 + 13.30 + 6.30 + 8.00 = 31.10 度,其余均可仿此算得。此外,由上表还可推算出晓刻中星度与相应的日出太阳所在宿度之间的度距,此即太阳旦距南中天的度距,如清明节为 105.21 度(自“箕 9”到“奎 10”),谷雨节为 111.41 度(自“斗 7”到“娄 8”);若用大统历所载计算清明与谷雨节初日太阳旦距南中天度距的方法,和北京的昼夜漏刻值,可得其分别为 105.99 和 110.90 度。可知,两者是基本相符的,其间存在的小差异应是测量误差以及顾锡畴所给出的数据“箕 9”等系取整度值造成的。对其他节气作相同的推算,皆可得到同样的结论。这些情况均表明,《天文图》中表格所载各值是以大统历的二十八宿赤道距度值及北京昼夜漏刻值等为基础得出的。

由表 7-3 可见,自昏刻到一更、一更到二更、四更到五更和五更到晓刻的中星度差(亦即时间长度)基本相等,而自二更到三更和三更到四更中星度差也基本相等,而且前一组的中星度差基本上是后一组的两倍。对其他节气所做的分析,也可得出相同的结论。由此看来,顾锡畴所认定的自昏刻到一更等不同时段的时间长度,不但随节气的不同而异,而且前一组的时间长度基本上是后一组的两倍。它们之间也存在小差异的原因,亦应与测量误差和“井 32”等取整数值相关。

质言之,《天文图》24 节气中星表是顾锡畴在北京经由实测而得的,其内给出的是各节气初日的、与昏、晓、五更相应的中星二十八宿赤道宿度值,以及日出时太阳所在赤道宿度值。依此,可用浑仪等仪器作中星观测(用肉眼观测难以得知“井 32”等等),进而由 24 节气中星表查知所当的昏、晓、五更等时刻。还要指出的是,对于并非某节气初日的日子,则应以距该节气初日的日距为引数,用一次差内插法由 24 节气中星表算得相应的中星度值。也就是说,《天文图》24 节气中星表可适用于一年所有时日的昏、晓、五更等时刻的测定,适用的地点应在北京。与《天文节候躔次全图》星图集相比较,《天文图》24 节气中星表在测时功能上要前进了一大步,从前者到后者,可以说实现了从中星测时的半定量到定量的过渡。

第六节　藏族历法与彝族天文历法

一　时轮历的由来与发展

藏族天文历法有十分久远的发展历史和丰富的内涵，在本节中不拟作全面的论述，而仅对其中最重要、也是影响最大的时轮历作一简要的介绍①。

据传《时轮经》是释迦牟尼晚年传法的记录，共一万二千颂，每颂四句。分为五品，第一品讲外时轮，即天体运动的规律；第二品讲内时轮，即人体内脉息运行的规律；第三品至第五品讲内时轮与外时轮的结合，是关于宗教上修炼的方法。这就是在西藏历史上影响最大的历法——时轮历的起源。又据有关文献记载，公元前 277 年古印度苫婆罗国第一代众种法王提摄《时轮经》的要略编撰《摄略经》，为了与《时轮经》相区别，便称《时轮经》为《根本经》。自此，古印度渐有体系派和作用派两大历算流派的出现，据传统的说法，这两大流派的主要区别是：体系派以《根本经》为依据，着重理论体系的完整性；而作用派则以《摄略经》为依据，着重实际应用的方便，并吸收了体系派外道（异教徒）的相关工作。

1027 年，《时轮经》开始被译成藏文，陆续有 14 种不同的译本问世。其中，《根本经》只译有《灌顶总说》一品，而《摄略经》则是全文译出。约 1332 年，藏族天文学家让迥多吉（1284～1339）和布顿（1290～1364）撰成论述时轮历的专著，这当是时轮历本地化的重要一步。

1447 年，藏族浦派（即山洞派）历算创始人伦珠嘉措等著成《白莲法王亲传》一书。据传白莲法王系苫婆罗国的第二代法王，他于公元前 177 年著作《无垢光大疏》，对《时轮经》做了权威的注释（该书的藏文译本编入于《丹珠尔》经中）。伦珠嘉措等人的这一著作大约应是依据白莲法王对《时轮经》的注释撰成的。就历算流派而言，浦派则是倾向于体系派的。

约 1687 年，五世达赖后的摄政者第巴·桑吉嘉措（1653～1705）撰成《白琉璃》一书，全书包含正编 627 页、《答难除锈》473 页，还有续编则系秘传。正编共分 35 章，前 7 章讲历算，其余讲星占，历法取第十二胜生周丁卯年（1687）为历元。约 1714 年，颇富历算传承盛名的敏珠寺的大译师达摩师利（1654～1718）撰就《日光论》一书，全书正编 162 页，前半部分讲历算、后半部分讲星占，另有后编，主要是有关表格，该历法取第十二胜生周甲午年（1714）为历元。这是两部在当时影响很大的历法，而《白琉璃》和《日光论》两书都是以伦珠嘉措等所著的《白莲法王亲传》为根据编撰而成的。

约 1827 年，青海同仁县拉加寺兴萨呼图克图的总管（商卓特）绛巴桑热撰成《〈白琉璃〉、〈日光论〉两书精义，推算要诀，众种法王心髓》一书，由书名即可知，它是综合藏历名著《白琉璃》和《日光论》的精髓而成的。该书又以《商卓特桑热历书》见称于世。该历法取第十四胜生周丁亥年（1827）为历元。此书问世后影响深远，及至当今，由西藏天文历算研究所每年编制发行的藏历，所使用的算法与数据还都根据此书。

如上所述，时轮历乃是藏族历史悠久、影响巨大的历法。它源起于古代印度，中经藏族天文学家的翻译引进、消化吸收，形成自己的特色。此中，伦珠嘉措等人的《白莲法王亲传》是为及至现代的藏传时轮历的经典著作，其后代有传人、代有发展。此外，藏传时轮历在形成自己

① 关于藏历，主要参照黄明信，陈久金，藏历的原理与实践，民族出版社，1987 年。

特色的发展过程中，还大量引进并消化吸收汉族传统历法以致回回历法的营养，在下文中，我们将要论及。

现以《商卓特桑热历书》(以下简称《历书》)为例，略作讨论，以见藏传时轮历的一般状况。

二 藏历有关天文数据和表格

《历书》所采用年、月、日有以下三种，它们之间的关系分别为：

1 太阳年＝12 太阳月＝360 太阳日；

1 太阴年＝12 太阴月＝360 太阴日；

1 宫年＝12 宫月＝360 宫日；

65 宫日＝67 太阴日；

11312 太阴日＝11135 太阳日；

149209 太阳日＝147056 宫日。

“太阳日”则为：“从天明能辨清掌纹到次日天明能辨清掌纹”的时间间隔。我们知道在 1 恒星年(或 1 回归年)中，严格地说每一日天明时能辨清掌纹的时刻都是不同的，所以，以此定义“太阳日”是不妥当的。我们只能对该定义作这样的理解：它是指 1 恒星年(或 1 回归年)中该时间间隔的平均值，相当于 1 平太阳日。

“太阴月”系指“月亮黑分、白分变化的周期”。这是指 1 朔望月长度无疑。则 1 朔望月应等于：

$$\frac{360\times 11135}{24\times 11312}=29.53058699 \text{ 太阳日}$$

这是一个十分准确的数据，相对于 1447 年而言(下同)，其误差仅为 0.1 秒钟。

“宫年”是为“太阳在天上的十二宫运行一周的时间，同时也是地上四季循环一周的时间”。前者是 1 恒星年长度，后者是 1 回归年长度，时轮历把二者混为一谈，严格而言，实应指 1 恒星年长度，等于：

$$\frac{360\times 149209}{147056}=365.2706452 \text{ 太阳日}$$

该数值无论与恒星年的理论值(365.25636219 太阳日)还是与回归年的理论值(365.24219906 太阳日)比较，均偏大了不少。

《历书》所取闰周为 33.5 太阴月设一闰月[①]，亦即 65 宫年加 24 太阴月：

$$65\times 365.2706452=(65\times 12+24)\times 29.53058699$$

设 X 宫年加 Y 闰月，又设每经 A 个太阴月加 1 闰月，则可列出以下二式：

$$\text{宫年 } X=\text{太阴月}(12X+Y)\text{，则 } X=\frac{\text{太阴月}}{\text{宫年}-12\text{ 太阴月}}Y=\frac{29.53058699}{10.90360132}Y=\frac{32.5}{12}Y$$

$$A=\frac{12X+Y}{Y}\text{，则 } X=\frac{A-1}{12}Y$$

由如上二式，可得 $A=33.5$；亦可得 $\frac{X}{Y}=\frac{32.5}{12}=\frac{65}{24}$，即 65 宫年 24 闰。这说明《历书》所取闰周乃是宫年和太阴月长度值间内在数量关系的体现，反过来说，《历书》的宫年长度之所以偏

① 藏历的原理与实践，第 279 页误作“每 32 个半月设一个闰月”，应改正。

大,大约便是在先取得上述太阴月值和设定 65 宫年加 24 闰月的前提下推算而得的。

在《历书》中,还给出"月亮的周期"值,实指 1 恒星月而言:月亮每一太阴日平均运行 58 弧刻 21 分 5 息 43/67① (1 弧刻 = 60 分,1 分 = 6 息),即等于 58.365671642 弧刻。而一周天共分为 1620 弧刻,则 1 恒星月长度应等于:

$$\frac{1620\times11135}{58.365671642\times11312}=27.32173986\text{ 太阳日}$$

该值与理论值之差约为 7 秒钟,是比较好的数值。

《历书》实际上也给出了近点月长度值,说它比 1 太阴月小 $2\frac{1}{126}$太阴日,即应等于:

$$(30-2\frac{1}{126})\times\frac{11135}{11312}=27.55406886\text{ 太阳日}$$

该值的误差约为 42 秒钟,准确度并不高。

《历书》取罗睺——黄白交点退行的周期为 230 个太阴月一周天,即 $\frac{230\times30\times11135}{11312}=$ 6792.035 太阳日退行一周天,这比理论值小 1.425 太阳日。反不如唐代九执历(6794 太阳日)和《回回历法》(6793.4 太阳日)准确。

《历书》所用五星的恒星周期分别为:

木星——4332 太阳日,其误差为 0.589 太阳日;

土星——10766 太阳日,其误差为 6.769 太阳日;

火星——687 太阳日,其误差为 29 分钟;

金星——244.700 太阳日,其误差为 69 秒钟。

水星——87.970 太阳日,其误差 64 秒钟。

可见,对木星和土星恒星周期的测算还比较粗疏,火星较好,而对两颗内行星则已相当准确。

五星远日点黄经分别为:土星 18 宿(=240°)、木星 12 宿(=160°)、火星 9 宿(126°40′)、金星 6 宿 0 弧刻(=80°)、水星 16 宿 30 弧刻(220°)。它们与 1447 年的理论值② 之差分别为 22.2°,25.4°,19.2°,136.2°,28.9°。其中金星误差很大,古代中外历法均如此,可暂不论,而其余四星误差皆在 20°左右,这大约说明《历书》所用值应是 1447 年前数百年测算的结果。

由这些天文数据看,时轮历除了宫年长度误差太大之外,其他各值的精度总的说来也不如元代授时历和明初编译的回回历法。

藏族的纪年法有释迦纪年法,《历书》推定释迦牟尼于公元前 881 年逝世,以该年为释迦零年,次年为释迦元年,等等;夏迦纪年法,以公元 78 年为元年;火-空-海纪年法,以公元 624 年为元年;胜生周纪年法,该法源于古印度,但并未广泛使用,传入西藏后却备受青睐。其法系以 60 年为周期,第 1 年称胜生年、第 2 年称妙生年、……第 59 年称忿怒明王年、第 60 年称终尽年,等等。时轮历取第一胜生周的第一年为公元 1027 年,自然,这一年并非上元初极之年。据传,在上元初极之时,日、月、五星、罗睺、长尾(彗星)九曜曾同处于一个方位上,时当胜生年之首,这同中国传统历法的上元法颇相类似;胜生周与干支纪年结合法,由于胜生周各年的名称比较烦琐,时轮历又以干支法替代之,如,1027 年是为第一胜生周丁卯年,1687 年为第十二胜

---

① 藏历的原理与实践,第 274,275 页误作 58 弧度 21 分 45 息 43/67,又 371 误作 317,均应改正。

② A.Danjon 著,李珩译,球面天文学和天体力学引论,科学出版社,1980 年,第 477 页。

生周丁卯年，等等。这种被广泛应用的纪年法，实则是古印度胜生周纪年法和汉传干支纪年法的有机结合，它既避免了前者年名的烦琐，又避免了后者可能产生的歧义(如同是丁卯年，却难断定其绝对年代)。

《历书》分周天为十二宫，依次为：(白)羊、(金)牛、双子、巨蟹、狮子、室女、天秤、蝎子、弓(人马)、水兽(摩羯)、(宝)瓶、(双)鱼。它们是从古印度传入的。《历书》取周天为1620弧刻，每宫135弧刻，1弧刻=13′20″。这则与古印度取周天为360°，每宫30°，又有所不同。此外，《历书》又分周天为二十七宿次：娄、胃、昴、毕、觜、参、井、鬼、柳、星、张、翼、轸、角、亢、氐、房、心、尾、箕、斗、牛、虚、危、室、壁、奎。古印度也有二十七宿之说，但这里所说的二十七名称与顺序显然出于汉传。与中国传统的二十八宿比较，在牛与虚间少一女宿。其更主要的不同则是，各宿次的距度并非同中国传统二十八宿那样是不均匀的，而是均匀分布。即每一宿次皆为1620/27=60弧刻，每一宿次又均分为四步，则每一步等于15弧刻。于是，每一宫相当于9步。它们同十二宫之间可相互匹配如下述：羊——娄、胃和昴第1步；牛——昴第2,3,4步，毕和觜第1,2步；双子——觜第3,4步，参和井第1,2,3步；巨蟹——井第4步、鬼和柳；狮子——星、张和翼第1步；室女——翼第2,3,4步，轸和角第1,2步；天秤——角第3,4步，亢和氐第1,2,3步；蝎子——氐第4步，房和心；弓——尾、箕和斗第1步；水兽——斗第2,3,4步，牛和虚第1,2步；瓶——虚第3,4步，危和室第1,2,3步；鱼——室第4步，壁和奎。由之可见，《历书》的周天分划的方法，也是在吸收古印度和汉传方法的基础上有所变更的。

《历书》所给天文表格主要有以下几种：

月离表——和汉族传统历法的月离表相仿。以月亮远地点为起点，列出其后14步(1步为近点月长度的1/28太阳日月亮的平均行度，其余14步与此对称)月亮实际行度与平行度的差值，称为"损益率"，以及"损益率"累积之和，称为"盈缩积"。其盈缩极大值为25弧刻(=5°33′20″)，这较月亮中心差极大值小约44′。表列各值是由盈缩极大值乘以与各步相应的月亮同远地点间度数的正弦而得的，这与汉族传统历法由实测而得大不相同。

日躔表——也和汉族传统日躔表相仿。以太阳远地点起算，列出其后6步(1步为宫年长度的1/12太阳日的太阳平行度，其余6步与此对称)的"损益率"和"盈缩积"(其含义与月离表相仿)。其盈缩极大值为11弧刻(=2°26′40″)，这较太阳中心差极大值大约30′，精度远差于回回历法，也略差于授时历所取的2°22′的数值，当然，从大体上看，可以说两者是相近的。表列各值的求得方法也与上述月离表相同，和汉族传统历法不一样。

昼夜时间长度表——以24节气的中气或与之相当的黄道十二宫宫分数为序，给出相应的昼夜时间长度值。如夏历二月的中气春分昼夜长度均为30刻整，1太阳日为60刻，即均为12小时；自此以后，每隔一中气昼夜长度皆增或减1刻10分(28分钟)，到夏历五月中气夏至昼长33刻30分(13小时24分钟)、夜长26刻30分(10小时36分钟)，等等。每隔一中气昼夜长度均匀增减，无疑与实际状况不吻合，是一种理想化色彩相当浓重的反映。若由其夏至昼夜时间长度估算，应与北纬20°左右地方的实际情况符合。看来，此表格很可能是从古印度引入的。在该表格中还有一项内容"约略被除数"，它是与由圭影测量以推算昼夜时间长度相关的数据："约略被除数"=昼长÷2×(表长+影长)，圭表是由七节木块叠成的，称为"土尔只布"，七表长即以7个单位计，而影长则以1节木块为单位计量，春分、谷雨……的12中气的影长依次为：3,2,1,0,1,2,3,4,5,6,5,4。如已知春分昼长为30刻=1800分钟，则有：1800÷2×(7+3)=9000，正得表列"约略被除数"，其余均仿此。从其中夏至前后的影长为零看，观测地点亦应在北纬20°左右，同上述估算基本相合。再从12中气的影长值皆为整数看，无疑也是理想化色彩相当浓重的反映，并不与实际状况相吻合。

五星迟行盈缩数表——以五星远日点起算，列出其后6步（此1步与上述日躔表同，同样，其余6步与此对称）的“乘数”和“积步”，此二者的涵义分别同上述“损益率”和“盈缩积”相仿。五星迟行盈缩极大值分别为：土星43弧刻（$=9°33'20''$）、木星23弧刻（$=5°6'40''$）、火星50弧刻（$=11°6'40''$）、金星10弧刻（$=2°13'20''$）、水星20弧刻（$=4°26'40''$）。如本章第三节所述，回回历法所取相应值分别为：6°19′，5°5′，11°25′，2°1′，2°43′，两相比较，木星最接近，金星和火星也相差不多，土星与水星相差较大。木星迟行盈缩数表6步的“盈缩积”依次为：11，20，23，20，11，0弧刻。查《回回历法》“木星第一加减比敷立成”[①]，与之相应的第一加减差依次为：2°27′，4°19′，5°5′，4°30′，2°39′和0°。若将其化算为弧刻，则有：11.025，19.425，22.5，20.25，11.925和0弧刻。第1和第5值的平均值为11.475，《历书》取为11弧刻；第3值22.5取为23弧刻；第2和第4值的平均值为19.8375弧刻，取为20弧刻。同理，若将金星和火星迟行盈缩数表各值同《回回历法》金星和火星相应的第一加减差相比较，也可发现两者是很相近的，其差异大约是《历书》编撰者小作调整造成的。由之可知，《历书》中木、金、火三星迟行盈缩数表至少是参考了《回回历法》的相关数据，也就参用了相关的方法。关于土星和水星迟行盈缩数表所取数值，当另有所据，尚待研究。而五星迟行盈缩数表的含义和《回回历法》五星第一加减比敷立成是相通的，当无疑问。

五星疾行盈缩数表——列出27宿次时的“乘数”和“积步”，其涵义和上数表同。相邻宿次相距1宿度（$=1620/27=60$弧刻$=13°20'$）。五星疾行盈缩极大值分别为：土星28弧刻（$=6°13'20''$）、木星52弧刻（$=11°33'20''$）、火星182弧刻（$=40°26'40''$）、金星208弧刻（$=46°13'20''$）和水星97弧刻（$=21°33'20''$）。而回回历法五星第二加减差所取相应值分别为：5°40′，10°23′，36°45′，44°58′和19°33′。两相比较，前者均稍大，而且大体上均相接近，最大偏离为3°余。由此看来，五星疾行盈缩数表亦参考了《回回历法》中五星第二加减差立成的数据和方法，但却省略了其中“远近差”的部分。

五星迟行和疾行盈缩数表同《回回历法》相应立成比较，相对简略是显而易见。此外，《历书》未虑及五星黄纬的问题，更是不能与之相比的。

三　藏历日、月、五星位置及交食推算法

（一）关于太阳位置的推算

可分以下四步进行：

其一，求积月（M）。即求所求日所在之月距历元年的总太阴月数。已知所求年距历元年的年距（N），1宫年$=12\frac{24}{65}$太阴月，所求年首月到所求日所在之月的前一个月为止的月数（A），此月数的每一个月需加闰分2/65太阴月，历元年有闰余60/65个太阴月，则：

$$M=12\frac{24}{65}N+\frac{67}{65}A+\frac{60}{65}=(12N+A)\frac{67}{65}+\frac{60}{65}$$

① 张廷玉等：《明史·历志八》。

其二,求太阳平黄经。以 M 乘以 30(1 太阴月 = 30 太阴日),加上所求日的太阴月日期(这称为积日数),再乘以每 1 太阴日太阳平行度,即得。1 宫年 = $\frac{360\times67}{65}$太阴日,则 1 太阴日太阳平行度 = $\frac{1620\times65}{360\times67}$ = 4 弧刻 21 分 5 息又 43/67。

其三,求太阳运动不均匀改正值。令太阳平黄经减去太阳远地点黄经,再除以宫度(135 弧刻),得宫数及余,以之为引数,由日躔表用一次差内插法查算得相应的改正值。

其四,太阳真黄经即等于太阳平黄经加或减相应的改正值。

(二)关于月亮位置的推算

可分以下三步进行:

第一,求月亮平黄经。令所求日太阳真黄经加上 54 弧刻与所求日的太阴月日期的乘积,即得。月亮每经一太阴月较太阳多行 1620 弧刻,自太阴月月首(即朔日)起,月亮每经一太阴日平均较太阳多行 1620/30 = 54 弧刻。

第二,求月亮运动不均匀改正值。令月亮平黄经减去月亮远地点黄经,再除以步度 1620/27.55406886 弧度,得步数及余,以之为引数,由月离表用一次差内插法查算得相应的改正值。

第三,月亮真黄经即等于月亮平黄经加或减相应的改正值。

在《历书》中,后两步未明确示出,但其所列月离表当为此而设,毋庸置疑。对于月亮的黄纬计算,则为《历书》所未及。

(三)关于五星位置的推算

可分以下七步进行:

甲、求所求日的积日数,法与上述求太阳黄经同。

乙、求五星距白羊宫首的日数(H)。设 D 为积日数,d 为历元时五星已过白羊宫首的日数:火、木、土、水、金星分别为 39,2091,2055,24.94 和 129.2 太阳日。五星的恒星周期为 E。则有:

$(D+d)/E$ = 商 + 余数

式中,余数即为 H。

丙、求五星自行的平黄经(G)。设 F 为五星每一太阳日的平均行度,等于 $1620/E$。则 $G=FH$。

丁、求太阳的平黄经(J)。已知历元时太阳距春分点的太阳日数为 B(= 6220155/18382),则有:

$(D+B)/E$ = 商 + 余数

以此余数和太阳每经 1 太阳日的平行度相乘,即得 J。

戊、求五星迟行定数(P)。对于外行星令 G 减去相应行星的远日点黄经;对于内行星令 J 减去相应星的远日点黄经。以所得差数除以宫度,得宫数及余,以之为引数,由五星迟行盈缩数表,以一次差内插法查算得相应的改正值(ΔP)。则对于外行星 $P=G\pm\Delta P$;对于内行星 $P=J\pm\Delta P$。

己、求五星疾行定数(ΔQ)。对于外行星,令 J 减去外行星 P;对于内行星,令 G 减去 J,以所得差数除以宿度(13°20′),得宿次及余,以之为引数,以一次差内插法查算得相应的改正值,

即 ΔQ。

庚、求五星真黄经(W)。对于外行星,$W=G\pm\Delta P\pm\Delta Q$;对于内行星,$W=J\pm\Delta P\pm\Delta Q$。

(四)日月食推算法

先依上法求出朔或望时太阳、月亮的真黄经。再求其时罗睺头与罗睺尾——黄白升交点与降交点——的黄经,其法为:以如上求太阳位置时所得的"积月"除以罗睺周期(230 太阴月),将所得余数化为若干太阴日,对于月食加上 15 太阴日,对于日食加上 30 太阴日,令其和化为太阳日数,乘以罗睺每 1 太阳日的退行值:$\frac{1620\times11135}{230\times30\times11312}=13$ 分 5 息又 360/1807,设其乘积为 S。已知历元时罗睺头的黄经为 124.84 弧刻,则所求时日罗睺头的黄经应等于 $(124.84-S)$ 弧刻,罗睺尾的黄经应等于 $(124.84-S)\pm810$ 弧刻。令太阳或月亮的真黄经与罗睺头或尾的黄经相减,即得朔或望时太阳或月亮同罗睺头或尾的黄经差,设其为 R。

对于月食而言:

《历书》以 $R=50$ 弧刻($=11°6'40''$)为食限,该值较理论值小约 1°16′。令以上求得的 $R/5$,若其商≤3,为全食,这是说当 $R\leqslant15$ 弧刻(3°20′)时,为全食,该值较理论值小约 35′。

《历书》规定若其商分别等于 4,5,6,7,8,9,10 时,月轮只剩白边、只剩 1/6、月轮食 2/3、食 1/2、食 1/3、食 1/6、食 1/8,云云。由之可见,在 R 值同食分之间的关系是非线性的,是较粗略的和经验性的。

《历书》又认定与不同食分相应的月食延续的时间,其中全食延续时间达 5 小时以上,该数值过大,与其余各食分相应的延续时间也存在相同的问题。

关于月食亏起方位,《历书》以为:当罗睺头黄经大于月亮真黄经(月亮在黄白升交点前)或罗睺尾黄经小于月亮真黄经(月亮在黄白降交点后)时,也就是月亮在黄道之南时,月食亏起在东北方;当罗睺头黄经小于月亮真黄经(月亮在黄白交点后)或罗睺尾黄经大于月亮真黄经(月亮在黄白交点前)时,也就是月亮在黄道之北时,月食亏起在东南方;月亮真黄经与罗睺头或尾的黄经相等时,月食亏起在正东方。这些同《回回历法》之说并无不同。

对于日食而言:

《历书》认为:"以定日减去罗睺头后,差数之宿位为零,弧刻在五十以下者,必定有食。"又说:"以罗睺尾减定日后,差数之宿位为零,弧刻在四十以下者,必有食。"前者是说,当月亮在黄道北时,以 11°6′40″(50 弧刻)为食限。后者是说,当月亮在黄道南时,以 8°53′20″(40 弧刻)为食限。这些是虑及了月亮视差对日食的影响而作的正确规定。因为月亮视差总是令月亮的视位置向偏南方向移动,当月亮在黄道北时,月亮视差使日月的相对位置拉近,故食限可相对大些;而当月亮在黄道南时,月亮视差使日月的相对位置拉大,故食限应相对小些。

《历书》还分别给出这两种情况下,日(或月)真黄经与罗睺黄经之差(R)同日食食分大小(最大 12 分)的对应表格:月亮在黄道北时,4 弧度 10 分(55′33.33″)——日食 12 分,其后每增加 4 弧刻 10 分,日食食分减少 1 分;月亮在黄道南时,3 弧度 20 分(44′26.66″)——日食 12 分,其后每增加 3 弧度 20 分,日食食分减少 1 分。即日食食分同 R 之间存在线性比例关系,在已知 R 之后,实际上可由此表格依一次差内插法求算得真实的食分值,这较月食食分的界定要精细些。

《历书》注意到了日食食甚时刻与定朔时刻之间的差异，但还只是给出经验性的改正值。

《历书》也给定了与不同日食食分相应的不同日食延续时间，如日全食的延续时间为4小时48分钟，也过于偏大了。

关于日食亏起方位，在与上述月食亏起方位的三种不同情况下，分别亏起西南、西北和正西方。虽较为简略，却是正确的。

四　关于藏历历谱

藏历属于阴阳合历的范畴，以恒星年（或回归年）长度为一年，以朔望月长度为一月，平年12个月，闰年13个月，65年加24个闰月。《历书》规定当闰余为48、49时为闰月，即当月首的闰余等于48/65或49/65时，其月则为闰月。藏历中亦用汉传24节气法，《历书》说："三十日出现中气时，那个月有闰，名为无中气之闰月。"即以汉传无中气之月为闰月乃是藏历更重要的置闰法则。这些同汉传阴阳合历大体相同，但其记月与记日法却有独特的一套方法：

藏历既规定1太阴月为29.53058699太阳日，又规定1太阴月有30太阴日，自然在实用历谱中不能将一太阴月安排为29余太阳日，只能安排为某整日数，所以安排1太阴月为30或29太阳日当是可能的选择。其选择的方法为：

藏历是以特殊的星期制度来记日（太阳日）的：或自星期一到七顺序而出（称为无缺无重）；或其间缺某星期序数，如星期二之后便是星期四，缺星期三之类（称为有一缺日）；或其间有某一相同的星期序数，如星期二之后还是星期二，再后才是星期三一类（称为有一重日）。

《历书》规定：太阴日结束的时刻所在太阳日序（亦即星期顺序），应与该太阴日的日序相同。所谓太阴日是指月亮每运行58弧刻21分5息又43/67所经历的时间，由于月亮运动在近地点时最快、在远地点时最慢，则在近地点附近时，1太阴日最短为54刻（1太阳日＝60刻），即为0.9太阳日；而在远地点附近时，1太阴日最长为64刻＝1.067太阳日。于是，依此规定便可能有如下两种情况出现：一是某两太阴日的结束时刻均在同一太阳日序中，则该太阳日序应与这两个太阴日序相等，换一句话说，该太阳日序占去了两个星期序数（如星期二和星期三），这便是上述"缺日"的由来；二是两太阴日的结束时刻落在某太阳日序的两头之外，亦即该太阳日序中没有太阴日结束的时刻与之相应。这样一来，该太阳日序的后一个太阳日序的星期序数只比其前一个太阳日序的星期序数多一，则该太阳日序的星期序数同其后一个星期序数相重复，这便是上述"重日"的由来。

凡在1太阴月中，有缺日而无重日或缺日多于重日者，是月为小月29太阳日；无缺日亦无重日或重日与缺日相等者，是月为大月30太阳日。

我们知道，较科学合理的大、小月设置法应是在17个太阴月中安排9个大月和8个小月，而"缺日"和"重日"设置法造成的后果是大、小月的设置并不合这一比例，它只能在一定程度上解决大、小月的设置问题，但远非科学合理的方法。此外，"缺日"和"重日"的设定，又与它们特定的吉凶涵义有密切的关系，则是无可疑问的。

关于昼夜时间长度的计算，是以所求日距最临近的某一中气的时日或以所求日太阳入某宫分为引数，由昼夜时间长度表的昼、夜刻分数，依一次差内插法计算出相应的昼、夜时间长度。也可以用同样的数值为引数，由昼夜时间长度表的约略被除数，依一次差内插法计算得相应的约略被除数，又测量得所求日的晷影长度，再用前述的计算公式推求相应的昼长值，而夜长值以减 60 刻即得。

在藏历历谱中，逐日给出星期序数、太阴日的结束时刻、太阳和月亮的真黄经，供星占用的 11 种“作用”（每半天换一种）和 27 种“会合”黄经（日、月真黄经之和）。逐月给出太阳入黄道 12 宫和节气时刻、中气日的昼夜时间长度、闰月、缺日和重日，供星占用的值月曜宿、大自在天起居以及药水、毒水等节日。此外，还有月相、五星方位（如金、水星会于毕宿等）和日、月食等天象的预报，经调整的汉传春社、秋社、三伏、九九、月令、候应等，以及根据九曜（日、月、五星、罗、计）的方位及其相互关系所作的长期天气预报。

综上所述，藏族历法是在吸收古印度和汉传历法以及回回历法营养的基础上，发展起来的一个独特的历法系统。从《历书》所反映的情况看：它受古印度传入的时轮历的影响是显而易见的，诸如一系列天文数据、黄道十二宫、胜生周纪年法、昼夜时间长度表、星期制度，等等，都是实例；它又受汉传历法的影响，诸如日躔表、月离表、干支纪年法、27 宿、置闰法、交食推算法、24 节气、月令候应，等等，都是其例；它还受回回历法的影响，这主要表现在五星迟行和疾行盈缩数表的编制以及相关的五星位置推算法上。这里所说的都仅仅是影响，藏历实际上是吸收了这些营养而有所改造、自成一体。此外，另有诸如独特的周天度数划分法、“缺日”和“重日”等的记月与记日法、三种不同的年月日系统，等等。这些共同构成了藏历与众不同的特色。

五 彝族天文历法

彝族存在不同地域使用不同的历日制度的情况。因受汉族的影响而使用阴阳合历者有之，而在大小凉山地区，则曾使用一种十月历，即把一年分为十个月，一月为 36 日，以十二兽纪日，另有 5 日不属于任何一月，称为过年日。在这 5 日中，由毕摩任择 2 日举行庆祝活动，并每隔两年，又将过年日增加 1 日，是为闰日①。由之可见，这是一种并不与月亮圆缺周期发生联系的历法，其一年的长度约等于 365.33 日。

在彝族的一年中，有两个最重要的节日，一为火把节，一为星回节，关于这两个节日的日期，史籍有一些记载②。

关于火把节，元代李京《云南志略》曰：“六月二十四日，通夕以高竿缚火炬照天，小儿各持松明火，相烧为戏，谓之驱禳。”明代李元阳《云南通志》说：“六月二十五日，束松明为火炬，照田苗，以火色占农。”差不多与李元阳同时代的、长期谪居云南的杨慎在《升庵全集》所载不少诗文中提到六月星回节，如“年年六月星回节”云云，其中一首关于星回节诗的日期则是六月二十日。许信芳《星回节考》引《谭丛》说：“以六月二十八日”为星回节。可见，火把节又被称为六月的星回节，其日期有六月二十日、二十四日、二十五日或二十八日各说。

关于星回节，五代《玉溪编事》载：“南昭以十二月十六日谓之星回节。”李京《云南通志》说：“各以腊月二十四日祀祖，如中州上冢之礼。”清代《续云南通志》载：“爨蛮俗或以六月二十四日为节，十二月二十四日为年。”《易门县志》曰：“六月二十四日为大节，以十二月二十三日为年节。”可见，十二月星回节的日期有十六日、二十三日或二十四日各说，而且说明了六月火把节和十二月星回节之间一为大节、一为年节的区别。

---

① 陈久金，卢央，刘尧汉，彝族天文学史，云南人民出版社，1984 年，第 154～156 页。

② 陈久金，卢央，刘尧汉，彝族天文学史，云南人民出版社，1984 年，第 190～192 页。

上述月份与日期都是依汉族的阴阳历而言的，六月火把节和十二月星回节日期的游移，正表明彝族的这两个最重要节日的确定，并不依赖于阴阳历，反过来说，如果是以阴阳历为准，就不当发生这种游移的现象。而“星回”是“星回于天”之意，殆无疑问，即星回节日期的确定应是以某一特定星象的回归作为标志，十二月星回节如此，又被称为六月星回节的火把节亦应如此。再说彝族的新年或岁首显然也与汉族历法不同，它也正是以某一特定星象的回归为标志的。由之可知，彝族的年严格地说是恒星年，这与我们在第二章第六节中论及的月令的年有某种共同之处。一旦确定了新年或岁首的日期，便不难以上述十个月的规定安排出一年的历日来。这显然是一种与汉族阴阳历完全不同的十月恒星历，有一些学者称之为十月太阳历，亦无不可。

作为彝语支的另一支，分布于云南省西南部怒江上游的傈僳族也曾把一年分为十个月，其月名依次为花开月、鸟叫月、烧火山月、饥饿月、采集月、收获月、酒醉月、狩猎月、过年月和盖房月。此外，在白族和土家族中，也有使用过十月历的迹象①。

彝族对于星空有二十八星座之分，其名称依次为：岩羊群、中风洞、鹦鹉头、鹦鹉翅、鹦鹉腰、鹦鹉尾、熊胸、熊背、公熊神、母熊神、结尾、影子、影随、豹头、豹眼、豹口、豹腰、豹心、豹尾、豹过完、豪猪、齐集、公犀牛、母犀牛、大犀牛、彗马、兔口、时尾。其总星数说法不一，有 71、78 和 104 颗星三说。该二十八星座和汉族的二十八宿有同有异，其所认定的形象则完全不同，不过二者的形象均与某种动物不同部位有关这一点却大体相同。值得注意的是，岩羊群相当于昴宿，以之为首，又称为时首，这和古印度二十七宿以昴宿为首之说（见第五章第十一节）是相同的。此外，在彝族另有一种说法，以为二十八星座应从豹头起首，而豹头相当于氐宿，这则与汉族二十八宿以角宿为首之说相近。所以，这三者之间的关系是一个值得进一步研究的问题。在彝族中存在的两种时首说，很可能就与上述的六月星回节和十二月星回节有关，岩羊群和豹头很可能就是星回于天的标志星象②。

在彝族聚居的三个不同地区，使用的十二属相可如表 7-4 所示，它们被用于纪年、纪月或纪日③。

表 7-4　彝族所用三种不同的十二属相

地名	十	二	属	相	名							
川、滇、黔	鼠	牛	虎	兔	龙	蛇	马	羊	猴	鸡	犬	猪
哀牢山	虎	兔	穿山甲	蛇	马	羊	猴	鸡	犬	猪	鼠	牛
桂西	龙	凤	马	蚁	人	鸡	犬	猪	雀	牛	虎	蛇

由之可见，川、滇、黔彝所用十二兽及其顺序均与汉族相同，但见于云南省南涧虎街土主庙一彝文“母虎日历碑”（其年代大约不会晚于明代）上的十二属相所取十二兽虽亦与之相同，却是以虎为其首。哀牢山彝的十二属相也以虎为其首，但却以穿山甲取代龙为十二兽之一。而桂西彝所用十二属相与上述各家有较大差异，与汉族比较，所取十二兽不同者就有四种，有凤、

① 陈久金，卢央，刘尧汉，彝族天文学史，云南人民出版社，1984 年，第 153，163～166 页。

② 陈久金，卢央，刘尧汉，彝族天文学史，云南人民出版社，1984 年，第 90～97 页。

③ 陈久金，卢央，刘尧汉，彝族天文学史，云南人民出版社，1984 年，第 130～160 页。

蚁、人、雀而无鼠、兔、羊、猴，其顺序更大不相同。这说明在彝族之间，十二兽的取用就存在地域上的差异，其中，有受汉族影响的迹象，也有本民族特征的反映。上述以虎为十二属相之首的规定，大约与彝族曾以虎为其图腾、对虎崇拜有加密切相关。

《宇宙人文论》是老彝文经典之一，约成书于明末清初。其中有关于宇宙本源和演化思想的论述，"在天地产生之前，是大大的、空空虚虚的'无极'景象。先是一门起了变化，熏熏的清气、沉沉的浊气产生了。清浊二气相互接触，清气翻出青色，浊气翻出赤色"，"清清之气上升，清天产生了，赤浊之气下降，赤地就形成了"，"当天地开始产生的时候，就产生了太阳和月亮"，"有一只鸟变成太阳的躯体，一个兽变成了月亮的根本，便产生了太阳和月亮"，又说："太阳是众阳之精，是天气的延展，月亮为太阴之象，是地气的结晶"，"太阳和月亮互相交合，千万种有生命的东西产生了。"① 等等。这些与汉族自先秦至汉代诸多学者的论述基本相同，大约应是受到其影响而成的。

在彝族的民间史诗《梅葛》中，还有关于天神的五个儿子营造天地的传说②：原先，天上和地上都是什么也没有，后来，天神的五个儿子杀死猛虎，用虎头作天头，虎尾作地尾，虎鼻作天鼻，虎耳作天耳，左眼作太阳，右眼作月亮，虎须作阳光，虎牙作星星，虎油作云彩，虎气作雾气，虎心作天心地胆，虎肚作大海，虎血作海水，大肠变大江，小肠变成河……以为天地万物乃是由虎身的各个部位造作而成的，自古以虎作为崇拜物的彝族，做出此论是可以理解的。这自然使我们联想到在第四章第三节提及的盘古开天辟地及其化解的传说，二者的差异在于一是盘古的自然化解，一是猛虎经神功的营造，再就是各部位所成的物件不同，但这些差异是次要的，二者都是宇宙神创说，其思路与主调又都是相同的，它们之间很可能存在某种联系，也许后者是前者激发传播的结果。

彝族的天文历法，起源于彝族的古老传统，同时也吸收其他民族的天文历法知识，在中国55个少数民族天文历法中颇具特色。

第七节　朱载堉的天文历法工作

一　朱载堉其人

朱载堉(1536～1611)，字伯勤，号句曲山人，是明太祖朱元璋的九世孙、郑恭王朱厚烷之子，郑王封地在怀庆府(今河南沁阳)，朱载堉即生于此。他11岁时被册封为郑王世子，但到明世宗嘉靖二十九年(1550)，其父蒙冤削爵，朱载堉也被贬为平民。"世子载堉笃学有至性，痛父非罪见系，筑室宫门外，席藁独处者十九年"③，即自幼对音律、算术便有兴趣，"无师授，辄能累黍定黄钟，演为象法、算经、审律、制器，音协节和，妙有神解"④ 的朱载堉，在遭受突如其来的变故面前，镇定地选择了全身心投入对音律、算术以及天文历法等学术研究的道路。明穆宗隆庆元年(1567)，其父冤案获平反，朱载堉也得以复世子冠带，终于解脱了心中的阴霾，走出了困

① 陈久金，卢央，刘尧汉，彝族天文学史，云南人民出版社，1984年，第254，266，267页。
② 梅葛，云南人民出版社，1959年，第1～14页。
③ 张廷玉：《明史·诸王列传》。
④ 贾汉复：《河南通志》顺治版。

苦的境地。可是，他专注学术研究的夙愿不改，继续在原定的道路上驰骋。明神宗万历十九年(1591)，朱厚烷去世，朱载堉按理承袭爵位。也许出于对家族内争嫡夺爵的蔑视与厌烦，和对从事学术研究的倾心，朱载堉先后7次上疏恳请让出爵位，到万历三十四年(1606)才获批准。其后，他迁居怀庆府城外，自称道人，继续著书，过着纯学者式的生活，直至逝世。

万历十九年(1560)，"席藁独处"中的、年轻的朱载堉完成了他的处女作《瑟谱》，展示了他在音乐学上的巨大才能。在随后的21年间，他又先后完成了《律学新说》、《算学新说》、《历学新说》、《乐学新说》、《律吕精义》等书的初稿。朱载堉的工作涉及了音律学、数学与珠算、天文与历法、计量学、物理学、音乐学、乐器制造、乐谱与舞谱、文学、绘画等丰富多彩的领域，展现了一代科学与艺术巨星的风采。自万历二十三年(1595)到三十四年，朱载堉全力从事雕版印书的工作，将他的大部分著作刻成共计14部书48卷的《乐律全书》，使我们至今得见他在科学和音乐学上的许多重要贡献①。

朱载堉身为世子，后又袭郑王之爵位，其间还经历了巨大的世事沉浮，却无论在顺境或逆境中始终对学术研究痴情不改，这固然同他个人的素养与爱好有关，也与当时兴盛的实学思潮不无关系。在论及他对音律学的研究时，他指出："臣书之于乐也，略夫深远之义，详夫浅近之辞，惟求实理，不事文饰，此臣为书之主意也。"② 在求实理的过程中，他则强调亲身进行实验的重要意义，认为"不假以手亲验也，何以知其然?"③ 朱载堉最主要的科学贡献是在音律学领域的十二平均律的发明，这是为完满地实现音乐上旋宫转调难题理论探索的辉煌成果④。而他对天文历法问题的关注，实有感于长期颁用的大统历的差舛。万历二十三年(1595)，朱载堉在上疏中称："臣尝取大统与授时二历较之，考古则气差三日，推今则时差九刻"，希冀朝廷能"参订采用"⑤ 他关于历法研究的成果。

如本章第一节所述，到万历前期，对天文历法的厉禁虽已松弛多年，但厉禁政策所造成的恶果依然极其严重。连身为世子的朱载堉也无缘亲见大统历法的全貌，他不无感慨地写道："但以未睹皇朝大统历，于是犹为慊耳。后读丘祭酒所撰《大学衍义补》，内载大统历气、闰、转、交四准分秒，心窃喜曰：大统历经全文未见，而其大略已得之矣。"他又写道："壮年以来，复观历代诸史志中所谓历者五十家，考其异同，辨其疏密，志之所好，乐而忘倦。"这表述了他如何步入天文历法领域的，又是如何潜心以求而有所收获的。这是一个十分艰难的过程，需要从零开始，一点一点地学习、摸索，以期解其术，通其法，进而"采众说之所长"，并力求达到"青生于蓝而青于蓝，冰生于水而寒于水"⑥ 的新境界。为此，朱载堉不知付出了多少辛勤的汗水。

万历二十三年(1595)，朱载堉以惊人的毅力完成了《历学新说》一书，其中包括《律历融通》四卷(《黄钟历法》和《黄钟历议》各二卷)、《圣寿万年历》二卷、《万年历备考》三卷(《诸历冬至考》、《二至晷景考》和《古今交食考》各一卷)，以及《进历书奏疏》与《上进表》二文。这些都是朱载堉天文历法研究的心得之作。下面，我们拟对之作进一步的讨论。

---

① 戴念祖，朱载堉——明代的科学和艺术巨星，人民出版社，1986年。
② 朱载堉：《进律书奏疏》。
③ 朱载堉：《律学新说》卷四。
④ 同①。
⑤ 朱载堉：《进历书奏疏》。
⑥ 以上均见朱载堉：《进历书奏疏》。

二　黄钟历与圣寿万年历的编制及北极出地高度测量新法

这是朱载堉先后编撰的两部历法。在《进历书奏疏》中,朱载堉称《圣寿万年历》和《万年历备考》系“臣近年所撰”,即成书于1595年前数年,而《黄钟历法》和《黄钟历议》乃“臣昔年所撰”,查《律历融通·序》署为“万历九年正月吉日”,可知后二者当成于1581年以前。

黄钟历和圣寿万年历均取中国古代传统历法的经典形式。黄钟历共分步律吕、步发敛、步朔闰、步日躔、步晷漏、步月离、步交会、步五纬九篇。圣寿万年历与之大同小异,它把步律吕并于步发敛篇中,其余七篇依旧(仅将步交会改名为步交食),共得八篇。细审二历术文,除所设历元不同,和因此导致的若干天文数据有所变化外,并无什么重大差异。

从表面上看,黄钟历和圣寿万年历分别取万历九年(1581)和嘉靖三十三年(1554)为历元,但实际上在进行各种历法问题的具体推算时,黄钟历是以1581年前300年(1281)为实际历元,而圣寿万年历则是以1554年前4560年(前3007)为实际历元。黄钟历和圣寿万年历所取用的一系列天文数据以及术文皆源于授时历,但也作了一些修改。

其中,最重要的修订是关于回归年长度及其古今变化的研究。他认为“授时(历)减分太峻,失之先天,大统(历)不减,失之后天”,总的说来“授时(历)近密,大统(历)为疏”,但是,“授时(历)未必全是,二历强弱之间宜有所折衷”①。他还指出:“授时历谓上考往古,每百年于岁实加一分,下求将来,减亦如之。窃以此言过矣。夫阴阳消长之理,以渐而积也,先自一秒积至十秒,复自十秒积至一分,未有不从秒起便至分者。授时历于百年之际顿加一分,考古冬至或偶中,揆之于理,实有未然。”② 这一批评是相当中肯的。他得出的回归年长度古今变化公式为:

对于黄钟历:$T = 365.2425 - 0.00000175(t - 1281)$

对于圣寿万年历:$T = 365.25 - 0.00000175(t + 3006)$

上二式中,T 为 A 求年 t 的回归年长度值。其实该二式基本上是等价的,依之计算,T 值仅约有0.000002日之差。

朱载堉十分重视鲁“僖公五年(前665)春王正月辛亥朔,日南至”和鲁“昭公二十年(前522)春王正月己丑,日南至”③ 这两条纪录。他指出:“若设每年增损二分,推而上之,则失昭公己丑;假如每年增损一秒至一秒半,则失僖公辛亥。二秒为过,一秒至一秒半为不及,酌取中数,每年增损一秒半,则僖公辛亥、昭公己丑皆得矣。”④ 这正是朱载堉选取回归年长度每年消长0.00000175日的关键所在。应该说,朱载堉所取值要较宋代杨忠辅和元代郭守敬皆近密,但它与真实的理论值相比,还是太大了,其原因也正在于他依然不脱杨忠辅与郭守敬的思路。虽然如此,朱载堉的这一修订仍不失为一项成就,在探索回归年长度古今变化的道路上迈进了一步。

由上述公式可以分别计算得1554年(就圣寿万年历而言)和1581年(就黄钟历而言)的回

---

① 以上均见朱载堉:《进历书奏疏》。

② 朱载堉:《律历融通》卷四,《黄钟历议·岁余》。

③ 《左传·僖公五年》和《左传·昭公二十年》。

④ 同②。

归年长度为365.242020日和365.241975日，它们与理论值之差分别为17秒与21秒，均较授时历和大统历所取用的回归年长度值准确①。此外，据研究，黄钟历和圣寿万年历关于水星与土星表面历元年的近日点黄经值的精度，以及五星近日点每年进动值的总精度亦均较授时历为佳，但是关于冬至时刻，还有火、木、金三星的近日点黄经的精度等，则以授时历为优②。这些情况表明，朱载堉对授时历的修订，有成功之处，亦有不足者。

如前所述，朱载堉差不多是在历法一片废墟的基础上，推出黄钟历和圣寿万年历的，用他自己的话说："未睹(大统)历经，不识仪表，粗晓算术，罔谙星象，惟据史册成说，实乏师传口授。"③ 在这种情况下，他完全读通了授时历，在其基础上还有所改进，实难能可贵。

朝廷虽没有采纳朱载堉所进呈的历法，但却给予了积极的评价。礼部尚书范谦在奏折中肯定了朱载堉所指出的"以大统、授时二历相较，考古则气差三日，推今则时差九刻"的见解，并主张"其书应发钦天监参订测验。世子留心历学，博通今古，宜赐敕奖谕"，明神宗"从之"④。这大约是有明以来，第一次对要求改革历法者所作的嘉奖，这固然与朱载堉的皇族身份密切相关，也证明历法改革的必要性已经渐为朝廷所认识。

其实，朱载堉还曾努力进行若干观测工作。他复制了郭守敬创制的正方案(见图6-31)，并设计了用以测量北极出地高度(即地理纬度 φ)的新方法。他指出传统的以纽星(小熊座 α 星)为准测量 φ 的方法是不可靠的，"纽星去极古今尚无定论，况能测知出地之度耶?"为此，他设计了应用正方案，"惟以日景验极，不必窥测纽星"的新方法：

于正方案上周天度内，权以一度为北极，自此度外右旋至六十七度四十一分，为夏至日躔所在，复数至百一十五度二十一分，为冬至日躔所在，左旋亦如之。距二处经中心交贯界线并中心共五处，各插一针，于二至中午，向东立案验景，使三针景合而为一，如不合，则起一头，务使相合。然后悬绳界取中线，而又取方十字界之，横界上距极若干度，即极出地度及分也。

依此，可作图7-17。图中K为正方案周天刻度内随意取定的一个度值，即认定K为北极。

令$\overset{\frown}{KA}=\overset{\frown}{KD}=67.41$度，$\overset{\frown}{KB}=\overset{\frown}{KC}=115.21$度。设E为$\overset{\frown}{AB}$的中点，则$\overset{\frown}{AE}=\overset{\frown}{EB}=23.90$度，此即黄赤交角 ε，且 $OE \perp OK$。延长AO和BO，分别交于C和D。于A，B，C，D，O五处插针。夏至时，将正方案竖起、面向东，垂直置于南北方向上，绕正方案中心(O)转动正方案，令A，O，C三处针影重合，即令该三处与太阳同处于一直线上。自O点悬垂线，OG为垂线方向，其延长线OH即为观测者的天顶方向。又取与

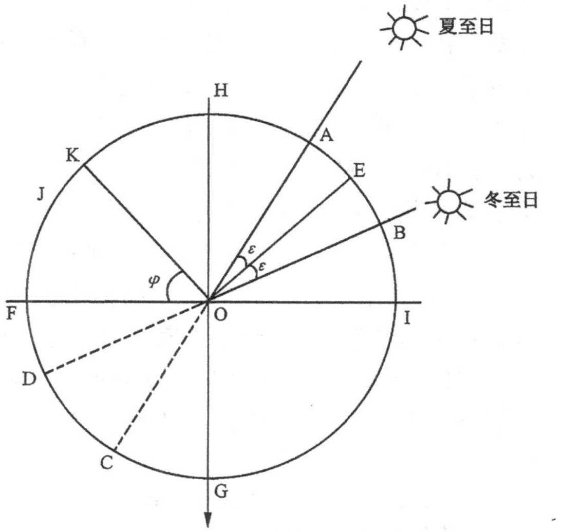

图7-17 用正方案测量北极出地高度示意图

① 陈美东，古历新探，辽宁教育出版社，1995年，第222页。
② 戴念祖，朱载堉——明代的科学和艺术巨星，人民出版社，1986年，第173,175页。
③ 朱载堉：《进历书奏疏》。
④ 张廷玉等：《明史·历志一》。

HOG 横界线 FOI，则$\overset{\frown}{FK}$就是当地的北极出地高度。同理，冬至时，令 B，O，D 三处针影重合，使该三处与太阳同处于一直线上，其后的操作则同。

由球面天文学知：

$\varphi = Z_{夏} + \varepsilon = Z_{冬} - \varepsilon$

$Z_{夏}(或\ Z_{冬}) = Z'_{夏}(或\ Z'_{冬}) + \rho_{夏}(或\ \rho_{冬})$

式中，φ 为北极出地高度，$Z_{夏}$、$Z_{冬}$ 和 $Z'_{夏}$、$Z'_{冬}$分别为夏至或冬至时太阳真天顶距和视天顶距，ε 为黄赤交角，$\rho_{夏}$、$\rho_{冬}$ 分别为夏至和冬至观测太阳时的蒙气差。

由图 7-17 知，$Z'_{夏} = \overset{\frown}{AH}$，$Z'_{冬} = \overset{\frown}{BH}$，则：

$\varphi = \overset{\frown}{AH} + \overset{\frown}{AE} + \rho_{夏} = \overset{\frown}{FK} + \rho_{夏}$，或 $\varphi = \overset{\frown}{BH} - \overset{\frown}{AE} + \rho_{冬} = \overset{\frown}{FK} + \rho_{冬}$。

这说明除了未虑及太阳蒙气差的影响之外，朱载堉所设计的方法是正确的。

据研究，依朱载堉此法测量 φ 的误差应小于 0.2°①。黄钟历和圣寿万年历均取用“京师北极出地四十度太”的数值，相当于 40.16°。授时历取“大都北极出地高度四十度太强”②，相当于 40.26°，大统历取“四十度九十四分九十三秒七十五微，为北京北极出地度”③，相当于 40.36°。而已知北京的 φ 值应接近于 40°，可见，该值的取定以黄钟历和圣寿万年历为优，授时历次之，大统历又次之。黄钟历和圣寿万年历的 φ 值应就是以正方案运用上述方法测量的结果。

三 天文学思想

朱载堉继承了古代历法家历法应以实际观测为基础的思想主流，将实测天象既视为历法的根本，又作为检验历法优劣的尺度。他指出：“夫测中晷以定冬至”，“验中星以求日躔”，“此二者盖治历之本也。”④ 其中，他更反复强调观测晷影，确定冬至时刻的重要性：“推律候气，立表测景，盖治历之本也。”⑤ “古之造历者，立表候景于其午晷长短之极，以验阴阳消息之始，是为历本。”⑥ 他还指出：“凡历法之疏密，当以天为验，是乃历之本也”⑦，“往者稽于史，来者延于天，而新旧二家疏密可见矣。”⑧ 朱载堉分别著《诸历冬至考》、《二至晷景考》和《古今交食考》等三篇专题论文，正是有鉴于这些认识的。

《诸历冬至考》对自汉代太初历到元代授时历“可考者五十家”，“各以其术推当时及近岁之冬至、复将新率(指圣寿万年历)上考与之相较”。结果表明：“以古历五十家之法，下推甲午岁(1594)己卯冬至，其合者仅二家(指宋代统天历和授时历)，其不合者共四十八家。”若以统天历、授时历和圣寿万年历“上考五十家历所距之年天正冬至，则合者三十六、不合者十四”。对于不合者十四家，朱载堉作了基本合理的分析，认为其中“十二家在大衍(历)以前者”，“盖彼造

① 戴念祖，朱载堉——明代的科学和艺术巨星，人民出版社，1986 年，第 179 页。
② 宋濂：《元史·历志四》。
③ 张廷玉等：《明史·历志二》。
④ 朱载堉：《律历融通·黄钟历议·日躔》。
⑤ 朱载堉：《律历融通·黄钟历议·晷景》。
⑥ 朱载堉：《律历融通·黄钟历议·岁余》。
⑦ 朱载堉：《律历融通·万年历备考·诸历冬至考》。
⑧ 朱载堉：《律历融通·万年历备考·古今交食考》。

历之时，测验未密，祖冲之及一行已有定论矣”。另外“唐五纪(历)、宋崇天(历)此二家者，在大衍后，盖写大衍旧率而失之后天也”。

在《二至晷景考》中，朱载堉对“鲁僖公五年丙寅岁(前655)正月至洪武十六年癸亥岁(1383)十一月，二千三百八年间，传志之载二至晷景凡六十事，用前代所谓密者四历(指太初历、大衍历、纪元历和授时历)及大统(历)并新法(圣寿万年历)考之”。结果表明：“太初合者仅二，后天五日至十一日者凡五十八；大衍合者三十六，先一日者六，后一日者十七，后二日者一；纪元合者四十二，先一日者十，后一日者八；授时合者四十八，先一日者十，后一日者二；大统合者四十二，先一日者三，后一日者十三，后二日者二；新法合者比较授时多一事，其不合比授时少一事。”朱载堉进一步分析说：“授时历不合者十二，而先者多至于十，后者仅二，盖减分太多，未得其宜也，将来气朔皆失之先矣。大统不合者十八……盖由岁余一定，无加减故也。”

朱载堉在《古今交食考》中，取汉武帝元光元年(前134)到陈宣帝太建八年(576)间，“史志原载日月食分、加时、复起方位，各取数事，而以元儒旧法(指授时历)并令新法考之”，又“取万历甲午(1594)已后日月交食亦各数事，较其异同”。对于往者，朱载堉共取十事，分别用授时历和圣寿万年历计算其食分、食时(包括初亏、食甚和复圆时刻)、亏食的起复方位、交食发生时日月所处黄道与赤道入宿度等等要素。结果表明，二者大同小异，其异者互有高低，尚难判别二历之优劣。对于来者，朱载堉亦取十事，同样计算上述诸要素，其意在于接受未来天象的检验，以“辨定疏密，为后来修历张本”。

如上三篇专论，说明朱载堉对包括授时历在内的前代历法有深入的研究和深刻的理解，它们既是上述历法思想的体现，又是对授时历做出前述改进的客观论证。

对于在观测的基础上，运用数学推演和描述日月五星运动方法以及二者之间的关系，朱载堉有十分精到的评述：“天运无端，惟数可以测其机，天道至玄，因数可以见其妙。理由数显，数由理出，理数可相倚而不可相违，古之道也。”①

对于侵入天文历法领域的天人感应说，朱载堉取积极的批评态度。他指出：“古者平朔，月朝见曰朒，夕见曰朓。刘向父子据《鸿范》以为人事缓急之应，未达月行迟疾之理。今以日所盈缩，月所迟疾而损益之，或进退其日以定时朔，则舒亟之度乃数使然，非由人事之应。迟疾有衰，其变者势也。”正确地认为新月可能于平朔日的早晨于东方，也可能于平朔日的傍晚见于西方，这是未虑及日、月运动存在不均匀性造成的，与人事的得失无关。

朱载堉还指出：“前汉志曰：天下太平，五星循度，无有逆行，日不食朔，月不食望。此说非也”，“食不在朔望者，盖历术之弊欤！”② 以为交食不发生在朔或望，并不是天下太平所致，相反是汉代对朔、望或交食的推算不准确造成的。也就是说，应该从历法自身是否客观地反映日月运动的规律方面去寻找原因，而不应以“天下太平”一类的遁词相搪塞。对于唐代一行所宣扬的“古之太平，日不食，星不孛”之说，朱载堉更称其为“谬说”。他之所以对日月交食等与治乱密切相关的观点，取如此断然否定的态度，是因为他确信“日月之行有一定之数，过交则食，理之常也”，“日月之食于算可推而知，则是数自当然”，这些是他在交食研究中得到的不可动摇的科学结论。对于“公羊家董仲舒、何休及刘歆等以为发无不应”之论，朱载堉也不以为然。他认为“日月交食，固皆常理，实非灾异”，进而指出：“昔人之祸衅偶与相逢”是可能的，也是不足

① 朱载堉：《进历书奏疏》。

② 朱载堉：《律历融通·黄钟历议·五纬》。

怪的,如果“神之则惑众”[①]。朱载堉既坚持了交食是可以预报的自然现象的观点,又以或然论来解析某些交食的发生同治乱事件偶然相逢的可能性,这是比较合理的见解。

对于传统天文历法界相当有市场的天体失行说,朱载堉也予以尖锐的批评:“唐志大衍历议曰:较前代史官注记,惟元嘉十三年(436)十一月甲戌最长,皇极、麟德、开元历皆得癸酉,盖日度变常尔!元授时历所议亦同。今按前人考古,景长之验或不相合,则云日度失行,窃谓此言过矣。苟日度失行,当如岁差渐渐而移,今岁既已不合,来岁岂能复合耶?盖前人所测或未密耳,非日度变行也。”这是说,太阳失行说在理论上是讲不通的,太阳的运行应有特定的规律,即便有所变化,也应该是渐变,不当会今年突然加速(或减速),来年又突然减速(或加速)。他认为导致不合的原因是前人的测量存在误差,并具体地分析了产生误差的因素:其一,“表高晷长,则景虚而淡,欲就虚景之中求其真实”,难免产生取影的误差;其二,“二至前后数日之景,进退只在毫厘之间,僾俙之际,要亦难辨”;其三,“测景之人,工拙不同,用意详略亦异”;其四,“所据之表或稍有倾欹,圭面稍有斜侧”[②]。这些是对产生晷影测量误差原因的十分有说服力的探析。

作为著名的音律学家,朱载堉对音律及其作用情有独钟是可以理解的。他将他的第一部历法名为黄钟历,取万历九年为表面历元,是与黄钟管长九寸有关。他说:“律者历之本也,历者律之宗也,其数可相倚不可相违。故曰《律历融通》,此之谓也。”[③] 这正是他的历法思想的另一个侧面的表述,是受自汉代太初历以来历本二元论思想影响的结果。

第八节　邢云路的天文历法工作

一　邢云路其人

邢云路,字士登,安肃(今河北徐水)人。其生卒年不详,生平事迹也所知无多。他是明神宗庚辰(1580)进士,万历二十三年(1595)官河南佥事[④],曾在河南、河北、山西、陕西一带巡视。

在本章第一节中,我们已经论及自明初到明世宗嘉靖年间历法停滞不前、陷入困境的状况。到明神宗万历“二十年(1592)五月甲戌夜月食,监官推算差一日”。这说明前述状况仍在延续并恶化。万历二十四年(1596)邢云路上书提出改历的建议,指出:

> 今丙申年(1596)日至,臣测得乙未日未正一刻,而大统推在申正二刻,相差九刻。且今年立春、夏至、立冬皆适直子半之交。臣推立春乙亥。而大统推丙子;夏至壬辰,而大统推癸巳;立冬己酉,而大统推庚戌,相隔皆一日。……闰八月朔,月(日)食,大统推初亏巳正二刻,食几既,而臣侯初亏巳正一刻,食止七分余。大统实后天几二刻。

由之可见,邢云路乃是一位对天文历法颇有研究的地方官员,他的改历建议是有充分事实依据的。邢云路的改历建议是晚朱载堉一年提出的,可是他并没有得到像朱载堉那样的礼遇。“钦天监见(邢)云路疏,甚恶之。监正张应侯奏诋,谓其僭妄惑世”[⑤],而且“谓己为无差”。张

---

① 以上均见朱载堉:《律历融通·黄钟历议·定数》。

② 朱载堉:《律历融通·万年历备考·二至晷影考》。

③ 朱载堉:《律历融通·序》。

④ 阮元等:《畴人传》卷三十一。

⑤ 张廷玉等:《明史·历志一》。

应侯的这副嘴脸,大约最能反映明代钦天监大多数官员的总体心态:自己不思改革,也无力进取,而且总以明初不许私习天文历法的厉禁为法宝,斩杀一切可能出现的竞争者,以保全他们的垄断和饭碗。这也说明明初以来,天文历法厉禁政策遗毒之甚。邢云路对张应侯的诋毁不以为然,指出:

私习者,为庸人妄言天数者发,而历象授时之学,正吾儒本业,帝王不禁也。……余悯重黎之道丧,千岁之故失,不得已而竭心力之穷,补天人之阙,非为私己也。

并且提出可经过实际测验与张应侯判定是非:"若等试一一如余所指,以法布算,果尔合否?仰观乾象,果无愆否?此可以口舌争乎?"[①] 所幸者,有礼部尚书范谦起而为邢云路辩护,以为"历为国家大事,士夫所当讲求,非历士之所得私。律例所禁,乃妄言妖祥者耳。监官拘守成法,不能修改合天。幸有其人,所当和衷共事,不宜妒忌。乞以(邢)云路提督钦天监事,督率官属,精心测侯,以成钜典"[②]。这一番议论可谓慷慨激昂,既是对以张应侯为代表的钦天监官员的一针见血的批判,又是对明初厉禁的新解释,还是对士大夫参与历法研究的正名,可视为明代历法的停滞以至倒退走出谷底的重要标志。可惜,范谦的这一重要建议并没有被采纳。

虽然如此,邢云路没有放弃对天文历法的继续探索,在为地方官之余,着手《古今律历考》的著作。据李维桢说,他在丙午年(1606)在上郡(今陕西鄜县)见到邢使君云路的《古今律历考》"才十之五六","明年(1607),使君以全书视余晋中"[③],可知《古今律历考》一书成于此年。

大约万历三十四年(1606),正在巡视河北道的邢云路得知朱载堉刻成《乐律全书》,曾写信给朱载堉,求赐《历书》全文。其后不久,邢云路因公路过怀庆,曾造访朱载堉。朱载堉写道:"政务余暇,(邢云路)与余面讲古今历事,夜深忘倦。乃摘历史紧要处问难焉,余于灯下步算以答,咸蒙印可。公携余手,散步中庭,仰窥玄象……"[④] 两位明代晚期皆关注天文历法、且有所造诣的人物颇有相见恨晚的感慨。

万历三十五年(1607)邢云路任金城(今甘肃兰州)观察[⑤]。大约到金城后,邢云路将其新著"《古今律历考》寄余,命余序之。余虽不敏,敢不承命。盖公与余,虽非同山之朋,实乃同志之友,故复著此书以答,聊投桃报李之意。"这些是朱载堉《古今律历考序》中的文字,其时署为"万历庚戌(1610)季春清明节"[⑥]。可见,两人实是志同道合者。

万历三十五至三十六年(1607～1608)邢云路在金城立六丈高表,进行晷影测量,取得了他一生中最重大的科学成果(详说见后)。

万历三十八年(1610),钦天监又一次预报日食失误,"礼官因请博求知历学者,令与监官昼夜推测,庶几历法靡差"。这一回朝廷才真正有了进行改历的意愿和实际行动:"精通历法,如(邢)云路、(范)守己为时所推,请改授京卿,共理历事。翰林院检讨徐光启、南京工部员外郎李之藻亦皆精心历理,可与(庞)迪我(Diego de Pantoja,1571～1618)、(熊)三拔(Sabba thinus de Ursis,1575～1620)等同译西洋法,俾(邢)云路等参订修改。"开始了改革历法但旷日持久的历程。邢云路大约在万历三十九年(1611)被召至北京,参与历事。

① 邢云路:《古今律历考》卷六十五。
② 同①。
③ 邢云路:《戊申立春考证·题戊申立春考证引》。
④ 朱载堉:《古今律历考序》。
⑤ 邢云路:《戊申立春考证·题邢士登戊申立春考证引》。
⑥ 同⑤。

专门从事历法之研究，大约应是邢云路平生所愿。在北京，他继续在此领域努力地工作。万历四十四年(1616)，邢云路又撰成《七政真数》一书，将对日月五星运动的计算，建立在日月交食、五星凌犯等明确可供检验天象的基础上。

明熹宗天启元年(1621)，邢云路"复详述古今日月交食数事，以明授时(历)之疏，证新法之密。"这里所谓"新法"当是邢云路经长年研究而撰成的新历法。礼部令邢云路和钦天监各推验当年四月壬申朔日食，"(邢)云路所推食分时刻，与钦天监所推互异"。但"至期考验，皆与天不合"。[①] 这固然证明了大统历确已不堪使用，也说明邢云路的新历法也存在很大缺欠。邢云路虽在明代200余年对天文历法之学的摧残后有所作为，却也回天乏力。

二　《古今律历考》

邢云路所著《古今律历考》凡七十二卷，其内容可简述于下：

卷一至卷八讨论《周易》、《尚书》、《诗经》、《春秋》、《礼记》和《论语》等典籍中的天文历法问题。

卷九至卷十九为"历法考"，对自先秦到元代历法的基本数据和沿革的概况进行描述，基本上是对历代律历志的摘录。

卷二十至卷二十七为"历代日食历"，对自西汉到元代的590次日食记录，用授时历一一予以推算，"为考其果食与否，以备证验耳"[②]。

卷二十八为"藏经考"，简介佛藏和道藏中的天文历法知识。

卷二十九至卷三十五为"律吕"，基本上是对历代律历志中音律、度量衡的摘录。

卷三十六至卷五十九为"历法"，其中前七卷(卷三十六至卷四十二)为授时历(与《元史·历志三》和《元史·历志四》所载无异)；后十七卷包含三方面的内容：一是对授时历的有关术文做出详细的推衍(卷四十四——月亮运动，卷四十七——刻漏长度，卷四十八——交食)。二是给出授时历若干详细的表格(卷四十五——月离168限表，卷四十六——大统历太阳出入时刻表，卷五十六和五十七——五星运动不均匀改正表)。三是给出一系列依授时历或大统历进行推算的实例，如卷四十三和卷五十一至卷五十五以及卷五十八，分别具体推算出万历己亥年(1599)太阳和五星运动以及四余所在躔度的状况，卷四十九是依大统历推"万历二十四年(1596)丙申岁闰八月朔日食历"，卷五十是依授时历推"万历三十三年(1605)乙巳岁二月望日(月)食历"，卷五十九是依授时历推算宋太祖乾德五年(967)五星聚于奎宿的天象，等等。

卷六十至卷六十五为"历议"，分别讨论浑天说、日月五星运行的基本状况、星官、仪象、历代历法之创新处、授时历与大统历的失误(详说见后)，等等。

卷六十六为"历理"，讨论日、月不均匀运行和日月食的有关理论。

卷六十七至卷七十二为"历原"，讨论测量若干天文数据的方法和三次差内插法等数学方法。

《古今律历考》可以说遍考了前代诸历，其中有相当多的内容是属于对前代历法的一般性介绍，颇具历法史研究的属性，故有大而无当之嫌，这大约与当时人们关于历法的知识无多的

---

① 以上均见张廷玉等：《明史·历志一》。

② 邢云路：《古今律历考》卷二十七。

历史背景有关。虽然如此,这些工作在当时以至后世人们对前代历特别是授时历的理解是有所助益的,况且,细察全书,仍可发现不少邢云路关于天文历法的有价值的甚至是独具卓识的见解。

邢云路认为,推算上元开辟之岁的做法是"非真实也"①。他对于上元积年法的弊病和实测历元法的优点有十分清晰的理解:

殊不知目前岁周之分秒且未必确,而何以溯上古,试演之将来?不数载而即差矣。……此积年之弊,从古一辙也。故惟测景观象,以正历元,……日至一定,而月朔之增减,五星之见伏,皆禀于日,各得其所,而天下之能事毕矣②。

对于历法以律吕黄钟之数、大衍之数一类为本的思想,邢云路予以中肯的批评:"大都前汉历步气朔、步五纬,率以大衍、五行、三统之数零收碎切,强合天数。比至随步而差,随差随摭,历自历,天自天,失天愈远。而总于大衍、五行、三统之数无预也。……汉人援以治历,以致气朔淆乱,数百年不明。""然谓以律配历,则可。而谓以律起历,历数之分秒悉生于律,则不可。""黄钟之数八十一,自黄钟之数耳,于历何关?""其推大衍,谓以象历则可,谓历之分秒出于大衍,则不可。率以大衍诸数碎砌其中,以得月策,……岂知月策之数,是以交食取之,非从大衍来也。""以大衍数穿凿附会之,亦徒劳矣。"③ 这些是对刘歆数字神秘主义的尖锐批评。

对于唐一行大衍历和五代北周王朴钦天历以大衍之数或《易传》为历法之本的做法,邢云路也予以否定:"盖历原取象于大衍,而非……从大衍出也。……大都一行之历,原自测景、观象所得,而非大衍所推也。……一行尽一一之数皆附于大衍,亦大劳矣。"④ "(王朴)乃援关朗《易传》立言。……黄钟曰八十一,大衍曰三千四十,已属牵附,而(王)朴陡出此数。"⑤

对于包括一行在内的历家大多崇信《左传》二次日南至的记录,以之作为有关天文数据推求依据的做法,邢云路不以为然,他认为:"春秋测验不精,书诸南至,未必真的。"⑥ 我们知道,该二次冬至的记录确存在2～3日的误差,邢云路之说是很有见地的。

关于日食理论,邢云路指出:"天在外,日在天内,月又在日内,一定之体也,则岂有日在内而月在外者耶?""日高于月,月由下过,月体掩日几分则食几分,掩尽则食既,非日月正相对而食也。"⑦ 这分别是对朱熹曾提及的月有时在日内见解、和对沈括所说的日月相值而日食观念的中肯批评,二者又都是关于天体层次论的明确表述。他认为:"交食者,日月同度相合,对度相冲,而其交道适相值焉,则食矣。古云,同经、同纬则食,同经不同纬则不食,是也。"⑧ 这些可视为对古代科学日食论的精彩总结。

邢云路还仍坚持用勾股测天之大小的旧法,得出"天径十二万余里"之说,这是相当落伍的观念。而他又指出:"不见极南之夏至日景转而南乎?……大约地形不过数万里,无数十万里

---

① 邢云路:《古今律历考》卷十二。
② 邢云路:《古今律历考》卷八。
③ 邢云路:《古今律历考》卷十一。
④ 邢云路:《古今律历考》卷十六。
⑤ 邢云路:《古今律历考》卷十七。
⑥ 同④。
⑦ 同②。
⑧ 邢云路:《古今律历考》卷六十四。

之说，即元时北海测景，夏至夜止二十刻，不见地形之有涯邪！”① 他以南方某地夏至晷影转而指南、和北方某地夏至夜长仅二十刻的事实，作为地体是大小有限的实体的论据，这也表明他并不认为地是平的，而至少应是一曲面体。实际上，他是赞同朱熹的“大抵地之形如馒头”②的观念的。

邢云路指出：“月道交日道，出入于六度，信而不爽。五星去而复留，留而又退而伏，而期无失，何也？太阳万象之宗，居君父之位，掌发敛之全，星月借其光，辰宿宣其气，故诸数壹禀于太阳，而星月之往来，皆太阳一气之牵系也。故日至一正，而月之闰、交、转，五星之率，皆由是出焉，此日为月与五星之原也。”③ 这是从传统的太阳为万物、万象根本，以及传统的气的学说出发，推衍而得的关于月亮和五星的运动，是由太阳通过气的作用牵引所致的重要结论。

对于授时历和大统历，邢云路认为“其中间有未善并缺焉者，宜修改”④。关于授时历之失，他指出，其月食的推算法有小误，如月食宜无时差，定望时刻即应是食甚时刻，并不受视差的影响，而授时历却因袭北宋姚舜辅之法，给出与视差有关的时差改正值，此说是颇有见地的。关于大统历之失，他指出：不应把月建同斗杓所指混为一谈，斗杓所指，因岁差之故，渐有变动，而月建无改移；“黄道躔度十二交宫界，(郭)守敬所测也，至今三百余年，冬至日躔已退五度。则宜另步日躔宫界，另以赤道变黄道，以合今时在天宫界”；“今钦天监以授时大都之历法，布洪武南京之刻漏，冬夏二至，各差三刻”；宜复用授时历的回归年长度消长之法；应重新测量气应等七应之值⑤，等等。这些见解都是切中大统历之弊的。

三　六丈高表的建立与回归年长度的测算

“治历之要，无逾观象、测景、侯时、筹策四事”⑥，这是邢云路在万历二十四年(1596)上疏要求改历时论及的。他还指出：“古之造历者，惟侯日晷进退，以验阴阳消息之机，是为历本。”⑦ “气朔之分秒、陟降、消长，一而不一，则在人随时测验，以更正之，正其数，即神乎《易》也。”⑧ 这些是邢云路在研究前代历法过程中领悟得的治历之本，同时也是他力图改革历法所遵循的基本原则。从中，我们看到了中国占主流地位的、积极进取的治历思想的回归。当然，更重要的是，邢云路把这一指导思想见诸于行动，万历戊申(1608 年)，邢云路撰成《戊申立春考证》一文，记述了他与该基本原则密切相关的极其重要的天文学活动：

> 余于兰州立六丈表，下识圭刻。约戊申岁(1608)前丁未岁(1607)冬至前后相距各四十五日，测得午景。前四十五日，九月十八日戊申，景长七丈二尺九分；至后四十四日，十二月十九日丁丑，景长七丈二尺五寸四分五厘；后四十五日，十二月二十日戊寅，景长七丈一尺六寸六分。

---

① 邢云路：《古今律历考》卷六十一。
② 邢云路：《古今律历考》卷二十八。
③ 邢云路：《古今律历考》卷七十二。
④ 邢云路：《古今律历考》卷六十二。
⑤ 以上均见邢云路：《古今律历考》卷六十五。
⑥ 张廷玉等：《明史·历志一》。
⑦ 邢云路：《古今律历考》卷六十三。
⑧ 邢云路：《古今律历考》卷一。

这里首先要讨论的是邢云路6丈高表,这是他到任兰州后着手建造的。他说他所"立六丈之表,视郭太史(守敬)四丈之高,又申一之半。又从宋周琮去立冬、立春去至日远之景,日差长几九寸,尤易分明"。说的是他是为了得到更大而且更准确的"日差"值,设计了较郭守敬四丈高表还要高1.5倍的六丈高表的。我们知道"日差"加大,确可以提高应用刘宋祖冲之发明的计算冬至时刻方法的精度。邢云路一定也应用了郭守敬发明的景符,在与六丈高表相垂直的圭面上移动以测晷影。"士登日日侯表下尺量,籍记晷差"①,可见,邢云路在六丈高表建成后,进行了相当长时间的连续观测,借以积累经验,确保观测的精度,而上述立冬、立春前后的三个测影结果正是在这一背景下获得的。

依此,邢云路应用刘宋祖冲之的方法计算得丁未岁冬至时刻应在九月十八日戊申夜半后 A 时日:

$$A = 45 - \frac{72.09 - 71.66}{2(72.545 - 71.66)} + 05 = 45.25706215\text{日(邢云路取为 }45.257060\text{ 日)。}$$

即可得丁未岁"十一月初四日癸巳卯正初刻冬至"。

由此,邢云路指出,若依大统历推算,丁未岁冬至为"十一月初四日癸巳辰正二刻冬至",明确无误地证明大统历推节气已后天九刻有余。

也在此基础上,邢云路进一步推算了当年的回归年长度值:"置余所测万历三十六年戊申岁前(1607)冬至日景,推得癸巳日夜半后二十五刻七十分六十秒,上取元至元十八年辛巳岁前(1280)所测日景,推得己未日夜半后六刻。……以辛巳距戊申三百二十七年,共积一十一万九千四百三十四日,加新测到癸巳日夜半后二十五刻七十分六十秒,内减去元辛巳岁测到己未日夜半后六刻,得一十一万九千四百三十四日一十九刻七十分六十秒,为实,以距积三百二十七年而一,得三百六十五日二十四刻二十一分九十秒,为今时所测岁实。"

这里"共积一十一万九千四百三十四日",可先由 327×365.2425 得 119434.2975 日,再由元至元十八年辛巳岁前十一月己未日,和明万历三十六年戊申岁前十一月癸巳日,两者日名干支序数差正为34,故两者的日距取为119434日。下一步的计算即可示为:

$$\frac{119434 + (0.257060 - 0.06)}{327} = 365.2421928\text{日(邢云路取为 }365.242190\text{ 日)。}$$

邢云路不但成功地建立了中国古代最高的圭表,而且进行了有效的晷影测量,证明了大统历的失误和改历的必要,更重要的是,取得了高精度的回归年长度值,若依365.242190日计,与理论值之差为2.3秒,若从365.2421928日计,与理论值之差则为2.1秒②,无论如何都达到了中国乃至当时世界的最高水平。它毋庸置疑地反映了中国传统历法的复苏。可惜,这已是明代立国的228年之后,明代有国已时日无多,而且西来的耶稣会士在前此数年已在中土立足,西方天文学开始传入,也就是说,中国传统历法复苏的时间已十分有限,而且面临着西方传入的天文学的有力挑战。

① 邢云路:《戊申立春考证·题邢士登戊申立春考证引》。

② 陈美东,古历新探,辽宁教育出版社,1995年,第222页。

第八章　中西天文学的交融
——明末～清代(1583～1911)

明末,中国传统天文历法刚从长期的禁锢中得到复苏,却正好面临着一个新的情势,这就是西方耶稣会士的东来。为了在中国立住脚跟,耶稣会士采取了以传播科学技术知识开路的传教策略,自利玛窦于1583年来华开始,对于天文学知识的介绍便是其主要的内容之一。自此到清雍正元年(1723),是西方天文学知识传入的第一次高潮。此间传入的主要是西方古典的宇宙理论、几何学的天文学体系等,同时也有关于哥白尼(N.Copernicus,1473～1543)、伽利略(G.Galileo,1564～1642)、开普勒(J.Kepler,1571～1630)等天文学新发现的零碎知识,以及对第谷(Tycho Brahe,1546～1601)的宇宙体系及其天文仪器的引进或介绍等。以徐光启、李之藻、薛凤祚等为代表的中国学者是最热心接受西学的一族,徐光启等编纂的《崇祯历书》(1635)、薛凤祚等编译的《历学会通·正集》(1664)是这一时期中国古代天文学体系的代数学体系向西方几何学体系转变的里程碑式的著作。而杨光先等则是盲目排斥西学的代表,他们曾制造了康熙历狱,给西学以不小的打击,后因对西学怀有浓厚兴趣的康熙帝的干预而得以平反。而南怀仁(Ferdinand Verbiest,1623～1688)所制造的6件西方古典式天文仪器(1673)和《灵台仪象志》(1675)的编纂,可以说是这一平反后的直接产物。西学的传入,在民间兴起了学习与研究天文历法的新潮流,王锡阐和梅文鼎则是兼通中西之学的代表人物,他们的工作反映了中国学者在认真思考之后,一方面试图阐发中国传统天文学的固有成就,一方面承认西方几何学天文学体系具有强势的事实,从而实现了由中国代数学天文学体系向西方几何学天文学体系的真正转移,如果说清初正式颁用《西洋新法历书》还只是官方的主观意志的话,那么,何国宗、梅瑴成主编的《历象考成》(1722)则是官方从学术角度上,对西方几何学天文学体系的重申、整理与总结。

雍正元年(1723)采取了将西方传教士驱赶出中国内地的政策,开始了闭关锁国的时期,一直到鸦片战争失败(1842),门户被列强强行打开。在这一时期绝大部分时间里,作为一种例外,在钦天监中仍然保留了传教士的重要地位,他们仍在继续有限地介绍西方天文学的工作,如戴进贤(I.Koegler,1680～1746)等《历象考成后编》(1742)与《仪象考成》(1752)的编纂,引进了开普勒、牛顿、卡西尼、弗拉姆斯蒂德(J.Flamst eed,1646～1719)等人的诸多成果,可是其影响只局限在很小的范围内。蒋友仁《地球图说》的出版显然又是一个例外,但却受到了阮元等人的怀疑与批评。至少应该说,这是一个西学传入的低潮期,而却是西方天文学取得长足进步的时期,这时最有才干的中国学者却转向了对中国传统历法的发掘与整理,虽然颇有成绩,却大大背离了天文学发展的主流方向。中西天文学的差距更加拉大了,中国天文学的落伍成了定局。

传教士不但把西方的天文学知识传入中国,而且也把中国传统天文学的情况介绍到西方,在西方引起了不小的反响,特别是对古代中国一系列天文观测记录的整理与研究的成果,对西方天文学若干课题的新拓展,产生了重要的作用。

鸦片战争以后到清朝灭亡,出现了西方天文学传入的第二次高潮,介绍西方天文学新进展的著作相继问世，其数量有10余种之多。其中以《谈天》(1859)、《天文启蒙》(1879)和《星学发轫》(约1894)最具代表性，前二者在国人面前展示了一幅令人眼花缭乱的天文学新图景，而后者则属于实用天文学的范畴。中、高等天文教育事业也在这时艰难起步，列强建立的天文台站也开始在中国立足。清末维新派和革命派领袖康有为、孙中山等对西方宇宙演化的新学说，给予了极大的关注和大力的宣传，这成为他们的政治主张的佐证，也促进了新宇宙观的普及。总之，学习、消化吸收新天文学知识的任务摆在了国人面前，在天文学上缩短差距、重新崛起则成了后继者的义不容辞的责任。

第一节　明末耶稣会士的东来和利玛窦、阳玛诺等传入的天文学知识

一　耶稣会士东来的历史背景和明末来华的主要耶稣会士

16世纪是基督教发展史上的一个重要时期。这时，罗马教会的腐败已经达到使多数人无法容忍的程度。在新兴市民阶级的发动下，掀起了反对教皇权威的伟大运动，从而导致了西欧基督教的大分裂，形成了新教同旧教相对立的局面。新教否认教皇在解释教义方面的神圣权威，它们在北欧取得了优势地位。而旧教——天主教则在南欧占有优势，并进行了内部革新的运动。1534年成立的耶稣会便是这一革新运动所依靠的主要力量之一。它们一方面打入宫廷和上层社会，以利于加强罗马教皇的政治势力，另一方面多办学校或学院，主要吸收十几岁的青年人，通过宗教灌输与知识传授扩大其影响。耶稣会士除了被派往北欧以努力恢复天主教的势力之外，更大量的是被派往亚洲和美洲活动，既为传教，以弥补天主教在北欧失去的地盘，又为当时兴起的欧洲资本主义殖民扩张政策服务。正是在这样的历史、政治背景下，耶稣会士踏上了中国的土地。

利玛窦，字泰西，意大利籍耶稣会士。他于明万历十年(1582)来华，万历二十九年(1601)抵北京。利玛窦所面临的是一个人口众多、幅员辽阔、文化悠久、科学技术颇具特色与实力、社会高度发展的中国，为了要在中国站稳脚跟，他开始学习中国的语言文字、风俗礼仪，穿着中国服饰，研究儒家经典，顺应中国文化，以适应中国的环境。进而广交社会名流，笼络权势人物，走上层路线，扩大社会影响，为传教作必要的组织准备。利玛窦敏锐地察觉到中国各阶层人士对新鲜的科学技术知识的浓厚兴趣，逐渐形成了“挟学术以传教”的布教方略，奠定了传教士来华传教的基本模式。随后来华的耶稣会士，大都际遇了利玛窦的切身经历，并大多数认同了利玛窦的布教方略。在他们更进一步发现天文学在中国的特殊地位，以及历法改革在当时中国的重要意义之后，进而开始实践“右手抓传教，左手抓天算等事务”的口号，从而也在客观上推动了西方天文学、数学和地理学等在中国的传播。

随利玛窦之后到明王朝灭亡，一批在科学技术方面有一定素养的耶稣会士先后来华，而在天文学知识的传播方面做出较大贡献者有以下各位：

龙华民(Nicolaus Longobardi，1559～1654)，意大利籍耶稣会士，万历二十五年(1597)来华。

熊三拔，意大利籍耶稣会士，万历三十四年(1606)来华。

阳玛诺(Emmanuel Diaz，1574～1659)，字演西，葡萄牙籍耶稣会士，万历三十八年(1610)

来华。他积极支持利玛窦“挟学术以传教”的方略，曾写信给耶稣会总长，要求选派水平较高的天算家来华，通过帮助中国改革历法以辅助传教。对扩大西方天文学和耶稣会士的影响与地位，起了相当大的作用。

傅汎际(Francois Furtado，1587～1653)，字体斋，葡萄牙籍耶稣会士，万历四十六年(1618)来华。

邓玉函(Joannes Terrenz，1576～1630)，瑞士籍耶稣会士，明熹宗天启元年(1621)来华。

汤若望(Johann Adam Schall von Bell，1592～1666)，字道未，德国籍耶稣会士，天启二年(1622)入中国内地传教。

罗雅谷(Jacobus Rho，1593～1638)，意大利籍耶稣会士，天启四年(1624)来华。

他们都与中国士人有很密切的交往，在著述有关西方天文学的书籍时，皆与中国学者合作，采取耶稣会士口授、中国学者笔录的方式。这同明代初年《天文书》、《回回历法》等典籍的著述颇为相似。这种方式也许是在较短的时间内、较好地完成有关著述的有效途径。在入清以后，这种方式在相当长时期内盛行不衰。这也造成了在相当长时期内中国一般学者不习外国语言文字的状况。应该说这是中国学者不能直接和快捷地领略国外科学技术(自然包括天文学)精髓或新进展的原因之一。

下面，我们拟简要介绍上述各位的天文学工作，其中龙华民、邓玉函和罗雅谷的工作，主要是《崇祯历书》的编撰，将在本章第三节中论及。

二 利玛窦与《乾坤体义》

1583年，利玛窦首次在今广东省肇庆市展示一幅世界地图，介绍世界地理知识，宣传地圆说，翻开了西方天文学中最基本的地球观念转播的篇章。后来，他和李之藻合作翻译的《乾坤体义》(1605)，便是传入较早、影响很大的西方天文学著作。

《乾坤体义》乃摘译自利玛窦的老师丁先生(Christopher. Clavius)于1581年出版的《〈天球论〉注解》一书，而《天球论》则是13世纪数学家萨克罗波斯可(Joannis Sacrobosco)所著的一部以亚里士多德宇宙学与托勒玫天文学为基础的通俗天文学讲义。

《乾坤体义》计3卷。卷上首篇“天地浑仪说”，重点论述地圆说的基本观念：“地与海本是圆形而合为一球，居天球之中”、地球基本圈及地球的大小、每度子午线的长度、五大洲地理知识、五大气候带、地理经纬度、昼夜长短与地理纬度之间的关系等等。其中关于地圆的论据有三：一是，向北行，觉北极出地渐高，向南行，觉北极出地渐低；二是，以其亲身的经历，说明对趾人的存在；三是，在不同地理经度处，人们所见太阳所居位置不同、所值时刻各异。第2篇“地球比九重天之星远且大几何”，介绍古希腊亚里士多德(Aristotle ，前384～前322)的同心固体水晶球宇宙体系：“(天有九层)，此九层相包如葱头皮焉，皆硬坚，而日月星辰定在其体内，如木节在板，而只因本天而动。第天体明而无色，则能通透光如琉璃水晶之类，无所碍也。”这几乎是对亚里士多德《谈天》(Do Coelo)一书有关部分的直接译述。所谓九层则指一月亮、二水星、三金星、四太阳、五火星、六木星、七土星、八恒星、九宗动天，而地球居其中心(图8-1)。还介绍各层天球的半径、各天体相对于地球的大小等。第3篇“浑象图说”，主要结合西式浑象解说天球各基本环圈，和昼夜长短变化等基本天文现象。第4篇“四元行论”，介绍西方的水、火、土、气四元素说，并批判中国传统的五行说。

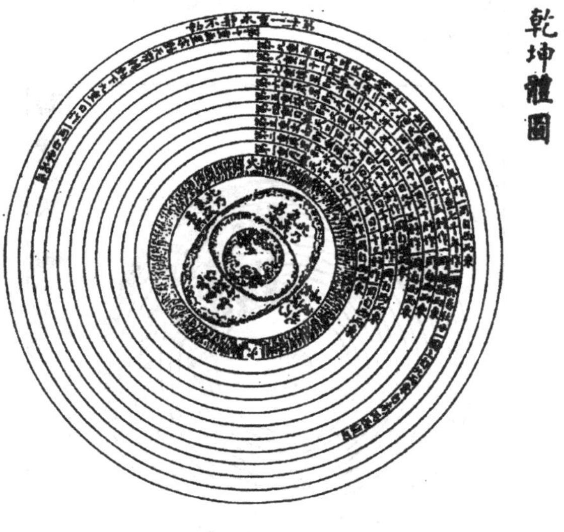

图 8-1　《乾坤体义》中的乾坤体图

卷中介绍了视差的概念和测量月地距离的相应方法、日月食的成因、大气折射观念及其对天体视位置的影响等知识。它以光的直线传播定律为基础的 6 条几何光学原理，以阐明日月食之成因，进而证明“日球大于地球”，还以月食时月球可久行于地影中说明“地球大于月球”。卷中之末还“附徐太史地圆三论”，是徐光启关于地圆的论述（见本章第二节）。卷下，从几何学上证明在外周长相同的条件下，以圆球体的体积最大，借以说明“造物者天也，造天者圜也，圜故无不容，无不容故为天”的道理。虽然《乾坤体义》卷上第 1、2 篇的全部，卷上第 3、4 篇和卷中的梗概已见于利玛窦于 1602 年前后所绘的若干世界地图内，但是《乾坤体义》则以更充实的内容和论著的形式问世，是明末最先传入的西方天文学说的代表性著作，在明末清初产生了巨大的影响①。

三　阳玛诺与《天问略》

在中国学者周希龄、孔贞时、王应熊、卓尔康等的协助下，阳玛诺刊出《天问略》(1615)。《天问略》共分 4 篇，是以问答的形式铺叙西方天文学的有关论题。第 1 篇“天有几重及七政本位”，介绍十二重天球的同心水晶球宇宙体系，除了利玛窦所论及的内 8 层天球之外，另有 4 重（图 8-2）。第 2 篇“日天本动及日距赤道度分”，介绍太阳周年视运动的论题，包括日行黄道、黄道为偏心圆、黄赤交角、节气（平气与定气）等基本天文概念，日食成因，不同地理纬度处见日食情况各异的原因，以及金星之所以不掩蚀太阳的原因，太阳出入时与中天时，太阳视面大小变化的原因，等等。第 3 篇“昼夜时刻随北极出地各有长短”，论述东西地方时差与地理经度的关系，昼夜长短随节气和地理纬度不同而变化的原因与规律，并列出了中国主要城市 24 节气日出入时刻、昼夜长短及晨昏朦影刻分表格。第 4 篇“月天为第一重天及月本动”，介绍月亮运动的论题，包括月相的成因，月食原理，关于日月同处于地平上时何以得见月食（实已涉及蒙气差

① 石云里，《乾坤体义》提要，见薄树人主编：《中国科学技术典籍通汇·天文卷》第 8 册，河南教育出版社，1998 年，第 283～285 页。

的观念)，每次月食见食时间各异的原因，其中已提及了“月天之本动”与“月天之内别有小轮”的概念，实即月行均轮与本轮的论说①。

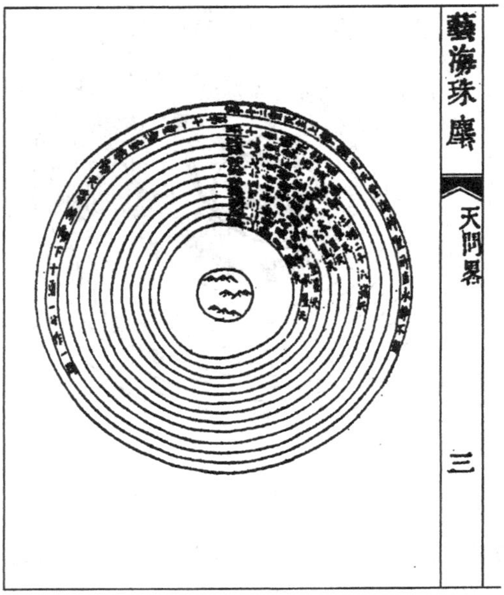

图 8-2　《天问略》十二重天图

在《天问略》卷末，阳玛诺更提及了新近西方天文学的重大进展：“近世西洋精于历法一名士，务测日月星辰奥理而哀其目力尪盈，则造创一巧器以助之”，这说的是伽利略创制了远望镜用以观测天体。接着阳玛诺写道：“观金星，大似月，其光亦或消或长，无异于月轮也。观土星，则其形如上图，圆似鸡卵，两侧继有两小星，其或与本星联体否，不可明测也。观木星，其四围恒有四小星周行甚疾，或此东而彼西，或此西而彼东，或俱东俱西，……观列宿之天，则其中小星更多稠密，故其体光显相连若白练然，即今所谓天河者。”这里提及了金星相位的变化、不明确的土星光环、木星的四颗卫星、肉眼所看不见的众多恒星和银河乃由众多的恒星组成等现象，这是伽利略于 1609 年至 1610 年间先后用望远镜观测而得的重大发现，仅时过 5 年便由阳玛诺最先介绍到了中国，是相当及时的。

与《乾坤体义》相比较，《天问略》更偏重于介绍日月运动的有关理论及与之密切相关的天文现象的讨论，其对望远镜新发现的介绍更具特色。

四　《日月星晷式》

《日月星晷式》共二册，不分卷，著译者不详。书末载有蔡应琪于明天启壬戌(1622)作的跋文，可见，该书成于 1622 年之前当无疑问。

日晷、月晷和星晷分别是由观测太阳、月亮和恒星，主要用以测定时间的仪器。《日月星晷式》则是这一时期最为系统和详细地介绍这类仪器的著作。

---

①　石云里，《天问略》提要，见薄树人主编：《中国科学技术典籍通汇·天文卷》第 8 册，河南教育出版社，1998 年，第 339 页。

《日月星晷式》大体可以分为三个部分①：

第一部分名为“日晷图法”。首先介绍有关几何作图的方法，测量北极出地度，定子午线和节气线等，与制作日晷相关的基本知识。接着依次介绍 16 种 33 式样日晷的制作方法。计有平晷（地平晷）4 式样，面南天顶晷（晷之面及其子午线直立对天顶）3 式样，百游（可随地理纬度调节者，下同）赤道晷，百游方晷，百游空晷，盘晷（其形如仰盂），百游盘晷，百游十字晷 3 式样，百游四正向晷 2 式样，百游四偏向晷，百游轮晷，面东、面西、面南晷 4 式样，面南、北偏东、西晷 3 式样，东、西向上、向下晷，南、北向上、向下晷 2 式样，偏方向上、向下晷 4 式样。

第二部分多重复第一部分的有关内容，还介绍等分圆周为 7，11，13，17，19，23，29，31，37，41 界等边等角的“分圆法”，与日晷的制作没有直接关系。

第三部分名为“日晷、月晷、星晷说”，是该书编译者对亲手所制的几具日、月、星晷的文字说明。

太阳、月亮和恒星的周日视运动相对于赤道面而言都是均匀的，所以，日晷、月晷和星晷制作的关键是正确给出天球赤道坐标网在各类晷面上的投影。《日月星晷式》则系统地介绍了这些投影的绘制方法，同时讲述了欧几里得作图法，对这类仪器及其式样作了丰富多彩、相当齐全的描述。该书的译出，对中国学者学习新颖的投影法和此类仪器的制作，有很大的帮助。

《日月星晷式》第一部分的许多画图可见于克拉维乌斯（C. Clavius，1537～1612）的《星盘》（Astrolabium）和《日晷书》（Cnomonico），看来此二书应是《日月星晷式》的原本之一。又由该书中所取地理纬度多为 40°为例看，其编译者是在北京作成此书的可能性最大。

五　汤若望与《远镜说》

汤若望于天启三年（1623）初到北京，即向人们展示了他从欧洲带来的仪器。在《帝京景物略》（1635）中就记载北京天主教堂内展出的望远镜的情况：“远镜，状如尺许竹笋，抽而出，出五尺许，节节玻璃，眼光过此，则视小大，视远近。”这在中国士人中引起了很大震动。天启六年（1626），汤若望与中国学者李祖白合作进一步撰成《远镜说》一书（1629 刊出），介绍伽利略望远镜的原理与构造，及其天文发现。方豪认为该书是依据西尔图里（Girolamo Sirturi）所著《望远镜，新方法，伽利略观察星际的仪器》译出的②。

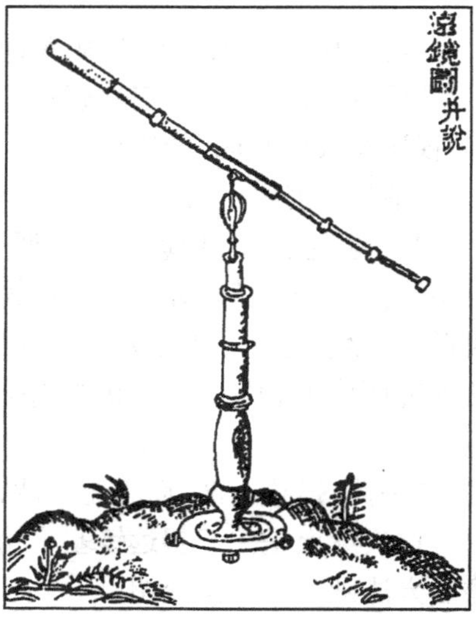

图 8-3　《远镜说》中伽利略式望远镜图

《远镜说》全书约 4500 言，分“利用”、“附分用之利”、“原繇”、“造法用法”四个部分，并附有整架望远镜外形图（图 8-3）在内的插图共 16 幅。

“利用”部分首先介绍了用望远镜观天的 6 项发

① 胡铁珠，《日月星晷式》提要，见薄树人主编：《中国科学技术典籍通汇·天文卷》第 8 册，河南教育出版社，1998 年，第 383、384 页。

② 王冰，《远镜说》提要，见薄树人主编：《中国科学技术典籍通汇·天文卷》第 8 册，河南教育出版社，1998 年，第 369、370 页。

现:其一,“用以观太阴,则见本体有凸而明者,有凹而暗者。盖如山之高处,先得日光而明也。”指出月面是凹凸不平的,其凸处因日光所照而明,而凹处因日光不照而暗。此外,书中还刊出了伽利略于1610年前后依望远镜观测而绘制的新月与上弦月时的月面图(图8-4)。其二,关于金星位相的变化,并附图文(图8-5)阐明其成因,由之可见,汤若望已在此提及了金星乃是绕太阳运动的第谷宇宙体系的观念。其三,“日面有浮游黑点,点大小多寡不一,相为隐显随从,必十四日方周径日面而出,前点出,后点入,迄无定期,竟不解其何故也。”这是关于太阳黑子的发现,已指出太阳黑子在日面上运行出没的时间恒为14日,实是太阳自转的结果,但尚未得出这一认识。其四,木星有四颗卫星。其五,土星“两旁有两小星,经久渐益近土,竟合而为一,如卵两头有两耳焉。”其六,“用以观宿天之星,较之平时,不啻多数十倍。……如昴宿,数不止于七,而有三十多。……”这些介绍中的一、三为《天问略》所无,其余虽大同小异,但均较细致些。“利用”部分还介绍了用望远镜观测地面、海上和室内物体的奇效。

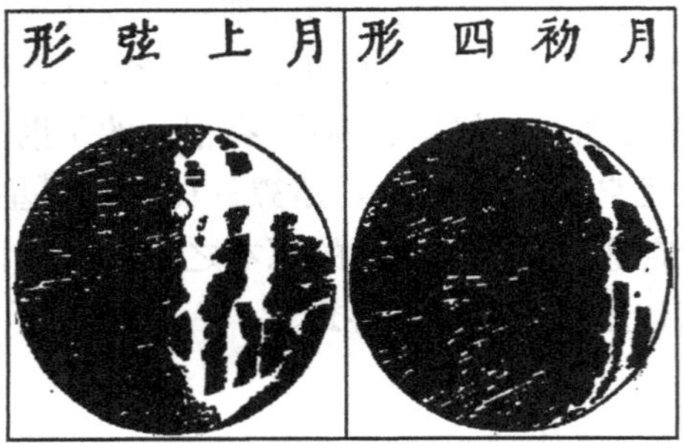

图8-4　《远镜说》中的月面图

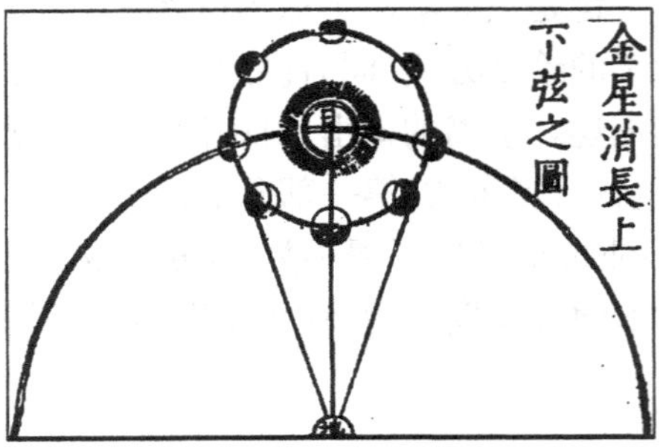

图8-5　《远镜说》中关于金星相位变化示意图

“附分用之利”部分介绍眼镜即凸透镜和凹透镜的功用。

“原繇”部分叙述并定性解释光的折射现象,说明凸透镜和凹透镜的组合使用可以“彼此相济,视屋至大而至明”的道理。

“造法、用法”部分中的望远镜制造法十分简略地分述了“镜”与“筒”两方面:

“一镜,造法曰:用玻璃制一似平非平之圆镜,曰筒口镜,即前所谓中高镜、所谓前镜也。制一小洼镜,曰靠眼镜,即所谓中洼镜、所谓后镜也。……长短宜而比例审矣,方能聚一物像虽远而近者,形形色色不失本来也。”这里所谓筒口镜、中高镜或前镜,即置于望远镜筒前端的、用双凸透镜所成的物镜,而靠眼镜、中洼镜或后镜,即置于望远镜筒后端的、用双凹透镜所成的目镜。

“一筒,镜止于两,筒不止于两,筒筒相套,欲长欲短,可伸可缩,远近各得其宜。”

这实际上是关于望远镜基本构造或构件的简单描述,而对于至关重要的透镜和凹透镜的磨制方法则未予些微介绍。

而“用法”则包括望远镜的安装、调试、保养与应注意的事项等。此外,书中还介绍了一种以月亮视直径为基准的测量两恒星之间度距的方法。

《远镜说》是最早介绍西方发明未久的天文观测利器的结构、原理、用法等,和更详细些的介绍由之而得的天文新现象的简明著作,在中国士人中产生了很大的影响。汤若望在华介绍西方天文学更重要的贡献,还在于参与《崇祯历书》的编撰,以及在此基础上改编成《西洋新法历书》一书的工作等,这些在以下三节中还要论及。

六　傅汎际与《寰有诠》

崇祯元年(1628)刊行的《寰有诠》一书，该书由傅汎际译义、李之藻笔录而成。这是一部传入较早、影响很大的有关西方古典宇宙论的著作。该书是亚里士多德《论天》一书的一个注释本的摘译本，其注释本是为科因布拉大学编撰的讲义。《论天》计有4卷40章，《寰有诠》译出了其中18章的正文与注释，并编排为6卷。在《寰有诠》中，称正文为“古”、注释为“解”，又有傅汎际所加的随论，随论一般是先提出正面观点，称为“疏”，然后用一“驳”一“正”的方式反复展开讨论，“驳”是对“疏”的反驳，“正”则是对“驳”的反驳。所以，《寰有诠》并不单纯包括《论天》及其注释本的内容，而且有诸多傅汎际所处时代的天文学新知①。

《寰有诠》卷一讨论天主上帝的存在，上帝的全能，“天主能以全无肇物”，经六日而造成天地万物，云云。这些内容是《论天》及其注释本所无的，充分显示了傅汎际传教的用心。

卷二指出组成当今世界的为火、气、水、土四大元素和组成天体的基本物质——“形天之有”。“形天之有”要比四大元素更原始、更神圣。认为宇宙作为一个整体是圆满的，天体是完美的，天体的圆周运动是自然而然的，等等。

卷三至卷四讨论“形天之有”是无轻无重、无生无灭、没有变化的。天体一旦被创造出来，就不消不长、不增不损、也永不会坏，将一成不变地永远存在下去，天体又通过其光线、运动以及本身包容的性质控制与影响下界物体的运动、生长与变化。讨论天是浑圆的，而且天在作匀速圆周运动。论及了11重天说，认为天球各层次均为完美的同心球。与《天问略》的12重天说相比较，它是将“东西岁差天”和“南北岁差天”合而为一，称之为光天，即第9重天，其外第10重为宗动天、第11重为静天，静止不动，“为定吉界之永居”。证明宗动天以下各重天球都存在两种运动，一是随宗动天自东向西，一是自身又自西向东运动。认为宇宙还是一个具有贵贱秩序的整体，天界贵于月下界，上层天球贵于下层天界物体，在诸星体中则以太阳最为尊贵。各层天体均由天使推动，各层天使的贵贱与各层天体的贵贱相同。

卷五讨论日月星辰的性质，包括其发光机理、天体为球形、天体的大小、运行周期、恒星星等、各重天球的半径一类论题。还有关于日月五星运动不均匀的解释：“七政各有小轮，小轮之中心与浑天之中心各又不同。七政各居小轮边际随轮上下，或就或离于地。”这较《天问略》更广泛和清楚地介绍了均轮与本轮的概念。

卷六讨论四大元素的生灭、转换、轻重、贵贱等性质；论述地球是静止不动的，处于宇宙的中心，相对于天球而言仅是一小点；证明火、气、水、土四域及大地形成一个同心球系；阐明地圆说，认为“地与水合成一体，皆在大圜之间”，提出了关于地圆的7项举证：一是，“东方之人比在西方者先见出地之星，……繇地圜形，……地面若平，则星出东方，诸方毕见，安得有异乎？”二是，“就日月食，其证尤明，各地方相距不同，食时亦各不同。”三是，“北方所见最北之星，南方不见；南方所见最南之星，北方不见。又自南向北而行者，常见北星渐升、南星渐下；自北而向南而行者，亦常见南星渐升、北星渐下。岂非地形之圜使之然乎！”四是，“月食所见之影既圆，则映射其影之地亦圆。”五是，“地之各分，其因性之情，皆欲下就寰宇之心，若非圜者，奚能惬其情之所向乎？”六是，“今观滴水之点、及在尘埃、树叶之水点，皆自团聚为圜。注水满卮，其中必

① 石云里，《寰有诠》及其影响，见《中国天文学史文集》第6集，科学出版社，1994年。

高，卮水欲圜，则水之全形亦圜也。”七是，“从远海向岸而行者，先见高山之顶，渐见山趾，如繇水下而出者然，则海之为圜可知。”此外，还从反面讨论了地为洼形、方形和地厚无极等观念的不合理性。卷六还特设有“论大地对足之域有生齿”一节，讨论对趾人问题，并以“今过海而至彼对足之域，实有人焉”，作为地圆说的又一佐证，和对趾人存在的毋庸置疑的证明。这些论证对于地圆说在中国的传播，产生了巨大的影响。譬如，揭暄的有关论说就全部吸纳了这些论证而有所发展(见本章第九节)。

在《寰有诠》中，傅汎际也介绍了望远镜观天的新发现，如太阳黑子的存在，木星有四卫星(见卷三)，银河乃由众小星组成(见卷五)，等等。此中有对天体是完美的、不坏的观念不能相容的事实，傅汎际亦不加回避，这则反映了他努力适应天文学进步潮流、和适应中国知识界对天文学新知需求的心态。

《寰有诠》比较全面地反映了亚里士多德在天文学方面的自然哲学思想体系，同时又介绍了许多亚里士多德之后到新近的西方天文学的知识，这对中国知识分子了解西方古典天文学说的面貌以及随后的发展是大有裨益的。

第二节　明末的历法改革及徐光启、李之藻等人的贡献

一　明末的历法之争

在第七章第一、七和八节中，我们已经论及明万历(1573～1619)年间的历法论争以及朱载堉和邢云路等人历法改革的努力。万历三十八年(1610)开始，在历法改革的争论中，开始出现了西法这一支生力军。钦天监推算得该年“十一月壬寅朔日食分秒及亏圆之候”，职方郎范守己上疏“驳其误”。于是“礼部因请博求知历学者，令与监官昼夜推测，庶几历法靡差。”随即有钦天监五官正周子愚推荐“大西洋归化远臣庞迪我、熊三拔等”人，说他们“携有彼国历法，多中国典籍所未备者”。建议“乞视洪武中译西域历法例，取知历儒臣率同监官，将诸书尽译，以补典籍之缺”。礼部显然十分重视范守己、周子愚等人的意见，因而上疏曰：“精通历法，如(邢)云路、(范)守己为时所推，请改授京卿，共理历事。翰林院检讨徐光启、南京工部员外郎李之藻亦皆精心历理，可与(庞)迪我、(熊)三拔等同译西洋法，俾(邢)云路等参订修改。然历法疏密，莫显于交食，欲议修历，必重测验。乞敕所司修治仪器，以便从事。”这一奏折表达了十分开明与科学的改历主张，是当时中国传统天文历法出现的复兴情势和对西洋天文学采取积极借鉴态度的反映。可惜，万历帝实际上并未采纳礼部的意见，只是将“(邢)云路、(李)之藻皆召至京，参与历事”而已，没有实施礼部提出的实质性建议。

万历四十一年(1613)，被改任南京太仆少卿的李之藻上疏“言台监推算日月交食时刻、亏分之谬，而力荐(庞)迪我、(熊)三拔、(龙)华民、阳玛诺等”，言“其所论天文历数，有中国昔贤所未及者，不徒论其度数，又能明其所以然之理。其所制窥天、窥日之器，种种精绝”云云，又重申“开局，取其历法，译出其书”的建议，可是，此议又一次被搁置。

先后出现两次建设性意见的提出，固然反映了积极向上的历法改革力量的崛起，但先后两次被封杀，则表明了因循守旧势力依然是强大的，明初以来对天文历法厉禁政策和“祖制不可变”思想的恶果还在腐烂发臭。虽然如此，我们还是应该充分肯定这两次建议的历史意义，由

中可见以中西之法改革历法新时期到来的曙光。

时至16年后的崇祯二年(1629),才出现了意义重大的转机。对该年“五月乙酉朔日食,礼部侍郎徐光启依西法预推,顺天府见食二分有奇,琼州食既,大宁以北不食。大统(历)、回回(历)所推,顺天食分时刻,与(徐)光启互异。已而(徐)光启法验,余皆疏。(崇祯)帝切责监官。……于是礼部奏开局修改,乃以(徐)光启督修历法。”由于主中法者刚刚从长达200余年的禁锢中苏醒过来,未及对传统历法作足够的发展与提高,而西法则稍具优势,所以,改历的主角则由西法来承担,是可想而知的。由是,1629年9月1日,徐光启奉旨督修历法,11月6日在宣武门内的首善书院旧址成立历局,在进行改历论争的同时,开始了编撰《崇祯历书》的历史性工作(详说见本章第三节)。

在督修历法的过程中,徐光启所主张的新法受到了来自多方面的挑战,应该说这是一种十分正常的现象。判别历法的优劣时,以对日月交食和五星运动状况的推验为试金石,是参与论争各方的共识。

有四川资县诸生冷守中者,以其历法求与西法比较高低。崇祯四年(1631)“四月戊午,夜望月食,(徐)光启预推分秒、时刻方位。……已而四川报冷守中所推月食实差二时,而新法密合”①。初见西法的可信。

崇祯四年(1631)十月初一,日食。经用望远镜校验,徐光启等的预报食分、食甚时刻等②又较它法为密,再增西法的可信程度。

崇祯“五年(1632)九月十五日,月食。监推初亏在卯处一刻,(徐)光启等推在卯初三刻,回回科推在辰初初刻。三法异同,致奉诘问。至期测验,阴云不见,无可徵验”。这是大统历、回回历和西法三家的一次校验,因阴云遮月未分仲伯,他们也都遵循了汉代以来“以见食为比”的古训。

崇祯六年(1633),徐光启病卒,由山东参政李天经代领历局。崇祯“七年(1634),河北耆儒魏文魁上言,历官所推交食、节气皆非是。于是命(魏)文魁入京测验。是时言历者四家,大统(历)、回回(历)外,别立西洋为西局,(魏)文魁为东局。言人人殊,纷若聚讼焉”。可以说,自此而后,关于历法优劣的比较测验持续不断、行用何种历法的论争更趋激烈。

崇祯七年(1634)即以预推五星凌犯会合为验。李天经等推得“闰八月二十四,木犯积尸气;九月初四昏初,火土同度;初七卯正,金土同度;十一昏初,金火同度。旧法推火土同度,在初七,是后天三日;金火同都在初三,是先天八日”。“(李)天经又推木星退行、顺行,两经鬼宿,其度分晷刻,已而皆验。于是(魏)文魁说绌”。这应是对西法的有力肯定。可是“魏文魁等多方阻挠,内官实左右之。以故(崇祯)帝意不能决,谕(李)天经同监局虚心详究,务祈画一”。这里显然掺进了非科学的、政治性的因素。由崇祯帝对李天经的旨谕来看,颁用出自异邦的历法而废止中国传统之历法,大约是真正的反对者——内官——不能接受的,而魏文魁等则从己法的可靠和西法的不可信等问题上发难。所谓“务祈画一”,对李天经等人而言,实是不能解决的难题,崇祯帝显然对中西两种截然不同的天文学体系之间的差异知之甚少,故出此言。

崇祯八年(1635),李天经等“推水星伏见及木星所在之度,皆与大统(历)各殊,而新法为合。又推八月二十七日寅正二刻,木、月三曜同在张六度,而大统(历)推木在张四度,火、月

---

① 以上均见张廷玉等:《明史·历志一》。

② 李问渔,徐宗泽编,日食疏见《增订徐文定公集》卷四,1933年。

(在)张三度。至期,果同在张六度”。这又一次证明了西法的优越性,但是上述情况依然存在,崇祯帝仍在犹疑中。

崇祯“九年(1636)正月十五日辛酉,晓望月食。(李)天经、大统(历)、回回(历)、东局,各预推亏圆、食甚、分秒、时刻”。届时,各方主要人物和礼部官员等皆“赴台测验,惟(李)天经所推独合”。这一结果使崇祯帝确认了“新法为近”的事实,可是,魏文魁等又提出西法所用定气和传统所用平气不同的问题,改历之举仍不得行。

崇祯“十年(1637)正月辛丑朔,日食,(李)天经等预推京师见食一分一十秒,……大统(历)推食一分六十三秒,回回(历)推食三分七十秒,东局所推止游气侵光三十余秒。而食时推验,惟(李)天经为密”。西法的再一次应验,使崇祯帝产生了“废大统(历),用新法”意向。可是,当时也管历务的代州知州郭正中上言:“中历必不可尽废,西历必不可专行。四历各有短长,当参合诸家,兼收西法。”这说出了多年来西法屡屡应验而仍不得颁用的真正原因,并提出了一种折衷的解决方法。这一方法实与崇祯帝原先的想法相符,于是,在崇祯十一年(1638)“诏仍行大统历,如交食经纬、晦朔弦望,因年远有差者,旁求参考新法与回回科并存”。这实际上是一个往回退缩的决定,西法经过 9 年的抗争,才求得了被参用的地位,政治上的考虑战胜了科学上的论证,实无可奈何。

也在崇祯十一年(1638),“进(李)天经光禄寺卿,仍管历务”,这大约是对主西法者的一种安抚。随后,李天经等有机会便历数旧历法的失误,遂使崇祯帝“深知西法之密”,和中西之法难以兼容。值崇祯“十六年(1643)三月乙丑朔日食”,四家又一次各预推之,李天经所推结果“测又独验”。崇祯帝于十六年八月“诏西法果密,即改为大统历法,通行天下。未几国变,竟未施行”①。

次年(1644),清王朝建立,耶稣会士汤若望把《崇祯历书》改编为《西洋新法历书》上献顺治帝。

汤若望又“推本年八月初一日日食,京师及各省所见食限分秒,并起复方位图象进呈”,届时“大学士冯诠同(汤)若望赴观象台测验,复奏惟新法一一吻合,大统、回回二历俱差时刻”②。于是,顺治帝果断地采纳新法,号为时宪历,颁行于天下。汤若望和顺治帝摘取了明末历时 14 年的艰难改历工作的成果,也顺应了历法改革的历史潮流。

二　徐光启的天文历法工作

徐光启(1562～1633),字子先,号玄扈,上海人。他出身在一个由经商转为务农的家庭,家境不能算好。其父“博识强记,于阴阳、医术、星相、占候、二氏之书,多所通综”③。这对徐光启的影响是不言而喻的。青少年时期的徐光启聪明好学,活泼矫健,于章句、帖括、声律、书法等均臻佳妙。万历二十八年(1600)上京应考途中经南京结识了利玛窦。万历三十一年(1603)又到南京访利玛窦未遇,此时利玛窦已去北京,但徐光启还是在南京接受洗礼,加入天主教。次年(1604)是徐光启一生中实现重大转折的一年,他不但考中进士,开始步入仕途,更重要的是,

① 以上均见张廷玉等:《明史·历志一》。
② 赵尔巽等:《清史稿·时宪志一》。
③ 李问渔,徐宗泽编,先考事略见《增订徐文定公集》卷一,1933 年。

在北京得与利玛窦探究天文、地理、水利之学，将原先喜好的声律、书法一类“及是悉弃去，(专)习天文、兵法、屯、盐、水利诸策，旁及工艺、数学，务可施用于世者”①。此后，他历任翰林院检讨、詹事府少詹事、兼河南道监察御史、礼部尚书、兼翰林院学士、文渊阁大学士等职。在积极参与政事的同时，徐光启和利玛窦合译《几何原本》(1607)、和熊三拔同译《泰西水法》(1612)等影响巨大的西学著作，又著作《农政全书》(1628)，对中国传统农学作了全面的总结与发展。而在天文历法领域，他的最主要工作是主持历法的改革和《崇祯历书》的编撰，在积极吸收与传播西方天文学方面，扮演了强有力的推动者的角色，做出了重大贡献。

在利玛窦和李之藻合译的《乾坤体义·卷中》，“附徐太史(即徐光启)地圜三论”曰：“夫大地果平者，即南北相去百亿万里，其北极出地之度宜恒为三十六不能差毫末也”。这是从北极出地高度各地不同的事实出发立论；又指出如果承认天圆而地平，又承认各地北极出地高度不同，一种可能的推论是北极星与其下地面的距离只有一万三千余里，而进一步的推论则是天与地相交于阳城之北二万三千余里处，而这是完全不可思议的，因为天地不相及是人们的共识；还提及天圆地平之说不足以说服盖天说。可见徐光启是最先接受新传入的地圆说并给出自己的论证的中国学者之一。

万历三十九年(1611)，徐光启与熊三拔合译《简平仪说》，简平仪是熊三拔制作的专用于测量太阳的仪器，其结构远较星盘简单，而原理相仿。书中介绍了该仪器的结构，以及测量太阳赤经、赤纬、定时刻和定地理纬度等的方法，还简述了大地为球体的概念。

如前所述，崇祯二年(1629)历法改革出现重大转机，这也是徐光启全力投入天文、历法工作的契机。这一年，崇祯帝对历法改革提出了他的意见：“西法不妨于兼收，诸家务取而参合，用人必求其当，制象必核其精。”② 第一点可以说为吸收西法开了绿灯，第二点则是仍要保全中国传统历法的面子，其意是要制成一部中西合璧的历法。而后两点是达成这一目标的重要手段，是颇具指导意义的。这些对于奉旨督修历法的徐光启而言，自然是至关重要的。在此基础上，徐光启提出了更为精到的历法改革路线和目标：

徐光启指出，历法的改革“无他道焉，深论理，明著数，精择人，审造器，随时测验，追合于天而已”③。这与崇祯帝之说实际上有同有异。作为一位科学家，徐光启更为关注的是历法的科学性，即历法理论基础的可靠性和历法数据的准确性，是最为重要的。他又特别强调测天求合在历法改革中的关键作用，也就是说，接受实践的检验，才是证明历法科学性的惟一途径。至于精择人和审造器，则同于崇祯帝之说。在主持历法改革的整个过程中，徐光启是尽心尽力、不折不扣地实践了这些主张，继承并发展了中国古代历法改革主流思想的精髓。

徐光启极力主张要制定一部超过中西已有水平的新历法。他认为“欲求超胜，必须会通”，即要粹取中西历法之长，才能达到超胜的目的。为此，他提出了如下三部曲：第一，“会通之前，必须翻译”；第二，“翻译既有端绪，然后令甄明大统、深知法意者参详考定。镕彼方之材质，入大统之型模”；第三，“事竣历成，更求大备。一义一法，必深言所以然之故；从流溯源，因枝达干。不止集星历之大成，兼能为万务之根本”④。

---

① 邹漪：《启祯野乘·徐文定传》。

② 李问渔，徐宗泽编，谕督领改修历法见《增订徐文定公集》卷四，1933年。

③ 徐光启等：《崇祯历书·恒星历指》“叙目”。

④ 李问渔，徐宗泽编，奏呈历书总目表，见《增订徐文定公集》卷四，1933年。

对于第一部曲，徐光启指出，西法“术业既精，积验复久，若以大统旧法与之会通归一，则事半而功倍矣。”① 他又说与耶稣会士“对译成书，依其成法，测验推步，以正讹谬，以补阙略，则事半于古，而功效十百倍之矣。”② 即这是对西法做出实事求是评估的基础上，得出的合乎情理与便捷的技术路径。他的第二部曲，是要保留中国传统历法的基本架构，而把西法的基本理论与数据充实于其中，这大约是受到崇祯帝上述改历意见的制约所致，因为非如此似难以向崇祯帝有所交代。至于第三部曲，是要对历法的理论、方法、数据等作进一步探究，以期制定更为详备和精到的历法，并作为其他科学技术问题深入研究的样板。徐光启倾其全力也仅大略完成了第一部曲的鸣奏，而把后两部曲不无遗憾地留给了后人。虽然如此，他实际上已为后两部曲的进行，提出了若干重要的理论说明：历法必须“有理、有义、有法、有数。理不明不能立法，义不辨不能著数。明理辨义，推究颇难，法立数著，遵循甚易。”③ “今所求者，每遇一差，必寻其所以差之故，每用一法，必论其所以不差之故。上推远古，下验将来，必期一一无爽。日月交食，五星凌犯，必期事事密合。又须穷原极本，著为明白简易之说，使一目了然。百世之后，人人可以从事。遇有少差，因可随时随事，依法修改。且度数既名明，又可旁通众务，济时适用。”④这些既是对中国传统历法忽略对立法理论的详明叙述的重要补充，又是对中国传统历法改革思想主流的继承和发展。

在历法改革中，徐光启首重对交食的实际考验，以为“考验历法，全在交食”⑤，“历法疏密，独此最为的证”⑥，“必欲辨其疏密，则在临食之时，实测、实验而已”⑦。而且十分注重亲自参与考验工作，并对第一手测验结果进行认真的分析，以作为判别诸法优劣的依据、或改进西法的准绳：“故每交食时，臣曾题请身往测候，必得其真时刻、真分数，少有参错。又因而究其所以然，然后目前辩难，可据以剖晰，异时推步，可用以寻求矣。”⑧

他认为在检验之时“所宜求者盖有二端，其一曰食分多寡”，为此，他采用了较前代要精细的具体测量食分的方法：“有近造窥筩新法，日食时，用十(于)密室中，取其光影映照尺素之上，自初亏至复圆，所见分数，界限真确，画然不爽。”月食时亦用望远镜测量其食分，其方法正与《远镜说》所论相同；“其一曰加时早晚”，以昼观日、夜测星经纬度的方法，进而推算与之相应的时间，其实，当时由此得到的时间准确度并不很高，徐光启对之给予了过高的期望。他以为“二法既立，一遇交食，凡古今诸术得失疏密，如明镜高悬，妍媸莫遁矣”。此外，徐光启又提出交食之验宜扩增为多地点的考验，内容还应包括交食发生时所处的地平高度等项目。至于检验的标准，则以“食分或差半分上下，加时或差半刻上下”⑨为合。

徐光启不单作如是主张，而且运用望远镜作日、月食的实际观测。崇祯四年(1631)十月初一日食，他“于密室中斜开一隙，置窥筩眼镜以测亏复，画日体分数图板，以定食分”⑩。崇祯五

---

① 李问渔，徐宗泽编，条议历法修正岁差疏，见《增订徐文定公集》卷四，1933年。

② 李问渔，徐宗泽编，礼部为奉旨修改历法开列事宜乞裁疏，见《增订徐文定公集》卷四，1933年。

③ 李问渔，徐宗泽编，奉旨回奏疏，见《增订徐文定公集》卷四，1933年。

④ 同①

⑤ 同③

⑥ 李问渔，徐宗泽编，日食分数非多略陈义据以待候验疏，见《增订徐文定公集》卷四，1933年。

⑦ 李问渔，徐宗泽编，月食先后各法不同缘由及测验二法疏，见《增订徐文定公集》卷四，1933年。

⑧ 李问渔，徐宗泽编，月食乞照前登台实验疏，见《增订徐文定公集》卷四，1933年。

⑨ 同⑦

⑩ 李问渔，徐宗泽编，日食疏，见《增订徐文定公集》卷四，1933年。

年(1632)三月十六日月食,他"用窥筩远镜,已得边际分明"[①]。这些是中国学者早期运用望远镜进行天文观测的真切记述,其所用望远镜应是汤若望等从欧洲携带来的。

对于中国传统历法,徐光启并不采取一概否定的态度,对于传统历法他作过相当深入的研究,"盖历自汉迄元一千三百五十年,凡六十八改而有授时之法,是皆从粗入精,先迷后得"[②]。这是对中国传统历法发展的精到概括。对前代关于历法日食的推算,他进行了系统的统计研究,指出:"日食,自汉至隋,凡二百九十三,而食于晦日者七十七,晦前一日者三,初二日者三,其疏如此。唐至五代凡一百一十,而食于晦日者一,初二日者一,初三者一,稍密矣。宋凡一百四十八,则无晦食,更密矣,犹有推食而不食者十三。元凡四十五,亦无晦食,更密矣,犹有推食而不食者一,食而失推者一,夜食而书昼者一。至加时先后至三、四刻者,当其时已然。……高远无穷之事,必积时累世,乃稍见其端倪"。[③] 这些研究实际上就是徐光启所主张的会通中、西历法的另一个重要基础。

崇祯二年(1629),徐光启在要求改历伊始,便"请造象限大仪六,纪限大仪三,平悬浑仪三,交食仪一,列宿经纬天球一,万国经纬地球一,平面日晷三,转盘星晷三,候时钟三,望远镜三。"[④] 此中前三种仪器,我们在下一节中再作介绍,而交食仪是为日、地、月等天体运行的示意模型,列宿经纬天球是天球仪,万国经纬地球是地球仪,平面日晷即地平式日晷,转盘星晷系"上盘书时刻,下盘书节气,展转相加。用时指垂权测知天正时刻"[⑤]。即先通过瞄准缝窥视特定恒星,瞄准后,两盘面刻度的时间与节气的关系,实际上是恒星时与太阳时之间的换算关系,可以从星象求得时间,或反过来从已知时间推得天象的位置[⑥]。候时钟即自鸣钟。对于中国学者而言,这些仪器大都是新颖的天文仪器,而在徐光启看来,它们应是进行历法改革所必备和急需的。

这些仪器的设计制造系由邓玉函、汤若望、罗雅谷等负责指导,而邬明著、陈于阶等"思精推测,巧擅绘制,书器方籍,前劳讲解,正需后效"[⑦],可见中国学者在其中也起了重要的作用。1629 年 11 月,已制成了三架大仪(象限大仪二、纪限大仪一),安置于历局[⑧]。到徐光启去世后一年(1634),李天经新进呈"日晷、星晷、窥筩诸仪器"[⑨],崇祯帝还专"命太监卢维宁、魏国征至局验试用法。"[⑩]此一望远镜是"远西诸臣汤若望、罗雅谷等从其本国携来而葺饰之"者,这里所谓"葺饰"应是指配置了镀金镜架和黄铜附件。它后被安置于皇宫中,曾用于观测日、月食等。次年(1635),历局又奉旨制造两具望远镜,汤若望、罗雅谷等利用从欧洲带来的玻璃星夜赶制,完成了任务[⑪]。据《明史·历志一》载,到崇祯八年(1635)"新法书、器俱完",这大约才是徐光启当年请造的 10 种天文仪器(所造数量可能与当初的设想有所不同)终于完成的年代。崇祯十

---

① 李问渔,徐宗泽编,月食依法推步具图呈览疏,见《增订徐文定公集》卷四,1933 年。

② 李问渔,徐宗泽编,奉旨回奏疏,见《增订徐文定公集》卷四,1933 年。

③ 李问渔,徐宗泽编,月食先后各法不同缘由及测验二法疏,见《增订徐文定公集》卷四,1933 年。

④ 张廷玉等:《明史·天文志一》。

⑤ 同②

⑥ 伊世同,徐光启与晚明仪象,见席泽宗、吴德铎主编:《徐光启研究论文集》,学林出版社,1986 年。

⑦ 李问渔,徐宗泽编,治历已有成模恳祈恩叙疏,见《增订徐文定公集》卷四,1933 年。

⑧ 汤若望等:《西洋新法历书·治历缘起》。

⑨ 张廷玉等:《明史·历志一》。

⑩ 同⑧

⑪ 张廷玉等:《明史·天文志一》。

年(1637)十月,李天经在总结修历工作时指出:“制过新式仪器十数种”[①],说明所制仪器的种类超过了当初的设想。

三　李之藻的天文历法工作

李之藻(1565～1630),字振之,又字我存,浙江杭州人。明万历二十二年(1594)中举人,二十六年(1598)中进士,后历任南京工部营缮司员外郎、工部分司、开州知府、南京太仆寺少卿、敕理河道工部郎中等职。万历二十九年(1601),李之藻在北京结识利玛窦,得见其所绘制的世界地图《坤舆万国全图》,利玛窦向他解说“地以小圆处天大圆”[②] 等等道理,颇受震撼,由此对西方科学产生了浓厚兴趣。李之藻首先刊刻了《坤舆万国全图》,并撰写序文,以张其说,其中自然包括地圆之说。刻成后,遍赠友人,产生了很大的影响。此后,李之藻致力于向耶稣会士学习数学、天文学等知识,进而和耶稣会士合作,翻译并出版了诸多相关著作。在积极吸收与传播西方天文学方面,也与徐光启一样,扮演了强有力的推动者的角色,做出了重大贡献。

前已述及,万历三十八年(1610),周子愚举荐的四名精通历法或精心历理的中国学者中,李之藻便居其一,随后曾一度调任至北京,参与历事。可见,李之藻在当时已是治历名家。

万历四十一年(1613)他又自南京上疏言改历和开局译书之事,表达了对历法改革的极大关注,他认为西法之所以有效,并非无根无源,“想在彼国,亦有圣作明述,别自成家”,学习和引进西法“总皆有资实学,有裨世用。”他又指出:西法“按其义理,与吾中国圣贤可以互相发明”,认为西法“或与旧法各有所长,亦宜责成诸臣细心斟酌,务使各尽所长,以成一代不刊灵宪。”这些表述了李之藻积极吸收西法,也不贬低中法,而取中西会通的改历主张,与徐光启有关论说是相通的。在此疏中,李之藻还历数西法中“有我中国昔贤谈所未及者,凡十四事”,其中有关于宇宙理论者,如“天包地外,地在天中,其体皆圆”,“七政行度不同,各自为一重天,层层包裹”;有关于视差的理论:“从地窥天,其自地心测算,与自地面测算者,皆有不同。”有关于月亮与五星运行的均轮、本轮体系:“月、五星之天,各有小轮。原俱平行,特为小轮,旋转于大轮之上下,故人从地面测之,觉有顺逆迟疾之异。”有关于太阳运行的偏心轮理论:“太阳天心,与地心不同所处,人从地面望之,觉有盈缩之差,其本行初无盈缩。”还有关于日月交食的诸多不同计算方法,等等[③]。这些是对西法的提纲挈领式的介绍,很好地说明李之藻对于西法的基本理论和方法已有了相当深入的研究和把握。

在崇祯二年(1629)徐光启奉旨督修历法之际,最先举荐的便是李之藻,应是情理中事,“中外臣僚臣部所举,南俊臣李之藻已蒙录用,仍令蚤来”。[④] 徐光启寄厚望于李之藻的是,圆满完成在西法翻译中“释义演文,讲究润色,校勘试验”的关键性工作。李之藻不负所望,全力以赴参与了《崇祯历书》中有关《历指》和《测量全义》等的编译工作。可惜,李之藻于次年即病故,这对徐光启是相当大的打击,而发出对上述关键性工作只能“独臣一身”[⑤] 的感叹!

在本章第一节中,我们已经论及李之藻和利玛窦于1605年合译《乾坤体义》一书。两年以

① 汤若望等:《西洋新法历书·治历缘起》。

② 李之藻:《刻职方外纪序》。

③ 李问渔,徐宗泽编,《增订徐文定公集》卷六,李之藻:《请译西洋历法等书疏》,1933年。

④ 李问渔,徐宗泽编,条议历法修正岁差疏,见《增订徐文定公集》卷四,1933年。

⑤ 李问渔,徐宗泽编,因病再申前请以完大典疏,见《增订徐文定公集》卷四,1933年。

后(1607),他们又编译成《浑盖通宪图说》上、下 2 卷,这是一部由利玛窦带来的介绍西方古代测量仪器——星盘原理的著作。该书的原本是利玛窦的老师克拉维乌斯所著的《星盘》(Astrolabium)。李之藻发现星盘"貌则盖天,而其度乃从浑出",由此他把盖天说的七衡六间图与星盘上的投影刻度法相混淆,以为星盘乃是浑天说与盖天说合为一体的体现,因而名之曰"浑盖通宪"。

该书上卷介绍星盘面上各种坐标网的绘制方法,包括赤道坐标、黄道坐标和地平坐标三种坐标系统在平面上的投影。下卷讲述星盘上标识恒星的方法,以及使用星盘的方法。此外,在卷首另加了一篇关于浑象的介绍。

万历三十六年(1608),李之藻又与利玛窦合译成《圜容较义》一书,是一部介绍三角几何学的著作。

崇祯元年(1628),李之藻与傅汎际合译出《寰有诠》一书,已如本章第一节所述。

也在崇祯元年(1628),李之藻编辑出版了《天学初函》,分理篇和器篇,每篇收书各 10 种。李之藻笃信天主教,在这一方面与力主西法之可信一样,他和徐光启可谓志同道合。他们二人既同是当时学习、吸收西学的倡导者与实践家,又同是崇尚天主教和为耶稣会士辩护的代表人物。在李之藻心目中的"天学",显然包括我们现今所理解的天文学,以及主宰天地、遍造万物的上帝诸多理念。故《天学初函》的"理篇"所收的是讨论天主教教理的论著,而"器篇"所收系介绍西方天文学、数学、水利机械学等的论著,有《泰西水法》、《浑盖通宪图说》、《几何原本》、《天问略》、《简平仪说》、《圜容较义》、《表度说》、《同文算指》(李之藻与利玛窦合译)、《测量法义》(徐光启与利玛窦合译)、《勾股义》(徐光启撰)。此中,前 6 种以上均已提及,后 3 种则皆为数学方面的著作。而《表度说》是由熊三拔与周子愚、卓尔康合译,成于万历四十二年(1614)。该书的主要内容有三:一是应用圭表测量太阳高度角和地理纬度的方法,二是地平日晷制作的基本方法,三是关于地圆的论述,指出:"地球在天之中","地球小于日轮,从日轮视地球,止于一点"。对于"地本圆体",书中除了重申《乾坤体义》已提及的三点论据外,又补充了三条新论据:"月食有定时,而天下之见食(时间各异),(东西)相去九百三十七里半而差一刻";"天际之云物在三百里外者,遂不能见之,则岂非地为圆体,人所及之面,至于三百里而止乎?";还有凡物体必向地心,则地不得不到不聚集成球体。作为地圆说的积极宣传者,李之藻将《表度说》收入于《天学初函》中是不无道理的,当然"器篇"的其他 9 种,也都是在当时颇为重要的西方科学技术著作。《天学初函》出版后,在晚明影响很大,直到清代也有一定的影响,达到了宣传和普及早期传入的西学的作用。

四 王英明与《历体略》

王英明,字子晦,开州澶渊(今河南省濮阳县)人,生卒年不详。明神宗万历三十四年(1606)进士,年少中举后,他无意仕途,而是广交四方名硕,隐居治学。他反对清谈性理的风气,认为"学者当务为有用"[①] 之学,他对天文历法之学在当时的沉沦深感忧虑,"遂肆其余力推步参稽,补一代实学之缺。"[②] 对于当时新传入的西方天文学知识,他更以机敏的、实事求是

① 翁汉麐:《历体略·叙》。

② 王曰俞:《历体略·重刻〈历体略〉序》。

的目光审视之:“近有欧逻巴人挟其历自大西洋来,所论天地七政,历历示之掌。创闻者不能无骇且疑,徐绎之,悉至理也。夫礼失而求之野,择其善者而从之,不犹愈于野乎!”① 这些是当时一些学者心态的典型反映,他们对传统的天文历法之学有所研究,对于传入的异域新知,采取冷静的、分析的态度,并乐于接受,但又不免带有居高临下的意味。《历体略》也正是这样于万历四十年(1612)撰成并刊出的。

《历体略》共分上、中、下三卷,后有附录一篇。

上卷介绍传统天文学的若干基本知识,如日、月行度,五星动态,日行黄道,月行白道,十二辰次,二十四节气,刻漏和北极出地高度等概念及有关数据,此其一。其二是重点讨论西来的地圆说:“大圜者上天下地之总名也。水附地以成一球,凝奠居中”,“地在寰宇之中,常静不动,与天相较政若稊米之于乔岳。其形浑圆,即突者为丘陵,凹者为谿谷,仍无损其万分之一。”这些无疑是申述新传入的论说。为了证明此论说之可信,王英明特作“天体地形杂说”,“辑古圣贤格言以诏群蒙”。即共辑录了13段古人的有关论述,试图说明前人已有地圆的观念。察其所引13段文献,皆为同西来的地圆之说似是而非者,以致王英明自己也不得不说:“前圣旧盖有其说矣,恨语焉不详耳。”王英明对地圆说可信的证明,并无地圆说源于中土的意念,他采取的是儒者疏经的传统方法,无外希望读者相信地圆之说乃是“至理也”,可谓用心良苦。

中卷是对传统《步天歌》的阐释,其意在帮助读者更好地识别星空。

下卷则是对西来天文学知识的介绍,大都均依据利玛窦的《坤舆万国全图》、利玛窦与李之藻的《浑盖通宪图说》等中裁出②。其内容包括九重天水晶球宇宙模型,四元素说,地圆说,经纬度说,地球五大气候带说,日月五星与地球的距离,以及相对于地球的大小,岁差和星等概念,恒星之大小,恒星与地球的距离,列有一份50颗恒星的赤道坐标值和星等的星表,黄道十二宫及其与24节气的对应关系,晷漏与地理纬度的关系,等等。此外,还有关于金星的位相变化,木星四卫星,土星“形如鸡卵,两侧有两小星”,银河为稠密的小星组成等记述,是对西方用望远镜观测而得的新成果的介绍。这可能是依据阳玛诺的《天文略》,增补入《历体略》的。

附录包括对于星期纪日制的介绍,关于日大于地,地大于月的证明,日月食原理的介绍等内容。

质言之,《历体略》内含对新知的介绍与高度评价,又有关于传统天文学的论述,是一部合中、西天文学于一炉的著作,更重要的是,它是第一部由中国学者独立编撰的介绍当时已传入的西方天文学知识的通俗著作,反映了当时一批学者积极学习与吸收并推广新知的进取精神。

五　熊明遇与《格致草》

熊明遇(1579～1649),字良孺,号坛石,进贤(今江西省进贤县)人。明神宗万历二十九年(1601)进士,长期浮沉宦海,官至南京刑部尚书、南京兵部尚书等。他是东林党的成员之一,与耶稣会士有广泛的接触,同庞迪我、熊三拔、阳玛诺、毕方济等建立良好的友谊,对其所传的科学知识,特别是天文学有浓厚的兴趣,并认真钻研,他约于明神宗万历四十三年(1615)成稿、中

① 王英明:《历体略·卷下》。

② 石云里,《历体略》提要,见薄树人主编:《中国科学技术典籍通汇·天文卷》第6册,河南教育出版社,1998年,第1～3页。

经修改补充、约首刊于明思宗崇祯七年(1634)的《格致草》,便是他的主要研究成果。该书中还有关于气象、世界地理以及西方灵魂学说和创世理论的诸多讨论[①]。

《格致草》提及的天文学论题有:地圆说,"天地皆圆体,地在天中只一点,适天之至中处,如弹丸然,确然不动","合山河海水夷夏做一弹丸"[②]。不同意所传的十一重或十二重天说,而取天有九重说[③],恒星、日月五星距离地球的里数,日月五星相对于地球的大小[④],星等概念及恒星大小[⑤],日月交食原理[⑥],昼夜长短与北极出地高度的关系[⑦],关于岁差,一份有 49 颗恒星的星表(内容与《历体略》基本相同,但少北落师门一星,而增"黄道过宫"值)[⑧],关于视差[⑨] 和蒙气差[⑩] 的观念,南极星图的介绍[⑪] 等等。若将这些与《历体略》作比较,二者大同小异,而《格致草》则略优和略详于《历体略》。在《格致草》中的论述,以介绍传入的西方天文学知识为纲,在每一论题之后,大多附有"格言考信"和"渺论存疑"两项,前者系引古人之论说相似者以证西说,后者则引与西说不同的古人有关论说的错失,即对中西天文学的一系列问题做了比较研究,这是《历体略》所远不及的。而在这些比较研究中,他与王英明一样,也有不少似是而非的论述,这与他们所处的社会氛围和所具的心态基本相似有密切关系。熊明遇的论述程式本身已凸显他对西说的推崇,可是,他又认为:"重黎世叙天地,而别其分主,其后三苗复九夏之乱德,重黎子孙窜于西域,故今天官之学,裔土有专门。"[⑫] 这则是关于西学中源的一般观念,熊明遇虽然未对之作更具体论述,但此说却已昭示了在其后盛行一时的西学中源说的最主要的一种理念。

在《格致草》中,还有关于西来天文仪器的介绍,如对以类似自鸣钟机械推动的自动浑象[⑬]、简平仪即星盘[⑭]、中星测时仪[⑮]、象限仪[⑯] 等的结构与用法均予以图文并举的说明。熊明遇也提及西方用望远镜观测得金星相位变化的发现,但对之表示怀疑,以为"事宜姑存"[⑰]。他还提及用望远镜对太阳黑子和日食的观测,否定太阳黑子为金、水星遮蔽日面的黑影,"近从望远镜窥之,乃知其体不与日体为一,又不若云霞之去日极远,特在其面而不识为何物。"[⑱] 指出:"用密室开罅,置远镜窥筒视日中之滓甚辨,视日食边际更明。"[⑲]

---

① 冯锦荣,明末熊明遇《格致草》内容探析,自然科学史研究,1997,(4)。
② 熊明遇:《格致草·大象恒论》,又见《格致草·登高可以望远》、《格致草·圆地总无罅碍》、《格致草·圆地总无方隅》。
③ 熊明遇:《格致草·诸天位分恒论》。
④ 熊明遇:《格致草·列象恒论》。
⑤ 熊明遇:《格致草·列象演说》。
⑥ 熊明遇:《格致草·日月交食》。
⑦ 熊明遇:《格致草·昼夜长短》。
⑧ 熊明遇:《格致草·经星位置》。
⑨ 熊明遇:《格致草·视差》。
⑩ 熊明遇:《格致草·清蒙气》。
⑪ 熊明遇:《格致草·附南极诸星图说》。
⑫ 熊明遇:《格致草·自叙》。
⑬ 熊明遇:《格致草·浑仪图说》。
⑭ 熊明遇:《格致草·平仪图说》。
⑮ 熊明遇:《格致草·夜测星晷》。
⑯ 熊明遇:《格致草·测高象限悬仪》。
⑰ 熊明遇:《格致草·诸天分位演说》。
⑱ 熊明遇:《格致草·日体》。
⑲ 熊明遇:《格致草·昼夜晷》。

《格致草》是继《历体略》之后更全面地介绍传入的西方天文学知识的、由中国学者独立撰写的通俗天文学著作，而且以中西天文学的比较为特色，在明清之际产生了广泛的影响。

六 黄道周的地动思想

黄道周(1585～1646)，字幼平，号石斋，福建漳浦人。明天启二年(1622)进士，历任翰林圆编修，江西布政司都事，南明弘光朝礼部尚书，隆武朝武英殿大学士等职。隆武二年(1646)被清军捕获，因"抗节不屈"，被害于南京南华门外。黄道周以书画与性理之学鸣于世，博学多才，有著述四十余种，近二百卷，达百万言。他还广开教学之门，海内从学问业者达数千人，是明末有很大影响的一位学者。

对于天文历法，黄道周有其独特的研究和见解，关于地动的论述即为一例①。

崇祯二年(1629)，他撰成《三易洞玑》一书，提出了地球与五星一起绕宇宙中心转动的宇宙模型。后来，他又宣传地球自转的思想。在当时中西天文学交融的大潮中，独树一帜。

在《三易洞玑·卷三》中，黄道周讨论了大地周长的论题，说明他完全接受了西方传入的地球说，这是他的地动说与中国传统地动思想的重大区别。黄道周又是从探讨岁差现象的物理机制入手，而提出地动说的，这也与中国传统地动思想的缘起迥异。虽然如此，在地动这一基本问题上，黄道周得益于中国传统的地动思想，则是毋庸置疑的。他显然不同意耶稣会士关于岁差现象是恒星天球在不断绕黄极转动结果(这在下一节中还要提到)的解释，而试图以地动之说另辟新论。其要点为：

(1)"天日竞旋，地牵其中。九道迟差，若雌与雄。镇(土星)、岁(木星)、荧惑(火星)、日、金(金星)、水(水星)、月、地，在于天下，轻重相次。"这是关于自天球到地球之间九重天，依其轻重次序所形成的排列状况的描述。认为它们各循特定的轨道运行，而地球则起着牵动各天的作用。

(2)"列宿、七曜既皆左旋，则大地规轮渐牵而右，积岁成差。"这是说天球和日月五星都是自东向西运转的，而地球则沿其轨道"规轮"从西向东运行。于是，从地球上看，太阳的位置每年都向西移动一个小的角度，这便是岁差的成因。

(3)"凡岁地行一百五十六分二十五秒，周卦之岁(64 年)而进一度。"这里，黄道周设一度为一万分，一分为百秒，10000 分/64＝156.25 分，故曰地球每年右转(亦即太阳岁差)156 分 25 秒，64 年右转一度。而且该数值当是指黄道岁差值。

应该说，黄道周的宇宙模型是受耶稣会士传入的同心固体水晶球宇宙体系的影响，但又对之作了重要修订，以轨道运动替代同心球之运动，更重要的是，并不以地球为宇宙的中心，也不认为地球静止不动，而是地球也与日月五星等一样绕某一宇宙中心运动。这些思想都应较地心说进步。至于他对岁差成因的解释，只有在把岁差的形成归因于地球自身的某种运动这一点上，较耶稣会士高明，可是，他所认定的造成岁差现象的地球运动的方式则是不正确的。

在《三易洞玑》中，黄道周显然并未触及地球自转的问题，如上所述，他认为天球是在作周日旋转运动的。但是在该书撰成以后若干年，他的同乡、《天经或问》的作者游艺曾说到："黄石

---

① 石云里，十七世纪中国的准哥白尼学说——黄道周的地动理论，大自然探索，1995，(2)。

斋老师云:'地动而天静,地转而天运也。如舟行而岸移,非岸移也,实舟行也。'"① 这明确无误地表明,黄道周是在宣讲地球自转的论说。从这一段论说与《崇祯历书·五纬历指·卷一》中的相关论述(见下一节)颇为近似看,黄道周大约是得见其说的。黄道周是在崇祯八年(1635)被革职为民,回乡讲学的,而《崇祯历书》则完成于崇祯七年(1634)。有趣的是,《崇祯历书》是以否定的态度论及于此的。可是,对于力主地动说的黄道周而言,这却是不可多得的地动说的新论,而采取了与《崇祯历书》的译者截然相反的态度,欣然接受之,并加以宣传。这大约是《崇祯历书》的译者始料不及的。游艺还说到,对黄道周此论"余曾质之曰:'……天乃轻清,故转速,地乃重浊,故静定。然舟行数百里人亦寝食不安,地周九万里,而人能安其寝食?即必以天动于外,地静互于中,乃确也。'师首肯之。"②这则说明黄道周在面对传统地静说的理念时,尚缺乏足够的辩驳能力,这与当时的地动说还处于寻求科学证明的状况密切相关。

黄道周的地动理论,前后涉及了地球公转的范畴和地球自转的观念,它们都是在西方天文学初传入中国的背景下产生的。虽然黄道周的这些见解都还相当脆弱,但却反映了一些中国学者在新知面前独立思考的特有能力。

第三节　西方天文学体系的全面系统引入:《崇祯历书》

一　《崇祯历书》的编纂及其基本内容

经由徐光启的举荐,耶稣会士龙华民和邓玉函在历局成立之初便入局参与工作,稍后于1630年8月和1631年1月,罗雅谷和汤若望也先后奉命入局工作,他们分别负责行星、日月运行部分和恒星、交食部分的编译,起了十分关键的作用。而参与工作的中国学者除了前已述及的李之藻和李天经这两位重要人物外,徐光启还先后举荐了原钦天监的官员戈承科、周胤、朱国寿、刘有庆、潘国祥、贾良栋、贾良琦、朱光显,天文生朱光灿、朱光大等,以及通于历法的在朝官员王应遴、陈应登、魏邦纶等入历局工作。其中,陈应登和朱光显等参与翻译的卷数皆在10卷以上(以《西洋新法历书》所载为准,下同)。尤令人注目的是,徐光启又举荐了一批来自民间的知历人士进入历局,此中,程廷瑞、朱廷枢、邬明著等参与翻译的卷数也均在10卷以上,周士泰、周士萃、陈于阶、李遇春、李祖白、宋发、刘蕴德等参与翻译的卷数都在5卷以上,参与翻译者另有杨之华、黄宏宪、陆昌蒉、掌承、孙有本、张寀臣等26人,他们参与翻译的卷数为4至1卷不等。即参加历局的工作者合计有50余人。徐光启基本实现了"精择人"的设想,并展开了效率很高的编译工作:

《崇祯历书》共137卷,分五批进呈③:

第一批,崇祯四年正月二十八日(1631年2月28日),24卷:

《历书总目》1卷——关于历书编排的总体说明。

---

① 游艺:《天经或问前集》卷四。

② 同①

③ 汤若望等:《西洋新法历书·治历缘起》;潘鼐,《西洋新法历书》提要,见薄树人主编:《中国科学技术典籍通汇·天文卷》第8卷,河南教育出版社,1998年,第645～650页。

《日躔历指》1 卷——关于太阳运动原理与计算原则——法原和法算。

《测天约说》2 卷——关于天体测量学的简说——法原。

《大测》2 卷——关于三角学原理——法原。

《日躔表》2 卷——关于太阳运动计算表——法数。

《割圆八线表》6 卷——三角函数表——法数。

《黄道升度表》7 卷——黄道计算用数据表——法数。

《黄赤道距度表》1 卷——相关交食的黄赤道距度表——法数。

《通率表》2 卷——量度单位的换算表——会通。

第二批,崇祯四年八月初一日(1631 年 8 月 27 日),20 卷、1 摺:

《测量全义》10 卷——平面与立体几何学的原理和运用——法原和法器。

《恒星历指》3 卷——述恒星周日运动及测定恒星经纬度的各种方法——法原。

《恒星历表》4 卷——恒星黄、赤道经纬度及星等表(详说见后)——法数。

《恒星图像》1 卷——全天恒星图(详说见后)——法器。

《揆日解订讹》1 卷——对某种太阳运动解说的批评与订正。

《比例规解》1 卷——关于比例法则及其运用方法——法原和法器。

《恒星总图》1 摺——可能就是《见界总星图》(以 1 卷计,详说见后)——法器。

第三批,崇祯五年四月初四日(1632 年 5 月 22 日),30 卷:

《月离历指》4 卷——述月亮运动原理与计算方法——法原和法算。

《月离表》6 卷——月亮运动计算表——法数。

《交食历指》4 卷——述日月交食的原理与推算交食的方法——法原和法算。

《交食历表》2 卷——日月交食计算用表——法数。

《南北高弧表》12 卷——太阳地平高度表——法数。

《诸方半昼分表》1 卷——各地白昼时间长度之半的表格——法数。

《诸方晨昏分表》1 卷——各地晨、昏时刻表——法数。

第四批,崇祯七年七月十九日(1634 年 8 月 12 日),29 卷、恒星屏障 1 架:

《五纬总论》1 卷——关于水、金、火、木、土五大行星运动的总体说明。

《日躔增》1 卷——关于太阳运动原理与计算原则(续)——法原和法算。

《五星图》1 卷——关于五星视运动的图像。

《日躔表》1 卷——关于太阳运动计算表(续)——法数。

《火、木、土二百恒年表并周岁时刻表》3 卷——火、木、土三星 200 年间的位置表——法数。

《交食历指》3 卷——日月交食的原理与推算交食的方法(续)——法原和法算。

《交食诸法用表》2 卷——日月交食计算用表——法数。

《交食表》4 卷——日月交食计算用表(续)——法数。

《黄平象限表》7 卷——黄道的地平高度表——法数。

《木、土加减表》2 卷——木星和土星运动不均匀改正表——法数。

《交食简法表》2 卷——日月交食简易计算用表——法数。

《方根表》2 卷——平(立)方根表——法数。

恒星屏障一架(以 1 卷计)——法器。

第五批,崇祯七年十二月初三日(1635年1月21日),32卷:

《五纬历指》8卷——关于五大行星的运行原理与计算方法——法原与法算。

《五纬用法》1卷——关于五大行星的有关论说——法原。

《日躔考》2卷——太阳运动之考证——法原。

《夜中测时》1卷——关于测量恒星以定时的论说——法原。

《交食蒙求》1卷——蒙气差与日月交食关系的论说——法原。

《古今交食考》1卷——古今交食的计算对比与考证。

《恒星出没表》2卷——恒星出没时刻表——法数。

《高弧表》5卷——太阳地平高度表(续)——法数。

《五纬诸表》9卷——关于五大行星运动计算用表——法数。

《甲戌、乙亥日躔细行》2卷——崇祯七年(1634)和八年(1635)太阳运动状况详说。

上述五批中的前三批是徐光启生前即已完成、并大都亲作润色审改的,而后二批是徐光启生前已作安排或已展开工作、继由李天经主持完成的。上述各卷的具体编译均由耶稣会士与一批中国学者合作,如《测天约说》系由徐光启和龙华民、邓玉函合译,《割圆八线表》系由邓玉函与若干中国学者合译,至于龙华民和邓玉函还参与翻译了哪些卷,现已无由确知。而参与上述各卷的大多数翻译工作的耶稣会士是汤若望和罗雅谷俩人当无疑问。正是他们的通力合作,实现了西方天文学体系的全面引入。

在《历书总目》中,徐光启提出了编译工作的整体构想,最重要的是以下两大具体的方案:

"节次六目:一曰日躔历,二曰恒星历,三曰月离历,四曰日月交会历,五曰五纬星历,六曰五星交会历。"这既是关于历法的编排的次序,也涵盖了历法的内容,从这两个方面看,与传统历法既有共同之处,又有所发展。其中,恒星历的内涵显然要比传统历法中有关恒星的内容大大增加,而五星交会历是要计算五星的凌犯、聚合等课题,这大约是受回回历法的影响设置的。

"基本五目:一曰法原,二曰法数,三曰法算,四曰法器,五曰会通。"这是同历法的各项内容(日躔、恒星、月离、交食、五纬等)都有密切关系的基本论题。前三者依次是所遵循的原理(基础理论)、所取的天文数据、表格和计算方法。此中"法原"是徐光启所特别注重的,也是传统历法相对薄弱的环节。"法器"是为天文仪器与星图,这是据以确认前三者必备的观测、实验的手段。"会通"是关于度量单位的换算。

上述《崇祯历书》137卷同时包含"节次六目"和"基本五目"的内容,它们是依据各卷完成的先后列出的,还没有依据"节次六目"的构想予以整理。但是,它们业已相当清晰和圆满地实现了徐光启当初提出的编译工作的整体构想。它们是在徐光启和李天经先后主持下,经由耶稣会士和一大批中国学者的通力合作所取得的巨大成果。

二 《崇祯历书》所采取的基本理论和近代天文学知识

《崇祯历书》与传统历法最重大的区别是,采取了与传统历法的代数学天文学体系完全不同的几何学天文学体系。在这一点上,它和唐代的九执历和明初的回回历法是相同的。而它与九执历或回回历法的最大不同是,采用了丹麦第谷于1582年提出的宇宙体系,这与九执历或回回历法的宇宙结构模型不同,也就是说,与利玛窦等人所介绍的亚里士多德的同心固体水晶球宇宙体系或托勒玫地心体系不同。

第谷宇宙体系是介于波兰哥白尼的日心地动体系和托勒玫的地心体系之间的一种调和性的宇宙体系。其结构是:“地球居中,其心为日、月、恒星三天之心。又日为心,作两小圈,为金星、水星两天;又一大圈,稍截太阳本天之圈,为火星圈;其外又作两大圈,为木星之天、土星之天。”[①] 即地球居于宇宙的中心,太阳、月亮和恒星三者都以地球为中心而绕之作圆周运动,五大行星则以太阳为中心而绕之作圆周运动。更有示意图如图 8-6。该宇宙体系优于托勒玫地心体系,又自然不如哥白尼日心地动体系。

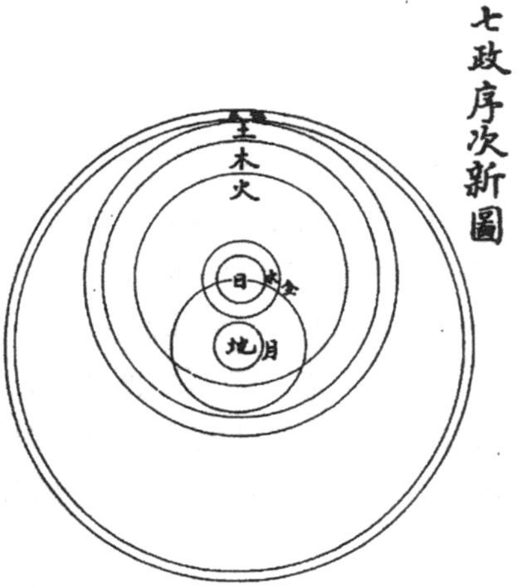

图 8-6　《五纬历指·卷一》“七政序次新图”

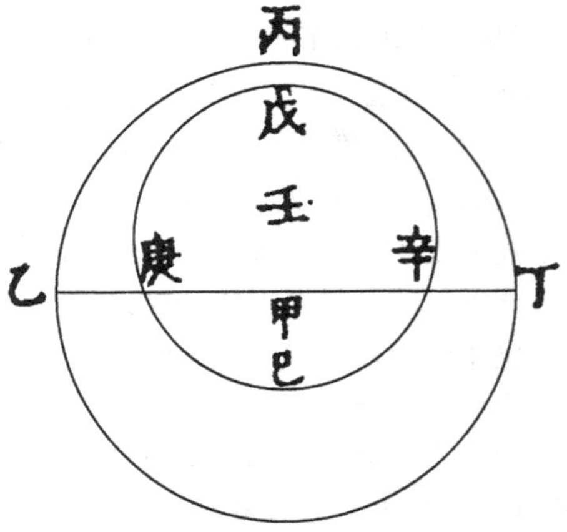

图 8-7　太阳运动偏心圆法示意图

对于太阳运动状况的计算,《崇祯历书》采取偏心圆法,如图 8-7 所示(见《日躔历指》),图中,甲为地心,乙丁丙为恒星天,庚戊辛巳为黄道,壬为黄道中心。太阳沿黄道作匀速运动,太阳运行的状况以观测者在地心所见为准,而在进行月亮运动状况的计算时,则采取偏心圆法或均轮、本轮法或两者相结合的计算方法,如图 8-8(见《月离历指·卷二》),图中,地为地心,它绕乙点作圆周运动,戌巳癸未为白道,丁为白道中心,癸为月亮本轮午辛辰的中心,辛为月亮均轮庚壬子的中心。即月亮沿均轮运行,均轮的中心沿本轮运行,本轮的中心沿白道运行,而月亮运行的状况则以观测者在地心所见为准。在月行计算中,已虑及了二均差和周年差的影响。前者是第谷于 1595 年发现的、以半个朔望月为周期的月亮不均匀运动;后者是第谷在 1599 年发现的、以一年为周期的月亮不均匀运动。图 8-9 中,地心甲绕乙点作圆周运动,即为前者而设置。这些都是中国传统历法所未及的。

关于五星运动状况的计算,取均轮、本轮法。如图 8-9 所示(见《五纬历指·卷一》),图中,甲为地心,丙所在的圆弧为黄道,以丙为中心的圆周为行星的本轮,乙为行星均轮的中心。即五星沿均轮运行,均轮的中心沿本轮运行,本轮的中心沿黄道运行,而五星运行的状况则以观测者在地心所见为准。如果考虑到如前所述太阳的运行(丙在黄道上的运动)是以偏心圆法计算的,五星运动状况的计算,实际上也是取偏心圆法和均轮、本轮法相结合的方法。

无论是偏心圆法还是均轮法、本轮法,都是西方古典天文学的基本方法,但《崇祯历书》在运用这些方法时,所取用的偏心率、均轮或本轮的半径与运转速率等一系列天文数据或表格,

---

① 汤若望等:《西洋新法历书·五纬历指·卷一》。

大多用第谷之说,同时也参考托勒玫或应用哥白尼与开普勒之说。

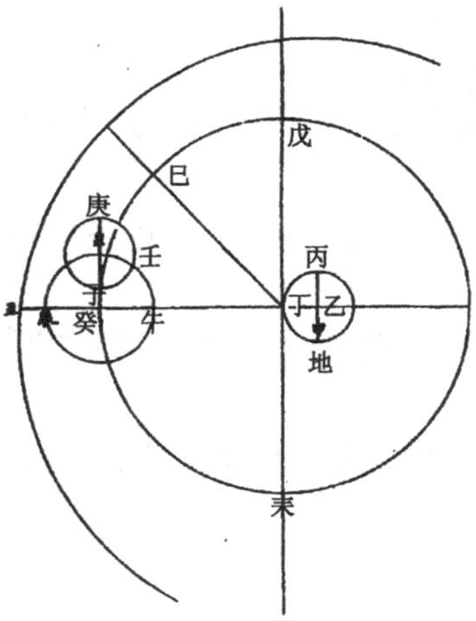

图 8-8 月亮运动偏心圆和均轮、本轮法相结合法示意图

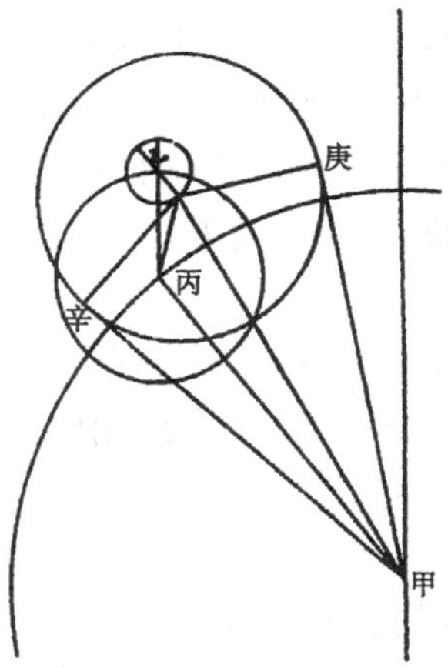

图 8-9 五星运动均轮、本轮法示意图

《崇祯历书》引进了地球以及地理经纬度的概念和方法。在《大测》、《测量全义》、《交食历指》诸篇中,皆有关于地圆的论证,给出了关于日食、月食成因的明确无误的解释,阐明了周日视差(即所谓地半径差)的概念及其计算方法,这些都使对日月交食诸要素的计算,特别是对各地见食情况的推算,在准确度上要超过中国传统历法。

将太阳近地点和冬至点严格区别开来,也是《崇祯历书》较传统历法高明之处。虽然在回回历法中已经提及这一区别,但其时两者的差别还较小,而到在明末两者之差已达 6°余,作这一区别,不但具有理论意义,更具有现实意义,即对于有关计算精度的提高是很重要的。

《崇祯历书》引入的蒙气差概念及其改正法,是传统历法所无的,这自然有助于计算精度的提高。在此基础上,它还提出了晨昏蒙影的新概念,以太阳在地平下 18°时作为晨或昏的起始时刻,这较传统历法以日出前二刻半为晨、日入后二刻半为昏的规定,更加合理和严密。

《崇祯历书》引进了球面三角法,这较郭守敬授时历所采用的近似于球面三角的算法优越是自不待言的。它还引进了黄极的概念与严格的黄道坐标系,这也较传统历法在有关问题上的近似算法来得严密和准确。在历日制度上,采取定朔、定气注历,亦以无中气之月为闰月。关于其所取用的一系列天文常数,在本章第七节中再作介绍。

在《崇祯历书》中,还译用了哥白尼《天体运行论》(1543)中 8 章的内容,和哥白尼观测的 17 项记录①,以作为立法和立数的依据。与此相关的两者对应的章卷名及其内容可简说如下:

(1)4 卷 9 章——《月离历指·卷一》第六和第七。关于月亮运动的“测定本轮之大小远近及其加减差第六”,“此多禄某(即托勒玫)所用”;“测定本轮之大小远近及其加减差后法第七”,“此近世歌白尼(即哥白尼)法,今时通用”。

(2)4 卷 9 章——《月离历指·卷二》第十一。关于月亮运动的“求次轮之比例第十一”。

(3)4 卷 24 章——《交食历指·卷五》。“求太阴高卑差”和“求太阴在朔高卑视差”,“设歌

① 席泽宗,严敦杰等,日心地动说在中国——纪念哥白尼诞生五百周年,中国科学,1973,(3)。在此略有修订与补充。

白泥(亦即哥白尼)之数以为法”。

(4)4卷26章——《交食历指·卷五》。“高弧正(斜)交黄道南北、东西差”。

(5)5卷6章——《五纬历指·卷二》。“测土星最高及两心之差后法”之一,“正德间,歌白泥因千年积候,再测再算,得此时最高”。哥白尼把土星本天所偏离的中心称为“地轨中心”,而被译者改称为“地球”,即把日心说改为地心说。

(6)5卷7章——《五纬历指·卷二》。“试以土星表较古今两测”中的“近世歌白泥第三测”。

(7)5卷11章——《五纬历指·卷三》。“上古测木星法,谷白泥(亦即哥白尼)亲测所记,第二”。译者于此也作了和(5)相似的改动。

(8)5卷16章——《五纬历指·卷四》。“测火星最高及两心差后法,第二章,谷白泥测算必用其图”。“宜借用谷白泥法”,“谷白泥亦用三测如后”。

以上为历法原理或历算方法。以下则是有关天体的观测记录:

(1)3卷2章——《恒星历指·卷二》。1525年秋分点的位置在“寿星宫十七度”。

(2)3卷10章——《日躔历指》。1515年黄赤交角的测定,为23°28′24″。

(3)、(4)、(5)4卷5章——《月离历指》卷一和卷四。1511年10月7日、1522年9月6日和1523年8月26日月食。

(6)4卷13章——《月离历指》卷二和卷四。1509年6月2日月食。

(7)4卷14章——《月离历指·卷四》。1500年11月6日月食。

(8)4卷16章——《月离历指·卷二》。嘉靖元年(1522)九月二十七日月亮地平视差的测量。

(9)、(10)、(11)5卷6章——《五纬历指·卷二》。1514年5月5日、1520年7月13日和1527年10月10日土星冲日。

(12)、(13)、(14)5卷11章——《五纬历指·卷三》。1520年4月30日、1526年11月29日和1529年2月1日木星冲日。

(15)、(16)、(17)5卷16章——《五纬历指·卷四》。1516年6月5日、1518年12月12日和1523年2月22日火星冲日。

此外,在《月离历指·卷二》提及哥白尼所取月亮在近地点、远地点等不同情况下的地平视差、视直径、月地距离等数值;《恒星历指·卷二》中,还介绍了哥白尼(称泥谷老或尼古老)关于黄经岁差自古及近“渐次戚速”的见解,和所取恒星年长度为365.240940日的数据。虽然这一见解和这一数据并不高明。

在《崇祯历书》中实际上也已介绍了地球在自转的哥白尼之说:“今在地面以上,见诸星左行,亦非星之本行,盖星无昼夜一周之行,而地及气、火通为一球,自西徂东日一周耳。如人行船见岸树等,不觉己行而觉岸行。地以上人见诸星之西行,理亦如此。则是以地之一行,免天上之多行,以地之小周,免天上之大周也。”可是,又指出:“然古今诸士,又以为实非正解”,其正解依然为地“定是不动”①。同样反映了耶稣会士不能不面对哥白尼学说、但又心怀禁忌并加反对的状况。

《崇祯历书》也多处提及了第谷的学生德国开普勒的天文工作。《五纬历指·卷四》“记今测

① 汤若望等:《西洋新法历书·五纬历指·卷一》。

火星冲太阳实行十四测,第五章”,历数自万历八年到三十八年(1580～1610)间对火星位置的14项观测结果,和依新理论计算的结果。指出:“算之差在三分内,谓之极微。其合于测,亦谓之亲切矣。”并指出:“此第谷及其门人所测,更密更细,今为本历历测”,这里“门人”说的就是开普勒。同卷“火星岁圈大小新测,第七章”曰:“第谷及其门人审测密算,历年滋久,不厌精详”,又云:“格白尔(即开普勒)曾著有书,备详测算诸论颇繁。今姑译其法之一二,如测火星岁圈之半径,……”,此外,还译出“算岁圈大小两界”之法。这些都是介绍开普勒《论火星的运动》一书中的内容。《月离历指·卷二》在论及月亮地平视差、月地距离和月亮视直径等数据时还提到:“第谷门人刻尔白(应即指开普勒)改之法,今所用。又测太阳视径为冬至三十一分半、夏至三十分。”这也应是对开普勒新测有关天文数据的介绍。

在《崇祯历书》中还介绍了不少较此前的有关著作要详细些的运用望远镜发现的新天文学知识。此中,大多是意大利伽利略的工作:

关于行星:“土星之体两旁各一小星,……环行于土星之上下左右,有时不见,盖与土星体相食。或曰土星非浑圆体,两旁有附体如鼻,以本轴运旋。故时见圆,时见长。……或曰时见三星相距,有近有远,安得谓之合体? 二说不同,未知孰是,须久测乃知之。”这是关于土星光环的发现,可是,由于当时望远镜的性能还较差,故或以为是为土星的卫星,或作此似是而非的描述,并指出其真相尚待进一步的观测来揭示。介绍了1612年(1次)和1613年(8次)对木星及其卫星观测的共9项结果,绘出了4卫星距木星的远近图,指出:“今用远镜见五星,木星为心,别有四小星,常环行其上下左右,时相近,相远。时四星皆在一方,时一或二或三在一方,余在他方,时一或二不见。”同时指出:“木星全为暗体,小星之体亦自无光,光借于日。”① 又介绍了金星相位变化的现象,并以金星绕日而行的理论详解其成因②。

关于太阳黑子,指出“用远镜隐映受之,每见黑子”,即用望远镜令太阳的影像投射到一屏上,可见黑子“时多时寡,时有时无。体亦有大有小,行从日径,往过来续”。又认为黑子“不在日体之内,又不甚远,又非空中物”。此外,还指出:“太阳体中,见明点,其光甚大”③。这则是关于太阳耀斑发现的介绍。

关于恒星,指出用望远镜观测天空,可见恒星的数量“较多于平时不啻数十倍”。银河“明见为无数小星”组成;而昴宿有37星,积尸气有36星,觜宿南一星有21星④,等等。

在论及五星的颜色时,还引述了两段伽利略的论说:“加利娄(即伽利略)曰:凡大光照某体能发光之类,其所发之次光,非全受本体之色,而变为他色。如大光照黑体,其所发之光为红色,如火星;若照淡红体,其所发光色如木星;若白体,其发光色如土星;若黄体,其发光色如金星;若青体,所发光色如水星。”“又曰:星色非纯,从目审视可见,乃知各星亦非纯质也。”⑤

此外,还有“太阳于诸星,如磁石于铁,不得不顺其行”⑥ 之说的介绍。此说与邢云路所论(见第七章第八节)颇为相似,对于后来的中国学者也产生了影响。

没有明确地介绍哥白尼的日心地动说,显然是《崇祯历书》的一大缺欠,这又显然与1616

① 汤若望等:《西洋新法历书·五纬历指·卷一》。
② 汤若望等:《西洋新法历书·五纬历指·卷五》。
③ 同②。
④ 汤若望等:《西洋新法历书·五纬历指·卷三》。
⑤ 汤若望等:《西洋新法历书·五纬历指·卷九》。
⑥ 汤若望等:《西洋新法历书·五纬历指·卷一》。

年《天体运行论》被宗教法庭列为禁书，特别强烈反对日心地动说，以及会规对耶稣会士的制约密切相关。除此而外，《崇祯历书》还存在不少失误之处：它错误地认为黄道岁差是布满恒星的那层天球每年在绕黄极轴向东旋转造成的，而实际上应是地球的赤道面在绕黄极轴转动引致的；它所定的日地距离为地球半径的 1180 倍，太阳半径为地球半径的 151 倍，月亮近地点距离地为地球半径的 52 倍。这些数据的误差都相当大，实际上应分别是 23000、109 和 57 倍，这些误差必然导致与之有关的一系列历法问题计算的误差①。

三　《崇祯历书》所介绍的西方天文仪器

在《崇祯历书》中，介绍了一系列西方天文仪器的式样、结构、尺寸和功用。这表明了徐光启在历法改革中对“审造器”，以便“随时测验，追合于天”② 重要性的充分认识，也促成了中国学者对西方天文仪器制造技术比较全面的了解，和在中国的传播。

在《测量全义·仪器图说》卷十中，载有如下 10 余种仪器的情况（仅引部分图式及其功用，详见张柏春文③）：

古三直游仪——托勒玫活动尺（Ptolemaic organon parallaktikon），用于测量天体的天顶距，即元代传入的“咱秃朔八台”（参见第六章第十六节），如图 8-10。

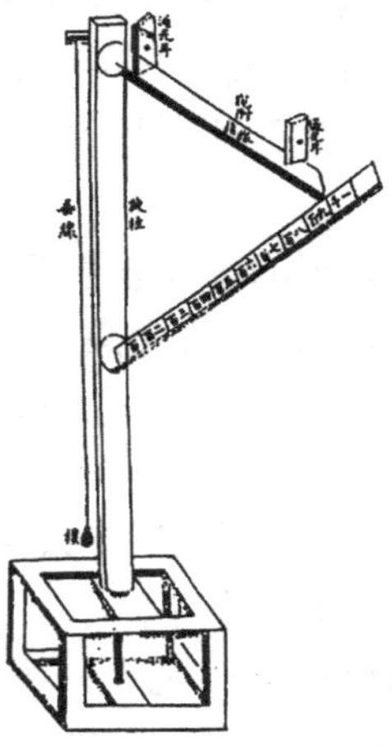

图 8-10　古三直游仪

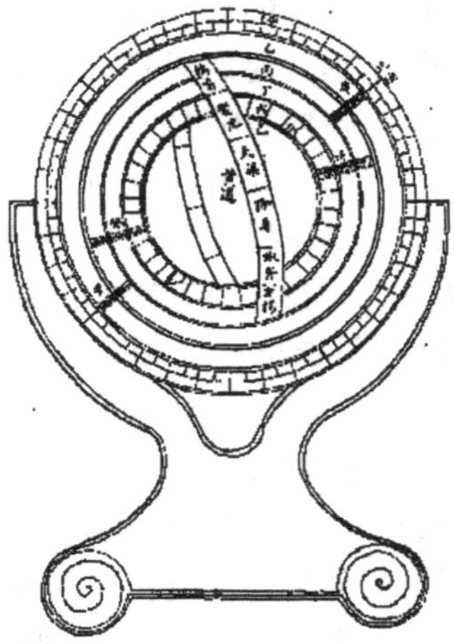

图 8-11　古六环仪

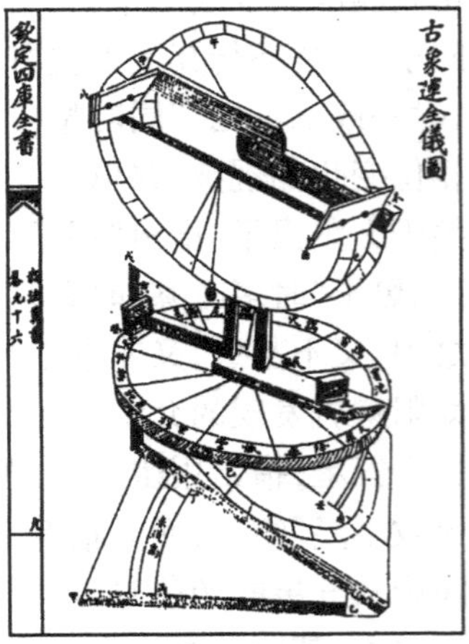

图 8-12　古象运仪

古六环仪——托勒玫黄道浑仪（Ptolemaic astrolabon），用于测量天体的黄道坐标。如图 8-11。

古象运仪——黄赤转换仪（torquetum），为古白耳（Gober）所创制，用于测量天体的地平高度及黄、赤道坐标。如图 8-12。

---

① 薄树人，徐光启的天文工作，见中国科学院中国自然科学史研究室编：《徐光启纪念文集——纪念徐光启诞生四百周年》，中华书局，1963 年。

② 徐光启等：《崇祯历书·恒星历指》“叙目”。

③ 张柏春，南怀仁所造天文仪器的技术及其历史地位，自然科学史研究，1999，(4)。

古弧矢仪,用于测量天体的地平高度及两天体间的距度。测量距度时,由两人通过两个瞄准器同时各自观测天体(以下均同此),如图 8-13。

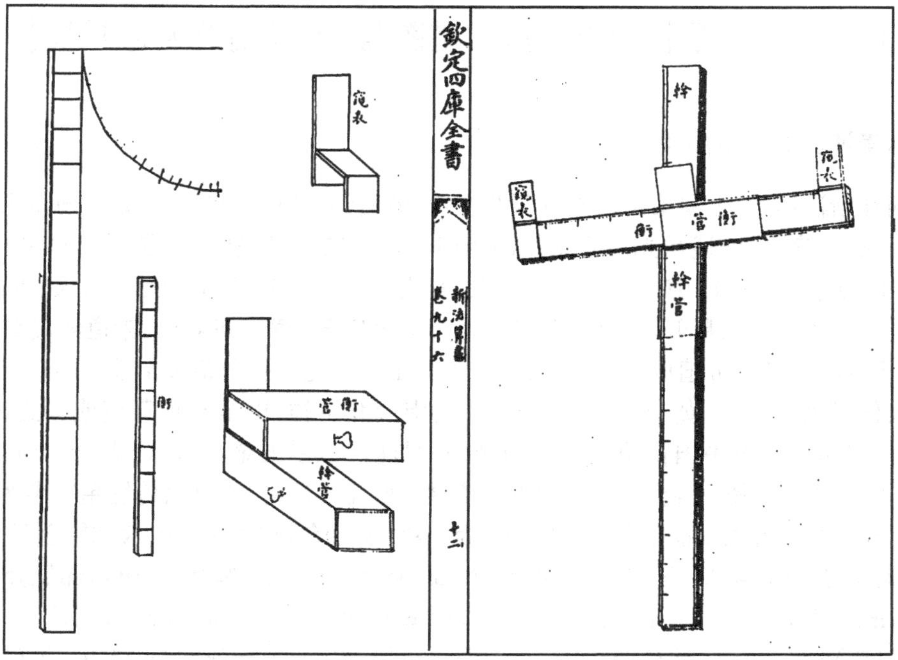

图 8-13　古弧矢仪

以上是四种西方古代常用的天文仪器。

弧矢新仪和弩仪,它们是对古弧矢仪改进型仪器,其功用均同。

纪限仪,该仪的弧度为 60°,用于测量两天体间的距度。其结构与第谷纪限仪大同小异。

象限仪(见《测量全义·卷三》),该仪的弧度为 90°,用于测量天体的地平高度。

除了此式象限仪之外,还介绍了四种不同式样的象限仪:象限悬仪、象限立运仪、象限正座仪和第谷式大象限仪。其功用均同。

平面悬仪,用于测量天体的地平高度。

地平经纬仪,用于测量天体的地平坐标。

赤道经纬全仪,用于测量两天体的赤道坐标值之差。

赤道经纬简仪,亦用于测量两天体的赤道坐标值之差。

黄道经纬仪,用于测量两天体黄道坐标值之差。

在汤若望译撰的《新法算书·浑天仪法·卷五》中,载有《黄赤全仪说》之文。由之可知,黄赤全仪应是前已提及的古六环仪简化而成。它由赤道环、黄道环、子午环、测景环和时盘组成,刻度除取 360°制外,还采用中国传统的二十八宿刻度。可用于测量五星的入宿度、两天体间的距度、天体的黄经度和赤纬度、测太阳或恒星定时、北极出地高度以及观测日月交食,等等。

在上述诸天文仪器中,纪限仪、象限仪和平面悬仪即为徐光启所要制作的纪限大仪、象限大仪和平悬浑仪。此外,弩仪、地平经纬仪和黄赤全仪,也曾实际制作过。李天经于崇祯八年

(1635)和九年(1636)的奏折中，都曾提及用“黄赤经纬仪”观测天体之事[①]，此仪器当就是黄赤全仪，可见，制成此仪器应不晚于1635年。

四　《崇祯历书》中的星表、星图与《赤道南北两总星图》

(一)《崇祯历书》中的星表

在《西洋新法历书·恒星历指》“卷五”和“卷六”中，载有《恒星经纬表》，是一份全天星表，亦即《崇祯历书》星表，是前述徐光启于崇祯四年(1631)第二批进呈的《恒星历表》4卷。它以中国传统的12次(名其为12宫)——降娄、大梁、实沈、鹑首、鹑火、鹑尾、寿星、大火、析木、星纪、玄枵、娵訾——为序依次展开。其内容有星名、黄道经度分、黄道纬度分、赤道经度分、赤道纬度分和星等6项。各度分值取360°制，表面精度为1′。黄道经度分值以上述12官的分界为起始，故最大值不大于30°。黄、赤道纬度分下注出南或北字样，以示其距黄道或赤道南或北的度分值。星名基本上以中国传统星官名为准，同时注明该星的金、木、水、火、土五行属性，如“壁宿一，火、水”、“奎宿一，金”云云。对于传统星官所无的恒星，或仍以传统星官名为准，而增列星数，并注明“增”字样，如传统星官“左更”为5星，现星表则有“左更东六，增，金”的新增星。

另有近南极的星官23座126星，如金鱼(Dorado，剑鱼)4星、海石(Carina，船底)5星、马尾(属Centaurus，半人马)5星、海山(属Carina，船底)6星 、南船(属Carina，船底)5星、飞鱼(Voians，飞鱼)5星、马腹(属Centaurus，半人马)3星、十字(Crux，南十字)4星、蜂(Musca，苍蝇)4星、小斗(Chamarleon，堰？蜓)7星、三角形(Triangulum，三角)5星、异雀(Apus，天燕)7星、孔雀(Pavo，孔雀)12星、波斯(Indus，印第安)9星、蛇尾(Hydrus，水蛇)7星、夹白(属Reticulum，网罟)2星、鹤(Grus，天鹤)8星、鸟喙(Tucana，杜鹃)6星、火鸟(Phoenix，凤凰)10星、蛇腹(Hydrus，水蛇)4星、附白(属Hydrus，水蛇)1星、水委(属Eridanus，波江)3星、蛇首(Hydrus，水蛇)4星，等等。它们是为中国传统星官所未及者。其名称多是由西名意译而得，与之相应的西名是现译名见上述括号中[②]。

《崇祯历书》星表所载恒星数为1362颗，1至6等星的星数分别为16、69、211、510、334和215，另有5星是“气”(实即星团或星云)，有2星漏记星等。在该星表中，还引人注目地添入了一颗新星，位于王良五星之北、策星之旁，称为“客星”，其黄道经度为大梁宫7°17′、黄道纬度为北53°45′，赤道经、纬度为0°50′和北62°56′，星等为6等。此即第谷于1572年观测到的新星。

本星表以崇祯元年(1628)天正冬至为历元，系徐光启率历局人员经实测并参考某些西方已有星表而得的。第谷星表(《Astronomiae Instauratae Progymnasmata》，1602)[③]，以及格林伯格(C. Grienberger)星表和1627年开普勒的鲁道夫(Rudolphine)星表[④]，都是可能被参考的西方星表。对星表中28宿距星的黄、赤道经纬度值的精度分析表明，黄经、黄纬、赤经、赤纬的平

---

① 汤若望等:《西洋新法历书·治历缘起》。

② 陈遵妫，中国天文学史，第二册，上海人民出版社，1982年，第636～638页。

③ 卢央，薄树人等，明《赤道南北两总星图》简介，载中国社会科学院考古研究所编:《中国古代天文文物论集》，文物出版社，1989年。

④ 潘鼐，中国恒星观测史，学林出版社，1989年，第354页。

均误差分别为 2.6′、2.4′、2.8′、4.3′[①],总平均误差约为 3′。可见,这是一份数量众多且精度很高的星表。

(二)《崇祯历书》中的星图

它们见载于《西洋新法历书·恒星历指·卷四》中,计有以下四种[②]:

第一,见界总星图。这是一幅以北赤极为中心、恒隐圈为边界的盖天式圆形星图。即取中国传统星图的一种形式,但又有重大的改进:其一,这类传统星图皆以中原地区的可见恒星为边界,而徐光启认为:"今依作此图,宜用滇南北极出地二十度,为恒隐圈之半径,以其圈为隐见之界,则各省直所见之星,无不备载,可名为总星图矣。"即以适用于全国尽量大的范围着眼绘制星图;其二,"以度数图星像",即在点绘星点时,是以所测得的 1362 颗恒星的赤道经纬度值为准,这使该星图成为相当正规的极坐标式星图;其三,28 宿辐射线依新测的 28 宿度值示出,而在胃宿辐射线上绘有去极度的刻度,刻度取 365 又 1/4 度制;其四,明确指出北极与纽星天枢相距"三度有奇",以及参、觜二宿的倒置现象,并正确地指出这都是因岁差的影响造成的;其五,用 8 种不同的符号分别表示 1 至 6 等星、"气"和增星;其六,将 1572 年新星亦绘于图中(后二点,下述三种星图均同)。该星图不见于《西洋新法历书》中,而见于梵蒂冈图书馆,题名即《见界总星图》,尺寸为 1.25 米×0.67 米,图中有《见界总星图说》一篇,下署"楚寿昌后学邬明著图",正是徐光启督修的明印本,该星图可能就是徐光启第二批进呈的《恒星总图》1 摺。

第二,赤道南北两总星图(前),为与下述同名星图相区别,故在此图名后加(前)。这是两幅分别以北赤极和南赤极为中心,皆以赤道为边界的圆形星图,见图 8-14(a)和图 8-14(b)。两图的刻度均取 360°制。图上绘有通过北赤极和南赤极的 12 次赤经直线,并绘出南、北黄极以及通过南、北黄极的 12 宫黄经弧线,又绘有南、北赤纬的标尺线。赤道南图绘出一批近南极恒星的位置及图像,它们同其他恒星一样,都是依测量而得的 1362 颗恒星赤道坐标值点绘的。这些都是区别于传统星图的显著特点。

第三,黄道南北两总星图。这是两幅分别以北黄极和南黄极为中心、皆以黄道为边界的圆形星图,见图 8-15(a)和图 8-15(b)。两图亦取 360°制。图中绘出通过南、北黄极的 12 宫黄经线,又绘有南、北黄纬的刻度线,包括近黄极恒星在内的全天恒星,皆据所测恒星的黄道坐标值点出。这是中国首见的黄道坐标系星图。

第四,黄道二十分星图。这是将黄道南北两总星图分割、放大所绘的星图。计分南、北黄极为中心,南、北黄纬约 68°为边界的圆图 2 幅;以 2 宫黄经线(相距 60°)为左、右边界,南、北黄纬约 70°和约 20°为上、下边界的梯形星图 12 幅;以 2 宫黄经线(相距 60°)为左、右边界,南、北黄纬约 20°为上、下边界的长方形星图 6 幅。对一幅完整的星图作如此有序的和合乎科学划分,这在中国也是首见,对于有效地运用星图、辨认星空是一个创造。

后三种星图可能被集载于徐光启第二批进呈的《恒星图像》卷一中。

---

① 潘鼐,中国恒星观测史,学林出版社,1989 年,第 346、347 页。

② 潘鼐,中国恒星观测史,学林出版社,1989 年,第 352、353 页。

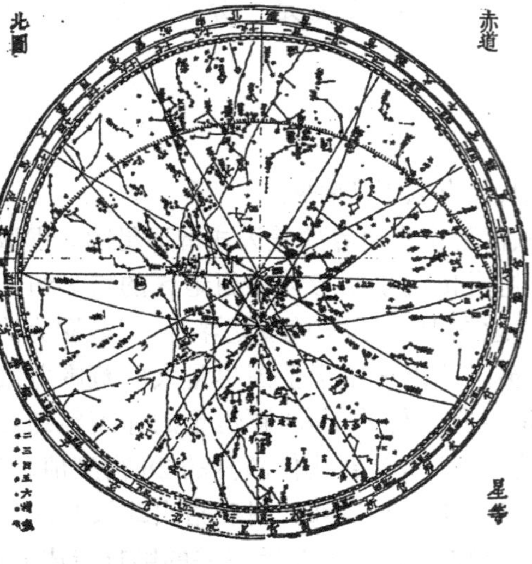

图 8-14a　赤道南北两总星图(前)(北)

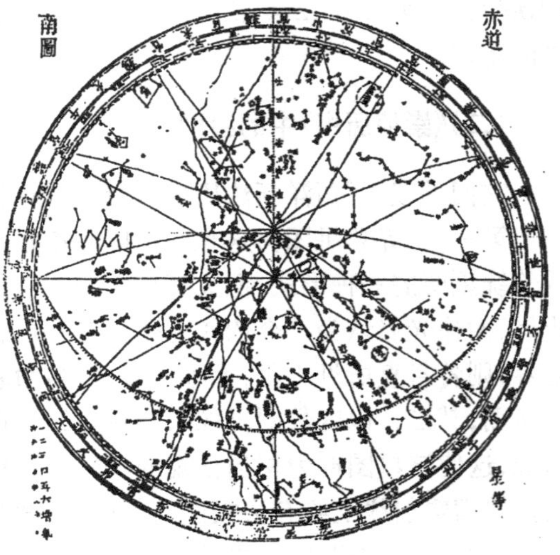

图 8-14b　赤道南北两总星图(前)(南)

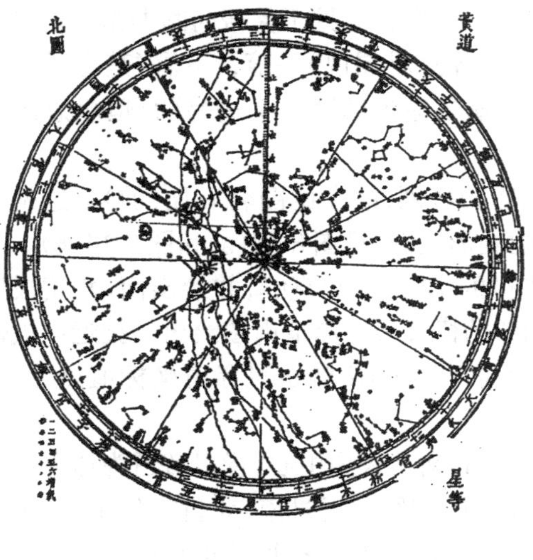

图 8-15a　黄道南北两总星图(北)

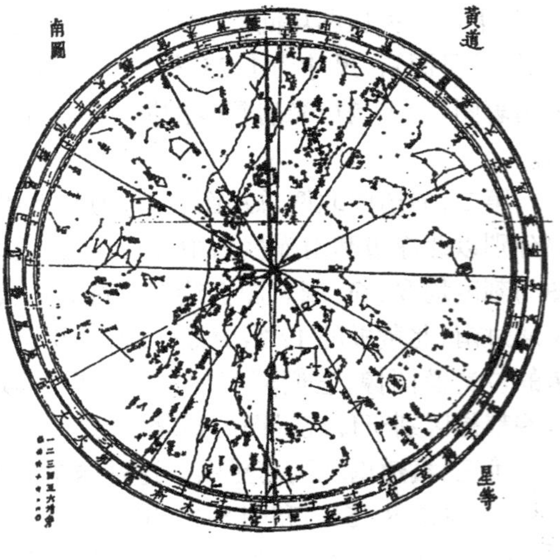

图 8-15b　黄道南北两总星图(南)

(三)《赤道南北两总星图》

徐光启除了在崇祯四年(1631)主持编绘成上述四幅星图之外,在他临终(1633)前还主持编绘了《赤道南北两总星图》①。前述由李天经于崇祯七年(1634)进呈的第四批中的“恒星屏障 1 架”,即应指此。这是两幅形制和《赤道南北两总星图》(前)基本相同的星图,但又有所变化与补充。它们也分别以北赤极和南赤极为中心,皆以赤道为边界的圆形星图,圆面直径约 157.8 厘米,两图的刻度均取 360°制。图上(见彩图十和彩图十一)绘有通过北赤极和南赤极

① 卢央,薄树人等,明《赤道南北两总星图》简介,见中国社会科学院考古研究所编:《中国古代天文文物论集》,文物出版社,1989 年;潘鼐,中国恒星观测史,学林出版社,1989 年,第 354～357 页。

的28宿赤经直线,并绘出南、北黄极以及通过南、北黄极的12宫黄经弧线,与之相应的是星图最外圈的刻度,既有360°制,又有365 $\frac{1}{4}$度制,这实在是融中西特色于一体的合璧之作。图中亦绘有南、北赤纬的标尺线。

在星图本图首、末分别载徐光启的《赤道南北两总星图叙》和汤若望的《赤道南北两总星图说》二文。据后文所记,在星图本图中计有1至6等星依次为16、67、216、522、419、572,合计1812颗。这较《赤道南北两总星图》(前)要多出450颗,当是徐光启近年主持新测的,是"新所测,尚未入表者也。"图中恒星位置均依新、旧测得的赤道坐标值点定。在本图末最后一行的署名中,除汤若望外,又记"罗雅谷订",并记邬明著"图"及陈于阶、杨之华、祝懋元、朱国寿、孟履吉、黄宏宪、程廷瑞、张宷臣等8人"同测"。由此可知,后8位中国学者应是包括《崇祯历书》中的星表在内的1812颗恒星相关坐标的主要观测者。而邬明著则是星图的主要绘画者。

在星图本图的四周,还绘有诸多附图。其中有天文仪器图四种:黄道经纬仪(右上)、地平经纬仪(右下)、赤道经纬仪(左上)、纪限仪(左下)。在两圆图相邻处的上端有《赤道总星图》和《赤道图说》、下端有《黄道总星图》和《黄道图说》。它们分别是以北赤极或北黄极为中心,南赤纬为23.5°或南黄纬为23.5°的圆形星图。在右方天文仪器图的上、中、下三小圆图分别是岁星、荧惑、太白"行天一周迟留伏逆诸行经图",其左两小圆图分别是填星和辰星"行天一周迟留伏逆诸行经图"。而与此对称的、在左方的5个小圆图,则是该五行星的相应"纬图"。所谓"经图"是按均、本轮体系画出五星的轨迹图;"纬图"则是在以黄道为基本面的圆形坐标图上画出五星的轨迹图。这些附图安排得当,美化并丰富了全图的布局和内涵。现藏中国第一历史档案馆的《赤道南北两总星图》绘于丝绢上,并制成"屏幛八面",可分可合,全图色调和谐,天空部分为蓝色,恒星为金色,银河为白色,是为艺术品和科学星图的有机结合。

综上所述,在徐光启主持下所进行的星表测量与编制,以及诸星表的绘制,颇具中西合璧的特色。它们当是徐光启所向往的"融彼方之材质,入大统之型模"理想的有益实践。

第四节　薛凤祚、穆尼阁等人的天文工作及其影响

一　薛凤祚与《历学会通·正集》

薛凤祚(1600～1680),字仪甫,益都(今山东省淄博市)人。少习经学,后深感王阳明的心学无益于经世致用,转而学习有关实用的科学与技术。他到北京先从魏文魁学习传统的天文历算之学,1653年前数年,又到南京向耶稣会士穆尼阁(N. Smogolenski,1611～1656,波兰)学习西洋新法,并协同穆尼阁翻译西方天文历算等方面的著作。清康熙三年(1664)他将当时各家的历算方法、有关的实用科学知识以及他本人会通中西编撰的历法汇集成《历学会通》(又名《天学会通》)56卷,刊行出版。全书分"正集"、"致用"和"考验"三大部分。"致用"16卷,多介绍中西力学、水利、火器、兵法、乐律等方面的知识。"考验"28卷,收录了当时比较重要的大统历(即授时历)、回回历法、魏文魁东局的历法、时宪历和穆尼阁的《天步真原》等5种历法的主要内容,其中《天步真原》占15卷,最为重要。而"正集"12卷,即载薛凤祚所编的历法,该历法未正式命名,姑以会通历称之。

薛凤祚是历经30年的殚精竭虑努力,才编成会通历的。他指出:"新历(即时宪历)多有未善,为中西文义各别,牵此就彼,易成乘忤,且地谷(即第谷)立法历年已久,后起之秀又更多青出于蓝。愚昔亦有新历之当参订者十余,则其失亦不能代为讳也。"① 认为当初编译《崇祯历书》时,有诸多翻译上辞不达义而致误之处,而且所采用的第谷体系是已经过时和不够准确的理论,远不能与新出的理论同日而语。他以为时宪历的失误(或不妥)而应修订者至少有11处之多② 他所说的新出的理论系指穆尼阁在《天步真原》中所阐述的体系。薛凤祚又指出:"旧说可因可革,原不泥一成之见,新说可因可革亦不避蹈袭之嫌",认为无论新说还是旧法,只要科学合理便可采用,相反,则应扬弃之。在这一思想指导下,会通历"立义取于授时(历)及《天步真原》者十之八九,而西域、西洋二者亦间有附焉。"这里,"授时"即元代郭守敬的授时历,"西域"指回回历法,"西洋"即指时宪历。由是,薛凤祚认为会通历是一部"皆熔各方之材质入吾学之型范"的"义无偏诎"③ 的历法。《历学会通》的取名亦正本乎此。

《历学会通·正集》第1、2和12卷分别为:"三角八线表"(即正弦表)、"比例四线新表"(正弦、余弦、正切和余切的对数表)和"比例对数表"(一至二万的常用对数表)。这3卷可统称为"法数",是用于历法计算的"去烦从简,去晦就明"④ 的数学方法。其中对数表的原本是英国纳皮尔(J. Napier ,1550～1617)于1614年所发明、经由伦敦大学巴理知斯(H. Briggs,1556～1630)增订的,并由穆尼阁最先传到中国,应用于天文计算⑤。

第3、4、5卷依次为:"太阳、太阴经纬法原","五星法原"和"交食法原",可统称为"法原",是为会通历的理论部分,分别论述推算日、月、五星位置以及日月交食诸要素所依据的宇宙体系、几何模型和基本方法。

第6卷为"中历",备载该历历元为"顺治十二年乙未岁前(1654)十一月冬至",各省地理经纬度,定南北向与测时的方法,传统历注节候、建除、纳音等的推算法,时间(百刻)与度分(360°制)对照表,时差、蒙气差和地平视差的概念及其表格,测算晷影长度、太阳高度角与所在经度以及太阳远地点与春秋分点的方法,等等。

第7卷"太阳、太阴并四余",论述回归年、朔望月、恒星月、近点月、交点月长度和黄道岁差等基本天文数据,诸天文量与历元时刻(或冬至点)之间的时距(或度距),以及黄赤道经度差表、日月运动不均匀改正表和月亮黄纬表等数值表。

第8卷"五星立成",包括五星平均行度及运动不均匀改正表格、五星黄纬表格、五星晨夕伏见表格等。

第9卷"交食立成",日月食计算的有关表格。

第10卷"经星经纬性情",一份包括373颗中国传统恒星的黄道坐标、赤道坐标、星等的星表,其中还有这些恒星所属12宫次及其五行属性的说明,这些内容同《崇祯历书》星表相仿,而且它只选取一、二、三等星,黄经正负8°内的4等星及部分5、6等星入表。

第11卷"辨诸法异同",分别给出依时宪历、《天步真原》、会通历和授时历推算在江宁所见明万历二十四年丙申(1596)闰八月朔日食、及清顺治七年庚寅(1650)十月朔日食诸要素的细

---

① 薛凤祚:《历学会通·正集叙》。

② 薛凤祚:《历法会通·参订十一则》。

③ 同①。

④ 薛凤祚:《历学会通·正弦部·序》。

⑤ 钱宝琮主编,中国数学史,科学出版社,1964年,第247～250页。

草，以资比较。还给出了依会通历所推清顺治十年癸巳(1653)七月望月食诸要素的细草，以明其法。对于后人、特别是今人对该四种历法的理解有巨大的价值。

从上述会通历的结构和内涵看，其对历法基本理论的重视与《崇祯历书》毫无二致，而且也是以西法的几何学的天文学体系作为历法的基干。《历学会通·正集》的基本理论大都出自《天步真原》所论(详说见后)，只是在内容和表述上有所删节。而对于授时历的吸收则主要表现为对某些数据、概念和以百分为进位制的方法等[①]。

二　穆尼阁与《天步真原》

穆尼阁于清顺治三年(1646)来华，其时，时宪历业已颁行，成为新建立的清朝的历法。对此，穆尼阁并不以为然。他对于第谷体系持批评态度，他曾对薛凤祚等人明言："今西法(指《崇祯历书》)传自第谷，本庸师，且入中土未有全本。"[②] 穆尼阁对于比利时兰斯玻治(Philip von Lansberge，1561～1632)的学说则情有独钟。兰斯玻治是哥白尼学说的忠实捍卫者，1632 年，他依据日心地动说编著成《永恒天体运行表》(Tabulae Motvvm Coelestium Perpetuae)一书。穆尼阁来华之后，和薛凤祚一起致力于编制新法，试图与《崇祯历书》一较高低。薛凤祚指出："癸巳(1653)，予从穆尼阁先生著有《天步真原》，于其法多所更订，始称全璧。"[③]

据研究[④]，穆尼阁《天步真原》一书的底本乃是兰斯玻治的《永恒天体运行表》。《永恒天体运行表》一书系由四个部分组成：第一部分结合具体事例说明如何利用天文表进行日月五星位置和日月交食的计算；第二部分是天文表本身；第三部分主要阐述编制天文表所依据的天体运动模型，兰斯玻治称之为"实在的新天体运行理论"，亦即关于日月五星以及日月交食的基本理论；第四部分是大量的计算和观测实例，以证明天文表的准确性及其所依据理论的正确性。

察《天步真原》所包含的 7 个方面内容及其与《永恒天体运行表》四部分的对应关系有如下述：

"太阳、太阴部"，"五星经纬部"和"日月食原理"，这三方面对应于底本第三部分；

"经星部"，这取自底本第二部分中的一份近黄道恒星的星表；

"表上、中、下卷蒙求"，对应于底本的第一部分，仅简略地介绍有关天文表的用法；

"表上、中、下卷"，皆取自底本的第二部分，为日月五星及日月交食计算所必须的天文表。

由之可见，《天步真原》并不是对《永恒天体运行表》的直接对译，而是摘译并重作安排，即在内容的排列顺序和叙述的详略均不相同。虽然如此，《天步真原》所反映的太阳和月亮运动的几何模型、基本天文数据与数表则是完全忠于原作的。

据研究[⑤]，《天步真原》和《永恒天体运行表》关于太阳运动的模型分别如图 8-16(a)和图 8-16(b)所示：

---

① 胡铁珠，《历学会通·正集》提要，见薄树人主编：《中国科学技术典籍通汇·天文卷》第 6 册，河南教育出版社，1998 年，第 617 页。

② 薛凤祚：《〈新西法选要〉序》，见《历学会通·考验部·新西法选要》。

③ 同②。

④ 石云里，《天步真原》与哥白尼天文学在中国的早期传播，中国科技史料，2000，(1)。

⑤ 同②。

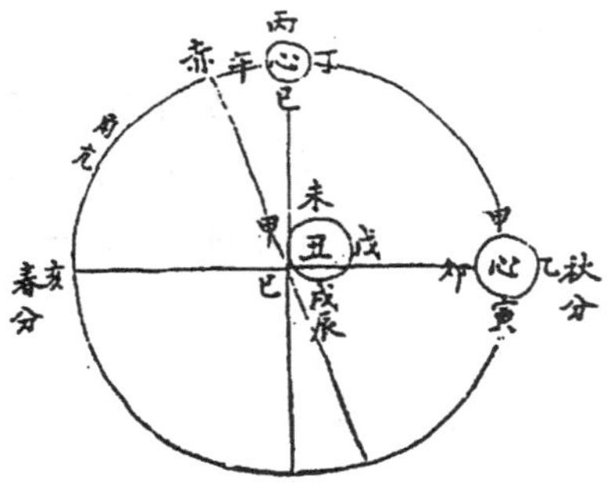

图 8-16a 《天步真原》太阳运动模型

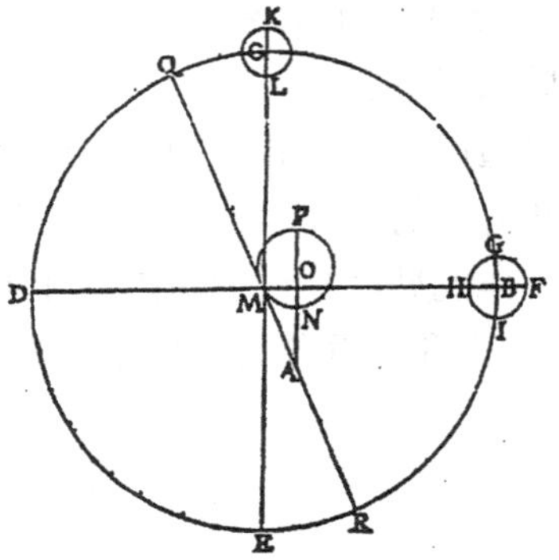

图 8-16b 《永恒天体运行表》太阳运动模型

上二图中,大圆 BCDE(心心亥?)为太阳运行轨道,轨道中心 M(巳)沿小圆 PMN(未巳戌)运动,这是一个变动的偏心模型,用以描述太阳相对于地球 A(辰)的近点运动和中心差对太阳视运动的影响。此外,兰斯玻治还按哥白尼的观点引入了 FGHI(乙甲卯寅)和 KL(丙午己丁)两个小圆,前者用以描述春秋分点的岁差变化,而后者用以描述黄赤交角和太阳远地点的变化。上二图的主要差异是《天步真原》所绘的未巳戌小圆欠准确,并且缺少了未丑戌辰间的连线。但它们之间的相似性却是显而易见的,即《天步真原》的太阳运动计算模型出自《永恒天体运行表》是毋庸置疑的。对月亮和五星运动计算模型的比较研究,也可以得出相同的结论。

又据研究①,《历学会通·正集》(亦即《天步真原》)外行星运动计算模型可示如图 8-17。即行星在大圆上运动,大圆的中心在小圆上运动,小圆的中心是偏离地球的某一点,地球固定不动,太阳在一个单独的轨道(中圆)上绕地球运动。为比较方便,可给出哥白尼在《天体运行论》中的相应示意图如图 8-18。该图中,行星沿小圆运动,小圆的中心在大圆上运动,大圆的中心为偏离太阳的某一点,太阳固定不动,地球则在一个单独的轨道(中圆)上绕太阳运行。该图实际上亦与《永恒天体运行表》的外行星运动计算模型的样式相同,但凡是后者指明为太阳者前者指为地球、地球者改为太阳,即在关键性的日地位置问题上作了颠倒的处理。由图 8-17 和图 8-18 可见,它们是分别以变动的偏心理论,或以均、本轮体系和地球绕太阳运动的结合来描述行星运动的不均匀性。如果图 8-17 取兰斯玻治的说明,则与哥白尼说可以得到大略相同的计算结果,这大约也就是兰斯玻治在遵从哥白尼日心地动说的大前提下,在具体计算方法上所作的变动。

关于内行星运动计算模型,《天步真原》也以《永恒天体运行表》为准,同样也在关键性的日地位置问题上作了颠倒的处理。穆尼阁和薛凤祚为什么在《天步真原》和《历学会通·正集》中要做这样的处理? 这似可从二个方面来考虑:一是,穆尼阁不能不顾及耶稣会对哥白尼学说的反对以及罗马宗教法庭的禁令;二是,第谷体系刚被钦定为权威之说不久,公然提出与之全然不同的新说,不但要冒政治上的风险,也不利于《历学会通》可能引起朝廷的重视、以期替代时宪历希望的实现。

虽然《天步真原》和《历学会通·正集》在行星运动计算模型问题上作了日地颠倒的处理,但在太阳、月亮运动以及与之密切相关的日月交食计算诸论题上,皆以兰斯玻治建立在哥白尼学

① 胡铁珠,《历学会通》中的宇宙模式,自然科学史研究,1992,(3)。

说基础上的《永恒天体运行表》作为楷模，这些自然要较以第谷体系为理论基础的时宪历先进。可惜，当时力主时宪历的汤若望正深得朝廷的重用，穆尼阁和薛凤祚的地位与影响远不及汤若望，而且穆尼阁在完成《天学真原》后不久便谢世而去，他们的新历法并没能引起清朝廷的重视。

《天步真原》的署名为“穆尼阁撰、薛凤祚辑”，可见该书是他们合作的结果，当然应以穆尼阁为主。《历学会通·正集》则是在《天步真原》基础上，薛凤祚独立完成的历法力作。应该说，此二书是继《崇祯历书》之后不久出现的、具有重大学术价值与历史意义的、对西方天文学知识的又一次介绍。《历学会通·正集》还反映了当时的中国学者关于会通中西历法的理解，它与《崇祯历书》及经改编的《西洋新法历书》一起表明，中国历法的主流自此发生了由传统的代数学天文学体系向几何学天文学体系的转变，开始了一个新的发展时期。

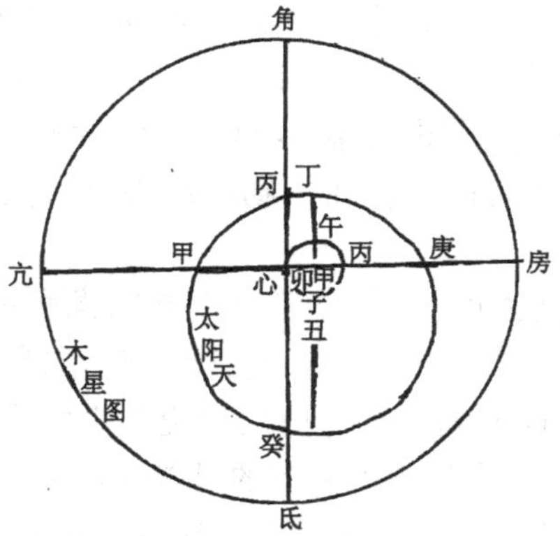

图 8-17　《历学会通》(《天步真原》)外行星运动计算模型示意图

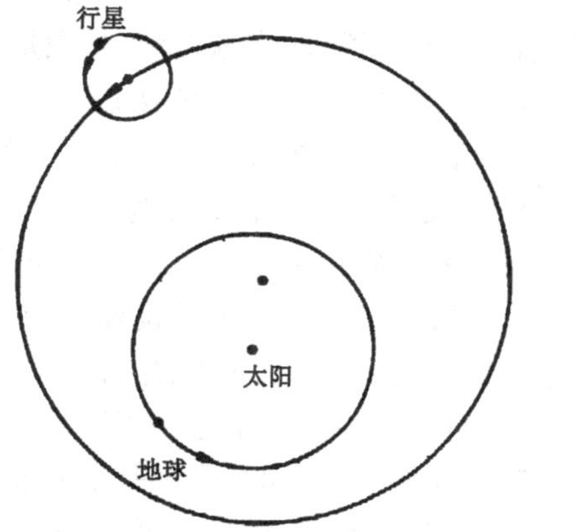

图 8-18　哥白尼《天体运行论》中的行星运动计算模型示意图

三　黄百家对哥白尼学说的介绍

其实，作上述日地颠倒的处理，并非穆尼阁的本意，或者说是不得已而为之。在与诸多中国学者的交往中，他就曾明确无误地宣讲过哥白尼的日心地动说。他“喜与人言历，而不强人入教，君子人也”，对于薛凤祚，“穆公受新西法、尽传其术，亦未尝入耶稣会中”①。可见穆尼阁确是一位与众不同的耶稣会士。在南京从穆尼阁学习西方天文历算的学者，除了薛凤祚外，还有方以智(1611～1671)之子方中通(1634～1698)，在他们的有关著述中，便提及关于哥白尼学说的若干情况。

在方以智《物理小识·卷二》中，方中通有一注曰：“穆先生亦有地游之说。”而在《物理小识·卷一》内，也有“穆公曰地亦有游”的记载。在论及天有九重，金星和水星附日绕地而行问题时，还有如下记述：“穆公曰：道未精也。我国有一生，明得水星者，金、水附日，如日晕之小轮乎，则九重不可定矣。”指出金星和水星并非绕地而行，而是绕日而运转，其轨道有如日晕一般。这里所说穆先生或穆公均指穆尼阁而言，地游即指地动说。“我国有一生”自然应就是指哥白尼②。

① 梅文鼎：《勿庵历算书目》，《知不足斋丛书》。

② 胡铁珠，《历学会通》中的宇宙模式，自然科学史研究，1992，(3)。

这些都比较客观地提及了哥白尼的日心地动说，可是失之简略。

黄百家(1643～1709)，字主一，别号黄竹农家，浙江余姚人，黄宗羲(1610～1695)之子。在1697～1700年间，黄百家撰成《黄竹农家耳逆草·天旋篇》[①]，内中在谈及西方天文学发展的简略历史时，言及在依巴谷、托勒玫之后，“至正德(1506～1521)间，而有歌白泥(哥白尼)别创新图，自外而内作圈八重：外第一重为恒星，各系原处，永古不动，即天亦不动；第二重为填星道；三重岁星道；四重荧惑道；五重地球道，地球日东旋于本道一周。地球之旁别作一小圈为月道，附地球之本体，其圈在八重之外，月绕地球周围而行；六重为太白道；七重为辰星道；中为太阳，如枢旋转，不移他所。”这是对哥白尼日心地动说的明确无误的、又是比较详细的介绍，其中太阳“如枢旋转”之说，大约是黄百家混录了伽利略以太阳黑子的运动状况证明太阳自转的新发现，而非哥白尼学说所固有。

稍后，黄百家在为其父所著《宋元学案》评述宋代张载《正蒙·参两》一文加注时云：“(黄)百家谨案：地转之说，西人歌白泥(哥白尼)立法最奇。太阳居天地之正中，永古不动，地球循环转旋。太阴又附地球而行。依法以推薄食凌犯，不爽纤毫。盖彼国历有三家，一多禄茂(托勒玫)、一歌白泥(哥白尼)、一第谷，三家立法迥然不同，而所推之验不异。究竟地转之法难信。”[②] 这又是对哥白尼日心地动说十分明晰的描述，和对西方存在托勒玫地心说、哥白尼日心地动说和第谷折衷的宇宙体系三家之说的简明介绍。

关于黄百家对哥百尼学说如此清晰的了解，传自何人的问题，学者有不同的推测[③]：穆尼阁、罗雅谷、汤若望、南怀仁、徐日昇、安多等耶稣会士，抑或梅文鼎。从黄宗羲亦曾活跃于南京且与方以智、方中通父子过往甚密，且方中通明确听到穆尼阁关于哥白尼学说的讲解看，黄宗羲应对此有所了解，而黄百家是从其父处得知穆尼阁对哥白尼学说讲解的可能性最大。

黄百家认为依哥白尼学说“推薄食凌犯，不爽纤毫”，这可能便是穆尼阁对哥白尼学说所作的崇高评介。可是，黄百家则仍主地静说，以为“地动之法难信”，并未真正接受哥白尼的日心地动说。至于上所述方以智、方中通的记述，对于哥白尼之说实际上未置可否，也只是提及有该说的存在而已。如此说来，穆尼阁对哥白尼日心地动说的介绍，虽然通过方氏父子和黄百家等人的转述，为中国一些读书人所知，但并未得到足够的重视和产生多大的影响。

四　胡亶与《中星谱》

胡亶，号励斋，仁和(今浙江省杭州市)人，生卒年不详。他“博综群书，尤精天官家言，日月薄食、星辰躔度推测毫发无遗。在长安与监中西洋专家反复辩论，群皆叹服”。[④] 清康熙八年(1669)胡亶撰成《中星谱》一书，便是应用恒星位置周年变化的规律以测定时间的研究成果。

有趣的是，胡亶所选用的恒星正为《历学会通·正集》卷10中提及的45星，但他仅给出这些恒星在24节气时的中天时刻，而且只取其中昏后、旦前的中天时刻，于是成为一份单纯的中星测时星表。

---

① 杨小明，哥白尼日心地动说在中国的最早介绍，中国科技史料，1999，(1)。

② 黄宗羲：《宋元学案》卷十七。

③ 小川晴久，东亚地动说的形成，科技史译丛，1984，(1)；杨小明，哥白尼日心地动说在中国的最早介绍，中国科技史料，1999，(1)。

④ 《四库全书·〈中星谱〉提要》。

《中星谱》的核心内容是给出了24节气时，一批恒星先后中天所相应的时刻，列出有24份表格。如立春时，胃宿距星中天时为“酉初初刻十三分”，昴宿距星中天为“酉正一刻一分”，等等。胡亶所取时刻制为1日12时辰、96刻，1时辰平分为初、正两部分，各4刻，即相当于现今的1小时。1刻又分为15分，则1分相当于现今的1分钟，此即中星表的表面精度，这足可适应当时对时间精度的要求。

纵观所给出的24节气中星表，每一时辰有1至7颗恒星中天(其中仅有1颗者，占不到十分之一)，即有1至7个可以确认的时刻。这45星的中天时刻在一年24节气中的分布虽然是不均匀的，但大体可以满足当时测量时间的需要。由此看来，胡亶是恰当地遵从《历学会通·正集》对45星的合理选择。此外，在表格中还有“京师”(今北京)和“浙省”(今杭州)24节气太阳出入时刻、昏旦时刻和昼夜时刻的数值，日出刻减去二刻六分为旦刻，日入刻加上二刻六分为昏刻，日出刻减去日入刻为夜刻，日入刻减去日出刻为昼刻。这些数值是依据时宪历所颁列出的。在《中星谱》中，还载有“京师”和“浙省”24节气昏旦中星入宿度分值，这则是胡亶对传统天文学经典内容的继承与发展。

“谱内所录中星时刻，皆指其节气、中气之第一日也。若次日，则星行天一周而又西逾约一度，即须于本星时刻内减十五分刻之四弱，以验其中，从此递日减之，以至次节(如立春首日酉初初刻十三分中，若第二日，须减四分，为酉初初刻九分中，……)”① 其用法甚明。

可是，胡亶《中星谱》所列各星中天时刻《历学会通》所示的时刻不尽相同(见表8-1，以春分中星时刻为例)。该45星的赤道坐标(赤道南北度和距十二宫度)系取用“戊辰岁监司测定”者，即是崇祯元年(1628)司天监测量的结果。胡亶指出，该结果“距今四十年，经度约应东移半度强，纬度亦应稍有所移”，这说明他在中星表内已经虑及了岁差的恒星位置的影响。

表8-1 《中星谱》与《历学会通·正集》恒星中天时刻的比较

《中星谱》春分星中时刻	《历学会通·正集·卷十》	《中星谱》春分星中时刻	《历学会通·正集·卷十》
井宿——酉正初刻	酉初	轸宿——子初三刻十二分	子正二
天狼——酉正一刻十四分	卯(酉)正九	角宿——丑初初刻六分	丑初四
南河南星——戌初一刻五分	戌初三	亢宿——丑初三刻八分	丑初五
北河南星——戌初一刻八分	戌初五	大角——丑初三刻十三分	丑初八
鬼宿——戌正初刻十分	戌正八	氐宿——丑初二刻	丑正
柳宿——戌正一刻五分	戌正四	贯索大星——寅初一刻四分	寅初三
星宿——亥初初刻十分	亥初六	房宿——寅初二刻七分	寅初五
张宿——亥初二刻三分	亥初二	心宿——寅初三刻十四分	寅正九
轩辕大星——亥初三刻四分	亥初二	尾宿——寅正一刻八分	寅正五
翼宿——亥正二刻十二分	亥正八	帝座——寅正三刻十三分	寅正八
五帝座——子初二刻	子正	箕宿——卯初二刻十一分	卯初二

表8-1中所列是为可资比较的恒星的中天时刻。从中可见，《中星谱》给出的各星中天时刻与《历学会通》基本不同，除了五帝座、轸宿、氐宿和心宿等4星之外，皆较《历学会通》所载为晚。这一状况说明，两者应是经由各自独立观测的结果，而且《中星谱》各星的观测地点应在《历学会通》各星观测地点之西，查北京和南京的地理经度分别约为116.4°和118.8°，即北京

① 胡亶:《中星谱·发凡》。

在南京之西，亦即《中星谱》和《历学会通》各星分别测于、也适用于北京和南京，这与胡亶和薛凤祚分别主要在北京和南京活动正相吻合。既然是各自独立的观测，两者在有关恒星的认定或者观测精度问题上，可能小有不同，这也应是二者所给出的中天时刻基本不同的原因之一。还要指出的是，在《历学会通·正集》中另有23星春分时中天时刻的记述，因为这些星的中天时刻皆在白昼时分，故为《中星谱》所不取。

胡亶还撰有《周天现界图》和《步天歌》，可惜均已不传，它们是供人们识别恒星位置之用的，当然又是中星测时的辅助性资料。

《中星谱》是胡亶在消化吸收西法之后，发扬传统的测量中星以计时的方法，所取得的一部重行测算的中星测时星表，具有较高的实用价值。

第五节　康熙帝与天文历法

康熙时代（1662～1722）是继明末之后，西方科学大规模传入中国的又一个高潮。受杨光先（1597～1669）反教案的影响，康熙亲自向传教士学习，组织编纂《律历渊源》（包括《历象考成》、《数理精蕴》、《律吕正义》），并在全国范围内进行大地测量，这些重大的科学活动，是康熙政治生命的重要组成部分，影响了有清一代科学的发展。

一　康熙帝和历算研究的兴起

（一）"康熙历狱"和西洋历法的正统化

在顺治初年不长的时间内，汤若望等奉教天文学家着手对钦天监进行了改革，裁汰冗员，从而奠定了他们在钦天监中的绝对优势，钦天监于是成为信奉天主教的中心，许多天文学家成为教徒。从汤若望执掌钦天监开始，一直到18世纪末，钦天监一直由传教士担任监正，耶稣会士成为中西交流的重要中介。由于汤若望等奉教天文学家在钦天监排斥异己，又未能协调天主教义和传统文化之冲突，因此遭到一些保守人士和回回天文学家的反击，酿成了影响清代科学发展的"康熙历狱"①。

顺治末年，杨光先上书朝廷，控告汤若望等私传邪教，阴谋不轨，专门写了《不得已》二卷，对西方天文学和天主教义进行了抨击。此书包括《中星说》、《摘谬十论》、《孽镜》、《日食天象验》等，反映了中西天文学的论争②。由于杨光先本人不通历法，只知抱残守缺，沿用旧历。他对新法妄加指摘，并提出"宁可使中夏无好历法，不可使中夏有西洋人"的主张。由于康熙当时年幼，大权掌握在鳌拜等人手中，于是判处汤若望死刑，后被赦免，但李祖白等五位奉教天文学家被处死。杨光先成功地将天主教势力排除在钦天监之外，随即被任命为钦天监监正。

康熙亲政后，命重新对新旧历法加以测验。1669年，比利时耶稣会士南怀仁等控告杨光先依附鳌拜，陷害汤若望，试图为历狱平反，并通过其良好的科学素养，证明西法更为精确，于是历狱得以翻案，钦天监又改用西法，采用时宪历，奠定了欧洲天文学的钦定地位，杨光先被罢

---

① 关于"康熙历狱"，参见黄一农，择日之争与康熙历狱，载《清华学报》，新21(2)：247～280，1991。

② 同①。

官，从此耶稣会士又在钦天监处于主导地位。杨光先挑起的反教案，是清初政治史、文化史、科学史上的重要事件，直接影响了西方宗教和科学在中国传播的进程。

（二）康熙学习西学之开端与李光地等人的历算活动

康熙在幼年时代，因杨光先和汤若望之间的历法之争而深受震动，在《御制三角形推算法论》中，他提及了学习西方历算的原因：

> 康熙初年，因历法争讼，互为讦告，至于死者，不知其几。康熙七年（1668），闰月颁历之后，钦天监再题，欲加十二月又闰，因而众论纷纷，人心不服，皆谓从古有历以来，未闻一岁中再闰，因而诸王、九卿等再三考察，举朝无有知历者，朕目睹其事，心中痛恨，凡万几余暇，即专志于天文历法一十余载，所以略知其大概，不至于混乱也。[①]

也就是说，历法之争直接导致了康熙学习西方科学。教案之后，康熙对西学非常关注，经常委派朝廷要员负责历算的考验测量工作。康熙十一年（1672），耶稣会士南怀仁和杨燝南互相参告[②]，康熙为此召集大臣熊赐履，谕之曰："闻尔素通历法，故命尔同九卿科道等官，会看南怀仁、杨燝南等测验。治历明时，国家重务，尚其钦哉。"[③]

历法之争在清初反响极大，梅文鼎在《中西算学通·自序》中曾道出了当时中学、西学争论双方的情形：

> 读者每难卒业，又奉耶稣为教，与士大夫闻见龃龉。其学者又张皇过甚，无暇深考乎中算之源流，辄以世传浅术，谓古九章尽此，于是薄古法为不足观。而或者株守旧闻，遽斥西人为异学，两家之说遂成隔碍，此亦学者之过也[④]。

在这样的背景下，为自己能判断西方科学和传统科学的优劣，平息争论，康熙亲自向耶稣会士学习西方知识。康熙七年（1668），康熙询问西洋风俗，利类思（L. Buglio，1606～1682）、安文思（G. De Magalhaes，1610～1677）、南怀仁等便编成《御览西方要记》进呈。南怀仁还向康熙介绍《穷理学》和其他科学知识。但由于康熙当时年纪还轻，国内尚未安定，还无暇集中精力学习西方科学。

17 世纪 70 年代，京师学术活动极为频繁。康熙十七年（1678），召征博学鸿儒，次年（1679）三月，在太和殿御试"璇玑玉衡赋"。康熙设立博学鸿词科，在全国范围内选拔了数十名学者，让汉人编修史书，以拉拢箝制汉族文人。但参加博学鸿词科的学者无人精通历算，可以想见，这次答卷很难令康熙满意。康熙崇尚朱子，又对作为实学之一的历算颇为重视。清初理学名臣精研性理，好治经学，而于历数亦多通晓。究其原因，和康熙之提倡有重要关系。

（三）李光地、梅文鼎和历算人才的培养

在清初政治史和学术史上，李光地是一个具有深远影响的重要人物。在科学活动组织方面，他也扮演了重要的角色，如他协调康熙皇帝和梅文鼎，在君主和布衣之间架起桥梁，以迎合

---

① 见满汉对照本《满汉七本头》内《御制三角形推算法论》（约 1707 年刻本），《三角形推算法论》当写于耶稣会士向康熙传授几何学之后不久，约为 1692 年左右。参见韩琦，白晋，《易经》研究和康熙时代的"西学中源"说，汉学研究，1998，(1)。

② 黄一农，杨燝南：最后一位疏告西方天文学的保守知识分子，汉学研究，1991，(1)。

③ 《康熙起居注》一，康熙十一年八月十二日（1672 年 10 月 2 日）。

④ 梅文鼎：《绩学堂文钞》卷二。

当时天文历算研究之需要[①]。

李光地(1642～1718),字晋卿,号厚庵,福建安溪人。康熙九年(1670)进士,同年选翰林院庶吉士,十一年(1672)授翰林院编修,二十五年(1686)任掌院学士,三十三年(1694)提督顺天学政,三十七年(1698)授直隶巡抚,四十二年(1703)任礼部尚书,四十四年(1705)升文渊阁大学士,名声显赫一时。他曾陷入官场之争,虽为官时有升降,但他能投康熙皇帝之所好,致力于学术研究,凡《周易》、音韵及朱子之学，皆有所好,曾奉旨编纂《朱子全书》、《周易折中》、《性理精义》诸书,提倡朱学,甚为得力。清初学术门户之争颇烈,如何在朱、王学说之间做出选择,以迎合时势之需,争论相当激烈[②]。李光地在当时复杂的背景之下,实能揣摩康熙之心理,故深得康熙赏识,以至于康熙有"朕知之最真,知朕亦无过光地者"[③] 之叹!

历史的巧合是,正好在李光地被调官的同一年,梅文鼎为访比利时耶稣会士南怀仁,专程到北京。梅文鼎在北京期间,正值《明史》纂修,学者名流云集京师,可谓极一时之盛,梅文鼎因此结识了不少学者。作为精通历算的大家,受朋友之托,梅文鼎参与了《明史》历志的部分修订工作,贡献不小(详说见本章第九节)。大概是梅文鼎的工作颇得史局学者的赏识,李光地得以耳闻其名,于是梅文鼎的学说亦稍稍流传。也正是在上述大背景下,促使李光地把梅文鼎聘入家中,为后来康熙时代一系列历算活动成为现实,使清初西学传入呈现丰富多彩的局面。

17 世纪 80、90 年代,梅文鼎在李光地那里只停留了数年即南下。康熙四十二年(1703)梅文鼎又再次回到李光地的手下,其中的原因是:1702～1703 年间,李光地给梅文鼎写信,告诉他已把梅氏《历学疑问》进呈康熙的消息,与此同时,再次邀请梅文鼎到保定传授数学。梅文鼎又得知在保定已经集中了一批对历算感兴趣的学生,故极为兴奋。因此,李光地的再次相邀和学生们聚集保定,使梅文鼎决心再次北上,也正是在这一年,梅文鼎到了保定。

康熙三十三年(1694),李光地任顺天学政,三十七至四十四年(1698～1705),担任直隶巡抚,在此期间,提倡学习经学和算学,网罗了一批得力人才,他们精通理学,又对数学、天文、音律等学科有精深的造诣,如魏廷珍、王兰生、王之锐、陈万策、徐用锡,都在巡抚公署。李光地之子李锺伦,梅文鼎之孙梅瑴成,也来到保定,向梅文鼎学习历算。徐用锡当年在北京时,就曾向梅文鼎学习,他又追随李光地到了保定,再次受到梅文鼎的指教。这批学习算学的人才,后来参加了《律历渊源》的编撰,迎合了康熙的需要。因此可以说李光地与梅文鼎在保定造就了一批天文算学人才。

康熙四十三年(1704),当康熙西巡时,康熙向李光地问及"隐沦之士",李光地便推荐了梅文鼎。次年(1705),康熙南巡,李光地曾前往迎驾,应康熙要求,在返回北京途中,李光地带领梅文鼎前往见康熙。梅文鼎之所以能够受到康熙的接见,完全是李光地引见之功。梅文鼎对康熙的召见,也是受宠若惊,因此写了一首感恩诗:

圣神天纵绍唐虞,观天几暇明星烂。论成三角典谟垂,今古中西皆一贯(《御制三

---

① 韩琦,君主和布衣之间:李光地在康熙时代的活动及其对科学的影响,清华学报(台湾),1996,(4);法文本《Patronage Scientifique et Carriè re Politique: Li Guangdi entre Kangxi et Mei Wending》,载 Etudes Chinoses, vol.16, no.2, automme, 1997, pp.7～37.

② 关于清初朱、王学说之争,参见王茂等著,清代哲学,安徽人民出版社,1992 年,第 35～69 页;关于李光地为学宗尚之转变,参见陈祖武,清初学术思辨录,中国社会科学出版社,1993,第 209～213 页。

③ 赵尔巽等撰:《清史稿·李光地传》。

角形论》言西学实源中法，大哉王言，著撰家皆所未及)。[①]

康熙《御制三角形推算法论》曾讨论西历传自中国，其中称："论者以古法今法之不同，深不知历。历原出自中国，传及于极西，西人守之，测量不已，岁岁增修，所以得其差分之疏密，非有他术也。"[②] 康熙之所以提到西学中源说，是有感于杨光先反教案造成的后果而发的，目的是平息由中西学说不同而产生的争论，为学习西学寻找依据。梅文鼎对康熙的西学中源说大表赞赏，他强调的是康熙西学中源说对结束"诸家聚讼"的作用，不免有奉承之嫌。因为梅文鼎有关西学中源的论说，实际上在《历学疑问》中已有表现。《历学疑问》大约完成于1692年，与康熙的《御制三角形推算法论》大约同时，因此可以说康熙和梅文鼎几乎同时宣扬了西学中源说[③]。由于他的著作广为流传，使西学中源说在清中叶影响颇为深远。

从李光地的科学活动可看出他在清初的历算活动中起到了相当重要的作用。他沟通了君臣之间的关系，使18世纪初的科学活动更为活跃。事实上，李光地在有清一代，不仅参与了天文历算的组织工作，而且领衔纂修了御制《周易折中》、《性理精义》等书，他的科学组织活动，是他政治生命的重要组成部分。

实际上，从西方科学知识传入方面来说，从康熙五十二年(1713)蒙养斋开馆到《数理精蕴》、《历象考成》的编成，内容更为丰富多彩，李光地在这一转变中也起到了重要作用[④]。李光地和梅文鼎培养的人才后来成了《律历渊源》的重要参加者，在雍正初年刊成的《历象考成》中可发现，参加编修、校对的许多人都曾受到李光地、梅文鼎的培养或提携，这些人包括汇编：翰林院编修梅瑴成、分校：原任湖南巡抚都察院右副都御史魏廷珍、翰林院编修王兰生、原进士方苞等人。李光地奖掖后进，培养历算人才，为清初科学活动奠定了良好的基础。另一方面，他两度聘请梅文鼎，同时苦心经营十余年，完成了学术崇尚向朱子之学的根本转变。李光地对朱子和历算的爱好相辅相成，使他能成功迎合康熙，朱子学说和历算均成为君臣之间唱和的绝好话题，最后使李光地再次赢得康熙的信任而荣登文渊阁大学士之位。

从整个康熙时代的科学活动看，李光地的活动，是对康熙圣旨的积极反应，成效也颇为显著，其结果为清廷造就了一批精通历算的人才。但需要说明的是，康熙时代的重要决策仍由宫廷所制定，如1713年创立的蒙养斋，实际操纵科学组织运作的是皇三子诚亲王胤祉[⑤]，在某种程度上他是康熙的全权代表，带有浓厚的宫廷色彩，李光地所起的作用在很大程度上被"御制"所掩盖。

二　蒙养斋与《历象考成》的编纂

和康熙同时，法国太阳王路易十四雄心勃勃，想摆脱葡萄牙的控制，和中国建立更为直接

---

① 梅文鼎：《绩学堂诗钞》卷四"雨坐山窗"。

② 满汉对照《御制三角形推算法论》。

③ 韩琦，君主和布衣之间：李光地在康熙时代的活动及其对科学的影响，清华学报(台湾)，1996，(4)。

④ 除了像李光地这样的理学大臣对科学活动的浓厚兴趣之外，皇子们也直接参与了科学活动的组织，如康熙的三子诚亲王胤祉在《律历渊源》的编纂过程中也起到了非常重要的作用。

⑤ 关于清代皇子在清初科学组织中扮演的角色，参见韩琦：《Emperor, Prince and Literati: Role of the Princes in the Organization of Scientific Activities in Early Qing Period》, in Yung Sik Kim & Francesca Bray ed.,《Current Perspectives in the History of Science in East Asia, Seoul National University》, 1999, pp. 209～216。

的交往，并进行各种科学考察活动，以促进科学和艺术的发展。出于对西学的爱好与政治的需要，康熙利用这种机会，通过来华的法国耶稣会士，和法国建立了密切的联系。下面将阐述康熙时代科学活动的缘起，探讨法国皇家科学院（Acadé mie Royale des Sciences，当时曾译为格物穷理院）在 17、18 世纪所从事的科学活动，及其和康熙于康熙五十二年（1713）在畅春园建立的蒙养斋，专门从事天文观测和西方科学著作的编译等科学活动之间的关系，透过对这两个科学机构的比较研究，可以探知 17、18 世纪中法科学交流和当时政治、社会和科学状况的关系。

（一）法国“国王数学家”来华

在康熙历狱得以平反后，从 17 世纪 70 年代起，传教士的地位逐渐得到了恢复，康熙对那些有科学特长、能担任修历重任的耶稣会士表示了欢迎的态度。

这时，南怀仁感到人才缺乏是一个非常严峻的问题，如果没有新的耶稣会士到来，在中国的传教事业将因后继无人而终成泡影，南怀仁为此忧心忡忡。1678 年 8 月 15 日，他写下了著名的告欧洲耶稣会士书，印刷后寄回欧洲，呼吁增派耶稣会士来华。此信反响很大，法国耶稣会士来华与此信有密切关系。

几乎和南怀仁的呼吁同时，巴黎天文台台长、著名天文学家卡西尼向柯尔伯（Jean-Baptist Colbert，1619～1683）建议，希望派遣耶稣会士到东方去进行天文观测，并拟订了一个详细的观测计划。大约在 1680～1681 年，这个计划由柯尔伯、卡西尼、天文学家腊羲尔（P. de Lahire，1640～1718）和耶稣会士洪若翰（Jean de Fontaney，1643～1710）进行了商讨，内容包括在东方的不同地区，直至中华帝国，进行各种观测，以取得不同地区的经纬度和磁偏角值。卡西尼是法国皇家科学院的创始人之一，他介入这一计划，表明科学院对洪若翰等首批来华耶稣会士的重视。

但是，首批法国耶稣会士来华，并非一帆风顺，从开始准备到抵达北京，共花去了近十年的时间。1677～1678 年，比利时耶稣会士安多（A. Thomas，1644～1709）在巴黎停留，与洪若翰有过两次会面。1684 年，比利时耶稣会士柏应理（P. Couplet，1623～1693）与南京人沈福宗到达巴黎，柏应理还把南怀仁的一封信交给了洪若翰，以上这些频繁接触，都促成了法国耶稣会士来华最终成行。

1684 年 12 月 20 日，洪若翰、白晋（Joachim Bouvet，1656～1730）、刘应（Claude de Visdelou，1656～1737）、张诚（J. －F. Gerbillon，1654～1707）等四人被皇家科学院任命为通讯院士。行前，他们携带了科学院赠送的大量科学仪器。为避免和葡萄牙“保教权”的冲突，洪若翰等六名耶稣会士被授予“国王数学家”的称号。

“国王数学家”中洪若翰的科学素养最高，来华前即因擅长天文观测而享誉法国，他曾为稣会士天文学家巴蒂斯（I. G. Pardies）编辑出版星图。“国王数学家”由洪若翰带领，于 1685 年 3 月离开法国动身前往中国，1687 年 7 月到达宁波，并于 1688 年 2 月抵达北京，很快受到康熙的召见。经过挑选，白晋和张诚被留在北京，其他几位法国耶稣会士则允许到其他地方传教。法国耶稣会士来华，揭开了中法科学交流的序幕，也为 18 世纪大批耶稣会士来华奠定了基础①。

洪若翰到达宁波后，由于浙江巡抚的刁难，一直在那里停留了半年多而未能成行，在此期

① 韩琦，中国科学技术的西传及其影响，河北人民出版社，1999 年，第 15～19 页。

间，写下了许多信，透过这些信，我们可以清楚地了解到耶稣会士和法国学术界的密切交往。1687年11月8日，在给皇家科学院写的信中，洪若翰汇报了当时的科学分工：洪若翰负责中国天文学史、地理学史和天体观测，以与巴黎天文台所做的天文观测相比较；他写信之目的是为了向皇家科学院寻求帮助，以便他们能完成所需从事的工作。在另一封给科学院的信中他写道：

向我们传授你们的智慧；为我们详细解释你们所特别需要的；为我们寄送示范，亦即你们对同一课题将会怎样研究，在科学院为我们每一位配备一名通讯员，不仅代表你们指导我们的工作，而且在我们遇到困难和疑问时可为我们提供意见。在这样的条件下，我希望“中国科学院”会渐渐完善，会使你们非常满意[①]。

洪若翰等人想按照法国皇家科学院的做法来作为他们研究的指导，所谓的“中国科学院”，实质上是皇家科学院的中国分院，即由法国在华的耶稣会士科学家组成的科学机构，他们来华的真正目的并非是为中国人建立起一个真正独立的科学研究机构。

1687年11月8日，洪若翰给卡西尼写信，呼吁寄来更多的天文仪器，并请求指导。他也要求寄在科学院观测基础上刻印的法国地图，以了解各地经度的观测结果。为了能为巴黎天文台服务，他认为必须在北京安装有同样的天文仪器，来装备北京的天文台，希望科学院能够提供一些神奇的新仪器，介绍一些新方法。

洪若翰在到达宁波后，又写信给卢瓦(Franuois Michel Le Tellier Louvois，1639～1691)，请求政府赠送更多的仪器和书籍[②]，这体现了耶稣会士对科学调查之热情与周密之考虑，以为他们来华的科学使命服务。之后，法国科学院指定了一些院士与在华耶稣会士通信，耶稣会士则把一些科学观测报告发回法国，同时回答科学院交给他们的有关中国的各种问题，科学院则经常给在华的耶稣会士寄送科学院的杂志与其他科学书籍，对他们进行指导，还不时把新的科学仪器运到中国，以供观测之用，这种密切交往使在华法国耶稣会士能及时掌握法国科学的新进展。法国入华耶稣会士担负着皇家科学院的科学使命，洪若翰等人都自称为皇家科学院的“中国科学院”成员，明确说明他们在华的工作是科学院计划的一部分。

(二)“蒙养斋”的设立与《历象考成》的编纂

康熙五十年(1711)，康熙发现钦天监用时宪历计算夏至时刻有误，与实测夏至日影不符，于是对大臣说：

天文历法，朕素留心。西洋历，大端不误，但分刻度数之间，久而不能无差。今年(1711)夏至，钦天监奏闻午正三刻。朕细测日影，是午初三刻九分，此时稍有舛错，恐数十年后，所差愈多，犹之钱粮，微尘秒忽，虽属无几，而总计之，便积少成多，此事实有证验，非比书生作文，可以虚词塞责也。[③]

就此问题，康熙询问了刚到北京不久的耶稣会士杨秉义(F. Thilisch，1670～1715)，他用利酌理(G. Riccioli，1598～1671)的表计算，所得结果与钦天监的计算不一致，康熙这才知道西方已有新的天文表，因此命皇三子胤祉等向传教士学习，同时，自己也向耶稣会士学习历算知识。

① 法国巴黎外方传教会(MEP)档案馆，vol. 479，p. 33。
② 韩琦，康熙朝法国耶稣会士在华的科学活动，故宫博物院院刊，1998，(2)。
③ 《圣祖实录》(三)卷二四八。

次年(1712),杨秉义和法国耶稣会士傅圣泽(J. - F. Foucquet,1665～1741)向康熙介绍天文学。为此傅圣泽开始翻译西方数学、天文学著作,向康熙介绍了开普勒、卡西尼、腊羲尔、哈雷(E. Halley,1659～1742)等人的学说,许多是根据皇家科学院的著作写成的,其中有《历法问答》、《七政之仪器》等天文译著。

王兰生是李光地的学生,精通音韵,因为李光地的引见,与数学家梅文鼎之孙梅瑴成一起,受到康熙的格外重视。康熙五十二年(1713)被赐予举人,参加会试,康熙六十年(1721),又被赐予进士。允许精通音韵、历算的人士破格参加会试和殿试,这种优厚待遇,似乎有清一代也不多见,这反映了康熙对编制历算著作之重视。康熙五十二年(1713),王兰生撰《历律算法策》,从西学中源说出发[①] 为康熙时代编修天文历法著作作宣传。正是在王兰生等人的建议下,于同年九月二十日,康熙给诚亲王、十六阿哥下旨:“尔等率领何国宗、梅瑴成、魏廷珍、王兰生、方苞等编纂朕御制历法、律吕、算法诸书,并制乐器,著在畅春园奏事东门内蒙养斋开局,钦此。”[②] 一项重大的学术工程由此启动。

何国宗(? ～1766),字翰如,顺天大兴(今北京大兴)人。康熙五十一年(1712)进士,旋即受命编书。乾隆初年后,先后任算学馆、律历馆总裁。后又先后任左副都御史、钦天监监正、礼部尚书、内阁大学士等职。梅瑴成(1681～1763),字汝玉,号循斋,安徽宣州(今安徽宣城)人。自幼受其祖父的熏陶,20 岁出头即以通历算之学闻于世。在受诏编书后的次年(1713)被赐进士出身,不久即担任《律历渊源》总裁及翰林院编修。乾隆初历任顺天府丞、鸿胪寺卿等职,官至都察院都御史[③]。参与《历象考成》的编纂者还有明安图(约 1692～1765),字静庵,蒙古族人。康熙五十二年(1713)在钦天监学习天文历算卒业后,即供职钦天监,后历任五官正、钦天监监正等职,前后近 50 年。一批青年学者的参加并被委以重任,显然是实施这一项重大学术工程的明显特征。何国宗、梅瑴成、明安图等随后还参与了《历象考成后编》等的编纂,这在下文再作介绍。

蒙养斋设在畅春园内,主要为编译《历象考成》、《数理精蕴》等书,是一个临时性的修书机构。在此之前,曾在全国征访精通历算、音乐及其他有特长的人才,许多著名学者被吸收进馆。江南进县杨文言因“颇通才学,兼通天文”,被胤祉召到北京。康熙四十五年(1706),“李光地荐苏州府学教授陈厚耀通天文算法,引见改内阁中书,圣祖试以算法。……圣祖命人值内廷,授编修,与梅瑴成同修书。”[④] 康熙五十一年(1712),梅瑴成受征汇编《律历渊源》,明安图当时也应参与其事。在《历象考成》、《数理精蕴》编纂时,亦即大地测量期间,传教士经常出入畅春园,受康熙召见,并回答康熙的各种问题,许多在蒙养斋编纂历算著作的人(如梅瑴成、明安图等)在传教士指导下进行学习和测量。康熙五十三年(1714),康熙谕和硕亲王胤祉等:

> 北极高度、黄赤距度,于历法最为紧要,著于澹宁居后每日测量寻奏。测得畅春园北极高三十九度五十九分三十秒,比京城观象台高四分三十秒。黄赤距度,比京城

---

① 王兰生在《历律算法策》中从多方面论证了西学源自中国,这与康熙和梅文鼎的提倡密切相关。关于康熙时代的“西学中源”说及其相关文献,参见韩琦,君主和布衣之间:李光地在康熙时代的活动及其对科学的影响,清华学报(台湾),1996(4)。

② 王兰生:《交河集》卷一。

③ 石云里,《历象考成》提要,则薄树人主编:《中国科学技术典籍通汇·天文卷》(七),河南教育出版社,1998 年,第 459 页。

④ 章梫:《康熙政要》卷十八。

高二十三度二十九分三十秒，报闻。[①]

同年，胤祉上奏至各地测北极高度事，并"以《御制律吕正义》进呈，得旨：律吕、历法、算法三书，著共为一部，名曰《律历渊源》。"[②]

在康熙帝的关注，有时是"亲加修正"的情况下，《历象考成》于康熙六十一年(1722)成书，并取代《西洋新法历书》成为御定历法，亦即甲子元时宪历，在全国颁行。

(三)蒙养斋的设立与法国皇家科学院之关系

如上所述，法国耶稣会士在华的科学活动是皇家科学院世界性科学考察的一部分，他们肩负了传教与科学考察的双重使命。和洪若翰一样，白晋也抱有在中国建立科学院的设想。受康熙帝的委托，康熙三十二年(1693)，他从北京动身，回法国招募耶稣会士来华。在法国期间，他撰写了《康熙皇帝》一书，提到康熙想在中国建立科学院，并附属于皇家科学院，这种想法显然是出于白晋自己的考虑，因为作为天朝大国，康熙绝不会把大清帝国的科学院作为法国皇家科学院的分支机构。白晋完全是为了迎合路易十四的旨意，以满足法国的需要，同时也为了达到向中国派遣更多耶稣会士的目的[③]。

康熙在畅春园蒙养斋设立算学馆，并在全国范围内进行天文测量，实际上受到了法国皇家科学院的影响[④]，因为当时傅圣泽在《历法问答》中向康熙介绍了法国格物穷理院、天文学宫(亦即法国皇家科学院和巴黎天文台)在天文学方面的最新成就，也介绍了法国天文学家到各地进行测量的情况，书中云：

> 昔富郎济亚国之格物穷理院中，诸天文士，皆于此讲究，因二道相距之说，各有异同，难以意见断定。然此实天文之枢机，又正不可以无定也。乃于康熙十年时，上请于王，爰差数人，分至古昔天文名家所测候之所，以测验近今之天行，与古昔之天行，有变易否，又且不远万里，使院中名士利实尔，至近赤道下之海岛，名为噶耶那。此处离赤道下，不过将近五度耳。[⑤]

因此康熙和皇三子胤祉等人对法国科学院是有所了解的，他们想模仿法国的科学制度，设立蒙养斋，编纂《历象考成》、《数理精蕴》等大型历算著作，无疑法国耶稣会士对促成中国的科学改革，起到了重要作用。

此外，白晋等人在写给康熙的报告中也曾提及他们来华之目的，以及和皇家科学院、巴黎天文台等科学机构的关系："在本国临行之时，国王亲嘱有三"，其中有"本国天文格物等诸学宫广集各国道理学问，中国其来甚久，道理极多，又闻中国大皇帝天纵聪明，超绝前代，尔等至中国，若得其精美者，直寄本国，入学宫，垂之不朽。"[⑥] "天文格物诸学宫"，即指巴黎天文台和皇家科学院等科学机构。

以上史料说明，《历象考成》成书之前，法国耶稣会士介绍了许多法国皇家科学院的工作，

---

① 马奇、张廷玉等：《清圣祖仁皇帝实录》卷二六〇。

② 马骑、张廷玉等：《清圣祖仁皇帝实录》卷二六一。

③ 白晋和莱布尼兹通信中也谈到在中国创建科学院之事，参见 Rita Widmaier 编：Leibniz korrespondiert mit China：der Briefwechsel mit den Jesuitenmissionaren (1689～1714)，Frankfurt am Main：Vittorio Klostermann，1990，p. 177。

④ 韩琦，"格物穷理院"与蒙养斋——17、18 世纪之中法科学交流，法国汉学(第四辑)，中华书局，2000 年。

⑤ 傅圣泽，《历法问答·日躔》，第 52 页，大英图书馆藏。

⑥ 同④。

使得康熙及其皇三子胤祉对科学院及其活动有充分的了解,并试图加以仿效。

综上所述,蒙养斋的科学活动和法国皇家科学院的活动有一定的关系,这两个机构在某些方面相似,但又有本质上的不同。

首先,它们的共同点是,蒙养斋和皇家科学院都得到国家的支持。法国皇家科学院在世界范围内进行天文观测,以确定经纬度、绘制地图,推动了天文学和地理学的发展。蒙养斋设在皇家畅春园中,又由皇三子胤祉亲自领导,这说明这一机构创建伊始就打上了皇家的色彩。在传教士的指导下,法国皇家科学院的计划在中国也得到了实施,在某种程度上康熙时代的大地测量和法国的科学活动密切相关,法国耶稣会士在华的活动是皇家科学院科学考察活动的一部分,没有科学院的全力指导,这种科学考察活动无法圆满完成。

其次,法国皇家科学院设立了院士制度,招聘外国科学家,以推动本国科学的进步,这是法国在17、18世纪科学成功的重要原因之一。通讯院士的设立,也促进了法国科学的发展,他们被派到国外进行动植物考察和天文观测,以收集更多的科学数据,并寄回欧洲。而蒙养斋只是一个临时性的机构,虽然从全国各地招聘了一批学习历算的人才,由国家给予一定的支持,在畅春园和全国各地进行观测活动,但没有太多的计划性,除了经纬度测量之外,很少进行其他天文观测,也没有吸收法国在天文学方面的新进展。清廷也没有建立院士和通讯院士制度,没有一定的奖励机制,对有功人员给予较高的荣誉。

再次,法国皇家科学院负责科学出版物的审查和优秀论文的颁奖,使得科学院在公众中的地位得到提高;而康熙时代根本没有定期刊物,也没有设立论文奖,科学著作也不能得到广泛流传和普及,不利于科学的发展。

雍正继位(1723)之后,蒙养斋的科学活动就不再继续下去了,这同上述状况不无关系。

三　《历象考成》的内容

《历象考成》,原名《钦若历书》,计四十二卷。其成书大概经过了两个阶段,首先在畅春园和全国各地进行测量(如黄赤交角的测定),之后以传教士为指导进行计算和编纂。自康熙四十七年(1708)开始大地测量至《历象考成》编纂期间,庞嘉宾(K. Castner,1665～1709)、杜德美(P. Jartoux,1669～1720)、严嘉乐(K. Slavicek,1678～1735)等耶稣会士起到了一定的作用。在皇三子胤祉周围,聚集了一批中国学者,如陈梦雷、王兰生、杨文言等为其编书,其中肯定包括天文方面的著作。

《历象考成》上编《揆天察地》,共分十六卷,包括历理总论,对天象、地体、历元、黄赤道、经纬度、岁差等天文学的基本概念、常数作了解释。如关于岁差,“今新法实测晷影,验之中星,得七十年有余而差一度,每年差五十一秒”。还介绍了天文计算所使用的球面三角形,《西洋新法历书》原来没有“正弧三角形”,《历象考成》作了补充说明。

在这基础上,日躔历理对太阳运动的模型作了详细介绍(卷四)。《历象考成》在计算“时差”(《西洋新法历书》作“日差”)时,考虑了太阳近地点每年有移动,把太阳高卑和赤道之升度两种因素,分别列表,比《西洋新法历书》“日差”把两个因素(太阳不在赤道上运动的影响和太阳视运动不均匀性的影响)合在一起考虑更为精确①。《西洋新法历书》在推算日食三差时以

① 中国天文学史整理研究小组,中国天文学史,科学出版社,1981年,第232页。

黄道为根本,而三差生于月亮,因此《历象考成》改为白道为根本①。日躔历理介绍太阳近地点②,《历象考成》的近地点位置(7°43′49″40‴)与南怀仁所编的《康熙永年表》(7°43′49″)相近,而与《西洋新法历书》相差较大,参照了《西洋新法历书》的方法,而具体历表计算参考了《康熙永年表》。"求两心差及最高"说明太阳的平均运动,其中两心差 e(eccentricity 的两倍)有所改变,《西洋新法历书》从春分、秋分、立夏三节气的日时的间隔得到两心差值 e=0.0358415,而《历象考成》根据 1717 年二至(夏至、冬至)后太阳位置的观测定出 e=0.0358977。从《西洋新法历书》以来,不精确的地方,用《康熙永年表》得到了部分订正补充③。

月离历理详细介绍了月亮的各种行度(卷五),关于月亮运动,第谷发现了二均差,用本天、本轮、均轮、次轮、次均轮体系描述。《历象考成》则用更清晰的图来表示,并用来解释因月亮的不均匀运动引起的初均数、二三均数。其中"黄白距度及交均"用图解方式说明,《历象考成》补充了月亮运动的不备。

交食历理介绍了交食预报的各种数据(卷六、七、八)④。在计算月食方位时,《历象考成》为了避免把黄道上的方位被人理解成地平方位,故采用月面方位的方法,这是根据王锡阐、梅文鼎《交食管见》上下左右的直观表示法⑤。

还介绍了五大行星和恒星的原理(卷十至十六),根据南怀仁《灵台仪象志》(见本章第十节),以康熙二十三年甲子(1684)天正冬至为历元,考虑岁差推算。

黄赤交角对《历象考成》坐标(黄、赤道)换算特别关键,因为当时的许多测量工作都在畅春园进行,因此畅春园纬度的正确测定很重要,"黄赤距纬"介绍了根据多次测量夏至午正太阳高度得出的新的黄赤交角值,即 23°29′30″,《历象考成》据此重算了天文表(如庞大的"黄赤经纬互推表"),而《灵台仪象志》也起到了重要作用。《西洋新法历书》采用的黄赤交角是 23°31′32″,傅圣泽改为 23°29′2″,《历象考成》的值与此值很接近,这说明《历象考成》的编纂和傅圣泽的《历法问答》有很大关系,亦即和法国皇家科学院及巴黎天文台的工作密切相关,因为傅圣泽提到"二道相距之说""实天文之枢机",强调了实测黄赤交角的重要性⑥。

《历象考成》下编《明时正度》,包括日躔、月离历法;月食、日食历法,以及五星、恒星历法等十卷,主要介绍各种天文数据及表格的用法。此外还有日躔、月离、五星、恒星、黄赤经纬互推等表共十六卷,在每一表前说明用法。

总之,《历象考成》在天文体系上仍沿用第谷的体系,只是反复进行观测,提高了精度,并改进了一些天文数据,使得日月食的预报更为精确。和《西洋新法历书》相比,《历象考成》在图和表以及文字方面配合得比较好,逻辑比较合理。从内容上看,《西洋新法历书》、《灵台仪象志》、

---

① 中国天文学史整理研究小组,中国天文学史,科学出版社,1981 年,第 232 页。

② "最卑",《西洋新法历书》为"最高冲"。

③ 桥本敬造,《象考成》の成立——清代初期の天文算学,载薮内清、吉田光邦编,明清時代の科学技術史,京都大学人文科学研究所,1970 年,第 71 页。

④ 桥本敬造列出了《西洋新法历书》和《历象考成》的地影半径、太阴半径、太阳半径、南北差等数据的比较,同上桥本敬造文,第 75 页。

⑤ 同上桥本敬造文及中国天文学史整理研究小组,中国天文学史,科学出版社,1981 年,第 232 页。

⑥ 关于 18、19 世纪中国和欧洲在黄赤交角理论方面的交流,参见韩琦,The Scientific Exchanges between China and the West: A Case Study on the Obliquity of the Ecliptic in the Eighteenth and Nineteenth Centuries,第 9 届国际东亚科学史会议论文(新加坡,1999 年 8 月 23~27 日)。

《康熙永年历法》等清初天文历算著作是《历象考成》的必要基础[①]。由于《历象考成》在理论上没有多大改进,因此在日、月食的预报上,误差仍然不小。

第六节　望远镜和自鸣钟的传入及其制作

一　望远镜的传入与制作

在本章第一、二节中,我们已经论及阳玛诺《天问略》(1615)最先介绍用望远镜观测所见的若干新天文现象;天启三年(1623)中国人初次从汤若望处见到望远镜实物;汤若望《远镜说》(1629)一书的问世;崇祯四年(1631),徐光启曾用汤若望等从欧洲携带来华的伽利略式望远镜作日食之观测;崇祯七年(1634)汤若望等"葺饰"了一具望远镜呈送给崇祯帝,它是否就是将徐光启所用的那一具望远镜"葺饰"而成,尚难断言;崇祯八年(1635),汤若望等又用从欧洲带来的玻璃磨制成两具望远镜,置于历局作天文观测之用,它们均应是伽利略式望远镜[②]。这些大约便是明末耶稣会士和徐光启、李天经先后主持的历局关于望远镜制作的状况。

那么,明末清初在民间望远镜的流传与制造的情况又如何呢?

方以智在其所著的《物理小识·卷一》中写道:"西用远镜,四层,皆凸外而洼内,以洼近目。能拓小影为大。"说的是伽利略式望远镜。这说明已有不少学者对望远镜并不陌生。更为重要的是,王锦光、李约瑟等业已指出[③],在明末有薄珏和清初孙云球曾各自制造过性能良好的望远镜。而且,李约瑟还讨论了薄珏独立发明望远镜的可能性,发人深思。

"薄珏,字子钰,长洲(今苏州)人,居嘉兴。其学精微博奥,凡阴阳、占卜、战阵、屯牧、制造、雕镂,皆以口代书,以手代口,远近叹服,然不知所授。"[④] 这是说,薄珏是一位博学多才、造诣精深而且有巧思妙想的学者。他时有创制,为人们所赞叹。他的一些创制,是有所本的,但却不知为何人所指点或源于何处。他天资聪颖,"读书一过成诵,又从尾至颠,亦不误一字。"[⑤] 此说也许是过誉之辞,但却表明薄珏对于新知识有很高的悟性。正由于他非凡的记忆力,故能"以口代书",他又擅长于亲自动手操作或演示,故又多"以手代口"。他在家中办有实验与制造工场,"忽煅炼、忽碾刻、忽运斤","凡百伎艺皆亲其事"。而且他还勤于著述,主要著作有:《格物论》百卷、《测地九(球)大小几何法》、《浑天仪图说》、《盖天通宪图说》、《日晷各地不同说》、《灵漏象天说》和《沙漏定时说》等[⑥],可惜这些著作均已失传。但仅从书名不难看出,薄珏对于天文学有过很多研究,而且,他对当时传入的西方天文学至少是熟悉的、甚或是精通的。

薄珏的最主要的一项创作就是望远镜。"崇祯中,流寇犯安庆,巡抚张国维令(薄)珏造铜

---

① 同上桥本敬造文,第 85 页。

② 戴念祖,明清之际望远镜在中国的传播及制造,燕京学报,2000,(9)。

③ 王锦光、洪震寰,中国光学史,湖南教育出版社,1986 年,第 160 页;王锦光,清初光学仪器制造家孙云球,见《科学史集刊》第 5 集,科学出版社,1963 年;李约瑟著,王冰译:江苏的光学技艺家,见潘吉星主编:《李约瑟文集》,辽宁科学技术出版社,1986 年,第 532～555 页。

④ 曹允源等:《吴县志·列传艺术二》(民国),据乾隆时所修县志。

⑤ 邹漪:《启祯野乘·卷六·薄文学传》。

⑥ 王士平等,薄珏及其千里镜,中国科技史料,1997,(3)。

炮，炮发三十里，每发一炮，设千里镜视贼所在，贼先后糜烂。”① 这里明确说明了薄珏制造望远镜的缘由，和其所造望远镜能明晰地看清 30 里以外的“敌军”在中炮后“糜烂”的状况，即其望远镜的放大率与品质都是相当可观的。或曰其“镜筒两端嵌玻璃，望四、五十里外，如在咫尺”②。说的也是相似的情况，并且指明了其望远镜的透镜是以玻璃为原料的重要信息。

有史籍载：“崇祯四年(1631)，流寇犯安庆。”③ 但新的考证说明“流寇犯安庆”之时当在崇祯八年(1635)④，较为可信。则薄珏制造望远镜的年代应于 1635 年或其前数年，因为前述文献明确说的是薄珏于是年造铜炮，而望远镜有可能是原先已有者，故作如是说。

孙云球(约 1629～约 1662)，浙江归安(今吴兴)人，后寓居于苏州虎丘。字文玉，一字泗滨。“(孙)云球精于测量，凡有所制造，时人服其奇巧。”他是继薄珏之后又一位制造过望远镜的中国学者。“天台文康裔患短视，(孙)云球出千里镜相赠。因偕登虎丘试之，远见城中楼台塔院，若接几席，天平、灵岩、穹窿诸峰，峻嶒苍翠，万象毕见。”可见，其望远镜也具有相当大的放大率和很好的品质。

孙云球还制造有多种的光学器具。他还给文康裔“出数十镜示之，如存目镜，百倍光明，无微不瞩”。另有万花镜、夕阳镜、多面镜等等。还“著《镜史》一帙，令坊市依法制造，遂盛行于世”。在该书中自然应包括对望远镜的介绍，可惜现今书亦不传。但在当时该书对于望远镜等知识以至制作的普及与推广还是起了不小的作用。此外，孙云球还“尝以意造自然晷，定昼夜晷刻，不违分秒。”⑤ 这当是一种同时具有日晷与星晷特征及功能的测时仪器。

据云：“在 30 年代初，钱之明先生亲眼见到一架孙云球制造的望远镜，上有铭文：‘顺治丁酉(1657)孙云球制’。单筒，三节，可伸缩，口径约 10 厘米，全长约 1.2 米，成倒像。”“1951、1952 年，钱(之明)先生两次见到薄珏和孙云球的望远镜”，薄珏的望远镜“无论从形色、式样、尺寸，还是新旧程度上讲，与孙云球所制者完全一样。”⑥ 果若如此，一种有趣的引申是：薄珏和孙云球所制造的望远镜应是开普勒式(成倒像是其明显特征)的，而且孙云球与薄珏之间很可能存在某种因承的关系。

从薄珏至少熟悉当时已传入的西方天文学知识看，他可能见过汤若望的《远镜说》，即便没有见过，他也当听到过关于望远镜的传闻，无论是这两种情况中的哪一种，都属于信息激发式传播的性质(虽然程度有所不同)，这便足以令悟性很高且善于动手实验的薄珏进行带创造性的实践。也许双凸透镜的磨制要比双凹透镜的磨制要容易些，薄珏改用两个双凸透镜进行实验，这或许就是薄珏在不经意中造出了开普勒式望远镜的原因。孙云球是在薄珏之后约 20 年造出他的望远镜的。他的活动地点正在临近薄珏家乡之处，很难设想他会不知道薄珏望远镜之作。反过来说，他见过薄珏所造望远镜都是可能的，这可从钱之明所见两者所制望远镜的形色等均相同，得到旁证。

开普勒式望远镜设计思想是开普勒于 1611 年提出的，但他并未将其付诸实施。西方第一具开普勒式望远镜是沙伊纳(Christoph Scheiner，1573～1650)于 1630 年制成的，而薄珏之作

---

① 曹允源等：《吴县志·列传艺术二》(民国)，据乾隆时所修县志。
② 邹漪：《启祯野乘·卷六·薄文学传》。
③ 同②。
④ 王坪等，薄珏及其千里镜，中国科技史料，1997，(3)。
⑤ 同①。
⑥ 同④。

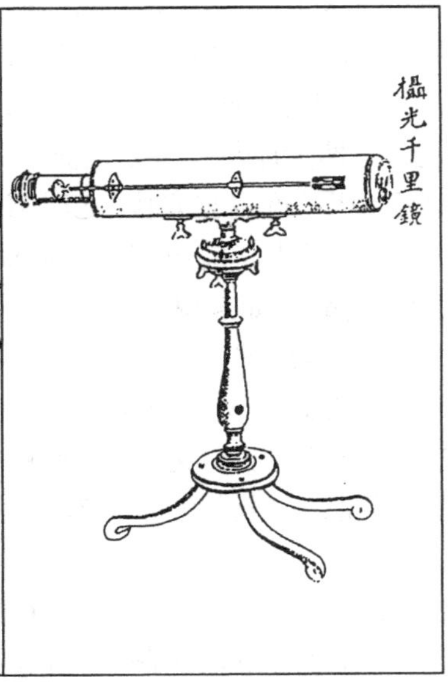

图 8-19 “摄光千里镜”
(见《皇朝礼器图式》)

仅在其数年之后,所以,薄珏所制开普勒式望远镜是其独立发明的可能性极大①。

在薄珏与孙云球之后,曾制造过望远镜者还有黄履庄(1656～?),他曾造“千里镜,大小不等”②。此外,有谭学元、黄覆等人亦曾制造过望远镜。③

英国格雷果里(James Gregory,1638～1675)于1663年最先提出了反射望远镜的设计方案,这是一种与伽利略式和开普勒式望远镜(两者皆为折射望远镜)都不相同的新型望远镜,被称为格雷果里式望远镜。它在消除望远镜的球差与色差方面,远较折射望远镜优越。这一种类型的望远镜也传到了中国。

在《皇朝礼器图式·卷三》(1759)中,可见一幅“摄光千里镜”图(图 8-19),其说明文字曰:

> 镜凡四重,管端小孔内施显微镜,相接处施玻璃镜,皆凸向外筒。中施大铜镜,凹向外,以摄影。镜心有小圆孔。近筒端施铜镜,凹向内,周隙通光,注之大镜而纳其影。筒外为钢铤螺旋贯入,进退之,以为视远之用。

这里所谓“显微镜”和“玻璃镜”(如图 8-20 中的甲和乙),是为惠更斯式目镜,该目镜由两面平凸透镜组成,其凸面朝向观测者,故曰“皆凸向外筒”。“筒外为钢铤螺旋贯入,进退之”,是说惠更斯目镜的调节装置。而“大铜镜,凹向外”和“铜镜,凹向内”,分别指图 8-20 中的丙与子(或女虚与危室),丙(或女虚)为一铜制凹抛物面反射镜,子(或危室)为一铜制凹椭球面反射镜,两者组成望远镜的物镜。甲、乙、丙和子,即所谓“镜凡四重”。“镜心有小圆孔”指如图8-19所示镜筒右端的小圆孔。如上描述基本上把这一具格雷果里式望远镜的构件交代清楚了。

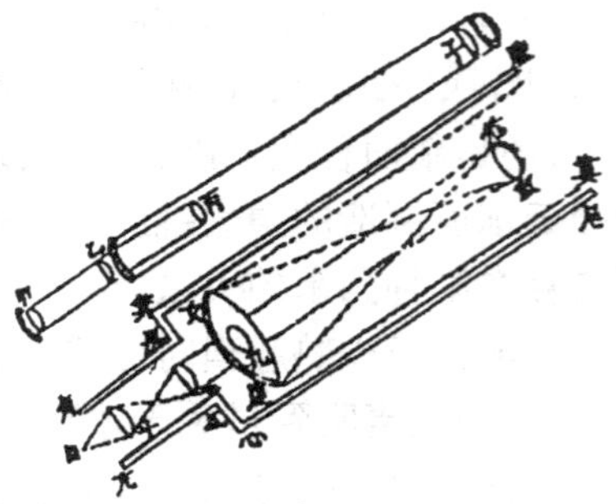

图 8-20 郑光复所绘摄光千里镜解剖图及光路图

图 8-20 是郑光复在《镜镜诊痴·卷五》中绘制的这一具格雷果里式望远镜的剖面图和光路图。郑光复所绘光路的最里两条呈平行线,有误,而实应为交叉线。除此而外,皆是正确的。

在《皇朝礼器图式·卷三》中,还可见一幅“四游千里镜半圆仪”图一幅(图 8-21),这是一具用于测量方位角的仪器,使用时,先用两竖耳目视瞄准目标,再用望远镜准确瞄准。该望远镜的具体构造则不得而知。

如上两种仪器何时由何人传入中国,已难确知。不过,传入的年代应在康熙、乾隆间当无疑问。前者大约只置于皇宫中,供皇室偶作天文观测之用,而后者一类仪器,则有可能被用于

① 王士平等,薄珏及其千里镜,中国科技史料,1997,(3)。
② 戴榕:《黄履庄小传》,见张潮编:《虞初新志》卷六。
③ 王锦光、洪震寰,《中国光学史》,湖南教育出版社,1986 年,第 160 页。

康熙或乾隆间进行的地图测量。

郑光复(1780～?)，字元甫，号浣香，安徽歙县人。《镜镜诊痴》(1835)是他关于光学的一部重要著作。在该书中论及了自明末以来传入的三种不同类型的望远镜：

“远镜创于默爵，止传一凸一凹，厥后汤若望著《远镜说》、南怀仁撰《(灵台)仪象志》，皆无异辞。”默爵即指于1609年望远镜发明者之一的荷兰人梅蒂乌斯(Adriem Metius)，阮元《畴人传·卷四十三》有其传，即译为默爵。此处所言是伽利略式望远镜，为最先传入中国者。

“其大者径不过二十、长不过五尺，则纯用凸镜视”，“曾见纯凸者数种，怀之可五六寸、展之可三尺者”，这都是指开普勒式望远镜。“梅余万先生曾以家藏远镜一具见示，中有铁丝十字”。这里所谓“中有铁丝十字”系指“光阑”，它置于物镜的焦平面上，以便观测之用，亦即是一具开普勒式望远镜。

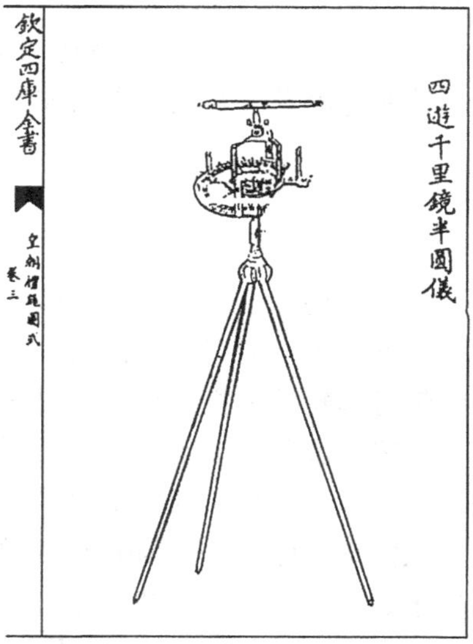

图 8-21　“四游千里镜半圆仪”
(见《皇朝礼器图式》)

“又见外口盖铜，开孔露镜止二三分者”①，亦即上述摄光千里镜——格雷果里式反射望远镜②。

郑光复对这三种不同类型望远镜的光路、原理等均作了详略不等的解说，并亲自制作过望远镜③。郑光复的好友张穆曾写道：“乙未(1835)冬初，晤浣香于银湾客馆。……一日夜深月上，出自制远镜相与窥月。中窅眣黑点四散，作浮萍状，欢呼叫绝。”④ 这是郑光复曾用自制望远镜观测到月面上众多环形山的明确而形象的描述。

稍后，还有邹伯奇(1819～1869)著作《格术补》(1874 刊出)，书中分析了透镜成像原理、透镜成像公式、透镜组的焦距、眼睛与视觉的光学原理，讨论了上述三种不同类型望远镜及卡塞格林(G.D.Cassegrein，1625～1712，法国人)式望远镜(又一种反射望远镜，发明于 1672 年)结构与原理，讨论了望远镜的视场、镜场的作用以及出射光瞳与渐晕等现象⑤。

总而言之，望远镜以及运用望远镜进行天文观测所得的初期成果传入中国都还是比较及时的，中国朝野人士对此新鲜事物均表现出了浓厚兴趣，先后有过仿制以致独立创制望远镜的活动。阮元曾说：“远镜能令人目见不能见之物，其为用甚博，而以之测验七曜为尤密”⑥，这可代表当时人们对望远镜的一般认识。可是，望远镜传入中国后，除了曾被用于日月食观测和地图测量外，大多被用于观景猎奇，并没有在促进天文学发展方面起到应有的作用。在本章第十一节中，我们将要谈到南怀仁等在为皇家天文台新制天文仪器时，并未考虑到运用望远镜，这

① 以上均见郑光复：《镜镜诊痴》卷三。

② 戴念祖，明清之际望远镜在中国的传播及制造，燕京学报，2000，(9)。

③ 林文照，十九世纪前期我国第一部重要的光学著作——《镜镜诊痴》的初步研究，见《科技史文集》，上海科学技术出版社，1984 年。

④ 郑光复：《镜镜诊痴·题词》。

⑤ 骆正显，绎邹伯奇《格术补》，中国科技史料，1984，(3)。

⑥ 阮元等：《畴人传》卷四十三。

使中国天文学的发展失去了一个难得的机遇。在本章第九节中,还将论及揭暄曾绘制了一幅月面图,这大约是中国学者运用望远镜进行天文观测而得的最主要成果,但是与西方同期内望远镜的蓬勃发展和天文学新成果的涌现相比,显得如此孤单与惨淡。

二　自鸣钟的传入与制作

自利玛窦来华,在他的行囊中,自鸣钟便是重要的物品之一。明万历十一年(1583),意大利耶稣会士罗明坚(Michel Ruggieri, 1543～1607)、利玛窦等人在广东肇庆送给两广总督陈瑞的带有车轮的大机械钟,这具自鸣钟已把欧洲的24小时制改成中国传统的12时辰制、将阿拉伯数字换成了中国字,还将一天分为百刻、每刻百分[①],这说明从自鸣钟传入中国伊始即已在表面上作了适合中国传统习惯的改造。其新颖、精巧和相当准确的计时、报时功能,的确令中国人惊奇不已,其内部相当复杂的机械传动与自动机构,更令人一时不知所以,而生神秘之感。后来的耶稣会士也多携带这一在当时的欧洲相当流行的计、报时器具来华,多作为礼品进呈皇宫或送予官员与学者,以显西方工艺之巧、以图立足之便。自鸣钟确成为耶稣会士进军中国的历程中,所手持的利器之一。

利玛窦于明万历二十九年(1601)得抵北京,便与进献两具自鸣钟相关。万历帝把其中较小的一具留在身边,并于次年令工部用重金为另一具有摆锤的大机械钟修建了木阁,这当是一具以重锤驱动的自鸣钟[②]。为使自鸣钟正常运转,万历帝还专派4名钦天监人员向耶稣会士讨教,这也实际上开始了学习与了解自鸣钟原理和制作方法的过程。在邓玉函、王徵于1627年合著的《远西奇器图说录最》"凡例"中指出,他们参考了《自鸣钟说》等18种图书,可见,在此之前已有专门介绍自鸣钟的著作问世,只可惜该书今已不传。

在本章第二节中,我们已经提及徐光启主持改历之初,有制造三具候时钟(即自鸣钟)的计划,这一计划是否得以实现未能确知,但这是官方试图制作自鸣钟的肇始。

康熙十六年(1677),在宫廷内"敬事房"下设"做钟处",置"侍督首领一人",司自鸣钟制作之事,又在端凝殿置"兼自鸣钟执导侍首领一人,专司……并验钟鸣时刻。"[③] 此后,做钟处逐渐扩大,工匠增多。到康熙三十年(1691)做钟处移出内宫,另设作坊,厂房150余间,颇具规模。到雍正元年(1723),做钟处划归养心殿造办处管辖,亦设有钟表作坊。"做钟处"在皇宫内长期存在,到乾隆年间又盛极一时,至嘉庆以后则趋于衰微[④]。

清宫钟表的制作,主要聘用外国专家为从事,如在康熙朝有葡萄牙的安文思(G. de Magalhaens,1609～1677)、瑞士的林济各(Pater Stadlin,1668～1740)、陆伯嘉(Jacobus Brocard)、严嘉乐(Slaviczek)等,雍正朝有法国的沙如玉(Valen Tinus Chalier)等,乾隆朝有法国的杨自新(Ir Gilles Thebault)、汪达洪(Ma-thaeus de Ventavon)及席澄源(Adeodat)等。其中,林济各自1707到1740年制作的各式钟表,尤为突出,表现了清宫钟表制作技术的很高水平。做钟处技师、工匠多时超过百人,其中也有不少中国匠役,内又以广东督抚选送的广州钟表匠的技艺最高,有

① 裴化行,天主教十六世纪在华传教志,商务印书馆,1936年,第208、209页。

② 何高济等译,利玛窦中国札记,中华书局,1983年。

③ 赵尔巽:《清史稿》卷一一八。

④ 戴念祖,中国计时器和钟表的历史概述,中国计时仪器史学会,《计时仪器史论丛》第3辑,2002年。

的既擅长制作钟表，还通绘画与音乐等①。

清宫所制钟表大多是计时器与机械玩具相结合的高雅工艺品，除了一般的钟表机构之外，还以复杂的传动机构实现多种其他功能，应时自动展现种类繁多的、精致的人、物或景象。

清初，宫中主要制造以重锤驱动的钟，重锤以铜皮灌铅制成，用羊肠线或丝绳吊起。此外，钟表发条的制造之法，亦由聘用的外国专家传授。乾隆时期，做钟处所用发条多购自广州，如乾隆二十七年(1762)造办处从广州购得进口的广钢二千九十四斤，打造大小发条134根，供制作以发条为动力、并有擒纵器的自鸣钟之用②。在《古今图书集成·历法典·卷九十四》，载有清初中国所制闹钟图一幅(图8-22)，大概即是这一类自鸣钟。其中，上大表盘指示12时辰，下左表盘指示刻数，下右表盘用以拨定时刻鸣响③。

图8-22 清初所制闹钟

在民间，较早学习、研究传入的自鸣钟的学者，大约要数王徵。王徵(1571～1644)，陕西泾阳人。他对机械奇巧有浓厚兴趣，并立志在这一领域有所成就，以服务于社会。约在明万历四十三年(1615)，他到北京赶考，得与耶稣会士相识，随后又相继获知耶稣会士所传西方诸多关于机械方面的新知识，受到了很大的启迪，并有所创造。他在《两理略·卷二》中写道："会得西儒自鸣钟法，遂顿生一机巧"，而有依钟表的驱动原理，设计可自动运转的四轮"自行车"之举。在《新制诸器图说》(1626)一书中，王徵记述了他曾仿制过一具名曰"轮壶"的机械钟(图8-23)，它以重锤驱动，设立轴摆杆式擒纵机构，图中央由上而下的四个圆表示彼此啮合的齿轮，其上似天平的图像当是梳摆，又以敲鼓、击钟与司辰木偶报时，融入了中国传统特色。由之可见，王徵对自鸣钟的结构以及工作原理已融会贯通，可以运用自如，而且有所发展。

在明末清初，民间尝试仿制自鸣钟者还不乏其人。耶稣会士阿尔代若·赛米都曾到过南京、上海、杭州等地，在其《旅行记》(1637)中说，中国人已开始制作小座钟④。安徽宣城的芮伊"性多巧思，能手制自鸣钟"⑤。江宁(南京)人吉坦然曾仿制成名为"通天塔"的机械钟，但"制造粗糙，聊具其形耳，小用即坏矣"，而另一位名为张硕忱者，则"自制自行时盘，暨两响小铳，皆

① 张柏春，明清时期欧洲机械钟表技术的传入及有关问题，自然辩证法通讯，1995，(2)。
② 鞠德源，清代耶稣会士与西洋奇器，故宫博物院院刊，1989，(1，2)。
③ 戴念祖，中国计时器和钟表的历史概述，中国计时仪器史学会，《计时仪器史论丛》第3辑，2002年。
④ 陈祖维，欧洲机械钟表的传入和中国近代钟表业的发展，中国科技史料，1984，(1)。
⑤ 吴飞九：《宣城县志·卷二十七》，乾隆版；宋伯胤，关于我国造钟业的历史资料，钟表，1973，(2)。

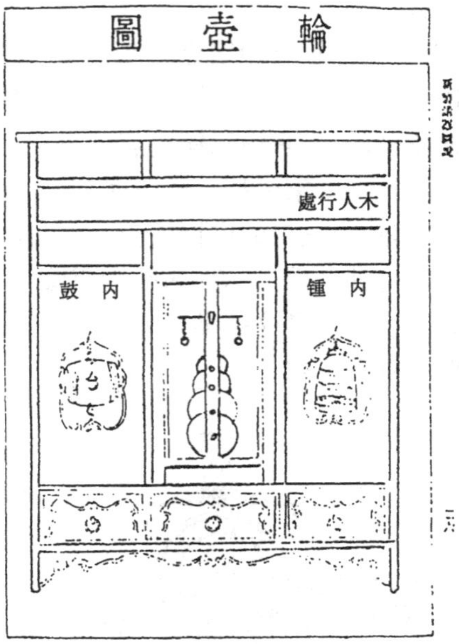

图 8-23　王徵"轮壶"图

精妙不让西人也。"[①] 松江(上海)人徐翊英曾参照天主教堂的进口货,为府衙制作了一具自鸣钟,其弟徐淞也曾自制自鸣钟[②]。

在清代,苏州和广州是中国最重要的自鸣钟制作地,并渐成两地的一种产业。对现存清代钟表的研究表明,在康熙初期,苏州就已有梳摆钟、时辰醒钟、竖表等的制作。广州作为中外贸易口岸,早就是进口钟表的主要集散地,自不待言,而广州钟表作坊的出现大约也在康熙年间[③]。该两地所制作的"苏钟"和"广钟"有不少作为贡品进献予朝廷,至今故宫博物院就藏有数量不菲的"苏钟"与"广钟",它们所装配的演示大多显示中国传统文化的风格,如白猿献、八仙过海等等,反映了中国匠师设计、制造复杂机械传动机构的能力。稍后,在南京、扬州、镇江、上海、杭州、宁波等地也相继出现钟表作坊。

钟表成了皇家与权臣的重要收藏品,咸丰十年(1860),仅紫禁城内就库存钟表 431 具,在圆明园存有钟表 441 具。嘉庆四年(1799),查抄乾隆朝权臣和珅之家时,计得大时钟 10 具、小钟表 300 余具、洋表 280 余个[④]。

嘉庆十四年(1809),徐朝俊撰成《自鸣钟表图说》一卷,是为中国第一部关于近代机械钟表的专著。徐朝俊(1752～1823),字恕堂,松江府华亭县(今上海市松江县)人,徐光启家族的五世孙。他自小爱好天文与数学,及长则倾心于自鸣钟和日晷等测时仪器的制造,颇有所得。在该书中,徐朝俊对自鸣钟各零部件的结构、制造等作了详细的论述,对于自鸣钟拆装、调整与修理等亦多所介绍,并附有各种部件机械图约 50 幅,由此看来,本书也可视为中国第一部钟表修

① 刘献廷,《广阳杂记》卷三和卷二;张柏春,明清时期欧洲机械钟表技术的传人及有关问题,自然辩证法通讯,1995,(2)。

② 王永顺,古代松江挤时仪器源流述略,见薄树人主编:《计时仪器史论丛》第 1 辑,中国计时仪器史学会,1994 年。

③ 徐文璘、李文光,谈清代的钟表制造,《文物》1959 年,(2);宋伯胤,关于我国造钟业的历史资料,钟表,1973,(2)。

④ 鞠德源,清代耶稣会士与西洋奇器,故宫博物院院刊,1989,(1,2)。

理手册[①]。由之亦可知,此时,钟表在社会上已经得到了一定程度的推广,成为一种很重要的计时仪器。

第七节 王锡阐的天文工作

一 王锡阐及其天文历法思想

(一)王锡阐其人

王锡阐(1628～1682),字寅旭,号晓庵,别号天同一生,苏州府吴江(今江苏省吴江市)人,出身于贫寒之家。他从小对天文学与数学就有浓厚兴趣,并自学成才。他终生不仕,以明朝遗民自居,拒绝与清政权合作,成为清初江浙遗民圈子中的重要人物。他与清初另一位著名遗民学者顾炎武交情甚深,顾炎武曾作《广师》一文,列举朋友中有过己之处者 10 人,王锡阐便居其首,以为“学究天人,确乎不拔,吾不如王寅旭”,对王锡阐的学识与为人敬佩之至。王锡阐还与潘柽章、张履祥、朱彝尊、万斯大等学者过从甚密,一起讲研濂洛之学或天文历法[②]。他的一生基本隐居乡里,以教书为业,过着清贫的生活。他的最主要工作是致力于天文、历法的研究与著述,以惊人的毅力和超凡的悟性,在天文、历法领域做出了重要的贡献。

王锡阐现存的天文学著作有 9 种[③]:《历说》5 篇(约 1659)、《晓庵新法》6 卷(1663)、《大统历法启蒙》5 卷和《历表》(大统历立成)3 册(约 1665)、《历策》1 篇(1668)、《日月左右旋问答》1 篇(1673)、《五星行度解》1 篇(1673)、《推步交朔序》1 篇(1681)、《测日小记序》1 篇(1681),均收录于潘耒编撰的《晓庵遗书》中。此中,《晓庵新法》是他贯通中西历法的代表作,《五星行度解》是在西法基础上的新阐发,《大统历法启蒙》与《历表》是对大统历的研究,其他则是关于天文历法问题及思想的阐述。王锡阐在数学方面也有创获,《圜解》即为其力作[④]。

清代著名历算家梅文鼎(详说见下一节)在论及清初以来的天文学家时,最为推崇的是薛凤祚与王锡阐。他认为薛凤祚的《历学会通·正集》以《天步真原》为本,“又新法中之新法矣”;“而自辟门庭则有吴江王寅旭,其立议有精到之处,可谓后来居上”。“吴江王寅旭先生深明历术者,著撰极富”。他又进一步认为:“近代历学,以吴江(指王锡阐)为最,识解在青州(指薛凤祚)以上。惜乎不能蚤知其人,与之极论此事,……生平之一憾事也!”[⑤] 这些是对薛凤祚与王锡阐天文历法工作的十分中肯的评价。

(二)中西会通、西学中源与治历思想

王锡阐对中国传统历法有精深的研究,对于传统历法的利弊得失有着清醒的认识,对于元

① 薄树人,《自鸣钟表图说》提要,薄树人主编:《中国科学技术典籍通汇·天文卷》第 6 册,河南教育出版社,1998 年,第 1019 页。

② 江晓原,王锡阐,见杜石然主编:《中国古代科学家传记》(下集),科学出版社,1993 年。

③ 席泽宗,试论王锡阐的天文工作,见《科学史集刊》第 6 集,1963 年。

④ 梅荣照,王锡阐的数学著作——《圜解》,见梅荣照主编:《明清数学史论文集》,江苏教育出版社,1990 年。

⑤ 梅文鼎:《勿庵历算书目》,《知不足斋丛书》。

代郭守敬的历法工作给予了高度的评价。他指出:“诸家造历,必有积年法,多寡任意,牵合由人。(郭)守敬去积年而起自辛巳,摒日法而断以万分,识诚卓也。”① 又说,那些“大约因前人之差,稍为进退于积年、日法之间,即自命作者,次于历数尚有所未尽,况历理乎？至郭守敬始悉去其弊,而返求之测景,渐近自然。”② 他对大统历的专门研究与阐释,即意在表彰与弘扬传统历法的特长,面对当时西洋历法传入的浪潮,表明对传统历法绝不应有妄自菲薄之意,和传统历法尚有可采之处的理念。

作为当时明代遗民的中坚人物,应该说王锡阐对清王朝颁用的、以西方天文学为基调的时宪历心存天然的反感。可是,作为一位科学家,在他学习、研究了西方天文学之后,却完全抑制了感情的因素,理智地面对新知识与新形势。王锡阐采取了“考正古法之误,而存其是,择取西法之长,而去其短”③ 的科学态度,可谓心平气和与实事求是,这是极其难能可贵的。他还进一步认为:“以西法为有验于今,可也,如谓不易之法,务事求进,不可也。”又说:“吾谓西法善矣,然以为测候精详可也,以为深知法意未可也;循其理而求通可也,安其误而不辨未可也。”这些更显示了一位具有开拓进取精神的天文学家的眼光与胆识。当然,王锡阐还是对诸多言历者将西法“莫不奉为俎豆”和“专用西法如今日者”的现状表示不满,认为并未实现徐光启“译书之初,本言取西法之材质,人大统之型范”的设想,并以实现这一设想为己任,“余故兼采中西,去其疵类,参以己意”④,即在会通中西历法的基础上又有所推进,是王锡阐力图达到的目标,而《晓庵新法》的编撰便是在这一思想指导下的具体实践。

王锡阐也是当时兴起的西学中源说的积极鼓动者。他认为:“西历所争胜者不过数端,畴人弟子骇于荆闻,学士大夫喜其瑰异,互相夸耀,以为古为未有。孰知此数端者,悉具旧法之中,而非彼所独得乎?!”他所列举的“数端”为:平气与定气之分,日月五星的近地点与远地点之说,视差理论,均轮、本轮理论和地理经纬度说等5个问题。王锡阐认为,在中国传统历法中均有可与之相当的论说和解决相应问题的方法,应该说这是有一定道理的。可是,他却完全回避了中、西历法对这5个问题都是从中、西两种不同天文学体系出发推知的实质。他更武断地认为西法中“稍善者又悉本于旧法”,是“西人窃取其(指中法)意,讵能越其范围”⑤。此说大约可以作为王锡阐更加心安理得地接受和运用西法的一种慰藉。

王锡阐在自己的天文学实践中,还坚持了实测合天的思想路线,而且从导致历法误差者有数差、法差和理差的认识出发,一直追求数、法、理的不断完善。他相信:“测愈久则数愈密,思愈精而则理愈出。”⑥ “无验于天,而谓法之已善,数之已真,理之已阐者,吾未之见也。”⑦

他每“遇天色晴霁,辄登屋卧鸱吻间,仰察星象,竟夕不寐。”⑧ 这是何等艰辛和需要多大恒心的举措。用他自己的话说:“每遇交会,必以所步所测,课校疏密,疾病寒暑无间,变周改应,增损经纬、迟疾诸率,于兹三十年所。……年齿渐迈,气血早衰,聪明不及于前时,而黾黾孳

---

① 王锡阐:《晓庵新法·自序》。
② 王锡阐:《晓庵遗书·历说一》。
③ 阮元等:《畴人传·王锡阐》。
④ 王锡阐:《晓庵新法·序》。
⑤ 王锡阐:《晓庵遗书·历策》。
⑥ 王锡阐:《晓庵遗书·历策》。
⑦ 王锡阐:《推步交朔序》。
⑧ 钮琇:《觚賸》。

孳，几有一得，不自知其智力之不逮也。"① 这里所谓"周"、"应"、"经纬"、"迟疾"是指与日、月运动及其所在位置有关的天文数据，当日月交食时，是对之进行校验、修订的难得机会。王锡阐于此高度重视，自不为怪，他这种兢兢业业的精神实令人叹服。他还"创造一晷，可兼测日、月、星"② 这一名为日月星三辰晷者，是可由观测日、月和特定恒星以测定时间的仪器，它是王锡阐所可使用的少数观测仪器之一。"余之课食分也，较疏密于半分之内"③，这大约是用肉眼所能达到的很高精度。看来，王锡阐没有足够的条件和手段来实施自己的卓越思想，处于贫困交加之中的王锡阐，只能在力所能及的范围内工作。30 余年勤奋的、一丝不苟的天文观测，是使他的历法精度达到必要高度的最重要途径。

对于顺天求合，王锡阐还作过更深一层次的思考："法所已差，固必有致差之故，犹恐有偶合之缘"④，"合则审其偶合与确合，违则求其理违与数违"⑤。即以为为数不多的偶合还不是真正的合天，而只有在足够长的时间尺度和足够大的空间范围内的确合才是顺天求合的真实含义。而对于"合"的对立面"违"的原因的探索，实际上也正是达到顺天求合目标的另一着眼点。

王锡阐对于"一行、(郭)守敬之徒乃有惟德动天之谀，日度失行之解"，所造成的"合不足为是、失不足为非"事态，而未能对日月运行的规律作更进一步的探索，深为惋惜。"每见天文家言日月乱行，当有何事应，五星违次，当主何庶徵，余窃笑之。此皆步推之舛，而即傅以徵应，则殃庆祯异，唯历师之所为矣。"⑥ 此说更鲜明地表现了王锡阐对星占迷信的蔑视与讽刺。

(三)误差理论

王锡阐对于历法误差理论作了系统而深入的思考。他指出："历之道主革，故无数百年不改之历。然不明其故，则亦无以为改宪之端。"⑦ 以为不断改革是历法固有的基本特征，历代历法的频繁改革，主要由于历法存在误差，如果不了解产生误差的原因，也就无从制定一部好历法。这应是王锡阐探求历法误差理论的出发点。

他认为制定历法的基本指导思想的失误，是导致历法差误的最主要原因：

> 太初以来，治历者七十余家，莫不有所修明。当时亦各自谓度越前人，而行之未久，差天已远，往往废不复用，何也？是在创法之人，不能深推理数，而附和于蓍卦、钟律以为奇，增损于积年、日法以为定，或阴用前法，岂可得哉！⑧

即那些不以实测天象为基础，不以合于天象为原则的思想和做法——以《易》、大衍、律吕之数为历本，或随意加减前代历法的若干天文数据以致作某些改头换面的处理——在王锡阐看来，是为大忌。

他又指出："夫治历者不能以天求天，而必以人验天，则其不合者固多矣。虽幸而合，久必乖焉，何也？天地终始之数、七政运行之本，非上智莫穷其理，然亦祗能言其大要而已。欲求精

① 王锡阐：《推步交朔序》。
② 潘耒：《晓庵遗书·序》。
③ 王锡阐：《测日小记叙》。
④ 王锡阐：《晓庵遗书·历策》。
⑤ 同①。
⑥ 同①。
⑦ 同④。
⑧ 同④。

密，则必以数推之，数非理也，而因理生数，即因数可以悟理。”[1] 这是说，即便以实测与合天作为基本指导思想，在实施的过程中仍存在三方面的误差：一是在“以人验天”过程中产生的种种误差——数差；二是以数推理过程中因数学方法的偏差而生的误差——法差；三是因对天体运动的固有规律未能穷究而产生的理论误差——理差。这确是对历法误差理论的精辟概括。

其中，对于数差，王锡阐又更进一步作了分析：

其非其人不能知也，无其器不能测也。人明于理而不习于测，犹未之明也。器精于制而不善于用，犹未之精也。人习矣，器精矣，一器而使两人测之，所见必殊，则其目不能一也。一人而用两器测之，所见必殊，则其工巧不能齐也。心目一矣，工巧齐矣，而所见犹必殊，则以所测之时，瞬息必有迟早也。数者之难诚莫能免其一也[2]。

这是说在“以人验天”时，是由人用仪器进行的，于是，也就必然存在人在观测时的观测误差和仪器制作或安装所造成的误差。由于观测者在理论素养、操作技巧和身体素质上都是各不相同的，所以，不同的观测者用同一件仪器进行测量，将得到不同的观测结果；一位高明的观测者，若用两件同类仪器观测同一个目标，其结果也将不尽相同，这主要是因为两件仪器的精度各异；如果一位高明的观测者用同一件仪器观测同一目标，其结果也不全同，这是因为观测者在照准目标的部位和时机的把握方面会有细小的差异。这些既是王锡阐在进行实际观测中的切身体验，又是深思熟虑的理论推衍，是中国古代关于测量误差理论的最精彩论述。

（四）日月右旋说的论证

王锡阐在《日月左右旋问答》一文中，虚拟他的两个弟子令望与锡纶同他本人之间的问答，阐述日月左旋说与右旋说的是与非。他指出，左旋说论者以为“日躔不由黄道，而为螺旋，冬至之后，渐旋以北，夏至之后，渐旋以南，实皆随天左转，非右旋也”。对此，王锡阐提出了一连串质疑：若为螺旋线形运转，“依势必起于赤道而尽于二极”，为什么日螺旋式左旋并不抵达南北二极？“即不抵二极而出入赤道，不能南北相若”，为什么旋至赤道北 24 度即止，继则南旋，至赤道南 24 度又止，复又北旋？螺旋线之间的间距为什么春秋分前后大而冬夏至前后小，如此参差不齐？“即出入相若，而距纬不为均数，必有僭差”，但为什么这种前后间距不一致的状况每一次都恒定不变？就这些似有鬼使神差的现象发问，确实是左旋说难以回答的，这是一方面。

另一方面，王锡阐则指出：“日躔从黄道而右旋，是以有渐南渐北之行，天牵之而左旋，则但与赤道平衡而行，东升西降也。”“置黄赤二道，以右旋经度，求南北纬度，于割圆弧矢之数，不容以毫发爽也。据策而推，转仪而测，合亲疏远近，昭然入目，又何疑乎？”这是说，依太阳每日沿与赤道交成约 24 度值的黄道右行 1 度之说，上述似有鬼使神差的现象则是自然而然的了，无论在浑象上测量或是用数学方法推算，都可以得出与观测到的现象完全吻合的结果。这就从正反两面证明了右旋说为是而左旋说为非。

细心的读者会不难发现，王锡阐这些论说的主旨，同元代黄必寿之说（见第六章第十九节）基本相同，只是更加明了和准确了，而且，王锡阐更指出：“因明螺旋之形，亦由黄道右旋而生也。”点破了左旋说论者所说的丝绕纬车形（亦即螺旋形）太阳运行轨道的实质，它只是太阳沿

---

① 王锡阐：《晓庵遗书·历说一》。

② 王锡阐：《晓庵遗书·测日小记序》。

黄道右旋的反映。这也就阻塞了左旋说的退路，为达千余年之久的日月左、右旋说论争做了比较圆满的总结。

在关于左、右旋说的讨论中，王锡阐还提及他对日月运行迟疾原因的见解："日月尝平行，而自人视之则有朓者，日月在卑，近人而视行大于实行；朒者，日月在高，远人而视行小于实行。"即以为日月自身运行的速度是各有恒定的数值的，而当它们距离人近时，看起来速度快；当它们距离人远时，看起来速度慢。此说所设定的前提是不正确的，因为日月之行自身的速度是不同的，但是，日月确实是距离人近时视行疾、远时视行迟，王锡阐既正确地指出了日月离人有远近之分，又正确地指明了日月运行快慢的处所，这些是他吸收中国传统和新来西说的结果，大约也是他由观测而得的结论，可是，他所说的原因只具有大约能自洽的思辨意义，而实质上则是不正确的。有趣的是，也正是王锡阐在作此探究之时，牛顿正在完善他的万有引力学说，建立说明日月等天体运行的科学理论。

二　对西方历法的评述

王锡阐对中西历法均有精深的研究，在肯定西法的同时，又指出其存在的诸多缺点，并为中法的合理性进行辩护①：

第一，王锡阐正确地指出："推步之难，莫过交食，新法于此特为加详，有功历学甚钜"。具体而言，他认为西法"以交纬定入交之深浅，以两经定食分之多寡，以实行定亏复之迟速，以升度定方位之偏近，以黄道之中限定日食之时差，以北极高卑定视距之远近，以地度东西定加时之早晚，皆前此历家所未喻也。"这既是对西法交食推算法的极好概括，又是在中西交食推算法对比研究基础上得出的中肯评述。王锡阐对此的评价不可谓不高，但他由对交食的实际测验结果表明，依西法所推偶或存在"食(分)差半分，复明先天一刻"的问题。所以，他的结论是，西法交食推算法"究极元微，不能无漏"，"致差之故，岂宜不讲"。

第二，王锡阐正确地指出，按均、本轮体系计算月亮运动时，除了在定望、定朔时刻外，都应加特定的改正数。但西法在推算日月食时却不用这些改正数，好像日月食就一定发生在定朔、定望。事实上只有月食食甚才发生在定望(今按：也不一定)，而初亏、复明距定望可能有数刻之多；至于日食，不仅初亏、复明不在定朔，在一般情况下，食甚时刻也不同于定朔时刻。

第三，西法以为，当月亮在近地点时，视直径大，故月食食分小；在远地点时，视直径小，故食分大。王锡阐则指出："视径大小，仅从人目，食分大小，当据实径。太阴实径，不因高卑有殊。地影实径，实因远近损益。最卑(即在近地点时)之地影大，月入影深，食分不得反小；最高(即在远地点时)之地影小，月入影浅，食分不得反大。"② 这是对西法上述错误观点的确当批驳。

第四，指出《西洋新法历书》中所取天文数据相互抵触之处颇多，如"月离二、三均数，历指与历表不合"③。"日行惟一，而日躔表与五纬表差至五十五秒；月转惟一，而月离表与交日食

---

① 席泽宗，试论王锡阐的天文工作，见《科学史集刊》第6集，1963年。

② 以上均见王锡阐：《历说·四》。

③ 王锡阐：《贻青州薛仪甫书》。

表差至二十三分；日差惟一，而日躔与月离各具一表。”① 等等。

第五，指出汤若望所推一次水星运动状况的结果——先星在日前，而后顺行与日合，又后星在日后，再后逆行与日合——存在明显错误。因为依据天文学的常识，内行星的上合是星在日后、顺行而追及日；下合是星在日前，逆行而与日相遇。“夫星在日前，顺行益远；星在日后，退行益离，安得再合？天行有渐差而无潜差，岂容一日之内，骤进骤退，曾无定率如是乎！”② 批评可谓入木三分。

第六，指出西法一方面认为岁差为一常数，一方面又认为恒星年长度恒定，而回归年长度在逐年减小，由此应得知岁差值在逐年增大，这两者之间是自相矛盾的③。

第七，对传教士关于中国传统历法曾长期使用平气而不用定气的大肆抨击，王锡阐正确地指出，这只是制度或习惯不同所致，“非不知日行之朓朒而致误也”④。这既阐明了传统历法的特征，又有力反驳了传教士在这个问题上的偏见或无知。

第八，对于传教士以为西法的 24 小时、每小时 60 分制与周天 360°制优越，而相应的中法不对之说，王锡阐指出：中法的 12 辰、百刻法与周天 365 又 1/4 度制同西法一样，都是人为的规定，无所谓谁是谁非，也不影响测算的精度⑤。

所有这些，基本上是有理有节的。在当时西法流行、中法萎缩的背景下，能出此一系列评论，是十分难能可贵的。

三 《晓庵新法》

《晓庵新法》计六卷，可分述于下：

第一卷，讲述天文历法计算中的三角函数知识。这是传统历法所未备者，王锡阐显然是吸取西法，为其后各卷的计算预备基本的新算法。

第二卷，列出一系列天文数据——“法数”⑥。

周天（恒星年长度）365.25655932 日，误差 17 秒（《崇祯历书》取 365.2563542 日，误差 1 秒，下同）。

黄道岁差 51″，误差 0.71″（全同）。

二十八宿距星黄道经纬度值，这和传统历法仅给出经向度值，大有不同。所用数据乃参照《崇祯历书》而有所调整。

岁周（回归年长度）365.24218606 日，误差 2.5 秒（365.2421875 日，误差 2.3 秒）。

历周（近点年长度）365.25486808 日，这较岁周长 0.01268202 日，相当于太阳近地点每年相对于冬至点进动 45″，该进动值亦与《崇祯历书》相同。实际上，近点年长度（太阳接连两次通过近地点的时间）应等于太阳运行（360° + 约 45″）的时间，数值应大于周天（恒星年长度），但其所定历周（近点年长度）却小于周天。《崇祯历书》于此存在概念上的失误，晓庵新法因循未

---

① 王锡阐：《历策》。
② 王锡阐：《历说·三》。
③ 王锡阐：《历说·二》。
④ 王锡阐：《晓庵新法·序》。
⑤ 同④。
⑥ 宁晓玉，《晓庵新法》中的常数系统，自然科学史研究，2001，(1)。

改。

月周(朔望月长度)29.53059197日,误差0.3秒(29.5305930日,误差0.4秒)。

转周(近点月长度)27.5545461377日,误差5.2秒(27.5545680日,误差1.2秒)。

交周(交点月长度)27.21222203日,误差0.2秒(27.2122206日,误差0.1秒)。

恒星月长度27.3216653日,误差0.4秒(27.3215857日,误差6.5秒)。

黄赤交角23°31′30″,误差2′14.3″(全同)。

五星会合周期与恒星周期值,与时宪历相同。其所取土、木、火、金、水五星会合周期值分别为:378.092284、398.883179、779.935128、583.919912、115.877224日,误差分别为0.6、1.2、1.4、2.1、0.4分钟。就每一星而言,精度并未超过传统历法的最佳值,但其五星会合周期的平均误差为1.1分钟,则远低于了任一传统历法(传统历法最佳者是隋代张胄玄大业历,其平均误差为4.7分钟)①。

远近中准——日月五星与地球的相对距离,和视径中准——日月五星的视直径,这二者的数据同《崇祯历书》② 的比较可示如表8-2。

表8-2 《晓庵新法》与《崇祯历书》日月五星视直径及与地球相对距离比较表

	视直径			相对距离		
	晓庵新法	崇祯历书	现代值③	晓庵新法	崇祯历书	现代值④
日	30′29″	30′31″	32′00″	1.000	1.000	1.000
月	32′00″	30′36″	31′04″			
水	2′14″	2′10″	6″	1.000	1.000	0.387
金	3′14″	3′15″	17″	1.000	1.000	0.723
火	1′36″	2′55″	9″	1.527	1.517	1.524
木	2′45″	2′45″	1′38″	3.394	2.287	3.415
土	1′49″	1′50″	17″	1.851	2.644	1.839

上表中的"视直径"值,在《晓庵新法》给出的值称为"视径中准",它实际上是日月五星视直径的正弦值,如太阳为0.008868,由此可推算出其视直径值为30′29″,其他亦仿此。《崇祯历书》的日、月视直径是取其平均值。《晓庵新法》和《崇祯历书》给出的相对距离都是所谓度值,如《晓庵新法》所给日-地1142度、火-地1743.64度,则1142/1743.64=1/1.527,其他亦仿此⑤。

晓庵新法取明崇祯元年(1628)为历元,以应天府(今南京)为里差之元,即地理经度的起始点,并给出当年的七应值:对于五星亦分别给出合应、转应和交应,即分别给出五星平合、五星过近日点及过五星轨道与黄道交点的时间同冬至日名时刻的时距。

如上所述,《晓庵新法》所取一系列天文数据大多参照《崇祯历书》,但又多有所修正,修正结果的准确度有优于、也有次于《崇祯历书》者。此外,《晓庵新法》与传统历法在对基本天文数

① 李东生,论我国古代五星会合周期和恒星周期的测定,自然科学史研究,1987,(3)。

② 汤若望等:《西洋新法历书·五纬历指·卷五》。

③ A.丹容著,李珩译,球面天文学和天体力学引论,科学出版社,1980年,第70、290、389、394、398、415页。

④ A.丹容著,李珩译,球面天文学和天体力学引论,科学出版社,1980年,第197页。

⑤ 宁晓玉,《晓庵新法》中的常数系统,自然科学史研究,2001,(1)。

据的描述方式上颇为相似，而且更为集中地置于一卷之中，更便于使用。

第三卷，论述推算朔望、节气时刻及五星位置的方法。

朔望、节气时刻的计算，与日、月位置的计算有着极密切的关系。据研究[①]，其太阳地心黄经的计算，均是采取本轮—均轮体系和偏心轮理论相结合的几何模型推演的，这与《崇祯历书》仅用偏心轮法有所不同，《崇祯历书》所取偏心率为 0.03584，而王锡阐所取偏心率仅为 0.02688。由于采取本轮—均轮体系与偏心轮理论具有等效性，王锡阐通过对本轮半径的适当设定，达到了他所认定的几何模型也可以实现与《崇祯历书》取用的偏心率相同的效果。这实际上是在吸取西法已有的本轮—均轮体系以及偏心轮理论基础上的一种创造，而这种创造则是为演绎他所认定的几何模型促成的。其月亮地心黄经的计算亦取用本轮—均轮体系和偏心轮理论相结合的方法。关于五星位置推算法，详见下说。

第四卷，讨论昼夜时间长短、晨昏蒙影、月相与内行星相位的变化，以及日月五星的视直径。

所论与时宪历基本相同，有许多和现今的球面天文学相当，只是没有用公式表示出来，而以文字方式描述[②]。如晨昏蒙影，取太阳在地平线下 18°为晨光始或蒙影终。计算相应时角 t（称距中度），实际上应用了以下公式：

$$\cos t=\frac{\cos 108^{\circ}-\sin\varphi\sin\delta_{日}}{\cos\varphi\cos\delta_{日}}=\frac{-0.309017-\sin\varphi\sin\delta_{日}}{\cos\varphi\cos\delta_{日}}$$

式中，φ 与 $\delta_{日}$ 分别为地理纬度与太阳赤纬度。

又如，求月亮视直径 d，实际上应用了以下公式：

$$\sin d=\frac{\sin\pi}{\sin\pi_{月}}\sin d_{月}$$

式中，π、$\pi_{月}$、$d_{月}$ 依此为月亮的赤道地平视差、平均赤道地平视差和月亮在距地平均距离处的视直径。

第五卷，先讨论时差和视差，继给出确定日心与月心连线方向——“月体光魄定向”的方法，系用一系列球面天文学的公式推导而得，是王锡阐所首创[③]。席泽宗已对该方法的推导过程作了较好的研究，但似还存在若干难通之处，尚待作进一步的考察。

第六卷，先论述交食计算法，其中对于初亏与复圆方位角的计算法同“月体光魄定向”法相似，也是王锡阐所首创。该二法均为《历象考成》（1722 年编成，详见本章第十节）所引用。随后还论述金星凌日的推算，亦用与之相似的方法。进而讨论月掩恒星、月掩行星、行星掩恒星、行星互掩等天体凌犯的计算方法。这些则是传统历法所未曾论及的课题[④]。

四　《五星行度解》

在《五星行度解》中，王锡阐构建了他自己的宇宙结构模型[⑤]：

---

① 宫岛一彦，王锡阐《晓庵新法》の太阳系モデル，《中国古代科学史论续编》，京都大学人文科学研究所，1991 年。

② 席泽宗，试论王锡阐的天文工作，见《科学史集刊》第 6 集，科学出版社，1963 年。

③ 同①。

④ 同①。

⑤ 宁晓玉，〈五星行度解〉中的宇宙结构，见陈美东等主编：《王锡阐研究文集》，河北科学技术出版社，2000 年。

“五星本天皆在日天之内，但五星皆居本天之周，太阳独居本天之心（亦为五星本天之心），少偏其上（近宗动天），随本天运旋成日行规。此规无实体，故三星（指火、金、水三星）出入无碍；若五星本天则各为实体。”“五星之中，土、木、火皆左旋，为日天所挈而东、金、水于本天右旋，各有行度，又随日天日行一度。”“黄道右旋，挈内诸天而东，亦挈太阳绕地右旋成日行规。”

依之，可作图 8-24。宗动天即为恒星天，地球（E）为其中心。太阳（亦即五星本天之心，S）

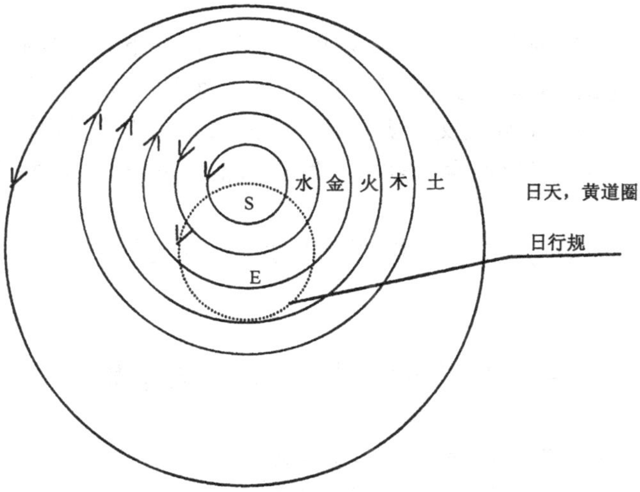

图 8-24　王锡阐宇宙结构模型示意图

不在宗动天的中心，总是偏于一侧。五星则绕太阳作圆周运动，其圆周直径依土、木、火、金、水为序减小。五星轨道均为有实体的圆圈。其中土、木、火三星左旋，而金、水二星右旋，这里的左旋或右旋均相对于太阳而言。太阳绕地球作圆周运动，即沿日行规右旋。日行规是为虚体，所以它并不妨碍火、金、水三星的运动。一方面，五星本天皆随太阳沿日行规的右旋而右旋，一方面，土、木、火三星又以各不相同的速度沿各自的本天左旋，由于这些本天左旋的速度均小于随日行规右旋的速度，故土、木、火三星相对于宗动天还是表现为右旋，只是其右旋的速度小于太阳右旋的速度；金、水二星则又以各不相同的速度沿各自的本天右旋，这与随日行规右旋叠加，即右旋的速度应大于太阳右旋的速度。而所谓日天（亦称黄道）是以地球为中心的大圆，在宗动天与五星本天之间，它在右旋，起着带动其内的五星及日行规右旋的作用。这是一既与古希腊亚里士多德的水晶球体系有同有异，又与第谷宇宙体系有异有同的宇宙结构模型。自然，王锡阐所作的这些改造，及其理念也不见得高明，但却是中国学者试图改善西方传入的宇宙体系的初始尝试。依之，王锡阐更建立了一整套计算五星位置的方法。实际上，王锡阐在具体计算太阳与五星的行度时，实际上还引进了变动的偏心圆的方法：“地体又不正当日天之中，太阳亦不正当五星天之中，而皆在其环动规之心（日天心绕地心亦作环动规）。”即日行规的中心并不在地球，而是在绕地球运转的一小圆之上；五星的本天之心（A）并不在日行规上，而是在绕日行规上的某一点（B）运行的小圆上，A 点沿小圆左旋，B 点沿日行规左旋。这些都是中国学者摒弃传统的代数学方法、改以几何学方法推算太阳及五星位置的重要探索。

关于日月五星运动的原动力，王锡阐又认为：“历周最高、卑之原，盖因宗动天总挈诸曜，为斡旋之主。其气与七政相摄，如磁之于针。某星至某处，则向之所升；离某处，则违之而降。”即他由以为宗动天是日月五星的动力源之所在,宗动天通过气吸引日月五星,就好像磁石吸引铁针一样。当日月五星行至距宗动天的某一部位时,宗动天分别对之施以吸力或斥力,于是,日月五星运动的轨道离宗动天时远时近。这是应用西方传入的宗动天总挈诸天之说、中国传统的气及磁引力作用说和开普勒的磁引力说的混合论。王锡阐摒弃了西方关于宗动天的神秘性理念,改以物质性的说明,无疑是一种进步。虽然如上所述,他还将似与太阳有关的日天(或黄道)视为太阳与金、水二星的动力源,也还是冲淡了专以太阳作为动力源的开普勒太阳磁引力说。

清代阮元等在论及王锡阐和另一位历算家梅文鼎(详说见下一节)的历算工作特色时说:"王氏(锡阐)精而核,梅氏(文鼎)博而大"① 这是十分确切中肯的评介。又诚如美国席文(N. Sivin)所说:"王锡阐是对世界天文学史贡献极大的大师",王锡阐、梅文鼎的"工作使西方的新方法和新思想对其后继者也产生了影响。简言之,他们带来了一场科学革命。"②

第八节 梅文鼎的天文工作

一 梅文鼎及其天文历法思想

梅文鼎(1633～1721),字定九,号勿庵,安徽宣城(今安徽宣州)人,出身于一个名门望族的家庭。自少年时代起,他便喜好数学与天文学。康熙元年(1662),他师从倪正学习大统历日月交食算法,同年撰成《历学骈枝》一书,反映了他对中国传统历算之学的感悟和研究才能,也成了他终生从事历算工作的重要起点。随后,他曾几度到南京访师会友,并与方以智、薛凤祚等通信求教,不断开阔眼界与学识。康熙十年(1671),他在南京购得向往已久的《崇祯历书》的一部分,同时抄录到薛凤祚《历学会通》的诸多内容,开始了系统地学习与钻研西方天文学的历程,和力图达到中西会通的尝试。

中年时,梅文鼎曾几度参加乡试屡不中,逐渐认清了科举制度的虚伪和危害,遂淡出仕途,忘寝废食,全身心投入历算之学的研究,终于成为兼通中西数学和天文学的一代名家。

康熙二十八年至三十二年(1689～1693),梅文鼎作为布衣,在北京受到大学士李光地的热情接待。在北京的经历,对梅文鼎而言是难以忘怀的。一方面,他体验到他关于历算研究成果备受人们重视的喜悦,一方面,更激励他进行进一步深入研究的信心。梅文鼎在康熙三十二年(1693)离开北京南归后,主要在故乡著书立说,与同道、后学讲求学问,间或外出访书会友,对于中西历算之学的宣传、研究更趋全面与深入。

康熙四十一年(1702),康熙帝读到李光地进呈的《历学疑问》一书,对梅文鼎的见地十分欣赏。康熙四十四年(1705)夏,康熙帝在南巡的归途中,特召见梅文鼎,连续三日在御舟中与梅文鼎谈论天文、数学,深敬其学识,亲书"绩学参微"四字以表彰梅文鼎的历算工作。梅文鼎的历算工作同时得到他同时代学者和后人的赞誉,李光地说他"统掠中西之学,为历法不祧之祖,

① 阮元等:《畴人传·王锡阐》。

② 席文、房兆楹,Wang Hsi-shan 王锡阐,Science in Ancient China, Variorum, 1995 年,第五章。

其功甚大"[①],江永称他是清代"历算第一名家"[②],可见梅文鼎影响之大。

梅文鼎之所以孜孜不倦地醉心于中西天文历法的研究与普及工作,与他追求科学真理、破除迷信的理念密切相关。他写道:"若历学既明,则人人晓然其故,虽有异说而自无所容。余所以数十年从事于斯,而且欲与天下共明之也。"[③] 他真切地领悟到"百氏言休咎,往往依托象纬,以尊其旨。故惟详征之推步实理,其疑始断。"[④] 对于古人占验迷信之说,梅文鼎从天文历法发展水平的角度作过很好的考察:"古之为历也疏,久而渐密,其势然也。惟其疏也,历所步或多不效,于是乎求其说焉不得,而占家得以附会于其间。"如日月失行,当食而不食或不当食而食;五星变行,未当居而居,当去不去,当居不居,未当去而去,等等,占家皆以为灾[⑤]。不但天文科学与占验迷信之间如是,整个科学同迷信之间也如此。梅文鼎的理念和追求就是不断完善和普及科学知识,使迷信无以存身,为此,他付出了毕生的精力。

梅文鼎指出:"治历者当顺天以求合,不当为合以验天。若预为一定之法而不随时修改,以求无弊,是为合以验天矣。""不为一定之法,必使随时修改,以求合天。""理愈久而愈明,法愈修而愈密,势则然耳。"[⑥] 这是他对于中国传统历法主流思想的继承与发展。他还认为:"自唐虞以来,未有不精测验而能定历者也。立法以踵事增华而益善,测天之器亦然。"[⑦] "世愈降历愈以密","历至今日,屡变益精"[⑧]。这些则是关于天文历法发展观的表述。在梅文鼎的众多著述中,皆贯穿着这些重要的思想认识。

梅文鼎生当西法流行、中法式微的年代。他面临着认真学习、消化吸收西法,和发掘、理解发扬中法的艰难局面,并以发展历算之学为己任。在论及中西算学时,他认为:"中西两家之法,派别枝分,各有本末,而理实同归。或专己守残,而废兼收之义,或喜新立异,而缺稽古之功,算学之所以无全学也。夫理求其是,事求适用而已,中西何择焉!"[⑨] 这一思想自然也同样适用于天文历法之学。他又说:"数者所以合理也,历者所以顺天也,法有可采,何论东西,理所当明,何分新旧。在善学者,知其所以异,又知其所以同。"主张"去中西之见,以平心观理","务集众长以观其会通,毋拘名目而取其精粹"[⑩]。梅文鼎一生的学术实践正以此为指导,在中西历算的会通上做出了重大贡献。

从维护民族自尊和王道尊严的立场出发,梅文鼎还大力阐述和宣传西学中源说,这在下面还要论及。应该说,在清代兴起并盛行的西学中源说,在中国士人学习西学的历史进程中,曾起过某种心理平衡和缓解排斥西学的作用,但因其并非历史的真实,而是虚幻的,所以从本质上成为延缓对西学的学习与西学深入传播的原因[⑪]。

梅文鼎在康熙四十一年(1702)曾整理自己的著述,成《勿庵历算书目》(亦称《勿庵历算书

① 李光地:《榕村语录》卷二十六。
② 江永:《梅翼·序》。
③ 梅瑴成编:《梅氏丛书辑要·杂著·学历说》。
④ 梅文鼎:《勿庵历算书目·自序》,《知不足斋丛书》本。
⑤ 同③。
⑥ 梅瑴成编:《梅氏丛书辑要·历学疑问》。
⑦ 梅文鼎:《勿庵历算书目·测器考》,《知不足斋丛书》本。
⑧ 梅瑴成编:《梅氏丛书辑要·杂著·古今历法通考·自序》。
⑨ 梅文鼎:《勿庵历算书目·中西算学通序例》,《知不足斋丛书》本。
⑩ 梅瑴成编:《梅氏丛书辑要·暂堵测量》卷二。
⑪ 梅瑴成编:《梅氏丛书辑要·杂著·古今历法通考·自序》。

记》)不分卷,内中提及的与天文历法直接相关的著作有60余种之多,另有《历学疑问补》等10余种大约是在1702年后所作(以下以 * * 号示出,皆为已刊出问世者),故《勿庵历算书目》尚未言及。下面我们拟将所有这些著作共74种分成5类,对之作详略不等的介绍,据以说明梅文鼎对于天文历法的多方面的贡献。在这众多的著作中有34种曾刊刻问世,内中有32种先有魏荔彤兼济堂纂刻的《梅勿庵历算全书》(1723),后有梅文鼎之孙梅瑴成所编刻的《梅氏丛书辑要》(1761)收录,在下述带 * 号或 * * 号者,即为见于该二书中者。

二 对传统天文历法的研究与阐发

梅文鼎对传统天文历法所取得的成就有很高的评价。他对于当时一些人对传统历法的偏见和对西法的盲从,持批评态度,他说:"余窃怪夫世之学者,入主出奴,不能得古人之深,而轻肆诋诃者皆是也。"① 他从事传统天文历法研究的目的之一,正是令"古人之精意可使常存,不致湮没于峕己守残之士",而要从中汲取智慧,今后"亦可本其常然以深求其变,而徐为之修改,以衷于无弊"②,即以之作为发展天文历法之学的基础之一。

对于传统历法,梅文鼎作了全面而系统的研究,《古今历法通考》五十八卷,后增至七十余卷③,即为其代表作。他认为邢云路的《古今律历考》"于古法殊略所疏,授时法意亦多未得其旨","古历之源流得失未能明也",故不惜时间与精力重予考察,"尝于古历七十余家,详为参校,窃睹古人之心勤也"。研究时还"兼古术、西术,考其同异,而求端于天"④,实难能可贵。《古今历法通考》计分:"历沿革本纪一卷,年表一卷,列传二卷,历志二十卷,法沿革表十卷,法原五卷,法器五卷,图五卷"⑤,此中卷数合计不足58,必有误,待考。但由之可见,其体例独树一帜,与邢云路《古今律历考》大不相同。可见,梅文鼎对传统历法所依据的理论探讨的重视,他指出:"历家有法无论理,(理)隐数中,自非专家罕能究悉","法原五卷"大约便是"直言其立法之所以然"⑥ 的部分。也许由于《古今历法通考》卷帙浩大,未能刊刻,由是不传,至为可惜。

梅文鼎认为"授时历集古法之大成"⑦,他"知许文正(衡)、郭若思(守敬)诸公测验之精、制器之巧,叹授时历法之善。"⑧ 他对授时历极为重视,研究也颇为详尽:

《历学骈枝》* 二卷(与梅文鼐合作,后续为四卷)。对授时历气、朔与交食算法的补校与解说。

《元史历经补注》二卷。对授时历历经若干问题的补正与解说。

《大统历立成注》二卷。对大统历(亦即授时历)历表造法的解说。

《郭太史〈历草〉补注》二卷。对郭守敬所撰"有算例、有图、有立成,历经之根多在其中"的《历草》一书,在阐明授时历法的本意的基础上,订正之。

---

① 梅瑴成编:《梅氏丛书辑要·暂堵测量》卷二。
② 魏荔彤辑:《梅勿庵先生历算全书·历法答问·历学源流论》。
③ 阮元等:《畴人传·梅文鼎上》。
④ 梅文鼎:《勿庵历算书目·古今历法通考》,《知不足斋丛书》本。
⑤ 梅瑴成编:《梅氏丛书辑要·杂著·古今历法通考·自序》。
⑥ 梅文鼎:《勿庵历算书目·古今历法通考》,《知不足斋丛书》本。
⑦ 同⑥。
⑧ 梅文鼎:《勿庵历算书目·元史历经补注》,《知不足斋丛书》本。

《步五星式》六卷(与梅文鼐合著)。关于授时历以三次差内插法计算五星运动的复原研究。

《平立定三差详说》* 一卷。对授时历三次差内插法步骤与原理进行了十分详明的解说。

《堑堵测量》* 二卷。这是一部数学著作,但在卷末对"郭太史圆容方直、矢接勾股之法,亦不烦言说而解。"[①] 即对授时历中以增乘开方和勾股比例法,解决黄赤道坐标换算的"黄赤道差法"与"黄赤道内外度法"进行解说,阐明了其具有类似于球面三角法的实质。

《春秋以来冬至考》* 一卷。从对春秋以来有关冬至时刻记录的研究,讨论杨忠辅统天历和郭守敬授时历中回归年长度古大今小的问题。

《古历列星距度考》一卷。对从书肆购得的《普天星宿入宿、去极度分》一书的考订,由所列坐标值以百分为度,而推测其为郭守敬当年恒星观测结果的遗存。

如上 9 种都与授时历的研究相关。诚如梅文鼎所言:"兼采旁蒐,详探浅说,生平矢愿,欲使幽微之旨,较若列眉"[②],"订其讹误,补其遗缺"[③],是为这些著述和下述诸多著述的共同特征。

《庚午元历考》一卷。关于耶律楚材庚午元历中上元与积年问题的考正。

《写算步历式》一卷。关于历法计算方法的简明介绍。

《答李祠部问历》* 一卷和《答刘文学问天象》* 一卷,又合而称《历学答问》* 不分卷,且将《答嘉兴高念祖先生》一并收入其中。是为回答李古愚、刘文学和高念祖等人关于传统天文历法有关问题的信函。

《宁国府志分野稿》* 一卷。

《宣城县志分野稿》* 一卷。

《江南通志分野拟稿》* 一卷。

以上 3 种,皆"具录历代宿度分宫之异同,及各种分野之法"[④],只是所涵盖的地域不同。

三　对西法的研究与普及推广

梅文鼎对于西法也有很高的评价,他颂曰:"洞新法之密合,命遵行为定制"[⑤]。他十分客观地承认西洋历法优于年久失修的传统历法,指出西法也有长时间的发展历史,"西法原非一种,亦以踵事益精"。"在唐则有九执历,为西法之权舆,其后有《婆罗门十一曜经》及《都聿利斯经》,皆九执之属也。在元则有札马鲁丁西域万年历,在明则有马沙亦黑、马哈麻之回回历。"这些都是西法前期成果而已传入中国者。明末清初以来传入的西法,则继其后,而且有各自的主张,《崇祯历书》"多本地谷(第谷)、利氏(利玛窦)之说,亦多不同。又有西士穆尼阁著《天步真原》与历书规模又复大异。"[⑥] 他还指出自托勒玫到哥白尼到第谷再到"又出其后"的"远镜之

① 梅文鼎:《勿庵历算书目·堑堵测量》,《知不足斋丛书》本。
② 梅文鼎:《勿庵历算书目·古今历法通考》,《知不足斋丛书》本。
③ 梅文鼎:《勿庵历算书目·历学骈枝》,《知不足斋丛书》本。
④ 梅文鼎:《勿庵历算书目·宁国府志分野稿》,《知不足斋丛书》本。
⑤ 梅瑴成编:《梅氏丛书辑要·杂著·拟璇玑玉衡赋》。
⑥ 梅文鼎:《勿庵历算书目·古今历法通考》,《知不足斋丛书》本。

制”,西法因“累测益精”[①]。可见,梅文鼎对西方天文历法发展史有相当的了解,故对西法之精到不以为怪,而努力阐释、宣传之;也对西法中仍存在不足之处不以为奇,而尽力补正之。

梅文鼎著《回回历补注》三卷和《西域天文书补注》二卷。分别是关于回回历法和明译《天文书》的补正与阐发。也作为对西方天文历法史的一种研究。以下,我们将他关于西法的著述分三种类型略作介绍:

(一)对西法的吸收、订误与发展

《交食蒙求订补》*(亦称《交食蒙求》)二卷。对《崇祯历书》交食计算方法的校补与订正,并给出一种“简法”,以更准确而简便地计算月亮视差的影响。

《交食管见》*一卷。提出计算日、月食的亏起方位时,不应以观测者的东、西、南、北方位加以描述,而应“以日、月体之中心为中,而论其方位”,“据人所见日、月圆体分为八向,以正对天顶处,命之曰上,对地平处,命之曰下”,由上、下,而定出左右,再平分为八向[②]。即应以日面或月面坐标来描述交食亏起的方位。又介绍并论证了王锡阐推算食甚时亏食方位方法的正确性。

《交食作图法订误》一卷。指出以作图法求日、月交食的食甚时刻和食分时,应以月亮中心为准。

《火纬本法图说》*一卷。介绍《崇祯历书》火星位置计算方法,并依其对宇宙模式的理解(说见下),对计算方法略作改动。

《五星管见》**(亦称《五星纪要》)不分卷。详论依其宇宙模式而进行的五星位置计算的方法。

《七政前均简法》*一卷。介绍《崇祯历书》中日、月、五星计算用表的“立表之法”。

《上三星轨迹成绕日圆象》*一卷。以为“五星本天并以地为心,与日、月同,至若岁轮。则惟金、水二星绕太阳左右而行,其岁轮直以日为心”。“然金、水岁轮绕日,其度右移,上三星(指土、木、火星)轨迹,其度左转,若岁轮则仍右移耳”[③]。此即梅文鼎所认定的宇宙模式。也就是在托勒玫宇宙体系和均轮、本轮以及偏心轮模型的基础上,对之作少许改动。而且认为日、月、五星轨道都是“硬圈有形质”[④] 的实体。这些见解都反不及第谷体系可信。

杨文意在《历象图说旧本·五星次轮图说》中,在描述了行星既沿本轮运行,又以本轮为中心沿均轮运转之后说道:“梅子(即梅文鼎)曰:是皆气所摄也。本轮之周为最高摄,故心虽右退而其左转以向最高者不移也。次轮(即均轮)之周为日所摄,故心虽左徙而其右转以向日者不移也。……太阳之于星,不啻慈铁之呼翕、涡流之茹纳也。故一气之中,群象效焉,一机之发,众动生焉。”即梅文鼎和杨文意认为,行星之所以沿本轮运行,是因为被“最高”(运行离地最远处)的气所吸引,而行星之所以又沿均轮运行,则是因为受到太阳的吸引所致。太阳吸引行星就如同磁铁吸引铁珠一般。而行星一面沿本轮运动,一面又绕均轮旋转,就好像水中的涡流一面随河水流动,一面又在作自旋一样。这是将传统的关于气的学说、磁引力的作用说,和开普

① 梅瑴成编:《梅氏丛书辑要·历学疑问》卷一。
② 梅文鼎:《勿庵历算书目·交食管见》,《知不足斋丛书》本。
③ 梅文鼎:《勿庵历算书目·上三星轨迹成绕日圆象》,《知不足斋丛书》本。
④ 梅瑴成编:《梅氏丛书辑要·五星管见》。

勒的太阳磁引力说混合而一的论说，王锡阐也有与此相类似的论述（见上一节）。可见，传统的气的学说对于当时学者乐于接受新传入的相关论说，以及将新传入的相关论说吸纳入传统的气的学说中，也是当时学者的共同取向。

《黄赤距纬图辩》一卷。指出阳玛诺《天问略》所介绍的确定24节气黄纬作图法的不准确性。

《太阴表影辩》一卷。在阳玛诺《天文略》等西学著作中，皆认为“太阳、太阴各高五十度时，太阳表影必短，而太阴表影必长”，并以此作为“月近于日”的一种证明。梅文鼎则指出：这里“太阳、太阴各高五十度”，是指太阳和月亮中心的地平高度而言的，而“太阳表影必短”，是因取太阳上边缘的影长；“太阴表影必长”，是因取月亮中心的影长所致。故不能作为“月近于日”[①]的证明。

《日差原理》一卷。梅文鼎以为计算日食食分时，应加太阳运动中心差和视差的改正，而作是篇。后其孙梅瑴成指出，在计算定朔时已加太阳运动中心差的改正，故不应在计算食分时再一次作此改正。梅文鼎即改从其孙之说。

《〈天步真原〉订注》一卷。对穆尼阁《天步真原》与《崇祯历书》作比较研究，指出二者的若干异同处，并为所见《天步真原》刊本中的一些错误进行订正。

梅文鼎还十分关注与他同时代的中国学者的研究工作，从中吸取营养，以及对历法疑难问题的思考，这在他的著述中也有表现：

《〈历学会通〉订注》一卷。为薛凤祚《历学会通》的再版所作的订误、注释工作。

《王寅旭书补注》不分卷。为王锡阐的历算著述作订正和申述其义的工作。

《〈写天新语〉钞存》一卷。《写天新语》一名《璇玑遗述》，是为揭暄所著（详见本章第九节），梅文鼎得其初稿，抄录其新说存之。

《思问编》一卷。主要是未得其解的关于历算疑难问题的记录。

（二）对西法的推广应用

《恒星纪要》* * 不分卷。介绍恒星南中天和相应时间的互求方法。给出二十八宿距星等88颗恒星的赤经与赤经、赤纬每年变动值表，和二十八宿距星的赤经、赤纬值，黄经、黄纬值及其星等表。这些恒星坐标值选自南怀仁《灵台仪象志》，并经岁差改正而成[②]。还对中西恒星星数的状况作了综述。

《分天度里——图注各省直及蒙古各地南北、东西之差》一卷。各省省府和蒙古等地之地理经纬度表。

《四省表景立成》* 一卷。对陕西、河南、北直（今河北）和江南四省晷影长度表的订定，并附加用法的说明。

《考最高行及岁余》* * 一卷。介绍因太阳远地点与冬至点相对位置的变化（即太阳远地点进动）对每年回归年长度值的影响。

《七十二候太阳纬度》一卷。72候日太阳南中天高度的测量。

《帝星、勾陈经纬考异》一卷。对若干历书刊本所载帝星和勾陈大星二恒星经纬度互异状

---

① 梅文鼎：《勿庵历算书目·太阴表影辩》，《知不足斋丛书》本。

② 李迪，郭世荣，清代著名天文数学家梅文鼎，上海科学技术文献出版社，1988年，第88页。

况的考订。

《星晷真度》一卷。考定帝星和勾陈大星的真实经纬度，以备作测时之用。

《诸方节气加时日轨高度表》* 一卷（与梅瑴成合作）。依球面三角法给出从北纬 20 度到 42 度的昼、夜时刻与晨、昏时刻。

（三）对西法的普及性、通俗性解说

《交食蒙求附说》* 二卷。“附浅显之说，使用法者稍知立法根源，庶可以益致其精尔”[①]。

《七政细草补注》* 三卷。对《崇祯历书》中的日、月、五星《历指》作简要的介绍，“使用法之意了然，亦使学者知其所以然”[②]。

《揆日纪要》* 一卷。已知太阳赤纬、地理纬度，以三角函数法求算晷影长度方法的说明。附每日太阳赤纬值表和各省直地理经纬度表。

《仰观覆矩》* 一卷。关于太阳出入方位以其地平经度描述，而出入时刻以太阳赤经描述的解说。

《测景捷法》一卷。关于晷影长度、表长与测地纬度三者间数学关系的解说，以三角函数法明之。

《测星定时简法》一卷。由测量恒星的方位角，进而推知时刻方法的说明。

《陆海针经》*（亦称《里差捷法》或《地度弧角》）一卷。以球面三角法，求解两地相距里数、经度与纬度三者之间的关系（已知其二求其一）。

《求赤道宿度法》* 一卷。介绍由黄道经度求与之相应的赤道经度的“算理”。

四　对中西天文历法的比较研究

梅文鼎相信中西历法之大理应是相同的，因为“东西共戴一天”，而两方学者皆“心思所极”以说之，则“不容不合，亦其必然者也”。他又进一步分析道：“授时历承用三百余年，未加修改，测算之讲求益稀，学士大夫既视为不急之务。而台官株守成法，鲜谙厥故，骤见西术，群相骇诧，而不知旧法中，理本相同也。”[③] 这应是梅文鼎对中西天文历法作比较研究的基本理念之一，也是他所深信的西学中源说的基础之一。

梅文鼎所著《历学疑问》* 三卷，即为此类研究的力作。其卷一主要包括如下五项内容：

其一，论中西历法之异同。所同者有：“五星之最高加减也，即中法之盈缩历也；在太阴则迟疾历也。其言五星之岁轮也，即中法之段目也。其言恒星东行也，即中法之岁差也。其言节气之日躔过宫也，即中法之定气也。其言各省直节气不同也，即中法之里差也。”这四点确为中西之法相通者。但“中历所著者当然之运，而西历所推者其所以然之源，此可取者也”，这则是相通中的不同者，亦为确然之论。所异者有：“中法以夏正为岁首，……（西法）正月一日定于太阳躔斗四度之日”，“中法步月离始于朔，而西法始于望”，“中法论日始子半而西法始于午中”，“中法立闰月，而西法不立闰月，惟立闰日”，“黄道十二象与二十八宿不同”，中西恒星之名“无

① 梅文鼎：《勿庵历算书目·交食蒙求附说》，《知不足斋丛书》本。

② 梅文鼎：《勿庵历算书目·七政细草补注》，《知不足斋丛书》本。

③ 梅瑴成编：《梅氏丛书辑要·暂堵测量》卷二。

一同者”，“中法纪日以甲子，六十日而周，西法纪日以七曜，凡七日而周”，“中法纪岁以甲子，六十年而周，而西法纪年以总积，六千余年为数”，“中法节气起冬至，西法起春分”。这九点确为中西之法相异者。此外，梅文鼎实际上也提及了中西之法更重大和本质的差异：“算法之根”的不同，只是未予正面的、深入的讨论。

其二，讨论回回历法与西法、授时历的不同，以及“西历亦古疏今密”等问题。

其三，对西学中源说的阐述。既有“论地圆可信”之说（以西方传入的论据为说），又列举若干中国古籍中似是而非的地圆之说，便断言“地圆之说固不自欧逻西域始也”。

其四，粗论浑盖合一说。

其五，讨论中西历法历元、积年等设置异同。

卷二和卷三，主要是介绍西法的基本理论，如宇宙模型，均、本轮和偏心圆理论等等，也兼论回回历法五星法，以及杨忠辅、郭守敬等岁实（回归年长度）的消长法的异同，并讨论了消长的原因。

全书的论述重点突出，简明而又精审。诚如梅文鼎自己所说：“作为简要之书，俾人人得其门户，则从事者多，此学庶将益显”①，实为西法入门的佳作。

在《历学疑问》问世10余年后，梅文鼎又著《历学疑问补》＊＊二卷。其卷一，进一步阐述西学中源说和浑盖合一说。写了“论西历源流本出中土即周髀之学”、“论中土历法得传入西国之由”、“论周髀中即有地圆之理”、“论浑盖通宪即古盖天遗法一”、“论浑盖通宪即古盖天遗法二”、“论盖天之说流传西土，不止欧逻巴”等篇章。认为西方数学与天文学即源于古盖天遗法。他对《周髀算经》中即有地圆之理的论证，不免有牵强附会之嫌，他混淆了《周髀算经》中的七衡六间法与传入的星盘地盘的投影法的本质不同，他还对盖天说的西传作了想当然的描述。这些都反映了梅文鼎试图拔高传统天文学成就，以满足其自身、包括康熙帝在内的统治者和诸多士人虚幻自尊心的心态。在“论盖天与浑天同异”中，他认为：“盖天即浑天也。其云两家者，传闻误耳。天体浑圆，故惟浑天惟肖。然欲详求其测算之事，必写记于平面，是为盖天。是故浑天如塑像，盖天如绘像，总一天也，总一周天之度也，岂得有二法哉？”他是从球面与平面在数学上可以互相转换的角度，认为浑、盖可以合一，但却回避了浑天说与盖天说的天文学含义的本质差异。

其卷二，进一步论述在《历学疑问》中提及的中西历法可相通者的若干问题，兼论传统历法的月建、颁朔等问题。

如前所述，康熙帝对《历学疑问》一书十分赏识，这大约是书中对中西历法的简明论述，对康熙帝对中西历法的理解大有补益，此外，西学中源之说更合于他的胃口。《历学疑问补》则对后者大加补充、对前者也予充实，这与康熙帝的希望是相符合的。

《〈浑盖通宪图说〉订补》＊一卷。“窃疑（星盘）为周髀遗法流入西方者也。”并补充李之藻《浑盖通宪图说》中“黄道分星之法”的遗缺部分。

《〈周髀算经〉补注》一卷。据《四部总录天文编》载，梅文鼎还著有《曾子问天员篇注》一卷，也已刊刻问世。该二书皆为论述西学中源说而作。

《西国日月考》＊一卷。讨论中西历日的对应关系。

《三十杂星考》＊（亦称《西国三十杂星考》）一卷。对明译《天文书》中所列30颗恒星中西

---

① 梅文鼎：《勿庵历算书目·历学疑问》，《知不足斋丛书》本。

对应名称的证认。

《学历说》* * 一卷。关于学习、研究历法意义的阐述。

五　天文仪器和星图的制作与研究

《拟璇玑玉衡赋》* * 一卷。颂扬中西天文仪器之作。

《测器考》二卷。对中国传统浑仪的发展和郭守敬简仪、仰仪等的考察，以及对西方传入的象限仪、纪限、星盘等的介绍。

《二铭补注》* *（亦称《二仪铭补注》或《仪铭补注》）一卷。对杨桓所作《简仪铭》和《仰仪铭》的注释，亦即对郭守敬简仪和仰仪的研究。

《漏壶考》一卷。综考中国传统计时仪器漏壶的发展史。兼及詹希元的五轮沙漏和西方传入的沙漏。

《自鸣钟说》一卷。介绍西方传入的自鸣钟。指出当时流行的自鸣钟有成为“穷工极巧”的玩物的趋势，计时精度不高，不宜用于天文测量。主张“若其稍大者，按候支更，以节晨昏，则为用亦大矣”。①

《日晷备考》三卷。介绍中国传统的赤道日晷与西方传入的各式日晷。并指出当时一些关于日晷的著作中的若干错误。

《赤道提晷说》一卷。对在《日晷备考》中未提及的一种赤道式日晷的用法与原理的解说。

《揆日浅说》一卷。鉴于所见关于日晷的著作仅“详于法，法之理多未及也”②，故对其原理加以解说。

《勿庵仰观仪式》一卷。这是一种以当地天顶为中心的、以 24 节气为特定时间的 24 幅新式专用星图，依之，可由星图查知恒星的地平方位与高度角。

《勿庵揆日器》一卷。一种自制新式日晷的说明书。

《璇玑尺解》一卷。一种既可以测量太阳赤纬、又可测量特定的 10 颗亮星高度的仪器，前者可用于测知节气，而后者可用于测定时刻。

《勿庵侧望仪式》一卷。一种弧度从北极南到观测者地平线的仪器，约可用于测量天体的赤纬。

《勿庵浑盖新式》一卷。原有仪器仅以黄道为边界，今令其边界南扩 8°，使金星运动于黄道之极南时，亦可在仪器上地以演示，亦即使日、月、五星的运动都可以在新仪器上得到演示。

《勿庵月道仪式》一卷。在一略大于半球（95.375°）的面上，以黄极为中枢，画出黄道及其经纬网，又具一白道环，与黄道相交成 5.375°。可用于演示月亮黄纬的大小变化，黄白升、降交点，以及月亮在黄白交点之前或之后的状况。

如上所述，有对中、西天文仪器的解说，有独具匠心绘制的星图，后 5 种则是他自制的天文仪器，是为在西方传入的天文仪器基础上进行改进的产物。

梅文鼎集毕生的精力，在中、西天文历法领域做了如此大量的工作，这在当时无人可以与之媲美。他的这些工作主要是对中、西天文历法一系列论题的解说、订误、应用推广与普及，同

① 梅文鼎：《勿庵历算书目·自鸣钟说》，《知不足斋丛书》本。

② 梅文鼎：《勿庵历算书目·揆日浅说》，《知不足斋丛书》本。

时有对中法理论与若干重要数学方法的阐发，和对一些西法问题的发展。此外，梅文鼎志在普及中、西天文历法，并注重培养后学，使其学得有传人，这两点则远非王锡阐可比，由是，在当时以及对后世的影响，梅文鼎亦大于王锡阐是自不待言的。

第九节 《明史·历志》的纂修及揭暄、游艺等人的天文工作

一 《明史·历志》之纂修

（一）《明史·历志》的纂修过程

关于《明史》历志的编撰，梅文鼎在《历志赘言》中称："己未（1679），愚山（施闰章）奉命修《明史》，寄书相讯，欲余为历志属稿，……因作此寄之。大意言明用大统，实即授时，宜于元史阙载之事，详之以补其未备。又回回历承用三百年，法宜备书；又郑世子（朱载堉）历学，已经进呈，亦宜详述；他如袁黄之《新法历书》，唐顺之、周述学之会通回历，以庚午元历之例例之，皆得附录；其西洋历方今现行，然崇祯朝徐（光启）、李（天经）诸公测验改宪之功，不可没也，亦宜备载缘起。盖历志大纲，略尽于此。"① 这是说梅文鼎首次在北京期间，受施闰章等人之邀，以布衣身份参与《明史·历志》的编修工作时所提出的关于"历志"大纲的意见。从现通行的张廷玉《明史·历志》看，这些意见显然受到了足够的重视。

大约十年后梅文鼎又说："《明史》历志，属稿者，检讨钱塘吴志伊任臣，总裁者，中丞汤潜庵先生斌也。潜庵殇后，史事总属昆山（徐乾学），志稿经嘉禾徐敬可善，北平刘继庄献廷，毗陵杨道声文言诸君子，各有增定，最后以属山阴黄梨洲先生宗羲。岁己巳（1689），鼎在都门，昆山以志稿见属，谨摘讹舛五十余处，粘签俟酌，欲候黄处稿本到齐属笔，而昆山谢事矣。无何，梨洲季子主一百家从余问历法，乃知鼎前所摘商者，即黄稿也。于是主一方受局中诸位之请，而以授时表缺，商之于余，余出所携《历草通轨》补之，然写本多误，皆手自步算，凡篝灯不寝者两月，始知此事之不易也。"② 由之可知，《明史·历志》的纂修经历了十分复杂的过程，吴任臣、汤斌、徐乾学、徐善、刘献庭、杨文言、黄宗羲、黄百家等人均有所贡献，其中尤以吴任臣、黄宗羲与黄百家父子用力最多。

吴任臣（？～1689），字志伊，号托园，浙江仁和（今杭州）人。曾任翰林院检讨，为学通贯经史，著有《春秋正朔考辨》等，对中国传统历法有所研究。关于吴任臣参与《明史》历志的纂修事，据载：癸亥（1683）八月"……吴（任臣）云：明史天文、历法、五行三志，皆其手笔。"③ 又曰：辛未（1691）三月"会万季野（斯同），言《明史》历志吴志伊（任臣）纂修者，今付梅定九（文鼎）重修。"④

① 梅文鼎：《勿庵历算书目·历志赘言》，《知不足斋丛书》本。

② 梅文鼎：《勿庵历算书目·明史历志拟稿》，《知不足斋丛书》本。

③ 陆陇其：《三鱼堂日记》卷八。

④ 陆陇其：《三鱼堂日记》卷十。

黄宗羲(1610～1695),字太冲、号南雷,人称梨洲先生,浙江余姚人。学识渊博,清廷累征,皆辞不就,在家乡著述和讲学。他对中国传统历法有精深的研究,著有《授时历故》等,对授时历(亦即大统历)多所疏解,至今仍是解读授时历的重要参考书。全祖望指出:“公(黄宗羲)虽不赴征书,而史局大案,必资于公。”[①] 黄宗羲自己在《答万贞一论〈明史〉历志》的信中也提到了修改吴任臣稿子的事,并且附上了自己的看法[②]。可见,黄宗羲对明史(包括历志)确实付出了许多心血。

现存的明史历志有主要下列五种:

(1)中国科学院图书馆所藏黄百家撰《明史·历志》抄本二卷(卷上、卷下);

(2)北京图书馆万斯同《明史·历志》卷二十七至卷三十一;

(3)汤斌《汤潜庵先生分纂明史稿·历志》卷五至七;

(4)王鸿绪《横云山人明史稿·历志》;

(5)乾隆四年印成的张廷玉的《明史·历志》。

研究表明[③]:汤斌《汤潜庵先生分纂明史稿·历志》取自黄百家《明史·历志》上、下二卷,而略有修改。万斯同《明史》卷二十七、卷二十八与黄百家《明史·历志》卷上、下完全相同。黄百家《明史·历志》主要叙述明代历法之沿革,特别是明末西学传入的历程。王鸿绪《横云山人明史稿》多取自万斯同稿本,已成共识。经比较,王鸿绪历志前二卷取自万斯同《明史》卷二十七、二十八(亦即黄百家《明史·历志》)或汤斌稿,文字略有删改,但大多相同。于是,这几部历志的关系大致是:黄百家《明史·历志》→汤斌《汤潜庵先生分纂明史稿·历志》卷五至七→万斯同《明史·历志》→王鸿绪《汤潜庵先生分纂明史稿·历志》→张廷玉《明史·历志》(雍正续修时,由梅瑴成负责改定)。

综上所述,与《明史·历志》编纂有关的经过大致如下:

梅文鼎《历志赘言》(1679)→吴任臣历志稿(1683)→黄百家、黄宗羲等人改正的历志稿(1689年稍前)→汤斌《汤潜庵先生分纂明史稿》(1688年田兰芳序)→万斯同《明史》历志→梅文鼎《明史历志拟稿》(1689年稍后)→梅文鼎修订吴任臣稿(1691)→王鸿绪《横云山人明史稿》(1723)→梅瑴成等人改定的张廷玉《明史·历志》。“明史历志一稿,集诸家精力方成,而(梅)文鼎发凡、订补之功为不可没也”[④],诚为中肯之论。

(二)从《明史》历志诸本之比较看各家对中西学的态度

“镕彼方之材质,入大统之型模”,是徐光启在明末改历时,对如何利用西学的一个总的看法。对于徐光启的这种论点,梅文鼎在《历学疑问》“论中西之异”中持赞同态度。在编纂历志时,对徐光启的这种见解是如何评价呢?黄百家《明史·历志》在谈及明代改历时,对中法、西法应采取怎样的态度,作了如下论述:“……中历必不可尽废,西历必不可专门,当今历各有所短,各有所长。……故辅徐光启亦云镕西方之材质,入大统之型模,义取兼收,意无偏尚,恶得学一废百乎?”即主张在吸收西学的同时,对中学也应采取保护与发扬,但是这种言论,在《明史·历

① 全祖望:《鲒埼亭集》“黄宗羲神道碑”。

② 黄宗羲:《黄宗羲全集》第十册,浙江古籍出版社,1993年,第205页。

③ 韩琦,从《明史》历志的纂修看西学在中国的传播,见刘钝、韩琦等编:《科史薪传——庆祝杜石然先生从事科学史研究40周年学术论文集》,辽宁教育出版社,1997年,第61～70页。

④ 黄云眉:《明史考证》(一),中华书局,1979年。

志》定稿中却被删除，其中缘由，值得人们深思。

黄百家《明史·历志》在评论利玛窦等人来华及他们的科学修养时说：万历“二十九年(1601)二月，大西洋人利玛窦进贡土物，继龙华民、罗雅谷、庞迪我、邓玉函、熊三拔等先后至，利玛窦等俱精天文历法，盖彼国以此为大事，五千年以来，聪明绝群之士聚而讲之，为专门之学。”这段文字，在汤斌《汤潜庵先生分纂明史稿》、王鸿绪《横云山人明史稿》、张廷玉《明史》中均被删除，对西方科学的明确称赞，编修者显然是存有戒心，不敢明目张胆地宣传。

对于明代改历，黄百家颇费笔墨，大量引述奏书的原文，非常详尽，汤斌亦仿此。而张廷玉《明史·历志》，则略而不引，或甚简略。

王鸿绪《横云山人明史稿》历志二在评论西方传入的天文学时说：“西洋新法初与回回历同传，……而西洋多禄某(托勒玫)更为穷推详测，其后亚而封所(Alfonso Ⅹ，阿方索十世，1221～1284)、歌白泥(哥白尼)等继之，盖加精密，逮入中国，又通融中法，……，而授时、大统之说渐以绌矣。”这段文字在张廷玉《明史·历志》亦被删去。总之，张廷玉《明史·历志》对前面三稿历志叙述西学的部分都有删改，对西学的态度，由此可见。当时一些人认为“在史局则严是非”①，这必然影响对西学的看法。

(三)梅瑴成对《明史》历志的修订及其西学中源说

王鸿绪明史稿三百十卷，于雍正元年(1723)进呈，原来历志中的不足部分，已经基本补齐，是《明史》一书的底本。雍正帝随即下诏续修明史，梅瑴成担任纂修官，负责历志部分的工作。雍正十三年(1735)，明史修订工作完成，乾隆四年(1739)刊成，即现在通行的张廷玉《明史》。

《明史·历志一》末对西学的看法是：

> 西洋人之来中土者，皆自称欧罗巴人，其历法与回回同，而加精密。尝考前代，远国之人言历法者多在西域，而东南北无闻(唐之九执历，元之万年历，及洪武间所译回回历，皆西域也)。盖尧命羲、和仲叔分宅四方，羲仲、羲叔、和叔则以嵎夷、南交、朔方为限，独和仲但曰宅西，而不限以地，岂非当时声教之西被者远哉。至于周末，畴人子弟分散。西域、天方诸国，接壤西陲，非若东南有大海之阻，又无极北严寒之畏，则抱书器而西征，势固便也。欧罗巴接回回西，其风俗相类，而好奇喜新竞胜之习过之。故其历法与回回同源，而世世增修，遂非回回所及，亦其好胜之俗为之也。羲、和既失其守，古籍着可见者，仅有《周髀》。而西人浑盖通宪之器，寒热五带之说，地圆之理，正方之法，皆不能出《周髀》范围，亦可知其源流之所自矣。夫旁搜博采以续千百年之坠绪，亦礼失求野之意也，故备论之。

这段文字，均未见于黄百家和王鸿绪的《明史·历志》中，而见于梅瑴成的《操缦卮言》②“明史历志附载西洋法论”中，因此这是由梅瑴成补入，应无疑问。梅瑴成选入史局以来，继承乃祖梅文鼎的衣钵，继续倡导西学中源说，这段文字可谓典型之论。

此外，《操缦卮言》中有“明史历志论”，是《明史》历志的开头部分；“明史历志后论”也被采入《明史》中。《操缦卮言》还有“上明史馆总裁书”，这都体现了梅瑴成对历学的看法。

---

① 汤斌：《汤潜庵先生分纂明史稿·田兰芳序》。

② 梅瑴成编：《梅氏丛书辑要》卷六十二，附录二。

梅瑴成在《梅氏丛书辑要·序》中则表明了他对西学的看法①："明季兹学不绝如线，西海之士乘机居奇，藉其技以售其学，学其学者，又从而张之，往往鄙薄古人以矜创获，而一二株守旧闻之士，因其学之异也，并其技而斥之，以戾古而不足用，又安足以服其心，而息其喙哉？夫礼可求野，官可求郯，技取其长，而理其是，何中西之足云。"对于厚西薄中者深不以为然，梅瑴成也承认"西法之不尽戾于古，实足补吾法之不逮"，同时相信"将见绝学昌明，西人自无所炫其异"之日的到来，这代表了当时一部分学者的心态。

综上所述，《明史》的纂修是非常复杂的。虽然在纂修过程中，皇帝有时也标榜出公正的态度，称："明史不可不成，公论不可不采，是非不可不明，人心不可不服。"② 但实际上，康熙经常插手过问，因为这涉及对传教士的评论，是最为敏感的问题。就当时的背景来看，康熙时代《明史》馆开馆时，离杨光先的反天主教案相去也只有十年，这场案子的影响远远没有消除，许多人谈起西学（特别是天主教）都有后怕，这必然影响到当时修史的人能否秉笔直书。

二　揭暄《璇玑遗述》与游艺《天经或问》

揭暄（约1610～1702），字子宣，号半斋，一号韦纶，广昌（今江西省广昌县）人。"少颖悟，通天人之学"③，又"有奇气，好论兵，慷慨自认"，曾率众抗清兵于赣、闽之间，战败后，"遂深居山林"④，不仕于清。清顺治十六年（1659），方以智禅游江西，引徒谈经，揭暄始执弟子礼从而游学，深受方以智的影响，并颇有新得，为其师所不及。揭暄的论著颇丰，有《道书》、《兵经》、《战书》、《昊书》等等，涉及较广的学术领域。而初刻于康熙十四年（1675）的《璇玑遗述》（原名《写天新语》），是他影响最大的一部著作。

《璇玑遗述》除了图说外共分为47篇。揭暄十分注重学习当时传入的西方天文学知识，又对中国传统天文学深有研究，他完全认同方以智关于西学"详于质测而拙于言通几，智士推之，彼之质测犹未备也"⑤ 的见解，进而指出："其测验仪象诸器，法精殆不能过，至自然本然，数法所不道者，则亦有不决之疑，亦有两可之说，未免揣摩臆度，纷纷不一。"⑥ 他作《璇玑遗述》的主旨，正在于对有关天体问题的物理机制进行探索。

揭暄彻底否定西方传入的水晶球宇宙结构体系，而汲取第谷体系，并参照朱熹的气旋说予以改造，建立了独特的元气旋涡式宇宙模型⑦：地球居中不动，月亮、太阳、火星、木星、土星和天都绕地球运转，金星和水星则绕太阳运转。绕地球运转的诸天体均左旋（自东而西），离地球近者速度慢、远者快，它们是在如朱熹所说的大气漩的推动下运行的。此外，日月五星和恒星自身周围也存在小气漩，这些小气漩离中心远者运转速度慢、近者快，这一方面就推动着金星和水星绕太阳运转，以及木星周围的卫星、土星周围的"二小星"（实即光环），各自绕木星和土

① 关于梅瑴成对西学的看法，参见刘钝，清初民族思潮的嬗变及其对天文数学的影响，自然辩证法通讯，1991，(3)。

② 马奇、张廷玉等：《清圣祖仁皇帝实录》卷二一八，康熙四十三年（1704）十一月。

③ 曾毓璋：《广昌县志·文学传》。

④ 盛谟：《揭半斋父子传》。

⑤ 方以智：《物理小识·自序》。

⑥ 游艺：《天经或问·揭暄序》。

⑦ 石云里：《璇玑遗述》提要，见薄树人主编：《中国科学技术典籍通汇·天文卷》第6册，河南教育出版社，1998年，第275～277页。

星运转;另一方面则是使日月五星和恒星又都在作自转运动。揭暄指出:“不惟天体圜,日月诸星皆圜,不惟天自转,日月诸星皆转。”① 即在上述模型中加上日月众星均为球形观念,进而导致日月众星均在自转的推论。他还分别以太阳黑子的运动规律、月亮总是以一面朝向地球的现象、木卫绕木星和“二小星”绕土星运动的事实,作为日、月、木星和土星存在自转的证据②,其思路是可取的,可惜,他并没有做出合理的论述。

对于地圆说,揭暄罗列“其征有十五”③,包括日食见地影为圆形,航海者先见船桅后见船身,北极星南低北高,南北冬、夏至昼夜时间不等,东西见月食时刻不同,东西日出时刻各异,航海者一直西行可回归原地,等等,可以说是对到当时为止关于地圆证据的总汇。

揭暄对《寰有诠》的宇宙永恒论取批评的态度:“凡物之落于形气者必有始终,必有成坏。天地皆未离乎形气,皆未离乎物,故必有成坏。”④ 这是揭暄依据传统的宇宙生成演化思想所作的阐述,反映了中西古代占主导地位的宇宙论的一个基本差异。

在《璇玑遗述》中有一幅“月体内外黑像图”(图 8-25),据研究⑤,它应是揭暄借助望远镜的观测而绘制的,是中国学者独立完成的第一幅月面图。若将它与英国人哈略特(Thomas Harriot,1560～1621)于 1609 年至 1610 年间绘制的西方首幅月面图(图 8-26)作比较,不难发现两者之间月影的轮廓大体相似,这也许是因为他们俩人所用的望远镜的性能大致相同造成的。从所描绘的月影细节看,以哈略特为优,揭暄则显得粗糙。在绘制手法上看,哈略特注重写实,是一幅精细的白描画,而揭暄的图则像一幅写意的中国画,从而大大冲淡了月影图像的真实性。

图 8-25 揭暄月面图

图 8-26 哈略特月面图(转引自石云里文)

揭暄还提出了“外刚内柔”的月球结构模型:其外表有一层“质如玻璃、光明逗彻”的球壳,球壳还带有一些黑点,“如玉之瑕”;在球壳内包含“黑白成形”、“质如汞银,能走而不濡”⑥ 的柔性物质。这与我们对现今的月球内部为刚性的认识不相一致,却与 30 多亿年前月球内部有熔岩的结构有某种共同之处,所以,不失为一种有趣的推测。揭暄是以此结构试图说明月影的

① 揭暄:《璇玑遗述》卷一。
② 揭暄:《璇玑遗述》卷四。
③ 揭暄:《璇玑遗述》卷二。
④ 揭暄:《璇玑遗述》卷十。
⑤ 石云里,中国人借助望远镜绘制的第一幅月面图,中国科技史料,1991,(4)。
⑥ 揭暄:《璇玑遗述》卷四。

基本形态不变，而每日又有微小差异的问题的，以为“黑白成形”的内层是月影的基本形态，而透明的、带有黑点的外层每日运动与内层的叠加，则造成了月影每日微小变化。这也就否定了月面凹凸不平的事实，以及因每日太阳入射角不同造成月影微小变化的理论说明。

关于每日均有一潮一汐的现象，揭暄指出：“月之所临则潮起，为正摄；月之对冲潮亦起，为对摄。”“潮与汐皆月也，皆月所摄也。月之气从前顺嘘至中而广至冲而极……”[1] 进而认为潮汐是一个对月点突起、距对月点 90°的两处扁平的椭球体，并随月亮的运动而运转。在《天经或问后集》附图中有“两月对摄潮汐图”一幅（图 8-27），十分形象地描绘了这一潮汐椭球。这些都是对月生潮汐论的重要发展，也是在吸取了西来天文学知识（如地圆说、磁引力说等）后，所得到的新进展。

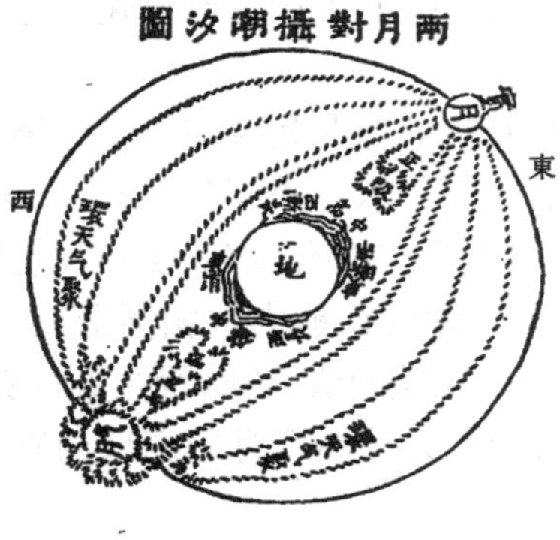

图 8-27　揭暄、游艺“两月对摄潮汐图”

《天经或问》有“前集”和“后集”两篇，系游艺分别约于 1675 年和 1681 年刊行的通俗天文学著作，以天文历法、水文气象、天灾异象乃至人生性理等范畴作为记录和研究的对象。游艺，字子六，号岱峰，建阳（今福建省建阳市）人，生卒年不详。曾先后从黄道周、熊明遇、方以智学习，尤重于历算之学。他与揭暄多有书信往来，讨论学理。1665 年，揭暄曾入闽与游艺面晤，切磋天学，两人相见恨晚，如鱼得水。在《璇玑遗述》中录有游艺研究天文学的论说，而在《天经或问》中更引述揭暄的诸多论说，他俩关于天文学的见解有不少共通之处。《天经或问前集》以论述天文学为主，兼及水文气象等。游艺或全文征引、撮引耶稣会士译介的天文学著作，或综述其师友的研究成果，并附加自己的评论，对西方传入的天文学知识作了比较全面、简要和通俗的评介，同时也论及中国传统天文历法有关问题。《天经或问后集》则以论述异象和性理为主，还有关于中国历法发展史的讨论等。《天经或问前集》在传播普及当时已传入的西方天文学知识方面产生了很大影响[2]。

据日本学者考证，《天经或问》很可能是在 1672～1679 年间传入日本，随后有不下十余种训点、解说和研究《天经或问》的著作问世，形成一股热潮。其读者不限于少数高层学者，而在日本的整个知识界广泛地得到普及，江户时代早期的许多著名学者，无不读过此书，从其中得到启发[3]。可以说，《天经或问》在日本所产生的反响远大于在中国的影响，这还应是一个值得深入研究的历史现象。

第十节　南怀仁等人制作的天文仪器与《灵台仪象志》及其他

南怀仁于顺治十六年（1659）来华，次年（1660）经由汤若望的推荐到钦天监工作。关于他

① 揭暄：《璇玑遗述》卷二。

② 冯锦荣，《天经或问》提要，见薄树人主编：《中国科学技术典籍通汇·天文卷》（六），河南教育出版社，1998 年，第 153～155 页。

③ 渡边敏夫，近世日本天文学史（上），东京，恒星社厚生阁，1966 年，第 39，40 页。

在“康熙历狱”过程中的经历,已在本章第五节中提及。康熙八年(1669),南怀仁得到管理钦天监监务的职权,一度被任命为钦天监监副。康熙十一年(1672)他被委以“治理历法”的职务,直至去世。南怀仁以精通数学、善于制作仪器、明于历法推算与天文观测显于朝廷。

一 南怀仁等人制作的赤道经纬仪等六件天文仪器①

康熙八年(1669)九月,康熙帝批准依据南怀仁的建议制造六件仪器置于观象台。在南怀仁的主持下,有工部官员郎翁英、图哈齐,钦天监官员刘蕴德、孙有本和天文生等30人参与工作。到康熙十二年(1673),按计划制成了六件仪器,随即被安装在观象台上。从台面的东南角向西、向北、向东以次为赤道经纬仪、天体仪、黄道经纬仪、地平经仪、象限仪和纪限仪(图8-28)。

图8-28 北京观象台上的天文仪器见《灵台仪象志》

(一)赤道经纬仪

赤道经纬仪(图8-29)由赤经圈、赤道圈、子午圈和象限弧等环圈组成,主要用于测量真太阳时和天体的赤经与赤纬。

最大的外圈是子午圈,外径六尺一寸,弧面厚一寸三分,侧平面广二寸五分;其内为赤道圈,外径五尺九寸,安置于赤道面内,与子午圈垂直固接;又有象限弧与赤道圈垂直连结,弧顶置于南极,以加固赤道圈(这简化并优化了第谷的设计,减少了近春、秋分点观测的视野障碍);南极与北极间有一通轴相连;赤经圈外径五尺六寸,贯于南北两极轴,可在赤道圈内绕两极轴旋转。在赤道圈和赤经圈上,各附有游表者四。子午圈等由半圆云座支撑,座下由两升龙拱托,再以斜十字交梁支承。云座中央有一洞孔,可悬挂垂球,调整十字交梁四脚螺栓,令垂球尖顶对准十字交梁的交点,使整个仪器处于正确的安置状态。

子午圈的两面均刻有去极度,从0°到90°,每1°又分为60′。赤道圈的内弧面及上侧面刻有子初、子正、丑初、丑正等24小时,每1小时又分为4刻,每1刻又平分为3个长方形,每1长方形又平分为5分,每1分用对角线的比例还可分为12细分,则每1细分相当于5秒钟。若借助游表,读数可达1秒钟。赤道圈的外弧面及下侧均刻360°,每1°又平分为6个长方形,每1长方形用对角线的比例好可分为10分,则每1分相当于1′。若借助游表,读数可达15″。赤经圈的刻度与赤道圈外弧面同。

测量真太阳时的方法是:移动赤道圈上的游表,使游表隙缝的影子正好直射到通轴上,此时游表所指的时刻即真太阳时。测量天体赤纬是赤经的方法分别是:转动赤经圈并移动其上的游表,令游表、通轴中央的横表与天体恰在一直线上,由游表所指处即可读得该天体的赤纬;

① 陈遵妫,中国天文学史,第四册,上海人民出版社,1989年,第1785~1808页;张柏春,南怀仁所造天文仪器的技术及其历史地位,自然科学史研究,1999,(4)。

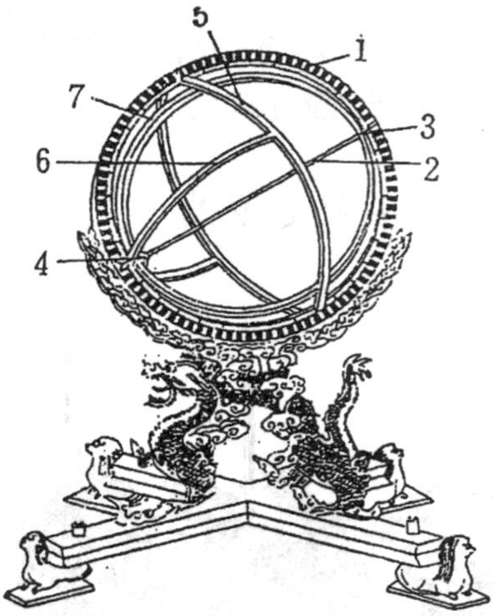

1.子午圈;2.通轴;3.北极;4.南极;
5.赤道圈;6.象限弧;7.赤经圈

图 8-29　赤道经纬仪

由两个观测者分别移动赤道圈上的游表,一位观测者令游表、通轴中央与已知其赤经(P)的天体恰在一直线上,另一位观测者令游表、通轴中央与欲测天体恰在一直线上,由两游表所指处读数,可得两天体的赤经差(H),则欲测天体的赤经应为 P±H。

赤道经纬仪的原型系取自第谷的可拆式浑仪,其所作的主要改进是以象限弧取代第谷的全圆弧,在并不影响仪器稳定结构的情况下,开阔了视场。

(二)天体仪

天体仪(图 8-30),为重约 2 吨的中空青铜天球仪,由 120 多个零件装配而成。在一支架上安置一地平圈,高出地面四尺七寸,地平圈宽八寸,上有三种刻度:内分 360°,为地平经度;中分 12 时辰,每 1 时辰又分为 8 刻,则每 1 刻相当于 15 分钟;外分 32 方位。在内、中之间刻有周渠,与支架下部所设 4 个螺栓相配合,供调整地平圈处于水平之用。

子午圈与地平圈垂直交接,其两面刻有去极度数,每 1°用对角线的比例分为 60 分,每 1 分又平分为 4 小分,则 1 小分相当于 15″。在 0°和 180°处即分别为北极与南极。在子午圈的最高处有一火球状标记,以示天顶。与北极相切处安置一时盘圈,其直径二尺,圈的侧面刻有 24 小时,每 1 小时又分为 4 刻,每 1 刻又分为 15 分,每 1 分用对角线的比例分为 6 小分,则每 1 小分相当于 10 秒钟。时盘圈上装有游表,可以自转,用来指示日度,又可随着铜球旋转,用以指示时刻。子午圈的下部有一个象限的齿弧,在其旁有一齿轮与之相衔接,转动齿轮可调节子午圈的北极正好指向北天极。

另有可附于赤极、黄极或天顶的一象限弧长的纬弧,上有 90°刻度,每 1°用对角线的比例分为 60 分。纬弧上有可移动的横表,可用于量度赤纬、黄纬或地平纬度。

天体仪的主体乃一直径六尺的中空铜球,铜球的两极安置于子午圈的南北两极上,两极间贯一钢轴,可绕钢轴旋转,铜球半露于地平圈之上,半隐于地平圈之下。铜球面上刻有垂直于钢轴的赤道,以及与赤道相交成 23°31′30″的黄道。赤道和黄道皆均分为 360°,每 1°又分为 60 分。在距两极各 39°55′处,刻有恒显圈与恒隐圈。从黄道与赤道的升交点(春分点)始,每隔 30°标示黄道 12 宫名,并刻出通过这 12 宫节点与黄极的 12 条黄经圈;又在黄道上每隔 15°标明 24 节气名。在这些基本圈的框架内,依有关恒星的坐标值,标示出 6 等星以上的 1876 颗铜星点,并组构成 282 个星座。铜星点有大小 6 等之别,以显示各恒星星等的不同。星名或星座名系取中国传统名称为主。

天体仪的用途是演示天球的周日与周年运动,天体出没、中天等的状况(已知时间求相应的位置,或已知位置求相应的时间),还有天体赤道、黄道与地平三种坐标值的转换,等等。

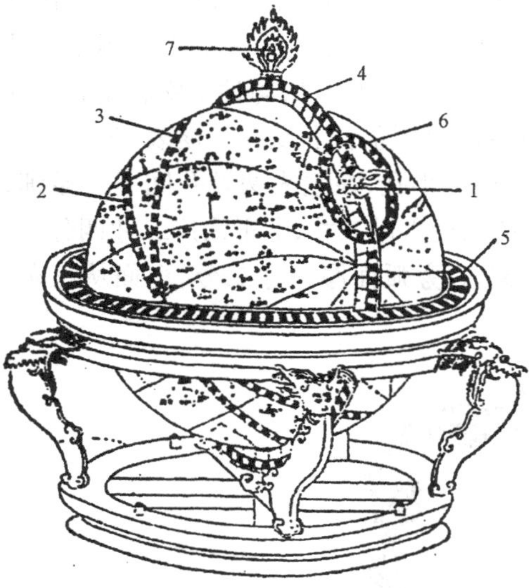

1. 北极;2. 赤道;3. 黄道;4. 子午圈;
5. 地平圈;6. 时盘;7. 天顶;
图 8-30　天体仪

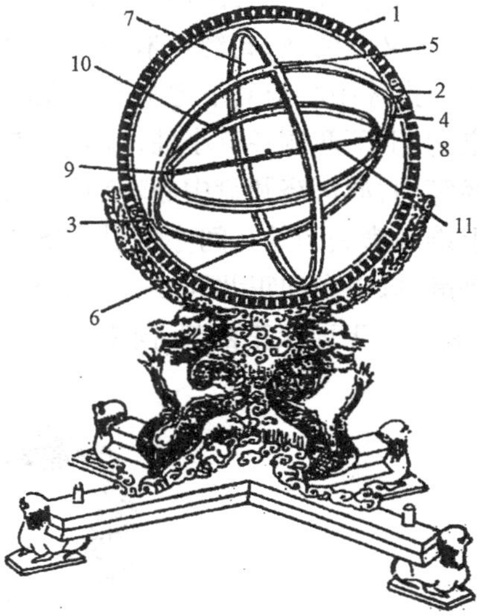

1. 子午圈;2. 北极;3. 南极;4. 极至圈;
5. 夏至点;6. 冬至点;7. 黄道圈;8. 黄北极;
9. 黄南极;10. 黄道经圈;11. 通轴
图 8-31　黄道经纬仪

(三)黄道经纬仪

黄道经纬仪(图 8-31)由子午圈、黄道圈、黄道经圈、极至圈等环圈组成,主要用于测量天体的黄道坐标和定节气。

最外为子午圈,尺寸与赤道经纬仪子午圈相同,其上刻画亦同。其内为极至圈和黄道圈,极至圈是通过赤道南、北两极及黄道上冬、夏二至点的大圈,即它既与子午圈交接于南北赤极,又与黄道圈交接于二至点,黄道圈则又与子午圈相交接。该两圈的外径、弧面宽与侧平面广皆分别为五尺五寸、二寸三分和一寸一分。极至圈的刻度与子午圈同,而在黄道圈内外弧面上分别刻有 24 节气和 12 宫度,每宫 30°,每 1°分为 60 分,若用游表,可以读到 15″。再内为黄道经圈,以钢轴贯于黄道南北两极,中设横表。其外径五尺一寸四分,弧面厚二寸三分,侧平面广九分。内外弧面的刻度,以黄道为 0°、南北黄极为 90°,刻度法与极至圈相同。在子午圈下面设有半圆形云座支承之,其下又以升龙拱托,接以斜十字交梁。而调整水平的方法则与赤道经纬仪相同。

其测定黄道经纬度的方法是:先在欲测恒星的东边或西边,选定一已知其黄道坐标的恒星,作为距星。将黄道圈上的游表设定在距星的黄道经度值上,并瞄准距星,随即用另一游表瞄准欲测恒星,游表在黄道圈上所指宫度即为欲测恒星的黄道经度。而黄道纬度的测量亦与之相同,只是在黄道经圈上进行。欲测定节气,可先转动黄道圈,使其侧面看不见太阳,次把游表东西推移,使表上隙影,直射通轴,则游表所指刻度,即为节气的宫度。

(四)地平经仪

地平经仪(图 8-32)用于测量天体的地平经度。它有一地平圈,圈内设有东西通径,中间为圆盘,下有云柱支承,四隅又设龙柱支承。其下面为十字交梁,又有螺旋以定水平。在东西龙柱之上,又立两柱,高约4米,各有一龙蜿蜒而上,上端各出一爪,共捧一火球,火球中心即表示天顶。火球中心与其下地平圈圆盘的中心间有一立表,高四尺四寸,与地平圈相垂直。立表是中空的,上下两端各有小柱,可火球中心和圆盘中心转动。立表下设有一横表,长与地平圈的外径等同,亦可绕圆盘中心转动。立表和横表两端均有小孔,在立表两端孔间引一条细线,立表上端与横表两端孔间亦各引一条细线。地平圈的外径六尺二寸,上平面广二寸四分,按四象限刻度,以正南和正北为0°,各刻90°。每度又分60′。旁弧面厚一寸二分,上面从正东、西起,各刻90°;下面从正西起,向南顺序刻周天360°。

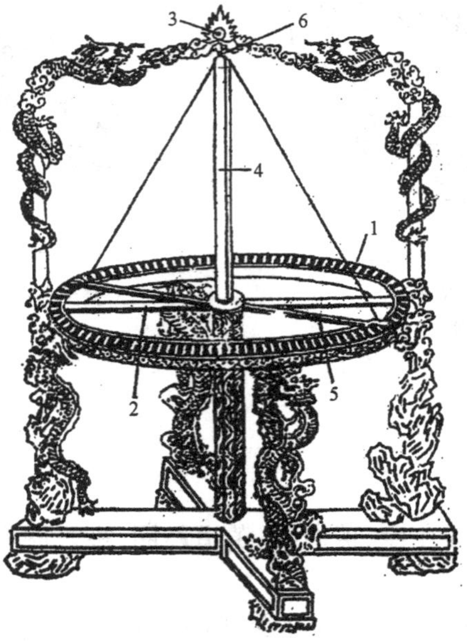

1.地平圈;2.通径;3.天顶;4.立表;5.横表;6.小柱

图8-32　地平经仪

要测定天体的地平经度,先转动横表,令三条细线和所要测量的天体恰在一平面内,则横表在地平圈上所指的度数即为地平经度。

(五)象限仪

象限仪(图8-33)又称地平纬仪,用于测量天体的地平高度或天顶距。象限环弧的半径六尺,面厚一寸一分,侧平面广二寸六分。其正面刻成90°,每1°均划为一方格,每一方格又分划为12个小方格,各小方格的底线,按对角线的比例上下5分,则每1°共有60分,若用游表,可读至10″。内弧面刻度数的顺序自上而下,从0°到90°,用于读取天体的地平高度;外弧面刻度数的顺序自下而上,从0°到90°,用于读取天顶距。环弧一象限的两端各有一半径垂直交接于弧心。在这两个半径和环弧构成的平面内,用云龙作装饰,既美化仪器,又强固其结构。象限环连接在背面正中的竖轴上,竖轴与象限环的竖半径相平行,其长九尺六寸、阔二寸一分、厚一寸七分。其外的东、西各有一高九尺四寸的竖柱,其间距七尺八寸,又以上、下横梁相连,横梁的中部各有圆孔,以安置竖轴,竖轴的两端为圆形,可使象限环一起转动。从弧心伸出一根横轴，长三寸一分。在横轴上挂一窥衡，其阔二寸一分、厚二分余、长与半径等，窥衡下端有立耳。

移动窥衡，令立耳、横轴与欲测定的天体处于一直线上，从窥衡及游表在象限环上所指处，即可读出天体的地平高度或天顶距。

1.象限环；2.窥管；3.立耳

图 8-33　象限仪

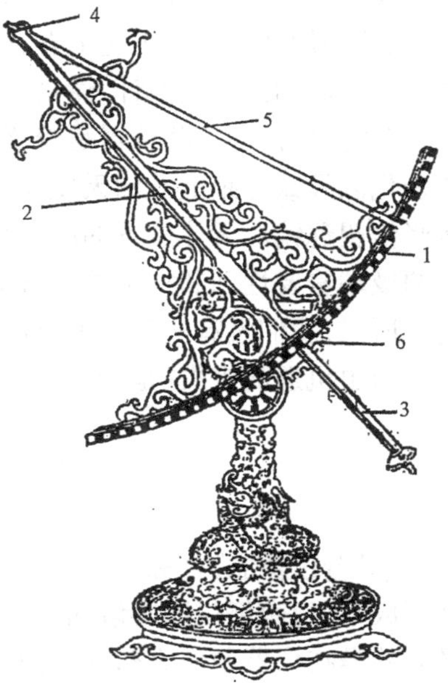

1. 弧；2. 干；3. 柄；4. 横轴；
5. 窥管；6. 半圆齿轮

图 8-34　纪限仪

（六）纪限仪

纪限仪（图 8-34）又称距度仪，用于测量两天体间的角距离。是在第谷相类似的仪器基础上作了较大改进的新型纪限仪。纪限环弧为圆周的 1/6，弧弦长六尺，面广二寸五分，从其中央向左右两边各刻 30°，每度分 60 分。又有一长六尺的中干（即为纪限环弧的半径），中干的上端即是弧心，其下端与环弧中央相连，且又延伸出长约二尺的柄，柄端有小环，用于承受滑车的钩。中干的两侧设有流云纹饰，既美化仪器，又固接环弧。在中干的上端还伸出一根横轴，用于挂窥衡，窥衡长亦六尺。在这些构件的背后有枢轴，可以随意高低，由半圆齿轮支承，半圆齿轮以柄轮转动。枢轮下有支柱，插入圆座柱中，可以四方旋转。圆座高四尺，下基直径三尺。以游龙为装饰。

欲测定甲、乙两恒星的角距，先旋转全仪令中干向着两星中间，次用滑车高低移动中干，又摇动柄轮上下移动仪面，使正斜的状况恰与两星相同。随即有一人用窥衡照准甲星，同时另一人用游表照准乙星，窥衡与游表之间的角距即为甲、乙两恒星的角距。

南怀仁所造的这六件天文仪器，主要参考了第谷相关天文仪器设计的著作——《机械学重建的天文学》（Astronomiae Instauratae Mechanica）（1598），又有所改进，同时吸收了中国传统的造型艺术，他将欧洲的机械加工工艺与中国的铸造工艺结合起来，成功地完成了他的设计与制造。这同明末汤若望、罗雅谷等人对第谷相关天文仪器的介绍或部分试制比较，实现了真正的突破性进展。既是西方古典天文仪器的大规模引进,又是中西古典天文仪器相结合的产物。这些天文仪器对国人而言不但是新颖的,而且其性能和精度也较中国传统天文仪器先进。南怀仁这六件天文仪器的制作稍晚于波兰天文学家赫维留(J. Hevelius,1611~1687)在欧洲所制造的同类仪器。他们应是欧洲古典天文仪器制作的最后两位代表人物。若将他们二人加以比较,从结构设计和制造工艺上看,赫维留的仪器更精更符合技术的近代化趋势,如赫维留的仪器采用了微动照准读数计,便是一个明显的例子。若与欧洲同期新兴的天文仪器制造技术相比,南怀仁设计的这些仪器是较落伍的,这无疑同南怀仁远离欧洲有年密切相关,亦即与知识的老化以及缺乏跟上欧洲天文仪器发展步伐的意识有关。当然,这里最为重要的是,赫维留甚至坚信望远镜对天体位置的测量帮助不大,南怀仁似也未认识到望远镜的运用对天体位置测量的极端重要性,同时,中国传统天文学以及当时中国社会对方位天文学精度的要求也并不高。所以,我们没有充分的理由过分指责南怀仁在制造新天文仪器时没有采用望远镜,这次重要的历史机遇的丧失,是错综复杂的、更深层的原因使然。

二　《灵台仪象志》的编纂①

《灵台仪象志》全称《新制灵台仪象志》。康熙十三年(1674)正月,也就在上述六件天文仪器落成不久,南怀仁即奏请刊行《灵台仪象志》,次年(1675),康熙帝下诏准行。可见该书的编纂大约是在仪器制作之初,便已开始。该书的署名为:“治理历法极西南怀仁纂著,右监副刘蕴德笔收,春官正孙有本、秋官正徐瑚详受”,参加个卷编纂工作的还有博士鲍选、殷铠、张登科、刘应昌等 29 人。在这些中国学者中,有不少是当年参加《崇祯历书》编纂的人物。

《灵台仪象志》是对上述天文仪器的构造、安装、用途、使用方法等的图文并茂的详细说明书,此外,还包括有供测量用的有关天文数表、星表与蒙气差表等实用内容。全书共十六卷,可依次进一步介绍于下:

卷首有南怀仁写的序言,云精密天文仪器的制造对于制定历法的重要性等等,可见南怀仁制作仪器的初衷与中国古代有作为的天文学家无异。还附有与仪器制造相关的奏折及康熙帝的圣旨等。

卷一,介绍六件天文仪器的结构、操作与观测方法、读数方法等。其说明文字或译自上述第谷的著作,也有不少参考了汤若望、罗雅谷等人的相关译作。

卷二,介绍六件天文仪器的各种用途,特点、材质、制造法等,还兼及了比重、重心等问题。

卷三,介绍六件天文仪器的安装法,及与之相关的定向法等。还讨论了彩虹、光晕等现象和单摆测时等问题。

卷四,论述大气蒙气对观测精度的影响,兼及温度、湿度的测量方法与器具。

卷五,“天体仪恒星出没表”和“时刻之分及赤道并地平度分相应表”,供应用天体仪以定时刻等用表。

卷六和卷七,“地平仪表”,为供地平经仪与象限仪应用的辅助用表。

---

① 何思柏、孙小淳,《灵台仪象志》提要,见薄树人主编:《中国科学技术典籍通汇·天文卷》(七),河南教育出版社,1998 年,第 1~6 页;潘鼐,中国恒星观测史,学林出版社,1989 年,第 372~377 页。

卷八和卷九，“黄、赤二仪互相推测度分表”，黄道坐标与赤道坐标换算用表。

卷十和卷十一，“黄道经纬仪表”，这是包含1367颗恒星的星表，给出这些恒星星等（1～6等）、金木水火土五行属性、在黄道之南或北，以及黄道经纬度值，其表明精度为1′（取360°制），恒星的命名用中国传统的名称，自降娄宫开始，以黄经小大为序一一列出，星表的历元取康熙壬子岁（1672），所列恒星的黄道坐标值，主要是简单地依据《崇祯历书》星表加上岁差改正而得，黄道岁差值取每年51″。

卷十二和卷十三，“赤道仪表”，其所列项目与“黄道经纬仪表”相同，凡黄道改以赤道为准，所列恒星名亦同，但星数较之多出1颗，其顺序以赤经从0°到360°递增排列，星表历元取康熙癸丑岁（1673），所列恒星的赤道坐标值大致是由相应的黄道坐标值换算而得。在卷十三之末还附有“诸名星赤道经纬度加减表”，给出天仓等70颗最明亮恒星赤道经纬度每经一年所应加减的赤道经纬度值。此外，还给出二十八宿距星中17颗未列入上表的同类数据。

卷十四，“增定附各曜之小星黄、赤经纬度表及天汉表”，即包括前后两种表格：

前一种为南怀仁增测的“小星”509颗，包括5等星4颗、“气”（星云或星团）5颗和6等星500颗。其项目除未列五行属性外，与“黄道经纬仪表”或“赤道仪表”同。它们总合有1876（或1877）颗恒星，可合称为《灵台仪象志》星表。该星表同天体仪上的恒星位置互为表里，可相互参照使用。其恒星总数同《崇祯历书》中《赤道南北两总星图》的数量（1812颗）相当，但较《崇祯历书》星表增加514星，其中近南极星计23座、150星，星数较《崇祯历书》星表增加24颗。这些情况表明，南怀仁是沿着汤若望等人的路子，继续进行恒星观测以及星表的编纂工作的。据研究①，《灵台仪象志》星表赤道经纬度和黄道经纬度的平均误差分别为4.6′与7.5′和8.7′与8.5′，其精度反不及《崇祯历书》星表。此外，由于该书成书较为仓促，资料零散，重复或讹误之处较多，也是其缺欠所在。

后一种为“天汉表”，给出了银河南、北界一系列标志点的黄、赤道经纬度值，其中还给出了一些8等星的位置。

卷十五和卷十六，收载精美插图117幅。包括观象台上六件天文仪器的布局图，六件天文仪器的总图和若干部件的分图，仪器制造所用若干器具图，仪器吊装、安置、调整图等等，内容丰富多彩，绘画翔实精细，较苏颂《新仪象法要》之作，具有更高的机械制图水准，和更加明晰的参考价值。

三　纪理安地平经纬仪的制作及其他

据《仪象考成·奏议》记载，康熙五十二年（1713）命钦天监“监臣纪利安制地平经纬仪，精义利用，于斯大备”。而据《清会典》记载，该仪器制造于康熙五十四年（1715）。纪理安（即纪利安，B.K.Stumpf，1665～1720），是德国耶稣会士，于康熙三十三年（1694）来华，康熙五十到五十八年（1711～1719）任钦天监“治理历法”之职。地平经纬是将上述地平经仪和地平纬仪合二而一的仪器（图8-35），其功用和使用方法亦综合上述两仪器。据美国1900年司密逊学会的一份报告书称，地平经纬仪是法王路易十四赠给康熙帝的礼品，此说值得重视。陈遵妫更指出②：地

① 潘鼐，中国恒星观测史，学林出版社，1989年，第383页。

② 陈遵妫，中国天文学史，第四册，上海人民出版社，1989年，第1807，1808页。

平经纬仪的表尺系用黄铜制造，嵌入仪器面上；其上的数目字都用阿拉伯数字，而不用汉字；其竖柱横梁以及仪身的装饰皆为西洋式样，没有任何中国传统装饰特征，等等。由之可见，地平经纬仪并非在中国制造的，司密逊学会之说是比较可靠的。康熙帝曾命纪理安制作地平经纬仪应是实有其事，但纪理安则以路易十四所赠冒充了事的可能性很大。

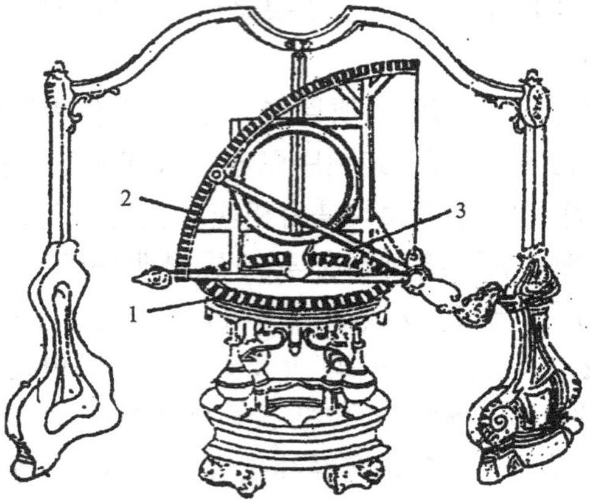

1. 地平圈；2. 象限环；3. 窥管

图 8-35　地平经纬仪

上述 7 件天文仪器，和我们将在下一节论及的玑衡抚辰仪，连同观象台原有的浑仪与简仪，在光绪二十六年(1900)八国联军攻进北京后，遭遇了一场劫难，被德国和法国作为战利品瓜分而去。当年 12 月，德军统帅瓦德西(A. G. Van Waldorsee, 1832～1904)一伙将这些仪器拆散，搬出观象台，分别运往德、法驻华使馆。德国分得天体仪、纪限仪、玑衡抚辰仪、地平经仪和浑仪，法国分得象限仪、黄道经纬仪、赤道经纬仪、地平经纬仪和简仪。法军劫去的五架仪器一直藏放在驻华使馆内，后迫于世界舆论，于光绪二十八年(1902)归还我国。而德国却不顾清政府的要求和世界舆论的谴责，公然于光绪二十七年(1911)将劫走的五架仪器装上舰艇运回德国，先置于波茨坦，后又依德皇威廉二世的命令安放于皇家花园橙园前的草坪上。到第一次世界大战德国战败后，于 1919 年签订的《凡尔赛和约》规定德国须将劫走的五架仪器归还中国。1921 年，这五架珍贵的天文仪器运抵北京，重新安置于古观象台①。至今，除了浑仪和简仪安放于南京紫金山天文台外，其余 8 架均安置于北京古观象台，得到完好的保护。

第十一节　《历象考成后编》与《仪象考成》的编纂

一　《历象考成后编》编纂之缘起

明末编成的《崇祯历书》与康熙时编的《历象考成》，采用的都是第谷的宇宙体系，而当时西方天文学在观测、理论方面已有长足的进步。《历象考成》由于在理论上没有作重大改正，只是

① 陈遵妫，中国天文学史，第四册，上海人民出版社，1989 年，第 1699～1700 页。

黄赤交角从23度32分减少了约2分，其余天文常数作了个别调整，故仍不能满足日月食精确预报的需要。

德国耶稣会士戴进贤(I.Kogler,1680～1746)于1716年到中国，应康熙之召，1717年1月抵达北京，佐理历政。雍正三年(1725)授钦天监监正，九年(1731)加礼部侍郎，为二品官。乾隆三年(1738)任耶稣会中国省区副会长①。戴进贤来华时，正值清廷对耶稣会士由宽容转为严厉之际，雍正元年(1723)的禁教令把大多数耶稣会士赶到了澳门，他凭借天文学的特长，得以留用清廷。他任职钦天监达29年之久，在华期间，他还进行了大量的天文观测，他与俄国、英国、法国科学院的许多科学家保持着联系，他的观测成果也常为欧洲的天文学家所引用②。同时，他也及时汲取了欧洲天文学的新发现。他的天文观测之勤，科学素养之高，在来华耶稣会士中是少见的。

钦天监监正戴进贤、徐懋德(A.Pereira,1689～1743,1724年到北京,1727年任监副)用第谷的方法推算日食，觉得有微差。雍正八年(1730年)六月初一日日食，发现推算和实测不合，于是钦天监监正明安图上奏，请求对《历象考成》进行重修，得到了雍正皇帝的批准，同年修成日躔与月离表。

据乾隆二年(1737)礼部尚书顾琮之奏书，当时的日躔、月离表共三十九页③，由武英殿刊刻，续于《历象考成》之末，但此表无解说和推算之法。当时只有戴进贤、徐懋德和明安图能用此表，于是顾琮请求增修图表解说，并推荐梅瑴成、何国宗为总裁，于是有《历象考成后编》之作，以监正戴进贤、徐懋德与梅瑴成、何国宗，明安图等负责考测推算。

实际上，戴进贤等早就知道《历象考成》年久有误，但是因为没有证据，一直没有报告。从传教士的信件中，我们知道1728年，康熙之子允祥、允禄等已经知道卡西尼的名字，并希望了解其方法④。乾隆三年(1738)，庄亲王允禄的奏书中提到噶西尼(卡西尼)、法兰德(弗拉姆斯蒂德)的新成就，包括太阳地半径差⑤、清蒙气差、日月五星之本天由原来的平圆改为椭圆等。至1738年，已完成稿本日躔九篇，共109页，表62页，用数算法7页，而月离、交食全书尚未完成。1742年，完成日躔、月离、交食稿本十卷，约刻于1744～1745年。书中采用了开普勒、牛顿、卡西尼等人的成果。

为编译《历象考成后编》，主管这一工作的和硕庄亲王允禄在乾隆七年(1742)四月十二日的奏书中称："窃惟钦若授时，当顺天以求合，故必随时修改，此古今之恒宪也。我朝之用西法，本于前朝徐光启所译《新法算书》，其书非一家之言，故图表或有不合，而解说多所难晓，圣祖仁皇帝《御制历象考成》上下二编，熔西法之算数，入中法之型模。理必穷其本源，数必究其根抵，非惟极一时推测之精，固已具万世修明之道矣。"

"熔西方之材质，入大统之型模"，是徐光启在明末改历时提出的重要看法，在清初曾有很大的影响。而上述奏折表明清代官方编历，仍然赞成徐光启的改历主张，这种观点在编撰《仪象考成》时得到再次体现。

---

① L.Pfister, Notices biographiques et bibliogrphique, sur les Jesuites de l'Ancienne mission de Chine, 1552～1773, Changhai, 1932。

② 戴进贤在华期间，与当时在俄国的法国科学家J.N.Delisle(1688～1768)通讯密切。

③ 此表即为现在巴黎天文台保存的《御制历象考成表》二卷。

④ A.Gaubil, Correspondance de Pé kin, Geneve, 1970, p.209。

⑤ 旧定为3分，今测只有10秒。

二　《历象考成后编》的内容及其改进

《历象考成后编》共分十卷，包括日躔数理、月离数理、交食数理、日躔步法、月离步法、月食步法、日食步法、日躔表、月离表、交食表。下面介绍此书传入的新的天文学知识。

卷一“日躔数理”，主要根据开普勒、卡西尼的椭圆运动理论，来阐述太阳的运动。

关于“岁实”：介绍了奈端（牛顿）等新测的回归年长度，即 365.2423344201415 日，而不用《历象考成》上编所采用的第谷的数据，即 365.2421875 日。

关于“黄赤距纬”（即黄赤交角）：《新法算书》用第谷所测为 23°31′32″，康熙 52 年（1713）测得 23°29′30″，而《历象考成后编》采用了利酌理（G.B.Riccioli，里乔利，1598～1671，意大利人）、卡西尼的数据，即 23°29′，因为编者认为“近日西法并宗噶西尼（卡西尼），故黄赤大距为二十三度二十九分。”[①]

关于“清蒙气差”：详细用图介绍了卡西尼的蒙气差理论及计算方法。《历象考成》介绍了蒙气差的理论，而表仍据第谷之旧。戴进贤根据卡西尼的理论，采用了卡西尼的蒙气差数值，纬度 44°处最大为 32′19″，并介绍逐度计算蒙气差的方法[②]。

关于“地半径差”：“地半径差者，视高与实高之差也。”也就是视差。《历象考成后编》主要介绍 1672 年卡西尼、利实尔（里歇）分别在法国巴黎和南美圭亚那岛所作的火星观测，所得的火星的周日地平视差：

“康熙十一年壬子（1672），秋分前十四日，火星与太阳冲，西人噶西尼于富郎济亚国测得火星距天顶五十九度四十分一十五秒。利实尔于噶耶那岛测得火星距天顶一十五度四十七分五秒，同时用千里镜、能测微秒之仪器与子午线上最近一恒星，测其相距，噶西尼所测火星较低一十五秒。”[③] 并用图详细介绍了视差理论，火星的最大地半径差为 25″，比例得太阳在中距时，地平上最大地半径差为 10″。

关于“用椭圆面积为平行”（开普勒第二定律）：解释了太阳绕地球以椭圆轨道运行的理论。“计太阳在椭圆周右旋，其所行之分椭圆面积，日日皆相等。”又说：“故太阳循椭圆周行，惟所当之面积相等，而角不等，其角度与积度之较，即平行实行之差。”实际上是开普勒第二定律（面积定律）的定性描述，这在开普勒 1609 年出版的《新天文学》中首次出现，但《历象考成后编》仍以地为心，以太阳绕地旋转，采用了开普勒定律。

关于“椭圆角度与面积相求”与开普勒方程的介绍：太阳运动的计算有两类问题：一是从实际观测到的太阳离开轨道近地点的角距离（“实行”，即真近点角）算出太阳轨道向径所扫过的椭圆面积，由此算出按平均运动计算的平均近点角（“平行”），《历象考成后编》称之为“以角求

---

① 当时欧洲关于黄赤交角的变化仍没有定论，一直到 19 世纪初，法国天文学家拉普拉斯才根据法国耶稣会士宋君荣对中国古代天文记录的研究，对黄赤交角变小的原因进行了分析。

② 根据的是 G. D. Cassini, Les Elemens de l'Astronomie verifiez par Monsieur Cassini par le rapport de ses Tables aux Observations de M. Richer faites en l'isle de Caienne, 1684，载其 Divers ouvrages d'astronomie，为法国皇家科学院杂志 Mé moires de l'Acadé mie Royale des Sciences, contenant les ouvrages adoptez par cette acadé mie avant son Renouvellement en, 1699, (5)。

③ 同②，及 Richer, Observations astronomiques & physiques faites en l'Isle de Cayenne, Paris, 1679。载于 Recueil d'observations faites en plusieurs voyages par ordre de sa Majesté, pour perfectionner l'Astronomie et la gé ographie, Avec divers Traitez Astronomiques, Par Messieurs de l'Acadé mie Royale des Sciences, Paris, 1693。

积”。另一问题是据平均运动推算在给定时刻的太阳的观测位置,《历象考成后编》给出三种解法,即“以积求角”、“借积求积”、“借角求角”。此节实际上介绍了开普勒方程①。

这些是当时比较新的内容,蒙气差、地半径差、黄赤交角等值的改进,是精确预报日月食的基础。

卷二“月离数理”,主要介绍关于月亮运动的理论。

“月离总论”先介绍《新法算书》、《历象考成》关于月亮运行的理论:“《新法算书》初均外,又有二均、三均、交均。盖因朔望之行有迟疾,故有初均。两弦又不同于朔望,故有二均,两弦前后又不同于两弦,故有三均,此经度之差也。朔望交行迟而大距近,两弦交行疾而大距远,故有交均,此交行之差,而亦纬度之差也。”由于月球轨道是椭圆,月球公转速度并不均匀,造成了中心差。月球轨道又有偏心率的变化。《历象考成后编》对这些现象均作了介绍。

自从开普勒引入椭圆运动规律以来,牛顿、卡西尼等人对月亮运动理论和观测作了重要改进。月球在环绕地球作椭圆运动的同时,也随地球绕太阳公转,月球不但受到地球的引力作用,同时也受到太阳的引力的影响,《历象考成后编》介绍了欧洲天文学的新成果,在卷一即提到了“西人奈端(牛顿)等屡测岁实”一事,这是出版的中文著作中最早提到牛顿的名字。新成果包括开普勒、牛顿用椭圆轨道计算月亮运行的方法,新引入了一平均、二平均、最高均、三平均,它们的含义是“自西人刻白尔(开普勒)创为椭圆之法,专主不同心天,而不同心天之两心差,及太阴诸行,又皆以日行与日天为消息,故日行有盈缩,则太阴平行、最高行、正交行,皆因之而差,名曰一平均。日距月天最高有远近,则太阴本天心有进退,两心差有大小,而平行面积亦因之而差,名曰二平均。其最高之差,名曰最高均。又白极绕黄极而转移,则白道度有进退,而太阴之在白道,亦因之而差,名曰三平均。此四者皆昔日之所无,而刻白尔(开普勒)以来,奈端(牛顿)等屡测而创获者也。”也就是介绍牛顿以来发现的由于太阳摄动的影响所造成的各种周期差。由于太阳运动的快慢,造成了月亮运动的不同,这就是一平均;由于太阳和月亮距离的不同,月亮椭圆轨道不同,形成月亮运动不均,叫做二平均。三平均则是由于摄动的影响造成的月亮运动的不均匀,这是《历象考成后编》传入的重要内容。

又新引入了“末均”,“求初均数”,不再使用《西洋新法历书》中以本轮、均轮推初均数的办法,“自刻白尔(开普勒)以平行为椭圆面积求实行,用意甚精,而推算无术,噶西尼(卡西尼)等立借角求角之法,亦极补凑之妙矣。”也就是用新的方法对二均差作了介绍。而二均、三均以及关于黄白交角的数值也有了改变,这是开普勒以来,牛顿、卡西尼等屡测而改定的数据,与《历象考成》不同。并介绍了月亮的“地半径差”。以上是《历象考成后编》引进的最重要的内容。

卷三“交食数理”,主要介绍交食原理。

《历象考成》上编已经论述了交食的原理,“近日西人噶西尼(卡西尼)等益复精求,立为新表。”卡西尼的新成果“如求实朔望,用前后二时日月实行为比例,昔之用平朔平望实距弧者未之及也。”因此《历象考成后编》在考虑了太阳、月亮上述种种不均匀性之后,在计算交食时,也把这些因素计算在内,为日食、月食的精确计算提供了保证。而这些方法也是用卡西尼的方法为依据的。此外,戴进贤还介绍了当时西方新的日月实径与地球半径之比例、视径的大小,与

① 运算推导过程参见薄树人,清代对开普勒方程的研究,见《中国天文学史文集》(第三集),科学出版社,1984年,第97~116页。

《新法算书》、《历象考成》都不相同，这些都是计算日食和月食必须考虑的因素。另外，还介绍了新的求影半径及影差的方法，“求高下差”则考虑地半径差的影响。对求日食食甚、初亏、复圆时刻，及日食带食也进行了介绍。

卷四“日躔步法”、“月离步法”，介绍计算太阳、月亮位置所需的数据，及其所用的方法。

卷五、卷六“月食步法”、“日食步法”，介绍了推算月食、日食所用的常用数据和具体步骤。

《历象考成后编》取雍正元年癸卯年(1723)为历元，号称癸卯元历，并于雍正八年(1730)正式替代甲子元时宪历，颁行天下，一直沿用到清亡(1911)。虽然官方仍称其为时宪历，但实际上是进行了又一次重要的历法改革。

三　戴进贤与《历象考成后编》之月离表及其底本

(一)戴进贤与《历象考成后编》的月离表

戴进贤和欧洲天文学界来往非常密切，至迟在1728年，他已收到了德国英哥斯塔德(Ingolstad)的耶稣会数学与天文学教授格拉玛提西(N. Grammatici，约1684～1736)的日躔、月离表，这些表是根据牛顿原理计算的[①]。因为戴进贤也在英哥斯塔德工作过，所以他们之间经常通信，保持联系。格拉玛提西与欧洲的许多天文学家也经常交流，对戴进贤寄往欧洲的天文观测予以宣传、介绍，并打算印刷戴进贤寄给他的有关中国的天文观测报告，同时把他所了解的天文学知识告诉戴进贤[②]。

由于戴进贤与格拉玛提西的特殊关系，同时为符合中国人天象观测的需要，戴进贤把格拉玛提西的月离表收入《历象考成》作为附录[③]，最后略作增补，收入《历象考成后编》，满足了中国人对准确预报日、月食的需要。牛顿有关月亮运动的理论，因此也间接传入中国。法国天文学家德利斯(Joseph-Nicolas Delisle，1688～1768)在给来华耶稣会士的一封信中，也详细讲述了戴进贤编纂月离表的经过。

> 戴进贤和徐懋德神父于1734年曾共同给我寄了一份根据格拉玛提西神父的日躔、月离表编成的中国式样的表，并且为了方便识别和使用，他们将每一表的名称加注了拉丁文译名，由于我手头就有格拉玛提西神父的拉丁文原著，因此我便很容易看出中国式样的表与欧洲式样的表之间的不同之处。另外，戴进贤、徐懋德两神父在1732年7月15日写给格拉玛提西神父的一封信中，告知在将他的表编成中国式样时曾使他们很费劲。除此之外，他们还发现一些有关表的疑难，对此格拉玛提西神父在他们出版这些表之前，没有给出解决办法。……格拉玛提西神父的表是在牛顿的理论基础上计算出来，并于1726年在英哥斯塔德印刷的，他保证此表是根据60次以上的观测结果计算出来的，只在其中发现了极其微小的差别，对于这些差别人们更多

---

① 1728年11月26日宋君荣给Souciet信，A. Gaubil，Correspondance de Pé kin. Geneve，1970，p. 219。

② 宋君荣1729年10月24日信，A. Gaubil，Correspondance de Pé kin. Geneve，1970，p. 246。

③ 在《历象考成》之后附录，是戴进贤的想法，见宋君荣1734年7月13日给Delisle的信，A. Gaubil，Correspondance de Pé kin. Geneve. 1970，p. 375。

地归咎于观测的误差和在应用牛顿的理论过程中人们不得不使用的数字的不确定性,而不是归咎于理论本身的缺陷。戴进贤决定在北京的钦天监中对这些表的使用优先于其他表的做法是正确的。在上面已提到的信中,戴进贤神父告知格拉玛提西,他也发觉这些表与他自己的观测相当符合,特别是对于1731年12月间的二次月食,其发生时间正好与之前通过这些表计算出来的时间相符,皇帝本人也在这一时刻满意地观测到了月食①。

在月离表编制过程中,耶稣会士徐懋德和宋君荣都帮助过戴进贤②。由于引入了根据牛顿理论编纂的月离表,能更好预测日月食的发生,在一定程度上满足了中国人的需要,这是牛顿理论能够间接传入中国的重要原因。有人认为《历象考成后编》介绍牛顿学说之原因是因为当时牛顿学说在欧洲已开始得到了更广泛的承认,因此才得以介绍到中国来,这种看法并不全面。因为,耶稣会士介绍这些知识是为了满足中国人更精确地预报日食、月食,因此天文数据精确显得特别重要,而格拉玛提西的著作正好满足了这方面的需要;另外,在华耶稣会士与欧洲耶稣会士同行保持着密切的联系,使欧洲耶稣会士的科学著作能够及时介绍给中国人。

(二)《历象考成后编》月离表的底本

牛顿关于月亮的椭圆轨道理论是在开普勒三定律的基础之上得出的,牛顿证明了在和距离平方成反比的引力作用下,行星的运动将符合开普勒定律,并对月亮进行了计算。1687年,牛顿提出万有引力定律,从力学原理上解释了月亮的运动。在《自然哲学的数学原理》中证明,由于太阳摄动的影响,产生了月亮运动的主要周期差和近地点的进动,牛顿还发现以前不知的各种周期差。牛顿关于月球的理论影响了当时在德国的耶稣会士格拉玛提西,他根据牛顿的理论对月亮和太阳的运行进行了新的计算,它的书名即与牛顿有关③。他的月离表,是当时首次用牛顿原理计算的一个表④。

法国巴黎天文台现在还保存有当时来华耶稣会士所寄的原刻本《御制历象考成表》两卷,至迟刻于1734年,书上附有各表的拉丁文名称小条⑤。卷上包括:太阳年根表、太阳周岁平行(《历象考成后编》卷七还有"太阳周日平行表")、太阳均数表、均数时差表、升度时差表、太阳视径表、太阳实行表(《历象考成后编》无)、日距地数表(《历象考成后编》作"太阳距地心表")、清蒙气差表。卷下包括:太阴年根表、太阴周岁平行表、太阴周日平行表、太阴第一平均表、太阴

---

① 此信现藏巴黎天文台。关于牛顿学说在中国的早期传播,参见韩琦,《数理格致》的发现——兼论19世纪以前牛顿学说在中国的传播,中国科技史料,1998,(2)。

② 宋君荣1752年11月12日给Delisle信,A. Gaubil, Correspondance de Pé kin. Geneve. 1970. p. 676、702。

③ 其标题为Tabulae lunares ex theoria et mensuris Geometrae celeberrimi Domini Isaaci Newtoni Equitis Aurati in gratiam Astronomiae Cultorum concinnatae a quodam Uranophilo e Societate Jesu. Ingolstadii. 1726. Par le P. Nicasius Grammatici,书上有Delisle手迹,巴黎天文台藏。来华耶稣会士在他们的书信中,也特别强调了Grammatici工作的牛顿力学基础。此书很短,只有说明3页,表8页(12个表),据序言,除牛顿的著作外,还参考了G. D. Cassini、J. Cassini、E. Menfredius、D. E. de Louville的著作。

④ 据Tabulae Lunares ad Meridianum Parisinum quas supputavit vir clarissimus D. Tobias Mayer Academiae Regiae Goettingensis Socius, ante Hac Norimbergae Astronomus Celeberrimus. cum supplemento reliquarum tabularum lunarium D. Cassini, D. de la Lande et P. Hell e S. J. Vindobonae. 1763,一书的评论。J. F. Montucla, Histoire des Mathé matiques. T. 4, Paris, 1802。Reprinted in 1968 in Paris, p. 65提到Grammatici根据牛顿原理计算的月亮表。

⑤ 应该是耶稣会士的手笔,这样可很清楚了解中文表的来源。关于巴黎天文台日躔、月离表与Grammatici表的对应关系,值得进一步讨论。有趣的是巴黎天文台所藏的Grammatici的表,恰为Delisle所藏。

第二平均表、太阴第三平均表、日距地立方较表、太阴最高均数表(《历象考成后编》卷八作"太阴最高均及本天心距地表")、太阴初均表、太阴二均表、太阴三均表、太阴末均表、太阴正交均数表(《历象考成后编》卷九作"太阴正交实均表")、交角加分表、黄白距纬表、黄白升度差表、太阴视径表(《历象考成后编》卷十作"太阴视半径表")、太阴实行表、地半径差表(《历象考成后编》卷十作"太阴地半径差表")、月距地数表(《历象考成后编》卷十作"太阴距地心表")。

此表与《历象考成后编》相比,《后编》卷七"日躔表"多"黄赤距度表"、"黄赤升度表"、"太阳周日平行表";卷十"交食表"多"首朔诸根表"、"朔望策表"、"黄道赤经交角表"、"太阳视半径表"、"太阳实行表",《历象考成后编》主要多了交食表的内容。

总之,巴黎天文台所藏的《御制历象考成表》大体上是根据格拉玛提西的表制成的(也参考了《历象考成》表),是《历象考成后编》月离表的基础,但后者的日躔、月离表比前者已有部分增加(参考了《历象考成》表),除格拉玛提西的著作以外,还可能加入了卡西尼关于月亮的内容和关于交食的计算①。因此,上述四种日躔、月离表的递修关系是《御制钦若历书表》→《历象考成》表→《御制历象考成表》(卷上、卷下,巴黎天文台藏)→《历象考成后编》表②。

四 《仪象考成》等的编纂及玑衡抚辰仪的制作

(一)戴进贤与《仪象考成》等的编纂

乾隆九年(1744),戴进贤奏请修订《灵台仪象志》的星表部分,得到批准,于是他又主持了《仪象考成》的编纂,参与者还有耶稣会士刘松龄(Hallerstein Augustin de,1703～1774,奥地利人,1735年来华)、明安图和何国宗等人。乾隆十一年(1746),戴进贤病逝,刘松龄继任钦天监监正之职,并与明安图、何国宗等40余人完成了戴进贤的未竟之业。戴进贤曾进行过长期天文观测,为增修星表积累了大量资料,他还参考了中国的古星图与西方的星图,因此纠正了原来星图的不少错误,对"诸星纪数之阙者补之序之,紊者正之"。他还是玑衡抚辰仪的设计者(说见后),所以,以星表和对玑衡抚辰仪做出图文说明为主要内容的《仪象考成》的编纂,戴进贤之功不可没。到乾隆十七年(1752),《仪象考成》书成,并于三年后(1755)出版问世。

《仪象考成》计三十二卷,依次为:

卷首上、下二卷为"御制玑衡抚辰仪说",对玑衡抚辰仪的设计原理、全仪和重要部件的图样与尺寸、制造方法、安装与使用方法都作了详细的说明,录载了与仪器制造相关的奏议文献,还保留了三辰公晷仪和三辰仪的模型资料(说见后)。是一部仪器制造全过程的资料完整齐全的说明书。

卷一为"总纪恒星",从中国传统星官三垣二十八宿的角度,介绍下列星表的总体状况,即传统星官及其所增加的恒星(增星)的状况,这又实际上阐明了《仪象考成》恒星命名系统是取传统星官为基础并加增星的方式。又给出"恒星全图"一幅,及"赤道北恒星图"和"赤道南恒星图"各一幅,以图像的形式描述下列星表的情况。

---

① 有可能参考了 J. Cassini 的 Tables astronomiques du Soleil, de la Lune, des Planetes, des Etoiles Fixes, et des Satellites de Jupiter et de Saturne; avec l'Explication & l'Usage de ces memes Tables. Paris. 1740。

② 关于《历象考成后编》交食表内容的来源,尚待进一步考证。

卷二至卷十三为“恒星黄道经纬度表”，卷十四至卷二十五为“恒星赤道经纬度表”，它们是《仪象考成》的主体部分。系以黄道十二次为序（自星纪次始），分别给出 300 座、3083 颗恒星的黄道经纬度与赤道经纬度的度、分、秒值（360°制，表明精度为 1″）、赤道岁差值（表明精度 1 微，即 1/60 秒）及其星等（1～6 等）。星表历元取乾隆九年（1744）冬至。该星表的星座与星名，和传统星座与星名相同者有 277 座、1319 星，在有名常数之外增 1614 星，又多近南极 23 座、150 星。若与《仪象灵台志》星表比较，近南极 23 座、150 星全同，而总星数则增加了 1207 颗。自然，两者的最大差异是所给出的恒星坐标值的数据。据分析①，《仪象考成》星表赤道经纬度和黄道经纬度的平均误差分别为：51.8″与 16.5″和 1′3.3″与 35.9″。这要比以第谷星表为依据的《灵台仪象志》星表要准确得多。其最主要的原因自然是，《仪象考成》星表是根据近代精密星表的首创者、英国格林尼治天文台第一任台长弗兰姆斯蒂德的星表（该星表正式出版于 1725 年）加上岁差改正推得的。

卷二十六为“月五星相距恒星黄道赤道经纬度表”，距黄道南、北各 10°的恒星黄、赤道经纬度表，各项目与“恒星黄道经纬度表”相同，为便用于与月亮、五星位置的计算而特设。

卷二十七至卷三十为“天汉经纬度表”，给出了银河南、北界一系列标志点的黄、赤道经纬度值。

《仪象考成》星表对中国传统星象作相当认真考订，并作了与近代方位天文学的成果相联系的重要工作。其所定星名对清代中后期产生了决定性的影响，这种影响甚至泽及现代②。

戴进贤还曾绘制有一幅《黄道总星图》，它是以黄极为中心，以外圈大圆为黄道的二幅南北恒星图，由戴进贤立法，意大利耶稣会士利白明（F. B. Moggi）镌为铜版，于雍正元年（1723）刊刻。此图以直线分为十二宫，边列宫名，节气随之，星分六等，它参考了南怀仁的《灵台仪象志》，但又有补充，如三角形星座就比《灵台仪象志》多“南增三”、“南增四”二星。后来，戴进贤主持编纂的《仪象考成》即收录了这二颗星，看来在《仪象考成》成书之前，他已着手修订星图。在这两幅图内，还描绘了峨眉状相时的金星、太阳黑子、木星的条斑和四颗卫星、土星环与五颗卫星、火星的黑暗表面及月面图等，这包括了伽利略、卡西尼、惠更斯（C. Huygens，1629～1695，荷兰人）等人的天文发现③。

（二）玑衡抚辰仪的制作

正是戴进贤于乾隆九年（1744）关于修订《灵台仪象志》星表的奏折，引起了乾隆帝对观象台的注意与兴趣，不久即登台视察，发表观感，以为浑仪最符合中国的测天传统，而时度划分等则以西法为优云云。钦天监官员秉承旨意，欲制作一“用今之数目，合古之模型”的新仪器。戴进贤即承担了指导该仪器的制作，同时开始编纂《仪象考成》的任务。该仪器初名三辰公晷仪，后改名三辰仪，最后由乾隆帝定名为玑衡抚辰仪（图 8-36，又见彩图十二）。这些名称的改变实际上反映了仪器设计型制前后的变化，如三辰公晷仪是以西方仪器的造型与和纹饰改造中国传统浑仪的一种设计方案，而三辰仪则是采取中西参半的造型与纹饰。到玑衡抚辰仪的纹

① 潘鼐，中国恒星观测史，学林出版社，1989 年，第 383 页。

② 以上均参见伊世同，《仪象考成》提要，见薄树人主编：《中国科学技术典籍通汇·天文卷》（七），河南教育出版社，1998 年，第 1339～1342 页。

③ 韩琦，戴进贤，载杜石然主编《中国古代科学家传记》（下），科学出版社，1993 年，第 1330～1332 页；铜版印刷术的传入及其影响，载《中国印刷史料选辑·装订与补遗》，中国古籍出版社，1993 年，第 388～400 页。

饰则基本以中式为主,同时引用西法对传统浑仪进行了简化与改造。玑衡抚辰仪的制作,前后用了10年时间,它是历代浑仪中最为高大者,又是最后一座浑仪,其装饰、造型也最华丽,造价也最昂贵。其制作用铜中,居然有取材于观象台原有古代天文仪器者,这当是该仪器制作过程中的最大败笔,其代价之高不可言喻①。

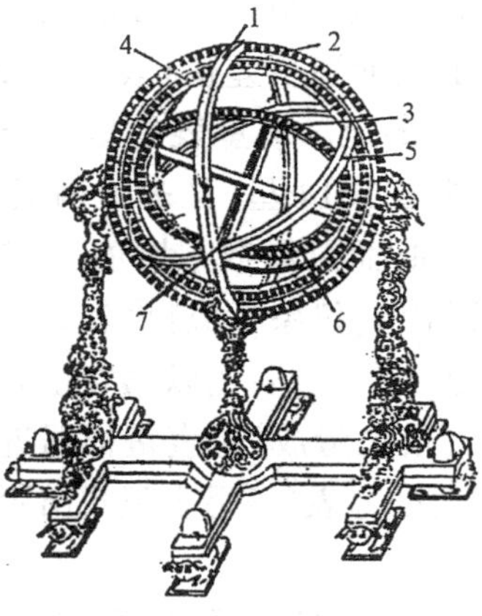

1.子午圈;2.天常赤道;3.北极;4.游旋赤道;5.赤道经圈;6.四游圈;7.南极

图8-36　玑衡抚辰仪

玑衡抚辰仪分三重:

最外一重正立着的是双环"子午圈",外径六尺三寸,侧平面广三寸二分,弧面厚九分,中空一寸,中空的中央线即为子午线,两面刻有4个90°,每度60分。其内与之垂直相接者为"天常赤道",外径六尺一寸二分,侧平面广二寸四分,弧面厚一寸四分,两面刻有周日时刻,每刻15分。"子午圈"由云座支承,而"天常赤道"架于东西两龙柱之上。云座西面正中开有云窝,用以承受垂球,云座与龙柱下面均设有十字交梁,可调整其下的螺旋,以定仪器整体的水平状态。

第二重是贯于"天常赤道"南北两极的"赤道经圈",和连接于其中腰的"游旋赤道"。"赤道经圈"的两面都刻有4个90°,每度60分。其一面以两极为0°,到赤道为90°,可读取去极度值;另一面以赤道为0°,到两极为90°,可读取赤纬度值。"游旋赤道"还由通过南极的两个象限弧支承,"游旋赤道"的两面都刻有周天360°可读取赤经度值。

最里一重为"四游圈",为贯于南北两极的双环,可自由旋转,南北两轴间有直距相连。双环中夹正方形中空的窥衡,可沿双环转动,窥衡方一寸二分,其两端有铜盖,中心开孔,上端孔心有十字丝,以利提高照准精度,其两面刻度与"赤道经圈"相同。

该仪器的使用方法与上一节所述的赤道经纬仪相同,用于测量真太阳时和天体赤经与赤纬等值②。

五　《历象考成后编》等对东亚诸国的影响及其他

(一)对日本的影响

日本宽政(1789~1800)年间的改历运动主要在于日月食和五星的观测,幕府召集了麻田刚立(1734~1799)、高桥至时、间重富等人,当时从清代输入的书中最有参考价值的是《历象考成后编》③,在当时最为精确,宽政历法立足于《历象考成后编》关于日月运行的开普勒定律的基础之上。麻田刚立是老师,师徒三人对《历象考成后编》进行了研究。高桥至时于享和3年(1803)撰写的《新修五星图说》参考了《历象考成后编》的椭圆理论,又对五星进行了研究,而当

① 伊世同,《仪象考成》提要,见薄树人主编:《中国科学技术典籍通汇·天文卷》(七),河南教育出版社,1998年,第1339~1342页。

② 陈遵妫,中国天文学史,第四册,上海人民出版社,1989年,第1808~1814页。

③ 日本天明六年(1786)左右麻田还没有见到《历象考成后编》,只有官府保存几本。

时只有《历象考成》有关于五星的步法。麻田学派从事天文学研究的人数众多,影响很大[①]。

(二)对朝鲜的影响

明末朝鲜就派人到北京,向传教士汤若望和陆若汉(J. Rodrigues,1561～1633)学习,并从中国带回了耶稣会士翻译的天文书籍。此后一直到18世纪末,都有朝鲜人到北京,他们和传教士直接接触,把学会的科学知识带回朝鲜,为天文观测服务。据《增补文献备考》记载,1725年,新修时宪七政法就参考了《历象考成》。之后,李朝天文历法学者能够初次正确计算日月五星的交食,也能够正确地制订历法。李朝政府派遣天文历法学者到清朝,学习最新的成果,1730年和1735年传入了最新的历书。当《历象考成》修后,1741年,即用《历象考成》的日躔、月离表来计算太阳和月亮的运动[②],而五星的运动则用《历象考成》的方法来计算。《历象考成后编》是1742年之后刊成的,而1741年,观象台的天文学者安国宾、翻译官卞重和、金在铉等人已经跟戴进贤、徐懋德等人学习,传入李朝,他们归国时带回了《日月交食表》、《八线对数表》、《八线表》、《对数阐微表》、《日月五星表》、《律吕正义》、《数理精蕴》、《日食筹稿》、《月食筹稿》等书[③]。1744年,观象台的天文学者金兑瑞,跟戴进贤学习了新的计算方法。1745年七月,金兑瑞及翻译官安命说购得《历象考成后编》而归,安国宾则学习这些新成果。这样李朝学者知道了开普勒的椭圆运动理论及交食的计算方法[④]。

1742年,朝鲜人金兑瑞、安国宾直接跟戴进贤学习,摹绘了戴进贤1723年的《黄道总星图》(共300座3083颗星)[⑤]。1834年,金正浩木刻的《黄道北恒星图》和《黄道南恒星图》,也取自戴进贤的《黄道总星图》,南秉哲编集的《星镜》二卷二册,也收入了同样的星图。

(三)对越南的影响

《历象考成》还传入越南,据《大南实录》:"嘉隆九年(1810)四月,阮有慎自清还,以大清《历象考成》书进言:我万全历与大清时宪书从前用明大统历法,三百余年未加改正,愈久愈差。清康熙年间参用西洋历法,汇成是编,步测精详,比之大统愈密,……请付钦天监令天文生考求其法,则天度齐而节候正矣,帝称善。"[⑥] 过了两年,参考《历象考成》,把万全历改为协纪历。从越南嗣德四年(1851)所编的《钦定大南会典事例》一书中,可看出越南阮朝钦天监的设置、职掌,大体和清代相同,其中钦天监所用官书,除《历象考成》外,还有《仪象考成》、《数理精蕴》、《灵台仪象志》等在清代钦天监所用的书,由此可见清代天文学对越南影响之一斑。

《历象考成后编》由于介绍欧洲新的天文学知识,使得日、月食的预报更为精确,耶稣会士戴进贤和徐懋德为此也得到雍正帝的赞赏而得以升官。令人感兴趣的是,《历象考成后编》为何采用颠倒的开普勒定律,下面对此略作解释。

值得指出的是,18世纪上半叶,法国天文学家并没有完全采用日心说和开普勒的椭圆运

① 渡啐夫,近世日本天文学史(上、下),恒星社厚生阁,1986年。

② 可能和巴黎天文台的《御制历象考成表》相同。

③ 《日月交食表》可能就是《历象考成》之后所附的日躔月离表;《日食筹稿》、《月食筹稿》可能指《历象考成后编》关于日食、月食计算原理的初稿。

④ 全相运,韩国科学技术史,高丽书林,1978年,第96页。

⑤ 全相运,韩国科学技术史,高丽书林,1978年,第38～40页,现藏法住寺,共8幅天文图屏风。

⑥ 《大南实录》正编第一纪《世祖实录·卷三十二》;韩琦,中越历史上天文学与数学的交流,中国科技史料,1991,(2)。

动学说，也只是把它当做一种假设而已。J. 卡西尼的《天文学基础》(《Elements d'Astronomie》)介绍了开普勒的学说，并同时介绍了颠倒的椭圆运动理论，也介绍了其父 G. D. 卡西尼(G. D. Cassini，1625～1712)的曲线运动学说及地心学说①。从当时的背景看，法国耶稣会士与法国皇家科学院的科学家关系极为密切②，能迅速(一年左右)得到欧洲的天文学著作，而法国耶稣会士和戴进贤、徐懋德等人的关系也很密切，因此他们选择当时颠倒的开普勒运动规律，是有一定背景的。只要符合天象，法国天文学家经常采用不同的运动方式来说明天体现象。《历象考成后编》关于颠倒开普勒椭圆运动的学说，可能是根据 J. 卡西尼等人的著作编成的③。《历象考成后编》在日、月食的预报上，精度大为提高，但对五星运动并没有改进，在介绍牛顿和说明月亮的运动时，也没有介绍引力概念，这不能不说是一个极大的遗憾。

如上所述，《历象考成后编》——癸卯元历的编制，实际上与卡西尼一系列工作有着十分密切的关系，以致清代汪曰桢迳称其为“噶西尼(卡西尼)术”④，是不无道理的。

第十二节　乾隆时期日心地动说的传入及其反响

一　演示日心地动说仪器的传入

乾隆时期，有两架演示日心体系的天文仪器传入中国，它们应是作为贡品献给乾隆帝的。在乾隆二十四年(1759)成书的《皇朝礼器图式》中，详细著录了这两架仪器，一架名为“七政仪”，一架名为“浑天合七政仪”。这两架仪器现仍完好地保存在北京故宫博物院，特别是“七政仪”，在开动发条后仍可正常运转(见图 8-37 和图 8-38)⑤。

“七政仪”原名“Orrery”或“Planetarium”，即“太阳系仪”。在底盘上的指南针旁刻有制作者的英文名款“Rich Glnne Fecit”(黎奇·格里尼制)。黎奇·格里尼是英国的一位科学仪器制造家，其创作年限是在 1705～1755 年间。

“七政仪”通高 71.3 厘米，上部的最外层是水平的黄道环，直径 54.6 厘米，环面内缘刻有圆周 360°，中间刻有黄道十二宫的拉丁名称与符号以及其代表图像。每宫又分刻为 30°，外缘刻有一年十二月三百六十五日，十二个月的月名以英文示出。在黄道环内套着三个互相垂直的圆环，其中，低平的圆环为赤道环，它与黄道环相交成约 23.5°。另外二个分别为通过春、秋分点与南、北赤极及通过冬、夏至点与南、北赤极的圆环。

再往里是为七政盘。其外层是个三重套环装置，火、木、土三星分别以竖杆立在这三重套环上，每个套环都有一个扳钮，用手拨动扳钮，可使该三星绕太阳作圆周运动。木星和土星分

---

① J. Cassini, Elements d'Astronomie,《天文学基础》第六章，1740 年。关于开普勒学说，1710 年法国科学院杂志对此有过解释。

② 韩琦，中国科学技术的西传及其影响(1582～1793)，河北人民出版社，1999 年，第 11～28 页。

③ J. Cassini, Elements d'Astronomie, 1740。Livre II Du Soleil Chap. VI Des Hypothese qui servent à representer le Mouvement apparent du Soleil, & sa Distance à la Terre。

④ 汪曰桢：《历代长术辑要·古今诸术推步考下》。

⑤ 席宗泽、严敦杰、薄树人等，日心地动说在中国——纪念哥白尼诞生五百周年，中国科学，1973 年，(3)；参见 Nathan Sivin, Copernicus in China, in his Science in Ancient China, Aldershot, Variorum, 1995, IV(pp. 1～53)。

别有四颗和五颗卫星，每颗卫星也都用竖杆连在木星和土星底下的小圆盘上，拨动扳钮即可演示各卫星绕木星或土星运转的现象。其中层是地球与月球，内层是金星和水星，正中间最大的圆球体是太阳。在这两层的底部，有一整套齿轮装置，开动发条后，可以演示太阳的自转，水星、金星与地球绕太阳运转，月球绕地球运转与地球自转。月球被涂成黑白二色，表示月球向着地球和背向地球的两部分。在地球下面的小圆盘上，刻有一个朔望月的时间(29.5 日)。在与地球相对的太阳的另一边，有一高 1.18 厘米、直径 0.75 厘米的铜瓶，其背着太阳的一面有一指针正贴着一个架在七政盘中层上的小黄道平圈。指针所指之处，就是从地球上看到的太阳所在位置。铜瓶向着太阳的一面，镶着一块凸投镜，其焦距正好等于铜瓶的半径，在铜瓶的中心点上灯后，光线通过凸透镜就成了平行光。在演示时，把太阳球体拿开，铜瓶射出的平行光就代表太阳光，照射到地球与月球上，随着地球与月球的各自运转，即可演示月相的变化以及日食或月食等现象。

在七政盘的侧面装置有一小圆盘，直径 1.05 厘米、厚 0.41 厘米，内装发条，以带动七政盘内整套齿轮系统的转动。小圆盘的正面装有指针和 1 到 24 小时的时间刻度。指针旋转一周，即为一昼夜，七政盘上地球正好自转一周。仪器下部的半圆十字铜架与三歧铜足之间，是个平放的转盘结构，可用于调节仪器的方向。

图 8-37　“七政仪”

图 8-38　“浑天合七政仪”

“浑天合七政仪”也是“Orrery”的一种，也是黎奇·格里尼的作品。其结构和“七政仪”大体相同。其上部最外层是水平的地平环，直径 36.8 厘米。中层有十字相交于北赤极的两经圈，以及附于其上的五个互相平行的圆环，自上而下(即从北到南)依次为北极圈、北回归线、赤道、南回归圈与南极圈。在这些环圈上刻有相应的英文名称。还有一条宽带状环附于十字经圈之上，是为黄道带，其中心线即为黄道，其面上也刻有黄道十二宫的图像及其拉丁文名称等。此外，该仪器南、北极距地平环的高度，可以依据所在地的地理纬度进行调节。其内的七政盘，都是套环装置，没有像“七政仪”那样的发条和齿轮系统。但以人工拨动套环上的扳钮，也可使星体运转。

“七政仪”和“浑天合七政仪”，在欧洲是适应广泛传播哥白尼的日心地动说而制作的。它们被作为礼品传到了清宫，而且收录于《皇朝礼器图式》中，多少也起到了宣传哥白尼日心地动说的作用。在“浑天合七政仪”的黄道带上，还刻有黄道十二宫和十二个月的中文译名，在“七政仪”内的八个主要星体上都配上了刻有中文名称的牙牌①。说明这两架仪器在传入后是得到了重视和用来作具体的演示的。当然，由于它们还只是深居于皇宫之内，《皇朝礼器图式》也只有少数人得以阅览，其影响是十分有限的。

二　蒋友仁《坤舆全图》(《地球图说》)与日心地动说

蒋友仁(Michel Benoist，1715～1774)字德翊，法籍耶稣会士。他年轻时曾师从著名天文学家德利勒(Joseph Nicolas de Lisle，1688～1768)、辣喀尔(N.-L. de la Caille，1713～1762)和勒莫尼(Pierre-Charles Le Monnier，1715～1799)，具有较好的科学素养，在天文学方面有一定造诣。1744年，蒋氏到达澳门，次年(1745)，应乾隆皇帝之命，以数学家的身份进入北京。两年之后，由于意大利耶稣会修士郎世宁(Giuseppe Castiglione，1688～1766)的推荐，负责圆明园的水法建造。蒋友仁到北京之后，曾在北堂负责天文观测，寄给德利勒，还和他的老师辣喀尔保持通信联系。

乾隆皇帝对西学的兴趣似乎远远不能与其祖康熙相比，但他对西学也略有所好，时而把玩西方奇器(如牛顿式反射望远镜、验气筒)，时而热衷世界地图。蒋友仁的书信生动地反映了宫廷的一些科学活动，特别是他和乾隆皇帝的对话，如乾隆曾问及欧洲是否都采用地动说，从此看出他对天体运动规律的兴趣。

乾隆二十五年(1760)，蒋友仁发现皇帝对地图有兴趣，作为乾隆帝50诞辰的贺礼，进献了一幅名曰《坤舆全图》的世界地图，又附有《图说》一卷，对地图本身进行说明并有天文图19幅兼具文字说明。蒋友仁还特意宣扬法国国王在完善艺术和科学方面所作的努力，特别是在完善地理和天文学方面所作的工作，这是他进献《坤舆全图》的宗旨所在。在地图上，他描述了在世界各地的旅行以及测量经纬度的情况，以及一些重要的人物，如卡西尼、辣喀尔、勒莫尼等学者的工作。乾隆帝看到这幅地图后大加赞赏，赐绢数匹，并令其再绘一幅上呈。乾隆三十二年(1767)，蒋友仁又进一轴，图高1.95米，长3.75米，分东西两半球，球径各1.4米，其周围撰有文字说明和附有解说文字的插图，这些文字是由何国宗和钱大昕奉旨帮助润色的。乾隆帝在见到前一幅世界地图后，曾向蒋友仁垂询其中的天文学和地理学问题，并令身边的大臣与有关学者议其得失，这些人对该地图与从前耶稣会士所献同类地图的异同发表了一些意见，而对于其中的天文学问题则不甚了了，有以为同戴进贤之说无异者，而对于其中的日心地动说基本取反对态度。随后，蒋友仁的前一幅图收在宫中，后一幅则归入舆图房保存，秘而不宣②。

直至清嘉庆四年(1799)，钱大昕把当年的润色稿整理出版，定名为《地球图说》，才得以公开面世。书中两幅地图和19幅天文图系由钱大昕的学生李锐依文意补绘而成，并由阮元作序一篇载于卷首。全书共分22节，前8节是对地图本身的说明，以及对地理纬度概念、地球大小和四大

---

① 以上均参见刘炳森、马玉良、薄树人等，略谈故宫博物院所藏“七政仪”和“浑天合七政仪”，文物，1973，(9)。

② 鞠德源，蒋友仁绘坤舆全图，见曹婉如等编：《中国古代地图集》(清代)，文物出版社，1997年，第120～121页。

洲地理状况的介绍，提及法国国王派天文学家到世界各地测量地球形状的工作，明确指出地球为两极稍扁平的椭球体，“大圈之圆形不等，止赤道为平圆，而经圈皆为椭圆”，“长径过赤道，短径过两极”，并给出了经线和赤道的周长（“测量地周新程”节）。后 14 节则是关于天文学新知的论述，包括对哥白尼日心地动说以及 17 世纪以来欧洲天文学一系列新进展的介绍①。

在分别介绍多禄亩（托勒玫）、的谷（第谷）、玛尔象（Martianus Capella，365～440）和歌白尼（哥白尼）四种宇宙体系后，指出第一种“今人无从之者”，第二、三种“虽有可取，然皆不如歌白尼之密”，而“今西士精求天文者并以歌白尼所论次序，推算诸曜之运动”，“歌白尼论诸曜以太阳静，地球动”。蒋友仁所介绍的是经开普勒、牛顿、卡西尼等人发展了的哥白尼学说：“置太阳于宇宙中心，太阳最近者水星，次金星，次地，次火星，次木星，次土星。太阴之本轮绕地球，土星旁有五小星绕之，木星旁有四小星绕之，各有本轮绕本星。而行距斯诸轮最远者，乃为恒星天，常静不动。”还指出，各行星及其卫星均具公转与自转两种运动，“一循行其本轮，一旋转于本心”。太阳也在作自转运动。对于地球作为行星之一的运动作了专门的论证。还对日心地动说理论的依据进行了解释（“七政序次”节）。对地圆说又作论述（“论地圆”节），还提及土星有“光圈”，但“未审其为何物”（“五星”节）。列有太阳系各成员相对于地球的大小、各大行星轨道的远日距与近日距、轨道长短轴与偏心率、自转周期（缺水星和土星）、公转周期等等数据（“诸曜径各不同”节）。还对日月五星本体的有关天文特征逐一进行了描述（“太阳”、“太阴”、“五星”等节）。正确地介绍了开普勒第一定律（“七政序次”节）和第二定律（“五星”节），并用以日月五星运动的推算。以日心地动说对四季成因、天体地平视差、蒙气差、交食原理以及五星视运动现象等分别作了新阐述（“论春夏秋冬”、“地平径差”、“清蒙气差”、“交食”、“五星”等节）。指出恒星自身发光，其大小、远近各不相同，恒星岁差是地轴进动的结果（“诸曜序次”节）。客星不是大气范围的现象，也不是所谓妖星，而是与恒星及行星相似的天体。运动的客星（即彗星）的运行轨道可以推知，亦遵从开普勒第一、第二定律（“客星”节）。此外，还对一具演示日月五星运动和昼夜长度变化等现象的仪器作较详细的说明（“浑天仪”节）。

由之可见，蒋友仁在《坤舆全图》中，阐述了哥白尼日心地动说，以及诸多天文学的新知识，是西方近代天文学知识传入中国的一大事件。可是，蒋友仁未论及开普勒第三定律、可证明日心地动说正确性的、牛顿于 1684 年阐明的万有引力理论和布拉得雷（J. Bradley，1693～1762）于 1728 年发现的光行差现象，是美中不足。

三　阮元等人对日心地动说的怀疑或抵制

钱大昕和李锐之所以要公开出版《地球图说》，应是认为其说有可取者，方有此举，他们对其说的态度大约可以从阮元所作的序文中窥知一二。阮元在序文中指出：“西洋人言天地之理最精，其实莫非三代以来古法所旧有。”他一方面承认后文所言“校熊三拔《表度说》等书更为明晰详备”，另一方面又认为后文所言“乃周公、商高、孔子、曾子之旧说也”。即他肯定《地球图说》所论是大有可取之处的，而且是中国古圣人已有其说的。这些也应就是钱大昕、李锐公开出版《地球图说》的初衷。阮元受人所托，为人作序，自然多少要表达著作者的心意，但他的内

① 石云里，《地球图说》提要，见薄树人主编：《中国科学技术典籍通汇·天文卷》第 7 册，河南教育出版社，1998 年，第 993～995页。

心对书中的诸多新说又充满了狐疑，于是使用了曲折的笔法反映出来。阮元用了70%的篇幅讨论地圆说的可信，其说前人均已论及，阮元重申之。阮元又用12%的篇幅讨论地球“所以能居天中”的问题，他提及了四种试验性的解释：“试以豆置猪膀胱中，气满其内，则豆虚腾而居其中；以绳络碗，置水盈碗，旋转而急舞之，碗侧覆而水不溢；置木球于水盎中，搅水急漩，则球必居正中；登泰山极顶，天寒风烈，气塞耳鸣。况高远千百倍于泰山者，其健气急旋，地居其中，人皆正立，无分上下，又何疑哉！”此中，第1、3、4种依然是以地球为中心的说明，而第2种似乎是关于地球在运动而地球上物体不飞离出去的说明。这些证明阮元仍是主张地心说的，但似也在思考日心地动说的可行性问题。序文用18%的篇幅论及实际上是两个相矛盾的观点，其观点之一便是上述肯定性的意见，观点之二则是反复申明：“学者不必喜其新而宗之，亦不必疑其奇而辟之，可也。”要读者采取既不赞同又不批评其说的态度。在《畴人传·凡例》中，阮元指出：“西洋新法，累经改易，派别支分，师传各异。汤若望专主小轮，穆尼阁则用不同心天，戴进贤所译，设本天为椭圆，蒋友仁所说，又以为太阳静而地球动。议论纷如，难可合一。兹汇而录之，用资博考。”这大约便是阮元主张取上述态度的主要原因。

应该说，关于天与恒星等的周日运动乃是地球自转的反映，地球依椭圆轨道绕日公转，而不居于天的中心等观念，既与中国传统的地静天动说格格不入，也与耶稣会士百余年来传播的有关论说格格不入。如果说百余年前传入的地圆说时，中国学者在如同王英明所说的“骇且疑”[①] 之余，还多少可以寻得似是而非的古说为据，还有若干人们易于感知或想知的事实或推理可资证明，于是可较快地为较多的学者所接受，那么，日心地动说的推出同样令当时的学者“骇且疑”是不足怪的，而且古无其说，蒋友仁也没有给出令人信服的证明。所以，对日心地动说的接受还需待以时日是可以理解的。

但是，也有中国学者对蒋友仁所传哥白尼日心地动说横加指责，并认为行星运动第一、第二定律仅是一种假象。在与《地球图说》差不多同时刊行的《畴人传·蒋友仁传》后的“论”中，李锐[②]认为西学对于行星运动的解说“乃未几而向所谓诸轮者，又易为椭圆面积之术，且以为地球动而太阳静，是西人亦不能坚守其前说也，夫第假象以明算理，则谓为椭圆面积可，谓为地球动而太阳静，亦何所不可，然其说至于上下易位，动静倒置，则离经叛道，不可为训，固未有若是甚焉者也。……但言其当然，而不言其所以然者之终古无弊哉”。其中，假象之说，李锐实取其师钱大昕的论点：“新法之本轮、均轮、次轮，皆巧算，非真象也。……本轮、均轮本是假象，今已置之不用，而别创椭圆之率，亦假象也。但使躔离、交食，推算与测验相准，则言大小轮可，言椭圆亦可。”[③] 即在钱大昕看来，无论是本轮、均轮理论，还是椭圆学说，都只是描述日月五星运动的数学方法，而非日月五星实际存在的运行模式。此说对于本轮、均轮理论而言，实是一针见血的评论；而对于椭圆学说而言，虽然，现今我们知道，因摄动的影响，行星等的运行并不严格循椭圆轨道，但椭圆学说确已基本真切地描述了行星等运行的真实轨道，所以，钱大昕将椭圆学说同本轮、均轮理论等量齐观是不正确的。不过，李锐(也包括钱大昕与阮元)还是认识到“以椭圆面积算均数，加减平行，验之于天则更合，则椭圆之法善矣。”[④] 由于钱大昕、阮元、李锐等在当时的学术界享有很高的

---

① 王英明：《历体略》卷下。

② 严敦杰认为《畴人传》实由李锐编定，阮元略加删润，参见严敦杰：《李尚之年谱》，载梅荣照主编《明清数学史论文集》，江苏教育出版社，1990年，第455页。

③ 罗士琳：《续畴人传·钱大昕传》，亦即阮元等：《畴人传》卷四十九。

④ 阮元等：《畴人传·噶西尼传》卷四十六。

声望，他们的模棱两可或大声斥责，在相当程度上阻碍了哥白尼日心地动学说的传播，而且也使社会对《地球图说》所传诸多新天文学知识认同产生负面的影响。此外，李锐关于言天者只言其当然、而不言其所以然的主张，也是一种十分消极的思想表露，更不足取。

第十三节　中国传统天文学在欧洲

中国具有悠久的历史传统，数千年来进行了大量的天象观测，这些观测记录对近代天文学的发展起到了重要作用。对古代天象记录的研究，有助于探索天体的演变规律，这是中国古代天文学的重要价值之一。现以欧洲人对中国传统天文学的研究为例，探讨中国天文学的历史贡献，及其对欧洲产生的影响。

一　欧洲天文学家研究中国传统天文学的缘起

1582 年，利玛窦来华，西方科学开始传入中国，先成为宫廷科学的主流，继而逐渐代替中国传统科学。在现代人看来，17、18 世纪中国科学已经远远落后于西方，但即使在那时，中国古代天文学（特别是天象记录）对欧洲天文学的发展仍发挥了一定的作用。

17、18 世纪欧洲对中国年代学和天文学史的研究，是中西科学交流史上的一个非常特殊的范例。由于中国古史纪年和《圣经》发生了冲突，引起了欧洲学术界的极大兴趣①。欧洲学者试图从更开阔的视野，比较各文明古国的历史，于是，中国被纳入了研究的范围。通过对中国天文学史和历史纪年的研究，他们对世界史有了更深入的了解。

18 世纪，中国古史纪年在相当长时期内仍是欧洲学者研究的热点，天文学家也介入了对这一问题的讨论，这是因为古代天象记录的精确性可用天文计算来验证。西方学者对中国天文学的兴趣，出于两个目的：一是为了研究古史年代，想藉此探讨中国古文明的可靠性；二是出于天文学的需要，如计算二至点的移动、黄赤交角的变化、岁差等。中国古代的观测记录，汉代之后比较可信，因此可用来为天文学服务，而某些上古记载（如《书经》），因年代久远，其记录的真实性就令人怀疑，欧洲学者为此花费了大量精力，对这些记录的可靠性进行了研究，有时争论相当激烈，这不仅关系到对中国古文明的重新评价，也影响了欧洲的世界史研究。

在早期来华的耶稣会士中，邓玉函具有较高的科学修养，他是伽利略的好友，又继伽利略之后成为灵采学院的成员，在科学界享有很高声誉。他和欧洲天文学界保持了密切接触，希冀得到科学的指点。在中国改历，不仅要通晓欧洲天文学，也要熟悉中国传统历法，这就需要对中国天文学史进行研究。邓玉函不仅把西方天文学介绍到中国，同时和欧洲数学家通信，介绍了中国天文学的一些内容。

当时耶稣会士竭力在不损害中国荣誉、不否认《尚书》中天象记录的基础上，编制出一份可为犹太、基督教所容忍的中国年表。他们曾请伽利略帮忙，请他对中国的天文观测记录加以验算。也许是伽利略没有回应的缘故，才使邓玉函把求援之手伸向德国。1623 年，他在江苏常州给德国数学家写了一封信，谈到了中国历法，包括上古尧帝的统治，发生的日食，以及有关二十八宿、六十甲子纪年等问题，无疑参考了《尚书·尧典》有关天文观测的记载。1630 年，开普

① 韩琦，中国科学技术之西传及其影响（1582～1793），河北人民出版社，1999 年，第 64～69 页。

勒就邓玉函提出的天文学问题进行了详尽的评论,这是欧洲天文学家研究中国天文学之始。邓玉函的信和开普勒的评论,1630 年用拉丁文发表。开普勒的评论发表后引起了许多欧洲人的关注,产生了一定的反响。德国莱布尼茨(G.W.Leibniz,1646～1716)对此也极感兴趣,17 世纪末,当他和法国耶稣会士白晋等人通信时,曾多次提到开普勒的评论和他对中国天文学的研究。

邓玉函和汤若望等耶稣会士来华,其目的是为了传教。此外,他们还参与了历法的制订,以便准确预告日月食,因为对帝王来说,这是历法的首务之一。早在《崇祯历书》编纂时,耶稣会士就开始注意中国天文历法的研究,对古代天象记录进行了分析,如汤若望的《古今交食考》就提到了中国古代的日月食记录。和传教活动相比,他们对中国古代天文历法的研究,算不上他们的主要工作,但这却标志着耶稣会士研究中国天文学史的开端。

1689 年 7～8 月间,莱布尼茨和意大利耶稣会士闵明我(C. F. Grimaldi,1638～1712)在罗马相见,讨论了许多问题。闵明我向他介绍了中国人观测、研究天体的一些情况,他认为中国人由于带有功利之目的,故天文观测只能相信一半,并指出在传统和欧洲天文计算之间有差别时,中国人仍相信传统。当时他们已经得知南怀仁去世,闵明我有可能接任钦天监监正,且即将返回中国,这引起了莱布尼茨的极大兴趣。他给闵明我列出了一个很长的调查单,包括数学、物理、地理、植物、制图学等方面的问题,中国天文学史(天文观测的悠久)也是他的兴趣之一。闵明我答应回到中国之后,对他的提问进行解答,但迄今为止,尚未发现闵明我的答复。

17、18 世纪,法国出现了一些著名的科学家族,世代研究科学。如卡西尼(Cassini)家族,以天文学著名,与之有姻亲关系的马拉尔迪(Maraldi)家族,也研究天文学。卡西尼(G. D. Cassini)于 1660 年受路易十四的聘请到巴黎天文台任职,在天文学方面成就卓著,使法国在观测方面一直居于领先地位。天文学的发展,需要收集大量的数据,因此需要派遣大批天文学家到世界各地进行观测。17 世纪 80 年代,由于路易十四欲与中国建立关系,故派遣耶稣会士到中国,而耶稣会士中不乏优秀的天文学家,因此两国间天文学的交流,由耶稣会士架起了桥梁。

1684 年 12 月 20 日,洪若翰和其他三位耶稣会士到了法国皇家科学院,当时卡西尼和腊羲尔和他们相见,并把科学院的杂志(有关天文学和植物)送给他们。1685 年元月 17 日,洪若翰和五位耶稣会士又到科学院参加会议。不久洪若翰等人就被派往中国,后来一直和科学院保持紧密的联系。

卡西尼对中国天文学史的研究至少从 1689 年初即已开始,据 1689 年 2 月 23 日科学院会议记录:卡西尼在皇家科学院出示了他解读的东方天文学。3 月 5 日,又在科学院的会上宣读了有关中国天文学论文的增补部分。他关于中国天文学史的研究,1692 年出版,引起了很大的反响,使更多的人对中国古史感兴趣。

卡西尼研究中国天文学史与来华耶稣会士的著作有很大关系。1684 年,比利时耶稣会士柏应理到达法国,不久出版了中国纪年表,可能受其影响,卡西尼开始研究中国古代历史纪年,以考察中国天象记录的可靠性。除柏应理的著作之外,他还参考了意大利耶稣会士卫匡国关于中国古代史的论著。在 1692 年出版的文章中,卡西尼谈到了中国天文学的现状,他认为尽管中国拥有一个古老、宏伟的天文台,装备有各种各样的仪器,有学院和天文学的官员,但是这个国家非常傲慢,对外国人表示敌视;中国人不得不任命利玛窦、汤若望、南怀仁等耶稣会士,而且给予了极大的荣誉,即使是闵明我返回意大利时,也任命他为钦天监监正,由此看出中国人对年代的决定没有确定的方法。他还谈到了中国古代关于五星会聚的记载,在此之前,卫匡国曾认为颛顼统治时的公元前2513年至前2435年间发生了五星会聚，但他没有给出具体发生在哪一年。为确定行星聚室的年代[①]，卡西尼为此检查了颛顼在位时发生的五星会聚记录，结果认为比史书记载的要晚500年，是在尧帝统治下发生的天文现象，其结果把中国历史纪年延后了500年。他还给出了决定每个时代中国星座的方法，把同一年中国和欧洲星座进行了对比；还谈到了中国古代冬至的观测。

总的来说，卡西尼对中国古史纪年甚表怀疑，他想通过计算来论证中国古史记载不太精确。由于他在天文学界的崇高威望，他的文章被多次转载，也被译成英文，他的观点也被许多人所采用，影响很大，也促使后来耶稣会士对中国天文学史的研究，并对他的观点提出异议，如宋君荣在发掘中国古代天文学史料的基础上，提出了新的观点，否定了卡西尼对中国古代天象记录的怀疑。

二　对黄赤交角的研究及其贡献

(一)宋君荣对黄赤交角变化的研究

在中国科学史乃至整个汉学研究中，我们不应该忘记法国耶稣会士宋君荣(A. Gaubil, 1689～1759)作出的卓越贡献。他是一位十分勤奋的耶稣会士，兴趣广泛，知识渊博，一直受到学者们的敬重。凭借良好的科学素养，使他能把天文学与中国古史结合起来，发表了许多中国天文学史论著，不仅在上古史研究方面达到了很高的造诣，在天文学起源的研究、观测记录的整理诸方面也取得了杰出成就。他的中国天文学史著作，不仅在当时，直至今天，也是研究中国天文学史的必备参考书，仍极具价值，李约瑟曾这样高度评价他的天文学史成就："即使是在今天，对于想彻底研究中国天文学史的人，宋君荣的著作仍然是不可少的参考资料"[②]。他的研究不仅使欧洲天文学家对中国天文学有了更完整的认识，也改变了欧洲学者对中国天文学的看法，产生了非常深远的影响。

黄赤交角是一个基本的天文学常数，我国古代在天文仪器的制造和历法计算中，都要用到这一常数[③]。对黄赤交角随时代变小的事实，在欧洲经历了相当长的认识过程，耶稣会士天文学家利酌理(G. Riccioli, 1598～1671)和法国天文学家腊羲尔都认为黄赤交角不变，而科学院科学家卢维勒(J. E. d'Allonville de Louville, 1671～1732)认为黄赤交角逐渐变小，一位被派往孟加拉王国的法国耶稣会士布迪耶(C. S. Boudier, 1686～1757)也持相同看法。宋君荣熟悉法国科学界对黄赤交角的讨论，除此之外，对英国科学家的有关理论也有一定的了解，这是他研究古代观测记录的原因。他通过对圭影观测记录的整理，对黄赤交角的变化规律进行了深入研究。大约在1732年或稍前，他已从中国古书的考证中得出黄赤交角变化的结论，这从1733年弗莱雷(N. Fré ret, 1688～1749)给科学院德梅朗(D. de Mairan, 1678～1771)的信的附注中即可看出：

---

① 关于五星联珠，Huang Yi-long(黄一农)作了深入研究，参见其 A Study on the Five Planet Conjunction in Chinese History, Early China, 15(1990), pp. 97～112。

② 李约瑟，中国科学技术史，第4卷，天学，第1分册，科学出版社，1975年，第31页。

③ 关于中国古代黄赤交角变化的研究，参见陈美东：《古历新探》，辽宁教育出版社，1995年，第94～125页。

> 宋君荣神父在此信中附了四页信纸的关于黄赤交角变化的注解,……看起来他汇集的所有的观测都有利于卢维勒先生的观点,而与腊羲尔先生和利酌理神父关于黄赤交角不变性的推论相反①。

1734年7月13日,宋君荣在给德利勒(J.-N. Delisle,1688～1768)的信中,也谈到了黄赤交角:

> 布迪耶神父相信,从他的观测中可以得出黄赤交角易变性的论据;您看一下从我给您寄的中国圭影(观测)中可以得出什么结果②。

这条材料表明,当时宋君荣已经对中国古代圭表观测进行了研究。宋君荣关于黄赤交角的研究和布迪耶神父有很大关系。布迪耶认为从他的观测中可以看到黄赤交角的变化,并且按照卢维勒算出的比例在减小,他请求宋君荣注意二至日的观测。后来宋君荣在1733年做了观测,发现这些观测与布迪耶和卢维勒的假设相吻合,并认为黄赤交角为23°29′。尽管宋君荣在离开法国以前,已很了解卢维勒的观点,但他觉得黄赤交角变小这一结论并不确定,故未加接受,仍相信利酌理和腊羲尔关于黄赤交角不变的论点。此外,他参考了中国古代的晷影观测,他认为虽然黄赤交角没有变化,但中国古代的观测证明了上述新理论。即使到了1750年10月,宋君荣还坚持自己的观点。虽然宋君荣始终认为黄赤交角是不变的,但以上背景促使他对中国古代二至日晷影观测记录进行了系统研究。宋君荣在北京时,不时把自己的研究成果寄给碑铭和文学院院士弗莱雷、天文学家德利勒等人,弗莱雷去世后,手稿归德利勒所有,放在海军部保管室,后来挪至巴黎天文台,至今还妥为保存。

(二)拉普拉斯对黄赤交角变化的研究

宋君荣寄回法国的大量手稿,有许多极有价值,但长时间内没有发表。到了19世纪,法国著名天文学家拉普拉斯(P. S. Laplace,1749～1827)、德朗布尔(J.-B. J. Delambre,1749～1822)以及之后的毕奥(E.-C. Biot,1803～1850)等人,都对中国天文学史研究极感兴趣。究其原因,是中国二千多年的天象记录对当时天文学研究,如黄赤交角的变化、彗星的回归周期、流星的观测等等,都有实际的应用价值,对古代观测记录的研究,迎合了当时天文学发展的需要。在此背景下,宋君荣有关中国古代二至日晷影观测的手稿,引起了拉普拉斯的重视,于是亲自加以整理出版,为黄赤交角变小的理论提供了历史依据。由于拉普拉斯的呼吁,宋君荣关于唐史、年代学的手稿由德·萨西和阿伯尔(J. P. Abel Ré musat,1788～1832)于1814年出版。中国古代天象记录的历史价值再次得到体现,同时在19世纪初,中国古代天文学在法国学者心目的形象也有所改变。

黄赤交角随着年代的推移而逐渐变小,这对现在人来说已是常识,但是在19世纪之前,由于观测水平所限,天体力学尚不够发达,对黄赤交角的变化规律仍然不能从理论上加以确定,特别是18世纪中叶,对黄赤交角的变化有激烈的争论。但从19世纪初开始,随着天体力学的发展,对其变化规律已有了定论。

拉普拉斯首先整理了宋君荣1734年的手稿,此手稿详细考察了中国人二至日太阳中天时观测日影的传统,特别是周公在洛阳进行的最早观测。据此,拉普拉斯在1809年发表了关于

---

① A. Gaubil, Correspondance de Pé kin (1722～1759). Genè ve, 1970, p. 351。

② A. Gaubil, Correspondance de Pé kin (1722～1759). Genè ve, 1970, p. 377。

中国古代在二至日太阳中天时晷影长度的观测一文，刊载于《天文年历》。除了对周公的观测进行了详细的考察之外，拉普拉斯还注意到了公元前104年落下闳在西安的观测，并根据自己的公式进行了计算，得出黄赤交角为23°43′59.4″。拉普拉斯也大量引用了中国古代公元后的观测记录，第一个记录是173年，亦见于宋君荣的手稿；461年，祖冲之在南京也进行了较为详细的观测，给出了计算二至日的方法，这是耶稣会士来华之前使用的方法，宋君荣对此有所介绍。拉普拉斯对祖冲之的观测记录进行了详细计算，得出黄赤交角为23°38′8.2″；还根据629年李淳风的观测，得出当时黄赤交角为23°38′1″①，由此得知西安的纬度是34°16′33.5″，而据耶稣会士的观测，西安纬度是34°16′，这说明当时观测较为精确。在最后，拉普拉斯根据宋君荣手稿，介绍了天文学家郭守敬的众多观测记录。在他看来，郭守敬是中国最伟大的天文学家，他的许多观测，精确程度超过了第谷，其中提到1277年冬至在北京的观测、1278年夏至、1279年夏至和冬至、1280年冬至的观测。拉普拉斯从古代天象记录出发，对黄赤交角变化的规律从理论上进行了研究，认为随着时间的推移，黄赤交角变小，1811年发表专文，对此加以论证。在文章中，他大量引用了中国古代的观测记录，主要根据宋君荣有关中国天文学史的研究，对周公的晷影观测给予了高度重视。

拉普拉斯在总结牛顿之后科学成就的基础上，继康德（I. Kant，1724～1804）之后，用星云说阐述了天体演化规律，特别是太阳系的产生和形成。在他的科普名著《宇宙体系论》中，有专章讨论天文学史，对中国古代的天文观测给予了很高评价：

> 古代的民族中，中国人在编年史中为我们提供了最古老的观测，这些观测还可用于现时天文学。中国古书中的日、月食由于记载含糊只能用于年代学的考证；但这些日月食表明帝尧的时代（公元前两千余年），中国已经将天象的观测作为祭祀的根据。历法颁布与日月食观测已经作为重要的天文工作，为此设有太史或钦天监来管理天文历法的事务。几千年来中国人观测二至日里圭表在中午时所投射的日影长度与天体中天的时刻，并用漏壶以计时，用月食时月亮和恒星的相对位置测定月亮的位置，这样便容易求得太阳与二至点对于恒星的位置②。

接着，他还介绍了周公的事迹，认为“对于天文学有价值的最早的观测是周公所做的”。他还指出其中最古老的记载有三个，“两个观测是太阳中天时晷影长度的记录，是在冬至和夏至两日于洛阳城所作的极仔细的观测，由这些数据可以求出那时的黄赤交角的度数，结果与现今由万有引力理论所推出的相当符合”③。另一个观测是在同时期里冬至点在天穹上的位置也与理论符合，“以那时粗糙的方法得出如此精细的结果实在很可钦佩。由于这种显著的符合，使我们不怀疑这些观测的确实性”④。

在第3章“自托勒玫至欧洲革新时代的天文学”中，拉普拉斯也高度评价了中国古代天文观测的精度：

> 中国的史书里曾记载有一些很古的天文观测，即使在二十四个世纪以后，这些记

---

① 拉普拉斯，Oeuvres complè tes de Laplace，Paris，1904，T. 13，p. 60。

② 拉普拉斯，宇宙体系论，上海译文出版社，1978年，第374～375页。

③ 最早的记载并不是《书经》，而是在《周礼》中，《周髀算经》论述得比较详细。拉普拉斯论述有误。见拉普拉斯，宇宙体系论，第376页。

④ 拉普拉斯，宇宙体系论，上海译文出版社，1978年，第377页。

录还是天文学革新以前和在象限仪上应用望远镜以前最精确的观测。①

他依据耶稣会士宋君荣的著作，特别提到了中国古代在二至日及其前后测量(太阳中天时)晷影长度的大量记录。宋君荣曾收集了公元前1100年至公元1280年的观测记录，“这些观测显然表明黄赤交角的递减现象，其减少量在这2400年的时间内达千分之一圆周。”② 他认为祖冲之是一位最杰出的天文学家，祖冲之将自己于461年在南京的观测和前人于173年在洛阳所做的观测比较，决定了回归年的长度为365.24282日，比希腊人和阿拉伯天文学家所定出的数字还要精确，与哥白尼的数字相差很少。拉普拉斯还特别提到了元代天文学家郭守敬，称他为伟大的观测者，他根据四丈高表进行了天文观测，并创造景符，放在圭面上，大大提高了观测精度。拉普拉斯进而评论道：“由于这些观测的精确性而愈加珍贵，因为它们无可争辩地证明自那时至今，黄赤交角与地球轨道的偏心率均在不断地变小。”

在这章的结尾，拉普拉斯谈到了古代天象记录的价值，高度评价了中国古代观测记录对黄赤交角变化的研究的贡献：

> 法国图书馆所藏的许多手稿里，有不少是还没有经人整理的观测，它们可能对于天文学有所阐发，特别是对于天体运行上的长期差。这一工作应引起熟悉东方天文的学者们的注意，因为认识宇宙体系里的大变化，并不比帝国的革命更少兴味。后代人可以将现今一系列很精确的观测和万有引力的理论比较，必然会比我们得到更好的符合，可是我们从古人所得到的只是一些不确切的观测。但是若对这些观测加以明智的批判与选择，至少可用其中的一部分，以其数量去补偿它们的谬误，作为比较精确的观测。同样，在地理学上，决定某些地方的位置，我们可以分析旅行人的游记以补充天文观测。因此，自古以来给我们留下的观测虽然不很完善，但却从它们看出地球轨道的偏心率，近日点的位置，月亮对于其轨道的交点、近地点和对于太阳的长期运动等都有变化，此外，行星的轨道根数亦在变化。由周公、皮斯亚、伊本-尤努斯(Ibn Yūnus,950～1009)、郭守敬、乌鲁伯格(Ulugh Beg,1394～1449)与近代人之观测的比较，而发现近三千年来黄赤交角的逐渐变小便是彰明较著的例子③。

从上述研究可看出，虽然宋君荣已经从中国古代晷影观测的记录中发现黄赤交角的变化，但由于缺乏理论的指导，他并不相信黄赤交角变小的事实，而拉普拉斯正是在宋君荣手稿的基础上，借助中国古代丰富的观测资料，根据天体力学的方法，从理论上对黄赤交角变小的规律进行了深入论证。

三　法国学者对中国古代天象记录的整理和利用

提起中国天文学史，也不能忘记法国天文学家德利勒的功绩。他的贡献并不在于自己的研究，而是因为他保存了宋君荣和弗莱雷有关中国天文学史研究的大量手稿，使得后来的天文学家能对此加以利用，潘格雷(A.-G. Pingré,1711～1796)有关彗星史料的整理、拉普拉斯有关黄赤交角的研究等等，都和德利勒密切相关。他毕生从事天文数据的收集，包括前辈天文学家

---

① 拉普拉斯，宇宙体系论，上海译文出版社，1978年，第407页。

② 拉普拉斯，宇宙体系论，上海译文出版社，1978年，第407～408页。

③ 拉普拉斯，宇宙体系论，上海译文出版社，1978年，第410页。

的大量观测报告,他的收藏至今仍保存完好,是天文学的宝贵遗产①。

18世纪法国在彗星研究方面取得了重要进展,出版了一些专著。潘格雷是其中一位重要的天文学家,1749～1753年,他在鲁昂科学院担任天文学工作。由于他对1753年水星的观测,使他成为皇家科学院的通讯院士。后来成为海军的天文学家,他曾多次出海航行,远达印度洋,进行天文观测,特别是行星观测。1761年6月6日,发生金星凌日现象,科学院动员了一批天文学家到国外观测,潘格雷也加入了这一行列。他对中国古代天文学也颇感兴趣,同时对来华耶稣会士的天文观测也非常关注。1764年,他编写了《北京经纬度论》并和德利勒合写了《北京城描述》一文。

潘格雷的著作中最重要的是二卷本《彗星论》②,其中引用了大量古代的彗星记录,有许多是根据元代马端临《文献通考》的记载。当时,法国皇家图书馆保存了一批由耶稣会士带回法国的中国图书,《文献通考》是其中之一。一些法国汉学家对此书发生了浓厚兴趣,由于朋友的介绍,潘格雷和汉学家得以相识,使得他能够利用《文献通考》内的观测记录。这是欧洲人首次利用《文献通考》中的天象记录,是后来毕奥(E.-C. Biot,1803～1850)利用其中流星记录的先声。

《彗星论》介绍了中国的六十甲子纪年,二十八宿与西方星座之对应,还引用了宋君荣彗星研究的手稿。1737年10月16日,宋氏把彗星观测记录(前613～1539)的手稿寄给弗莱雷,包括:公元前记录11次,公元后至1366年的记录共104次,明代1368～1539年的记录共24次。后来德利勒得到这一手稿,把它交给潘格雷,其中公元后记录被全部收入《彗星论》第1卷。

《彗星论》第二部分包括:一是关于中国天文学和年代学的总概念;二是纪元前彗星的历史,公元16世纪前的彗星史,参考了柏应理的历史年表、冯秉正的《中国通史》(《通鉴纲目》的法译本)、卫方济的著作和宋君荣的手稿。他还标出了彗星出现的星座和日期,大量引用宋君荣、冯秉正的著作,对每次记录都有评论,并注明出处。

17、18世纪欧洲人对中国的悠久历史赞叹不已,但亦有少数人对古代记录的可靠性表示怀疑。因此,从17世纪下半叶起,一些著名的天文学家开始对古代天象记录进行研究,有助于欧洲人对中国历史和文化的了解。18世纪之前,对中国的报道,对中国历史、文化的研究,绝大多数是由耶稣会士完成的。到了19世纪初,情况有很大转变,一批法国学者以耶稣会士的工作为基础,开始学习汉语,编纂语法,进而研究中国历史,并对中国科学技术著作进行翻译、介绍,法国工程师和汉学家毕奥是其中非常出色的一位学者③。

毕奥1803年生于法国巴黎,其父亲老毕奥(J.-B. Biot,1774～1862)是著名的数学家、物理学家和天文学家,在科学方面造诣很深,对中国天文学史也很有研究,亦为法兰西学院院士。1822年他进入法国著名的综合工业学校,1825～1826年陪同父亲到西班牙和意大利进行大地测量,随后到英国学习铁路新工业,回国后出版了《铁路设计师手册》,并负责铁路工作。不久他放弃了工业生涯,潜心研究中国历史和语言,1847年当选为碑铭和文学院院士,1850年去世。19世纪30、40年代,他在《亚洲学志》(Journal Asiatique)、《学者杂志》(Journal des savants)

---

① 韩琦,中国科学技术之西传及其影响(1582～1793),河北人民出版社,1999年,第80～82页。

② Comé togr aphie ou traité historique et thé orique des comè tes, Paris, 1783～1784。

③ 关于毕奥的中国天文学史研究,参见韩琦、段异兵,毕奥对中国天象记录的研究及其对西方天文学的贡献,中国科技史料,1997,(1)。

发表了大量文章，主要讨论中国历史和天文学史，如古代的流星和客星记录、对哈雷彗星的认识等。

整个18世纪，除了个别法国学者对中国历史、语言感兴趣之外，中国研究主要由耶稣会士所垄断，这种状况大约持续到1793年法国耶稣会士钱德明(J.-J.-Marie Amiot，1718～1793)在北京去世之后。但耶稣会士有关中国的介绍已非常丰富，而且带回欧洲的中国书籍数量已经不少，从18世纪末、19世纪初开始，法国一些学者开始自己学习汉语，对中国历史进行了深入的研究，这标志法国汉学的新阶段，已开始摆脱对耶稣会士著作的依赖，开始独立研究。

1846年，毕奥出版了《1230年至1640年在中国观测的彗星表》一文。在他之前，宋君荣曾撰有《中国所见彗星表》，根据的是马端临《文献通考》卷二八六(包括公元前613年至1222年在中国的彗星观测)和其他一些资料，手稿当时收藏在巴黎天文台图书馆。后来汉学家小德经翻译了《文献通考》卷二八六，但不尽人意。当时，在法国国立图书馆和儒莲图书馆藏有历代正史，这使得毕奥再次对1222年至1644年的彗星观测记录重新进行检讨，并全面翻译介绍。经核对，毕奥关于彗星的记录，来源于《宋史·天文志九》、《元史·天文志》、《明史·天文三》，作为补充，他还翻译了1376年至1609年的客星记录，根据的是《明史·天文三》。他还对中国古代有关哈雷彗星的记录进行了详细研究与考证，并进行了推算。他还编有公元前134年至1203年在中国观测的客星表，主要根据《文献通考》卷二九四。在这之前，汉学家小德经和宋君荣都没有翻译介绍中国古代客星记录，因此毕奥的工作在欧洲尚属首次，他后来向巴黎天文台经度局报告了这部分翻译工作。

1841年5月31日、7月26日，毕奥向法国科学院提交了《根据中国记录编纂的公元前7世纪至17世纪中叶这二千四百年来在中国观测的流星、星陨总表》一书，此书于1846年在巴黎皇家印刷厂出版。此书编纂的缘起，是因为当时一些欧洲学者正在欧洲的文献中寻找流星的记录，促使毕奥从中文文献中作一番调查，他觉得中国文献记载了流星出现的年月、日期和位置，可能对天文学家研究流星会有帮助，他认为这些记录非常可靠，因为中国从远古开始就设有专门的机构，负责观测。

实际上，早在1819年，阿伯尔已经从《文献通考》卷二九一(象纬十四)、卷二九二(象纬十五)对二百个左右流星记录进行了整理，毕奥的工作则是对卷二九一、二九二进行了全面的翻译。但是卷二九一只收录了公元前7世纪至960年的记录，根据卷二九二马端临的一个注解，毕奥查阅了《宋史·天文志》，从960年至1275年有1300多个记录，并全部整理了这些记录。

此书共分三部分，第一部分为960年之前的流星及流星雨，依据的是《文献通考》；第二部分是《宋史·天文志》的记录；第三部分，补充了个别宋代的记录，主要是元、明两朝的观测，依据的是《元史·天文一》、《明史·天文三》，这部分工作得到了儒莲(S.Julien，1797～1875)的帮助。

毕奥的工作主要包括年代、日期的换算，即把中国帝王纪年换成欧洲的儒略历，其中日期的换算参考了宋君荣《中国纪年论》一书。以《宋史·天文志》中国传统的帝王纪年(包括月、日)为例，毕奥换算成西方通用的历日，非常准确。另外还包括恒星位置的换算，即以恒星的位置为基准，把流星出现的方位与之对应。毕奥所做的重要工作是把中国和欧洲的星座相对应，这项工作主要参考了耶稣会士卫方济、宋君荣和利维斯(Reeves)在马礼逊《字典》第二部分末所附的星座对照表，同时也参考了《步天歌》和日本的百科全书。1846年，他还出版了《在中国观测的流星、星陨表补注》。

毕奥对中国天文学史的研究，特别是对中国古代流星记录的整理，对西方天文学产生了一定的影响。需要再次强调的是毕奥与时代的密切关系,汉学的兴起及其在欧洲的迅速发展,使得毕奥能够与其他汉学家互相切磋。在巴黎,不仅聚集了法国的汉学家,同时德国的汉学家也经常在那里聚会,英国汉学家的著作也能很快得到利用,整个欧洲已形成了研究汉学的良好风气。同时,毕奥研究中国天象记录之前,由于天文学家拉普拉斯以及毕奥的父亲的倡导,使得汉学家和天文学家能够成功地合作,促进了欧洲人对中国天文学史的了解。

第十四节　乾嘉学派的天文工作

雍正元年(1723),清廷下令,除了在钦天监任职者外,将所有西方传教士都驱逐到澳门,不许擅入内地。这是继"康熙历狱"之后,影响更为深远的重大事件。自此到鸦片战争(1840)以前的百余年间,除在天文历法方面还可见局限于很小范围内的西方的若干影响之外,于其他科学技术领域几乎断绝了联系。而更加严重的问题是,这造成了中国学术界趋向保守。由于原先由传教士介绍西方科学技术知识的机制受到致命打击,人们可以得到的西方信息本来就很少,而且即便有若干信息传入,也采取怀疑甚至反对的态度,学习或研究的热情更荡然无存。清朝统治者为巩固政权,加强思想统制,屡兴文字狱,更加剧了中国学术界的保守趋势。主要在乾隆、嘉庆年间(1736～1820)有一大批学者转向对中国传统学术的整理与研究,考据之学大兴,史称乾嘉学派。钱大昕、阮元、李锐等即为该学派的主要人物。

一　钱大昕对传统历法的研究

钱大昕(1728～1802),字晓徵,号辛楣,江苏嘉定人,乾隆十九年(1754)进士,历任翰林院侍讲学士、检讨,少詹府少詹事,广东学政等职。乾隆四十年(1775),因父丧返里,定居苏州。先后主讲钟山、娄东、紫阳等书院,培养了不少人才。其学识渊博,于文字、音韵、训诂、天文、历算、地理、金石等诸多领域皆有成就。所著《廿史考异》一百卷,是其考证历史的代表作,而关于历法研究的代表作则有,《辽宋金元四史朔闰考》、《三统术衍》三卷和《三统术钤》一卷。至于《地球图说》的编译,已见本章第十二节所述,此不赘述。

《三统术衍》三卷和《三统术钤》一卷,著成于乾隆乙亥(1755),其自序云:"予少读此志(指《汉书·律历志》),病其难通。比岁粗习算术,乃为疏通其大义,并著算例,厘为三卷,名之曰《三统术衍》。盖祗就本法论之,其法之密与疏,固不暇论及也。"可见,他对传统历法进行研究的初衷,是出于史学研究的需要。《三统术衍》是对现存最早而完整的汉代三统历的系统研究,如果说,王锡阐、黄宗羲、梅文鼎等人对授时历(或大统历)的疏解与研究,还属于对前不久还在颁用的历法研究的范畴的话,钱大昕的此项工作则纯粹是对古代历法的最先的系统研究。在《三统术衍》中,钱大昕引经据典,对三统历的诸多名词术语进行解释,并且涉及了不少实质性的历法计算问题,指出了若干原术文存在的夺、误、衍等问题,做出了十分重要的订补工作。而《三统术钤》则是对三统历中若干基本天文数据的进一步说明。这些都为真正读懂、读通三统历奠定了重要的基础。

对此,阮元也指出:"读史至此(按指到关于律历志部分),往往束而不观,……于是,三统之术承误袭伪,无能是正,存而亡者千余年矣。……先生(钱大昕)天算之学,所得甚深,实能兼中西之长,通古今之奥。故上自三统、四分,下迄授时、大统诸家之术,并深究本原,各有论说,既撮举要义，纂入《(廿史)考异》诸卷中。而于三统术，复广采诸家、兼申己意，撰《三统术衍》三卷。……不惮反复引申，以畅其旨。"① 这是说，钱大昕对传统历法研究的许多心得散见于《廿史考异》的有关篇章中，而《三统术衍》则为一专门的历法研究之作。察《廿史考异》的有关篇章，确可见钱大昕对诸多历法的原文作了不少补订工作。仅从1975年中华书局编的《历代天文律历等志汇编》所收《汉书·律历志》、《续汉书·律历志》和《晋书·律历志》的"校勘记"看，取钱大昕之说者便有89处之多。这些订正工作大多以是对相关历法历理的理解为基础的，它们充分说明了钱大昕对传统历法"所得甚深"殆非虚言。

钱大昕曾对他的得意门生李锐说，对历学的研究，可从对三统历作详尽的研究入手，"循是而习之，一隅三反，则古今推步之源流不难一一会通其故也"②。这反映了钱大昕著作《三统术衍》和《三统术钤》也是为探索古今历法发展状况而进行的一种尝试。应该说，他的尝试是成功的，不但如此，他的作为和他的这一理念，还对其后不少学者，特别是李锐发生了重大的影响，这在下面还将论及。

"(刘)羲叟遍通前代步法，上起汉元，下迄五代，为《长术》，于是气朔及闰，一一可考，其有功于史学甚钜。嘉定钱少詹大昕辑《辽宋金元四史朔闰考》，盖以续(刘)羲叟《长术》也。"③"(钱)大昕因元修《辽史·天文志》有闰考、朔考，爰仿其例"而编撰之。钱大昕完成了该项研究的大部分工作，后由其侄子钱侗续而成书，"更取正杂诸史，复加编次。证以群书、金石中之有关于四朝者，参互考订，凡书数百种，金石二千通，翻阅厘补"④。这则是一项十分重要的年代学工作，其基础是对辽、宋、金、元四代所颁用历法的充分了解(主要是气与朔部分)，同时也涉及对四代相关历日资料的研究与证认，可以说是关于历学与史学的综合性工作。钱大昕和钱侗的这一工作同样也对后来的学者产生了重要影响，下面将要论及的汪曰桢的工作，便是典型的事例。

二　阮元、李锐等《畴人传》的编纂及其他

(一)《畴人传》的作者与编纂年代

阮元(1764～1849)，字伯元，号云台，江苏仪征人。乾隆五十四年(1789)进士，随入翰林院参与编订书画、校勘石经。其后数任学职，如山东、浙江学政，经筵讲官兼管国子监算学，会试总裁等。又曾任浙江、河南、山西巡抚和两湖、两广、云贵总督等要职。后以体仁阁大学士、经筵讲官致仕，又曾加太傅衔，卒谥文达⑤。如此官运亨通的阮元，是一位学者型的官僚，除了亲身致力于朴学的研究外，还力加提倡，并热心培养人才，"在杭州则立诂精舍，在广东则立学海堂，选诸生务实学者肄业其中。"⑥ 他还竭力罗致学者，编著、刊刻书籍，主编《经籍纂诂》、校刻《十三经注疏》、汇刻《皇清经解》等等。《畴人传》亦为其重要著作之一。

---

① 阮元：《三统术衍·阮元序》。
② 李锐：《三统术衍·跋》。
③ 阮元等：《畴人传·刘羲叟传》卷二十。
④ 罗士琳：《续畴人传·钱大昕传附钱侗传》，亦即阮元等《畴人传》卷四十九。
⑤ 赵尔巽等：《清史稿·列传》卷三十六。
⑥ 方濬颐：《续纂扬州府志·卷九》，同治十三年版。

关于《畴人传》的作者与写作年代。阮元说:“予所撰《畴人传》,亦与君(指李锐)共商榷,君之力为多。”① 又说:“助元校录者,元和学生李锐暨台州学生周治平力居多。”② 罗士琳也指出:“(阮)元少壮本昧于天算,惟闻李氏尚之、焦氏里堂(焦循)言天算。(李)尚之往来杭署,搜列各书,与(阮)元商撰成《畴人传》。”③ 阮元之弟阮亨则指出:“《畴人传》……等书篇帙浩繁,皆自起凡例,择友人弟子分任之,而亲加朱墨改订甚多。”④ 由之可知,《畴人传》的编纂实是阮元、李锐和周治平合作的结果。

李锐(1769～1817),字尚之,号四香,江苏元和(今江苏苏州)人。他自幼聪明好学,稍长,对天算之学产生特殊的兴趣,并师从钱大昕,经刻苦学习、钻研,“尽通畴人家言,尤深古历”⑤。他以教书为生,并勤奋治学,多所著述。周治平,字起锋,浙江台州临海人,生卒年不详,是阮元任浙江学政到台州时发现的通于历算的布衣。

阮元云:《畴人传》“创始于乾隆乙卯(1795),毕业于嘉庆己未(1799)。”⑥ 而诸可宝说:“嘉庆二年(1797)在浙(江),(阮元)始与元和李茂才(锐)商纂《畴人传》,至庚午岁(1800)乃写一定。”⑦ 这些大约是说,阮元编纂《畴人传》的构想始于1795年,到1797年,阮元在杭州“开列古今中西人数及应采史传天算各书,属李锐编纂”⑧。全书的主体由李锐完成,周治平作协助的工作,于1799年完稿,又经阮元审定,在1800年定稿出版。

(二)《畴人传》的主要内容与观念

“家业世世相传为畴”⑨,这应是“畴”的本意,后被引申,专指明历算者为“畴人”,则《畴人传》是为天文、历法与算学家的传记。全书计四十六卷,前四十二卷收载上起传说中的三皇五帝时代、下迄嘉庆四年(1799)去世的中国天文、数学家275人,后四卷收载西洋(包括来华传教士)天文、数学家41人。基本囊括了中国古代主要的天文、数学家,是中国古代第一部颇具规模的天文、数学家传记集。

《畴人传》各篇多由“传”与“论”两部分构成。

“传”通常在记述传主名字、字号、籍贯、科举出身、主要官职之后,以主要篇幅介绍传主有关天文历法或算学方面的“议论行事”,皆以“掇拾史书,荟萃群籍,甄而录之,以为列传”⑩ 的方式加以叙述。西洋传主则取材于明末以来编译的介绍西方天文历法与数学的书籍约数十种⑪。由是,十分集中地收集、整理与保存了关于各传主的原始资料。各传主的排列以其年代的先后为序,这也就实际上展示了以天文、历法与算学人物为线索的天文历法与算学发展主要

① 阮元:《李尚之传》,见《李氏算学遗书》。
② 见“阮元手订”的《畴人传·凡例》。
③ 罗士琳:《续畴人传·序》。
④ 阮亨:《瀛舟笔谈》卷七。
⑤ 赵尔巽等,《清史稿·列传》卷六十九。
⑥ 同②。
⑦ 诸可宝:《畴人传三编·阮元传》。
⑧ 罗士琳:《续畴人传·李锐传》,亦即阮元等:《畴人传》卷五十。
⑨ 司马迁:《史记·历书》如淳注。
⑩ 阮元:《畴人传·序》。
⑪ 以上均参见傅祚华,《畴人传》研究,载梅荣照主编:《明清数学史论文集》,江苏教育出版社,1990年,第219～260页。

脉络，即所谓“综算氏之大名，纪步天之正轨”①。对中国传统天文、历法是如此，对于西洋天文、历法也大略如是。

“论”是为点睛之笔。分述各传主的主要贡献，在天文、历法或算学史上的地位，各历法的利弊得失等，这些评论大多得当，是作者研究心得(其中也不乏采纳当时其他学者的研究成果者)与天文、历法思想的表述。这些亦见于《畴人传》的“序”与“凡例”中，其主要见解可一并论述于下：

《畴人传》之作的主要出发点是基于古代诸历“各有特识，法数其存，皆足以为将来典要”②的认识。以及欲要阐明“天文算数之学，吾中土讲明而切究者，代不乏人。……吾中土之法之精妙，有非西人所能及者”③ 的理念。

> 古今为术者，三统以来七十余家，其间如刘洪乾象术之月行迟疾、月行三道，赵歐元始术、祖冲之术之破章法、立岁差，张胄玄大业术、刘焯皇极术之日行盈缩、交道表里、五星迟疾，李淳风麟德术之废章蔀纪元而用总法，杨忠辅统天术、郭守敬授时术之立岁实消长而不用积年日法。当其建议之初，或不免俗流訾论。后世相沿遵用，又几忘其创造之功，凡此之类，是编据摭尤备，以见古人变率改宪，其精神实有不可磨灭之处。读者因流溯源，知后世造术密于前代者，盖集合古人之长而为之，非后人之知能出古人上也。④

这既是对传统历法发展史重大环节的很好概括，又是对变革之不易及其意义的很好论述，还是关于今胜于古的发展观和继承与创新的有机关系的很好表述。“中土推步之学，自汉而唐而宋而元，大抵由浅入深，又疏渐密者也。”⑤ 在论及定朔概念与方法在唐初方才确立时有云：“盖俗人泥于旧闻，积习难破。创立一法，而欲推行于世，必迟之数十百年，经数十百人之议论，而是非然后坚定也。”⑥ 这些也表达了同样的见解。

作者还特别强调制器以测天，以及通过精测与密算，顺天以求合对于天文历法的极端重要性。

他们以为晋代杜预“谓当顺天以求合，非为合以验天，此则于千古步算之要，该括无遗。所谓立言不朽者，当如是矣”⑦。又认为：“算造根本，当凭实测，实测所资，首重仪表。”“仪象者，测验之先资也”，“算术者，推步之纲维也”，“于日月列宿天体运行之故，先了然于胸中，而后可入步算之门，而究其奥室。”⑧ 他们指出：“(祖)冲之减去闰分，增立岁差，毅然不顾世俗之惊，著为成法，非频年测候，深有得于心者不能也。”⑨ 张子信“积候三十余年，始悟日月五星差变之数。……后之术家，皆本其说以立法，推步天道，由是渐密。然则演撰之必据仪表，审矣。”⑩

---

① 阮元：《畴人传·序》。
② 同①。
③ 阮元等：《畴人传·利玛窦传》卷四十四。
④ 阮元：《畴人传·凡例》。
⑤ 阮元等：《畴人传·多禄某传》卷四十三。
⑥ 阮元等：《畴人传·傅仁均传》卷十三。
⑦ 阮元等：《畴人传·杜预传》卷六。
⑧ 同④。
⑨ 阮元等：《畴人传·祖冲之传》卷八。
⑩ 阮元等：《畴人传·张子信传》卷十一。

“步算之道，当先测景验气。”[①] “推步之要，测与算二者而已。……先之以精测，继之以密算，上考下求，若应准绳，施行于世，垂四百年，可谓集古法之大成，为将来之典要者矣。”[②] 这些分别是由郭守敬授时历、祖冲之大明历与张子信的创法引出的结论。对于西法的考察也当如是：“西人熟于几何，故所制仪象，极为精审。盖仪象精审，则测量真确，测量真确，则推步密合。西法之有验于天，实仪象有以先之也。”[③] 可以说，他们确实把握了中西天文历法思想的主流脉搏，是对中西天文历法发展主导思想的极好总结。

而对于非实践的、先验的各类论天治历之道，作者则严加批评：

作者开宗明义，云《畴人传》“专取步算一家，其以妖星、晕珥、云气、虹霓占验吉凶，及太一、壬遁、卦气、风角之流涉于内学者，一概不收。”[④] 认为三统历“述统母之生，多傅合易卦、钟律，案以算理，实多未然。……(刘)歆乃云黄钟初九自乘为日法，推大衍象得月法，则昧其本原矣”[⑤]。又认为：“步算之道，惟其有效而已。(冯)光、(陈)晃执图谶之一言，以疑四分(历)，(蔡)邕以新元有效折之，真通儒之论也。”[⑥] 对于唐一行大衍历的成就，作者给予了很高的评价，但又指出：“然推本易象，终为傅合。昔人谓一行躔入于易以眩众，是乃千古定论也。”[⑦] 认为：“高言内学，占星气，执图谶之小言，测渊微之悬象，老人之星，江南常见，而太史以多寿贡谀，发敛之节，终古不变，而幸臣以日长献瑞，若此之等，率多错谬。又或称意空谈，流为虚诞，河图洛书之数，传者非真，元会运世之编，言之无据，此皆数学之异端，艺术之杨墨也。”[⑧] 其锋芒所向几乎遍及前代的虚幻、先验之论，可谓畅快淋漓。

对于西法的传入，作者取欢迎与肯定的态度。他们认为：“利玛窦、汤若望、南怀仁等，于推步一事，颇能深究。”[⑨] “其术诚验于天，即录而用之。……新法亦集合古今之长而为之。”而对蒋友仁所传哥白尼日心地动说等，他们所取怀疑或抵制态度的情况，已如本章第十二节所述。对于在西法传入过程中起重要的中国学者，他们则取赞赏的态度：“西人书器之行于中土也，(李)之藻荐之于前，徐光启、李天经译之于后，是三家者，皆习于西人，亟欲明其术而惟恐失之者也。当是时，大统之疏阔甚矣，数君子起而正其失，其功于授时布化之道，岂浅小哉！”[⑩] 但是，他们又认为：“西术之密，亦密于今耳，必不能将来永用无复差忒，小轮之法，旋改椭圆，可见也。”[⑪] “可云明之算家不如泰西，不得云古人皆不如泰西也。”[⑫] 进而认为：“今西人言日月五星各居一天，……意其说或出于宣夜与”[⑬]。“西法实窃取于中国，前人论之已详。地圆之说，本乎曾子，九重之论，见于楚辞”云云，力倡西学中源说。不过最后还是归结为：“罔罗今古，善

---

① 阮元等：《畴人传·刘孝荣传》卷二十一。
② 阮元等：《畴人传·郭守敬传》卷二十五。
③ 阮元等：《畴人传·南怀仁传》卷四十五。
④ 阮元：《畴人传·凡例》。
⑤ 阮元等：《畴人传·刘歆传》卷二。
⑥ 阮元等：《畴人传·蔡邕传》卷二。
⑦ 阮元等：《畴人传·一行传》卷十六。
⑧ 阮元：《畴人传·序》。
⑨ 阮元：《畴人传·凡例》。
⑩ 阮元等：《畴人传·李之藻传》卷三十二。
⑪ 阮元等：《畴人传·汤若望传》卷四十五。
⑫ 阮元等：《畴人传·利玛窦传》卷四十四。
⑬ 阮元等：《畴人传·郄萌传》卷二。

善从长，融会中西，归于一是。”[①] 他们相信：“世有郭守敬其人，诚能遍通古今推步之法，亲验七政运行之故，精益求精，期于至当，则其造诣当必出于西人之上者。”[②]

（三）《畴人传》的续作[③]

《畴人传》的续作，主要有罗士琳的《续畴人传》六卷（1840）、诸可宝的《畴人传三编》七卷（1886）和黄钟骏父子的《畴人传四编》十二卷（1898）等。各续作的体例皆与《畴人传》一致，先后均为补遗拾缺之作。

罗士琳（1789～1853），字次璆，号茗香，甘泉（今江苏江都）人。也是阮元的学生，与阮元交往甚密，对中国算学史有很深入的研究。鉴于乾嘉时期对中国传统天文历法与算学研究的新发现，以及乾嘉时期有成就的天文、数学家相继去世，罗士琳博览天算书籍，广交当时的天算学者，遂有续作之举。《续畴人传》六卷与《畴人传》统一编号，亦为《畴人传》的第四十七至五十二卷。《续畴人传》又实际上包括“补遗”二卷，收录中国天文、数学家 17 人，为《畴人传》所未及者（除杨辉外），其中有朱世杰、明安图等重要的数学家，又为杨辉立传，补《畴人传》较为简略的不足。另包括“续补”四卷，收录嘉庆四年（1799）以后去世的中国天文、数学家 27 人。由于作者与传主生活的年代相近，所以，所收集的材料丰富，对传主的经历、成绩、著述状况的叙述都比较翔实。特别是关于数学的著作，常能发其渊源，也能指出其不当之处。《续畴人传》的编纂思想与《畴人传》无异，如西学中源说依然见于其中。

诸可宝（1845～1903），字迟菊，浙江钱塘（今浙江杭州）人。《畴人传三编》前二卷为“补遗”，收录自清初到道光年间去世的学者 52 人，其中多数是撰有天文或数学著作者。后四卷为“续补”，收录自道光到光绪初年去世的学者 58 人。其中包括该时期不少天算名家，如罗士琳、项名达、徐有壬、戴煦、李善兰等，大都为会通中西而有独立创造者，反映了该时代的特征。最后一卷收录了 3 名清代女天文学家（葛宜、沈绮、王贞仪）、15 名西洋人和一名日本人。此中为女天文学家立传，是颇具胆识的。

黄钟骏，湖南澧州（今湖南澧县）人。黄氏父子数人合撰《畴人传四编》，意在补前三编的遗漏，网罗散失，以备稽考。他们六阅寒暑，共得中国 283 人（其中女子 5 人）、西洋 157 人（其中女子 4 人）。其所立传者中，有些看不出有什么重要的天算工作，所用材料有的缺乏必要的分析研究，如西洋传主中出现同一人而立二传的情况，盖因未审在不同中文译著中对同一人取不同的译名所致。又如，卷一“冉子传”云：“冉求之艺，造有算书，名曰《几何》”，不知何据。在该传后“论”中，更引袁枚语称：“西洋有算书，名曰《几何》，乃冉求所造”，实为无稽之谈。《畴人传四编》征引广博，可“备稽考”之用，但存在不少硬伤，有“所收不免较滥”[④] 之嫌，有所言无据无识之弊，其学术价值远逊于前三编。

三　李锐对传统历法的研究

《畴人传》之作，实已见李锐在传统天算之学方面的很高造诣，阮元曾称赞李锐“深于天文、算

---

① 阮元：《畴人传·凡例》。

② 阮元等：《畴人传·汤若望传》卷四十五。

③ 傅祚华，《畴人传》研究，载梅荣照主编：《明清数学史论文集》，江苏教育出版社，1990 年，第 219～260 页。

④ 李俨：《中算史的工作》，载《中算史论丛》第五册。

术，江以南第一人也”[①]。罗士琳则提及：“当是时，(钱)大昕为当代通儒第一，生平未尝轻许人，独于(李)锐，则以为胜己。”[②] 由其师长的这些评语，亦可见李锐在当时天算界所处的重要地位。

李锐是于乾隆五十四年(1789)在紫阳书院从钱大昕学习的。除协助钱大昕编辑《地球图说》外，还曾参与校订《辽宋金元四史朔闰考》，增补约20条资料[③]。李锐对于传统历法的研究显然深受钱大昕的影响，但又青胜于蓝。

现存李锐最主要的著作还有《李氏算学遗书》11篇，虽名曰“算学”，其前7篇实为“历学”之作：依次为《召诰日名考》一卷，是关于西周初年代问题的考证之作，还有《汉三统术》三卷、《汉四分术》三卷、《汉乾象术》二卷、《补修宋奉元术》一卷、《补修宋占天术》一卷与《日法朔余强弱考》一卷。

《汉三统术》、《汉四分术》与《汉乾象术》等3篇，依次是对现存三种最早的、记载完整的传统历法的详细注释。由于自明代以来，传统历学几成绝学，对这三种历法的差不多是逐句逐字的考释，绝非易事，而对于所有欲明传统历学者而言，又都是非常重要的。李锐在作这些注释时，首重对这三种历法历理及其计算方法的阐释，同时参阅了若干不同版本的相关记载，“凡旧本舛误，以算数推知者，辄加订正，不复注明。其余确有证据者，改而注之。疑者，仍其旧文，于注甄发之。”这说明李锐的注释是十分严谨的，又说明即便像李锐这样的学者也不得不留存疑难之处，以俟后学。应该说，李锐对该三种历法的详细注释，是在钱大昕等人对三统历研究基础上的重大发展，在前述钱大昕已作89处订正的基础上，李锐又作了57处订正，即可见其更为精深的程度。它们不但为当时学者对传统历法的研究提供了范本，而且也为20世纪历法史的研究工作的深入铺就了一座桥梁。

焦循《修补六家术·序》云，李锐还有“补宋金六家术，六家者，宋卫扑之奉元、姚舜辅之占天、李德卿之淳祐、谭玉之会天、金杨级之大明、耶律履之乙未也”[④]。这六家历法均为史籍仅有零星记载者，李锐依据这些零星记载及其内中所含的规律性的认识，巧妙地补出了这些历法应有的若干内容。

《补修宋奉元术》补出了卫扑奉元历的“步气朔术”和“步发敛术”，系依沈括《梦溪笔谈》、王应麟《玉海》与《宋史·律历志》的相关记载；《补修宋占天术》补出了姚舜辅占天历的“步气朔”和“步发敛”二编，系依《元史·历志》和《玉海》的相关记载。此外，还补出了李德卿淳祐历与谭玉会天历[⑤]、杨级大明历与耶律履乙未历[⑥] 的“岁实”与“朔实”。此外，李锐还曾著《回回术元考》[⑦] 一文，是关于回回历法历元问题的考释。

如果说上述研究是一种对历法史的横向研究，《日法朔余强弱考》则是对历法史纵向研究的力作，它是对何承天元嘉历以来诸历法的朔望月长度这一基本常数由来的重要探索。其“序”曰：“何承天调日法以四十九分之二初六为弱率，十七分之九为强率，累强弱之数得中平之率，以为日法、朔余。唐宋演撰家皆墨守其法，无敢失坠。……爰列《开元占经》、《授时历议》所

---

① 阮元：《定香亭笔谈》卷一。
② 罗士琳：《续畴人传·李锐传》，亦即阮元等：《畴人传》卷五十。
③ 严敦杰：《李尚之年谱》，梅荣照主编：《明清数学史论文集》，江苏教育出版社，1990年，第447、451页。
④ 焦循：《雕菰集》卷十五。
⑤ 阮元等：《畴人传·杨级传与耶律履传》卷二十三。
⑥ 阮元等：《畴人传·李德卿传与谭玉传》卷二十二。
⑦ 阮元等：《畴人传·贝琳传》卷二十九。

载五十一家日法、朔余之数,一一考其强弱,凡合者三十五家,不合者十六家。"这当是一个重要的发现。其"序"又曰:"反复推验,知不合者之故盖有三端:其一,朔余强于强率,……其一,朔余之下增立秒数,……其一,日法积分太多,朔余虽在强弱之间,亦为于率不合,……"对不合者的这三种解析,固然不错,但更确切地说,不合者各家历法的制定者,实际上并未用调日法调出朔望月长度值,而是依各自对朔望月长度的认识来设定的。

李锐《大宋宝祐四年丙辰岁会天万年具注历·跋》(1814)云:"宋术凡使八改,其奉元、占天、淳祐、会天四术,史志并阙其法,余撰《司天通志》,曾为补修各一卷。"由此看来,李锐对于宋淳祐历和会天历,大约还有金大明历和乙未历也都有更详细些的补修,只是今已佚而不存了。至于《司天通志》当是李锐关于历法系列研究的著作,李潢曾提及:"先生(指李锐)将以各朝历算依本术疏其法意,作为一书"①,大约便是指该书而言。《司天通志》所收当包括上面已提到的诸历法研究成果外,还应有其他更多的著述,只是这些大约都还在计划之中,充其量也是未完稿者。

李锐对传统历法的研究,可谓是乾嘉学派中的佼佼者,受其影响,随后还有不少学者继续同类工作。就三统历的研究而言,有董祐诚著《三统术衍补》(1821),他对三统历基本天文数据的由来详加推衍,并认为刘歆用"律吕、爻象、大衍之蓍策"推衍出有关基本天文数据是可信的,从历法思想层面看,远不及李锐。又有陈澧著《三统术详说》(1882),方楷著《三统历衍式》(1888),均在钱大昕、李锐工作的基础上有所补益。

四　顾观光、汪曰桢等的历法研究

(一)顾观光的历法研究

顾观光(1798～1862),字宾王,号尚之,金山(今上海金山)人。"无志科第,承世业为医","以医学行于乡里,为善人"。"(同)乡钱氏多藏书,恒往假恣读之,遂博通经传史子百家,尤究极古今中西天文历算之术。"顾观光对于古今中外历算之学的发展,颇有感悟,曾言:"积世、积测、积人、积智,历算之学,后胜于前,微特中国,西人亦犹是也。旧法者,新法之所从出。……凡以为已得新法而旧法可唾弃者,非也。中西之法,可互相证,而不可相废。故凡安其所习而党同伐异者,亦非也。"② 有鉴这一认识,并从他自身所处的条件出发,顾观光选择了中国古代历法以及前代传入中国的外国历法作为主要的研究对象。《六历通考》、《九执历解》和《回回历解》便是他的代表作,均收载于《武陵山人遗书》中。

《六历通考》是从《开元占经》所载黄帝历、颛顼历、夏历、殷历、周历、鲁历的上元积年数入手,旁征博引古籍中的有关记载,对此古六历进行相当详尽的论述,得出了若干有意义的结论。顾观光十分赏识祖冲之关于古六历之作"皆在汉初周末,理不得远,且欲校《春秋》,朔并先天,此则非三代以前之明征矣"等推论,认为"祖氏之识固卓尔不群哉"。他进而指出:春秋战国时期"诸侯力政,不统于王,安知不有另造新术出六家之外者耶","春秋时之鲁历已失其传,汉唐人所见者,乃周末人伪撰,故闰余与气朔不相应也"。这些结论无疑是正确的。下面,我们就要

① 李锐:《李氏算学遗书·日法朔余强弱考》引李潢文。
② 张文虎:《顾尚之别传》,见《武陵山人遗书》卷首。

论及，在顾观光此说问世前后，还有不少学者依然运用古六历以推鲁国历谱，可见顾观光之说在当时还存在重要的现实意义。此外，他关于《开元占经》所载鲁历上元积年数有误、对于颛顼历岁首问题的思考，以及对有关古六历文献的评述等等，都对古六历的进一步研究大有补益。

《九执历解》(1836)和《回回历解》是顾观光在学习、研究西方传入的自《崇祯历书》到"噶西尼(卡西尼)新法"(即《历象考成后编》)后，关于其历史渊源的思考。他"稍以新法"，对《开元占经》所载古印度九执历与明初回回历法的"立法之故"[①]，作疏解的工作，并指出了它们之间存在的传承关系以及差异。顾观光对九执历和回回历法的疏解工作，如同李锐等对三统历等的疏解工作一样，为后世对这二部历法的进一步研究铺就了一座桥梁。顾观光也还是一位主张西学中源说的学者，这一点也与阮元等人相似。

(二)汪曰桢与《历代长术辑要》

汪曰桢(1812～1881)，字刚木，号谢城，乌程(今浙江吴兴)人。咸丰二年(1852)举人，后官会稽县教谕。精于史学和历算之学。自青年时期开始，他便深受北宋刘羲叟和近人钱大昕年代学工作的启示，立志编撰一部既是继承、又力图超胜的著作。这一志向深得其母赵棻的赞赏，曾为其预定名为《二十四史月日考》的著作作序，序曰："读史而考及于月日干支，小事也，然亦难事也。欲知月日，必求朔闰，欲求朔闰，必明推步。……儿子曰桢性好学史，又喜习算，尝有志于此，遍考当时行用之本术，如法推步，得其朔闰。凡仲更(即刘羲叟)所推，悉为算校，正其伪、补其缺，并续推宋以后之长术。又取二十四史所载月日一一稽其合否，证以群书，略加考辩。其布算检阅，始于丙申(1836)之夏，期以二十载之功，毕成全史。……"[②] 其所言，涉及著作的意义、基础、方法等，十分精当，可谓知子莫如母。

汪曰桢在《历代长术辑要·目录》(1877)之末写道：

> 余自道光丙申夏，推算《历代长术》，上起共和，下与钦天监颁行万年书相接。各就当时行用本法，每年详列朔、闰、月建大小，并二十四气，略如万年书之式。至同治壬戌夏，始写定为五十卷，附以《古今推步诸术考》二卷、《甲子纪元表》一卷，凡五十三卷。丙寅夏，吾友独山莫君子偲见之，谓此书为人之所不为，可以专门名家，而惜其卷帙过繁，宜别为简要之本，庶便为誊写刊刻，因以币岁之功，删繁就简，仿《通鉴目录》，专载朔、闰，又取群书所见朔、闰不合者，缀于每年之末，编为《辑要》十卷，其《诸术考》二卷，乃推步之凡例，仍附于后。

由之可知，《二十四史月日考》后定名为《历代长术》，计五十三卷，是经 24 年的研究于 1866 年完成的，而在此 11 年后，又删繁就简成《历代长术辑要》十卷和《古今推步诸术考》二卷，正式刊行，而《历代长术》则因"卷帙过繁"，湮没不传，至为可惜。

汪曰桢在《古今推步诸术考》中，考释了自先秦古六历到《历象考成后编》(汪曰桢称其为"噶西尼术")"著于录者凡一百四十六家"。叙述这些历法的编撰者、制定年代，被颁用历法的起讫年代，尽可能列出各历法的历元和朔望月、回归年长度等基本天文常数。是对中国古代历法的名目和最基本状况的十分详备的描述。而这些实际上也就是汪曰桢据以推步历代气、朔、闰等情况的基本资料。

---

① 顾观光：《武陵山人遗书·九执历解·自序》。

② 汪日桢：《历代长术辑要·序目》。

《历代长术辑要》则具体给出了自周共和(前841)到康熙九年(1670)的2511年间每年气、朔、闰的安排。它们总体上是由上述基本资料和各历法的气、朔、闰法推算而得的。汪曰桢也同钱大昕、钱侗一样,不厌繁难,查阅群书所载的历日资料,一是为了验证依法推算结果的可靠性,一是他显然意识到由于各种政治的、人为的因素,历代所颁布的实际历日,可能存在并未依当年所用的历法推步的情况。汪曰桢几乎是尽其一生之力完成这一项工作量极其巨大的工作的,他没有辜负其母的厚望,更重要的是为中国年代学的研究做出了带有总结性的工作。近人陈垣著《二十史朔闰表》和《中西回史日历》等为现今人们广为采用的年代学著作,便多得益于《历代长术辑要》,这是对汪曰桢付出一生心血的最大褒奖。

(三)关于春秋鲁国历谱的研究

依据《春秋》与《左传》一系列年、月、日干支的记载,试图探讨春秋时期的历法并复原出春秋鲁国的历谱的工作,早在晋代就有杜预的《长历》,元代有赵汸的《春秋属辞》,而到清代,该项研究更受到诸多学者的关注,形成了一个热点。在明清之际有黄宗羲的《春秋日月历》,但书已不存,康熙时期有陈厚耀的《春秋长历历存》和《春秋长历历编》[①],徐发的《经传注疏辨正》;乾隆时期顾栋高的《春秋朔闰表》(《春秋大事表》)[②];道光时期施彦士的《春秋经传朔闰表发覆》[③],邹伯奇的《春秋经传日月考》[④],姚文田的《春秋经传朔闰表》[⑤],包慎言的《春秋公羊传历谱》[⑥] 等等。可谓议者如云。

察杜预《长历》连大月的设置,毫无规律可循,少者相距1个月、多者相距49个月加一连大月,而且还有连小月的设置。施彦士指出:"杜(预)氏《长历》、顾(栋高)氏《朔闰表》,只就经传推较,而未谙历法。"王韬也认为"元凯(即杜预)、震沧(即顾栋高)未明历法,只就经、传上下日月推排干支,遇有窒碍,则置闰以通之,委曲迁就,其弊得失参半"[⑦]。他们对于杜预和顾栋高鲁国历谱的评述是得当的。

赵汸是依据唐代一行的大衍历推出鲁国历日,进而与杜预《长历》作比较,以论《长历》之得失与经、传所载"日月差缪",指出杜预"唯勘经、传上下日月以为《长历》……所以异于常历"。实际上顾栋高也重作了赵汸的类似工作。

陈厚耀先有《春秋长历历存》,后有《春秋长历历编》之作,前者仅编到鲁僖公五年止,而后者则成全璧。考察其历谱的连大月设置法,有相当多的场合是以17－17－15－17－15为周期的,但也有不少场合有不小的偏离。这些偏离显然是为牵合《春秋》有关历日的记载所作的调整,而这种调整带有很大的随意性。此外,其历谱中有一处有连小月之设。与杜预的鲁国历谱比较,陈厚耀的鲁国历谱已有不小的进步,该历谱的编制基本上运用了17－17－15－17－15周期(平均16.2月加一连大月)来推算朔日的方法,这实际上有以朔望月长度为29.53086日$[=(29.5\times16.2+0.5)/16.2]$入算的含义,而该值与古四分历的朔望月长度十分接近。由是,

① 见王先谦辑:《皇清经解续编》卷四十七、卷五十六,南菁书院本。
② 见南菁书院本和《四库全书》本。
③ 见《求己堂》八种本。
④ 邹伯奇:《邹徵君遗书》。
⑤ 姚文田:《邃雅堂学古录》。
⑥ 见王先谦辑:《皇清经解续编》卷八九六、卷九〇八,南菁书院本。
⑦ 阮元等:《畴人传》卷五十二。

我们可以认为，陈厚耀是试图用古四分历的朔望月长度值作为复原鲁国历谱的主要基础之一。此外，陈厚耀发现“大约自隐、桓、庄、僖以前，岁首建丑者多”的现象，但他认为这是“春秋时历家之谬也”，“皆坐不当闰而闰之弊。”[①] 应该说，他由对鲁隐公元年（前 722）至僖公五年（前 655）冬至日的推算，所发现的现象是十分重要的，但他却以岁首建子作为标准去批评春秋时的历家，而不知春秋时有以建丑为岁首者。

施彦士又指出：“徐（发）氏能以历考定全经朔日，而其书不传。”于是他便“爰遵徐氏法，推全经食限，而以置闰证经文，仿顾氏表推全经朔闰，而凭日食为天验”[②] 定出新谱。徐发的重要贡献则是把日食记录的考订作为复原鲁历的一个重要基石，从而为鲁历的正确复原开辟了重要的思路，施彦士也沿此前进了一步。

对于姚文田的鲁国历谱，阮元等有十分恰当的批评，云姚文田“既诋杜氏频年置闰、及一年再闰为非，而所撰之表，不独踵其蔽，且复加尤，更有三年连闰及一年三闰之失，其以意排比，并同杜氏”[③]。细察姚文田鲁国历谱连大月的设置，基本上以 17－17－15－17－15 为法，可见，姚文田鲁国历谱的步朔法基本上与陈厚耀大体一致。同样，在姚文田鲁国历谱中，有两处却对连大月作了随意的设置，由此看来，姚文田遇到了和陈厚耀同样的困难，而且作了比陈厚耀更不合理的处理。

邹伯奇的《春秋经传日月考》实际上并没有给出一份鲁国历谱。他实际上是以时宪历的有关术数，推算出自鲁隐公元年（前 722）到鲁哀公十四年（前 481）间的朔闰（这是邹伯奇所处时代所能达到的真朔闰），以此衡量《春秋》、《左传》所载历日的可信度。

汪曰桢和包慎言的鲁国历谱是分别以古四分历之一周历与殷历推衍而得的，其不可信显而易见。

应该说，乾嘉学派在整理、研究传统天文历法方面取得了巨大的成绩，它们奠定了 20 世纪初开始的新一轮对传统天文历法研究的坚实基础。只可惜乾嘉学派的这些工作偏离当时西方蓬勃发展的天文学主流太远了。这种偏离是清廷闭关锁国的政策使然，是清廷对知识界的高压政策使然。其无可挽回的严重后果是，中国天文学同西方天文学之间的差距进一步拉大了。当中国的门户被列强强行打开之后，国人面对的是一幅全新的天文学进展的图景，中国天文学再也无法望其项背，开始了极其艰难的学习过程和缩短差距的努力。

第十五节 《仪象考成续编》与道光增星及其他

一 《仪象考成续编》的编纂[④]

从道光六年（1826），在钦天监任职的葡萄牙传教士高守谦（M. Serra）告病回国，自此，清廷不再延聘西洋人到钦天监任职，从而结束了百余年来西洋人长期参与钦天监事务的历史，钦天

① 王韬，春秋历学三种，中华书局，1959 年，第 112 页。

② 王韬，春秋历学三种，中华书局，1959 年，第 113 页。

③ 阮元等：《畴人传·姚文田传》卷五十二。

④ 伊世同、贺健兰、丁晓东，道光增星——位置误差和清代仪器，见《中国天文史文集》第三集，科学出版社，1984 年，第 138～162 页；潘鼐：《中国恒星观测史》，学林出版社，1989 年，第 384～386 页。

监开始全由中国人料理。道光十八年(1838),清廷管理钦天监事务的工部尚书敬徵有鉴历法所推日、月交食渐不密合,以及康熙、乾隆年间所用黄赤交角值各异,且与当今所测又异等原因,上奏提出应“逐时考测”、“随时研究”的建议。随后,敬徵又发现《仪象考成》星表也不精确,筹划《仪象考成》星表的修订工作。敬徵是肃亲王永锡之子,嘉庆十年(1802)封辅国公,又曾任经筵讲官前协办大学士、阅兵大臣、户部尚书、镶红旗满洲都统等要职,他的提倡为这项工作的开展自然起着重要的作用。道光二十二年(1842)七月,道光帝核准了敬徵所奏重测星表的工作,任命敬徵为总裁、钦天监监正、协理国子监算学事务周庆余为钦天监左监副,高煜为副总裁,并委任祥泰、陈启盛、杜熙龄、阎信芳、杜熙英等35人分担承修、分修、领测、领算、测量、收掌、副收掌、推算等职务。经过两年半的实测、推算等工作,于道光二十五年(1845)纂成了《仪象考成续编》。这是中国学者完全依靠自己的努力,在鸦片战争失败后不久完成的一部天文学著作。

《仪象考成续编》计三十二卷,其内容可依次简述于下:

卷首,收载与本书编纂有关的奏折等文献。

卷一,“恒星汇考”。讨论因岁差与黄赤交角“古远今近”等的影响导致恒星黄、赤道坐标微有变化的问题,以及关于恒星自行的推测(详说见后),并论及银河界度问题。

卷二,“恒星总纪”。综述恒星位置测量的总体状况。

卷三,“星图步天歌”。先给出赤道北星图、赤道南星图、赤道南北星图和天汉全图各一幅:前两图是以赤道为界、北赤极或南赤极为中心的半天球的盖天式圆图,点绘了正星1449颗;第三图为全天星图,亦为盖天式圆图,其恒隐圈和恒显圈均以北京的地理纬度(北纬40°)为率;“天汉全图”系依据新测有关坐标值“点贯成图,逐度量取,每遇曲折,更晰以分立法,反复推求,一期悉符悬象”①。继给出以三垣二十八宿为序的新编步天歌,并附星图,试图以此辅助对新测的这些恒星相对位置的记忆。

卷四至卷十五“恒星黄道经纬度表”及卷十六至卷二十七“恒星赤道经纬度表”,给出了300座、3240颗恒星的黄道与赤道经纬度值,表列各项目均与《仪象考成》星表相同。关于新星表的测量,敬徵在道光二十四年(1844)十一月的奏折有云,自道光二十二年(1842)七月即“拣选官生,分派职事,饬令详慎考测。去后,旋于二十三年(1843)秋间,据该官生等按赤道经度,测得星体略大,……然尤恐为验未精,仍令详加测算。至本年(1844)春令,考测复历半周,各星经纬悉与前测符合。计其大致岁差,微有增益。当令该员等即以本年所测赤道经纬度,陆续转求黄道经纬度注表。现在考测又复一周,诸星度数略无疑义,相应据实陈明”。这是说他们先对有关恒星的赤道经纬度进行了一年的实测,又经半年的复测,在认定可信之后,又用了一年的时间,一方面进行从赤道经纬度到黄道经纬度的换算,一方面再一次进行恒星赤道坐标值的实测,之后才编为定稿。该奏折又云:“所有星座度数,拟请即依道光二十四年甲辰(1844)起算注表,黄道岁差应定为每年东行五十二秒。”② 这是说,新星表中大多数恒星的赤道坐标值是依据《仪象考成》星表,归算到道光二十四年冬至为历元的数据,归算中取黄道岁差每年52″为准(该值不如用51″准确),实际上还虑及了新修订的黄赤交角取为23°27′这一数据,该数据较理论值大34.5″,这较《灵台仪象志》与《仪象考成》所取用的23°31′32″与23°29′30″(分别较理论

① 敬徵,周庆余等:《仪象考成续编》卷一。

② 敬徵,周庆余等:《仪象考成续编·卷首》。

值大 2′37.9″与 1′8.7″)都要准确。这类恒星计有 3077 颗(《仪象考成》星表原有恒星 3083 颗,但据重新"考测未见者"有 6 颗),也就是说对于这类恒星的赤道经纬度所作的实测工作,只是起着考辨并认证《仪象考成》星表所述恒星的作用。此外,另有 163 颗恒星是为《仪象考成》星表所无者,即所谓"道光增星",其坐标值系由实测而得(详说见下)。其实,这次新测的增星还另有 600 余颗,只是由于它们是属于"星体较小者,毋庸附入,仍立另册存记,以备考查"①,可惜,这一另册今已不存。

《仪象考成续编》星表(道光增星除外)赤道经纬度的平均误差分别为 2′1.7″与 41.6″②,其精度要稍低于《仪象考成》星表。

卷二十八,"月五星相距恒星经纬度表",与《仪象考成》同类表相似。

卷二十九和卷三十"天汉黄道经纬度表"及卷三十一和卷三十二"天汉赤道经纬度表",给出了银河南、北界一系列标志点的黄、赤道经纬度值,上述"天汉全图"即以此为据。

二 关于道光增星及对近代天文学若干论题的思考

(一)关于道光增星

道光增星的测量应是《仪象考成续编》最为重要的观测成果。

在 163 颗增星中,有 152 颗恒星的表面精度均为 10″(坐标值尾数均为 10″的整数倍),伊世同等指出,这当是于 1844 年复测结果的实录,而未加岁差改正的归算,其余 11 颗则因复测时间较早,已加岁差改正的归算。对其精度的分析表明,赤经与赤纬误差分别为 12′和 6′。伊世同等还认为,观象台的玑衡抚辰仪设有便于测定天体赤经差的天常赤道圈和游旋赤道圈等,当是有关观测中的主要设备。恒星赤纬值可由该仪器赤道经圈的刻度直接读得的;而恒星赤经值则由测定其与已知赤经值恒星之间的赤经差的方法求取。就可能产生的误差而言,其所测恒星赤经值的误差很可能造成两颗恒星赤经值的误差叠加的情况。加上仪器安置存在方位差、极轴安置又高于观象台的地理纬度约 1.6″,再加上观测者的照准差等因素,遂造成精度较低的状况。在道光增星中还有少数恒星坐标的误差明显大于常值的情况,这些大约是抄写或刊刻时的失误所致③。

其实,关于包括道光增星在内的诸恒星位置观测所用仪器的问题,虽不可排除以上说的可能性之外,我们还应特别注意如下记述:"乃逐星考测,以当中时刻、高度,求各星黄、赤经纬"④,这是说恒星黄、赤经纬度值,是在进行中星观测的基础上推求而得的,即在恒星中天时测量其高度角,由此确可推算出恒星的赤纬与黄纬值,至于其赤经与黄经值的测定则另当别论。由此看来,运用观象台上的象限仪当是测算恒星赤纬与黄纬的方法之一。

---

① 潘鼐,中国恒星观测史,学林出版社,1989 年,第 387 页。

② 敬徵,周庆余等:《仪象考成续编·卷首》。

③ 伊世同、贺健兰、丁晓东,道光增星——位置误差和清代仪器,见《中国天文史文集》第三集,科学出版社,1984 年,第 138~162 页。

④ 敬徵,周庆余等:《仪象考成续编》卷二。

(二)中国学者关于近代天文学若干问题的思考[①]

《仪象考成续编》的另一个重要成果是发现了一些恒星的星等和黄道经度和《仪象考成》有所不同,并试图对之作出解释。

> 复考今之实测较之《仪象考成》,其(指星等)由大而小及由小而大者,计一百四十三星。除星体大小微差及增星无烦细计外,如左旗第三星,《仪象考成》原注三等,今测竟为六等,……计八星,皆由大而致小,或自卑而行高也。又勾陈第六、离宫第五、弧矢第四,原注俱为六等,今测已及四等,计三星,皆由小而致大,或自高而行卑者也。此则星体大小,差逾两等者,非高卑之行,又何由而致欤?![②]

这是在认定恒星星等发生了变化的基础上,提出了两种可能的解释:一是恒星的亮度有所变化,一是恒星存在远离或靠近地球的运动所致。且不论他们测量而得的恒星星等的变化是否可信,他们所作的解释则是有意义的,即他们关于恒星的亮度可能发生变化和恒星自行的思考是可贵的。

他们又指出:"若夫黄道经度,其差自古均齐。由今考之,各星亦有微异。……然则盈缩之说,恒星亦宜为有,第由星行高卑之微而致。"[③] 这是说,恒星黄经的变化,如果都是因黄道岁差的影响所造成,其变化对所有恒星而言,均应是相同的。但是,新测却发现诸恒星黄经的变化却是不齐同的,于此,他们也提出了两种可能的解释:一是恒星运动的速度存在如同行星那样的盈缩变化,一是诸恒星运动的速度原本就各不相同。同样,且不论他们测量而得的恒星黄经的变化是否可信,他们所作的解释也是有意义的,即他们关于恒星运行的并非匀速和不同恒星的自行速度各异的推测也是可贵的。

他们还提到:"若西法论星体之大小,皆定为与地球半径之比例,亦悬拟而不确。盖诸曜体径皆由地半径差与各视径之比例而知。……恒星则去地极远,既无地半径差,即无由而比例体径。乃西法依土星去地量加其远,遂设为比例之率,已概见其无据。"[④] 这是对明末以来,传教士关于恒星星等是为恒星本身直径大小的反映的观念,以及由地球半径求算恒星线半径方法的质疑。他们正确地认识到,由于恒星离地极远,是不可能测得周日视差的,所以,其质疑无疑是正确的。

综上所述,《仪象考成续编》星表和《仪象考成》星表一样,为承上启下之作,是我们至今仍在使用的恒星的中文名称的主要依据,也是探索历代星象变迁的主要线索。该星表中的道光增星固然为《仪象考成续编》增色不少,但是其所用仪器设备相对落后,精度较低,不可与西方恒星位置的测量同日而语。同样,其所作的若干思考,固然具有一定的理论意义,但是由于其前提存在似是而非的问题,也不可与西方相类似的理论考察与所得的结论同日而语。这些正是清廷百余年来采取的闭关锁国政策造成的。中国学者在这种大环境下的苦思冥索,兴许可以得到某些有意义的成果,但总是先天不足,而从认真学习西方已经取得的天文学巨大进展入手,才是一条切实可行的出路。

---

① 中国天文学史整理研究小组,中国天文学史,科学出版社,1981 年,第 233、234 页。

② 敬徵,周庆余等:《仪象考成续编》卷一。

③ 同②。

④ 同②。

第十六节　玛吉士、合信、李善兰与伟烈亚力等的天文工作

清政府的闭关锁国政策，几乎完全堵塞了中西科学技术交流的渠道。虽然我们还可见到些许西方天文学新进展信息的传入，也实为偶然的事件。有许宗彦者，在其所著《鉴止水斋集》中提及，“有西士自富郎济亚来，入钦天监，留粤数月，往问西法，苦于言语不通，出其所著书，了不可辨。”[①] 但他还是得知了一条新信息，在其书中记有荷逻候星云：“曩在粤东，西士弥纳和为余言西土近三十年测得五星外尚有一星，形质甚小，而行迟，正在赤道规上，约八十余年可一周天。”[②] 这当是指威廉·赫歇尔于 1781 年发现的天王星，许宗彦则约于 1811 年经由在广东的西士弥纳和的介绍得知此事。许宗彦的介绍在当时并未引起国人的足够注意，而西方天文学的一系列新进展，是在鸦片战争失败、中国的门户被打开以后，才被陆续介绍到中国来，并渐成潮涌之势，在国人面前展示了一幅西方天文学新知识的绚丽图景。本节拟介绍门户初开后，西方天文学在中国的传播状况。

一　玛吉士《新释地理备考全书》中的天文知识

玛吉士(Jose Martins-Marquez)，葡萄牙人，为久居澳门的马葵士家族的一员[③]。道光二十七年(1847)，他辑译刊出《新释地理备考全书》10 卷，主要介绍世界各国的地理状况。其中卷一主要论述关于地球与太阳系的知识，盖因“地理以学而论之，本乎天文，由天文之理，方知地形如何，度数如何，地面各处之所在，天下人类之差别。是以欲穷究此理之要，应先思地体如球，常丸转于日球之外，相距甚远，然后能悉地体与各星相关”，这是极富哲理的科学见解。

在卷一中，对哥白尼日心地动说和关于太阳系的新知识作了诸多介绍。文中先论“地体本圆如球”，继言哥白尼(称哥伯尼各)日心地动说：“地球与各政(指各行星)相类，日则居中，地与各政，皆循环于日球外，川流不息，周而复始。并非昔人所云静而不动，日月各星循环于其外者也。以后各精习天文诸人，多方推算，屡屡考验，方知地球之理，哥伯尼各所言者不谬矣。并察得地球之转有二：一则日周，一则年周。”还给出“日体之广大、旋转之日期及地球、五星等本体之大小、离日之远近、循环之迟速”等具体的数据。进而认为“其法(指哥白尼说)顺情合理，故今之讲习天文者，无不从之”。这些都是对哥白尼日心地动说的充分肯定。

文中更指出：“地球循环本道”，“其式如卵形，四方距日有远近之别”。并给出地球沿椭圆形轨道绕日运行图(图 8-39)，这则是对发展了的哥白尼日心地动说的形象描述。

在该文中，还介绍了其他天文学知识。“五星之内，惟木、土二星与地球皆有跟星相随。其地球之跟星即月也。……循环于地球之外，故曰地之跟星。……其木星有四跟星，……其土星有七跟星，……尚有一圈绕于其体之外，名之曰土星圜。以至好千里镜观之，见其如有二圈相叠。……其圜非他，乃无数之跟星萃聚，各于本道圜绕其外。”这些是关于地球、木星和土星的卫星以及土星光环的结构与组成的论述，内中还具体介绍了太阳与各行星的大小、行星距日的

---

① 许宗彦：《鉴止水斋集·经书天文考》，见阮元等《皇清经解》卷一千二百五十五。

② 诸可宝：《畴人传三编·许宗彦传》卷二。

③ 熊月之，《海国图志》征引西书考释，见《中华文史论丛》第 55 辑，上海古籍出版社，1996 年，第 253 页。

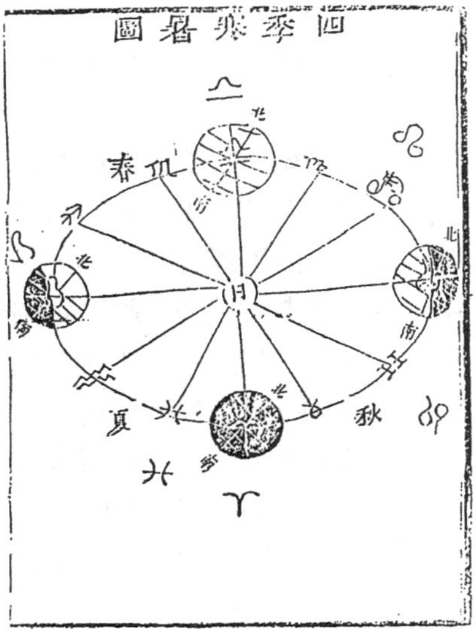

图 8-39 《新释地理备考全书》中地球沿椭圆形轨道绕日运行图

平均距离及远日点和近日点的距离、各卫星绕行星运转的周期及与行星的距离等数据。

文中专设“新五星论”，介绍天王星和四颗小行星的发现。新五星“亦循环于日之外”。“第一星西域名呜啦呶(即 Uranus，天王星)，……乾隆四十六年(1781)，习天文人呷啥唎(即威廉·赫歇尔，F. W. Herschel，1738～1822，旅英德国人)查出者”，继言其大小、与日之距离等，又言其有“六跟星”，及其距天王星里数与旋转周期等。实际上，到 1852 年以前发现的天王星的卫星只有 2 颗，所以这里的“六跟星”之说当有误。“第二星西域名噻唎嘶(即 Ceres，谷神星)，……系吡啊哂(即 G. Piazzi，皮亚齐，1746～1826，意大利人)查出者。”“第三颗西域名吧啦嘶(即 Pallas，智神星)，系西国哦哩啪哧(即，H. W.M. Olbers，奥伯斯，1758～1840，德国人)查出者。”“第四颗西域名呶喏(即 Juno，婚神星)，系西国哈哧叮(即 C. L. Harding，哈丁，1765～1834，德国人)查出者。”“第五颗西域名啦嘶哒(即 Vesta，灶神星)，系西国哦哩啪哧查出者。”对于这四颗小行星的大小与绕日运行周期等亦作了介绍。考虑到第 5 颗小行星是在 1845 年被发现的，《新释地理备考全书》虽刊出于 1847 年，而其所据的原文当成于 1845 年以前。

关于彗星，该文指出：“自咖哂呶(即 J. C. Cassini，卡西尼)及哈嚼(即 E. Halley，哈雷，1656～1742，英国人)等考查真确，始悉彗星之本体与地球、五星相同，惟所行之本道与地球、五星相异耳。”除五大行星等之外，“尚有别星亦循环于日外者，名曰彗星”。“彗星非一，体之大小不同，所行之道亦不同，有直、横、斜三者之分。或如卵形而行，或直道而来，绕过日体，仍直道而去。各从其所向，行于本道。”这是说，彗星也是太阳系内的天体，它们亦循各自的轨道运行，有椭圆形轨道的周期彗星，“其本道长圆”，亦有非周期性的有来无回(实指轨道为抛物线或双曲线形者)的彗星。“迄今……共识彗星二十有一，皆循环于日之外，各行本道，运动不同。”还具体介绍了约 76 年为周期的哈雷彗星以及另两颗约 34 年与 103 年为周期的彗星。又介绍了牛敦(即牛顿)关于彗星发光的理论。

特别值得注意的是，在文中还给出了一幅“日月地球各星环道全图”，绘有以太阳为中心的自天王星到水星(包括四颗小行星，均据离日的远近排列)的 11 绕日运行轨道(其中第 10 道应为土星道)和相关卫星，另有两种类型的彗星轨道(一为椭圆形、一为抛物线形)和彗尾指向的图像。此外，还介绍了有关太阳系天体的特定符号。

关于恒星，《新释地理备考全书》也略有涉及，指出“各恒星离地球既极远，尚能见其光明，则本体必甚大也”。又指出用最新望远镜观测到昴星团“有一百零八星之多”，参宿三星范围内“约有二千星之多”①。

这些对当时的中国人说来，大多是新的天文学知识，既是对哥白尼日心地动说毋庸置疑的重申，又是对太阳系新面貌的介绍。

① 玛吉士：《新释地理备考全书》卷一。

二　合信《博物新编》二集等书中的天文知识

合信(Benjamin Hobson,1816～1873),于道光十九年(1839)来华的英国传教士。他原是一名医生,先后在澳门、香港的医院、广州惠爱医馆行医,其医术高明,口碑甚佳。道光二十九年(1849),合信编译《博物新编》三集,由"粤东西关惠爱医馆"刊出,其中第二集是关于天文学的,其文字通俗、质朴,图文并茂,是一部面向大众的介绍天文学知识的通俗读物。作为一名传教士,书中屡屡"提醒人心,要惟钦上帝"、"倚赖救世主耶稣",并不足怪。

书中给出"地球及行星、彗星次第圜日之图"(图 8-40)两种。

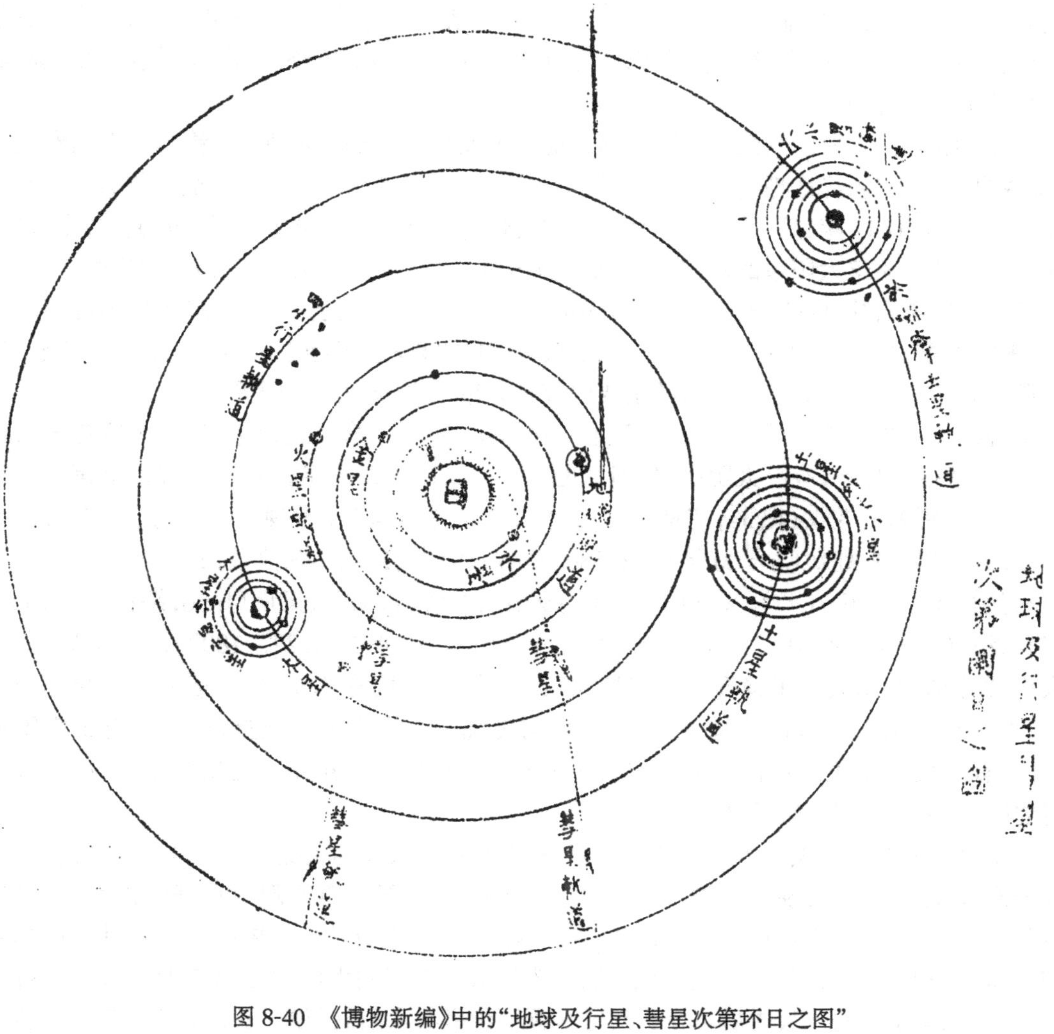

图 8-40　《博物新编》中的"地球及行星、彗星次第环日之图"

《博物新编》二集所介绍的天文知识是《新释地理备考全书》虽大同小异,但有其特色。如"论地球圜日即是行星",突出了日心地动说的基本思想。对水星、金星、火星、木星、土星和天王星的专论,增加了对它们物理性质的描述,如金星上"亦有高山","火星有黑迹,真如地涯海岸之形,地有微红之色",木星"体有黑气三、四条如带横于腰中"云云。《博物新编》二集还指出:“今之天文士又测见有大行星远过于嗱㾑士星,又测见有小行星略近于珠那小行星轨道之间,已写入新闻通知各国。”这显然是指1846年发现的海王星,和1845年发现的义神星、1847年发现的花神星等等。书中,还载出威廉·赫歇尔所制大望远镜图一幅,作为书中屡屡提及的西方用大望远镜进行观测而不断有所发现的说明。由之可见,《博物新编》二集较《新释地理备考全书》所介绍的天文知识还是前进了一步。墨海书馆于咸丰五年(1855)也刊出《博物新编》,广州惠爱医馆又曾以《天文略论》为名,刊出《博物新编》二集的单行本。可见,此书在当时是颇受欢迎与重视的作品。

略早于上述两书,魏源于道光二十二年(1842),编成《海国图志》一书,比较系统地介绍世界各国的史地知识。魏源(1794～1857),字默深,湖南邵阳人。道光进士,主张通经致用。鸦片战争时,入两江总督裕谦幕,参与浙东抗英战役。《南京条约》签订后,感愤时政,主张变法革新,提出学习西方先进的科学技术,并以之抵抗西方列强侵略的方略。《海国图志》的编撰,实为履行其主张的行动之一。

在《海国图志》卷九十六到卷一百,连载《地球天文合论》五则,前四则(卷九十六到卷九十九)即取自玛吉士《新释地理备考全书》的第一和第二卷,只是在内容上有所删削与编排上有些变动,约补辑于1847年;后一则(卷一百)是由“美理驾(美国)人培端撰”的《平安通书》中录出,在该文中论及了关于太阳系的新知识,当是魏源于1852年① 又作补辑工作的主要原因。

培端实即麦嘉缔(Divie Bethune Mc Cartee,1820～1900),是于1843年来华的美国传教医师。《平安通书》是他编撰的中文书之一,此书由浙江宁波华花圣经书房出版,从1850年起,年出一册,迄1853年止。《平安通书》的主要内容是介绍天文、地理的知识②。

培端在该文中写道:“居中为日,周日第一道曰水星,……第二道曰金星,……第三道曰地球,……每昼夜一易转,有一太阴旋绕,即月也。……第四道曰火星,……”第五道至第十三道为九颗星,分别名曰花女(Flora,花神星,2.201天文单位,1847年发现,下同)、火女(Vesta,灶神星,2.361,1807)、虹女(Iris,虹神星,2.386,1847)、海女(Metis,海神星,2.387,1848)、酒女(Hebe,韶神星,2.426,1847)、义女(义神星,Astraea,2.574,1845)、天后(Juno,婚神星,2.668,1804)、谷女(Ceres,谷神星,2.766,1801)和武女(Pallas,智神星,2.772,1802),“较水星更小,古人未尝寻见,今用大千里镜窥其形多棱角,虽各异其道,而有相交之际,或曩为一星而分裂之,未可知也。第十四道曰木星,……有四太阴旋绕。第十五道曰土星,……外有长圆圈如带,……有八太阴旋绕。第十六道曰天星,……有六太阴旋绕。第十七道曰海王星,……曾于寻得之时,已一见太阴旋转。”③

这是培端依据所知关于太阳系的新知识,对太阳系内天体的状况所作的描述。当时,冥王星尚未发现,小行星才发现有9颗,海王星刚发现不久,土星的第八颗卫星则刚被发现(请注意,玛吉士文中还只说小行星有4颗,土星有7颗卫星)。培端对小行星的形态及其可能的由来作了简要的说明。关于这9颗小行星,他显然是依据它们同太阳的距离自近及远为序排列的,而不是依其发现的年代先后。今所知这9颗小行星与太阳的距离(以天文单位表示的轨道长半径)及其发现年代,已示如上述括号中。培端把9颗小行星列于火星和木星轨道之间,使

① 中国科学院自然科学史研究所地学史组主编,中国古代地理学史,科学出版社,1984年,第386页。

② 熊月之,《海国图志》征引西书考释,见《中华文史论丛》第55辑,上海古籍出版社,1996年,第244～246页。

③ 魏源:《海国图志》卷一百。

绕日而行的大、小行星，自水星到海王星共得17道，此外，有关行星又有多少不等的卫星或光环环绕，描绘了一个蔚为壮观的太阳系的新图像。

墨海书馆译刊有玛高温的《博物通书》(1851)，还有《华洋和合通书》(后称《中西通书》，1852～1859)等，这些是采用西法编制的中文历书，它们不仅采用西历，而且其中也介绍有关天文、物理等近代知识，其年代和内容约与培端所撰的《平安通书》相仿①。

综上所述，在李善兰与伟烈亚力合译的《谈天》出版之前，已有不少新鲜的天文学知识在中国传播，它们业已为丰富多彩的天文学知识的传入铺平了道路。

三　李善兰与伟烈亚力：《谈天》的翻译

李善兰(1811～1882)，字竟芳，号秋纫，别号壬叔，浙江海宁人。他自幼受到良好的家庭教育，天资聪颖又勤奋好学，对数学有着特殊的兴趣。对于科举，他不大在意，而于"算学用心极深"②。鸦片战争的失败，激发了他科学救国的思想，更致力于数学的研究工作。1852年，李善兰到上海墨海书馆，展示自己的数学著作，受到了在那里工作的传教士伟烈亚力等人的赞赏。自此，开始了与传教士合作翻译西方科学著作的生涯。他与伟烈亚力先后合译了《几何原本》后9卷、《谈天》18卷、《代数学》13卷、《代微积拾级》18卷；与艾约瑟(J. Bdkins，1823～1905，英国人)合译《重学》20卷；与韦廉臣(A. Williamson，1829～1890，英国人)合译《植物学》8卷，这些著作皆为十分重要的科学著作，均在1857至1859年间由上海墨海书馆刊行，刊出后都产生了巨大影响。李善兰对于天算之学也有精深的研究，其成果主要刊载于《则古昔斋算学》13种24卷中。1868年，李善兰就任北京京师同文馆内天文算学馆的天文算学总教习，随后还兼任户部主事、户部正郎等职，官至三品，但他在同文馆兢兢业业从事教学与研究工作，始终不辍，为传播近代科学(特别是数学)、培养新式人才、推进科学研究，都做出重要贡献③。

伟烈亚力(A. Wylie，1815～1887)，英国人，于1847年受教会派遣来华，到上海主持伦敦墨海书馆的出版事务。他认为介绍近代科学知识有利于基督教的传播，于是在他主持下的墨海书馆，一时集中了一批中外学者，成为传播近代西方科学的重要处所。他通晓汉、满、蒙等多种文字，还努力学习、研究中国传统天算之学，并把它们介绍到西方。在《中国数学科学札记》中，他论述了中国数学自《九章算术》到清末的历史发展；在《中国文献中的日月食纪录》中，他辑录了中国历史上的925次日食和574次月食。这些都对西方学者对中国古代科学成就的了解，起了重要的作用④。咸丰九年(1859)，李善兰和伟烈亚力合译出版了《谈天》一书。在该书之卷首，他们各自写了一篇序言，既含他们对后文主要内容的介绍与理解，又阐明各自的译书目的。

李善兰的序文曰："西士言天者曰：恒星与日不动，地与五星俱绕日而行。故一岁者地球绕日一周也，一昼夜者地球自转一周也。议者曰：以天为静，以地为动，动静倒置，违经畔道，不可信也。西士又曰：地与五星及月之道，俱系椭圜，而历时等，则所过面积亦等。议者曰：此假象

---

① 董光璧主编，中国近现代科学技术史，湖南教育出版社，1997年，第255页。

② 李善兰：《则古昔斋算学·自序》。

③ 王渝生，李善兰，见杜石然主编：《中国古代科学家传记》(下集)，科学出版社，1993年。

④ 王扬宗，伟烈亚力，见杜石然主编：《中国古代科学家传记》(下集)，科学出版社，1993年。

也……其实不过假以推步，非真有此象也。窃谓议者未尝精心考察，而拘牵经义，妄生议论，甚无谓也。”这是对哥白尼日心地动说和开普勒行星运动第一、第二定律的简明介绍与肯定，又是对阮元、李锐等相关反对意见的未点名的尖锐批评。

李善兰接着写道：“西士盖善求其故者也。……歌白尼（哥白尼）求其故，则知地球与五星皆绕日。……刻白尔（开普勒）求其故，则知五星与月之道皆为椭圜，其行法，面积与时恒有比例也。然俱仅知其当然，而未知其所以然。奈端（牛顿）求其故，则以为皆重学之理也。”这是对哥白尼日心地动说及其从感性的观测成果到理性的理论阐述的简明扼要的介绍，认为它们都达到了学者所追求的凡事当“苟求其故”的崇高境界。这也是对阮元、李锐等消极思想的不点名的有力批评。

接着，李善兰精当地介绍了牛顿的万有引力学说，及其与哥白尼日心地动说和开普勒行星运动定律之间的有机关系：

“凡二球环行空中，则必共绕其重心。而日之质积甚大，五星与地俱甚微，其重心与日甚近，故绕重心即绕日也”，这是对开普勒第一定律的物理学说明。“凡物直行空中，有他力旁加之，则物即绕力之心而行。而物直行之迟速与旁力之大小适合平圜率，则绕行之道为平圜；稍不合，则恒为椭圜。惟历时等，所过面积亦等，与平圜同也。今地与五星本直行空中，日之摄力加之，其行与力不能适合平圜，故皆行椭圜也”，这则是对开普勒第二定律的物理学说明。李善兰指出，牛顿的万有引力学说，对哥白尼日心地动说和开普勒行星运动第一、第二定律的论证“是定论如山，不可移矣”。

李善兰又列举了六项证据，进一步加以说明：

证据之一：“距日立方与周时平方之比例”。这是说，地球和其他行星一样，都符合开普勒行星运动第三定律——任何两行星的公转周期之比等于它们距太阳平均距离之比的 3/2 次方，地球也只是绕日而行的行星之一，并非日与众行星绕行的中心。

证据之二：“恒星之光行差”。光行差是布拉得雷（J. Bradley，1693～1762，英国人）于 1725 至 1728 年间发现的。它是星光向观测者的运动和地球在其轨道上周年运动的综合效应。

证据之三：“地道半径视差”。此即周年视差，是以日地平均距离为基线，在基线的两端同时观测恒星方位角之差的一半，该角值很小。直到 1837 至 1840 年间，斯特鲁维（F. G. W. Struve，1793～1864，俄国人）等才成功地证实了它的存在。

这三者均使“地之绕日益信”。

证据之四：“煤坑之坠石”。

这则使“地之自转益信”。

证据之五：“彗星之轨道……多合椭圜”。

证据之六：“双星之相绕多合椭圜”。

此二者使“地与五星及日之行椭圜益信”。

李善兰在序文的最后说：“《谈天》一书，皆主地动及椭圜立说。此二者之故不明，则此书不能读，故先详论之。”从而把他对该书精髓的理解以及对以之为核心的近代天文学的崇信，作了很好的概括。

伟烈亚力的序文首言中西天文学简要的发展史，继言从哥白尼到开普勒到牛顿的学说，也认为“其说益不可动摇矣”。这与李善兰所说相同，但较简略。而他更着力介绍的是：

> 夫地球大矣，……然地球乃行星之一耳，且非其最大者。……设尽并诸行星及诸

月之积，不及太阳积五百分之一。……可谓大之至矣。而恒星天视之，亦只一点耳。……恒星最小者，可比太阳，其大者或且过太阳数十万倍，夫恒星多至不可计数。……古人论天河，皆云是气，近代远镜出，知为无数小星。而测以更精之远镜，知天河亦有尽界，非布满虚空也。而其界外别有无数星气。意天河亦为一星气，无数星气实即无数天河。我所居之地球在本天河中近，故觉其大，在别星气外远，故觉其小。

这是关于宇宙各层次结构的很好概括。不过，伟烈亚力还推测每一颗恒星均有行星绕行，其"又必俱有动、植诸物如我地球"，这同我们现今的认识大不相同，这姑且不论。更主要的是，伟烈亚力把他所着力介绍的内容及其推测最后归结："伟哉造物，其力之神、能之钜，真不可思议矣。……伟哉造物，神妙至此，荡荡乎民无能名矣。……人虽至微，无时不蒙其恩泽。""译是书，欲令人知造物主之大能，尤欲令人远察天空，因之近察己躬，谨谨焉事天，无失秉彝，以上答宏恩，则善矣。"这则是伟烈亚力翻译《谈天》宗旨的概括。

可见，李善兰与伟烈亚力翻译《谈天》的初衷有天壤之别，这十分典型地反映了关于一位科学家和一位传教士的本质差异。

四　《谈天》的天文学内涵及其他

《谈天》原名《天文学纲要》(《Outines of Astronomy》)，是英国约翰·赫歇尔(J. F. Herschel, 1792～1871)撰写的一部深入浅出的优秀著作。《谈天》系依据原书第 12 版(1851)译出。《谈天》出版后，备受社会的重视与欢迎，多次再版。同治十三年(1874)，另一位学者徐建寅又与伟烈亚力合作，根据《天文学纲要》最新版本，把直到 1871 年西方天文学的新成果补充进去[①]，由江南制造局刊出《谈天》增订本，即为现今多见的"伟烈亚力口译、李善兰删述、徐建寅续述"的版本。徐建寅(1845～1901)，字仲虎，江苏无锡人，是一位博学多才的学者，又是中国近代造船、制酸、军火等民族工业的创始人之一。他与传教士傅兰雅等合作翻译的西方科学技术等的书籍达 25 种之多，《谈天》续编仅为其中之一[②]。

约翰·赫歇尔申明他著"此书以歌白尼(哥白尼)之理为真，解说万物之变。考明其理简易自然，不必用辩论"[③]。又"以歌白尼(哥白尼)地球自转之说为定论"[④]。他还指出："或云庄严天空以为美丽，或云令测天者易定方位，说虽近是。然谓造物主之大旨，不过尔尔，恐未必然。"对于诸恒星是否均有行星环绕，以及若有行星，是否有动植物生于其间的问题，约翰·赫歇尔取十分谨慎的科学态度："凡此虽不能悬断，而要不可云无是理焉。"[⑤] 由之可见，李善兰对《谈天》精髓的理解合乎约翰·赫歇尔的本意，而伟烈亚力的宗旨则大有违于约翰·赫歇尔之说。

在《谈天》中，除了介绍上述序言中已提及者外，还论及了一系列西方天文学的新知识：

介绍了富告(J. B. L. Foucault，傅科，1819～1868，法国人)于 1851 年发明的傅科摆，以证明地球自转的可靠性[⑥]。

---

① 曾敬民，徐建寅，见杜石然主编：《中国古代科学家传记》(下集)，科学出版社，1993 年，第 1253～1259 页。

② 中国天文学整理研究小组，中国天文学史，科学出版社，1981 年，第 246 页。

③ 李善兰，伟烈亚力译：《谈天·卷首·例》。

④ 李善兰，伟烈亚力译：《谈天》卷二。

⑤ 李善兰，伟烈亚力译：《谈天》卷十六。

⑥ 李善兰，伟烈亚力译：《谈天》卷四。

图 8-41　《谈天》中月面环形山图

指出“月面无气”，以及月面上环形山（图 8-41）的成因与地球上死火山的成因相类似，还指出：“月亦自转，其一周与绕地球一恒星周之时等。”又介绍了德国人比尔（W. Beer，1797～1850）和梅特勒（J. H. von Madler，梅德勒，1794～1874）于 1836 年绘制的月面图①。

明确指出天王星的卫星“已确知者有四月”，海王星卫星有“二月”②。

书中提及的小行星有 57 颗（到 1859 年），后又陆续增加到 117 颗（到 1871 年），分别列出其名称、发现者姓名及发现年、月、日③。

详细介绍了好里（哈雷）彗星发现的情况，以及比乙拉（W. von Biela，比拉，1782～1856，奥地利人）彗星的分裂现象。又介绍了彗星的多种不同形态（图 8-42）④。

“黑京亦用光图之法考测彗星之须与尾，谓是炭质”，这是对哈金斯（W. Huggins，1824～1910，英国人）于 1868 年证认出彗星光谱中存在碳氢化合物发射带的介绍⑤。

此外，还介绍了黄道光、陨石、流星与流星雨的相关理论⑥。

对太阳黑子的细部结构（图 8-43）及其在日面上的分布特征作了较详细的介绍。还提及“日耳曼德骚人失瓦白”（S. H. Schwabe，施瓦贝，1789～1875，德国人）于 1844 年发布的太阳黑子的多寡有约 10 年变化周期，和瑞士国伯尔尼人胡而弗（J. R. Wolf，沃尔夫，1816～1893）于 1851 年确定的太阳黑子平均周期为 11.11 年的新进展。并论及了贾令敦（R. C. Carrigton，卡林顿，1826～1875，英国人）于“咸丰九年八月初四”（1859 年 8 月 31 日）发现的太阳耀斑现象，和也在这一年他所发现的：“黑斑（太阳黑子）一周之时，依在太阳面之纬度，在近太阳之赤道所行一周之时，必短于在远赤道所行一周之时也。”这则是关于太阳自转非刚体性的介绍。还介绍了弗路好拂（J. Fraunhofer，夫琅和费，1787～1826，德国人）于 1817 年发现的太阳光谱图。还介绍了英国人斯多尼于 1869 年测得的太阳视差的新值⑦。

“月与行星于刻白尔（开普勒）所定三例外，尚有小差，名曰摄动。在行星，则因他星之摄力加之，令绕日之道小变；在月，则有二故：一因本星之他月摄力加之，二因日与他行星之摄力加

① 李善兰，伟烈亚力译：《谈天》卷七。
② 李善兰，伟烈亚力译：《谈天》卷十。
③ 李善兰，伟烈亚力译：《谈天·附表》。
④ 李善兰，伟烈亚力译：《谈天》卷十一。
⑤ 李善兰，伟烈亚力译：《谈天》卷六。
⑥ 李善兰，伟烈亚力译：《谈天》卷十七。
⑦ 李善兰，伟烈亚力译：《谈天》卷六。

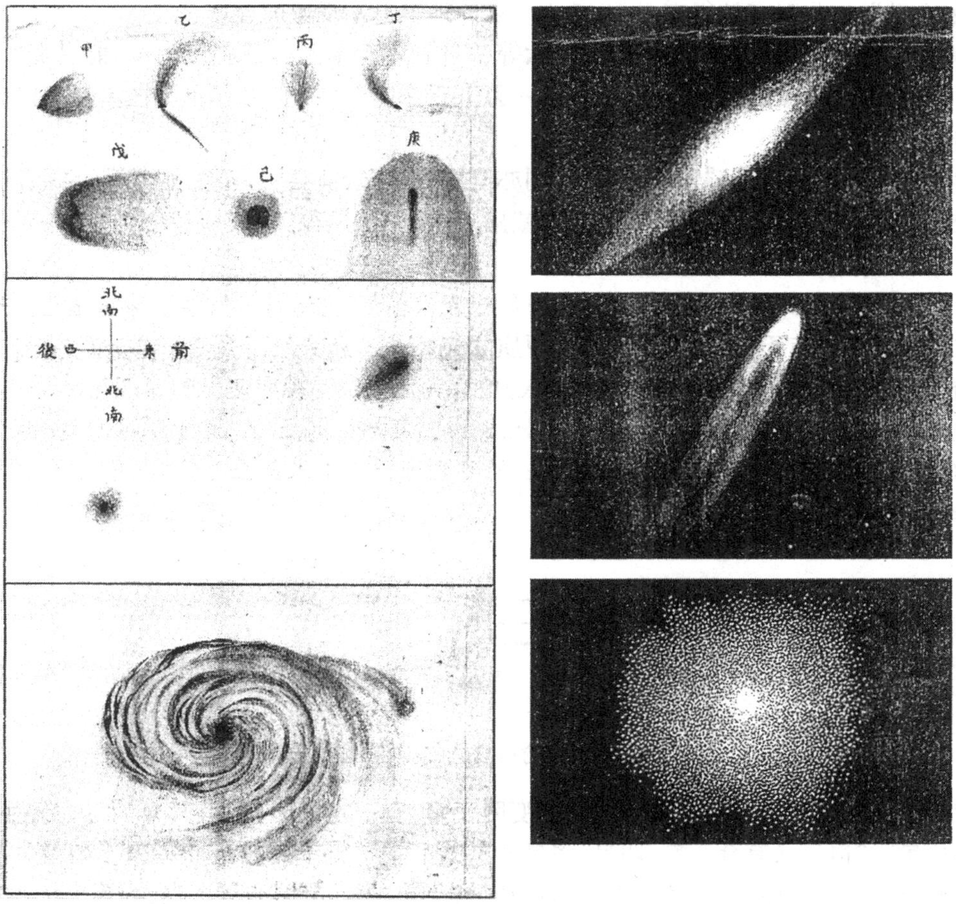

图 8-42　《谈天》中的彗星不同形态图

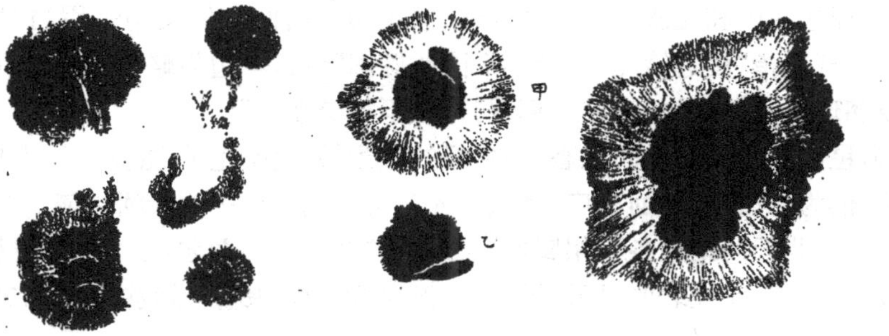

图 8-43　《谈天》中太阳黑子细部结构图

于本星及月，时时不同，又生小变。”又介绍关于天体力学的诸多知识①。

对于恒星岁差现象做了正确的解释：“由于赤极绕黄极行于诸星间成小圈”，亦即“地轴必有尖锥形动法，其端恒指极所行之小圈”。同时还指出：“地轴除岁差外，别有摇旋之动，十九年

① 李善兰，伟烈亚力译：《谈天》卷十二。

一周,名章动",这是对布拉得雷于 1747 年确认的地轴章动现象的介绍①。

"天文家测恒星之明暗",分恒星为十六等,"自八等至十六等,则非远镜不能见矣","总计一等至七等,见于各家表者,自一万二千至一万五千未定"。并介绍了厘定恒星星等的若干种不同的方法②。

指出"恒星俱有自行","恒星既自行,则亦有变,不可云恒矣"。介绍了好里(哈雷)于 1717 年关于恒星自行的发现,以及侯失勒维廉(威廉·赫歇尔)、斯得路佛(斯特鲁维)等人对包括太阳在内的恒星自行测定的新进展③。

指出"近时有数天文士用光图之理考恒星之光及星气之光,甚得妙意。累考诸恒星有所得光图内之诸光线各有不同,而与地球内诸原质之光相合。"还介绍了黑京(哈金斯)依光谱线的多普勒(C. J. Doppler,1803～1853,奥地利人)位移测定天狼星视向速度的原理与结果④。

指出"天河必作扁环或别回原之形(如图 8-44),其阔与厚不等,我地与日所处,四面皆远天河,而非恰居中心,略近南也。"如图所示:"乙申丙或乙申丁为其长,倍甲申为其厚","日为恒星之一,与诸行星及地居于申。"⑤

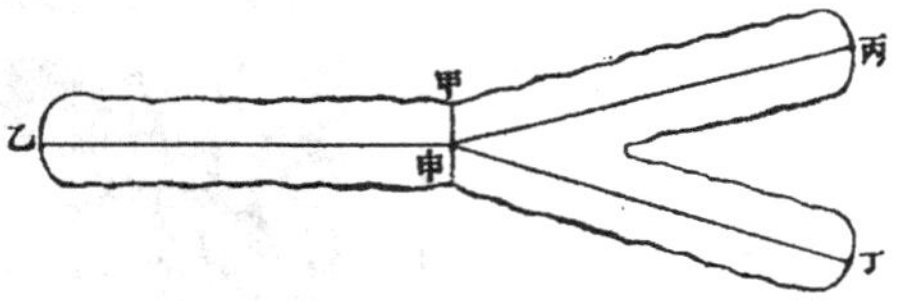

图 8-44　约翰·赫歇尔银何系示意图

指出恒星中有双星,"诸恒星中或有光变明变暗,有一定周时,甚者其光消尽而复生,此类星名曰变星","恒星又有合三星、四星、多星者",并列举了若干此类星的星表。如侯失勒维廉(威廉·赫歇尔)、斯得路佛(斯特鲁维)、梅特勒(梅德勒)等人所编的双星表,等等⑥。

"澄明之夜,仰观天星,往往有簇聚而密于他处者。用远镜窥天,见簇聚之处益多。有星团、星气、星云、云星之别,总名之曰星林焉。"这是关于恒星世界的概述。

星团分为球形星团和无法之形星团(即疏散星团)两种,它们又均是用当时的望远镜可辨认出恒星者;星气是指"用远镜测之,乃小平圜或椭圜"者,其"边界略可辨,愈近中心愈密,光愈多","一若玻璃球中满储诸星,自成一部,与外星不相交涉也"。

星气实为星团和星云的中间状态,用更好的望远镜观测,它可能被证认为星团,也可能是为星云;星云"俱为无法形,其面积广,其状与光各各不同。……为天河之属","星云在天河外,远至不可思议,与我天河诸星各不相属也"。还具体介绍了梅西尔(C. Messier,梅西叶,1730～1817,法国人)于 1781 年发表的星云、星团表,侯失勒维廉(威廉·赫歇尔)于 1790 年发现的行星状星云及其后发现的其他同类星云,帕森斯(W. Parsons,1800～1867,英国人)于 1845 年发现的螺旋星云 M51。

① 李善兰,伟烈亚力译:《谈天》卷五。
② 李善兰,伟烈亚力译:《谈天》卷十五。
③ 李善兰,伟烈亚力译:《谈天》卷十六。
④ 同③。
⑤ 李善兰,伟烈亚力译:《谈天》卷六。
⑥ 李善兰,伟烈亚力译:《谈天》卷十二。

云星系指状若白云、面积较星云更大的恒星集合体,“云中诸微星与天河无异,而有一切星气、星团搀入其中”,这相当于现今所说的星系团或超星系团①。

综上所述,《谈天》在国人面前展示了一幅令人眼花缭乱的天文学进展的崭新图景,大大开阔了国人的眼界。不过,面对如此丰富多彩的天文学内涵,国人又一次如同二百余年前西方地圆说等传入时相似,既感新鲜又是惊愕,并开始了新一轮的学习、消化吸收的过程。还要指出的是,李善兰、徐建寅等人对《谈天》天文学内涵的理解是相当深入的,他们的翻译工作,在今天看来还是上乘的。特别是李善兰在翻译中创造性地采用了一系列天文专门术语,如月球天平动、月角差、二均差、光行差、章动、摄动、恒星自行、双星、变星、三合星、星团、星云等等,以其贴切而合理,至今为天文学界所沿用。

最后还要提及,李善兰对中国传统历法也深有研究,《麟德历解》是为其代表作,麟德历是唐代李淳风所作。如第五章第三节和第七节所述,麟德历是以隋代刘焯皇极历为范本的,而皇极历则是传统历法发生重大变革的、硕果累累的宏篇大作。如果说钱大昕、李锐等人对三统历等的注释,可以大体上解释皇极历以前诸历法的大部分问题,但是难以解释麟德历及其以后各历法出现的一系列新问题。李善兰显然深知其故,于是选择了麟德历这一关键的切入点,以作为解开一系列新问题的尝试。《麟德历解》也是采取逐句逐段注释的方式,对诸如二次差内插法、定朔与交食计算方法等都予以较好的阐释,同样为后世学者的进一步研究铺就了一座桥梁。

第十七节　洋务运动时期的天文教育普及工作、王韬的天文工作及太平天国历法

一　京师同文馆天文算学馆和若干学堂的天文教育

京师同文馆建于同治元年(1862),起初是为培养外国语言翻译人员而设。同治五年(1866),奕訢等上奏折曰:“……洋人制造机器、火器等件,以及行船、行军,无一不自天文、算学中来。……延聘西人在馆教习,务期天文算学能均洞澈根源,斯道于上,即艺成于下,数年之后,必有成效。”② 同治帝准其奏,于是当年即在同文馆内开设天文算学馆,除教授外国语言外,兼修天文学与数学,意在培养实用型的天文学与数学人才。次年(1867),天文算学馆首次招考,招收30岁以下秀才、举人、进士、翰林,以及科举出身的五品以下官员入学,在应考的72人中招收了30人,厚给薪金,住馆学习。但过了半年,就有20人被淘汰,所余10人勉强就学,但多无成就③。其后招生时断时续,可谓惨淡经营。同治七年(1868),李善兰出任天文算学馆总教习,并聘请外国天文算学教习授课。如于光绪三年(1877)先后聘请美国人海灵顿(Harrington)和俄国人费礼饬(Fritsche)为天文教习④,此外还有英国天文教习骆三畏(Samuel M.

① 以上均见李善兰,伟烈亚力译:《谈天》卷十七。

② 同治五年十一月初五日(1866年12月11日)总理各国事务奕訢等折,见朱有瓛,《中国近代学制史料》第一辑,华东师范大学出版社,1983年,第13、14页。

③ 中国天文学整理研究小组,中国天文学史,科学出版社,1981年,第242页。

④ 吴宣易:《京师同文馆史略》,《洋务运动》丛刊本(二),第192页。

Russell,？ ～1917)等人。

据美国丁韪良(William A. P. Martin,1827～1916)言,天文算学馆除“象译之外,兼肄天文,延师教授,以专其业,建台推步,以精其识”①。这里所谓“建台”是指于光绪十四年(1888),在同文馆内建成了一座供教学用的小型天文台,“上设仪器,盖顶旋转,高约五丈。凡有关天象者,教习即率馆登之,以器观测”②。而所谓“推步”则是指“岁修合历一编,与时宪(历)相辅而行”③ 的1877、1878和1879三年的《中西合历》(《Astronomical Almanac》),系海灵顿、费礼饬和骆三畏等人所编撰④。由此看来,天文算学馆还兼负有以新法编修历书和癸卯元历相校对的任务。另还编有《航海通书》一类供航海定位之用的书籍。而所设课程则有平面三角、球面三角、航海测算和天文测算等⑤。

由天文算学馆翻译的主要天文书籍当数《星学发轫》,系由骆三畏口译、“天文馆肄业生王镇贤、熙璋、左庚笔述”。其原书作者乃英国天文学家密罗士。该书有丁韪良于光绪十六年(1890)的序文称:“既展无数世界,以广人智,又阐立法之元,以利民生”,这是对《星学发轫》的内涵及意义的很好描述,又有贵荣于光绪甲午年(1894)的序文。看来,该书正式出版约在1894年。

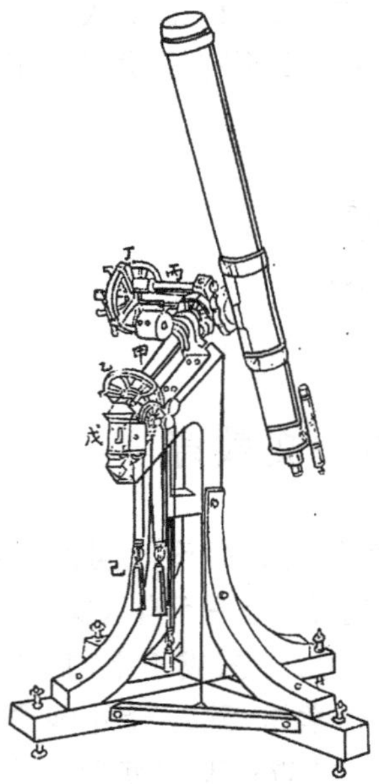

图 8-45　《星学发轫》中的赤道仪图

《星学发轫》计十六卷,卷一、二“论天文仪器”,卷三“推算星之高度、地平经度(即恒星的地平坐标)各法”,卷四“论时”,卷五“测某处北极出地(即地理纬度)法”,卷六“定黄赤交点(即春分与秋分点)方位法、推黄赤交角法、推某星黄纬、经度法”,卷七“论视差”,卷八“论日月方位补人法”,卷九“论月食”,卷十“论日食”,卷十一“论月掩诸星法”,卷十二“论贝氏推日食法”,卷十三“准贝氏法推月掩诸星法”,卷十四“论偏度(即同格林尼治的经度差)”,卷十五“天文表”,卷十六“恒星表”。由之可见,这是一部实用天文学的著作。在卷一、二中,介绍了多种天文仪器,如赤道仪(图 8-45)、子午仪(图 8-46)、分微尺(即测微器,图 8-47)和纪限仪(即六分仪)等。对这些仪器是为实用天文的利器,书中对其结构、使用方法以及相应的计算方法等都作了相当详细的描述。卷十五计给出 20 种天文用表,卷十六则给出 1168 颗恒星的中西名对照、星等、赤道岁差和以光绪二十六年(1900)为历元的恒星赤经、赤纬值。其他各卷则为获取相关具体测值方法的相当详细的介绍。

纵观京师天文算学馆的天文教育和天文工作,并未见有突出的天文人才出现,大多数生员并不以推进天文学的发展或普及为己任,其成效并不大。《星学发轫》当是颇有影响的译作,可是此类作品为数鲜少。

19 世纪 80 年代,在各地官办的许多军事学堂、特别是水师学堂中,如天津水师学堂

---

① 丁韪良:《星学发轫·丁韪良序》。

② 杜石然,林庆元,郭金彬,洋务运动与近代科技,辽宁教育出版社,1991 年,第 284 页。

③ 贵荣:《星学发轫·贵荣序》。

④ 杜石然,林庆元,郭金彬,洋务运动与近代科技,辽宁教育出版社,1991 年,第 283 页。

⑤ 同④。

(1885)、广东水陆师学堂(1887)、江南水师学堂(1890)、山东威海卫水师学堂(1890)等,也都开设有天文测量、经纬度测量、航海天文等课程,教授实用天文学和必要的天文学基础知识①。

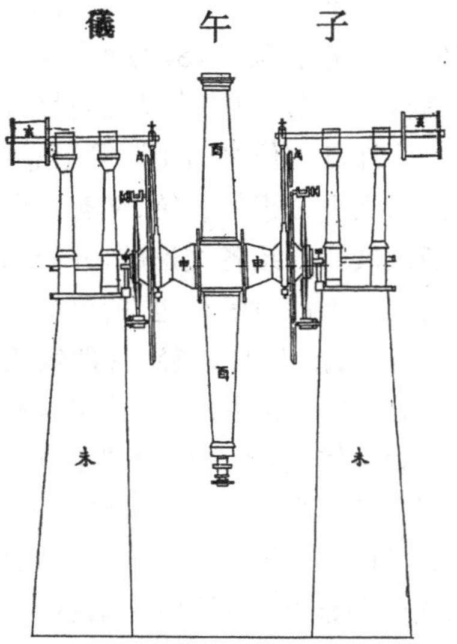

图 8-46　《星学发轫》中的子午仪图

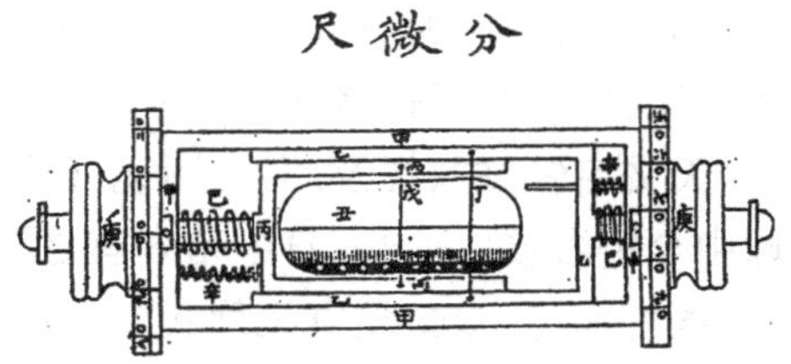

图 8-47　《星学发轫》中的分微尺(测微器)图

洋务派实施的天文教育是以实用为其目的,这是可以想知与理解的。他们显然无意对诸如在《谈天》中论及的关于天文学的高层次或基础性的论题进行必要的研究与探索。也许中国天文学的衰落及其同西方天文学之间存在的巨大差距,令他们感到无回天之力,而只能急功近利地应付与天文有关的实际问题的解决。一方面,我们可以理解他们所面临的困境,一方面,我们也要指出,他们实在缺乏推进中国天文学发展的历史眼光。

关于中国近代天文教育的肇始,当推一些教会在华兴办的书院。美国圣公会于道光二十五年(1845)在上海创办的圣约翰书院中首开天文课程。此后,美国长老会于同治三年(1864)在山东登州设立会馆,内设数理、中文和天文三科,也稍早于京师同文馆天文算学馆的天文教育。光绪三十年(1904),登州会馆与英国浸礼会在山东青州开设的广德书院合并为广文大学。由美国传教士赫士(W. M. Hayes)口译,周文源笔述,益智书会出版的《天文揭要》二卷,很可能便是当时所用的教材之一。宣统辛亥(1911),该书又由山东公合大学堂刊行,显然是被作为教材。从内容看,该书是一部介绍天文学基本知识的译作。到 1917 年,广文大学与青岛师范学校、济南医学专科学校合并为齐鲁大学,校址设在济南。齐鲁大学内设有天算系,是为中国近代历史最早的高等天文教育机构。

二　若干近代天文书籍的编译

在洋务运动时期,江南制造局、墨海书馆、益智书会等机构还翻译出版了一批普及天文学知识的书籍。除了上已提及者和《谈天》增订本即于道光十三年(1874)由江南制造局刊行之

① 杜石然,林庆元,郭金彬,洋务运动与近代科技,辽宁教育出版社,1991 年,第 284 页。

外,如下数种大约是具有代表性的译作。

《天文启蒙》一书,系由江南制造局刊出。原著为英国著名天文学家洛基尔(J. Norman Lockyer,1836～1920)的《格致启蒙》(《Science Primers Series: Astronomy》),《天文启蒙》是由美国林乐知(Young J. Allen,1836～1907)口译、郑昌棪笔述的《格致启蒙》(1879)四种之一[①]。该书计七卷:第一卷"地球并地球运转",第二卷"月与月之诸行动",第三卷"绕日之诸星",第四卷"日为恒星",第五卷"恒星",第六卷"定日月星方位之法并测知其方位之诸用",第七卷"日月星依次运行可预推有准之故"。其论述的安排眉目既有对最新天文知识的介绍,又有实用方法的说明,还作了理论上的阐述。全书又分为46课288节,渐次展开介绍各类论题,并附图48幅。行文通俗流畅,达到了作者在"序"中所言"以浅近易懂之言词,为课童蒙计也"的目标。

在《天文启蒙》中,提及用"光图镜"(即分光仪)测知太阳的组成"首推轻气(即氢气)","我侪地球中金类各质之原物,日中殆多有之"[②];在"论恒星之真动"一课中,指出:"实有移动之星甚多","据理而论,众恒星宜无静者";又在"论恒星星气实为何体之物"一课中,"星气乃由疏稀大片渐向小缩,以纵横毫无纪律之形,渐变而为有条有理之式。历日愈久,体愈缩小,体愈变圆。如是者久之,遂成为星云之式。至此时,其光热亦由渐增大,于其赤道外,四围留有数光圜。此光圜于星体外显露,仿佛土星外之光圜然。其光圜经时既久,与星体由渐坼离,遂析为段落,亦由渐成圆形之气球,究而竟之,亦可凝合为一行星。"这当是关于康德与拉普拉斯先后于1755年和1796年提出的星云说的简要介绍。又云:"凡发光照耀,先为极明之光球,后将易为暗光球形,白光或将变而为红光,红光或终将归于消灭无光。此后时不能免之大结局。"[③]《天文启蒙》原著者洛基尔于1888年又依据恒星光谱分类提出恒星演化的进一步假说,认为恒星从冷的星云状态开始收缩,温度逐渐升高,由红渐渐变蓝,当温度达到极大值后,便逐渐冷却并收缩,成为体积很小而高密度的红星,以致最后熄灭。其说与此处的简略介绍虽不尽相同,但其恒星演化思想和演化的大体路径皆相近似,是为洛基尔稍早的恒星演化思想的描述。

《天文启蒙》还有上海石印本、《富强斋丛书》续集本、《西学大成》本、总税务司署本等行世,是流传相当广的一部通俗天文学译作,是继《谈天》后,又增添了若干天文学新内涵的重要作品。

在江南制造局翻译馆,贾步纬曾主持编译了1871～1912年的航海历——《航海通书》,它们实际上是刊载了一批恒星的赤道经纬度值,供航海者测时定位之用。贾步纬还曾编制过《恒星表》一册(1874)。均由江南制造局出版[④]。

《天文图说》一书,系"英国天文士(指柯雅各)所撰",美国摩嘉立、薛承恩同译,光绪九年(1883)由益智书会校订出版。内有精美彩色图版多幅。该书介绍了一般的天文学内容,但也有少数新的信息,如提及:"维廉(威廉·赫歇尔)又推求天河之状,云所有至光者,即在星密聚之处也。又言设太阳略迩天河之中心,则天河之状如四十八图所绘者然",等等。

墨海书馆于光绪十三年(1887)出版的傅兰雅(John Fryer,1839～1928,英国人,后入美国籍)所著《天文须知》,亦为一普及天文学知识的著作。内中亦提及"近来天文家用分光镜辨别

① 董光璧主编,中国近现代科学技术史,湖南教育出版社,1997年,第255页。

② 林乐知,郑昌棪:《天文启蒙》卷四。

③ 林乐知,郑昌棪:《天文启蒙》卷五。

④ 董光璧主编,中国近现代科学技术史,湖南教育出版社,1997年,第256页。

太阳光色,知其体含地球上数种原质,如养气(即氧气)、轻气(即氢气)等,又有钙、镁、钠、铁、锰等",较《天文启蒙》所述要详细些。

这一批天文学译著的出版,无疑对近代天文学知识的普及起了一定的作用。

三 王韬的天文学工作

王韬(1828~1897),原名利宾,字紫诠,号弢园老人、天南遁叟,江苏苏州长洲(今江苏吴县)人。秀才出身。道光二十九年(1849)到上海墨海书馆工作,曾与伟烈亚力、艾约瑟等传教士合作编译图书。他曾向清廷献策进攻太平天国,未被采纳。咸丰十一年(1862)底,他返乡并化名黄畹上书太平天国将领,为其出谋划策,事发,旋被清廷通缉。他始改名王韬避居香港,后又赴英国,与英国人里雅各(James Legge)合作编译中国经籍,并从事中国古代历法等的研究工作。同治十三年(1874),他回香港主编《循环日报》,评论时政,主张变法自强。晚年在上海主持格致书院,支持洋务运动,并整理出版诸多著作。《西学辑存六种》和《弢园经学辑存六种》等便是其中与天文历法有关的重要著述。

《西学辑存六种》中与天文学相关者有《西国天学源流》(1889),系与伟烈亚力合译,而《西学图说》(1889)、《西学原始考》(1890)、《泰西著述考》(1890)等三种乃是王韬自撰。

在《西学辑存六种·自序》中,王韬说他对西学的学习与研究"殆四十年,虽未稔其语言文字,而颇能深悉其理,灼知其情"。作为极其难得的一位通晓英文、且在英国旅居多年的中国学者,王韬非但深知西方包括天文学在内的诸科学技术有自己悠长的发展历史,而且深谙故国学界在相当长的时期内对西学的认识存在诸多误区。他指出:"西国自明天算以来,代有沿革,其源流固可得而言焉。""惜其法(指哥白尼日心地动说)未行于生前。……刻白尔(开普勒)始知行星轨道是椭圜非平圜,其行有迟速留逆,都归一理,且知地亦环日行星类也。至今墨守其说,无有异议。后奈端(牛顿)出,于数尤深,而其理愈明。于以见精益求精,西学之未有止境也。"这当是王韬对西方天文学发展观的总体认知。这同《西国天学源流》中所言:"格致学中诸精妙,理非一人所能悟,必历代通人互相研究始得也。如刻白尔(开普勒)测得诸行星之公理,其源由于第谷之精测,又赖若往讷白尔(John Napier,纳皮尔,1550~1617,英国人)所造对数,……刻白尔所止之地,为奈端(牛顿)所起之地,奈端所未就者,拉白拉瑟(拉普拉斯)成就之",是完全一致的。

《西国天学源流》是关于西方天文学发展简史的论著,起自古巴比伦到发现土星的第8颗卫星的道光二十八年(1848),以年代先后次第述之。在这些事实的论述之后,王韬在书末阐述了以下四个重要的观点:

其一,对阮元等在《畴人传》中"以不能坚守前说、动静倒置为讥",王韬实以西方天文学的发展史证明:"法积久而益密,历以改而始精","后之继起者,知所师承,宜其进而益上也"。这正与"我中国于历数之术,亦递增而屡变"相同。所以"不能坚守前说"并非西人的失误,而是天文学的发展使然。王韬又指出:"夫西国之精天算者不一家,其始亦皆各持一见,纷无定论。逮后,歌白尼(哥白尼)创言以太阳为心,地与五星环之而行,其道为椭圆。此论一出,经二百余年莫之或改",这同上引王韬对哥白尼日心地动说及其后续发展的充分肯定是一致的。

其二,对于钱大昕、李锐等关于行星等运行的椭圆理论"不过假象"之说,王韬指出:"此乃未明推验实理之故耳。……奈端(牛顿)曾求其故,知天空诸体,其道不能不行椭圆,乃由万物摄力自然之理，非徒假象与数以明之也。”

这两点，是继李善兰之后，对阮元等人为代表的、对哥白尼日心地动说及其随后发展的怀疑或抵制的进一步批判。

其三，对于“西人测天之学固精，然安知非先有于中国，而后流传于彼耶”的西学中源说，王韬甚不以为然：“呜呼！此何异攘人之美，据为己有也。西国历法虽始于周末，而递加更改，历代以还，岂无可考?！其转精于中国者，由用心密而测器审也。”这则是对流行二百余年的西学中源说的明确而有力的批判。

其四，“形而下者谓之器，形而上者谓之道。西人亦祗工其下焉者已耳”，而对于“道”，西人则或窃自中国的儒墨、或“徒拾释氏之唾余”，“固无一而可者也”。王韬此说，应是当时一些学者在诸多事实面前，不得不承认西方的科学技术远胜于中国，而且科学技术领域的西学中源说难以成立的情况下，提出的西学在社会科学方面不如中国或源于中土的写照。对此，王韬亦予以批驳：“不知西儒何尝不讲理性哉。……列国之制，虽有攸殊，此心之理无不相同。所谓东方有圣人焉，此心同此理同也。西方有圣人焉，此心同此理同也。虽东西之异辙，实一道而同风。”

这两点是王韬为了清除长期困扰中国学者虚心向西方学习的误区所做的重大努力。

《西学原始考》是关于西方科学技术发展简史的著作，亦以编年方式简述自公元前2400余年到公元1874年间的重大科学技术事件。王韬试图通过比天文学发展史更广泛的科学技术发展史的描述，进一步阐述与编译《西国天学源流》所要表述的相同理念，“亦欲世之考求西学者，知其滥觞之所自尔”。该书的著作由来已久，他写道：“（王）韬于咸丰癸丑(1853)、戊午(1858)偕西士艾君约瑟译《格致新学提纲》，凡象纬、历数、格致、机器，有测得新理或能出精意创造一物者，必追纪其始，既成一卷”，可惜“今俱散佚”。王韬是于“光绪庚寅(1890)”补作此书的。《西国天学源流》之作也与此相似。

《西学图说》是以介绍西方天文学知识为主的著作，有“太阳说”、“行星环绕太阳图说”、“五星说”等等，是为中国学者自己辑撰的早期著作之一。在书中，王韬指出：西方天文学在16世纪后取得的一系列新成就，“皆非远镜不能明，亦非从算学中出则不能知。既以算学为根柢，而后格致之理乃扩之而愈广”。这则是他对近代天文学发展的理性总结。可惜，无论是王锡阐和梅文鼎，还是乾嘉学派诸君子，都未曾有此感悟。自然，我们不能指责他们的迟钝，因为有更深层的诸多因素使他们只能如是。而王韬的这一感悟，固然为时已晚，但仍是十分宝贵的。

《泰西著述考》则是关于明末以来西方传教士在华工作的简录，此中在天文方面有所贡献的人物不乏其人。王韬说：“余尝得其目录观之，获传于世者约略二百十一种，亦可云富矣。当时著名之士凡九十有二人，文辞尔雅彬彬乎登述作之林。”以其来华先后为序，“凡其初至之年、所著之书、及其卒葬处所，无不班班可考。”这是王韬对众多传教士在华史迹的回顾，可视为对阮元等所著《畴人传》及其续编的一种补充。

在《弢园经学辑存六种》中，有《春秋朔闰日至考》、《春秋日食辨正》和《春秋朔闰表》三种，是王韬关于春秋鲁国历法研究的成果的汇总，是他旅居英国时完成的，到其晚年方整理出版。

《春秋朔闰日至考》三卷，上卷《春秋历杂考》是对春秋时期历法有关问题的研究，还包括对杜预、陈厚耀等人所撰春秋鲁国历谱的评述，实际上含有说明他编排新春秋鲁国历谱的理论上的考察和方法的意义（虽然并不系统与完整）；中、下卷为《春秋长历考正》，即其所撰新春秋鲁国历谱本身，给出自鲁隐公元年（前722）到鲁哀公十七年（前478）间每年的朔闰安排、冬至时日、建正以及《春秋》和《左传》相关历日的记载，并作出与所编历谱合否的简要说明。

《春秋日食辨正》与对《春秋》所载日食记录的考订，这是与合理地复原鲁国历谱的关键问题之一。所以它实为编排新春秋鲁国历谱的重要组成部分。

《春秋朔闰表》是以表格形式给出新春秋鲁国历谱本身，略去了《春秋》等历日记载和说明部分。其具体朔闰的安排基本上与《春秋长历考正》相同，但还存在少许差异。

与陈厚耀等人的类似研究比较，王韬发展了徐发的思路，以近代的计算方法考订《春秋》日食记录，从而基本可靠地奠定了复原鲁国历法的基石；又发展了陈厚耀、邹伯奇的思路，以近代的计算方法，基本正确地求得各年的冬至时刻，从而得出鲁国历法在鲁僖公、文公之际在建正上有过变化，其前多建丑、其后多建子的重要结论，对于鲁历的闰月也给出了大体可信的设置。但考察王韬鲁国历谱(表)连大月的设置，连大月间隔的月数最小者为1(2)处，还有5(2)处、7(3)处，最大者为43(1)处、还有35(1)处、33(2)处，数量最多者为17(70)处，15(44)处次之。从这种安排看，没有任何规律性可言，具有极大的随意性，由此亦可知王韬并不是依某种规整的朔望月长度入算做出安排的。此外，王韬鲁国历谱(表)频有连小月之设，当是明显的失误。此外，张培瑜已经指出，王韬的“《春秋朔闰日至考》、《春秋朔闰表》存在不一致的地方”，“日至推算和岁首建正稍有疏失”，“有些朔日干支曾作人为调整”①，这些批评意见是十分中肯的。

四　太平天国历法——天历②

道光三十一年(1851)，洪秀全领导的太平天国农民起义攻克永安(今广西蒙山)后，废弃清廷的癸卯元时宪历，颁布了自己的历法——天历。这显然是受中国传统的历法是为皇权及统治权象征的观念的影响而采取的一项重大举措。

天历规定一年为12个月，单月31天，双月30天，每月的月初为立春等12个节气、月中为雨水等12个中气，既不设闰月，也不考虑月相的变化问题。这实际上是一种以24节气为基准的阳历，天历同时还规定，每经40年一加，加年的12个月均为33天，之所以作此规定，是“取真福无边，有加无已之意”。这一取个吉利的意图，使原本已经偏大的一年为366($=6\times31+6\times30$)日的数据更加扩大，达到一年为366.75〔$=(366\times39+12\times33)/40$〕日，实为雪上加霜。到太平天国九年(1859年)，洪仁玕到天京(今南京)后，才对天历作了重要的改动。把40年一加变为40年一斡，规定斡年的12个月皆为28天，而且这一年的每一个节气均为14天。这样就使平均年长度为365.25[$=(366\times39+12\times28)/40$]日。洪仁玕的这一改革，使得天历稍显合理，不过，其所用回归年长度值也只达到古四分历的水平，而且对斡年节气长度的规定仍含人为牵强的问题。此外，天历实际上只对一年的历日做出安排，并未涉及中国传统历法所固有的对日月五星运动及交食等的研究，所以是一种被简单化了的历法形态。

天历是与中国传统占主导地位的阴阳历截然不同的阳历，又以整齐与简明，便于记忆与使用为特点。太平天国在其管辖范围内所颁布的历书，突出了为农业生产服务的内容，诸如将一年中各季节草木萌芽、气象变化、农事活动和典型的农谚等记载于上，以供农民耕作的参考。同时对传统历书中连篇累牍的吉凶宜忌、祸福休咎之说“尽行删除”，以为它们是“邪说歪例，皆

---

① 张培瑜，陈美东等，中国天文学史大系·中国古代历法，河北科学技术出版社，2002年，第372～378页。

② 中国天文学史整理研究小组，中国天文学史，科学出版社，1981年，第244、245页。

是妖魔诡计”。可是,天历历书则增添了新的宗教迷信的内容,是为巩固太平天国的政权服务的。

第十八节 列强在中国建立的天文台站

一 上海徐家汇天文台和佘山天文台①

1844 年和 1860 年先后签定的中法《黄埔条约》和《北京条约》两项不平等条约,规定有法国在华传教的特权。其实在此之前,已有法国耶稣会士在上海一带活动。1842 年,就已有三名耶稣会士带了一架据说是极好的望远镜在上海一带活动,大约是进行地理经纬度的测量。上述不平等条约的签定使他们的活动合法化,到 1848 年,人数已超过 20 名。1863 年,在上海佘山建立天主教堂。1865 年,刘德耀神父(Henri Le Lec,1832～1882)在上海董家渡地区开始作气象与若干天文观测工作。1869 年,巴黎委派曾在天文台受过训练的高龙鞶(Augustinus Colombol,1833～1905)到上海筹划建立天文台事宜。这些大约便是徐家汇天文台创立的先期状况。

几经酝酿,1872 年,法国天主教耶稣会在距上海董家渡约 8 公里的徐家汇肇家浜西岸建立了一近代天文台——徐家汇天文台(图 8-48),先以气象工作为主,兼作天文、授时及地磁、地震等的观测。1900 年,为拓展天文业务,又在上海西南距徐家汇 25 公里、海拔 98 米的佘山之顶的教堂东侧建立了佘山公台(即佘山天文台,图 8-49),开展天文、地磁等测量工作。1908 年,又在江苏昆山绿葭浜建立了绿葭浜天文台,主要进行地磁测量。三台实为一体,只是学科与业务有所侧重,总部则设在徐家汇天文台。

徐家汇天文台、佘山天文台与绿葭浜天文台均是法国科学院在中国从事区域性观测与研究的分支机构,法国科学院对此相当重视,为之装备了不错的天文仪器和派遣了训练有素的专业人员。其目标是建成为天文、气象、地球物理和航海服务的综合性研究机构。

徐家汇天文台的天文观测工作始于 1872 年,而授时工作则始于 1884 年。当年置有法国高梯尔(Gautier)厂出品的中星仪一架,口径 8 厘米、长 83 厘米,电接触天文摆钟一台和平时钟三台。1886 年,又增设费农(Fenon)钟一台。1907 年,又购置巴姆伯(Bamberg)厂出品的中星仪一架,口径 9 厘米、长 90 厘米,附有测微器与挂水准器。也从 1884 年开始,通过与徐家汇天文台有专线联通的、在黄浦江的法国码头的信号塔,报告标准时间。1909 年,又增加了 21 小时闪光报时业务。自 1914 年开始,用无线电发播时号,时号精度为 0.01 秒。

1904 年起,在佘山装配了大赤道仪一台,系为高梯尔厂制作的双筒折射望远镜,两物镜口径皆为 40 厘米(焦距略有不同),其可转动部分重约 4 吨,圆顶直径为 10 米,这在当时的亚洲是口径最大、性能最佳的望远镜。在圆顶东侧建有子午仪室,内装口径 6 厘米的中星仪一具,是为观测时对钟用的。开展对彗星、太阳、恒星等的观测工作,主要观测太阳黑子和米粒组织,拍摄太阳黑子照片,还进行日珥目视观测,绘出日珥描图。

① 陈遵妫,中国天文学史,第四册,上海人民出版社,1989 年,第 1986～1993 页;阎林山,马宗良,徐家汇天文台的建立和发展(1872～1950),中国科技史料,1984,(2)。

图 8-48　上海徐家汇天文台

图 8-49　上海佘山天文台

据不完全统计，1911 年前在徐家汇、佘山和绿葭浜天文台工作过的传教士就有 13 名，多为学有专长者。如能恩斯（Marcus Dechvrens，1845～1923，瑞士人，1873 年来华），徐家汇天文台第一任台长，主要从事气象与黄道光观测；蔡尚思（Stanislaus Chevalier，1852～1930，法国人，1883 年来华），佘山天文台第一任台长、徐家汇天文台第二任台长，主要从事太阳与恒星照相观测工作；劳积勋（Aloysius Froc，1859～1932，法国人，1883 年来华），徐家汇天文台第三任台长、1887 年被选为梵蒂冈科学院院士，主要从事气象工作；土桥八千太（Paulus Tsutsihashi，乔宾华，1866～1965，日本人，1888 年来华），主要在佘山天文台从事小行星和彗星照相观测工作；马德赉（Josephus de Moidrey，1858～1936，法国人，1898 年来华），绿葭浜天文台台长，主要从事地磁观测与研究；田国柱（Henricus Gauthier，1870～?，法国人，1905 年来华），徐家汇天文台第四任台长，主要从事地震观测工作；葛式（Ludovicus Gauchet，1873～1951，法国人，1907 年来华），佘山天文台第二任台长，主要从事双星观测，等等。除了传教士外，也招收中国人参与有关工作。

自建台之初，即开始出版刊物，发布有关观测、研究成果。1878 年刊出《天文年历》一卷，后自 1903 年始，每年刊出一卷。从 1907 年开始出版的《佘山天文年刊》，即为天文方面的出版物。

到 1949 年上海解放以前，徐家汇天文台经历了酝酿(1840～1872)、草创(1872～1900)、发展(1900～1914)、巩固(1914～1925)、中兴(1925～1937)和衰落(1937～1950)等六个不同的时期。清代覆亡以前属于前三个时期，可以说已为后来的发展打下了基础，在其后的 20 余年中，徐家汇天文台和佘山天文台(绿葭浜天文台于 20 世纪 30 年代并入佘山天文台)在双星、星团、星表、太阳等照相测量与研究、国际经纬度联测、太阳视差国际联测以及天文学史研究等方面，做出了有国际影响的重要工作，成为亚洲重要的天文台之一。1937 年，日本铁蹄蹂躏上海后，致使徐家汇和佘山天文台奄奄一息。1950 年，两台由中央人民政府收回，气象部分由中央气象局接管，天文、授时、地磁、地震四部门由中国科学院接管，即为现今中国科学院上海天文台的前身。

二 青岛气象天测所与台北测候所

(一)青岛气象天测所[①]

1897 年，德国强占胶州湾。次年(1898)，德人为谋航务及航政之发展，在山东青岛今馆陶路 1 号建立了一简单的气象台，开始收集中国华北沿海一带的气象资料。1900 年，该气象台正式定名为"气象天测所"，隶属于德国海军港务测量部。1905 年，该所迁至位于黄海之滨、胶州湾畔青岛市区海拔 75 米的水道山(即今观象山)之巅。1909 年，德国政府委派美耶曼尼(Meyermanni)博士任所长。1910 年，德国在外舰队集资建成七层石构办公大楼，到 1911 年，又更名为"皇家青岛观象台"，此时该观象台所辖还有济南等十余处测候所，主要从事气象工作。而本台(所)的业务也以气象为主，兼天文、地磁、地震、潮汐等的观测工作。有关天文的工作真正始于 1904 年，其时，台中只有一架小中星仪(Garl Bambery No.8678，口径 4 厘米、焦距 25.5 厘米，折轴式)和一架地平经纬仪，作测量经纬度和定时刻之用；另有一架盖氏赤道仪，用于观测普通天象。授时工作系以中星仪观测为准，并取施放午炮的方式以报时，先由港政局点火放炮，后改由气象天测所点火放炮。

1914 年，青岛观象台落入日本手中，改称测候所。1922 年，中国北洋政府接管青岛测候所，由蒋丙然担任所长，继续进行天文、气象、地磁、地震、潮汐等多学科观测，这当是中国人主持的第一座近代天文台，于 1930 年改名为青岛市观象台，直至 1938 年。此后，观象台再次落入日本之手。1945 年，抗日战争胜利后，由民国政府接管。1949 年青岛解放后，由中国人民解放军接管，后又几经变化，气象部分划归中国人民解放军海军，天文、地磁、地震部分划归中国科学院。

---

① 陈遵妫，中国天文学史，第四册，上海人民出版社，1989 年，第 1977～1982 页；邵光疆、孙寿胜：青岛观象台的八十六年，中国科技史料，1984，(4)。

(二)台北测候所①

1895 年,日本通过不平等的马关条约强占台湾,当年即于台北气象局内开始设立一小型天文台,称台北测候所,主要作天文教育与普及工作。到 1911 年,开始设有中星仪室,内装置英国库克(Cook)厂制造的口径 8.9 厘米的中星仪一具,开展授时工作。后又添置库克厂制口径为 11.4 厘米折射望远镜和日本五藤厂制口径为 10.2 厘米折射望远镜各一具,进行一般天文观测。在日本占领台湾期间,在台北市公会堂的屋顶上,还设立又一小型天文台,也曾装备日本五藤厂制口径为 10.2 厘米折射望远镜一具,亦进行一般天文观测。1945 年光复台湾后,该两小型天文台还继续从事一般天文观测及天文普及工作。

上述这些天文台站,实际上是列强本土天文台站在中国的延伸,还是为侵略中国服务的。所以,这些天文台站在中国的建立,带有浓厚的半殖民地、半封建社会的烙印。虽然如此,它们终究植根于中国的大地上,多少也培育了一些从事天文工作的人员,有的还主持了天文台的工作,从客观上也为中国近现代天文学的起步打下了一定的基础。

第十九节　康有为、严复、谭嗣同、孙中山等的天文学思想

一　康有为与《诸天讲》

康有为(1858～1927),字广厦,号长素,广东南海人。光绪进士,授工部主室。精通儒学,又关注西学,积极推进变法维新,是中国近代资产阶级运动领袖、戊戌变法的首要人物。光绪十一年(1885),康有为就初撰成《诸天讲》一书,中经补充、修改,并曾在上海天游学院讲授,于 1926 年成定稿,到 1930 年才初刻面世,是为康有为众多著作中有关天文学的一部重要作品。

《诸天讲》又名《诸天书》,共分十五篇:

"通论篇第一",对中国古代关于宇宙的理论作了概述。并指出"中国古天文学未精,由于制器未精","盖窥筒远镜不精,只凭肉眼,欲以测天,宜其难也"。而且批驳了"古以占验言天之谬"与"古以分野言天之谬"。

在"地篇第二"中,对于西方诸多近代天文学家,康有为情有独钟:"吾之于哥白尼也,尸祝而馨香之,鼓歌而侑享之。后有伽呼厘路(即伽利略)修正哥白尼说,益发明焉。康熙时,西 1686 年,英人奈端(即牛顿)发明重力相引,游星公转互引,皆由吸拒力。自是天文益易明而有所入焉。奈端之功,以配享哥白尼可也。故吾最敬哥、奈二子。"从西方近代天文学发展史的角度看,哥白尼、伽利略和牛顿是最杰出的人物,康有为尸祝鼓歌之,是合情合理的。

康有为还简要介绍了康德—拉普拉斯的星云说:

> 德之韩图(即康德)、法之立拉士(即拉普拉斯)发星云之说,谓各天体创成以前是朦胧之瓦斯体,浮游于宇宙之间,其分子互相引集,是谓星云,实则瓦斯之一大块也。始如土星然,成中心体,其外有环状体,互相旋转,后为分离,各成其部,为无数之小球

---

① 陈遵妫,中国天文学史,第四册,上海人民出版社,1989 年,第 1999 页。

体，今之恒星是也。我之太阳系亦然，当初星云之瓦斯块，自西回转于东，其星云渐至冷却，诸球分离自转，逐为游星（即行星）。在中者为太阳，其周围有数多之环，因远心力而分离旋转，其环则成卫星。故凡诸星之成，始属瓦斯块，地球之始亦然。最初高度之热瓦斯体，逐渐冷却而成液体，更冷则表面结成固体矣。其旋转之方向，仍以太阳为母体，依旧自西转东。

这里既介绍了康德提出的恒星演化的星云说，认为恒星是由浑沌朦胧的、弥散微粒组成的原始星云运转、吸引与聚集而成的，康德还以同样的模式解说太阳系的形成，地球因逐渐冷却而形成现今固体的表面。这里还介绍了拉普拉斯对康德太阳系演化说的发展，即以为不断运转的、炽热的原始星云冷却、收缩，又受离心力的作用，在星云的中央形成太阳，在其周围形成诸多环圈，每个环圈的物质又互相吸引而形成以行星为中心体、其外绕小环圈的群体，小环圈的物质又互相吸引而成卫星。与本章第十七节已提及的《天文启蒙》所作的简略介绍比较，《诸天讲》之描述无疑要准确而详细得多。康德—拉普拉斯的星云说，是对宇宙神创论与宇宙永恒不变论的断然否定，是在当时僵化的形而上学自然观上打开的第一个缺口。所以，《诸天讲》对之所作的介绍具有重大的科学意义。

康有为还介绍了美国张伯伦（T. C. Chamberlin，1843～1928）和摩尔顿（F. R. Moulton，1872～1952）于 1900 年提出的太阳系起源的星子说：

"近顷真巴连（即张伯伦）与摩路顿（即摩尔顿）谓太阳系之成于螺旋状星云，以二太阳之互相接近，各以其引力而生潮汐运动。由太阳之实质，迸出螺旋状，而为回转，其后渐为凝聚而成游星。后之学者更信其说，即名之为新星雾说。"这是当时在西方盛行的灾变说的一种。认为太阳系的形成是由于一颗恒星经过太阳附近，恒星的起潮力从太阳上吸引出两股螺旋状的气流，进而形成围绕太阳运转的多圈气盘，然后，气盘内的气体逐渐冷却、聚集而形成行星和卫星。康有为对此所作的介绍也是大体准确的。

在"月篇第三"中，有英国乔治·达尔文（G. H. Darwin，1845～1912）于 1879 年提出的关于月亮起源说的介绍："地月本为一体"，"月实吾地所生也，……其自地分出，盖五千（七百）万年，与吾地有母子之亲。""达尔文谓太平洋为月出生地。"即以为在 5700 万年以前，由于太阳起潮力的作用，致使今太平洋处的一部分地体分离出去，而形成围绕地球运转的月球。

对于月面的状况，特别是环形山、谷、海以及温度等，也作了比较详细的介绍。

"日篇第四"谈及了 1868 年（实应为 1869 年）英国洛歆（即洛基尔）关于"太阳元素"——氦的发现，和英国蓝射（W. Ramsay，拉姆赛，1852～1916）在 1895 年"于矿石中发见一种气质"，以即氦的史实，认为这"在科学实为最奇惊人之事"。对于太阳的结构、组成元素、黑子等亦有所介绍。

"游星篇第五"、"彗星篇第六"和"流星篇第七"，分别介绍水、金、火、木、土、天王、海王等行星及其卫星、小行星，彗星和流星的一般情况。其中，关于火星有无生物之争；关于彗星"为冰块所成者"，又有木、土、天王、海王星系彗星之别；关于流星数量之多及其来源等的介绍，较为新颖。

"银河天第八"，介绍了"恒星以色热分等"，指出恒星有白星、黄星、赤星之分，"每色星中，又有巨星、矮星之别。自小暗黑星，进为赤矮星，又进为黄矮星，乃进为赤巨星，又进为黄巨星，乃进为白矮星，又进至白巨星，凡七等。"这是对丹麦勒西路（E. Hertzprung，赫茨普龙，1873～1967）于 1905～1907 年间在已有恒星光谱分类研究的基础上提出的巨星、矮星说的介绍。还论及了昴星团为银河之中心，银河的形状、内中恒星距地之远近以及白星、黄星、红星的分布状况等情况。又有关于新星发现的介绍。

"霞云天篇第九"，简介河外星系的若干情况，如关于诸星云的形状有："星云白色或一点，或作细片状，或椭圆状，或小球，或中央光强，其中别有小星或星云，全体同放一光，或为环状星云，四面游星拱中心，暗星亦多双子，呼为涡状星云。"

如果说以上九篇是对西方天文学进展所作的介绍，"诸天二百四十二天篇第十"则是康有为在霞云天基础上所作的无限外推，编造了种种天的名称，并无任何实际意义。

"上帝篇第十一"，讨论"上帝之必有"。

"佛之神通大智，然不知日月诸星诸天，所言诸天皆虚想第十二"，为讨论佛家论天之作，康有为固然并不以佛家之说为然，可是，上述第十篇之论实即受了佛家之说的巨大影响。

"历篇第十三"，在"以地绕日为法，为不可易之理"的前提下，提出一种历法改革的方案。

"仪象篇第十四"，介绍十二个月所见的西方星象名称。

"附篇十五"，康有为主张"天之大不可思议"，故认为"德人爱因斯坦(A. Einstein，1879～1955)相对论谓天之大有限"和"德人利曼(G. F. Riemann，黎曼，1826～1866)谓天之大仅十万万光年"均为谬论。

应该说，康有为在《诸天讲》中还是介绍了不少西方天文学的新进展的情况，虽然它们多取材于当时所译出的有关出版物，作为一位名家，他的集中和较系统的讲述，其影响是很大的。书中对西方近代天体起源及演化问题，着笔甚多，这无疑同他鼓吹变法维新的政治主张密切相关。介绍西方关于天体起源与演化学说的新进展，固然是康有为的一个目标，而更重要的则是弦外之音，即为变法维新政治主张的一种论证：天体的演化尚且如此，社会的变革理当自然。

二　严复的天文学思想

严复(1853～1921)，字又陵，福建侯官(今福建闽侯)人。福州船政学堂第一届毕业后，赴英国留学，归国后任北洋水师总教习，后升主办。力主维新变法，曾译赫胥黎《天演论》，以"物竞天择，适者生存"的进化论观点，激励国人救亡图存，在社会上引起强烈反响。他对西方宇宙演化理论的介绍，实际上也是同对进化论的介绍具有异曲同工之妙的一项工作。

在19世纪，西方物理学界盛行一种"以太"的假说，以为"以太"是一种充满宇宙的极微小的质点，它没有质量，但却是一种具有完全弹性的刚体。严复便将此假说引进中国，并把"以太"作为宇宙的本原，还将传统的元气与"以太"相比拟，而且认为在宇宙间的"以太"总是不增不减的。这是传统的元气为宇宙本原说在新时期里以新形式的再现。

光绪二十四年(1898)，严复在发表译著《天演论》"导言二"的按语中还介绍了英国斯宾塞尔(H. Spencer，1830～1903)的宇宙演化新论：

> 日局太始，乃是星气，名捏菩剌斯，布濩六合，其质点本热至大，其抵力亦多，过于吸力。继乃由通吸力收摄成珠，太阳居中，八纬外绕，各各聚质，如今是也。……质聚而为热、为光、为声、为动，未有不耗本力身，此所以今日不如古日之热。地球则日缩，彗星则渐迟，八纬之周天皆日缓，久将进入而与太阳合体。

这是一种太阳系形成以至消亡的星云假说。起先，由于排斥力大于吸引力，有一团弥散的、炽热的星气分布于广袤的空间。后来,因为吸引力逐渐增大,使星气团的中央形成圆如珠的太阳,而在太阳的周围形成八大行星,绕太阳运转。又由于能量的消耗,致使太阳日渐变冷,地球日渐缩小,八大行星和彗星等绕日运动的速度日趋减小,其轨道亦日趋缩小,最终将都落入太阳。

严复还曾指出:"大宇之内,质力相推,非质无以见力,非力无以呈质。"[①] 这是对牛顿万有引力学说的一种引述,他是把它作为一种万物莫能离的自然规律来加以叙述的。可见,他对牛顿的尊崇同康有为并无二致。

三　谭嗣同的天文学思想

谭嗣同(1865～1898),字复生,号壮飞,湖南浏阳人。他痛愤中国积贫积弱,立志改革,提倡新学,宣传变法。参与兴办时务学堂,组织南学会,主编《湘报》,身体力行之。光绪二十四年(1898),被征入京,授四品衔军机章京,不遗余力投身新政。戊戌变法失败,被害于北京菜市口,为"戊戌六君子"之一。谭嗣同曾著《仁学》(1896 年成书、1899 年刊行)一书,为其政治思想与哲学思想的代表作,书中述及了他的天文学思想。

谭嗣同在《仁学》中指出:"遍法界、虚空界、众生界,有至大、至精微,无所不胶粘、不贯洽、不筦络,而充满之一物焉,目不得而色,耳不得而声,口鼻不得而臭味,无以名之,名之曰以太。""剖其质点一小分,以至于无,察其为何物所凝结?曰:惟以太。"认为"以太"是构成万物的基本物质。"法界由是生,虚空由是立,众生由是出。"[②] 即他也吸取了"以太"的假说,以为"以太"乃是宇宙的本原。

谭嗣同在《仁学》中还阐发了天体逐级成团构成的思想:

> 至与地近,厥惟月。月与地互相吸引,不散去也。地统月,又与金、水、火、木、土、天王、海王为八行星;又与无数小行星,无数彗星,互相吸引不散去也。金、水诸行星,又各有所统之月,互相吸引,不散去也。合八行星与所统之月与小行星与彗星,绕日而疾旋,互相吸引不散去,是为一世界。

这是关于在万有引力的维系下而构成的太阳系的简要描述。

> 此一世界之日,统行星与月,绕昴星而疾旋。凡得恒河沙数,成天河之星团,互相吸引不散去,是为一大千世界。

这是说由太阳系等众多的天体,环绕银河的中心(昴星团)运转,而组成银河系。

> 此一大千世界之昴星,统日与行星与月,以至于天河之星团,有别有所绕而疾旋。凡得恒河沙数,各星团、星林、星云、星气,互相吸引不散去,是为一世界海。

这是指由银河系等众多的星系所组成的星系团。

> 恒河沙数世界海为一世界性。恒河沙数世界性为一世界种。恒河沙数世界种为一华藏世界。至华藏世界以上,始足为一元。而元之数,则巧历所不能稽,而终无已时,而皆吸引不散去,曰惟以太[③]。

---

① 严复:译《天演论》自序,见《严复诗文集》,第 94 页。

② 蔡尚思,方行编,谭嗣同全集(下),中华书局,1981 年,第 293、294 页。

③ 蔡尚思,方成编,谭嗣同全集(下),中华书局,1981 年,第 294 页。

这则是说，还存在较星系团高一层次的天体系统——“世界性”(相当于超星系团?)、再高一层次的天体系统——“世界种”(相当于本超星系团?)，以及更高一层次的天体系统——“华藏世界”(相当于总星系?)。

这里谭嗣同部分采纳了佛家三千大千世界的思想和用语，更重要的是还吸纳了近代天文学的若干成果，如太阳系、银河系、或者还有星系团等概念，以阐述他的思想。在西方，关于等级式宇宙模型的设想是德国人朗伯(J. H. Lambert，1728～1777)于1761年最先提出的，谭嗣同是否得知其说，已难考究，无论如何，谭嗣同此说还是独具特色的。而关于超星系团、本超星系团、总星系等概念，在西方是在20世纪才逐渐形成的，谭嗣同所说“世界性”、“世界种”和“华藏世界”等观念，显然是等级式宇宙思想的一种思辨性引申，并不能与超星系团等概念及其具体内涵等量齐观。即便如此，谭嗣同之说在当时中国思想界还是产生了很大影响，在中国天文学思想史上也占有一定的地位。

他还认为物质是不生不灭、却是有成有毁的。如地球乃是“天以浑沌磅礴之气，充塞固结而成质”者，“有成有毁，地与万物共之。其故则地亦天中之一物，既成乎物而有形矣，无无毁者也。”① 他又认为：“地球亦终有陨散之时，然地球之陨散，他星又将用其质点以成新星矣。”② 这则是对传统的元气本原说和气聚散说的重申。

四　孙中山的天文学思想

孙中山(1866～1925)，名文，字德明，号逸仙，广东香山(今广东中山)人。是中国伟大的民主主义革命家，中华民国创始人。在其革命生涯中，他既悉心研究西方各国政治、经济理论，同时也关注西方科学技术的进展，天文学的有关问题也在其视野之中。

孙中山也接受和宣传“以太”为宇宙本原说以及星云说。他指出：“元始之时，太极(此用已译西名‘以太’也——孙中山原注)动而生电子，电子凝而成元素，元素合而成物质，物质聚而成地球，此世界进化之第一期也。今太空诸天体尚多在此期进化之中。”③ 这里，孙中山以传统宇宙本原与演化理论的常用术语“太极”作为“以太”的译名，是很有见地的。而且他还吸取宋代邵雍等人太极动而生阴阳的观念，以及两汉之际《易·乾凿度》等关于太易→太初→太始→太素等演化过程的思想，和传统的凝、合等机制，给出了“以太”→电子→元素→物质的演化序列。由此看来，孙中山此说颇有中西合璧的意味。他又指出：“照进化哲学的道理讲，地球本来是气体，和太阳本是一体的。始初太阳和气体都是在空中，成一团星云，到太阳收缩的时候，分开许多气体，日久凝结成液体，再由液体固结成石头。”④ 这是对太阳系起源星云说的十分在行的描述。

辛亥革命推翻了满清王朝，公元1912年1月1日孙中山在南京就任中华民国临时大总统，当晚发布《改用阳历纪元令》，即采用世界通用的公元纪年法，从而结束了中国数千年来运用帝王记年法的传统，反映了与帝制决裂并融入世界潮流的意向，是中国纪年法的一次意义重

① 蔡尚思，方成编，谭嗣同全集(上)，中华书局，1981年，第128页。
② 蔡尚思，方成编，谭嗣同全集(下)，中华书局，1981年，第308页。
③ 孙中山选集(上)，人民出版社，1956年，第141页。
④ 孙中山选集(下)，人民出版社，1956年，第66页。

大改革。但同时又取用民国纪年法，即以公元 1912 年为民国元年，这则又反映了改革的不彻底性。至于历日的安排，则采取了世界通用的格里历，同时又以中国传统的阴阳历附于其中，这是为适应中国传统习俗(如节庆活动等)和农业生产对 24 节气等的需要而作的安排，实是一种考虑周全的方案。

康有为、严复、谭嗣同、孙中山等人均是当时著名的思想家，他们或从维新变法或从资产阶级革命的需要出发，都对新出的宇宙本原与演化的理论赋予特别的关注与热情。他们乐于接受、阐发与宣传这些理论，是因为这些理论与宇宙万物永恒不变论相对立的，是与他们要求改革的思想是相一致的，正可作为谋求社会进步事业合理性的证明。而传统的宇宙本原与演化的有关理论，则是他们自如地理解、融会新理论的科技文化与历史背景。中西方宇宙演化理论的融合，在晚清社会变革中起到了意想不到的作用，反过来说，正因为这些启蒙思想家或革命先行者的提倡与宣传，使西方传入的新宇宙论得到前所未有的普及。

参 考 文 献

原 始 文 献

贝琳(明).七政推步.薄树人主编.1998.中国科学技术典籍通汇·天文卷(八).郑州:河南教育出版社.以下均简称通汇(八)等等

不空(唐).宿曜经.通汇(八)

蔡尚思、方行编.1981.谭嗣同全集(增订本).北京:中华书局

戴进贤等(清).仪象考成.通汇(七)

戴进贤、徐懋德等(清).历象考成后编.通汇(七)

道世(唐).法苑珠林.1936.四部丛刊初编子部.上海:上海商务印书馆

邓文宽.1996.敦煌天文历法文献辑校.南京:江苏古籍出版社

董仲舒(汉).春秋繁露.1936.四部备要子部.上海:中华书局

傅汎际、李之藻(清).寰有诠.通汇(八)

傅兰雅(清).1887.天文须知.上海:墨海书馆

顾观光(清).武陵山人遗书.光绪九年(1883)刻本

国学整理社.1954.诸子集成.北京:中华书局

何国宗、梅瑴成(清)等.历象考成.通汇(七)

合信(清).1855.博物新编.上海:墨海书馆

侯失勒著、李善兰(清)删述.1859.谈天.上海:墨海书馆活字版

胡亶(清).中星谱.通汇(六)

黄道周(清).三易洞玑.1983.景印文渊阁四库全书(第806册).台北:台湾商务印书馆.以下均简写为四库全书(806)等等

黄镇成(元).尚书通考.四库全书(62)

蒋友仁(清).地球图说.通汇(六)

揭暄(清).璇玑遗述.通汇(六)

金俱吒(唐).七曜攘灾诀.通汇(八)

敬徵、周庆余(清)等.仪象考成续编.通汇(七)

康有为(清).1990.诸天讲.北京:中华书局

柯雅各原著、摩嘉立、薛承恩(清)同译.1883.天文图说.益智书社

马端临(元).1988.文献通考(影印本).杭州:浙江古籍出版社

马王堆帛书五星占与天文气象杂占.通汇(一)

玛吉士(清).新释地理备考全书.丛书集成初编(3267册).据海山仙馆丛书本影印

梅瑴成(清)编.梅氏丛书辑要.同治十三年(1874)刻本

梅文鼎(清).勿庵历算书目.知不足斋丛书本

利玛窦、李之藻(清).乾坤体义.通汇(八)

李翀、马哈麻(明).天文书.通汇(八)

李昉等(宋).1986.文苑英华.北京:中华书局

李昉等(宋).1963.太平御览(影印本).北京:中华书局

李光地(清).朱子全书.康熙五十二年(1714)刻本

李锐(清).李氏算法遗书.光绪十六年(1890)上海醉六堂刻本
李淳风(唐).乙巳占.光绪三年(1887)刻本
李问渔,徐宗泽(清)编.1933.增订徐文定公集.上海:徐顺兴印刷所
李之藻(清).浑盖通宪图说与圜容较义.四库全书(789)
刘安等(汉).淮南子.1936.四部备要子部.上海:中华书局
洛基尔原著、林乐知口译、郑昌棪(清)笔述.1879.天文启蒙.上海:江南制造局
罗密士原本、骆三畏口译、王镇贤等(清)笔述.星学发轫.光绪二十年(1894)刻本
南怀仁(清).灵台仪象志.通汇(七)
欧阳询(唐).1965.艺文类聚.北京:中华书局
钱宝琮校点.1963.算经十书·周髀算经.北京:中华书局
瞿昙悉达(唐).1989.唐开元占经(影印本).北京:中国书店
二十五史.1972~1976.北京:中华书局
日月星晷式(清,作者佚名).通汇(八)
阮元(清).1955.畴人传.上海:商务印书馆
沈括(宋).梦溪笔谈.四库全书(862)
邵雍(宋).皇极经世书.四库全书(1184)
史伯璿(元).管窥外篇.四库全书(709)
十三经注疏(景印本).1980.北京:中华书局
苏颂(宋).1937.新仪象法要.上海:商务印书馆
孙瑴(明).古微书.四库全书(194)
汤若望(清).远镜说.通汇(八)
唐顺之(明).荆川稗编.四库全书(953~955)
王充(汉).1974.论衡.上海:上海人民出版社
王士点、商企翁(元).秘书监志.四库全书(596)
王韬(清).西学辑存六种.光绪十五年(1889)铅印本
王韬(清).1959.春秋历学三种.北京:中华书局
王锡阐(清).晓庵遗书.通汇(六)
王应麟(宋).玉海.乾隆三年(1738)成都王氏用元刻本校补重刊本
王英明(明).历体略.通汇(六)
汪曰桢(清).历代长术辑要.光绪三年(1877)年刻本
吴澄(元).吴文正集.四库全书(1197)
邢云路(明).古今律历考与戊申立春考证.王云五主编.1935~1937.丛书集成初编(第1311~1322册).上海:商务印书馆
萧统(萧梁).1977.文选.北京:中华书局
熊明遇(明).格致草.通汇(六)
徐朝俊(清).自鸣钟表图说.通汇(六)
徐光启、汤若望等(明).西洋新法历书(崇祯历书).通汇(八)
徐坚(唐).初学记.咸丰四年(1854)刻本
许谦(元).读书丛说.四库全书(61)
薛凤祚(清).历学会通·正集.通汇(六)
杨光先(清).不得已.通汇(六)
阳玛诺(清).天问略.通汇(八)
游艺(清).天经或问.通汇(六)

虞世南(唐).北堂书钞.光绪十四年(1888)刻本
俞琰(宋).书斋夜话.四库全书(865)
赵友钦(元)著、王祎(明)删定.重修革象新书.四库全书(786)
张君房(唐).1936.云笈七签.四部丛刊初编子部.上海:商务印书馆
张九韶(明).理学类编.四库全书(709)
张载(宋).张子全书.四库全书(697)
朱熹(宋).二程遗书.四库全书(698)
朱载堉(明).律历融通.四库全书(786)

研 究 文 献

薄树人等主编.1978、1980、1983、1992.科技史文集·天文学史专辑.上海:上海科学技术出版社
常玉芝.1998.殷商历法研究.长春:吉林文史出版社
陈久金、卢央、刘尧汉.1984.彝族天文学史.昆明:云南人民出版社
陈久金.1993.陈久金集.哈尔滨:黑龙江教育出版社
陈久金.1996.回回天文学史研究.南宁:广西科学技术出版社
陈美东主编.1994.自然科学发展大事记·天文卷.沈阳:辽宁教育出版社
陈美东.1995.古历新探.沈阳:辽宁教育出版社
陈美东主编.1996.中国古星图.沈阳:辽宁教育出版社
陈美东.2002.中国天文学史大系·中国古代天文学思想.石家庄:河北科学技术出版社
陈遵妫.1980、1982、1984、1989.中国天文学史(第1～4册).上海:上海人民出版社
丹容(A·Danjon)著、李珩译.1980.球面天文学和天体力学引论.北京:科学出版社
丁守和主编.1989.中华文化辞典.广州:广东人民出版社
杜石然、范楚玉、陈美东等.1982、1983.中国科学技术史稿.北京:科学出版社
杜石然、林庆元、郭金彬.1991.洋务运动与中国近代科技.沈阳:辽宁教育出版社
杜石然主编.1992、1993.中国古代科学家传记(上、下册).北京:科学出版社
冯时.1996.星汉流年——中国天文考古录.成都:四川教育出版社
关增建.1991.中国古代物理思想探索.长沙:湖南教育出版社
韩琦.1998.中国科学技术的西传及其影响.石家庄:河北人民出版社
华同旭.1991.中国漏刻.合肥:安徽科学技术出版社
黄明信、陈久金.1987.藏历的原理与实践.北京:民族出版社
江晓原.1991.天学真原.沈阳:辽宁教育出版社
李国豪、张孟闻、曹天钦主编.1986.中国科技史探索.上海:上海古籍出版社
李俨.1957.中算家的内插法研究.北京:科学出版社
李约瑟.1975.中国科学技术史·天学(中译本).北京:科学出版社
吕子方.1984.中国科学技术史论文集.成都:四川人民出版社
潘鼐.1989.中国恒星观测史.上海:学林出版社
钱宝琮主编.1964.中国数学史.北京:科学出版社
曲安京、纪志刚、王荣彬.1994.中国古代数理天文学探析.西安:西北大学出版社
饶宗颐、曾宪通.1993.楚地出土文献三种研究.北京:中华书局
王应伟.1998.中国古历通解.沈阳:辽宁教育出版社
席泽宗、吴德铎主编.1986.徐光启研究论文集.上海:学林出版社
夏纬瑛.1981.夏小正经文校释.北京:农业出版社
新城新藏著、沈璿译.1933.东洋天文学史研究(中译本).上海:中华学艺社

游国恩主编.1982.天问纂义.北京:中华书局
郑文光、席泽宗.1975.中国历史上的宇宙论.北京:人民出版社
自然科学史研究.1982～2001.北京:科学出版社
张培瑜、陈美东、薄树人等.2002.中国天文学史大系·中国古代历法.石家庄:河北科学技术出版社
中国潮汐史料整理研究组.1980.中国古代潮汐论著选译.北京:科学出版社
中国科学院自然科学史研究所编.1983.钱宝琮科学史论文选集.北京:科学出版社
中国科学院自然科学史研究室编.1958～1966.科学史集刊.1～9集.北京:科学出版社
中国科学院自然科学史研究室编.1963.徐光启纪念论文集.北京:中华书局
中国社会科学院考古研究所.1989.中国古代天文文物论集.北京:文物出版社
中国天文学史文集(第1～6集).1978、1981、1984、1986、1989、1994.北京:科学出版社
中国天文学史整理研究小组.1981.中国天文学史.北京:科学出版社
朱文鑫.1934.历法通志.上海:商务印书馆
朱文鑫.1965.十七史天文诸志之研究.北京:科学出版社
山田庆儿.1980.授时历の道.东京:みすず书房
山田庆儿.1996.古代东亚哲学与科技文化.沈阳:辽宁教育出版社
上田穰.1930.石氏星经の研究.京都:东洋文库
薮内清.1944.隋唐历法史の研究.东京:三省堂
薮内清.1990.中国の天文历法(增补改钉).京都:平凡社

索　　引

人　名　索　引

A

阿伯尔　726,730
阿答兀丁　563
阿方索十世　697
艾约瑟　749,759,760
爱薛　523,524
爱因斯坦　767
安多　658,664
安国宾　717
安命说　717
安文思　661,674
暗那崛多　256,257,260
鳌拜　660
奥伯斯　746

B

巴蒂斯　664
巴理知斯　654
白晋　664,667,724
柏应理　664,724,729
班彪　267
班固　32,47,93,124,192,267,360
包慎言　740,741
鲍德　194
鲍澣之　51,0～514
鲍选　706
鲍业　177
栖育　126
贝豳　567
贝国珍　567,568
贝琳　567,568,579
贝鹏　567
贝仁　567
贝尚质　567
贝元桢　567
贝字仕　567
比尔　752
比拉　752
毕奥(E-C)　726,729～731
毕奥(J-B)　8,729
毕怀亮　339
裨灶　44,45,62,63
边冈　307,412～417,421,423,431,433～438,463,466,471,486,488,489
边韶　158,205
编䜣　66,67,150,177～181,183,184,204,251
卞重和　717
薄树人　121,124,126,129,130,140,142,154,298,576
薄珏　670～672
卜偃　45
不空　394,397,398
布迪耶　725,726
布顿　600
布拉得雷　721,750
布瑞彻　121

C

蔡侯般　63
蔡较　208
蔡汝南　590,593
蔡尚思　763
蔡沈　505,507,561
蔡应琪　626
蔡邕　47,82,85,135,185,198,206,207,211,212,

279,360,735
蔡元定　506
蔡哲茂　23
曹士芳　307,400,401,403,404,414,416,419,421,423,431～434,466,471,488,489,510
曹震圭　526
苌弘　63
常景　286
常玉芝　20,22
晁崇　284,441
晁公武　342,404
巢尚之　273,274
陈伯祥　512
陈承伯　281
陈得一　497～499,514
陈调　208
陈鼎　513,514
陈鼎臣　526
陈辅　398
陈垓　513
陈厚耀　666,740,741,760,761
陈晃　174,206,207,210,735
陈继儒　257
陈荩谟　469
陈久金　4,5,31,33,404,522,570,571,577
陈奎　591,593,594
陈澧　738
陈梦家　23,30
陈梦雷　668
陈启盛　742
陈群　220
陈瑞　674
陈松　566
陈天资　454
陈万策　662
陈玄景　359,367,376,377
陈彦健　500
陈应登　641
陈于阶　635,641,653
陈垣　740
陈振孙　342,377,403,404
陈卓　47,218,224～226,230,231,234,235,238,339
陈遵妫　201,342,707
成吉思汗　430,518,519
成永祥　513
程颢　459,503,504,506
程明善　361
程廷瑞　641,653
程颐　459,503,504,506
崇祯帝　631～635,670
丑和尚　497
楚寿昌　651
楚衍　435
崔彬　285
崔光　286
崔浩　284,285
崔灵恩　295
崔善为　346,351
崔暹　287
崔瑗　194

D

达·芬奇　191
达尔文　766
达摩利师　600
达知　591
大桥由纪夫　179
大象历(丙寅元历)　306
戴法兴　268～274,299
戴进贤　622,709～715,717,718,722
戴文赛　121
戴溪　502,512
戴煦　736
丹元子　307,340,342,343
亶诵　202,205
党怀英　496
道光帝　742
道融　286
道秀　278
德·萨西　726
德朗布尔　726
德利勒　720,726,728,729
德利斯　712
德梅朗　725
德效骞　20

邓保信 454
邓光荐 514
邓牧 545,547,554
邓平 90,119,120,124～126
邓析 76
邓玉函 624,635,641,643,674,697,723,724
邓元麟 526
邓宗文 513
第巴·桑吉嘉措 600
第谷 622,643,644～648,650,654～658,669,685,689,698,702,705,708,709,710,715,721,727,759
丁度 446
丁慎 436
丁师仁 497
丁天毓 590
丁甦良 756
丁先生 624
董巴 220
董峻 303,304,308
董萌 177
董叔蒙 407～412,426,449,454
董因 45,62
董祐诚 738
董昭吉 432
董仲舒 103,117～119,153,615
董作宾 20～23,31,393
杜崇龟 419
杜德美 668
杜光庭 394,395
杜矩 192
杜升云 518
杜昇 419
杜熙龄 742
杜熙英 742
杜贻范 441
杜预 63,91,272,539,734,740,741,760。
多普勒 754

E

儿宽 123

F

法矩 256,259
法贤 494
法显 580,581
樊赏 394
樊仲遵 286
饭岛忠夫 9,63
范谦 613,617
范守己 617,630
范镇 464
方苞 663,666
方豪 627
方楷 738
方以智 657,658,670,686,698,700
方中通 657,658
费礼饬 755,756
费直 47
封演 407,408,412
冯秉正 729
冯光 174,206,207,210,735
冯时 3,5,32
冯宿 394
冯天章 526
冯肖翁 591
冯恂 207～210
冯元 446
冯云鹏 130,131
佛陀拔陀罗 256,259
佛陀耶舍 257
夫琅和费 752
弗莱雷 725,726,728,729
弗兰姆斯蒂德 622,709,715
傅安 179,181,182
傅汎际 624,629,630,637
傅科 751
傅兰雅 751,758
傅墨卿 453
傅仁均 307,344～347,401,432,535
傅圣泽 666,667,669
傅弈 344
傅毅 192

G

伽利略 95,169,626～628,647,658,670,672,673,715,723,765

盖尧臣　500
甘德(甘氏)　43,61～64,71,72,92～98,101,120,121,125,148,207,225,228～231,248,311,338～341,361,391,455,485,589,597
高宝智　312
高绰　286
高欢　287,303
高敬　526
高龙鞶　762
高念祖　689
高桥至时　716
高僧裕　285
高守谦　741
高堂隆　221
高文洪　391
高辛氏(帝喾)　3,7
高洋　287,303
高煜　742
高允　284,285
戈承科　641
哥白尼　169,622,644～646,655～658,689,697,720～723,728,735,745,746,750,751,759,760,75
格拉马提西　712～714
格雷果里　672,673
格里高里十三世　511
格里尼　718
格林伯格　650
葛衡　218,247,248,424
葛洪　231,243～245,259,275,580
葛荣　298,299
葛式　763
葛宜　736
耿寿昌　142～144,181,203,247
耿恂　296,311,312
公孙臣　110,123
公孙崇　285,286,288
公孙卿　119,123
巩珍　582
共工氏　115
古白耳　648
顾琮　709
顾栋高　740
顾观光　89,579,580,738,739
顾锡畴　591,593,594,598,599
顾炎武　677
关朗　619
关子阳　190,250,252,280
郭沫若　30
郭荣　525
郭盛炽　129,297,298
郭守敬　18,203,347,430,464,470,490,495～497,511,512,522,525～527,529,531,534～541,543,545,550,556,558,560,588,612,613,620,621,645,654,678,679,688,689,693,694,727,728,734～736
郭威　431
郭献之　356,399,400,401,407
郭象　72
郭翟　314
郭正中　632

H

哈丁　746
哈金斯　752,754
哈雷　666,746,752,754
哈特纳　520～522
海达儿　562,563,577
海灵顿　755,756
韩保全　395
韩承规　441
韩承矩　441
韩公廉　430,477～482
韩说　208,209
韩侂胄　512
韩显符　333,440～442,454,468
韩详　498
韩翊　217,219～221,224,254,306
韩颖　400
汉高祖　66,109,110,112,156
汉灵帝　207～210
汉明帝　177,183,184
汉文帝　110,111
汉武帝　103,119,123,143,205
汉章帝　177,180,181
郝昇　526

合信 745,747
何承天 218,224,261～269,271,272,274,275,278,282,283,287,294,308,317,347,355,360,401,465,535,737
何稠 312
何国宗 622,666,709,714,720
何妥 310
何休 615
何湛 454
和贵兴 287
和珅 676
和叔 8,10,697
和仲 8～10,697
鶡冠子 2
贺琛 274
赫茨普龙 766
赫士 757
赫维留 706
赫歇尔(J) 751,754
赫歇尔(W) 746,754,758
洪仁玕 761
洪若翰 664,665,667,724
侯景 283
侯先春 557
侯永和 478
忽必烈 430,513,518,520,522,524～526,536
胡充华 286
胡亶 658～660
胡宏 504
胡荣 286
胡世荣 311
胡铁珠 13
胡维佳 151,152
壶遂 119,123
斛兰 249,441
华同旭 446
华湘 557
怀特 129
桓谭 103,165,166,190,243,244,272
桓执圭 359
皇甫继和 454
皇甫继明 498,501
皇甫仲和 560
皇居卿 356,438,485,486,490,512
黄百家 657,658,695,696,697
黄必寿 545,549～551,553,561,680
黄道芳 13
黄道周 640,641,700
黄鼎 469
黄广 202
黄宏宪 641,653
黄缭 76
黄履 672
黄履庄 672
黄梦得 500
黄润玉 508
黄裳 514～516
黄盛璋 31
黄孙奎 591
黄天树 20
黄宪 192,193,198
黄镇成 545,552,553
黄钟骏 736
黄宗羲 658,695,696,731,740
惠更斯 715
惠施 75,76
惠远 448
霍融 183～185,211,279

J

吉坦然 675
计宗道 590
纪理安 707,708
季景 287
季孙 54
贾步纬 758
贾复 500
贾公彦 133,137
贾俊 491,495
贾逵 150,179～181,183,192,194,273,279
贾良栋 641
贾良琦 641
贾琦甫 588,589
间重富 716
江德明 436
江革 281,282

江淹　256
姜岌　231,245～247,252,253,262,267,269,282,283,309,347,360,464,465,536
蒋丙然　764
蒋友仁　622,720～722,735
绛巴桑热　600
焦循　733,737
揭暄　691,695,698～700
金淡　579
金兑瑞　717
金刚智　367,397
金俱吒　394,397,398
金克隆　435
金秋鹏　586
金在铉　717
金章宗　496,497
金正浩　717
晋侯焯公　80
京房　47,152～155,190,313,360,378
荆大声　500
井毕　181
景冰　33
景防　177
敬徽　742
俱摩罗　394

K

卡林顿　752
卡塞格林　673
卡西尼(G)　718,724
卡西尼(J)　622,664～666,709～711,714,715,718,720,721,724,725,739,746
开普勒　622,645～647,650,666,671～673,686,690,709～711,713,717,718,721,723,724,750,752,759
阚泽　218,221,266
康德　503,727,758,765,766
康熙帝　591,660～668,686,693,706～709
康有为　623,765～767,770
柯尔伯　664
柯雅各　758
克拉维乌斯　627,637
空海　398
孔安国　10,18,87
孔丘　11,16,42,43,47,54,72,73,178,185,232,284,591,721
孔挺　248,249,353,373
孔颖达　4,10,73,168,170,346
孔贞时　625
孔子祛　274
阔识牙儿　563,566

L

拉姆赛　766
拉普拉斯　503,726～728,758,759,765,766
腊羲尔　664,666,724～726
辣喀尔　720
莱布尼兹　724
兰斯玻治　655,656
郎世宁　720
郎翁英　701
朗伯　769
劳积勋　763
乐頀　557
勒柯克　395
勒莫尼　720
冷守中　631
黎　7,8
黎曼　767
李播　338,339,343,351
李翀　563,567
李崇　180
李纯之　568,579
李淳风　45,47,138,142,192,225,230,249,253,254,280,299,307,317,329,339,342,343,346,347,350～356,360,364,365,367,372～374,377,378,379,400,407,441,465,467,468,480,539,586,727,734,755
李德卿　513,514,737
李恩　220
李耳(老子)　73,74,461
李梵　66,67,177～185,204,209,214,379
李凤　151
李遘　464
李古愚　689
李光地　661～663,666,686

李泓 205
李潢 738
李季 456
李继宗 500,501
李鉴澄 129
李京 608
李恺 582
李兰 295～298,443
李林甫 371
李麟 359
李弥乾 398
李谧 286
李谦 540
李强 296,297
李锐 477,487,720～723,731～733,739,750,755,759
李善兰 736,745,749～751,755,760
李尚 112
李台 339
李天经 631,632,635,636,643,649,670,695,735
李维桢 617
李文琮 312
李献臣 404
李孝节 512
李谐 287,289
李诩 585,587
李学勤 30
李冶 545,553
李业兴 286～289,291,292,294,303,304,347,378
李遇春 641
李元昊 492
李元阳 608
李约瑟 129,295～297,390,391,469,520～522,670,725
李照 445
李正 491
李之藻 617,622,629,630,633,636～638,693,735
李钟伦 662
李子述 287
李自正 454
李祖白 627,641,660
里乔利(利酌理) 665,710,725,726
里歇(利实尔) 667,710
里雅各 759
利白明 715
利类思 661
利玛窦 559,623～625,632,633,636～638,643,674,689,697,723,724,735
利维斯 730
梁丰 202,205,206
梁令瓒 307,367,370～372,374～376,439,441,467,473,478,482
梁师成 480
梁述 351
梁武帝 218,274～279,281,283,289,294,295,360
列御寇 242,243
林济各 674
林乐知 758
林永叔 500
林辕 545,548,549
伶州鸠 5
刘安 112,114,116,117,123,140,155,173
刘攽 464
刘秉忠 491,524,525
刘长 112
刘焯 203,217,231,301,302,307～309,312,313,315～326,328～332,334,337,347,352,356,360,365,379,381,383,384,407,465,488,496,535,541,734,755
刘朝阳 9,21～23,30
刘大中 500
刘道用 496
刘德耀 762
刘芳 285
刘复 129
刘鹘 131
刘固 207
刘洪 88,91,103,154,185,203,207～223,234,254,266,271,273,299～301,305,353,354,378,379,465,501,734
刘晖 308～310,312～314,316,317
刘徽 266
刘基 588
刘巨渊 526
刘南威 586,587
刘内真 432

刘启益　31
刘松龄　714
刘坦　63
刘文道　276
刘文学　689
刘羲叟　347,413,463～465,732,739
刘仙洲　559
刘献庭　695
刘向　69～71,91,103,134,144,152,154～157,175,182,184,190,272,360,615
刘孝荣　356,497～502,509,512,514
刘孝孙　302～304,307～310,312,313,316,317,329,337,344,347
刘歆　32,62,63,65,86,93,103,124,126,152,155～160,162～164,173,175～178,205,213,251,253,266,269,390,461,615,735,738
刘信　568,578,579
刘宜　308,313,314,331
刘应　664
刘应昌　706
刘有庆　641
刘雨　31
刘蕴德　641,701,706
刘昭　195
刘政　194
刘知远　431
刘智　231,238～241,245,360
刘仲景　478
龙华民　623,630,641,643,697
卢道虔　286
卢道约　287
卢瓦　665
卢维勒　725,726
卢维宁　635
卢元明　289
卢肇　407,411,412,426,450,451,453
陆伯嘉　674
陆昌蓑　641
陆倕　279
陆绩　231,232,234,235,241,244,247,275,279,360
陆若汉　717
陆深　562
陆秀夫　514
路易十四　663,667,707,708,724
路允迪　453
吕不韦　79,92,401
吕才　307,347～349
吕大临　130,131
吕子方　201
伦珠嘉措　600
罗明坚　674
罗士琳　733,736,737
罗树元　13
罗相　512
罗雅谷　624,635,641,643,653,658,697,705
罗愿　69
罗振玉　23
洛基尔　758,766
骆禄　221
骆三畏　755,756
落下闳　70,119,120,124,126,142～144,727

M

麻光　127
麻田刚立　716
马伯乐　96,129
马德赉　763
马德鲁丁　563,567
马端临　296,342,469,729,730
马国翰　168
马哈麻　563,564,689
马哈沙　563
马怀德　585,588
马坚　523
马杰　464
马拉尔迪　724
马礼逊　730
马融　32
马沙亦黑　563,567,568,570,571,577～579,689
马世长　390,391
马轼　556
马显　305,306,308
马依泽　431
马重绩　418,419,432,491
马子严　453

玛尔象 721
玛高温 749
玛吉士 745,748
麦充言 468
麦嘉缔(培端) 748,749
麦卡托 391
毛鹏翼 526
茅元仪 582
梅静复 591
梅瑴成 622,662,663,666,688,691,692,696～698,709
梅特勒 752,754
梅文鼎 518,567,568,579,580,622,658,661～663,666,669,677,686,686～696,731,760
梅文鼐 688,689
梅西叶 754
梅余万 673
美耶曼尼 764
孟康 32,164
孟轲 185
孟履吉 653
孟喜 154,378
米尔曼 129
密罗士 756
苗景 478,479
苗守信 432
苗为 339
闵明我 724
明安图 666,709,714,736
明克让 304,305,310
摩尔顿 766
摩嘉立 758
莫子偲 739
墨爵(梅蒂乌斯) 673
墨翟 75,105
穆尼阁 653～655,657,658,689,691,722

N

纳皮尔 654,759
南秉哲 717
南宫季友 364
南宫说 330,356,359,360,364～368,377,379,403,423
南宫子明 346
南怀仁 622,658,660,661,664,669,673,691,700,701,705～707,715,724,735
能恩斯 763
能田忠亮 12,149
倪徽仁 276
倪荣桂 566
倪正 686
牛顿(奈端) 622,709～713,720,721,746,750,759,765
牛弘 312
纽康 356,401

O

欧几里得 523,524,627
欧阳发 485
欧阳修 339,342,343,413,463

P

帕森斯 754
潘柽章 677
潘格雷 728,729
潘国祥 641
潘耒 677
潘鼐 144～149,151,152,343,469,516,518,527,528,530,531,576,577
庞迪我 617,630,697
庞嘉宾 668
庞灵扶 285
庞朴 7
裴伯寿 498～450,502
裴献伯 287
皮斯亚 728
皮亚齐 746
皮延宗 262
普寂 367

Q

讫干敬礼 304
前山保胜 150～152
钱宝琮 68,87,93,140,142,150～152,202
钱大昕 342,720～722,731～733,737,738,739,755,759

钱侗　732
钱宽　426,427
钱乐之　248,262,274,311
钱明德　730
钱明逸　468
钱璆　426
钱塘　70
钱元瓘　427,428,429
钱之明　671
乾隆帝　715,718,720
桥本增吉　8
谯周　47
秦桧　497
秦王政(秦始皇)　79,86,92,103,104
丘峦　496
丘处机　561,611
邱光庭　412,418,424～426,450,452～454,506
裘锡圭　23,28
曲安京　179,386,387
屈大钧　454
屈原　78,79,115,155
璩公　398
瞿昙谍　357,359,364,367
瞿昙罗　357,358,364
瞿昙谦　357,359,360
瞿昙悉达　144,192,225,230,357～359,361,362,364,367,377,379,394,586
瞿昙宴　357,360
瞿昙逸　357
全祖望　696

R

冉求　72,736
让迥多吉　600
饶宗颐　105
任承亮　454
任昉　238,239
任佥　202
任悦　314
荣毅仁　591
儒莲　730
阮亨　733
阮孝绪　93
阮兴祖　498
阮有慎　717
阮元　485,622,673,686,720～722,731～733,739,741,750,759,760
芮伊　675

S

萨克罗勃斯可　624
萨守真　145,151
赛米都　675
沙如玉　674
沙伊纳　671
单安国　126
单居离　73,78
单时　499
善无畏　370
商高　721
上田穰　145～151
少昊氏(少皞氏)　4,7
邵鄂　497
邵雍　449,452～454,459～461,504,506～508,510,546,547,549
申须　42
神农氏(炎帝)　5,7
沈福宗　664
沈括　374,430,441,449,453,471～478,485,543,619,737
沈绮　736
沈元应　432
沈约　175
沈周　471
尸佼　75,76
施闰章　695
施瓦贝　752
施延　205
施彦士　740,741
石道　464
石申夫(石申,石氏)　44,61～64,69～72,92～98,101,120,121,125,140,144,148～152,163,176,207,225,228～231,248,311,338～341,361,391,455,485,589,597
石万　501
史伯璿　453,454,545,551～553
史端　432

史墨 63
史序 432～435,437,486,490,510,535
史赵 63
矢野道雄 361,563
士文伯 42,45,80
释迦牟尼 600,602
舒易简 463,464,467～469
束世徵 21
束皙 250,252,281
水邱氏 427
税安礼 591
司马彪 92,93,185
司马光 463
司马迁 2,7,44,46,47,66,80,85,87,92,93,103,119～124,267,360
司马谈 80,120,267
斯宾塞尔 767
斯多尼 752
斯坦因 390
斯特鲁维 750,754
宋发 641
宋高宗 497,498
宋景业 303
宋均 238
宋君荣 8,713,725～730
宋濂 522,523,545,552～554,558,559
宋祁 445
宋仁宗 435,436,445,454～456,463,468
宋太宗 432,433,439,440
宋孝宗 496,499～501
宋行古 357,433,435,466,486,490,545
宋鈃 77,78
宋玉 137
宋允恭 500
薮内清 23,31,145～148,150～152,321,361,399,576,577,579
苏非 112
苏轼 448
苏颂 430,477～485,516,590,595,707
苏统 179,182,183,185,209,214,379
孙绰 279
孙逢吉 443,449
孙海波 21
孙搴 287
孙钦 220,221
孙僧化 311
孙思恭 463～465
孙小淳 145～148,151,152
孙有本 641,701,706
孙云球 670～672
孙中山 623,765,769,770
孙子良 311

T

郯子 4,5,85
谭嗣同 765,768～770
谭学元 672
谭玉 513,514,737
汤斌 695～697
汤金铸 129
汤若望 624,627,628,632,635,641,643,649,653,657,658,660,661,670,671,682,700,705,707,717,722,724,735
唐都 124,143
唐高祖 344～347
唐昧 44,45,120
唐顺之 579,580,695
唐太宗 346,351,372,390
唐玄宗 361,367,371,375,376
唐尧帝(尧) 7,8,206
陶弘景 248,274
田国柱 763
田兰芳 696
童轩 556
图哈齐 701
土桥八千太 145,149,150,763
托勒玫 183,520,524,566,570,576,624,643～645,648,658,689,697,721,727
脱脱 498

W

瓦德西 708
万斯大 677
万斯同 695,696
万贞一 696
汪达洪 674

汪曰桢　485,491,718,738～740
王安礼　469
王安石　448,472
王白　491
王弼　73
王炳　464
王充　43,107,108,138,185～191,201,240,243,250,407,409,453,454
王处讷　419,431,432,490,510
王春　287
王椿　526
王德昌　469
王栋　464
王蕃　218,221,231～235,238,241,247,248,266,275,279,280,329,353,355,360
王符　200
王黼和　480
王国维　31
王汉　209,210,216
王鸿绪　696,697
王锦光　670
王肯堂　579
王頍　313
王兰生　662,663,666,668
王立　446,454
王立兴　448
王良　525
王莽　157
王朴　418,420～423,431,437,438,466,619
王普　468,469
王圻　130,344,591,594
王荣彬　179
王劭　313,316
王胜利　32
王世积　312
王素　526
王韬　53,54,755
王廷相　561,562
王文禄　257
王文禄　562
王希明(丹元子)　225,230,340,342～344
王锡阐　622,669,677～682,684～686,690,691,695,731,760
王孝礼　498,502,509,512
王孝通　345,346,347,378
王恂　525,526,534,541～543,545
王延业　286
王沇之　478
王祎　546
王贞仪　736
王逸　78
王应电　561
王应遴　641
王应麟　296,342,404,485,737
王应熊　625
王英明　637～639
王元应　432
王曰俞　557
王真儒　351
王振铎　480,481
王镇贤　756
王徵　674～676
王之锐　662
王致远　514,515
王佐　454
威廉二世　708
韦安石　367
韦廉臣　749
卫承　180,184
卫方济　729,730
卫洪显　286
卫匡国　724
卫朴　476,477,485,490,498,737
伟烈亚力　745,749～751,759
魏邦纶　641
魏国征　635
魏荔彤　688
魏廷珍　662,663
魏文魁　631,632,653
魏源　748
文康裔　671
沃尔夫　752
乌鲁伯格　728
邬明著　635,641,651,653
巫咸　120,121,225,228～231,248,338～341,361,391,455,485,589,597

无行 370
吴伯宗 563,567,568
吴澄 507～509,545
吴广成 492
吴回 7
吴景鸾 494
吴其昌 21,23
吴任臣 695
吴时举 500
吴守贤 18
吴悌 590,593,595
吴月汉 428,429
吴泽 499,500,502,512
吴昭素 432,490,510,535
吴自牧 581
伍被 112
伍子胥 191
武三思 367
悟真 367

X

西尔图里 627
郗萌 192,193,198,561,562
息公潘 593
熙璋 756
羲叔 8,10,697
羲仲 8,9,10,697
席澄源 674
席文 686
席泽宗 101
夏鼐 68,394,491,494
夏竦 296
鲜于妄人 127,142～144,152,181
鲜于修礼 299
相土 8
祥泰 742
向达 391
项名达 736
萧长懋 274
萧道成 274
萧统 192
萧绎 305
萧子显 237,330
萧综 281
小德经 730
辛宝贵 285
新城新藏 8,31,64,68,92,148～150
新垣平 110,123
信都芳 281,287,288,294,295,301,303
邢云路 485,555,557,616～621,630,647,688
熊明遇 638,639,700
熊三拔 617,623,630,633,637,697,721
熊锡履 661
徐昂 307,387,400,404～407,412,416,431,433,435,465,535
徐保 364
徐朝俊 676
徐承嗣 356,401
徐达 559
徐发 47,63,469,740,741,761
徐干 124
徐光启 558,617,622,625,630～637,641,643,649～653,670,674,676,695,696,709,735
徐广 93,261
徐皓 419
徐瑚详 706
徐坚 295,296
徐建寅 751,755
徐兢 449,453,581
徐懋德 709,712,713,717,718
徐乾学 695
徐日昇 658
徐善 695
徐淞 676
徐信芳
徐翊英 676
徐莹 432
徐用锡 662
徐岳 212,217～221
徐整 231,238,239
许惇 556
许衡 525,526,535,688
许将 479
许谦 545,549～551,561
许慎 32
许淑 177

许嵩　276
许信芳　608
许有壬　736
许芝　220
轩辕氏(黄帝)　5,7,272
玄奘　260
薛承恩　758
薛凤祚　565,622,653～655,657,677,686,691
薛季宣　298
薛尚功　130,131
薛颐　346
荀况　73,81

Y

亚里士多德　186,624,629,630,643,685
严敦杰　89,298,370,377,384,585～587
严复　765,767,768,770
严嘉乐　668,674
严粲　262
严可均　165
阎信芳　742
颜师古　32,349
燕肃　430,445～447,449,453,454,468,469,497,525,559
扬雄　32,103,142～144,152,165～167,194,231,232,240,244
阳玛诺　623,625,626,630,638,670,691
杨秉义　665,666
杨岑　177
杨得言　464
杨恭懿　526
杨光先　622,660,661,663,698
杨广　312,315～317
杨皞　436
杨辉　736
杨级　491,495,496,737
杨甲　347,445,469
杨坚　307～315
杨景风　401
杨燝南　661
杨炯　339
杨敏　582
杨泉　231,238,239
杨慎　561,562,608
杨素　310,312～314
杨惟德　441,446,454～457,470
杨维桢　545,553,554
杨伟　220～224,253,262,266,269,272,284,289,305,322,347
杨文言　666,668,695
杨文意　690
杨秀　312
杨勇　315
杨垣　532,694
杨之华　641,653
杨忠辅　430,498,501,509～512,514,535,536,612,689,693,734
杨子器　589,593
杨自新　674
姚崇　181
姚舜辅　430,485～490,495,496,498,511,512,514,535,536,543,620,737
姚文田　740,741
姚信　231,235～237,241
姚子兴　566
耶连提耶舍　394
耶律楚材　518～520,523,689
耶律履　496,518,737
一行(张遂)　18,88,92,116,182,203,254,292,299～302,307,328,330,331,333,345,359,362,365～372,374～385,387～390,397,400,401,406,407,413,420,423,431,433,437,439,441,442,463～465,469,473,476,478,482,516,535,536,541,615,619,679,735,740
伊本—尤努斯　728
伊世同　145～148,517,530,532,533,561,589
伊世珍　545,547,548,552,554
依巴谷　251,265,300,379,658
弈䜣　755
殷铠　706
尹皋　44,45,120
尹涣　498,513
尹文　77,78
胤祉　665～668
雍正帝　697,709
永锡　742

游艺 640,695,698,700
于太古 478
于汤臣 478
于渊 436,463,467～469
余靖 449,451～453
俞琰 507,545
俞正己 556,557
虞劇 277,282,283
虞昺 231,237
虞察 241
虞翻 237,241
虞汜 231,237
虞恭 178,205,206
虞履 276
虞耸 231,237,238,241
虞潭(虞谭)241
虞喜 218,231,241,242,251,265,268,328,379,562
虞裕 454
虞忠 241
宇文恺 296,312
庾季才 304,305,310,311,315,339
庾俭 344
庾质 311
阏伯 3,7,8,25
元澄 286
元晖 286
元继 286
元略 282
元善见 287
元统 556～568,579
元象宗 432
元延明 281,282,294
元怿 286
袁充 313,315～317,338
袁黄 579,580,695
袁枚 736
袁惟几 478
袁正功 497
袁子谦 591,594
允禄 709
允祥 709

Z

臧僖伯 80
臧元震 513
曾参 73,721
曾公亮 494
曾侯乙 68
曾渐 512
曾宪通 105
札马鲁丁 520,522～524,528,529,580,689
詹希元 558～561,694
展隆 192
张宾 307～310,312～314,317,347
张伯沦 766
张家臣 641,653
张苍 109,110
张诚 664
张大楖 515
张登科 706
张端 478
张国维 670
张衡 32,47,103,194,195,197～205,209,232,234,235,238,240,241,243,244,247,248,262,265,266,279,294,317,329,330,338,339,345,349,355,360,424,425,478,482,546,551,552,562
张洪 285,286,288
张华 339
张君房 449～451
张奎 435,436
张良 47
张龙 311
张龙祥 285,286,288,291,292,304,347
张履祥 677
张孟宾 302～304
张明豫 285,288
张穆 673
张培瑜 54,58,88,89,91,761
张洽 367
张汝璧 593
张僧豫 286
张昇 557
张盛(张隆) 177,178,183

张世卿　491
张寿王　126,127,143
张说　376,377
张硕忱　675
张思训　430,438～440,442,478,480,482
张嗣古　498
张太素　370
张廷玉　695～697
张文皓　419
张文谦　525,526
张燮　454
张行简　496,497
张恂　208
张易　526
张应侯　616,617
张佑　562
张渊　292,293,311,338,339
张载　449,452～454,459,461～463,503～506,508
张政烺　27
张仲宣　478
张胄玄　306～308,310,312～317,331～334,337,344,345,347,381,383,465,569,734
张子信　218,298～304,306～308,318,322,328,329,380,465,734,735
章得象　446
章璜　562,591
掌承　641
赵䫄　218,224,254,255,262,264,267,269,283,285,287,305,347,734
赵㬇　312,313
赵抃　457
赵大猷　498
赵道严　304
赵德新　526
赵樊生　285
赵棻　739
赵汸　740
赵洪庆　311
赵扩　514
赵沂　740
赵仁锜　419
赵胜　285
赵延乂　419,469
赵友钦　545～547,551
赵知微　490,491,496,518,519,524,535,541,545
赵庄愚　9,12
真谛　259
甄鸾　305
郑阿里　563
郑昌棪　758
郑道昭　285
郑光复　672,673
郑和　555,582
郑君永　559
郑麟趾　579
郑樵　225,339～344
郑司农　37
郑玄　34,37,82,93,168～170,217,233,266
郑元伟　303,304,308
郑众　233
中山茂　401
重　7,8
周安世　464
周春　454
周琮　253,262,264,299,419,430,435,436,438,463～471,480,486,488～490,543
周敦颐　503
周坟　311,338
周公　138,232,284,721,727,728
周洪谟　556
周煌　454
周暻　129
周濂　557
周亮工　454
周庆余　742
周日严　478,479
周舍　581
周士萃　641
周士泰　641
周述学　560,561,579,580,695
周惟德　454
周文源　757
周希龄　625
周兴　202,205,209
周胤　641
周应祥　464

周执羔　499,500,502
周治平　733
周子愚　630,636,637
朱光灿　641
朱光大　641
朱光显　641
朱国寿　641,653
朱厚烷　610,611
朱骏声　15
朱史　279,360
朱世杰　736
朱廷枢　641
朱文鑫　42,359
朱熹　430,453,463,503～508,549,551,552,619,620,661～663,698
朱彝尊　677
朱异　274
朱彧　581
朱裕　557,560
朱元璋　551,555,556,558,559,561～563,567,568,577,610
朱载堉　555,557,610～617,695
朱中有　453
诸葛亮　47,339
诸葛颖　316
诸可宝　733,736
竺可桢　68
祝斌　500
祝懋元　653
颛顼帝　7,115,272,725
庄元臣　562
庄周　73～75,113
谆于陵渠　124
卓尔康　625,637
子产　3,45,63,80
子犯　62
子韦　44,45
梓慎　45,62,86
宗诚　207～210
宗绀　183,185,207,210
宗景　285
宗叡　400
宗䜣　178,205,206
宗整　208,209
邹伯奇　673,740,741,761
邹衍　75～77,86,104,155,156
邹准　512
祖冲之　91,211,218,262,266～274,277,278,282,283,285,287,289,299,305,306,308,378,465,471,488,491,495,511,513,534,615,621,727,728,734,735,738
祖孝孙　345,346
祖暅　277～282,287,294,304,305,311,329,360
祖莹　286
左庚　756

书 名 索 引

B

1230 年至 1640 年在中国观测的彗星表　730
八历冬至考　509
八线表　717
八线对数表　717
八元术　212
白虎通德论　32,34
白莲花王亲传　600
白琉璃　600
白琉璃日光论两书精义,推算要诀,众种法王心髓　600
抱扑子　243,424,580
北斗七星护摩法　367
北京城描述　729
北京经纬度论　729
本天历　514
比例规解　642
编年记　104
表度说　637,721
别对　313
别录　155,157
兵经　698
博物通书　749
博物新编(天文略论)　747,748
补笔谈　453,472
补修六家术　737
补修宋奉天术(奉元术注)　477,737
补修宋占天术(占天术注)　487,737
不得已　660
步天歌(丹元子步天歌)　225,230,307,338,340～344,428,456,589,591,594,595,597,638,730
步天歌(胡亶)　660
步五星式　689

C

藏历　601,604,607,608
操缦卮言　697
测地球大小几何法　670
测景捷法　692
测量法义　637
测量全义　636,642,645,648,649
测器考　694
测日小记序　677
测天约说　642,643
测星定时简法　692
长阿含经　257
长历(杜预)　740
长历(一行)　376,377
长兴集　472
尝仪　275,360
超然馆记　547
潮候论　454
潮说　449,451
潮汐考　454
潮汐说　453
潮颐　453
成天历　498,513,514
赤道南北两总星图(前)　651,652,653
赤道南北两总星图　591,650～652,707
赤道内外去极度　509
赤道提晷说　694
崇天历　358,431,433,435～438,446,463,464,466,467,472,476,477,486,488,490,492,513,545,615
崇玄历　307,412～419,431,463,486,488
崇祯历书　558,622,628,631～633,636,641,643～648,650,651,654,655,657,682～684,686,689～692,706～708,724,739
畴人传　485,673,722,732～736,759
畴人传三编　736
畴人传四编　736

初学记 134,204,295,296,298
楚辞(天问) 32,78
垂象志 311
春秋 37,40～43,47,48,50,53,54,58～60,87,91,117,122,158,180,267,272,309,370,378,464,465,476,618,738,740,741,761
春秋长历考正 760,761
春秋长历历编 740
春秋长历历存 740
春秋大事表 740
春秋繁露 117
春秋经传朔闰表 740
春秋经传朔闰表发覆 740
春秋经传朔闰考 740
春秋历杂考 760
春秋日食辨正 760,761
春秋日月历考 740,741
春秋朔闰表(顾栋高) 740
春秋朔闰表(王韬) 760,761
春秋朔闰日至考 760,761
春秋纬 46,171,172～174,178,205,206,233,344,360
春秋以来冬至考 689
春秋正朔考辨 695
春秋属辞 740
淳熙历 356,498,501,502,509,514
淳祐历 513,514,737,737

D

答嘉兴高念祖先生 689
答李祠部问历 689
答刘文学问天象 689
答难除锈 600
答人问性理 507
大测 642,645
大乘大方等日藏经 394,395
大戴礼记 10,73
大火历 7
大明历 218,262,263,266～271,274,278,287,305,306,308,495,513,735
大明清类天文分野 591
大南实录 717
大毗卢遮那成佛神变加持经 370
大品 247
大菩萨藏经 260
大事记 92
大宋宝祐四年丙辰会天万年具注历 738
大宋天宫宝藏 449
大同历 283
大统历 555～557,578,579,599,611～616,618,620,621,631～633,653,678,688,696,697,717,731
大统历法启蒙 677
大统历立成 677
大统历立成注 688
大象历(丙寅元历) 306,308
大学衍义补 611
大言赋 137
大衍历 116,179,182,292,307,318,331,332,345,359,362,365,373,376～390,399～401,404,406,407,413,415,420,431,433,437,464,614～616,619,735,740
大衍历议(历议) 72,89,126,362,376,377,381,396,535
大业历 307,317,318,331～337,344,345,354,356,381,465,569,683,734
代数学 749
代微积拾级 749
丹珠尔 600
道藏 548
道德经(老子) 74
道书 698
地球天文合论 748
地球图说 622,720～723,731,737
地形志 311
帝京景物略 627
帝星勾陈经纬考异 691
典引 192
调元历 419,491
定天论 360
东汉四分历 66,67,103,120,126,177～181,183,185,204～207,210～213,217～219,221,253,262,267,271,303,324,436,731,735
东西洋考 454
都利聿斯经(聿斯经) 398,435,689
读书丛说 549

对数阐微表 717
敦煌写本甘、石、巫三家星经 229

E

尔雅 2,18,61,62,65,72
尔雅翼 69
二铭补注 694
二十八宿次位经 151,152
二十史朔闰表 740
二十四史月日考(历代长术) 739
二至晷景考 611,614,615
二至晷影考 540

F

法象志 352,372,377
法言 32,165
法苑珠林 190
凡尔赛和约 708
蕃汉合时掌中珠 494
梵天火罗九曜 367
方根表 642
方言 165
分天度里——图注各省直及蒙古各地南北东西之差 691
风角书 154
封氏闻见录 408
奉元历 476,477,485,486,490,498,737,738
佛国记 580
浮漏议 472～474
符天历 307,400～404,414,419
符天历经日躔差立成 402,403
福建渔民航海针路簿 582
富强斋丛书 758

G

改用阳历纪元令 769
盖天通宪图说 670
甘石星经 95,149
高弧表 643
高丽史 386
割圆八线表 642,643
革象新书(重刊革象新书) 545,546,551
格术补 673
格物论 670
格致草 638～640
格致启蒙 758
格致新学提纲 760
根本经 600
根据中国记录编纂的公元前 7 世纪至 17 世纪中叶这二千四百年来在中国观测的流星、星陨总表 730
庚午历(庚午元历) 519,689,695
庚午元历考 689
公羊传 4,37,43
勾股义 637
古今交食考(崇祯历书) 643
古今交食考(郭守敬) 540
古今交食考(汤若望) 724
古今交食考(朱载堉) 611,614,615
古今历法通考 688
古今历书 376,377,378
古今律历考 485,617,618,688
古今图书集成 675
古今推步诸术考 739
古历列星距度考 689
古四分历(古六历) 88,90～92,109,157,213,272,273,289,360,361,738～741,761
谷梁传 37
谷神篇 548
关于托勒玫和哥白尼两大世界体系的对话 169
观佛三昧经 256
观天历 356,438,485,486,488,490,512
观象赋 292,293,311,338,339
观象历 404
观象玩占 588,593
官历刻漏图 468,469
管窥外篇 551
管子 77,78,80,81
灌顶总说 600
光宅历 357
广东新语 454
癸卯元历 712,718,756,761
晷景考 509
郭太史历草补注 688
国记 285
国史志 469

国语 5,21,25,45,62～64,65,67

H

哈略特 699
海潮赋 411
海潮论(邱光庭) 424,425
海潮论(燕肃) 449～451
海潮说 454
海潮图 450
海潮图序 451,452
海岛算经 435
海国图志 748
海涛志 408～412,449
海沂子 257
汉官 111
汉官仪 111
汉乾象术 737
汉三统术 737
汉书 45,47,61,66,72,89～94,110,116,120,124,125,133,143,148,157,176,201,202,236,242,342,360,377,390,731,732
汉四分术 737
航海通书 756,758
昊书 698
昊天成象图 591
昊天成象之图 590
昊天垂象图 591
合元万分历 404
河间张平子碑 194
河图纬 158,171,173,175,176,360,425
鹖冠子 2
恒星表 758
恒星出没表 643
恒星纪要 691
恒星历表(恒星经纬表) 642,650
恒星历指 642,646,650,651
恒星图像 642,651
恒星总图 642,651
横云山人明史稿 696,697
洪范传(洪范五行传) 69,70,91,134,144,154～156,182,253,284,360,615
后汉书 133,192,194,211
后魏书 370
华严经 259
华洋和合通书(中西通书) 749
怀特氏等收藏甲骨文集(《怀特》) 24
淮南子(鸿烈或淮南鸿烈) 4,45,46,63,65,66,69,70,79,82～85,91,106,108,109,112～117,140,155,163,199,374,580
寰有诠 629,630,637,699
豢龙子 561
皇朝大统万年二历通议 579
皇朝礼器图式 672,673,718,720
皇极经世 452,460
皇极历 217,301,307,316～326,328,329,331～337,352,355,356,360,379,381,384,407,535,616,734,755
皇清经解 732
皇祐岳台晷景法(岳台晷景新书) 469～471
黄赤道距度表 642
黄赤距纬图辩 691
黄赤全仪说 649
黄初历 217,219～221,224,254,306
黄道北恒星图 717
黄道南北两总星图 651,652
黄道南恒星图 717
黄道升度表 642
黄道十二分星图 651
黄道总星图 715,717
黄帝调历 126,127,143
黄帝历 87～91,109,206,370,738
黄帝书 244
黄帝掌握占 457
黄平象限表 642
黄钟历 611～614,616
黄钟历议 611,612
黄竹农家耳逆草 658
回回历补注 690
回回历法 555,557,563,567～572,574,575,578～580,602,604,606,608,624,631,632,643,653,689,690,693,695,697,737,739
回回历解 580,738,739
回回术元考 737
会稽典录 241
会天历 513,514,737,738
会通历 653～655

会元历 498,502,509,513,514
彗星论 729
浑盖通宪图说 637,638,693
浑盖通宪图说订补 693
浑天论(陈卓) 234,235
浑天论(姜岌) 245,360
浑天论(祖暅) 280,281,360
浑天论答难 245,360
浑天图 231,232
浑天象说 232,234,238,355,360
浑天仪说 232,360
浑天仪图说 670
浑天仪注 195～198,202,204,355,360
浑仪议 472,473
浑仪总要 468
火木土二百恒年表并周岁时刻表 642
火纬本法图说 690

J

机械学重建的天文学 705
机械制造法(造香漏并诸般机巧) 524
缉古算经 435
稽极 329
几何学 524
几何原本 523,633,637,749
己亥元历 286
己未庚申二年细行 509
纪元历 374,430,485,487～490,495～500,511～514,535,615
加拿大皇家安大略博物馆藏明义士旧藏甲骨文字(《明》) 24
甲骨文合集 22,24
甲戌乙亥日躔细行 643
甲寅元历 303
甲子纪元表 739
甲子元辰历 360
甲子元历(刘孝孙) 309
甲子元历(张洪) 286
甲子元历(张龙祥) 286,288
甲子元时宪历 667,712
简平仪说 633,637
简仪铭 694
见界总星图 651
建康实录 276
江南通志分野拟稿 689
将来十年气朔 509
交食表 642
交食管见 669,690
交食简表法 642
交食历表 642
交食历指 642,645,646
交食蒙求 643
交食蒙求订补 690
交食蒙求附说 692
交食诸法用表 642
交食作图法订误 690
戒庵老人漫笔 585
金大明历 491,495,496,737,738
金楼子 254
金石索 130,131
金史 492,497,519
金璋所藏甲骨卜辞(《金璋》) 24
进历书奏疏 611,612
晋起居注 349
晋书 137,138,142,165,192,203,204,224,225,230,231,234,241,243,254,342,343,351,516,732
晋阳秋 241
禁漏街鼓更点辰刻 509
禁漏五更攒点昏晓中星 509
京氏易传 153
京氏占 153
经传注疏辨正 740
经籍籑诂 732
经纬历 357,358
荆川稗编 553
景表议 472,474
景初历 221～224,253,254,261～263,266,269,284,285,289,305,322,347
景龙历(神龙历) 360,364,365,379,403
景明历 285
景祐遁甲符应经 456
景祐三式太乙福应集要 456
净名 274
敬斋古今黈 553
镜镜诊痴 672,673

镜史 671
九宫行棋历 288,289
九章勾股测验浑天书 478
九章算术 329,435,478,749
九执历 307,357,359,361～364,367,377,379,380,394,580,602,643,689,739
九执历解 738,739
旧唐书 357,364,369,372,374,376,377,383
居家必用事类全集 447
剧秦美新 167
郡斋读书志 404

K

开皇历 307～310,312,313,315,347
开禧历 498,511～514
开元占经 45,46,61,69,70,89～91,93～96,144,151,153,192,225,228～231,239,245,255,275,357,358～361,363,364,455,586,737,738,739
康熙皇帝 667
康熙永年表 669
康熙永年历法 670
考古春秋日食 499
考古今交食细草 509
考古图 130,131
考最高行及岁余 691
库方二氏藏甲骨卜辞(《库方》) 24
揆日纪要 692
揆日解订讹 642
揆日浅说 694
揆天察地 668
坤舆全图 720,721
坤舆万国全图 636,638
困学纪闻 404

L

浪语集 298
瑯环记 547,561
乐律全书 617
乐书 294
乐学新说 611
离骚 506
礼记 11,17,37,73,79,82,83,85,290,371,390,618
李氏算学遗书 737
历表 677
历草通轨 695
历策 677
历代长术辑要 485,740
历代地理指掌图 591
历代天文律历等志汇编 732
历代钟鼎彝器款识法帖 130
历法甘露 361
历法问答 689
历法新书 580
历律算法策 666
历书总目 641,643
历说 677
历算记 567
历体略 637～639
历象考成(钦若历书) 622,663,666～670,684,708～712,714,716～718
历象考成后编 622,666,708～714,716,717,718,739
历象图说旧本 690
历象志 351,353,354
历学会通 622,653～660,667,686,691
历学会通订注 691
历学骈枝 686,688
历学问答 666,667,669
历学新说 611
历学疑问 662,663,686,692,693,696
历学疑问补 688,693
历议(陈得一) 499
历议拟稿 540
历志赘言 695,696
立成(陈得一) 499
立成(郭守敬) 540
立成(刘孝荣) 502
立成法 376,377
立世阿毗昙经 259
莲花漏法 447
良方 472
梁漏刻经 134
两理略 675
辽大明历 491
辽史 491,732

辽宋金元四史朔闰考 731,732,737
列女传 154
列子 241～243
临安午中晷景常数 509
麟德历 307,334～336,350,352～358,364,367,370,377～379,381,399～401,407,616,734,755
麟德历解 755
灵漏象天说 670
灵台秘苑 310,469
灵台仪象志 622,669,673,691,700,706,707,714,715,717,742
灵宪 32,195～202,204,232,294,355,360
灵宪历 294
刘氏辑历(长术) 463,732
琉球图志略 454
六经图 347,445,469
六历通考 738
六壬神定经 456
楼炭经 256,259
漏壶考 694
漏经(祖暅) 279
漏刻铭(孙绰) 279
漏刻铭(祖暅) 282
鲁历 87～91,109,157,206,272,370,738,741
陆海针经(里差捷法或地度弧角) 692
吕氏春秋 17,44,65,69,73,79,82,83,85,92,140,290,291
旅行记 675
律历融通 611,616
律历渊源 662,663,666,667
律吕精义 611
律吕正义 717
律学新说 611
略例奏章(略例) 376,377,381
论衡 106,108,138,185,189～191,201
论浑天 329,360
论浑天象体 265,266,360
论火星的运动 647
论天(刘智)239,360
论天(亚里士多德) 629
论语 618
罗计二隐曜立成历 403
雒书纬 158,173,175,200,233,234

M

麻他巴历 519
马王堆帛书天文气象杂占 98,,102
马王堆帛书五星占 98,99,101,586
眉州远景楼记 448
梅葛 610
梅氏丛书辑要 688,698
梅勿庵历算全书 688
孟氏章句 378
梦粱录 581
梦溪笔谈 472,737
秘书监志 523,524
明时正度 669
明史 567～569,580,596,635,662,695～698,730
明史历志拟稿 696
明天历 430,436,438,463～467,471,486,488～490,543
明天历立成 464
明天历义略 464
明玄历 419,431
墨子(墨经) 75,105
木土加减表 642

N

南北高弧表 642
南郡守腾文书 92
南史 278
难尔计湿缚罗天支轮经 494
拟璇玑玉衡赋 694
廿史考异 731,732
涅盘 274
宁国府志分野稿 689
农政全书 633

P

平安通书 748
平立定三差详说 689
萍州可谈 581
婆罗门十一曜经 689
普天星宿入宿去极度分 689

Q

七录 93

七略　80,93,157
七十二候太阳纬度　691
七曜历书　329
七曜攘灾诀　394,395,397～400
七曜术　207,212,213
七曜细行　499
七曜细行历　499,500
七曜新术　313
七曜星辰别行法　367
七政前均简法　690
七政算内篇　579
七政算外篇　577,579
七政推步(回回历法释例)　567～569,572,575～579
七政细草补注　692
七政右旋说　561
七政真数　618
七政真数　618
七政之仪器　666
七洲形胜(历法段数)　524
齐政历　419
气朔入行草　499
起世经　256～258,260
器准　294
乾道历　498～502,514
乾度历　254
乾方秘书　563
乾坤体仪　624～626,633,636,637
乾象历　103,154,203,213～222,224,234,266,271,301,305,353,354,378,379,734
乾象说　211
乾象通鉴　456
乾象图　591
乾象新书(景祐乾象新书)　454～456
乾元历　431～433,438,490,510,535
潜夫论　200
堑堵测量　689
钦定大南会典事例　717
钦天历　420～424,431,437,619
穷理学　661
求赤道宿度法　692
全上古三代秦汉六朝文　165
全天恒星表　122

R

仁学　768
日差原理　691
日躔表　642
日躔考　643
日躔历指　642,646
日躔增　642
日出入晨昏分立成　509
日法朔余强弱考　737
日光论　600
日晷备考　694
日晷各地不同说　670
日晷书　627
日食筹稿　717
日书　104～109
日月交食表　717
日月五星表　717
日月星晷式　626,627
日月左右旋问答　677,680

S

三才图会　130,131,591,594
三辅黄图　127
三慧　274
三纪甲子元历　253,254,262,269,347
三界图　259
三历交食考　509
三十杂星考　693
三式日录　456
三统历　32,96,124,155,157,160～164,177～179,205,211,254,324,390,731,735,738
三统历衍式　738
三统术钤　731,732
三统术详说　738
三统术衍　731,732
三统术衍补　738
三五历纪　238
三易洞玑　640
三垣列舍入宿去极集　538
瑟谱　611
沙卜法　524
沙漏定时说　670

山海经　4,9,10,17,140
商卓特桑热历书　600～608
上三星轨迹成绕日圆象　690
上中下三历注式　540
尚书　7,8,10,32,67,232,265,267,268,344,427,464,540,618,723
尚书通考　553
尚书纬　150,168～171,174,180,206,210,238,245～247,278,554
绍熙二年七曜细行历　502
佘山天文年刊　764
摄略经　600
神道大编历宗通议　579
神仙传　243
升庵全集　608
圣经　723
圣寿万年历　611～615
尸子　7,76
诗经　3,36,37,67,72,137,344,540,618
诗纬　46,173
十二气历　476
十三经注疏　732
十月历　11,12
石氏星经　143～145,148～152,180,181,361,456,470
时候笺注　540
时轮经　600
时轮历　600,608
时宪历　653～655,657,659,660,678,683,684,717,756
史记　3,7,11,35,42,44,46,59,60,65,67,72,92～94,104～106,119～123,136,143,360,737
世经　62,63,124,162
世祖实录　577
释氏系录　367
授时历　347,407,430,464,490,496,511,512,526,527,531,534～536,538,543,545,555～557,567,580,603,612～616,618,620,635,645,653～655,688,689,693,695～697,731,734,735
授时历故　696
授时历议　488,526,540,737
书画舫记　553
书蕉　257
书影　454
书云观志　579
述异志　238
数理精蕴　663,666,667,717
顺风相送　108,581,582,586
说潮　408
说郛　447
说文解字(说文)　4,23,32,133
说苑　155
朔方上书　360
司辰星漏历　435
司天歌　589
司天通志　738
思问编　691
思玄赋　338
四部总录天文编　693
四省表景立成　691
四术周髀宗　294,295
宋会要辑稿　497
宋濂集　522
宋史　357,439,440,442,455,456,464,469～471,490,492,512,590,730
宋书　155,156,175,268
宋元学案　658
宿曜经　394,395,397,398,495
宿曜仪轨　367
算经十书　139,351
算数　524
算学新说　611
隋书　134,137,138,142,166,190,203,224,225,229～231,243,248,280,296,301,331,342,343,351,355,391
岁星经　93,95
邃古篇　256
孙子　32

T

太初历　70,103,119,120,123～128,143,158,162,163,176～178,180,181,183,205,206,213,264,267,323,344,355,357,377,580,614～616
太和历　221,224
太康地理志　351
太史院铭　532

太玄经(扬雄) 165,166,194,231,232
太玄经(杨泉) 239
太乙金镜式经 342
太阴表影辩 691
泰西水法 633,637
泰西著述考 759,760
谈天(天文学纲要) 623,749～753,755,757,758
谈天(亚里士多德) 624
谈撰 454
谭丛 608
汤潜庵先生分纂明史稿 696,697
弢园经学辑存六种 760
陶斋藏石记 129
天保历 303
天步真原 653～657,677,689,691
天步真原订注 691
天地瑞祥志 145,151
天官图 593
天和历 305,306
天经或问 640,698,700
天历 761,762
天球论 624
天球论注解 624
天体运行论 645,648,656,657
天文(黄宪) 193
天文(石申夫) 93,98
天文表 524
天文大成管窥辑要 469
天文大象赋 338～340,343,344,351
天文横图 391
天文汇钞 538,588,593
天文揭要 757
天文节候躔次全图 591,594,596,597
天文历书 433
天文录 280,311,455
天文略(天文图举要,蔡汝南) 590,591
天文秘书 402
天文秘旨备考 588,593
天文明鉴占 442
天文年历(法) 727
天文年历(徐家汇天文台) 764
天文气象杂占 98,101,102
天文启蒙 623,758,759
天文书(明译天文书) 555,562～567,577,578,624,690,693
天文算学纂要 566
天文图 591,594,598,599
天文图说(柯雅各) 758
天文图说(袁子谦) 591,592
天文象宗西占 563
天文星占 93,98
天文须知 758
天文学大成 524,570
天文学基础 718
天文要录 96,151,152
天问 78,115,155
天问略 625,626,629,637,638,670,691
天学初函 637
天演论 767
天元历理全书 469
天竺九执历 376,377
天竺历 301
铁路设计师手册 729
通率表 642
通史 274
通志 225,230,339,340,342
同文算指 637
铜浑仪法要 442
统天历 430,498,502,509～512,514,535,536,614,689,734
统元历 498～500,502,514
图书编 562,591,594
推步交朔序 677

W

完备的天文表 566
万分历 419
万年历 520,522,523,580,689
万年历备考 611,612
万全历 717
王氏家藏集 562
王寅旭书补注 691
王祯农书 449
望远镜,新方法,伽利略观察星际的仪器 627
为吏之道 92
魏奔命律 92

魏户律　92
魏书　292,370
文集　239
文宪集　553
文献通考　296,469,729,730
文选　192
无垢光大疏　600
吴疏山公遗集　590
吴越春秋　106
五曹算经　305
五纪历　356,399,400,401,407,615
五纪论　91,156,157
五经算术　305
五经通义　155
五经析疑　134
五经宗　294
五轮沙漏铭　558,559
五纬历指　643,644,646
五纬用法　643
五纬诸表　643
五纬总论　642
五星管见(五星纪要)　690
五星图　642
五星细行考　540
五星行度解　677,684
五星再聚历　501
五星占　64,98～101,115
五寅元历　284,285
五种历数全书　361
武备志　582
武经总要　494
武平历　304,308
勿庵侧望仪式　694
勿庵浑盖新式　694
勿庵揆日器　694
勿庵历算书目　687,688
勿庵仰观仪式　694
勿庵月道仪式　694
戊申立春考证　620
戊寅历　307,333,334～336,344～347,351,354,378,432,535
戊子元历　286
物理论　239
物理小识　657,670

X

西国日月考　693
西国天学源流　759,760
西历　579
西夏书事　492
西学大成　758
西学辑存六种　759
西学图说　759,760
西学原始考　759,760
西洋蕃国志　582
西洋新法历书　580,622,628,632,641,650,651,657,667～669,681,711
西域历法通径　578,579
西域天文书补注　690
熙宁晷漏　475
檄灵赋　167
夏历(历法名)　25,26,28,87～92,109,157,206,370,738
夏历(书名)　156,157,183,184,211
夏小正　3,10～13,15～17
夏小正补传　15
夏小正传　15
先天后天理气心印补注　494
象林　469
小漏款式　468
晓庵新法　677,682,683
晓庵遗书　677
孝经纬　172
写算步历式　689
写天新语钞存　691
新法历书　695
新法算书　649,709～712
新漏刻铭　279
新论　165,190
新释地理备考全书　745～748
新唐书　159,282,339,342,369,372,374,376,377,383,386,398,463
新天文学　710
新修五星图说　716
新序　155
新仪象法要　477,479,481～484,516,590,595,707

新制诸器图说 675
兴和历 288～291,294,303,304,347,378
星传 176
星晷真度 692
星回节考 608
星镜 717
星盘 627,637
星象问答 524
星学发轫 623,756,757
性理精义 662,663
修改源流 540
虚舟记 553
续笔谈 472
续畴人传 736
续汉书 89,92,126,150,152,158,177,185,195,210,212,270,732
续云南通志 608
宣城县志分野稿 689
宣和奉使高丽图经 453,581
宣明历 307,386,387,400,404～407,412,416,418,419,431,433,435,535
玄始历(元始历) 224,254,255,262,264,269,285,287,347,734
玄图 199
玄象诗 338～340,343,344
璇玑遗述(写天新语)691,698,699
学历说 693
学者杂志 729
荀子 73

Y

亚洲学志 729
杨惟德星表 430,456,470
仰观覆矩 692
仰仪铭 694
妖占 360
尧年至熙宁长历 463
夜中测时 643
伊川击壤集 452
仪器制造法(造浑仪香漏) 524
仪天历 431～435,438,486,488,490,498,510,535
仪象法式 540
仪象考成 622,707～709,714,715,717,742～744
仪象考成续编 741～744
乙巳元历(李淳风) 351,353～355,379
乙巳元历(南宫说) 364
乙巳占 47,351,353～355,586
乙未历 496,518,737,738
乙未元历 491
易传(关朗) 619
易传(京房) 360
易门县志 608
易纬 171,172,174,175,178,199,206,303,769
益部耆旧传 143
逸周书 83,85,290～292,378
阴阳书 349
殷历 21,22,25,26,28,87～91,109,126,157,206,370,738,741
殷历谱 21
殷墟书契(《前》) 24
殷墟文字乙编(《乙》) 138
应天历 419,431～433,438,490,510
应闲 194
英国所藏甲骨集 22
盈缩分损益率立成 509
永昌历 419
永恒天体运行表 655～657
虞历 87
舆地志 277
宇宙人文论 610
宇宙体系论 727
玉海 38,134,296,439,469,485,515
玉函方 243
玉函经 394,395,494
玉函山房辑佚书 168
玉堂漫笔 562
玉溪编事 608
聿斯四门经 398
郁冈斋笔麈 579
御览西方要记 661
御制历象考成表 713,714
御制律吕正义 667
御制钦若历书表 714
御制三角形推算法论 661～663
元嘉历 218,224,261～264,266,267,269,287,289,347,535,737

元明事类钞　522
元气说　548
元史　477,484,485,487,516,520,522,523,553,618,730,737
元史历经补注　688
圜解　677
圜容较义　637
远镜说　627,634,670,671,673
远西奇器图说录最　674
月离表(崇祯历书)　642
月离考　540
月离历指　642,644～647
月令章句　47,85,135,360
月食筹稿　717
月食术　207
月食注　209,210
乐书　294
岳台日出入昼夜刻　509
云笈七签　449
云南通志　608
云南志略　608

Z

在中国观测的流星、星陨表补注　730
则古昔斋算学　749
择吉会要　566
曾子问天圆篇注　693
增补文献备考　717
占卜必读　524
占天历　485～487,490,498,737,738
战书　698
张衡漏水转浑天仪制　204
张孟宾历　303
张胄玄历　313～317,331,347
张子信历　302
召诰日名考　737
浙江潮候图说　454
贞享历　407
正光历(壬子元历)　286～292,304,305,347
正蒙　452,462,658
正象历　419
正元历　334～336,356,399～401
郑和航海图　582,586
政典　18
政事论　179
知识与学问(解算法段目)　524
直斋书录解题　377,403
职官分纪　443
植物学　749
指南正法　108,582
至德历　400
志林　93
制旨孝经义　274
中国纪年论　730
中国科学技术史(李约瑟)　390
中国数学科学札记　749
中国所见彗星表　730
中国天文年历　538
中国通史(通鉴纲目)　729,739
中国文献中的日月食记录　749
中论　124
中西合历　756
中西回史日历　740
中西算学通　661
中西星要　566
中星谱　658～660
重修大明历　490,491,496,518,519,524,535,540,541,545
重学　749
周髀算经(周髀)　79,80,93,116,137～142,153,166,167,187～189,237,238,258,276,280,294,329,351,693,697
周髀算经补注　693
周琮星表　430,469,471
周礼　18,28,34,38,45,93,127,137,138,242,349,377,469
周历　87～91,109,157,206,272,370,738,741
周天现界图　660
周易(易)　38,42,47,73,79,87,137,153,154,156,158,159,164,167,172,176,183,217,231,232,242,244,275,284,303,427,505,618,662,679
周易讲疏　274
周易折中　662,663
肘后备急方　243
朱子全书　662
诸方半昼分表　642

诸方晨昏分表 642
诸方节气加时日轨高度表 692
诸历冬至考 611,614
诸天讲 765～767
诸星断诀 524
颛顼历 64～66,70,87～92,101,104,109,123～126,142,157,162,206,210,370,401,738
转神选择 540
庄子 72,74,76,113
缀术 266,435
准斋心制几漏图式 449
自鸣钟表图说 676
自鸣钟说(梅文鼎) 694
自鸣钟说 674
自然哲学的数学原理 713
字典 730
左传 4,8,16,25,36～38,43,45,48,54,59,60,62～65,67,80,85,86,90,92,106,122,157,378,465,511,619,740,761

后　　记

笔者是在1991年接受撰著本书的任务的，当时心中只有几成把握，一是笔者当时已从事中国天文历法史研究20余年，有一定的资料与经验积累；二是与薄树人先生以及另一位研究有素的先生一起合作。虽如此，要撰著一部比较全面、深入的中国天文学史，尚存在不少必须解决的问题。例如，前贤已经取得的大量研究成果有待归纳与吸收，一些未曾研究与研究较少的课题有待开展，一些新史料有待进一步挖掘与整理，等等，这些都需要花费时间与精力，才能写成不同于以致不逊于已有的同类著作的作品，才能不辜负中国科学院设定的《中国科学技术史》这一重点项目的期望。

当初就设定本书取断代体编写，笔者和薄先生与另一位先生之间，有一个大体的分工：薄先生负责明清时期，另一位先生负责先秦时期，而笔者负责自秦代到元代的年代。从我们三人研究的积累看，这大约是一种各取所长的理想方案。可是，后来的发展却不如人愿。薄先生负责的部分还没有来得及动笔，便于1997年突然谢世而去；另一位先生则因忙于其他研究工作，提出了没有时间顾及于此的明确意向，这些不能不说是本书编写的无以挽回的损失，至今引以为憾。这种情势，大大增加了完成本书的难度。笔者别无选择，只能勉为其难，继续完成原先并不很熟悉的研究课题，此中甘苦，难以言状。

所幸者，薄先生在世时便已约请韩琦研究员撰写清代天文学史的若干专题。在笔者身陷困境的时刻，韩琦研究员义无反顾地实现了他的承诺。本书第八章第五节，第九节的前半部，第十二节的一部分，第十一节和第十三节便出自他的手笔，这些都是他近年研究的心得。今得以增入本书，为本书添色不少，笔者在此深表感谢之情。

本书的编写大体分为三个阶段：一是，从1992年到1994年，广泛收集、整理史料与深入学习、吸取前贤研究成果，得到不少新史料与新观点，为各章节的安排基本确定了眉目与内容；二是，1995年开始逐章逐节的编写，其间对若干重要的缺环作专题的研究，到1999年初基本完成各章节的编写；三是，从1999年初到2000年3月，做拾遗补缺与润色加工的工作，终成全书。

本书除了纂入笔者30余年的研究所得外，实得益于国内外中国天文历法研究者的众多研究成果，这是不言自明的。笔者深知，虽然已竭尽全力，还未能圆满地概括中国天文历法史的全貌，其中，取舍详略或有不当，论点评述或有不妥，都有待读者批评指正。本书如能成为后贤进一步研究的参考，则幸甚矣！

在本书撰著过程中，还得到金秋鹏、戴念祖、汪前进、徐凤先诸君所给予的帮助，在此特致谢意。

陈美东

2000年3月

总　跋

凡是听到编著《中国科学技术史》计划的人士，都称道这是一个宏大的学术工程和文化工程。确实，要完成一部30卷本、2000余万字的学术专著，不论是在科学史界，还是在科学界都是一件大事。经过同仁们10年的艰辛努力，现在这一宏大的工程终于完成，本书得以与大家见面了。此时此刻，我们在兴奋、激动之余，脑海中思绪万千，感到有很多话要说，又不知从何说起。

可以说，这一宏大的工程凝聚着几代人的关切和期望，经历过曲折的历程。早在1956年，中国自然科学史研究委员会曾专门召开会议，讨论有关的编写问题，但由于三年困难、"四清"、"文革"，这个计划尚未实施就夭折了。1975年，邓小平同志主持国务院工作时，中国自然科学史研究室演变为自然科学史研究所，并恢复工作，这个打算又被提到议事日程，专门为此开会讨论。而年底的"反右倾翻案风"，又使设想落空。打倒"四人帮"后，自然科学史研究所再次提出编著《中国科学技术史丛书》的计划，被列入中国科学院哲学社会科学部的重点项目，作了一些安排和分工，也编写和出版了几部著作，如《中国科学技术史稿》、《中国天文学史》、《中国古代地理学史》、《中国古代生物学史》、《中国古代建筑技术史》、《中国古桥技术史》、《中国纺织科学技术史(古代部分)》等，但因没有统一的组织协调，《丛书》计划半途而废。1978年，中国社会科学院成立，自然科学史研究所划归中国科学院，仍一如既往为实现这一工程而努力。80年代初期，在《中国科学技术史稿》完成之后，自然科学史研究所科学技术通史研究室就曾制订编著断代体多卷本《中国科学技术史》的计划，并被列入中国科学院重点课题，但由于种种原因而未能实施。1987年，科学技术通史研究室又一次提出了编著系列性《中国科学技术史丛书》(现定名《中国科学技术史》)的设想和计划。经广泛征询，反复论证，多方协商，周详筹备，1991年终于在中国科学院、院基础局、院计划局、院出版委领导的支持下，列为中国科学院重点项目，落实了经费，使这一工程得以全面实施。我们的老院长、副委员长卢嘉锡慨然出任本书总主编，自始至终关心这一工程的实施。

我们不会忘记，这一工程在筹备和实施过程中，一直得到科学界和科学史界前辈们的鼓励和支持。他们在百忙之中，或致书，或出席论证会，或出任顾问，提出了许多宝贵的意见和建议。特别是他们关心科学事业，热爱科学事业的精神，更是一种无形的力量，激励着我们克服重重困难，为完成肩负的重任而奋斗。

我们不会忘记，作为这一工程的发起和组织单位的自然科学史研究所，历届领导都予以高度重视和大力支持。他们把这一工程作为研究所的第一大事，在人力、物力、时间等方面都给予必要的保证，对实施过程进行督促，帮助解决所遇到的问题。所图书馆、办公室、科研处、行政处以及全所的同仁，也都给予热情的支持和帮助。

这样一个宏大的工程，单靠一个单位的力量是不可能完成的。在实施过程中，我们得到了北京大学、中国人民解放军军事科学院、中国科学院上海硅酸盐研究所、中国水利水电科学研究院、铁道部大桥管理局、北京科技大学、复旦大学、东南大学、大连海事大学、武汉交通科技大学、中国社会科学院考古研究所、温州大学等单位的大力支持，他们为本单位参加编撰人员提供了种种方便，保证了编著任务的完成。

为了保证这一宏大工程得以顺利进行，中国科学院基础局还指派了李满园、刘佩华二位同志，与自然科学史研究所领导（陈美东、王渝生先后参加）及科研处负责人（周嘉华参加）组成协调小组，负责协调、监督工作。他们花了大量心血，提出了很多建议和意见，协助解决了不少困难，为本工程的完成做出了重要贡献。

在本工程进行的关键时刻，我们遇到经费方面的严重困难。对此，国家自然科学基金委员会给予了大力资助，促成了本工程的顺利完成。

要完成这样一个宏大的工程，离不开出版社的通力合作。科学出版社在克服经费困难的同时，组织精干的专门编辑班子，以最好的纸张，最好的质量出版本书。编辑们不辞辛劳，对书稿进行认真地编辑加工，并提出了很多很好的修改意见。因此，本书能够以高水平的编辑，高质量的印刷，精美的装帧，奉献给读者。

我们还要提到的是，这一宏大工程，从设想的提出，意见的征询，可行性的论证，规划的制订，组织分工，到规划的实施，中国科学院自然科学史研究所科技通史研究室的全体同仁，特别是杜石然先生，做了大量的工作，作出了巨大的贡献。参加本书编撰和组织工作的全体人员，在长达10年的时间内，同心协力，兢兢业业，无私奉献，付出了大量的心血和精力。他们的敬业精神和道德学风，是值得赞扬和敬佩的。

在此，我们谨对关心、支持、参与本书编撰的人士表示衷心的感谢，对已离我们而去的顾问和编写人员表达我们深切的哀思。

要将本书编写成一部高水平的学术著作，是参与编撰人员的共识，为此还形成了共同的质量要求：

1. 学术性。要求有史有论，史论结合，同时把本学科的内史和外史结合起来。通过史论结合，内外史结合，尽可能地总结中国科学技术发展的经验和教训，尽可能把中国有关的科技成就和科技事件，放在世界范围内进行考察，通过中外对比，阐明中国历史上科学技术在世界上的地位和作用。整部著作都要求言之有据，言之成理，经得起时间的考验。

2. 可读性。要求尽量地做到深入浅出，力争文字生动流畅。

3. 总结性。要求容纳古今中外的研究成果，特别是吸收国内外最新的研究成果，以及最新的考古文物发现，使本书充分地反映国内外现有的研究水平，对近百年来有关中国科学技术史的研究作一次总结。

4. 准确性。要求所征引的史料和史实准确有据，所得的结论真实可信。

5. 系统性。要求每卷既有自己的系统，整部著作又形成一个统一的系统。

在编写过程中，大家都是朝着这一方向努力的。当然，要圆满地完成这些要求，难度很大，在目前的条件下也难以完全做到。至于做得如何，那只有请广大读者来评定了。编写这样一部大型著作，缺陷和错讹在所难免，我们殷切地期待着各界人士能够给予批评指正，并提出宝贵意见。

《中国科学技术史》编委会

1997 年 7 月